软件工程师开发大系

Visual C++开发实例大全

（基础卷）

软件开发技术联盟　编著

U0207420

清华大学出版社

北　京

内 容 简 介

《Visual C++开发实例大全（基础卷）》筛选、汇集了 Visual C++开发从基础知识到高级应用各个层面的大量实例及源代码，共有 600 个左右，每个实例按实例说明、关键技术、设计过程、详尽注释、秘笈心法的顺序进行了分析解读。全书分 4 篇共 15 章，主要包括开发环境、语言基础、数据结构、字符串和函数、类和对象、窗体界面、MFC 控件、菜单、工具栏和状态栏、Word 文档操作、Excel 表格操作、图形绘制、图像特效、图像控制、多媒体等内容。配书光盘附带了实例的源程序和部分讲解视频。

《Visual C++开发实例大全（基础卷）》既适合 Visual C++程序员参考和查阅，也适合 Visual C++初学者，如高校学生、软件开发培训学员及相关求职人员学习、练习、速查使用。

图书在版编目（CIP）数据

Visual C++开发实例大全. 基础卷/软件开发技术联盟编著. —北京：清华大学出版社，2016（2020.10重印）
（软件工程师开发大系）
ISBN 978-7-302-38440-3

I. ①V… II. ①软… III. ①C 语言–程序设计 IV. ①TP312

中国版本图书馆 CIP 数据核字（2014）第 260772 号

责任编辑：赵洛育
封面设计：李志伟
版式设计：刘艳庆
责任校对：赵丽杰
责任印制：刘祎淼

出版发行：清华大学出版社
   网 址：http://www.tup.com.cn，http://www.wqbook.com
   地 址：北京清华大学学研大厦 A 座   邮 编：100084
   社 总 机：010-62770175   邮 购：010-62786544
   投稿与读者服务：010-62776969，c-service@tup.tsinghua.edu.cn
   质量反馈：010-62772015，zhiliang@tup.tsinghua.edu.cn
印 装 者：三河市宏图印务有限公司
经 销：全国新华书店
开 本：203mm×260mm   印 张：53.5   字 数：1767 千字
    （附光盘 1 张）
版 次：2016 年 1 月第 1 版   印 次：2020 年 10 月第 5 次印刷
定 价：148.00 元

产品编号：052246-02

前 言

Preface

特别说明：

《Visual C++开发实例大全》分为基础卷（即本书）和提高卷两册。本书的前身是《Visual C++开发实战1200例（第 I 卷）》。

编写目的

1. 方便程序员查阅

程序开发是一项艰辛的工作，挑灯夜战、加班加点是常有的事。在开发过程中，一个技术问题可能会占用几天甚至更长时间。如果有一本开发实例大全可供翻阅，从中找到相似的实例作参考，也许几分钟就可以解决问题。本书编写的主要目的就是方便程序员查阅、提高开发效率。

2. 通过分析大量源代码，达到快速学习之目的

本书提供了约 600 个开发实例及源代码，附有相应的注释、实例说明、关键技术、设计过程和秘笈心法，对实例中的源代码进行了比较透彻的解析。相信这种办法对激发学习兴趣、提高学习效率极有帮助。

3. 通过阅读大量源代码，达到提高熟练度之目的

俗话说"熟能生巧"，读者只有通过阅读、分析大量源代码，并亲自动手去做，才能够深刻理解、运用自如，进而提高编程熟练度，适应工作之需要。

4. 实例源程序可以"拿来"就用，提高了效率

本书的很多实例，可以根据实际应用需求稍加改动，拿来就用，不必再去从头编写，从而节约时间，提高工作效率。

本书内容

全书分 4 篇共 15 章，主要包括开发环境、语言基础、数据结构、字符串和函数、类和对象、窗体界面、MFC 控件、菜单、工具栏和状态栏、Word 文档操作、Excel 表格操作、图形绘制、图像特效、图像控制、多媒体等内容。书中所选实例均来源于一线开发人员的项目开发实践，囊括了开发中经常遇到和需要解决的热点、难点问题，使读者可以快速解决开发中的难题，提高编程效率。本书知识结构如下图所示。

本书在讲解实例时采用统一的编排样式，多数实例由"实例说明""关键技术""设计过程""秘笈心法"4 部分构成。其中，"实例说明"部分采用图文结合的方式介绍实例的功能和运行效果；"关键技术"部分介绍了实例使用的重点、难点技术；"设计过程"部分讲解了实例的详细开发过程；"秘笈心法"部分给出了与实例相关的技巧和经验总结。

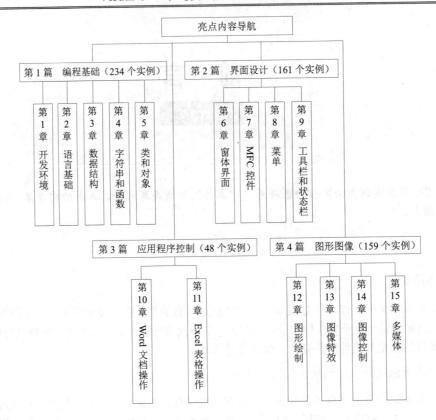

本书特点

1.实例极为丰富

本书精选了约 600 个实例，另外一册《Visual C++开发实例大全（提高卷）》也精选了提高部分约 600 个实例，这样，两册图书总计约 1200 个实例，可以说是目前市场上实例最多、知识点最全面、内容最丰富的软件开发类图书，涵盖了编程中各个方面的应用。

2.程序解释详尽

本书提供的实例及源代码，附有相应的注释、实例说明、关键技术、设计过程和秘笈心法。分析解释详尽，便于快速学习。

3.实践实战性强

本书的实例及源代码很多来自现实开发中，光盘中绝大多数实例给出了完整源代码，读者可以直接调用、研读、练习。

关于光盘

1.实例学习注意事项

读者在按照本书学习、练习的过程中，可以从光盘中复制源代码，修改时注意去掉源码文件的只读属性。有些实例需要使用相应的数据库或第三方资源，在使用前需要进行相应配置，具体步骤请参考书中或者光盘中的配置说明。

2. 实例源代码及视频位置

本书光盘提供了实例的源代码，位置在光盘中的"MR\章号\实例序号"文件夹下，例如，"MR\04\166"表示实例166，位于第4章。部分实例提供的视频讲解，也可根据以上方式查找。**由于有些实例源代码较长，限于篇幅，图书中只给出了关键代码，完整代码放置在光盘中。**

3. 视频使用说明

本书提供了部分实例的视频讲解，在目录中标题前边有视频图标的实例，即表示在光盘中有视频讲解。视频采用 EXE 文件格式，无须使用播放器，双击就可以直接播放。

读者对象

Visual C++程序员，Visual C++初学者，如高校大学生、求职人员、培训机构学员等。

本书服务

如果您使用本书的过程中遇到问题，可以通过如下方式与我们联系。
☑　服务 QQ：4006751066
☑　服务网站：http://www.mingribook.com

本书作者

本书由软件开发技术联盟组织编写，参与编写的程序员有赛奎春、王小科、王国辉、王占龙、高春艳、张鑫、杨丽、辛洪郁、周佳星、申小琦、张宝华、葛忠月、王雪、李贺、吕艳妃、王喜平、张领、杨贵发、李根福、刘志铭、宋禹蒙、刘丽艳、刘莉莉、王雨竹、刘红艳、隋光宇、郭鑫、崔佳音、张金辉、王敬洁、宋晶、刘佳、陈英、张磊、张世辉、高茹、陈威、张彦国、高飞、李严。在此一并致谢！

编　者

目 录

Contents

第 1 篇 编程基础

第 2 篇 界面设计

第 3 篇　应用程序控制

第 4 篇　图形图像

编程基础

第 *1* 章

开发环境

- ▸▸ 工程创建
- ▸▸ 开发环境的设置与使用
- ▸▸ 程序调试

1.1 工程创建

| 实例001 | 如何创建基于对话框的 MFC 工程
光盘位置: 光盘\MR\01\001 | 高级
趣味指数: ★★ |

■ 实例说明

要使用 Visual C++ 开发软件，首先要创建一个工程。基于对话框的 MFC 工程是用户广泛使用的工程。如图 1.1 所示是一个新创建的基于对话框的 MFC 工程。本实例将介绍如何创建基于对话框的 MFC 工程。

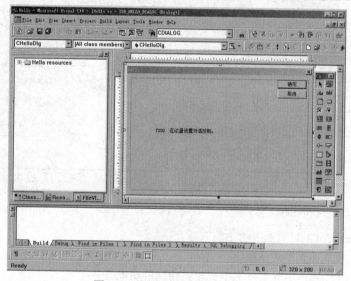

图 1.1 基于对话框的 MFC 工程

■ 设计过程

（1）在 Visual C++ 6.0 开发环境中选择 File→New 命令，弹出 New 对话框。在 New 对话框的 Projects 选项卡中选择 MFC AppWizard[exe]（MFC 应用程序向导）选项，在 Project name 文本框中输入创建的工程名为 Hello，在 Location 文本框中设置工程文件存放的位置为 D:\Hello，如图 1.2 所示。

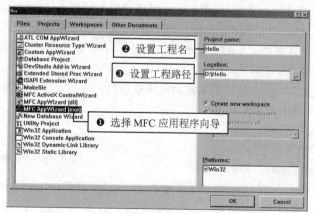

图 1.2 创建工程

（2）单击 OK 按钮，弹出 MFC AppWizard-Step 1 对话框，如图 1.3 所示。

在 MFC AppWizard-Step1 对话框中可以指定生成框架的类型。

❑ Single document：生成单文档应用程序框架。

❑ Multiple documents：生成多文档应用程序框架。

❑ Dialog based：生成基于对话框的应用程序框架。

❑ Document/View architecture support：选中该复选框，允许生成文档/视图和非文档/视图结构程序。

（3）本实例选中 Dialog based 单选按钮，创建一个基于对话框的应用程序。单击 Next 按钮，弹出 MFC AppWizard-Step 2 of 4 对话框，如图 1.4 所示。

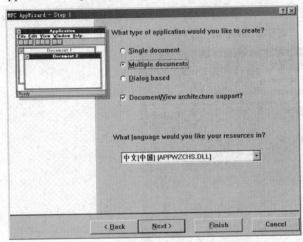

图 1.3　MFC AppWizard-Step 1 对话框

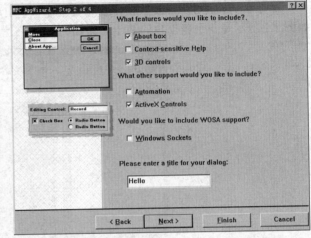

图 1.4　MFC AppWizard-Step 2 of 4 对话框

MFC AppWizard-Step 2 of 4 对话框中的主要选项介绍如下。

❑ About box：生成"关于"对话框。

❑ Context-sensitive Help：生成支持上下文相关帮助的帮助文件。

❑ 3D controls：具有 3D 效果的程序界面。

❑ Automation：应用程序能够操作在其他应用程序中实现的对象，或者自己的应用程序可供 Automation 客户使用。

❑ ActiveX Controls：支持 ActiveX 控件。

❑ Windows Sockets：支持基于 TCP/IP 协议的网络通信。

❑ Please enter a title for your dialog：设置应用程序主窗口的标题。

（4）单击 Next 按钮，弹出 MFC AppWizard-Step 3 of 4 对话框，如图 1.5 所示。

MFC AppWizard-Step 3 of 4 对话框中的主要选项介绍如下。

❑ MFC Standard：标准 MFC 项目。

❑ Windows Explorer："Windows 资源管理器"风格项目。

❑ Yes,please：在源文件中添加注释。

❑ No,thank you：不添加注释。

❑ As a shared DLL：共享动态链接库。

❑ As a statically linked library：静态链接库。

（5）单击 Next 按钮，弹出 MFC AppWizard-Step 4 of 4 对话框，如图 1.6 所示。

（6）单击 Finish 按钮，完成工程的创建。

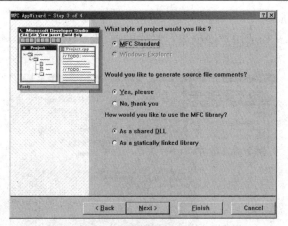

图 1.5   MFC AppWizard-Step 3 of 4 对话框

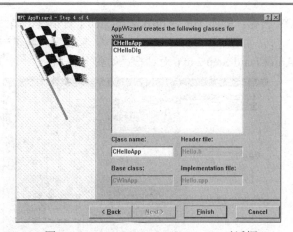

图 1.6   MFC AppWizard-Step 4 of 4 对话框

秘笈心法

心法领悟 001：快速创建基于对话框的 MFC 工程。

在本实例的步骤（2）中，如果用户对应创建的工程没有特殊的要求，可以默认系统的设置，直接单击 Finish 按钮，完成工程的创建。

实例002   如何创建基于文档视图的 MFC 工程   高级

光盘位置：光盘\MR\01\002   趣味指数：★★★

实例说明

在创建 MFC 工程时，除了创建基于对话框的工程外，还可以创建基于文档视图的工程。本实例将介绍如何创建基于文档视图的 MFC 工程，新创建的工程运行效果如图 1.7 所示。

设计过程

（1）选择"开始"→"所有程序"→Microsoft Visual Studio 6.0→Microsoft Visual C++ 6.0 命令，打开 Visual C++ 6.0 集成开发环境。

（2）在 Visual C++ 6.0 的开发环境中选择 File→New 命令，弹出 New 对话框。在 New 对话框的 Projects 选项卡中选择 MFC AppWizard[exe]（MFC 应用程序向导）选项，如图 1.8 所示。

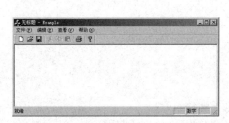

图 1.7   新创建的工程运行效果

图 1.8   New 对话框

（3）在 Project name 文本框中输入创建的工程名，在 Location 文本框中设置工程文件存放的位置。单击

OK 按钮，弹出 MFC AppWizard-Step 1 对话框，如图 1.9 所示。

（4）选中 Single document 单选按钮，创建一个单文档应用程序框架，然后单击 Next 按钮进入 MFC AppWizard-Step 2 of 6 对话框，如图 1.10 所示。

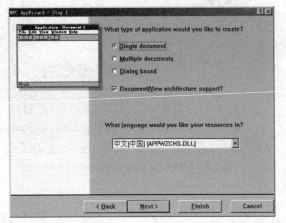 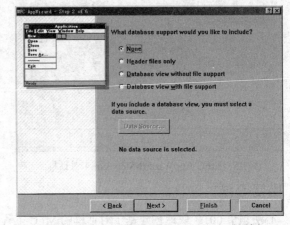

图 1.9　MFC AppWizard-Step 1 对话框　　　　图 1.10　MFC AppWizard-Step 2 of 6 对话框

MFC AppWizard-Step 2 of 6 对话框中的主要选项介绍如下。

❑　None：代表在程序中不使用数据库。

❑　Header files only：表示在代码框架中加入数据库类的头文件。

❑　Database view without file support：表示在代码框架中加入对具体数据库的支持，但没有对通过菜单打开指定文件进行支持。

❑　Database view with file support：相对 Database view without file support 单选按钮增加了通过菜单打开指定文件的支持。

❑　Data Source：设置数据源。

（5）单击 Next 按钮，弹出 MFC AppWizard-Step 3 of 6 对话框，如图 1.11 所示。

MFC AppWizard-Step 3 of 6 对话框中的主要选项介绍如下。

❑　None：表示不使用组件。

❑　Container：表示在代码框架中增加对容器的支持。

❑　Mini-server：表示在代码框架中增加对最小的组件服务的支持。

❑　Full-server：表示增加对完整组件服务的支持。

❑　Both container and server：表示在代码框架中增加对容器和组件服务的支持。

❑　Automation：支持自动化组件。

❑　ActiveX Controls：支持 ActiveX 控件。

（6）单击 Next 按钮，弹出 MFC AppWizard-Step 4 of 6 对话框，如图 1.12 所示。

MFC AppWizard-Step 4 of 6 对话框中的主要选项介绍如下。

❑　Docking toolbar：自动加入浮动工具栏。

❑　Initial status bar：自动加入状态栏。

❑　Printing and print preview：自动加入打印及打印预览命令。

❑　Context-sensitive Help：自动加入帮助按钮。

❑　3D controls：三维外观。

❑　MAPI[Messaging API]：用于创建、操作、传输和存储电子邮件。

❑　Windows Sockets：基于 TCP/IP 的 Windows 应用程序接口，用于 Internet 编程。

❑　Normal：使用默认风格的工具栏。

❑ Internet Explorer ReBars：使用 IE 风格工具栏。

❑ Advanced：设置程序中使用的文档模板字符串及窗体的样式。

（7）单击 Next 按钮，弹出 MFC AppWizard-Step 5 of 6 对话框，如图 1.13 所示。

MFC AppWizard-Step 5 of 6 对话框中的主要选项介绍如下。

❑ MFC Standard：标准 MFC 项目。

❑ Windows Explorer："Windows 资源管理器"风格项目。

❑ Yes,please：在源文件中添加注释。

❑ No,thank you：不添加注释。

❑ As a shared DLL：共享动态链接库。

❑ As a statically linked library：静态链接库。

（8）单击 Next 按钮，弹出 MFC AppWizard-Step 6 of 6 对话框，如图 1.14 所示。

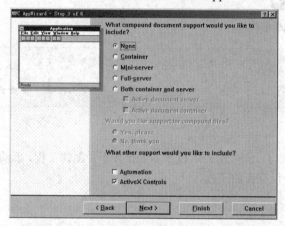

图 1.11　MFC AppWizard-Step 3 of 6 对话框

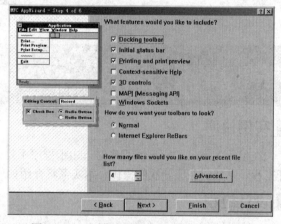

图 1.12　MFC AppWizard-Step 4 of 6 对话框

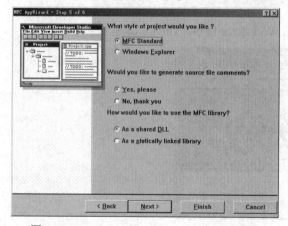

图 1.13　MFC AppWizard-Step 5 of 6 对话框

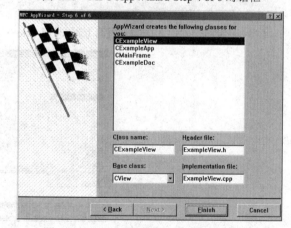

图 1.14　MFC AppWizard-Step 6 of 6 对话框

（9）在 MFC AppWizard-Step 6 of 6 对话框中显示了要创建的类、头文件和程序文件的名称信息，并可以在列表框中选择生成视图的基类，单击 Finish 按钮构建单文档/视图应用程序。

秘笈心法

心法领悟 002：在创建文档视图的 MFC 工程时为视图选择基类。

在步骤（9）中的 Base class 下拉列表框中，用户可以根据各自的需要来选择生成视图类的基类，如图 1.15 所示。

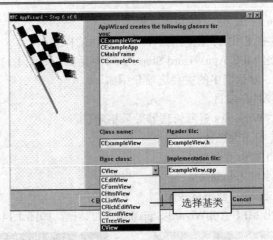

图 1.15　选择基类

| 实例 003 | 打开已存在的工程
光盘位置：光盘\MR\01\003 | 高级
趣味指数：★★★ |

■ 实例说明

在使用 Visual C++开发程序时，由于程序不是一次就可以完成的，所以最多的操作不是创建工程，而是打开工程，从而进行上一次的操作。本实例将介绍如何打开已存在的工程。

■ 设计过程

（1）选择"开始"→"所有程序"→Microsoft Visual Studio 6.0→Microsoft Visual C++ 6.0 命令，打开 Visual C++ 6.0 集成开发环境。

（2）在 Visual C++ 6.0 的开发环境中选择 File→Open Workspace 命令，如图 1.16 所示。

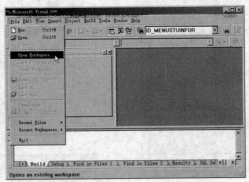

图 1.16　Visual C++ 6.0 集成开发环境

（3）在弹出的 Open Workspace 对话框中选择要打开的工程，本实例选择 Example.dsw 文件，如图 1.17 所示。

（4）单击"打开"按钮，打开用户选择的工程。

■ 秘笈心法

心法领悟 003：另一种打开工程的方法。

除了可以使用上述方式打开工程以外，还可以在 Visual C++ 6.0 的开发环境中选择 File→Open 命令，在弹出的"打开"对话框中设置文件类型为 Workspaces（.dsw;.mdp），然后选择 Example.dsw 文件，单击"打开"按钮，打开用户选择的工程，如图 1.18 所示。

图 1.17　选择要打开的工程

图 1.18　"打开"对话框

实例 004	如何查找工程中的信息	高级
	光盘位置：光盘\MR\01\004	趣味指数：★★★★

■ 实例说明

在开发应用程序时，如果程序比较大，查找代码就会很不方便，这时就要在整个工程中进行查找。本实例将介绍在 Visual C++开发环境中查找相关信息。

■ 设计过程

（1）打开一个工程（这里以 Example.dsw 为例）。

（2）在 Visual C++ 6.0 的开发环境中选择 Edit→Find In Files 命令，弹出 Find In Files 对话框，如图 1.19 所示。

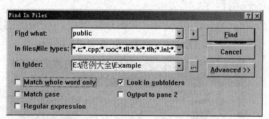

图 1.19　Find In Files 对话框

通过 Find In Files 命令可以在多个文件中查找指定的字符串。在查找时主要选项的功能介绍如下。

- ❑ Find what：要查找的字符串。
- ❑ In files/file types：选择文件类型。
- ❑ In folder：选择文件夹。
- ❑ Match whole word only：全部匹配。
- ❑ Match case：区分大小写。
- ❑ Regular expression：允许使用通配符。
- ❑ Look in subfolders：在子文件夹中查找。
- ❑ Output to pane 2：在输出窗口的 Find in Files 2 页显示结果。
- ❑ Find：查找。

- ❑ Cancel：退出。
- ❑ Advanced：高级设置。

（3）用户在 Find what 下拉列表框中设置要查找的字符串，然后单击 Find 按钮进行查找，查找到的结果将显示在 Output 窗口中，如图 1.20 所示。

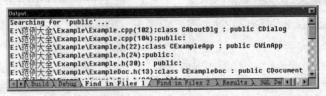

图 1.20　Output 窗口

秘笈心法

心法领悟 004：另一种查找方法。

除了使用 Edit→Find In Files 命令以外，还可以通过选择 Edit→Find 命令进行查找，不过该命令只能在当前文件中进行查找。

实例 005	如何在添加对话框资源时创建对话框类	高级
	光盘位置：光盘\MR\01\005	趣味指数：★★★★★

实例说明

用户在创建基于对话框的应用程序时，自动生成的对话框资源是关联这一个对话框类的，但当用户添加新的对话框资源时，却需要为对话框创建类。本实例将介绍如何为对话框资源创建对话框类。

设计过程

（1）创建一个基于对话框的应用程序。

（2）在工作区窗口中选择 ResourceView 选项卡，右击任意节点，在弹出的快捷菜单中选择 Insert 命令，弹出 Insert Resource 对话框，在该对话框中选择 Dialog 选项，如图 1.21 所示。

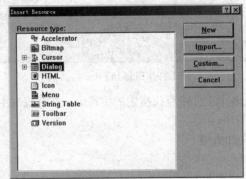

图 1.21　Insert Resource 对话框

（3）单击 New 按钮，完成对话框资源的创建。

（4）按 Ctrl+Enter 快捷键打开类向导，弹出 Adding a Class 对话框，该对话框询问用户是为对话框资源创建一个新类还是选择一个已有的类，选中 Create a new class 单选按钮，表示创建一个新的对话框类，如图 1.22 所示。

（5）单击 OK 按钮，弹出 New Class 对话框，如图 1.23 所示。

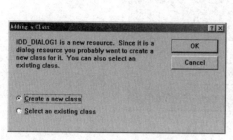

图 1.22　Adding a Class 对话框

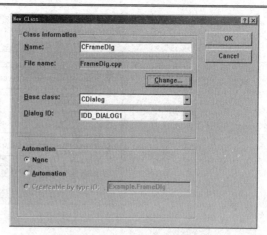

图 1.23　New Class 对话框

（6）在 Name 文本框中设置创建的对话框类的类名，单击 OK 按钮进行创建。

秘笈心法

心法领悟 005：快速插入对话框资源。

用户在通过工作区窗口创建对话框资源时，在弹出的快捷菜单中可以选择 Insert Dialog 命令，该命令可以直接创建一个对话框资源。

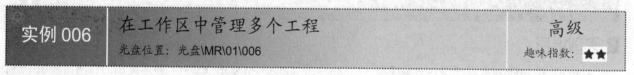

实例 006	在工作区中管理多个工程	高级
	光盘位置：光盘\MR\01\006	趣味指数：★★

实例说明

在 Visual C++开发环境的工作区窗口中，通常都只有一个工程，但在应用程序的开发过程中，有时需要在一个工作区中管理多个工程。本实例将介绍如何在工作区中管理多个工程。

设计过程

（1）打开一个已存在的工程。

（2）选择 Project→Insert Projects into Workspace 命令，在弹出的 Insert Projects into Workspace 对话框中选择要添加到工作区中的工程，如图 1.24 所示。

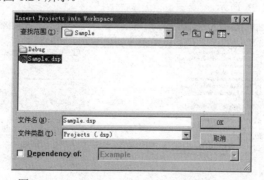

图 1.24　Insert Projects into Workspace 对话框

（3）单击 OK 按钮进行添加，这时在工作区中就会显示两个工程，如图 1.25 所示。

图 1.25　含有两个工程的工作区

秘笈心法

心法领悟 006：多个工程的切换方法。

如果用户要修改 Sample 工程，就在工作区中右击 Sample 工程，在弹出的快捷菜单中选择 Set as Active Project 命令使其成为当前的工程。

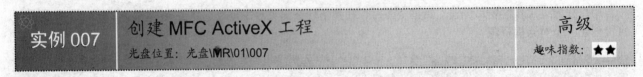

| 实例 007 | 创建 MFC ActiveX 工程
光盘位置：光盘\MR\01\007 | 高级
趣味指数：★★ |

实例说明

ActiveX 是 Microsoft 基于组件对象模型（Component Object Model，COM）技术提出的在网络环境中进行交互的技术集。针对 Internet 应用程序开发，ActiveX 被广泛应用于 Web 服务器和客户端的各个方面。同时，ActiveX 技术也被应用于桌面应用程序，使用 ActiveX 控件可以快速地设计应用程序，实现类似快速应用程序开发（Rapid Application Development，RAD）的功能。

使用 Visual C++可以开发 ActiveX 控件，从而实现一定的功能，如同 CAdodc、DataGrid 等控件一样，能够简化程序开发时的代码编辑量，从而提高程序的开发效率。本实例将介绍如何创建 MFC ActiveX 工程。

设计过程

（1）选择 File→New 命令，在弹出的 New 对话框中选择 Projects 选项卡，然后选择 MFC ActiveX ControlWizard 选项，并输入工程名称，如图 1.26 所示。

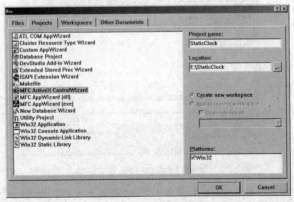

图 1.26　New 对话框

（2）单击 OK 按钮，弹出 MFC ActiveX ControlWizard-Step 1 of 2 对话框，如图 1.27 所示。

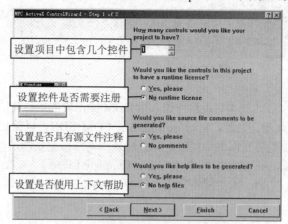

图 1.27　MFC ActiveX ControlWizard-Step 1 of 2 对话框

（3）单击 Next 按钮，弹出 MFC ActiveX ControlWizard-Step 2 of 2 对话框，如图 1.28 所示。

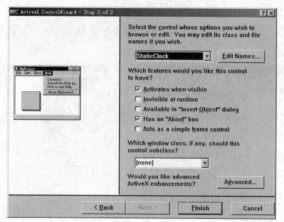

图 1.28　MFC ActiveX ControlWizard-Step 2 of 2 对话框

（4）在 MFC ActiveX ControlWizard-Step 2 of 2 对话框中，单击 Edit Names 按钮可以设置生成类的类名、类的源程序文件名以及控件和其属性页的 ProgID。单击 Finish 按钮完成创建。

■秘笈心法

心法领悟 007：ActiveX 控件的注册方法。

创建了 ActiveX 控件后，如果要使用该控件，需要先进行注册。注册方法是通过选择系统"开始"菜单中的"运行"命令，在打开的"运行"对话框中输入 regsvr32（ocx 文件所在路径）。如生成的后缀为.ocx 的文件名为 StaticClock.ocx，其所在路径为 C:\WINDOWS\system32，那么可以通过在"运行"对话框中输入 regsvr32 C:\WINDOWS\system32\StaticClock.ocx，单击"确定"按钮，完成对控件的注册。如果注册成功，则弹出如图 1.29 所示的提示框。

图 1.29　注册成功后的提示框

实例 008	创建 ATL 工程	高级
	光盘位置：光盘\MR\01\008	趣味指数：★★

■ 实例说明

自 1993 年 Microsoft 公布 COM 技术后，软件进入以 COM 为基础的组件化时代。但是由于 COM 技术的复杂和繁琐，使许多程序员望而却步。为此，Microsoft 推出了 COM SDK，以简化 COM 编程。但是随着网络技术的不断发展，COM 技术要求能够在网络中传输，并且应减少网络带宽资源的使用。为此，Microsoft 于 1995 年又推出了新的 COM 开发工具——活动模板库（Active Template Library，ATL）。它是一套基于模板的 C++ 类，使用这些类可以快速创建 COM。本实例将介绍如何创建 ATL 工程。

■ 设计过程

（1）在 Visual C++ 6.0 开发环境中选择 File→New 命令，弹出 New 对话框，选择 Projects 选项卡，然后选择 ATL COM AppWizard 选项。在 Project name 文本框中输入工程名 Sample，在 Location 文本框中设置工程文件存放的位置为 E:\范例大全\Sample，如图 1.30 所示。

（2）单击 OK 按钮，弹出 ATL COM AppWizard-Step 1 of 1 对话框，选中 Support MFC 复选框，如图 1.31 所示。

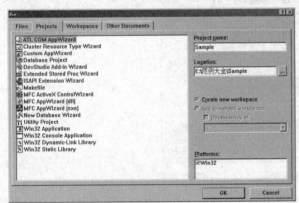

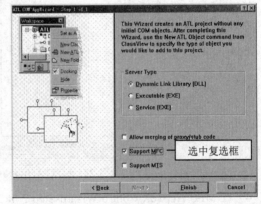

图 1.30　创建 ATL 工程　　　　　图 1.31　ATL COM AppWizard-Step 1 of 1 对话框

（3）单击 Finish 按钮完成工程的创建。

■ 秘笈心法

心法领悟 008：ATL 控件的创建方法。

用户可以通过本实例介绍的方法创建 ATL 控件，在创建工程以后，需要在工作区的类视图窗口中右击根节点，在弹出的快捷菜单中选择 New ATL Object 命令，打开 ATL 对象向导窗口进行相关设置。

实例 009	创建控制台应用程序	高级
	光盘位置：光盘\MR\01\009	趣味指数：★★

■ 实例说明

Visual C++ 6.0 开发环境也可以作为 C 语言和 C++语言的开发环境，在作为这两个语言的开发环境时，就不是创建 MFC 工程了，而是要创建控制台的应用程序。本实例将介绍如何创建控制台应用程序。

■ 设计过程

（1）启动 Visual C++ 6.0 集成开发环境，选择 File→New 命令，打开 New 对话框。

（2）选择 Projects 选项卡，在列表中选择 Win32 Console Application 选项，在 Project name 文本框中输入工程名 Hello，在 Location 文本框中设置工程文件存放的位置为 C:\VC\Hello，如图 1.32 所示。

（3）单击 OK 按钮，打开 Win32 Console Application-Step 1 of 1 对话框，如图 1.33 所示。

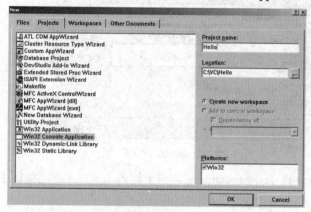
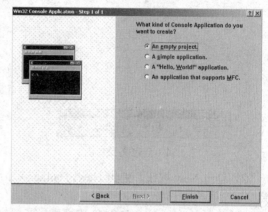

图 1.32　New 对话框　　　　　　图 1.33　Win32 Console Application-Step 1 of 1 对话框

在 Win32 Console Application-Step 1 of 1 对话框中可以选择要创建工程的类型，如下所示。

❑　An empty project：空白工程。

❑　A simple application：简单应用程序。

❑　A"Hello, World!"application："Hello, World" 程序。

❑　An application that supports MFC：支持 MFC 的应用程序。

（4）本实例选中 A"Hello, World!"application 单选按钮，单击 Finish 按钮，显示将要创建的文件清单，单击 OK 按钮即完成控制台应用程序的创建。

■ 秘笈心法

心法领悟 009：控制台应用程序的编译。

应用程序框架创建完以后，要想正确运行该工程，还需要对其进行编译和连接。选择 Build→Build Hello.exe 命令，Visual C++ 将会自动完成所有的编译和连接工作，并最终生成 Hello.exe 文件。在编译和连接过程中，用户可以在输出窗口中看到当前信息，包括错误信息和警告信息等。

1.2　开发环境的设置与使用

实例 010	如何定制自己的工具栏	高级
	光盘位置：光盘\MR\01\010	趣味指数：★★★★

■ 实例说明

虽然 Visual C++ 6.0 为用户提供了 11 个预定的工具栏，但是每个工具栏中的功能并不全面。如果想快速操作，就需要同时显示多个工具栏，而当中还有一些工具栏按钮并不是经常使用的。为了使用户能够更好地使用工具栏，本实例提供一种自定义工具栏的方法。实例运行效果如图 1.34 所示。

■ 设计过程

（1）在 Visual C++ 6.0 开发环境中选择 Tools→Customize 命令，弹出 Customize 对话框，选择 Toolbars 选项卡，如图 1.35 所示。

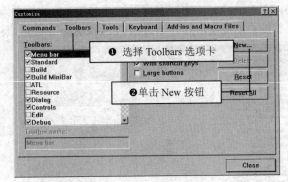

图 1.34　自定义工具栏

图 1.35　Customize 对话框

（2）单击 New 按钮，弹出 New Toolbar 对话框，在 Toolbar name 文本框中输入工具栏名称，如图 1.36 所示。

（3）单击 OK 按钮，创建一个工具栏，新创建的工具栏名称为"工具栏"，如图 1.37 所示。

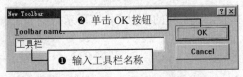

图 1.36　New Toolbar 对话框

图 1.37　新建工具栏

（4）在 Customize 对话框中选择 Commands 选项卡，在 Category 下拉列表框中选择一个目录，如图 1.38 所示。

（5）在 Buttons 群组框中会显示相应的按钮图标，利用鼠标将 Buttons 群组框中的按钮拖动到新建的工具栏中，如图 1.39 所示。

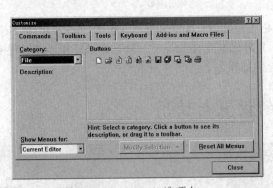

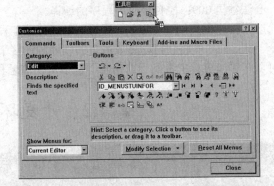

图 1.38　Commands 选项卡

图 1.39　添加工具栏按钮

（6）用户根据需要在不同的目录中选择工具栏按钮，将这些按钮都拖动到工具栏以后，单击 Close 按钮即可完成新工具栏的创建。

■ 秘笈心法

心法领悟 010：工具栏的显示和隐藏。

自己定制的工具栏在显示和隐藏时的操作与开发环境提供的工具栏是一样的，都可以通过在工具栏上任意空白位置右击，在弹出的快捷菜单中选择显示或者隐藏。

实例 011	在 Visual C++项目中使用自定义资源	高级
	光盘位置：光盘\MR\01\011	趣味指数：★★☆

■ 实例说明

在 Visual C++开发环境中，对于资源只有几个简单的分类，如果想在 Visual C++开发环境中使用这些分类以外的资源，怎么办呢？可以将要使用的资源添加到开发环境中，然后创建一个自定义的资源类型。本实例将介绍添加自定义资源的方法。

■ 设计过程

（1）创建一个基于对话框的应用程序。

（2）在工作区窗口的 ResourceView 选项卡中，右击任意节点，在弹出的快捷菜单中选择 Import 命令，如图 1.40 所示。

（3）在弹出的 Import Resource 对话框中选择要添加的资源文件（本实例选择的是录像 1.avi 文件），如图 1.41 所示。

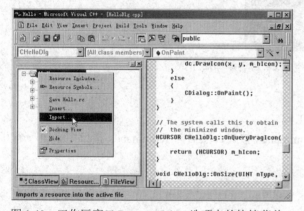

图 1.40 工作区窗口 ResourceView 选项卡的快捷菜单

图 1.41 Import Resource 对话框

（4）单击 Import 按钮，添加资源，这时会弹出 Custom Resource Type 对话框，用户需要在该对话框中设置资源类型，如图 1.42 所示。

（5）单击 OK 按钮，将资源添加到工程中，如图 1.43 所示。

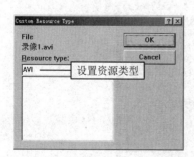

图 1.42 Custom Resource Type 对话框

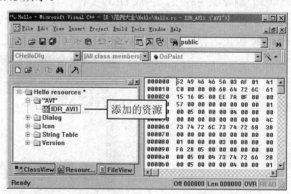

图 1.43 添加资源

■ 秘笈心法

心法领悟 011：不加载位图资源到工程中的使用方法。

在开发应用程序时，有时需要不加载资源到工程中，而是直接使用。例如，直接打开一个位图文件并显示，这是怎么实现的呢？首先获得位图文件的存储路径，然后通过 LoadImage 函数进行加载，这样就可以使用，示例代码如下：

```
HANDLE handle = LoadImage(NULL,"C:\\image.bmp",IMAGE_BITMAP,0,0,LR_LOADFROMFILE);
m_Bmp.SetBitmap((HBITMAP)handle);
```

实例 012	向 Visual C++开发环境中添加插件 光盘位置：光盘\MR\01\012	高级 趣味指数：★★★★☆

■ 实例说明

利用 Visual C++提供的 DevStudio Add-in Wizard 向导，用户可以非常方便地向开发环境中添加自定义的插件。本实例笔者向开发环境中添加了一个"退出"插件，当用户单击"退出"插件时将弹出一个对话框询问用户是否退出开发环境，如果单击"是"按钮则退出，否则取消退出，效果如图 1.44 所示。

图 1.44　向 Visual C++开发环境中添加插件

■ 设计过程

（1）利用 DevStudio Add-in Wizard 向导创建一个工程。

（2）在工作区窗口的 ClassView 选项卡中选择 Icommands 接口，然后向 Icommands 接口中添加一个方法 QuitVCIDE，代码如下：

```
STDMETHODIMP CCommands::QuitVCIDE()
{
    AFX_MANAGE_STATE(AfxGetStaticModuleState())
    VERIFY_OK(m_pApplication->EnableModeless(VARIANT_FALSE));
    if (MessageBox(NULL,"确实要退出 VC 开发环境吗?","提示",MB_YESNO)==IDYES)
        m_pApplication->Quit();
    VERIFY_OK(m_pApplication->EnableModeless(VARIANT_TRUE));
    return S_OK;
}
```

（3）编译应用程序，生成 DLL 文件。设计完插件后，还需要将插件添加到开发环境中。

（4）在开发环境的工具栏中右击，在弹出的快捷菜单中选择 Customize 命令，弹出 Customize 对话框，单击 Browse 按钮选择插件动态库，如图 1.45 所示。

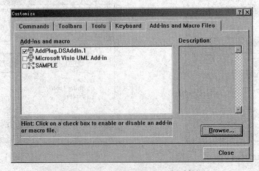

图 1.45　Customize 对话框

（5）关闭 Customize 对话框，此时系统会创建一个工具栏，其中包含了一个工具栏按钮，单击该按钮，将执行插件中的 QuitVCIDE 方法。

秘笈心法

心法领悟 012：添加插件时的注意事项。

在 Browse 按钮选择插件时，默认的文件类型是 Macro Files(.dsm)类型，用户需要将其修改为 Add-ins(.dll)类型，然后选择 DLL 插件进行添加。

实例说明

在开发应用程序时，消息处理是必不可少的，无论是按钮的单击功能，还是窗体的移动，都要触发消息。本实例将介绍如何添加消息处理函数。

设计过程

（1）新建一个基于对话框的应用程序。

（2）按 Enter 键打开对话框的属性窗口，选择 Styles 选项卡，然后将 Border 属性设置为 Resizing，该属性可以调整对话框的大小。

（3）按 Ctrl+Enter 快捷键打开类向导，选择 Message Maps 选项卡，在 Class name 下拉列表框中选择对应的类，在 Object IDs 列表框中选择资源 ID，在 Messages 列表框中选择要处理的消息，如图 1.46 所示。

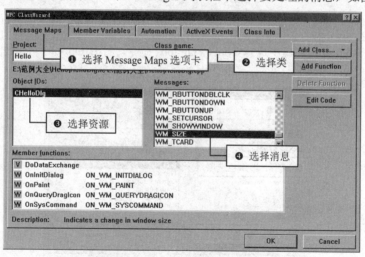

图 1.46　添加消息处理函数

（4）单击 Add Function 按钮添加消息处理函数，然后单击 Edit Code 按钮，即可跳转到建立的消息响应函数或虚函数中。用户可以在其中编写实现代码。

秘笈心法

心法领悟 013：删除消息处理函数。

如果用户想要删除已经添加的消息处理函数，可以按照上述步骤（1）～（3）进行操作，在步骤（4）中，单击 Delete Function 按钮进行删除。

实例 014	设置开发环境文本颜色	高级
	光盘位置：光盘\MR\01\014	趣味指数：★★★★☆

■ 实例说明

在用户安装了 Visual C++ 6.0 的开发环境以后，编写程序时，其中的代码都是黑色的，虽然对开发过程并没有太大的影响，但是在调试的过程中就会使程序代码不容易阅读。为了使程序代码更易于阅读和理解，使程序开发更加得心应手，用户可以设置代码编辑器中字体的大小、颜色等信息，其中最主要也是开发人员经常设置的是数字、字符串和注释的颜色。实例运行结果如图 1.47 所示。

图 1.47　代码编辑窗口

■ 设计过程

（1）在 Visual C++ 6.0 开发环境中选择 Tools→Options 命令，打开 Options 对话框，选择 Format 选项卡，如图 1.48 所示。

图 1.48　Options 对话框中的 Format 选项卡

（2）在 Category 列表框中选择 Source Windows 选项，在 Colors 列表框中选择 Comment 选项，表示将要设置注释的信息。在 Foreground 下拉列表框中设置注释的字体颜色，用户可以选择自己喜欢的颜色，本实例选择绿色。

（3）在 Colors 列表框中选择 Number 选项，表示设置数字的颜色。同样在 Foreground 下拉列表框中设置数字的颜色，本实例选择蓝色。

（4）在 Colors 列表框中选择 String 选项，表示设置字符串的颜色。在 Foreground 下拉列表框中为字符串选择一种颜色，本实例选择红色。

（5）单击 OK 按钮完成设置。

■ 秘笈心法

心法领悟 014：设置开发环境文本颜色的注意事项。

在设置颜色时，还可以为注释设置背景色。方法是在 Background 下拉列表框中选择一种颜色，但通常情况下不要设置背景色，否则代码编辑器会显得很零乱。

| 实例015 | 设置批量注释
光盘位置: 光盘\MR\01\015 | 高级
趣味指数: ★★★★☆ |

■ 实例说明

Visual C++ 6.0 开发环境虽然提供了丰富的功能，但是也有不尽如人意之处。例如，它没有提供批量注释和取消批量注释的功能。但是，Visual C++ 6.0 开发环境的设计者还是非常有远见的，提供了一些接口允许用户扩充开发环境的功能。例如，可以使用 VB Script 脚本来添加新的功能。本实例将介绍使用 VB Script 脚本实现批量注释和恢复批量注释的功能，批量注释效果如图 1.49 所示。

■ 设计过程

（1）在 Visual C++ 6.0 中选择 File→New 命令，弹出 New 对话框，选择 Files 选项卡，如图 1.50 所示。

图 1.49　批量注释

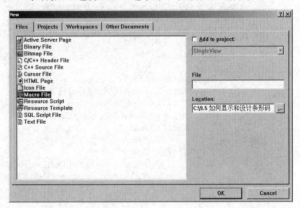

图 1.50　New 对话框

（2）在列表框中选择 Macro File 选项，在 File 文本框中输入文件名称，单击 OK 按钮创建宏文件，弹出 New Macro File 对话框，如图 1.51 所示。

（3）在 Description 备注框中输入宏文件的描述信息，单击 OK 按钮创建宏文件。此时，在代码编辑器中将创建一个宏文件窗口，如图 1.52 所示。

图 1.51　New Macro File 对话框

图 1.52　宏文件窗口

（4）向宏文件中添加两个子过程，语言为 VB Script，代码如下：

```
Sub SetSelNote()'Sun DESCRIPTION: 过程 SetSelNote 用于使选中的文本成为注释
dim CurWin '当前获得的窗口
set CurWin = ActiveWindow
if CurWin.type<>"Text" Then '判断当前窗口是否为文本窗口
     MsgBox "当前窗口不是代码窗口"
else
     NoteType = "//"
     BeginLine = ActiveDocument.Selection.TopLine
     EndLine = ActiveDocument.Selection.BottomLine
     if EndLine < BeginLine then
          Line = BeginLine
          BeginLine = EndLine
          EndLine = Line
     else
          for    row = BeginLine To EndLine
               ActiveDocument.Selection.GoToLine row
               ActiveDocument.Selection.SelectLine '选中当前行
               ActiveDocument.Selection = NoteType+ActiveDocument.Selection
          Next
     End if
End if
End Sub
Sub CancelSelNote()
dim CurWin '当前获得的窗口
set CurWin = ActiveWindow
if CurWin.type<>"Text" Then '判断当前窗口是否为文本窗口
     MsgBox "当前窗口不是代码窗口"
else
     BeginLine = ActiveDocument.Selection.TopLine
     EndLine = ActiveDocument.Selection.BottomLine
     if EndLine < BeginLine then
          Line = BeginLine
          BeginLine = EndLine
          EndLine = Line
     else
          for    row = BeginLine To EndLine
               ActiveDocument.Selection.GoToLine row
               ActiveDocument.Selection.SelectLine '选中当前行
               SelBlock = ActiveDocument.Selection
               Trim(SelBlock)
               pos = instr(SelBlock,"//")
               if pos <>0 then
                    RightBlock = Right(SelBlock,Len(SelBlock)-2)
                    ActiveDocument.Selection = RightBlock
               End If
          Next
     End if
End if
End Sub
```

（5）保存宏文件。选择 Tools→Customize 命令，打开 Customize 对话框，选择 Add-ins and Macro Files 选项卡，如图 1.53 所示。

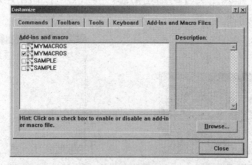

图 1.53　选择 Add-ins and Macro Files 选项卡

（6）单击 Browse 按钮，打开浏览对话框，选择之前创建的宏文件，此时会发现它将显示在 Add-ins and macro 列表框中，如图 1.54 所示。

（7）切换到 Commands 选项卡，在 Category 下拉列表框中选择 Macros 选项，在右侧的列表框中会显示当前宏文件中定义的命令，如图 1.55 所示。

图 1.54　导入宏文件

图 1.55　导出宏命令

（8）在 Commands 列表框中选中宏命令，将其拖动到工具栏中，此时将弹出 Button Appearance 对话框，如图 1.56 所示。

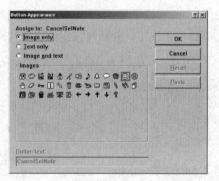

图 1.56　Button Appearance 对话框

（9）在 Button Appearance 对话框中选中 Image only 单选按钮，在 Images 群组框中为按钮选择一个图标，单击 OK 按钮完成工具栏设置。

（10）按照步骤（7）～（9）的方法将图 1.55 中的另一个宏命令添加到工具栏中。

（11）在代码编辑框中选中多行代码，单击工具栏中的宏命令按钮，便会发现这些代码被注释了。

■ 秘笈心法

心法领悟 015：恢复批量注释的代码。

如果要恢复被批量注释的代码，首先选中注释掉的代码，然后单击工具栏中的另一个宏命令按钮，会发现这些代码取消了注释。

实例 016	如何对齐零乱的代码 光盘位置：光盘\MR\01\016	高级 趣味指数：★★★☆

■ 实例说明

使用快捷键对齐凌乱的代码。在编写程序时，有时只考虑了程序的算法，而忘记了代码的缩进格式，导致写出来的一段代码非常零乱。没有对齐的代码如图 1.57 所示。此时，可以按 Alt+F8 快捷键来对齐代码。效果如

图 1.58 所示。

```
void CArrangeCodeDlg::OnEnter()
{   //没有对齐的代码
    CString strResult;
    GetDlgItem(IDC_ED_RESULT)->GetWindowText(strResult);
    for(int i=0;i<strResult.GetLength();i++)
    {
    char cGet;
    cGet=strResult.GetAt(i);
    if(cGet>'a')

    MessageBox(NULL,"字符输出","提示",MB_OK);
    }
    }
}
```

图 1.57　没有对齐的代码

```
void CArrangeCodeDlg::OnEnter()
{
    CString strResult;
    GetDlgItem(IDC_ED_RESULT)->GetWindowText(strResult);
    for(int i=0;i<strResult.GetLength();i++)
    {
        char cGet;
        cGet=strResult.GetAt(i);
        if(cGet>'a')
        {
            MessageBox(NULL,"字符输出","提示",MB_OK);
        }
    }
}
```

图 1.58　对齐后的代码

■ 关键技术

在实例中经常使用快捷键将多行不规则的代码对齐，如果不使用该快捷键而是逐行对齐，是很浪费时间的，但使用快捷键对齐也是需要在一定编码规范内的。如果将代码全部写在一行内，则是无法完成对齐的。

■ 设计过程

（1）创建基于对话框的应用程序。

（2）在对话框中添加一个编辑框和一个按钮，并填写按钮的实现代码，代码如下：

```
void CArrangeCodeDlg::OnEnter()
{
    CString strResult;
    GetDlgItem(IDC_ED_RESULT)->GetWindowText(strResult);
    for(int i=0;i<strResult.GetLength();i++)
    {
        char cGet;
        cGet=strResult.GetAt(i);
        if(cGet>'a')
        {
            MessageBox(NULL,"字符输出","提示",MB_OK);
        }
    }
}
```

（3）将代码的对齐打乱，并通过 Alt+F8 快捷键重新对齐。

■ 秘笈心法

心法领悟 016：移动多行代码的快捷方式。

在 Visual C++中能够多行移动代码的快捷键还有许多，例如将多行代码整体向左移动的快捷键是 Shift+Ctrl+M，将多行代码整体向右移动的快捷键是 Tab。这两种移动方法都保持原来的对齐方法不变，进行整体移动。

| 实例 017 | 判断代码中的括号是否匹配
光盘位置：光盘\MR\01\017 | 高级
趣味指数：★★★☆ |

■ 实例说明

在分析代码时，经常会遇到代码层次较多的情况。在代码行较多的情况下查找括号匹配是很消耗时间的，Visual C++中提供了查找括号匹配的方法。本实例将展示如何查找匹配括号。

■ 关键技术

将光标移动到需要检测的括号（如大括号{}、方括号[]、圆括号()和尖括号<>）前面，按 Ctrl+]或 Ctrl+E 快捷键。如果当前有匹配的括号,光标就会跳到匹配的括号处,否则不移动,并且机箱喇叭还会发出警告声。

设计过程

(1)创建基于对话框的应用程序。

(2)在对话框上添加编辑框和按钮控件。

(3)添加按钮的实现代码如下:

```
void CBracketCheckDlg::OnEnter()
{
    CString strResult;
    int n,r,t;
    int iResult=0;
    for(n=0;n<=12;n++)//控制行数
    {
        for(r=0;r<=n;r++)
        {
            int i;
            if(r==0)
            {
                for(i=0;i<=(12-n);i++)
                    iResult+=i;
            }else
                iResult-=r;
        }
    //}
    strResult.Format("%d",iResult);
    GetDlgItem(IDC_ED_RESULT)->SetWindowText(strResult);
}
```

(4)使用 Ctrl+]快捷键找到注释的括号。

秘笈心法

心法领悟 017:查看括号是否对应。

使用 Ctrl+]快捷键查看括号是否对应,是在代码都正确的情况下完成的,一般都在程序内进行查找。如果在某个程序内查找匹配括号,但此时该程序前面的程序存在不匹配的现象,那么在该程序内也无法进行查找。

实例018	修改可执行文件中的资源 光盘位置:光盘\MR\01\018	高级 趣味指数:★★★☆

实例说明

使用过软件的读者都知道,软件中一般都有很多种语言,对于一些英文软件,需要将其汉化后才能够使用,这个汉化的过程就是修改可执行文件中的资源的过程。

关键技术

对于一个可执行文件来说,可以利用 Visual C++以资源的方式打开,打开以后用户可以修改可执行文件的各种资源,使用这种方法可以非常方便地汉化一个应用程序。

设计过程

(1)在 Visual C++集成开发环境中选择 File→Open 命令,打开 Open 窗口,在 Open as 下拉列表框中选择 Resources 选项,在"文件类型"下拉列表框中选择所有文件,然后打开某个 EXE 或 DLL 文件。如果这些文件中包含资源,那么这些资源将都显示出来,效果如图 1.59 所示。

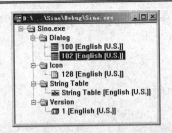

图 1.59　修改资源

（2）找到 Dialog 文件夹下相应的对话框资源，直接修改并保存即可。

■ 秘笈心法

心法领悟 018：使用 API 函数修改资源。

Windows 系统还提供了 API 函数来修改资源，首先调用 BeginUpdateResource 函数打开一个程序，然后调用 UpdateResource 函数修改资源，最后调用 EndUpdateResource 函数保存修改。

1.3　程序调试

实例 019	创建调试程序 光盘位置：光盘\MR\01\019	高级 趣味指数：★★★☆

■ 实例说明

在软件开发过程中经常会遇到程序运行出错的情况，这些错误都属于运行期错误，运行期错误需要通过调试手段找到出错的位置。在 Visual C++中能够生成可调试和不可调试两种程序。本实例将创建一个可以调试的程序（可调试的程序含有调试信息，比不可调试的应用程序所占空间大）。

■ 关键技术

Visual C++可以创建 Release 和 Debug 两种应用程序，其中 Release 版本是不可以调试的，Debug 版本是可以调试的。创建调试应用程序，主要是通过工程配置对话框（如图 1.60 所示）来设置，可通过 Visual C++的 Build→Set Project Active Configuration 命令来激活。选择 Win32 Debug 选项就能够创建可以调试的应用程序。

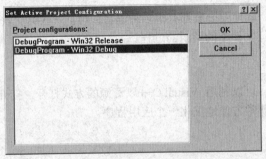

图 1.60　工程配置对话框

■ 设计过程

创建用于程序调试的程序步骤如下：

（1）选择 File→New 命令，打开 New 对话框。

（2）在 Project name 文本框中输入 DebugProject，在左侧的工程列表中选择 Win32 Console Application 选项，创建一个控制台应用程序。

（3）单击 OK 按钮，在弹出的对话框中选中 A "Hello, World!" application 单选按钮，创建一个 "Hello, World!" 工程，单击 Finish 按钮完成工程的创建。

秘笈心法

心法领悟 019：程序错误分类。

程序错误可以分为语法错误、连接错误、运行时错误 3 类。其中语法错误将导致代码编译不能完成，而连接错误主要指不能生成应用程序，运行时错误主要指生成应用程序后，运行时出错。运行时错误是比较难调试的，代码越多、越复杂，找到错误原因越难，这需要开发人员多积累经验，以及让程序能够输出日志，这样可以很快地找到出错的地方。

实例 020	在 Release 版本中进行调试	高级 趣味指数：★★★★☆

实例说明

许多开发人员在利用 Visual C++ 6.0 开发程序时，经常会遇到程序在 Debug 版本中能够正常运行，但是在 Release 版本中出现问题的情况。为了在 Release 版本中发现和解决问题，需要在 Release 版本中调试程序，但 Release 版本不支持调试，这该怎么办呢？本实例中将介绍一个方法，使 Release 版本的程序可以进行调试。

设计过程

（1）创建一个基于对话框的应用程序。

（2）在工程中选择 Project→Settings 命令，打开 Project Settings 对话框。在该对话框中选择 C/C++选项卡，在 Optimizations 下拉列表框中选择 Default 选项，在 Debug info 下拉列表框中选择 Program Database for Edit and Continue 选项，如图 1.61 所示。

（3）选择 Link 选项卡，选中 Generate debug info 复选框，如图 1.62 所示。

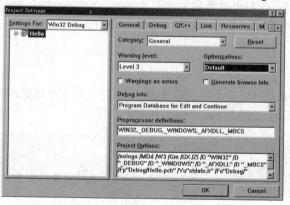
图 1.61　C/C++选项卡设置

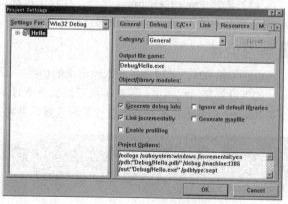
图 1.62　Link 选项卡设置

（4）单击 OK 按钮完成设置。

秘笈心法

心法领悟 020：MessageBox 函数的妙用。

在调试时，除了使用开发环境自带的窗口以外，还可以使用 MessageBox 函数来配合调试，MessageBox 函数可以弹出一个消息。在指定的代码中使用 MessageBox 函数，可以起到设置断点的作用，也可以快速地确定哪段代码出现了错误，从而加快程序的排错速度。

| 实例 021 | 在 Visual C++中如何进行远程调试
光盘位置：光盘\MR\01\021 | 高级
趣味指数：★★★☆ |

■ 实例说明

在调试大型应用程序时，如果计算机的配置比较低，就需要在配置较高的机器上调试。Visual C++提供了远程调试的能力，方便程序开发人员调试存放在配置较高的机器上的程序。

■ 关键技术

Visual C++之所以能够进行远程调试，主要是通过 Msvcmon.exe 应用程序完成的，该程序在 Visual C++安装目录的 bin 子目录下。远程调试需要服务端和客户端，在服务端运行 Msvcmon.exe，然后在客户端运行 debugger remote connection 来进行远程调试，远程调试的设置如图 1.63 所示。

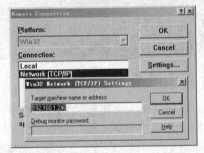

图 1.63　远程调试的设置

■ 设计过程

利用 Visual C++调试远程计算机中的程序的步骤如下：

（1）在远程计算机上安装 Visual C++，并运行 bin 目录下的 Msvcmon.exe，打开调试监视器窗口，在列表中选择 Network（TCP/IP），单击 Settings 按钮打开网络设置窗口，在 Target machine name or address 文本框中输入调试机器的名称或 IP 地址。单击 OK 按钮返回到调试监视器窗口，单击 Connect 按钮开始连接。

（2）在调试机器上运行 Visual C++，打开工程，选择 Build→Debugger Remote Connection 命令打开远程连接窗口，单击 Settings 按钮打开网络设置窗口，在 Target machine name or address 文本框中输入远程计算机的名称或 IP 地址。

（3）选择 Project→Settings 命令，打开工程选项窗口，在 Debug 选项卡中的 Remote exeutable path and file name 文本框中输入远程计算机中的可执行文件，格式为\\RemoteMachine\c\Project\Debug\App.exe。

■ 秘笈心法

心法领悟 021：远程调试及本地调试的切换。

如果设置完远程调试，下次再执行调试命令时，Visual C++还会使用远程调试。如果想使用本地调试，则需要对 Remote Connection 对话框进行重新设置，并将 Network 改回 Local。

| 实例 022 | 利用简单断点进行程序调试
光盘位置：光盘\MR\01\022 | 高级
趣味指数：★★★☆ |

■ 实例说明

使用 Visual C++调试程序前，必须在代码中设置断点，Visual C++中提供了多种断点的设置方法。本实例将使用最基本的断点。

■ 关键技术

断点可以通过系统菜单和快捷菜单设置。系统菜单主要是执行 Edit→Breakpoints 命令，通过弹出的对话框进行设置。快捷菜单则是在想要设置断点的代码前右击，在弹出的快捷菜单中选择 Insert→Remove Breakpoint 命令，即可添加断点。设置后的效果如图 1.64 所示。

设置断点后，按 F5 键运行程序。当程序执行到断点处时就会暂停，此时可以按 F10 或 F11 键逐条执行语句。执行时有一个指针指向将要执行的语句，如图 1.65 所示。

图 1.64　添加断点

图 1.65　调试程序

设计过程

（1）创建一个基于对话框的应用程序。

（2）在对话框中添加编辑框和按钮控件。

（3）添加按钮的实现代码如下：

```cpp
void CDebugProgramDlg::OutputResult()
{
    CString strResult;
    int iResult=0;
    for(int i=0;i<50;i++)
    {
        if(i%2==0)//设置断点行
            iResult+=i;
    }
    strResult.Format("%d",iResult);
    GetDlgItem(IDC_ED_RESULT)->SetWindowText(strResult);
}
```

（4）在 if(i%2==0)处通过鼠标右键添加断点。

秘笈心法

心法领悟 022：调试程序时的功能键。

本实例中提到按 F10 或 F11 键执行语句，其中 F10 键是单步执行，F11 键是跳跃式执行。也就是说，F11 键会跳进函数内执行，而 F10 键会在本代码文件中一句一句地执行。

实例 023	利用条件断点进行程序调试 光盘位置：光盘\MR\01\023	高级 趣味指数：★★★☆

实例说明

在一个循环中如果使用简单断点来调试程序，将是非常耗时的。如果此时循环很多，则无法执行完程序。所以 Visual C++还提供了条件断点，即在条件触发时断点才生效，程序进行到暂停状态。在程序进行到暂停状态前会弹出提示对话框，如图 1.66 所示。

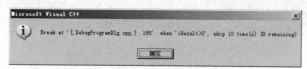

图 1.66　利用条件断点进行程序调试

■ 关键技术

条件需要使用断点设置对话框来设置，调用断点设置（Breakpoints）对话框需要执行 Edit→Breakpoints 命令或按 Ctrl+B 快捷键。断点设置对话框如图 1.67 所示。

在断点设置对话框中选择 Location 选项卡，在 Break at 文本框中设置断点。文本框旁边的三角号可以提示当前光标的所在行，可以将断点设置在当前光标处，也可以通过高级断点设置对话框来通过指定在函数、源文件、可执行文件中的位置来设置指定断点。设置完断点后可以通过 Condition 按钮打开条件断点设置对话框，再设置断点生效的条件。条件断点设置对话框如图 1.68 所示。

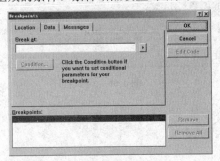

图 1.67　断点设置对话框

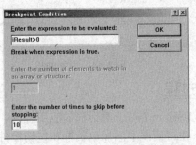

图 1.68　条件断点设置对话框

用户可以在第一个文本框中输入断点生效的表达式，还可以在第三个文本框中设置跳过的次数。

■ 设计过程

（1）创建基于对话框的应用程序。

（2）在头文件 DebugProgramDlg.h 中添加 OutputResult 方法。

（3）OutputResult 方法的实现代码如下：

```
void CDebugProgramDlg::OutputResult()
{
        CString strResult;
        int iResult=0;
        for(int i=0;i<50;i++)
        {
                if(i%2==0)
                        iResult+=i;//设置断点处
        }
        strResult.Format("%d",iResult);
        GetDlgItem(IDC_ED_RESULT)->SetWindowText(strResult);
}
```

（4）在 iResult+=i;处设置断点，然后设置断点的生效条件是 iResult>10。

（5）按 F5 键运行程序，在断点生效时开始调试程序。

■ 秘笈心法

心法领悟 023：条件断点的深层使用。

条件断点不仅可以设置为普通变量，也可以设置为结构体变量。如果是结构体变量，就需要在条件断点设置对话框的第二个编辑框中设置是第几个成员。

实例 024	利用数据断点进行程序调试 光盘位置：光盘\MR\01\024	高级 趣味指数：★★★☆

■ 实例说明

数据断点是指对指定变量进行监控，程序运行到变量值发生改变时进入调试状态，进入调试状态前会弹出一个确认对话框,对 iResult 变量进行监控。当 iResult 值发生改变时弹出对话框,如图 1.69 所示。

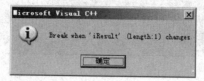

图 1.69 利用数据断点进行程序调试

■ 关键技术

数据断点需要通过 Breakpoints 对话框来设置,在 Data 选项卡中可输入需要监控的变量。如果是结构体变量或者数组,还需要输入是第几个成员或元素。

■ 设计过程

(1)创建基于对话框的应用程序。

(2)在头文件 DebugProgramDlg.h 中添加 OutputResult 方法。

(3)定义整型全局变量 iResult。

(4)OutputResult 方法的实现代码如下:

```cpp
void CDebugProgramDlg::OutputResult()
{
        CString strResult;
        iResult=0;
        for(int i=0;i<50;i++)
        {
                if(i%2==0)
                        iResult+=i;
        }
        strResult.Format("%d",iResult);
        GetDlgItem(IDC_ED_RESULT)->SetWindowText(strResult);
}
```

(5)按 Ctrl+B 快捷键打开断点窗口,选择 Data 选项卡。

(6)在表达式编辑框中输入 iResult,如图 1.70 所示。

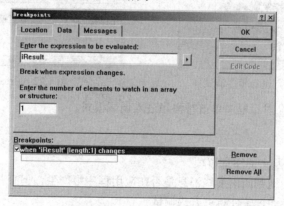

图 1.70 Breakpoints 对话框

(7)按 F5 键运行程序,单击程序中的"确定"按钮,当变量 iResult 值发生变化时进入调试状态。

■ 秘笈心法

心法领悟 024:使用数据断点的注意事项。

数据断点只能对全局变量进行监控,对于局部变量是无效的,因为全局变量出现错误的概率要比局部变量大,而且全局变量可以在不同的源文件内引用,通过数据断点可以很快地定位出错的位置。

| 实例 025 | 利用消息断点进行程序调试
光盘位置：光盘\MR\01\025 | 高级
趣味指数：★★★☆ |

■ 实例说明

在 Visual C++中能够对 Windows 消息设置断点，即消息断点。当程序产生某条消息时，程序进入调试状态。本实例将实现当用户按下鼠标左键时进入调试状态，如图 1.71 所示。

■ 关键技术

消息断点需要通过 Breakpoints 对话框设置。在 Breakpoints 对话框中选择 Messages 选项卡，在 Break at WndProc 文本框中输入回调函数名，然后在中间组合框中选择需要监控的消息事件。当监控的消息事件触发时，程序就会进入调试模式。

■ 设计过程

（1）创建基于对话框的应用程序。

（2）按 Ctrl+B 快捷键打开 Breakpoints 对话框，选择 Messages 选项卡。

（3）在上方的下拉列表框中输入窗口过程 AfxWndProc，在下方的下拉列表框中输入产生中断的消息，如 WM_LBUTTONDOWN，如图 1.72 所示。

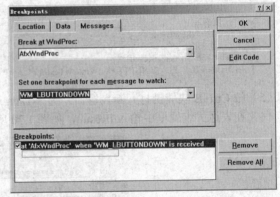

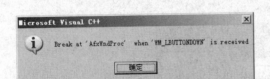

图 1.71　利用消息断点进行程序调试　　　　　图 1.72　Breakpoints 对话框

（4）运行程序，当用户在对话框中单击时程序进入调试模式。

■ 秘笈心法

心法领悟 025：使用消息断点的注意事项。

通过消息断点可以很方便地判断出某些消息是否在应用程序中产生，但有些自定义的消息则无法使用该方法进行调试，自定义消息只能通过条件断点方式调试。

| 实例 026 | 利用 Watch 窗口查看对象信息
光盘位置：光盘\MR\01\026 | 高级
趣味指数：★★★☆ |

■ 实例说明

Watch 窗口主要用来查看变量或对象的信息。用户可以通过选择 View→Debug Windows→Watch 命令或者按 Alt+3 快捷键打开 Watch 窗口，如图 1.73 所示。本实例将实现对字符指针的值进行查看。

■ 关键技术

Watch 窗口一共有 4 个，用户可以任意使用。Watch 窗口只有在调试时才可以使用，用户可用两种方式设置查看的变量，一种是利用鼠标将变量名拖动到 Watch 窗口内，另一种是在窗体的 Name 列表内输入变量名。设置完变量名后在 Value 列就可以显示变量的具体值。

■ 设计过程

（1）创建基于对话框的应用程序。

（2）在头文件 DebugProgramDlg.h 中添加 OutputResult 方法。

（3）定义整型全局变量 iResult。

（4）OutputResult 方法的实现代码如下：

```
void CDebugProgramDlg::OutputResult()
{
    CString strResult;
    int iResult=0;
    //添加代码开始
    char *str = new char[100];                          //定义字符串变量
    strcpy(str,"Hello World!");                         //给字符串赋值
    int s,a,b;                                          //定义整型变量
    a = 5;                                              //赋初值
    b = 10;
    s = a + b;                                          //求和
    strResult.Format("%s\r\n%d",str,s);
    GetDlgItem(IDC_ED_RESULT)->SetWindowText(strResult);
}
```

（5）在 OutputResult 方法内设置一处断点，按 F5 键进入调试状态。当程序执行完 strcpy 语句后，即可看到变量 str 的值，如图 1.74 所示。

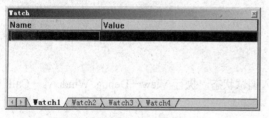

图 1.73　Watch 窗口

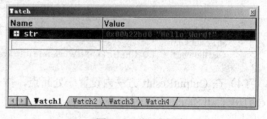

图 1.74　调试程序

■ 秘笈心法

心法领悟 026：在 Watch 窗口中修改变量值。

Watch 窗口不但可以查看变量的值，还可以实时修改变量的值。例如在本实例中，程序执行完 strcpy 语句后，在 Value 中修改变量的值，那么在使用 SetWindowText 进行输出时就会显示修改后的值。

实例 027	利用 Call Stack 窗口查看函数调用信息	高级
	光盘位置：光盘\MR\01\027	趣味指数：★★★☆

■ 实例说明

Call Stack 窗口能够查看当前方法的调用信息。例如方法的参数信息，调用当前方法的参数等。实例实现的是在按钮的单击事件方法内调用自定义方法，在 Call Stack 窗口内可以显示调用的过程，如图 1.75 所示。

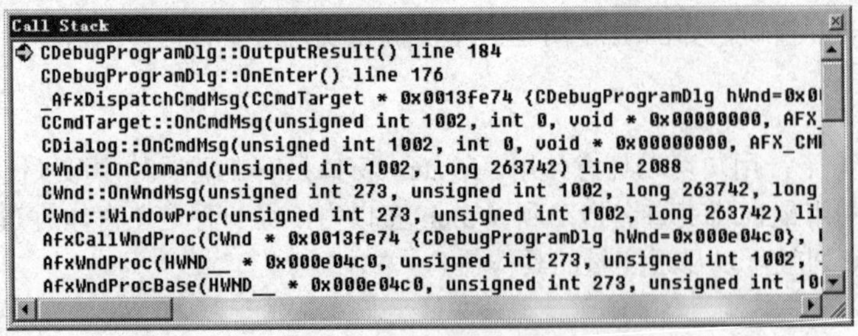

图 1.75　利用 Call Stack 窗口查看函数调用信息

■ 关键技术

Call Stack 窗口在调试期，通过选择 View→Debug Windows→Call Stack 命令打开，默认情况下编译器是不会打开该窗口的。在该窗口可以查看函数调用的层次结构，这样可以辅助开发人员分析代码，了解代码的层次结构。

■ 设计过程

（1）创建基于对话框的应用程序。

（2）在头文件 DebugProgramDlg.h 中添加 OutputResult 方法。

（3）OutputResult 方法的实现代码如下：

```
void CDebugProgramDlg::OutputResult()
{
    CString strResult;
    int iResult=0;
    //添加代码开始
    char *str = new char[100];                          //定义字符串变量
    strcpy(str,"Hello World!");                         //给字符串赋值
    int s,a,b;                                          //定义整型变量
    a = 5;                                              //赋初值
    b = 10;
    s = a + b;                                          //求和
    strResult.Format("%s\r\n%d",str,s);
    GetDlgItem(IDC_ED_RESULT)->SetWindowText(strResult);
}
```

（4）在 OutputResult 方法内设置一处断点，按 F5 键进入调试状态，执行 View→Debug Windows→Call Stack 命令打开 Call Stack 窗口进行查看。

■ 秘笈心法

心法领悟 027：Call Stack 窗口的使用技巧。

Call Stack 窗口只能进行查看操作，不能进行任何修改操作，但该窗口配合 F11 键特别有用。当开发人员在调试中按 F11 键时，Call Stack 窗口的内容就会发生改变，注意 F11 键一定要在函数调用语句前按下。

实例 028	利用 Memory 窗口查看内存信息 光盘位置：光盘\MR\01\028	高级 趣味指数：★★★☆

■ 实例说明

Memory 窗口用于显示某个地址开始处的内存信息，默认地址为 0×00000000。用户可以通过选择 View→Debug Windows→Memory 命令或者按 Alt+6 快捷键打开 Memory 窗口，如图 1.76 所示。本实例将实现通过 Memory 窗口查看指定地址的内容。

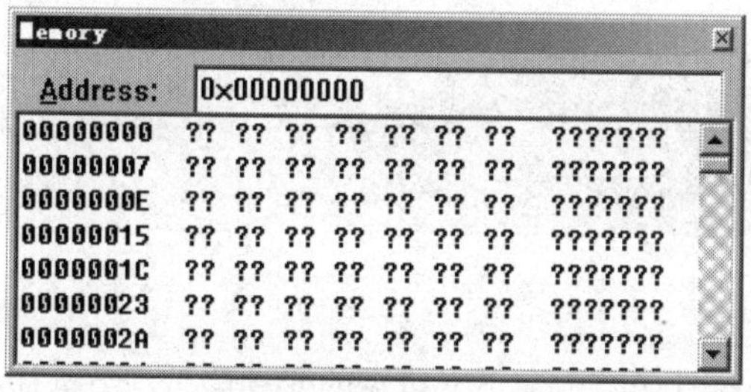

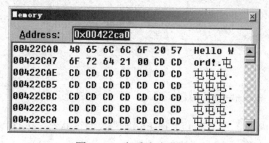

图 1.76 利用 Memory 窗口查看内存信息

■ 关键技术

Watch 窗口只能查看固定变量长度的内容，而 Memory 窗口则可以显示连续地址的内容。在 Memory 窗口中需要输入地址，该地址可以通过 Watch 窗口查找到。Watch 窗口不但显示变量的内容，还提供每个变量的地址。输入该地址可以使用 Memory 窗口查看变量的内容，也可以将某个变量直接拖动到 Memory 窗口的列表中，在 Memory 列表中就会显示该变量的地址及变量的值。

■ 设计过程

（1）创建基于对话框的应用程序。

（2）在头文件 DebugProgramDlg.h 中添加 OutputResult 方法。

（3）OutputResult 方法的实现代码如下：

```
void CDebugProgramDlg::OutputResult()
{
    CString strResult;
    int iResult=0;
    //添加代码开始
    char *str = new char[100];              //定义字符串变量
    strcpy(str,"Hello World!");             //给字符串赋值
    int s,a,b;                              //定义整型变量
    a = 5;
    b = 10;                                 //赋初值
    s = a + b;                              //求和
    strResult.Format("%s\r\n%d",str,s);
    GetDlgItem(IDC_ED_RESULT)->SetWindowText(strResult);
}
```

（4）在 OutputResult 方法内设置一处断点，按 F5 键进入调试状态，执行 View→Debug Windows→Memory 命令打开 Memory 窗口进行查看。查看程序中的变量 str 的地址下的内存内容，如图 1.77 所示。

图 1.77 查看内存信息

■ 秘笈心法

心法领悟 028：Memory 窗口的用途。

Memory 窗口最大的用处是可以帮助开发人员分析出内存是否越界以及程序的执行情况，例如在读取文件时，可以在 Memory 窗口中查看文件是否读取完整，如果读取不完整，则需要增加缓存容量。

实例 029	利用 Variables 窗口查看变量信息 光盘位置：光盘\MR\01\029	高级 趣味指数：★★★★

■ 实例说明

Variables 窗口用于显示当前执行函数中上下文可见的变量信息，当执行一条语句后，该语句涉及的变量值在 Variables 窗口中会用红色显示。用户可以通过选择 View→Debug Windows→Variables 命令或者按 Alt+4 快捷键打开 Variables 窗口，默认情况下该窗口是自动激活的。窗体运行如图 1.78 所示。

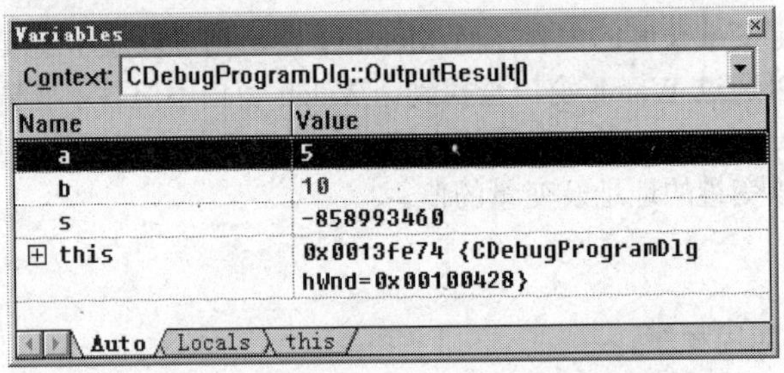

Variables	
Context: CDebugProgramDlg::OutputResult()	
Name	**Value**
a	5
b	10
s	-858993460
⊞ this	0x0013fe74 {CDebugProgramDlg hWnd=0x00100428}

Auto \ Locals \ this /

图 1.78　利用 Variables 窗口查看变量信息

■ 关键技术

Variables 窗口中可以查看 Auto（自动存储变量）、Locals（局部变量）和 this（类成员变量）3 种类型的变量，而且可以对变量的值进行修改，如果是结构体变量，还可以显示成员的值。

■ 设计过程

（1）创建基于对话框的应用程序。

（2）在头文件 DebugProgramDlg.h 中添加 OutputResult 方法。

（3）OutputResult 方法的实现代码如下：

```
void CDebugProgramDlg::OutputResult()
{
        CString strResult;
        int iResult=0;
        //添加代码开始
        char *str = new char[100];              //定义字符串变量
        strcpy(str,"Hello World!");              //给字符串赋值
        int s,a,b;                               //定义整型变量
        a = 5;                                   //赋初值
        b = 10;
        s = a + b;                               //求和
        strResult.Format("%s\r\n%d",str,s);
        GetDlgItem(IDC_ED_RESULT)->SetWindowText(strResult);
}
```

（4）在 OutputResult 方法内设置一处断点，按 F5 键进入调试状态，执行 View→Debug Windows→Variables 命令打开 Variables 窗口，查看变量 a 和 b 的值。

■ 秘笈心法

心法领悟 029：Variables 窗口的用途。

Variables 窗口和 Watch 窗口实时修改变量值的能力非常有用，例如在调试循环体时，可以通过修改循环条件来减少循环的次数，进而增加调试的效率。

实例 030	利用 Registers 窗口查看 CPU 寄存器信息	高级
	光盘位置：光盘\MR\01\030	趣味指数：★★★★☆

实例说明

Registers 窗口用于显示当前 CPU 寄存器的名字、数据和标志，同时也能够显示浮动栈指针。在 Registers 窗口中，用户可以改变任何一个寄存器的值和标记。用户可以通过选择 View→Debug Windows→Registers 命令或者按 Alt+5 快捷键打开 Registers 窗口，如图 1.79 所示。

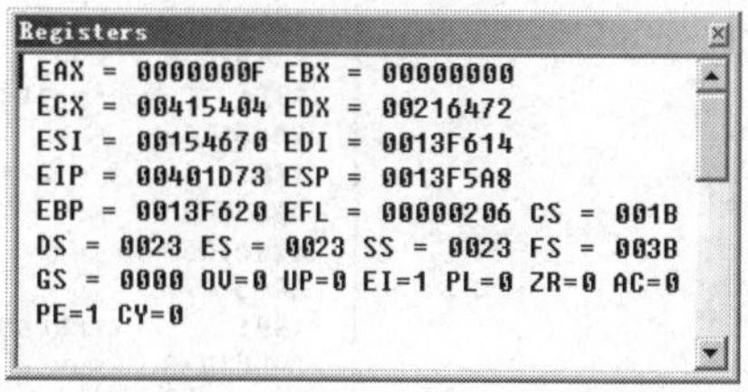

图 1.79　利用 Registers 窗口查看 CPU 寄存器信息

关键技术

Registers 窗口中可以查看 CPU 寄存器和标志位的值，并且值都是以十六进制数的形式显示的。寄存器可以存储立即数和地址值，如果是地址值，还需要结合 Memory 窗口进行具体值的查看。

设计过程

（1）创建基于对话框的应用程序。

（2）在头文件 DebugProgramDlg.h 中添加 OutputResult 方法。

（3）OutputResult 方法的实现代码如下：

```
void CDebugProgramDlg::OutputResult()
{
    CString strResult;
    int iResult=0;
    //添加代码开始
    char *str = new char[100];              //定义字符串变量
    strcpy(str,"Hello World!");              //给字符串赋值
    int s,a,b;                               //定义整型变量
    a = 5;                                   //赋初值
    b = 10;
    s = a + b;                               //求和
    strResult.Format("%s\r\n%d",str,s);
    GetDlgItem(IDC_ED_RESULT)->SetWindowText(strResult);
}
```

（4）在 OutputResult 方法内设置一处断点，按 F5 键进入调试状态，执行 View→Debug Windows→Registers 命令打开 Registers 窗口，可以查看 EAX、ECX、ES 等 CPU 寄存器的值。

秘笈心法

心法领悟 030：Registers 窗口的使用技巧。

Registers 窗口可以和 Disassembly 窗口配合使用，在 Disassembly 窗口中有许多寄存器的名称，只有通过 Registers 窗口才能查看到寄存器中具体的值。

实例 031	利用 Disassembly 窗口查看汇编信息	高级
	光盘位置：光盘\MR\01\031	趣味指数：★★★★☆

实例说明

反汇编窗口 Disassembly 用于显示编译器为源代码产生的汇编指令。用户可以通过选择 View→Debug

Windows→Disassembly 命令或者按 Alt+8 快捷键打开 Disassembly 窗口，如图 1.80 所示。

```
Disassembly                                                    _ □ ×
  184:       strcpy(str,"Hello Word!");        //给字符串赋值
● 00401D4B   push        offset string "Hello Word!" (004153F8)
  00401D50   mov         edx,dword ptr [ebp-1Ch]
  00401D53   push        edx
  00401D54   call        strcpy (00402100)
  00401D59   add         esp,8
  185:       int s,a,b;                        //定义整型变量
  186:       a = 5;                            //赋初值
  00401D5C   mov         dword ptr [ebp-24h],5
  187:       b = 10;
  00401D63   mov         dword ptr [ebp-28h],0Ah
  188:       s = a + b;                        //求和
⇒ 00401D6A   mov         eax,dword ptr [ebp-24h]
  00401D6D   add         eax,dword ptr [ebp-28h]
  00401D70   mov         dword ptr [ebp-20h],eax
  189:       strResult.Format("%s\r\n%d",str,s);
  00401D73   mov         ecx,dword ptr [ebp-20h]
  00401D76   push        ecx
  00401D77   mov         edx,dword ptr [ebp-1Ch]
  00401D7A   push        edx
  00401D7B   push        offset string "%s\r\n%d" (004153f0)
  00401D80   lea         eax,[ebp-14h]
  00401D83   push        eax
  00401D86   call        CString::Format (00402000)
```

图 1.80　利用 Disassembly 窗口查看汇编信息

■ 关键技术

反汇编窗口 Disassembly 不但可以显示汇编代码，还可将程序的源代码显示出来，这样可以查看每条语句对应着什么样的汇编代码，结合汇编语句前的地址值、Memory 窗口和 Registers 窗口可以分析汇编代码的执行情况。

■ 设计过程

（1）创建基于对话框的应用程序。

（2）在头文件 DebugProgramDlg.h 中添加 OutputResult 方法。

（3）OutputResult 方法的实现代码如下：

```
void CDebugProgramDlg::OutputResult()
{
    CString strResult;
    int iResult=0;
    //添加代码开始
    char *str = new char[100];                 //定义字符串变量
    strcpy(str,"Hello World!");                 //给字符串赋值
    int s,a,b;                                  //定义整型变量
    a = 5;                                      //赋初值
    b = 10;
    s = a + b;                                  //求和
    strResult.Format("%s\r\n%d",str,s);
    GetDlgItem(IDC_ED_RESULT)->SetWindowText(strResult);
}
```

（4）在 OutputResult 方法内设置一处断点，按 F5 键进入调试状态，执行 View→Debug Windows→Disassembly 命令打开 Disassembly 窗口进行查看。

■ 秘笈心法

心法领悟 031：反汇编窗口 Disassembly 的使用。

反汇编窗口 Disassembly 可以帮助开发人员进行软件执行效率的分析。如果应用程序对效率有很高的要求，就需要汇编代码调试程序，有时编译器不能将代码编译成优化的汇编代码，所以要根据反汇编窗口进行进一步修改。

第 2 章

语言基础

- ▶▶ 基本语法
- ▶▶ 运算符的妙用
- ▶▶ 条件语句
- ▶▶ 循环语句
- ▶▶ 循环的数学应用
- ▶▶ 趣味计算
- ▶▶ 多重循环打印图形
- ▶▶ 算法

2.1 基 本 语 法

| 实例 032 | 输出问候语
光盘位置：光盘\MR\02\032 | 高级
趣味指数：★★ |

■ 实例说明

在刚接触 Visual C++时，首先要了解的除了开发环境以外，还有 C++的语法知识。但是很少有读者喜欢阅读生涩难懂的理论知识，却又不得不去学习。为了尽量使读者不感到枯燥，本章以实例的形式带领读者进入 C++语言基础的学习之旅。下面是一个简单的问候语输出程序，该实例使用 cout 函数实现数据在屏幕中的输出，如图 2.1 所示。

图 2.1　输出问候语

■ 关键技术

在本实例中使用了 cout 函数，该函数用于输出数据。语法如下：

```
cout<<表达式 1<<表达式 2<<…<<表达式 n;
```

其中，"<<"称为插入运算符，表达式为要输出的数据。

■ 设计过程

（1）创建一个基于控制台的应用程序。

（2）主要程序代码如下：

```
#include "stdafx.h"
#include "iostream.h"
int main()
{
    cout << "您好！\n";                    //输出"您好"字符串
    cout << "谢谢您对本书的支持！\n";        //输出"谢谢您对本书的支持！"
    cout << "明日科技，编程词典。\n";        //输出"明日科技，编程词典。"
    return 0;
}
```

■ 秘笈心法

心法领悟 032：引用 iostream.h 头文件。

在本实例中使用了 cout 函数，该函数是 C 函数库中的函数，在使用前，要引用 iostream.h 头文件，否则程序无法编译。

| 实例 033 | 输出带边框的问候语
光盘位置：光盘\MR\02\033 | 高级
趣味指数：★★ |

■ 实例说明

当实现数据在屏幕中的输出功能时，单纯的输出并不美观，这时可以输入一些特殊的字符，从而对输出结果进行装饰。本实例通过输入一个矩形框来美化输出的问候语，如图 2.2 所示。

图 2.2 输出带边框的问候语

■ 关键技术

在本实例中使用了 printf 函数，该函数用于输出数据。

printf 函数就是在进行格式输出时使用的函数，也称为格式输出函数，语法如下：

```
printf(格式控制,输出列表)
```

参数说明

❶ 格式控制：格式控制是用双引号括起来的字符串，此处也称为转换控制字符串。其中包括两种字符，一种是格式字符，另一种是普通字符。其中格式字符用来进行格式说明，其作用是将输出的数据转化为指定的格式输出。格式字符是以"%"字符开头的。普通字符是需要原样输出的字符，其中包括双引号内的逗号、空格和换行符。

❷ 输出列表：输出列表中列出的是要进行输出的一些数据，可以是变量或表达式。

■ 设计过程

（1）创建一个基于控制台的应用程序。

（2）主要程序代码如下：

```
#include "stdafx.h"
int main()
{
    printf( "                              \n");
    printf( "                              \n");
    printf( "          您好!               \n");
    printf( "          谢谢您对本书的支持!  \n");
    printf( "          明日科技，编程词典。 \n");
    printf( "                              \n");
    printf( "                              \n");
    return 0;
}
```

■ 秘笈心法

心法领悟 033：多条输出语句的优势。

本实例使用了 printf 函数，在输出数据时，可以将几条输出语句组合在一起，一次性进行输出，但是为了调整好边框和数据的输出位置，将语句分开输出，从而在代码中将要输出的形式组合出来，相比于使用一条语句的输出，能够更快地调整输出字符的位置。

实例 034	不同类型数据的输出 光盘位置：光盘\MR\02\034	高级 趣味指数：★★

■ 实例说明

当实现数据在屏幕中的输出功能时，用户需要做的并不是单纯的字符串输出，而是各种数据类型的组合输出。使用 printf 函数可以实现不同类型数据的输出，本实例将实现这一功能，如图 2.3 所示。

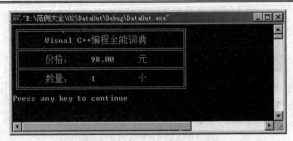

图 2.3　不同类型数据的输出

■ 关键技术

C++语言中包含多种数据类型，本实例使用的主要是数值类型。数值类型主要分为整型和实型（浮点类型）两大类。其中，整型数据按长度划分可以分为普通整型、短整型和长整型 3 类，如表 2.1 所示。

表 2.1　整型类型表

类　型	名　称	字节数	范　围
[signed] int	有符号整型	4	−2147483648～2147483647
Unsigned [int]	无符号整型	4	0～4294967295
[signed]short	有符号短整型	2	−32768～32767
Unsigned short [int]	无符号短整型	2	0～65535
[signed] long [int]	有符号长整型	4	−2147483648～2147483647
Unsigned long [int]	无符号长整型	4	0～4294967295

实型主要包括单精度型、双精度型和长双精度型，如表 2.2 所示。

表 2.2　实型类型表

类　型	名　称	字节数	范　围
float	单精度型	4	1.2e-38～3.4e38
double	双精度型	8	2.2e-308～1.8e308
long double	长双精度型	8	2.2e-308～1.8e308

■ 设计过程

（1）创建一个基于控制台的应用程序。

（2）主要程序代码如下：

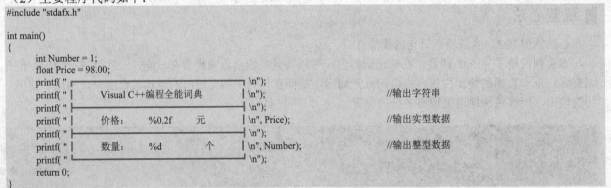

```
#include "stdafx.h"

int main()
{
    int Number = 1;
    float Price = 98.00;
    printf( "                                          \n");
    printf( "        Visual C++编程全能词典             \n");          //输出字符串
    printf( "                                          \n");
    printf( "    价格：    %0.2f    元                 \n", Price);    //输出实型数据
    printf( "                                          \n");
    printf( "    数量：    %d       个                 \n", Number);   //输出整型数据
    printf( "                                          \n");
    return 0;
}
```

■ 秘笈心法

心法领悟 034：使用一个 printf 函数输出多个变量的值。

在使用 printf 函数时，可以为其设置多个参数一起输出，每个参数用"，"分隔，示例代码如下：

```
printf( "Visual C++编程全能词典，%0.2f 元，%d 个 \n", Price, Number);
```

实例 035	输出字符表情	高级
	光盘位置：光盘\MR\02\035	趣味指数：★★

■ 实例说明

虽然 printf 函数只能输出简单的字符和数值等内容，但是有时为了使输出的内容更生动，可以用简单的字符组成一个形象的图案再输出，使运行结果更加吸引人，如图 2.4 所示。

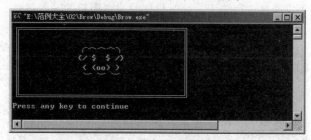

图 2.4　输出字符表情

■ 关键技术

在本章的实例中曾多次使用了"\n"字符，可能会有读者不知道该字符的含义，其实这是 C++语言提供的一种转义字符。转义字符是特殊的字符常量，使用时以字符"\"代表开始转义，与后面连接的字符一起表示转义后的字符，如表 2.3 所示。

表 2.3　转义字符表

转 义 字 符	说　　明	转 义 字 符	说　　明
\0	空字符	\f	换页
\a	响铃	\r	回车
\b	退格	\\	反斜杠
\t	水平制表	\'	单引号字符
\n	换行	\"	双引号字符

■ 设计过程

（1）创建一个基于控制台的应用程序。
（2）主要程序代码如下：

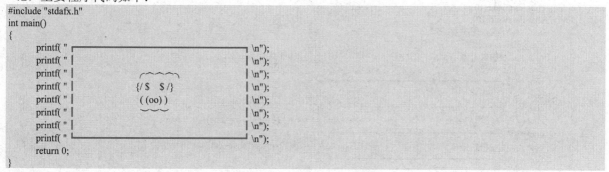

■ 秘笈心法

心法领悟 035：使用 printf 函数时的注意事项。

在使用 printf 函数输出数据时，一定要注意设置的输出格式要与后边输出的数据相对应，否则会导致程序运行后崩溃。

实例 036	获取用户输入的用户名	高级
	光盘位置：光盘\MR\02\036	趣味指数：★★

■ 实例说明

基于控制台的应用程序不仅能够进行输出，同时也接收来自用户的输入信息。本实例使用 cin 函数实现这一功能，如图 2.5 所示。

图 2.5　获取用户输入的用户名

■ 关键技术

在本实例中使用 cin 函数获取用户输入的数据，该函数用于获得输入设备的数据，语法如下：

`cin>>变量 1>>变量 2>>…>>变量 n;`

其中，">>"称为提取运算符，变量用于存储输入的数据。

■ 设计过程

（1）创建一个基于控制台的应用程序。

（2）主要程序代码如下：

```
#include "stdafx.h"
#include "iostream.h"
#include <iomanip.h>
#include "string.h"
int main()
{
    char Username[10];
    char Password[10];
    cout << "请输入用户名：\n";
    cin >> Username;
    cout << "请输入密码：\n";
    cin >> Password;
    cout << "┌──────────────────┐ \n";
    cout << "│          登录框          │ \n";
    cout << "├──────────┬──────────┤ \n";
    cout << "│    用户名：    │        " << Username << setw(13-strlen(Username)) << "│ \n";
    cout << "├──────────┼──────────┤ \n";
    cout << "│    密  码：    │        " << Password << setw(13-strlen(Password)) << "│ \n";
    cout << "└──────────┴──────────┘ \n";
    return 0;
}
```

■ 秘笈心法

心法领悟 036：插入指定数量的空格。

在本实例中，为了使边框的侧边能够全部对齐，需要判断用户输入的"用户名"和"密码"的长度，然后根据其长度补充指定数量的空格，从而使侧边的竖线能够上下对齐。这就要用到 setw 函数，该函数用于插入指定数量的空格，使用时需要引用 iomanip.h 头文件。

2.2　运算符的妙用

| 实例 037 | 简单的字符加密
光盘位置：光盘\MR\02\037 | 高级
趣味指数：★★ |

■ 实例说明

在设计应用程序时，为了防止一些敏感信息的泄露，通常需要对这些信息进行加密。以用户的登录密码为例，如果密码以明文的形式存储在数据表中，就会很容易被发现。相反，如果密码以密文的形式存储，即使他人从数据表中发现了密码，也是加密之后的密码，根本不能够使用。通过对密码进行加密，能够极大地提高系统的保密性。本实例将实现对字符的加密，实例运行结果如图 2.6 所示。

图 2.6　简单的字符加密

■ 关键技术

为了减小本实例的规模，在本实例中要求设计一个加密和解密的算法，在对一个指定的字符串加密之后，利用解密函数能够对密文进行解密，显示明文信息。加密的方式是将字符串中的每个字符加上它在字符串中的位置和一个偏移值 5。以字符串 mrsoft 为例，第一个字符"m"在字符串中的位置为 0，那么它对应的密文是"'m'+ 0 + 5"，即 r。在本实例中，字符的加密是通过"+"运算符实现的。在 C++语言中，算术运算符就是实现四则运算的功能，算术运算符功能列表如表 2.4 所示。

表 2.4　算术运算符功能列表

算术运算符	说　　明	算术运算符	说　　明
+	加法运算符	/	除法运算法
−	减法运算符	%	求模运算符
*	乘法运算符		

■ 设计过程

（1）创建一个基于控制台的应用程序。

（2）主要程序代码如下：

```
#include "stdafx.h"
#include <stdio.h>
#include<string.h>
int main()
{
    int result = 1;
    int i;
    int count = 0;
    char Text[128] = {'\0'};                                  //定义一个明文字符数组
    char cryptograph[128] = {'\0'};                           //定义一个密文字符数组
    while (1)
    {
        if (result == 1)                                      //如果是加密明文
        {
            printf("请输入要加密的明文：\n");                  //输出字符串
            scanf("%s", &Text);                               //获取输入的明文
            count = strlen(Text);
            for(i=0; i<count; i++)                            //遍历明文
            {
                cryptograph[i] = Text[i] + i + 5;             //设置加密字符
            }
            cryptograph[i] = '\0';                            //设置字符串结束标记
            printf("加密后的密文是：%s\n",cryptograph);        //输出密文信息
        }
        else if(result == 2)                                  //如果是解密字符串
        {
            count = strlen(Text);
            for(i=0; i<count; i++)                            //遍历密文字符串
            {
                Text[i] = cryptograph[i] - i - 5;             //设置解密字符
            }
            Text[i] = '\0';                                   //设置字符串结束标记
            printf("解密后的明文是：%s\n",Text);               //输出明文信息
        }
        else if(result == 3)                                  //如果是退出系统
        {
            break;                                            //跳出循环
        }
        else
        {
            printf("请输入正确的命令符：\n");                  //输出字符串
        }
        printf("输入 1 加密新的明文，输入 2 对刚加密的密文进行解密，输入 3 退出系统：\n");  //输出字符串
        printf("请输入命令符：\n");                           //输出字符串
        scanf("%d", &result);                                 //获取输入的命令字符
    }
    return 0;
}
```

■ 秘笈心法

心法领悟 037：加密算法的改进。

本实例通过加法运算符来实现字符加密。用户掌握了本实例的算法以后，可以通过其他的运算符对本实例加以改进。

实例038	实现两个变量的互换 光盘位置：光盘\MR\02\038	高级 趣味指数：★★

■ 实例说明

在一些大公司的面试题中经常会出现类似的题目，即实现两个变量值的互换，但是不能借助于第 3 个变量。

这样的题目实际考查的是应聘者对位移运算的理解，更进一步说，就是对异或运算的理解和掌握。本实例就通过使用位运算符来实现不借助第 3 个变量完成两个变量的互换，实例运行结果如图 2.7 所示。

图 2.7　实现两个变量的互换

■ 关键技术

本实例中使用了位运算。在计算机中，数据都是以二进制形式表示的，以字节为最小单位进行存储。一个字节分为 8 位，每一位可以表示一个二进制数 0 或 1。为了能够对一个字节中的某一位或几位进行操作，C++提供了 6 种位运算符，如表 2.5 所示。

表 2.5　位运算符表

位 运 算 符	名　　称	说　　明
&	按位与运算	当两个二进制位进行按位与运算时，如果两个二进制位都是 1，则结果为 1；如果至少有一个二进制位是 0，则结果为 0
|	按位或运算	当两个二进制位进行或运算时，只要有一个二进制位为 1，则结果为 1，当两个二进制位都是 0 时，结果为 0
^	按位异或	按位异或运算是指两个相应的二进制位均相同，则结果为 0，否则结果为 1
~	按位取反	取反运算符 "~" 用于对一个二进制数按位取反，即将 0 转换为 1，将 1 转换为 0
<<	左移运算	左移运算是将一个二进制操作数对象按指定的移动位数向左移，左边（高位端）溢出的位被丢弃，右边（低位端）的空位用 0 补充。相当于乘以 2 的幂
>>	右移运算	右移运算符与左移运算符相反，是将一个数的二进制位右移若干位，并在左侧补 0

本实例是通过 3 次异或运算来实现的，原理如图 2.8 所示。

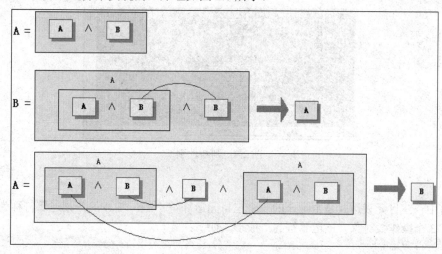

图 2.8　交换变量原理图

■ 设计过程

（1）创建一个基于控制台的应用程序。

（2）主要程序代码如下：

```cpp
#include "stdafx.h"
#include "iostream.h"
int main()
{
    int iVar = 18;                              //定义一个变量 iVar，初始值为 18
    int jVar = 10;                              //定义一个变量 jVar，初始值为 10
    cout << "                              " << endl;
    cout << "|      转换前 iVar = " << iVar << "        | " << endl;   //输出变量 iVar
    cout << "|      转换前 jVar = " << jVar << "        | " << endl;   //输出变量 jVar
    cout << "                              " << endl;
    iVar = iVar ^ jVar;                         //iVar 与 jVar 进行按位异或运算，结果赋值给 iVar
    jVar = iVar ^ jVar;                         //iVar 与 jVar 进行按位异或运算，结果赋值给 jVar
    iVar = jVar ^ iVar;                         //jVar 与 iVar 进行按位异或运算，结果赋值给 iVar
    cout << "|      转换后 iVar = " << iVar << "        | " << endl;   //输出 iVar
    cout << "|      转换后 jVar = " << jVar << "        | " << endl;   //输出 jVar
    cout << "                              " << endl;
    return 0;
}
```

秘笈心法

心法领悟 038：注意符号位。

在进行右移时对于有符号数需要注意符号位问题，当为正数时，最高位补 0，而为负数时，最高位是补 0 还是补 1 取决于编译系统的规定。

实例 039	判断性别	高级
	光盘位置：光盘\MR\02\039	趣味指数：★★

实例说明

提到判断，相信读者第一时间会想到 if 语句。其实，在 C++语言中，除了 if 语句外，还可以通过运算符来实现判断的功能，能实现判断功能的运算符就是三目元运算符"?:"。本实例将使用该运算符实现判断性别的功能，实例运行结果如图 2.9 所示。

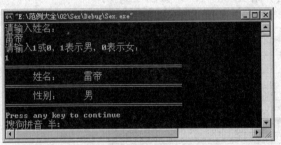

图 2.9 判断性别

关键技术

在 C++语言中，三目元表达式是由唯一的一个三目元运算符"?:"构成的，该运算符称为条件运算符，条件运算符要求有 3 个操作数对象。该运算符的一般形式如下：

表达式1? 表达式2 : 表达式3

条件运算符的执行顺序如下：先求出表达式 1 的值，如果值为真，则对表达式 2 进行求解，并将表达式 2 的值作为整个三目元表达式的值；如果表达式 1 的值为假，则对表达式 3 进行求解，并将表达式 3 的值作为整个三目元表达式的值。

■ 设计过程

（1）创建一个基于控制台的应用程序。

（2）主要程序代码如下：

```
#include "stdafx.h"
int main()
{
        char name[6];
        int sex;
        printf("请输入姓名：\n");
        scanf("%s",name);
        printf("请输入 1 或 0，1 表示男，0 表示女：\n");
        scanf("%d",&sex);
        printf("                                    \n");
        printf("        姓名：      %s              \n",name );
        printf("                                    \n");
        char* strSex = (sex == 1) ? "男" : "女";
        printf("        性别：      %s              \n",strSex);
        printf("                                    \n");
        return 0;
}
```

■ 秘笈心法

心法领悟 039：三目元运算符中的括号。

在使用三目元运算符时，通常会用括号将条件部分括起来。其实，就算不括起来也是可以的，因为三目元运算符的优先级比较低，在计算时，同样会先计算条件部分。而同时，三目元运算符的优先级还高于赋值运算符，所以即使不加括号也可以使用。

实例 040	用宏定义实现值互换	高级
	光盘位置：光盘\MR\02\040	趣味指数：★★

■ 实例说明

试定义一个带参数的宏 swap(a, b)，以实现两个整数之间的交换，并利用它将一维数组 a 和 b 的值进行交换，如图 2.10 所示。

图 2.10　用宏定义实现值的互换

■ 关键技术

本实例实现的关键技术要点是要掌握带参数的宏定义的一般形式及使用时的注意事项。

1. 一般形式

宏定义的语法如下：

```
#define 宏名（参数表）字符串
```

2. 注意事项

（1）对带参数的宏的展开只是将语句中的宏名后面括号内的实参字符串代替#define 命令行中的形参。

（2）在宏定义时，在宏名与带参数的括号之间不可以加空格，否则将空格以后的字符都作为替代字符串的一部分。

（3）在带参宏定义中，形式参数不分配内存单元，因此不必作类型定义。

设计过程

（1）创建一个基于控制台的应用程序。

（2）主要程序代码如下：

```
#include "stdafx.h"
#define swap(a,b) {int c;c=a;a=b;b=c;}              //定义一个带参数的宏 swap
int main()
{
    int i, j, a[10], b[10];                          //定义数组及变量为基本整型
    printf("请向数组 a 中输入 10 个数：\n");
    for (i = 0; i < 10; i++)
        scanf("%d", &a[i]);                          //输入一组数据存到数组 a 中
    printf("请向数组 b 中输入 10 个数：\n");
    for (j = 0; j < 10; j++)
        scanf("%d", &b[j]);                          //输入一组数据存到数组 b 中
    printf("显示数组 a：\n");
    for (i = 0; i < 10; i++)
        printf("%d,", a[i]);                         //输出数组 a 中的内容
    printf("\n 显示数组 b：\n");
    for (j = 0; j < 10; j++)
        printf("%d,", b[j]);                         //输出数组 b 中的内容
    for (i = 0; i < 10; i++)
        swap(a[i], b[i]);                            //实现数组 a 与数组 b 对应值互换
    printf("\n 输出转换后的数组 a：\n");
    for (i = 0; i < 10; i++)
        printf("%d,", a[i]);                         //输出互换后数组 a 中的内容
    printf("\n 输出转换后的数组 b：\n");
    for (j = 0; j < 10; j++)
        printf("%d,", b[j]);                         //输出互换后数组 b 中的内容
    printf("\n");
    return 0;
}
```

秘笈心法

心法领悟 040：使用宏定义的注意事项。

☐ 宏定义是用宏名替换字符串，但不进行正确性检查。

☐ 宏定义不用在行末加分号。

☐ #define 命令出现在程序中函数的外面，宏名的有效范围为定义命令之后到源文件结束。

☐ 可以使用#undef 命令终止宏定义的作用域。

☐ 在进行宏定义时，可以引用已定义的宏名，层层替换。

☐ 在程序中用双引号包起来的字符串内的字符，不进行替换。

☐ 宏定义只作字符替换，不分配内存空间。

实例 041	简单的位运算	高级
	光盘位置：光盘\MR\02\041	趣味指数：★★

实例说明

在前面的实例中已经介绍了位运算符，本实例中将熟悉一下简单的位运算。当 a=2，b=4，c=6，d=8 时，编

程求 a&c、b|d、a^d、~a 的值，如图 2.11 所示。

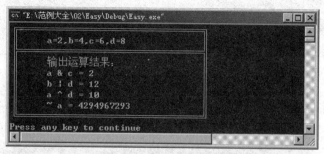

图 2.11 简单的位运算

■ 关键技术

本实例中涉及几个位运算符，具体介绍如下：

- □ 按位与运算符（&）。当两个相应的二进位都为 1，则该位与运算的结果为 1，否则为 0。
- □ 按位或运算符（|）。两个相应的二进位中只要有一个为 1，该位或运算结果为 1，当都为 0 时，该位或运算的结果才为 0。
- □ 异或运算符（^）。当参加运算的两个二进位同号时，则结果为 0，否则为 1。
- □ 取反运算符（~）。"~"是一个单目运算符，作用是对一个二进制数按位取反，即 0 取反是 1，1 取反是 0。

■ 设计过程

（1）创建一个基于控制台的应用程序。

（2）主要程序代码如下：

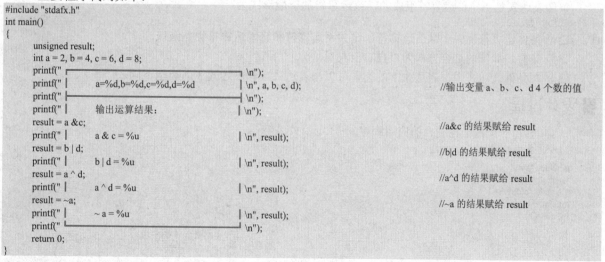

```
#include "stdafx.h"
int main()
{
    unsigned result;
    int a = 2, b = 4, c = 6, d = 8;
    printf("                                    \n");
    printf("        a=%d,b=%d,c=%d,d=%d          \n", a, b, c, d);    //输出变量 a、b、c、d 4 个数的值
    printf("                                    \n");
    printf("        输出运算结果：               \n");
    result = a &c;                                                   //a&c 的结果赋给 result
    printf("        a & c = %u                  \n", result);
    result| b | d;                                                  //b|d 的结果赋给 result
    printf("        b | d = %u                  \n", result);
    result = a ^ d;                                                 //a^d 的结果赋给 result
    printf("        a ^ d = %u                  \n", result);
    result = ~a;                                                    //~a 的结果赋给 result
    printf("        ~ a = %u                    \n", result);
    printf("                                    \n");
    return 0;
}
```

■ 秘笈心法

心法领悟 041：注意位运算符和逻辑运算符的使用。

在 C++的运算符中，逻辑与"&&"和按位与"&"；逻辑或"||"和按位或"|"这几个运算符非常容易混淆，读者在使用中一定要记住，两个符号的是逻辑运算符，一个符号的是位运算符。

实例 042	整数加减法练习	高级
	光盘位置：光盘\MR\02\042	趣味指数：★★

■ 实例说明

练习者自己选择是进行加法运算还是减法运算，之后输入进行加法或减法运算的范围，具体数值会由计算机随机产生，输入答案，计算机会根据输入的数据判断结果是否正确。实例运行结果如图 2.12 所示。

图 2.12　整数加减法练习

■ 关键技术

（1）程序中 rand()的作用是产生一个随机数并返回这个数，a=rand()%max;的具体含义是产生 max 以内的任意随机数（不含 max 本身）。

（2）实例中用到以下语句：

```
sign1=(sign==1?'-':'+');
```

其中，(sign==1?'-':'+')是一个条件表达式，其执行过程是，如果 sign==1 条件为真，则条件表达式取值'-'，否则取值'+'。

条件表达式是由条件运算符组成的，该运算符的一般形式为：

```
表达式1?表达式2:表达式3
```

❑　条件运算符优先于赋值运算符，比关系运算符和算术运算符优先级低。

❑　条件运算符的结合方向为"自右至左"。

❑　在条件表达式中，表达式 1 的类型可以与表达式 2 和表达式 3 的类型不同。

■ 设计过程

（1）创建一个基于控制台的应用程序。

（2）主要程序代码如下：

```
#include "stdafx.h"
#include <conio.h>
#include <stdlib.h>
#include <time.h>
int main()
{
    int a, b, c, sign, max;                                    //定义基本整型变量
    char sign1;                                                //定义字符型变量
    printf("请输入运算符(1 或者其他数字,1 表示:-,其他表示数字:+):\n");
    scanf("%d", &sign);                                        //输入函数，输入数据赋给 sign
    printf("请输入加减时的最大范围(<10000):\n");
    scanf("%d", &max);                                         //输入函数，输入数据赋给 max
    srand((unsigned long)time(0));                             //系统时钟设定种子
    a = rand() % max;                                          //产生小于 max 的随机数并赋给 a
    b = rand() % max;                                          //产生小于 max 的随机数并赋给 b
    while ((a < b) && (sign == 1))                             //选择减法操作时如果 a 小于 b, 则重新产生随机数
    {
        a = rand() % max;
        b = rand() % max;
    }
```

```
        sign1 = (sign == 1 ? '-' : '+');                    //将选择的符号赋给 sign1
        printf("\n%d%c%d=", a, sign1, b);
        scanf("%d", &c);                                    //输入运算结果
        if ((sign == 1) && (a-b == c) || (sign != 1) && (a+b == c))    //判断运算结果是否等于正确答案
            printf("OK!\n");                                //等于正确答案时输出 OK
        else
            printf("答错了!\n");                            //不等于正确答案时输出错误提示
        getch();
        return 0;
}
```

■ 秘笈心法

心法领悟 042：设定随机种子。

为了使每次运行同一程序得到的随机序列不是相同的，这里以系统时间来设定种子，即 srand((unsigned long)time(0))。

2.3　条件语句

实例 043	李白喝酒问题	高级
	光盘位置：光盘\MR\02\043	趣味指数：★★

■ 实例说明

李白闲来街上走，提着酒壶去买酒。遇店加一倍，见花喝一斗。店不相邻开，花不成双长。三遇店和花，喝光壶中酒。借问此壶中，原有多少酒？本实例将计算李白的酒壶中原有多少酒，运行结果如图 2.13 所示。

图 2.13　李白喝酒问题

■ 关键技术

由题意可知，"遇店加一倍，见花喝一斗"说明遇到酒店就打一倍的酒，遇到花就喝掉酒壶中的一斗酒；"店不相邻开，花不成双长"说明店和花是交替遇见的；"三遇店和花，喝光壶中酒"说明一共遇到 3 次店和 3 次花，并在最后遇见花时，喝光了酒壶中的酒。

这道题以倒序的方法比较容易思考：在第 3 次遇到花时，酒壶中酒的数量为 0+1=1 斗；第 3 次遇到店时酒壶中有酒的数量为 1/2=0.5 斗；在第 2 次遇到花时，酒壶中酒的数量为 0.5+1=1.5 斗；第 2 次遇到店时酒壶中有酒的数量为 1.5/2=0.75 斗；在第 1 次遇到花时，酒壶中酒的数量为 0.75+1=1.75 斗；第 1 次遇到店时酒壶中有酒的数量为 1.75/2=0.875 斗。所以酒壶中原有 0.875 斗。下面通过 if 语句来求解李白喝酒的问题。

if 语句用于根据表达式（通常为关系表达式）的值有选择地执行语句，最简单的语法格式如下：

```
if(表达式)
        语句;
else
        语句;
```

其中，表达式是要进行判断的条件，语句是当前执行的命令；而当条件不满足时，程序则执行 else 下的语句。

■ 设计过程

（1）创建一个基于控制台的应用程序。

（2）主要程序代码如下：

```
#include "stdafx.h"
#include "iostream.h"
```

```
int main()
{
    double dSum = 0;                     //定义一个双精度变量，记录累加和的结果
    for(int i=0;i<6;i++)                 //根据遇到店和花的总次数循环
    {
        if(i%2 == 0)                     //如果 i%2 等于 0 时为遇到花
        {
            dSum += 1;                   //将酒的数量加 1 斗
        }
        else                             //否则为遇到店
        {
            dSum /= 2;                   //将酒的数量减半
        }
    }
    cout << "                        " <<endl;
    cout << "|                      |" <<endl;
    cout << "|     酒壶中有: "<< dSum <<"斗    |" << endl;   //输出结果
    cout << "|                      |" << endl;
    cout << "                        " <<endl;
    return 0;
}
```

■ 秘笈心法

心法领悟 043：else 子句的配对。

在使用 if 语句的嵌套时，如果使用了 else 子句，则 else 子句会采用就近原则，与其最近的 if 语句进行配对。如果用户想要将 else 子句与其他的 if 语句配对，则需要使用当前 else 子句与 if 语句之间的内容用大括号括起来，这样，程序会将大括号中的内容作为复合语句处理，实现 else 子句与 if 语句的配对。

实例 044	桃园三结义	高级
	光盘位置：光盘\MR\02\044	趣味指数：★★

■ 实例说明

"桃园"为一个地名，"三结义"表示刘、关、张三兄弟按照年纪大小结为异姓兄弟，在这里出现了一个属性问题，那就是对于 3 个数进行的大小排序。本实例将实现对 3 个年龄的排序功能。实例运行结果如图 2.14 所示。

图 2.14　对年龄排序

■ 关键技术

（1）本实例中用到了 if 语句，if 语句的 3 种形式如下：

❏　第 1 种形式

`if(表达式) 语句`

其语义是：如果表达式的值为真，则执行其后的语句，否则不执行该语句。

❏　第 2 种形式

```
if(表达式)
语句 1
else
语句 2
```

其语义是：如果表达式的值为真，则执行语句 1，否则执行语句 2。

❑ 第 3 种形式

```
if(表达式 1)
语句 1
else   if(表达式 2)
语句 2
else   if(表达式 3)
语句 3
…
else   if(表达式 m)
语句 m
else
语句 n
```

其语义是：依次判断表达式的值，当出现某个值为真时，则执行其对应的语句，然后跳到整个 if 语句之外继续执行程序。如果所有的表达式均为假，则执行语句 n，然后继续执行后续程序。

（2）3 种形式的 if 语句中在 if 后面都有"表达式"，一般为逻辑表达式或关系表达式。在执行 if 语句时先对表达式求解，若表达式的值为 0，则按"假"处理；若表达式的值为非 0，则按"真"处理，执行指定的语句。

（3）else 子句不能作为语句单独使用，它必须是 if 语句的一部分，与 if 配对使用。

（4）if 与 else 后面可以包含一个或多个内嵌的操作语句，当为多个操作语句时要用"{}"将几个语句括起来成为一个复合语句。

（5）if 语句可以嵌套使用，即在 if 语句中又包含一个或多个 if 语句，在使用时应注意 else 总是与它上面最近的未配对的 if 配对。

■ 设计过程

（1）创建一个基于控制台的应用程序。
（2）主要程序代码如下：

```
#include "stdafx.h"
int main()
{
    int a, b, c, t;                          //定义 4 个基本整型变量 a、b、c、t
    printf("请输入 3 个人的年龄:\n");         //双引号内普通字符原样输出并换行
    scanf("%d%d%d", &a, &b, &c);             //输入任意 3 个数
    if (a < b)                               //如果 a 大于 b，则借助中间变量 t 实现 a、b 值互换
    {
        t = a;
        a = b;
        b = t;
    }
    if (a < c)                               //如果 a 大于 c，则借助中间变量 t 实现 a、c 值互换
    {
        t = a;
        a = c;
        c = t;
    }
    if (b < c)                               //如果 b 大于 c，则借助中间变量 t 实现 b、c 值互换
    {
        t = b;
        b = c;
        c = t;
    }
    printf("年龄排序如下:\n");
    printf("%d,%d,%d\n", a, b, c);           //输出函数将 a、b、c 的值顺序输出
    return 0;
}
```

■ 秘笈心法

心法领悟 044：scanf 函数的使用技巧。

scanf 函数用于接收用户输入的数据，并赋值给相应的变量，在设置输入数据时，可以设置不同的分隔符。

例如本实例中的"%d%d%d"，在输入时就需要通过按 Enter 键来表示每一次的输入结束。除了这种方式以外，也可以通过符号来分隔，如"%d,%d,%d"，即在参数中加入逗号","，那么在进行输入时直接输入"28,34,26"，然后按 Enter 键确定即可。

实例 045	何年是闰年	高级
	光盘位置：光盘\MR\02\045	趣味指数：★★

■ 实例说明

地球绕太阳一圈称为一年，所用时间是 365 天 5 小时 48 分 46 秒，取 365 天为一年，4 年将多出 23 小时 15 分 6 秒，将近一天，所以 4 年设一闰日（2 月 29 日），称为闰年。但毕竟多出的时间不足一天，所以还有多个条件进行限制，使误差越来越小，通俗的说法是："四年一闰，百年不闰，四百年再闰"。本实例将通过代码来判断用户输入的年份是否为闰年，如图 2.15 所示。

图 2.15　何年是闰年

■ 关键技术

（1）计算闰年的方法用自然语言描述如下：如果某年能被 4 整除但不能被 100 整除，或者该年能被 400 整除，则该年为闰年。在本实例中用如下表达式来表示上面这句话：

```
(year%4==0&&year%100!=0)||year%400==0
```

除本实例外，判断闰年还有许多方法，下面给出的算法（伪代码描述）也为其中一种：

```
if（某年能被 400 整除）
输出是闰年；
else  if（该年能被 100 整除）
输出不是闰年；
else  if（该年能被 4 整除）
输出是闰年；
else
输出不是闰年；
```

这种算法略显繁琐，读者可以根据自己的个人爱好选择适当的方法。

（2）将判断闰年的自然语言转换成 C 语言要求的语法形式时，需要用到逻辑运算符&&、||、!，具体使用规则如下：

❑　&&：逻辑与（相当于其他语言中的 AND），例如 a&&b，若 a，b 为真，则 a&&b 为真。

❑　||：逻辑或（相当于其他语言中的 OR），例如 a||b，若 a、b 之一为真，则 a||b 为真。

❑　!：逻辑非（相当于其他语言中的 NOT），例如!a，若为真，则!a 为假。

三者的优先次序是：!→&&→||，即"!"为三者中最高的。

■ 设计过程

（1）创建一个基于控制台的应用程序。

（2）主要程序代码如下：

```
#include "stdafx.h"
int main()
{
    int year;                                             //定义基本整型变量 year
    printf("请输入年份:\n");
    scanf("%d", &year);                                   //从键盘输入表示年份的整数
    printf(" ┌─────────────────┐ \n");
    printf(" │                 │ \n");
    if((year % 4 == 0 && year % 100 != 0) || year % 400 == 0)  //判断闰年条件
```

```
        printf("  |                    %d 年是闰年                    |  \n", year);    //满足条件的输出是闰年
    else
        printf("  |                    %d 年不是闰年                    |  \n", year);    //否则输出不是闰年
    printf("  |                                                |  \n");
    printf("  |_____|  \n");
    return 0;
}
```

秘笈心法

心法领悟 045："=="和"="之间的区别。

在编写程序的过程中要注意"=="和"="之间的使用区别，"=="为关系运算符，结合方向是"自左至右"；"="是赋值运算符，结合方向是"自右至左"。

实例 046	小球称重 光盘位置：光盘\MR\02\046	高级 趣味指数：★★

实例说明

在职场面试时，经常会出现这样一道题，假设你有 9 个球和一个天平，其中一个略微重一些，那么最少要称多少次才能找出这个较重的球，如图 2.16 所示。

图 2.16　小球称重

关键技术

把球编为①②③④⑤⑥⑦⑧⑨号，然后在称量时会发生以下 3 种情况中的一种。

1. 第 1 种情况

（1）第一次称量时，将①②③放在天平左侧，④⑤⑥放在天平右侧，如果左端下沉，说明重球在①②③中。

（2）第二次称量时，将①放在天平左侧，②放在天平右侧，如果左端下沉则①重，如果右端下沉则②重，如果两边相等则③重。

2. 第 2 种情况

（1）第一次称量时，将①②③放在天平左侧，④⑤⑥放在天平右侧，如果右端下沉，则说明重球在④⑤⑥中。

（2）第二次称量时，将④放在天平左侧，⑤放在天平右侧，如果左端下沉则④重，如果右端下沉则⑤重，如果两边相等则⑥重。

3. 第 3 种情况

（1）第一次称量时，将①②③放在天平左侧，④⑤⑥放在天平右侧，如果两端相等，则说明重球在⑦⑧⑨中。

（2）第二次称量时，将⑦放在天平左侧，⑧放在天平右侧，如果左端下沉则⑦重，如果右端下沉则⑧重，如果两边相等则⑨重。

通过以上的称量方式，就可以在两次称量中找出较重的小球。下面通过实例来描述小球的称重问题。

设计过程

（1）创建一个基于控制台的应用程序。

（2）主要程序代码如下：

```
#include "stdafx.h"
#include "iostream.h"
int Weight(int iArray[], int iNum)                    //用于称重的函数
{
```

```
    int iRet;                                    //定义整型变量，用于记录结果
    int iVar = iNum / 3;                         //用于记录 3 等分后，每组球的个数
    int jVar,mVar,nVar,kVar;                     //定义整型变量，用于记录每组球的重量
    jVar = mVar = nVar = 0;                      //初始化变量的值为 0
    for (int i=0;i<iVar;i++)                     //循环累加每组球的重量
    {
        jVar += iArray[i];                       //第 1 组球的重量
        mVar += iArray[i+iVar];                  //第 2 组球的重量
        nVar += iArray[i+iVar*2];                //第 3 组球的重量
    }
    int* pArray = new int[iVar];                 //开辟一块空间，记录较重的一组球
    if (jVar > mVar)                             //如果第 1 组球的重量大于第 2 组球的重量
    {
        kVar = 0;                                //设置计算因子为 0
    }
    else if (jVar < mVar)                        //如果第 1 组球的重量小于第 2 组球的重量
    {
        kVar = 1;                                //设置计算因子为 1
    }
    else if (jVar == mVar)                       //如果第 1 组球的重量等于第 2 组球的重量
    {
        kVar = 2;                                //设置计算因子为 2
    if (iVar == 1)                               //如果每组的球数为 1
    {
        iRet = i+iVar*kVar;                      //通过计算因子计算重球的号码
    }
    else                                         //每组的球数大于 1
    {
        for (int j=0;j<iVar;j++)                 //根据球数进行循环
        {
            pArray[j] = iArray[j+iVar*kVar];     //记录当前组的球
        }
        iRet = Weight(pArray,iVar)+iVar*kVar;    //递归调用 Weight 函数，以同样分组的方法称量小球
    }
    delete [] pArray;                            //释放空间
    return iRet;                                 //返回较重的小球号码
}

int main()
{
    int Ball[] = {1,1,1,1,1,1,1,2,1};            //定义数组，存储小球重量
    int iWeightBall = Weight(Ball,9);            //调用 Weight 函数称量小球
    cout << "比较重的小球号码: " << endl;         //输出字符串
    cout << iWeightBall << endl;                 //输出较重的小球号码
    return 0;
}
```

■秘笈心法

心法领悟 046：为数组赋初值。

在本实例中定义了一个数组，该数组用于存储小球的重量信息。在使用数组时，通常是通过循环为数组元素进行赋值，如定义数组 int Ball[8];，赋值时可以直接为元素赋值 Ball[0] = 1;，但是本实例中是在定义时就为数组元素赋值的。由于为所有的元素都进行了赋值，所以在定义数组时省略数组元素大小的设置。

⊗ 实例 047	购物街中的商品价格竞猜	高级
	光盘位置：光盘\MR\02\047	趣味指数：★★

■实例说明

在央视二套的电视节目中有一个购物街栏目，该栏目中有许多活动项目，其中有一个商品价格竞猜活动很

吸引人。竞猜者根据商品进行报价，如果报价高于商品价格，主持人就会提示高了；如果报价低于商品价格，主持人就会提示低了。循环报价，直到猜出商品的真正价格为止。本实例将实现这样一个竞猜价格的功能，如图 2.17 所示。

图 2.17　购物街中的商品价格竞猜

■ 关键技术

本实例使用了 if 语句的第 3 种形式，即 if…else if 的形式。当然，连续使用 3 个简单的 if 语句也能实现相同的功能，那么这两者之间有什么区别呢？使用 if…else if 的形式能够简化代码的运算，以本实例的代码为例：

```
if (Price > bccd)                                        //如果大于编程全能词典价格
{
    printf("你猜的价格高了！\n");
}
else if (Price < bccd)                                   //如果小于编程全能词典价格
{
    printf("你猜的价格低了！\n");
}
else                                                     //否则，等于编程全能词典的价格
{
    printf("回答正确，编程全能词典的单价是%d 元\n",Price);
    break;                                               //退出循环
}
```

当竞猜出答案时，上面的代码与 3 个连续的简单 if 语句都是相同的，需要判断 3 次。但是当用户输入的价格不正确时，上面的代码只需要执行一次到两次判断即可。但使用简单 if 语句还是需要进行 3 次判断，这样就增加了代码的运算量，所以本实例使用 if…else if 形式的 if 语句，要优于简单的 if 语句。

■ 设计过程

（1）创建一个基于控制台的应用程序。
（2）主要程序代码如下：

```
#include "stdafx.h"
int main()
{
    int bccd = 98;                                       //存储编程全能词典的价格
    printf("编程全能词典的单价是多少？\n");                //输出字符串
    int Price;
    while (1)                                            //设置无限循环
    {
        scanf("%d",&Price);                              //获得输入数据
        if (Price > bccd)                               //如果大于编程全能词典价格
        {
            printf("你猜的价格高了！\n");
        }
        else if (Price < bccd)                          //如果小于编程全能词典价格
        {
            printf("你猜的价格低了！\n");
```

```
    }
    else                                                    //否则，等于编程全能词典的价格
    {
        printf("回答正确，编程全能词典的单价是%d 元\n",Price);
        break;                                              //退出循环
    }
    }
    return 0;
}
```

■ 秘笈心法

心法领悟 047：有关 while(1)。

while(1)语句的原型是 while(表达式)，当表达式非 0 值时，执行 while 语句中嵌套语句。while(1)中，1 代表一个常量表达式，它永远不会等于 0，所以循环会一直执行下去，除非设置 break 等类似的跳出循环语句，循环才会中止。

实例 048	促销商品的折扣计算 光盘位置：光盘\MR\02\048	高级 趣味指数：★★

■ 实例说明

俗话说，商场如战场，各大商家为了笼络有限的顾客，经常会使用各种各样的促销手段。其中一家商场的促销规则如下：凡在本店购买商品满 500 元可享受 9 折优惠，满 1000 元可享受 8 折优惠，满 2000 元可享受 7 折优惠，满 3000 元可享受 6 折优惠，满 5000 元可享受 5 折优惠。顾客面对如此的促销手段，当然要精打细算，因为花 2900 元只能打 7 折，而花 3100 元就能打 6 折，这其中存在着很大的差异，算起来比较复杂。但是通过程序计算就简单多了，本实例将实现这一功能，效果如图 2.18 所示。

图 2.18　促销商品的折扣计算

■ 关键技术

C++语言提供了一个 switch 语句，该语句能够测试一组有序类型（整型、字符型、枚举型、布尔类型等）的数据，发现匹配的常量时，将执行与该常量关联的语句。switch 语句的语法如下：

```
switch (表达式)
{
case 常量 1:
    语句;
    break;
case 常量 2:
    语句;
    break;
...
case 常量 n:
```

```
        语句;
        break;
default:
        语句;

}
```

其中，表达式必须是有序类型，不能是实数或字符串类型。表达式逐一与 case 语句部分的常量匹配，如果发现有常量与表达式相匹配，则执行当前 case 部分的语句，直到遇到 break 语句为止，或者到达 switch 语句的末尾（没有遇到 break 语句）。当表达式没有发现与之匹配的常量时，将执行 default 部分的代码。default 语句是可选的，如果代码中没有提供 default 语句，并且没有常量与表达式匹配，那么 switch 语句将不执行任何动作。

■ 设计过程

（1）创建一个基于控制台的应用程序。

（2）主要程序代码如下：

```
#include "stdafx.h"
int main()
{
        printf("┌─────────────────────────┐\n");
        printf("│      满 500 可享受 9 折优惠      │\n");
        printf("├─────────────────────────┤\n");
        printf("│      满 1000 可享受 8 折优惠     │\n");
        printf("├─────────────────────────┤\n");
        printf("│      满 2000 可享受 7 折优惠     │\n");
        printf("├─────────────────────────┤\n");
        printf("│      满 3000 可享受 6 折优惠     │\n");
        printf("├─────────────────────────┤\n");
        printf("│      满 5000 可享受 5 折优惠     │\n");
        printf("└─────────────────────────┘\n");
        printf("请输入你消费的金额：\n");                                    //输出字符串
        float dMoney;
        scanf("%f",&dMoney);                                              //获得消费金额
        int iMoney = dMoney;                                             //对消费金额取整
        switch (iMoney / 500)                                           //计算用户的消费折扣
        {
        case 0:                                                         //消费不足 500
                printf("你的消费没有折扣，金额是：%0.2f\n",dMoney);
                break;
        case 1:                                                         //消费满 500
                printf("你的消费享受 9 折优惠，金额是：%0.2f，优惠后的金额是：%0.2f\n",dMoney,dMoney*0.9);
                break;
        case 2: case 3:                                                 //消费满 1000
                printf("你的消费享受 8 折优惠，金额是：%0.2f，优惠后的金额是：%0.2f\n",dMoney,dMoney*0.8);
                break;
        case 4: case 5:                                                 //消费满 2000
                printf("你的消费享受 7 折优惠，金额是：%0.2f，优惠后的金额是：%0.2f\n",dMoney,dMoney*0.7);
                break;
        case 6: case 7: case 8: case 9:                                 //消费满 3000
                printf("你的消费享受 6 折优惠，金额是：%0.2f，优惠后的金额是：%0.2f\n",dMoney,dMoney*0.6);
                break;
        default:                                                        //消费满 5000
                printf("你的消费享受 5 折优惠，金额是：%0.2f，优惠后的金额是：%0.2f\n",dMoney,dMoney*0.5);
                break;
        }
        return 0;

}
```

■ 秘笈心法

心法领悟 048：case 语句使用技巧。

在 switch 语句中，如果多个 case 常量需要进行相同的处理，那么可以将多个 case 语句组织在一起，中间不加 break 语句，使多个 case 语句都可以执行同一个语句块，如本实例中的"case 2: case 3:"等。

实例049	利用 switch 语句输出倒三角形 光盘位置：光盘\MR\02\049	高级 趣味指数：★★

实例说明

在前面的实例中已经介绍过如何输出字符串表情，但是输出的字符串表情都是固定的，不可变换，其实在掌握了条件语句以后，就可以有选择地进行输出了。在本实例中，只要在程序中将枚举变量设置成相应的值，即可通过 switch 语句输出不同大小的倒三角形，结果如图 2.19 所示。

图 2.19　利用 switch 语句输出倒三角形

关键技术

在本实例中使用了枚举类型，枚举类型能够将一组枚举常量与一个枚举类型名称关联。枚举类型就像是一个常量的集中营，在这个集中营中，常量被冠名为枚举常量，如果参数以某一个枚举类型定义参数类型，那么在调用该函数时，就只有该集中营中的枚举类型作为参数通过，虽然其他常量的值和枚举常量的值可以相同，但是由于不属于当前枚举类型，所以在作为参数调用函数时不能通过。在 C++中使用关键字 enum 定义一个枚举类型。例如：

```
enum RecordsetState {RS_OPEN, RS_WAIT, RS_CLOSE};   //定义枚举类型
```

在定义枚举类型时，可以为各个枚举常量提供一个整数值，如果没有提供整数值，默认第一个常量值为 0，第二个常量值为 1，依此类推。例如上面的代码中，RS_OPEN 的值为 0，RS_WAIT 的值为 1，RS_CLOSE 的值为 2。

设计过程

（1）创建一个基于控制台的应用程序。

（2）主要程序代码如下：

```cpp
#include "stdafx.h"
#include "iostream.h"
typedef enum NUMBER{ ONE, TWO, THREE, FOUR, FIVE, SIX, SEVEN};
int main()
{
    cout << " ┌                              ┐ " <<endl;
    NUMBER num = FIVE;                              //定义枚举变量，并赋初值
    switch(num)
    {
    case SEVEN:
        cout << " │        *************         │ " << endl;
    case SIX:
        cout << " │         ***********          │ " << endl;
    case FIVE:
        cout << " │          *********           │ " << endl;
    case FOUR:
        cout << " │           *******            │ " << endl;
    case THREE:
        cout << " │            *****             │ " << endl;
    case TWO:
        cout << " │             ***              │ " << endl;
    case ONE:
        cout << " │              *               │ " << endl;
    }
    cout << " └                              ┘ "<<endl;
    return 0;
}
```

秘笈心法

心法领悟 049：为枚举常量赋默认值。

下面的语句就是为枚举常量提供数值。

```
enum RecordsetState {RS_OPEN = 3, RS_WAIT, RS_CLOSE = 6};
```

上面的语句将枚举常量 RS_OPEN 设置为 3，将 RS_CLOSE 设置为 6，没有为 RS_WAIT 提供默认值，RS_WAIT 的数值为前一个枚举常量值加 1，因此 RS_WAIT 的数值为 4。

2.4 循环语句

实例 050	PK 少年高斯	高级
	光盘位置：光盘\MR\02\050	趣味指数：★★

■ 实例说明

200 多年以前，在德国的一所乡村小学里，有一个很懒的老师，他总是要求学生们不停地做整数加法计算，在学生们将一长串整数求和的过程中，他就可以在旁边名正言顺地偷懒了。

这一天，他又用同样的方法布置了一道从 1 加到 100 的求和问题。正当他打算偷懒时，就有一个学生说自己算出了答案。老师自然是不信的，不看答案就让学生再去算，可是学生站在老师面前不动。老师被激怒了，认为这个学生是在挑衅自己的威严，他是不会相信一个小学生能在几秒钟内就将从 1 到 100 这 100 个数的求和问题计算出结果的。于是抢过学生的答案，正打算教训学生时，突然发现学生写的答案是 5050。老师愣住了，原来这个学生不是一个数一个数地加起来，而是将 100 个数分成 1+100=101、2+99=101、……、50+51=101 等50 对，然后使用 101×50=5050 计算得出的。

用这种简单的算法算出这道题答案的就是德国数学家高斯，而这类问题也成了小学生初学奥数时的常见问题。在计算机中为了解决这些问题，提供了循环语句，用于重复执行一些操作。如果当时拥有计算机，并且学生们能够通过循环语句来计算这道题，他们的老师一定不敢偷懒了。

■ 关键技术

本实例使用 while 语句实现 1～100 的累加求和运算，该语句能够根据表达式的真假来确定是否执行循环，语法如下：

```
while (表达式)
语句;
```

while 语句执行流程如图 2.20 所示。

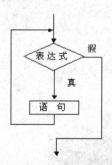

图 2.20　while 语句执行流程

while 语句首先检验当前条件，即括号中的表达式。当条件为真时，就执行紧跟其后的语句或者语句块。每执行一遍循环，程序都将回到 while 语句处，重新检验条件是否满足。

■ 设计过程

（1）创建一个基于控制台的应用程序。

（2）主要程序代码如下：

```
#include "stdafx.h"
int main()
{
    int i=1,sum=0;                                          //定义变量
    while (i < 101)                                         //设置循环条件
    {
        sum += i;                                           //累加求和
        i++;                                                //变量递增
    }
    printf("                                          \n");
    printf("      使用 while 语句计算从数字 1 加到 100 的和      \n");
    printf("                                          \n");
    printf("          从数字 1 加到 100 的和是%d           \n",sum);
    printf("                                          \n");
    return 0;
}
```

■ 秘笈心法

心法领悟 050：while 语句的注意事项。

如果一开始条件就不满足，则跳过循环体里的语句，直接执行后面的程序代码。如果第一次检验时条件满足，那么在第一次或其后的循环过程中，必须有使条件为假的操作，否则循环无法终止。

| 实例 051 | 灯塔数量
光盘位置：光盘\MR\02\051 | 高级
趣味指数：★★ |

■ 实例说明

有一个 8 层灯塔，每层的灯数都是上一层的一倍，共有 765 盏灯，请求出灯塔每层中的灯数，实例运行结果如图 2.21 所示。

■ 关键技术

使用 for 语句也可以用来控制一个循环，并且在每次循环结束时修改循环变量的值。在循环语句中，循环次数已经确定的情况下，for 语句是使用最为频繁的循环语句，语法如下：

```
for (变量初始赋值,循环结束条件,变量递增)
    循环体;
```

for 语句执行流程如图 2.22 所示。

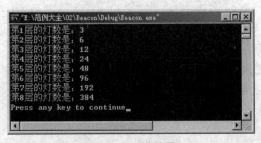

图 2.21　灯塔数量

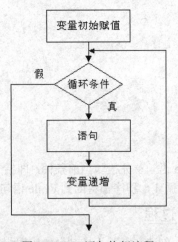

图 2.22　for 语句执行流程

■ 设计过程

（1）创建一个基于控制台的应用程序。

（2）主要程序代码如下：

```
#include "stdafx.h"
int main()
{
    int n = 1, m, sum;                                  //定义变量
    int array[8];
    while (1)
    {
        array[0] = m = n;                               //存储一楼灯的数量
        sum = 0;
        for (int i=1; i<8; i++)
        {
            m = m * 2;                                  //每层楼灯的数量是上一层的 2 倍
            array[i] = m;                               //记录每层的灯数
            sum += m;                                   //计算出除一楼以外灯的总数
        }
        sum += n;                                       //加上一楼灯的数量
        if (sum == 765)                                 //判断灯的总数量是否达到 765
        {
            for (int j=0; j<8; j++)
            {
                printf("第%d 层的灯数是：%d\n", j+1, array[j]);  //输出八楼灯的数量
            }
            break;                                      //跳出循环
        }
        n++;                                            //灯的数量加 1，继续下次循环
    }
    return 0;
}
```

■ 秘笈心法

心法领悟 051：for 循环语句的注意事项。

虽然在使用 for 循环语句时，其中的变量初始赋值、循环结束条件、变量递增每一项均可以省略，但是笔者并不建议读者这样做，因为这种写法在逻辑中很容易出现错误，并且当循环出现问题时，检查错误将更加费时。

实例 052	上帝创世的秘密 光盘位置：光盘\MR\02\052	高级 趣味指数：★★★★☆

■ 实例说明

起初神创造天地，地是空虚混沌，渊面黑暗，神的灵运行在水面上。神说："要有光。"于是有了光。神看光是好的，就把光与暗分开了。神称光为昼，暗为夜。有晚上，有早晨，这是头一日。在接下来的 5 日中，神又陆续地创造了人、植物、走兽、飞鸟等各式各样的生物，天地万物都造齐了，于是第 7 日则休息。那么为什么是 6 日创造世界呢？这里有什么玄机呢？读者千万不要小看这个 "6"，因为 "6" 象征着完美，"6" 除了本身以外还包含 3 个因子，分别为 1、2、3，而 1+2+3=6，所以 6 是个完数。那么还有什么数是完数呢？本实例就通过循环语句来穷举 1000 以内的完数。实例运行结果如图 2.23 所示。

■ 关键技术

在本实例中使用了 do…while 循环语句。

do…while 循环语句与 while 语句类似，区别是，do…while 语句先执行一次循环体，然后再根据表达式的真假判断循环是否结束。do…while 语句的语法如下：

```
do
循环体;
while (表达式);
```

其语句执行流程如图 2.24 所示。

图 2.23　穷举完数

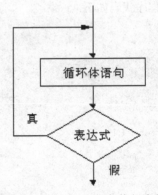

图 2.24　do…while 语句执行流程

do…while 语句在执行过程中，首先执行一次循环体语句，然后检测表达式。当表达式的值为真时，循环执行循环体中的语句，直到表达式的值为假时，循环结束。

■设计过程

（1）创建一个基于控制台的应用程序。

（2）主要程序代码如下：

```
#include "stdafx.h"
int main()
{
    printf("┌──────────────────────┐\n");
    printf("│      输出 1000 以内的所有完数      │\n");
    printf("└──────────────────────┘\n");
    int num=2;
    do
    {
        int sum=0,i=1;                          //定义变量
        while (i<num/2+1)                       //以当前数字的一半循环
        {
            if (num % i == 0)                   //判断当前数字是否可以被整除
            {
                sum += i;                       //能整除的是因子，累加求和
            }
            i++;
        }
        if(num == sum)                          //判断当前数字是否等于因子和
        {
            printf(" %d 的因子是：",num);         //输出字符串
            int j=1;
            while (j<num/2+1)                   //循环计算因子
            {
                if (num % j == 0)
                {
                    printf("%d,",j);            //输出因子
                }
                j++;
            }
            printf("\n");
        }
        num++;
    } while (num < 1001);                       //do while 循环语句的循环条件
    return 0;
}
```

■ 秘笈心法

心法领悟 052：小心 do…while 语句陷阱。

在程序中使用 do…while 语句时，不要忘记在 while 语句部分的末尾添加分号。

实例 053	小球下落		高级
	光盘位置：光盘\MR\02\053		趣味指数：★★

■ 实例说明

一个球从 100 米高度自由落下，每次落地后反跳回原高度的一半；再落下，求小球在第 10 次落地时，共经过多少米？第 10 次反弹有多高？实例运行结果如图 2.25 所示。

图 2.25　小球下落问题

■ 关键技术

想解决本题最主要是要分析小球每次弹起的高度与落地次数之间的关系。先分析一下：小球从 100 米高处自由下落，当第 1 次落地时经过了 100 米，这个可以单独考虑，从第 1 次弹起到第 2 次落地前经过的路程为前一次弹起最高高度的一半乘以 2 加上前面经过的路程，因为每次都有弹起和下落两个过程，其经过的路程相等，故乘以 2。以后的几次依此类推，那么到第 10 次落地前共经过了 9 次这样的过程，所以程序中 for 循环执行循环体的次数是 9 次。题目中还提到了第 10 次反弹的高度，这只需在输出时用第 9 次弹起的高度除以 2 即可。

■ 设计过程

（1）创建一个基于控制台的应用程序。

（2）主要程序代码如下：

```c
#include "stdafx.h"
int main()
{
    float i,h=100,s=100;                    //定义变量 i、h、s 分别为单精度型并为 h 和 s 赋初值 100
    for (i=1;i<=9;i++)                      //表示小球从第 2 次落地到第 10 次落地
    {
        h=h/2;                              //每落地一次弹起高度变为原来的一半
        s+=h*2;                             //累积的高度和加上下一次落地后弹起与下落的高度
    }
    printf("                                 \n");
    printf("   小球下落共经过: %f 米          \n",s);      //将高度和输出
    printf("                                 \n");
    printf("   小球第 10 次落地后弹起的高度:   %f 米  \n",h/2);   //输出第 10 次落地后弹起的高度
    printf("                                 \n");
    return 0;
}
```

■ 秘笈心法

心法领悟 053：for 语句的省略。

在 for 语句中，可以省略变量初始赋值、循环条件，甚至连同变量递增或递减也可以同时省略，但是一定要

保证循环能够结束，如 for(; ;)。但是在循环体中必须提供循环结束条件和循环变量的递增，并且在 for 语句前定义一个循环变量，使用 if 语句和 break 语句设置满足条件退出循环。只有这样，上面缩减的 for 语句才是合法的。

实例 054	再现乘法口诀表 光盘位置：光盘\MR\02\054	高级 趣味指数：★★

■ 实例说明

"一一得一，一二得二……九九八十一"，想必读者对这个口诀并不陌生，因为每个人小时候接触乘法时都要背诵乘法口诀表，那么读者还记得乘法口诀表是什么样子吗？本实例将输出一个乘法口诀表，如图 2.26 所示。

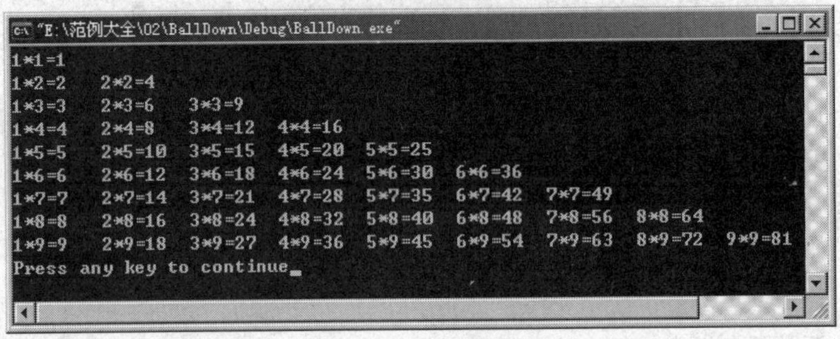

```
"E:\范例大全\02\BallDown\Debug\BallDown.exe"
1*1=1
1*2=2    2*2=4
1*3=3    2*3=6    3*3=9
1*4=4    2*4=8    3*4=12   4*4=16
1*5=5    2*5=10   3*5=15   4*5=20   5*5=25
1*6=6    2*6=12   3*6=18   4*6=24   5*6=30   6*6=36
1*7=7    2*7=14   3*7=21   4*7=28   5*7=35   6*7=42   7*7=49
1*8=8    2*8=16   3*8=24   4*8=32   5*8=40   6*8=48   7*8=56   8*8=64
1*9=9    2*9=18   3*9=27   4*9=36   5*9=45   6*9=54   7*9=63   8*9=72   9*9=81
Press any key to continue_
```

图 2.26　乘法口诀表

■ 关键技术

打印乘法口诀表的关键是要分析程序的算法思想，本实例中两次用到 for 循环。第一次 for 循环可以看成乘法口诀表的行数，同时也是每行进行乘法运算的第一个因子，第二个 for 循环范围的确定建立在第一个 for 循环的基础上，即第二个 for 循环的最大取值是第一个 for 循环中变量的值。

■ 设计过程

（1）创建一个基于控制台的应用程序。

（2）主要程序代码如下：

```
#include "stdafx.h"
int main()
{
    int i, j;                                  //定义 i、j 两个变量为基本整型
    for (i = 1; i <= 9; i++)                   //for 循环 i 为乘法口诀表中的行数
    {
        for (j = 1; j <= i; j++)               //乘法口诀表中的另一个因子，取值范围受因子 i 的影响
            printf("%d*%d=%d\t", j, i, i *j);  //输出 i、j 及 i*j 的值
        printf("\n");                          //输出每行值后换行
    }
    return 0;
}
```

■ 秘笈心法

心法领悟 054：for 循环的使用。

在使用 for 循环语句时，如果循环体没有使用大括号"{}"括起来，那么 for 循环语句只对其下面的第一条语句起作用。也就是说，循环执行下一条语句，这与代码的缩进无关。

实例 055　判断名次　　　　　　　　　　　　　　　高级

光盘位置：光盘\MR\02\055　　　　　　　　　　趣味指数：★★

■ 实例说明

在一次竞赛中，A、B、C、D、E 5 个人经过激烈的角逐，他们的一个好朋友很遗憾地没有观看到比赛，在比赛结束后这个朋友询问他们之间的名次时得知：C 不是第一名，D 比 E 低两个名次，E 不是第二名，A 既不是第一名，也不是最后一名，B 比 C 低一个名次。他们的朋友想了想就知道答案了，请问你能说出这 5 个人之间的排名顺序吗？本实例将解决这个问题，如图 2.27 所示。

图 2.27　判断名次

■ 关键技术

由条件可以得出第一名不是 A 和 C，D 的名次比 E 低，B 的名次比 C 低，所以第一名是 E，那么 D 的名次就是第三名。由于 B 比 C 低一个名次，所以两个人的名次是相连的，即第五名和第四名，A 则是第二名。

在程序中进行判断，则要使用 if 语句和 for 语句的相互嵌套来实现。通过循环依次为每人赋予一个名次，并且通过 if 语句进行判断，使每个人的名次都不相同，最后判断赋予的名次是否符合题目中的条件。如果符合则是最终结果，否则重新为每个人赋予名次继续判断。

■ 设计过程

（1）创建一个基于控制台的应用程序。

（2）主要程序代码如下：

```cpp
#include "stdafx.h"
#include "iostream.h"
int main()
{
    int A,B,C,D,E;                              //定义 5 个整型变量
    for(A=1;A<6;A++)                            //将 A 在 1～5 的名次中循环
    {
        for(B=1;B<6;B++)                        //将 B 在 1～5 的名次中循环
        {
            if(B!=A)                            //判断变量与已有变量值不相等
            {
                for(C=1;C<6;C++)                //将 C 在 1～5 的名次中循环
                {
                    if(C!=B && C!=A)            //判断变量与已有变量值不相等
                    {
                        for(D=1;D<6;D++)        //将 D 在 1～5 的名次中循环
                        {
                            if(D!=C && D!=B && D!=A)    //将 E 在 1～5 的名次中循环
                            {
                                for(E=1;E<6;E++)        //判断变量与已有变量值不相等
                                {
                                    //判断变量与已有变量值不相等
                                    if(E!=D && E!=C && E!=B && E!=A)
                                    {
                                        //根据问题设置的条件
```

```
                                      if((C!=1) && (D-E==2) && (E!=2)
                                         && (A!=1) && (A!=5) && (B-C==1))
                                      {
                                         //输出每个人对应的名次
                                         cout << "A:" << A << endl;
                                         cout << "B:" << B << endl;
                                         cout << "C:" << C << endl;
                                         cout << "D:" << D << endl;
                                         cout << "E:" << E << endl;
                                      }
                                   }
                                }
                             }
                          }
                       }
                    }
                 }
              }
          return 0;
      }
```

■ 秘笈心法

心法领悟055：括号的使用。

在使用运算符时，要考虑运算符的优先级，否则会因为运算符的优先级导致运算的错误。当不清楚要使用的运算符的优先级时，有一种简单的方法 sk 解决这个问题，就是使用圆括号"()"，将要先执行的运算放到圆括号中。圆括号运算符是优先级中最高的，这样会使括号中的内容优先运算。例如本实例中的 if 语句，代码如下：

```
if((C!=1) && (D-E==2) && (E!=2) && (A!=1) && (A!=5) && (B-C==1))
```

2.5 循环的数学应用

实例 056	序列求和	高级
	光盘位置：光盘\MR\02\056	趣味指数：★★

■ 实例说明

定义一个变量 n，用户可以为变量 n 赋任意整型值，通过 while 循环计算 s=1+1/2+1/3+…+1/n 数列的值。实例运行结果如图 2.28 所示。

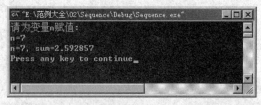

图 2.28　序列求和

■ 关键技术

本实例中用到了 while 循环，这也是实现累加求和的关键。

while 语句用来实现"当型"循环结构，语法如下：

```
while（表达式）
语句
```

语义：当表达式为非 0 值时，执行 while 语句中的内嵌语句。

特点：先判断表达式，后执行语句。

说明：

❑ while 语句中的表达式一般是关系表达式或逻辑表达式，只要表达式的值为真（非 0）即可继续循环。

❑ 循环体如果包含一条以上语句，应该用花括弧括起来，以复合语句形式出现。如果不加花括弧，则 while 语句的范围直到 while 后面第一个分号处。

❑ 在循环体中应有使循环趋向于结束的语句以避免死循环。

■ 设计过程

（1）创建一个基于控制台的应用程序。

（2）主要程序代码如下：

```c
#include "stdafx.h"
int main()
{
    int i = 1, n;                          //定义变量 i、j 为基本整型并给 i 赋初值 1
    double sum = 0;                        //定义变量 s 为双精度型并赋初值 0
    printf("请为变量 n 赋值:\nn=");
    scanf("%d", &n);                       //scanf 函数获取 n 的值
    while (i <= n)                         //当 i 小于等于 n 时，s 逐次累加求和
    {
        sum = sum + 1.0 / (double)i;
        i++;
    }
    printf("n=%d, sum=%lf\n", n, sum);     //将 n 与 sum 的值打印输出
    return 0;
}
```

■ 秘笈心法

心法领悟 056：“\n”的使用。

很多初学者在使用转义字符时，总是将转义字符当成结束符来使用，其实这是初学者的一个误区，因为转义字符在字符串中只是作为一个字符，在转义字符之后同样可以连接其他字符。例如本实例中的代码：

```c
printf("请为变量 n 赋值:\nn=");
```

实例 057	简单的级数运算 光盘位置：光盘\MR\02\057	高级 趣味指数：★★

■ 实例说明

有一分数序列：2/1，3/2，5/3，8/5，13/8，21/13，…求出这个数列的前 20 项之和。实例运行结果如图 2.29 所示。

图 2.29　简单的级数运算

■ 关键技术

本实例的关键是分析这个分数序列有什么规律，只要找出其中的规律，程序代码的编写就相对简单了许多。

看这个分数序列，不难发现前一个分数的分子是后一个分数的分母，并且前一个分数的分子与分母的和是后一个分数的分子。题中要求求出这个数列的前 20 项之和，那么只要让循环执行 20 次即可，循环语句前面已介绍过 3 种，使用其中任何一种均可，本实例采用 for 语句。

■ 设计过程

（1）创建一个基于控制台的应用程序。

（2）主要程序代码如下：

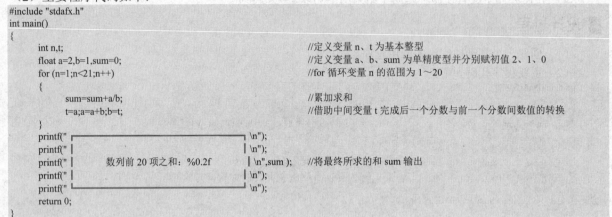

```
#include "stdafx.h"
int main()
{
    int n,t;                              //定义变量 n、t 为基本整型
    float a=2,b=1,sum=0;                  //定义变量 a、b、sum 为单精度型并分别赋初值 2、1、0
    for (n=1;n<21;n++)                    //for 循环变量 n 的范围为 1～20
    {
        sum=sum+a/b;                      //累加求和
        t=a;a=a+b;b=t;                    //借助中间变量 t 完成后一个分数与前一个分数间数值的转换
    }
    printf("                              \n");
    printf("                              \n");
    printf("        数列前 20 项之和：%0.2f    \n",sum );  //将最终所求的和 sum 输出
    printf("                              \n");
    printf("                              \n");
    return 0;
}
```

■ 秘笈心法

心法领悟 057：语句的书写格式。

在本实例中，将变量值的互换写在了同一行，这在语法格式中是允许的。但是笔者不建议使用这种书写格式，因为在阅读代码时容易被忽略，所以在编写代码时，最好一条语句占据一行。

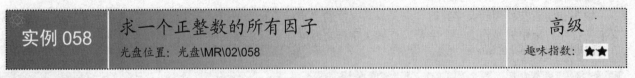

实例 058	求一个正整数的所有因子 光盘位置：光盘\MR\02\058	高级 趣味指数：★★

■ 实例说明

因子是所有可以整除当前数的数，但是不包括这个数本身。本实例将求出用户输入数据的所有因子，运行程序，输入一个数，按 Enter 键确认，结果如图 2.30 所示。

图 2.30　求一个正整数的所有因子

■ 关键技术

本实例中用到了 for 语句，这里要提到的仍然是 for 语句中变量 i 的取值范围。因为实例中要求所有因子，那么编程时就应考虑到从 1 到要求的这个数的本身所有的数是否为这个数的因子，所以 i 的取值范围是 1 到所输入的数 n。在今后编程的过程中经常要用到像 for、while、do…while 这种循环语句，在使用这些语句时很关键的一点就是如何确定其中变量的范围，在这时特别需要编程人员全面考虑问题。另外，多做一些与此相关的练习也能尽快掌握这部分知识。

设计过程

（1）创建一个基于控制台的应用程序。
（2）主要程序代码如下：

```
#include "stdafx.h"
int main()
{
    int i,j;                                    //定义变量 i、j 为基本整型
    printf("请输入一个整数:\n");
    scanf("%d",&i);                             //用 scanf 函数获得 i 的值
    printf("整数%d 的因子如下:\n",i);
    for(j=1;j<i+1;j++)                          //for 语句中 j 的取值范围 1～i
    {
        if(i%j==0)                              //如果 i 对 j 取余的结果为 0，说明 j 是 i 的因子
        {
            printf("%d,",j);                    //将每次求出的因子输出
        }
    }
    printf("\n");
    return 0;
}
```

秘笈心法

心法领悟 058：求因子时的简化运算。

一个正整数最少具有两个因子，即数字 1 和其本身，其他因子的取值范围在 2 到该整数的一半之间。所以在求因子时，可以将本实例中的循环语句的条件改为如下代码，从而减少循环次数。

```
for(j=1;j<i/2+1;j++)
```

实例 059	一元钱兑换方案	高级
	光盘位置：光盘\MR\02\059	趣味指数：★★

实例说明

如果要将整钱换成零钱，那么一元钱可兑换成一角、两角或五角，问有哪些兑换方案，如图 2.31 所示。

图 2.31　一元钱兑换方案

关键技术

本实例中 3 次用到 for 语句，第一个 for 语句中变量 i 的范围是 1～10，这是如何确定的呢？根据题意知道可将一元钱兑换成一角钱，那么就要考虑如果将一元钱全部兑换成一角钱将能兑换多少个，答案显而易见是 10，当然一元钱也可以兑换两角或五角而不兑换成一角，所以 i 的取值范围是 1～10。同理可知 j（两角）的取值范围是 0～5，k（五角）的取值范围是 0～2。

设计过程

（1）创建一个基于控制台的应用程序。

（2）主要程序代码如下：

```
#include "stdafx.h"
int main()
{
        int i,j,k;                                              //定义 i、j、k 为整型
        for(i=0;i<=10;i++)                                      //i 是一角钱兑换个数，所以范围是 1～10
        {
            for(j=0;j<=5;j++)                                   //j 是两角钱兑换个数，所以范围是 0～5
            {
                for(k=0;k<=2;k++)                               //k 是五角钱兑换个数，所以范围是 0～2
                {
                    if(i+j*2+k*5==10)                           //3 种钱数相加是否等于 10
                    {
                        printf("一角%d 个,两角%d 个,五角%d 个\n",i,j,k);   //将每次可兑换的方案输出
                    }
                }
            }
        }
        return 0;
}
```

秘笈心法

心法领悟 059：嵌套循环语句中的循环变量设置。

在使用 for 循环语句进行嵌套时，是可以将内层循环的循环变量和外层循环的循环变量设置为同名变量的。由于作用域的不同，语法上是允许的，但是这样会给阅读代码的用户造成困扰，不利于代码的维护。

2.6　趣　味　计　算

实例 060	加油站加油	高级
	光盘位置：光盘\MR\02\060	趣味指数：★★

实例说明

某加油站有 a、b、c 共 3 种汽油，售价分别为 3.25、3.00、2.75（元/千克），也提供了"自己加"或"协助加"两个服务等级，这样用户可以得到 5%或 10%的优惠。本实例将编程实现针对用户输入加油量 x，汽油的品种 y 和服务的类型 z，输出用户应付的金额，如图 2.32 所示。

图 2.32　加油站加油

关键技术

本实例使用了 switch 语句，该语句能够测试一组有序类型（整型、字符型、枚举型、布尔类型等）的数据，

发现匹配的常量时，将执行与该常量关联的语句。switch 语句的语法如下：

```
switch (表达式)
{
case 常量 1:
      语句;
      break;
case 常量 2:
      语句;
      break;
...
case 常量 n:
      语句;
      break;
default:
      语句;
}
```

其中，表达式必须是有序类型，不能是实数或字符串类型。表达式逐一与 case 语句部分的常量匹配，如果发现有常量与表达式相匹配，则执行当前 case 部分的语句，直到遇到 break 语句为止，或者到达 switch 语句的末尾（没有遇到 break 语句）。当表达式没有发现与之匹配的常量时，将执行 default 部分的代码。default 语句是可选的，如果代码中没有提供 default 语句，并且没有常量与表达式匹配，switch 语句将不执行任何动作。

■ 设计过程

（1）创建一个基于控制台的应用程序。

（2）主要程序代码如下：

```
#include "stdafx.h"
int main()
{
    float x, m1, m2, m;
    char y, z;
    printf("输入要加 a,b,c 哪种类型的油\n", y);
    scanf("%c", &y);                              //输入选择油的种类
    getchar();
    printf("输入进行哪种加油服务\n", y);
    scanf("%c", &z);                              //输入选择油的服务
    printf("输入要加油的数量\n", y);
    scanf("%f", &x);                              //输入选择油的千克数
    switch (y)
    {
    case 'a':
        m1 = 3.25;
        break;
    case 'b':
        m1 = 3.00;
        break;
    case 'c':
        m1 = 2.75;
        break;
    }
    switch (z)
    {
    case 'm':
        m2 = 0.05;
        break;
    case 'e':
        m2 = 0.1;
        break;
    }
    m = x * m1 - x * m1 * m2;                     //计算应付的钱数
    printf("选择的加油类型:%c\n", y);
    printf("选择的加油服务:%c\n", z);
    printf("花费的金额:%.2f\n", m);
    return 0;
}
```

■ 秘笈心法

心法领悟 060：case 语句使用技巧。

在 switch 语句中，如果多个 case 常量需要进行相同的处理，那么可以将多个 case 语句组织在一起，中间不加 break 语句，使多个 case 语句都可以执行同一个语句块。

实例 061	买苹果问题 光盘位置：光盘\MR\02\061	高级 趣味指数：★★

■ 实例说明

每个苹果 0.8 元，第一天买两个苹果，第二天开始每天买前一天的 2 倍，直到购买的苹果个数达到不超过 100 的最大值，编程求每天平均花多少钱？实例运行结果如图 2.33 所示。

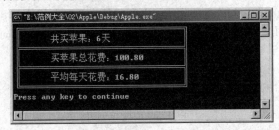

图 2.33　买苹果问题

■ 关键技术

要解决本实例首先分析一下题目要求，假设每天购买的苹果数为 n，花的钱数总和为 money，那么 money 和 n 之间的关系可以通过一个等式来说明，即 money=money+0.8*n，其具体含义是截止到目前所花的钱数等于今天购买苹果所花的钱数与之前所花的钱数的总和。这里大家应注意 n 的变化，n 初值应为 2，随着天数每天增加（day++），n 值随之变化，即 n=n*2，以上过程应在 while 循环体中进行。那么什么才是这个 while 语句结束的条件呢？根据题意可知"购买的苹果个数应是不超过 100 的最大值"，那么很明显 n 的值是否小于 100 便是判断这个 while 语句是否执行的条件。

■ 设计过程

（1）创建一个基于控制台的应用程序。

（2）主要程序代码如下：

```
#include "stdafx.h"
int main()
{
    int n=2,day=0;                          //定义 n、day 为基本整型
    float money=0,ave;                      //定义 money、ave 为单精度型
    while(n<100)                            //苹果个数不超过 100，故 while 中的表达式 n 小于 100
    {
        money+=0.8*n;                       //将每天花的钱数累加求和
        day++;                              //天数自加
        n*=2;                               //每天买前一天个数的 2 倍
    }
    ave=money/day;                          //求出平均每天花的钱数
    printf("                              \n");
    printf("        共买苹果：%d 天        \n", day);    //输出购买天数
    printf("                              \n");
    printf("     买苹果总花费：%.2f       \n", money);   //输出总花费
    printf("                              \n");
```

```
        printf("        平均每天花费：%.2f        \n", ave);        //输出平均花费
        printf("                              \n");
        return 0;
}
```

秘笈心法

心法领悟 061：复合赋值运算符。

在本章中多次使用了 "+="、"*=" 等复合赋值运算符，这种运算符是算术运算符和赋值运算符的一个简单组合，如 "n+=2" 的作用等同于 "n=n+2"。

实例 062	猴子吃桃 光盘位置：光盘\MR\02\062	高级 趣味指数：★★

实例说明

猴子第一天摘下若干个桃子，当即吃了一半，还不过瘾，又多吃了一个，第二天早上又将剩下的桃子吃掉一半，又多吃了一个。以后每天早上都吃了前一天剩下的一半零一个。到第五天早上想再吃时，见只剩下一个桃子了。请编写程序求第一天共摘了多少个桃子？实例运行结果如图 2.34 所示。

图 2.34　猴子吃桃问题

关键技术

在实现本实例时，第一步就是找出变量间的关系，找出了它们之间的关系，程序就基本上没有什么问题了。本实例中，读者要明确第一天桃子数和第二天桃子数之间的关系，即第二天桃子数加 1 的 2 倍等于第一天的桃子数。第三天的桃子数加 1 的 2 倍则等于第二天的桃子数，依此类推，第五天的一个桃子加 1 则等于第 4 天的桃子数。通过反向推导，就能求出第一天的桃子数量。

设计过程

（1）创建一个基于控制台的应用程序。
（2）主要程序代码如下：

```
#include "stdafx.h"
int main()
{
    int day,x1,x2;                          //定义 day、x1、x2 这 3 个变量为基本整型
    day = 5;
    x2 = 1;
    while (day > 1)
    {
        x1 = (x2+1)*2;                      //第一天的桃子数是第二天桃子数加 1 后的 2 倍
        x2 = x1;
        day--;                             //因为从后向前推天数递减
    }
    printf("                              \n");
    printf("                              \n");
    printf("        第一天摘了%d 个桃子        \n",x1);   //输出桃子的总数
    printf("                              \n");
```

```
                printf("                              \n");
                return 0;
        }
```

秘笈心法

心法领悟 062：自增自减运算符。

C++提供了自增和自减运算符，即 "++" 和 "--"。一个变量后边连接一个 "++" 则表示对这个变量的值进行加 1 的操作，可以认为 "n++" 等同于 "n=n+1"。

实例 063	老师分糖果	高级
	光盘位置：光盘\MR\02\063	趣味指数：★★

实例说明

幼儿园老师将糖果分成了若干等份，让学生按任意次序上来领，第一个来领的，得到一份加上剩余糖果的十分之一；第二个来领的，得到两份加上剩余糖果的十分之一；第三个来领的，得到 3 份加上剩余糖果的十分之一，依此类推，直到糖果全部分完为止，并且每个学生拿的糖果都是整数。问共有多少个学生，老师共将糖果分成了多少等份？实例运行结果如图 2.35 所示。

图 2.35　老师分糖果

关键技术

读者在刚看本实例时，也许感觉无从下手，这里将介绍一个解题的方法，可以采用穷举试验，由部分推出整体。假设老师共将糖果分成 n 等份，第一个学生得到的份数为 sum1=(n+9)/10，第二个学生得到的份数为 sum2=(9*n+171)/100，为 n 赋初值，本实例中将 n 初值赋 11（糖果份数至少为 11 份时，第一个来领的同学领到的才是完整的份数）。穷举法直到 sum1=sum2，这样就可以计算出老师将糖果分成的份数和学生的数量。

设计过程

（1）创建一个基于控制台的应用程序。

（2）主要程序代码如下：

```
#include "stdafx.h"
int main()
{
        int n;
        float sum1,sum2;                                        //sum1 和 sum2 应为单精度型，否则结果将不准确
        for(n=11;;n++)
        {
                sum1=(n+9)/10.0;
                sum2=(9*n+171)/100.0;
                if (sum1 != (int)sum1) continue;                //sum1 和 sum2 应为整数，否则结束本次循环继续下次判断
                if (sum2 != (int)sum2) continue;
                if (sum1 == sum2) break;                        //当 sum1 等于 sum2 时，跳出循环
        }
        printf("                              \n");
        printf("          共有%d 个学生          \n",(int)(n/sum1)); //输出学生数
        printf("                              \n");
```

```
        printf("          糖果共分成  %d 份              \n",n);          //输出分成的份数
        printf("                                        \n");
        return 0;
}
```

■ 秘笈心法

心法领悟 063：continue 语句的使用。

continue 语句的功能是结束本次循环，返回条件判断部分，重新开始循环，continue 语句只能在循环结构中使用。

实例 064	新同学的年龄	高级
	光盘位置：光盘\MR\02\064	趣味指数：★★

■ 实例说明

班里来了一名新同学，很喜欢学数学，同学们问他年龄的时候，他对大家说："我的年龄的平方是个三位数，立方是个四位数，四次方是个六位数。三次方和四次方正好用遍 0、1、2、3、4、5、6、7、8、9 这 10 个数字，那么大家猜猜我今年多大？"实例运行结果如图 2.36 所示。

图 2.36　新同学的年龄

■ 关键技术

首先考虑年龄的范围，因为 17 的四次方是 83521，小于六位，22 的三次方是 10648，大于四位，所以年龄的范围就可确定出来，即大于等于 18 且小于等于 21。其次，在对 18～21 之间的数进行穷举时，应将算出的四位数和六位数的每位数字分别存于数组中，再对这 10 个数字进行判断，看有无重复或是否有数字未出现，这些方面读者在编写程序时都要考虑全面。最后将运算出的结果输出即可。

本实例的关键技术要点还是在于对数组的灵活应用，即如何将四位数及六位数的每一位存入数组中并对存入的数据做无重复的判断。

■ 设计过程

（1）创建一个基于控制台的应用程序。

（2）主要程序代码如下：

```
#include "stdafx.h"
int main()
{
    long a[10]={0},s[10]={0},i,n3,n4,x=18;        //因为有六位数出现，所以定义为长整型
    do
    {
        n3 = x*x*x;                                //求出 x 的三次方
        for (i=3;i>=0;i--)
        {
            a[i] = n3%10;                          //取这个三位数的各位数字
            n3    /= 10;
        }
        n4 = x * x * x * x;                        //求 x 的四次方
        for (i=9;i>=4;i--)
```

```
        {
            a[i] = n4%10;                        //取这个四位数的各位数字
            n4   /= 10;
        for (i=0;i<=9;i++)
        {
            s[a[i]]++;                           //统计数字出现的次数
        }
        for (i=0;i<=9;i++)
        {
            if (s[i] == 1)                       //判断有无重复数字
            {
                if (i == 9)
                {
                    printf("                                         \n");
                    printf("                                         \n");
                    printf("     新同学的年龄是%d 岁                  \n",x);
                    printf("                                         \n");
                    printf("                                         \n");
                }
            }
            else
            {
                break;                           //跳出 for 循环
            }
        }
        x++;
    }while (x<22);                               //x 的最大值取到 21
    return 0;
}
```

■ 秘笈心法

心法领悟 064：如何求出一个数的个位数字。

首先看这个数是几位数，根据位数设置相同次数的循环，然后在循环中一次用这个数与 10 求模，得到的余数就是个位的数字，然后将该数除以 10，之后进入下一次循环，这样就可以分别求出该数每一位的数字了。

实例 065	百钱买百鸡问题	高级
	光盘位置：光盘\MR\02\065	趣味指数：★★

■ 实例说明

中国古代数学家张丘建在他的《算经》中提出了一个著名的百钱买百鸡问题：鸡翁一，值钱五，鸡母一，值钱三，鸡雏三，值钱一，百钱买百鸡，问翁、母、雏各几何？实例运行结果如图 2.37 所示。

图 2.37　百钱买百鸡问题

■ 关键技术

根据题意设公鸡、母鸡和雏鸡分别为 cock、hen 和 chick。如果 100 元全买公鸡，那么最多能买 20 只，所以 cock 的范围是大于等于 0 且小于等于 20。如果全买母鸡，那么最多能买 33 只，所以 hen 的范围是大于等于 0 且小于等于 33。如果 100 元钱全买小鸡，那么根据题意最多能买 99 只（根据题意，小鸡的数量应小于 100 且是 3 的倍数）。在确定了各种鸡的数量范围后进行穷举并判断，判断的条件有以下 3 点：

❑　所买的 3 种鸡的钱数总和为 100。

❑　所买的 3 种鸡的数量之和为 100。

❑　所买的小鸡数必须是 3 的倍数。

设计过程

（1）创建一个基于控制台的应用程序。

（2）主要程序代码如下：

```
#include "stdafx.h"
int main()
{
        int cock, hen, chick;                                    //定义变量为基本整型
        for (cock = 0; cock <= 20; cock++)                       //鸡翁范围在 0~20 之间
        {
                for (hen = 0; hen <= 33; hen++)                  //鸡母范围在 0~33 之间
                {
                        for (chick = 3; chick <= 99; chick++)    //鸡雏范围在 3~99 之间
                        {
                                if (5 *cock + 3 * hen + chick / 3 == 100)      //判断钱数是否等于 100
                                {
                                        if (cock + hen + chick == 100)         //判断购买的鸡数是否等于 100
                                        {
                                                if (chick % 3 == 0)            //判断鸡雏数是否能被 3 整除
                                                {
                                                        printf("鸡翁:%d 只，鸡母:%d 只，鸡雏:%d 只\n", cock, hen,chick);
                                                }
                                        }
                                }
                        }
                }
        }
        return 0;
}
```

秘笈心法

心法领悟 065：if 语句的使用技巧。

本实例使用了 3 个 if 语句来判断条件是否符合，其实这些条件可以通过一个 if 语句来实现，如下所示：

```
if (5 *cock + 3 * hen + chick / 3 == 100 && cock + hen + chick == 100 && chick % 3 == 0)
```

实例 066	彩球问题	高级
	光盘位置：光盘\MR\02\066	趣味指数：★★

实例说明

在一个袋子里装有三色彩球，其中红色球有 3 个，白色球有 3 个，黑色球有 6 个，问当从袋子中取出 8 个球时共有多少种可能的方案，请通过编程来实现将所有可能的方案编号输出在屏幕上。实例运行结果如图 2.38 所示。

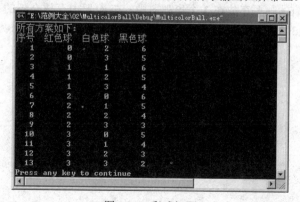

图 2.38　彩球问题

■ 关键技术

本实例和百钱买百鸡问题在解题思路上基本相同，都是要先确定范围。本实例要确定各种颜色球的范围，红球和白球的范围根据题意可知，均是大于等于 0 且小于等于 3，不同的是本实例将黑球的范围作为 if 语句中的判断条件，即用要取出的球的总数目 8 减去红球及白球的数目所得的差应小于黑球的总数目 6。

■ 设计过程

（1）创建一个基于控制台的应用程序。

（2）主要程序代码如下：

```c
#include "stdafx.h"
int main()
{
    int i, j, count;
    printf("所有方案如下:\n");
    printf("序号   红色球   白色球   黑色球\n");
    count = 1;
    for (i = 0; i <= 3; i++)                              //红球的数量范围在 0～3 之间
    {
        for (j = 0; j <= 3; j++)                          //白球的数量范围在 0～3 之间
        {
            if ((8-i - j) <= 6)                           //判断要取黑色球的数量是否在 6 个以内
            {
                printf("%4d%8d%8d%8d\n", count++, i, j, 8-i - j);   //输出各种颜色球的数量
            }
        }
    }
    return 0;
}
```

■ 秘笈心法

心法领悟 066：printf 函数的使用技巧。

在使用 printf 函数时需要输出 001、002 这样的编号，如果用字符串的形式输出就比较麻烦，而且不能用循环控制。其实，通过输出整型就能达到这种效果，只要将输出格式改为 "%03d" 即可。这时，如果输出的实数不足 3 位，则自动在前面补 0。

实例 067	集邮册中的邮票数量 光盘位置：光盘\MR\02\067	高级 趣味指数：★★

■ 实例说明

有一个集邮爱好者把所有的邮票存放在 3 个集邮册中，在 A 册内存放全部的十分之二，在 B 册内存放全部的七分之几，在 C 册内存放 303 张邮票，问这位集邮爱好者集邮总数是多少？每册中各有多少邮票？实例运行结果如图 2.39 所示。

图 2.39　集邮册中的邮票数量

■ 关键技术

根据题意可设邮票总数为 sum，B 册内存放全部的 x/7，则可列出以下等式：

sum=2*sum/10+x*sum/7+303

经化简可得 sum=10605/(28-5*x);，从化简的等式来看，可以确定 x 的取值范围是 1～5。还有一点要明确，就是邮票的数量一定是整数，不可能出现小数或其他实数，这就要求 x 必须满足 10605%(28-5*x)==0。

■ 设计过程

（1）创建一个基于控制台的应用程序。
（2）主要程序代码如下：

```
#include "stdafx.h"
int main()
{
    int a, b, c, x, sum;
    for (x = 1; x <= 5; x++)                                    //x 的取值范围是 1～5
    {
        if (10605 % (28-5 * x) == 0)                            //满足条件的 x 值即为所求
        {
            sum = 10605 / (28-5 * x);                           //计算出邮票总数
            a = 2 * sum / 10;                                   //计算 A 集邮册中的邮票数
            b = 5 * sum / 7;                                    //计算 B 集邮册中的邮票数
            c = 303;                                            //c 集邮册中的邮票数
            printf("邮票的总数为：   %d 张\n", sum);            //输出邮票的总数
            printf("A 集邮册中邮票数量为:%d 张\n", a);          //输出 A 集邮册中的邮票数
            printf("B 集邮册中邮票数量为:%d 张\n", b);          //输出 B 集邮册中的邮票数
            printf("C 集邮册中邮票数量为:%d 张\n", c);          //输出 C 集邮册中的邮票数
        }
    }
    return 0;
}
```

■ 秘笈心法

心法领悟 067：括号的使用。

在使用运算符时，要考虑运算符的优先级，否则会出现因为运算符的优先级导致运算的错误。当不清楚要使用的运算符优先级时，有一种简单的解决方法，就是使用圆括号 "()"，将要先执行的运算放到圆括号中。这个圆括号运算符是优先级中最高的，这样会使括号中的内容先进行运算。例如本实例中的 if 语句，代码如下：

```
if (10605 % (28-5 * x) == 0)
```

2.7　多重循环打印图形

| 实例 068 | 用 "#" 打印三角形
光盘位置：光盘\MR\02\068 | 高级
趣味指数：★★ |

■ 实例说明

用 "#" 打印如下所示的三角形：

```
        #
       ###
      #####
     #######
    #########
```

实例运行结果如图 2.40 所示。

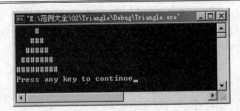

图 2.40 用"#"打印三角形

■ 关键技术

本实例中多次用到 for 循环，以下是对 for 语句的详细讲解。

for 语句的一般形式在前面的实例中已经介绍过，本实例主要介绍 for 语句的执行过程。

（1）求解表达式 1。

（2）求解表达式 2，若其值为非 0，则执行 for 语句中指定的内嵌语句，然后执行下面的步骤（3）。若表达式 2 的值为 0，则结束循环，转到下面的步骤（5）。

（3）求解表达式 3。

（4）返回步骤（2）继续执行。

（5）循环结束，执行 for 语句下面的一个语句。

说明：

❑ 表达式 1 通常用来给循环变量赋初值，一般是赋值表达式。也允许在 for 语句外给循环变量赋初值，此时可以省略该表达式。

❑ 表达式 2 通常是循环条件，一般为关系表达式或逻辑表达式。如果将表达式 2 省略，即不判断循环条件，也就是认为表达式 2 始终为真，则循环将无终止地进行下去。

❑ 表达式 3 通常可用来修改循环变量的值，一般是赋值语句。表达式 3 也可以省略，但此时程序设计者应另外设法保证循环能正常结束。

■ 设计过程

（1）创建一个基于控制台的应用程序。

（2）主要程序代码如下：

```c
#include "stdafx.h"
int main()
{
    int i, j, k;                              //定义变量 i、j、k 为基本整型
    for (i = 1; i <= 5; i++)                  //控制行数
    {
        for (j = 1; j <= 5-i; j++)            //控制空格数
        {
            printf(" ");
        }
        for (k = 1; k <= 2 *i - 1; k++)       //控制打印"#"的数量
        {
            printf("#");
        }
        printf("\n");
    }
    return 0;
}
```

■ 秘笈心法

心法领悟 068：setw 函数。

在 C 函数库中，包含一个 setw 函数，该函数具有一个参数，用于设置空格数量。在本实例中如果不使用 printf 函数输出空格，那么也可以使用 setw 函数。

实例 069	用 "*" 打印图形 光盘位置: 光盘\MR\02\069	高级 趣味指数: ★★

■ 实例说明

用 "*" 打印如下图形。

```
    *****
   *****
  *****
 *****
*****
```

实例运行结果如图 2.41 所示。

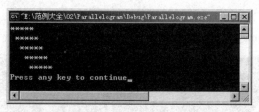

图 2.41　用 "*" 打印图形

■ 关键技术

本实例使用了字符数组，可能这时有读者会问，输出这个图形用实例 068 中讲过的方法可以吗？答案是肯定的。像本实例这种每行个数是一定的，通常也可以采用字符数组这种方法来实现。程序中字符数组的输出是逐个地输出。当然也可以用 "%s" 的形式将数组中的元素一次性输出，单个字符的输出如下：

```
for(k=0;k<5;k++)
printf("%c",a[k]);
```

用 "%s" 输出的形式如下：

```
printf("%s",a);
```

此时要注意将数组长度从 5 改为 6，因为字符串在存储时会自动在结尾处加 "\0" 作为结束标志。

■ 设计过程

（1）创建一个基于控制台的应用程序。

（2）主要程序代码如下：

```c
#include "stdafx.h"
int main()
{
    char a[5] =
    {
        '*', '*', '*', '*', '*'
    };                                    //定义字符型数组，5 个元素初值均为'*'
    int i, j, k;                          //定义变量 i、j、k 为基本整型
    for (i = 0; i < 5; i++)               //输出 5 行
    {
        for (j = 1; j <= i; j++)          //输出空格的数量随着行数的变化而变化
        {
            printf(" ");
        }
        for (k = 0; k < 5; k++)
        {
            printf("%c", a[k]);           //将 a 数组中的元素输出
        }
```

```
            printf("\n");                              //每输出一行后换行
        }
        return 0;
    }
```

■ 秘笈心法

心法领悟 069：字符数组元素赋值注意事项。

在本实例中定义了一个字符数组 a，在初始化时进行赋值 "'*','*','*','*','*'"，读者会发现复制时的字符 "*" 是用单引号 "''" 包起来的。这里之所以不使用双引号，是因为双引号包含的是字符串，字符串不能给单个字符的数组元素赋值。

实例 070	绘制余弦曲线 光盘位置：光盘\MR\02\070	高级 趣味指数：★★

■ 实例说明

编程实现用 "*" 绘制余弦曲线，实例运行结果如图 2.42 所示。

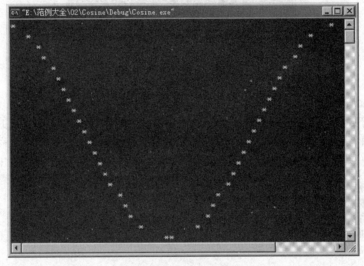

图 2.42　绘制余弦曲线

■ 关键技术

绘制余弦曲线用到了反余弦函数 acos，通过纵坐标的值来求出横坐标的值。确定了横坐标的值，其对称位置的横坐标值也就可以确定了，即用 62 减去确定的横坐标值，这里的 62 是一个近似值，即 $2\pi*10$。

■ 设计过程

（1）创建一个基于控制台的应用程序。

（2）主要程序代码如下：

```
#include "stdafx.h"
#include <math.h>
#include <conio.h>
int main()
{
    double y;
    int x, m;
    for (y = 1; y >= - 1; y -= 0.1)                    //0～π, π～2π 分别绘制 21 个点
    {
```

```
        m = acos(y) *10;                                    //求出对应的横坐标位置
        for (x = 1; x < m; x++)
        {
                printf(" ");                                //画 "*" 前画空格数
        }
        printf("*");                                        //画 "*"
        for (; x < 62-m; x++)                               //画出对称面的 "*"
        {
                printf(" ");
        }
        printf("*\n");
    }
    getch();
    return 0;
}
```

秘笈心法

心法领悟 070：使用数学函数。

在 C 库函数中，数学函数是对数据进行计算时常用的函数，acos 函数就是其中之一。每个函数都有头文件，在使用时要先引用该函数的头文件，数学函数库的头文件是 math.h。

实例 071	打印杨辉三角	高级
	光盘位置：光盘\MR\02\071	趣味指数：★★

实例说明

打印出如下杨辉三角形（要求打印出 10 行）。

```
1
1   1
1   2   1
1   3   3   1
1   4   6   4   1
1   5   10  10  5   1
......
```

实例运行结果如图 2.43 所示。

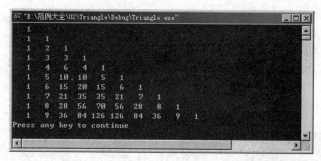

图 2.43　打印杨辉三角

关键技术

要想打印出杨辉三角，首先要找出图形中数字间的规律，从图形中可以分析出这些数字间有以下规律：

❑ 每一行的第一列均为 1。
❑ 对角线上的数字也均为 1。

❑ 除每一行第一列和对角线上的数字以外，其余数字均等于其上一行同列数字与其上一行前一列数字之和。

■ 设计过程

（1）创建一个基于控制台的应用程序。

（2）主要程序代码如下：

```
#include "stdafx.h"
int main()
{
    int i, j, a[11][11];                            //定义 i、j、a[11][11]为基本整型
    for (i = 1; i < 11; i++)                        //for 循环 i 的范围是 1～10
    {
        a[i][i] = 1;                                //对角线元素全为 1
        a[i][1] = 1;                                //每行第一列元素全为 1
    for (i = 3; i < 11; i++)                        //for 循环范围从第 3 行开始到第 10 行
    {
        for (j = 2; j <= i - 1; j++)               //for 循环范围从第 2 列开始到该行行数减 1 列为止
        {
            a[i][j] = a[i-1][j-1] + a[i-1][j];      //第 i 行 j 列等于第 i-1 行 j-1 列的值加上第 i-1 行 j 列的值
        }
    }
    for (i = 1; i < 11; i++)
    {
        for (j = 1; j <= i; j++)
        {
            printf("%4d", a[i][j]);                 //通过上面两次 for 循环将二维数组 a 中元素输出
        }
        printf("\n");                               //每输出完一行进行一次换行
    }
    return 0;
}
```

■ 秘笈心法

心法领悟 071：二维数组。

在本实例中使用了二维数组。拥有两个下标的数组称为二维数组，常用来表示表和矩阵。二维数组的声明和一维数组相同，语法格式如下：

数据类型 数组名[常量表达式 1][常量表达式 2];

其中，"常量表达式 1" 被称为行下标，"常量表达式 2" 被称为列下标。如果有二维数组 a[n][m]，则二维数组的下标取值范围如下：

❑ 行下标的取值范围为 0～n-1。

❑ 列下标的取值范围为 0～m-1。

❑ 二维数组的最大下标元素是 a[n-1][m-1]。

2.8 算 法

实例 072	计算某日是该年第几天 光盘位置：光盘\MR\02\072	高级 趣味指数：★★

■ 实例说明

本实例要求编写一个计算天数的程序，即从键盘中输入年、月、日，在屏幕中输出此日期是该年的第几天。实例运行结果如图 2.44 所示。

图 2.44　计算某日是该年第几天

■ 关键技术

要实现本实例要求的功能主要有以下两个技术要点。

（1）判断输入的年份是否为闰年，这里自定义函数 leap 来进行判断。该函数的核心内容就是闰年的判断条件即能被 4 整除但不能被 100 整除，或能被 400 整除。

（2）如何求此日期是该年的第几天。这里将 12 个月每月的天数存到数组中，因为闰年 2 月份的天数有别于平年，故采用两个数组 a 和 b 分别存储。当输入年份是平年，月份为 m 时就累加存储平年每月天数的数组的前 m-1 个元素，将累加的结果加上输入的日期便求出了最终结果，闰年的算法类似。

■ 设计过程

（1）创建一个基于控制台的应用程序。

（2）主要程序代码如下：

```c
#include "stdafx.h"
#include "stdio.h"

int leap(int a)                                     //自定义函数 leap 用来指定年份是否为闰年
{
    if (a % 4 == 0 && a % 100 != 0 || a % 400 == 0) //闰年判定条件
        return 1;                                   //是闰年返回 1
    else
        return 0;                                   //不是闰年返回 0
}

int number(int year, int m, int d)                  //自定义函数 number 计算输入日期为该年第几天
{
    int sum = 0, i, a[12] =
    {
        31, 28, 31, 30, 31, 30, 31, 31, 30, 31, 30, 31
    };                                              //数组 a 存放平年每月的天数
    int b[12] =
    {
        31, 29, 31, 30, 31, 30, 31, 31, 30, 31, 30, 31
    };                                              //数组 b 存放闰年每月的天数
    if (leap(year) == 1)                            //判断是否为闰年
        for (i = 0; i < m - 1; i++)
            sum += b[i];                            //是闰年，累加数组 b 前 m-1 个月份天数
    else
        for (i = 0; i < m - 1; i++)
            sum += a[i];                            //不是闰年，累加数组 a 前 m-1 个月份天数
    sum += d;                                       //将前面累加的结果加上日期，求出总天数
    return sum;                                     //将计算的天数返回
}

int main()
{
    int year, month, day, n;                        //定义变量为基本整型
    printf("请输入年、月、日\n");
    scanf("%d%d%d", &year, &month, &day);           //输入年月日
    n = number(year, month, day);                   //调用函数 number
    printf("第 %d 天\n", n);
    return 0;
}
```

秘笈心法

心法领悟 072：使用一个 printf 函数输出多个变量的值。

在使用 printf 函数时，可以为其设置多个参数一起输出，每个参数用"，"分隔，示例代码如下：

```
printf( "Visual C++编程全能词典，%0.2f 元，%d 个 \n", Price, Number);
```

实例 073	斐波那契数列	高级
	光盘位置：光盘\MR\02\073	趣味指数：★★

实例说明

斐波那契数列的特点是第 1、2 两个数为 1、1。从第 3 个数开始，该数是前两个数之和，求这个数列的前 30 个元素。实例运行结果如图 2.45 所示。

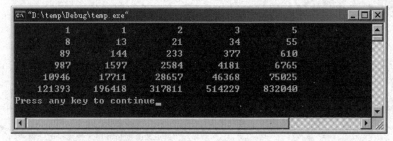

图 2.45　斐波那契数列

关键技术

分析题目中的要求可以用如下等式来表示斐波那契数列：

$F_1=1$　　　　　　　　（n=1）
$F_2=1$　　　　　　　　（n=2）
$F_n=F_{n-1}+F_{n-2}$　　　　（n≥3）

将 F 的下标看成数组的下标即可完成该程序。

设计过程

（1）创建一个基于控制台的应用程序。

（2）主要程序代码如下：

```c
#include "stdafx.h"
#include "stdio.h"

int main()
{
    int i;                                      //定义整型变量 i
    long f[31];                                 //意义数组为长整型
    f[1] = 1, f[2] = 1;                         //数组中的 f[1]、f[2]赋初值为 1
    for (i = 3; i < 31; i++)
        f[i] = f[i - 1] + f[i - 2];             //数列中从第 3 项开始每一项等于前两项之和
    for (i = 1; i < 31; i++)
    {
        printf("%10ld", f[i]);                  //输出数组中的 30 个元素
        if (i % 5 == 0)
            printf("\n");                       //每 5 个元素进行一次换行
    }
    return 0;
}
```

秘笈心法

心法领悟 073：else 子句的配对。

在使用 if 语句的嵌套时，如果使用了 else 子句，则 else 子句会采用就近原则，与其最近的 if 语句进行配对。如果用户想要将 else 子句与其他的 if 语句配对，则使用当前 else 子句与 if 语句之间的内容需要用大括号括起来，这样程序会将大括号中的内容作为复合语句处理，就实现了 else 子句与 if 语句的配对。

实例 074	角谷猜想	高级
	光盘位置：光盘\MR\02\074	趣味指数：★★

实例说明

角谷猜想的内容是：任给一个自然数，若为偶数则除以 2，若为奇数则乘以 3 加 1，得到一个新的自然数后按照上面的法则继续演算，若干次后得到的结果必然为 1。编程验证该定理。实例运行结果如图 2.46 所示。

图 2.46　角谷猜想

关键技术

本实例没有太多难点，只需根据题中所给的条件编写程序即可。这里只强调一点，即判断一个数是奇数还是偶数，程序中采用对 2 取余的方法，若余数为 0 则说明该数是偶数，否则该数为奇数。

程序中采用 while 循环来判断每次运算所得到的结果是否为 1，当不为 1 时继续按照题中所给的条件进行判断，直到最终结果等于 1 为止。

设计过程

（1）创建一个基于控制台的应用程序。
（2）主要程序代码如下：

```
#include "stdafx.h"
#include "stdio.h"

int main()
{
    long n;                                         //定义变量为长整型
    printf("请输入一个整数:\n");
    scanf("%ld", &n);                               //从键盘中任意输入一个长整型数
    while (n != 1)                                   //当最终结果不为 1 时一直执行循环体语句
    {
        if (n % 2 == 0)                             //判断 n 是否为偶数
        {
            printf("%ld/2=%ld\n", n, n / 2);
```

```
            n = n / 2;                                      //当 n 为偶数时 n 除以 2
        }
        else
        {
            printf("%ld*3+1=%ld\n", n, n *3+1);
            n = n * 3+1;                                    //当 n 为奇数时 n 乘以 3 加 1
        }
    }
    return 0;
}
```

■ 秘笈心法

心法领悟 074：常用库函数。

有两个最重要的库函数：输入函数 scanf 和输出函数 printf。这两个函数已经定义在 stdio.h 头文件中，所以在使用这两个库函数时，在源程序顶部一定要加上#include "stdio.h"。这是为了在执行程序时，让计算机知道 scanf 和 printf 两个函数如何使用。

实例 075	哥德巴赫猜想 光盘位置：光盘\MR\02\075	高级 趣味指数：★★

■ 实例说明

验证 100 以内的正偶数都能分解为两个素数之和，即验证歌德巴赫猜想对 100 以内的正偶数成立。运行结果的后 5 行如图 2.47 所示。

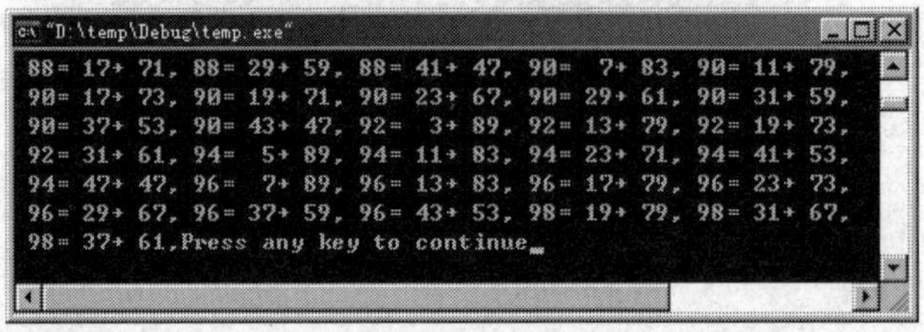

图 2.47　哥德巴赫猜想

■ 关键技术

为了验证歌德巴赫猜想对 100 以内的正偶数是成立的，要将正偶数分解为两部分，然后再对这两部分进行判断。如果均是素数则满足题意，不是则重新分解继续判断。本实例把素数的判断过程自定义到函数 ss 中，对每次分解出的两个数只要调用函数 ss 来判断即可。

■ 设计过程

（1）创建一个基于控制台的应用程序。
（2）主要程序代码如下：

```
#include "stdafx.h"
#include "stdio.h"

int ss(int i)
{
    int j;
    if (i <= 1)                                             //如果小于等于 1 则返回 0
        return 0;
    if (i == 2)                                             //如果等于 2 则返回 1
        return 1;
    for (j = 2; j < i; j++)
    {
```

```
            if (i % j == 0)                                    //循环判断是否为素数
                return 0;
            else if (i != j + 1)
                continue;
            else
                return 1;
        }
}

int main()
{
    int i, j, k, flag1, flag2, n = 0;
    for (i = 6; i < 100; i += 2)
    {
        for (k = 2; k <= i / 2; k++)
        {
            j = i - k;
            flag1 = ss(k);                                     //调用 ss 函数判断当前数是否为素数
            if (flag1)
            {
                flag2 = ss(j);                                 //调用 ss 函数判断另一个数是否为素数
                if (flag2)                                     //如果都是素数
                {
                    printf("%3d=%3d+%3d,", i, k, j);           //输出结果
                    n++;
                    if (n % 5 == 0)                            //每 5 个数自动换一行
                        printf("\n");
                }
            }
        }
    }
    return 0;
}
```

■ 秘笈心法

心法领悟 075：使用 if 嵌套的注意问题。

本实例使用了 if 的嵌套，有两点注意事项：（1）在嵌套的 if 语句之间必须加大括号；（2）else 与该语句之上最近的一个不带 else 的 if 进行匹配。

实例 076	四方定理 光盘位置：光盘\MR\02\076	高级 趣味指数：★★

■ 实例说明

四方定理的内容是：所有的自然数至多只要用 4 个数的平方和就可以表示。编程验证该定理。实例运行结果如图 2.48 所示。

图 2.48　四方定理

■ 关键技术

本实例对 4 个变量 i、j、k、l 采用穷举试探的方法进行计算，当满足定理中的条件时输出计算结果。穷举法又称枚举法或列举法，是在研究对象由有限个元素构成的集合时，把所有对象都列举出来，再对其一一进行

研究。在本实例中，i、j、k、l 分别代表 4 个数，然后不断地累加，直到符合条件为止。

■ 设计过程

（1）创建一个基于控制台的应用程序。

（2）主要程序代码如下：

```
#include "stdafx.h"
#include "stdio.h"
#include <stdlib.h>

int main()
{
    long i, j, k, l, n;                                             //定义变量为长整型
    printf("请输入一个数:\n");
    scanf("%ld", &n);
    for (i = 0; i <= n; i++)                                        //对 i、j、k、l 进行穷举
        for (j = 0; j <= i; j++)
            for (k = 0; k <= j; k++)
                for (l = 0; l <= k; l++)
                    if (i *i + j * j + k * k + l * l == n)          //判断是否满足定理要求
                    {
                        printf("%ld*%ld+%ld*%ld+%ld*%ld+%ld*%ld=%ld\n",
                            i, i, j, j, k, k, l, l,n);               //将满足要求的结果输出
                        exit(0);
                    }
    return 0;
}
```

■ 秘笈心法

心法领悟 076：for 循环语句的注意事项。

在使用 for 循环语句时，其中的变量初始赋值、循环结束条件、变量递增每一项均可以省略，但是笔者并不建议读者这样做，因为这种写法在逻辑上很容易出现错误，并且当循环出现问题时，检查错误将更加费时。

实例 077	尼科彻斯定理	高级
	光盘位置：光盘\MR\02\077	趣味指数：★★

■ 实例说明

尼科彻斯定理的内容是：任何一个整数的立方都可以写成一串连续奇数的和。编程验证该定理。实例运行结果如图 2.49 所示。

图 2.49　尼科彻斯定理

■ 关键技术

解决本实例的关键是先要确定这串连续奇数中的最大值的范围，可以这样分析，任何立方值（这里设为 sum）的一半（这里设为 x）如果是奇数，则 x+x+2 的值一定大于 sum，那么这串连续奇数的最大值不会超过 x。如果 x 是偶数，需把它变成奇数，那么变成奇数到底是加 1、减 1 还是其他呢？这里选择加 1，因为 x+1+x−1 正好等于 sum，所以当 x 是偶数时这串连续奇数的最大值不会超过 x+1。在确定了范围后就可以从最大值开始进行穷举。

设计过程

（1）创建一个基于控制台的应用程序。

（2）主要程序代码如下：

```
#include "stdafx.h"
#include "stdio.h"

int main()
{
    int i, j, k = 0, l, n, m, sum,flag=1;
    printf("请输入一个数:\n");
    scanf("%d", &n);                            //从键盘中任意输入一个数
    m = n * n * n;                              //计算出该数的立方
    i = m / 2;
    if (i % 2 == 0)                             //当 i 为偶数时 i 值加 1
        i = i + 1;
    while (flag==1&&i >= 1)                     //当 i 大于等于 1 且 flag=1 时执行循环体语句
    {
        sum = 0;
        k = 0;
        while (1)
        {
            sum += (i - 2 * k);                 //奇数累加求和
            k++;
            if (sum == m)                       //如果 sum 与 m 相等，则输出累加过程
            {
                printf("%d*%d*%d=%d=", n, n, n, m);
                for (l = 0; l < k - 1; l++)
                    printf("%d+", i - l * 2);
                printf("%d\n", i - (k - 1) *2);  //输出累加求和的最后一个数
                flag=0;
                break;
            }
            if (sum > m)
                break;
        }
        i -= 2;                                  //i 等于下一个奇数，继续上面的过程
    }
    return 0;
}
```

秘笈心法

心法领悟 077：break 语句的使用。

break 语句是程序控制跳转语句，可以跳出语句块，常用于 switch 语句和循环语句中。当程序达到某一条件时，使用 break 语句进行跳转，跳出当前语句的执行。

实例 078	魔术师的秘密 光盘位置：光盘\MR\02\078	高级 趣味指数：★★

实例说明

在一次晚会上，一位魔术师掏出一叠扑克牌，取出其中 13 张黑桃，预先洗好牌后，把牌面朝下，对观众说："我不看牌，只是数一数就能知道每张牌是什么？"魔术师口中念 1，将第一张牌翻过来看正好是 A。魔术师将黑桃 A 放到桌上，继续数手里的余牌，第二次数 1，2，将第一张牌放到这叠牌的下面，将第二张牌翻开，正好是黑桃 2，也把它放在桌子上。第三次数 1，2，3，前面两张牌放到这叠牌的下面，取出第三张牌，正好是黑桃 3，这样依次将 13 张牌翻出，准确无误。现在的问题是，魔术师手中牌的原始顺序是怎样的？实例运行结果如图 2.50 所示。

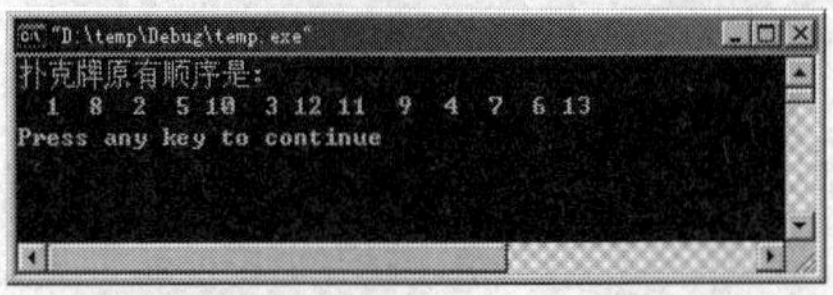

图 2.50　魔术师的秘密

■ 关键技术

解决这类问题的关键在于如何将人工推导扑克牌放置顺序的方法用计算机编程模拟出来。下面来看一下人工推导的过程：假设桌上摆着 13 个空盒子，将这些盒子围成一圈，编号为 1～13，将黑桃 A 放入第一个盒子中，从下一个空盒子开始对空盒子计数。当数到第二个空盒子时，将黑桃 2 放入空盒子中，然后再从下一个空盒子开始对空盒子计数。顺序放入 3、4、5 等，直到全部放入 13 张牌，注意在计数时要跳过非空的盒子，只对空盒子计数，最后得到的牌在盒子中的顺序，就是魔术师手中的牌原来的顺序。

■ 设计过程

（1）创建一个基于控制台的应用程序。

（2）主要程序代码如下：

```c
#include "stdafx.h"
#include "stdio.h"

int main()
{
    int i = 1, j = 0, n = 0, a[14] ={0};                   //为数组中元素赋初值为 0
    while (i <= 13)
    {
        while (1)
        {
            j++;
            if (j > 13)                                    //当 j 大于 13 时，将其重新置 1
                j = 1;
            if (!a[j])                                     //如果该位置元素为 0，则 n 加 1
                n++;
            if (n == i)
            {
                a[j] = i;                                  //将 i 的值放入数组指定位置中
                n = 0;                                     //计数器重置置 0
                break;                                     //跳出内层循环
            }
        }
        i++;                                               //数字加 1
    }
    printf("扑克牌原有顺序是:\n");
    for (i = 1; i <= 13; i++)
        printf("%3d", a[i]);                               //输出扑克牌原来的顺序
    printf("\n");
    return 0;
}
```

■ 秘笈心法

心法领悟 078：循环嵌套总共执行次数。

以两重循环嵌套为例，如下：

```c
for(i = 0;i<N;i++)
{
    for(j = 0;j<M;j++)
    {
    }
}
```

进入第一层循环后，执行一些语句，再进入第二层循环，执行第二层循环的语句，当第二层循环结束并跳出后，再判断第一层循环的条件是否满足，也就是说，内层循环要执行多次（N 次），总共的循环次数为 N*M 次。

第 **3** 章

数据结构

▸▸ 结构体
▸▸ 指针、地址与引用
▸▸ 数组

3.1 结 构 体

■ 实例说明

在 C++语言中有许多基本数据类型，但在开发过程中只使用这些数据类型是不够的，而是需要将不同的数据类型组合在一起使用，这就形成了一个新的数据类型——结构体类型，本实例定义结构体类型。

■ 关键技术

在定义结构体类型时需要注意以下几点：

- ❑ 类型与变量不是同一概念，不要混淆。对于结构体变量，在定义时应先定义结构体类型，再定义该结构体类型的变量。只能对结构体变量进行赋值、存取或运算，不能对结构体类型进行赋值、存取或运算。
- ❑ 结构体中的成员可以单独使用，其作用与地位相当于普通变量。
- ❑ 在定义结构体类型时，其成员也可以是一个结构体成员。
- ❑ 在定义结构体类型时，成员名可以是程序中的其他变量的名称，但成员列表中的名称不可以同名。

■ 设计过程

结构体类型变量的定义与基本数据类型变量的定义不太相同，主要有 3 种方法：先定义结构体类型再定义变量、在定义结构体类型的同时定义变量和直接定义结构体类型变量。

- ❑ 先定义结构体类型再定义变量。先定义结构体类型，再定义变量的一般表现形式如下：

```
struct 结构体名
{
成员名表;
};
struct 结构体名 变量名表;
```

下面应用此方法定义一个结构体类型的变量。

```
struct person{
int age;                          //年龄
int colorhair;                    //头发颜色
int colorcutis;                   //皮肤颜色
float stature;                    //身高
};
struct person personA,personB;    //定义结构体类型与变量
```

- ❑ 在定义结构体类型的同时定义变量。定义结构体类型的同时定义变量的一般表现形式如下：

```
struct 结构体名
{
成员名表;
}变量名表;
```

下面应用此方法定义一个结构体类型的变量。

```
struct person{
int age;                          //年龄
int colorhair;                    //头发颜色
int colorcutis;                   //皮肤颜色
float stature;                    //身高
} personA,personB;                //定义结构体类型与变量
```

- ❑ 直接定义结构体类型变量。直接定义结构体类型的变量在第二种方法的基础上去掉了结构名，一般表现形式如下：

```
struct
{
成员名表;
}变量名表;
```

下面应用此方法定义一个结构体类型的变量。

```
struct {
int age;                              //年龄
int colorhair;                        //头发颜色
int colorcutis;                       //皮肤颜色
float stature;                        //身高
} personA,personB;                    //定义结构体类型与变量
```

秘笈心法

心法领悟 079：注意结构体的字节对齐。

结构体的字节对齐是指编译器在为结构体变量分配内存时，保证下一个成员的偏移量为成员类型的整数倍。因此，对于一些结构体变量来说，其大小并不等于结构体中每一个成员大小的总和。

实例 080	结构体变量的初始化	高级
	光盘位置：光盘\MR\03\080	趣味指数：★★★☆

实例说明

结构体变量的初始化与数组的初始化是一样的，只有当结构体变量为全局变量或静态变量时才可以进行初始化，不能对局部结构体变量进行初始化操作。本实例将对结构体变量进行初始化，实例运行结果如图 3.1 所示。

图 3.1 结构体变量的初始化

关键技术

结构体变量初始化的一般表现形式如下：

```
struct 结构体名  变量名表 = 初始化值表;
```

还可以在定义结构体类型时定义结构体变量，并初始化。表现形式如下：

```
struct 结构体名
{
成员名表;
}变量名 = 初始化值表[变量名=初始化值];
```

设计过程

（1）创建一个基于控制台的应用程序。

（2）主要程序代码如下：

```
#include "stdafx.h"
#include "string.h"
#include "iostream.h"

struct student                        //定义结构
{
long int num;                         //学号
char name[20];                        //姓名
char sex[4];                          //性别
char addr[20];                        //地址
}zhang;

int main()
{
zhang.num = 1002;                     //学号
```

```
strcpy(zhang.name,"张三");                    //姓名
strcpy(zhang.sex,"男");                       //性别
strcpy(zhang.addr,"北京");                    //地址

//输出学生信息
cout << "学号： " << zhang.num << "\n"
     << "姓名： " << zhang.name << "\n"
     << "性别： " << zhang.sex << "\n"
     << "地址： " << zhang.addr << "\n";

return 0;
}
```

■ 秘笈心法

心法领悟 080：计算结构体变量大小。

本实例讲了结构体变量，结构体变量占用内存的大小可用 sizeof 运算来求出。

实例 081	如何使用嵌套结构 光盘位置：光盘\MR\03\081	高级 趣味指数：★★★★

■ 实例说明

结构的成员可以是另一个结构，引用内层结构的成员时，需要包含两个结构变量的名字，也就是层层引用。实例运行结果如图 3.2 所示。

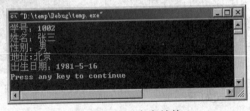

图 3.2　使用嵌套结构

■ 关键技术

本实例嵌套结构中定义了两个结构，一个结构定义为另一个结构的成员变量，代码如下：

```
struct Date                                   //日期结构
{
int month,day,year;                           //月、日、年
};

struct student                                //学生信息
{
long int num;                                 //学号
char name[20];                                //姓名
char sex[4];                                  //性别
char addr[20];                                //地址
Date birthDate;                               //出生日期
}zhang;
```

■ 设计过程

（1）创建一个基于控制台的应用程序。

（2）主要程序代码如下：

```
#include "stdafx.h"
#include "iostream.h"
#include "string.h"
```

```
struct Date
{
int month,day,year;                          //月、日、年
};

struct Student                               //学生信息
{
long int num;                                //学号
char name[20];                               //姓名
char sex[4];                                 //性别
char addr[20];                               //地址
Date birthDate;                              //出生日期
};


int main()
{
Student s1 = {1002,"张三","男","北京",{5,16,1981}};

//输出学生信息
cout << "学号： " << s1.num << "\n"
     << "姓名： " << s1.name << "\n"
     << "性别： " << s1.sex << "\n"
     << "地址： " << s1.addr << "\n"
     << "出生日期： " << s1.birthDate.year << "-"
     << s1.birthDate.month << "-" <<
     s1.birthDate.day << "\n";

return 0;
}
```

■ 秘笈心法

心法领悟 081：char 与 char*类型的应用。

char 与 char*之间的转换要通过 char 数组进行。通过将 char 数组指针变量传递给 char 型指针来实现类型的转换，代码如下：

```
char buf[5]={'a','b','c','d','e'};
char*p;
p=new char[5];
p=buf;
```

实例 082	将结构作为参数传递并返回 光盘位置：光盘\MR\03\082	高级 趣味指数：★★★☆

■ 实例说明

结构不但是多个变量的集合，也可以作为函数的参数或返回值。本实例实现了一个函数，使结构变量作为参数传递并返回。实例运行结果如图 3.3 所示。

图 3.3　将结构作为参数传递并返回

■ 关键技术

本实例实现的参数传递方式是传值方式，也就是实参向形参传递了一个复本，当形参被修改时不会影响实参的数据。有时函数会返回一个结构，如果函数生成的待返回的结构是一个自变量，当函数返回时，自动的结构变量就已经离开了其作用域，这时程序就需要一个用于返回值的副本。

设计过程

（1）创建一个基于控制台的应用程序。

（2）主要程序代码如下：

```
#include "stdafx.h"
#include "iostream.h"

struct Date                            //日期结构
{
int month,day,year;                    //月、日、年
};

Date GetDate();                        //获取日期
void PrintDate(Date);                  //输出日期

int main()
{
Date dt = GetDate();
PrintDate(dt);
return 0;
}

Date GetDate()
{
Date dt = {5,19,2010};                 //定义日期 2010-5-19
return dt;
}

void PrintDate(Date dt)
{
//输出日期
cout << "日期： " << dt.year << "-"
     << dt.month << "-"
     << dt.day << "\n";
}
```

秘笈心法

心法领悟 082：DWORD 与 WORD 之间的转换。

DWORD 类型数据是 32 位无符号整型，而 WORD 是 16 位无符号整型，可以通过宏函数 HIWORD 获取 DWORD 类型数据的高 16 位，通过宏函数 LOWORD 获取 DWORD 类型数据的低 16 位。

实例 083	共用体数据类型的定义 光盘位置：光盘\MR\03\083	高级 趣味指数：★★★☆

实例说明

共用体类型和结构体类似，都是由不同的数据类型组成的，区别是结构体类型的变量是分别存放的，而共用体类型的变量是存放在同一段内存空间的。本实例实现了共用体数据类型的定义。

关键技术

在使用共用体时应注意以下几点：

❑ 同一段内存空间可以用来存放几种不同数据类型的成员，但在同一时间只能存放其中的一种。即同一时间只有一个成员起作用。

❑ 共用体变量中起作用的成员是最后一次存放的成员，在存入一个新成员后，原有的成员就会被覆盖，从而失去作用。

- ❑ 共用体变量的地址和它的各成员的地址是同一个地址。
- ❑ 不能对共用体变量赋值，也不能在声明共用体变量时对其进行初始化。
- ❑ 不能把共用体变量作为参数，也不能使函数返回共用体变量，但可以使用指向共用体变量的指针。
- ❑ 共用体变量可以出现在结构体类型的声明中，也可以声明共用体数组。

■ 设计过程

（1）创建一个基于控制台的应用程序。

（2）主要程序代码如下：

```
#include "stdafx.h"
//定义一
union data1
{
int i;
char ch;
float f;
}a1,b1,c1;
//定义二
union data2
{
int i;
char ch;
float f;
};
union data2 a2,b2,c2;

int main()
{

return 0;
}
```

■ 秘笈心法

心法领悟 083：WORD 与 BYTE 之间的转换。

WORD 是 16 位无符号整型，BYTE 是 8 位无符号整型，可以通过宏函数 HIBYTE 获取 WORD 类型数据的高 8 位，通过宏函数 LOBYTE 获取 WORD 类型数据的低 8 位。

| 实例 084 | 共用体变量的初始化
光盘位置：光盘\MR\03\084 | 高级
趣味指数：★★★★☆ |

■ 实例说明

与结构体类似的另一种数据类型是共用体，有时为了节省存储空间，便于处理表格，需要将几种不同类型的变量存放到同一段内存单元中，这种类型的结构称为共用体。本实例实现了共用体变量的初始化。实例运行结果如图 3.4 所示。

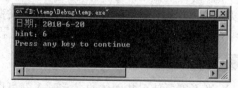

图 3.4　共用体变量的初始化

■ 关键技术

共用体结构只能对第一个成员变量进行初始化，初始化值放在一对大括号中，只需要一个初始化值，其类型必须和联合的第一个成员相一致。例如：

```
union data
{
int i;
char ch;
float f;
```

```
};
data d = {2010};
```
如果共用体的第一个成员是一个结构，那么初始化值中可以包含多个用于初始化该结构的表达式。

设计过程

（1）创建一个基于控制台的应用程序。

（2）主要程序代码如下：

```
#include "stdafx.h"
#include "iostream.h"

struct Date                              //日期结构
{
int month,day,year;                      //月、日、年
};

union Horder                             //共用体结构
{
Date dt;
int hint;
};

int main()
{
Horder id = {{6,20,2010}};               //初始化共用体
//输出共用体变量
cout << "日期： " << id.dt.year << "-"
     << id.dt.month << "-" << id.dt.day << "\n";
cout << "hint: " << id.hint << "\n";

return 0;
}
```

秘笈心法

心法领悟 084：字符串数值转换。

可以分别使用 atoi、atol、atof 函数将字符串转换为整型、长整型和浮点型数字。

实例 085	如何使用匿名共用体 光盘位置：光盘\MR\03\085	高级 趣味指数：★★★☆

实例说明

声明共用体结构时，允许声明无名的共用体结构，可以利用此方法节省空间或有意地重新定义变量。本实例实现了匿名共用体的使用方法。实例运行结果如图 3.5 所示。

关键技术

当不需要使用共用体的名字时，就可以利用匿名共用体的这个特性省略很多共用体的名字。全局匿名共用体必须声明为静态的。

图 3.5　使用匿名共用体

设计过程

（1）创建一个基于控制台的应用程序。

（2）主要程序代码如下：

```
#include "stdafx.h"
```

```
#include "iostream.h"

int main()
{
union                                  //日期结构
{
        int month;
        int day;
        int year;
};

month = 6;
day = 20;
year = 2010;
//输出共用体变量
cout << year << "\n"
        << month << "\n" << day << "\n";

return 0;
}
```

■ 秘笈心法

心法领悟 085：设置编码方式。

字符串有 ASCII、MBCS 和 Unicode 3 种编码方式。可以通过修改工程设置来决定使用何种编码，设置方法是通过 Visual C++的菜单命令 Project→Settings 启动 Project Settings 对话框，在 C/C++选项卡的 Preprocessor 文本框中添加字符串，如果使用 MBCS 编码方式就添加字符 "_MBCS"，如果使用 Unicode 编码方式就添加字符 "_Unicode"，如果使用 ASCII 编码方式就不添加前两者字符。ASCII 是单字符编码方式，指所有字符都占一个字节。MBCS 是多字节编码方式，在 Windows 系统中字符最多使用两个字节来编码。

实例 086	枚举类型的定义与使用 光盘位置：光盘\MR\03\086	高级 趣味指数：★★★☆

■ 实例说明

利用枚举声明可以定义枚举常量，这也是一种数据类型。一个枚举常量包括一组相关的标识符，其中每一个标识符对应一个整型值。本实例实现了枚举类型的定义与使用。实例运行结果如图 3.6 所示。

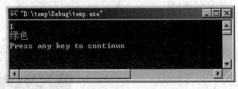

图 3.6　枚举类型的定义与使用

■ 关键技术

在枚举常量中，大括号内第一个标识符对应的数值为 0，第二个标识符对应的数值为 1，……，依此类推。第一个标识符都必须是唯一的，而且不能使用保留的关键字或当前作用域内的其他任何标识符。

在声明枚举常量时，可以为某个特定的标识符指定其对应的整型值，紧随其后的标识符对应的值依次加 1。例如：

```
enum WeekDay{sun = 1,mon,tue,wed,thu,fri,sat};
```

sun 等于 1，mon 等于 2，……，依此类推。可以声明枚举类型的变量，并在需要整型值的地方使用这些变量。函数的形参表中或其他任何需要整型常量的地方都可以使用枚举类型。

■ 设计过程

（1）创建一个基于控制台的应用程序。

（2）主要程序代码如下：

```
#include "stdafx.h"
```

```
#include "iostream.h"

enum Colors{red,green,blue};                    //定义枚举类型

int main()
{
Colors col;                                     //定义枚举变量
int c;
cin >> c;
col = (Colors)c;

switch (col)
{
case red:
        cout << "红色\n";
        break;
case green:
        cout << "绿色\n";
        break;
case blue:
        cout << "蓝色\n";
        break;
default:
        break;
}
return 0;
}
```

■ 秘笈心法

心法领悟 086：注释。

在调试程序时经常要使用一些代码注释，Visual C++中提供了两种注释代码的语句。一种是两个反斜杠"//"，另一种是"/*"和"*/"两个字符串。第一种只能注释一条语句，第二种可以注释多条语句。

实例 087	用 new 动态创建结构体 光盘位置：光盘\MR\03\087	高级 趣味指数：★★★☆

■ 实例说明

结构体是用来存储各种数据类型的集合，本实例将实现利用结构体存储员工的编号和姓名，将这些信息存入数组中并显示出来，这就需要存储信息的结构体是动态创建的。实例运行结果如图 3.7 所示。

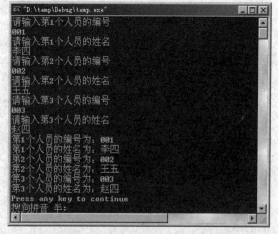

图 3.7 用 new 动态创建结构体

■ 关键技术

对于一个结构来说，一个结构变量只能存储一个信息的集合。如果想利用结构变量存储多个信息的集合就必须创建多个结构变量。解决这个问题的方法有两种，一种是定义一个结构类型的数组，另一种是动态创建结构变量，然后将这个结构变量的地址存入数组中。在 C++语言中可以通过 new 关键字来动态创建结构体变量，而在不需要这个结构体变量时，用 delete 关键字将其删除即可。

■ 设计过程

（1）创建一个基于控制台的应用程序。
（2）主要程序代码如下：

```
#include "stdafx.h"
#include "iostream.h"

//人员信息
struct Person
{
char ID[6];                                    //编号
char Name[10];                                 //姓名
};

int main()
{
int len = 3;                                   //总人数
int structinfo[10];                            //存信息的数组
for (int i = 0;i<len;i++)
{
        Person *p = new Person;                //动态创建结构变量
        structinfo[i] = (int)p;                //存入数组
        cout << "请输入第" << i+1 << "个人员的编号\n";
        cin >> p->ID;
        cout << "请输入第" << i+1 << "个人员的姓名\n";
        cin >> p->Name;
}
for ( i = 0; i<len; i++)
{
        Person *p = (Person *)structinfo[i];   //取出变量
        cout << "第" << i+1 << "个人员的编号为：" << p->ID << "\n";
        cout << "第" << i+1 << "个人员的姓名为：" << p->Name << "\n";
        delete [] p;                           //删除变量
}
return 0;
}
```

■ 秘笈心法

心法领悟 087：使用汇编语句。

在 Visual C++中可以使用一些常规的汇编语句。使用汇编语句时，需要在其前加__asm 宏。

实例 088	使用结构体标识操作员名称、密码和级别	高级
	光盘位置：光盘\MR\03\088	趣味指数：★★★☆

■ 实例说明

对于一个软件系统来说，操作员是必不可少的，操作员不同，在软件中执行的操作也可以不同。本实例说明了如何使用结构体标识操作员的信息。实例运行结果如图 3.8 所示。

图 3.8　使用结构体标识操作员名称、密码和级别

■ 关键技术

操作员的信息也可以看成是由多个不同或相同数据类型的集合所组成的，所以仍然可以使用结构体来表示。在数据表中一个操作员的信息可以用一行来表示，而列代表了不同的信息，如名称、密码等。而对于一个结构体来说，操作员的信息就是结构体中所定义的成员变量，每个结构体对象代表了一个操作员。

■ 设计过程

（1）创建一个基于控制台的应用程序。

（2）主要程序代码如下：

```cpp
#include "stdafx.h"
#include "iostream.h"

//操作员
struct Operator
{
char Name[10];                          //名称
char Password[10];                       //密码
int Level;                              //级别
};

int main()
{
Operator Ops[3];
}
for (int i = 0;i<3;i++)
{
    cout << "请输入第" << i+1 <<"操作员名称：\n";
    cin >> Ops[i].Name;
    cout << "请输入第" << i+1 <<"操作员密码：\n";
    cin >> Ops[i].Password;
    cout << "请输入第" << i+1 <<"操作员级别：\n";
    cin >> Ops[i].Level;
}
for (i = 0;i<3;i++)
{
for (i = 0;i<3;i++)
{
    cout << "第" << i+1 <<"操作员名称："<< Ops[i].Name << "\n";
    cout << "第" << i+1 <<"操作员密码："<< Ops[i].Password << "\n";
    cout << "第" << i+1 <<"操作员级别："<< Ops[i].Level << "\n";
    cout << endl;
}
return 0;
}
}
```

■ 秘笈心法

心法领悟 088：内联函数。

内联函数需要在函数的定义前加关键字 inline，内联函数在每个被调用的地方进行展开，优点是节省了程序指针在堆栈中移动的时间，缺点是增加了文件的容量。内联函数应该和调用者放在同一实现文件中，但在循环中调用内联函数时，函数只展开一次。

| 实例 089 | 创建包括 **12** 个月份的枚举类型
光盘位置：光盘\MR\03\089 | 高级
趣味指数：★★★★☆ |

■ 实例说明

枚举类型所定义的变量一般为常量，而所定义的常量的值是有序的。本实例用枚举类型定义包括 12 个月份的常量，并将每个常量对应一个中文字符串输出。实例运行结果如图 3.9 所示。

图 3.9　创建包括 12 个月份的枚举类型

■ 关键技术

定义枚举类型并不复杂，关键是如何正确地使用它。本实例定义了一个包括 12 个月份的枚举常量，并通过数组给出这些常量的描述性说明然后输出。这就需要将枚举类型中的值与数组中的元素一一对应，实现该功能可以利用枚举类型的一个特性，也就是枚举类型中的值在默认情况下是从小到大以 1 的差值递增的，所以很容易实现与数组元素相对应。在取出数组中的说明字符串时只需将枚举常量的值作为数组元素的下标取值即可。

■ 设计过程

（1）创建一个基于控制台的应用程序。

（2）主要程序代码如下：

```c
#include "stdafx.h"
#include "stdio.h"

enum Month {JANUARY,FEBRUARY,MARCH,APRIL,MAY,JUE,JUNLY,AUGUST,
    SEPTEMBER,OCTOBER,NOVEMBER,DECEMBER};        //定义枚举类型

int main()
{
    char *strings[] =
    {
        "1 月","2 月","3 月","4 月","5 月","6 月",
        "7 月","8 月","9 月","10 月","11 月","12 月"
    };                                      //初始化字符串数组
    printf("当前月份是：%s\n", strings[JULY]);
    return 0;
}
```

■ 秘笈心法

心法领悟 089：定义枚举类型的注意事项。

在定义枚举类型时，可以为各个枚举常量提供一个整数值。如果没有提供整数值，默认第一个常量值为 0，第二个常量值为 1，……，依此类推。

| 实例 090 | 带有函数的结构体
光盘位置：光盘\MR\03\090 | 高级
趣味指数：★★★★☆ |

■ 实例说明

在 C++语言中，结构是类的一个特例，可以包含函数成员，也可以指定结构成员访问权限。实例运行结果

如图 3.10 所示。

图 3.10   带有函数的结构体

■ 关键技术

结构与类是十分类似的，只不过许多程序开发人员认为结构只是数据类型的集合，其实在结构中也可以有函数成员，并可以指定成员的访问权限。结构与类的另一个区别在于结构成员的默认访问权限是公有的，而类成员的默认访问权限是私有的。

■ 设计过程

（1）创建一个基于控制台的应用程序。

（2）主要程序代码如下：

```cpp
#include "stdafx.h"
#include "iostream.h"

struct Place
{
private:
int x;
int y;
public:
void SetPos(int X,int Y);
void GetPos(int &X,int &Y);
};

void Place::SetPos(int X,int Y)
{
x = X;
y = Y;
}

void Place::GetPos(int &X,int &Y)
{
X = x;
Y = y;
}

int main()
{
Place p;                                 //定义结构变量
p.SetPos(100,120);                       //赋值
int x;
int y;
p.GetPos(x,y);                           //获取值
//输出值
cout << "X：" << x << "\n"
     << "Y：" << y << "\n";
return 0;
}
```

■ 秘笈心法

心法领悟 090：#define 宏。

#define 宏可以实现文字的替换，语法如下：

#define 标识 被替换文字

#define 宏属于预处理指令，可使编写出来的代码更加简洁，避免编写过多重复的代码。#define 宏的实现主要是通过预处理器将所有的标识全部用被替换文字来替换。

3.2 指针、地址与引用

实例 091	使用指针自增操作输出数组元素	高级
	光盘位置：光盘\MR\03\091	趣味指数：★★★☆

■ 实例说明

指针用于指向某一变量的地址空间，同时也可以指向数组元素的地址空间。利用这一特性即可通过指针快速地操作数组中的元素。本实例通过指针的自增操作输出数组中的元素。实例运行结果如图 3.11 所示。

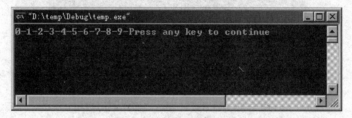

图 3.11　使用指针自增操作输出数组元素

■ 关键技术

数组在创建时会开辟一段连续的内存空间，而且每一个元素所占用的空间大小都是一样的。对于指针的每一次自增操作都相当于将指针地址向后移动自身类型的大小。所以当一个指针指向了数组中的某一个元素的地址时，指针的自增操作就相当于指向了数组中的下一个元素。

■ 设计过程

（1）创建一个基于控制台的应用程序。
（2）主要程序代码如下：

```
#include "stdafx.h"
#include <iostream.h>

int main()
{
int (*p)[10];
int mm[10];
int *pp;
p = &mm;
pp = (int *)*p;
for (int i=0;i<10;i++)
    *pp++ = i;

pp = (int *)*p;
for (i=0;i<10;i++)
    cout<<*pp++<<"-";
return 0;
}
```

■ 秘笈心法

心法领悟 091：条件运算符。

条件运算符是由一个问号和一个冒号组成的，书写方式是"…?…:…"，该运算符是一个三元运算符，需要 3 个操作数，首先可以通过一个表达式执行判断，然后根据判断的结果进行选择。

实例092	利用指针表达式操作遍历数组 光盘位置：光盘\MR\03\092	高级 趣味指数: ★★★☆

■ 实例说明

指针可以看成是类似整型的变量，指针的值就是内存的地址。指针可以加上或减去一个整数。指针与整数的加减和它与普通变量的加减区别在于：指针与整数的加减是对内存地址的加减。指针加上或减去一个整数可以称为指针表达式。本实例使用指针表达式遍历数组。实例运行结果如图 3.12 所示。

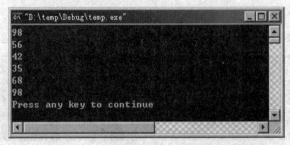

图 3.12　利用指针表达式操作遍历数组

■ 关键技术

利用指针遍历数组可以使用指针表达式对指针进行整数的加减，对于一个指针加 1 或减 1，实际上是加上或减去指针所指向的数据长度。不论指针是加上还是减去一个整数，表达式计算的结果都是一个新的地址值。两个相同类型的指针还可以做减法运算，得到的结果是一个表示两个地址间该类型数据个数的整数值。在对指针进行加减运算时，必须考虑指针运算符和算术运算符的优先级问题。例如：

```
int a[] = {97,32,128};
int I;
int *ip = &a[0];
I = *ip+1;                              //ip 指向 97，返回 98
I = *(ip+1);                            //ip 指向 97，返回 32
```

■ 设计过程

（1）创建一个基于控制台的应用程序。
（2）主要程序代码如下：

```
#include "stdafx.h"
#include "iostream.h"

int main()
{
int mm[] = {98,56,42,35,68,98};
int *p = &mm[0];
for (int i = 0;i<6;i++)
        cout << *(p+i) << '\n';
return 0;
}
```

■ 秘笈心法

心法领悟 092：使用 exit 退出进程。
使用 exit 可以退出当前的进程。可以将 exit 语句放在按钮的实现函数中以退出当前的应用程序。

实例 093　　数组地址的表示方法　　　　　　　　　高级

光盘位置：光盘\MR\03\093　　　　　　　　　　趣味指数：★★★★☆

■ 实例说明

使用指针操作数组时需要指向数组的地址，而数组地址的表示方法有许多种，最常用的是"&"。本实例介绍数组地址的表示方法。实例运行结果如图 3.13 所示。

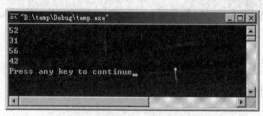

图 3.13　数组地址的表示方法

■ 关键技术

大多数数组地址的表示方法都是使用运算符"&"表示的，另一种方法是使用数组的名字来表示数组的首地址。在表达式中使用数组名就相当于使用数组中第一个元素的地址。下面列出了这两种数组地址的表示方法：

```
int array[10];
int *p = array[0];
int *p1 = array;
```

还有一种数组的表示方法是在一个数组地址后面跟上加号和一个整型表达，相当于以该整型表达式作为下标的数组元素的地址。例如：

```
int array[10];
int *p = &[2];                      //第 3 个元素的地址
int *p1 = array + 2;                //第 3 个元素的地址
```

■ 设计过程

（1）创建一个基于控制台的应用程序。

（2）主要程序代码如下：

```
#include "stdafx.h"
#include "iostream.h"

int main()
{
int array[3][5] =
{
    {56,98,54,25,36},
    {36,42,31,48,99},
    {42,35,61,52,43}
};

int *p1 = &array[2][3];             //第 3 行第 4 列的元素地址
cout << *p1 << '\n';
int *p2 = array[1] + 2;             //第 2 行第 3 列的元素地址
cout << *p2 << '\n';
int *p3 = array[0];                 //数组首地址
cout << *p3 << '\n';
int *p4 = array[2];                 //数组第 3 行的首地址
cout << *p4 << '\n';
return 0;
}
```

■ **秘笈心法**

心法领悟 093：使用 exit 函数的注意事项。

exit 函数用于终止进程，但是如果在一个动态库中调用了 exit，那么调用动态库的进程也将终止。因此在动态库中应小心使用 exit 函数。

实例 094	指针和数组的常用方法 光盘位置：光盘\MR\03\094	高级 趣味指数：★★★★☆

■ **实例说明**

各种类型数据的操作都离不开指针和数组，而数组和指针的操作又很复杂。本实例将介绍指针和数组的常用方法。实例运行结果如图 3.14 所示。

■ **关键技术**

在程序中声明或定义的所有变量，在系统编译时都会在内存中为其分配存储空间，如一个整型变量系统会为其分配两个字节的内存空间，而浮点型变量则会分配 4 个字节的内存空间。每个变量在内存空间中都有一个地址，这些地址是在系统编译时自动分配的。例如：

```
int n = 4,h = 10;
float c = 1.2;
float v = 5.6;
char a = 'c';
```

这些变量在内存中的存储情况如图 3.15 所示。

图 3.14　指针和数组的常用方法

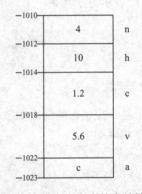

图 3.15　变量在内存中的存储情况

在内存中对变量的访问是通过变量名来引用变量值的，实际上系统在编译时将每个变量名对应一个地址，在内存中只有地址没有变量名。在程序中若引用变量 n，则系统会找到其对应的地址 1010，然后从 1010 和 1011 这两个字节中取出变量 n 的值。如果使用 cout<<&n，则在屏幕上将输出 1010 而不是 4。这是因为&n 指的是变量 n 的地址。在向变量中赋值时可以使用 cin>>n，当输入 10 时，变量 n 的值就会变为 10。这是因为 n 代表了内存空间中的地址。

■ **设计过程**

（1）创建一个基于控制台的应用程序。

（2）主要程序代码如下：

```
#include "stdafx.h"
#include "iostream.h"

int main()
```

```
{
    char msg[] = "大家好，见到诸位很高兴。";

    char * cp;
    int i;
    //指针访问，指针表示
    for (cp = msg;*cp;cp++)
        cout << *cp ; cout << '\n';
    //下标访问，下标表示
    for (i = 0;msg[i];i++)
        cout << msg[i]; cout << '\n';
    //指针访问，下标表示
    for (cp = msg;cp[0];cp++)
        cout << cp[0]; cout << '\n';
    //下标访问，指针表示
    for (i = 0;*(msg+i);i++)
        cout << *(msg+i); cout << '\n';
    //指针和下标访问，指针表示
    for (i = 0,cp = msg;*(cp+i);i++);
        cout << *(cp+i);
    //指针和下标访问，下标表示
    for (i = 0,cp = msg;cp[i];i++)
        cout << cp[i]; cout << '\n';

    return 0;
}
```

■ 秘笈心法

心法领悟 094：调试无限循环。

在开发应用程序时经常用到无限循环，为了避免由于无限循环造成的程序瘫痪，可以在循环体内设置一个计数器，当计数器到达一定值时跳出循环。

实例 095	结构指针遍历结构数组	高级
	光盘位置：光盘\MR\03\095	趣味指数：★★★★☆

■ 实例说明

结构指针不但可以指向普通数据类型的数组，还可以指向结构类型的数组，而且与普通指针的操作类似。本实例实现了结构指针遍历结构数组。实例运行结果如图 3.16 所示。

■ 关键技术

结构体类型变量的指针就是该变量所占内存空间的起始地址。可以定义一个指针变量，用来指向一个结构体变量，这时指针变量的值就是结构体变量的地址。同样一个指针变量也可以指向结构体数组变量。指向结构的指针用法和其他指针一样，指向某种结构类型的一个实例，可以进行加减等算术运算，不过这时加上或减去的是结构的长度，即结构中所有成员长度的总和的整数倍。通过结构指针访问结构成员需要使用成员指针运算符 "->"。

图 3.16　结构指针遍历结构数组

■ 设计过程

（1）创建一个基于控制台的应用程序。

（2）主要程序代码如下：

```
#include "stdafx.h"
#include "iostream.h"
```

```cpp
int main()
{
struct PERSON
{
    char name[10];                      //姓名
    int age;                            //年龄
};
PERSON per[] =
{
    {"张三",21},
    {"李四",30},
    {"王五",40}
};

PERSON *p = per;
for (int i = 0;i<3;i++)
{
    cout << "姓名: " << p->name << '\n';
    cout << "年龄: " << p->age << '\n';
    p++;
}
return 0;
}
```

■ 秘笈心法

心法领悟 095：控制台输入输出。

在用 C 语言开发应用程序时，向控制台输出字符使用 printf 函数，向控制台输入字符使用 scanf 函数，而在 C++中则使用 cout 和 cin 函数向控制台输出和输入字符。

实例 096	指针作为函数的参数 光盘位置：光盘\MR\03\096	高级 趣味指数：★★★★

■ 实例说明

指针还可以作为函数的参数，调用者必须提供一个指针变量或者一个地址值作为实参。本实例实现了一个指针作为函数参数的功能。实例运行结果如图 3.17 所示。

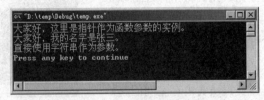

图 3.17　指针作为函数的参数

■ 关键技术

指针作为函数的参数可以有以下两种格式：

```cpp
void Emessage(char *msg);
void Emessage(char msg[]);
```

这两种原型声明的作用是一样的。第一种格式说明形参是一个字符型指针，第二种格式说明形参是一个指向字符数组的指针。这两种形式没有任何区别。如果声明的指针形参是带维数说明的数组形式，那么编译器将忽略维数说明。例如：

```cpp
void Emessage(char msg[20]);
```

编译器对这 3 个原型声明都理解成形参是一个字符型指针，至于先用哪种形式，可随个人喜好而定。

设计过程

（1）创建一个基于控制台的应用程序。

（2）主要程序代码如下：

```
#include "stdafx.h"
#include "iostream.h"

void ShowMessage(char * msg)
{
cout << msg << '\n';
}
int main()
{
//定义字符串数组
char * cp = "大家好，这里是指针作为函数参数的实例。";
ShowMessage(cp);
//定义字符串数组
char msg[] = "大家好，我的名字是张三。";
ShowMessage(msg);
//直接传递字符串
ShowMessage("直接使用字符串作为参数。");
return 0;
}
```

秘笈心法

心法领悟 096：delete 与 delete [] 的差别。

对于简单数据类型而言，delete 与 delete [] 是等价的，例如：

```
int* pData = new int[20];
delete pData;                        //等价于 delete []pData;
```

但如果是一个动态分配数据的数据类型则不同，delete[]在释放数组空间前对数组中的每一个对象调用析构函数，而 delete 则仅仅释放指针所指的空间。

实例 097	多维数组的指针参数 光盘位置：光盘\MR\03\097	高级 趣味指数：★★★☆

实例说明

多维数组也可以作为函数的参数，但必须以指针的形式进行传递，并且在指针中要给出数组维数的说明。本实例实现了将一个多维数组指针作为函数参数的功能。实例运行结果如图 3.18 所示。

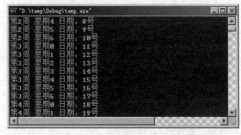

图 3.18　多维数组的指针参数

关键技术

声明一个二维数组，语法如下：

```
int a[2][3] = {{1,2,3},{4,5,6}};
```

数组 a 包含 2 行 3 列，如果把数组的每一行看成一个元素，例如 a[0],a[1]，那么这个元素就相当于一个一维数组，因为每个数组中都含有 3 个元素，所以可以把二维数组看成是由多个一维数组组成的。

从二维数组的角度来说，a 代表首元素的地址，而这个元素是由 3 个变量组成的一维数组。a+1 代表第一行的地址。而 a[0],a[1]是一维数组，所以 a[0]代表一维数组 a[0]的首地址，即&a[0][0],a[1]是&a[1][0]的值，而指向二维数组的指针则与指向一维数组的指针类似。例如：

```
int *p;
int a[3][5];
p = &a[0][0];
```

设计过程

（1）创建一个基于控制台的应用程序。

（2）主要程序代码如下：

```
#include "stdafx.h"
#include "iostream.h"
//函数原型
void DisplayDate(int *date);
//日期数组
static int Dates[][7] =
{
{0,0,0,0,1,2,3},
{4,5,6,7,8,9,10},
{11,12,13,14,15,16,17},
{18,19,20,21,22,23,24},
{25,26,27,28,29,30,31}
};

int main()
{
DisplayDate((int *)Dates);
return 0;
}

void DisplayDate(int *date)
{
//循环周
for (int week = 0;week < 5;week++)
{
    for (int day = 0;day < 7;day++)                        //循环天
    {
        if (*(date+day) != 0)                              //日期值
            cout << "第" << week+1 <<"周"
            << " 星期" << day << " 日期: " << *(date+day) << "号" << '\n';
    }
    date +=7;
}
}
```

秘笈心法

心法领悟 097：符号"#"、"##"、"#@"的用法。

"#"、"##"、"#@"符号是预处理器指令符号。当预处理器遇到"#"指令符号时，会将"#"之后的部分用双引号括起来；遇到"##"指令符号，直接将"##"前后的部分连接；遇到"#@"指令符号，将"#@"之后的部分用单引号括起来。

实例 098	指针作为函数的返回值 光盘位置：光盘\MR\03\098	高级 趣味指数：★★★★☆

实例说明

指针不但可以作为函数的参数进行传递，还可以作为函数的返回值。当然，返回的指针既可以指向任何数据类型的地址，也可以指向一维数组或多维数组的地址。本实例实现了将指针作为函数返回值的功能。实例运行结果如图 3.19 所示。

图 3.19　指针作为函数的返回值

■ 关键技术

指针是一种特别的数据类型，用来存储数据在内存中的地址。计算机内存被划分为按顺序编号的内存单元，任何变量在内存中都有单独的内存单元，即变量在内存中的地址。指针作为函数的返回值也就是返回某一数据类型值的地址。

■ 设计过程

（1）创建一个基于控制台的应用程序。

（2）主要程序代码如下：

```
#include "stdafx.h"
#include "iostream.h"

int *GetDataFromIndex(int index);                      //函数原型
int main()
{
for (int i = 0;i<7;i++)
{
      cout << *GetDataFromIndex(i) << '\n';            //输出指定索引下的值
}
return 0;
}

int *GetDataFromIndex(int index)
{
static int Data[] = {98,56,34,26,88,75,49};            //定义数组
return &Data[index];                                   //返回元素的地址
```

■ 秘笈心法

心法领悟 098：将某个地址转换为指针。

在 MFC 应用程序中没有提供将地址转换为指针的函数，如果需要将某个具体的地址转换为指针，那么可以直接使用类型转换来实现。例如：

```
void * pData = (void*)(0x004001);
```

实例 099	使用函数指针制作菜单管理器 光盘位置：光盘\MR\03\099	高级 趣味指数：★★★☆

■ 实例说明

使用函数指针制作菜单管理器是指利用函数指针指向菜单所执行的函数。本实例通过结构和函数指针实现了一个菜单管理器。实例运行结果如图 3.20 所示。

图 3.20　使用函数指针制作菜单管理器

■ 关键技术

函数指针变量是一种特殊的指针，该指针并不是用来指向变量的地址，而是指向函数的地址。函数指针的定义必须与其所要指向的函数的定义形式相同，即参数表的类型与返回值的类型必须相同。换一种好记的方法就是在函数定义的基础上修改函数名，并在名称前面加上"*"号，而且还必须带有括号。函数指针的原型如下：

```
int(*p)();
```

p 为指向函数的指针变量，该函数没有参数，并返回一个整型的值。

■ 设计过程

（1）创建一个基于控制台的应用程序。

（2）主要程序代码如下：

```cpp
#include "stdafx.h"
#include "iostream.h"
//菜单结构
struct MENU
{
char *name;
void (*func)();
};
//菜单执行的函数
void FileFunc();
void EditFunc();
void ViewFunc();
void ExitFunc();
//菜单数组
MENU menu[] =
{
{"文件菜单",FileFunc},
{"编辑菜单",EditFunc},
{"视图菜单",ViewFunc},
{"退出菜单",ExitFunc}
};

int main()
{
int sel = 0;
while (sel >0 || sel <5)
{
    for (int i=0;i<4;i++)
    {
        cout <<"("<<i+1<<")" <<menu[i].name << '\n';
    }
    cout << "选择编号执行菜单操作\n";
    cin >> sel;
    (*menu[sel-1].func)();
}
return 0;
}
```

```
void FileFunc()
{
cout << "执行文件菜单\n";
}
void EditFunc()
{
cout << "执行编辑菜单\n";
}
void ViewFunc()
{
cout << "执行视图菜单\n";
}
void ExitFunc()
{
cout << "执行退出菜单\n";
}
```

■ 秘笈心法

心法领悟 099：生成小于 100 的随机数。

在程序中使用 rand 函数能够生成一个随机数，范围在 0～RAND_MAX 之间。如果要生成一个小于 100 的随机数该如何实现呢？可以采用求模的方法，代码如下：

```
int random = rand()%100;
```

实例 100	使用指针实现数据交换 光盘位置：光盘\MR\03\100	高级 趣味指数：★★★★☆

■ 实例说明

本实例将使用指针变量实现交换两个变量（a 和 b）的值。运行后，输入两个整型数值，将变量 a、b 中的值交换，然后输出到窗体上。实例运行结果如图 3.21 所示。

■ 关键技术

本实例利用指针变量实现数据的交换。变量的指针就是变量的地址，存放地址的变量就是指针变量，用来指向另一个变量。在程序中使用一个 "*" 表示 "指向"，定义指针变量的一般形式如下：

```
基类型　*指针变量名
```

例如，下面定义指针变量的语句都是正确的。

```
int *p;
char *s;
float *lp;
```

因为指针变量是指向一个变量的地址，所以将一个变量的地址值赋给这个指针变量后，该指针变量就 "指向" 了该变量。例如，将变量 i 的地址存放到指针变量 p 中，p 就指向 i。其关系如图 3.22 所示。

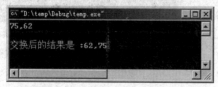

图 3.21　使用指针实现数据交换

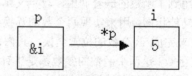

图 3.22　p 与 i 的关系

指针变量前面的 "*" 必不可少，表示该变量的类型为指针型变量。指针变量的名称为 p。

本程序创建了一个自定义函数 swap，用于交换两个变量的值。swap 函数包括两个指针型的形参 p1、p2。在主函数中定义了两个指针型的实参 pointer1 和 pointer2。在函数调用时，将实参变量的值传递给形参变量。交换完成后，p1 和 pointer1 都指向变量 a，p2 和 pointer2 都指向变量 b。在主函数中输出的变量 a 和变量 b 的值是已经交换过的值。

设计过程

（1）创建一个基于控制台的应用程序。

（2）创建自定义函数 swap，用来实现数据的交换，代码如下：

```
void swap(int *p1, int *p2)
{
    int temp;                                    //声明整型变量
    //交换两个指针指向的值
    temp =   *p1;
    *p1 =   *p2;
    *p2 = temp;
}
```

（3）在 main 函数中调用 swap 函数，实现对输入数据的交换，代码如下：

```
int main()
{
    int a, b;
    int *pointer1,   *pointer2;                  //声明两个指针变量
    scanf("%d,%d", &a, &b);                       //输入两个数
    pointer1 = &a;
    pointer2 = &b;
    swap(pointer1, pointer2);
    printf("\n 交换后的结果是：%d,%d\n", a, b);   //输出交换后的结果
    getch();
    return 0;
}
```

秘笈心法

心法领悟 100：注意定义指针时的基类型。

定义指针变量时必须指定基类型。因为要根据指定的类型决定分配的空间。例如，定义指针类型为整型，当指针移动一个位置时，其地址值加 2。如果指针指向一个实型变量，则增加值为 4。

实例 101	使用指针实现整数排序	高级
	光盘位置：光盘\MR\03\101	趣味指数：★★★☆

实例说明

本实例实现输入 3 个整数，将这 3 个整数按照由大到小的顺序输出，显示在屏幕上。实例运行结果如图 3.23 所示。

关键技术

本实例用到了函数的嵌套调用，自定义函数 swap 与实例 100 中的功能相同，用来实现两个数的互换。自定义函数 exchange 用来完成 3 个数的位置交换，其内部嵌套使用了 swap 自定义函数。这两个函数的参数都是指针变量，实现了传址的功能，即改变形参的同时，实参也被改变。

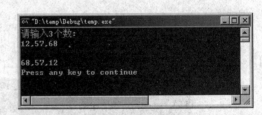

图 3.23　使用指针实现整数排序

设计过程

（1）创建一个基于控制台的应用程序。

（2）主要程序代码如下：

```
#include "stdafx.h"
#include "iostream.h"
```

```
void swap(int *p1, int *p2)
{
    int temp;                               //声明整型变量
    //交换两个指针指向的值
    temp = *p1;
    *p1 = *p2;
    *p2 = temp;
}

int main()
{
    int a, b;
    int *pointer1,  *pointer2;              //声明两个指针变量
    scanf("%d,%d", &a, &b);                 //输入两个数
    pointer1 = &a;
    pointer2 = &b;
    swap(pointer1, pointer2);
    printf("\n 交换后的变量: %d,%d\n", a, b);  //输出交换后的结果
    return 0;
}
```

秘笈心法

心法领悟 101:静态变量。

一个全局变量就是一个静态变量,静态变量还可以使用关键字 static 定义。定义静态变量后程序在运行时只为该变量分配一次空间,并且使用的是数据存储段。变量是在程序开始运行时就分配空间,一直到程序结束时才释放。

实例 102	指向结构体变量的指针 光盘位置:光盘\MR\03\102	高级 趣味指数:★★★★

实例说明

本实例通过结构体指针变量实现在窗体上显示学生信息。运行程序后,将学生信息输出在窗体上。实例运行结果如图 3.24 所示。

关键技术

一个结构体变量的指针就是该变量所占据的内存段的起始地址。用一个指针变量指向一个结构体变量,此时该指针变量的值是结构体变量的起始地址。

图 3.24   指向结构体变量的指针

设计过程

(1)创建一个基于控制台的应用程序。
(2)主要程序代码如下:

```
#include "stdafx.h"
#include "iostream.h"

struct student
{
    int num;                                //学生学号
    char name[10];                          //学生姓名
    char sex;                               //学生性别
    int age;                                //学生年龄
    float score;                            //学生成绩
```

```
    };

    int main()
    {
        struct student student1={1001,"小李",'M',20,92.5};    //定义结构体变量
        struct student *p;                                   //定义指针变量指向结构体类型
        p=&student1;                                         //使指针指向结构体变量
        printf("学号:%d\n",p->num);                          //输出学生学号
        printf("姓名:%s\n",p->name);                         //输出学生姓名
        printf("性别:%c\n",p->sex);                          //输出学生性别
        printf("年龄:%d\n",p->age);                          //输出学生年龄
        printf("成绩:%f\n",p->score);                        //输出学生成绩
        getch();
        return 0;
    }
```

■ 秘笈心法

心法领悟 102：如何使用全局对象。

当在一个文件中定义全局对象时，如何使其能够在其他文件中使用呢？C++语言提供了 extern 关键字，使用该关键字可以将其他文件中声明的全局对象导入到当前文件中。例如，在头文件 one.h 中定义一个全局对象 x：

```
int x = 0;
```

如果在 two.h 中使用全局对象 x，则需要先导入 x，然后再使用，如下所示：

```
Extern int x;
```

实例 103	用指针实现逆序存放数组元素值	高级
	光盘位置：光盘\MR\03\103	趣味指数：★★★☆

■ 实例说明

本实例实现将数组中的元素值按照相反的顺序存放。实例运行结果如图 3.25 所示。

图 3.25　用指针实现逆序存放数组元素值

■ 关键技术

本实例自定义创建了一个函数 invert 用来实现对数组元素的逆序存放。自定义函数的形参为一个指向数组的指针变量 x，x 初始值指向数组 a 的首元素的地址。x+n 是 a[n]元素的地址。声明指针变量 i、j 和 p，i 的初值为 x，即指向数组首元素地址，j 的初值为 x+n-1，即指向数组最后一个元素地址，使 p 指向数组中间元素地址。交换*i 与*j 的值，即交换 a[i]与 a[j]的值。移动 i 和 j，使 i 指向数组第二个元素，j 指向倒数第二个元素，继续交换，直到中间值。这样就实现了数组元素的逆序存放。

■ 设计过程

（1）创建一个基于控制台的应用程序。

（2）引用头文件。

```
#include "stdio.h"
```

（3）创建自定义函数 invert 用来实现对数组元素的逆序存放，代码如下：

```
void invert(int *x, int n)
{
```

```
        int *p, temp,   *i,   *j, m = (n - 1) / 2;              //声明变量
        i = x;                                                  //变量 i 存放数组首地址
        j = x + n - 1;                                          //变量 j 存放数组末尾元素地址
        p = x + m;                                              //变量 p 存放数组中间元素地址
        for (; i <= p; i++, j--)                                //交换数组前半部分和后半部分元素
        {
            temp = *i;
             *i = *j;
             *j = temp;
        }
}
```

（4）在 main 函数中调用 invert 函数，并将逆序后的数组输出显示在窗体上，代码如下：

```
int main()
{
    int i, a[10] =
    {
        1, 2, 3, 4, 5, 6, 7, 8, 9, 0
    };                                                          //定义数组
    printf("输入数组元素:\n");
    for (i = 0; i < 10; i++)                                    //输出数组
        printf("%d,", a[i]);
    printf("\n");
    invert(a, 10);                                              //使数组元素逆序
    printf("逆序输出数组元素:\n");
    for (i = 0; i < 10; i++)                                    //输出逆序后的数组
        printf("%d,", a[i]);
    printf("\n");
    getch();
    return 0;
}
```

■ 秘笈心法

心法领悟 103：extern 关键字。

关键字 extern 用于定义变量的存储类型。定义变量存储类型的关键字还有 auto、register 和 static。extern 声明后的变量编译器在编译时将推迟对引用该变量的解析，直到编译生成的目标代码模块链接成一个可执行程序模块。变量可以有多个声明，但只能有一个定义，且该定义不使用 extern 进行声明，使用 extern 关键字声明变量或者在定义时只能对变量初始化一次。关键字 extern 不能在函数内部使用。

实例 104	输出二维数组的有关值 光盘位置：光盘\MR\03\104	高级 趣味指数：★★★☆

■ 实例说明

本实例将实现在窗体上输出二维数组的有关值，指向二维数组的指针变量的应用。实例运行结果如图 3.26 所示。

■ 关键技术

要想更清楚地了解二维数组的指针，首先要掌握二维数组数据结构的特性。二维数组可以看成是元素值为一维数组的数组。假设有一个 3 行 4 列的二维数组 a，定义如下：

```
int a[3][4]={{1,2,3,4},{5,6,7,8},{9,10,11,12}};
```

a 是数组名。a 数组包含 3 行，即 a[0]、a[1]和 a[2] 3 个元素，而每个元素又是一个包含 4 个元素的一维数组。同一维数组一样，a 的值为数组首元素地址值，而这里的首元素为 4 个元素组成的一维数组。因此，从二维数组角度看，a 代表的是首行的首地址，a+1 代表的是第一行的首地址。a[0]+0 可表示为&a[0][0]，即首行首元素地址；a[0]+1 可表示为&a[0][1]，即首行第二个元素的地址。

使用指针指向数组时，在一维数组中 a[0]与*a[0]等价，a[1]与*a(+1)等价。因此，在二维数组中 a[0]+1 和*(a+0)+1 的值都是&a[0][1]，图 3.27 中的地址 1002，a[1]+2 和*(a+1)+2 的值都是&a[1][2]，如图 3.27 中的地址 1012。

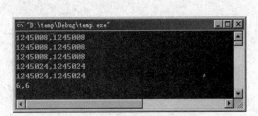

图 3.26 输出二维数组的有关值

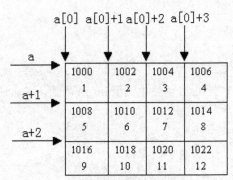

图 3.27 二维数组的地址描述

设计过程

（1）创建一个基于控制台的应用程序。

（2）主要程序代码如下：

```
int main()
{
    int a[3][4]={1,2,3,4,5,6,7,8,9,10,11,12};      //声明数组
    printf("%d,%d\n",a,*a);                         //输出第 0 行首地址和 0 行 0 列元素地址
    printf("%d,%d\n",a[0],*(a+0));                  //输出 0 行 0 列地址
    printf("%d,%d\n",&a[0],&a[0][0]);               //0 行首地址和 0 行 0 列地址
    printf("%d,%d\n",a[1],a+1);                     //输出 1 行 0 列地址和 1 行首地址
    printf("%d,%d\n",&a[1][0],*(a+1)+0);            //输出 1 行 0 列地址
    printf("%d,%d\n",a[1][1],*(*(a+1)+1));          //输出 1 行 1 列元素值
    getch();
return 0;
}
```

秘笈心法

心法领悟 104：const 关键字。

可以使用 const 关键字修饰变量及函数，如果是修饰变量，那么该变量只能在声明变量时初始化，初始化后编译器将不允许对该变量值进行修改，该变量可以看作常量。如果是修饰函数，则函数的返回值不可变。如果把对象声明为 const，就不能调用任何非 const 类型的成员函数。

实例 105	输出二维数组任一行任一列值	高级
	光盘位置：光盘\MR\03\105	趣味指数：★★★☆

实例说明

本实例将实现在窗体上输出一个 3 行 4 列的数组，输入要显示数组元素的所在行数和列数，将在窗体上显示该数组的元素值。实例运行结果如图 3.28 所示。

关键技术

本实例使用指向由 m 个元素组成的一维数组的指针变量，实现输出二维数组中指定的数值元素。当指针变量指向一个包含 m 个元素的一维数组时，如果 p 初始指向了 a[0]，即 p=&a[0]，则 p+1 指向 a[1]，而不是 a[0][1]，其示意图如图 3.29 所示。

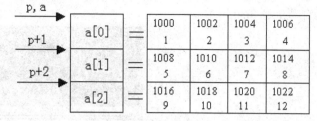

图 3.28 输出二维数组任一行任一列值   图 3.29 数组与指针关系示意图

定义一个指向一维数组的指针变量可以按如下方式书写：

```
int (*p)[4]
```

上面的语句表示定义一个指针变量 p，它指向包含 4 个整型元素的一维数组。也就是说，p 所指的对象是有 4 个整型元素的数组，其值为该一维数组的首地址。可以将 p 看成是二维数组中的行指针，p+i 表示二维数组第 i 行的地址，所以*(p+i)+j 表示二维数组第 i 行第 j 列的元素地址，*(*(p+i)+j)表示二维数组第 i 行第 j 列的值，即 a[i][j]的值。

■ 设计过程

（1）创建一个基于控制台的应用程序。

（2）主要程序代码如下：

```
#include "stdafx.h"
#include "stdio.h"
#include <conio.h>
int main()
{
int a[3][4]={1,2,3,4,5,6,7,8,9,10,11,12};            //定义数组
int *p,(*pt)[4],i,j;                                 //声明指针、指针型数组等变量
printf("显示数组:");
for(p=a[0];p<a[0]+12;p++)
{
        if((p-a[0])%4==0)printf("\n");               //每行输出 4 个元素
        printf("%4d",*p);                            //输出数组元素
}
printf("\n");
printf("请输入要输出的位置: i= j= \n ");
pt=a;
scanf("i=%d,j=%d",&i,&j);                            //输入元素位置
printf("a[%d,%d]=%d\n",i,j,*(*(pt+i)+j));            //输出指定位置的数组元素
    getch();
return 0;
}
```

■ 秘笈心法

心法领悟 105：去除 const 属性的转换。

使用 const_cast 运算符可以实现去除 const 属性。使用 const 关键字声明的变量设置初值后是不可以修改的，但在类设计过程中，类的一些私有程序变量需要修改带有 const 属性的变量，这就需要使用 const_cast 运算符进行转换。

实例 106	使用指针查找数列中的最大值和最小值	高级
光盘位置：光盘\MR\03\106		趣味指数：★★★★☆

■ 实例说明

本实例将实现在窗体上输入 10 个整型数，自动查找这些数中的最大值和最小值，并显示在窗体上。实例运

行结果如图 3.30 所示。

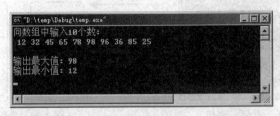

图 3.30　使用指针查找数列中的最大值和最小值

■ 关键技术

本实例使用指向一维数组的指针遍历一维数组中的数据，从而实现查找数组中的最大值和最小值。

在本实例中，自定义函数 max_min 用于将求得的最大值和最小值分别存放在变量 max 和 min 中。变量 max 和 min 是在 main 函数中定义的局部变量，将这两个变量的地址作为函数参数传递给被调用函数 max_min，函数执行后将数组中的最大值和最小值分别存储在 max 和 min 中并返回。这是数值的传递过程。

下面介绍如何实现查找数组中的最大值和最小值。在自定义函数 max_min 中，定义了指针变量 p 指向数组，其初值为 a+1，即使 p 指向 a[1]。循环执行 p++，使 p 指向下一个元素。每次循环都将*p 和*max 与*min 比较，将大值存放在 max 所指的地址中，将小值存放在 min 所指的地址中。

■ 设计过程

（1）创建一个基于控制台的应用程序。

（2）主要程序代码如下：

```
#include "stdafx.h"
#include "stdio.h"
#include <conio.h>
void max_min(int a[], int n, int *max, int *min)
{
    int *p;
    *max = *min = *a;                          //初始化最大值和最小值的指针变量
    for (p = a + 1; p < a + n; p++)
        if (*p > *max)
            *max = *p;                         //最大值
        else if (*p < *min)
            *min = *p;                         //最小值
}
int main()
{
    int i, a[10];
    int max, min;
    printf("向数组中输入 10 个数：\n ");
    for (i = 0; i < 10; i++)
        scanf("%d", &a[i]);                    //输入数组元素
    max_min(a, 10, &max, &min);                //返回最大值和最小值
    printf("\n 输出最大值：%d\n", max);        //输出最大值
    printf("输出最小值：%d\n", min);           //输出最小值
    getch();
    return 0;
}
```

■ 秘笈心法

心法领悟 106：定义具有 0 个元素的数组。

在标准 C++语言中，定义具有 0 个元素的数组是非法的，例如：

```
char pBuffer[0];
```

但是用户可以利用下面的方式间接创建 0 个元素的数组：

```
char* pBuffer = new char[0];
```

在实际开发应用程序时，很少定义 0 个元素的数组，只有涉及底层的内存分配时才使用。

实例说明

本实例将实现输入一个星期中对应的第几天，可显示其英文写法。例如，输入 3，则显示星期三所对应的英文名。实例运行结果如图 3.31 所示。

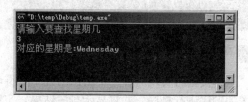

图 3.31 用指针数组构造字符串数组

关键技术

本实例主要实现通过指针数组来构造一个字符串数组，并显示指定的数组元素值。指针数组，即数组中的元素都是指针类型的数据。指针数组中的每个元素都是一个指针。一维指针数组的定义形式如下：

类型名 *数组名[数组长度];

"类型名"为指针所指向的数据的类型，"数组长度"为该数组中可以存放的指针个数。

例如：

int *p[4];

表示 p 是一个指针数组，该数组由 4 个数组元素组成，每个元素都相当于一个指针变量，都可以指向一个整型变量。

指针数组比较适用于构造字符串数组。字符串本身就相当于一个字符数组，可以用指向字符串第一个字符的指针表示，字符串数组是由指向字符串第一个字符的指针组成的数组。

设计过程

（1）创建一个基于控制台的应用程序。

（2）主要程序代码如下：

```
#include "stdafx.h"
#include "stdio.h"
#include <conio.h>
int main()
{
    char *Week[] =
    {
        "Monday", "Tuesday", "Wednesday", "Thursday", "Friday", "Saturday",
            "Sunday",
    };                                              //声明指针数组
    int i;
    printf("请输入要查找星期几\n");
    scanf("%d", &i);                                //输入要查找星期几
    printf("对应的星期是: ");
    printf("%s\n", Week[i - 1]);
    getch();
    return 0;
}
```

秘笈心法

心法领悟 107：利用 0 进行初始化的对象。

在 C++中可以利用 0 进行各种初始化，下面列举利用 0 进行初始化的对象。

（1）利用 0 初始化指针：

void* pData = 0;

（2）利用 0 初始化数字：

float num = 0;

（3）利用 0 初始化简单类型的数组：

int data[15] = {0};

（4）利用 0 初始化函数指针：

void (* fun)()= 0; .

实例 108	将若干字符串按照字母顺序输出	高级
	光盘位置：光盘\MR\03\108	趣味指数：★★★★☆

■ 实例说明

本实例将实现对程序中给出的几个字符串按照由小到大的顺序进行排序，并将显示排序结果。实例运行结果如图 3.32 所示。

图 3.32　将若干字符串按照字母顺序输出

■ 关键技术

本实例应用到了实例 107 中的使用指针数组构造一个字符串数组，然后比较该字符串数组中各元素值的大小，实现对数组内容按照由大到小的顺序输出。自定义函数 sort 的作用是对字符串进行排序。sort 函数的形参 strings 是指针数组名，接受实参传过来的 strings 数组的首地址，这里使用选择排序法进行排序。本实例应用了字符串函数 strcmp 进行字符串比较。

strcmp 字符串比较函数的语法如下：

int strcmp(char *str1,char *str2)

应用的头文件：#include<string.h>。

功能：比较两个字符串的大小，即将两个字符串从首字符开始逐一进行比较，字符的比较是按照字符的 ASCII 码值进行比较。

返回值：返回结果为 str1-str2 的值。当返回结果大于 0 时，表示字符串 str1 大于字符串 str2；返回结果等于 0，表示两个字符串相等；返回结果小于 0，表示字符串 str1 小于字符串 str2。

■ 设计过程

（1）创建一个基于控制台的应用程序。

（2）主要程序代码如下：

```
#include "stdafx.h"
#include "stdio.h"
#include <conio.h>
void sort(char *strings[], int n)                              //对字符串排序
{
    char *temp;
    int i, j;
    for (i = 0; i < n; i++)
    {
        for (j = i + 1; j < n; j++)
        {
            if (strcmp(strings[i], strings[j]) > 0)            //比较字符大小，交换位置
            {
                temp = strings[i];
                strings[i] = strings[j];
                strings[j] = temp;
            }
        }
    }
}

int main()
{
```

```
        int n = 5;
        int i;
        char *strings[] =
        {
            "C language", "Basic", "World wide", "Hello world",
                "One world,one dream!"
        };                                          //构造字符串数组
        sort(strings, n);                           //排序
        for (i = 0; i < n; i++)
            printf("%s\n", strings[i]);
        getch();
        return 0;
    }
```

■ 秘笈心法

心法领悟 108：初始化数组的简单方法。

在程序中通常使用 memset 函数初始化一个数组或缓冲区。其实，对于简单的数据类型，可以用类似下面的代码实现数组的初始化：

```
char data[100] = {0};
```

编译器将所有的数组成员设置为 0。

| 实例 109 | 用指向函数的指针比较大小
光盘位置：光盘\MR\03\109 | 高级
趣味指数：★★★☆ |

■ 实例说明

本实例实现输入两个整数后，将输入的较小值输出显示在窗体上。实例运行结果如图 3.33 所示。

■ 关键技术

本实例使用指向函数的指针实现调用比较数值大小的函数。一个函数在编译时被分配一个入口地址，该地址称为函数的指针。所以也可以使用指针变量指向一个函数，然后通过该指针变量调用这个函数。

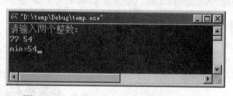

图 3.33 用指向函数的指针比较大小

指向函数的指针变量的一般形式如下：

```
数据类型(*指针变量名)();
```

这里的数据类型是指函数返回值的类型。

例如：

```
int (*pmin)();
```

(*p)()表示定义一个指向函数的指针变量，用来存放函数的入口地址。在程序设计过程中，将一个函数地址赋给该变量，则该变量指向那个函数。函数指针变量赋值可按如下方式书写：

```
p=min;
```

可见在赋值时，只给出函数名称即可，不必给出函数的参数。

在使用函数指针变量调用函数时，要写出函数的参数，可参照如下写法：

```
m=(*p)(a,b);
```

■ 设计过程

（1）创建一个基于控制台的应用程序。

（2）主要程序代码如下：

```
#include "stdafx.h"
#include "stdio.h"
```

```
#include <conio.h>
int min(int a ,int b)
{
if(a<b) return a;                                    //如果 a 小于 b，则返回 a
 else return b;                                      //否则返回 b
}
int main()
{
    int (*pmin)(int ,int);
    int a, b, m;
    pmin = min;
    printf("请输入两个整数: \n");
    scanf("%d%d", &a, &b);                          //输入两个值
    m = (*pmin)(a, b);                             //返回最小值
    printf("min=%d", m);
    getch();
     return 0;
}
```

秘笈心法

心法领悟 109：成员函数的模板不能是虚函数。

在定义模板时，一些人将函数定义为虚函数，结果程序无法编译，并且很难找到问题的原因。实际上，这是 C++标准明确规定的，模板成员函数不能是虚函数。

| 实例 110 | 用指针函数实现求学生成绩 光盘位置：光盘\MR\03\110 | 高级 趣味指数: ★★★★ |

实例说明

本实例实现输入学生学号，并在窗体上输出该学号对应的学生的成绩。实例运行结果如图 3.34 所示。

图 3.34　用指针函数实现求学生成绩

关键技术

函数返回值可以是整型、字符型、实型等，同样也可以是指针型数值，即一个地址。

返回指针的函数的定义形式如下：

`int * fun(int x,int y)`

在调用 fun 函数时，直接写函数名加上参数即可，返回一个指向整型数据的指针，其值为一个地址。x、y 是函数 fun 的形参。在函数名前面直接添加"*"，表示此函数是指针型函数，即函数值是指针。最前面的 int 表示返回的指针指向整型变量。

设计过程

（1）创建一个基于控制台的应用程序。

（2）主要程序代码如下：

```
#include "stdafx.h"
#include "stdio.h"
#include <conio.h>
```

```
float *search(float(*p)[4], int n)
{
    float *pt;
    pt = *(p + n);
    return (pt);
}

int main()
{
    float score[][4]={{60,75,82,91},{75,81,91,90},{51,65,78,84},{65,51,78,72}};    //声明数组
    float *p;
    int i, j;
    printf("输入要查找成绩的学生学号： ");
    scanf("%d", &j);                                                                //输入学生学号
    printf("学生成绩如下:\n");
    p = search(score, j);
    for (i = 0; i < 4; i++)
        printf("%5.1f\t", *(p + i));
    getch();
    return 0;
}
```

■ 秘笈心法

心法领悟 110：使用 typename 关键字。

在定义类模板时，可以使用 typename 关键字代替 class 关键字。此外，它还可以标识模板中某一个标识符表示的类型名。

实例 111	使用指针的指针输出字符串 光盘位置：光盘\MR\03\111	高级 趣味指数：★★★☆

■ 实例说明

本实例实现使用指针的指针输出字符串。首先要使用指针数组创建一个字符串数组，然后定义指向指针的指针，使其指向字符串数组，并使用其输出数组中的字符串。实例运行结果如图 3.35 所示。

■ 关键技术

本实例使用指针的指针实现对字符串数组中字符串的输出。指向指针的指针是指向指针数据的指针变量。这里创建一个指针数组 strings，它的每个数组元素相当于一个指针变量，都可以指向一个整型变量，其值为地址，示意图如图 3.36 所示。strings 是一个数组，它的每个元素都有相应的地址。数组名 strings 代表该指针数组的首单元的指针，就是说指针数组首单元中存放的也是一个指针。strings+i 是 strings[i]的地址。strings+i 就是指向指针型数据的指针。

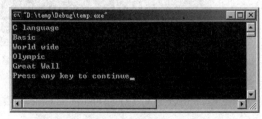

图 3.35　使用指针的指针输出字符串

图 3.36　指针数组结构示意图

指向指针数组的指针变量定义语句形式如下：

```
char **p;
```

p 的前面有两个"*"号，"*"运算符是从右到左结合，**p 相当于*(*p)，*p 表示定义一个指针变量，在其前面再添加一个"*"号，表示指针变量 p 指向一个指针变量。*p 表示 p 所指向的另一个指针变量，即一个地址。**p 是 p 间接指向的对象的值。例如，此处*(p+2)表示 strings[2]中的内容，它也是一个指针，指向字符串"World wide"。因此，输出字符串时，语句如下：

```
printf("%s\n",*(p+i));
```

设计过程

（1）创建一个基于控制台的应用程序。

（2）主要程序代码如下：

```
#include "stdafx.h"
#include "stdio.h"

int main()
{
    char *strings[]={"C language",
                "Basic",
                "World wide",
                "Olympic",
                "Great Wall"};            //使用指针数组创建字符串数组
    char **p,i;                           //声明变量
    p=strings;                            //指针指向字符串数组首地址
    for(i=0;i<5;i++)                      //循环输出字符串
    {
        printf("%s\n",*(p+i));
    }
    return 0;
}
```

秘笈心法

心法领悟 111：使用引用。

引用是一个别名，当声明一个引用后，在操作引用的对象时其实就是操作目标对象，引用只是一个替代的名称。初始化引用后不要再给引用赋值，因为是给目标对象赋值，所以有可能引起意想不到的结果。引用使用"&"运算符，和取址运算符是同一个，但和取址运算符不同。

实例 112	实现输入月份号输出该月份英文名 光盘位置：光盘\MR\03\112	高级 趣味指数：★★★☆

实例说明

本实例使用指针数组创建一个含有月份英文名的字符串数组，并使用指向指针的指针指向该字符串数组，实现输出数组中的定制字符串。运行程序后，输入要显示英文名的月份号，将输出该月份对应的英文名。实例运行结果如图 3.37 所示。

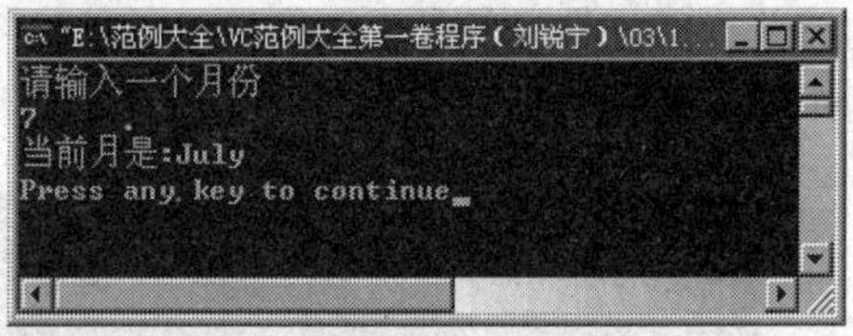

图 3.37　输入月份号输出该月份英文名

关键技术

与实例 111 一样，本实例使用指针的指针实现对字符串数组中字符串的输出。这里首先定义一个包含月份英文名的字符串数组，然后定义一个指向指针的指针变量指向该数组。使用该变量输出字符串数组的字符串。

设计过程

（1）创建一个基于控制台的应用程序。

（2）主要程序代码如下：

```c
#include "stdafx.h"
#include "stdio.h"
int main()
{
 char *Month[]={                            //定义字符串数组
      "January",
      "February",
      "March",
      "April",
      "May",
      "June",
      "July",
      "August",
      "September",
      "October",
      "November",
      "December"
      };
      int i;
      char **p;                            //声明指向指针的指针变量
      p=Month;                            //将数组首地址值赋给指针变量
      printf("请输入一个月份\n");
      scanf("%d",&i);                     //输入要显示的月份号
      printf("当前月是:");
      printf("%s\n",*(p+i-1));            //使用指向指针的指针输出对应的字符串数组中字符串
      return 0;
}
```

■ 秘笈心法

心法领悟 112：赋值与初始化的区别。

赋值是将一个已经存在对象的值赋给另一个已存在对象，初始化是新建一个对象，并且用已存在对象的内容初始化新对象。赋值使用操作符"="，初始化使用构造函数。

实例 113	使用指向指针的指针对字符串排序 光盘位置：光盘\MR\03\113	高级 趣味指数：★★★★☆

■ 实例说明

本实例使用指向指针的指针实现对字符串数组中的字符串排序并输出。实例运行结果如图 3.38 所示。

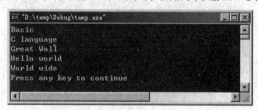

图 3.38　使用指向指针的指针对字符串排序

■ 关键技术

本实例同样使用指向指针的指针实现对字符串数组中的字符串排序，这里定义了自定义函数 sort，使用函数 strcmp 实现对给定字符串的比较，并进行排序。strcmp 函数的语法格式如下：

```c
int strcmp(char *str1,char *str2)
```

参数说明

❶ str1：待比较的字符串 1。

❷ str2：待比较的字符串 2。

返回值：返回结果为 str1-str2 的值。当返回结果大于 0 时，表示字符串 str1 大于字符串 str2；返回结果等于 0，表示两个字符串相等；返回结果小于 0，表示字符串 str1 小于字符串 str2。

■ 设计过程

（1）创建一个基于控制台的应用程序。

（2）主要程序代码如下：

```c
#include "stdafx.h"
#include "stdio.h"
#include <string.h>

void sort(char *strings[], int n)
{
    char *temp;                                          //声明字符型指针变量
    int i, j;                                            //声明整型变量
    for (i = 0; i < n; i++)                              //外层循环
    {
        for (j = i + 1; j < n; j++)
        {
            if (strcmp(strings[i], strings[j]) > 0)      //比较两个字符
            {
                temp = strings[i];                       //交换字符位置
                strings[i] = strings[j];
                strings[j] = temp;
            }
        }
    }
}

int main()
{
    int n = 5;
    int i;
    char **p;                                            //指向指针的指针变量
    char *strings[] =
    {
        "C language", "Basic", "World wide", "Hello world", "Great Wall"
    };                                                   //初始化字符串数组
    p = strings;                                         //指针指向数组首地址
    sort(p, n);                                          //调用排序自定义过程
    for (i = 0; i < n; i++)                              //循环输出排序后的数组元素
        printf("%s\n", strings[i]);
    return 0;
}
```

■ 秘笈心法

心法领悟 113：初始化左值。

左值（lvalue）是赋值操作中的一个概念，简单理解就是等号左边的值。C++对左值有一定的要求，它必须是一个可以修改的对象，是一个变量而不是常量，引用变量和预处理定义都不能作为左值。但返回值是一个数据对象的引用的函数可以当作左值来使用。

实例 114	分解字符串中的单词	高级
	光盘位置：光盘\MR\03\114	趣味指数：★★★☆

■ 实例说明

在开发 C++应用程序时，经常涉及遍历字符串。例如，解析字符串中的单词。在程序中实现类似的功能也

比较简单,可以利用一个字符指针来访问每一个字符。如果字符为空格,则表示一个单词结束。实例运行结果如图 3.39 所示。

图 3.39　分解字符串中的单词

■ 关键技术

使用指针不仅可以指向变量,还可以指向数组对象。对于数组来说,数组名表示的是数组的首地址,即数组中第一个元素的地址。因此将数组直接赋值给指针对象是完全合法的。例如:

```
int nArray[5] = {1, 2, 3, 4, 5};          //定义一个包含 5 个元素的整型数组,并进行初始化
int* pIndex = nArray;                      //定义一个整型指针,将其初始化为一个数组对象
```

这样,指针 pIndex 就指向了数组的首地址,即数组中第一个元素的地址。

由于数组中的元素是按顺序存储的,因此通过指针 pIndex 可以访问到数组中的每一个元素。当前指针 pIndex 指向数组 nArray 中的第一个元素,如何能够让 pIndex 指向其他的元素呢?可通过在指针对象上使用"++"运算符实现。下面简要介绍"++"运算符。"++"运算符是一个一元运算符,能够对对象进行自加 1 操作。例如,定义一个整型变量 nIndex,初始值为 10。经过"nIndex++"运算之后,变量 nIndex 的值为 11。对于指针变量来说,进行"++"运算并不是简单地对指针值自加 1 或者对指针指向的数据自加 1,而是对指针的值自加"sizeof(指针类型)"。

■ 设计过程

(1)创建一个基于控制台的应用程序。
(2)主要程序代码如下:

```cpp
#include "stdafx.h"
#include "iostream.h"

void ListString(char szString[])
{
    char *pItem = szString;                //定义一个临时字符指针
    while(*pItem != '\0')                   //遍历字符串中的每一个字符
    {
        if (*pItem == ' ')                  //如果是空格则跳过
            cout << endl;
        cout << *pItem;
        pItem++;                            //指向字符串下一个字符
    }
    cout << endl;
}

int main()
{
    ListString("Beauty will not buy beef");
    return 0;
}
```

■ 秘笈心法

心法领悟 114:使用指针的注意事项。

在定义一个指针之后,如果没有对指针进行初始化,那么还不能使用指针。在使用指针之前,必须为指针赋值。因为使用一个未初始化或未赋值的指针是非常危险的。由于指针的值要求的是一个变量的地址,因此需要将一个变量的地址赋值给指针对象。

3.3 数　　组

实例 115	向数组中赋值 光盘位置：光盘\MR\03\115	高级 趣味指数：★★★☆

■ 实例说明

数组是最常使用的数组形式，通常用来存储各种基本数据类型的数据。例如，字符串就是由一维 char 类型的数组来存储的。本实例实现了向数组中赋值。实例运行结果如图 3.40 所示。

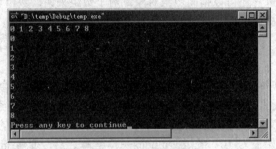

图 3.40　向数组中赋值

■ 关键技术

只有一个下标的存储称为一维数组。一维数组的声明格式如下：

数据类型　数组名[常量表达式]

例如：

int array[10];

在使用一维数组时应注意以下几方面：

- □　数组命名时要遵循标识符命名规则。
- □　数组名后是用方括号括起来的常量表达式。
- □　常量表达式表示数组的长度，即数组元素的个数。
- □　常量表达式中可以包括整型常量和整型表达式，但不能是变量。C++不允许对数组的大小作动态定义。

■ 设计过程

（1）创建一个基于控制台的应用程序。

（2）主要程序代码如下：

```cpp
#include "stdafx.h"
#include "iostream.h"

int main()
{
int values[10] = {0};                    //定义数组并初始化
for (int i = 0;i < 9;i++)
{
    cin >> values[i];
}
for (i = 0;i < 9;i++)
{
    cout << values[i] << "\n";           //输出数组中元素的值
}

return 0;
}
```

■ 秘笈心法

心法领悟 115：为什么要避免直接存取数据成员？

在开发应用程序时，许多用户为了访问方便，将数据成员设置为 public。这样做存在许多缺点。

（1）代码难以维护。当修改一个类时，开发人员需要检查与该类相关的所有代码，而将数据成员设置为 protected 或 private，然后通过成员函数访问，则不会出现该情况，开发人员只要修改成员函数即可。

（2）类缺乏健壮性。如果类的数据成员是由类的析构函数释放的，而用户直接释放了该对象，后果可想而知。

实例 116	遍历数组 光盘位置：光盘\MR\03\116	高级 趣味指数：★★★☆

■ 实例说明

数组是某一数据类型数据的集合，不论是对数组的输入还是输出都需要对其进行遍历。本实例实现了对数组的遍历操作。实例运行结果如图 3.41 所示。

■ 关键技术

数组是 C++程序设计中重要的数据类型之一，使用数组可以实现许多算法。数组和下标密不可分，下标是数组中元素的数目，是用方括号"[]"括起来的整型数据。数组中的所有元素共用一个名字，就是数组名，数组中的每个元素都有唯一的下标。通过数组名和下标可以访问数组中的所有元素，改变数组中任何一个元素的值对其他数组元素都没有影响。下标的索引是以 0 开始的，如图 3.42 所示为数组与其下标的对照。

图 3.41　遍历数组

图 3.42　数组与其下标的对照

数组只有声明后才可以使用，但是可以在声明的同时对数组进行初始化，代码如下：

```
int a[7] = {1,2,3,4,0,0,0};
```

■ 设计过程

（1）创建一个基于控制台的应用程序。

（2）主要程序代码如下：

```
#include "stdafx.h"
#include "iostream.h"
int main()
{
int i;
float a[6];
//遍历从键盘为数组元素赋值
for(i=0;i<6;i++)
{
    cout<<"a["<<i<<"]=";
    cin >>a[i];
}
```

```
//遍历输出数组
for(i=0;i<6;i++)
{
        cout<<a[i] <<"\t";
        //控制每行输出元素个数
        if(i%3==2)
        {
                cout<<"\n";
        }
}
return 0;
}
```

秘笈心法

心法领悟 116：避免使用 memset 函数初始化对象。

在程序中可以使用 memset 函数初始化一个结构、数组，但是不要使用 memset 函数初始化一个对象。因为如果类中包含虚方法，则每个对象有一个指针指向类的虚拟方法表。如果调用 memset 函数将对象初始化为空，则对象调用虚拟方法将出现错误。

实例 117	求数组中元素的平均和	高级
	光盘位置：光盘\MR\03\117	趣味指数：★★★½

实例说明

数组是一组具有相同数据属性的有序数据的集合，数组的每个元素都属于同一种类型。本实例将实现输出数组中元素的平均和。实例运行结果如图 3.43 所示。

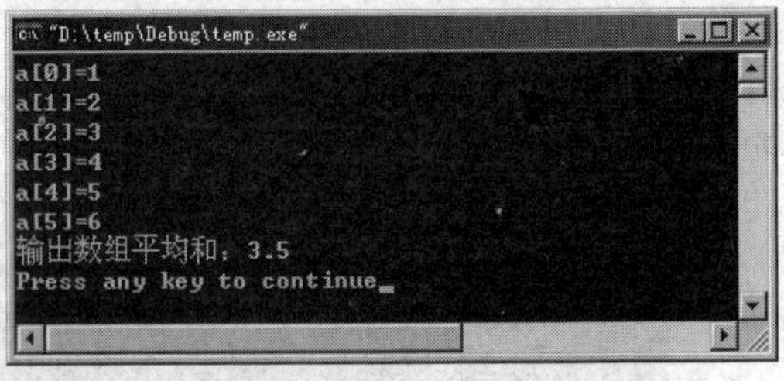

关键技术

下标代表数组中元素的数目，是用方括号"[]"括起来的整型数据。

在初始化数组时不必为每个元素赋值，例如：

```
int a[7] = {1,2,3,4};
```

这行代码和实例 116 中的代码是等价的，后 3 个元素的值都是 0。

在为数组进行初始化时，可以不指定数组的大小，其大小由赋值数据的个数来确定，例如：

```
int a[] = {1,2,3,4};
```

上行代码中，数组 a[]的大小是 4，就是说 a[0]~a[3]的元素被赋值，如果输出 a[4]就会产生下标越界。值得注意的是，C++语言编译系统不检查下标越界，必须由用户自己进行检查。

在 C++语言中，可以单独指定某个元素并为其赋值。上行代码和下段代码是等价的。

```
int a[4];
a[0] = 1;
a[1] = 2;
a[2] = 3;
a[3] = 4;
```

图 3.43　求数组中元素的平均和

设计过程

（1）创建一个基于控制台的应用程序。

（2）主要程序代码如下：

```
#include "stdafx.h"
#include "iostream.h"
int main()
{
```

```
int i;
float a[6];
float sum = 0;
//从键盘为数组元素赋值
for(i=0;i<6;i++)
{
        cout<<"a["<<i<<"]=";
        cin >>a[i];
}
//输出数组
for(i=0;i<6;i++)
{
        sum += a[i];
}
sum = sum / 6;
cout << "输出数组平均和： " << sum << "\n";

return 0;
}
```

■ 秘笈心法

心法领悟 117：访问限定符。

C++语言中定义了 3 种访问限定符，分别是公有型（public）、保护型（protected）和私有型（private）。定义一个类的对象，该对象可以访问类中的所有公有型成员数据和成员函数，定义对象的类中的成员函数可以访问所有的私有型成员数据和成员函数，也可以访问由该类派生出的类的保护型成员数据和成员函数。

实例 118	数组的排序	高级
	光盘位置：光盘\MR\03\118	趣味指数：★★★★☆

■ 实例说明

对数组排序是指将数组中的元素按照一定的顺序排列好。在数组排序的众多方法中，最简单的方法是选择法。本实例利用选择法实现了数组的排序。实例运行结果如图 3.44 所示。

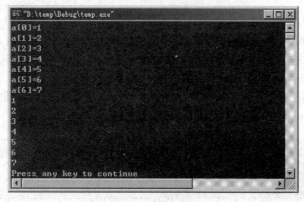

图 3.44　数组的排序

■ 关键技术

假设数组为 a[n]，排序步骤如下：

（1）比较 a[0]～a[n-1]内所有元素的值，将最小（最大）的元素放到 a[0]中。

（2）比较 a[1]～a[n-1]内所有元素的值，将最小（最大）的元素放到 a[1]中。

（3）比较 a[2]～a[n-1]内所有元素的值，将最小（最大）的元素放到 a[2]中。

（4）同理，依次比较 a[3]～a[n-1]…a[n-3]～a[n-1]内所有元素的值并将最小（最大）的元素存放至相应数组中。

（5）比较 a[n-2]～a[n-1]内所有元素的值，将最小（最大）的元素放到 a[n-2]中，排序完毕。

设计过程

（1）创建一个基于控制台的应用程序。

（2）主要程序代码如下：

```
#include "stdafx.h"
#include "iostream.h"

int main()
{
    int i,j,t;
    int a[7];
    //从键盘为数组元素赋值
    for(i=0;i<7;i++)
    {
        cout<<"a["<<i<<"]=";
        cin >>a[i];
    }
    //从小到大排序
    for(i=0;i<6;i++)
    {
        for(j=i+1;j<7;j++)
        {
            if(a[i] > a[j])
            {
                t = a[i];
                a[i] = a[j];
                a[j] = t;
            }
        }
    }
    //输出数组
    for(i=0;i<7;i++)
    {
        cout<<a[i]<<"\n";
    }
}
```

秘笈心法

心法领悟 118：关于 VTABLE。

数据结构可以通过 sizeof 函数来获得大小，类对象也是有大小的，但是类对象的大小有时并不是类中所有数据成员大小的总和。原因是如果类中有虚函数，编译器就会自动为每个由该基类及其派生类所定义的对象加上一个 v-pointer 指针，并且该指针是指向一个由编译器为每个类加上的 v-table 表，该 v-table 表简称为 VTABLE。如果派生类中没有超越基类的成员函数，则在 VTABLE 中记录的是基类成员函数的地址。如果有超越基类的成员函数，那么在 VTABLE 中记录的是派生类成员函数的地址。

实例 119	向数组中插入元素 光盘位置：光盘\MR\03\119	高级 趣味指数：★★★★

实例说明

对数据的操作，最常用的是元素的插入。从键盘为数组元素赋值，根据用户输入的位置向数组中插入数据。实例运行结果如图 3.45 所示。

关键技术

在编写程序时，有时会对数组元素的位置进行变动，把新的元素插入到数组中。此时，新的数据插入到指定的位置，原有位置及其后面的数据将向后移动。当数组的长度足够时数据不会丢失，但长度不够时最后一个元素的数据将丢失。向数组中插入元素的操作过程如图 3.46 所示。

图 3.45　向数组中插入元素

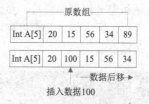

图 3.46　向数组中插入元素的操作过程

■ 设计过程

（1）创建一个基于控制台的应用程序。

（2）主要程序代码如下：

```cpp
#include "stdafx.h"
#include "iostream.h"
int main()
{
int i,m,t,n;
int a[6];
//从键盘为数组元素赋值
for(i=0;i<6;i++)
{
        cout<<"a["<<i<<"]=";
        cin >>a[i];
}
//输出数组
for(i=0;i<6;i++)
{
        cout<<a[i]<<"\t";
        //使元素分行显示
        if((i+1)%3 == 0)
        {
                cout<<"\n";
        }
}
cout<<"输入要插入的数据："<<"\n";
cin >>m;
cout<<"输入要插入的位置："<<"\n";
cin >>n;
//插入数据
for(i=0;i<6;i++)
{
        if(i == n)
        {
                t = a[i];
                a[i] = m;
                m = t;
                n++;
        }
}
//输出数组
for(i=0;i<6;i++)
{
        cout<<a[i]<<"\t";
        if((i+1)%3 == 0)
        {
                cout<<"\n";
        }
}
}
```

秘笈心法

心法领悟 119：默认构造函数。

构造函数就是和类名相同的函数，负责实例化对象，每个对象都是通过构造函数初始化的。但是在定义类时不用定义构造函数，因为编译器可以使用默认的构造函数来初始化对象。默认构造函数有可能完成对象的实例化，也可能什么也不做。

实例 120	数组的删除操作	高级
	光盘位置：光盘\MR\03\120	趣味指数：★★★☆

实例说明

数组可以通过 new 运算符动态创建，这样就可以根据需要创建出不定长的元素的数组，当数组不再使用时可以删除。本实例实现了数组的删除操作。实例运行结果如图 3.47 所示。

图 3.47　数组的删除操作

关键技术

在编写程序时，常常需要动态地分配和释放内存空间。C++语言提供了简便而功能强大的运算符 new 和 delete 来为程序分配和释放内存空间。new 运算符根据输入值计算要分配的内存空间大小，创建数组。使用 delete 运算符删除数组。在 delete 运算符后有一个方括号，说明要删除的是一个数组。

设计过程

（1）创建一个基于控制台的应用程序。

（2）主要程序代码如下：

```cpp
#include "stdafx.h"
#include "iostream.h"
int main()
{
int num;
cout<<"输入一个数："<<"\n";
cin >>num;
int* arrays = new int[num];
for(int i=0;i<num;i++)
{
    arrays[i] = i+1;
}
for(i=0;i<num;i++)
{
    cout<<arrays[i]<<"\t";
}
cout<<"\n";
delete [] arrays;
```

秘笈心法

心法领悟 120：什么是 STL？

标准模板库（Standard Template Library，STL）是 C++语言的扩展，主要由容器、算法和迭代器 3 类组件构成。STL 具有数据结构与算法分离的特点，从而使 STL 中的算法可以应用于各种数据结构中。此外，STL 以模板为基础而不是以类为基础设计的，从而使其具有更广泛的底层特征。

实例 121	数组冒泡排序法	高级
	光盘位置：光盘\MR\03\121	趣味指数: ★★★★☆

■ 实例说明

　　数组中保存的数据不一定是有序的，当需要使用有序的数组时，就要对数组元素进行排序，冒泡法就是排序方法中的一种。本实例实现了对数组中元素的冒泡排序。实例运行结果如图 3.48 所示。

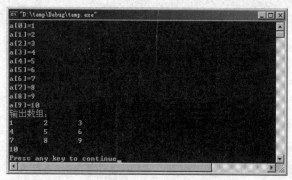

图 3.48　数组冒泡排序法

■ 关键技术

　　冒泡排序法是将相邻的两个数进行比较，将小（大）的放到前面。数组 A 中的元素依次为 7、9、5、3、2，使用冒泡排序法进行数据排序的过程如表 3.1 所示。

表 3.1　使用冒泡排序法为数组 A 排序

排 序 过 程	A（1）	A（2）	A（3）	A（4）	A（5）
起始值	7	9	5	3	2
第 1 次	2	7	9	5	3
第 2 次	2	3	7	9	5
第 3 次	2	3	5	7	9
第 4 次	2	3	5	7	9
排序结果	2	3	5	7	9

■ 设计过程

　　（1）创建一个基于控制台的应用程序。
　　（2）主要程序代码如下：

```
#include "stdafx.h"
#include "iostream.h"
int main()
{
int i,j,t;
int a[10];
//从键盘为数组元素赋值
for(i=0;i<10;i++)
{
```

```
        cout<<"a["<<i<<"]=";
        cin >>a[i];
}
for(i=0;i<9;i++)
{
        for(j=0;j<9-i;j++)
        {
                if(a[j] > a[j+1])
                {
                        t = a[j];
                        a[j] = a[j+1];
                        a[j+1] = t;
                }
        }
}
cout<<"输出数组: "<<"\n";
for(i=0;i<10;i++)
{
        cout<<a[i]<<"\t";
        if((i+1)%3 == 0)
        {
                cout<<"\n";
        }
}
cout<<"\n";
```

■ 秘笈心法

心法领悟 121：什么是 STL 算法？

算法是用来操作 STL 容器中数据的函数。例如，list 容器中的 sort 方法是用来进行数据排序的，swap 函数用于交换两个 list 容器中的数据等。这些算法适用于各种数据类型，并且具有很高的执行效率，这也是 STL 流行的原因。

实例 122	顺序查找数组中指定的元素	高级
	光盘位置：光盘\MR\03\122	趣味指数：★★★★☆

■ 实例说明

对于数组中元素的查找，最简单的是顺序查找法。本实例通过顺序查找法查找数组中指定的元素。实例运行结果如图 3.49 所示。

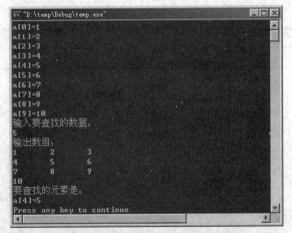

图 3.49　顺序查找数组中指定的元素

■ 关键技术

　　顺序查找就是从数组的第一个元素开始，按照顺序查找，直到找到所要查找的数据或者到达数组的最后一个元素为止。顺序查找法不要求数组中的元素必须是有序的。

■ 设计过程

　　（1）创建一个基于控制台的应用程序。
　　（2）主要程序代码如下：

```
#include "stdafx.h"
#include "iostream.h"
int main()
{
int i,n=0,num;
int a[10];
//从键盘为数组元素赋值
for(i=0;i<10;i++)
{
     cout<<"a["<<i<<"]=";
     cin >>a[i];
}
cout<<"输入要查找的数据: "<<"\n";
cin >>num;
cout<<"输出数组: "<<"\n";
for(i=0;i<10;i++)
{
     cout<<a[i]<<"\t";
     if((i+1)%3 == 0)
     {
          cout<<"\n";
     }
}
cout<<"\n";
for(i=0;i<10;i++)
{
     if(num == a[i])
     {
          cout<<"要查找的元素是: "<<"\n";
          cout<<"a["<<i<<"]="<<num<<"\n";
          n++;
     }
}
if(n == 0)
{
     cout<<"要查找的元素不存在! "<<"\n";
}
}
```

■ 秘笈心法

　　心法领悟 122：什么是 STL 迭代器？

　　STL 的设计者为了将算法和容器分离，使一个算法能够为不同的容器实现功能，采用了迭代器的设计模式。只是设计者没有采用面向对象的方式，而是利用泛型方式设计的。

实例 123	有序数组折半查找	高级
	光盘位置：光盘\MR\03\123	趣味指数：★★★☆

■ 实例说明

　　有序数组折半查找是一种可以提高查找效率的快速查找数组元素的方法，这种方法通过减少元素的查找次

147

数来提高查找的效率。本实例通过有序数组折半查找的方法查找数组中的元素。实例运行结果如图3.50所示。

图3.50　有序数组折半查找

■ 关键技术

所谓有序数组折半查找首先需要将数组中的元素按照一定的顺序（从大到小或从小到大）进行排序，然后按照元素的位置不断地分半并判断元素的大小，当查找元素与数组中的元素相等时退出查找算法。

■ 设计过程

（1）创建一个基于控制台的应用程序。
（2）主要程序代码如下：

```cpp
#include "stdafx.h"
#include "iostream.h"
int main()
{
int i,j,t,n=0,num;
int a[10];
//从键盘为数组元素赋值
for(i=0;i<10;i++)
{
        cout<<"a["<<i<<"]=";
        cin >>a[i];
}
//对数组排序
for(i=0;i<9;i++)
{
        for(j=0;j<9-i;j++)
        {
                if(a[j] > a[j+1])
                {
                        t = a[j];
                        a[j] = a[j+1];
                        a[j+1] = t;
                }
        }
}
cout<<"输入要查找的数据："<<"\n";
cin >>num;
cout<<"输出数组："<<"\n";
for(i=0;i<10;i++)
{
        cout<<a[i]<<"\t";
        if((i+1)%3 == 0)
        {
                cout<<"\n";
        }
}
```

```
cout<<"\n";
int left = 0,right = 9,mid;
while(left < right)
{
        mid = (left+right)/2;
        if(a[mid] == num)
            {
                cout<<"要查找的元素是: "<<"\n";
                cout<<"a["<<mid<<"]="<<num<<"\n";
                n++;
            }
        if(a[mid] < num)
            {
                left = mid+1;
            }
        else
            {
                right = mid-1;
            }
}
if(n == 0)
{
        cout<<"要查找的元素不存在！"<<"\n";
}
}
```

■ 秘笈心法

心法领悟 123：COLORREF 类型转换 RGB 分量。

COLORREF 类型是用来表示颜色值的 32 位变量，该变量可以用 R、G、B 这 3 个分量来表示。例如，定义一个 COLORREF 变量并初始化，代码如下：

```
COLORREF color=RGB(255,128,0); //此时 color 的十六进制值是 0x000080ff
```

如果将 COLORREF 类型数据转换成 R、G、B 分量，可以分别使用宏函数 GetRValue、GetGValue 和 GetBValue 来获得。COLORREF 数据的前 16 位表示 B 分量，后 8 位表示 R 分量，中间 8 位表示 G 分量。可以使用移位的方法来获取 R、G、B 分量。

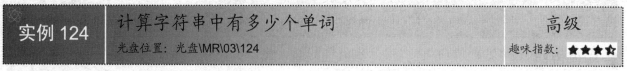

实例 124	计算字符串中有多少个单词	高级
	光盘位置：光盘\MR\03\124	趣味指数：★★★★☆

■ 实例说明

本实例将实现根据用户输入的字符串判断单词个数。首先需要输入字符串，不同的单词中间用空格隔开，然后按 Enter 键即可得到结果。实例运行结果如图 3.51 所示。

■ 关键技术

本实例将用户输入的字符串存储在字符数组中，然后对字符数组进行遍历。当字符为空格时，将计数器变量加 1，搜索到字符末尾处，也就是遇到结束符 "\0" 后，输出计数器变量的值。

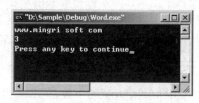

图 3.51　获取字符串中的单词个数

■ 设计过程

（1）创建一个基于控制台的应用程序。

（2）向工程中添加 main.cpp 文件，并在 main.cpp 文件内编辑代码，代码如下：

```
#include<stdio.h>
int main()
```

```
{
    char cString[100];                          //定义保存字符串的数组
    int iIndex, iWord=1;                         //iWord 表示单词的个数
    char cBlank;                                 //表示空格
    gets(cString);                               //输入字符串

    if(cString[0]=='\0')                         //判断如果字符串为空的情况
    {
        printf("There is no char!\n");
    }
    else if(cString[0]==' ')                     //判断第一个字符为空格的情况
    {
        printf("First char just is a blank!\n");
    }
    else
    {
        for(iIndex=0;cString[iIndex]!='\0';iIndex++)   //循环判断每个字符
        {
            cBlank=cString[iIndex];              //得到数组中的字符元素
            if(cBlank==' ')                      //判断是不是空格
            {
                iWord++;                         //如果是则加 1
            }
        }
        printf("%d\n",iWord);
    }
    return 0;
}
```

■ 秘笈心法

心法领悟 124：获取字符串的两种方法。

获取用户输入的字符串有两种方法，一种是使用 scanf 函数，另一种是使用 gets 函数。这两个函数都是根据按 Enter 键判断输入是否结束，但是 scanf 函数功能更多一些，可以获取用户输入的整型数据。

实例 125	获取数组中元素的个数	高级
	光盘位置：光盘\MR\03\125	趣味指数：★★★☆

■ 实例说明

本实例实现获取数组中元素的个数，然后将数组中的元素一一列举出来。本实例不需要用户输入数据。运行实例，在第一行结果中显示数组的元素个数，然后在下面输出元素的序号及具体元素值。实例运行结果如图 3.52 所示。

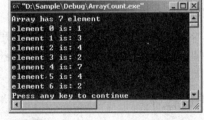

图 3.52 获取数组中元素的个数

■ 关键技术

要获取数组元素的个数，可以借助 sizeof 函数，该函数可以获取变量所占用的字节数。首先通过 sizeof 函数获取整个数组所占用的字节数，然后除以单个元素占用的字节数就是数组的元素个数。由于是整型数组，所以整型变量所占用的空间就是单个数组元素占用的空间。

■ 设计过程

（1）创建一个基于控制台的应用程序。

（2）向工程中添加 main.cpp 文件，并在 main.cpp 文件内编辑代码，代码如下：

```
#include <iostream>
using namespace std;
void main()
{
int array[]={1,3,4,2,7,4,2};
cout << "Array has " << sizeof(array)/sizeof(int) << " element" << endl;
for(int i=0;i<sizeof(array)/sizeof(int);i++)
{
        cout << "element " << i << " is: " << array[i] << endl;
}
return;
}
```

秘笈心法

心法领悟 125：获取数组元素个数。

可以通过 strlen 函数获取数组元素个数，该函数需要引入 string.h 头文件，另外还可以通过指针来获取字符数组的个数。字符数组的最大特点是以字符"\0"结尾，移动指针并计数直到字符串结尾即可获取字符数组的长度。

实例 126	输出数组元素 光盘位置：光盘\MR\03\126	高级 趣味指数：★★★★☆

实例说明

本实例将实现输出整个数组的所有元素。运行程序，需要用户输入 10 个数，之后本实例会进行清屏，然后即可输出数组元素。实例运行结果如图 3.53 所示。

关键技术

本实例使用 std 命名空间下的 cout 类输出数组的元素，cout 类输出数据需要使用"<<"运算符。在流操作中，左移运算符"<<"称为插入运算符，右移运算符">>"称为提取运算符。

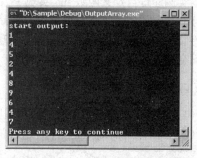

图 3.53　输出数组元素

cout 语句的一般格式如下：

```
cout<<表达式 1<<表达式 2<<…<<表达式 n;
```

cout 代表显示器，执行 cout << x 操作相当于把 x 的值输出到显示器上。

设计过程

（1）创建一个基于控制台的应用程序。

（2）向工程中添加 main.cpp 文件，并在 main.cpp 文件内编辑代码，代码如下：

```
#include <iostream>
using namespace std;
void main()
{
int iArray[10];
cout << "input 10 number:" << endl;
for(int i=0;i<10;i++)
{
        cin >> iArray[i];
}
system("cls");
//输出数组元素
cout << "start output:" << endl;
for(i=0;i<10;i++)
```

```
        cout << iArray[i] << endl;
return ;
}
```

■ 秘笈心法

心法领悟 126：控制台清屏。

本实例使用 system 函数实现了清屏，在控制台中（运行 cmd.exe 启动控制台）输入 cls 命令即可清除控制台中的所有字符，还可以使用 system 函数修改控制台的一些属性，如改变控制台输出的行数和列数的代码为 system("mode con cols=80 lines=25")。

实例 127	将二维数组行列对换 光盘位置：光盘\MR\03\127	高级 趣味指数：★★★☆

■ 实例说明

本实例将实现对换二维数组的行与列，原来的同一行元素变换为同一列元素。运行实例，会输出变换前和变换后两个 3×3 二维数组。实例运行结果如图 3.54 所示。

■ 关键技术

本实例通过自定义函数 fun 实现了数组元素的交换。首先提取一个数组行元素存放到一个临时变量内，然后将一个列元素复制给行元素，最后将临时变量赋值给列元素，循环处理数组中的所有元素后，数组的行列交换就完成了。

图 3.54　将二维数组行列对换

■ 设计过程

（1）创建一个基于控制台的应用程序。

（2）向工程中添加 main.cpp 文件，并在 main.cpp 文件内编辑代码，代码如下：

```cpp
#include <iostream>
#include <iomanip>
using namespace std;
int fun(int array[3][3])
{
int i,j,t;
for(i=0;i<3;i++)
        for(j=0;j<i;j++)
        {
                t=array[i][j];
                array[i][j]=array[j][i];
                array[j][i]=t;
        }
        return 0;
}
void main()
{
int i,j;
int array[3][3]={{1,2,3},{4,5,6},{7,8,9}};
cout << "Converted Front" <<endl;
for(i=0;i<3;i++)
{
        for(j=0;j<3;j++)
                cout << setw(7) << array[i][j] ;
        cout<< endl;
}
fun(array);
cout << "Converted result" <<endl;
```

```
for(i=0;i<3;i++)
{
        for(j=0;j<3;j++)
                cout << setw(7) << array[i][j] ;
        cout<< endl;
}
}
```

秘笈心法

心法领悟 127：数组函数参数。

本实例使用的是数组作为自定义函数 fun 的参数，实际上传递的是数组的地址，函数 fun 并没有将数组中的所有元素赋值到函数的作用空间内，而是通过改变指针的指向实现了交换。

实例 128	将二维数组转换为一维数组 光盘位置：光盘\MR\03\128	高级 趣味指数：★★★★☆

实例说明

多维数组都可以看作一个特殊的一维数组。本实例将一个二维数组转换为一维数组，然后输出一维数组中的元素。实例运行结果如图 3.55 所示。

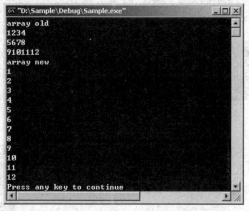

图 3.55　将二维数组转换为一维数组

关键技术

通过对数组下标的控制可以实现对二维数组元素的逐一提取，提取过程需要两个循环。外层循环控制数组的行序号，内层循环控制数组的列序号，将二维数组元素逐一提取出来赋值给一维数组，一维数组的下标变化与行序号和列序号有关，关系如下：

一维数组序号=二维数组列序号+二维数组行序号×4

设计过程

（1）创建一个基于控制台的应用程序。

（2）向工程中添加 main.cpp 文件，并在 main.cpp 文件内编辑代码，代码如下：

```
#include <iostream>
using namespace std;
void main()
{
int array1[3][4]={{1,2,3,4},
{5,6,7,8},
{9,10,11,12}};
int array2[12]={0};
```

```
int row,col,i;
cout << "array old" <<endl;
for(row=0;row<3;row++)
{
        for(col=0;col<4;col++)
        {
                cout << array1[row][col];
        }
        cout << endl;
}
cout << "array new" << endl;
for(row=0;row<3;row++)
{
        for(col=0;col<4;col++)
        {
                i=col+row*4;
                array2[i]=array1[row][col];
        }
}
for(i=0;i<12;i++)
        cout << array2[i] << endl;
}
```

■ 秘笈心法

心法领悟 128：cout 输出。

C 语言一般使用 printf 函数向屏幕输出字符串，而 C++语言会将字符串看作一个流，然后使用"<<"运算符将流传输到 cout 类，进而由 cout 类完成显示。

实例 129	使用指针变量遍历二维数组	高级
	光盘位置：光盘\MR\03\129	趣味指数：★★★☆

■ 实例说明

本实例将二维数组中的元素全部输出，并且输出数组元素的地址。运行实例，不需要用户输入数据，而是直接输出结果。实例运行结果如图 3.56 所示。

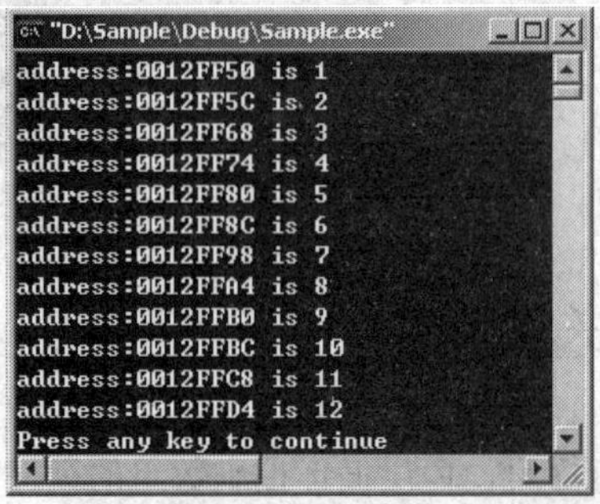

■ 关键技术

二维数组虽然有行和列之分，但是二维数组在内存中是连续存储的，获取数组的首地址后，即可通过取值运算符"*"将数组中的所有元素提取出来。

```
 "D:\Sample\Debug\Sample.exe"
address:0012FF50 is 1
address:0012FF5C is 2
address:0012FF68 is 3
address:0012FF74 is 4
address:0012FF80 is 5
address:0012FF8C is 6
address:0012FF98 is 7
address:0012FFA4 is 8
address:0012FFB0 is 9
address:0012FFBC is 10
address:0012FFC8 is 11
address:0012FFD4 is 12
Press any key to continue
```

图 3.56　使用指针变量遍历二维数组

■ 设计过程

（1）创建一个基于控制台的应用程序。

（2）向工程中添加 main.cpp 文件，并在 main.cpp 文件内编辑代码，代码如下：

```
#include <iostream>
#include <iomanip>
using namespace std;
void main()
{
int a[4][3]={1,2,3,4,5,6,7,8,9,10,11,12};
int *p;
p=a[0];
for(int i=0;i<sizeof(a)/sizeof(int);i++)
{
        cout << "address:";
        cout << a[i] ;
```

```
        cout << " is " ;
        cout << *p++ << endl;
    }
}
```

秘笈心法

心法领悟 129：聚合方法。

本实例在声明二维数组时直接使用聚合方法对二维数组进行了赋值。所谓聚合方法就是在一个大括号中将所有的数组元素列举出来，这样一条语句即可实现对多个数据元素的赋值。

实例 130	学生成绩排名	高级
	光盘位置：光盘\MR\03\130	趣味指数：★★★★☆

实例说明

本实例将实现对学生分数的排序。运行程序，需要用户输入 10 名学生的成绩，输入完成后，对学生的成绩进行排序。分数低的在前面，分数高的在后面，然后将学生姓名连同分数一起输出。实例运行结果如图 3.57 所示。

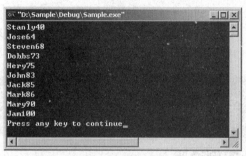

图 3.57　学生成绩排名

关键技术

本实例使用了两个二维数组，一个二维数组保存学生姓名，另一个二维数组保存分数。这两个数组的大小应该保持一致，然后在循环中根据分数进行排序，在交换数组元素时同时对两个数组元素进行交换，最后输出两个数组的元素。

设计过程

（1）创建一个基于控制台的应用程序。

（2）向工程中添加 main.cpp 文件，并在 main.cpp 文件内编辑代码，代码如下：

```cpp
#include<iostream>
using namespace std;
int main()
{
char name[10][10];                  //存储 10 个学生的姓名，每个学生姓名不超过 10 个字符
strcpy(name[0],"Mary");
strcpy(name[1],"Jam");
strcpy(name[2],"Jack");
strcpy(name[3],"Jose");
strcpy(name[4],"Hery");
strcpy(name[5],"Mark");
strcpy(name[6],"Dobbs");
strcpy(name[7],"Steven");
strcpy(name[8],"Stanly");
strcpy(name[9],"John");
cout << "开始输入分数： " << endl;
int score[10][2];
int scoretmp,itmp;
for(int i=0;i<10;i++)
{
    score[i][0]=i;
    cout << name[i] << endl;
    cin >> score[i][1];
}
for(int m=1;m<10;m++)
```

```
        for(int n=9;n>=m;n--)
        {
                if(score[n][1]<score[n-1][1])
                {
                        scoretmp=score[n-1][1];
                        itmp=score[n-1][0];
                        score[n-1][1]=score[n][1];
                        score[n-1][0]=score[n][0];
                        score[n][1]=scoretmp;
                        score[n][0]=itmp;
                }
        }
system("cls");
for(int j=0;j<10;j++)
{
        cout << name[score[j][0]] ;
        cout << score[j][1] << endl;
}
}
```

秘笈心法

心法领悟 130：cin 的使用。

本实例使用 cin 类实现用户输入字符的获取，在流操作过程中 cin 代表键盘，执行 cin>>x 相当于把键盘输入的数据赋值给变量 x。

实例 131	求矩阵对角线之和	高级
	光盘位置：光盘\MR\03\131	趣味指数：★★★★

实例说明

本实例将实现一个矩阵对角线元素和的计算。运行程序，需要用户输入 9 个元素，形成一个 3×3 的矩阵，然后计算出对角线元素的和。实例运行结果如图 3.58 所示。

关键技术

对角线在数组中的特点是数组的行下标和列下标相等。利用这一特点，在循环内对数组的下标进行判断，如果数组的行下标和列下标相等就对数组元素进行累加，累加后的最终结果就是数组对角线的和。

图 3.58　求矩阵对角线之和

设计过程

（1）创建一个基于控制台的应用程序。

（2）向工程中添加 main.cpp 文件，并在 main.cpp 文件内编辑代码，代码如下：

```
#include<stdio.h>
int main()
{
int a[3][3];                              //定义一个 3 行 3 列的数组
int i,j,sum=0;                            //定义循环控制变量和保存数据变量 sum
printf("please input:\n");
for(i=0;i<3;i++)                          //利用循环对数组元素进行赋值
{
        for(j=0;j<3;j++)
        {
                scanf("%d",&a[i][j]);
        }
}

for(i=0;i<3;i++)                          //使用循环计算对角线的总和
```

```
{
    for(j=0;j<3;j++)
    {
        if(i==j)
        {
            sum=sum+a[i][j];                    //进行数据的累加计算
        }
    }
}
printf("the result is :%d\n",sum);             //输出最后的结果
return 0;
}
```

■ 秘笈心法

本心法领悟 131：for 循环的改进。

本实例用到了两个嵌套的循环，并且每层循环都使用了大括号。这些循环语句中的大括号都可以去除，去除后可以使代码更简洁，但同时也不利于阅读。

实例 132	反向输出字符串 光盘位置：光盘\MR\03\132	高级 趣味指数：★★★☆

■ 实例说明

本实例将实现反向输出一个字符串。运行程序，将一个字符串分别由左向右、由右向左输出。实例运行结果如图 3.59 所示。

图 3.59　反向输出字符串

■ 关键技术

如果要进行字符串的反向输出，需要知道字符串的长度，借助 sizeof 函数即可得到字符串中字符的个数，然后根据个数设置数组下标由大到小变化并输出字符，最后输出的结果就是字符串的反向输出效果。

■ 设计过程

（1）创建一个基于控制台的应用程序。

（2）向工程中添加 main.cpp 文件，并在 main.cpp 文件内编辑代码，代码如下：

```
#include <stdio.h>

int main()
{
int i;
char String[7]   = {"mrsoft"};
char Reverse[7] = {0};
int size;
size = sizeof(String);                  //计算源字符串长度

//循环读取字符
for(i=0;i<6;i++)
{
    Reverse[size-i-2] = String[i];      //向目标字符串中插入字符
}

//输出源字符串
printf("输出源字符串：%s\n",String);
//输出目标字符串
printf("输出目标字符串：%s\n",Reverse);

return 0;                                //程序结束
}
```

■ 秘笈心法

心法领悟 132：字符串反向输出的简单方法。

如果使用 MFC 类库中 CString 类的 Reverse 方法，可以很容易地实现字符串的反向输出。

实例 133	使用数组保存学生姓名 光盘位置：光盘\MR\03\133	高级 趣味指数：★★★☆

■ 实例说明

本实例将实现使用数组保存输入的学生姓名。运行程序，需要用户输入 5 个学生姓名。实例运行结果如图 3.60 所示。

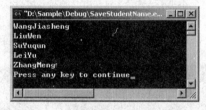

图 3.60　使用数组保存学生姓名

■ 关键技术

学生姓名数组是一个二维字符数组，也可以将该数组看作一个字符串指针数组。字符串指针数组中的每个元素都是一个指针，都指向一个静态的字符串，遍历指针数组即可输出各个学生的姓名。

■ 设计过程

（1）创建一个基于控制台的应用程序。

（2）向工程中添加 main.cpp 文件，并在 main.cpp 文件内编辑代码，代码如下：

```cpp
#include<stdio.h>

int main()
{
char* ArrayName[5];                              //字符指针数组
int index;                                       //循环控制变量
ArrayName[0]="WangJiasheng";                     //为数组元素赋值
ArrayName[1]="LiuWen";
ArrayName[2]="SuYuqun";
ArrayName[3]="LeiYu";
ArrayName[4]="ZhangMeng";
for(index=0;index<5;index++)                     //使用循环显示名称
{
    printf("%s\n",ArrayName[index]);
}

return 0;
}
```

■ 秘笈心法

心法领悟 133：字符串指针的应用。

用双引号将连续字符括起来，形成字符串，使用字符指针 char*可以指向这样的字符串。该字符串为 const 类型，不可以修改，并且这种类型的字符串都有地址，所以可以使用字符串指针来指向。

实例 134	数组中连续相等数的计数 光盘位置：光盘\MR\03\134	高级 趣味指数：★★★☆

■ 实例说明

在一个数组中可能会出现连续相等的数，本实例将完成对连续相等数的计数，并输出连续相等数的起始下标。实例运行结果如图 3.61 所示。

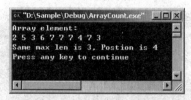

图 3.61　数组中连续相等数的计数

关键技术

本实例需要判断数组中最大的连续元素的个数，所以需要做两个判断，一个是判断前后元素是否相等；另一个是判断是否为最大的连续值。实例中变量 k 记录的是最长连续元素的下标，变量 i 是连续的个数。

设计过程

（1）创建一个基于控制台的应用程序。

（2）向工程中添加 main.cpp 文件，并在 main.cpp 文件内编辑代码，代码如下：

```
#include "stdio.h"
void main()
{
int a[10]={2,5,3,6,7,7,7,4,7,3};
int i=0;
int n=10;
int len=1,k=0,j=0;
printf("Array element:\n");
for(int m=0;m<10;m++)
{
        printf("%d ",a[m]);
}
printf("\n");
while (i<n-1)
{
        while (i<n-1 &&a[i]==a[i+1])
                i++;
        if (i-j+1>len)
        {
                len=i-j+1;
                k=j;                         //记录最长的下标
        }
        i++;                                 //连续两个数据不等
j=i;                                         //记录下一个开始位置
}
printf("Same max len is %d, Postion is %d\n",len,k);
}
```

秘笈心法

心法领悟 134：sprintf 函数的应用。

sprintf 函数同 printf 函数只差了一个字符，但功能却完全不同，sprintf 函数可以完成字符串的复制，可以实现将由 printf 函数向屏幕输出的字符复制给字符串变量。

| 实例 135 | 两个数组元素的交换
光盘位置：光盘\MR\03\135 | 高级
趣味指数：★★★★ |

实例说明

本实例完成了两个一维数组元素的交换。运行程序，先输出两个数组的元素，然后输出交换后的两个数组的元素。实例运行结果如图 3.62 所示。

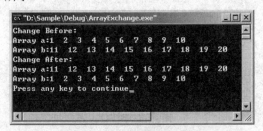

图 3.62　两个数组元素的交换

■ 关键技术

本实例完成两个整型数组的交换，交换元素的两个数组，其元素个数必须相同。同时遍历两个数组，通过一个临时变量完成数组中相同下标元素的交换。

■ 设计过程

（1）创建一个基于控制台的应用程序。

（2）向工程中添加 main.cpp 文件，并在 main.cpp 文件内编辑代码，代码如下：

```cpp
#include <stdio.h>
void change(int a[],int b[],int n) //数组作为参数
{
int tmp;
//开始交换
for (int i=0;i<n;i++)
{
    tmp=a[i];
    a[i]=b[i];
    b[i]=tmp;
}
}
void main()
{
int i,a[10]={1,2,3,4,5,6,7,8,9,10};              //定义数组并初始化
int b[10]={11,12,13,14,15,16,17,18,19,20};
printf("Change Before:");                        //提示信息
printf("\nArray a:");
for (i=0;i<10;i++)
    printf("%d    ",a[i]);                       //输出数组 a 元素
printf("\n");
printf("Array b:");
for (i=0;i<10;i++)
    printf("%d    ",b[i]);                       //输出数组 b 元素
printf("\n");
change(a,b,10);                                  //调用 change 函数
printf("Change After: ");
printf("\n");
printf("Array a:");
for (i=0;i<10;i++)
    printf("%d    ",a[i]);                       //输出交换后的数组 a 元素
printf("\n");
printf("Array b:");
for (i=0;i<10;i++)
    printf("%d    ",b[i]);                       //输出交换后的数组 b 元素
printf("\n");
}
```

■ 秘笈心法

心法领悟 135：printf 函数的输出技巧。

多次调用 printf 函数仍然可以将字符输出在同一行中，因为如果不使用 printf 函数输出回车换行符 "\n"，

则所输出的字符都会在同一行内。

实例 136	二维数组每行的最大值 光盘位置：光盘\MR\03\136	高级 趣味指数: ★★★☆

■ 实例说明

本实例将完成对二维数组每行元素的比较，然后输出数组中每行的最大值。运行程序，首先输出二维数组元素，然后输出比较结果。实例运行结果如图 3.63 所示。

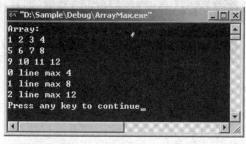

图 3.63　二维数组每行的最大值

■ 关键技术

本实例是一个整型的 3×4 二维数组，对于两个整型数大小的比较可以直接使用关系运算符来完成。二维数组一行含有多个元素，循环遍历这行元素，每两个元素进行比较，通过临时变量记录最大值，最后输出。

■ 设计过程

（1）创建一个基于控制台的应用程序。
（2）向工程中添加 main.cpp 文件，并在 main.cpp 文件内编辑代码，代码如下：

```c
#include "stdio.h"
void main()
{
int max;
int a[3][4]={1,2,3,4,5,6,7,8,9,10,11,12};
printf("Array:\n");
for(int m=0;m<3;m++)
{
    for(int n=0;n<4;n++)
    {
        printf("%d ",a[m][n]);
    }
    printf("\n");
}
for (int i=0;i<3;i++)
{
    max=a[i][0];                    //最大值的初始值
    for(int j=1;j<4;j++)
        if(max<a[i][j])
            max=a[i][j];            //把 i 行的最大值赋值给 max
    printf("%d line max %d\n",i,max);  //输出最大值及其下标
}
}
```

■ 秘笈心法

心法领悟 136：条件运算符的应用。

可以使用条件运算符获取两个整型数中的最大值，如表达式(a>b)?a:b，就是获取 a 与 b 之间的最大值。

实例 137	二维数组行和列的最小值	高级
	光盘位置：光盘\MR\03\137	趣味指数：★★★☆

■ 实例说明

本实例计算出二维数组中每行和每列的最小值。实例运行结果如图 3.64 所示。

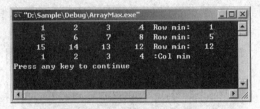

图 3.64　二维数组行和列的最小值

■ 关键技术

本实例中所求行和列的最小值的数组是一个 3×4 数组，要获取行最小值需要一个大小为 3 的数组作为临时变量。要获取列的最小值，需要一个大小为 4 的数组作为临时变量。遍历二维数组需要一个两层循环，在内循环中不断地对数组元素进行比较，将最小的元素存储到临时数组中，当循环结束后输出临时数组的全部元素。

■ 设计过程

（1）创建一个基于控制台的应用程序。

（2）向工程中添加 main.cpp 文件，并在 main.cpp 文件内编辑代码，代码如下：

```c
#include "stdio.h"
void main()
{
int b[3],c[4],i,j;
int a[3][4]={1,2,3,4,5,6,7,8,15,14,13,12};
for(i=0;i<3;i++)                              //判断行
    {
        b[i]=a[i][0];                         //初始化
        for(j=1;j<4;j++)
                if(a[i][j]<b[i])   b[i]=a[i][j];
    }
for(j=0;j<4;j++)                              //判断列
    {
        c[j]=a[0][j];
        for(i=1;i<3;i++)
                if(a[i][j]<c[j])   c[j]=a[i][j];
    }
for(i=0;i<3;i++)
    {
        for(j=0;j<4;j++)
                printf("%7d",a[i][j]);        //输出数组 a 的全部元素
        printf(" Row min:%5d\n",b[i]);        //输出每一行的最小值
    }
for(i=0;i<4;i++)
        printf("%7d",c[i]);                   //输出每一列的最小值
printf(" :Col min\n");
}
```

■ 秘笈心法

心法领悟 137：printf 函数的应用。

printf 函数将第一参数设置为 "%d"，可以输出一个整数，将第一参数设置为 "%7d"，则可以输出一个 7

位的整数。如果整数不足 7 位，那么整数前使用空格占位。

实例 138	二维数组行最大值中的最小值	高级
	光盘位置：光盘\MR\03\138	趣味指数：★★★★☆

■ 实例说明

本实例首先获取二维数组中每行元素的最大值，一个 5×5 矩阵中共有 5 行，所以获取了 5 个值，然后在这 5 个值中再获取最小值。实例运行结果如图 3.65 所示。

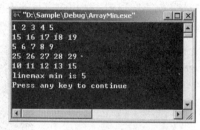

图 3.65　二维数组行最大值中的最小值

■ 关键技术

本实例在遍历二维数组元素时对数组元素进行比较，遍历二维数组需要一个两层循环。内循环是对行元素的遍历，遍历的同时即可获取到行的最大值，将行最大值存储到一个临时变量内。以后每获取一个行最大值后都与该变量进行比较，只将最小的行最大值存放在临时变量内，最后该变量就是所求的值。

■ 设计过程

（1）创建一个基于控制台的应用程序。

（2）向工程中添加 main.cpp 文件，并在 main.cpp 文件内编辑代码，代码如下：

```cpp
#include "stdio.h"
void main()
{
int a[5][5]={1,2,3,4,5,
        15,16,17,18,19,
        5,6,7,8,9,
        25,26,27,28,29,
        10,11,12,13,15};
int max,min,n=5;
for(int m=0;m<5;m++)
{
        for(int n=0;n<5;n++)
        {
                printf("%d ",a[m][n]);
        }
        printf("\n");
}
for(int row=0;row<n;row++) {             //控制数组的行
        max=a[row][0];                   //开始假设第 0 行的数组元素值为最大值
        for(int col= 1;col<n; col++)
                if(max<a[row][col] )
                        max=a[row][col];
        if(row==0)                       //为最小值赋初值
                min=max;
        else if( min>max )
                min=max;                 //其余行的最大值中最小值的求解
}
printf("linemax min is %d\n",min);
}
```

■ 秘笈心法

心法领悟 138：聚合赋初值。

使用聚合方法为数组元素赋初值可以有多种写法，可以在一个大括号内将所有元素值写入，也可以在一个大括号内嵌套多个大括号。每个子大括号内存放的是二维数组的行元素值，还可以将部分元素值写入大括号内，此时只有二维数组的前面元素被赋值。

实例 139	删除数组中重复的连续元素 光盘位置：光盘\MR\03\139	高级 趣味指数：★★★☆

实例说明

本实例将实现删除数组中重复的连续元素。运行程序，首先输出数组中的元素，然后需要用户输入重复元素中第一个元素的索引以及重复个数，程序根据用户输入的数据将重复数据删除。实例运行结果如图 3.66 所示。

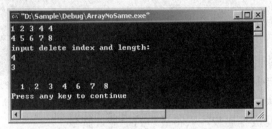

图 3.66 删除数组中重复的连续元素

关键技术

本实例通过自定义函数 deleteElement 完成重复元素的删除。函数需要 4 个参数：数组首地址、数组的元素个数、重复元素中第一个元素的索引和重复元素的个数。函数内需要两个指针，一个指向数组中的重复元素中的第一个元素，另一个指向重复元素后面的元素。然后两个指针分别进行自加运算，将重复元素后面的元素向前移动，移动到重复元素处。

设计过程

（1）创建一个基于控制台的应用程序。

（2）向工程中添加 main.cpp 文件，并在 main.cpp 文件内编辑代码，代码如下：

```
#include "stdio.h"
int deleteElement(int b[],int n,int i,int len)
{                                                          //形参为数组名
int *p,*q;
if (i<1 && i+len >n)    return 0;
for (q=b+i,p=b+i+len;q<b+n;p++,q++)
       *q=*p;
return n-len;
}
void main()
{
int a[10]={1,2,3,4,4,4,5,6,7,8};
int *p=a,n;
int i,len;
for(int m=0;m<2;m++)
{
       for(int n=0;n<5;n++)
       {
              printf("%d ",a[m*5+n]);
       }
       printf("\n");
}
printf("input delete index and length:\n");
scanf("%d%d",&i,&len);
n=deleteElement(a,10,i,len);                               //数组名作函数的实参
if (n==0) printf("error.\n");
else {
```

```
        printf("\n");
        for (p=a;p<a+n;p++)                          //输出调用之后的数组
            printf("%3d",*p);
        printf("\n");
    }
}
```

■ 秘笈心法

心法领悟 139：for 循环语句。

for 循环语句的条件表达式分为赋值部分、比较部分和控制变量变化 3 部分，这 3 部分的内容都可以使用逗号运算符连接多个表达式，如实例中 for 语句的赋值部分就有两个表达式。

实例 140	删除有序数组中的重复元素 光盘位置：光盘\MR\03\140	高级 趣味指数：★★★★☆

■ 实例说明

本实例将自动删除数组中的重复元素，不需要用户指定重复元素的位置及个数。实例运行结果如图 3.67 所示。

图 3.67 删除有序数组中的重复元素

■ 关键技术

本实例首先遍历整个数组元素，统计出重复元素的位置及个数，然后通过移动指针删除重复元素。

■ 设计过程

（1）创建一个基于控制台的应用程序。

（2）向工程中添加 main.cpp 文件，并在 main.cpp 文件内编辑代码，代码如下：

```cpp
#include "stdio.h"
int  deleteElement(int b[],int n)
{
int *p,*q,*p1;
int c;
for(p=b;p<b+n;p++) {                    //访问数组 b 中的每个元素
    q=p+1;
    c=0;                                //统计相同元素的个数
    while (*q==*p && q<b+n) q++,c++;     //相同元素必然相邻
    if (q<=b+n){
            for (p1=p+1;q<b+n;p1++,q++)  //删除 c 个元素
                *p1=*q;
            n-=c;                        //元素个数减少 c
        }
}
return n;
}
void main()
{
int a[10]={1,2,3,4,4,4,5,6,7,8};
int *p=a,n;
int i,len;
for(int m=0;m<2;m++)
{
        for(int n=0;n<5;n++)
        {
            printf("%d ",a[m*5+n]);
        }
        printf("\n");
}
```

```
n=deleteElement(a,10);
printf("\n");
for (p=a;p<a+n;p++)
        printf("%3d",*p);
printf("\n");
}
```

秘笈心法

心法领悟 140：delete 和 new 关键字的应用。

在 C 语言中由于没有 delete 和 new 关键字，所以可以使用 delete 和 new 作为函数名，但是在 C++语言中却不可以使用这两个关键字作为函数名。

实例 141	数组合并	高级
	光盘位置：光盘\MR\03\141	趣味指数：★★★☆

实例说明

本实例将完成两个一维数组的合并。运行程序，首先输出合并前的一维数组，然后输出将两个数组合并后的结果。实例运行结果如图 3.68 所示。

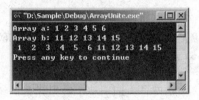

图 3.68　数组合并

关键技术

本实例通过自定义函数 combine 完成两个数组的合并。函数需要 5 个参数，两个是合并前数组的地址，一个是合并后数组的地址，最后两个参数是合并前两个数组的元素个数。函数 combine 内定义了 3 个指针，分别指向参数中 3 个数组的地址。首先将数组元素复制到目标数组中，然后再将数组元素复制到目标数组。本实例通过语句*p3++=*p1++完成数组第一个元素的赋值，然后在后面的 while 循环中移动指针并不断地赋值，完成数组元素的复制。

设计过程

（1）创建一个基于控制台的应用程序。

（2）向工程中添加 main.cpp 文件，并在 main.cpp 文件内编辑代码，代码如下：

```
#include "stdio.h"
void combine(int *a,int *b,int *c,int n,int m)
{
int *p1,*p2,*p3;
for (p1=a,p2=b,p3=c;p1<a+n && p2<b+m;)
        if (*p1<*p2)                             //将数据小的存放到 p3 指向的地址空间
                *p3++=*p1++;
        else
                *p3++=*p2++;
while (p1<a+n)  *p3++=*p1++;
while (p2<b+m) *p3++=*p2++;
}
void main()
{
int a[6]={1,2,3,4,5,6};
int     b[5]={11,12,13,14,15};
int c[5+6];
int *p=a,*q=b;
printf("Array a: ");
for(int i=0;i<6;i++)
{
        printf("%d ",a[i]);
}
printf("\n");
```

```
printf("Array b: ");
for(int j=0;j<5;j++)
{
        printf("%d ",b[j]);
}
printf("\n");
combine(a,b,c,6,5);                              //实参为数组
for(p=c;p<c+5+6;p++)
        printf("%2d ",*p);
printf("\n",*p);
```

秘笈心法

心法领悟 141：*p++指针运算。

本实例中*p++表达式经常被用到，此表达式先取出指针所指向的值，然后改变指针的值，使指针指向下一个值，在一个循环中调用该表达式即可遍历整个数组。

实例 142	利用数组计算平均成绩 光盘位置：光盘\MR\03\142	高级 趣味指数：★★★★☆

实例说明

本实例将完成学生成绩平均值的计算。运行程序，需要用户输入 5 个同学的成绩，然后根据用户输入的分值完成计算。实例运行结果如图 3.69 所示。

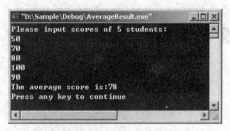

图 3.69　利用数组计算平均成绩

关键技术

本实例通过 scanf 函数获取用户输入的分值，然后将获取的分值逐一赋值到数组中，一边赋值一边完成分值的累计。当用户输入完成后，学生的总成绩也就计算出来了，最后通过一个除法运算即可获得成绩的平均值。

设计过程

（1）创建一个基于控制台的应用程序。

（2）向工程中添加 main.cpp 文件，并在 main.cpp 文件内编辑代码，代码如下：

```
#include "stdio.h"
void main()
{
int i;
int score[5],aver=0;
printf("Please input scores of 5 students:\n");
for(i=0;i<5;i++){                                //输入 10 个学生的成绩并累加和
        scanf("%d",&score[i]);
        aver+=score[i];                          //求出 10 个学生的成绩总和
}
aver/=5;                                          //求出 10 个学生的平均成绩
printf("The average score is:%d\n",aver);
}
```

秘笈心法

心法领悟 142：scanf 函数的应用。

scanf 函数通过设置第一个参数可以获取不同类型的值，将第一个参数设置为 "%d" 可以获取整型值，设置为 "%c" 可以获取一个字符，设置为 "%s" 可以获取一个字符串。

<table>
<tr><td>实例 143</td><td>数组中整数的判断
光盘位置：光盘\MR\03\143</td><td>高级
趣味指数：★★★☆</td></tr>
</table>

■ 实例说明

本实例可以判断一个整数是否在数组中。运行程序，需要用户输入 5 个整型值，然后判断用户输入的 5 个整型值中是否有整数 25，如果有则输入整数 25 在数组中的位置。实例运行结果如图 3.70 所示。

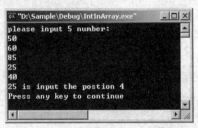

```
"D:\Sample\Debug\IntInArray.exe"
please input 5 number:
50
60
85
25
40
25 is input the postion 4
Press any key to continue
```

图 3.70　数组中整数的判断

■ 关键技术

本实例通过 scanf 函数获取用户输入的整型数，然后将用户输入的整型数都存储到数组中，再通过循环遍历整个数组。在循环中通过 if 语句判断是否有整数 25，如果有则输出整数 25 在数组中的下标。

■ 设计过程

（1）创建一个基于控制台的应用程序。

（2）向工程中添加 main.cpp 文件，并在 main.cpp 文件内编辑代码，代码如下：

```
#include "stdio.h"
void main()
{
int data[5],i;
printf("please input 5 number:\n");
for(i=0;i<5;i++)                      //向数组 data 中输入数据
     scanf("%d",&data[i]);
for(i=0;i<5;i++)
     if(data[i]==25){                 //判断数组中的元素是否为 3
printf("25 is input the postion %d \n",i+1);
break ;                              //跳出循环
}
if (i>=5)                             //判断 i 是否大于或等于 10
     printf("3 is not in data.\n");
}
```

■ 秘笈心法

心法领悟 143：大括号的应用。

在 Visual C++中两个大括号被称为作用空间，也可以在给数组赋初值时使用，还可以将多个语句连接在一起形成复合语句。

<table>
<tr><td>实例 144</td><td>判断二维数组中是否有相同的元素
光盘位置：光盘\MR\03\144</td><td>高级
趣味指数：★★★☆</td></tr>
</table>

■ 实例说明

本实例将实现对二维数组中相同元素的判断。如果数组中含有相同的元素，则输出 yes，否则输出 no。实例运行结果如图 3.71 所示。

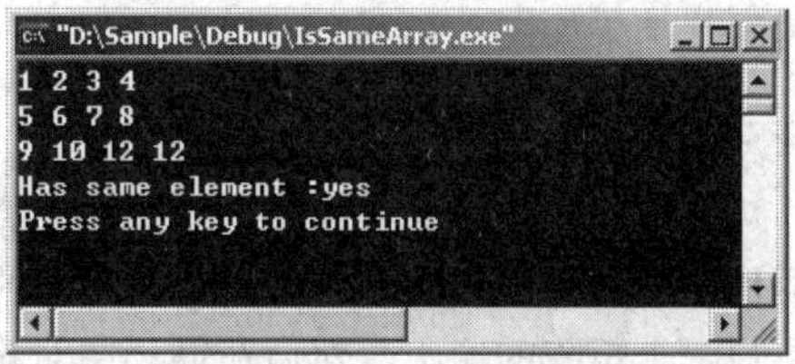

关键技术

本实例通过自定义函数 Same 完成对数组中相同元素的判断。函数 Same 需要 3 个参数，这 3 个参数分别是数组的地址、数组的行数和数组的列数。

图 3.71 判断二维数组中是否有相同的元素

设计过程

（1）创建一个基于控制台的应用程序。

（2）向工程中添加 main.cpp 文件，并在 main.cpp 文件内编辑代码，代码如下：

```cpp
#include "stdio.h"
int Same(int a[][4],int m,int n)
{
int i,j,k,p;
for (i=0;i<m;i++)                            //i 表示二维数组的行
    for (j=0;j<n-1;j++) {                     //j 表示二维数组的列
        for (p=j+1;p<n;p++)
            if (a[i][j]==a[i][p]) {           //判断其后面的元素是否有与此元素相同的元素
                printf("yes");
                return (0);
            }
        for (k=i+1;k<m;k++)
            for (p=0;p<n;p++)                 //p 访问本行后面的其他元素，看是否有相同的元素
                if (a[k][p]==a[i][j]) {
                    printf("yes");
                    return (0);
                }
    }
printf("no");
return(1);
}
void main()
{
int a[3][4]={1,2,3,4,5,6,7,8,9,10,12,12};    //定义二维数组 a
for(int m=0;m<3;m++)
{
    for(int n=0;n<4;n++)
    {
        printf("%d ",a[m][n]);
    }
    printf("\n");
}
printf("Has same element :");
Same(a,3,4);                                  //调用函数 Same
printf("\n");
}
```

秘笈心法

心法领悟 144：指向数组的指针等价变换。

如果 p 是指向数组 a 的指针，则 p+i 和 a+i 是 a[i]的地址。a 代表首元素的地址，a+i 也是地址，对应数组元素 a[i]，*(a+i)是 p+i 或 a+i 所指向的数组元素，即 a[i]。

实例 145	计算两个矩阵和	高级
	光盘位置：光盘\MR\03\145	趣味指数：★★★★☆

实例说明

本实例将完成两个矩阵的相加。运行程序，首先输出两个矩阵的全部元素，然后输入两个矩阵的相加结果。

169

实例运行结果如图 3.72 所示。

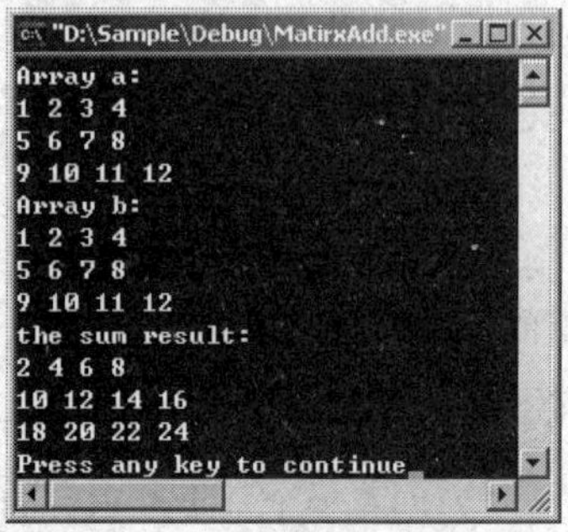

关键技术

两个矩阵的相加主要指两个矩阵的元素分别相加，两个相加的矩阵必须是行数和列数相同的。对于结构相同的两个矩阵，通过一个循环即可控制两个矩阵的遍历，然后在循环中对矩阵中的元素进行加法运算，并将运算结果赋值给一个矩阵的元素中，最后输出第一个矩阵，该矩阵就是两个矩阵相加的结果。

图 3.72　计算两个矩阵和

设计过程

（1）创建一个基于控制台的应用程序。

（2）向工程中添加 main.cpp 文件，并在 main.cpp 文件内编辑代码，代码如下：

```c
#include<stdio.h>
void sum (int arra[ ][4],int arrb[ ][4],int m,int n)
{
int r, c;
for (r=0; r<m;r++)
    for (c=0; c<n; c++)
arra[r][c]=arra[r][c]+arrb[r][c];
}
void main()
{
int i,j,b[3][4],a[3][4]={{1,2,3,4},{5,6,7,8},{9,10,11,12}};
int m,n;//数组下标变量
for(m=0;m<3;m++)
{
    for(n=0;n<4;n++)
    {
        b[m][n]=a[m][n];
    }
}
printf("Array a:\n");
for(m=0;m<3;m++)
{
    for(n=0;n<4;n++)
    {
        printf("%d ",a[m][n]);
    }
    printf("\n");
}
printf("Array b:\n");
for(m=0;m<3;m++)
{
    for(n=0;n<4;n++)
    {
        printf("%d ",b[m][n]);
    }
    printf("\n");
}
printf("the sum result:\n");
sum(a,b,3,4);                        //实参为数组名
for (i=0; i<3; i++)
{
    for (j=0;j<4;j++)
        printf("%d ",a[i][j]);       //输出数组元素
    printf("\n");
}
}
```

秘笈心法

心法领悟 145：指向数组的指针运算。

如果 p 是指向数组 a 的指针，则*(p--)相当于 a[i--]，先对 p 进行*运算，再使 p 自减。*(++p)相当于 a[++i]，

先使 p 自加，再做 "*" 运算。

实例 146	判断回文数	高级
	光盘位置：光盘\MR\03\146	趣味指数：★★★★☆

实例说明

本实例能够判断用户输入的数是否为一个回文数。如果是，则输出 YES，如果不是，则输出 NO，实例运行结果如图 3.73 所示。

图 3.73　判断回文数

关键技术

回文数是顺读和反读都一样的数。回文数的特点是有偶数位，对称位上的数是相同的。本实例首先需要将用户输入的数的每位都存放到数组中，然后控制数组的下标由前向后和由后向前两个方向变化，比较对称下标下的数组元素是否相同，如果都相同则说明用户输入的数是回文数。

设计过程

（1）创建一个基于控制台的应用程序。

（2）向工程中添加 main.cpp 文件，并在 main.cpp 文件内编辑代码，代码如下：

```
#include "stdio.h"
void main()
{
long   x;
int i,j,n,d[20];
//n 为 x 的位数，d 数组用来存放每位数，数组长度应设计得大一些
scanf("%ld",&x);
n=0;
do{
    d[n]=x%10;
    //将 x 的个位数字存放在数组 d 中
    x=x/10;
    //将 x 缩小 10 倍
    n++;
}while(x!=0);
for(i=0,j=n-1;i<j;i++,j--)
//判断数组 d 下标 i 和 j 指向的元素是否相等
if(d[i]!=d[j])  break;
if(i<j)  printf("NO");
else  printf("YES");
}
```

秘笈心法

心法领悟 146："%" 运算符和 "/" 运算符。

本实例用到了 "%" 运算符和 "/" 运算符。"%" 运算符称为求模运算符，计算后将得到余数。"/" 运算符是除法运算符，计算后将得到除法运算后的整数部分。

实例 147	统计学生成绩分布	高级
	光盘位置：光盘\MR\03\147	趣味指数：★★★★☆

实例说明

本实例将实现学生成绩分布的统计。运行程序，需要用户输入 10 个分数，然后对这 10 个分数进行分布统

计。实例运行结果如图 3.74 所示。

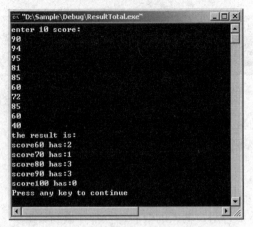

图 3.74　统计学生成绩分布

■ 关键技术

本实例需要用户输入百分制的分数，然后将输入的分数除以 10，变成 10 分制。通过 switch 语句对分数进行比较判断，switch 语句中每个 case 分句后都有一个计数变量，最后输出计数数组的值，获取程序的运行结果。

■ 设计过程

（1）创建一个基于控制台的应用程序。

（2）向工程中添加 main.cpp 文件，并在 main.cpp 文件内编辑代码，代码如下：

```c
#include "stdio.h"
void main()
{
int i,a[10];
int b[6]={0,0,0,0,0,0};                  //对数组 b 中的全部元素赋值为 0
printf("enter 10 score:\n");             //输入提示
for (i=0;i<10;i++)
{
      //向数组 a 中输入数据
      scanf("%d",&a[i]);
      //10 分制比较
      switch(a[i]/10)
      {
           case 6:b[0]++;break;
           case 7:b[1]++;break;
           case 8:b[2]++;break;
           case 9:b[3]++;break;
           case 10:b[4]++;break;
      }
}
printf("the result is:\n");              //输出提示
for (i=0;i<5;i++)                        //输出数组 b 中的元素
      printf("score%d has:%d\n",(i+6)*10,b[i]);
}
```

■ 秘笈心法

心法领悟 147：switch 语句的应用。

switch 语句称为分支语句，可以转换为 if 语句。相比 if 语句，switch 语句具有结构清晰、占用代码行数少的特点。

第 *4* 章

字符串和函数

▶▶ 字符串的截取与转换

▶▶ 字符串的比较与判断

▶▶ 字符串技巧

▶▶ 字符串应用

▶▶ 字符串统计

▶▶ 函数

4.1 字符串的截取与转换

实例 148	获取字符串中的汉字	高级
	光盘位置：光盘\MR\04\148	趣味指数：★★★★☆

■ 实例说明

对于中英文混合的字符串，很难统计出字符的个数，但可以先提取中文，然后再分别计算中文和英文的个数。本实例将实现从中英文混合的字符串中提取中文。实例运行结果如图 4.1 所示。

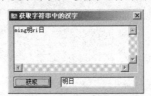

图 4.1　获取字符串中的汉字

■ 关键技术

提取汉字需要对字符进行判断。MBCS 编码下的汉字一般占用两个字节，可以通过 IsDBCSLeadByte 函数判断字符是否为函数的前缀。

IsDBCSLeadByte 函数可以用来判断 MBCS 编码下的字符是否为汉字的第一个字节，语法如下：

```
BOOL IsDBCSLeadByte(BYTE TestChar);
```

参数说明

TestChar：需要判断的字符。

■ 设计过程

（1）创建基于对话框的应用程序。

（2）向对话框添加 ID 属性为 IDC_RESULT 和 IDC_TEXT 的编辑框。

（3）OnGet 方法用于实现"获取"按钮的单击事件，完成指定编辑框的汉字的提取，代码如下：

```
void CGetCharsDlg::OnGet()
{
CString strtext,tmp,strres;
GetDlgItem(IDC_TEXT)->GetWindowText(strtext);
for(int i=0;i<strtext.GetLength();i++)
{
        char ch=strtext.GetAt(i);
        if(IsDBCSLeadByte(ch))
        {
                tmp=strtext.Mid(i,2);
                i++;
                strres+=tmp;
        }
}
GetDlgItem(IDC_RESULT)->SetWindowText(strres);
}
```

■ 秘笈心法

心法领悟 148：MBCS 编码下的字符判断。

MBCS 编码只是一种汉字的编码方式，还有很多种编码方式，如 Unicode 编码。Unicode 编码不能使用 IsDBCSLeadByte 函数来判断。

实例 149	英文字符串首字母大写 光盘位置：光盘\MR\04\149	高级 趣味指数：★★★☆

■ 实例说明

英文字符串语句中一般都要求首字母大写，首字母大写的字符串一般为以特殊字符隔开的语句。本实例将实现以空格隔开的每个单词首字母大写。实例运行结果如图 4.2 所示。

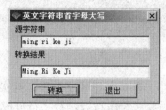

图 4.2 英文字符串首字母大写

■ 关键技术

CString 类的 MakeUpper 方法可以完成字符由小写向大写的转换，CString 对象中的字符调用 MakeUpper 方法后将全变为大写字符。MakeUpper 方法的语法如下：

```
void MakeUpper( );
```

■ 设计过程

（1）创建基于对话框的应用程序。

（2）在对话框中添加 ID 属性为 IDC_TEXT 和 IDC_RESULT 的编辑框。

（3）OnSet 方法用于实现"转换"按钮的单击事件，代码如下：

```
void CStringCapitalDlg::OnSet()
{
CString strtxt,strres,tmp;
BOOL bpart=FALSE;
GetDlgItem(IDC_TEXT)->GetWindowText(strtxt);
strtxt.MakeLower();
for(int i=0;i<strtxt.GetLength();i++)
{
    char ch=strtxt.GetAt(i);
    if(i==0)                                  //处理第一个
    {
        tmp.Format("%c",ch);
        tmp.MakeUpper();
    }
    else
    {
        tmp.Format("%c",ch);
    }
    if(bpart)
    {
        tmp.MakeUpper();
        bpart=FALSE;
    }
    if(ch==32)                                //分割符是空格
        bpart=TRUE;

    strres+=tmp;
}
GetDlgItem(IDC_RESULT)->SetWindowText(strres);
}
```

■ 秘笈心法

心法领悟 149：字符大小写转换。

本实例使用 CString 类的 MakeUpper 方法实现了字符转换，也可以不使用 CString 类来完成这个工作。大写字符"A"的 ASCII 码值是 65，小写字符"a"的 ASCII 码值是 97。如果是小写字符转大写字符，只要用小写的 ASCII 码值减去 32（97-32）即可，但前提是保证字符一定是小写字符，否则会出错。

实例 150	指定符号分割字符串 光盘位置：光盘\MR\04\150	高级 趣味指数：★★★★☆

■ 实例说明

本实例以字符";"为分割符将字符串分割成若干子字符串。其实现方法主要是先通过 CString 类的 Find 成员函数在字符串中查找分割符字符，然后将字符串按分割符字符分成左右两个子字符串，然后在右子字符串中继续查找分割符字符位置。循环查找到没有分割符字符位置，所有的左字符串和最后一个右字符串就是分割后的结果。实例运行结果如图 4.3 所示。

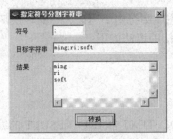

图 4.3 指定符号分割字符串

■ 关键技术

本实例使用 CString 类的 Find 方法查找到出现";"符号的位置，然后根据这个位置将字符串分为左右两个子字符串，左侧子字符串使用 Left 方法获取，右侧子字符串使用 Right 方法获取。在右子字符串中继续查找出";"符号的位置，一直到整个字符串查找完成，这样通过 Left 方法获取的字符串以及最后一个 Right 方法获取的字符串就是查找的结果。

■ 设计过程

（1）创建基于对话框的应用程序。

（2）OnSet 方法用于实现"转换"按钮的单击事件，完成字符串的分割，代码如下：

```
void CDivStringDlg::OnSet()
{
CString strsrc,strchar,strres,str1,str2,tmp;
GetDlgItem(IDC_SRC)->GetWindowText(strsrc);
GetDlgItem(IDC_CHAR)->GetWindowText(strchar);
str2=strsrc;
int pos=str2.Find(strchar);                              //Find 方法返回以 0 开始的序号
while(pos>0)
{
        str1=str2.Left(pos);
        str2=str2.Right(str2.GetLength()-pos-1);
        tmp.Format("%s\r\n",str1);
        strres+=tmp;
        pos=str2.Find(strchar);
}
strres+=str2;
```

```
GetDlgItem(IDC_RESULT)->SetWindowText(strres);
}
```

秘笈心法

心法领悟 150：可以作为分割符的字符。

用指定符号分割字符串是一个非常实用的实例，在日常开发过程中会经常遇到这样的情况。有的字符串的分割符是";"，有的分割符是","，但实现方法都是一样的。本实例使用的是 CString 类，如果考虑到移植，应该使用字符串指针来处理。

实例 151	在文本中删除指定的汉字或句子 光盘位置：光盘\MR\04\151	高级 趣味指数：★★★☆

实例说明

在编辑框中很容易实现字符的添加及删除，但是如何通过程序来控制字符的添加和删除，下面给出实例加以说明本实例将实现删除编辑框中选中的字符。实例运行结果如图 4.4 所示。

图 4.4　在文本中删除指定的汉字或句子

关键技术

本实例的实现方法主要是先通过 CEdit 类的 GetSel 方法获取选中的子字符串在字符串中的首末位置索引，然后将首位置索引以前的子字符串和末位置索引以后的字符串合并，就得到了想要的结果。

GetSel 方法能够获取编辑框中选中的字符，语法如下：

```
void GetSel( int& nStartChar, int& nEndChar ) const;
```

参数说明

❶ nStartChar：选中字符的起始位置。

❷ nEndChar：选中字符的结束位置。

设计过程

（1）创建基于对话框的应用程序。

（2）在对话框中添加静态文本控件、编辑框控件及按钮控件。

（3）OnDelete 方法是"删除"按钮的实现方法，将实现删除编辑框中选中的字符，代码如下：

```
void CDeleteCharDlg::OnDelete()
{
CString strtxt,str1,str2,strres;
int istart,iend;
m_text.GetWindowText(strtxt);
m_text.GetSel(istart,iend);
if(istart==iend)return;
//istart 是所选字符在整个字符串中的序号，序号从 0 开始
//iend 是所选字符的下一个字符的序号，序号从 0 开始
str1=strtxt.Left(istart);//取左字符从 1 开始
if(iend>=strtxt.GetLength())
        str2="";
```

```
else
        str2=strtxt.Right(strtxt.GetLength()-iend);
strres+=str1;
strres+=str2;
m_text.SetWindowText(strres);
}
```

■ 秘笈心法

心法领悟 151：获取编辑框中选中的字符。

使用 GetSel 方法可以获取编辑框中选中的字符，使用 SetSel 方法就可以设置选中的字符，这样 GetSel 方法和 SetSel 方法一起使用，即可控制编辑框中任意字符的删除。

实例 152	替换指定的字符串 光盘位置：光盘\MR\04\152	高级 趣味指数：★★★☆

■ 实例说明

用户在输入字符时，有时会因为马虎输入错别字，一些明显的错别字在编辑时可以直接替换，替换字符有多种实现方法。本实例演示了对指定的字符进行替换。实例运行结果如图 4.5 所示。

■ 关键技术

实现字符替换的一般思路是在字符串中查找指定字符的位置，然后将原有字符删除，再添加新字符。但 CString 类提供了 Replace 方法，该方法可以很容易地将字符串中的子字符串替换为另一个子字符串。

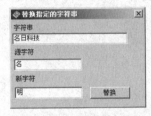

图 4.5　替换指定的字符串

Replace 方法能够对 CString 对象中的任意子字符串进行替换，语法如下：

```
int Replace( LPCTSTR lpszOld, LPCTSTR lpszNew );
```

参数说明

❶ lpszOld：替换前子字符串。

❷ lpszNew：替换后子字符串。

返回值：替换的个数。

■ 设计过程

（1）创建基于对话框的应用程序。

（2）在对话框中添加静态文本控件、编辑框控件和按钮控件。

（3）OnSet 方法是"替换"按钮的实现方法，实现字符的替换，代码如下：

```
void CStringReplaceDlg::OnSet()
{
CString strtxt,strchar,strnew;
GetDlgItem(IDC_TEXT)->GetWindowText(strtxt);
GetDlgItem(IDC_CHAR)->GetWindowText(strchar);
GetDlgItem(IDC_NEW)->GetWindowText(strnew);
strtxt.Replace(strchar,strnew);
GetDlgItem(IDC_TEXT)->SetWindowText(strtxt);
}
```

■ 秘笈心法

心法领悟 152：快速替换字符串。

CString 类的 Replace 方法不只是对单个字符串进行替换，它实现的是将所有指定的字符串进行替换。如果一个源字符串中有多个空格，那么 Replace 方法会全部替换该字符串的所有空格。

实例 153	向字符串中添加子字符串	高级
	光盘位置：光盘\MR\04\153	趣味指数：★★★★☆

■ 实例说明

输入字符串时有时会少输入几个字符，所以需要程序实现在指定字符串的中间位置添加字符串。本实例将实现在编辑框的指定位置添加字符串，添加前的效果如图 4.6 所示，添加后的效果如图 4.7 所示。

图 4.6 添加前的效果

图 4.7 添加后的效果

■ 关键技术

实现字符串添加的思路是在编辑框失去焦点时通过 GetCaretPos 函数保存插入点的光标位置，然后通过 CEdit 类的 CharFromPos 方法获取插入位置在字符串中的索引值，将字符串根据插入位置分成左右两个子字符串，最后将左字符串、新添加字符串和右字符串按顺序合并成一个字符串。

（1）GetCaretPos 函数能够获取光标位置，语法如下：

```
BOOL GetCaretPos(LPPOINT lpPoint);
```

参数说明

lpPoint：光标的坐标值。

（2）CharFromPos 方法能够获取指定光栅下的编辑框字符的索引，语法如下：

```
int CharFromPos( CPoint pt ) const;
```

参数说明

pt：光标的位置。

返回值：编辑框中字符的索引。

■ 设计过程

（1）创建基于对话框的应用程序。

（2）在对话框中添加静态文本控件、编辑框控件和按钮控件。

（3）OnSet 方法是"添加"按钮的实现方法，实现字符串指定位置的添加，代码如下：

```
void CStringInsertDlg::OnSet()
{
CString strtxt,strchar,strres;
m_text.GetWindowText(strtxt);
GetDlgItem(IDC_CHAR)->GetWindowText(strchar);

int pos=m_text.CharFromPos(pt);                  //pt 是全局变量
strres=strtxt.Left(pos);
strtxt=strtxt.Right(strtxt.GetLength()-pos);
strres+=strchar;
strres+=strtxt;
m_text.SetWindowText(strres);
}
```

■ 秘笈心法

心法领悟 153：获取光标在编辑框的位置。

编辑框类的 CharFromPos 方法可以获取光标在编辑框中的位置，如果是在编辑框中实现对光标的移动也需要使用该函数。

实例 154	截取字符串中的数字 光盘位置：光盘\MR\04\154	高级 趣味指数：★★★★☆

■ 实例说明

通常一个复杂的字符串中既有英文字符，又有中文字符和数字字符，有时需要提取某一类字符。例如，本实例将实现在含有英文字符和数字字符的字符串中将数字字符全部提取出来。实例运行结果如图 4.8 所示。

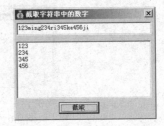

■ 关键技术

本实例的关键在于对英文字符和数字字符的判断。数字字符在 ASCII 码表中对应 30～39，只要对字符串中的每个字符进行比较，根据数字字符在 ASCII 码表中的位置，就很容易判断是否为数字字符。如果是多个数字字符连在一起，则认为连在一起的数字字符串是一个整数。

图 4.8　截取字符串中的数字

■ 设计过程

（1）创建基于对话框的应用程序。

（2）在对话框中添加编辑框控件和按钮控件。

（3）OnGet 方法是 "截取" 按钮的实现方法，实现字符串中数字的提取，代码如下：

```
void CGetNumStringDlg::OnGet()
{
CString strtxt,strres,tmp;
GetDlgItem(IDC_TEXT)->GetWindowText(strtxt);
BOOL bcon=TRUE;
for(int i=0;i<strtxt.GetLength();i++)
{
        char ch=strtxt.GetAt(i);
        if(IsDBCSLeadByte(ch))
                i++;
        if(ch>='0'&&ch<='9')
        {
            bcon=TRUE;
            if(bcon)
            {
                tmp.Format("%c",ch);
                strres+=tmp;
            }
        }
        else
        {
            if(!strres.IsEmpty())
            m_num.AddString(strres);
            bcon=FALSE;
        }
        if(!bcon)
            strres="";
}
if(!strres.IsEmpty())
        m_num.AddString(strres);
}
```

■ 秘笈心法

心法领悟 154：整数字符的判断。

本实例中并没有出现 30～39 这个范围，主要是因为使用了字符进行比较。CString 类的 GetAt 方法可以获取字符串中的单个字符，字符类型可以像整型数值一样进行比较，通过字符是否在 0～9 这个范围来判断字符是否为数字字符。

实例 155	将选定字符转换成大写 光盘位置：光盘\MR\04\155	高级 趣味指数：★★★☆

■ 实例说明

在编写代码时，根据变量的命名规则，需要将字符串中指定的字符设置为大写字符。本实例将实现把编辑框中选中的小写字符转换为大写字符。实例运行结果如图 4.9 所示。

图 4.9　将选定字符转换成大写

■ 关键技术

本实例要求用户对编辑框中需要转换的字符进行选定。获取编辑框中选定的字符需要使用编辑框的 GetSel 方法。选定的字符可以是一个，也可以是多个，所以通过 StartChar 和 nEndChar 两个参数来获取选择的范围，但本实例要求只能选择一个字符。获取到选定的字符后需要对选定的字符进行判断，如果已经是大写字符就不需要改变。如果是小写字符，就将字符与 32 进行减法运算（指定字符的大写字符和小写字符中间间隔 32 个字符）。

■ 设计过程

（1）创建基于对话框的应用程序。

（2）在对话框中添加编辑框控件和按钮控件。

（3）OnSet 方法是"设置"按钮的实现方法，实现指定字符的转换，代码如下：

```
void CStringSelectCapDlg::OnSet()
{
CString strtxt,str1,str2,strres,tmp;
int istart,iend;
m_text.GetWindowText(strtxt);
m_text.GetSel(istart,iend);
if(istart==iend)return;                            //没有进行选择
if(iend-istart==2)
{
    MessageBox("你选择的是汉字或是多个字符","提示",MB_OK);
    return;
}
char ch=strtxt.GetAt(istart);
if(ch>='A'&&ch<='Z')
{
    MessageBox("所选字符已是大写","提示",MB_OK);
    return;
}
if(ch>='a'&&ch<='z')
{
    tmp.Format("%c",ch-32);                         //转换为大写
}
else
{
    MessageBox("不可转换字符","提示",MB_OK);
    return;
}
```

```
str1=strtxt.Left(istart);                          //取得所选字符左边的字符串
str2=strtxt.Right(strtxt.GetLength()-iend);        //取得所选字符右边的字符串
strres+=str1;
strres+=tmp;
strres+=str2;
m_text.SetWindowText(strres);
}
```

■ 秘笈心法

心法领悟 155：快速大写转换。

本实例中只通过一次减法运算就实现了字符的大小写转换，大写转换还可以通过 CString 类的 MakeUpper 方法来实现。使用 MakeUpper 方法以前，要将字符转换为 CString 类。

实例 156	将选定字符转换成小写 光盘位置：光盘\MR\04\156	高级 趣味指数：★★★★

■ 实例说明

在实际应用中，不仅需要将小写字符转换为大写字符的功能，同样也需要将大写字符转换为小写字符的功能。本实例将实现把编辑框中选定的大写字符转换为小写字符。实例运行结果如图 4.10 所示。

图 4.10　将选定字符转换成小写

■ 关键技术

将大写字符转换为小写字符，只需要将大写字符与 32 进行加法运算，加法运算后的字符就是选定大写字符的小写。本实例中使用 GetWindowText 方法获取了编辑框中的字符串。

GetWindowText 方法用于实现获取窗体的文本，语法如下：

```
void GetWindowText( CString& rString ) const;
```

参数说明

rString：CString 类型数据，存储编辑框的文本。

■ 设计过程

（1）创建基于对话框的应用程序。

（2）在对话框中添加编辑框控件和按钮控件。

（3）OnSet 方法是"设置"按钮的实现方法，实现指定字符的转换，代码如下：

```
void CStringSelectCapDlg::OnSet()
{
CString strtxt,str1,str2,strres,tmp;
int istart,iend;
m_text.GetWindowText(strtxt);
m_text.GetSel(istart,iend);
if(istart==iend)return;                            //没有进行选择
if(iend-istart==2)
{
        MessageBox("你选择的是汉字或是多个字符","提示",MB_OK);
        return;
}
char ch=strtxt.GetAt(istart);
if(ch>='a'&&ch<='z')
{
        MessageBox("所选字符已是小写","提示",MB_OK);
        return;
}
if(ch>='A'&&ch<='Z')
```

```
{
    tmp.Format("%c",ch+32);                          //转换为小写
}
else
{
    MessageBox("不可转换字符","提示",MB_OK);
    return;
}
str1=strtxt.Left(istart);                            //取得所选字符左边的字符串
str2=strtxt.Right(strtxt.GetLength()-iend);          //取得所选字符右边的字符串
strres+=str1;
strres+=tmp;
strres+=str2;
m_text.SetWindowText(strres);
}
```

■ 秘笈心法

心法领悟 156：快速小写转换。

本实例中只通过一次加法运算就实现了字符的大小写转换。小写转换还可以通过 CString 类的 MakeLower 方法来实现，使用 MakeLower 方法以前，要将字符转换为 CString 类。

实例 157	截取指定位置的字符串 光盘位置：光盘\MR\04\157	高级 趣味指数：★★★★☆

■ 实例说明

本实例实现按用户指定的首末索引位置截取指定的字符串，被截取的字符串中不能含有双字节字符。实例运行结果如图 4.11 所示。

■ 关键技术

本实例主要通过 CWnd 类的 GetWindowText 方法获取字符串，然后根据用户指定的截取范围通过 CString 类的 Mid 方法截取。

图 4.11　截取指定位置的字符串

Mid 方法是对字符串指定位置范围进行截取，语法如下：
```
CString Mid( int nFirst ) const;
CString Mid( int nFirst, int nCount ) const;
```
参数说明

❶ nFirst：指定截取的开始位置索引。

❷ nCount：指定截取个数。

■ 设计过程

（1）创建基于对话框的应用程序。

（2）在对话框中添加静态文本控件编辑框控件和按钮控件。

（3）OnGet 方法是"截取"按钮的实现方法，实现字符串的截取，代码如下：
```
void CSelectStringDlg::OnGet()
{
CString strtxt,strstart,strend;
GetDlgItem(IDC_TEXT)->GetWindowText(strtxt);
GetDlgItem(IDC_START)->GetWindowText(strstart);
GetDlgItem(IDC_END)->GetWindowText(strend);
int istart=atoi(strstart);
int iend=atoi(strend);
//程序中没有加入对起始位置和结束位置数字的验证，使用时应输入正确的数据
if(istart>=iend)
```

```
{
        MessageBox("起始和终止位置不正确","提示",MB_OK);
        return;
}
for(int i=0;i<strtxt.GetLength();i++)
{
        char ch=strtxt.GetAt(i);
        if(IsDBCSLeadByte(ch))
        {
                MessageBox("字符串中不能含有中文");
                return;
        }
}
//如果 iend-istart 的长度超过了 strtxt 长度也可执行
strtxt=strtxt.Mid(istart-1,iend-istart);
GetDlgItem(IDC_TEXT)->SetWindowText(strtxt);
CString strlen;
GetDlgItem(IDC_TEXT)->GetWindowText(strtxt);
int len=strtxt.GetLength();
strlen.Format("字符串长度为：%d",len);
m_len.SetWindowText(strlen);
}
```

■ 秘笈心法

心法领悟 157：字符串的截取。

Mid 方法需要指定截取的起始位置和截取的个数。如果只给定截取的末尾位置，则将末尾索引减去起始索引后即可截取的个数。如果只设置截取的起始位置，那么函数会将字符串由指定位置截取到末尾。此时和 Right 方法实现的功能相同，但使用方法不同，Right 方法是从后向前进行截取的。

4.2　字符串的比较与判断

实例 158	获取指定位置字符的大小写	高级
	光盘位置：光盘\MR\04\158	趣味指数：★★★★☆

■ 实例说明

本实例根据用户指定的位置索引获取索引位置的字符的大小写情况。被获取的字符串中不能含有双字节字符。实例运行结果如图 4.12 所示。

■ 关键技术

对字符大小写的判断主要是通过 ASCII 码值的比较来实现的。如果是小写字符，其 ASCII 码值的范围应该是 61～122；如果是大写字符，其 ASCII 码值的范围应该是 65～90。本实例使用了 CString

图 4.12　获取指定位置字符的大小写

类的 GetAt 方法获取编辑框中指定位置的字符。首先使用 GetWindowText 方法将编辑中的字符串赋值到 CString 对象中，然后使用 CString 类的 GetAt 方法进一步获取。

GetAt 方法根据索引值获取字符串中的字符，语法如下：

```
TCHAR GetAt( int nIndex ) const;
```

参数说明

nIndex：字符在 CString 中的索引值。

返回值：索引值对应的字符。

■ 设计过程

（1）创建基于对话框的应用程序。

（2）在对话框中添加编辑框控件和按钮控件。

（3）OnGet 方法是"获取"按钮的实现方法，实现对用户选定的字符进行判断，代码如下：

```
void CPosStringCapDlg::OnGet()
{
CString strtxt,strchar;
GetDlgItem(IDC_TEXT)->GetWindowText(strtxt);
GetDlgItem(IDC_CHAR)->GetWindowText(strchar);
for(int i=0;i<strtxt.GetLength();i++)
{
        char ch=strtxt.GetAt(i);
        if(IsDBCSLeadByte(ch))
        {
                MessageBox("字符串中不能含有中文");
                return;
        }
}
for(int j=0;j<strchar.GetLength();j++)
{
        char ch=strchar.GetAt(j);
        if(ch<'0'||ch>'9')
        {
                MessageBox("输入的位置不正确");
                return;
        }
}
int pos=atoi(strchar);
if(pos>strtxt.GetLength()-1)
{
        MessageBox("输入的位置不正确");
        return;
}
char ch=strtxt.GetAt(pos);
if(ch>='a'&&ch<='z')
        MessageBox("指定位置字符为小写");
if(ch>='A'&&ch<='Z')
        MessageBox("指定位置字符为大写");
if(!(ch>='A'&&ch<='Z')&&!(ch>='a'&&ch<='z'))
        MessageBox("非大小字符");
}
```

■ 秘笈心法

心法领悟 158：大小写字符的比较。

通过 CString 类的 GetAt 方法获取的是字符类型的数据，字符型变量之间可以直接进行比较，所以在进行大写判断时可以将 GetAt 方法获取的结果与字符"A"和"Z"进行比较，进行小写判断则与字符"a"和"z"进行比较。

实例 159	获取字符串中的英文子字符串	高级
	光盘位置：光盘\MR\04\159	趣味指数：★★★☆

■ 实例说明

本实例在字符串中查找英文字符，将获取的英文字符串分别输入到列表中，然后将剩下的中文合并为一个字符串。实例运行结果如图 4.13 所示。

图 4.13　获取字符串中的英文子字符串

■ 关键技术

　　获取中文和英文混合字符串中的英文子字符串，主要是通过对中文字符的判断来实现的，通过 IsDBCSLeadByte 函数可以对字符是否为中文进行判断。将编辑框中的数据读到一个字符串中，然后分别提取字符串的字符，如果是英文字符就连接成字符串，当碰到中文字符或字符串末尾时，就向列表中输出字符串。

■ 设计过程

　　（1）创建基于对话框的应用程序。
　　（2）在对话框中添加编辑框控件和按钮控件。
　　（3）OnGet 方法是"获取"按钮的实现方法，实现对字符的提取，代码如下：

```
void CGetEngStringDlg::OnGet()
{
CString strtxt,strres,tmp;
BOOL bcon=TRUE;
GetDlgItem(IDC_TEXT)->GetWindowText(strtxt);
m_eng.ResetContent();
for(int i=0;i<strtxt.GetLength();i++)
{
        char ch=strtxt.GetAt(i);
        if(IsDBCSLeadByte(ch))
        {
                bcon=FALSE;
                if(!strres.IsEmpty())
                        m_eng.AddString(strres);
                i++;
        }
        else
        {
                bcon=TRUE;
                if(bcon)
                {
                        tmp.Format("%c",ch);
                        strres+=tmp;
                }
        }
        if(!bcon)
                strres="";
}
if(!strres.IsEmpty())
m_eng.AddString(strres);
}
```

■ 秘笈心法

　　心法领悟 159：判断字符串中中文的方法。
　　在使用 CString 类的 GetAt 方法获取含有中文的字符串时，一定要按顺序读取。如果随机地对字符串进行读取，再使用 IsDBCSLeadByte 函数时很难判断出字符是否为中文字符前置。

| 实例 160 | 判断字符串中是否有中文
光盘位置: 光盘\MR\04\160 | 高级
趣味指数: ★★★☆ |

实例说明

在进行数据压缩时需要对数据的类型进行判断,如果被压缩的数据中的函数属于不同类型的数据,那么压缩算法就会复杂一些。本实例主要判断编辑框的字符串中是否含有中文,含有中文的字符串在压缩时应采取较复杂的压缩算法。实例运行结果如图 4.14 所示。

图 4.14   判断字符串中是否有中文

关键技术

判断字符串中是否有中文的方法很简单,只要使用 IsDBCSLeadByte 函数对字符串中的字符逐一进行判断即可。如果 IsDBCSLeadByte 函数返回"真",就表明有中文。本实例使用 GetDlgItem 方法获取窗体上指定 ID 的窗体指针(CWnd*),然后通过窗体类的 GetWindowText 方法获取编辑框中的字符。

GetDlgItem 方法是 CWnd 类的成员,可以获取控件的窗体指针,语法如下:

```
CWnd* GetDlgItem( int nID ) const;
```

参数说明

nID: 指定控件的资源 ID 值。

返回值: 返回控件的窗体指针。

设计过程

(1) 创建基于对话框的应用程序。

(2) 在对话框中添加编辑框控件和按钮控件。

(3) OnSet 方法是"确定"按钮的实现方法,开始对字符进行判断,代码如下:

```
void CStringJudgeDlg::OnSet()
{
        CString strText;
        GetDlgItem(IDC_ED_TEXT)->GetWindowText(strText);

        for(int i=0;i<strText.GetLength();i++)
        {
                char ch=strText.GetAt(i);
                if(IsDBCSLeadByte(ch))
                {
                        MessageBox("字符串中包含中文","提示",MB_OK);
                        return;
                }
        }
        MessageBox("搜索完毕","提示",MB_OK);
}
```

秘笈心法

心法领悟 160: 不同类型字符的判断方法。

使用 IsDBCSLeadByte 函数可以对中文字符进行判断,如果是对英文判断就需要判断字符是否在 a～z 和 A～Z 两个范围内。如果是对数字判断，就判断字符是否在 0～9 范围内。

实例 161	判断字符串是否可以转换成整数	高级
	光盘位置：光盘\MR\04\161	趣味指数：★★★★☆

■ 实例说明

在将字符串转换为整数前最好对字符串的可转换性进行判断，如果能够进行转换再去转换，如果不进行判断，转换时可能出现异常，或转换结果不是预期的。本实例将判断字符串是否可以转换成整数。实例运行结果如图 4.15 所示。

图 4.15　判断字符串是否可以转换成整数

■ 关键技术

如果要判断字符串是否可以转换成整数，主要判断字符串中的字符是否在 0～9 范围内。如果字符串中含有非数字的其他字符，就说明该字符串不能转换为整数。程序首先调用 GetWindowText 方法获取编辑框中的字符，然后通过 CString 类的 GetLength 方法获取编辑框中字符的长度，并以该长度作为循环次数，调用 GetAt 方法分别获取字符串中的字符。每调用一次 GetAt 方法就将结果复制给 char 变量，然后用 char 变量与字符"0"和"9"进行比较，如果在 0～9 范围内，则返回程序结果。

■ 设计过程

（1）创建基于对话框的应用程序。

（2）在对话框中添加编辑框控件和按钮控件。

（3）OnSet 方法是"确定"按钮的实现方法，开始对字符进行判断，代码如下：

```cpp
void CStringJudgeDlg::OnSet()
{
    CString strText;
    GetDlgItem(IDC_ED_TEXT)->GetWindowText(strText);

    for(int j=0;j<strText.GetLength();j++)
    {
        char ch=strText.GetAt(j);
        if(ch<'0'||ch>'9')
        {
        MessageBox("非数字字符");
        return;
        }
    }
    MessageBox("搜索完毕");
}
```

■ 秘笈心法

心法领悟 161：浮点字符串的判断。

该程序只是判断字符串能否转换为整数，如果要判断字符串够转换为浮点数，还需要对字符串中是否含有字符"."进行判断。

实例 162	判断字符串是否含有数字	高级
	光盘位置：光盘\MR\04\162	趣味指数：★★★☆

■ 实例说明

本实例将实现对编辑框中的字符串进行判断，当字符串中含有数字时将数字输出。实例运行结果如图 4.16 所示。

■ 关键技术

判断字符串中是否含有数字，只需要判断字符是否在 0～9 范围内即可。也就是说，如果字符在 0～9 范围内，说明字符串中含有数字。本实例首先使用 GetLength 方法获取字符串的长度，然后根据字符串长度循环，在循环中要先通过 IsDBCSLeadByte 函数判断字符串是否为汉字。如果是汉字，就需要跳过两个字符来判断下一个字符。如果遇到字符在 0～9 范围内，则输出结果。

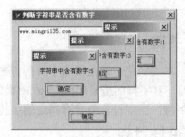

图 4.16　判断字符串是否含有数字

■ 设计过程

（1）创建基于对话框的应用程序。
（2）在对话框中添加编辑框控件和按钮控件。
（3）OnSet 方法是"确定"按钮的实现方法，开始对字符进行判断，代码如下：

```cpp
void CStringJudgeDlg::OnSet()
{
    CString strText;
    GetDlgItem(IDC_ED_TEXT)->GetWindowText(strText);

    for(int i=0;i<strText.GetLength();i++)
    {
        char ch=strText.GetAt(i);
        if(IsDBCSLeadByte(ch))
        i++;
        if(ch>='0'&&ch<='9')
        {
            CString str;
            str.Format("字符串中含有数字: %c",ch);
            MessageBox(str,"提示",MB_OK);
        }
    }
    MessageBox("搜索完毕","提示",MB_OK);
}
```

■ 秘笈心法

心法领悟 162：提取字符串中的整数。

本实例只是对单个数字进行判断，如果要判断字符串中是否含有多位整数，就需要将连续的数字字符保存到一个临时变量中，最后将临时变量转换为一个整数并输出。

实例 163	判断字符串中是否有指定的字符	高级
	光盘位置：光盘\MR\04\163	趣味指数：★★★☆

■ 实例说明

本实例将实现在编辑框的字符串中搜索指定的字符。实例运行结果如图 4.17 所示。

图 4.17　判断字符串中是否有指定的字符

■ 关键技术

本实例使用的是搜索字符的方法进行判断，只要能够搜索到指定的字符，就说明该字符串中有函数指定的字符。对字符的搜索使用 CString 类的 Find 方法，CString 对象作为被搜索的范围，而 Find 方法的参数作为搜索的字符。当字符串中含有指定的字符时，Find 方法的返回值大于等于 0。

■ 设计过程

（1）创建基于对话框的应用程序。
（2）在对话框中添加静态文本控件、编辑框控件和按钮控件。
（3）OnSet 方法是"确定"按钮的实现方法，开始对字符进行搜索，代码如下：

```
void CStringJudgeDlg::OnSet()
{
    CString strText,strchar;
    GetDlgItem(IDC_ED_TEXT)->GetWindowText(strText);
    GetDlgItem(IDC_ED_DST)->GetWindowText(strchar);
    int pos=strText.Find(strchar);
    if(pos>=0)
        MessageBox("含有指定字符");
    MessageBox("搜索完毕");
}
```

■ 秘笈心法

心法领悟 163：字符串中字符的搜索方法。

本实例不仅可以对字符串中是否含有指定的字符进行判断，还可以对一个字符串进行判断（判断一个字符串中是否含有一个子字符串），使用 CString 类的 Find 方法实现字符串的搜索很简单。如果是通过单个字符进行比较就不容易，需要将子字符串中的字符一一提取出来，并与目标字符串进行比较。

实例 164	字符串比较 光盘位置：光盘\MR\04\164	高级 趣味指数：★★★★☆

■ 实例说明

本实例将实现对两个编辑框中的字符进行比较。实例运行结果如图 4.18 所示。

图 4.18　字符串比较

■ 关键技术

字符串的比较可以使用 CString 类的 Compare 方法实现。CString 对象作为源字符串，Compare 方法作为目标字符串。比较的结果有 3 种情况：是源字符串比目标字符串短；源字符串比目标字符串长；源字符串与目标字符串相等。

Compare 方法可以实现 CString 对象与另一个字符串的比较，语法如下：

```
int Compare( LPCTSTR lpsz ) const;
```

参数说明

lpsz：所要比较的字符串。

返回值：返回比较结果。如果 CString 对象小于参数字符串，则返回值小于 0；如果 CString 对象等于参数字符串，则返回值等于 0；如果 CString 对象大于参数字符串，则返回值大于 0。

■ 设计过程

（1）创建基于对话框的应用程序。

（2）在对话框中添加编辑框控件、按钮控件和群组框控件。

（3）OnCompare 方法是"比较"按钮的实现方法，开始对字符进行判断，代码如下：

```
void CStringCompareDlg::OnCompare()
{
    CString strSrc,strDst;
    GetDlgItem(IDC_ED_TEXTDST)->GetWindowText(strDst);
    GetDlgItem(IDC_ED_TEXTSRC)->GetWindowText(strSrc);
    if(strSrc.Compare(strDst)>0)
        MessageBox("字符串 1 比字符串 2 长");
    if(strSrc.Compare(strDst)==0)
        MessageBox("字符串 1 与与字符串 2 相等");
    if(strSrc.Compare(strDst)<0)
        MessageBox("字符串 1 比字符串 2 短");
}
```

■ 秘笈心法

心法领悟 164：字符串比较。

Compare 方法多用于对两个字符串是否相等进行判断。关于两个字符串是否相等的判断，还可以使用 CString 对象通过 "=="运算符直接进行比较，但建议使用 Compare 进行比较，防止程序在移植过程中由于对 "=="运算符的重载，影响运行结果。

实例 165	忽略大小写字符串比较 光盘位置：光盘\MR\04\165	高级 趣味指数：★★★★☆

■ 实例说明

本实例将实现对两个字符串的比较。实例运行结果如图 4.19 所示。

■ 关键技术

字符串的比较可以使用 CString 类的 Compare 方法实现，如果是忽略大小写的比较，就要通过 CompareNoCase 方法来比较。

CompareNoCase 方法可以实现 CString 对象与一个字符串的比较，比较时忽略大小写，语法如下：

图 4.19　忽略大小写字符串比较

```
int CompareNoCase( LPCTSTR lpsz ) const;
```

参数说明

lpsz：所要比较的字符串。

返回值：返回比较结果。如果 CString 对象小于参数字符串则返回值小于 0；如果 CString 对象等于参数字符串则返回值等于 0；如果 CString 对象大于参数字符串则返回值大于 0。

■ 设计过程

（1）创建基于对话框的应用程序。

（2）在对话框中添加编辑框控件、按钮控件和群组框控件。

（3）OnCompare 方法是"比较"按钮的实现方法，开始对字符进行判断，代码如下：

```
void CStringCompareDlg::OnCompare()
{
    CString strSrc,strDst;
    GetDlgItem(IDC_ED_TEXTDST)->GetWindowText(strDst);
    GetDlgItem(IDC_ED_TEXTSRC)->GetWindowText(strSrc);
    if(strSrc.CompareNoCase(strDst)>0)
        MessageBox("字符串 1 比字符串 2 长");
    if(strSrc.CompareNoCase(strDst)==0)
        MessageBox("字符串 1 与字符串 2 相等");
    if(strSrc.CompareNoCase(strDst)<0)
        MessageBox("字符串 1 比字符串 2 短");
}
```

■ 秘笈心法

心法领悟 165：移动指针比较字符。

忽略大小写的字符比较可以通过移动字符串指针实现。首先提取字符串 1 中的第一个字符，然后移动指向字符串 2 的字符指针，移动一次就与提取的字符比较一次。当有相等的字符后，再从字符串 1 中提取下一个字符。

4.3 字符串技巧

实例 166	字符串加密 光盘位置：光盘\MR\04\166	高级 趣味指数：★★★☆

■ 实例说明

本实例将实现对编辑框中的字符串按照用户输入的密码进行加密，如果使用了正确的密码，还可以对加密后的字符串进行解密。实例运行结果如图 4.20 所示。

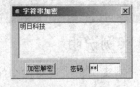

图 4.20 字符串加密

■ 关键技术

对字符串的加密算法有很多，本实例首先对密码字符串中的每个字符进行与运算，然后将运算结果和需要加密的字符进行与运算。本实例中用到了获取 CString 对象的 GetLength 方法，还有获取 CString 对象对应的字符串指针的 GetBuffer 方法。

GetLength 方法可以获取 CString 对象的长度，语法如下：

```
int GetLength( ) const;
```

参数说明

返回值：CString 对象的长度，该长度不包括结束字符"/0"。

设计过程

（1）创建基于对话框的应用程序。

（2）在对话框中添加静态文本控件、编辑框控件和按钮控件。

（3）OnEncry 方法是"加密解密"按钮的实现方法，代码如下：

```
void CStringEncryDlg::OnEncry()
{
CString strtxt,strpwd;
GetDlgItem(IDC_STRING)->GetWindowText(strtxt);
GetDlgItem(IDC_PWD)->GetWindowText(strpwd);
BYTE *pwd;
pwd=new BYTE[strpwd.GetLength()];
pwd=(BYTE*)strpwd.GetBuffer(0);
for(int i=1;i<strpwd.GetLength();i++)
{
    pwd[i]=pwd[i]&pwd[i-1];
}
BYTE *ptxt;
ptxt=new BYTE[strtxt.GetLength()];
ptxt=(BYTE*)strtxt.GetBuffer(0);
for(int j=0;j<strtxt.GetLength();j++)
{
    ptxt[j]=ptxt[j]^pwd[strpwd.GetLength()-1];
}
strtxt.Format("%s",ptxt);
GetDlgItem(IDC_STRING)->SetWindowText(strtxt);
}
```

秘笈心法

心法领悟 166：字符的两种加密方式。

按位与运算的一个特点是两个与运算过后变回原来的字符，所以采用与运算加密比较简单。为了增加破解难度，可以对密码使用更复杂的运算，将原来的与运算改为 MD5 加密方式，与运算和通过 MD5 加密运算一样都是不可逆的。

实例 167	字符串连接 光盘位置：光盘\MR\04\167	高级 趣味指数：★★★☆

实例说明

本实例将实现对两个编辑框中的字符串进行连接，连接后的结果输入到第一个编辑框中。实例运行结果如图 4.21 所示。

关键技术

本实例通过移动字符串指针实现两个字符串的连接。首先声明一个字符指针，然后为字符指针分配空间。首先通过移动字符指针的方式将第一个编辑框中的字符全部复制到新分配的空间内，第一个编辑框中的字符复制完成后，开始复制第二个编辑框的内容。最后通过 SetWindowText 方法将新分配空间内的字符显示出来。

图 4.21　字符串连接

设计过程

（1）创建基于对话框的应用程序。

（2）在对话框中添加编辑框控件和按钮控件。

（3）OnJoin 方法是"连接"按钮的实现方法，代码如下：

```
void CStringJoinDlg::OnJoin()
{
CString strSrc,strDst;
GetDlgItem(IDC_ED_TEXT)->GetWindowText(strSrc);
GetDlgItem(IDC_ED_RESULT)->GetWindowText(strDst);
int iLength=strSrc.GetLength()+strDst.GetLength();
char *cBuffer;
cBuffer=new char[iLength+1];
strjoin(cBuffer,strSrc.GetBuffer(0),strSrc.GetLength(),strDst.GetBuffer(0),strDst.GetLength());
GetDlgItem(IDC_ED_TEXT)->SetWindowText(cBuffer);
}
```

■ 秘笈心法

心法领悟 167：开发环境中连接换行字符。

在 Visual C++中可以使用字符"\"连接换行的字符。在使用"\"时要注意字符"\"的后面不要有任何字符。

实例 168	给选中字符添加双引号 光盘位置：光盘\MR\04\168	高级 趣味指数：★★★☆

■ 实例说明

本实例将实现给编辑框中选中的字符两侧分别加入双引号，添加双引号前的效果如图 4.22 所示，添加后的效果如图 4.23 所示。

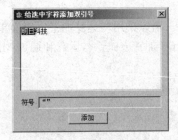

图 4.22　添加前的效果

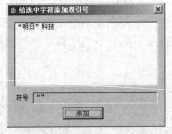

图 4.23　添加后的效果

■ 关键技术

本实例通过 CEdit 类的 GetSel 方法获取选中字符在编辑框中的开始索引和结束索引，根据这两个索引将字符串分割成 3 份，然后在中间字符串的两边分别加入双引号字符。分割字符串时本实例用到了取左侧字符串的 Left 方法、取右侧字符串的 Right 方法和取中间字符串的 Mid 方法。

（1）Left 方法可以获取指定索引左侧的字符串，语法如下：

```
CString Left( int nCount ) const;
```

参数说明

nCount：设置截取的索引。

返回值：返回截取后的结果。

（2）Right 方法可以获取指定索引右侧的字符串，语法如下：

```
CString Right( int nCount ) const;
```

nCount：设置截取的索引。

返回值：返回截取后的结果。

📖 说明：Mid 方法的详细讲解请参见实例 157 中的关键技术。

设计过程

（1）创建基于对话框的应用程序。

（2）在对话框中添加静态文本控件、编辑框控件和按钮控件。

（3）OnAdd 方法是"添加"按钮的实现方法，代码如下：

```
void CStringAddMarkDlg::OnAdd()
{
CString strText,str1,str2,strResult,strsel;
int istart,iend;
m_Text.GetSel(istart,iend);
m_Text.GetWindowText(strText);
if(istart==iend)
{
      MessageBox("请选择字符");
      return;                                      //没有进行选择
}
strsel=strText.Mid(istart,iend-istart);            //获取选中的字符
str1=strText.Left(istart);                         //取得所选字符左边的字符串
str2=strText.Right(strText.GetLength()-iend);      //取得所选字符右边的字符串
strResult+=str1;
strResult+=strLChar;
strResult+=strsel;
strResult+=strRChar;
strResult+=str2;
m_Text.SetWindowText(strResult);
}
```

秘笈心法

心法领悟 168：IE 地址补全。

本实例只是向选中的字符串两侧添加了双引号，可以简单修改实例以实现补全 URL 地址，就是将字符串 "www" 改为 "www."，然后将字符串 "com" 改为 ".com"。

实例 169	字符串反转 光盘位置：光盘\MR\04\169	高级 趣味指数：★★★☆

实例说明

本实例实现将正常显示的字符串反转显示。正常显示的字符串如图 4.24 所示，单击"反转"按钮，字符串由后向前显示，如图 4.25 所示。

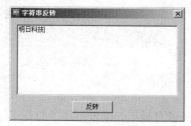

图 4.24　字符串正常显示

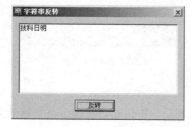

图 4.25　字符串反转

关键技术

字符串反转可以使用 CString 类的 MakeReverse 方法实现。首先通过 CWnd 类的 GetWindowText 方法将编辑框中的文本传输给 CString 对象，然后调用 MakeReverse 方法反转，最后通过 SetWindowText 方法将字符串还原。

MakeReverse 方法可以实现 CString 对象的反转，语法如下：

void MakeReverse( );

调用 MakeReverse 方法后，CString 对象会按由后向前的顺序显示。

设计过程

（1）创建基于对话框的应用程序。

（2）在对话框中添加编辑框控件和按钮控件。

（3）OnReverse 方法是"反转"按钮的实现方法，实现反转操作，代码如下：

```
void CStringReverseDlg::OnReverse()
{
CString strText;
GetDlgItem(IDC_ED_TEXT)->GetWindowText(strText);
strText.MakeReverse();
GetDlgItem(IDC_ED_TEXT)->SetWindowText(strText);
}
```

秘笈心法

心法领悟 169：字符串反转。

本实例中使用的是 CString 类的 MakeReverse 方法实现反转，还可以通过使用移动字符串指针然后复制单个字符的方法实现。首先通过 CString 类的 GetBuffer 方法获取字符指针，将指针指向字符串的末尾，然后对该指针进行递减操作。每减一次都将指针指向的字符复制到新的数组中，最后将新数组中的字符显示在编辑框中。

实例 170	去除首尾多余空格 光盘位置：光盘\MR\04\170	高级 趣味指数：★★★☆

实例说明

在开发与用户交互的应用程序时，用户可能因为疏忽在输入的字符前后加了多余的空格，但是不去除这些多余的空格可能会导致程序的异常。本实例将实现去除字符串前后的多余字符，去除前的效果如图 4.26 所示，去除后的效果如图 4.27 所示。

图 4.26 去除前的效果

图 4.27 去除后的效果

关键技术

本实例通过移动字符串指针实现多余空格的去除。首部多余空格的去除采用递增的方式移动字符，在开始时就对字符串进行判断，如果不是空格就将字符复制到新数组中。尾部空格的去除需要先将原字符串的字符复制到新数组中，然后对指针递减移动。如果指针指向的字符是空格，就将字符串结束符复制到指针处。

设计过程

（1）创建基于对话框的应用程序。

（2）在对话框中添加编辑框控件和按钮控件。

（3）OnSet 方法是"确定"按钮的实现方法，调用自定义方法 StringLTrim 去除字符串首部多余空格，调用 StringRTrim 去除字符串尾部空格，代码如下：

```
void CStringTrimDlg::OnSet()
{
CString strText;
GetDlgItem(IDC_ED_TEXT)->GetWindowText(strText);
char *pBuffer,*pLTmp,*pRTmp;
pLTmp=new char[strText.GetLength()+1];
pRTmp=new char[strText.GetLength()+1];
pBuffer=strText.GetBuffer(0);
StringLTrim(pBuffer,pLTmp);
StringRTrim(pLTmp,pRTmp);
GetDlgItem(IDC_ED_TEXT)->SetWindowText(pRTmp);
}
//自定义方法，去除字符串左侧多余字符
void CStringTrimDlg::StringLTrim(char *pSrc,char *pDst)
{
while(*pSrc==' ')
{
    pSrc++;
}
while(*pSrc!='\0')
{
    *pDst++=*pSrc++;
}
*pDst='\0';
}
//自定义方法，去除字符串右侧多余字符
void CStringTrimDlg::StringRTrim(char *pSrc,char *pDst)
{
while(*pSrc!='\0')//先复制
{
    *pDst++=*pSrc++;
}
*pDst='\0';
//改变结束符位置
--pSrc;
while(*pSrc==' ')
{
    *(--pDst)='\0';
    --pSrc;
}
}
```

■ 秘笈心法

心法领悟 170：去除字符串空格的另一种方法。

本实例是使用移动字符串指针的方式搜索字符串中的空格并加以去除。实例还可以使用 CString 类的 TrimLeft 和 TrimRight 方法实现首尾多余空格的去除，TrimLeft 方法去除的是字符串左边的空格，TrimRight 方法去除的是字符串右边的空格。

实例 171	向编辑框中追加字符	高级
	光盘位置：光盘\MR\04\171	趣味指数：★★★☆

■ 实例说明

在开发应用程序时，有时会遇到使用编辑框显示执行进度信息的情况，这就需要频繁地向编辑框中追加信息。本实例使用移动光栅的方法实现向编辑框中追加字符串信息。运行程序，效果如图 4.28 所示。向编辑框中输入字符串，单击"连接"按钮进行追加，效果如图 4.29 所示。

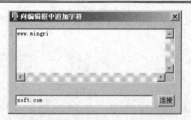

图 4.28 显示字符串   图 4.29 向编辑框中追加字符

■ 关键技术

向编辑框中追加字符较易理解的方法是，获取编辑框中原有的字符数据和所要追加的字符，将其都存储到 CString 对象中，然后对两个 CString 对象进行加法运算，再将运算结果显示到编辑框中。该方法比较容易理解，但是效率比较低。本实例使用的是将编辑框中的光栅移动到字符串的末尾，然后使用 CEdit 类的 ReplaceSel 方法将结束符替换成所要追加的字符串。

■ 设计过程

（1）创建基于对话框的应用程序。

（2）在对话框中添加编辑框控件和按钮控件。

（3）OnJoin 方法是"连接"按钮的实现方法，代码如下：

```
void CStringJoinDlg::OnJoin()
{
    CString strSrc,strDst;
    m_Text.SetSel(-1);
    GetDlgItem(IDC_ED_RESULT)->GetWindowText(strDst);
    m_Text.ReplaceSel(strDst);
}
```

■ 秘笈心法

心法领悟 171：编辑框中的字符替换。

CEdit 类的 ReplaceSel 方法可以实现将编辑框中选中的字符串进行替换，使用该方法再利用剪贴板即可实现文本的剪切功能。首先将选中的字符存储到剪贴板中，然后使用 ReplaceSel 方法替换为空，如果是粘贴操作，则将剪贴板中的内容读取出来。

4.4 字符串应用

实例 172	将选定内容复制到剪贴板	高级
	光盘位置：光盘\MR\04\172	趣味指数：★★★★

■ 实例说明

剪贴板中可以临时存储数据，应用程序间可以通过剪贴板实现通信。本实例将实现把用户在编辑框中选中的字符复制到剪贴板中。实例运行结果如图 4.30 所示。

图 4.30 将选定内容复制到剪贴板

■ 关键技术

获取选中的字符需要通过 CEdit 类的 GetSel 方法实现，该方法获取的是选中字符在编辑框的索引，通过 CString 类的 Mid 方法截取选中的字符，然后将选中的字符复制到剪贴板。将字符复制到剪贴板的步骤是，首先使用 GlobalAlloc 分配一块内存空间，然后将字符数据复制到该块内存中，最后通过 SetClipboardData 函数将选定的内容复制到剪贴板中。

SetClipboardData 函数可以设置剪贴板中的内容，语法如下：

```
HANDLE SetClipboardData(UINT uFormat,HANDLE hMem);
```

参数说明

❶ uFormat：剪贴板的数据类型可以是字符串，也可以是图像数据。

❷ hMem：含有数据内存的句柄。

设计过程

（1）创建基于对话框的应用程序。

（2）在对话框中添加编辑框控件和按钮控件。

（3）OnSet 方法是"复制"按钮的实现方法，代码如下：

```
void CCopyStringToClipDlg::OnSet()
{
CString strtxt,strres;
int istart,iend;
m_text.GetWindowText(strtxt);
m_text.GetSel(istart,iend);
if(istart==iend)return;//没有进行选择
strres=strtxt.Mid(istart,iend-istart);
::OpenClipboard(this->GetSafeHwnd());
EmptyClipboard();
HGLOBAL hGlobal=GlobalAlloc(GMEM_FIXED,strres.GetLength()+1);
HANDLE hmem=GlobalLock(hGlobal);
memcpy(hmem,strtxt.GetBuffer(0),strres.GetLength()+1);
GlobalUnlock(hGlobal);
SetClipboardData(CF_TEXT,hGlobal);
CloseClipboard();
}
```

秘笈心法

心法领悟 172：将数据复制到剪贴板。

本实例中使用的是 API 函数 SetClipboardData 将字符数据复制到剪贴板，CEdit 类的 Copy 方法也可以实现该功能，Copy 方法可以直接将选中的内容存储在剪贴板中。

| 实例 173 | 在 ListBox 中查找字符串
光盘位置：光盘\MR\04\173 | 高级
趣味指数：★★★☆ |

实例说明

列表控件经常用于并列数据的显示，例如可以将一个一维数组的内容通过列表控件显示出来。列表控件不但提供了显示功能，还可以对列表中的数据进行查询。本实例演示了如何在列表控件中进行查找。实例运行结果如图 4.31 所示。

关键技术

本实例通过 SendMessage 函数向列表控件发送 LB_FINDSTRINGEXACT 消息来实现查找指定字符串是否在列表控件中，如果存在就返回字符串在列表控件中的索引位置。

SendMessage 函数是 Windows 平台用来发送消息的函数，语法如下：

图 4.31 在 ListBox 中查找字符串

```
LRESULT SendMessage(HWND hWnd,UINT wMsg,WPARAM wParam,LPARAM lParam);
```

SendMessage 函数中的参数说明如表 4.1 所示。

表 4.1　SendMessage 函数中的参数说明

设　置　值	描　　　述
hWnd	发送接收消息窗体的句柄
wMsg	所要发送的 Windows 消息
wParam	通常是一个与消息有关的常量值，也可能是窗口或控件的句柄
lParam	通常是一个指向内存中数据的指针

■ 设计过程

（1）创建基于对话框的应用程序。

（2）在对话框中添加编辑框控件和按钮控件。

（3）OnGet 方法是"查找"按钮的实现方法，代码如下：

```
void CGetListBoxStringDlg::OnGet()
{
char buf[1024];
CString strtxt,strres;
GetDlgItem(IDC_TEXT)->GetWindowText(strtxt);
int index=::SendMessage(m_stringlist.GetSafeHwnd(),LB_FINDSTRINGEXACT,-1,
(LPARAM)(LPCTSTR)strtxt);
if(index>=0)
{
      strres.Format("字符串索引是%d",index);
      MessageBox(strres);
}
else
{
      MessageBox("没有找到");
}
}
```

■ 秘笈心法

心法领悟 173：列表中数据的查找方法。

通过 SendMessage 函数发送消息可以实现对列表中数据的查找，但每个 SendMessage 函数发送的消息都有对应的方法实现。本实例的 LB_FINDSTRINGEXACT 消息对应 CListBox 类的 FindString 方法，即使用 FindString 方法同样可以实现本实例的功能。

实例 174	统计编辑框中回车个数 光盘位置：光盘\MR\04\174	高级 趣味指数：★★★★☆

■ 实例说明

在应用程序开发过程中，很多时候都需要进行数据统计。本实例将实现对编辑框中回车字符个数的统计，通过统计该个数还可以推算出编辑框中有多少行数据。实例运行结果如图 4.32 所示。

■ 关键技术

在 Visual C++中默认的编辑框只能显示一行数据，必须设置 Multline 属性后才可以显示多行。另外，还需要设置 Want return 属性，只有设置该属性后才可以在编辑框中回车换行。字符串中只要含有

图 4.32　统计编辑框中回车个数

"\r\n"字符串,编辑框就会换行显示。同理,通过统计"\r\n"字符串的个数即可统计出回车的个数。首先通过 GetWindowText 方法获取框中的字符,然后通过 CString 类的 Find 方法查找字符串"\r\n",并记录个数。

设计过程

（1）创建基于对话框的应用程序。

（2）在对话框中添加编辑框控件和按钮控件。

（3）OnGet 方法是"统计"按钮的实现方法,代码如下:

```
void CStringTotalDlg::OnGet()
{
CString str;
int i=0;
GetDlgItem(IDC_ED_TEXT)->GetWindowText(str);
int pos=str.Find("\r\n");
str=str.Right(str.GetLength()-pos-1);
while(pos>=0)
{
    i++;
    pos=str.Find("\r\n");
    str=str.Right(str.GetLength()-pos-1);
}
CString strres;
strres.Format("%d",i);MessageBox(strres);
i=0;
}
```

秘笈心法

心法领悟 174:回车符与换行符。

在 Visual C++中使用字符"\"加上指定的字符代表转义字符,例如字符"\r"代表回车,字符"\n"代表换行。回车和换行不是同一个概念,在没有 Want return 属性的编辑框中按 Enter 键是不会换行的,在 Visual C++的编辑框中单独使用"\n"是不能实现换行的。

实例 175	在字符串数组中搜索 光盘位置:光盘\MR\04\175	高级 趣味指数:★★★☆

实例说明

在 Visual C++中可以使用 CStringArray 存储多个 CString 对象,但 CStringArray 没有提供查找功能。本实例将实现把 CStringArray 中的 CString 对象全部显示出来,还可以对用户输入的 CString 对象进行查找。实例运行结果如图 4.33 所示。

关键技术

相同类型的数据可以存放在数组中,要在数组中搜索指定的对象,只能使用遍历的方法进行搜索。MFC 中有一个存储 CString 对象的数组类 CStringArray。在遍历 CStringArray 时需要对其中的元素进行提取,CStringArray 使用 GetAt 方法进行提取。

图 4.33 在字符串数组中搜索

GetAt 方法可以实现根据索引提取数组中的元素,语法如下:

```
CObject* GetAt( int nIndex ) const;
```

参数说明

nIndex:指定获取元素的索引。

■ 设计过程

（1）创建基于对话框的应用程序。

（2）在对话框中添加编辑框控件和按钮控件。

（3）OnSearch 方法是"搜索"按钮的实现方法，代码如下：

```
void CStringArraySearchDlg::OnSearch()
{
CString strSrc,strDst;
BOOL bFind=FALSE;
GetDlgItem(IDC_ED_SEARCH)->GetWindowText(strDst);
for(int j=0;j<m_array.GetSize();j++)
{
        strSrc=m_array.GetAt(j);
        if(!strSrc.Compare(strDst))
        {
                bFind=TRUE;
                break;
        }
        else
                bFind=FALSE;
}
if(bFind)
        MessageBox("数组元素存在");
else
        MessageBox("数组元素不存在");
}
```

■ 秘笈心法

心法领悟 175：字符串数组的应用。

在 MFC 类库中提供了很多数组类，如 CWordArray 字数组、CByteArray 字节数组、CPtrArray 指针数组，这些数组类都继承自 CArray 模板类。也就是说，它们的使用方法基本相同，都具有添加元素、提取元素的功能，有了这些数组就可以很安全地对数据进行操作。

实例 176	获取字符在字符串中出现的位置 光盘位置：光盘\MR\04\176	高级 趣味指数：★★★☆

■ 实例说明

本实例将实现获取子字符串在字符串中的位置。首先在上面的编辑框中输入一个字符串，然后在中间编辑框中输入子字符串，单击"获取"按钮，统计结果就显示在最下面的编辑框中。本实例将统计出所有出现子字符串的位置。实例运行结果如图 4.34 所示。

图 4.34　获取字符在字符串中出现的位置

■ 关键技术

本实例使用 CString 类的 Find 方法对子字符串进行查找，Find 方法不但可以对字符串中的一个字符进行查找，还可以对一个字符串进行查找。将最上面编辑框中的字符串内容赋值给 CString 对象，然后将中间编辑框中的字符串作为 Find 方法的参数。当 CString 对象中含有子字符串时，Find 方法返回子字符串的位置，接着需要将子字符串右面的字符串复制到一个新的 CString 对象中，然后调用新的 CString 对象的 Find 方法继续查找。每次调用 Find 方法后都记录查找结果，最后查找到编辑框中字符串的末尾处时，输出查找的结果。

设计过程

（1）创建基于对话框的应用程序。

（2）在对话框中添加编辑框控件和按钮控件。

（3）OnGet 方法是"获取"按钮的实现方法，代码如下：

```
void CGetStringPosDlg::OnGet()
{
CString strtxt,strchar,tmp,strres;
GetDlgItem(IDC_TEXT)->GetWindowText(strtxt);
GetDlgItem(IDC_CHAR)->GetWindowText(strchar);
int pos=strtxt.Find(strchar);
int leftpos=0;
if(pos<0)
{
        MessageBox("没有找到指定的字符");
        return;
}
strres="出现位置是：";
if(pos==0)//要查找的字符出现在第一个位置
{
        tmp.Format("%d",pos);
        strres+=tmp;
        //如果字符串 strtxt 是中文，则 pos 本身是两个字节
        if(IsDBCSLeadByte(strtxt.GetAt(pos)))
        {
                strtxt=strtxt.Right(strtxt.GetLength()-pos-2);
                leftpos+=(pos+2);
        }
        else
        {
                strtxt=strtxt.Right(strtxt.GetLength()-pos-1);
                leftpos+=(pos+1);
        }
        pos=strtxt.Find(strchar);
}
while(pos>0)
{
        tmp.Format("%d",pos+leftpos);
        if(leftpos!=0)//第一个值前无空格
        strres+=" ";
        strres+=tmp;
        if(IsDBCSLeadByte(strtxt.GetAt(pos)))
        {
                strtxt=strtxt.Right(strtxt.GetLength()-pos-2);
                leftpos+=(pos+2);
        }
        else
        {
                strtxt=strtxt.Right(strtxt.GetLength()-pos-1);
                leftpos+=(pos+1);
        }
        pos=strtxt.Find(strchar);
}
GetDlgItem(IDC_RESULT)->SetWindowText(strres);
}
```

秘笈心法

心法领悟 176：字符位置判断。

本实例输出了字符在字符串中的所有位置，该实例完成了获取字符在字符串中首次出现的位置和在字符串最

后一次出现的位置，通过对实例的运算结果进行解析即可得到这些位置的值，实例的返回结果中不同位置的值中间有一个空格，根据这个空格可以分辨出首次出现的位置和最后一次出现的位置。

实例 177	获取字符在字符串中出现的次数 光盘位置：光盘\MR\04\177	高级 趣味指数：★★★★☆

■ 实例说明

本实例将实现统计字符串中指定字符重复出现的次数。首先在字符串编辑框中输入一个字符串，在指定的字符串编辑框中输入一个字符，然后单击"获取"按钮，弹出"结果"对话框，显示指定字符出现的次数。实例运行结果如图 4.35 所示。

图 4.35　获取字符在字符串中出现的次数

■ 关键技术

本实例的实现方法是调用 CString 类的 Find 方法对指定的字符进行查找。首先调用 Find 方法在字符串中查找一次，如果没有找到指定的字符则弹出"提示"对话框，如果找到了指定的字符，则在 while 循环中重复调用 Find 方法查找。找到一次就将计数器加 1，一直查找到字符串末端，返回计数器结果。

■ 设计过程

（1）创建基于对话框的应用程序。

（2）在对话框中添加静态文本控件、编辑框控件和按钮控件。

（3）OnGet 方法是"获取"按钮的实现方法，代码如下：

```
void CStringAppearDlg::OnGet()
{
CString strtxt,strchar,strres;
GetDlgItem(IDC_TEXT)->GetWindowText(strtxt);
GetDlgItem(IDC_CHAR)->GetWindowText(strchar);
int count=0;
int pos=strtxt.Find(strchar);
if(pos<0)
        MessageBox("没有查找到指定的字符");
if(pos==0)//要查找的字符出现在第一位
{
        count++;
        strtxt=strtxt.Right(strtxt.GetLength()-pos-1);
        pos=strtxt.Find(strchar);
}
while(pos>0)
{
        count++;
        strtxt=strtxt.Right(strtxt.GetLength()-pos-1);
        pos=strtxt.Find(strchar);
}
strres.Format("出现次数为%d",count);
MessageBox(strres,"结果",MB_OK);
}
```

■ 秘笈心法

心法领悟 177：IsEmpty 方法的使用。

使用 CString 类的 IsEmpty 方法可以判断 CString 对象是否为空，在编辑框中显示 CString 对象或进行字符截取时都可以先使用该函数进行判断，这样可以保证程序的稳定运行。

实例 178	获取指定字符的起始位置 光盘位置：光盘\MR\04\178	高级 趣味指数：★★★★

■ 实例说明

本实例将实现在一个字符串中查找指定字符的起始位置。首先在上面的编辑框中输入一个较长的字符串，然后在下面的编辑框中输入要查找的字符，单击"获取"按钮弹出对话框提示字符起始位置。实例运行结果如图 4.36 所示。

■ 关键技术

判断某一字符是否在字符串中可以通过 CString 类的 Find 方法来实现。当某一字符在字符串中出现时，Find 方法将返回字符在字符串中的索引，查找的结果就是指定字符在字符串中第一次出现的位置，此时的位置是字符的字节位置。

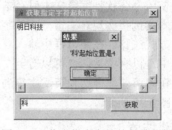

图 4.36　获取指定字符的起始位置

Find 方法可以查找 CString 对象中指定的字符，语法如下：

```
int Find( TCHAR ch ) const;
```

参数说明

ch：设置所要查找的字符。

返回值：返回所要查找字符的索引。

■ 设计过程

（1）创建基于对话框的应用程序。

（2）在对话框中添加编辑框控件和按钮控件。

（3）OnGet 方法是"获取"按钮的实现方法，代码如下：

```
void CStringStartPosDlg::OnGet()
{
CString strtext,strres,strsrc;
GetDlgItem(IDC_EDTEXT)->GetWindowText(strtext);
strtext.TrimLeft();
strtext.TrimRight();
GetDlgItem(IDC_EDSRC)->GetWindowText(strsrc);
strsrc.TrimLeft();
strsrc.TrimRight();
int pos=strtext.Find(strsrc);
if(pos<0)
      MessageBox("没有该字符","结果",MB_OK);
else
{
      strres.Format("'%s'查找位置是%d",strsrc,pos);
      MessageBox(strres,"结果",MB_OK);
}
}
```

■ 秘笈心法

心法领悟 178：字符的查找。

本实例使用 CString 类的 Find 方法实现查找，如果对字符的 ASCII 码值进行比较也可以找到字符在字符串中的位置。具体方法是在一个循环内，使用 CString 类的 GetAt 方法获取字符串中的字符，然后直接使用"=="运算符比较。如果运算结果为真，则返回计数器（循环外声明的一个整型变量，在循环内递增）的值，该值为字符在字符串中的位置。

实例 179	获取字符串内中、英文字符个数	高级
	光盘位置：光盘\MR\04\179	趣味指数：★★★★☆

■ 实例说明

在使用办公软件编辑文本时经常需要统计字符的个数，本实例将实现对编辑框中的字符按照中文和英文两种方式统计。在编辑框中输入要统计的字符串，字符串中可以有中文，也可以有英文，然后单击"获取"按钮即可获取中文和英文字符的个数。实例运行结果如图 4.37 所示。

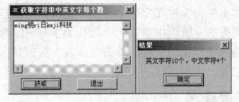

图 4.37　获取字符串内中、英文字符个数

■ 关键技术

获取字符串中的英文字母个数，只需要通过 IsDBCSLeadByte 函数判断字符串中每个字符是否为双字节字符。如果是则说明有中文字符，将中文计数器加 1，如果不是则将英文计数器加 1。本实例首先通过 GetLength 方法获取编辑框中字符的长度，根据长度循环，在循环中使用 GetAt 方法获取字符串中的字符，然后对字符进行判断。首先使用 IsDBCSLeadByte 函数判断字符是否为中文，如果是中文就使用计数器记录中文个数，然后再判断字符是否落在 32～127 范围内。如果在这个范围内就说明是英文字符，使用另一个计数器记录英文的个数。

■ 设计过程

（1）创建基于对话框的应用程序。

（2）在对话框中添加编辑框控件和按钮控件。

（3）OnGet 方法是"获取"按钮的实现方法，代码如下：

```
void CStringEngNumDlg::OnGet()
{
CString strtext,strres;
int ieng=0,icha=0;
GetDlgItem(IDC_TEXT)->GetWindowText(strtext);
for(int i=0;i<strtext.GetLength();i++)
{
        char ch=strtext.GetAt(i);
        if(IsDBCSLeadByte(ch))
        {
            i++;
            icha++;
        }
        else
        {
            if(ch>32||ch<127)                      //回车换行包括在内
            ieng++;
        }
}
strres.Format("英文字符%d 个，中文字符%d 个",ieng,icha);
MessageBox(strres,"结果",MB_OK);
}
```

■ 秘笈心法

心法领悟 179：字符类型判断。

本实例只是对只含有中文和英文的字符串进行判断，等同于广范围的中文和英文。广范围的中文和英文不仅包括字符，还包括标点符号。如果要去除对标点符号的统计，就需要更加详细的判断。

4.5　字符串统计

实例 180	统计中文个数 光盘位置：光盘\MR\04\180	高级 趣味指数：★★★★

■ 实例说明

本实例将实现在含有中文和英文的字符串中统计出中文字符的个数。实例运行结果如图 4.38 所示。

■ 关键技术

统计中文个数可以使用 IsDBCSLeadByte 函数判断字符串中每个字符是否为双字节字符前缀，本实例中并不是严格统计汉字的个数，而是统计字符串中双字节字符的个数。本实例首先使用 GetWindowText 方法获取编辑框中的字符串，然后以字符串的长度进行循环，在循环中使用 GetAt 方法获取字符串中

图 4.38　统计中文个数

的字符，最后使用 IsDBCSLeadByte 函数判断字符是否为中文字符。如果是中文字符则使用计数器记录，最后输出计数器结果。

■ 设计过程

（1）创建基于对话框的应用程序。
（2）在对话框中添加编辑框控件和按钮控件。
（3）OnGet 方法是"统计"按钮的实现方法，代码如下：

```
void CStringTotalDlg::OnGet()
{
    CString strtext,strres;
    int icha=0;
    GetDlgItem(IDC_TEXT)->GetWindowText(strtext);
    for(int i=0;i<strtext.GetLength();i++)
    {
        char ch=strtext.GetAt(i);
        if(IsDBCSLeadByte(ch))
        {
            icha++;
        }
    }
    strres.Format("中文个数为%d",icha/2);
    MessageBox(strres,"提示",MB_OK);
}
```

■ 秘笈心法

心法领悟 180：IsDBCSLeadByteEx 函数的使用。

IsDBCSLeadByte 函数可以判断字符是否为双字节汉字（MBCS），如果汉字使用多字节编码（Unicode），IsDBCSLeadByte 函数就无法正确判断了，此时需要使用 IsDBCSLeadByteEx 函数，该函数是 IsDBCSLeadByte 函数的改进版，有两个参数：第一个参数是设置字符的区域，如果参数取值为 0，则此时函数功能与 IsDBCSLeadByte 函数相同；第二个参数是要判断的字符。

实例 181	获取字符串中数字位置	高级
	光盘位置：光盘\MR\04\181	趣味指数：★★★☆

■ 实例说明

本实例将获取字符串中每个数字所在的位置。在实例的第一个编辑框中输入函数数字的字符串，然后单击"获取"按钮，统计结果就会显示在下面的编辑框中，本实例将全部输出所有数字字符的位置。实例运行结果如图4.39所示。

图 4.39　获取字符串中数字位置

■ 关键技术

首先通过 IsDBCSLeadByte 函数判断是否存在双字节字符，如果存在双字节则略过，然后通过判断指定字符的 ASCII 是否落在数字字符的 ASCII 范围内来判断字符是否为数字。如果是数字，则记录数字的位置，将所有位置都添加到一个字符串中，最后输出该字符串。

■ 设计过程

（1）创建基于对话框的应用程序。

（2）在对话框中添加编辑框控件和按钮控件。

（3）OnGet 方法是"获取"按钮的实现方法，代码如下：

```cpp
void CGetNumStringPosDlg::OnGet()
{
CString strtxt,tmp,strres;
int pos=0;
GetDlgItem(IDC_TEXT)->GetWindowText(strtxt);
strres="查找结果：";
for(int i=0;i<strtxt.GetLength();i++)
{
        char ch=strtxt.GetAt(i);
        if(IsDBCSLeadByte(ch))
             i++;
        if(ch>='0'&&ch<='9')
        {
             tmp.Format("%d",i);
             if(pos==0)
             {
                  pos=1;
             }
             else
                  strres+=" ";
             strres+=tmp;
        }
}
if(pos==0)
{
        strres="没有数字";
}
GetDlgItem(IDC_RESULT)->SetWindowText(strres);
}
```

■ 秘笈心法

心法领悟181：数字字符串的转换。

如果要实现整型变量到 CString 类型的转换，可以使用 Format 方法，例如，本实例中的语句 tmp.Format("%d",i);就是将整型变量 i 转换为 CString 类型对象 tmp，如果要将 CString 类型转换为整型，就需要使用 atoi 函数，例如 int i=atoi(tmp)。

实例 182	获取字符在字符串中最后出现的位置	高级
	光盘位置：光盘\MR\04\182	趣味指数：★★★☆

■ 实例说明

指定的字符可能会在一个字符串中多次出现，本实例将实现获取指定的字符在字符串中最后出现的位置。首先在最上面的编辑框中输入一个字符串，在字符编辑框中输入一个字符，然后单击"获取"按钮即可获取字符最后一次出现的位置。实例运行结果如图 4.40 所示。

■ 关键技术

应该注意的是，字符可能在字符串中的第一个位置出现一次的情况。如果要获取的字符是双字节字符，就需要使用

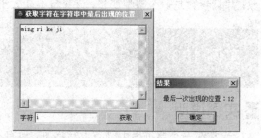

图 4.40　获取字符在字符串中最后出现的位置

IsDBCSLeadByte 函数先判断，判断后再进行处理。本实例首先使用 Find 方法查找 CString 对象中是否含有指定的字符，如果有就在 while 循环中继续查找。在循环中首先要判断查找的字符是否为汉字，如果是汉字，那么在截取字符串右侧字符时截取的长度不同。截取完右侧字符串后继续在右侧字符串中查找字符，直到搜索不到指定的字符时，输出最近保存的位置值。

■ 设计过程

（1）创建基于对话框的应用程序。
（2）在对话框中添加静态文本控件、编辑框控件和按钮控件。
（3）OnGet 方法是"获取"按钮的实现方法，代码如下：

```
void CGetStringLastPosDlg::OnGet()
{
CString strtxt,strchar,strres;
GetDlgItem(IDC_TEXT)->GetWindowText(strtxt);
GetDlgItem(IDC_CHAR)->GetWindowText(strchar);
int pos=strtxt.Find(strchar);
int leftpos=0,tmp;
if(pos<0)
{
    MessageBox("没有找到指定的字符");
    return;
}
while(pos>=0)
{
    if(IsDBCSLeadByte(strtxt.GetAt(pos)))
    {
        strtxt=strtxt.Right(strtxt.GetLength()-pos-2);
        leftpos+=(pos+2);
        tmp=leftpos-2;
    }
    else
    {
        strtxt=strtxt.Right(strtxt.GetLength()-pos-1);
        leftpos+=(pos+1);
        tmp=leftpos-1;
    }
    pos=strtxt.Find(strchar);
    if(pos<0)
    {
        strres.Format("最后一次出现的位置：%d",tmp);
```

209

```
        MessageBox(strres,"结果",MB_OK);
    }
}
}
```

秘笈心法

心法领悟 182：右侧字符串的截取。

CString 类的 Right 方法实现对字符串指定位置右侧的字符进行截取，Right 方法的返回值是一个 CString 对象，并且参数是一个整型变量，该变量不能大于 CString 对象的长度，截取的结果不包括整型变量所对应的字符。

实例 183	获取大写字符的位置 光盘位置：光盘\MR\04\183	高级 趣味指数：★★★☆

实例说明

通常在一个字符串中既有大写字符，也有小写字符，为了方便将大写字符转换为小写字符，要先确定大写字符的位置，本实例将实现输出字符串中所有大写字符的位置。首先在上面的编辑框中输入一个字符串，然后单击"查找"按钮，在下面的编辑框中将显示查找的结果。实例运行结果如图 4.41 所示。

图 4.41　获取大写字符的位置

关键技术

字符在 ASCII 码值的范围应该是 65～90，本实例将对字符串中的每个字符进行判断。如果有大写字符则记录字符位置，最后输出所有字符位置，也可以通过本实例判断字符串中是否有大写。本实例首先获取编辑框中字符串的长度，然后通过 IsDBCSLeadByte 函数判断字符是否为双字节的汉字。如果是汉字，则跳过两个字符继续判断，如果字符在 A～Z 范围内，则记录字符的位置，并将位置值转换为字符串附加到记录结果的字符串中，最后输出记录结果的字符串。

设计过程

（1）创建基于对话框的应用程序。

（2）在对话框中添加编辑框控件和按钮控件。

（3）OnGet 方法是"查找"按钮的实现方法，代码如下：

```
void CGetCapPosDlg::OnGet()
{
CString strtxt,tmp,strres;
int pos=0;
GetDlgItem(IDC_TEXT)->GetWindowText(strtxt);
strres="查找结果： ";
for(int i=0;i<strtxt.GetLength();i++)
{
        char ch=strtxt.GetAt(i);
        if(IsDBCSLeadByte(ch))
                i++;
        if(ch>='A'&&ch<='Z')
        {
                tmp.Format("%d",i);
                if(pos==0)
                {
                        pos=1;
                }
                else
                        strres+=" ";
                strres+=tmp;
        }
}
```

```
}
if(pos==0)
{
        strres="没有大写字符";
}
GetDlgItem(IDC_RESULT)->SetWindowText(strres);
}
```

秘笈心法

心法领悟 183：字符串的类型转换。

CString 类的 Format 方法可以实现不同数据类型到 CString 类型的转换，本实例实现的就是整型数据到 CString 类型的转换。如果将 Format 方法的第一个参数改为 "%s"，那么该方法可以将字符串转换为 CString 类型。

实例 184	获取小写字符的位置 光盘位置：光盘\MR\04\184	高级
		趣味指数：★★★★☆

实例说明

有时需要将小写字符转换为大写字符，在转换前需要知道小写字符的位置。本实例将完成一个字符串中小写字符位置的获取，在编辑框中输入一个字符串，然后单击"获取"按钮，在下面的编辑框中就会显示所有小写字符的位置。实例运行结果如图 4.42 所示。

关键技术

本实例将对字符串中的每个字符进行判断，如果有大写字符，则记录字符位置，最后输出所有字符的位置。本实例首先使用 GetWindowText

图 4.42　获取小写字符的位置

函数获取编辑框中的字符串，然后以字符串长度进行循环，在循环中使用 GetAt 方法获取字符串中的字符，然后对字符进行判断。使用 IsDBCSLeadByte 函数判断是否为汉字，如果是汉字则跳过两个字符进行下一次判断；如果字符在 a~z 范围内则将字符的位置索引转换为字符，添加到存储结果的字符串中，最后输出存储结果的字符串。

设计过程

（1）创建基于对话框的应用程序。
（2）在对话框中添加编辑框控件和按钮控件。
（3）OnGet 方法是"获取"按钮的实现方法，代码如下：

```
void CGetCapPosDlg::OnGet()
{
CString strtxt,tmp,strres;
int pos=0;
GetDlgItem(IDC_TEXT)->GetWindowText(strtxt);
strres="查找结果：";
for(int i=0;i<strtxt.GetLength();i++)
{
        char ch=strtxt.GetAt(i);
        if(IsDBCSLeadByte(ch))
                i++;
        if(ch>='a'&&ch<='z')
        {
                tmp.Format("%d",i);
                if(pos==0)
                {
                        pos=1;
                }
```

```
            else
                    strres+=" ";
            strres+=tmp;
        }
    }
    if(pos==0)
    {
        strres="没有小写字符";
    }
    GetDlgItem(IDC_RESULT)->SetWindowText(strres);
}
```

秘笈心法

心法领悟 184：字符串长度的获取。

本实例使用了 CString 类的 GetLength 方法，该方法可以获取字符串的长度。如果字符串中含有函数，则 GetLength 方法不会返回汉字的个数；如果字符串全部是汉字，则 GetLength 方法将返回所有汉字个数的 2 倍。

实例 185	统计字符个数 光盘位置：光盘\MR\04\185	高级 趣味指数：★★★★☆

实例说明

本实例统计了一个字符串中的大写字符个数、小写字符个数、数字字符个数、中文字符个数及其他 ASCII 码个数。首先在编辑框中输入一个字符串，然后单击"统计"按钮，统计后的信息会在编辑框下面显示出来。实例运行结果如图 4.43 所示。

图 4.43　统计字符个数

关键技术

本实例通过 IsDBCSLeadByte 函数和字符的 ASCII 码所处的范围来判断字符的类型。如果是中文字符，则需要通过 IsDBCSLeadByte 函数来判断，非中文的字符都是通过 ASCII 码所处的范围来判断的。如果字符的 ASCII 码在 30～39 范围内，则表示数字字符；如果在 65～90 范围内，则表示大写字符；如果在 61～122 范围内，则表示小写字符，中文字符、数字字符、大写字符、小写字符以外的字符都是其他字符。

设计过程

（1）创建基于对话框的应用程序。

（2）在对话框中添加静态文本控件、编辑框控件和按钮控件。

（3）OnGet 方法是"统计"按钮的实现方法，代码如下：

```
void CStringTotalDlg::OnGet()
{
CString strtxt,strres;
int ibig=0,inum=0,ismall=0,iothr=0,icha=0;
GetDlgItem(IDC_TEXT)->GetWindowText(strtxt);
for(int i=0;i<strtxt.GetLength();i++)
    {
        char ch=strtxt.GetAt(i);
        if(IsDBCSLeadByte(ch))
        {
                icha++;
                i++;
        }
        else
        {
                if(ch>='0'&&ch<='9')
```

```
        {
                inum++;
        }
        if(ch>='a'&&ch<='z')
        {
                ismall++;
        }
        if(ch>='A'&&ch<='Z')
        {
                ibig++;
        }
        if(!(ch>='0'&&ch<='9')&&!(ch>='a'&&ch<='z')&&!(ch>='A'&&ch<='Z'))
        iothr++;
    }
}
strres.Format("结果: 大写%d 小写%d 数字%d 中文%d 其他单字符%d",
ibig,ismall,inum,icha,iothr);
m_result.SetWindowText(strres);
}
```

■ 秘笈心法

心法领悟 185：GetAt 方法的使用。

本实例用到了 CString 类的 GetAt 方法，该方法根据索引参数返回字符串中索引所对应的字符。如果字符串都为汉字，则字符串中每个汉字占用两个索引。GetAt 方法返回的不一定是有效字符，所以在使用 GetAt 方法时要从头到尾遍历整个字符串的索引。

4.6　函　　数

实例 186	函数默认参数的使用 光盘位置：光盘\MR\04\186	高级 趣味指数：★★★★

■ 实例说明

函数默认参数是指在定义函数时给参数指定默认值，在调用函数时如果不想指定默认参数值以外的值，则可以不传递任何参数。实例运行结果如图 4.44 所示。

图 4.44　函数默认参数的使用

■ 关键技术

如果函数具有多个参数，需要为某些参数提供默认值时，就要保证默认值参数位于非默认值参数的右方，否则将导致编译错误。例如，下面的函数定义是非法的。

```
int Stat(int nLen, int nHeight = 50, int nWidth)        //非法的默认值参数
{
return nLen * nHeight * nWidth;
}
```

在函数 Stat 中，试图为第二个参数 nHeight 提供默认值，但是第三个参数 nWidth 没有默认值，因此将导致编译错误。解决方法是为第三个参数 nWidth 提供一个默认值，或者将第二个参数 nHeight 调整为第三个参数。例如：

```
int Stat(int nLen, int nHeight = 50, int nWidth = 1)        //提供两个默认值参数
{
return nLen * nHeight * nWidth;
}
```

或者修改为下面的形式：

```
int Stat(int nLen, int nWidth, int nHeight = 50)        //调整默认值参数的位置，使其位于最右方
{
```

```
return nLen * nHeight * nWidth;
}
```

设计过程

（1）创建一个基于控制台的应用程序。

（2）主要程序代码如下：

```
void OutputString(char *pszText = "MRKJ")                    //为参数提供一个默认值
{
cout << pszText << endl;
return ;
}
```

这样，在程序中调用 OutputString 函数时，既可以提供实际参数，也可以不提供实际参数。例如：

```
int main(int argc, char* argv[])
{
OutputString("BCCD");                                       //通过实际参数调用函数
OutputString();                                             //采用默认值调用函数
return 0;
}
```

秘笈心法

心法领悟 186：正确使用函数的默认参数。

在对函数添加默认参数时，如果在某一个参数上添加了默认值，那么这个参数后面的所有参数就必须都添加默认值。

实例 187	通过函数的重载实现不同数据类型的操作	高级
	光盘位置：光盘\MR\04\187	趣味指数：★★★★

实例说明

重载函数是指多个函数具有相同的函数名称，而参数类型或参数个数不同。调用函数时，编译器以参数的类型及个数来区分调用哪个函数。下面定义两个重载的 Add 函数，分别实现两个整数和两个实数的加法运算。实例运行结果如图 4.45 所示。

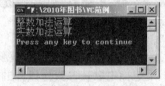

图 4.45　通过函数的重载实现不同数据类型的操作

关键技术

为了帮助读者理解重载函数，下面列出重载函数的一些注意事项。

❑　函数的返回值类型不作为区分重载函数的一部分。

下面的重载函数是非法的。

```
int Add(int nPlus, int nSummand)                            //定义一个 Add 函数
{
cout << "整数加法运算" << endl;
return nPlus + nSummand;
}
double Add(int nPlus, int nSummand)                         //非法的重载 Add 函数
{
cout << "整数加法运算" << endl;
return nPlus + nSummand;
}
```

❑　对于普通的函数参数来说，const 关键字不作为区分重载函数的标识。

下面的函数重载是非法的。

```
bool Validate(const int nData)                              //定义一个重载函数
{
return (nData > 0) ? true : false;
```

```
}
bool Validate(int nData)                                    //定义一个重载函数
{
return (nData > 0) ? true : false;
}
```

但是如果参数的类型是指针或引用类型，则 const 关键字将作为重载函数的标识。因此，下面的函数重载是合法的。

```
bool Validate(const int * pData)                            //定义一个重载函数
{
return (*pData > 0) ? true : false;
}
bool Validate(int * pData)                                  //定义一个重载函数
{
return (*pData > 0) ? true : false;
}
```

❑　参数的默认值不作为区分重载函数的标识。

下面的函数重载是非法的。

```
bool Validate(int nData = 20)                               //定义一个重载函数
{
return (nData > 0) ? true : false;
}
bool Validate(int nData)                                    //定义一个重载函数
{
return (nData > 0) ? true : false;
}
```

❑　typedef 自定义类型不作为重载的标识。

当函数使用了 typedef 自定义的类型作为参数类型时，如果另一个函数的参数类型与自定义类型的原始类型相同，则函数的重载是非法的。例如：

```
typedef int INT;                                           //自定义一个类型
bool Validate(INT x )                                      //定义一个重载函数
{
return (x > 0) ? true : false;
}
bool Validate(int x)                                       //定义一个重载函数
{
return (x > 0) ? true : false;
}
```

上述代码的函数重载是非法的，因为 typedef 不是创建新的数据类型，因此编译器认为上面的两个函数属于同一个函数，不能区分重载函数。

■ 设计过程

（1）创建一个基于控制台的应用程序。

（2）主要程序代码如下：

```
int Add(int nPlus, int nSummand)                           //定义第一个重载的 Add 函数
{
    cout << "整数加法运算" << endl;
return nPlus + nSummand;                                   //返回结果
}
double Add(double dbPlus, double dbSummand)                //定义第二个重载的 Add 函数
{
cout << "实数加法运算" << endl;
return dbPlus + dbSummand;                                 //返回结果
}
```

在 main 函数中调用 Add 函数。

```
int main(int argc, char* argv[])
{
int nRet = Add(10, 30);                                    //调用一个版本的 Add 函数，实现两个整数相加
double dbRet = Add(10.5, 20.5);                            //调用两个版本的 Add 函数，实现两个实数相加
return 0;
}
```

■ 秘笈心法

心法领悟 187：在什么情况下使用函数重载？

函数重载的特点是函数名相同而参数不同，也就是说参数的个数要不同或者参数的个数相同但参数的数据类型不同。那么在什么情况下应该使用函数重载呢？当一个函数实现某个公有的行为，但在执行这个行为时接受的参数却不同时即可使用函数重载。

实例 188	通过函数模板返回最小值 光盘位置：光盘\MR\04\188	高级 趣味指数：★★★★☆

■ 实例说明

利用函数模板可以定义具有通用功能的函数，通过这个函数模板，不用函数的重载即可实现不同数据类型参数的调用，但参数数量必须相同。实例运行结果如图 4.46 所示。

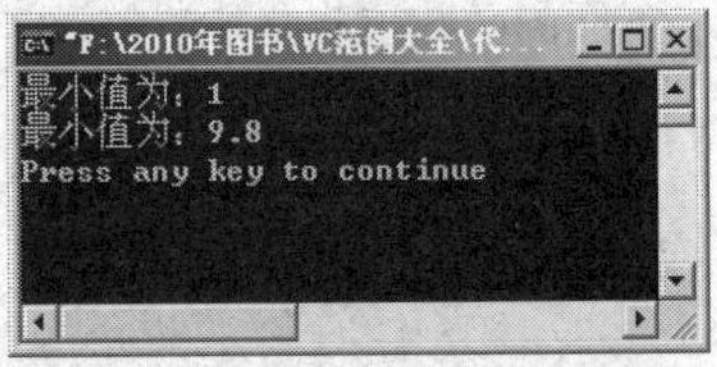

■ 关键技术

C++语言提供了 template 关键字用于定义模板。下面以编写一个求和函数为例介绍如何使用 template 定义函数模板。

图 4.46　通过函数模板返回最小值

```
template <class type>                        //定义一个模板类型
type Add(type Plus,type Summand)             //定义函数模板
{
return Plus + Summand;
}
```

其中，template 为关键字，表示定义一个模板，尖括号"< >"表示模板参数。模板参数主要有两种，一种是模板类型参数，另一种是模板非类型参数。上述代码中定义的模板使用的模板类型参数使用关键字 class 或 typedef 开始（本实例使用的是 class，也可以使用 typedef 代替，在定义函数模板时 class 与 typedef 关键字的作用是相同的），其后是一个用户定义的合法的标识符，本实例为 type，也可以是其他合法标识符。模板非类型参数与普通参数定义相同，通常为一个常数，如标识数组的长度。

在定义完函数模板之后，需要在程序中调用函数模板。下面的代码演示了 Add 函数模板的调用。

```
int nRet = Add(100,200);                     //实现两个整数的相加
double dbRet = Add(100.5,200.5);             //实现两个实数的相加
```

如果采用如下形式调用 Add 函数模板，就会出现错误。

```
int nRet = Add(100.5,200);                   //错误的调用
double dbRet = Add(100,200.5);               //错误的调用
```

上述代码中为函数模板传递了两个不同类型的参数，编译器产生了歧义。如果用户在调用函数模板时显式标识模板类型，就不会出现错误了。例如：

```
int nRet= Add<int>(100.5,200);               //正确地调用函数模板
double dbRet = Add<double>(100,200.5);       //正确地调用函数模板
```

■ 设计过程

（1）创建一个基于控制台的应用程序。

（2）主要程序代码如下：

```
template <class type,int nLen>               //定义一个模板类型
type Min(type Array[nLen])                   //定义函数模板
{
type tRet = Array[0];                        //定义一个变量
for(int i=1; i<nLen; i++)                    //遍历数组元素
{
    tRet = (tRet < Array[i])? tRet : Array[i];    //比较数组元素大小
}
```

```
return tRet;                             //返回最小值
}
```

上述代码定义一个函数模板 Min，其中模板参数使用模板类型参数 type 和模板非类型参数 nLen。下面的代码演示了函数模板 Min 的调用。

```
int nArray[5] = {1,2,3,4,5};             //定义一个整型数组
int nRet = Min<int,5>(nArray);           //调用函数模板 Min
double dbList[3] = {10.5,11.2,9.8};      //定义实数数组
double dbRet = Min<double,3>(dbList);    //调用函数模板 Min
```

■ 秘笈心法

心法领悟 188：函数模板的使用。

函数模板可以简化函数重载的实现，模板主要是针对函数的参数制定的。函数名相同、参数相同但参数类型不同的函数可通过定制一个函数模板来实现，简化了许多重复的操作步骤。

实例 189	使用函数模板进行排序 光盘位置：光盘\MR\04\189	高级 趣味指数：★★★☆

■ 实例说明

通常要实现一组数据的排序需要创建一个函数，而实现另外一组类型数据的排序时又需要创建一个函数，但如果使用函数模板即可通过一个函数的创建实现。本实例将通过函数模板实现不同类型数据的排序。实例运行结果如图 4.47 所示。

图 4.47　使用函数模板进行排序

■ 关键技术

函数模板的声明方式如下：

```
template<class T>
T Add(T t1, T t2);
```

使用 template 关键字声明函数模板。尖括号中，class 关键字后面是参数的虚拟类型名，虚拟类型名是可变化的，代码中使用 T 代表参数类型。在函数声明中，所使用的参数类型都使用 T 代替。

注意：在声明模板时，也可以使用 typename 关键字代替 class 来声明类型参数。例如：

```
template<typename T>
T Add(T t1, T t2);
```

在调用函数时，系统会根据参数的类型来取代模板中的虚拟类型，从而实现不同的函数功能。

■ 设计过程

（1）创建一个控制台应用程序，工程名称为 SortTemplate。

（2）在工程中引用 io.h、string.h 和 iostream.h 头文件。

```
#include <io.h>
#include <string.h>
#include <iostream.h>
```

（3）设计一个函数模板 Sort，实现对任意数值类型数组的排序。

```
template <class Type>                                    //定义一个模板
void Sort(Type Array[], int nLen)
{
for(int i=0; i<nLen-1; i++)                              //起泡法排序
{
    for(int j=0; j<nLen-i-1; j++)
    {
        if (Array[j] > Array[j+1])                      //交换数组元素
        {
            Type nTmp = Array[j];
            Array[j] = Array[j+1] ;
            Array[j+1] = nTmp;
        }
    }
}
}
```

（4）在 main 函数中定义一个数组，调用 Sort 函数模板对数组进行排序。

```
int main(int argc, char* argv[])
{
int nArray[] = {85, 98, 45, 76, 75};                    //定义一个整型数组
Sort(nArray, 5);                                        //对数组进行排序
cout << "整数排序" << endl;
for(int i=0; i<5; i++)                                  //输出结果
{
    cout << nArray[i] << endl;
}
double dArray[] = {76.85, 95.75, 84.56, 85.5, 67.4};    //定义实数数组
Sort<double>(dArray, 5);                                //对数组进行排序
cout << "实数排序" << endl;
for(int j=0; j<5; j++)                                  //输出结果
{
    cout << dArray[j] << endl;
}
return 0;
}
```

■ 秘笈心法

心法领悟 189：建立通用的排序方法。

排序是对一组数据按照一定的顺序进行排列。唯一的不同就是所排列的数据类型的不同，这样就可以通过函数模板解决数据类型不同的问题，而排序的算法是相同的，所以使用函数模板实现排序是最佳的选择。

实例 190	统计学生成绩的最高分、最低分和平均分	高级
	光盘位置：光盘\MR\04\190	趣味指数：★★★☆

■ 实例说明

在分析班级学生成绩时，通常需要统计班级所有同学成绩的最高分、最低分和平均分，作为衡量教学成绩的一个标准。本实例要求给定一组学生成绩，统计出最高分、最低分和平均分。实例运行结果如图 4.48 所示。

■ 关键技术

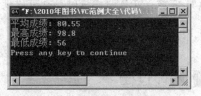

图 4.48　统计学生成绩的最高分、
最低分和平均分

对学生成绩进行计算时一般会用数组来记录学生的分数，这样在写函数实现计算功能时就需要将函数的参数定义为数组参数。对于数组参数来说，由于它是一个指针，所以在定义数组参数时，数组的长度是没有意义的。在定义数组参数时，可

以不指定数组的长度。例如，Sort 函数的声明可以采用如下形式：

```
void Sort(int nArray[])                                    //不指定数组长度
```

在该实例中所定义的函数在传递数组参数时使用的都是这种形式。

设计过程

（1）创建一个控制台应用程序，工程名称为 StatGrade。

（2）引用 iostream.h 头文件。

```
#include <iostream.h>
```

（3）编写一个函数 Average，统计平均成绩，代码如下：

```
double Average(double dbArray[], int nLength)              //统计平均成绩
{
    double dbSum = 0;                                     //记录总成绩
    for(int i=0; i<nLength; i++)
    {
        dbSum += dbArray[i];                             //累加成绩
    }
    return dbSum / nLength;                               //返回结果
}
```

（4）编写一个函数 MaxGrade，统计最高成绩，代码如下：

```
double MaxGrade(double dbArray[], int nLength)            //统计最高成绩
{
    double dbHeader = dbArray[0];                        //记录第一个学生的成绩
    for(int i=1; i<nLength; i++)
    {
        //获取数组中的最大值
        dbHeader = (dbHeader < dbArray[i]) ? dbArray[i] : dbHeader;
    }
    return dbHeader;                                     //返回结果
}
```

（5）编写一个函数 MinGrade，统计最低成绩，代码如下：

```
double MinGrade(double dbArray[], int nLength)            //统计最低成绩
{
    double dbHeader = dbArray[0];                        //记录第一个学生的成绩
    for(int i=1; i<nLength; i++)
    {
        //获取数组中的最小值
        dbHeader = (dbHeader > dbArray[i]) ? dbArray[i] : dbHeader;
    }
    return dbHeader;                                     //返回结果
}
```

（6）在 main 函数中定义一个实型数组，记录学生成绩，然后调用 Average 函数获取平均成绩，调用 MaxGrade 函数获取最高成绩，调用 MinGrade 函数获取最低成绩，代码如下：

```
int main(int argc, char* argv[])
{
    double dbGradeList[] = {87.4, 98.8, 56, 78.8, 68.5, 91.0, 74.9, 89.0};   //定义实型数组
    int nLength = sizeof(dbGradeList) / sizeof(double);   //获取数组长度
    double dbAverage = Average(dbGradeList, nLength);     //统计平均成绩
    double dbMaxGrade = MaxGrade(dbGradeList, nLength);   //统计最高成绩
    double dbMinGrade = MinGrade(dbGradeList, nLength);   //统计最低成绩
    cout << "平均成绩: " << dbAverage << endl;             //输出信息
    cout << "最高成绩: " << dbMaxGrade << endl;
    cout << "最低成绩: " << dbMinGrade << endl;
    return 0;
}
```

秘笈心法

心法领悟 190：使用数组作为函数的参数。

在通常情况下，函数的参数一般为数值型或指针，数组也可作为函数的参数进行传递。数组是在内存中的

一段连续的存储空间，数组的名称代表了数组第一个元素的地址，所以同样可以将数组看作指针。

实例 191	在指定目录下查找文件 光盘位置：光盘\MR\04\191	高级 趣味指数：★★★☆

■ 实例说明

在 DOS 环境下使用 dir 命令可以查看指定目录下的所有文件，在 Windows 环境中可以通过资源管理器窗口查看文件。如果需要在指定目录下查找某一个文件，则需要遍历这个磁盘目录。本实例实现了在指定目录下查找文件的功能。实例运行结果如图 4.49 所示。

图 4.49　在指定目录下查找文件

■ 关键技术

本实例中由于需要对指定的磁盘目录进行遍历，所以在设计文件查找函数时采用了递归调用的方法。递归调用的好处在于只需要编写一个函数，然后利用这个函数不断地调用自身以实现重复的操作。但递归调用也存在一定的缺陷，就是增加了系统的开销。因为每当调用一个函数时，系统就需要为函数准备堆栈空间来存储参数信息。如果频繁地进行递归调用，系统就需要为其开辟大量的堆栈空间。所以在设计递归函数时，一定要明确给出退出函数的条件，否则不但占用大量的内存空间，还会形成程序假死的现象。

■ 设计过程

（1）创建一个控制台应用程序，工程名称为 ListDir。

（2）在工程中引用 io.h、string.h 和 iostream.h 头文件。

```cpp
#include <io.h>
#include <string.h>
#include <iostream.h>
```

（3）在全局区域定义两个全局对象，代码如下：

```cpp
const int MAXLEN = 1024;                        //定义最大目录长度
unsigned long FILECOUNT = 0;                    //记录文件数量
```

（4）编写一个递归函数，实现指定目录的遍历，代码如下：

```cpp
void ListDir(const char* pchData,const char * pFileName,bool *pBool)
{
    _finddata_t    fdata;                       //定义文件查找结构对象
    long      done;
    char tempdir[MAXLEN]={0};                   //定义一个临时字符数组，存储目录
    strcat(tempdir, pchData);                   //连接字符串
    strcat(tempdir, "\\*.*");                   //连接字符串
    done = _findfirst(tempdir, &fdata);         //开始查找文件
```

```
if (done != -1)                                                //是否查找成功
{
    int ret = 0;
    while (ret != -1)                                          //定义一个循环
    {
        if (fdata.attrib != _A_SUBDIR)                         //判断文件属性
        {
            if (strcmp(fdata.name,"...") != 0 &&
                strcmp(fdata.name,"..") != 0 &&
                strcmp(fdata.name,".") != 0)                   //过滤
            {
                char dir[MAXLEN]={0};                          //定义字符数组
                strcat(dir,pchData);                           //连接字符串
                strcat(dir,"\\");                              //连接字符串
                strcat(dir,fdata.name);                        //连接字符串
                cout << dir << endl;                           //输出查找的文件
                FILECOUNT++;                                   //累加文件
                if (strcmp(fdata.name,pFileName) == 0)
                    break;
            }
        }
        ret = _findnext(done, &fdata);                         //查找下一个文件
        if (fdata.attrib == _A_SUBDIR && ret != -1)            //判断文件属性,如果是目录,则递归调用
        {
            if (strcmp(fdata.name,"...") != 0 &&
                strcmp(fdata.name,"..") != 0 &&
                strcmp(fdata.name,".") != 0)                   //过滤 "."
            {
                char pdir[MAXLEN]= {0};                        //定义字符数组
                strcat(pdir,pchData);                          //连接字符串
                strcat(pdir , "\\");                           //连接字符串
                strcat(pdir,fdata.name);                       //连接字符串
                ListDir(pdir,pFileName,pBool);                 //递归调用
                if (*pBool)
                    break;
            }
        }
    }
}
}
```

（5）在 main 函数中提供一个目录，调用 ListDir 函数遍历目录，代码如下：

```
int main(int argc, char* argv[])
{
while (true)                                                //设计一个循环
{
    FILECOUNT = 0;
    char   szFileDir[128] = {0};                            //定义一个字符数组,存储目录
    char   szFileName[128] = {0};
    bool isFind = false;
    cin >> szFileDir;
    cin >> szFileName;
    if (strcmp(szFileDir, "e") == 0)                        //退出系统
    {
        break;
    }
    ListDir(szFileDir,szFileName,&isFind);                  //调用 ListDir 函数遍历目录
    cout << "共计" << FILECOUNT << "个文件" << endl;        //统计文件数量
}
return 0;
}
```

■ 秘笈心法

心法领悟 191：递归的使用。

递归函数的原理是不断地调用自身以简化代码，但递归不能嵌套太深，这样会影响程序的运行效率。对于

目录的遍历最好的解决方法还是递归，所以在编写递归函数时一定要注意退出条件的处理，否则很容易出现死循环。

实例 192	列举系统盘符 光盘位置：光盘\MR\04\192	高级 趣味指数：★★★

■ 实例说明

列举系统盘符，不论是在控制台应用程序还是基于窗口的应用程序中都需要使用 GetLogicalDriveStrings 函数。本实例利用 GetLogicalDriveStrings 函数实现系统盘符的获取。实例运行结果如图 4.50 所示。

图 4.50　列举系统盘符

■ 关键技术

在 C++语言中字符串的结束标记是 "\0"。在应用程序中，有时一个字符串中包含了多个子串，如 mrsoft\0mrbccd\0vcbccd\0...。为了获取字符串中的各个子串信息，需要解析字符串。作者在利用 GetLogicalDriveStrings 函数获取系统盘符时就遇到了这样的情况，函数返回的盘符信息为 C:\\0D:\\0E:\\0F:\\0G:\\0H:\\0J:\\0。为了获取每一个系统盘符，需要对字符串 C:\\0D:\\0E:\\0F:\\0G:\\0H:\\0J:\\0 进行分解。提取其中的一个盘符来分析，第一个字符为 "C"，第二个字符为 ":"，第三个字符为 "\0"，也就是空字符。这里的 "\" 代表转义字符，需要注意，不要理解成两个字符。

■ 设计过程

（1）创建一个控制台应用程序，工程名称为 ParseString。

（2）在源文件中引用 iostream.h、string.h 和 windows.h 头文件。

```
#include <iostream.h>
#include <string.h>
#include "windows.h"
```

（3）在 main 函数中调用 GetLogicalDriveStrings 函数获取系统盘符字符串，然后利用 while 循环语句分解字符串，代码如下：

```
int main(int argc, char* argv[])
{
    DWORD dwLen = GetLogicalDriveStrings(0, NULL);        //获取系统盘符字符串长度
    char *pszDriver = new char[dwLen];                    //构建字符数组
    GetLogicalDriveStrings(dwLen, pszDriver);             //获取系统盘符字符串
    char* pDriver = pszDriver;                            //定义一个临时指针
    while (*pDriver != '\0')                              //遍历字符串
    {
        cout << pDriver << endl;                          //输出系统盘符
        pDriver += strlen(pDriver) + 1;                   //定位到下一个字符串，加1是为了跳过"\0"字符
    }
    delete [] pszDriver;                                  //释放字符数组
    return 0;
}
```

■ 秘笈心法

心法领悟 192：字符串的分解。

对于字符串的分解主要是找出分解的标记字符，然后确定提取子串的起始位置和结束位置，最后再将这个子字符串复制出来。在这个过程中可以充分利用指针的特性，因为对于指针的加 1 就是内存地址中一个字节的偏移。

实例 193	遍历磁盘目录 光盘位置：光盘\MR\04\193	高级 趣味指数：★★★★☆

■ 实例说明

在程序中文件的批量操作都需要对磁盘目录进行遍历，然后在遍历过程中对查找到的文件进行操作。本实例实现了在控制台应用程序中对指定的磁盘目录进行遍历的操作。实例运行结果如图 4.51 所示。

图 4.51　遍历磁盘目录

■ 关键技术

对于磁盘目录的遍历需要 3 个函数，即_findfirst、_findnext 和_findclose。这 3 个函数分别表示第一次查找、查找下一个和关闭对文件的查找。当第一个函数查找没有成功时就不需要调用_findnext 函数再进行下一次的查找了，否则必须调用_findnext 函数直到查找结束。当查找结束后需要调用_findclose 函数关闭文件或目录查找时所使用的资源。

■ 设计过程

（1）创建一个控制台应用程序，工程名称为 ListDir。
（2）在工程中引用 io.h、string.h 和 iostream.h 头文件。

```
#include <io.h>
#include <string.h>
#include <iostream.h>
```

（3）在全局区域定义两个全局对象，代码如下：

```
const int MAXLEN = 1024;                        //定义最大目录长度
unsigned long FILECOUNT = 0;                     //记录文件数量
```

（4）编写一个递归函数，实现指定目录的遍历，代码如下：

```
void ListDir(const char* pchData)
{
    _finddata_t fdata;                          //定义文件查找结构对象
    long done;
    char tempdir[MAXLEN]={0};                    //定义一个临时字符数组，存储目录
    strcat(tempdir, pchData);                    //连接字符串
    strcat(tempdir, "\\*.*");                    //连接字符串
    done = _findfirst(tempdir, &fdata);          //开始查找文件
    if (done != -1)                              //是否查找成功
    {
        int ret = 0;
        while  (ret != -1)                       //定义一个循环
        {
            if (fdata.attrib != _A_SUBDIR)       //判断文件属性
            {
                if (strcmp(fdata.name,"...") != 0 &&
```

```
                    strcmp(fdata.name,"..") != 0 &&
                    strcmp(fdata.name,".") != 0)              //过滤"."
            {
                    char dir[MAXLEN]={0};                     //定义字符数组
                    strcat(dir,pchData);                      //连接字符串
                    strcat(dir,"\\");                         //连接字符串
                    strcat(dir,fdata.name);                   //连接字符串
                    cout << dir << endl;                      //输出查找的文件
                    FILECOUNT++;                              //累加文件
            }
        }
        ret = _findnext(done, &fdata);                        //查找下一个文件
        if (fdata.attrib == _A_SUBDIR && ret != -1)           //判断文件属性，如果是目录，则递归调用
        {
            if (strcmp(fdata.name,"...") != 0 &&
                strcmp(fdata.name,"..") != 0 &&
                strcmp(fdata.name,".") != 0)                  //过滤"."
            {
                    char pdir[MAXLEN]= {0};                   //定义字符数组
                    strcat(pdir,pchData);                     //连接字符串
                    strcat(pdir , "\\");                      //连接字符串
                    strcat(pdir,fdata.name);                  //连接字符串
                    ListDir(pdir);                            //递归调用
            }
        }
    }
}
```

（5）在 main 函数中提供一个目录，调用 ListDir 函数遍历目录，代码如下：

```
int main(void)
{
while (true)                                                 //设计一个循环
{
    FILECOUNT = 0;
    char  szFileDir[128] = {0};                              //定义一个字符数组，存储目录
    cin >> szFileDir;
    if (strcmp(szFileDir, "e") == 0)                         //退出系统
    {
        break;
    }
    ListDir(szFileDir);                                      //调用 ListDir 函数遍历目录
    cout << "共计" << FILECOUNT << "个文件" << endl;          //统计文件数量
}
return 0;
}
```

■ 秘笈心法

心法领悟 193：字符串的比较。

通常在对两个字符串进行比较时，都会使用现有的函数 strcmp。其实，这一功能完全可以自己实现。实现过程就是对这两个字符串中的每个字节按照其索引顺序进行 ASCII 值或者 byte 值的比较。

实例 194	按树结构输出区域信息	高级
	光盘位置：光盘\MR\04\194	趣味指数：★★★⯪

■ 实例说明

在 C++语言中，树结构的应用也是很广泛的，最常见的就是区域信息。由于区域是分级别的，所以最适合使用树结构来表示。本实例实现了按树结构输出区域信息的功能。实例运行结果如图 4.52 所示。

图 4.52 按树结构输出区域信息

■ 关键技术

在程序设计中如果不使用类，使用树结构的形式来表现区域信息也是可以的。在本实例中利用数组和结构结合的形式完成了这项工作，虽然不如用类表现得更清晰，但也完全适用。

首先，定义一个结构用来存储区域信息，然后定义该结构的数组，并对数组中的区域信息进行初始化。由于在结构中可以指定每个区域和对应的父级区域的编号，故可以通过简单的循环将数组中的区域信息按级别显示出来。最简单的方法是利用递归调用实现对数组中数据的遍历和提取。

■ 设计过程

（1）创建一个基于控制台的应用程序。

（2）定义用于存储节点的结构 Zone，代码如下：

```
#include "stdafx.h"
#include "iostream.h"
#include "string.h"

#define MAX_LEN 128
//定义一个区域结构
struct Zone
{
int nID;                              //ID 标识
char szName[MAX_LEN];                 //区域名称
int nHightID;                         //上级区域 ID
};
```

（3）定义函数 ListZone 实现节点的输出，代码如下：

```
void ListZone(Zone Nodes[], int nLen, int nID, int &nLevel)
{
for(int i=0; i<nLen; i++)
{
        if (Nodes[i].nHightID == nID)
        {
                for(int j=0; j<nLevel; j++)              //设置缩进
                {
                        cout << "   ";
                }
                cout << Nodes[i].szName << endl;
                nLevel++;
                ListZone(Nodes, nLen, Nodes[i].nID, nLevel);
                nLevel--;
        }
}
}
```

（4）编写 main 函数实现节点信息的输入与输出，代码如下：

```
int main(int argc, char* argv[])
{
char * szName[10]= {"吉林省","黑龙江省","长春市","松原市","辽源市","四平市",
                    "扶余县","前郭县","宁江区","长岭县"};
Zone    Node[10];
for(int i=0; i<10; i++)
```

```
{
    Node[i].nID = i;
    strcpy(Node[i].szName, szName[i]);
    Node[i].nHightID = -1;                          //默认设置为-1，表示没有上级 ID
}
//设置上级 ID
Node[2].nHightID = 0;
Node[3].nHightID = 0;
Node[4].nHightID = 0;
Node[5].nHightID = 0;
Node[6].nHightID = 3;
Node[7].nHightID = 3;
Node[8].nHightID = 3;
Node[9].nHightID = 3;

int nLevel = 2;                                     //缩进
for(int j=0; j<10; j++)
{
    if(Node[j].nHightID == -1)
    {
        cout << "       " << Node[j].szName << endl;
        ListZone(Node, 10, Node[j].nID, nLevel);
    }
}
return 0;
```

■ 秘笈心法

心法领悟 194：结构类型数组。

结构和数组都是在一个虚拟的空间中定义的。如果定义了一个结构类型的数组，并为其赋值，则认为结构中的数据都存储在数组空间中。从理论上来说应该是这样的，但有一个特例就是在结构中定义了指针，而这个指针却指向了其他数据空间的地址。这样结构中的数据就不完全在数组的内存空间中了。

实例 195	分解路径和名称 光盘位置：光盘\MR\04\195	高级 趣味指数：★★★★☆

■ 实例说明

在开发应用程序时，经常需要对文件名称进行处理。例如，从一个完整路径的文件名称获取文件名、扩展名和包含扩展名的文件名等。本实例实现了对文件路径的分解并提取信息。实例运行结果如图 4.53 所示。

图 4.53　分解路径和名称

■ 关键技术

在 C++语言中并没有像其他语言那样给出获取路径中的文件名或扩展名的函数，所以这样的功能需要用户编写。在一个完整的文件路径中大体可以将其分为路径和文件名两部分。而文件名又可分为短文件名和扩展名。由于文件名和路径是由字符"\"分隔的，短文件名和扩展名是由"."分隔的，所以对于一个完整的文件路径取出其中的某一部分并不是一件困难的事。只要定位第一个部分在路径中的起始位置，然后获取指定长度的字符串就可以了。

■ 设计过程

（1）创建一个基于控制台的应用程序。

（2）在程序中定义路径管理类 Cpath，代码如下：

```
#include "stdafx.h"
#include "iostream.h"
#include "string.h"

//路径管理类
class CPath
{
public:
//从包含完整路径的文件名称中去除路径，包含文件扩展名
static bool GetFileName(char szSrcFile[], int nSrcLen, char szDesFile[], int nDesLen);
//获取文件的扩展名
static bool GetExtName(char szSrcFile[], int nSrcLen, char szDesFile[], int nDesLen);
//获取文件名，去除路径和扩展名
static bool GetFileShortName(char szSrcFile[], int nSrcLen, char szDesFile[], int nDesLen);
};
```

（3）编写 main 函数实现路径的分解，代码如下：

```
int main(int argc, char* argv[])
{
cout << "完整名称为：" << *argv << endl;
char szDesFile[128] = {0};
bool bRet = CPath::GetExtName(*argv, strlen(*argv), szDesFile, 128);
if (bRet)
{
    cout << "扩展名为：" << szDesFile << endl;
}
char szShortName[128] = {0};
bRet = CPath::GetFileShortName(*argv, strlen(*argv), szShortName, 128);
if (bRet)
{
    cout << "短文件名：" << szShortName << endl;
}
char szFileName[128] = {0};
bRet = CPath::GetFileName(*argv, strlen(*argv), szFileName, 128);
if (bRet)
{
    cout << "文件名：" << szFileName << endl;
}

return 0;
}
```

■ 秘笈心法

心法领悟 195：字符串长度的获取。

字符串长度的获取是最常使用的一种字符串操作，这里需要明确说明的是，通过 strlen 函数获取的字符串长度是以字节为单位的，并不是完全以字符为单位的，如汉字。获取字符串的长度很简单，每个字符串都有其结束标记"\0"，只要遍历一下这个字符串并到"\0"结束，就不难计算出一个字符串的长度了。

实例 196	数值与字符串类型的转换	高级
	光盘位置：光盘\MR\04\196	趣味指数：★★★★☆

■ 实例说明

在刚开始学习一门语言时，接触最多的问题就是数据类型的转换问题。为了能让读者快速地掌握数据类型的转换，本实例实现了数值与字符串类型之间的转换。实例运行结果如图 4.54 所示。

■ 关键技术

许多程序设计人员一直弄不清楚数值类型与字符串类型之间的转

图 4.54 数值与字符串类型的转换

换是如何实现的，因为在遇到这样的问题时，大家通常调用已有的函数实现，并没有真正地考虑过计算机是如何实现的。其实很简单，无论是数值还是字符都是以二进制存储在计算机中的，并且都有自己的 ASCII 值，所以数据类型的转换就是 ASCII 值的转换。

设计过程

（1）创建一个基于控制台的应用程序。

（2）主要程序代码如下：

```cpp
#include "stdafx.h"
#include "iostream.h"
#include <stdlib.h>

//将整型转换为字符串
bool IntToString(int nNumber, char szDes[])
{
itoa(nNumber, szDes, 10);
return true;
}
//此处省略其他函数
int main(int argc, char* argv[])
{
int nLength = 8868;
char szLength[128] = {0};
IntToString(nLength, szLength);
cout << "整型转换为字符串" << szLength << endl;

char *szPI = "3.14";
double dblPI;
StringToDouble(szPI, dblPI);
cout << "字符串转换为实型" << dblPI << endl;
return 0;
}
```

秘笈心法

心法领悟 196：类型转换应注意什么？

任何基本数据类型都可以与字符串进行转换，并不会丢失数据。但每种数据类型的长度是不一样的，如一个实型的数据类型占 8 个字节的内存空间向整型的数据类型占 4 个字节的内存空间转换，由于没有足够的内存空间，所以一定会丢失数据。在进行类型转换时一定要注意所转换的数据类型的长度。

实例 197	使用递归过程实现阶乘运算	高级
	光盘位置：光盘\MR\04\197	趣味指数：★★★☆

实例说明

在函数体中直接或间接调用函数本身，称为函数的递归调用。递归分为直接递归和间接递归，直接递归是函数直接调用其本身，间接递归是函数调用另一个函数，而被调用函数又调用了第一个函数。递归能够简化复杂的数学问题，甚至有些问题只能通过递归解决。本实例就通过递归调用实现了阶乘的计算。实例运行结果如图 4.55 所示。

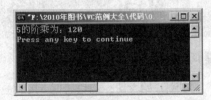

图 4.55 使用递归过程实现阶乘运算

关键技术

许多初学者不理解递归，实际上递归的执行分为两个阶段，第一个阶段是"回推"，如函数 factorial 用来计算 n 的阶乘。函数 factorial(5) 的回推（调用）过程如下：

（1）5*factorial(4)

（2）4* factorial(3)

（3）3* factorial(2)

（4）2* factorial(1)

（5）factorial(1)=1

递归函数执行的第二个阶段是递推阶段，函数 factorial(5)的递推过程如下：

（1）factorial(1)=1

（2）factorial(2)=2

（3）factorial(3)=6

（4）factorial(4)=24

（5）factorial(5)=120

■ 设计过程

（1）创建一个基于控制台的应用程序。

（2）主要程序代码如下：

```
#include "stdafx.h"

int factorial(int n);                        //递归函数

int main()
{
    printf("5 的阶乘为：%d",factorial(5));    //输出 5 的阶乘
    printf("\n");
    return 0;
}

//阶乘的计算
int factorial(int n)
{
    if ((n==0)||(n==1))
        return 1;
    else
    {
        return   n*factorial(n-1);
    }
}
```

■ 秘笈心法

心法领悟 197：算法的使用。

算法是针对某种特定的算术运算的解决方法，可以将复杂的问题简单化，许多用户在最初写算法时都不知道如何写。其实，算法的编写过程就是将解题的过程应用在程序中，然后再对实现了算法的程序段进行优化处理。因为没有人在第一次编写一个算法时就是最优化的。

实例 198	随机获取姓名	高级
	光盘位置：光盘\MR\04\198	趣味指数：★★★★☆

■ 实例说明

随机获取姓名在日常生活中是非常常见的，如抽奖活动就需要在许多姓名中提取出随机的几位获奖者。随机获取一个姓名和多个姓名是不一样的，获取多个姓名时还需要判断取出来的姓名是否已经取出。本实例实现了一个随机获取多个姓名的功能。实例运行结果如图 4.56 所示。

图 4.56　随机获取姓名

■ 关键技术

在随机获取姓名的实例中定义了 3 个数组，分别用来存储姓名、编号和提取的姓名索引。主要的技术在于通过 rand 随机函数获取一个名称索引并判断在之前的随机提取中是否存在这个索引，如果存在，则再进行一次随机提取。最后根据随机提取的索引显示人员的姓名和编号。

■ 设计过程

（1）创建一个基于控制台的应用程序。

（2）主要程序代码如下：

```cpp
#include "stdafx.h"
#include "time.h"
#include "stdlib.h"
#include "iostream.h"

int main(int argc, char* argv[])
{
//姓名
char PersonName[10][8] = {{"张三"},{"李四"},{"王五"},{"赵六"},
    {"张宏 X"},{"王力 X"},{"赵 XX"},{"梁 XX"},{"宋 XX"},{"李 XX"}};
//编号
char PersonCode[10][4] = {{"001"},{"002"},{"003"},{"004"},{"005"},
    {"006"},{"007"},{"008"},{"009"},{"010"}};

const Count = 3;                            //获取姓名数量
int RandName[Count] = {-1};                 //存储获取姓名索引
time_t t;
srand((unsigned) time(&t));                 //初始化随机种子
int Sum = 0;
for (int i = 0;i <10;i++)
{
    int index = rand() % 10;                //获取 10 以内的索引值
    bool isFind = false;
    for (int j=0;j<Sum;j++)
    {
        if (RandName[j] == index)           //判断是否已存在
        {
            isFind = true;
            break;
        }
    }
    if (isFind)
        continue;
    RandName[Sum++] = index;                //记录本次获取索引
    if (Sum >= Count)
        break;
}
for (i=0;i<Count;i++)
{
    cout << "编号："<<(char *)PersonCode[RandName[i]] <<"   姓名："
        << (char *)PersonName[RandName[i]] << endl;
}
return 0;
}
```

■ 秘笈心法

心法领悟 198：如何存取字符串序列？

当需要存取一组字符串时，如人员姓名或编号，可以通过二维数组来实现。因为一个字符型的二维数组可以看成是字符串类型的数组，而字符串类型在 C++语言中可以由一维字符型数组代替，所以一个字符串序列就可以使用字符型二维数组来存取。

| 实例 199 | 判断指定月份属于哪个季节
光盘位置：光盘\MR\04\199 | 高级
趣味指数：★★★☆ |

■ 实例说明

每一年都有春、夏、秋、冬 4 个季节，而每个季节都有大约 3 个月时间，春季从 3 月到 5 月，夏季从 6 月到 8 月，秋季从 9 月到 11 月，冬季从 12 月到次年的 2 月。了解了上面的信息后，就可以使用 switch 语句判断用户选定的月份属于哪一个季节。实例运行结果如图 4.57 所示。

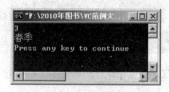

图 4.57　判断指定月份属于哪个季节

■ 关键技术

本实例主要使用了 switch 语句，下面对其进行详细讲解。

switch 语句是多路选择语句，通过一个表达式的值来使程序从多个分支中选取一个用于执行的分支。C++ 语言与其他语言不同，只能是一个整型表达式，不能是字符型表达式，并且在每一个 case 关键字下面都要有一个 break 语句，否则程序将运行到下一个 case 语句中。

■ 设计过程

（1）创建一个基于控制台的应用程序。

（2）主要程序代码如下：

```cpp
#include "stdafx.h"
#include "iostream.h"

int main(int argc, char* argv[])
{
int index;
cin >> index;
    switch (index)                              //根据所选月份判断季节
    {
        case 3:
        case 4:
        case 5:
            cout << "春季" << endl;              //提示选择春季
            break;
        case 6:
        case 7:
        case 8:
            cout << "夏季" << endl;              //提示选择夏季
            break;
        case 9:
        case 10:
        case 11:
            cout << "秋季" << endl;              //提示选择秋季
            break;
        case 12:
        case 1:
        case 2:
            cout << "冬季" << endl;              //提示选择冬季
            break;
        default:                                //如果没有选择月份，则弹出提示信息
            cout << "请选择月份" << endl;
            break;
    }

return 0;
}
```

■ 秘笈心法

心法领悟 199：switch 语句中多个 case 可以使用一个 break。

在 switch 语句中，多个 case 标签可以使用一个 break 关键字。但是在这种情况下，只有最后一个 case 标签中可以带有语句块，前面的 case 标签不能带有语句块内容。

实例 200	判断闰年	高级
	光盘位置：光盘\MR\04\200	趣味指数：★★★★☆

■ 实例说明

闰年是为了弥补因人为历法规定造成的每一年的天数与地球实际公转周期的时间差而设定的，而补上时间差的年份被称作闰年，闰年共有 366 天。现在可以使用条件运算符判断用户输入的年份是否为闰年。人们常说"四年一闰，百年不闰，四百年再闰"，那么怎样计算闰年呢？计算闰年的方法很简单，指定年份如果能被 400 整除就为闰年，或者指定年份可以整除 4 但不能整除 100 也为闰年，有了算法后程序的设计就变得简单多了。实例运行结果如图 4.58 所示。

■ 关键技术

本实例实现时主要用到条件运算符，下面对其进行详细讲解。

条件运算符（?:）又叫三元运算符，会根据布尔类型值或者布尔类型表达式返回两个值中的一个。如图 4.59 所示。

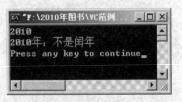

图 4.58　判断闰年

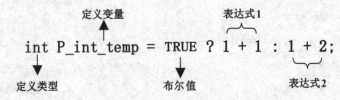

图 4.59　条件运算符使用方法

从图 4.59 中可以看到，当条件运算符的布尔值为 TRUE 时计算表达式 1，并将结果交给变量 P_int_temp，此时变量 P_int_temp 的值应当为 2。

📖 说明：图 4.59 中条件运算符的布尔值可以替换为布尔表达式，通过计算布尔表达式的值来判断返回表达式 1 的结果还是返回表达式 2 的结果。

■ 设计过程

（1）创建一个基于控制台的应用程序。

（2）主要程序代码如下：

```cpp
#include "stdafx.h"
#include "iostream.h"

void IsLeap(const int year)
{
char * mm =    (year % 4 == 0 && year % 100 != 0)                    //判断是否为闰年
               || year % 400 == 0 ? "是闰年":"不是闰年";
cout << year << "年： " << mm << endl;

}

int main(int argc, char* argv[])
```

```
{
int year;
cin >> year;
IsLeap(year);
return 0;
}
```

秘笈心法

心法领悟 200：适当使用条件运算符。

从本实例中可以看到，在 MessageBox.Show 方法中直接嵌套使用了条件运算符，这种内联的方法使程序更加简洁。使用 if 语句也可以完成上面条件运算符所做的工作，但是使用 if 语句完成此功能的代码要比使用条件运算符多很多，适当使用条件运算符会使代码更加清晰明了。

实例 201	将两个实型数据转换为字符串并连接	高级
	光盘位置：光盘\MR\04\201	趣味指数：★★★★☆

实例说明

在程序中连接两个实型数据，需要将它们分别转换为字符串形式才能够连接，可以使用 _gcvt 函数将实型数据转换为字符串类型。实例运行结果如图 4.60 所示。

关键技术

实型数据转换为字符串可以有多种形式，但最方便的还应该是调用现有的函数来实现。_gcvt 函数实现了实型数据转换为

图 4.60　将两个实型数据转换为字符串并连接

字符串的功能，该函数被定义在 stdlib.h 头文件中。对于两个字符串的连接也可以使用 strcat 函数来实现，该函数属于字符串操作函数，所以定义在 string.h 头文件中。

设计过程

（1）创建一个基于控制台的应用程序。

（2）主要程序代码如下：

```
#include "stdafx.h"
#include "iostream.h"
#include "stdlib.h"
#include "string.h"

void CatString(double dblNum1, double dblNum2)
{
char szNum1[128] = {0};
char szNum2[128] = {0};
_gcvt(dblNum1, 10, szNum1);                    //将实型转换为字符串
_gcvt(dblNum2, 10, szNum2);
strcat(szNum1, szNum2);                        //连接字符串
cout << "结果：" << szNum1 << endl;            //输出结果
}

int main(int argc, char* argv[])
{
double d1;
double d2;
cin >> d1;
cin >> d2;
CatString(d1,d2);
return 0;
}
```

秘笈心法

心法领悟 201：字符串的连接。

字符串的连接可以使用 strcat 函数实现，其功能是将第二个参数所指定的字符串连接到第一个参数所指定的字符串的后面。但其实际操作并不是真的存放在第一个参数所指定的字符串的内存空间后面，而是创建了一个新的字符串空间，将两个字符串顺次复制到新创建的字符串空间中，并返回这个字符串空间的地址。

实例 202	分解字符串中的单词 光盘位置：光盘\MR\04\202	高级 趣味指数：★★★☆

实例说明

在开发 C++应用程序时，经常涉及遍历字符串的问题，如解析字符串中的单词。在程序中实现类似的功能也比较简单，可以利用一个字符指针来访问每一个字符。如果字符为空格，则表示一个单词结束。本实例实现了字符串中单词的分解。实例运行结果如图 4.61 所示。

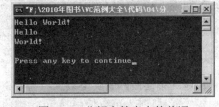

图 4.61 分解字符串中的单词

关键技术

分解字符串中的单词可以有许多方法，但最为直接的方法还是遍历字符串，当出现空格时代表一个单词的结束和下一个单词的开始。在这个过程中需要注意的是单词的开始，还需要跳过这个空格字符。当字符串遍历一次后，其中包括的所有单词也就提取出来了。

设计过程

（1）创建一个基于控制台的应用程序。

（2）主要程序代码如下：

```cpp
#include "stdafx.h"
#include "iostream.h"

void ListString(char szString[])
{
char *pItem = szString;                //定义一个临时字符指针
while(*pItem != '\0')                  //遍历字符串中的每一个字符
{
    if (*pItem == ' ')                 //如果是空格则跳过
    {
        pItem++;
        cout << endl;
    }
    cout << *pItem;
    pItem++;                           //指向字符串的下一个字符
}
cout << endl;
}

int main(int argc, char* argv[])
{
char Str[100] = "Hello World!\n";
cout << Str;
ListString(Str);
return 0;
}
```

秘笈心法

心法领悟 202：CString 的多种初始化方式。

CString 是 MFC 中经常用到的字符串类,使用该类时不用关心内存分配情况,而且它还有多种初始化方式:

- ❏ 直接将字符串赋值给 CString 对象。
- ❏ 通过构造函数初始化。
- ❏ 加载工程中的字符串资源。
- ❏ 使用 CString 类的成员函数 Format 初始化。

实例 203	不使用库函数复制字符串	高级
	光盘位置:光盘\MR\04\203	趣味指数:★★★★☆

■ 实例说明

许多程序开发人员习惯了使用现成的库函数,一旦要求实现某些低层的功能时就不知所措。本实例实现了字符串复制的功能,让读者了解并不是所有的库函数都很复杂,其实自己也是可以实现的。实例运行结果如图 4.62 所示。

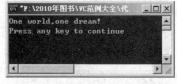

图 4.62 不使用库函数复制字符串

■ 关键技术

字符串的复制其实就是将源字符串所在内存空间中的值复制到目标字符串所在的内存空间,所以可以利用指针分别指向这两个字符串空间,然后利用指针移动实现两个字符串空间的读写操作。但在实现这一过程之前目标字符串必须创建足够的空间用来存储将要写入的字符串。

■ 设计过程

(1)创建一个基于控制台的应用程序。

(2)主要程序代码如下:

```
#include "stdafx.h"

bool cpystr(char *pdst, const char *psrc)
{
char *pch = pdst;                          //定义一个字符指针

if (pdst==NULL || psrc == NULL)            //验证参数
        return false;

while ((*pdst++ = *psrc++) != '\0') ;      //遍历源字符串和目标字符串,将源字符串每一个字符赋值给目标字符串

return true;
}
int main(int argc, char* argv[])
{
char data[30];
if (cpystr(data,"One world,one dream!"))
        printf("%s\n",data);               //输出结果
return 0;
}
```

■ 秘笈心法

心法领悟 203:Windows 字符串指针类型。

Windows 字符串的指针类型有 LPCSTR、LPSTR、LPCTSTR、LPTSTR。

- ❏ LPCSTR 是 32 位静态字符串指针,对它可以直接赋值使用。
- ❏ LPSTR 是 32 位字符串指针。
- ❏ LPCTSTR 是 32 位静态 Unicode 型字符串指针。
- ❏ LPTSTR 是 32 位 Unicode 型字符串指针。

第 **5** 章

类和对象

▶▶ 类与对象的使用

▶▶ STL 应用

5.1 类与对象的使用

实例 204	自定义图书类 光盘位置：光盘\MR\05\204	高级 趣味指数：★★★★☆

实例说明

面向对象程序设计（OOP）是当今主流的程序设计方式。面向对象编程的基础是类，用来创建对象的模板。本实例将通过自定义一个图书类来演示如何使用 C++语言编程。实例运行结果如图 5.1 所示。

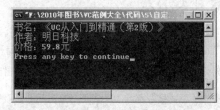

图 5.1 自定义图书类

关键技术

在 C++语言中，使用 class 关键字来定义类。在类中，通常包括域和方法两部分。域表示对象的状态，方法表示对象的行为。通过使用 new 关键字可以创建一个类的对象。通常情况下，不同的对象属性是有差别的。可以使用构造方法在创建对象时就设置属性，也可以使用方法在创建对象后修改对象的属性，这里所指的属性是类中所定义的成员变量。创建一个最简单的类的代码如下：

```
class MingriSoft {}
```

📖 说明：public 是一个访问权限限定符，表示被修饰的类或方法对于其他类而言是无条件可见的。

设计过程

（1）创建一个基于控制台的应用程序。
（2）主要程序代码如下：

```
#include "stdafx.h"
#include "string.h"
#include "iostream.h"

class Book {
private:
        char m_title[30];                                       //定义书名
        char m_author[30];                                      //定义作者
        double m_price;                                         //定义价格
public:
        Book(){}
        Book(char title[], char author[], double price)         //利用构造方法初始化域
        {
            strcpy((char *)(m_title),(char *)(title));
            strcpy((char *)(m_author),(char *)(author));
            m_price = price;
        }
        char * getTitle()                                       //获得书名
        {
            return m_title;
        }
        char * getAuthor()                                     //获得作者
        {
            return m_author;
        }
        double getPrice()                                       //获得价格
        {
        return m_price;
        }
};
```

```
int main(int argc, char* argv[])
{
Book book("《VC 从入门到精通（第 2 版）》", "明日科技", 59.8);        //创建对象
cout << "书名: " << book.getTitle() << endl;                        //输出书名
cout << "作者: " << book.getAuthor() << endl;                       //输出作者
cout << "价格: " << book.getPrice() << "元" << endl;                //输出价格

return 0;
}
```

■ 秘笈心法

心法领悟 204：类的简单设计原则。

在分析问题时，通常将遇到的名词设计成类，将名词的状态设计成域，将操作该名称的动作设计成方法。例如，图书可以设计成一个类，书名、作者、价格等可以设计成该类的域，购买、运输可以设计成该类的方法。

实例 205	温度单位转换工具 光盘位置：光盘\MR\05\205	高级 趣味指数：★★★☆

■ 实例说明

目前，世界上有两种常用的温度单位：华氏度和摄氏度。我国普遍使用摄氏度，而英美使用华氏度。对于处于沸腾状态的水，在这两种温度单位下分别表示成 100℃和 212℉。本实例可以根据用户输入的摄氏度转换成对应的华氏度。实例运行结果如图 5.2 所示。

图 5.2　温度单位转换工具

■ 关键技术

通常情况下，定义类是为了完成某种功能，这些功能是通过方法实现的。一个方法通常由修饰符、返回值、方法名称、方法参数和方法体 5 个部分组成。创建一个最简单的方法的代码如下：

```
void doSomething(){};
```

修饰符包括访问权限限定符、static、final 等；返回值可以是基本类型，也可以是引用类型，还可以返回 void；方法名称与定义变量时的规则相同；方法参数是方法要处理的数据，可以为空；方法体是该方法需要完成的功能。

💡 提示：变量命名规则：必须是一个以字母开头的由字母或数字构成的序列。

■ 设计过程

（1）创建一个基于控制台的应用程序。

（2）主要程序代码如下：

```
#include "stdafx.h"
#include "iostream.h"

class TemperatureConverter {
public:
        double toFahrenheit(double centigrade) {
            double fahrenheit = 1.8 * centigrade + 32;        //计算华氏温度
            return fahrenheit;                                //返回华氏温度
        }
};

int main(int argc, char* argv[])
{
cout << "请输入要转换的温度（单位：摄氏度）" << endl;
```

```
double centigrade;
cin >> centigrade;
TemperatureConverter tc;                              //创建类的对象
double fahrenheit = tc.toFahrenheit(centigrade);      //转换温度为华氏度
cout << "转换完成的温度（单位：华氏度）: " << fahrenheit << endl;    //输出转换结果

return 0;
}
```

秘笈心法

心法领悟 205：类对象的创建。

在定义一个类对象而不是类指针时，可以直接传递构造函数的参数，而创建类指针时需要用 new 创建类对象并传递参数。

实例 206	编写同名的方法 光盘位置：光盘\MR\05\206	高级 趣味指数：★★★★

实例说明

对于 C 语言而言，是不能定义同名的方法的。如果有 8 种数据类型需要在控制台上输出，则需要定义 8 个不同的方法。显然这种方式对于程序员和用户都不理想。对于用户而言，更关心该方法执行的功能，而不是该方法的名称。如果能够屏蔽方法参数类型的差异而使用统一的方法名称就会比较好。本实例将演示重载在 C++语言中的应用。实例运行结果如图 5.3 所示。

图 5.3　编写同名的方法

关键技术

在 C++语言中，可以通过重载（Overloading）来减少方法名称的个数。当对象在调用方法时，可以根据方法参数的不同来确定执行哪个方法。方法参数的不同包括参数类型不同、参数个数不同和参数顺序不同。需要注意的是，不能通过方法的返回值来区分方法，即不能有两个方法签名相同但返回值不同的方法。

📖说明：要完整地描述一个方法，需要说明方法名称和方法参数，统称为方法签名。

设计过程

（1）创建一个基于控制台的应用程序。
（2）主要程序代码如下：

```
#include "stdafx.h"
#include "iostream.h"

class OverloadingFunction {
public:
 void info() {                                    //定义没有参数的 info()方法
        cout << "普通方法：1" << endl;
    }
    void info(int age) {                             //定义包含整型参数的 info()方法
        cout << "重载方法：" << age << endl;
    }
};

int main(int argc, char* argv[])
{
OverloadingFunction *ot = new OverloadingFunction();      //创建 OverloadingFunction 类对象
```

```
ot->info();                                          //测试无参数 info()方法
for (int i = 1; i < 5; i++) {                         //测试有参数 info()方法
        ot->info(i);
}

return 0;
}
```

■ 秘笈心法

心法领悟 206：方法重载的应用。

除了可以对普通方法使用重载外，还可以对构造方法使用重载。实际上这正是重载的起源。因为构造方法的特殊性，一个类不可能定义两个不同名称的构造方法，所以如果希望构造方法能够使用不同的参数，则必须支持重载。此外，重载不仅可以发生在一个类中，也可以发生在存在继承关系的多个类中，即子类可以重载超类定义的方法。C++语言还支持对方法进行重写（Overriding），可以为同一个方法提供不同的实现，请读者务必注意两者的区别，不要混淆。

实例 207	构造方法的应用 光盘位置：光盘\MR\05\207	高级 趣味指数：★★★☆

■ 实例说明

C++程序的各种功能是通过对象调用相关方法完成的，因此必须先获得对象。使用构造方法获得对象是一种非常常用的方式。另一种方式是使用反射，这不是本实例的重点。构造方法也支持重载，本实例将演示使用不同的构造方法来获得对象。实例运行结果如图 5.4 所示。

图 5.4　构造方法的应用

■ 关键技术

没有参数或者所有参数都有默认值的构造方法称为默认构造方法。如果在类中没有提供构造方法，那么编译器将自动产生一个公共的构造方法，这个构造方法通常什么也不做。如果在类中提供了构造方法，编译器就不会再创建默认的构造方法。在一个类中可以有多个构造方法，但这些构造方法的参数都必须不同。例如：

```
class Person
{
public:
    Person(){}
    Person(char Name[]){}
```

■ 设计过程

（1）创建一个基于控制台的应用程序。

（2）主要程序代码如下：

```
#include "stdafx.h"
#include "iostream.h"
#include "string.h"
```

```cpp
class Person {
private:
char m_name[10];                                        //定义姓名
    char m_gender[4];                                   //定义性别
    int m_age;                                          //定义年龄
public:
Person() {                                              //定义没有参数的构造方法
    m_name[0] = '\0';
    m_gender[0] = '\0';
    m_age = 0;
    cout << "使用无参构造方法创建对象" << endl;
}
    Person(char *name, char *gender, int age) {         //利用构造方法初始化域
    strcpy(m_name,name);
    strcpy(m_gender,gender);
    m_age = age;
    cout << "使用有参构造方法创建对象" << endl;
}
    char * getName() {                                  //获得姓名
    return m_name;
}
    char * getGender() {                                //获得性别
    return m_gender;
}
    int getAge() {                                      //获得年龄
    return m_age;
}
};

int main(int argc, char* argv[])
{
Person *person1 = new Person();                         //创建对象
Person *person2 = new Person("明日科技", "男", 11);       //创建对象
cout << "员工 1 的信息" << endl;
cout << "员工姓名: " << person1->getName() << endl;      //输出姓名
cout << "员工性别: " << person1->getGender() << endl;    //输出性别
cout << "员工年龄: " << person1->getAge() << endl;       //输出年龄
cout << "员工 2 的信息" << endl;
cout << "员工姓名: " << person2->getName() << endl;      //输出姓名
cout << "员工性别: " << person2->getGender() << endl;    //输出性别
cout << "员工年龄: " << person2->getAge() << endl;       //输出年龄

return 0;
}
```

■ 秘笈心法

心法领悟 207：构造方法的访问修饰符。

构造方法有 3 种常用的访问修饰符：public、private 和默认修饰符。public 意味着其他类可以使用该类的构造方法，从而使用该类的对象。private 意味着只能在这个类的内部创建该类的对象，其他类是不能创建该类的对象的，这通常应用在单例模式中。

实例 208	祖先的止痒药方	高级
	光盘位置：光盘\MR\05\208	趣味指数：★★★☆

■ 实例说明

在华夏五千年历史中，中医无疑是其重要的组成部分。通过不同的草药之间的组合，可以治疗大部分疾病。然而，对于一些独特的药方，通常是在家族内部传递的，即"子承父业"。本实例将使用 protected 关键字来模

拟药方的传递。实例运行结果如图 5.5 所示。

图 5.5　祖先的止痒药方

关键技术

　　C++语言中一共有 3 种访问权限限定符：public、protected 和 private。访问权限限定符可以用来修饰类、域和方法。protected 关键字用于在继承时控制可见性。各种修饰符的范围如表 5.1 所示。

表 5.1　访问权限限定符的可见范围

范　　围	public	protected	默　　认	private
同类	可见	可见	可见	可见
子类同一命名空间	可见	可见		
子类非同一命名空间	可见	可见		
非同一命名空间	可见			

　　说明：在 C++语言中默认修饰符与 private 修饰符等同。

设计过程

　　（1）创建一个基于控制台的应用程序。
　　（2）主要程序代码如下：

```cpp
#include "stdafx.h"
#include "iostream.h"

class Ancestor {
private:
    char* prescription;                          //定义药方
public:
    Ancestor(){prescription = "吃中药";}
protected:
    char* getPrescription() {                    //获得药方
        return prescription;
    }
};

class Child :public Ancestor {
public:
    void Out() {
        cout << "获得祖先的止痒药方： " << endl;
        cout << getPrescription() << endl;       //输出药方
    }
};

int main(int argc, char* argv[])
{
    Child ch;
    ch.Out();
    return 0;
}
```

秘笈心法

　　心法领悟 208：访问权限限定符的应用。
　　为了实现面向对象的封装特性，通常将类的域设置成私有的（使用 private 修饰），而将方法设置成公有的（使用 public 修饰）。对于希望在子类中使用的域，可以将其设置成受保护的（使用 protected 修饰）。需要注意的是，即使没有继承关系，对于同一命名空间中的其他类，protected 域也是可见的。

实例 209	统计图书的销售量 光盘位置：光盘\MR\05\209	高级 趣味指数：★★★☆

■ 实例说明

在商品（类的实例）的销售过程中，需要对销量进行统计。此时有两种方式：可以在创建对象时统计个数或者在创建对象后统计个数。前者是通过在类的构造方法中增加计数器实现的，后者是在创建该类对象的类中增加计数器实现的。本实例将演示前者的实现方式。实例运行结果如图 5.6 所示。

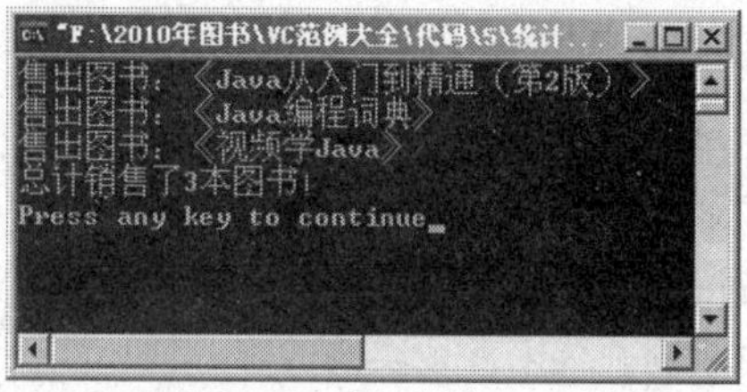

图 5.6　统计图书的销售量

■ 关键技术

对于普通域而言，是针对对象的，即每个对象可以有自己的一份普通域备份，可以随意对其进行修改而不会对其他对象产生影响。对于 static 修饰的域而言，它是针对类的，即该类的全部对象共享一个域，此时任何对象对其进行的修改都会影响到其他对象的这个域。

注意：static 还可以修饰方法和块，但不要用 static 修饰类，这没有任何意义。

■ 设计过程

（1）创建一个基于控制台的应用程序。
（2）主要程序代码如下：

```
#include "stdafx.h"
#include "iostream.h"

class Book {
private:
 static int counter;                                                 //定义一个计数器
public:
Book(char* title) {
        cout << "售出图书： " << title << endl;                      //输出书名
        counter++;                                                   //计数器加 1
    }
    static int getCounter()                                          //获得计数器的结果
{
    return counter;
}
};

int Book::counter = 0;

int main(int argc, char* argv[])
{
typedef char String[100];
String titles[] = { "《Java 从入门到精通（第 2 版）》", "《Java 编程词典》", "《视频学 Java》" };   //创建书名数组
for (int i = 0; i < 3; i++) {
        new Book(titles[i]);                                         //利用书名数组创建 Book 对象
    }
cout << "总计销售了" << Book::getCounter() << "本图书！" << endl;       //输出创建对象的个数
return 0;
}
```

■ 秘笈心法

心法领悟 209：static 域的使用。

当需要记录类的状态时，可以使用 static 域。如果将类中的 static 域声明为 public 的，则可以使用"类名::域"的方式来访问该 static 域。

实例 210	单例模式的应用 光盘位置：光盘\MR\05\210	高级 趣味指数：★★★★

■ 实例说明

在中国历史上，有一个很特殊的职业，通常其从业者有且仅有一人，那就是皇帝。作为大臣，是需要经常上朝参拜皇帝的。当叩首完毕后，发现还是上次那个人，心中暗喜：自己的饭碗还没丢。本实例使用单例模式来保证实例的唯一性。实例运行结果如图 5.7 所示。

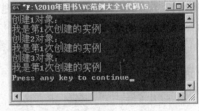

图 5.7 单例模式的应用

■ 关键技术

既然要保证类有且仅有一个实例，就需要其他的类不能实例化该类。因此，需要将构造方法设置成私有的，即使用 private 关键字修饰。同时，在类中提供一个静态方法，该方法的返回值是该类的一个实例。这样就只能使用该方法来获得类的实例，从而保证了唯一性。

💡 提示：必须使用静态方法提供类的实例，否则是不能实例化该类的。

■ 设计过程

（1）创建一个基于控制台的应用程序。
（2）主要程序代码如下：

```cpp
#include "stdafx.h"
#include "iostream.h"

class Emperor {
private:
static Emperor *pEmperor;                               //声明一个 Emperor 类的引用
static int count;                                       //实例创建次数
    Emperor() {                                         //将构造方法私有
      count++;
    }
public:
static Emperor getInstance() {                          //实例化引用
        if (pEmperor == NULL) {
            pEmperor = new Emperor();
        }
        return *pEmperor;
    }
    void getName() {
        cout << "我是第" << count << "次创建的实例" << endl;
    }
};

Emperor * Emperor::pEmperor = NULL;
int Emperor::count = 0;

int main(int argc, char* argv[])
{
cout << "创建 1 对象： " << endl;
Emperor emperor1 = Emperor::getInstance();             //创建对象
emperor1.getName();                                     //输出名字
cout << "创建 2 对象： " << endl;
Emperor emperor2 = Emperor::getInstance();             //创建对象
```

```
emperor2.getName();                                  //输出名字
cout << "创建 3 对象: " << endl;
Emperor emperor3 = Emperor::getInstance();            //创建对象
emperor3.getName();                                  //输出名字

return 0;
}
```

秘笈心法

心法领悟 210：单例模式的应用。

使用单例模式的优点就是可以限制对象的数量，从而节约资源，如数据库的连接池就需要使用单例模式创建。另外，对于打印机而言，操作系统在管理时也使用了单例模式。这样就可以防止有多个打印任务时出现打印内容的混乱。

实例 211	员工间的差异	高级
	光盘位置：光盘\MR\05\211	趣味指数：★★★★☆

实例说明

对于在同一家公司工作的经理和员工都属于公司的员工，但同是员工却存在着很多差异。例如，每个月都要发工资，但是经理在完成任务目标后，还会获得奖金。此时，利用员工类编写经理类就会少写很多代码，利用继承技术可以让经理类使用员工类中定义的域和方法。本实例将演示继承的用法，实例运行结果如图 5.8 所示。

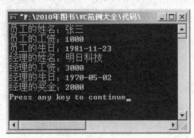

图 5.8　员工间的差异

关键技术

在面向对象程序设计中，继承是其基本特性之一。在 C++中，如果想表明类 A 继承了类 B，可以使用下面的语法定义类 A：

```
class A : public B {}
```

类 A 称为子类或派生类，类 B 称为超类、基类或父类。尽管类 B 是一个超类，但是并不意味着类 B 比类 A 有更多的功能。相反，类 A 比类 B 的功能更加丰富。

提示：在继承树中，从下往上越来越抽象，从上往下越来越具体。

设计过程

（1）创建一个基于控制台的应用程序。
（2）主要程序代码如下：

```
#include "stdafx.h"
#include "string.h"
#include "iostream.h"

typedef char String[30];

class Employee {
```

```
private:
    String m_name;                                //员工的姓名
    double m_salary;                              //员工的工资
    String m_birthday;                            //员工的生日
public:
char * getName() {                                //获得员工的姓名
        return m_name;
    }
    void setName(String name) {                   //设置员工的姓名
      strcpy(m_name,name);
    }
    double getSalary() {                          //获得员工的工资
        return m_salary;
    }
    void setSalary(double salary) {               //设置员工的工资
      m_salary = salary;
    }
    char * getBirthday() {                        //获得员工的出生日期
        return m_birthday;
    }
    void setBirthday(String birthday) {           //设置员工的出生日期
      strcpy(m_birthday,birthday);
    }
};

class Manager : public Employee {
private:
 double m_bonus;                                  //经理的奖金
public:
 double getBonus() {                              //获得经理的奖金
        return m_bonus;
    }
    void setBonus(double bonus) {                 //设置经理的奖金
        m_bonus = bonus;
    }
};

int main(int argc, char* argv[])
{
Employee employee;                               //创建 Employee 对象并为其赋值
employee.setName("张三");
employee.setSalary(1000);
employee.setBirthday("1981-11-23");
Manager manager;                                 //创建 Manager 对象并为其赋值
manager.setName("明日科技");
manager.setSalary(3000);
manager.setBirthday("1970-05-02");
manager.setBonus(2000);

//输出经理和员工的属性值
cout << "员工的姓名： " << employee.getName() << endl;
cout << "员工的工资： " << employee.getSalary() << endl;
cout << "员工的生日： " << employee.getBirthday() << endl;
cout << "经理的姓名： " << manager.getName() << endl;
cout << "经理的工资： " << manager.getSalary() << endl;
cout << "经理的生日： " << manager.getBirthday() << endl;
cout << "经理的奖金： " << manager.getBonus() << endl;

return 0;
}
```

■ 秘笈心法

心法领悟 211：继承的使用原则。

虽然使用继承能少写很多代码，但是不要滥用继承。在使用继承前，需要考虑两者之间是否真的存在继承的关系，这是继承的重要特征。在本实例中，经理显然是员工，所以可以用继承。另外，子类也可以成为其他类的父类，这样就构成了一棵继承树。

实例212	重写父类中的方法 光盘位置：光盘\MR\05\212	高级 趣味指数：★★★★☆

■ 实例说明

在继承了一个类之后，就可以使用父类中定义的方法了。然而，父类中的方法并不能完全适用于子类。此时，如果不想重新定义方法，则可以重写父类中的方法。本实例将演示如何重写父类中的方法。实例运行结果如图 5.9 所示。

图 5.9　重写父类中的方法

■ 关键技术

方法的重写（Overriding）只能发生在存在继承关系的类中。重写方法需要注意以下几点：

- ❑ 重写方法与原来方法签名要相同，即方法名称和参数（包括顺序）要相同。
- ❑ 重写方法的可见性不能小于原来的方法。
- ❑ 重写方法抛出异常的范围不能大于原来方法抛出异常的范围。

◀》注意：重写方法可以与原来方法的返回值不同，但两个返回值之间要存在继承关系。

■ 设计过程

（1）创建一个基于控制台的应用程序。

（2）主要程序代码如下：

```cpp
#include "stdafx.h"
#include "iostream.h"

class Employee {
public:
char * getInfo() {                                      //定义测试用的方法
        return "父类：我是明日科技的员工！ ";
    }
};

class Manager : public Employee {
public:
char* getInfo() {                                       //重写测试用的方法
        return "子类：我是明日科技的经理！ ";
    }
};


int main(int argc, char* argv[])
{
Employee employee;                                      //创建 Employee 对象
cout << employee.getInfo() << endl;                     //输出 Employee 对象的 getInfo 方法返回值
Manager manager;                                        //创建 Manager 对象
cout << manager.getInfo() << endl;                      //输出 Manager 对象的 getInfo 方法返回值

return 0;
}
```

■ 秘笈心法

心法领悟 212：在重载方法中调用基类方法。

如何在子类的重载方法中调用重载的基类方法，可以通过"基类名+::+方法名"的形式来实现。类似于调用类的静态方法，如果不需要执行基类的方法可以不添加此代码。

实例 213	计算几何图形的面积 光盘位置：光盘\MR\05\213	高级 趣味指数：★★★★☆

■ 实例说明

对于每个几何图形而言，都有一些共同的属性，如名字、面积等，而其计算面积的方法却各不相同。为了简化开发，可以定义一个超类来实现输出名字的方法，并使用虚方法计算面积。本实例将演示类与虚方法的使用。实例运行结果如图 5.10 所示。

■ 关键技术

在设计类的过程中，通常会将一些类所具有的公共域和方法移到超类中，这样就不必重复定义。然而这些类的超类却经常没有实际的意义。虚方法在类中的声明很简单，例如：

图 5.10　计算几何图形的面积

```
virtual double getArea() = 0;                          //获得图形的面积
```

■ 设计过程

（1）创建一个基于控制台的应用程序。

（2）编写类 Shape，在该类中定义两个方法：getName 方法用于获得类名称，getArea 方法是一个虚方法，并未实现，代码如下：

```
const double PI = 3.1415926;

class Shape {
protected:
  char name[30];
public:
  Shape(){strcpy(name,"Shape");}
  char * getName() {                                   //获得图形的名称
        return name;
    }
public:
  virtual double getArea() = 0;                         //获得图形的面积
};
```

（3）编写类 Circle，该类继承自 Shape 并实现了其虚方法 getArea。在该类的构造方法中，获得了圆形的半径，以此在 getArea 中计算面积，代码如下：

```
class Circle :public Shape {
private:
  double m_radius;
public:
  Circle(double radius) {                              //获得圆形的半径
        strcpy(name,"Circle");
        m_radius = radius;
    }
    double getArea() {                                 //计算圆形的面积
        return PI * pow(m_radius, 2);
    }
};
```

（4）编写类 Rectangle，该类继承自 Shape 并实现了其虚方法 getArea。在该类的构造方法中，获得了矩形的长和宽，以此在 getArea 中计算面积，代码如下：

```
class Rectangle :public Shape {
private:
```

```
double m_length;
    double m_width;
public:
Rectangle(double length, double width) {                                //获得矩形的长和宽
        m_length = length;
        m_width = width;
    strcpy(name,"Rectangle");
    }
    double getArea() {                                                  //计算矩形的面积
        return m_length * m_width;
    }
};
```

（5）编写 main 函数，在该函数中创建了 Circle 对象和 Rectangle 对象，并分别输出图形的名称和面积，代码如下：

```
int main(int argc, char* argv[])
{
Circle circle(1);                                                       //创建圆形对象并将半径设置成 1
cout << "图形的名称是: " << circle.getName() << endl;
cout << "图形的面积是: " << circle.getArea() << endl;
Rectangle rectangle(1, 1);                                             //创建矩形对象并将长和宽设置成 1
cout << "图形的名称是: " << rectangle.getName() << endl;
cout << "图形的面积是: " << rectangle.getArea() << endl;

return 0;
}
```

■ 秘笈心法

心法领悟 213：抽象类的使用。

在类中，可以定义虚方法（使用 virtual 修饰的方法），也可以定义普通方法。对于虚方法而言，仅定义一个声明即可，虚方法是没有方法体的。

实例 214	简单的汽车销售商场 光盘位置：光盘\MR\05\214	高级 趣味指数：★★★★☆

■ 实例说明

当顾客在商场购物时，商家需要根据顾客的需求提取商品。汽车销售商场也是如此，用户需要先指定要购买的车型，然后商家去提取该车型的汽车。本实例将实现一个简单的汽车销售商场，用来演示多态的用法。实例运行结果如图 5.11 所示。

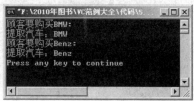

图 5.11　简单的汽车销售商场

■ 关键技术

在面向对象程序设计中，多态是其基本特性之一。使用多态的优点是可以屏蔽对象之间的差异，从而增强软件的扩展性和重用性。C++语言中的多态主要是通过重写父类中的方法来实现的。对于香蕉、橘子等水果而言，人们通常关心其能吃的特性。如果分别说香蕉能吃，橘子能吃，则当再增加新的水果种类，如菠萝时还要写菠萝能吃，这是非常麻烦的。使用多态则可以写成水果能吃，当需要用到具体的水果时，系统会自动替换，从而简化开发。

设计过程

（1）创建一个基于控制台的应用程序。

（2）编写类 Car，该类是一个抽象类，其中定义了一个纯虚方法 getInfo，代码如下：

```
#include "stdafx.h"
#include "iostream.h"

//抽象类
class Car {
public:
 virtual char * getInfo() = 0;                          //用来描述汽车的信息
};
```

（3）编写类 BMW，该类继承自 Car 并实现了其 getInfo 方法，代码如下：

```
class BMW :public Car {
public:
 char* getInfo() {                                      //用来描述汽车的信息
        return "BMW";
    }
};
```

（4）编写类 Benz，该类继承自 Car 并实现了其 getInfo 方法，代码如下：

```
class Benz :public Car {
public:
 char* getInfo() {                                      //用来描述汽车的信息
        return "Benz";
    }
};
```

（5）编写类 CarFactory，该类定义了一个静态方法 getCar()，可以根据用户指定的车型创建对象，代码如下：

```
//类工厂
class CarFactory {
public:
static Car* getCar(char* name) {
        if (name == "BMW") {                           //如果需要 BMW，则创建 BMW 对象
            return new BMW();
        } else if (name == "Benz") {                   //如果需要 Benz，则创建 Benz 对象
            return new Benz();
        } else {                                       //暂时不能支持其他车型
            return NULL;
        }
    }
};
```

（6）编写 main 函数，根据用户的需要提取不同的汽车，代码如下：

```
int main(int argc, char* argv[])
{
cout << "顾客要购买 BMW:" << endl;
Car *bmw = CarFactory::getCar("BMW");                   //用户要购买 BMW
cout << "提取汽车： " << bmw->getInfo() << endl;         //提取 BMW
cout << "顾客要购买 Benz:" << endl;
Car *benz = CarFactory::getCar("Benz");                 //用户要购买 Benz
cout << "提取汽车： " << benz->getInfo() << endl;        //提取 Benz

return 0;
}
```

秘笈心法

心法领悟 214：简单工厂模式的应用。

本实例实现了设计模式中的简单工厂模式。该模式将创建对象的过程放在了一个静态方法中来实现。在实际编程中，如果需要大量地创建对象，使用该模式是比较理想的。当商场支持新的车型时，只需要修改 CarFactory 类进行增加即可，对其他的类基本不需要修改。

实例 215	利用拷贝构造函数简化实例创建	高级
	光盘位置: 光盘\MR\05\215	趣味指数: ★★★☆

实例说明

有时在创建一个类的对象时可能需要传递许多参数,当创建相同参数的多个对象时就会很麻烦。这时可以通过拷贝构造函数来简化其他实例的创建过程,即利用第一个创建的对象来创建其他对象。实例运行结果如图 5.12 所示。

图 5.12　利用拷贝构造函数简化实例创建

关键技术

拷贝构造函数是一种特殊的成员函数,其功能是用一个已存在的对象来初始化一个被创建的同类型的对象。拷贝构造函数的参数传递方式必须按引用来调用。拷贝构造函数主要在如下 3 种情况下起作用:

❑　声明语句中用一个对象初始化另一个对象。例如:

```
Tpoint P2(P1);
```

❑　将一个对象作为参数按值调用方式传递给另一个对象时生成对象的副本。例如:

```
p = m(N);
```

❑　生成一个临时对象作为函数的返回结果,如函数的返回值为一个对象,而不是对象的指针。例如:

```
return Object;
```

设计过程

(1)创建一个基于控制台的应用程序。

(2)主要程序代码如下:

```cpp
#include "stdafx.h"
#include "iostream.h"

class TPoint
{
private:
int x;
int y;
public:
TPoint(int X,int Y)                              //构造函数
{
    x = X;
    y = Y;
}
TPoint(TPoint &p)                                //拷贝构造函数
{
    x = p.x;
    y = p.y;
    cout << "拷贝了" << endl;
}
int GetX()
{
    return x;
}
int GetY()
{
    return y;
}
TPoint GetPoint(int X,int Y)
{
    return TPoint(X,Y);                          //返回 TPoint 对象
```

```
}
};

int main(int argc, char* argv[])
{
TPoint p1(10,20);
TPoint p2(p1);
TPoint p3 = p2.GetPoint(30,40);
return 0;
}
```

■ 秘笈心法

心法领悟 215：对象拷贝创建。

如果想通过一个对象快速地创建另一个对象，可用拷贝构造函数来创建。

实例 216	访问类中私有成员的函数 光盘位置：光盘\MR\05\216	高级 趣味指数：★★★☆

■ 实例说明

大家都知道只有类的成员方法才能访问类的私有数据，但有时在特定的条件下还需要由非类的成员方法来调用类中的私有数据。为了实现这一功能，C++语言提供了友元的机制，通过友元即可解决这样的问题。本实例实现了在非类的成员方法中调用类的私有数据。实例运行结果如图 5.13 所示。

图 5.13　访问类中私有成员的函数

■ 关键技术

友元是一种定义在类外部的普通函数，但友元要在类内进行说明，为了与该类的成员函数加以区别，在说明时前面需要加上 friend 关键字。友元不是成员函数，但友元可以访问类中的私有成员。不要随意使用友元函数，因为友元的机制本身就破坏了类的封装性和隐蔽性。

■ 设计过程

（1）创建一个基于控制台的应用程序。
（2）主要程序代码如下：

```
#include "stdafx.h"
#include "iostream.h"
#include "string.h"

typedef char String[30];

class CPerson
{
private:
 String name;                                      //姓名
 int age;                                          //年龄
public:
 CPerson(String Name,int Age)                      //构造函数
 {
      strcpy(name,Name);
      age = Age;
 }
 friend char * GetName(CPerson&p);                 //定义友员函数
};

char * GetName(CPerson&p)                          //获取 CPerson 类私有信息
```

```
{
return p.name;
}

int main(int argc, char* argv[])
{
CPerson p("张三",25);
cout << GetName(p) << endl;
return 0;
}
```

秘笈心法

心法领悟 216：友元的使用。

在定义类时，将一些数据成员定义成私有的，但还需要在类的外部调用，此时不必更改这些数据成员的可见性，添加一个友元函数即可。

实例 217	实现类的加法运算	高级
	光盘位置：光盘\MR\05\217	趣味指数：★★★★☆

实例说明

运算符是用来进行数学运算的，平时所用的运算符的操作都是针对基本数据类型的。那么类是否也能实现运算符的计算呢？当然，在 C++ 语言中提供了运算符重载的机制，通过这个机制即可实现类对象与基本数据类型或对象之间的运算。本实例实现了类的加法运算。实例运行结果如图 5.14 所示。

图 5.14　实现类的加法运算

关键技术

为了能进行类对象和一个整型值的加法运算，需要写一个类的成员函数重载双目加法（+）运算符。该函数在类中声明如下：

```
Date operator+(int n) const;
```

函数的声明指出，返回值是一个 Date 类对象，函数名是运算符 "+"，只有一个整型参数，而且函数是常量型的。当编译器发现某个函数以加上前缀 operator 的真实运算符作为函数名时，就会把该函数当作重载运算符来处理。

设计过程

（1）创建一个基于控制台的应用程序。

（2）主要程序代码如下：

```
#include "stdafx.h"
#include "iostream.h"

class Date
{
private:
int m,d,y;                              //月、日、年
static int days[];
public:
Date(int M,int D,int Y)
{
    m = M;
    d = D;
    y = Y;
}
void Display()
```

```
    {
        //显示日期
        cout << y << "年" << m << "月" << d << "日" << endl;
    }
    Date operator+(int n) const
    {
        //计算加上日期后的值
        Date date = *this;
        n += date.d;
        while (n > days[date.m-1])
        {
            n -= days[date.m-1];
            if (++date.m == 13)
            {
                date.m = 1;
                date.y++;
            }
        }
        date.d = n;
        return date;                                    //返回新日期
    }
};

//一年中每个月的天数
int Date::days[] = {31,28,31,30,31,30,31,31,30,31,30,31};

int main(int argc, char* argv[])
{
    Date d1(03,05,2010);
    d1.Display();
    Date d2 = d1 + 10;
    cout << "日期值+10" << endl;
    d2.Display();
    return 0;
}
```

■ 秘笈心法

心法领悟 217：类对象加法的使用。

也可以把类看作一个特殊的数据类型，所以也应该具备算术运算的能力，通过加法运算符可以很容易地实现减法等其他运算符的使用。

实例218	在类中实现事件 光盘位置：光盘\MR\05\218	高级 趣味指数：★★★☆

■ 实例说明

在许多语言中都有对事件的定义，事件的作用是可以在类外实现一个事件，然后在类中调用这个事件。这样在设计类时就可以不必实现某些功能，而这些功能可以交给外部函数来处理，这就增加了程序的灵活性。本实例实现了如何在类中实现事件。实例运行结果如图 5.15 所示。

图 5.15　在类中实现事件

■ 关键技术

在 C++语言中实现事件可以使用函数回调的方法，而函数回调是使用函数指针来实现的。注意这里针对的是普通的函数，不包括完全依赖于不同语法和语义规则的类成员函数。声明函数指针时，回调函数是一个不能显式调用的函数，通过将回调函数的地址传给调用者从而实现调用。要实现回调，必须首先定义函数指针。尽管定义的语法有点不可思议，但如果熟悉函数声明的一般方法，便会发现函数指针的声明与函数声明非常类似。

例如：

```
void f();                                      //函数原型
```

上面的语句声明了一个函数，没有输入参数并返回 void。那么函数指针的声明方法如下：

```
void (*f) ();
```

设计过程

（1）创建一个基于控制台的应用程序。

（2）主要程序代码如下：

```
#include "stdafx.h"
#include "iostream.h"
#include "string.h"

class CLoad;
typedef void (*TEvent)(CLoad * e);             //事件指针

class CLoad
{
private:
char filename[10];                             //文件名
public:
TEvent OnLoad;                                 //载入事件
void Load(char *FileName)
{
    strcpy(filename,FileName);
    cout << "执行内部载入操作" << endl;
    if (OnLoad != NULL)                        //是否存在事件
        OnLoad(this);                          //执行事件
}
char * GetFileName()
{
    return filename;
}
};

void OnLoad(CLoad* e)                           //定义外部事件
{
cout << "执行外部事件加载文件：" << e->GetFileName() << endl;
}

int main(int argc, char* argv[])
{
CLoad ld;
ld.OnLoad = OnLoad;                            //添加事件
ld.Load("c:\\123.txt");
return 0;
}
```

秘笈心法

心法领悟 218：数据类型的定义。

有时一种类型在定义时会很长，所以可以在 C++语言中自定义数据类型，这需要使用关键字 typedef。像函数指针在使用时就可以将其定义成一种类型，这样不但可以用来声明变量，还可以作为函数的参数进行传递。

实例 219	命名空间的使用 光盘位置：光盘\MR\05\219	高级 趣味指数：★★★★☆

实例说明

很多初学 C++语言的用户，对于 C++中的一些基本的但又不常用的概念感到模糊，命名空间（namespace）

就是这样一个概念。在其他语言中命名空间早已广泛应用，而在 C++语言中却很少使用。本实例通过命名空间定义常量。实例运行结果如图 5.16 所示。

图 5.16　命名空间的使用

■ 关键技术

C++语言中采用的是单一的全局变量命名空间。在这个单一的空间中，如果有两个变量或函数的名字完全相同，就会出现冲突。当然，也可以使用不同的名字，但有时并不知道另一个变量也使用完全相同的名字。有时为了程序的方便，必须使用同一个名字。例如，定义了一个变量 string user_name，有可能在调用的某个库文件或另外的程序代码中也定义了相同名字的变量，这就会出现冲突。命名空间就是为解决 C++语言中的变量、函数的命名冲突而服务的。解决的方法是将 user_name 变量定义在一个不同名字的命名空间中。

■ 设计过程

（1）创建一个基于控制台的应用程序。

（2）主要程序代码如下：

```cpp
#include "stdafx.h"
#include "iostream.h"

namespace nsConst
{
const Top = 1;
const Bottom = 2;
const Left = 3;
const Right = 4;
}

namespace nsMemo
{
const char *Top = "上";
const char *Bottom = "下";
const char *Left = "左";
const char *Right = "右";
}

int main(int argc, char* argv[])
{
int n;
cin >> n;
switch   (n)
{
case nsConst::Left:
        cout << nsMemo::Left << endl;
        break;
case nsConst::Top:
        cout << nsMemo::Top << endl;
        break;
case nsConst::Right:
        cout << nsMemo::Right << endl;
        break;
case nsConst::Bottom:
        cout << nsMemo::Bottom << endl;
        break;
}

return 0;
}
```

■ 秘笈心法

心法领悟 219：命名空间的使用。

在没有使用命名空间时，不同功能类的实现是在不同的后缀名为.h 或.cpp 的文件中实现的。当使用命名空间时即可在同一个.h 文件或.cpp 文件中实现不同的功能，从而减少了 include 对文件的引用。

实例 220	模板的实现 光盘位置：光盘\MR\05\220	高级 趣味指数：★★★★

■ 实例说明

对于功能相同而参数类型不同的函数，不必定义每个类型的函数，可以定义一个可对任何类型变量进行操作的函数模板。调用函数时，系统会将参数的类型取代函数模板中的虚拟类型，得到具体的函数。这样可以简化程序的设计。对于类来说，也可以通过类模板来解决同样的问题。本实例实现了一个类模板。实例运行结果如图 5.17 所示。

图 5.17　模板的实现

■ 关键技术

当定义类中的函数时，用下面的方式：

```
template<参数类型列表>
返回值 类名<参数类型列表>::函数名（参数列表）
{ 函数体内容;}
```

以上就是定义类模板中函数的方法，可以看到与普通成员函数定义的不同，是在前面加上 template<参数类型列表>这一句，并且对每个函数的定义都要编写。例如：

```
template <class T>
T Calculate<T>::Add()                              //定义模板中的加法函数
{
return m_a+m_b;
}
template <class T>
T Calculate<T>::Subtraction()                      //定义模板中的减法函数
{
return m_a - m_b;
}
```

■ 设计过程

（1）创建一个基于控制台的应用程序。
（2）主要程序代码如下：

```
#include "stdafx.h"
#include<iostream>
using namespace std;

template<class T>                                  //声明类模板，有一个参数类型为 T
class Compare
{
public:
Compare(T a, T b);                                 //声明构造函数
T Min();                                           //声明成员函数用来进行比较，选出最小的那个值
T Max();                                           //声明成员函数用来进行比较，选出最大的那个值
private:
T num1;                                            //成员变量，用来表示进行比较的值
T num2;
};

template<class T>                                  //类模板中的每个成员函数的定义都要加 template<class T>
Compare<T>::Compare(T a, T b)
{
num1=a;
num2=b;
}
```

```
template<class T>
T Compare<T>::Min()                                    //定义选出最小值的函数
{
if(num1<num2)
        return num1;
else
        return num2;
}

template<class T>
T Compare<T>::Max()                                    //定义选出最大值的函数
{
if(num1>num2)
        return num1;
else
        return num2;
}

int main()
{
Compare<int> com1(20,10);                              //定义一个参数为 int 类型的对象
cout<<"the min of com1 is : "<<com1.Min()<<endl;
cout<<"the max of com1 is : "<<com1.Max()<<endl;
Compare<float> com2(15.2,32.1);                        //定义一个参数为 float 类型的对象
cout<<"the min of com2 is : "<<com2.Min()<<endl;
cout<<"the max of com2 is : "<<com2.Max()<<endl;
return 0;
}
```

■ 秘笈心法

心法领悟 220：使用 template 的优势。

template 提供较好的方案，它把"一般性的算法"和"对数据类型的实现部分"区分开来。可以先写算法的程序代码，稍后在使用时再填入实际数据类型。新的 C++语法使"数据类型"也以参数的姿态出现。有了 template，就可以拥有宏"只写一次"的优点，以及重载函数"类型检验"的优点。

实例 221	const 函数的使用	高级
	光盘位置：光盘\MR\05\221	趣味指数：★★★★☆

■ 实例说明

类中的成员函数可以访问类中的成员变量，并对访问的成员变量进行修改。如果将类中的成员函数声明为常成员函数，则常成员函数只能引用本类中的成员变量而不能对成员变量进行修改。本实例将介绍如何使用 const 函数。实例运行结果如图 5.18 所示。

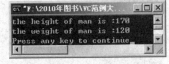

图 5.18　const 函数的使用

■ 关键技术

在常成员函数中只是引用成员变量而不能修改成员变量。const 是函数类型的一部分，在声明函数和定义函数时都要有 const 关键字，在调用时不必加 const。const 成员函数可以引用 const 成员变量，也可以引用非 const 的成员变量。const 成员变量可以被 const 成员函数引用，也可以被一般成员函数引用。

■ 设计过程

（1）创建一个基于控制台的应用程序。
（2）主要程序代码如下：

```
#include "stdafx.h"
#include "iostream.h"
```

```
int main()
{
int num;
cout<<"输入一个数: "<<"\n";
cin >>num;
int* arrays = new int[num];
for(int i=0;i<num;i++)
{
        arrays[i] = i+1;
}
for(i=0;i<num;i++)
{
        cout<<arrays[i]<<"\t";
}
cout<<"\n";
delete [] arrays;
}
```

秘笈心法

心法领悟 221：const 函数的使用。

如果要求类中的数据不可以改变，那么可以将类中的成员变量声明为 const 成员变量，再将成员函数声明为 const 成员函数。这样可以起到双保险的作用，保证数据不会被修改。

实例 222	使用纯虚函数代替接口	高级
	光盘位置：光盘\MR\05\222	趣味指数：★★★★☆

实例说明

在 C++语言中是不存在接口的，但却存在多继承和类似接口的抽象类（由纯虚函数创建）。有了纯虚函数的概念就可以像其他语言一样将类中的公共行为提取出来。本实例使用纯虚函数代替接口实现了公共行为的定义。实例运行结果如图 5.19 所示。

图 5.19　使用纯虚函数代替接口

关键技术

纯虚函数是没有函数体的，也就是说在基类中不需要对纯虚函数进行定义。最后面的"=0"并不是表示函数的返回值为 0，只是起形式上的作用，用来说明此虚函数是纯虚函数。这是一个声明语句，所以在句子的最后有";"号。

设计过程

（1）创建一个基于控制台的应用程序。

（2）主要程序代码如下：

```
#include "stdafx.h"
#include "iostream.h"

class CSubject                              //声明一个 CSubject 类
{
public:
 virtual void display()=0;                  //声明一个纯虚函数
};

class CChina: public CSubject              //声明一个派生自 CSubject 的 CChina 类
{
public:
 virtual void display()
 {
```

```
                cout<<"这是中国"<<endl;
    }
};

class CEnglish: public CSubject                    //声明一个派生自 CSubject 的 CEnglish 类
{
public:
virtual void display()
{
                cout<<"这是美国"<<endl;
}
};

int main(int argc, char* argv[])
{
CChina China;
China.display();
CEnglish English;
English.display();

return 0;
}
```

■ 秘笈心法

心法领悟 222：纯虚函数的使用。

如果一个类中声明纯虚函数，而在派生类中却没有重新对该函数进行定义，则纯虚函数在派生类中仍然为纯虚函数，并不会出现编译错误，因为纯虚函数并不是真正的接口。

实例 223	定义嵌套类 光盘位置：光盘\MR\05\223	高级 趣味指数：★★★★☆

■ 实例说明

C++语言允许在一个类中定义另一个类，这被称为嵌套类，也被称为内置类。当一个类只想被另外一个单独的类所使用时即可将该类定义为嵌套类。本实例实现了嵌套类的定义。实例运行结果如图 5.20 所示。

图 5.20　定义嵌套类

■ 关键技术

对于内部的嵌套类来说，只允许其在外围的类域中使用，在其他类域或者作用域中是不可见的。所以嵌套类提高了类本身被访问的安全条件，但也减少了修改的机会。所以嵌套类适用于私有数据，并且是不再被修改的类。

■ 设计过程

（1）创建一个基于控制台的应用程序。
（2）主要程序代码如下：

```
#include "stdafx.h"
#include "string.h"
#include "iostream.h"

#define MAXLEN 128                          //定义一个宏
class CList                                  //定义 CList 类
{
public:                                      //嵌套类为公有的
class CNode                                  //定义嵌套类 CNode
{
        friend class CList;                  //将 CList 类作为自己的友元类
```

```
private:
        int m_Tag;                                    //定义私有成员
public:
        char m_Name[MAXLEN];                          //定义公有数据成员
};                                                    //CNode 类定义结束
public:
CNode m_Node;                                         //定义一个 CNode 类型的数据成员
void SetNodeName(const char *pchData)                 //定义成员函数
{
        if (pchData != NULL)                          //判断指针是否为空
        {
                strcpy(m_Node.m_Name,pchData);        //访问 CNode 类的公有数据
        }
}
void SetNodeTag(int tag)                              //定义成员函数
{
        m_Node.m_Tag = tag;                           //访问 CNode 类的私有数据
}
void Display()
{
        cout << "节点名称： " << m_Node.m_Name << endl;
        cout << "标记： " << m_Node.m_Tag << endl;
}
};


int main(int argc, char* argv[])
{
CList list;
list.SetNodeName("节点");
list.SetNodeTag(10);
list.Display();
return 0;
}
```

■ 秘笈心法

心法领悟 223：嵌套类的使用范围。

嵌套类一般定义在一个类的内部，所以嵌套类的作用范围也只在其所定义的类的内部有效。如果想在其类中使用该类，就必须重新定义。

实例 224	策略模式的简单应用 光盘位置：光盘\MR\05\224	高级 趣味指数：★★★★

■ 实例说明

在使用图像处理软件处理图片后，需要选择一种格式进行保存。然而各种格式在底层实现的算法并不相同，这刚好适合策略模式。本实例将演示如何使用策略模式与简单工厂模式组合进行开发，实例运行结果如图 5.21 所示。

图 5.21　策略模式的简单应用

■ 关键技术

对于策略模式而言，需要定义一个抽象类来表示各种策略的抽象。这样即可使用多态让虚拟机选择不同的实现类，然后让每一种具体的策略来实现这个抽象类，并为其中定义的方法提供具体的实现。由于在选择适当的策略上有些不方便，需要不断地判断需要的类型，因此用简单工厂方法来实现判断过程。

■ 设计过程

（1）创建一个基于控制台的应用程序。

（2）编写接口 ImageSaver，在该接口中定义了 save 方法，代码如下：

```
//抽象类
class ImageSaver {
public:
    virtual void save() = 0;//定义 save 方法
};
```

（3）编写类 GIFSaver 和 JPEGSaver，这两个类实现了 ImageSaver 接口。在实现 save 方法时将图片保存成 GIF 和 JPEG 格式，代码如下：

```
class GIFSaver :public ImageSaver {
public:
 virtual void save() {                                     //实现 save 方法
        cout << "将图片保存成 GIF 格式" << endl;
    }
};

class JPEGSaver :public ImageSaver {
public:
 virtual void save() {                                     //实现 save 方法
        cout << "将图片保存成 GIF 格式" << endl;
    }
};
```

📖 **说明**：对于存储为其他格式的图片方法的实现是类似的，在此不再讲解。

（4）编写类 TypeChooser，该类根据用户提供的图片类型来选择合适的图片存储方式，代码如下：

```
class TypeChooser {
public:
 static ImageSaver* getSaver(int type) {
        if (type == GIF) {                                //使用 if...else 语句判断图片的类型
            return new GIFSaver();
        } else if (type == JPEG) {
            return new JPEGSaver();
        }else {
            return NULL;
        }
    }
};
```

💡 **提示**：此处使用了简单工厂模式，根据描述图片类型的字符串创建相应的图片保存类对象。

（5）编写 main 方法，代码如下：

```
int main(int argc, char* argv[])
{
cout << "用户选择了 GIF 格式：" << endl;
ImageSaver *saver = TypeChooser::getSaver(GIF);           //获得保存图片为 GIF 类型的对象
saver->save();
cout << "用户选择了 JPEG 格式：" << endl;                   //获得保存图片为 JPEG 类型的对象
saver = TypeChooser::getSaver(JPEG);
saver->save();

return 0;
}
```

■ 秘笈心法

心法领悟 224：策略模式的简单应用。

策略模式主要用于由很多不同的方式来解决同一个问题的情况，例如保存文件，可以保存成.txt 格式，也可以保存成.xml 格式，这就需要提供两种策略来实现具体的保存方法。压缩文件、商场的促销策略等都是类似的。可以说策略模式在日常生活中的应用非常广泛。

实例 225	适配器模式的简单应用	高级
	光盘位置：光盘\MR\05\225	趣味指数：★★★☆

■ 实例说明

对于刚出厂的产品，有些功能并不能完全满足用户的需要。因此，用户通常会对其进行一定的改装。本实例为普通的汽车增加了 GPS 定位功能，借此演示适配器模式的用法。实例运行结果如图 5.22 所示。

■ 关键技术

适配器模式可以在符合 OCP 原则（开闭原则）的基础上为类增加新的功能。该模式涉及的主要角色如下。

- ❑ 目标角色：即期待得到的类，如本实例的 GPS 抽象类。
- ❑ 源角色：需要被增加功能的类，如本实例的 Car 类。
- ❑ 适配器角色：新创建的类，在源角色的基础上实现了目标角色，如本实例的 GPSCar 类。

各个类的继承（实现）关系如图 5.23 所示。

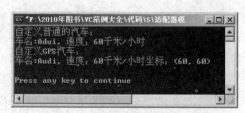

图 5.22　适配器模式的简单应用

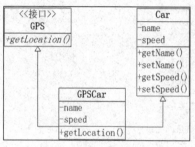

图 5.23　适配器模式 UML 图

■ 设计过程

（1）创建一个基于控制台的应用程序。

（2）主要程序代码如下：

```cpp
#include "stdafx.h"
#include "iostream.h"
#include "string.h"

typedef char String[30];
struct Point
{
int x,y;
};

class Car {
private:
String name;                                     //表示名称
    double speed;                                //表示速度
public:
double getSpeed(){
    return speed;
}
void setSpeed(double sp)
{
    speed = sp;
}
char *getName()
{
    return name;
}
```

```
void setName(String Name)
{
        strcpy(name,Name);
}
public:
virtual void toString() {
        cout << "车名:" << name << ", "
        << "速度：" << speed << "千米/小时" ;
    }
};

class GPS {
    virtual Point getLocation() = 0;                            //提供定位功能
};

class GPSCar :public Car , GPS {
public:
Point getLocation() {                                          //利用汽车的速度确定汽车的位置
        Point point;
    point.x = getSpeed();
    point.y = getSpeed();
        return point;
    }
    void toString() {
        Car::toString();
        cout << "坐标：(" << getLocation().x << ", " << getLocation().y << ")"<< endl;
    }
};


int main(int argc, char* argv[])
{
cout << "自定义普通的汽车：" << endl;
Car car;                                                       //创建普通的汽车对象并初始化
car.setName("Audi");
car.setSpeed(60);
car.toString();
cout << endl;
cout << "自定义 GPS 汽车：" << endl;
GPSCar gpsCar;                                                 //创建带 GPS 功能的汽车对象并初始化
gpsCar.setName("Audi");
gpsCar.setSpeed(60);
gpsCar.toString();
cout << endl;

return 0;
}
```

■ 秘笈心法

心法领悟 225：适配器模式的应用。

在实际开发中，往往不是从零做起的。通常会需要使用已经实现部分功能的代码并按照需要为其增加新的功能。适配器模式可以很好地解决这个问题，既可以避免修改原来的代码，又可以提供新的功能。

5.2   STL 应用

实例 226	vector 模板类的应用 光盘位置：光盘\MR\05\226	高级 趣味指数：★★★☆

■ 实例说明

向量（vector）是一种随机访问的数组类型，提供了对数组元素的快速、随机访问，以及在序列尾部快速、

随机地插入和删除操作，在需要时可以改变其大小，是大小可变的
向量。本实例实现了通过向量模板对数据进行排序。实例运行结果
如图 5.24 所示。

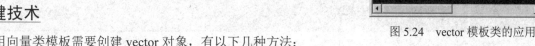

图 5.24 vector 模板类的应用

关键技术

使用向量类模板需要创建 vector 对象，有以下几种方法：

❏ std::vector<type> name;

该方法创建了一个名为 name 的空 vector 对象，该对象可容纳类型为 type 的数据。例如，为整型值创建一
个空 std::vector 对象可以使用这样的语句：

```
std::vector<int> intvector;
```

❏ std::vector<type> name(size);

该方法用来初始化具有 size 元素个数的 vector 对象。

❏ std::vector<type> name(size,value);

该方法用来初始化具有 size 元素个数的 vector 对象，并将对象的初始值设为 value。

❏ std::vector<type> name(myvector);

该方法使用复制构造函数，用现有的向量 myvector 创建了一个 vector 对象。

❏ std::vector<type> name(first,last);

该方法创建了元素在指定范围内的向量，first 代表起始范围，last 代表结束范围。

设计过程

（1）创建一个基于控制台的应用程序。
（2）程序主要代码如下：

```
#include "stdafx.h"
#include <iostream>
#include <vector>
#include <algorithm>
using namespace std;
void Output(char val)
{
cout << val << ' ';
}
int main()
{
vector<char> charVector;                                    //创建字符型向量
charVector.push_back('Z');                                  //在向量中插入数据
charVector.push_back('D');
charVector.push_back('S');
charVector.push_back('A');
charVector.push_back('E');
charVector.push_back('C');
charVector.push_back('U');
charVector.push_back('V');
cout << "Contents of vector:";
for_each(charVector.begin(),charVector.end(),Output);       //循环并显示向量中的元素
sort(charVector.begin(),charVector.end());                  //对向量中的元素进行排序
cout << std::endl<< "Contents of vector:";
for_each(charVector.begin(),charVector.end(),Output);       //循环并显示向量中的元素
cout << endl;
return 0;
}
```

秘笈心法

心法领悟 226：利用 sort 对向量进行排序。

向量是一种随机访问的数据类型，不同向量中的每个元素并不在同一块内存空间中。但向量实现了许多通用

的功能，如向量的排序。程序设计人员不必再自己实现排序算法，直接调用 sort 对向量进行排序即可。

实例 227	链表类模板的应用 光盘位置：光盘\MR\05\227	高级 趣味指数：★★★☆

■ 实例说明

链表（list）中，双向链表容器不支持随机访问，访问链表元素需要指针从链表的某个端点开始，插入和删除操作所花费的时间是固定的，和该元素在链表中的位置无关。在任何位置插入和删除动作都很快，不像 vector 只在末尾进行操作。本实例实现了向链表中插入数据。实例运行结果如图 5.25 所示。

图 5.25 链表类模板的应用

■ 关键技术

使用链表类模板需要创建 list 对象，创建 list 对象有以下几种方法：

❑ std::list<type> name;

该方法用于创建一个名为 name 的空 list 对象，该对象可容纳类型为 type 的数据。例如，为整型值创建一个空 std::vector 对象可使用这样的语句：

```
std:::list <int> intlist;
```

❑ std::list<type> name(size);

该方法用于初始化具有 size 元素个数的 list 对象。

❑ std::list<type> name(size,value);

该方法用于初始化具有 size 元素个数的 list 对象，并将对象的每个元素设为 value。

❑ std::list<type> name(mylist);

该方法可以使用复制构造函数，用现有的链表 mylist 创建一个 list 对象。

❑ std::list<type> name(first,last);

该方法用于创建元素在指定范围内的链表，first 代表起始范围，last 代表结束范围。

■ 设计过程

（1）创建一个基于控制台的应用程序。

（2）主要程序代码如下：

```cpp
#include <iostream>
#include <list>
using namespace std;
int main()
{
char cTemp;
list<char> charlist;
for(int i=0;i<5;i+=3)
{
        cTemp='a'+i;                              //ASCII 值加 i
        charlist.push_front(cTemp);
}
cout << "list old:" <<endl;
list<char>::iterator it;
for(it=charlist.begin();it!=charlist.end();it++)
{
        cout << *it << endl;                      //输出链表元素
}
list<char>::iterator itstart=charlist.begin();
charlist.insert(++itstart,2,'A');                 //插入值
cout << "list old" << endl;
```

```
for(it=charlist.begin();it!=charlist.end();it++)
{
        cout << *it << endl;                                        //输出链表元素
}
return 0;
}
```

■ 秘笈心法

心法领悟 227：iterator 是什么？

iterator 就像容器中指向对象的指针。STL 的算法使用 iterator 在容器上进行操作。iterator 设置算法的边界、容器的长度等。例如，有些 iterator 仅让算法读元素，有一些让算法写元素，有一些则两者都行。iterator 也决定在容器中处理的方向。

实例 228	通过指定的字符在集合中查找元素 光盘位置：光盘\MR\05\228	高级 趣味指数：★★★★

■ 实例说明

set 类模板又称为集合类模板，一个集合对象像链表一样顺序地存储一组值。在一个集合中，集合元素既充当存储的数据，又充当数据的关键码。本实例实现了向 set 类模板中插入数据并进行查找。实例运行结果如图 5.26 所示。

图 5.26　通过指定的字符在集合中查找元素

■ 关键技术

可以使用下面几种方法创建 set 对象：

❑　std::set<type,predicate> name;

该方法创建了一个名为 name，并且包含 type 类型数据的 set 空对象。该对象使用谓词所指定的函数对集合中的元素进行排序。例如，要给整数创建一个空 set 对象，可以这样写：

```
std::set<int,std::less<int>> intset;
```

❑　std::set<type,predicate> name(myset)

该方法使用了复制构造函数，从一个已存在的集合 myset 中生成一个 set 对象。

❑　std::set<type,predicate> name(first,last)

该方法从一定范围的元素中根据多重指示器所指示的起始与终止位置创建一个集合。

■ 设计过程

（1）创建一个基于控制台的应用程序。

（2）主要程序代码如下：

```
#include <iostream>
#include <set>
using namespace std;
void main()
{
set<char> cSet;                                        //利用 set 对象创建字符类型的集合
cSet.insert('B');                                      //插入元素
cSet.insert('C');
cSet.insert('D');
cSet.insert('A');
cSet.insert('F');
cout << "old set:" << endl;
set<char>::iterator it;                                //循环显示集合中的元素
```

```
for(it=cSet.begin();it!=cSet.end();it++)
        cout << *it << endl;
char cTmp;
cTmp='D';
it=cSet.find(cTmp);                              //在集合中查找指定的元素
cout << "start find:" << cTmp << endl;
if(it==cSet.end())                               //没找到元素
        cout << "not found" << endl;
else                                             //找到元素
        cout << "found" << endl;
cTmp='G';
it=cSet.find(cTmp);                              //查找指定的元素
cout << "start find:" << cTmp << endl;
if(it==cSet.end())                               //没找到元素
        cout << "not found" << endl;
else                                             //找到元素
        cout << "found" << endl;
}
```

■ 秘笈心法

心法领悟 228：集合的存储方式。

集合是由节点组成的红黑树，每个节点都包含着一个元素，节点之间以某种作用于元素对的谓词排列，两个不同的元素不能拥有相同的次序。

实例 229	对集合进行比较 光盘位置：光盘\MR\05\229	高级 趣味指数：★★★☆

■ 实例说明

集合存储了一组相同类型的数据，在实际的应用中集合之间是可以判断大小的。本实例实现了两个集合之间的大小判断。实例运行结果如图 5.27 所示。

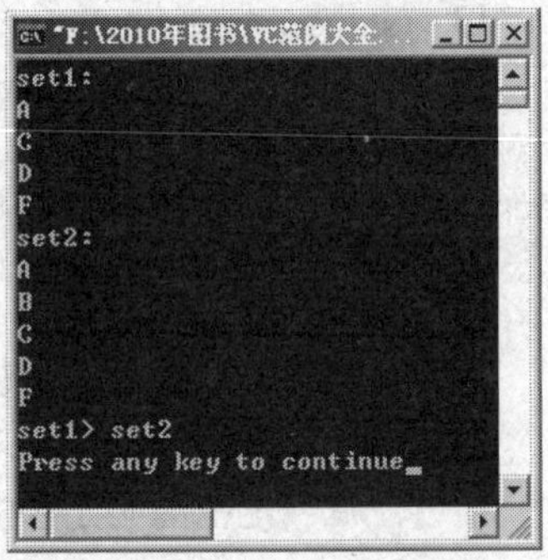

■ 关键技术

对于集合的判断不用程序设计人员自己编写，因为在集合类中重载了大于、小于和等于运算符，可以通过大于号（>）、小于号（<）和等于号（=）对两个集合直接判断大小。对于数值类型的集合，是对每一个集合中的元素值进行判断。而对于字符型的集合，则是判断每一个元素中字符的 ASCII 值。当某个元素的值大于或小于某个元素时将退出对元素的比较，直接返回判断结果。

图 5.27　对集合进行比较

📖说明：在对集合进行比较时，最好不要将不同类型的集合进行比较。

■ 设计过程

（1）创建一个基于控制台的应用程序。

（2）主要程序代码如下：

```
#include <iostream>
#include <set>
using namespace std;
void main()
{
set<char> cSet1;                                 //建立集合 1
cSet1.insert('C');                               //向集合 1 插入元素
cSet1.insert('D');
```

```
cSet1.insert('A');
cSet1.insert('F');
cout << "set1:" << endl;
set<char>::iterator it;
for(it=cSet1.begin();it!=cSet1.end();it++)              //显示集合 1 中的元素
        cout << *it << endl;
set<char> cSet2;                                         //建立集合 2
cSet2.insert('B');                                       //向集合 2 插入元素
cSet2.insert('C');
cSet2.insert('D');
cSet2.insert('A');
cSet2.insert('F');
cout << "set2:" << endl;
for(it=cSet2.begin();it!=cSet2.end();it++)              //显示集合 2 中的元素
        cout << *it << endl;
if(cSet1==cSet2)
        cout << "set1= set2";
else if(cSet1 < cSet2)
        cout << "set1< set2";
else if(cSet1 > cSet2)
        cout << "set1> set2";
cout << endl;
}
```

■ 秘笈心法

心法领悟 229：集合元素的遍历。

在集合中对于元素的访问可以通过一个静态指针来实现，该指针的类型为 iterator。通过 begin 方法和 end 方法获取元素的开始位置和结束位置，然后对 iterator 类型的指针进行自增（++）运算即可遍历集合中的元素。当对元素取值时可以像取指针值一样用 "*" 来操作。

实例 230	应用 adjacent_find 算法搜索相邻的重复元素	高级
	光盘位置: 光盘\MR\05\230	趣味指数: ★★★☆

■ 实例说明

adjacent_find 算法是一个非修正序列算法，意思是该算法在执行过程中并不改变序列本身。adjacent_find 算法用于返回指向邻近相等元素的第一个值的指针。本实例利用 adjacent_find 算法返回一组数中邻近的相同元素。实例运行结果如图 5.28 所示。

图 5.28　应用 adjacent_find 算法搜索相邻的重复元素

■ 关键技术

adjacent_find 算法并不直接操作集合类本身，而是对集合类中的元素进行操作，所以在操作前必须先定义集合类的指针 iterator。例如：

```
multiset<int , less<int> >::iterator it;
```

然后通过 adjacent_find 函数获取指定范围内的相等元素的第一个元素的 iterator 指针。例如：

```
it=adjacent_find(intSet.begin(),intSet.end());
```

begin 方法将返回集合中第一个元素的 iterator 指针，end 方法将返回集合中最后一个元素的 iterator 指针。adjacent_find 函数每调用一次取出一个值，要想取出集合中所有相同邻近数据的值，则需要在循环中实现。

■ 设计过程

（1）创建一个基于控制台的应用程序。
（2）主要程序代码如下：

```
#include <iostream>
#include <set>
```

```
#include <algorithm>
using namespace std;
void main()
{
multiset<int , less<int> > intSet;
intSet.insert(7);
intSet.insert(5);
intSet.insert(1);
intSet.insert(5);
intSet.insert(7);
cout << "Set:" << " ";
        multiset<int , less<int> >::iterator it =intSet.begin();
for(int i=0;i<intSet.size();++i)
        cout << *it++ << ' ';
cout << endl;
cout << "第一次匹配：";
        it=adjacent_find(intSet.begin(),intSet.end());
cout << *it++ << ' ';
cout << *it << endl;
cout << "第二次匹配：";
        it=adjacent_find(it,intSet.end());
cout << *it++ << ' ';
cout << *it << endl;
}
```

■ 秘笈心法

心法领悟 230：多重集合的使用。

multiset 是多重集合，可以按顺序存储一组数据。与集合类似，多重集合的元素既可以作为所存储的数据，又可以作为数据的关键字。多重集合与集合的不同之处在于它可以包含重复的数据。

实例 231	应用 count 算法计算相同元素的个数	高级
	光盘位置：光盘\MR\05\231	趣味指数：★★★☆

■ 实例说明

在学校，教师通常在每次学生考试后都会统计及格、优秀等分数的学生人数，这可以通过 count 算法实现。本实例将使用 count 算法统计一组分数中 85 分的数量。实例运行结果如图 5.29 所示。

图 5.29　应用 count 算法计算相同元素的个数

■ 关键技术

multiset 使程序能顺序存储一组数据。与集合类似，多重集合的元素既可以作为存储的数据，又可以作为数据的关键字。然而，与集合类不同的是多重集合类可以包含重复的数据。下面列出了几种创建多重集合的方法：

❑　std::multiset<type,predicate> name;

该方法创建了一个名为 name，并且包含 type 类型数据的 multiset 空对象。该对象使用谓词所指定的函数对集合中的元素进行排序。例如，要给整数创建一个空 multiset 对象，可以这样写：

std::multiset<int, std::less<int> > intset;

❑　std:: multiset <type,predicate> name(mymultiset)

该方法使用了复制构造函数，从一个已经存在的集合 mymultiset 中生成一个 multiset 对象。

❑ std:: multiset <type,predicate> name(first,last)

该方法从一定范围的元素中根据指示器所指示的开始与终止位置创建一个集合。

设计过程

（1）创建一个基于控制台的应用程序。

（2）主要程序代码如下：

```
#include <iostream>
#include <set>
#include <algorithm>
using namespace std;
void main()
{
//定义多重集合
multiset<int ,less<int> > intSet;
intSet.insert(85);                                          //插入分数
intSet.insert(90);
intSet.insert(100);
intSet.insert(85);
intSet.insert(85);
cout << "Set:";
       multiset<int ,less<int> >::iterator it =intSet.begin();     //定义集合指针
for(int i=0;i<intSet.size();++i)                            //输出集合
       cout << *it++ <<'';
cout << endl;

int cnt =count(intSet.begin(),intSet.end(),85);            //统计 85 分的数量
cout << "统计 85 分的数量为:" << cnt <<endl;
}
```

秘笈心法

心法领悟 231：利用多重集合进行排序。

通过本实例中的程序可以看出，当将一个没有经过排序的一组数据插入到多重集合中时，多重集合会自动对这组数据进行排序。这与集合类并不相同，集合类对集合中的数据进行排序需要调用 sort 函数。

实例 232	应用 random_shuffle 算法将元素顺序随机打乱	高级
	光盘位置：光盘\MR\05\232	趣味指数：★★★★☆

实例说明

random_shuffle 函数是一个修正算法，这种算法在执行过程中可能会修改容器的内容。random_shuffle 函数实现了对指定范围内元素的随机排列。实例运行结果如图 5.30 所示。

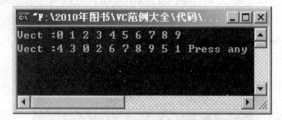

图 5.30　应用 random_shuffle 算法将元素顺序随机打乱

关键技术

向量（vector）是一种随机访问的数组类型，提供了对数组元素的快速、随机访问，以及在序列尾部快速、随机地插入和删除操作。向量的数据插入很简单，只需要调用 push_back 方法即可。但对于数据的提取就不一

样了，需要调用 for_each 函数。在这个函数中给出了 3 个参数，前两个参数是提取的范围，第三个参数是一个函数指针，用于传递获取元素值的函数的地址。例如：

```
void Output(int val)
{
cout << val << ' ';
}
```

设计过程

（1）创建一个基于控制台的应用程序。
（2）主要程序代码如下：

```
#include <iostream>
#include <vector>
#include <algorithm>
using namespace std;
void Output(int val)
{
cout << val << ' ';
}
void main()
{
vector<int > intVect;                                    //定义向量
for(int i=0;i<10;++i)
        intVect.push_back(i);                           //给向量赋值
cout << "Vect :";
for_each(intVect.begin(),intVect.end(),Output);         //显示向量中的值
random_shuffle(intVect.begin(),intVect.end());          //打乱顺序
cout << endl;
cout << "Vect :";
for_each(intVect.begin(),intVect.end(),Output);         //显示向量中的值
}
```

秘笈心法

心法领悟 232：向量元素的提取。

在本实例中向量元素的提取是通过 for_each 函数实现的，它通过调用一个具有固定参数的外部函数实现了向量元素的提取。

实例 233	迭代器的用法 光盘位置：光盘\MR\05\233	高级 趣味指数：★★★★☆

实例说明

迭代器相当于指向容器元素的指针，迭代器在容器内既可以向前移动，也可以向前向后双向移动。有专为输入元素准备的迭代器，有专为输出元素准备的迭代器，还有可以进行随机操作的迭代器，迭代器为访问容器提供了通用方法。本实例将介绍如何使用迭代器。实例运行结果如图 5.31 所示。

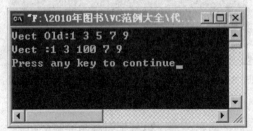

图 5.31　迭代器的用法

关键技术

迭代器的类型是根据对迭代器的操作而定的，主要有以下几种。

- ❑ 输入迭代器：用于从一个序列中读取数据，这种迭代器可以被增值、引用和比较。
- ❑ 输出迭代器：用于向一个序列写入数据，这种迭代器可以被增值和引用。
- ❑ 前向迭代器：既可以用来读取数据，又可以用来写入数据，还可以用来保存迭代器的值，以便从其原先的位置重新开始遍历。
- ❑ 双向迭代器：既可以用来读取数据，又可以用来写入数据，这种迭代器与前向迭代器类似，只不过可增值也可减值。
- ❑ 随机迭代器：是功能最强大的迭代器类型，随机访问迭代器具有双向迭代器的所有功能，并可以通过算法任意改变迭代器在序列中指向的位置。

设计过程

（1）创建一个基于控制台的应用程序。

（2）主要程序代码如下：

```cpp
#include <iostream>
#include <vector>
using namespace std;
void main()
{
vector<int> intVect(5);                          //创建向量
vector<int>::iterator it=intVect.begin();        //获取迭代器
*it++ = 1;                                        //前向迭代器
*it++ = 3;
*it++ = 5;
*it++ = 7;
*it=9;
cout << "Vect Old:";
for(it=intVect.begin();it!=intVect.end();it++)
        cout << *it << ' ';                      //读迭代器
it= intVect.begin();
*(it+2)=100;                                      //写迭代器
cout << endl;
cout << "Vect :";
for(it=intVect.begin();it!=intVect.end();it++)
        cout << *it << ' ';
cout << endl;
}
```

秘笈心法

心法领悟 233：迭代器的合理使用。

不同的 STL 算法需要不同的迭代器来实现相应的功能。因为不同类型的 STL 容器支持不同类型的迭代器，所以不能对所有容器使用所有的算法。例如，一个向量对象可以提供随机迭代器是合理的，因为向量需要随机访问它的元素，而对于序列的输出就应该只使用读迭代器。

实例 234	用向量改进内存的再分配 光盘位置：光盘\MR\05\234	高级 趣味指数：★★★★☆

实例说明

当在某个缓存中存储数据时，常常需要在运行时调整该缓存的大小，以便能容纳更多的数据。传统的内存再分配技术非常繁琐，而且容易出错，但向量可以很好地解决这个问题。本实例通过向量改进了内存再分配的功能。实例运行结果如图 5.32 所示。

图 5.32　用向量改进内存的再分配

关键技术

在 C 语言中，一般都是在需要扩充缓存时调用 realloc 函数。在 C++语言中情况更糟，甚至无法在函数中为 new 操作分配的数组重新申请内存。用户不仅要自己做分配处理，还必须把原来缓存中的数据复制到新的目的缓存，然后释放先前数组的缓存。

每一个 STL 容器都具备一个分配器（allocator），它是一个内置的内存管理器，能自动按需要重新分配容器的存储空间。在向量对象构造期间，先分配一个由其实现定义的默认的缓存大小。一般向量分配的数据存储初始空间是 64-256 存储槽（slots）。当存储空间不够时，会自动重新分配更多的内存。实际上，只要用户愿意，可以任意反复调用 push_back 函数，甚至不必知道分配是在哪里发生的。

设计过程

（1）创建一个基于控制台的应用程序。
（2）主要程序代码如下：

```cpp
#include <iostream>
#include <vector>
using namespace std;

int main()
{
vector <int> vi;                        //定义向量
int isbn;
while(true)
{
    cout << "输入 0 结束:";
    cin >> isbn;
    if (isbn==0)
            break;
    vi.push_back(isbn);                 //插入数据到向量
}
for (int n=0; n<vi.size(); ++n)
{
        cout<<"ISBN: "<<vi[n]<<endl;
}
}
```

秘笈心法

心法领悟 234：向量空间的分配。

在大多数情况下，应该让向量自动管理自己的内存，就像在上面程序中所做的那样。但是，在注重时效的任务中，改写默认的分配方案也是很有用的。假设预先知道 ISBN 的数量至少有 2000，就可以在对象构造时指出容量。例如：

```cpp
vector <int> vi(2000);                  //初始容量为 2000 个元素
```

第**2**篇

界面设计

第 **6** 章

窗体界面

6.1 对话框的调用

实例 235	模式对话框与非模式对话框的使用 光盘位置：光盘\MR\06\235	高级 趣味指数：★★★★☆

■ 实例说明

在程序设计中，对话框的显示可以分为模态显示和非模态显示两种。下面通过一个程序来看一下什么是模态显示，什么是非模态显示，效果如图 6.1 所示。

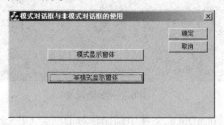

图 6.1 模式对话框与非模式对话框的使用

■ 关键技术

创建模式对话框的方法如下：

```
CBookinfo   Bookinfo;                              //定义对话框类的对象
Bookinfo.DoModal();                                //显示模式对话框
```

首先自定义 CBookinfo 类是派生于对话框的类，定义一个 CBookinfo 类的对象 Bookinfo，使用 Bookinfo 对象调用类中的成员函数，显示模式对话框。

创建非模式对话框的方法如下：

```
m_BookinfoDlg = new CBookinfo();                   //创建窗体
m_BookinfoDlg->Create(IDD_DIALOG1,this);           //创建非模式对话框
m_BookinfoDlg->ShowWindow(SW_SHOW);                //显示非模式对话框
```

为 CBookinfo 类对象分配内存空间，指针 pBookinfo 指向这个内存的地址。通过指针调用类中成员函数 Create 创建非模式对话框，再调用 ShowWindow 函数将其显示出来。

■ 设计过程

（1）创建一个基于对话框的应用程序。

（2）向窗体中添加两个按钮控件，右击按钮控件，在弹出的快捷菜单中选择 Properties 命令，设置按钮的 Caption 属性分别为"模式显示窗体"和"非模式显示窗体"。

（3）在资源视图中添加一个窗体资源，在这个窗体资源上双击鼠标弹出 Adding a Class 对话框，如图 6.2 所示。

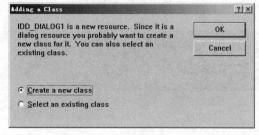

图 6.2 添加窗体类

（4）选中 Create a new class 单选按钮，单击 OK 按钮，弹出 New Class 对话框，在此添加类的名称，单击 OK 按钮，如图 6.3 所示。

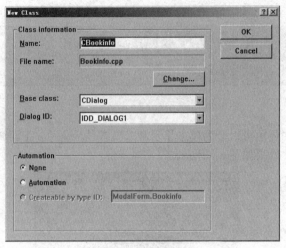

图 6.3　新类向导

（5）在主窗体对话框的 ModalFormDlg.h 文件中添加新对话框类 CBookinfo 的头文件，并在 CModalFormDlg 类中定义 m_BookinfoDlg，代码如下：

```
#include "Bookinfo.h"                                      //添加头文件
/////////////////////////////////////////////////////////
class CModalFormDlg : public CDialog
{
public:
CBookinfo *m_BookinfoDlg;                                 //定义对话框指针
CModalFormDlg(CWnd* pParent = NULL);
```

（6）在"模式显示窗体"按钮上添加对话框模式显示的代码，代码如下：

```
CBookinfo   Bookinfo;                                     //定义对话框类的对象
Bookinfo.DoModal();                                       //显示模式对话框
```

（7）在"非模式显示窗体"按钮上添加对话框非模式显示的代码，代码如下：

```
m_BookinfoDlg = new CBookinfo();                          //创建窗体
m_BookinfoDlg->Create(IDD_DIALOG1,this);                 //创建非模式对话框
m_BookinfoDlg->ShowWindow(SW_SHOW);                      //显示非模式对话框
```

■ 秘笈心法

心法领悟 235：窗体指针的使用。

在这个程序中，非模式显示窗体时所使用的对话框类的指针是类的一个成员变量，也可以说是全局的。其实，在使用时也可以写成局部指针变量的形式，例如：

```
CBookinfo *m_BookinfoDlg = new CBookinfo();              //创建窗体
m_BookinfoDlg->Create(IDD_DIALOG1,this);                 //创建非模式对话框
m_BookinfoDlg->ShowWindow(SW_SHOW);                      //显示非模式对话框
```

这两种方法实现的效果是一样的。

| 实例 236 | API 调用对话框资源
光盘位置：光盘\MR\06\236 | 高级
趣味指数：★★★☆ |

■ 实例说明

在 Visual C++环境中除了常用的 Dialog、Menu 和 Bitmap 等标准资源类型之外，还支持自定义资源类型

（Custom Resource），自定义的资源类型能做些什么呢？可以做许多事情，如将一个文本文件添加到对话框工程的资源文件中，程序运行时通过 API 函数动态加载文本资源并显示在窗口中，效果如图 6.4 所示。

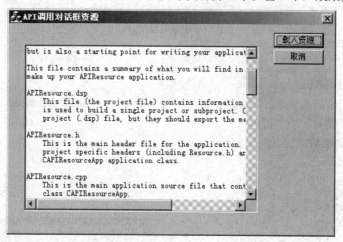

图 6.4　API 调用对话框资源

■ 关键技术

对于资源的加载需要几个 API 函数，下面分别介绍这几个 API 函数。

FindResource 函数用来在一个指定的模块中定位所指定的资源，语法如下：

```
HRSRC FindResource(HMODULE hModule, LPCTSTR lpName, LPCTSTR lpType);
```

参数说明

❶ hModule：包含所需资源的模块句柄，如果是程序本身，则可以设置为 NULL。

❷ lpName：可以是资源名称或资源 ID。

❸ lpType：资源类型，此处为用户指定的资源类型。

LoadResource 函数用来将所指定的资源加载到内存当中，语法如下：

```
HGLOBAL LoadResource(HMODULE hModule, HRSRC hResInfo);
```

参数说明

❶ hModule：包含所需资源的模块句柄，如果是程序本身，则可以设置为 NULL。

❷ hResInfo：需要加载的资源句柄，此处为 FindResource 的返回值。

LockResource 函数用来锁定内存中的资源数据块，返回值是要使用的直接指向资源数据的内存指针，语法如下：

```
LPVOID LockResource(HGLOBAL hResData);
```

参数说明

hResData：指向内存中要锁定的资源数据块，此处为 LoadResource 的返回值。

■ 设计过程

（1）创建一个基于对话框的应用程序。

（2）向窗体中添加一个静态文本框控件，右击对话框，在弹出的快捷菜单中选择 Properties 命令，设置窗体的 Caption 属性为 "API 调用对话框资源"。

（3）在资源视图中右击，在弹出的快捷菜单中选择 Import 命令，弹出 Import Resource 对话框，选择一个文本文件，单击 Import 按钮，如图 6.5 所示。

（4）在弹出的 Custom Resource Type 对话框中设置一个自定义资源类型，这里输入 Text，如图 6.6 所示。

（5）按 Ctrl+W 快捷键进入类向导，为文本框控件添加变量，如图 6.7 所示。

（6）设置文本框的属性，使其具有多行显示并可以显示滚动条，如图 6.8 所示。

图 6.5　导入资源

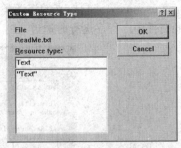

图 6.6　新类向导

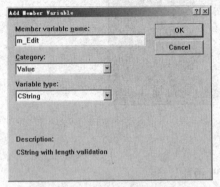

图 6.7　添加变量

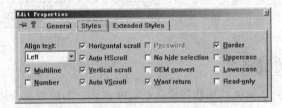

图 6.8　文本框属性

（7）添加"载入资源"按钮的单击事件，动态加载文本资源显示在文本框内，代码如下：

```
void CAPIResourceDlg::OnLoadResource()
{
HRSRC hRsrc = FindResource(NULL, MAKEINTRESOURCE(IDR_TEXT1), TEXT("Text"));
if (NULL == hRsrc)
      return ;
//获取资源的大小
DWORD dwSize = SizeofResource(NULL, hRsrc);
if (0 == dwSize)
      return ;
//加载资源
HGLOBAL hGlobal = LoadResource(NULL, hRsrc);
if (NULL == hGlobal)
      return ;
//锁定资源
LPVOID pBuffer = LockResource(hGlobal);
if (NULL == pBuffer)
      return ;
m_Edit = (char*)pBuffer;
this->UpdateData(false);
UnlockResource(hGlobal);                  //资源解锁
FreeResource(hGlobal);                    //释放资源
}
```

■ 秘笈心法

心法领悟 236：加载资源中的位图。

程序中的 MAKEINTRESOURCE 函数用来获取资源的名称，通过该函数还可以加载位图资源。例如：

```
HBITMAP hbitmap;
hbitmap=::LoadBitmap(::AfxGetInstanceHandle(),MAKEINTRESOURCE(IDB_BACKBMP));
HDC hMenDC=::CreateCompatibleDC(NULL);
SelectObject(hMenDC,hbitmap);
::StretchBlt(dc.m_hDC,0,0,1024,768,hMenDC,0,0,1024,768,SRCCOPY);
::DeleteDC(hMenDC);
::DeleteObject(hbitmap);
```

实例 237	如何在主窗体框架显示前弹出登录框	高级
	光盘位置：光盘\MR\06\237	趣味指数：★★★☆

■ 实例说明

要在主窗体显示前弹出登录框，可以在主窗体的 OnInitDialog 函数中使用 DoModal 方法显示登录框，然后通过判断 DoModal 方法的返回值是否等于 IDOK 来确定是否显示主窗体，如图 6.9 所示。

■ 关键技术

如果想在应用程序的主窗体显示前弹出登录窗体，这个登录窗体就必须以模式显示。同时还可以根据模式窗体的返回值来判断主窗体是否可以被显示出来。例如：

```
CLogin dlg;                        //定义登录窗体类变量
if(dlg.DoModal() != IDOK)          //模式显示登录窗体
{
    OnOK();                        //返回值不为 IDOK，关闭主窗体
}
```

■ 设计过程

（1）创建一个基于对话框的应用程序。

（2）在资源视图中添加一个窗体资源，在该窗体资源上双击鼠标弹出 Adding a Class 对话框，如图 6.10 所示。

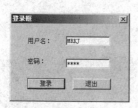

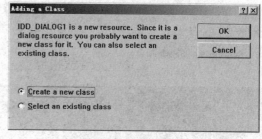

图 6.9　在主窗体框架显示前弹出登录框　　　　　图 6.10　添加窗体类

（3）选中 Create a new class 单选按钮，单击 OK 按钮，弹出 New Class 对话框，在此添加类的名称，单击 OK 按钮，如图 6.11 所示。

（4）在登录窗体上添加两个静态文本框、两个文本编辑框和两个按钮控件，如图 6.12 所示。

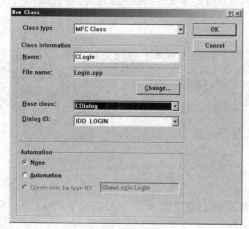

图 6.11　新类向导　　　　　　　　　　图 6.12　设计登录窗体

281

（5）单击"登录"按钮实现单击事件判断用户名、密码是否正确，代码如下：

```
void CLogin::OnOK()
{
UpdateData(TRUE);                               //将数据更新到变量
if(m_Name!="MRKJ" || m_PassWord!="MRKJ")        //判断用户名和密码
{
    MessageBox("用户名或密码错误！");
    return;
}
CDialog::OnOK();
}
```

（6）在主窗体的 OnInitDialog 方法中添加登录窗体显示代码，代码如下：

```
CLogin dlg;                                     //定义登录窗体类变量
if(dlg.DoModal() != IDOK)                       //模式显示登录窗体
{
    OnOK();                                     //返回值不为 IDOK，关闭主窗体
}
return TRUE;
```

秘笈心法

心法领悟 237：登录窗体的显示。

登录窗体的显示也不一定写在主窗体的 OnInitDialog 方法中，也可以写在应用程序类的 InitInstance 方法中，但必须在主窗体显示前，代码如下：

```
CShowLoginDlg dlg;
m_pMainWnd = &dlg;

CLogin dlg;                                     //定义登录窗体类变量
if(dlg.DoModal() == IDOK)                       //模式显示登录窗体
{
    int nResponse = dlg.DoModal();              //显示主窗体
}
```

实例 238	在对话框中使用 CDialogBar	高级
光盘位置：光盘\MR\06\238		趣味指数：★★★☆

实例说明

在程序中使用 CDialogBar 能够将控件分组。对话框栏类似于一个容器，其中可以放置各种控件，就像一个面板。那么如何在对话框中使用 CDialogBar 呢？本实例实现了这样的功能。实例运行结果如图 6.13 所示。

关键技术

CDialogBar 的创建与普通的工具栏创建是一样的，都是放在主窗体上并设置其大小，代码如下：

```
//创建 CDialogBar
m_CustomBar.Create(this,IDD_CUSTOMBAR,WS_CHILD|WS_VISIBLE,IDD_CUSTOMBAR);
CRect wndRC;
GetClientRect(wndRC);                           //获取主窗体区域
//将 CDialogBar 放在主窗体上
m_CustomBar.MoveWindow(CRect(0,0,300,wndRC.Height()));
```

设计过程

（1）创建一个基于对话框的应用程序。

（2）在资源视图中添加一个窗体资源，在这个窗体资源上双击鼠标弹出 Adding a Class 对话框，如图 6.14 所示。

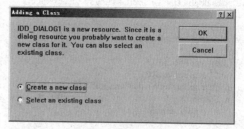

图 6.13　在对话框中使用 CDialogBar

图 6.14　添加窗体类

（3）选中 Create a new class 单选按钮，单击 OK 按钮，弹出 New Class 对话框，在此添加类的名称，单击 OK 按钮，如图 6.15 所示。

（4）在登录窗体上添加一个静态文本框、一个文本编辑框和一个按钮控件，如图 6.16 所示。

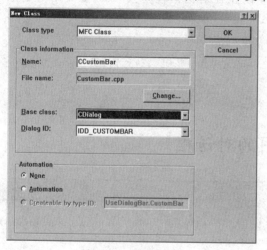

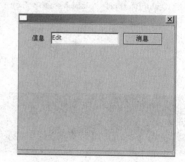

图 6.15　新类向导

图 6.16　CDialog 窗体设计

（5）此时 CCustomBar 类的基类为 CDialog，将其修改为 CDialogBar，将消息映射中的基类也修改为 CDialogBar，代码如下：

```
//类定义
class CCustomBar : public CDialogBar
//Construction
public:
void OnCancel();
CCustomBar(CWnd* pParent = NULL);
//消息映射
BEGIN_MESSAGE_MAP(CCustomBar, CDialogBar)
//{{AFX_MSG_MAP(CCustomBar)
ON_WM_SYSCOMMAND()
ON_WM_HSCROLL()
ON_WM_SIZE()
ON_BN_CLICKED(IDC_BUTTONMSG, OnButtonmsg)
//}}AFX_MSG_MAP
END_MESSAGE_MAP()
```

（6）在主窗体的 OnInitDialog 方法中添加 CDialogBar 显示代码，代码如下：

```
//创建 CDialogBar
m_CustomBar.Create(this,IDD_CUSTOMBAR,WS_CHILD|WS_VISIBLE,IDD_CUSTOMBAR);

CRect wndRC;
GetClientRect(wndRC);                              //获取主窗体区域
//将 CDialogBar 放在主窗体上
m_CustomBar.MoveWindow(CRect(0,0,300,wndRC.Height()));
```

（7）在主窗体的大小改变时，对话框栏的大小也会改变，代码如下：

```
void CUseDialogBarDlg::OnSize(UINT nType, int cx, int cy)
{
CDialog::OnSize(nType, cx, cy);
if (IsWindow(m_CustomBar.m_hWnd))
{
    CRect wndRC,selfRC;
    GetClientRect(wndRC);
    m_CustomBar.GetWindowRect(selfRC);
    m_CustomBar.MoveWindow(CRect(0,0,selfRC.Width(),
        wndRC.Height()));
}
}
```

■ 秘笈心法

心法领悟 238：屏蔽 Esc 键。

由于 CDialogBar 类是一个对话框类，所以为了防止在对话框栏中按 Esc 键关闭对话框，可以在 PreTranslateMessage 方法中屏蔽 Esc 键消息，代码如下：

```
BOOL CCustomBar::PreTranslateMessage(MSG* pMsg)
{
if (pMsg->message==WM_KEYDOWN)
    if (pMsg->wParam == VK_ESCAPE)
        return true;
return CDialogBar::PreTranslateMessage(pMsg);
}
```

6.2 常用的对话框

实例 239	"查找/替换" 对话框 光盘位置：光盘\MR\06\239	高级 趣味指数: ★★★☆

■ 实例说明

在使用"查找/替换"对话框前，需要在当前窗口类中添加 ON_REGISTERED_MESSAGE 消息映射宏，用于设置回调函数以处理查找或替换行为。本实例实现了通过"查找/替换"对话框在文本中进行查找/替换的功能。实例运行结果如图 6.17 所示。

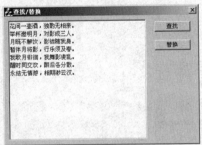

图 6.17 "查找/替换"对话框

■ 关键技术

CFindReplaceDialog 类封装了通用的"查找/替换"对话框，该类提供了多个方法用于获取查找数据时的选项。使用 Create 方法可以创"查找/替换"对话框，语法如下：

```
BOOL Create( BOOL bFindDialogOnly, LPCTSTR lpszFindWhat, LPCTSTR lpszReplaceWith = NULL, DWORD dwFlags = FR_DOWN, CWnd*
pParentWnd = NULL );
```

Create 方法中的参数说明如表 6.1 所示。

表 6.1 Create 方法中的参数说明

参 数	说 明
bFindDialogOnly	标识对话框类型,如果为 TRUE,则表示创建"查找"对话框;如果为 FALSE,则表示创建"替换"对话框
lpszFindWhat	标识查找字符串
lpszReplaceWith	标识默认的替换字符串
dwFlags	用于自定义对话框,默认值为 FR_DOWN,表示向下查找字符串
pParentWnd	用于指定对话框父窗口指针

■ 设计过程

(1)创建一个基于对话框的应用程序。

(2)向对话框中添加一个编辑框控件和两个按钮控件。

(3)为 RichEdit 控件添加变量 m_RichEdit,要使用 RichEdit 控件必须在显示对话框前调用 AfxInitRichEdit 函数。

(4)在主窗口的头文件中声明一个 CFindReplaceDialog 类的对象 dlg 和一个 CString 类型变量 find。

(5)定义一个新消息 WM_FINDMESSAGE,代码如下:

```
static UINT  WM_FINDMESSAGE = RegisterWindowMessage(FINDMSGSTRING);
```

(6)在对话框的消息映射部分添加如下映射宏。

```
ON_REGISTERED_MESSAGE(WM_FINDMESSAGE, OnFindReplace )
```

(7)添加 WM_FINDMESSAGE 消息的处理函数,实现查找和替换操作,代码如下:

```
long CFindAndReplaceDlg::OnFindReplace(WPARAM wParam, LPARAM lParam)
{
CString strText,repText;
strText = dlg->GetFindString();
CString str;
m_RichEdit.GetWindowText(str);
int index = str.Find(strText,0);
int len;
if(find)
{
     len = strText.GetLength();
}
else
{
     repText = dlg->GetReplaceString();
     len = repText.GetLength();
     str.Replace(strText,repText);
     m_RichEdit.SetWindowText(str);
}
m_RichEdit.SetSel(index,index+len);
m_RichEdit.SetFocus();
return 0;
}
```

(8)为"查找"按钮处理单击事件,创建"查找"对话框的代码如下:

```
void CFindAndReplaceDlg::OnButton1()
{
dlg = new CFindReplaceDialog;
dlg->Create(TRUE,NULL);
dlg->ShowWindow(SW_SHOW);
find = TRUE;
}
```

(9)为"替换"按钮处理单击事件,创建"替换"对话框的代码如下:

```
void CFindAndReplaceDlg::OnButton2()
{
dlg = new CFindReplaceDialog;
dlg->Create(FALSE,NULL);
```

```
dlg->ShowWindow(SW_SHOW);
find = FALSE;
}
```

秘笈心法

心法领悟 239：查找与替换的过程。

查找和替换操作其实是有步骤的。首先使用 GetWindowText 方法获得控件中的显示文本，然后使用 Find 方法获得要查找字符串在文本中首次出现的位置，判断当前是"查找"对话框还是"替换"对话框。如果是"查找"对话框，则获得查找字符串的长度，否则获得替换字符串的长度，最后根据首次出现的位置和字符串长度选中字符串。根据选中的字符串即可很容易地实现替换操作了。

实例 240	"打开"对话框 光盘位置：光盘\MR\06\240	高级 趣味指数：★★★☆

实例说明

MFC 类为程序设计人员提供了一个 CFileDialog 类，该类可用于实现"打开"对话框，该对话框主要用来打开磁盘中的文件。本实例实现了打开文本文件并显示在窗体中的功能。实例运行结果如图 6.18 所示。

图 6.18 "打开"对话框

关键技术

CFileDialog 类是文件对话框类，使用该类的 CFileDialog 方法可以创建"打开"/"另存为"对话框，语法如下：

```
CFileDialog( BOOL bOpenFileDialog, LPCTSTR lpszDefExt = NULL, LPCTSTR lpszFileName =
NULL, DWORD dwFlags = OFN_HIDEREADONLY | OFN_OVERWRITEPROMPT, LPCTSTR lpszFilter = NULL,
CWnd* pParentWnd = NULL );
```

CFileDialog 方法中的参数说明如表 6.2 所示。

表 6.2 CFileDialog 方法中的参数说明

参 数	说 明
bOpenFileDialog	确定构造"打开"对话框还是构造"另存为"对话框，如果为 TRUE，则构造"打开"对话框；如果为 FALSE，则构造"另存为"对话框
lpszDefExt	用于确定文件默认的扩展名，如果为 NULL，则没有扩展名被插入到文件名中
lpszFileName	确定编辑框中初始化时的文件名称，如果为 NULL，则编辑框中没有文件名称
dwFlags	用于自定义文件对话框
lpszFilter	用于指定对话框过滤的文件类型
pParentWnd	标识文件对话框的父窗口指针

设计过程

（1）创建一个基于对话框的应用程序。

（2）向对话框中添加一个文本编辑框控件和一个按钮控件。

（3）单击"打开"按钮，添加文件打开代码，并将文件内容显示在文本编辑框中，代码如下：

```
void COpenDlg::OnButton1()
{
//创建"打开"对话框
CFileDialog dlg(TRUE,NULL,NULL,OFN_HIDEREADONLY|OFN_OVERWRITEPROMPT,
    "All Files(*.*)|*.*| |",AfxGetMainWnd());
CString strPath,strText="";
if(dlg.DoModal() == IDOK)                    //显示"打开"对话框
{
    strPath=dlg.GetPathName();               //获取文件路径
}
CFile file(strPath,CFile::modeRead);         //定义文件
char read[1000];                             //缓冲区
file.Read(read,1000);                        //读取数据
for(int i=0;i<file.GetLength();i++)
{
    strText += read[i];
}
file.Close(); //关闭文件
m_Edit.SetWindowText(strText);               //将数据写入文本编辑框
}
```

■ 秘笈心法

心法领悟 240：通过 API 显示"打开"对话框。

"打开"对话框也可以使用 API 函数 GetOpenFileName 来实现，使用该函数实现的"打开"对话框是由系统创建的，实现代码如下：

```
OPENFILENAME fopt;
memset(&ofn, 0, sizeof(fopt));
fopt.lStructSize = sizeof(fopt);
int nResult = ::GetOpenFileName(&fopt);
```

实例 241	可以显示图片预览的"打开"对话框	高级
	光盘位置：光盘\MR\06\241	趣味指数：★★★★☆

■ 实例说明

在 MFC 类中提供了一个标准的文件打开对话框类 CFileDialog，该类不能实现图片的预览，但通过继承该类可以实现这样的功能，本实例通过继承 CFileDialog 实现了位图文件打开时的预览功能。实例运行结果如图 6.19 所示。

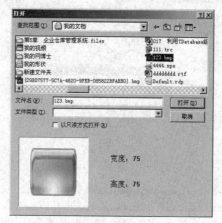

图 6.19　可以显示图片预览的"打开"对话框

■ 关键技术

文件对话框类 CFileDialog 有一个数据成员 m_ofn，该成员为 OPENFILENAME 结构变量。OPENFILENAME 结构包含了一组成员，其中 Flags 是初始化对话框的一组标记，lpTemplateName 用于提供文件对话框的子对话框窗口。如果 Flags 中包含 OFN_EXPLORER 标记，系统将创建一个标准对话框的子对话框。如果用户想要设计自己的文件对话框，那么可以创建一个新的对话框，在新的对话框中添加控件，然后将其赋给 lpTemplateName 成员。在这里有一点需要注意，如果文件对话框的子窗口采用了用户提供的对话框，则系统为文件对话框提供的标准控件也将显示在对话框中，代码如下：

```
CCustomDlg::CCustomDlg(BOOL bOpenFileDialog, LPCTSTR lpszDefExt, LPCTSTR lpszFileName,
    DWORD dwFlags, LPCTSTR lpszFilter, CWnd* pParentWnd) :
    CFileDialog(bOpenFileDialog, lpszDefExt, lpszFileName, dwFlags, lpszFilter, pParentWnd)
{
m_ofn.Flags = (OFN_EXPLORER| OFN_ENABLETEMPLATE| OFN_ENABLEHOOK);
m_ofn.lpTemplateName = MAKEINTRESOURCE(IDD_DIALOG1);
}
```

■ 设计过程

（1）创建一个基于对话框的应用程序。

（2）向对话框中添加一个按钮，设置按钮的 Caption 属性值为"打开"。

（3）在资源视图中添加一个窗体资源，在这个窗体资源上双击鼠标弹出 Adding a Class 对话框，如图 6.20 所示。

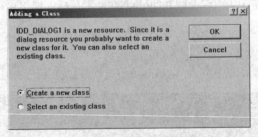

图 6.20　添加窗体类

（4）选中 Create a new class 单选按钮，单击 OK 按钮，弹出 New Class 对话框，在该向导中添加类的名称，单击 OK 按钮，如图 6.21 所示。

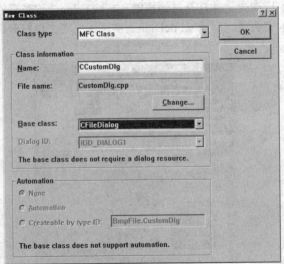

图 6.21　新类向导

（5）在登录窗体上添加一个 Bitmap 类型的静态控件，如图 6.22 所示。

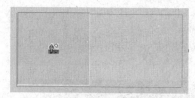

图 6.22　图片预览窗体

（6）在 CCustomDlg 类的 OnFileNameChange 方法中实现图片的获取与绘制操作，代码如下：

```
void CCustomDlg::OnFileNameChange()
{
CFileDialog::OnFileNameChange();

CString exp;
exp=GetFileExt();
exp.MakeUpper();                                  //在比较扩展名时不区分大小写
if(exp == "BMP")                                  //显示位图
{
    m_bitmap.SetIcon(NULL);
    m_bitmap.ModifyStyle(SS_ICON,SS_BITMAP);
    m_bitmap.SetBitmap((HBITMAP)LoadImage(NULL,GetPathName(),
        IMAGE_BITMAP,100,100,LR_LOADFROMFILE));

    CFile file;
if(!file.Open(GetPathName(),CFile::modeRead) )
    return;

BITMAPFILEHEADER bmfHeader;
//读位图文件头信息
if(file.Read((LPSTR)&bmfHeader,sizeof(bmfHeader)) != sizeof(bmfHeader))
    return;

BITMAPINFOHEADER bmiHeader;
//读位图头信息
if (file.Read((LPSTR)&bmiHeader, sizeof(bmiHeader)) !=sizeof(bmiHeader))
    return ;
//获得大小信息并显示
int bmWidth = bmiHeader.biWidth;
int bmHeight = bmiHeader.biHeight;
CString   swidth,sheight;
swidth.Format("宽度：%d",bmWidth);
sheight.Format("高度：%d",bmWidth);
m_width.SetWindowText(swidth);
m_height.SetWindowText(sheight);
}
}
```

（7）在主窗体"打开"按钮的单击事件中添加图片打开对话框的代码，代码如下：

```
void CBmpFileDlg::OnButton1()
{
CCustomDlg dlg(true,NULL,NULL,OFN_HIDEREADONLY |
    OFN_OVERWRITEPROMPT|OFN_EXPLORER|OFN_ENABLETEMPLATE);
dlg.DoModal();
}
```

■ 秘笈心法

心法领悟 241：图形文件的读取。

在该程序中图片打开对话框只能显示位图文件的预览，其实，实现其他图形文件的预览也是很容易的。只要利用 IPicture 接口读取图形文件并将其绘制在窗体上即可。对于该接口的使用可以参考下面的代码：

```
CreateStreamOnHGlobal(m_hglobal,TRUE,&m_stream);              //在堆中创建流对象
OleLoadPicture(m_stream,m_filelen,TRUE,IID_IPicture,(LPVOID*)&m_picture);   //利用流加载图像
m_picture->get_Width(&m_width);
```

```
m_picture->get_Height(&m_height);
CDC* dc = GetDC();
m_IsShow = TRUE;
CRect rect;
GetClientRect(rect);
m_picture->Render(*dc,1,50,(int)(m_width/26.45),(int)(m_height/26.45),
0,m_height,m_width,-m_height,NULL);
```

实例 242	"另存为"对话框 光盘位置：光盘\MR\06\242	高级 趣味指数：★★★☆

实例说明

MFC 类为程序设计人员提供了一个 CFileDialog 类，该类可用于实现"另存为"对话框，"另存为"对话框主要用于将文件保存到磁盘中。本实例实现了文件保存到磁盘的功能。实例运行结果如图 6.23 所示。

图 6.23   "另存为"对话框

关键技术

本实例用到了 CFileDialog 类，关于该类的详细讲解请参见实例 240 中的关键技术。

设计过程

（1）创建一个基于对话框的应用程序。

（2）向对话框中添加一个文本编辑框控件和一个按钮控件，设置按钮的 Caption 属性值为"保存"。

（3）在对话框初始化方法 OnInitDialog 中添加文本编辑框中显示的文本内容。

（4）实现"保存"按钮的单击事件，将文本编辑框中的内容保存到磁盘中，代码如下：

```
void CSaveDlg::OnButton1()
{
CFileDialog dlg(FALSE,NULL,NULL,OFN_HIDEREADONLY|OFN_OVERWRITEPROMPT,
        "All Files(*.*)|*.*| |",AfxGetMainWnd());        //创建文件保存对话框
CString strPath,strText="";
char write[1000];                                        //缓冲区
if(dlg.DoModal()==IDOK)                                  //显示"另存为"对话框
{
        strPath=dlg.GetPathName();                       //获取文件路径
        if(strPath.Right(4)!=".txt")
                strPath+=".txt";
}
CFile file(_T(strPath),CFile::modeCreate|CFile::modeWrite); //创建文件写类
m_Edit.GetWindowText(strText);
strcpy(write,strText);
file.Write(write,strText.GetLength());                   //将文本写入文件
file.Close();
MessageBox("保存完成");
}
```

秘笈心法

心法领悟 242：文件的保存。

"另存为"对话框不但可以把文本内容保存到磁盘中，还可以保存其他的文件类型。但不论是哪一种文件类型，都是利用流将数据写入磁盘上指定文件中的。

实例 243	新型打开对话框 光盘位置：光盘\MR\06\243	高级 趣味指数：★★★★☆

实例说明

新型打开对话框与普通的打开对话框类似，只不过提供了一个面板可以选择计算机中的一些位置，如"我的电脑"、"我的文档"等，效果如图 6.24 所示。

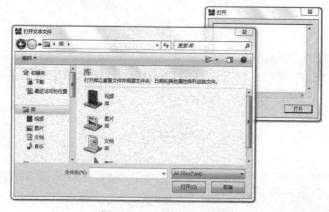

图 6.24 新型打开对话框

关键技术

新型打开对话框可以使用 API 函数 GetOpenFileName 实现，使用该函数实现的打开对话框是由系统创建的，代码如下：

```
OPENFILENAME fopt;
memset(&ofn, 0, sizeof(fopt));
fopt.lStructSize = sizeof(fopt);
int nResult = ::GetOpenFileName(&fopt);
```

设计过程

（1）创建一个基于对话框的应用程序。

（2）向对话框中添加一个文本编辑框控件和一个按钮控件。

（3）单击"打开"按钮，添加文件打开代码，并将文件内容显示在文本编辑框中，代码如下：

```
void COpenDlg::OnButton1()
{
    //创建对话框
    CString strPath,strText="";
    OPENFILENAME ofn;
    ZeroMemory(&ofn,sizeof(ofn));
    ofn.lStructSize=sizeof(ofn);                          //结构大小
    ofn.hwndOwner=this->GetSafeHwnd();
    ofn.lpstrFilter="All Files(*.txt)\0*.txt\0\0";        //文件过滤器
    ofn.lpstrCustomFilter=NULL;
    ofn.nFilterIndex=0;
    char filename[128];                                   //文件名
```

```
filename[0]='\0';
ofn.lpstrFile=filename;
ofn.nMaxFile=128;                                    //文件名最大长度
ofn.lpstrFileTitle=NULL;
ofn.lpstrInitialDir=NULL;                            //初始化打开的文件夹
ofn.lpstrTitle="打开文本文件\0";                       //对话框标题
ofn.Flags=OFN_FILEMUSTEXIST|OFN_HIDEREADONLY|OFN_LONGNAMES|OFN_PATHMUSTEXIST;
ofn.lpstrDefExt=NULL;                                //默认扩展名
if(GetOpenFileName(&ofn)==0)
    return;
strPath = filename;
CFile file(strPath,CFile::modeRead);                 //定义文件
char read[1000];                                     //缓冲区
file.Read(read,1000);                                //读取数据
for(int i=0;i<file.GetLength();i++)
{
    strText += read[i];
}
file.Close();                                        //关闭文件
m_Edit.SetWindowText(strText);                       //将数据写入文本编辑框
}
```

■ 秘笈心法

心法领悟 243：调用新型保存对话框。

新型打开对话框与普通打开对话框是一样的，同样也可以实现新型文件保存对话框，但不再使用 GetOpenFileName 函数，而是使用 GetSaveFileName 函数。

6.3　对话框的显示

实例 244	Animate 动画显示窗体	高级
	光盘位置：光盘\MR\06\244	趣味指数: ★★★☆

■ 实例说明

通常在窗体显示时并不会有任何动画效果，那么是不是在窗体显示时就不能存在动画效果呢？当然不是，利用 API 函数是完全可以实现窗体的动画显示的。本实例就实现了窗体显示时的动画效果，效果如图 6.25 所示。

图 6.25　Animate 动画显示窗体

■ 关键技术

要实现动画显示窗体效果就需要使用 AnimateWindow 函数，并设置 0x00000010 风格，由于该函数并没有被封装，所以需要手动导入 User32 动态库，并定义 0x00000010 风格为 AW_CENTER。该函数可以通过在窗口的创建或销毁过程中运用，可实现开启和关闭程序时达到所希望的动画窗口效果。AnimateWindow 函数所提供的动画效果十分丰富，可以在自己的程序中选择各种不同的动画效果，增强程序的趣味性。AnimateWindow 函

数的语法如下：

```
BOOL AnimateWindow(HWND hWnd, DWORD dwTime, DWORD dwFlags)
```

参数说明

❶ hWnd：指定产生动画的窗口的句柄。

❷ dwTime：指明动画持续的时间（以 μs 计），完成一个动画的标准时间为 200μs。

❸ dwFlags：指定动画类型。此参数可以是一个或多个下列标志的组合。标志描述如下。

❑ AW_SLIDE：使用滑动类型。默认则为滚动动画类型。当使用 AW_CENTER 标志时，该标志就被忽略了。

❑ AW_ACTIVATE：激活窗口。在使用了 AW_HIDE 标志后不能使用此标志。

❑ AW_BLEND：实现淡出效果。只有当 hWnd 为顶层窗口时才可以使用此标志。

❑ AW_HIDE：隐藏窗口，默认则显示窗口。

❑ AW_CENTER：若使用了 AW_HIDE 标志，则使窗口向内重叠，即收缩窗口。若未使用 AW_HIDE 标志，则使窗口向外扩展，即展开窗口。

❑ AW_HOR_POSITIVE：自左向右显示窗口。该标志可以在滚动动画和滑动动画中使用。当使用 AW_CENTER 标志时，该标志将被忽略。

❑ AW_VER_POSITIVE：自顶向下显示窗口。该标志可以在滚动动画和滑动动画中使用。当使用 AW_CENTER 标志时，该标志将被忽略。

❑ AW_VER_NEGATIVE：自下向上显示窗口。该标志可以在滚动动画和滑动动画中使用。当使用 AW_CENTER 标志时，该标志将被忽略。

返回值：如果函数成功，则返回值为非 0；如果函数失败，则返回值为 0。

■ 设计过程

（1）创建一个基于对话框的应用程序。

（2）向对话框中添加一个文本编辑框控件。

（3）在窗体初始化方法 OnInitDialog 中添加窗体动画效果，代码如下：

```
m_edit = "此窗体为动画显示窗体。";
this->UpdateData(false);
// TODO: Add extra initialization here
CenterWindow();                                              //创建窗体
DWORD dwStyle=AW_CENTER;                                     //居中动画
HINSTANCE hInst=LoadLibrary("User32.DLL");                   //载入动态库
typedef BOOL(WINAPI MYFUNC(HWND,DWORD,DWORD));               //定义函数类型
MYFUNC* AnimateWindow;                                       //定义函数指针
AnimateWindow=(MYFUNC *)::GetProcAddress(hInst,"AnimateWindow");  //获取函数地址
AnimateWindow(this->m_hWnd,1000,dwStyle);                    //设置窗体动画
FreeLibrary(hInst); //释放动态库
```

（4）在窗体的关闭事件中添加窗体动画代码，代码如下：

```
void CDonghuaDlg::OnClose()
{
DWORD dwStyle=AW_CENTER;                                     //居中动画
HINSTANCE hInst=LoadLibrary("User32.DLL");                   //载入动态库
typedef BOOL(WINAPI MYFUNC(HWND,DWORD,DWORD));               //定义函数类型
MYFUNC* AnimateWindow;                                       //定义函数指针
AnimateWindow=(MYFUNC *)::GetProcAddress(hInst,"AnimateWindow");  //获取函数地址
AnimateWindow(this->GetSafeHwnd(),700,AW_HIDE|dwStyle);      //设置窗体动画
FreeLibrary(hInst);                                         //释放动态库
CDialog::OnClose();
}
```

■ 秘笈心法

心法领悟 244：动画显示窗体。

本实例是通过动态库加载 API 函数来实现窗体动画的，直接调用 API 函数 AnimateWindow 也是可以实现的，AnimateWindow 函数的头文件在 Winuser.h 中。为了在程序中使用该函数，要对其头文件进行一些修改，可以在工程中的 StdAfx.h 文件靠前的位置加上如下定义：

```
#undef WINVER
#define WINVER 0x500
```

实例 245	百叶窗显示窗体 光盘位置：光盘\MR\06\245	高级 趣味指数：★★★☆

■ 实例说明

富有动感的窗体更能够吸引用户，本实例实现了动感的百叶窗效果。运行程序，将显示百叶窗效果的窗体，如图 6.26 所示。

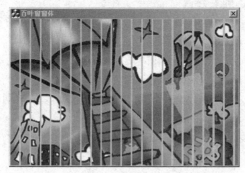

图 6.26　百叶窗显示窗体

■ 关键技术

实现百叶窗效果主要使用了函数 Sleep 在指定的时间间隔内挂起当前绘制图形的进程，语法如下：

```
VOID Sleep(DWORD dwMilliseconds);
```

参数说明

dwMilliseconds：用于指定挂起执行进程的时间，以 ms 为单位。当该值为 0 时，该进程将余下的时间交给其他进程。如果没有这样的进程，则函数立即返回，该进程继续执行。如果把该参数设为 INFINITE，则可无限延迟。

■ 设计过程

（1）新建一个基于对话框的应用程序，将窗体标题改为"百叶窗窗体"。

（2）在 ResourceView 视图中右击，在弹出的快捷菜单中选择 Import 命令，在弹出的 Import Resource 对话框中添加一个位图。

（3）主要程序代码如下：

```
int i,j,w,h;
CPaintDC dc(this);
CBitmap bit;
CDC mendc;
CRect rect;
this->GetWindowRect(&rect);
w=rect.Width();
h=rect.Height();
bit.LoadBitmap(IDB_BITMAP1);
mendc.CreateCompatibleDC(&dc);
mendc.SelectObject(&bit);
for(i=0;i<20;i++)
{
```

```
        for(j=i;j<w;j+=20)
        {
                dc.BitBlt(j,0,1,h,&mendc,j,0,SRCCOPY);
                Sleep(2);

        }
}
mendc.DeleteDC();
::DeleteObject(&bit);
```

秘笈心法

心法领悟 245：通过 API 实现淡入淡出效果。

在该实例中，百叶窗显示窗体是通过绘制百叶窗实现的，通过 API 函数 AnimateWindow 可以轻易地实现淡入淡出的效果，代码如下：

```
CenterWindow();
DWORD dwStyle = AW_BLEND;
HINSTANCE hInst = LoadLibrary("User32.DLL");
typedef BOOL(WINAPI MYFUNC(HWND,DWORD,DWORD));
MYFUNC* AnimateWindow;
AnimateWindow = (MYFUNC *)::GetProcAddress(hInst,"AnimateWindow");
AnimateWindow(this->m_hWnd,1000,dwStyle);
FreeLibrary(hInst);
return TRUE;
```

实例246	淡入淡出显示窗体 光盘位置：光盘\MR\06\246	高级 趣味指数：★★★☆

实例说明

通常在窗体显示时并不会有任何动画效果，那么是不是在窗体显示时就不能存在动画效果呢？当然不是，利用 API 函数完全可以实现窗体的动画显示。本实例实现了窗体显示时淡入淡出的动画效果，如图 6.27 所示。

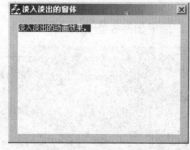

图 6.27　淡入淡出显示窗体

关键技术

本实例用到了 AnimateWindow 函数，该函数的详细讲解请参见实例 244 中的关键技术。

设计过程

（1）创建一个基于对话框的应用程序。

（2）向对话框中添加一个文本编辑框控件。

（3）在窗体初始化方法 OnInitDialog 中添加窗体动画效果，代码如下：

```
CenterWindow();                                          //创建窗体
DWORD dwStyle = AW_BLEND;                                //淡入淡出样式
HINSTANCE hInst = LoadLibrary("User32.DLL");             //载入动态库
```

```
typedef BOOL(WINAPI MYFUNC(HWND,DWORD,DWORD));          //定义函数类型
MYFUNC* AnimateWindow;                                   //定义函数指针
AnimateWindow = (MYFUNC *)::GetProcAddress(hInst,"AnimateWindow");   //获取函数地址
AnimateWindow(this->m_hWnd,1000,dwStyle);                //设置动画窗体
FreeLibrary(hInst);                                      //释放动态库
```

（4）在窗体的关闭事件中添加窗体动画代码，代码如下：

```
void CDonghuaDlg::OnClose()
{
DWORD dwStyle = AW_BLEND;                               //淡入淡出样式
HINSTANCE hInst=LoadLibrary("User32.DLL");             //载入动态库
typedef BOOL(WINAPI MYFUNC(HWND,DWORD,DWORD));          //定义函数类型
MYFUNC* AnimateWindow;                                   //定义函数指针
AnimateWindow=(MYFUNC *)::GetProcAddress(hInst,"AnimateWindow");   //获取函数地址
AnimateWindow(this->GetSafeHwnd(),700,AW_HIDE|dwStyle); //设置窗体动画
FreeLibrary(hInst);                                      //释放动态库
CDialog::OnClose();
}
```

■ 秘笈心法

心法领悟 246：让窗口启动时就最大化。

把应用程序类（CxxxApp）的 InitInstance 函数中：

```
m_pMainWnd->ShowWindow(SW_SHOW);
```

改为

```
m_pMainWnd->ShowWindow(SW_SHOWMAXIMIZED);
```

则窗口启动时就为最大化显示。

实例 247	半透明显示窗体	高级
	光盘位置：光盘\MR\06\247	趣味指数：★★★☆

■ 实例说明

很多专业软件在启动前都会显示一个说明该软件信息或用途的窗口，这些窗口很多都是非常漂亮的半透明窗体。本实例实现了一个半透明的窗体，效果如图 6.28 所示。

图 6.28　半透明显示窗体

■ 关键技术

要实现窗体的半透明效果，首先需要窗体具有 0x80000 值的扩展风格，然后调用 User32 动态库中的 SetLayeredWindowAttributes 函数设置半透明窗体。在 Visual C++中，SetLayeredWindowAttributes 函数并没有被直接封装，需要用户手工从 User32 动态库中导入。

使窗体具有 0x80000 值的扩展风格很容易，可以调用 API 函数 SetWindowLong 实现，语法如下：

```
LONG SetWindowLong(HWND hWnd, int nIndex, LONG dwNewLong );
```

参数说明

❶ hWnd：表示窗口句柄。

❷ nIndex：表示修改窗口的哪一特征。本实例需要修改窗口的扩展风格，因此该参数应为 GWL_EXSTYLE。

❸ dwNewLong：表示窗口新的特征。

导入 SetLayeredWindowAttributes 函数，首先需要定义一个与 SetLayeredWindowAttributes 函数具有相同函数原型的函数指针。例如：

```
typedef BOOL (WINAPI *FSetLayeredWindowAttributes)(HWND,COLORREF,BYTE,DWORD);
FSetLayeredWindowAttributes SetLayeredWindowAttributes ;
```

然后调用 LoadLibrary 函数加载 User32 动态库，最后调用 GetProcAddress 函数将 SetLayeredWindowAttributes 指向 User32 动态库中的 SetLayeredWindowAttributes 函数。

设计过程

（1）创建一个基于对话框的应用程序。

（2）在对话框类中添加一个 CFont 变量 m_font。

（3）在对话框的 OnInitDialog 方法中设置窗口扩展风格，并调用 User32 动态库中的 SetLayeredWindowAttributes 函数，代码如下：

```
//设置窗口扩展风格
SetWindowLong(GetSafeHwnd(),GWL_EXSTYLE,
GetWindowLong(GetSafeHwnd(),GWL_EXSTYLE)|0x80000);
typedef BOOL (WINAPI *FSetLayeredWindowAttributes)(HWND,COLORREF,BYTE,DWORD);
FSetLayeredWindowAttributes SetLayeredWindowAttributes ;
HINSTANCE hInst = LoadLibrary("User32.DLL");
SetLayeredWindowAttributes = (FSetLayeredWindowAttributes)
GetProcAddress(hInst,"SetLayeredWindowAttributes");
if (SetLayeredWindowAttributes)
SetLayeredWindowAttributes(GetSafeHwnd(),RGB(0,0,0),128,2);
FreeLibrary(hInst);
m_font.CreateFont(18,16,0,0,600,0,0,0,ANSI_CHARSET,
OUT_DEFAULT_PRECIS,CLIP_DEFAULT_PRECIS,DEFAULT_QUALITY,FF_SCRIPT,"宋体");
```

秘笈心法

心法领悟 247：通过 API 实现窗体透明。

该实例实现的是一个窗体的半透明效果，通过 SetLayeredWindowAttributes 函数还可以实现位图透明窗体。下面给出一段代码供参考。

```
//调用背景图片
CBitmap bitmap;
BITMAP bitInfo;
bitmap.LoadBitmap(IDB_BACKGROUND);
bitmap.GetBitmap(&bitInfo);                        //得到图片大小并调整窗口大小适应图片
CRect rect;
GetWindowRect(&rect);
rect.right = rect.left + bitInfo.bmWidth;
rect.bottom = rect.top + bitInfo.bmHeight;
MoveWindow(rect);
m_DC.CreateCompatibleDC(GetDC());                  //创建并保存 DC
m_oldBitmap = m_DC.SelectObject(&bitmap);
//设置窗口掩码颜色和模式
COLORREF maskColor = m_DC.GetPixel(0,0);           //首先获得掩码颜色
#define LWA_COLORKEY    0x00000001
#define WS_EX_LAYERED   0x00080000
typedef BOOL (WINAPI *lpfnSetLayeredWindowAttributes)(HWND hWnd,
                 COLORREF crKey, BYTE bAlpha,DWORD dwFlags);
lpfnSetLayeredWindowAttributes SetLayeredWindowAttributes;
HMODULE hUser32 = GetModuleHandle("user32.dll");
SetLayeredWindowAttributes = (lpfnSetLayeredWindowAttributes)GetProcAddress(hUser32,
    "SetLayeredWindowAttributes");
SetWindowLong(GetSafeHwnd(), GWL_EXSTYLE, GetWindowLong(GetSafeHwnd(),
             GWL_EXSTYLE) | WS_EX_LAYERED);
```

```
SetLayeredWindowAttributes(GetSafeHwnd(),
                    maskColor,  255,  LWA_COLORKEY);
FreeLibrary(hUser32);
```

实例 248	制作立体窗口阴影效果 光盘位置：光盘\MR\06\248	高级 趣味指数：★★★☆

■ 实例说明

制作立体窗口阴影效果是在主窗口的右边和下边放两个非模态对话框，然后半透明显示，就形成了阴影效果，然后在 WM_MOVE 消息的处理函数中设置非模态对话框的显示位置，如图 6.29 所示。

图 6.29　制作立体窗口阴影效果

■ 关键技术

为了实现阴影效果，需要将作为阴影的窗体半透明。调用 User32 动态库中的 SetLayeredWindowAttributes 函数设置半透明窗体。在 Visual C++中，SetLayeredWindowAttributes 函数并没有被直接封装，需要用户手工从 User32 动态库中导入。

📖 说明：SetLayeredWindowAttributes 函数的详细讲解请参见实例 247 中的关键技术。

■ 设计过程

（1）创建一个基于对话框的应用程序。

（2）添加两个对话框窗体类 CShaddlg1 和 CShaddlg2。在对话框的 OnInitDialog 方法中实现窗体的半透明效果，代码如下：

```
SetWindowLong(GetSafeHwnd(),GWL_EXSTYLE,                                        //设置窗口扩展风格
    GetWindowLong(GetSafeHwnd(),GWL_EXSTYLE) | 0x80000);
typedef BOOL (WINAPI *FSetLayeredWindowAttributes)(HWND,COLORREF,BYTE,DWORD);   //定义函数指针类型
FSetLayeredWindowAttributes SetLayeredWindowAttributes ;                         //定义函数指针
HINSTANCE hInst = LoadLibrary("User32.DLL");                                     //载入 DLL
SetLayeredWindowAttributes = (FSetLayeredWindowAttributes)
GetProcAddress(hInst,"SetLayeredWindowAttributes");                              //获取函数指针地址
if(SetLayeredWindowAttributes)
SetLayeredWindowAttributes(GetSafeHwnd(),RGB(0,0,0),128,1);                      //设置透明
FreeLibrary(hInst);                                                             //释放 DLL
```

（3）在主对话框的 OnCreate 方法中创建作为阴影的窗体，代码如下：

```
int CShadowDlg::OnCreate(LPCREATESTRUCT lpCreateStruct)
{
if (CDialog::OnCreate(lpCreateStruct) == -1)
        return -1;
dlg1.Create(IDD_DIALOG1,this);
dlg2.Create(IDD_DIALOG2,this);
return 0;
}
```

（4）在主对话框移动时修改阴影窗体的位置，代码如下：

```
void CShadowDlg::OnMove(int x, int y)
{
```

```
CDialog::OnMove(x, y);
CRect rect;
GetWindowRect(&rect);                                                  //获取主窗体大小
dlg1.MoveWindow(rect.left+10,rect.bottom,rect.Width()-10,10);          //移动下阴影窗体
dlg1.ShowWindow(SW_SHOW);                                              //显示窗体
dlg2.MoveWindow(rect.right,rect.top+10,10,rect.Height());             //移动右阴影窗体
dlg2.ShowWindow(SW_SHOW);                                             //显示窗体
}
```

■ 秘笈心法

心法领悟248：窗体阴影的实现。

该实例只是介绍了一种可以实现窗体阴影的方法，此方法可能并不是最恰当的方法。其实，还可以通过绘制桌面的方法来实现窗体阴影。当窗体移动时，擦除先前的窗体阴影，然后再在桌面上绘制新的窗体阴影即可。

6.4 对话框的背景

实例 249	应用程序背景与桌面融合	高级
	光盘位置：光盘\MR\06\249	趣味指数：★★★★☆

■ 实例说明

应用程序背景与桌面融合是在主窗口的右边和下边放置两个非模态对话框，进而半透明显示，就形成了阴影效果，然后在 WM_MOVE 消息的处理函数中设置非模态对话框的显示位置，如图 6.30 所示。

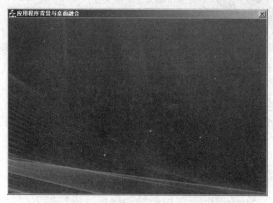

图 6.30　应用程序背景与桌面融合

■ 关键技术

要实现应用程序背景与桌面融合，可以使用 API 函数 PaintDesktop 将桌面墙纸图案重绘在窗体上，在 WM_MOVE 消息的处理函数中调用 PaintDesktop 函数即可将当前程序遮挡的部分绘制在窗体上，语法如下：

```
BOOL WINAPI PaintDesktop( HDC hdc );
```

参数说明

hdc：要进行填充的设备上下文。

■ 设计过程

（1）创建一个基于对话框的应用程序。

（2）在窗体的 OnPaint 方法中实现将桌面墙纸绘制到窗体中，代码如下：

```
CPaintDC dc(this);                                                    //获取窗体 DC
```

```
PaintDesktop(dc.m_hDC);                                                              //在窗体上绘制桌面墙纸
```

（3）在窗体移动时重新将桌面墙纸绘制到窗体中，代码如下：

```
void CCrasisDlg::OnMove(int x, int y)
{
CDialog::OnMove(x, y);
CDC* pDC = GetDC();                                                                  //获取窗体 DC
PaintDesktop(pDC->m_hDC);                                                            //在窗体上绘制桌面墙纸
}
```

■ 秘笈心法

心法领悟 249：利用透明实现窗体融合。

该实例只是介绍了一种可以实现窗体与桌面融合的方法，此方法可能并不是最恰当的方法。其实，窗体与桌面融合的实现还可以通过窗体透明的方法来实现。实现这一功能十分简单，只要将窗体颜色设为透明色，再将透明值设为 255 即可，代码如下：

```
SetWindowLong(GetSafeHwnd(),GWL_EXSTYLE,
GetWindowLong(GetSafeHwnd(),GWL_EXSTYLE)|0x80000);                                   //设置窗体样式
typedef BOOL (WINAPI *FSetLayeredWindowAttributes)(HWND,COLORREF,BYTE,DWORD);        //定义函数类型
FSetLayeredWindowAttributes SetLayeredWindowAttributes ;                             //定义函数指针

HINSTANCE hInst = LoadLibrary("User32.DLL");                                         //加载动态库

SetLayeredWindowAttributes = (FSetLayeredWindowAttributes)
GetProcAddress(hInst,"SetLayeredWindowAttributes");                                  //获取函数地址
if (SetLayeredWindowAttributes)
SetLayeredWindowAttributes(GetSafeHwnd(),GetSysColor(COLOR_3DFACE),255,true);        //设置透明
FreeLibrary(hInst);                                                                 //释放动态库
```

实例 250	位图背景窗体 光盘位置：光盘\MR\06\250	高级 趣味指数：★★★★

■ 实例说明

在进行程序设计时，通常会给主窗体设计一个程序背景，但窗体类并没有给出这样的属性，所以必须由程序设计人员通过代码实现。本实例通过一个位图资源实现了一个带背景的窗体，如图 6.31 所示。

■ 关键技术

要实现窗体的绘制并不像想象中那么复杂。首先需要准备几幅漂亮的位图，然后利用设备上下文 CDC 将其绘制在窗体上即可。CDC 提供了 StretchBlt 方法用于绘制图像，语法如下：

```
BOOL StretchBlt( int x, int y, int nWidth, int nHeight, CDC* pSrcDC, int xSrc, int ySrc, int nSrcWidth, int nSrcHeight, DWORD dwRop );
```

StretchBlt 语法中的参数说明如表 6.3 所示。

表 6.3　StretchBlt 语法中的参数说明

参　数	说　明	参　数	说　明
x、y	表示目标区域的左上角坐标	xSrc、ySrc	表示源设备上下文的左上角坐标
nWidth、nHeight	表示目标区域的宽度和高度	nSrcWidth、nSrcHeight	表示源设备上下文的宽度和高度
pSrcDC	表示源设备上下文指针	dwRop	表示光栅效果

■ 设计过程

（1）创建一个基于对话框的应用程序。

（2）通过资源窗体导入一个位图资源作为窗体背景，如图 6.32 所示。

图 6.31　位图背景窗体　　　　　　　　　　　　　　图 6.32　导入位图资源

（3）在窗体的 OnPaint 方法中实现将位图资源绘制到窗体中，代码如下：

```
void CBmpBKDlg::OnPaint()
{
if (IsIconic())
{
        CPaintDC dc(this);                              //窗体 DC

        SendMessage(WM_ICONERASEBKGND, (WPARAM) dc.GetSafeHdc(), 0);

        //获得图标的大小
        int cxIcon = GetSystemMetrics(SM_CXICON);
        int cyIcon = GetSystemMetrics(SM_CYICON);
        CRect rect;
        GetClientRect(&rect);
        int x = (rect.Width() - cxIcon + 1) / 2;
        int y = (rect.Height() - cyIcon + 1) / 2;

        //绘制图标
        dc.DrawIcon(x, y, m_hIcon);
}
else
{

        CPaintDC dc(this);                              //窗体 DC
        CBitmap m_bitmap;                               //位图变量
        m_bitmap.LoadBitmap(IDB_BITMAP1);               //载入位图资源
        CDC memdc;//临时 DC
        memdc.CreateCompatibleDC(&dc);                  //创建临时 DC
        memdc.SelectObject(&m_bitmap);                  //选中位图对象
        int width,height;                               //定义位图宽度和高度
        BITMAP bmp;
        m_bitmap.GetBitmap(&bmp);                       //获取位图信息
        width = bmp.bmWidth;                            //位图宽度
        height = bmp.bmHeight;                          //位图高度
        CRect rect;
        this->GetClientRect(&rect);                     //获取窗体大小
        //将位图绘制在窗体上作为背景
        dc.StretchBlt(rect.left,rect.top,rect.Width(),rect.Height(),&memdc,0,0,width,height,SRCCOPY);

}
}
```

■ 秘笈心法

心法领悟 250：位图缩放复制。

在绘图操作中，StretchBlt 实现了位图的缩放复制，通过这一机制可以随意地将图片进行缩放并绘制在窗体或者其他控件上。下面给出了实现位图缩放绘制的关键代码：

```
switch(num)
{
case 0:                              //50%显示
    pDC->StretchBlt(r.left,r.top,(int)(width*0.5),(int)(height*0.5),&memdc,0,0,
        bmp.bmWidth,bmp.bmHeight,SRCCOPY);
    break;
case 1:                              //75%显示
```

```
        pDC->StretchBlt(r.left,r.top,(int)(width*0.75),(int)(height*0.75),&memdc,0,0,
            bmp.bmWidth,bmp.bmHeight,SRCCOPY);
        break;
    case 2:                                //100%显示
        pDC->BitBlt(r.left,r.top,r.Width(),r.Height(),&memdc,0,0,SRCCOPY);
        break;
    case 3:                                //150%显示
        pDC->StretchBlt(r.left,r.top,(int)(width*1.5),(int)(height*1.5),&memdc,0,0,
            bmp.bmWidth,bmp.bmHeight,SRCCOPY);
        break;
    case 4:                                //充满窗口
        pDC->StretchBlt(r.left,r.top,r.Width(),r.Height(),&memdc,0,0,
            bmp.bmWidth,bmp.bmHeight,SRCCOPY);
        break;
}
```

实例 251	渐变色背景窗体 光盘位置：光盘\MR\06\251	高级 趣味指数：★★★★

实例说明

要实现窗体颜色渐变，需要重载对话框的 OnPaint 函数，在 OnPaint 函数中通过画刷和 CDC 的 FillRect 方法进行颜色的渐变，如图 6.33 所示。

图 6.33　渐变色背景窗体

关键技术

CDC 类的 FillRect 成员函数使用指定的画刷填充给定的矩形。函数将完全填充矩形，包括左边界和顶部边界，但不包括右边界和底部。画刷需要用 CBrush 成员函数 CreateHatchBrush、CreatePaletteBrush、CreateSolidBrush 创建，或用 Windows 函数::GetStockObject 获得。当填充矩形时，FillRect 并不包括矩形的右边界和底部。GDI 也可以填充矩形但并不包括右边界和底部。不管是在何种模式下，FillRect 都会比较 top、bottom、left 和 right 成员的值。如果 bottom 小于或等于 top，或者 right 小于等于 left，那么矩形将不会被画出。FillRect 函数的语法如下：

```
void FillRect(LPCRECT lpRect,CBrush* pBrush);
```

参数说明

❶ lpRect：指向 RECT 结构的指针，包含被填充的矩形的逻辑坐标，可以为该参数传递 CRect 对象。

❷ pBrush：标识填充矩形的画刷。

设计过程

（1）创建一个基于对话框的应用程序。

（2）在窗体的 OnPaint 方法中实现窗体背景渐变色的绘制，代码如下：

```
void CColorChangeDlg::OnPaint()
{
CPaintDC dc(this);                                //窗体 CDC
CBrush brush;                                     //画刷
```

```
CRect rect;
GetClientRect(&rect);                                   //客户区大小
for(int m=255;m>0;m--)
{
    int x,y;
    x = rect.Width() * m / 255;                         //计算绘制宽度
    y = rect.Height() * m / 255;                        //计算绘制高度
    brush.DeleteObject();
    brush.CreateSolidBrush(RGB(255,m,0));               //定义指定颜色画刷
    dc.FillRect(CRect(0,0,x,y),&brush);                 //填充矩形
}
```

秘笈心法

心法领悟 251：窗体背景渐变的方法。

在本实例中实现了窗体背景的颜色渐变，并且渐变的效果是由代码通过算法实现的。其实，实现窗体背景渐变不一定使用这种方法，最简单有效的方法就是使用一个带有渐变色的位图作为窗体的背景。

实例 252	随机更换背景的窗体	高级
	光盘位置：光盘\MR\06\252	趣味指数：★★★★☆

实例说明

如果用户使用软件频率非常高，那么应该为程序设计可以随机更换背景的功能，这样不但可以使用户心情愉快，也增加了软件的人性化设计。向工程中导入几幅不同的图片，然后使用 srand 函数以系统时间设置随机种子，使程序可以随机更换背景，如图 6.34 所示。

图 6.34　随机更换背景的窗体

关键技术

CStatic 类的 SetBitmap 成员函数用来将一个新的位图与此静态控件关联。这个位图将被自动绘制在此静态控件中，默认将被绘制在左上角，并且此静态控件将根据位图的大小来调整尺寸，语法如下：

```
HBITMAP SetBitmap( HBITMAP hBitmap );
```

参数说明

hBitmap：绘制在此静态控件中的位图句柄。

设计过程

（1）创建一个基于对话框的应用程序。

（2）在窗体上添加一个静态控件，设置关联变量为 m_Picture。

（3）在窗体的 OnInitDialog 方法中实现随机图片的选择和绘制，代码如下：

```
BOOL CRandBKDlg::OnInitDialog()
```

```
{
CTime Time;                                        //定义时间对象
Time = CTime::GetCurrentTime();                    //获取当前时间
srand(Time.GetSecond());                           //设置随机种子
int i = rand()%4;                                  //生成随机数
m_Picture.SetBitmap(LoadBitmap(AfxGetInstanceHandle(),
MAKEINTRESOURCE(IDB_BITMAP1+i)));                  //设置位图
return TRUE;
}
```

■ 秘笈心法

心法领悟 252：如何使用随机函数。

在使用 rand 函数生成随机数时，必须使用 srand 函数设置随机种子，否则每次生成的随机数就有可能是一样的。而随机种子的设置需要传递一个整型值，该值每次又不能相同，所以利用时间来设置这个整型值最合适。

实例 253	使用画刷绘制背景颜色 光盘位置：光盘\MR\06\253	高级 趣味指数：★★★★☆

■ 实例说明

使用画刷也可以绘制背景颜色，只要获得窗体的客户区域，然后使用 FillRect 方法进行填充即可绘制背景颜色，如图 6.35 所示。

图 6.35　使用画刷绘制背景颜色

■ 关键技术

本实例用到了 CDC 类的 FillRect 成员函数，关于该函数的详细讲解请参见实例 251 中的关键技术。

■ 设计过程

（1）创建一个基于对话框的应用程序。

（2）在窗体的 OnCtlColor 方法中实现通过画刷绘制窗体背景，代码如下：

```
HBRUSH CBrushBKDlg::OnCtlColor(CDC* pDC, CWnd* pWnd, UINT nCtlColor)
{
HBRUSH hbr = CDialog::OnCtlColor(pDC, pWnd, nCtlColor);
CBrush m_brush;                                    //定义画刷
m_brush.CreateSolidBrush(RGB(255,0,0));            //指定画刷颜色
CRect m_rect;
GetClientRect(m_rect);                             //客户区矩形
pDC->SelectObject(&m_brush);                       //选择画刷
pDC->FillRect(m_rect,&m_brush);                    //填充矩形区
return m_brush;
}
```

秘笈心法

心法领悟 253：创建画刷的简单方法。

该实例是利用画刷来完成窗体背景的填充的，并且在创建画刷时使用了两行命令。其实，创建画刷只需要使用一行命令即可，如"CBrush m_brush (RGB(255,0,0));"。

6.5　对话框的形状控制

实例 254	椭圆形窗体	高级
	光盘位置：光盘\MR\06\254	趣味指数：★★★★☆

实例说明

将程序界面设计成不规则窗体，已被多媒体播放器程序广泛应用。不规则窗体减去了以往单调的矩形窗体给使用者带来的乏味感，提高了操作者使用程序的兴趣。本实例实现了椭圆形窗体。实例运行结果如图 6.36 所示。

图 6.36　椭圆形窗体

关键技术

本实例主要通过 CWnd 的 SetWindowRgn 方法实现不规则窗体，该方法主要实现将窗体设置成椭圆形，语法如下：

```
int SetWindowRgn( HRGN hRgn, BOOL bRedraw );
```

参数说明

❶ hRgn：HRGN 对象句柄。

❷ bRedraw：是否重新绘制。

设计过程

（1）创建一个基于对话框的应用程序。

（2）通过资源窗体导入一个位图资源作为窗体背景，如图 6.37 所示。

图 6.37　导入位图资源

（3）将对话框的 Border 属性设为 None，将 Style 属性设为 Popup。

（4）在工程中添加 Bitmap 资源，设置 ID 属性为 IDB_BITMAP1。

（5）在 OnInitDialog 方法中设置窗体的形状，代码如下：

```
CRgn wndRgn,rgnTemp;
wndRgn.CreateEllipticRgn(0,0,480,300);                    //定义椭圆形区域
SetWindowRgn((HRGN)wndRgn,true);                          //改变窗体形状
```

（6）在 OnPaint 函数中实现图片的显示，代码如下：

```
void CEllipsefaceDlg::OnPaint()
{
if (IsIconic())
{
    //此处代码省略
}
else
{
    CPaintDC dc(this);
    CRect rect;
    GetWindowRect(&rect);                                //获取窗体大小
    CDC memDC;
    CBitmap cBitmap;
    CBitmap* pOldMemBmp=NULL;
    cBitmap.LoadBitmap(IDB_BITMAP1);                     //载入位图
    memDC.CreateCompatibleDC(&dc);
    pOldMemBmp=memDC.SelectObject(&cBitmap);             //选择位图
    dc.BitBlt(0,0,rect.Width(),rect.Height(),&memDC,0,0,SRCCOPY);  //绘制位图
    if(pOldMemBmp)memDC.SelectObject(pOldMemBmp);
    CDialog::OnPaint();
}
}
```

（7）对话框 WM_LBUTTONDOWN 消息的实现，代码如下：

```
void CEllipsefaceDlg::OnLButtonDown(UINT nFlags, CPoint point)
{
::SendMessage(this->GetSafeHwnd(),WM_SYSCOMMAND,SC_MOVE+2,0);  //发送窗体移动消息
CDialog::OnLButtonDown(nFlags, point);
}
```

■ 秘笈心法

心法领悟 254：圆角矩形窗体的实现。

在本实例中，窗体的形状是由 SetWindowRgn 函数实现的，通过此函数不但可以实现椭圆形窗体，还可以实现圆角矩形窗体，代码如下：

```
CRect rc;
GetWindowRect(&rc);                                      //窗体矩形
m_rgn.CreateRoundRectRgn(rc.left,rc.top,
rc.right,rc.bottom, 50,50);                              //定义圆角区域
SetWindowRgn(m_rgn,TRUE);                                //改变窗体形状
```

实例 255	圆角窗体	高级
	光盘位置：光盘\MR\06\255	趣味指数：★★★⯪

■ 实例说明

本实例实现了圆角窗体。实例运行结果如图 6.38 所示。

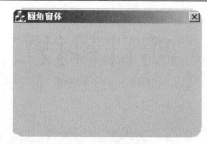

图 6.38　圆角窗体

▌ 关键技术

如果对 Visual C++中棱角分明的窗体感到厌倦，那么可以创建圆角窗体，使用 CreateRoundRectRgn 函数可以实现圆角窗体的效果，语法如下：

HRGN CreateRoundRectRgn(int nLeftRect,int nTopRect,int nRightRect,int nBottomRect,int nWidthEllipse,int nHeightEllipse);

CreateRoundRectRgn 函数中的参数说明如表 6.4 所示。

表 6.4　CreateRoundRectRgn 函数中的参数说明

参　　数	说　　明
nLeftRect、nTopRect	矩形左上角的横纵坐标
nRightRect、nBottomRect	矩形右下角的横纵坐标
nWidthEllipse	圆角椭圆的宽。其范围为从 0（没有圆角）到矩形宽（全圆）
nHeightEllipse	圆角椭圆的高。其范围为从 0（没有圆角）到矩形高（全圆）

▌ 设计过程

（1）创建一个基于对话框的应用程序。

（2）在 OnInitDialog 方法中设置窗体的形状，代码如下：

```
BOOL CRoundRectDlg::OnInitDialog()
{
//此处代码省略
CRect rect;
GetClientRect(&rect);
HRGN rgn;
rgn = CreateRoundRectRgn(0,0,rect.Width()+5,rect.Height(),30,30);
SetWindowRgn(rgn,TRUE);
return TRUE;
}
```

▌ 秘笈心法

心法领悟 255：CRgn 对象的组合。

在本实例中，窗体的形状是由 SetWindowRgn 函数实现的，通过此函数可以根据 CRgn 类指定的形状生成窗体，CRgn 类还可以将多个形状组合成一个形状，也就是通过 CombineRgn 函数将需要的部分连接起来。

实例 256	字形窗体	高级
	光盘位置：光盘\MR\06\256	趣味指数：★★★★☆

▌ 实例说明

在运行大型的应用程序时，往往要等待一段时间才能运行起来，这样会使用户产生程序可能没有运行起来的错觉，加上启动界面即可消除这样的错觉。启动界面可以设计成字形窗体等样式，本实例将创建一个字形窗体。实例运行结果如图 6.39 所示。

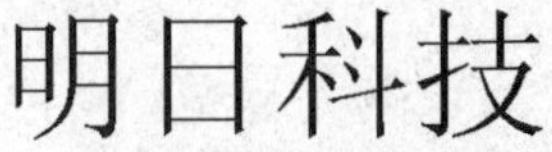

明日科技

图 6.39　字形窗体

■ 关键技术

要设计字形窗体可以利用设备上下文 CDC 类的通道方法实现，包括 BeginPath、EndPath 和 TextOut 等方法。

（1）BeginPath 方法

该方法用于在设备环境中打开路径，语法如下：

BOOL BeginPath();

（2）EndPath 方法

该方法用于在设备环境中关闭路径，语法如下：

BOOL EndPath();

（3）TextOut 方法

该方法用于输出文本，语法如下：

virtual BOOL TextOut(int x, int y, LPCTSTR lpszString, int nCount);
BOOL TextOut(int x, int y, const CString& str);

TextOut 方法中的参数说明如表 6.5 所示。

表 6.5　TextOut 方法中的参数说明

参　数	说　明
x、y	指定文本起点的横坐标和纵坐标
lpszString	要绘制的字符串的指针
nCount	字符串中的字节数
str	包含字符的 CString 对象

■ 设计过程

（1）创建一个基于对话框的应用程序。

（2）在 OnInitDialog 方法中设置窗体的形状，代码如下：

```
BOOL CFontWindowDlg::OnInitDialog()
{
//此处代码省略
CDC* pDC = GetDC();                          //获得设备上下文
font.CreatePointFont(800,"宋体",pDC);        //创建字体
pDC->SelectObject(&font);                    //选入字体
pDC->BeginPath();                            //打开路径
pDC->SetBkMode(TRANSPARENT);                 //设置背景透明
pDC->TextOut(20,20,"明日科技");              //输出字符串
pDC->EndPath();                              //关闭路径
HRGN rgn;
rgn = PathToRegion(pDC->m_hDC);              //获得路径区域
SetWindowRgn(rgn,TRUE);                      //设置窗体区域
pDC->StrokePath();                           //使用当前画笔绘制路径
font.DeleteObject();
return TRUE;
}
```

■ 秘笈心法

心法领悟 256：显示多行文本。

在本实例中使用到了 TextOut 方法，但是 TextOut 方法是不支持换行的，可以使用 DrawText 方法。

实例 257	调用 Office 助手	高级
	光盘位置：光盘\MR\06\257	趣味指数：★★★★☆

■ 实例说明

在 Office、瑞星等应用软件中，提供了一个桌面精灵，即 Office 助手和瑞星小狮子，使程序增加了许多特色。本实例设计了一个类似的桌面精灵，如图 6.40 所示。

图 6.40 调用 Office 助手

■ 关键技术

许多读者都知道，使用微软的 Agent 控件可以显示一个动画精灵，该控件是一个 ActiveX 控件，用户可以在许多编程语言中使用。下面将介绍 Agent 控件的使用。首先加载一个角色，角色通常存在于后缀为 .acs 的文件中，例如：

```
COleVariant value1(szFullPath);
//加载角色
m_Agent.GetCharacters().Load("MrAgent", value1);                    //MrAgent 是 ACS 文件中的一个角色
```

然后可以调用角色的 Show 方法来显示角色，例如：

```
m_Character = m_Agent.GetCharacters().Character("MrAgent");          //获取角色
long prm = 0;
COleVariant value(prm);
m_Character.Show(value);                                             //显示角色
```

接着可以调用角色的 Play 方法来执行角色的一些动作，该动作是在 ACS 文件中定义的。

```
CString str = "Move";
m_Character = m_Agent.GetCharacters().Character("MrAgent");
m_Character.Play(str);
```

最后可以调用角色的 Hide 方法来隐藏角色，隐藏的动作也可以在 ACS 文件中定义。如果没有定义隐藏动作，默认将直接隐藏角色。

```
m_Character = m_Agent.GetCharacters().Character("MrAgent");
long prm = 0;
COleVariant value(prm);
m_Character.Hide(value);
```

■ 设计过程

（1）创建一个基于对话框的应用程序。

（2）向对话框中添加按钮控件，并导入 Agent ActiveX 控件。

（3）在对话框初始化时加载角色，并设置角色的右键弹出式菜单，代码如下：

```
BOOL COfficeDlg::OnInitDialog()
{
//代码省略
char    szAppName[MAX_PATH] = {0};
GetModuleFileName(NULL, szAppName, MAX_PATH);                        //获取文件名称
char    szDriver[128] = {0};
```

```
char   szDir[128] = {0};
char   szName[128] = {0};
char   szExt[128] = {0};
_splitpath(szAppName, szDriver, szDir, szName, szExt);                           //分解目录
char szFullPath[128] = {0};
_makepath(szFullPath, szDriver, szDir, "Character1", "acs");                     //组合目录
COleVariant value1(szFullPath);
m_Agent.GetCharacters().Load("MrAgent", value1);                                //加载角色
m_Character = m_Agent.GetCharacters().Character("MrAgent");                     //获取角色
m_Character.SetAutoPopupMenu(FALSE);                                           //隐藏默认的菜单
IAgentCtlCommands pCommands;
pCommands.AttachDispatch(m_Character.GetCommands());
long enabled = 1;
long visibled = 1;
m_Agent.ShowOwnedPopups(FALSE);                                               //隐藏弹出式菜单
IAgentCtlCommandEx pCommand;
pCommand.AttachDispatch(pCommands.Add("Move", COleVariant("表演(&A)"), COleVariant(""),
                        COleVariant(enabled), COleVariant(visibled)));          //添加菜单
m_Menu.LoadMenu(IDR_MENU1);                                                   //加载菜单
m_Agent.SetConnected(FALSE);
return TRUE;
}
```

（4）处理"显示"按钮的单击事件，显示动画精灵，代码如下：

```
void COfficeDlg::OnShow()
{
m_Character = m_Agent.GetCharacters().Character("MrAgent");
long prm = 0;
COleVariant value(prm);
m_Character.Show(value);                                                      //显示动画精灵
}
```

（5）处理"表演"按钮的单击事件，调用 ACS 文件中的 Move 动作，代码如下：

```
void COfficeDlg::OnAct()
{
CString str = "Move";
m_Character = m_Agent.GetCharacters().Character("MrAgent");
m_Character.Play(str);                                                        //执行 Move 动作
}
```

（6）调用"隐藏"按钮的单击事件，隐藏桌面精灵，代码如下：

```
void COfficeDlg::OnHide()
{
m_Character = m_Agent.GetCharacters().Character("MrAgent");
long prm = 0;
COleVariant value(prm);
m_Character.Hide(value);                                                      //隐藏动画精灵
}
```

■ 秘笈心法

心法领悟 257：Office 助手的制作。

微软提供了一个 Agent 助手编辑工具，即 Microsoft Agent Character Editor。用户可以在微软的官方网站上找到，可以通过 Agent 助手编辑工具设计 ASC 文件，实现动画。

实例 258	鼠标跟随窗体 光盘位置：光盘\MR\06\258	高级 趣味指数：★★★☆

■ 实例说明

鼠标跟随窗体是指当鼠标移动时，窗体也会跟着鼠标移动的方向移动。通常此窗体是一个动画窗体，本实例中是一个可以运动的蝴蝶，当鼠标移动时，蝴蝶也会随着移动。实例运行结果如图 6.41 所示。

图 6.41 鼠标跟随窗体

■ 关键技术

跟随鼠标移动的窗体主要是通过在定时器中获得鼠标和窗体的位置，然后调用 MoveWindow 方法实现的。该方法的语法如下：

BOOL MoveWindow(int X,int Y,int nWidth,int nHeight,BOOL bRepaint);

MoveWindow 方法中的参数说明如表 6.6 所示。

表 6.6 MoveWindow 方法中的参数说明

参　数	说　明
X、Y	窗口新位置的左上角坐标
nWidth	窗口的宽度
nHeight	窗口的高度
bRepaint	设置窗口是否重画

■ 设计过程

（1）创建一个基于对话框的应用程序。

（2）在 OnTimer 方法中实现鼠标位置的获取，并移动窗体，代码如下：

```
void CButterflyDlg::OnTimer(UINT nIDEvent)
{
m_Static.SetBitmap(LoadBitmap(AfxGetInstanceHandle(),
        MAKEINTRESOURCE(IDB_BITMAP1+i)));           //设置位图
CDC* pDC;
CDC  memDC;
CBitmap     bitmap;
CBitmap* bmp = NULL;
COLORREF col;
CRect rc;
int     x, y;
CRgn rgn, tmp;
pDC = GetDC();
GetClientRect(&rc);
bitmap.LoadBitmap(IDB_BITMAP1+i);                   //装载模板位图
memDC.CreateCompatibleDC(pDC);
bmp = memDC.SelectObject(&bitmap);
rgn.CreateRectRgn(0, 0, rc.Width(), rc.Height());
//计算得到区域
for(x=0; x<=rc.Width(); x++)
{
    for(y=0; y<=rc.Height(); y++)
    {
        //将白色部分去掉
        col = memDC.GetPixel(x, y);                 //得到像素颜色
        if(col == RGB(255,255,255))
        {
            tmp.CreateRectRgn(x, y, x+1, y+1);
            rgn.CombineRgn(&rgn,&tmp,RGN_XOR);
            tmp.DeleteObject();
        }
    }
}
if(bmp)
{
    memDC.SelectObject(bmp);
}
SetWindowRgn((HRGN)rgn,TRUE);                       //设置窗体为区域的形状
```

```
ReleaseDC(pDC);

CRect rect;
CPoint nPoint;
GetCursorPos(&nPoint);
GetWindowRect(&rect);
pOint.x = rect.left;
pOint.y = rect.top;
int xRc = (nPoint.x - pOint.x) /8;
int yRc = (nPoint.y - pOint.y) /8;
MoveWindow(pOint.x+xRc*i,pOint.y+yRc*i,rect.Width(),rect.Height());
i++;
if(i==8)i=0;
CDialog::OnTimer(nIDEvent);
}
```

■ 秘笈心法

心法领悟 258：区域的使用。

在本实例中，窗体的形状是由 SetWindowRgn 函数实现的，通过该函数可以根据 CRgn 类指定的形状生成窗体，CRgn 类还可以将多个形状组合成一个形状，也就是通过 CombineRgn 函数将需要的部分连接起来。

| 实例 259 | 根据图片大小显示的窗体
光盘位置：光盘\MR\06\259 | 高级
趣味指数：★★★☆ |

■ 实例说明

根据图片大小显示的窗体是使用控件显示图片后获得控件的大小，再根据控件大小设置窗体的大小。实例运行结果如图 6.42 所示。

图 6.42　根据图片大小显示的窗体

■ 关键技术

改变窗体的大小需要获取位图文件的大小，然后调用 MoveWindow 方法实现窗体大小的改变。

📖 说明：MoveWindow 方法的详细讲解请参见实例 258 中的关键技术。

■ 设计过程

（1）创建一个基于对话框的应用程序。

（2）在对话框中添加图片控件。

（3）添加"打开"按钮的单击事件，打开一个位图并根据此位图的大小改变窗体的大小，代码如下：

```
void CPictureDlg::OnButton1()
{
CFileDialog m_filedlg (true,"bmp",NULL,NULL,"位图文件(.bmp)|*.bmp",this);
if (m_filedlg.DoModal() == IDOK)
```

```
{
    CString str = m_filedlg.GetPathName();
    GetDlgItem(IDC_STATIC)->SetWindowText(str);
    HBITMAP m_hbitmap = (HBITMAP)::LoadImage(GetModuleHandle(NULL),str,
            IMAGE_BITMAP,0,0,LR_LOADFROMFILE|LR_DEFAULTSIZE|LR_DEFAULTCOLOR);
    m_Picture.SetBitmap(m_hbitmap);
    CRect rect;
    m_Picture.GetWindowRect(rect);
    CRect m_rect;
    GetWindowRect(m_rect);
    m_rect.right = rect.right + 10;
    m_rect.bottom = rect.bottom + 10;
    MoveWindow(m_rect);
    CenterWindow();
}
}
```

■ 秘笈心法

心法领悟 259：获取位图的大小。

本实例中位图的大小是根据静态控件获取的，也可以使用 CBitmap 类通过获取位图的信息来获取位图的大小，代码如下：

```
BITMAP bmp;
m_bitmap.GetBitmap(&bmp);                           //获取位图信息
width = bmp.bmWidth;                                //位图宽度
height = bmp.bmHeight;                              //位图高度
```

6.6　对话框的位置控制

实例 260	始终在最上面的窗体 光盘位置：光盘\MR\06\260	高级 趣味指数：★★★☆

■ 实例说明

在使用软件的过程中，有时会因为打开其他软件而将正在操作的软件置于其后，为操作带来了不便。在本实例程序运行后，无论用户打开多少窗体，本程序的窗体始终在最上面，结果如图 6.43 所示。

图 6.43　始终在最上面的窗体

■ 关键技术

要实现将自己的程序永远前置，可以使用 API 函数 SetWindowPos，该函数可以为窗口指定一个新位置和状态，语法如下：

```
BOOL SetWindowPos(HWN hWnd,HWND hWndInsertAfter,int X, int Y,int cx, int cy,UINT nFlags);
```

SetWindowPos 方法中的参数说明如表 6.7 所示。

表 6.7　SetWindowPos 方法中的参数说明

参　数	说　明	参　数	说　明
hWnd	窗口句柄	cx	以像素指定窗口的新的宽度
hWndInsertAfter	位于被置位的窗口前的窗口句柄	cy	以像素指定窗口的新的高度
X	以客户坐标指定窗口新位置的左边界	nFlags	窗口尺寸和定位的标志
Y	以客户坐标指定窗口新位置的顶边界		

如果将窗口前置，那么可以将该函数中的 hWndInsertAfter 参数值设置为 HWND_TOPMOST。

■ 设计过程

（1）创建一个基于对话框的应用程序。

（2）在窗体的 OnInitDialog 方法中实现始终在最上面的窗体，代码如下：

```
//始终在最上面的窗体
::SetWindowPos(AfxGetMainWnd()->m_hWnd,HWND_TOPMOST,10,10,450,300,SWP_NOMOVE);
```

■ 秘笈心法

心法领悟 260：改变窗体的位置。

本实例使用 SetWindowPos 函数实现了窗体在最顶端，其实该函数平时最常用的是改变窗体的位置，代码如下：

```
CRect rect;
GetClientRect(rect);
m_wndBrowser.SetWindowPos(NULL, rect.left, rect.top, rect.Width(),rect.Height(), SWP_NOACTIVATE | SWP_NOZORDER);
```

实例 261	如 QQ 般隐藏的窗体 光盘位置：光盘\MR\06\261	高级 趣味指数：★★★★☆

■ 实例说明

如果把一些较小的窗体做成像 QQ 般隐藏的窗体将会更加吸引用户。要实现如 QQ 般隐藏的窗体需要在定时器中判断鼠标和窗体的位置，然后使用 MoveWindow 方法移动窗体，从而实现是隐藏还是显示。实例运行结果如图 6.44 所示。

图 6.44　如 QQ 般隐藏的窗体

■ 关键技术

窗体的隐藏主要是通过在定时器中获得鼠标和窗体的位置，然后调用 MoveWindow 方法实现的。

📖 说明：MoveWindow 方法的详细讲解请参见实例 258 中的关键技术。

■ 设计过程

（1）创建一个基于对话框的应用程序。

（2）在窗体的 OnTimer 方法中实现窗体的隐藏，代码如下：

```
void CQQHideDlg::OnTimer(UINT nIDEvent)
{
CRect rc;
CRect rect;
GetWindowRect(&rect);                                        //窗体大小
rc.CopyRect(&rect);                                          //复制矩形区
CPoint point;
GetCursorPos(&point);                                        //获取鼠标位置
if(rect.top < 0 && PtInRect(rect,point))                     //显示窗体
{
        rect.top = 0;
        MoveWindow(rect.left,rect.top,rc.Width(),rc.Height());    //移动窗体
}
else if(rect.top > -3 && rect.top < 3 && !PtInRect(rect,point))   //隐藏窗体
{
        rect.top = 3-rect.Height();
        MoveWindow(rect.left,rect.top,rc.Width(),rc.Height());
}
CDialog::OnTimer(nIDEvent);
}
```

■ 秘笈心法

心法领悟 261：窗体渐显或渐隐。

本实例通过改变窗体的 Y 坐标为 0 或者负值来实现窗体的显示或隐藏，但这一显示或隐藏的过程中没有渐显或渐隐的效果，若想实现渐显或渐隐的效果，可以通过循环逐步改变窗体的位置，直到全部显示或全部隐藏。

实例 262	晃动的窗体	高级
	光盘位置：光盘\MR\06\262	趣味指数：★★★☆

■ 实例说明

本实例中晃动的窗体类似于 QQ 中的窗体震动效果，只要单击"晃动"按钮，窗体就会左右晃动，结果如图 6.45 所示。

图 6.45　晃动的窗体

■ 关键技术

窗体的震动主要是通过在定时器中获得鼠标和窗体的位置，然后调用 MoveWindow 方法实现的。

📖 说明：MoveWindow 方法的详细讲解请参见实例 258 中的关键技术。

设计过程

（1）创建一个基于对话框的应用程序。

（2）添加"晃动"按钮的单击事件 OnRoct，实现窗体的晃动，代码如下：

```
void CRockDialogDlg::OnRoct()
{
CRect rect;
this->GetWindowRect(&rect);                          //获取窗体大小
int off = 10;
for (int i = 0 ;i < 20 ; i++)
{
        rect.OffsetRect(off,0);                      //窗体区域偏移
        this->MoveWindow(&rect,true);                //窗体移动
        if (off == -10)
                off = 10;
        else
                off = -10;
        ::Sleep(100);
}
}
```

秘笈心法

心法领悟 262：窗体上下晃动。

本实例通过获取窗体的矩形区域，然后改变 X 坐标来实现窗体的左右晃动。读者也可以通过此方法实现窗体的上下晃动。

实例 263	磁性窗体	高级
	光盘位置：光盘\MR\06\263	趣味指数：★★★☆

实例说明

用户在使用一些播放器的软件时，会发现很多播放器都是由几个窗体组合而成的，这些窗体可以连在一起移动，也可以分开单独移动，还可以关闭一些不用的窗体，增加了软件应用的灵活性。本实例通过 Visual C++ 实现了这种磁性窗体的功能。运行本实例，调整均衡器窗体的位置，当均衡器窗体和播放器窗体任意一边相邻时，移动播放器窗体即可带动均衡器窗体一起移动。实例运行结果如图 6.46 所示。

图 6.46　磁性窗体

关键技术

在本实例中实现磁性窗体功能时主要用到了 MapWindowPoints 方法和 MoveWindow 方法设置并移动窗体

位置。

MapWindowPoints 方法用于将某个窗口的区域坐标转换为另一个窗口的区域坐标，语法如下：

```
void MapWindowPoints( CWnd* pwndTo, LPRECT lpRect ) const;
```

参数说明

❶ pwndTo：表示转换后的区域坐标窗口。

❷ lpRect：表示待转换的区域对象。

在本实例中，进行窗体区域坐标转换的代码如下：

```
CRect pRect,cRect;                          //声明区域对象
GetWindowRect(pRect);                       //获得窗口区域
MapWindowPoints(this,pRect);                //转换窗口区域坐标
```

📖 说明：MoveWindow 方法的详细讲解请参见实例 258 中的关键技术。

■ 设计过程

（1）创建一个基于对话框的应用程序，将其窗体标题改为"播放器"。

（2）向工程中插入两个 BMP 位图资源，向对话框中添加一个图片控件，设置其 Type 属性为 Bitmap，设置其 Image 属性为 IDB_BITMAP1。

（3）创建一个新的对话框资源，修改其 ID 为 IDD_CHILD_DIALOG，将其窗体标题改为"均衡器"，并设置对话框显示的字体信息。

（4）通过类向导为新建的对话框资源关联一个对话框类 CChildDlg。

（5）向新建的对话框中添加一个图片控件，设置其 Type 属性为 Bitmap，设置其 Image 属性为 IDB_BITMAP2。

（6）处理主窗体的 WM_MOVE 消息，在该消息的处理函数中设置均衡器窗体是否随主窗体一起移动，代码如下：

```
void CMagnetismDlg::OnMove(int x, int y)
{
CDialog::OnMove(x, y);
if(m_IsCreate == TRUE)                       //已创建
{
    CRect pRect,cRect;                       //声明区域对象
    GetWindowRect(pRect);                    //获得主窗体区域
    MapWindowPoints(this,pRect);            //转换窗体区域坐标
    m_Dlg->GetWindowRect(cRect);            //获得均衡器窗体区域
    //如果移动播放器窗体距离均衡器窗体不到20像素则移动播放器窗体，使两个窗体相连
    if(pRect.left-cRect.right<20 && pRect.left-cRect.right>0 && (
        pRect.top>cRect.top-m_Height && pRect.bottom<cRect.bottom+m_Height))
        pRect.left = cRect.right;            //设置播放器左边与均衡器右边相连
    else if(cRect.left-pRect.right<20 && cRect.left-pRect.right>0 && (
        pRect.top>cRect.top-m_Height && pRect.bottom<cRect.bottom+m_Height))
        pRect.left = cRect.left - m_Width;   //设置播放器右边与均衡器左边相连
    else if(cRect.top-pRect.bottom<20 && cRect.top-pRect.bottom>0 && (
        pRect.left>cRect.left-m_Width && pRect.right<cRect.right+m_Width))
        pRect.top = cRect.top - m_Height;    //设置播放器下边与均衡器上边相连
    else if(pRect.top-cRect.bottom<20 && pRect.top-cRect.bottom>0 && (
        pRect.left>cRect.left-m_Width && pRect.right<cRect.right+m_Width))
        pRect.top = cRect.bottom;            //设置播放器上边与均衡器下边相连
    MoveWindow(pRect.left,pRect.top,m_Width,m_Height);  //移动播放器窗体
    if(m_Berth)                              //如果两个窗体相连
    {
        m_Dlg->MoveWindow(cRect.left+(pRect.left-m_Point.x),
            cRect.top+(pRect.top-m_Point.y),cRect.Width(),cRect.Height());  //移动均衡器窗体
    }
    m_Point.x = pRect.left;                  //设置左上角横坐标
    m_Point.y = pRect.top;                   //设置左上角纵坐标
}
}
```

■ 秘笈心法

心法领悟 263：磁性窗体的实现。

实现磁性窗体功能，主要就是判断两个窗体之间的位置关系。当移动其中一个窗体时，如果和另一个窗体相连接则一起移动，否则只单独移动。当移动当前窗体靠近另一个窗体时，判断两个窗体之间的距离。如果两个窗体之间的距离小于 20 像素，则自动将两个窗体连接在一起，这样就实现了磁性窗体功能。

6.7 控制对话框的标题栏

实例 264	闪烁标题栏的窗体 光盘位置：光盘\MR\06\264	高级 趣味指数：★★★★

■ 实例说明

闪烁标题栏的窗体的功能就是让标题栏不断地处于激活和非激活状态。实例运行结果如图 6.47 所示。

图 6.47 闪烁标题栏的窗体

■ 关键技术

在窗口类中使用定时器比较简单。当在程序中需要间隔一段时间执行某一操作时，即可使用定时器设置时间，定时器的语法如下：

```
UINT SetTimer( UINT nIDEvent, UINT nElapse, void (CALLBACK EXPORT* lpfnTimer)(HWND, UINT, UINT, DWORD));
```

参数说明

❶ nIDEvent：设定的定时器指定的定时器标志值，设置多个定时器时，每个定时器的值都不同，消息处理函数就是通过该参数来判断是哪个定时器的。

❷ nElapse：指定发送消息的时间间隔，单位是 ms。当设定值为 1000 时，也就是 1s。

❸ lpfnTimer：指定定时器消息由哪个回调函数来执行。如果为空，则 WM_TIMER 将加入到应用程序的消息队列中，并由 CWnd 类处理。通常设定为 NULL。

■ 设计过程

（1）创建一个基于对话框的应用程序。

（2）在窗体的 OnInitDialog 方法中加入定时器，代码如下：

```
SetTimer(1,500,NULL);
```

（3）在定时器方法中实现窗体闪烁，代码如下：

```
void CSSdbtlDlg::OnTimer(UINT nIDEvent)
{
    FlashWindow(TRUE);                                    //实现标题栏闪烁
```

```
    CDialog::OnTimer(nIDEvent);
}
```

秘笈心法

心法领悟 264：在非窗口类中实现定时器。

在非窗口类中使用定时器与在有窗口的类中使用定时器有些不同，因为是无窗口类，所以不能使用在窗口类中用消息映射的方法设置定时器，这时就必须用到回调函数。又因为回调函数是具有一定格式的，其参数不能由程序员自己决定，所以无法利用参数将 this 传递进去。但静态成员函数是可以访问静态成员变量的，因此可以把 this 保存在一个静态成员变量中，在静态成员函数中即可使用该指针。对于只有一个实例的指针，这种方法还是可行的。由于在一个类中该静态成员变量只有一个备份，所以对于有多个实例的类就不能区分了。解决的办法是把定时器标志值作为关键字，把类实例的指针作为项，保存在一个静态映射表中。因为标志值是唯一的，所以可以快速检索出映射表中对应的该实例的指针。因为是静态的，所以回调函数是可以访问的。

实例 265	隐藏和显示标题栏 光盘位置：光盘\MR\06\265	高级 趣味指数：★★★★

实例说明

窗体的标题栏与窗体标题栏上的按钮都是可选的，通过修改窗体的样式即可显示或隐藏这些窗体元素。实例运行结果如图 6.48 所示。

图 6.48　隐藏和显示标题栏

关键技术

窗体标题栏的显示或隐藏是通过改变窗体的样式实现的，实现样式的修改可以使用 API 函数 SetWindowLong 通过设置窗体的属性来实现，语法如下：

```
LONG SetWindowLong(HWND hWnd, int nIndex, LONG dwNewLong);
```

参数说明

❶ hWnd：设置窗体属性的窗体句柄。

❷ nIndex：窗体属性的值。

❸ dwNewLong：窗体属性的值。

设计过程

（1）创建一个基于对话框的应用程序。

（2）为"隐藏标题栏"按钮添加单击事件，实现窗体标题栏的隐藏，代码如下：

```
void CTitleDlg::OnButton1()
{
LONG lStyle = ::GetWindowLong(this->m_hWnd, GWL_STYLE);                            //获取窗体样式
::SetWindowLong(this->m_hWnd, GWL_STYLE, lStyle & ~WS_CAPTION);                    //取消窗体标题栏
::SetWindowPos(this->m_hWnd, NULL, 0, 0, 0, 0,SWP_NOSIZE
        | SWP_NOMOVE | SWP_NOZORDER | SWP_NOACTIVATE | SWP_FRAMECHANGED);          //重新设置窗体大小
}
```

（3）为"显示标题栏"按钮添加单击事件，实现窗体标题栏的显示，代码如下：

```
void CTitleDlg::OnButton2()
{
```

```
LONG lStyle = ::GetWindowLong(this->m_hWnd, GWL_STYLE);                              //获取窗体样式
::SetWindowLong(this->m_hWnd, GWL_STYLE, lStyle | WS_CAPTION);                       //添加窗体标题栏
::SetWindowPos(this->m_hWnd, NULL, 0, 0, 0, 0,SWP_NOSIZE
    | SWP_NOMOVE | SWP_NOZORDER | SWP_NOACTIVATE | SWP_FRAMECHANGED);                //重新设置窗体样式
}
```

■ 秘笈心法

心法领悟265：修改窗体的执行过程。

通过 SetWindowLong 修改窗体属性的 API 函数，不但可以修改窗体的样式，还可以通过该 API 函数实现窗体的子类化，也就是修改窗体的默认消息执行过程，代码如下：

```
WNDPROC oldProc;                                                                    //窗体过程指针
LRESULT CALLBACK ProcButton(HWND hWnd, UINT uMsg, WPARAM wParam, LPARAM lParam);     //新窗体过程
{
ASSERT(oldProc != 0);
if (oldProc == 0) return TRUE;

switch (uMsg)                                                                       //消息过滤
{
case WM_ERASEBKGND:
    break;
    //此处代码省略
default:
    break;
}
    return CallWindowProc(oldProc, hWnd, uMsg, wParam, lParam);                      //调用旧的窗体过程
}
oldProc = (WNDPROC) GetWindowLong(hWnd, GWL_WNDPROC);                                //获取旧的窗体过程
SetWindowLong(hWnd, GWL_WNDPROC, (LONG) ProcButton);                                 //设置新的窗体过程
```

实例 266	动态改变标题栏图标	高级
	光盘位置：光盘\MR\06\266	趣味指数：★★★★

■ 实例说明

在使用应用程序时，有时需要让不同的窗体显示不同的图标，这样就需要通过代码动态修改窗体的标题栏图标。实例运行结果如图 6.49 所示。

■ 关键技术

图标的动态加载其实很简单，首先向工程中加载一个图标资源，并给图标资源命名 ID，然后通过 LoadIcon 函数加载此图标资源，加载时必须传递图标资源的 ID，代码如下：

图 6.49　动态改变标题栏图标

```
m_hIcon = AfxGetApp()->LoadIcon(IDI_ICON1);                                          //获取图标资源
```

■ 设计过程

（1）创建一个基于对话框的应用程序。

（2）在资源视图中右击，在弹出的快捷菜单中选择 Import 命令，弹出 Import Resource 对话框，选择一个文本文件，单击 Import 按钮，加载图标资源。

（3）为"加载图标"按钮添加单击事件，实现窗体标题栏图标的更改，代码如下：

```
void CModifyIconDlg::OnLoadIcon()
{
m_hIcon = AfxGetApp()->LoadIcon(IDI_ICON1);                                          //获取图标资源
SetIcon(m_hIcon, TRUE);                                                             //设置大图标
SetIcon(m_hIcon, FALSE);                                                            //设置小图标
}
```

■ 秘笈心法

心法领悟 266：加载鼠标图标。

本实例实现了窗体标题栏图标的动态更改，其实鼠标的图标也是可以动态更改的。方法与图标的动态更改类似，代码如下：

```
SetCursor(AfxGetApp()->LoadIcon(IDC_CROSS));
```

6.8 对话框的大小控制

实例 267	限制窗体的大小	高级
	光盘位置：光盘\MR\06\267	趣味指数：★★★★☆

■ 实例说明

有时想要创建可以调整大小的窗体，但是又不希望窗体太大或太小，这时就要对窗体的大小进行限制，可以在对话框的 WM_SIZE 消息的处理函数中进行设置。实例运行结果如图 6.50 所示。

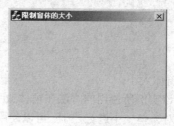

图 6.50 限制窗体的大小

■ 关键技术

本实例的主要关键技术在于添加 WM_SIZE 消息的处理函数，在工作区中可以添加对话框的消息处理函数。首先在工作区的类视图窗口中右击对话框类，在弹出的快捷菜单中选择 Add Windows Message Handler 命令，如图 6.51 所示。此时将打开新建对话框消息窗口，如图 6.52 所示。

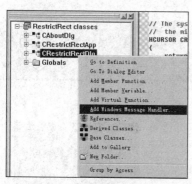

图 6.51 打开消息映射窗口

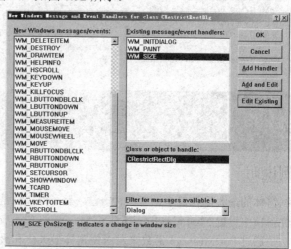

图 6.52 添加消息处理函数

在 New Windows messages/events 列表框中显示了当前对话框未处理的消息，该消息是针对对话框的。如果用户需要处理的消息不在该列表中，则可以在 Filter for messages available to 下拉列表框中选择 Window 选项，此时列表中将显示有关窗口的消息，常用的窗口消息都会显示在其中。在列表框中选择需要处理的消息，单击 Add Handler 按钮将其添加到右边的列表中，然后单击 OK 按钮添加消息处理函数。此时在对话框类中将添加新的消息处理函数以及消息映射宏。

■ 设计过程

（1）创建一个基于对话框的应用程序。

（2）在 WM_SIZE 消息的处理函数中添加代码控制窗体大小，代码如下：

```
void CRestrictRectDlg::OnSize(UINT nType, int cx, int cy)
{
CDialog::OnSize(nType, cx, cy);
CRect rect;
GetWindowRect(&rect);                        //获取窗体矩形区
if(cx > 400)
        rect.right = rect.left + 400;         //窗体宽度不能大于 400
if(cy > 300)
        rect.bottom = rect.top + 300;         //窗体高度不能大于 300
if(cx < 200)
        rect.right = rect.left + 200;         //窗体宽度不能小于 200
if(cy < 150)
        rect.bottom = rect.top + 150;         //窗体高度不能小于 150
MoveWindow(&rect);                           //修改窗体大小
}
```

■ 秘笈心法

心法领悟 267：通过消息函数限制窗体大小。

本实例实现了限制窗体的大小，但该实例所使用的方法在窗体改变大小时会出现闪烁的现象。这是由于在实例中先执行了窗体大小的改变后才会对窗体大小进行控制，可以使用 WM_GETMINMAXINFO 消息处理函数实现窗体大小的控制而且不会出现闪烁，代码如下：

```
void CRestrictRectDlg::OnGetMinMaxInfo(MINMAXINFO FAR* lpMMI)
{
if(lpMMI->ptMaxTrackSize.x > 400)
        lpMMI->ptMaxTrackSize.x = 400;       //窗体宽度不能大于 400
if(lpMMI->ptMaxTrackSize.y > 300)
        lpMMI->ptMaxTrackSize.y = 300;       //窗体高度不能大于 300
if(lpMMI->ptMinTrackSize.x < 200)
        lpMMI->ptMinTrackSize.x = 200;       //窗体宽度不能小于 200
if(lpMMI->ptMinTrackSize.y < 150)
        lpMMI->ptMinTrackSize.y = 150;       //窗体高度不能小于 150

    CDialog::OnGetMinMaxInfo(lpMMI);
}
```

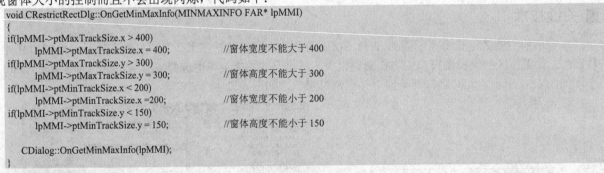

实例 268	控制窗体的最大化和最小化	高级
	光盘位置：光盘\MR\06\268	趣味指数：★★★☆

■ 实例说明

控制窗体的最大化和最小化有两种方法，第一种方法是在对话框的属性窗口中设置 Minimize Box 属性和 Maximize Box 属性，第二种方法是通过 PostMessage 函数来发送使窗体最大化和最小化的消息。实例运行结果如图 6.53 所示。

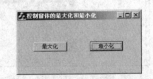

图 6.53　控制窗体的最大化和最小化

■ 关键技术

PostMessage 函数将指定的消息发送到一个或多个窗口，此函数为指定的窗口调用窗口过程，它将消息放入消息队列后立刻返回，语法如下：

```
LRESULT PostMessage (HWND hWnd, UINT Msg, WPARAM wParam, LPARAM lParam );
```

参数说明

❶ Msg：指定被发送的消息。

❷ wParam：指定附加消息的特定信息。

❸ lParam：指定附加消息的特定信息。如果 wParam 参数足够使用，该参数可为 NULL。

■ 设计过程

（1）创建一个基于对话框的应用程序。

（2）在"最大化"按钮上添加单击事件，实现窗体的最大化，代码如下：

```
void CMaxAndMinDlg::OnButton1()
{
PostMessage(WM_SYSCOMMAND,SC_MAXIMIZE,0);//发送窗体最大化消息
}
```

（3）在"最小化"按钮上添加单击事件，实现窗体的最小化，代码如下：

```
void CMaxAndMinDlg::OnButton2()
{
PostMessage(WM_SYSCOMMAND,SC_MINIMIZE,0);//发送窗体最小化消息
}
```

■ 秘笈心法

心法领悟 268：消息的使用。

消息是 Windows 应用程序的核心机制，所有窗体的运行都依赖于消息机制。在多线程编程过程中，由于可能会访问不同线程中的数据，线程间的数据通信应该使用消息的机制来完成。

| 实例 269 | 限制对话框最大时的窗口大小
光盘位置：光盘\MR\U6\269 | 高级
趣味指数：★★★☆ |

■ 实例说明

在设计程序界面时，有时需要限制对话框的大小，如将对话框限制在某一范围内。本实例实现了该功能，实例运行结果如图 6.54 所示。

图 6.54　限制对话框最大时的窗口大小

关键技术

当对话框的大小和位置发生改变时，会接收到 WM_GETMINMAXINFO 消息，用户只要在该消息处理函数中设置对话框的大小即可。WM_GETMINMAXINFO 消息处理函数的语法如下：

```
afx_msg void OnGetMinMaxInfo( MINMAXINFO FAR* lpMMI );
```

参数说明

lpMMI：是 MINMAXINFO 结构指针，该结构指针记录着对话框最大化、最小化时的大小，用于限制对话框大小。其中，ptMaxSize 成员用于设置对话框最大化时的高度和宽度，ptMaxPosition 成员标识对话框最大化时的位置。

设计过程

（1）创建一个基于对话框的应用程序。

（2）在对话框中添加图片控件。

（3）处理对话框的 WM_GETMINMAXINFO 消息，限制对话框的大小，代码如下：

```
void CLimitSizeDlg::OnGetMinMaxInfo(MINMAXINFO FAR* lpMMI)
{
    lpMMI->ptMaxSize.x = 800;              //设置对话框最大化时的宽度
    lpMMI->ptMaxSize.y = 600;              //设置对话框最大化时的高度
    lpMMI->ptMaxPosition.x = 50;           //设置对话框最大化时左边的位置
    lpMMI->ptMaxPosition.y = 50;           //设置对话框最大化时上方的位置
    CDialog::OnGetMinMaxInfo(lpMMI);
}
```

秘笈心法

心法领悟 269：可实现全屏显示的消息。

通过 WM_GETMINMAXINFO 消息，不但可以实现控制窗体最大化时的大小，还可以实现窗体全屏显示的功能。

6.9 对话框的窗体消息响应及控制

实例 270	关闭窗体前弹出确认对话框 光盘位置：光盘\MR\06\270	高级 趣味指数：★★★☆

实例说明

为了避免误操作关闭窗体，可以在关闭窗体时设置一个提示框，判断是否关闭窗体。通过 MessageBox 函数可以添加消息框。本实例实现了该功能，实例运行结果如图 6.55 所示。

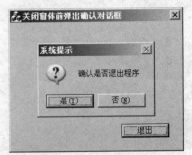

图 6.55 关闭窗体前弹出确认对话框

■ 关键技术

在窗体关闭时弹出确认对话框可以在窗体的 OnCancel 方法中实现，该方法的添加可通过类向导实现，如图 6.56 所示。

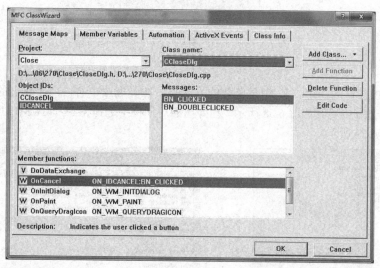

图 6.56　添加 OnCancel 方法

■ 设计过程

（1）创建一个基于对话框的应用程序。

（2）在窗体的 OnCancel 方法中添加确认对话框关闭的代码，代码如下：

```
void CCloseDlg::OnCancel()
{
if(MessageBox("确认是否退出程序","系统提示",MB_YESNO
    | MB_ICONQUESTION) == IDYES)
{
    CDialog::OnCancel();//执行窗体关闭
}
}
```

■ 秘笈心法

心法领悟 270：窗体关闭前的提示。

本实例实现了在对话框窗体关闭前弹出确认对话框，通常还需要做一些判断。例如，当前窗体在编辑状态会弹出确认对话框，或者在多文档窗体中打开其他窗体时也会弹出此对话框。当既不在编辑状态下也不在有窗体打开时不应该显示提示对话框。

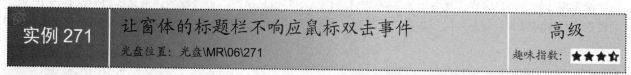

实例 271	让窗体的标题栏不响应鼠标双击事件	高级
	光盘位置：光盘\MR\06\271	趣味指数：★★★☆

■ 实例说明

窗体标题栏的双击是通过 WM_NCLBUTTONDBLCLK 消息函数实现的，该消息属于窗体非客户区的消息。只要在工程中添加这个消息的实现方法，并什么也不做即可不响应鼠标的双击事件。本实例实现了该功能，实例运行结果如图 6.57 所示。

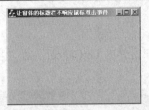

图 6.57　让窗体的标题栏不响应鼠标双击事件

■ 关键技术

添加 WM_NCLBUTTONDBLCLK 消息函数的方法是，在类视图中右击，在弹出的快捷菜单中选择 Add Windows Message Handler 命令，如图 6.58 所示。在弹出的对话框中选择 WM_NCLBUTTONDBLCLK 消息，添加到窗体类中，如图 6.59 所示。

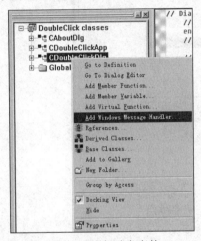

图 6.58　添加消息事件

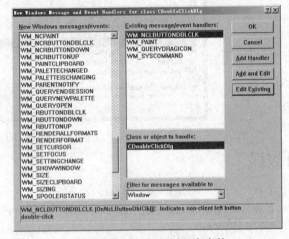

图 6.59　添加标题栏双击事件

■ 设计过程

（1）创建一个基于对话框的应用程序。

（2）在窗体的 WM_NCLBUTTONDBLCLK 消息函数中直接返回 TRUE，代码如下：

```
void CDoubleClickDlg::OnNcLButtonDblClk(UINT nHitTest, CPoint point)
{
return;
}
```

■ 秘笈心法

心法领悟 271：非客户区消息。

对于窗体的非客户区操作最常用的还有 WM_NCPAINT 消息函数，可以看到该消息函数中也有一个 NC。通过这个标记可以非常容易地区分非客户区与客户区的消息。例如，绘制窗体的标题栏就可以在 WM_NCPAINT 中实现。

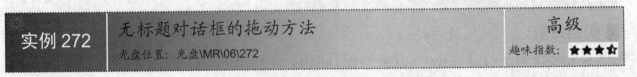

实例272	无标题对话框的拖动方法	高级
	光盘位置：光盘\MR\06\272	趣味指数：★★★☆

■ 实例说明

在开发多媒体应用程序时，通常对话框中没有标题栏，使拖动对话框成为一个难题。其实，在 Windows 应用程序中所有的操作都是利用消息函数实现的，所以窗体的拖动也可以通过消息函数的发送来实现。本实例实现了该功能，实例运行结果如图 6.60 所示。

图 6.60　无标题对话框的拖动方法

关键技术

添加 WM_LBUTTONDOWN 消息函数的方法是，在类视图中右击，在弹出的快捷菜单中选择 Add Windows Message Handler 命令，如图 6.61 所示。在弹出的对话框中选择 WM_LBUTTONDOWN 消息函数，添加到窗体类中，如图 6.62 所示。

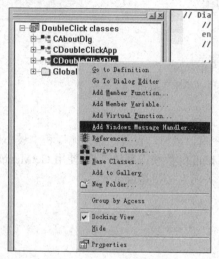

图 6.61　添加消息事件

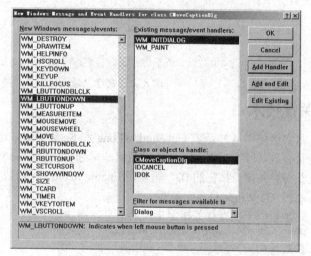

图 6.62　添加鼠标事件

设计过程

（1）创建一个基于对话框的应用程序。

（2）在窗体的 WM_LBUTTONDOWN 消息函数中发送 WM_SYSCOMMAND 消息，代码如下：

```
void CMoveCaptionDlg::OnLButtonDown(UINT nFlags, CPoint point)
{
::SendMessage(GetSafeHwnd(),WM_SYSCOMMAND,SC_MOVE + HTCAPTION,0);
CDialog::OnLButtonDown(nFlags, point);
}
```

秘笈心法

心法领悟 272：实现窗体拖动的方法。

对于无标题栏窗体的拖动也可以不使用 WM_SYSCOMMAND 消息函数，通过 WM_NCLBUTTONDOWN 消息函数也可以实现，代码如下：

```
void CMoveCaptionDlg::OnLButtonDown(UINT nFlags, CPoint point)
{
CDialog::OnLButtonDown(nFlags, point);
PostMessage(WM_NCLBUTTONDOWN,HTCAPTION,MAKELPARAM(point.x,point.y));
}
```

实例 273	灰度"最大化"、"最小化"与"关闭"按钮	高级
	光盘位置:光盘\MR\06\273	趣味指数:★★★★☆

■ 实例说明

在窗体的标题栏上都设置了"关闭"、"最大化"、"最小化"按钮。如果需要保持窗体的状态,即不使窗体最大化、最小化或关闭,则可以将这 3 个按钮设置为"禁用"。本实例实现了该功能,实例运行结果如图 6.63 所示。

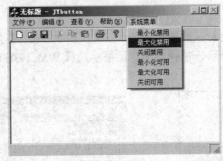

图 6.63　灰度"最大化"、"最小化"与"关闭"按钮

■ 关键技术

本实例使用 API 函数 GetWindowLong 和 SetWindowLong 改变窗口风格,设置"最大化"和"最小化"按钮是否有效,使用 SetWindowPos 函数重画标题栏,使用 GetSystemMenu 函数获得系统菜单,使用 GetMenuItemID 函数获得"关闭"按钮的 ID,再使用 EnableMenuItem 函数设置"关闭"按钮是否有效。

(1) GetWindowLong 函数

该函数用于获得有关指定窗口的信息,语法如下:

```
LONG GetWindowLong(HWND hWnd, int nIndex);
```

参数说明

❶ hWnd:窗口句柄及间接给出的窗口所属的类。

❷ nIndex:指定要获得大于等于 0 的值的偏移量。

(2) SetWindowLong 函数

该函数用于改变指定窗口的属性。关于 SetWindowLong 函数的详细讲解请参见实例 265 中的关键技术。

(3) SetWindowPos 函数

该函数用于设置窗口的大小、位置和 Z 轴顺序。关于 SetWindowPos 函数的详细讲解请参见实例 260 中的关键技术。

(4) GetSystemMenu 函数

该函数允许应用程序为复制或修改而访问窗口菜单(系统菜单或控制菜单),语法如下:

```
CMenu* GetSystemMenu( BOOL bRevert );
```

参数说明

bRevert:指定将执行的操作。如果此参数为 FALSE,则 GetSystemMenu 函数返回当前使用窗口菜单的复制的句柄。复制初始时与窗口菜单相同,但可以被修改。如果此参数为 TRUE,则 GetSystemMenu 函数重置窗口菜单到默认状态。如果存在先前的窗口菜单,则将被销毁。

(5) GetMenuItemID 函数

该函数用于返回位于菜单中指定位置处的项目的菜单 ID,语法如下:

```
UINT GetMenuItemID( int nPos );
```

参数说明

nPos：指定项目在菜单中的位置。

（6）EnableMenuItem 函数

该函数使指定的菜单项有效、无效或者变灰，语法如下：

```
UINT EnableMenuItem( UINT nIDEnableItem, UINT nEnable );
```

参数说明

❶ nIDEnableItem：指定将使其有效、无效或者变灰的菜单项，按参数 nEnable 确定的含义。此参数可指定菜单条、菜单或子菜单中的菜单项。

❷ nEnable：指定控制参数 nIDEnableItem 如何解释的标志，指示菜单项有效、无效或者变灰。此参数必须是 MF_BYCOMMAND、MF_BYPOSITION、MF_ENABLED、MF_DISABLED 或者 MF_GRAYED 的组合。

■ 设计过程

（1）创建一个基于单文档的应用程序。

（2）在 ResourceView 视图中展开 Menu 文件夹，双击 IDR_MAINFRAME 项为系统添加菜单。

（3）在类向导中为添加的菜单添加单击事件。

（4）主要程序代码如下：

```
//禁用"最小化"按钮
void CMainFrame::OnMenudismin()
{
Style = ::GetWindowLong(m_hWnd,GWL_STYLE);                    //获得窗口风格
Style &= ~(WS_MINIMIZEBOX);                                    //设置新的风格
::SetWindowLong(m_hWnd,GWL_STYLE,Style);
GetWindowRect(&Rect);
//重画窗口边框
::SetWindowPos(m_hWnd,HWND_TOP,Rect.left,Rect.top,Rect.Width(),Rect.Height(),SWP_DRAWFRAME);
}
//禁用"最大化"按钮
void CMainFrame::OnMenudismax()
{
Style = ::GetWindowLong(m_hWnd,GWL_STYLE);                    //获得窗口风格
Style &= ~(WS_MAXIMIZEBOX);                                    //设置新的风格
::SetWindowLong(m_hWnd,GWL_STYLE,Style);
GetWindowRect(&Rect);
//重画窗口边框
::SetWindowPos(m_hWnd,HWND_TOP,Rect.left,Rect.top,Rect.Width(),Rect.Height(),SWP_DRAWFRAME);
}
//禁用"关闭"按钮
void CMainFrame::OnMenudisclose()
{
CMenu *pMenu = GetSystemMenu(false);                          //获得系统菜单
UINT ID = pMenu->GetMenuItemID(pMenu->GetMenuItemCount()-1);  //获得"关闭"按钮 ID
pMenu->EnableMenuItem(ID,MF_GRAYED);                          //使"关闭"按钮无效
}
//使"最小化"按钮有效
void CMainFrame::OnMenuablemin()
{
Style = ::GetWindowLong(m_hWnd,GWL_STYLE);                    //获得窗口风格
Style |= WS_MINIMIZEBOX;                                       //设置新的风格
::SetWindowLong(m_hWnd,GWL_STYLE,Style);
GetWindowRect(&Rect);
//重画窗口边框
::SetWindowPos(m_hWnd,HWND_TOP,Rect.left,Rect.top,Rect.Width(),Rect.Height(),SWP_DRAWFRAME);
}
//使"最大化"按钮有效
void CMainFrame::OnMenuablemax()
{
Style = ::GetWindowLong(m_hWnd,GWL_STYLE);                    //获得窗口风格
Style |= WS_MAXIMIZEBOX;                                       //设置新的风格
::SetWindowLong(m_hWnd,GWL_STYLE,Style);
```

```
GetWindowRect(&Rect);
//重画窗口边框
::SetWindowPos(m_hWnd,HWND_TOP,Rect.left,Rect.top,Rect.Width(),Rect.Height(),SWP_DRAWFRAME);
}
//使"关闭"按钮有效
void CMainFrame::OnMenuableclose()
{
CMenu *pMenu = GetSystemMenu(false);                              //获得系统菜单
UINT ID = pMenu->GetMenuItemID(pMenu->GetMenuItemCount()-1);      //获得关闭按钮 ID
pMenu->EnableMenuItem(ID,MF_ENABLED);                            //使关闭按钮可用
}
```

■ 秘笈心法

心法领悟 273：禁用标题栏按钮。

本实例是通过修改窗体的样式使窗体中的"最大化"或"最小化"等按钮无效，也可以截获 WM_SYSCOMMAND 消息，使发送到窗体的最大化、最小化等消息不执行，但这样按钮将不以灰度显示。

6.10   对话框的资源共享

实例 274	支持多国语言切换的应用程序	高级
	光盘位置：光盘\MR\06\274	趣味指数：★★★★☆

■ 实例说明

在设计应用程序时，如果用户的范围比较广泛，例如用户可能来自不同的国家，由于不同国家的语言不尽相同，使程序需要适应不同的语言。在本实例中，笔者设计了一个支持多国语言切换的应用程序，实例运行结果如图 6.64～图 6.66 所示。

图 6.64 "语言选择"对话框

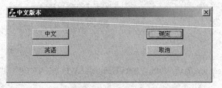
图 6.65 "中文版本"对话框

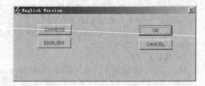
图 6.66 English Version 对话框

■ 关键技术

在 Visual C++的资源视图窗口中，用户可以创建具有相同资源 ID 而语言不同的对话框资源，如图 6.67 所示。

为了创建不同语言版本的对话框资源，可以在对话框资源的属性窗口中选择对话框资源的语言，如图 6.68 所示。

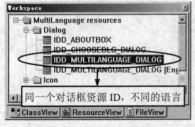
图 6.67 资源视图窗口

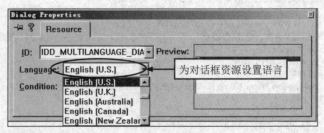
图 6.68 对话框资源属性窗口

为了能够切换不同的对话框资源，在创建对话框时，需要根据相应的语言选择不同语言的对话框资源。程

序中可以使用 FindResourceEx 函数查找不同语言的对话框，语法如下：

```
HRSRC FindResourceEx(HMODULE hModule, LPCTSTR lpType, LPCTSTR lpName, WORD wLanguage);
```

FindResourceEx 语法中的参数说明如表 6.8 所示。

表 6.8　FindResourceEx 语法中的参数说明

参　　数	说　　　　明
hModule	表示包含资源的可执行文件的句柄，如果为 NULL，将在当前的进程中查找资源
lpType	表示查找资源的类型，如果为 RT_DIALOG，表示查找对话框资源
lpName	表示查找的资源名称，通常可以根据对话框的资源 ID 获取资源名称（使用 MAKEINTRESOURCE 宏）
wLanguage	表示资源使用的语言。语言由主语言和子语言两部分构成。例如美国英语，主语言是英语，子语言是美国英语。通常可以使用 MAKELANGID 宏来设置资源的语言

■ 设计过程

（1）创建一个基于对话框的工程，工程名称为 MultiLanguage。

（2）向对话框类中添加一个成员变量，表示当前对话框使用的语言，代码如下：

```
WORD m_nLanguage;
```

（3）向对话框类中添加 DoModal 方法，该方法是根据基类 CDialog 类的 DoModal 方法编写的，代码如下：

```
int CMultiLanguageDlg::DoModal()
{
ASSERT(m_lpszTemplateName != NULL || m_hDialogTemplate != NULL ||
    m_lpDialogTemplate != NULL);                              //验证对话框资源
LPCDLGTEMPLATE lpDialogTemplate = m_lpDialogTemplate;
HGLOBAL hDialogTemplate = m_hDialogTemplate;
HINSTANCE hInst = AfxGetResourceHandle();                     //获取资源句柄
if (m_lpszTemplateName != NULL)
{
    hInst = AfxFindResourceHandle(m_lpszTemplateName, RT_DIALOG);  //查找资源句柄
    //根据指定的语言查找对话框资源
    HRSRC hResource = ::FindResourceEx(hInst,   RT_DIALOG, m_lpszTemplateName, m_nLanguage);
    hDialogTemplate = LoadResource(hInst, hResource);          //锁定资源
if (hDialogTemplate != NULL)
    lpDialogTemplate = (LPCDLGTEMPLATE)LockResource(hDialogTemplate);
if (lpDialogTemplate == NULL)
    return -1;
//此处代码省略
}
```

（4）定义一个语言选择的对话框类——CChooseDlg，用于在程序启动时让用户选择不同的语言。

（5）在"语言选择"对话框中处理"确定"按钮的单击事件，利用 MAKELANGID 宏根据用户选择的语言设置主对话框应该使用的语言，代码如下：

```
void CChooseDlg::OnConfirm()
{
int nSel = m_LanguageList.GetCurSel();
if (nSel < 1)                          //汉语
{
    EndDialog(MAKELANGID(LANG_CHINESE, SUBLANG_CHINESE_SIMPLIFIED));
}
else                                   //英语
{
    EndDialog(MAKELANGID(LANG_ENGLISH, SUBLANG_ENGLISH_US));
}
}
```

（6）在应用程序初始化时先创建"语言选择"对话框，获取用户选择的语言，然后创建主对话框，代码如下：

```
CChooseDlg chooseDlg;                              //定义"语言选择"对话框
WORD nLanguage = chooseDlg.DoModal();             //模态显示"语言选择"对话框，返回用户选择的语言
CMultiLanguageDlg dlg(nLanguage);                 //定义对话框
m_pMainWnd = &dlg;                                 //设置主窗口
int nResponse = dlg.DoModal();                     //显示主窗口
```

■ 秘笈心法

心法领悟 274：字符串资源。

本实例所实现的多国语言的应用程序是通过不同的窗体资源实现的，这种形式适合于固定的窗体界面。还有一种形式适合于动态的窗体界面，就是为每一个显示语言的元素设定多个常量，这些常量代表了语言本身，然后通过代码动态地将这些常量的值显示在窗体元素上。

实例 275	如何实现窗体继承	高级
	光盘位置：光盘\MR\06\275	趣味指数：★★★★☆

■ 实例说明

在 Delphi 或 C#中，利用工程向导可以方便地实现窗体的继承。在 Visual C++中，如何实现窗体的继承呢？本实例实现了该功能，实例运行结果如图 6.69 和图 6.70 所示。

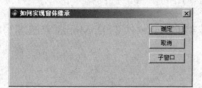

图 6.69　父窗体

图 6.70　子窗体

■ 关键技术

在 Visual C++中，窗体的继承需要手动修改子窗体的类信息来完成，所以实现起来并不像其他语言那样方便。但也是有一定步骤的，首先创建一个父窗体的实例，并设计好窗体资源。然后创建一个继承于 CDialog 的新窗体作为子窗体。接下来修改子窗体的基类 CDialog 为父窗体类的类名，并将一些宏的名字做相应修改。最后修改父类的构造函数使其加载资源 ID。

■ 设计过程

（1）创建一个基于对话框的工程，工程名称为 InheritedFormDlg。

（2）为了实现窗体的继承，首先在父窗体（本实例为 CInheritedFormDlg）中修改构造函数，代码如下：

```
CInheritedFormDlg(CWnd* pParent = NULL, UINT ID = IDD_INHERITEDFORM_DIALOG);
```

（3）从 CDialog 类派生一个子类，本实例为 CChildDlg，修改该类的父类为 CInheritedFormDlg。

（4）最后修改子类的构造函数及消息映射，代码如下：

```
CChildDlg::CChildDlg(CWnd* pParent /*=NULL*/)
: CInheritedFormDlg(pParent)
{

}
BEGIN_MESSAGE_MAP(CChildDlg, CInheritedFormDlg)
//{{AFX_MSG_MAP(CChildDlg)
        // NOTE: the ClassWizard will add message map macros here
//}}AFX_MSG_MAP
END_MESSAGE_MAP()
```

■ 秘笈心法

心法领悟 275：窗体的继承。

本实例实现了窗体的继承，但可以看出子窗体所使用的窗体资源是父窗体的窗体资源，也就是说子窗体的窗体界面与父窗体是一致的。所以为了使子窗体与父窗体的界面不同，可以通过代码在父窗体或子窗体中动态创建窗体界面，这样，子窗体不但继承了父窗体的功能，还可以拥有自己的窗体界面。

实例 276	换肤窗体 光盘位置：光盘\MR\06\276	高级 趣味指数：★★★☆

■ 实例说明

在程序中实现界面换肤的方式有很多种，有的使用第三方或自定义控件，有的使用组件库，而在本实例中，笔者将利用钩子技术实现界面换肤。实例运行结果如图 6.71 和图 6.72 所示。

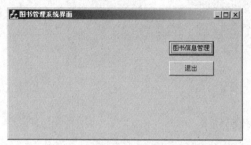

图 6.71　普通界面

图 6.72　换肤后的界面

■ 关键技术

本实例使用的主要技术有安装和卸载钩子、修改控件的窗口函数、为控件关联附加数据结构等。

（1）安装和卸载钩子

为了在程序中安装一个钩子，需要使用 SetWindowsHookEx 函数，语法如下：

```
HHOOK SetWindowsHookEx(int idHook, HOOKPROC lpfn, HINSTANCE hMod, DWORD dwThreadId);
```

SetWindowsHookEx 语法中的参数说明如表 6.9 所示。

表 6.9　SetWindowsHookEx 语法中的参数说明

参　　数	说　　明
idHook	表示安装的钩子类型。如果为 WH_CALLWNDPROC，则表示安装一个监视窗口过程的钩子。这样当消息被发送到目标窗口过程之前，将被发送到钩子函数中
lpfn	表示钩子函数
hMod	表示包含钩子函数的实例句柄，可以设置为 NULL
dwThreadId	表示钩子函数关联的线程 ID，如果设置为 0，则钩子函数关联桌面中所有运行的线程

返回值：如果函数执行成功，则返回值是钩子函数句柄；如果函数执行失败，则返回值为 NULL。

如果应用程序安装了一个钩子，那么在应用程序退出时还需要卸载钩子。可以使用 UnhookWindowsHookEx 函数卸载之前安装的钩子，语法如下：

```
BOOL UnhookWindowsHookEx(HHOOK hhk);
```

参数说明

hhk：表示欲卸载的钩子句柄，通常为 SetWindowsHookEx 函数的返回值。

返回值：如果函数执行成功，则返回值为 TRUE，否则为 FALSE。

（2）修改控件的窗口函数

为了实现界面换肤，需要修改控件默认的窗口函数，将其替换为自定义的窗口函数。在程序中可以使用 SetWindowLong 函数设置窗口函数，语法如下：

```
LONG SetWindowLong(HWND hWnd, int nIndex, LONG dwNewLong);
```

参数说明

❶ hWnd：表示设置窗口函数的窗口句柄。

❷ nIndex：表示设置的窗口选项。如果为 DWL_DLGPROC，则表示设置控件的窗口函数。

❸ dwNewLong：表示设置的选项值。如果 nIndex 为 DWL_DLGPROC，则该参数表示新的窗口函数。

返回值：如果函数执行成功，则返回值是之前的选项值。例如，如果 nIndex 为 DWL_DLGPROC，则函数的返回值为原来的窗口函数。如果函数执行失败，则返回值为 0。

（3）为控件关联附加数据结构

在设计界面换肤时，程序中为不同类型的控件关联了不同的数据结构信息，如为编辑框控件关联 CDrawEdit 结构，为按钮控件关联 CDrawButton 结构等。为控件关联附加的结构信息，可以使用 SetWindowLong 函数，只要将该函数的第二个参数即 nIndex 设置为 GWL_USERDATA，即表示为控件关联一个用户定义的数据结构，此时，函数的第三个参数表示附加的数据结构信息。例如：

```
pButton = new CDrawButton;
pButton->m_OldProc = WndProc;
SetWindowLong(hWnd, GWL_USERDATA, (long)pButton);
```

■ 设计过程

（1）创建一个 MFC 动态链接库，工程名为 WndDll。

（2）向工程中导入一些位图文件。

（3）在工程中定义一个关联编辑框控件的数据结构，代码如下：

```
class CDrawEdit
{
public:
WNDPROC m_OldProc;                                        //记录编辑框的窗口函数
Int m_Flag;
public:
CDrawEdit()
{
    m_OldProc = NULL;
    m_Flag= 0;
}
HBRUSH CtlColor(HWND hWnd,HDC hDC, UINT nCtlColor)
{
    CDC* dc = CDC::FromHandle(hDC);                       //获取画布对象
    CRect rect;
    ::GetClientRect(hWnd,rect);                           //获取客户区域
    rect.InflateRect(1,1,1,1);                            //将客户区域增大一个像素
    CPen pen(PS_SOLID,1,RGB(0,255,0));                    //创建画笔
    dc->SelectObject(&pen);
    CBrush brush (RGB(0,255,0));                          //创建画刷
    dc->FrameRect(rect,&brush);                           //绘制边框
    return brush;
}
};
```

（4）定义一个编辑框窗口函数，在钩子函数中，将使用该函数来替换编辑框控件默认的窗口函数，代码如下：

```
LRESULT __stdcall EditWindowProc(HWND hWnd,UINT Msg,WPARAM wParam, LPARAM lParam )
{
CPoint pt;
CDrawEdit *pEdit=(CDrawEdit*)GetWindowLong(hWnd,GWL_USERDATA);
switch (Msg)
{
    case WM_PAINT:
        {
            pEdit->CtlColor(hWnd,::GetDC(hWnd),0);
            break;
        }
    case WM_DESTROY:
        {
            WNDPROC procOld=pEdit->m_OldProc;
            SetWindowLong(hWnd,GWL_WNDPROC,(long)procOld);    //恢复原来的窗口函数
            CWnd* pWnd = ::CWnd::FromHandle(hWnd);            //将按钮对象与句柄分离
```

```
                        if (pWnd)
                        {
                            pWnd->Detach();
                        }
                        pEdit->m_Flag = 1;
                        return 1;
                    }
            default :
                    {
                        break;
                    }
        }
    }
    return CallWindowProc(pEdit->m_OldProc, hWnd, Msg, wParam, lParam );
}
```

秘笈心法

心法领悟 276：钩子在换肤中的应用。

为了实现界面换肤，笔者利用钩子技术替换应用程序中的一些控件（如对话框、编辑框、按钮控件等）默认的窗口函数，在自定义的窗口函数中根据相应的消息实现控件的绘制功能。程序中包含两个工程，一个工程是钩子动态库，其中定义一些控件的窗口函数，并提供了挂接钩子和卸载钩子的函数。另一个工程是演示工程，在演示工程中通过调用钩子动态库中的函数来挂接钩子，这样在演示工程中就实现了界面的换肤。

实例 277	自绘对话框 光盘位置：光盘\MR\06\277	高级 趣味指数：★★★★

实例说明

如今的应用软件界面可谓"丰富多彩，美丽绝伦"，如大家熟知的腾讯 QQ 聊天软件、瑞星杀毒软件、Visual C++编程词典软件等，这些软件界面最大的特点是提供了更加友好的界面以区别于普通的对话框应用程序。在本实例中，笔者设计了一个自绘对话框实例，利用预先设计的位图来绘制对话框，使对话框更加友好。实例运行结果如图 6.73 所示。

图 6.73　自绘对话框

关键技术

在自绘对话框中，使用的主要技术有两种，一种是绘制对话框的背景位图，在对话框大小改变时能够输出位图，使位图能够适应对话框的大小；另一种是在对话框的指定区域输出位图。

（1）绘制对话框的背景位图

为了方便地绘制背景位图，笔者采用的方式是处理对话框的 WM_CTLCOLOR 消息，该消息用于设置控件的背景颜色，包括对话框的背景颜色。如果在应用程序中处理了该消息，并且返回一个画刷句柄，那么系统将使用该画刷绘制控件的背景颜色，代码如下：

```
HBRUSH CDesignDlgDlg::OnCtlColor(CDC* pDC, CWnd* pWnd, UINT nCtlColor)
{
HBRUSH hbr;
if (nCtlColor==CTLCOLOR_DLG)                     //判断是否为对话框
{
    CBrush m_Brush(m_crBK);                      //定义一个位图画刷
    CRect rect;
    GetClientRect(rect);                         //获取对话框客户区域
    pDC->SelectObject(&m_Brush);                 //选中画刷
    pDC->FillRect(rect, &m_Brush);               //填充客户区域
```

```
        return m_Brush;                                              //返回画刷句柄
}
else
        hbr = CDialog::OnCtlColor(pDC, pWnd, nCtlColor);
return hbr;
}
```

（2）在对话框指定的区域输出位图

为了能够在指定的区域输出位图，需要使用设备上下文 CDC 类的 StretchBlt 方法。由于需要在窗口的非客户区域绘制位图，因此程序中使用了 CWindowDC 类的 StretchBlt 方法。CWindowDC 类派生于 CDC 类，它提供了在窗口非客户区域绘制的功能，代码如下：

```
CWindowDC WindowDC(this);                                          //获取窗口设备上下文
CBitmap Bmp;                                                        //定义位图对象
CDC memDC;                                                          //定义一个内存位图
memDC.CreateCompatibleDC(&WindowDC);                                //创建内存位图
Bmp.LoadBitmap(IDB_LEFTBAND);                                       //加载位图
memDC.SelectObject(&Bmp);                                           //选中位图对象
Bmp.GetObject(sizeof(BITMAPINFO), &bmpInfo);                        //获取位图信息
int nBmpCX = bmpInfo.bmiHeader.biWidth;                             //获取位图宽度
int nBmpCY = bmpInfo.bmiHeader.biHeight;                            //获取位图高度
WindowDC.StretchBlt(0, m_nTitleBarCY, m_nBorderCX, FactRC.Height() - m_nTitleBarCY,
&memDC, 0, 0, nBmpCX, nBmpCY, SRCCOPY);                             //在窗口中绘制位图
Bmp.DeleteObject();                                                 //释放位图对象
```

■ 设计过程

（1）创建一个基于对话框的工程，工程名称为 DesignDlg。

（2）设置对话框 Border 的属性为 Resizing。

（3）处理对话框的 WM_SIZE 消息，在对话框大小改变时计算标题按钮的显示区域，代码如下：

```
void CDesignDlgDlg::OnSize(UINT nType, int cx, int cy)
{
CDialog::OnSize(nType, cx, cy);
int nFrameCY = GetSystemMetrics(SM_CYFIXEDFRAME);                   //获取窗口边框的高度
int nFrameCX = GetSystemMetrics(SM_CXFIXEDFRAME);                   //获取窗口边框的宽度
//根据窗口的风格计算对话框边框的高度和宽度
if (GetStyle() & WS_BORDER)                                         //获取对话框是否有边框
{
        m_nBorderCY = GetSystemMetrics(SM_CYBORDER) + nFrameCY;
        m_nBorderCX = GetSystemMetrics(SM_CXBORDER)+ nFrameCX;
}
else
{
        m_nBorderCY =nFrameCY;
        m_nBorderCX =nFrameCX;
}
m_nTitleBarCY = GetSystemMetrics(SM_CYCAPTION) + m_nBorderCY;       //计算标题栏宽度
CRect ClientRC;
GetClientRect(ClientRC);                                            //获取客户区域
CRect WinRC;
GetWindowRect(WinRC);                                               //获取窗口区域
//设置"最小化"按钮的显示区域
m_MinRC.left = m_MinPT.x + WinRC.Width() - m_nRightTitleCX;
m_MinRC.right = m_nTitleBtnCX + m_MinRC.left;
m_MinRC.top = (m_nTitleBarCY - m_nTitleBtnCY) / 2 + m_MinPT.y;
m_MinRC.bottom = m_MinRC.top + m_nTitleBtnCY;
//设置"最大化"按钮的显示区域
m_MaxRC.left = m_MaxPT.x + WinRC.Width() - m_nRightTitleCX;
m_MaxRC.right = m_nTitleBtnCX + m_MaxRC.left;
m_MaxRC.top = (m_nTitleBarCY - m_nTitleBtnCY) / 2 + m_MaxPT.y;
m_MaxRC.bottom = m_MaxRC.top + m_nTitleBtnCY;
//设置"关闭"按钮的显示区域
m_CloseRC.left = m_ClosePT.x + WinRC.Width() - m_nRightTitleCX;
m_CloseRC.right = m_nTitleBtnCX + m_CloseRC.left;
m_CloseRC.top = (m_nTitleBarCY - m_nTitleBtnCY) / 2 + m_ClosePT.y;
```

```
m_CloseRC.bottom = m_CloseRC.top + m_nTitleBtnCY;
Invalidate();                                              //更新整个窗口
}
```

秘笈心法

心法领悟 277：给窗口换扶。

在设计本实例时，笔者将对话框分为 7 个部分，如图 6.74 所示。

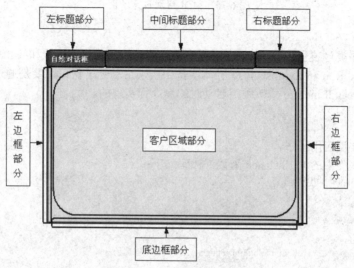

图 6.74 自绘对话框示意图

笔者为各个部分提供了位图以便于绘制。为了在标题栏中显示标题栏按钮，笔者在右标题栏部分绘制了 3 个按钮，分别为"最小化"、"最大化"和"关闭"按钮，并且提供了 6 个按钮位图，分别描述这 3 个按钮的正常状态和热点状态。

有了这些位图，在程序中只要将其绘制在对话框的各个部分即可。通常在需要绘制对话框时，即对话框的 WM_PAINT 消息触发时绘制位图，因此笔者在对话框的 WM_PAINT 消息处理函数 OnPaint 中绘制位图。

绘制完对话框的位图，还需要处理标题栏按钮的热点效果和按钮的单击事件。笔者采用的方式是在对话框的 WM_SIZE 消息处理函数中计算标题栏按钮的显示区域，然后处理鼠标在非客户区域移动时的事件，即 WM_NCMOUSEMOVE 消息，在其消息处理函数中判断当前的鼠标点是否位于标题栏的按钮区域。如果是则设置标题栏按钮的热点效果，并且记录当前的按钮状态，即鼠标点位于哪个按钮上。最后处理用户在对话框非客户区域的单击事件，即 WM_NCLBUTTONDOWN 消息，在其消息处理函数中判断当前的按钮状态，根据不同的按钮状态执行不同的操作，这样就实现了标题栏按钮的单击事件。

6.11 文档视图窗体的使用

实例 278	MDI 启动时无子窗口	高级
	光盘位置：光盘\MR\06\278	趣味指数：★★★★☆

实例说明

在使用 MFC 应用程序向导创建的 MDI 多文档应用程序运行时，在默认的情况下会自动创建一个子窗口。但实际的应用中，在多文档应用程序运行时不想创建这个子窗口。本实例实现了 MDI 应用程序运行时无子窗口。实例运行结果如图 6.75 所示。

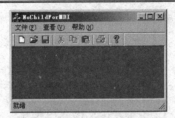

图 6.75　MDI 启动时无子窗口

■ 关键技术

　　MFC 中的应用程序类封装了 Windows 应用程序在启动时的初始化、运行和终止等任务，实现这些任务的主要函数是 InitInstance、Run 和 ExitInstance。在本实例中实现启动无子窗口主要是通过在 InitInstance 函数中使用命令行信息类 CCommandLineInfo 修改程序启动时的命令行实现的。

■ 设计过程

　　（1）创建一个多文档应用程序。
　　（2）修改应用程序类中的 InitInstance 函数，代码如下：

```
BOOL CNoChildForMDIApp::InitInstance()
{
AfxEnableControlContainer();
…
CCommandLineInfo cmdInfo;
//ParseCommandLine(cmdInfo);                          //删除这行
cmdInfo.m_nShellCommand = CCommandLineInfo::FileNothing;   //不创建子窗口
…
}
```

■ 秘笈心法

　　心法领悟 278：修改 InitInstance 函数。
　　对 InitInstance 函数的修改不但可以实现启动时无子窗口，还可以实现登录窗口的显示，通常一个应用程序如果存在登录窗口，就会在这个函数中创建并显示。

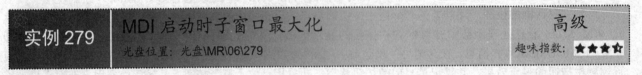

实例 279	MDI 启动时子窗口最大化 光盘位置：光盘\MR\06\279	高级 趣味指数：★★★★½

■ 实例说明

　　在使用 MFC 应用程序向导创建的多文档应用程序启动时，其子窗口并不是最大化显示的，其实这样的程序运行后并不是很美观，所以本实例实现了多文档应用程序启动时，子窗口最大化显示。实例运行结果如图 6.76 所示。

图 6.76　MDI 启动时子窗口最大化

■ 关键技术

　　在多文档视图应用程序中，子窗口的控制主要是通过 CChildFrame 类实现的。要想修改子窗口的风格而且在 PreCreateWindow 函数中实现，函数原型为：

```
virtual BOOL PreCreateWindow( CREATESTRUCT& cs);
```

参数 cs 是所要创建窗口的结构信息，要想实现窗口最大化，需要修改 cs 结构中 style 的值。在 MDI 中，cs.style 的默认值为 WS_CHILD|FWS_ADDTOTITLE|WS_OVERLAPPEDWINDOW。实现子窗口的最大化，只要在 cs.style 原值的基础上添加 WS_VISIBLE 和 WS_MAXIMIZE 即可，分别表示窗口可见和窗口最大化。

设计过程

（1）创建一个多文档视图的应用程序。

（2）修改 CChildFrame 类中 PreCreateWindow 函数的 cs 参数，代码如下：

```
BOOL CChildFrame::PreCreateWindow(CREATESTRUCT& cs)
{
if( !CMDIChildWnd::PreCreateWindow(cs) )
    return FALSE;
cs.style = cs.style | WS_MAXIMIZE | WS_VISIBLE;              //子窗口最大化显示
return TRUE;
}
```

秘笈心法

心法领悟 279：窗口创建前的工作。

CREATESTRUCT 是窗口创建前的窗口结构信息，通过修改该结构信息可以实现窗口样式的改变，如让窗口最小化显示、窗口大小不可变等。

实例 280	MDI 主窗口最大化显示 光盘位置：光盘\MR\06\280	高级 趣味指数：★★★★

实例说明

使用 MFC 向导创建的多文档应用程序在启动时，主窗口并不是以最大化的形式显示的。要想让主窗口最大化显示，需要修改应用程序类的代码，本实例实现了 MDI 主窗口的最大化显示。实例运行结果如图 6.77 所示。

图 6.77　MDI 主窗口最大化显示

关键技术

在多文档应用程序中，主窗口的显示是在应用程序类中的 InitInstance 函数中实现的，主窗口的创建是通过 CMainFrame 类实现的，代码如下：

```
//创建 MDI 主窗口
CMainFrame* pMainFrame = new CMainFrame;
```

而主窗口的显示是调用 CMainFrame 类中的 ShowWindow 函数实现的，在默认状态下传递了 m_nCmdShow 参数。要想实现窗口的最大化，需要修改此参数为 SW_SHOWMAXIMIZED。

设计过程

（1）创建一个多文档视图的应用程序。

（2）进入应用程序类中的 InitInstance 函数，修改主窗口显示的参数，代码如下：

```
BOOL CMDIApp::InitInstance()
{
……

//pMainFrame->ShowWindow(m_nCmdShow);
pMainFrame->ShowWindow(SW_SHOWMAXIMIZED);              //最大化显示
……

}
```

339

■ 秘笈心法

心法领悟 280：修改主窗口的显示状态。

通过调用主窗口类的 ShowWindow 函数不但可以使多文档应用程序在启动时最大化显示，也可以通过 SW_SHOWMINIMIZED 值使主窗口最小化显示。

实例 281	全屏显示的窗体	高级
	光盘位置：光盘\MR\06\281	趣味指数：★★★☆

■ 实例说明

全屏显示是一些应用软件程序必不可少的功能。例如，一个视频播放器在播放影音文件时就具备全屏播放的功能，经常使用的 IE 浏览器在按 F11 键时会全屏显示的效果。本实例实现了按 F11 键使程序全屏显示的效果。实例运行结果如图 6.78 所示。

图 6.78　全屏显示的窗体

■ 关键技术

窗体全屏显示的方法主要是获取屏幕的大小，可以通过 GetSystemMetrics 函数来获取，代码如下：

```
//获取屏幕分辨率
int fullWidth = GetSystemMetrics(SM_CXSCREEN);
int fullHeight = GetSystemMetrics(SM_CYSCREEN);
```

然后再通过 SetWindowPlacement 函数将应用程序的客户区按屏幕的大小进行放置，最终实现全屏的效果。

■ 设计过程

（1）创建一个多文档视图的应用程序。

（2）在 CMainFrame 类中添加窗体全屏所用到的变量和方法，代码如下：

```
public:
bool m_isFull;                                      //是否最大
CRect m_fullScreenRect;                             //全屏大小
WINDOWPLACEMENT m_oldPos;                           //窗体全屏前位置
void FullScreen();                                  //全屏
void noFullScreen();                                //取消全屏
```

（3）实现全屏操作的方法，代码如下：

```
void CMainFrame::FullScreen()
{
GetWindowPlacement(&m_oldPos);                      //得到当前窗体的位置
CRect winRect;                                      //窗体区域
GetWindowRect(&winRect);                            //得到窗体区域
CRect rectClient;
RepositionBars(0, 0xffff, AFX_IDW_PANE_FIRST, reposQuery, &rectClient);  //全屏时隐藏所有的控制条
ClientToScreen(&rectClient);                        //将客户坐标映射成屏幕坐标

//获取屏幕分辨率
int fullWidth = GetSystemMetrics(SM_CXSCREEN);
```

```
int fullHeight = GetSystemMetrics(SM_CYSCREEN);

//得到全屏显示的窗口位置
m_fullScreenRect.left = winRect.left - rectClient.left;
m_fullScreenRect.top = winRect.top - rectClient.top;
m_fullScreenRect.right = winRect.right - rectClient.right + fullWidth;
m_fullScreenRect.bottom= winRect.bottom - rectClient.bottom + fullHeight;

//进入全屏显示状态
m_isFull = TRUE;                                                //设置全屏标志
WINDOWPLACEMENT tmp;
tmp.length = sizeof(WINDOWPLACEMENT);
tmp.flags = 0;
tmp.showCmd = SW_SHOWNORMAL;
tmp.rcNormalPosition = m_fullScreenRect;
SetWindowPlacement(&tmp);                                       //将窗体设置到 m_fullScreenRect 位置上
```

（4）实现取消全屏操作的方法，代码如下：
```
void CMainFrame::noFullScreen()
{
if(m_isFull)
{
    m_isFull = FALSE;                                          //设置全屏状态为 FALSE
    SetWindowPlacement(&m_oldPos);                             //退出全屏显示，恢复原窗体显示
}
}
```

（5）在视图类中添加按键的消息处理事件 **WM_KEYUP** 实现当按 F11 键时窗体在全屏与非全屏之间的切换，代码如下：
```
void CFullScreenView::OnKeyUp(UINT nChar, UINT nRepCnt, UINT nFlags)
{
if(nChar == VK_F11)
{
    //获取主框架窗口的指针
    CMainFrame* pFrame = (CMainFrame*)AfxGetApp()->m_pMainWnd;

    if(!pFrame->m_isFull)                                      //如果现在是全屏状态
    {
        //进入全屏显示状态
        pFrame->FullScreen();
    }
    else                                                      //不是全屏状态
    {
        //退出全屏显示状态
        pFrame->noFullScreen();
    }
}
CEditView::OnKeyUp(nChar, nRepCnt, nFlags);
}
```

■ 秘笈心法

心法领悟 281：按键的获取。

在本实例中窗体的全屏与非全屏状态是通过键盘按键来实现的，只要定义按键的消息处理函数，然后判断所按下的按键是否为设定的按键，最后再进行相应的操作即可。

实例 282	创建带滚动条的窗体	高级
	光盘位置：光盘\MR\06\282	趣味指数：★★★☆

■ 实例说明

由于窗体大小是有限的，所以当窗体中需要放置很多内容时就会出现空间不够的情况，这里就需要在窗体

中显示滚动条。当滚动条滚动时就可以看到显示不下的内容，本
实例将创建一个带有滚动条的窗体。实例运行结果如图 6.79 所示。

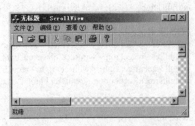

■ 关键技术

创建带有滚动条的窗体是可以通过修改窗体创建时的 style 值
实现的，但这样实现比较复杂，而且还要控制滚动条的大小。MFC
为程序设计人员提供了一个 CScrollView 类，通过该类可以很方便
地创建一个带滚动条的窗体。本实例就是通过 CScrollView 类实现
的。

图 6.79 创建带滚动条的窗体

■ 设计过程

（1）创建一个单文档视图的应用程序，在向导的最后一步选择类视图的基类为 CScrollView。

（2）在视图类的 OnInitialUpdate 函数中修改 sizeTotal.cy 的值为 1000，代码如下：

```
void CScrollViewView::OnInitialUpdate()
{
CScrollView::OnInitialUpdate();

CSize sizeTotal;
// TODO: calculate the total size of this view
sizeTotal.cx = sizeTotal.cy = 1000;//设置滚动条的大小
SetScrollSizes(MM_TEXT, sizeTotal);
}
```

■ 秘笈心法

心法领悟 282：利用向导创建不同的视图类。

通过 MFC 向导不但可以创建单文档视图应用程序和多文档视图应用程序，还可以改变视图的基类，实现在
视图中显示文本文件、HTML 文件等，并且提供了对文件的常用操作。

实例 283	窗体拆分	高级
	光盘位置：光盘\MR\06\283	趣味指数：★★★★☆

■ 实例说明

有时为了方便查看，需要在一个窗体上同时查看多个窗口的内容，拆分
窗体是一个最好的选择。在 MFC 的文档视图应用程序中可以通过
CSplitterWnd 类实现对窗体的拆分，本实例实现了将一个窗口拆分成两个窗
口。实例运行结果如图 6.80 所示。

■ 关键技术

窗体的拆分需要在基于文档视图的应用程序中实现，每个文档视图应用
程序都有一个 CMainFrame 类，此类有一个虚方法 OnCreateClient，必须重
载这个方法，然后使用 CSplitterWnd 类的对象来创建拆分的窗体。窗体拆分的数量和大小由程序设计人员通过
代码指定。

图 6.80 窗体拆分

■ 设计过程

（1）创建一个单文档视图的应用程序。

（2）在 CMainFrame 类的头文件中定义 CSplitterWnd m_wndSplitter 变量。

（3）重载 CMainFrame 类中的 OnCreateClient 方法，并实现窗口的拆分，代码如下：

```
BOOL CMainFrame::OnCreateClient(LPCREATESTRUCT lpcs, CCreateContext* pContext)
{
    //将窗口分为 1 行 2 列
    if (!m_wndSplitter.CreateStatic(this, 1, 2))
    {
        return FALSE;
    }
    if (!m_wndSplitter.CreateView(0, 0,pContext->m_pNewViewClass,
        CSize(300,100), pContext)                                    //创建第一行第一列的视图窗口
        ||
        !m_wndSplitter.CreateView(0, 1,pContext->m_pNewViewClass,
        CSize(400, 100), pContext))                                  //创建第一行第二列的视图窗口
    {
        m_wndSplitter.DestroyWindow();
        return FALSE;
    }
}
```

■ 秘笈心法

心法领悟 283：窗体拆分时的运行时类信息。

许多用户在创建拆分窗体时并没有正确给出 CreateView 方法中所需要的运行时类信息，其实运行时类信息的获取很简单，它是在 OnCreateClient 方法的 pContext 参数中给出的，直接调用即可。

实例 284	始终置顶的 SDI 程序 光盘位置：光盘\MR\06\284	高级 趣味指数：★★★☆

■ 实例说明

现在有许多应用程序在运行时始终位于其他应用程序前面，如一些播放器都具有这样的功能。通过该功能可以使用户总能看到自己的应用程序，本实例实现了应用程序始终置顶。实例运行结果如图 6.81 所示。

图 6.81　始终置顶的 SDI 程序

■ 关键技术

使应用程序置顶主要是通过 SetWindowPos 函数实现的，该函数用于设置窗口的大小、位置和 Z 轴顺序。

📖 说明：SetWindowPos 函数的详细讲解请参见实例 260 中的关键技术。

■ 设计过程

（1）创建一个单文档视图的应用程序。

（2）在 CMainFrame 类的 OnCreate 方法中添加窗体置顶的代码，代码如下：

```
int CMainFrame::OnCreate(LPCREATESTRUCT lpCreateStruct)
{
……
//设置当前主窗口为置顶显示
::SetWindowPos(m_hWnd, HWND_TOPMOST, -1, -1, -1, -1, SWP_NOMOVE | SWP_NOSIZE);
……
}
```

■ 秘笈心法

心法领悟 284：SetWindowPos 的使用。

使用 SetWindowPos 函数可以使窗体置于其他窗体的顶层，使用此函数还可以改变窗体的位置，如当应用程序运行时让窗体位于屏幕的左上角或者居中。

实例 285	不可移动的窗体 光盘位置：光盘\MR\06\285	高级 趣味指数: ★★★☆

■ 实例说明

在正常情况下，用户可以通过拖动窗体的标题栏来改变应用程序在桌面上的位置。但有时因各种特殊原因，必须限制应用程序的移动，使其只在最初显示的位置上。本实例实现了窗体的不可移动效果。实例运行结果如图 6.82 所示。

图 6.82　不可移动的窗体

■ 关键技术

实现窗体的不可移动效果需要给 CMainFrame 主窗口类添加 WM_NCHITTEST 消息事件，该消息事件可以截获鼠标在窗体上的具体位置或区域。当鼠标在标题栏上时，该消息函数将返回 HTCAPTION 值，在程序运行时只要将这个值修改成 FALSE 或者任意一个负数值即可。这样，应用程序就无法正确获取鼠标当前在窗体上的位置，就不可能实现窗体的移动了。

■ 设计过程

（1）创建一个单文档视图的应用程序。

（2）在 CMainFrame 类中添加 WM_NCHITTEST 消息处理函数，实现窗体的不可移动，代码如下：

```
UINT CMainFrame::OnNcHitTest(CPoint point)
{
    //截获鼠标事件
    UINT ret = CFrameWnd::OnNcHitTest(point);

    //判断是否在拖动窗体的工具栏
    if(ret == HTCAPTION)
    {
        //如果是拖动工具栏，则截获后不传递消息
        return FALSE;
    }
    else
    {
        //否则直接传递消息
        return ret;
    }
}
```

■ 秘笈心法

心法领悟 285：窗体区域的应用。

通过 WM_NCHITTEST 消息处理函数可以获取鼠标在窗体上的位置，不但可以实现窗体的不可移动，还可以实现窗体的大小不可改变。例如要使窗体不能向右改变大小，将实例中的 HTCAPTION 改成 HTRIGHT 即可。

| 实例 286 | 创建不可改变大小的窗体
光盘位置: 光盘\MR\06\286 | 高级
趣味指数: ★★★★☆ |

实例说明

在程序设计中，有时需要固定窗体的大小，使窗体不能通过鼠标的拖动改变大小，也不能通过"最大化"或"最小化"按钮等改变窗体的大小。本实例就实现了一个不能改变大小的窗体。实例运行结果如图 6.83 所示。

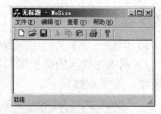

图 6.83　创建不可改变大小的窗体

关键技术

限制窗体的大小有许多种方法，本实例所使用的方法是通过 WM_GETMINMAXINFO 实现的。在该消息方法中传递了一个结构 MINMAXINFO 的指针 lpMMI，通过这个结构信息就可以控制窗体不可改变大小。实现的方法是将这个结构中的窗体大小的最大值与最小值设为同一个值，这样即可实现窗体大小的不可改变。

设计过程

（1）创建一个单文档视图的应用程序。

（2）在 CMainFrame 类中添加 WM_GETMINMAXINFO 消息处理函数，实现窗体大小的不可变，代码如下：

```
void CMainFrame::OnGetMinMaxInfo(MINMAXINFO FAR* lpMMI)
{
//将最小与最大设置成相同的值使窗体大小不能改变
lpMMI->ptMinTrackSize.x = 300;                          //设定最小宽度
lpMMI->ptMinTrackSize.y = 200;                          //设定最小高度
lpMMI->ptMaxTrackSize.x = 300;                          //设定最大宽度
lpMMI->ptMaxTrackSize.y = 200;                          //设定最大高度
CFrameWnd::OnGetMinMaxInfo(lpMMI);
}
```

秘笈心法

心法领悟 286：窗体大小的控制。

通过 WM_GETMINMAXINFO 消息处理函数不但可以实现窗体大小的不可改变，还可以控制窗体在最大化和最小化时的大小。

| 实例 287 | 动态创建视图窗口
光盘位置: 光盘\MR\06\287 | 高级
趣味指数: ★★★☆ |

实例说明

在采用文档/视图结构开发应用程序时，通常会在程序中使用多个视图窗口。但是开发程序时并不是将工程中所定义的所有视图窗口都创建出来，这样会占用很大的内存空间。只有当用户选择了某一命令或单击某一按钮时才会将需要显示的窗口创建并显示出来。本实例实现了视图窗口的动态创建。实例运行结果如图 6.84 所示。

关键技术

对于视图窗口的动态创建，笔者总结了几个步骤，只要根据这几个步骤来创建就会很简单。具体步骤如下：

345

（1）定义一个视图窗口对象，调用 Create 方法创建视图窗口。

（2）调用视图窗口的 OnInitialUpdate 方法初始化更新视图。

（3）调用视图窗口的 SetDlgCtrlID 方法设置视图窗口在框架中的 ID。

（4）调用框架类的 GetActiveView 方法获取当前的视图窗口，将其隐藏。

（5）调用框架类的 SetActiveView 方法设置新的活动视图窗口。

（6）显示新的视图窗口，调用框架类的 RecalLayout 方法重新排列客户区域。

■ 设计过程

（1）创建一个单文档/视图结构的应用程序。

（2）利用工作区的类视图向导创建一个视图窗口 CBookInfo，删除视图窗口中默认的静态文本控件，设置窗口属性，如图 6.85 所示。

图 6.84　动态创建视图窗口

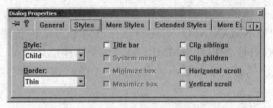

图 6.85　属性窗口

（3）在框架类的源文件中引用视图类 CBookInfo 的头文件。

（4）在工作区的资源视图窗口的字符串表中删除视图窗口对应的 ID。

（5）在工作区的资源视图窗口中修改菜单资源 IDR_MAINFRAME，如图 6.86 所示。

（6）在框架类的源文件中按 Ctrl+W 快捷键打开类向导窗口，处理菜单项的命令消息，如图 6.87 所示。

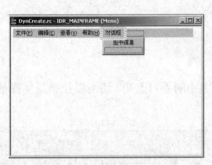

图 6.86　菜单资源设计窗口

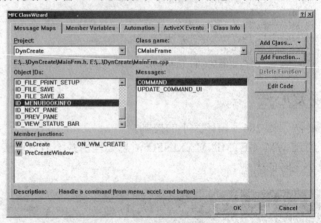

图 6.87　类向导窗口

（7）在类向导窗口中的 Object IDs 列表框中选择菜单项的 ID，在 Messages 列表框中选择命令消息 COMMAND，单击 Add Function 按钮添加消息处理函数，代码如下：

```
void CMainFrame::OnMenuBookinfo()
{
//定义视图对象
CView* pView = (CView*) new CBookInfo;
//获取当前活动视图
CView* pOldView = GetActiveView();

CCreateContext context;
context.m_pCurrentDoc = GetActiveDocument();
//创建视图窗口
```

```
pView->Create(NULL,NULL,WS_CHILD,CFrameWnd::rectDefault,this,
IDD_BOOKINFO_FORM,&context);
//更新视图窗口
pView->OnInitialUpdate();
//设置视图 ID
pView->SetDlgCtrlID(AFX_IDW_PANE_FIRST);
//设置活动视图
SetActiveView(pView);
//隐藏原来的活动视图
pOldView->ShowWindow(SW_HIDE);
//显示当前活动的视图
pView->ShowWindow(SW_SHOW);
//更新框架区域
RecalcLayout();
}
```

■ 秘笈心法

心法领悟 287：动态创建窗体的优点。

对于一个小的工程，由于工程中的窗体并不是很多，所以是否动态创建并无太大影响。但如果工程很大，有数百个窗体，当程序运行时将这些窗体全都创建会占用很大的内存空间。所以为了减少内存空间的使用，应该用到哪个窗体就创建哪个窗体，当窗体不使用时就将其释放。

实例 288	在视图窗口中显示网页 光盘位置：光盘\MR\06\288	高级 趣味指数：★★★☆

■ 实例说明

通过 MFC 向导可以实现单文档视图或多文档视图的应用程序，而在向导的最后一页中又可以让用户选择应用程序视图实现的类型，如文本、网页等。本实例实现了一个网页类型的单文档，视图的应用程序。实例运行结果如图 6.88 所示。

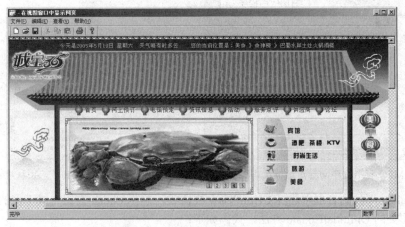

图 6.88　在视图窗口中显示网页

■ 关键技术

在文档/视图结构应用程序中，MFC 提供了多个视图类供用户在开发程序中使用。其中，提供的 CHtmlView 视图类能够浏览网页。MFC 为视图类 CHtmlView 提供了一个 Navigate2 方法用于浏览网页，语法如下：

```
void Navigate2( LPITEMIDLIST pIDL, DWORD dwFlags = 0, LPCTSTR
  lpszTargetFrameName = NULL );
void Navigate2( LPCTSTR lpszURL, DWORD dwFlags = 0, LPCTSTR lpszTargetFrameName = NULL,
  LPCTSTR lpszHeaders = NULL, LPVOID lpvPostData = NULL, DWORD dwPostDataLen = 0 );
```

```
void Navigate2( LPCTSTR lpszURL, DWORD dwFlags, CByteArray& baPostedData,
LPCTSTR lpszTargetFrameName = NULL, LPCTSTR lpszHeader = NULL );
```

Navigate2 方法共有 3 个重载版本，参数说明如表 6.10 所示。

表 6.10   Navigate2 方法的参数说明

参　　数	说　　明
pIDL	表示 ITEMIDLIST 结构指针
dwFlags	表示浏览网页的标识，如是否将资源添加到历史记录中，是否在新的窗口中打开资源等
lpszTargetFrameName	字符串指针，表示显示资源的框架名称，默认为 NULL
lpszURL	字符串指针，表示一个 URL（统一资源定位符）
lpszHeaders	表示发送到 HTTP 服务器的标题，这些标题将被添加到默认 IE 浏览器的标题中。如果 lpszURL 不表示一个 HTTP URL，那么该参数将被忽略
lpvPostData	表示使用 HTTP 提交事务时发送的数据，类型为无符号指针
dwPostDataLen	表示 lpvPostData 参数的长度
baPostedData	表示使用 HTTP 提交事务时发送的数据，类型为 CByteArray

■ 设计过程

（1）在 Visual C++ 6.0 中创建一个工程，进入 MFC AppWizard-Step1 对话框，如图 6.89 所示。

（2）选中 Single document 单选按钮，表示创建单文档/视图应用程序，连续单击 5 次 Next 按钮，进入 MFC AppWizard-Step6 对话框，如图 6.90 所示。

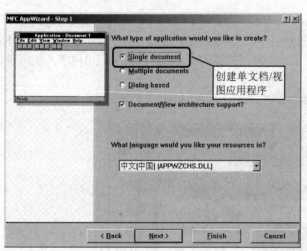

图 6.89   MFC 应用程序向导对话框 1　　　　　图 6.90   MFC 应用程序向导对话框 6

（3）在 Base class 下拉列表框中选择 CHtmlView 视图类，单击 Finish 按钮完成工程的创建。

（4）修改视图类的 OnInitialUpdate 方法，代码如下：

```
void CNetViewView::OnInitialUpdate()
{
CHtmlView::OnInitialUpdate();
//Navigate2(_T("http://www.microsoft.com/visualc/"),NULL,NULL);
}
```

在 OnInitialUpdate 方法中将 Navigate2 方法去掉，目的是防止在程序运行时自动浏览网页。

（5）按 Ctrl+W 快捷键打开 MFC ClassWizard 对话框，如图 6.91 所示。

（6）在 Class name 下拉列表框中选择视图类 CNetViewView，在 Object IDs 类表中选择 ID_FILE_OPEN 消息 ID，在 Messages 列表框中双击命令消息 COMMAND，弹出 Add Member Function 对话框，如图 6.92 所示。

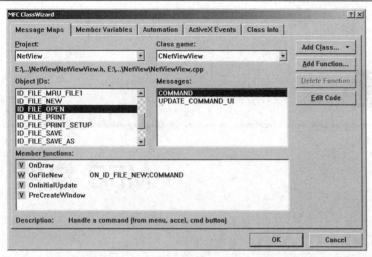

图 6.91　类向导对话框

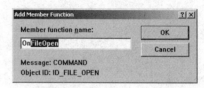

图 6.92　添加成员函数对话框

（7）单击 OK 按钮添加成员函数并关闭 Add Member Function 对话框，回到 MFC ClassWizard 对话框，单击 Edit Code 按钮编写 ID_FILE_OPEN 消息处理函数，代码如下：

```
void CNetViewView::OnFileOpen()
{
//定义一个文件打开对话框
CFileDialog fDlg (true,NULL,NULL,OFN_HIDEREADONLY |
OFN_OVERWRITEPROMPT,"HTML| *.html; *.hml");
if (fDlg.DoModal()==IDOK)
{
        //获取 HTML 文件
        CString flpth = fDlg.GetPathName();
        //浏览 HTML 文件
        this->Navigate2(flpth,0,NULL);
}
}
```

■ 秘笈心法

心法领悟 288：视图窗口中网页的显示。

本实例向大家介绍了如何在视图窗口中显示网页，使用这个功能可以通过文档视图窗口制作显示软件帮助的程序，这样程序设计人员就可以制作自己的帮助工具了。

第 7 章

MFC 控件

7.1 静态文本控件

实例 289	文本背景的透明处理 光盘位置：光盘\MR\07\289	高级 趣味指数：★★

实例说明

在设计应用程序界面时，有时需要使静态文本控件背景透明。例如，将静态文本控件放置在图片上，如果将静态文本控件显示为灰色的背景，将影响界面美观。本实例将实现使静态文本控件背景透明。实例运行结果如图 7.1 所示。

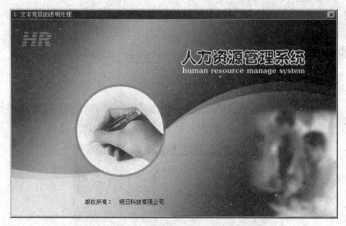

图 7.1 文本背景的透明处理

关键技术

通常情况下，可以通过自绘静态文本控件的方法，在其 WM_PAINT 消息处理函数中重新绘制文本并设置背景透明。但是这样做比较麻烦，其实用户可以通过属性的设置实现静态文本控件背景的透明。

（1）打开静态文本控件的属性窗口，并选中 Simple 属性。

（2）处理对话框的 WM_CTLCOLOR 消息，在其消息处理函数中判断当前对象是否为静态文本控件。如果是，则调用 SetBkMode 函数设置文本背景透明，语法如下：

```
int SetBkMode(int nBkMode );
```

参数说明

nBkMode：指定要设置的模式。当参数值为 OPAQUE 时默认背景模式。背景在文本、阴影画刷、笔绘制之前用当前背景色填充。当参数值为 TRANSPARENT 时，背景在绘图之前不改变，通过该值可以设置背景透明。

设计过程

（1）创建一个基于对话框的应用程序。

（2）选择 Insert→Resource 命令，在打开的 Insert Resource 对话框中单击 Import 按钮，向工程中导入一个位图资源。

（3）向窗体中添加一个图片控件和一个静态文本控件。右击图片控件，在弹出的快捷菜单中选择 Properties 命令，设置 Type 属性为 Bitmap，Image 属性为 IDB_BITMAP1。

（4）处理对话框的 WM_CTLCOLOR 消息，在其消息处理函数中判断当前对象是否为静态文本控件。如果是，则执行调用 SetBkMode 方法设置文本背景透明，代码如下：

```
HBRUSH CTransStaticDlg::OnCtlColor(CDC* pDC, CWnd* pWnd, UINT nCtlColor)
{
HBRUSH hbr = CDialog::OnCtlColor(pDC, pWnd, nCtlColor);
if (nCtlColor == CTLCOLOR_STATIC)                      //判断是否为静态文本控件
{
    pDC->SetBkMode(TRANSPARENT);                       //设置文本背景透明
}
return hbr;
}
```

■ 秘笈心法

心法领悟 289：设置文本背景颜色。

在 WM_CTLCOLOR 消息的处理函数中不仅可以设置文本的背景为透明，还可以设置文本的颜色，通过 SetTextColor 方法来实现，该方法的参数为要设置的颜色值。

实例 290	具有分隔条的静态文本控件 光盘位置：光盘\MR\07\290	高级 趣味指数：★★★

■ 实例说明

在设计程序界面时，通常会根据功能将控件分组。在本实例中，利用静态文本控件设计了一个分隔条控件，使分隔条以下的控件在视觉上形成一个单独的群组。实例运行结果如图 7.2 所示。

图 7.2　具有分隔条的静态文本控件

■ 关键技术

在绘制具有分隔条的静态文本控件时，需要使用 Draw3dRect 方法绘制分隔条，以及使用 DrawText 方法绘制文本。

（1）Draw3dRect 方法

该方法用于绘制三维矩形，语法如下：

```
void Draw3dRect( LPCRECT lpRect, COLORREF clrTopLeft, COLORREF clrBottomRight );
void Draw3dRect( int x, int y, int cx, int cy, COLORREF clrTopLeft, COLORREF clrBottomRight );
```

Draw3dRect 方法中的参数说明如表 7.1 所示。

表 7.1　Draw3dRect 方法中的参数说明

参　　数	说　　明
lpRect	指定限定范围内的矩形（逻辑单位），可将 RECT 或 CRect 对象的指针传递给该参数
clrTopLeft	指定三维矩形顶部和左侧的颜色
clrBottomRight	指定三维矩形底部和右侧的颜色
x	指定三维矩形左上角的 X 逻辑坐标
y	指定三维矩形左上角的 Y 逻辑坐标
cx	指定三维矩形的宽度
cy	指定三维矩形的高度

（2）DrawText 方法

该方法用于在指定的矩形区域内绘制格式化文本，语法如下：

```
virtual int DrawText( LPCTSTR lpszString, int nCount, LPRECT lpRect, UINT nFormat );
int DrawText( const CString& str, LPRECT lpRect, UINT nFormat );
```

DrawText 方法中的参数说明如表 7.2 所示。

表 7.2　DrawText 方法中的参数说明

参　　数	说　　明
lpszString	指定要输出的字符串
str	指定要输出的 CString 对象
nCount	设置输出字符串的长度
lpRect	指定用于显示文本的矩形区域
nFormat	指定文本格式化的方式

■ 设计过程

（1）创建一个基于对话框的应用程序。

（2）选择 Insert→Resource 命令，在打开的 Insert Resource 对话框中单击 Import 按钮，向工程中导入一个位图资源。

（3）向窗体中添加一个图片控件、3 个单选按钮控件和一个静态文本控件。右击图片控件，在弹出的快捷菜单中选择 Properties 命令，设置 Type 属性为 Bitmap，设置 Image 属性为 IDB_BITMAP1。

（4）以 CStatic 类为基类派生一个 CLevelStatic 类，并为要自绘的静态文本控件关联一个该类的对象。

（5）在 CLevelStatic 类的 OnPaint 方法中绘制控件外观，代码如下：

```
void CLevelStatic::OnPaint()
{
CPaintDC dc(this);
CRect rectWnd;
CString cstrText;
UINT uFormat;
GetWindowText(cstrText);                          //获得静态文本控件的显示文本
dc.SelectObject(GetFont());                        //选中当前控件字体
CSize size = dc.GetTextExtent(cstrText);           //计算文本的宽度和高度
DWORD dwStyle = GetStyle();                         //获取控件风格
GetWindowRect (rectWnd);                            //获得窗口区域
uFormat = DT_TOP;
if ( dwStyle & SS_NOPREFIX )
        uFormat |= DT_NOPREFIX;
//绘制文本左边条
dc.Draw3dRect(0, rectWnd.Height()/2,(rectWnd.Width()-size.cx)/2-m_TextMargin
        , 2, ::GetSysColor(COLOR_3DSHADOW),::GetSysColor(COLOR_3DHIGHLIGHT) );
dc.SetBkMode(TRANSPARENT);
//绘制文本
dc.DrawText(cstrText,CRect((rectWnd.Width()-size.cx)/2,0,(rectWnd.Width()-size.cx)/2
        +size.cx,size.cy),DT_LEFT|DT_SINGLELINE|DT_VCENTER );
//绘制文本右边条
dc.Draw3dRect((rectWnd.Width()-size.cx)/2+size.cx , rectWnd.Height()/2
        ,(rectWnd.Width()-size.cx)/2-m_TextMargin, 2, ::GetSysColor(COLOR_3DSHADOW),
        ::GetSysColor(COLOR_3DHIGHLIGHT) );
}
```

■ 秘笈心法

心法领悟 290：计算边线大小。

因为分隔条是通过左右两条线以及中间的文本组成的，而且中间的文本是不确定的，所以不能将两端的线设置成固定长度，这就需要用 GetTextExtent 方法来获得当前文本所占用的宽度，然后在控件的总宽度中减去文本的宽度后再计算两边的线的大小。

<table>
<tr><td>实例 291</td><td>设计群组控件
光盘位置：光盘\MR\07\291</td><td>高级
趣味指数：★★★</td></tr>
</table>

■ 实例说明

在 Visual C++开发环境中，常用控件中的群组控件的背景并不是透明的，在设计程序界面时，就会和背景图片显得格格不入。为了解决这个问题，本实例使用静态文本控件设计了一个背景透明的群组框，使用户在设计程序界面时的布局更加协调。运行程序，使用静态文本控件设计的群组框效果如图 7.3 所示。

图 7.3　设计群组控件

■ 关键技术

本实例主要通过 GetTextExtent 和 Draw3dRect 等方法实现。GetTextExtent 方法用于在设备上下文中计算文本行的宽度和高度，Draw3dRect 方法用于绘制三维矩形。GetTextExtent 方法的语法如下：

```
CSize GetTextExtent( LPCTSTR lpszString, int nCount ) const;
CSize GetTextExtent( const CString& str ) const;
```

参数说明

❶ lpszString：字符串指针。可以为该参数传递 CString 对象。

❷ nCount：字符串中的字符数。

❸ str：包含指定字符的 CString 对象。

■ 设计过程

（1）创建一个基于对话框的应用程序。

（2）选择 Insert→Resource 命令，在打开的 Insert Resource 对话框中单击 Import 按钮，向工程中导入一个位图资源。

（3）向窗体中添加一个图片控件、4 个编辑框控件、两个按钮控件和一个静态文本控件。右击图片控件，在弹出的快捷菜单中选择 Properties 命令，设置 Type 属性为 Bitmap，Image 属性为 IDB_BITMAP1。

（4）以 CStatic 类为基类派生一个 CGroupBox 类，并为要自绘的静态文本控件关联一个该类的对象。

（5）在 CGroupBox 类的 OnPaint 方法中绘制控件外观，代码如下：

```
void CGroupBox::OnPaint()
{
CPaintDC dc(this);
CRect rectWnd;
CString cstrText;
GetWindowText(cstrText);                        //获得控件的显示文本
dc.SelectObject(GetFont());                     //设置绘制文本的字体
CSize size = dc.GetTextExtent(cstrText);        //计算文本的宽度和高度
GetWindowRect (rectWnd);                         //获得控件区域
dc.SetBkMode(TRANSPARENT);                       //设置背景透明
```

```
//绘制文本
dc.DrawText(cstrText,CRect(10,0,size.cx+10,size.cy),DT_LEFT|DT_SINGLELINE|DT_VCENTER );
//绘制文本左横线
dc.Draw3dRect(0, 5,10, 2, ::GetSysColor(COLOR_3DSHADOW),
    ::GetSysColor(COLOR_3DHIGHLIGHT) );
//绘制文本右横线
dc.Draw3dRect(size.cx+10 , 5,rectWnd.Width()-size.cx-8, 2, ::GetSysColor(COLOR_3DSHADOW),
    ::GetSysColor(COLOR_3DHIGHLIGHT) );
//绘制文本左边条
dc.Draw3dRect(0, 5,2, rectWnd.Height()-2, ::GetSysColor(COLOR_3DSHADOW),
    ::GetSysColor(COLOR_3DHIGHLIGHT) );
//绘制文本右边条
dc.Draw3dRect(rectWnd.Width(), 5,2, rectWnd.Height()-2, ::GetSysColor(COLOR_3DSHADOW),
    ::GetSysColor(COLOR_3DHIGHLIGHT) );
//绘制文本下边条
dc.Draw3dRect(1, rectWnd.Height()+1,rectWnd.Width()-1,2, ::GetSysColor(COLOR_3DSHADOW),
    ::GetSysColor(COLOR_3DHIGHLIGHT) );
}
```

秘笈心法

心法领悟 291：设置群组框的便利方法。

在设计应用程序界面时，因为群组框并不能实现什么功能，所以可以在设计背景图片时直接带出群组框，这样就不用在程序中进行设置了。

实例 292	电子时钟　光盘位置：光盘\MR\07\292	高级　趣味指数：★★★★

实例说明

在日常的生活中任何人都离不开时间，时钟则是人们判断时间的重要依据。而在许多地方，悬挂的已经不再是老式的石英钟了，而是电子时钟，这种数字的时间显示可以让人们更直观地判断时间，那么如何在程序中实现电子时钟的数字变化呢？本实例就来为读者解决这一问题。实例运行结果如图 7.4 所示。

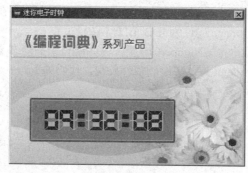

图 7.4　电子时钟

关键技术

在设计迷你电子时钟控件时，主要是根据位图来绘制数字。首先准备一幅位图，其中存储了 0～9 共 10 个数字和两幅默认效果的图片，如图 7.5 所示。

图 7.5　时钟数字位图

在静态文本控件中，根据当前显示的数字，从位图中查找对应的图片（位图中每一个图片的大小是相同的），将其绘制在静态文本控件的窗口中，这样就实现了电子时钟形式的数字。在设计电子时钟时，由于需要不停地在静态文本控件中绘制位图，为了防止出现界面闪烁，笔者定义了一个内存画布，在该画布上进行静态文本控件的绘图操作，在内存画布释放时将其内容输出到静态文本控件中。下面给出了定义内存画布的相关代码：

```cpp
class CMemDC : public CDC
{
private:
CBitmap*m_bmp;                                          //定义位图对象指针
CBitmap*m_oldbmp;
CDC* m_pDC;                                             //定义源设备上下文
CRect m_Rect;                                           //定义源设备上下文区域大小
public:
CMemDC(CDC* pDC, const CRect& rect) : CDC()             //构造函数
{
    CreateCompatibleDC(pDC);                            //创建兼容的设备上下文
    m_bmp = new CBitmap;                                //创建位图对象
    m_bmp->CreateCompatibleBitmap(pDC, rect.Width(), rect.Height());  //创建兼容的位图
    m_oldbmp = SelectObject(m_bmp);                     //选中位图对象
    m_pDC = pDC;                                        //记录源设备上下文
    m_Rect = rect;                                      //记录源设备上下文区域
}
~CMemDC()                                               //构造函数
{
    //将内存画布中的内容复制到源设备上下文中
    m_pDC->BitBlt(m_Rect.left, m_Rect.top, m_Rect.Width(), m_Rect.Height(),
                this, m_Rect.left, m_Rect.top, SRCCOPY);
    SelectObject(m_oldbmp);
    if (m_bmp != NULL)
        delete m_bmp;                                   //释放位图对象
}
};
```

设计过程

（1）创建一个基于对话框的应用程序。

（2）选择 Insert→Resource 命令，在打开的 Insert Resource 对话框中单击 Import 按钮，向工程中导入一个位图资源。

（3）向窗体中添加一个图片控件和一个静态文本控件。右击图片控件，在弹出的快捷菜单中选择 Properties 命令，设置 Type 属性为 Bitmap，Image 属性为 IDB_BITMAP1。

（4）以 CStatic 类为基类派生一个 CNumberCtrl 类，并为要自绘的静态文本控件关联一个该类的对象。

（5）在 CNumberCtrl 类的 OnPaint 方法中绘制控件外观，代码如下：

```cpp
void CNumberCtrl::OnPaint()
{
CPaintDC dc(this);
SetRedraw(FALSE);                                      //禁止窗口绘制
CRect clientRC;
GetClientRect(clientRC);                               //获取窗口客户区域
CMemDC memDC(&dc, clientRC);                            //定义内存画布
SetWindowText("");
CBitmap bmp;
bmp.LoadBitmap(IDB_NUMBERBMP);                          //加载位图
CDC tmpDC;
tmpDC.CreateCompatibleDC(&dc);                          //创建一个兼容的设备上下文
tmpDC.SelectObject(&bmp);                               //选中位图对象
BITMAP bInfo;                                           //定义位图信息
bmp.GetBitmap(&bInfo);                                  //获取位图信息
int nbmpWidth = bInfo.bmWidth;                          //获取位图宽度
int nbmpHeight = bInfo.bmHeight;                        //获取位图高度
int nLen = m_csText.GetLength();                        //获取文本长度
for (int i=0; i<m_nNumberLen; i++)                      //绘制背景
{
    memDC.BitBlt((i)*m_nNumberWidth, 0, m_nNumberWidth, nbmpHeight,
```

```
            &tmpDC, 10*m_nNumberWidth, 0, SRCCOPY);
}
if (nLen>0 && nLen<=m_nNumberLen)                              //判断数字是否合法
{
        for (int n=0; n<nLen; n++)
        {
                char ch = m_csText[nLen-n-1];
                if (ch == ':' )
                {
                        memDC.BitBlt((m_nNumberLen-10)*m_nNumberWidth, 0, m_nNumberWidth,
                                nbmpHeight, &tmpDC, m_nNumberWidth, 0, SRCCOPY);
                }
                else
                {
                        int nCh = atoi(&ch);
                        //绘制数字位图
                        memDC.BitBlt((m_nNumberLen-n-1)*m_nNumberWidth, 0, m_nNumberWidth,
                                nbmpHeight, &tmpDC, (nCh)*m_nNumberWidth, 0, SRCCOPY);
                }
        }
}
bmp.DeleteObject();                                           //删除位图对象
tmpDC.DeleteDC();
SetRedraw();                                                  //激活窗口绘制
}
```

■ 秘笈心法

心法领悟 292：使用 BitBlt 方法进行部分位图绘制。

在本实例中，电子数字的绘制是通过 BitBlt 方法来实现的，该方法将位图从源设备区域复制到目标设备区域。通过该方法的参数设置即可实现本实例最需要的功能，即在源位图的任意一部分开始绘制图片，并且绘制指定大小的一部分，这样就可以把原本为一个整体的位图按照电子数字的大小进行分块，从而实现单个电子数字的绘制。

实例 293	模拟超链接效果 光盘位置：光盘\MR\07\293	高级 趣味指数：★★★★

■ 实例说明

设计应用程序时，为了让用户方便地通过程序访问某个网站，需要使用具有超链接功能的控件，但是在 Visual C++ 6.0 中却没有这样的控件。为了解决这个问题，本实例通过静态文本控件设计一个超链接控件。实例运行结果如图 7.6 所示。

■ 关键技术

本实例通过新建 SetCursor 函数和 ShellExecute 函数来实现控件的超链接功能。SetCursor 函数用于设置鼠标的样式，ShellExecute 函数用来打开超链接。

图 7.6　模拟超链接效果

SetCursor 函数的语法如下：

```
HCURSOR SetCursor( HCURSOR hCursor );
```

参数说明

hCursor：光标的句柄。

ShellExecute 函数的语法如下：

```
HINSTANCE APIENTRY ShellExecute(HWND hwnd,LPCTSTR lpOperation,LPCTSTR lpFile,LPCTSTR lpParameters,LPCTSTR lpDirectory,INT nShowCmd);
```

ShellExecute 函数中的参数说明如表 7.3 所示。

表 7.3　ShellExecute 函数中的参数说明

参　数	说　明
hwnd	窗口句柄
lpOperation	执行的操作，包括 open、print 和 explore
lpFile	文件路径
lpParameters	执行操作的参数
lpDirectory	指定默认目录
nShowCmd	是否显示

■ 设计过程

（1）创建一个基于对话框的应用程序。

（2）选择 Insert→Resource 命令，在打开的 Insert Resource 对话框中单击 Import 按钮，向工程中导入一个位图资源。

（3）向窗体中添加一个图片控件、3 个编辑框控件和一个静态文本控件。右击图片控件，在弹出的快捷菜单中选择 Properties 命令，设置 Type 属性为 Bitmap，Image 属性为 IDB_BITMAP1。

（4）以 CStatic 类为基类派生一个 CSuperLabel 类，并为要自绘的静态文本控件关联一个该类的对象。

（5）在 CSuperLabel 类的 OnPaint 方法中绘制控件外观，代码如下：

```
void CSuperLabel::OnPaint()
{
CPaintDC dc(this);
CDC* pDC = GetDC();                                      //获得设备上下文
CString text;
GetWindowText(text);                                     //获得控件显示文本
if (m_ConnectStr.IsEmpty())
        m_ConnectStr = text;                             //设置超链接文本
pDC->SetBkMode(TRANSPARENT);                             //设置背景透明
pDC->SetTextColor(RGB(0,0,255));                         //设置文本颜色为蓝色
pDC->SelectObject(&m_Font);                              //选入字体对象
pDC->TextOut(0,0,text);                                  //绘制超链接文本
}
void CSuperLabel::OnLButtonDown(UINT nFlags, CPoint point)
{
ShellExecute(m_hWnd,NULL,m_ConnectStr,NULL,NULL,SW_SHOW);  //打开超链接
CStatic::OnLButtonDown(nFlags, point);
}
void CSuperLabel::PreSubclassWindow()
{
GetWindowText(m_ConnectStr);                             //获得超链接文本
CFont* pFont = GetFont();                                //获得控件字体
pFont->GetLogFont(&lfont);
lfont.lfUnderline =TRUE;                                 //设置下划线
m_Font.CreateFontIndirect(&lfont);                       //创建新字体
CStatic::PreSubclassWindow();
}
void CSuperLabel::OnMouseMove(UINT nFlags, CPoint point)
{
::SetCursor(AfxGetApp()->LoadCursor(IDC_CURSOR1));       //设置鼠标样式
CStatic::OnMouseMove(nFlags, point);
}
```

■ 秘笈心法

心法领悟 293：使用 ShellExecute 函数。

使用 ShellExecute 函数不仅可以实现超链接的功能，还可以打开文件以及打印文件，只要将 lpOperation 函数设置成相关的命令即可。

实例 294	使用静态文本控件数组设计简易拼图	高级
	光盘位置：光盘\MR\07\294	趣味指数：★★★★★

实例说明

用户在繁忙的工作中容易变得烦躁，这时就需要放松，玩一些简单的游戏是不错的选择。本实例通过 Visual C++实现拼图游戏。运行本实例，选择图像、级别，然后开始游戏，实例运行结果如图 7.7 所示。

图 7.7　使用静态文本控件数组设计简易拼图

关键技术

本实例中实现拼图功能时，主要用 StretchBlt 方法实现了部分图像的绘制，下面对本实例中用到的关键技术进行详细讲解。

StretchBlt 方法用于将位图从源设备区域复制到目标设备区域，与 BitBlt 方法不同的是，StretchBlt 方法在必要时会延长或压缩位图区域以适合目标区域，语法如下：

```
BOOL StretchBlt( int x, int y, int nWidth, int nHeight, CDC* pSrcDC, int xSrc, int ySrc, int nSrcWidth, int nSrcHeight, DWORD dwRop );
```

StretchBlt 方法中的参数说明如表 7.4 所示。

表 7.4　StretchBlt 方法中的参数说明

参　　数	说　　明
x	目标矩形左上角的 X 逻辑坐标
y	目标矩形左上角的 Y 逻辑坐标
nWidth	目标矩形的宽度（逻辑单位）
nHeight	目标矩形的高度（逻辑单位）
pSrcDC	表示源设备上下文指针
xSrc	源矩形左上角的 X 逻辑坐标
ySrc	源矩形左上角的 Y 逻辑坐标
nSrcWidth	源矩形的宽度（逻辑单位）
nSrcHeight	源矩形的高度（逻辑单位）
dwRop	表示光栅效果

■ 设计过程

（1）创建一个基于对话框的应用程序。

（2）选择 Insert→Resource 命令，在打开的 Insert Resource 对话框中单击 Import 按钮，向工程中导入位图资源。

（3）向窗体中添加一个菜单资源，右击对话框资源，在弹出的快捷菜单中选择 Properties 命令，设置 Menu 属性为 IDR_MENU1。

（4）添加一个 ShowPicture 方法，用于在静态文本控件中分块绘制图像，代码如下：

```cpp
void CSpellPictureDlg::ShowPicture(int m, int n)
{
HBITMAP m_hBitmap;
m_hBitmap = (HBITMAP)::LoadImage(AfxGetInstanceHandle(),m_pPath, IMAGE_BITMAP
        ,0,0,LR_LOADFROMFILE|LR_DEFAULTCOLOR|LR_DEFAULTSIZE); //加载位图资源
int x=0,y=0,i=0,j=0;
CDC* pDC = m_Picture[0].GetDC();                            //控件设备上下文
CDC memdc;
memdc.CreateCompatibleDC( pDC );                           //创建与内存兼容设备的上下文
memdc.SelectObject(m_hBitmap);                             //将位图选进设备上下文中
BITMAP bmp;
GetObject(m_hBitmap,sizeof(bmp),&bmp);                     //获得图片信息
x = bmp.bmWidth/m;                                         //设置绘制图片宽度
y = bmp.bmHeight/m;                                        //设置绘制图片高度
pDC->StretchBlt(0,0,n,n,&memdc,0,0,x,y,SRCCOPY);          //绘制图片
pDC->Draw3dRect(0,0,n,n,RGB(0,0,0),RGB(0,0,0));          //绘制 3D 矩形
UpdateWindow();                                            //更新窗口显示
for(i=0;i<m;i++)
{
    for(j=0;j<m;j++)
    {
        CDC* pDC = m_Picture[j+i*m].GetDC();              //获得控件设备上下文
        pDC->StretchBlt(0,0,n,n,&memdc,x*j,y*i,x,y,SRCCOPY); //绘制图片
        pDC->Draw3dRect(0,0,n,n,RGB(0,0,0),RGB(0,0,0));  //绘制 3D 矩形
    }
}
memdc.DeleteDC();
UpdateWindow();
}
```

■ 秘笈心法

心法领悟 294：为静态文本控件设置 3D 边框。

为了使静态文本控件看上去具有拼图效果，在本实例中通过 Draw3dRect 方法为静态文本控件设置了 3D 边框，使控件有一个突起的效果。

7.2　编辑框控件

实例 295	多行文本编辑器 光盘位置：光盘\MR\07\295	高级 趣味指数：★★

■ 实例说明

用户在使用 QQ 等软件时，会发现其中的编辑框是允许多行输入的，可是自己在项目中添加的编辑框却只能单行输入，这要怎样解决呢？只要打开编辑框控件的属性窗口，设置相应的属性即可。本实例就实现了这一功能。实例运行结果如图 7.8 所示。

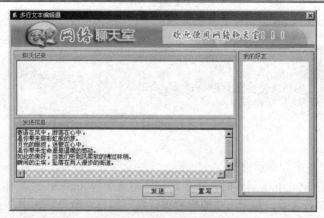

图 7.8　多行文本编辑器

■ 关键技术

要使用编辑框控件设计编辑多行文本的编辑框，就要了解编辑框控件都有哪些属性，利用这些属性都能实现哪些功能。表 7.5 中介绍了编辑框控件的主要属性。

表 7.5　编辑框的主要属性

属 性 名 称	描　　述
Align text	选择文本对齐方式
Multiline	编辑框能够显示多行文本，如果用户想要按 Enter 键在编辑框中换行，还需要编辑框具有 AutoHScroll 和 Want return 属性
Number	编辑框只允许输入数字
Horizontal scroll	为多行控件提供水平滚动条
Auto Hscroll	当用户在编辑框右方输入字符时，自动地向右方滚动文本
Vertical scroll	为多行文本控件提供垂直滚动条
Auto Vscroll	在多行文本控件中，当用户在最后一行按 Enter 键时，文本自动向上滚动
Password	以 "*" 号代替显示的文本
No hide selection	当用户失去或获得焦点时，不隐藏被选中的部分
OEM convert	能够转换 OEM 字符集
Want return	当用户在多行文本控件中按 Enter 键时，回车符被插入
Border	编辑框具有边框
Uppercase	将所有字符转换为大写
Lowercase	将所有字符转换为小写
Read-only	文本是只读的
Left scrollbar	如果垂直滚动条被提供，则滚动条将显示在左边的客户区域

■ 设计过程

（1）创建一个基于对话框的应用程序。

（2）选择 Insert→Resource 命令，在打开的 Insert Resource 对话框中单击 Import 按钮，向工程中导入一个位图资源。

（3）向窗体中添加图片控件、按钮控件和编辑框控件。右击图片控件，在弹出的快捷菜单中选择 Properties 命令，设置 Type 属性为 Bitmap，Image 属性为 IDB_BITMAP1。设置编辑框控件具有 Multiline、Horizontal scroll、Auto Hscroll、Vertical scroll、Auto Vscroll 和 Want return 属性。

（4）在对话框初始化时，设置编辑框的默认显示文本，代码如下：

```
CString strText = "寄语在风中，游荡在心中，\r\n";
strText += "是你带来那彩虹般的梦。\r\n";
strText += "月光的眼泪，迷蒙在心中。\r\n";
strText += "是你带来生命里最温暖的感动。\r\n";
strText += "如此的美好，当我们听到风柔软地拂过林梢。\r\n";
strText += "瞬间的尘埃，坠落在两人漫步的街道。\r\n";
m_Text.SetWindowText(strText);                          //设置默认显示文本
```

秘笈心法

心法领悟 295：编辑框的多行显示设置。

在设置编辑框控件具有 Multiline 属性时，不要忘记同时选中 Want return 属性。因为单纯地设置 Multiline 属性只能使编辑框中显示多行文本，却无法在编辑时进行换行操作，所以要选中 Want return 属性，这两个属性通常是联合起来使用的。

实例 296	输入时显示选择列表 光盘位置：光盘\MR\07\296	高级 趣味指数：★★

实例说明

用户在使用编辑框控件填写数据时，有时不确定要添加的内容，操作起来就会出现许多问题。本实例实现在用户输入文本时，程序自动在数据库中查询，查到有类似的信息后，则以列表形式显示在编辑框控件下，用户可以根据需要选择列表中的内容。实例运行结果如图 7.9 所示。

关键技术

本实例的实现需要覆写 PreTranslateMessage 虚方法以及对编辑框控件的 EN_CHANGE 消息进行处理。EN_CHANGE 消息在编辑框控件中的文本内容发生变化时产生，用户每输入一个字符文本内容都会产生 EN_CHANGE

图 7.9　输入时显示选择列表

消息，处理 EN_CHANGE 消息主要是为了在数据库中查找编辑框控件中的文本内容。重写 PreTranslateMessage 虚方法，主要是在出现列表控件以后，处理用户按上下方向键及单击列表控件时产生的消息。

设计过程

（1）创建一个基于对话框的应用程序。

（2）选择 Insert→Resource 命令，在打开的 Insert Resource 对话框中单击 Import 按钮，向工程中导入一个位图资源。

（3）在对话框上添加一个编辑框控件，设置 ID 属性为 IDC_EDOBJ，添加成员变量 m_Edobj。添加一个列表视图控件，设置 ID 属性为 IDC_TIPLIST，添加成员变量 m_TipList。

（4）为编辑框控件添加 EN_CHANGE 消息处理函数 OnChangeEdobj，为列表视图控件添加 NM_DBLCLK 消息处理函数 OnDblclkTiplist。

（5）通过 PreTranslateMessage 虚方法对键盘按键进行处理，代码如下：

```
BOOL CTextboxListDlg::PreTranslateMessage(MSG* pMsg)
{
if (pMsg->message==WM_KEYDOWN && pMsg->wParam==VK_ESCAPE)       //按 Esc 键
{
    m_TipList.ShowWindow(SW_HIDE);                              //不显示提示列表
    IsShowing=false;
    pMsg->wParam=VK_CONTROL;
}
```

```
if (pMsg->message == WM_LBUTTONDOWN)                              //按鼠标左键
{
    if (pMsg->hwnd != m_TipList.m_hWnd)                          //当前窗口不是列表视图控件
    {
        m_TipList.ShowWindow(SW_HIDE);                          //隐藏提示列表
        IsShowing=false;
    }
}
if (pMsg->message==WM_KEYDOWN && pMsg->wParam==13)               //按 Enter 键
{
    if(IsShowing)
        m_Edobj.SetWindowText(xm);                              //设置编辑框显示数据
    m_TipList.ShowWindow(SW_HIDE);                              //隐藏提示列表
    IsShowing=false;
    i=0;
    pMsg->wParam=VK_CONTROL;
}
//在提示列表中双击
if (pMsg->hwnd == m_TipList.m_hWnd && pMsg->message == WM_LBUTTONDBLCLK)
{
    m_Edobj.SetWindowText(xm);                                  //设置编辑框显示数据
    m_TipList.ShowWindow(SW_HIDE);                              //隐藏提示列表
    IsShowing=false;
}
if (pMsg->message == WM_KEYDOWN && pMsg->wParam == VK_DOWN)      //按下箭头键
{
    if (IsShowing)                                              //列表已显示
    {
        if (i == m_TipList.GetItemCount())                      //获得列表记录数
        i=0;
        m_TipList.SetHotItem(i);
        xm=m_TipList.GetItemText(i,0);                          //获得列表项数据
        i+=1;
    }
}
return CDialog::PreTranslateMessage(pMsg);
}
```

■ 秘笈心法

心法领悟 296：设置控件显示和隐藏。

在本实例中，提示列表是通过列表视图控件来实现的，根据用户的操作状态进行判断，通过 ShowWindow 方法设置列表视图控件的显示和隐藏。当该方法的参数为 SW_SHOW 时显示列表，为 SW_HIDE 时则隐藏。

实例 297	七彩编辑框效果 光盘位置：光盘\MR\07\297	高级 趣味指数：★★

■ 实例说明

编辑框的文本常用的是黑色，大多数是白色的背景衬托黑色的字体，本实例改变了传统的编辑框风格。运行程序，在各个编辑框中输入文字，在编辑框中显示的文字将具有不同的边框和文本颜色。实例运行结果如图 7.10 所示。

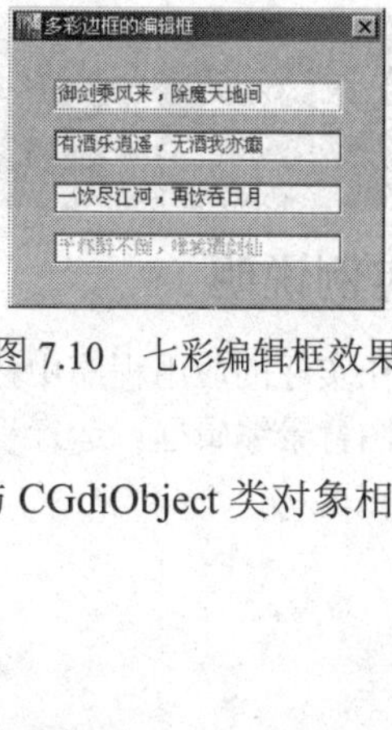

■ 关键技术

在设置文本颜色时需要使用 CreateStockObject 方法和 FrameRect 方法。

（1）CreateStockObject 方法

该方法获取预定义的 Windows GDI 的画笔、画刷和字体句柄，并将 GDI 对象与 CGdiObject 类对象相关联，

图 7.10　七彩编辑框效果

语法如下：

```
BOOL CreateStockObject( int nIndex );
```

参数说明

nIndex：定义标准对象类型的常量。

（2）FrameRect 方法

该方法用于在矩形周围绘制边界线，语法如下：

```
void FrameRect(LPCRECT lpRect, CBrush* pBrush);
```

参数说明

❶ lpRect：指向包含矩形左上角和右下角逻辑坐标的 RECT 结构或 CRect 对象的指针，也可以为该参数传递 CRect 对象。

❷ pBrush：标识矩形框架化所使用的画刷。

■ 设计过程

（1）创建一个基于对话框的应用程序。

（2）选择 Insert→Resource 命令，在打开的 Insert Resource 对话框中单击 Import 按钮，向工程中导入一个位图资源。

（3）向窗体中添加 4 个编辑框控件。右击图片控件，在弹出的菜单中选择 Properties 命令，设置 Type 属性为 Bitmap，Image 属性为 IDB_BITMAP1。

（4）处理 CColorEdit 类的 WM_CTLCOLOR 事件，在该事件的处理函数 CtlColor 中设置编辑框的文本颜色，代码如下：

```
HBRUSH CColorEdit::CtlColor(CDC* pDC, UINT nCtlColor)
{
CRect rect;
GetClientRect(rect);                        //获取客户区域
rect.InflateRect(1, 1, 1, 1);               //将客户区域增大一个像素
CBrush brush (m_FrameColor);                //创建画刷
pDC->FrameRect(rect,&brush);                //绘制边框
CBrush m_Brush;
m_Brush.CreateStockObject(WHITE_BRUSH);     //创建白色画刷
pDC->SetTextColor(m_TextColor);             //设置文字颜色
return m_Brush;
}
```

■ 秘笈心法

心法领悟 297：设置字体颜色。

在本实例中，不仅设置了边框的颜色，同样也设置了控件的文本颜色。设置颜色时使用 SetTextColor 方法，该方法用于设置字体颜色，语法如下：

```
virtual COLORREF SetTextColor( COLORREF crColor );
```

参数说明

crColor：要设置的颜色。

实例 298	如同画中题字 光盘位置：光盘\MR\07\298	高级 趣味指数：★★

■ 实例说明

在实际的应用程序中，白色背景的编辑框看起来很乏味。为了更好地美化程序和吸引更多的用户，可以设置位图背景编辑框。运行程序，在编辑框中输入文本，实例运行结果如图 7.11 所示。

图 7.11　如同画中题字

■ 关键技术

首先使用 SetBkMode 函数设置编辑框中的文本背景透明，然后在 WM_ERASEBKGND 消息的响应函数中实现对编辑框背景的绘制。

📖 说明：SetBkMode 函数的详细讲解请参见实例 289 中的关键技术。

■ 设计过程

（1）创建一个基于对话框的应用程序。

（2）选择 Insert→Resource 命令，在打开的 Insert Resource 对话框中单击 Import 按钮，向工程中导入一个位图资源。

（3）创建一个以 CEdit 类为基类的派生类 CBmpEdit，在 CBmpEdit 类的头文件中声明一个 CBitmap 类对象 m_Bitmap。

（4）向对话框中添加一个编辑框控件，并为其关联一个 CBmpEdit 类的对象。

（5）处理 CBmpEdit 类的 WM_ERASEBKGND 消息，在该消息的处理函数中绘制编辑框背景，代码如下：

```
BOOL CBmpEdit::OnEraseBkgnd(CDC* pDC)                               //消息处理函数
{
CDC memDC;                                                         //设备上下文
memDC.CreateCompatibleDC(pDC);                                     //创建内存设备上下文
memDC.SelectObject(&m_Bitmap);                                     //将位图选入设备上下文
BITMAP m_Bmp;                                                      //声明 BITMAP 对象
m_Bitmap.GetBitmap(&m_Bmp);                                        //获得位图信息
int x = m_Bmp.bmWidth;                                             //获得位图的宽度
int y = m_Bmp.bmHeight;                                            //获得位图的高度
CRect rect;                                                        //声明区域对象
GetClientRect(rect);                                               //获得编辑框客户区域
pDC->StretchBlt(0,0,rect.Width(),rect.Height(),&memDC,0,0,x,y,SRCCOPY);  //绘制位图背景
memDC.DeleteDC();                                                  //释放内存设备上下文
return TRUE;                                                       //返回真值
//return CEdit::OnEraseBkgnd(pDC);                                 //禁止调用基类方法
}
```

■ 秘笈心法

心法领悟 298：通过 Invalidate 函数刷新控件。

虽然在 WM_ERASEBKGND 消息的处理函数中绘制了背景，但是当用户在编辑文本时，并不能及时地在控件中更新。要解决这个问题，在编辑框中的文本改变后，可以通过 Invalidate 函数刷新控件。

| 实例 299 | 金额编辑框
光盘位置：光盘\MR\07\299 | 高级
趣味指数：★★★☆ |

■ 实例说明

在日常工作中，各种与金钱有关的票据中需写上大写金额，这给经常使用计算机的用户带来了极大的烦恼，

提笔忘字的事情屡见不鲜。本实例恰巧能解决这一问题。运行本实例，用户输入数字金额以后，单击"转换"按钮，程序将根据用户设置的数字金额进行文字转换，并将显示转换好的大写金额。实例运行结果如图 7.12 所示。

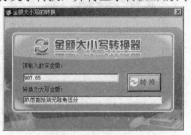

图 7.12　金额编辑框

■ 关键技术

在实现本实例时，最主要的问题是如何限制字符的输入。虽然编辑框控件可以通过属性设置为数字编辑框，但是这种数字编辑框并不适用，所以在本实例中以 CEdit 类为基类派生一个 CMoneyEdit 类，通过该类限制编辑框的字符输入。

要实现字符输入的功能，需要处理 CMoneyEdit 类的 WM_CHAR 消息，在该消息的处理函数中修改控件对用户输入数据的响应，代码如下：

```
void CMoneyEdit::OnChar(UINT nChar, UINT nRepCnt, UINT nFlags)
{
CString str;
GetWindowText(str);
if(nChar == 8)                                          //退格键
{
    CEdit::OnChar(nChar, nRepCnt, nFlags);
    return;
}
//防止小数点后输入 3 位数字
if ((str.GetLength()-str.Find('.',0)==3) && (str.Find('.',0)!= -1))
    nChar = 0;
//防止输入两个小数点
if ((nChar==46)&&(!str.IsEmpty())&&(str.Find('.',0)!= -1))
    nChar = 0;
//只允许输入数字、负号、小数点
if (((nChar <45) || (nChar>46)) && ((nChar<48) || (nChar > 57)))
    nChar = 0;
else
    CEdit::OnChar(nChar, nRepCnt, nFlags);

}
```

■ 设计过程

（1）创建一个基于对话框的应用程序。

（2）向对话框中添加两个编辑框控件、图片控件和一个按钮控件，并选中按钮控件的 Bitmap 属性。

（3）处理"转换"按钮的单击事件，在该事件的处理函数中将数字的金额转换为大写的金额，代码如下：

```
void CMoneyDlg::OnButtonchange()
{
m_Money = "";
CString str,lstr,rstr;
CString string[4];
string[1] = "角";
string[3] = "分";
m_Num.GetWindowText(str);                              //获得输入的数字金额
int n,m;
m = str.GetLength();                                   //计算字符串长度
n = str.Find('.',0);                                   //获得小数点位置
if (n == -1)                                           //没有小数点
{
```

366

```
    if(m > 12)                                      //金额长度不能大于 12 位
    {
        MessageBox("你输入的金额太大");
        return;
    }
    ChangeMoney(str,m);
}
else                                                //包含小数部分
{
    if(m > 12)                                      //整数部分不能大于 12 位
    {
        MessageBox("你输入的金额太大");
        return;
    }
    lstr = str.Left(n);                             //获得整数部分字符串
    ChangeMoney(lstr,n);                            //转换整数部分
    if(m-n == 3)                                    //包含角和分两位数
    {
        rstr = str.Right(2);                        //获得后两位数字
        lstr = rstr.Left(1);                        //获得角数值
        rstr = rstr.Right(1);                       //获得分数值
        string[0] = Capitalization(lstr);          //转换角字符
        string[2] = Capitalization(rstr);          //转换分字符
    }
    if(m-n == 2)                                    //包含角，不包含分
    {
        rstr = str.Right(1);                        //获得角数值
        string[0] = Capitalization(rstr);          //转换角字符
    }
    for(int i=0;i<2*(m-n-1);i++)
        m_Money += string[i];                       //连接字符串
}
UpdateData(FALSE);
}
```

■ 秘笈心法

心法领悟 299：使用 Replace 方法。

在进行数字与大写汉字的转换时，可以使用 Replace 方法，该方法用于使用指定的字符替换字符串中原有的字符，语法如下：

```
int Replace( TCHAR chOld, TCHAR chNew );
int Replace( LPCTSTR lpszOld, LPCTSTR lpszNew );
```

Replace 方法中的参数说明如表 7.6 所示。

表 7.6　Replace 方法中的参数说明

参　　数	说　　明	参　　数	说　　明
chOld	被替换的字符	lpszOld	被替换的字符串
chNew	进行替换的字符	lpszNew	进行替换的字符串

实例300	密码安全编辑框 光盘位置：光盘\MR\07\300	高级 趣味指数：★★☆

■ 实例说明

许多木马程序通过遍历系统中的对话框窗口和子窗口来获得某一个密码框的句柄，然后通过向密码框中发送 WM_GETTEXT 消息获得其密码。为了防止木马程序盗取密码，在设计程序时，需要对密码进行保护。在本实例的登录窗口中，其他程序无法通过发送 WM_GETTEXT 消息来获取密码框中的密码，极大地提高了密码的

安全性。实例运行结果如图7.13所示。

图7.13　密码安全编辑框

■ 关键技术

为了防止其他程序向密码编辑框发送 WM_GETTEXT 消息获取其数据，可以在编辑框的 DefWindowProc 方法中截获 WM_GETTEXT 消息。在编辑框类中定义一个成员，该成员判断发送 WM_GETTEXT 消息的用户是否为本进程，如果是则允许获取文本，否则不允许获取文本。

■ 设计过程

（1）创建一个基于对话框的应用程序。

（2）选择 Insert→Resource 命令，在打开的 Insert Resource 对话框中单击 Import 按钮，向工程中导入一个位图资源。

（3）创建一个以 CEdit 类为基类的派生类 CSafeEdit。

（4）向对话框中添加两个编辑框控件和一个图片控件，右击图片控件，在弹出的快捷菜单中选择 Properties 命令，设置 Type 属性为 Bitmap，Image 属性为 IDB_BITMAP1；将下边的编辑框控件设置为密码编辑框，并为其关联一个 CSafeEdit 类对象。

（5）改写编辑框的 DefWindowProc 虚方法，截获发送到窗口过程的 WM_GETTEXT 消息和 EM_GETLINE 消息，代码如下：

```
LRESULT CSafeEdit::DefWindowProc(UINT message, WPARAM wParam, LPARAM lParam)
{
if (( message == WM_GETTEXT) || ( message == EM_GETLINE))        //截获消息
{
    if (!m_bAllowed)                                             //判断是否为本进程
    {
        return 0;
    }
}
return CEdit::DefWindowProc(message, wParam, lParam);
}
```

■ 秘笈心法

心法领悟 300：设置编辑框中字母大小写。

在设置密码编辑框时，如果程序对英文字母的大小写有要求，那么可以使编辑框具有 Uppercase 属性或者 Lowercase 属性，这两个属性可以将输入编辑框中的英文字母统一修改为大写或者小写。

实例 301	个性字体展示	高级
	光盘位置：光盘\MR\07\301	趣味指数：★★★★☆

■ 实例说明

用户在使用 QQ 等聊天工具时，是否会被其可以显示不同颜色、不同大小的字体文本编辑框所吸引呢？在 Visual C++的开发环境中提供了 RichEdit 控件，使用该控件可以显示不同颜色、不同大小的字体文本。本实例通过 Visual C++实现了这种个性化的编辑框控件。运行本实例，单击"字体"按钮，在弹出的"字体"对话框中选择一个字体信息，可以设置编辑框的显示字体。实例运行结果如图 7.14 所示。

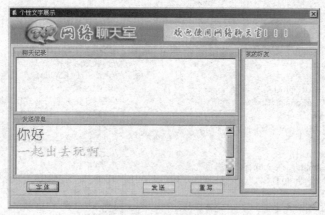

图 7.14　个性字体展示

关键技术

在本实例实现个性化的编辑框控件时，主要使用了 GetDefaultCharFormat、SetWordCharFormat 和 SetSel 方法，下面对本实例中用到的关键技术进行详细讲解。

（1）GetDefaultCharFormat 方法

该方法用于获得 RichEdit 控件默认的字符格式化属性，语法如下：

```
DWORD GetDefaultCharFormat( CHARFORMAT& cf ) const;
```

参数说明

cf：指向一个 CHARFORMAT 结构的指针，该结构将包含默认的字符格式化属性。

（2）SetWordCharFormat 方法

该方法用于设置 RichEdit 控件当前选择的文本的字符格式化属性，语法如下：

```
BOOL SetWordCharFormat( CHARFORMAT& cf );
```

参数说明

cf：一个 CHARFORMAT 结构，包含了当前选择的字符格式化属性。

（3）SetSel 方法

该方法用于设置 RichEdit 控件当前选择的文本，语法如下：

```
void SetSel( long nStartChar, long nEndChar );
void SetSel( CHARRANGE& cr );
```

参数说明

❶ nStartChar：标识起始位置。

❷ nEndChar：标识结束位置。

❸ cr：一个 CHARRANGE 结构，包含了当前选择的界线。

设计过程

（1）创建一个基于对话框的应用程序。

（2）选择 Insert→Resource 命令，在打开的 Insert Resource 对话框中单击 Import 按钮，向工程中导入一个位图资源。

（3）向对话框中添加图片控件、按钮控件和编辑框控件。右击图片控件，在弹出的快捷菜单中选择 Properties 命令，设置 Type 属性为 Bitmap，Image 属性为 IDB_BITMAP1；为编辑框控件设置 Multiline、Horizontal scroll、Auto Hscroll、Vertical scroll、Want return、Border 等属性。

（4）处理"字体"按钮的单击事件，在该事件的处理函数中调用"字体"对话框选择字体信息，并设置为

RichEdit 控件的显示字体，代码如下：

```
void CEditShowDlg::OnButfont()
{
CFontDialog dlg;                                        //初始化字体信息
if(dlg.DoModel()==IDOK)                                 //判断是否单击"确定"按钮
{
    LOGFONT temp;                                       //声明 LOGFONT 结构指针
    dlg.GetCurrentFont(&temp);                          //获取当前字体信息
    CHARFORMAT cf;                                      //声明 CHARFORMAT 变量
    memset(&cf, 0, sizeof(CHARFORMAT));                 //分配内存
    m_RichEdit.GetDefaultCharFormat(cf);                //获得默认的字符格式化属性
    cf.yHeight = temp.lfWeight;                         //设置字号
    cf.dwMask = CFM_COLOR | CFM_SIZE | CFM_FACE;        //设置标记属性
    cf.dwEffects = CFE_BOLD;                            //设置标记属性有效
    cf.crTextColor = dlg.GetColor();                    //设置颜色
    strcpy(cf.szFaceName,temp.lfFaceName);              //设置字体
    m_RichEdit.SetWordCharFormat(cf);                   //设置控件显示字体
    m_RichEdit.SetSel(-1,-1);                           //选择最后一行
    m_RichEdit.ReplaceSel("\n");                        //插入换行符
    m_RichEdit.SetSel(-1,-1);                           //选择最后一行
}
}
```

■ 秘笈心法

心法领悟 301：设置编辑框选中行。

在本实例中使用 SetSel 方法设置编辑框选中最后一行，对于 SetSel 方法来说，当参数为-1 和-1 时，将选中结尾行；当参数为 0 和-1 时，将选中编辑框的所有内容。

实例 302	在编辑框中插入图片数据 光盘位置：光盘\MR\07\302	高级 趣味指数：★★★★☆

■ 实例说明

在对一些技术知识进行讲解时，如果适当地插入一些图片，将会为用户更好地掌握知识提供有力的帮助。运行程序，用户直接在窗体中编辑文本，在适当的位置定位光标，单击"选择"按钮插入图片。实例运行结果如图 7.15 所示。

图 7.15　在编辑框中插入图片数据

■ 关键技术

要实现图文显示功能，首先需要使用 API 函数 LoadImage 装载图片，然后创建并插入 OLE 对象。

使用 LoadImage 函数装载图标、光标或位图，语法如下：

`HANDLE LoadImage( HINSTANCE hinst, LPCTSTR lpszName, UINT nType, int cxDesired, int cyDesired, UINT fnLoad );`

LoadImage 函数中的参数说明如表 7.7 所示。

表 7.7　LoadImage 函数中的参数说明

参　　数	说　　明
hinst	处理包含被装载图像模块的特例。若要装载 OEM 图像，则将此参数值设为 0
lpszName	处理图像装载
nType	指定被装载图像的类型
cxDesired	指定图标或光标的宽度，以像素为单位
cyDesired	指定图标或光标的高度，以像素为单位
fnLoad	表示文件加载标识

■ 设计过程

（1）创建一个基于对话框的应用程序。

（2）选择 Insert→Resource 命令，在打开的 Insert Resource 对话框中单击 Import 按钮，向工程中导入位图资源。

（3）向对话框中添加图片控件、按钮控件、复选框控件和编辑框控件。右击图片控件，在弹出的快捷菜单中选择 Properties 命令，设置 Type 属性为 Bitmap，Image 属性为 IDB_BITMAP1；为按钮控件设置 Bitmap 属性；为编辑框控件设置 Multiline、Horizontal scroll、Auto Hscroll、Vertical scroll、Want return、Border 等属性。

（4）在 InitInstance 函数中调用 AfxInitRichEdit 函数，用于初始化 RichEdit 控件。

（5）派生一个 CNewRichEdit 类，在该类中添加一个 InsertBitmap 方法，该方法用于插入图片，代码如下：

```
void CNewRichEdit::InsertBitmap(CString *pBmpFile)
{
HBITMAP bmp;
//创建 HBITMAP
bmp = (HBITMAP)::LoadImage(NULL, *pBmpFile, IMAGE_BITMAP, 0, 0,
        LR_LOADFROMFILE|LR_DEFAULTCOLOR|LR_DEFAULTSIZE);
STGMEDIUM stgm;
stgm.tymed = TYMED_GDI;
stgm.hBitmap = bmp;
stgm.pUnkForRelease = NULL;
FORMATETC fm;
fm.cfFormat = CF_BITMAP;
fm.ptd = NULL;
fm.dwAspect = DVASPECT_CONTENT;
fm.lindex = -1;
fm.tymed = TYMED_GDI;
//创建输入数据源
IStorage *pStorage;
//分配内存
LPLOCKBYTES lpLockBytes = NULL;
SCODE sc = ::CreateILockBytesOnHGlobal(NULL, TRUE, &lpLockBytes);
if(sc != S_OK)
        AfxThrowOleException(sc);
ASSERT(lpLockBytes != NULL);
sc = ::StgCreateDocfileOnILockBytes(lpLockBytes,
        STGM_SHARE_EXCLUSIVE|STGM_CREATE|STGM_READWRITE, 0, &pStorage);
if(sc != S_OK)
{
        VERIFY(lpLockBytes->Release() == 0);
        lpLockBytes = NULL;
        AfxThrowOleException(sc);
}
ASSERT(pStorage != NULL);
COleDataSource *pDataSource = new COleDataSource;
pDataSource->CacheData(CF_BITMAP, &stgm);
```

```
LPDATAOBJECT lpDataObject = (LPDATAOBJECT)pDataSource->GetInterface(&IID_IDataObject);
//获取 RichEdit 的 OLEClientSite
LPOLECLIENTSITE lpClientSite;
this->GetIRichEditOle()->GetClientSite(&lpClientSite);
//创建 OLE 对象
IOleObject *pOleObject;
sc = OleCreateStaticFromData(lpDataObject,IID_IOleObject,OLERENDER_FORMAT,
    &fm,lpClientSite,pStorage,(void **)&pOleObject);
if(sc != S_OK)
    AfxThrowOleException(sc);
//插入 OLE 对象
REOBJECT reobject;
ZeroMemory(&reobject, sizeof(REOBJECT));
reobject.cbStruct = sizeof(REOBJECT);
CLSID clsid;
sc = pOleObject->GetUserClassID(&clsid);
if (sc != S_OK)
    AfxThrowOleException(sc);
reobject.clsid = clsid;
reobject.cp = REO_CP_SELECTION;
reobject.dvaspect = DVASPECT_CONTENT;
reobject.poleobj = pOleObject;
reobject.polesite = lpClientSite;
reobject.pstg = pStorage;
HRESULT hr = this->GetIRichEditOle()->InsertObject(&reobject);
delete pDataSource;
}
```

■ 秘笈心法

心法领悟 302：如何显示和使用编辑框控件的对话框。

在使用 RichEdit 控件时，会遇到对话框不能显示的问题。要解决此问题，需要在显示对话框前调用 AfxInitRichEdit 函数进行初始化，该函数应添加在 InitInstance 函数中。

实例 303	RTF 文件读取器	高级
	光盘位置：光盘\MR\07\303	趣味指数：★★★★☆

■ 实例说明

在设计文档管理系统时，有时需要在编辑框中显示一些复合文档信息（包含文本、图片、声音等信息）。例如，一些 RTF 文件、Word 文档等信息如何在编辑框中显示？本实例实现了该功能。实例运行结果如图 7.16 所示。

■ 关键技术

在 MFC 类库中，多功能编辑控件 CRichEditCtrl 提供了支持复合文档的功能，该控件提供了 GetIRichEditOle 方法，用于获取 IRichEditOle 接口对象。该接口提供了 Ole 相关功能，其中，IRichEditOle 接口的 InsertObject 方法能够将一个对象插入到多功能编辑框中，程序中正是利用该方法将复合文档插入到编辑框中的，语法如下：

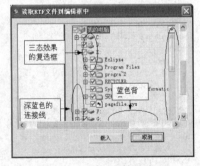

图 7.16 RTF 文件读取器

```
HRESULT InsertObject(REOBJECT *lpreobject);
```

参数说明

lpreobject：它是一个 REOBJECT 结构指针，其中包含了对象和接口信息。REOBJECT 结构的定义如下：

```
typedef struct _reobject {
    DWORD cbStruct;                    //REOBJECT 结构的大小
```

```
    LONG cp;                          //插入对象的字符位置
    CLSID clsid;                      //Ole 对象的类标识符，即类 ID
    LPOLEOBJECT poleobj;              //Ole 对象
    LPSTORAGE pstg;                   //存储对象
    LPOLECLIENTSITE polesite;         //Ole 容器对象
    SIZEL sizel;                      //插入对象的宽度和高度
    DWORD dvaspect;                   //标识对象显示的外观或对象数据
    DWORD dwFlags;                    //对象的状态标记
    DWORD dwUser;                     //为用户保留的数据
} REOBJECT;
```

📖 **说明**：在设置 cp 参数时，如果当前编辑框中包含 10 个字符，并且用户想要在第 5 个字符之后插入对象，则 cp 应被设置为 5。

通过分析 IRichEditOle 接口的 InsertObject 方法可以知道，为了插入对象，首先需要根据文件创建一个 Ole 对象。下面介绍如何根据文件创建 Ole 对象。

首先使用 CreateILockBytesOnHGlobal 函数在堆中创建一个字节数组，语法如下：

```
WINOLEAPI CreateILockBytesOnHGlobal(HGLOBAL hGlobal, BOOL fDeleteOnRelease, ILockBytes** ppLkbyt);
```

参数说明

❶ hGlobal：表示全局堆句柄，如果为 NULL，则使用共享区域。

❷ fDeleteOnRelease：表示字节数组对象是否被自动释放。如果为 TRUE，则表示在字节数组使用后不用显式地释放。

❸ ppLkbyt：表示字节数组对象指针的地址。

其次使用 StgCreateDocfileOnILockBytes 函数在字节数组的顶部创建一个存储对象，语法如下：

```
WINOLEAPI StgCreateDocfileOnILockBytes(ILockBytes* plkbyt, DWORD grfMode, DWORD reserved,IStorage** ppstgOpen);
```

StgCreateDocfileOnILockBytes 函数中的参数说明如表 7.8 所示。

表 7.8　StgCreateDocfileOnILockBytes 函数中的参数说明

参　　数	说　　明
plkbyt	表示字节数组对象
grfMode	表示打开复合文档时的访问模式
reserved	是为将来保留的，必须为 0
ppstgOpen	表示创建的存储对象指针的地址

最后调用 OleCreateFromFile 函数根据文件名创建一个嵌入的 Ole 对象，语法如下：

```
WINOLEAPI OleCreateFromFile(EFCLSID rclsid, LPCOLESTR lpszFileName, REFIID riid, DWORD renderopt,
    LPFORMATETC pFormatEtc, LPOLECLIENTSITE pClientSite, LPSTORAGE pStg, LPVOID FAR* ppvObj);
```

OleCreateFromFile 函数中的参数说明如表 7.9 所示。

表 7.9　OleCreateFromFile 函数中的参数说明

参　　数	说　　明
rclsid	表示对象类 ID 的引用，必须为 CLSID_NULL
lpszFileName	表示文件名。函数创建的 Ole 对象将依赖于该文件
riid	表示接口对象引用，用于表示创建的 Ole 对象类型，通常为 IID_IOleObject
renderopt	标识新创建的对象的本地绘制缓存或重新获取数据的方式
pFormatEtc	表示对象的数据格式，其含义依赖于 renderopt 参数，可以设置为 NULL
pClientSite	表示 IOleClientSite 接口对象，可以为 NULL
pStg	表示存储对象指针
ppvObj	表示创建的对象的指针地址

■ 设计过程

（1）创建一个基于对话框的应用程序。

（2）选择 Insert→Resource 命令，在打开的 Insert Resource 对话框中单击 Import 按钮，向工程中导入位图资源。

（3）向对话框中添加两个按钮控件和一个编辑框控件。右击图片控件，在弹出的快捷菜单中选择 Properties 命令，设置 Type 属性为 Bitmap，Image 属性为 IDB_BITMAP1；为按钮控件设置 Bitmap 属性；为编辑框控件设置 Multiline、Horizontal scroll、Auto Hscroll、Vertical scroll、Want return、Border 等属性。

（4）向对话框中添加 LoadRTF 方法，根据文件名创建 Ole 对象，并将其插入到多功能编辑控件中，代码如下：

```
BOOL CReadRTFDlg::LoadRTF(CString csFileName)
{
//在堆中创建字节数组
SCODE retCode = CreateILockBytesOnHGlobal(NULL, TRUE, &m_lpLockBytes);
if (retCode != S_OK)
{
    AfxThrowOleException(retCode);
    return FALSE;
}
//在字节数组对象的顶部构建复合文档对象
retCode = StgCreateDocfileOnILockBytes(m_lpLockBytes,
                STGM_SHARE_EXCLUSIVE|STGM_CREATE|STGM_READWRITE,0, &m_lpStorage);
if (retCode != S_OK)
{
    m_lpLockBytes->Release();
    AfxThrowOleException(retCode);
    m_lpLockBytes = NULL;
    return FALSE;
}
USES_CONVERSION;
retCode = OleCreateFromFile(CLSID_NULL, T2COLE(csFileName), IID_IOleObject, OLERENDER_DRAW,
                NULL, NULL, m_lpStorage, (void**)&m_lpObject);        //从文件中创建一个嵌入对象
if (retCode != S_OK)
{
    return FALSE;
}
if (m_lpObject != NULL)
{
    IOleObject* pOleObj = NULL;
    m_lpObject->QueryInterface(IID_IOleObject, (void**)&pOleObj);
    m_lpObject->Release();
    m_lpObject = pOleObj;
    if (m_lpObject == NULL)
    {
        AfxThrowOleException(E_OUTOFMEMORY);
        return FALSE;
    }
}
IRichEditOle* pOle = m_Edit.GetIRichEditOle();              //获取 IRichEditOle 接口对象
if (pOle != NULL)
{
    REOBJECT reObject;
    memset(&reObject, 0, sizeof(REOBJECT));                 //初始化 reObject 对象
    reObject.cbStruct = sizeof(REOBJECT);
    reObject.cp = 0l;
    CLSID classID;
    if (m_lpObject->GetUserClassID(&classID) != S_OK)       //获取类 ID
            classID = CLSID_NULL;
    reObject.clsid = classID;
    reObject.dvaspect = DVASPECT_CONTENT;
    reObject.dwFlags = REO_RESIZABLE|REO_INVERTEDSELECT | REO_DYNAMICSIZE|REO_OPEN | REO_GETMETAFILE;
    reObject.dwUser = 0;
    reObject.poleobj = m_lpObject;
    LPOLECLIENTSITE lpClientSite;
    pOle->GetClientSite(&lpClientSite);
```

```
        reObject.polesite =lpClientSite;
        reObject.pstg = m_lpStorage;
        pOle->InsertObject(&reObject);                           //插入对象
}
return TRUE;
}
```

秘笈心法

心法领悟 303：对编辑框控件中指定的字符进行替换。

要对编辑框控件中指定的字符进行替换，可以使用 CRichEditCtrl 类的 ReplaceSel 方法，该方法用指定的文本替换控件中当前选中的文本，语法如下：

```
void ReplaceSel( LPCTSTR lpszNewText, BOOL bCanUndo = FALSE );
```

参数说明

❶ lpszNewText：要进行替换的新的字符串指针。

❷ bCanUndo：是否可以使用撤销操作。

实例 304	在编辑框中显示表情动画	高级
	光盘位置：光盘\MR\07\304	趣味指数：★★★★☆

实例说明

用户在使用 OICQ 聊天软件时，往往会被支持各种图像格式的编辑框控件所吸引，本实例中设计了一款可以显示 GIF 动画的编辑框控件。运行程序，单击"表情"按钮插入 GIF 动画，实例运行结果如图 7.17 所示。

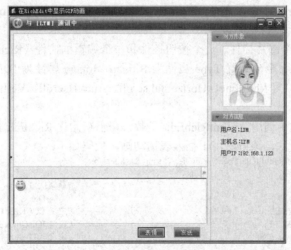

图 7.17　在编辑框中显示表情动画

关键技术

本实例使用编辑框控件显示 GIF 动画，要实现这一功能可以分两步进行。首先设计一个 ATL 控件，然后将 ATL 控件插入到编辑框控件中。

1. 设计 ATL 控件

在 Visual C++中设计 ATL 控件比较容易，但是显示 GIF 动画并不容易。为了降低程序的难度，本实例采用了 GDI+实现 GIF 动画的显示。GDI+是微软.net 类库的一个组成部分，并没有集成在 Visual C++ 6.0 开发环境中，但是用户可以在 Visual C++ 6.0 环境下使用 GDI+。下面介绍如何在 Visual C++ 6.0 中使用 GDI+。

（1）下载 GDI+包文件。

（2）引用 Gdiplus.h 头文件。

（3）引用 Gdiplus 命名空间。

```
using namespace Gdiplus;                                           //引用命名空间
```

（4）定义两个全局变量。

```
GdiplusStartupInput m_Gdiplus;
ULONG_PTR m_pGdiToken;
```

（5）在应用程序或对话框初始化时加载 GDI+。

```
GdiplusStartup(&m_pGdiToken,&m_Gdiplus,NULL);                      //初始化 GDI+
```

（6）在应用程序结束时卸载 GDI+。

```
GdiplusShutdown(m_pGdiToken);                                      //卸载 GDI+
```

（7）在程序中链接 gdiplus.lib 库文件。

```
#pragma comment (lib,"gdiplus.lib")                               //链接库文件
```

（8）显示 GIF 动画。

```
Bitmap *pBmp = Bitmap::FromFile(m_SrcFile.AllocSysString());      //根据文件名称获取图像对象
Graphics gh(di.hdcDraw);
gh.DrawImage(pBmp, rc.left+1, rc.top+1, pBmp->GetWidth(), pBmp->GetHeight());  //显示图像
```

2. 将ATL控件插入到编辑框控件中

将 CRichEditCtrl 控件插入 ATL 控件的主要思路是通过 IRichEditOle 接口的 InsertObject 方法实现的。用户可以使用 CRichEditCtrl 控件的 GetIRichEditOle 方法获取 IRichEditOle 接口指针。所有的插入操作都是围绕 InsertObject 方法的参数进行的。

■ 设计过程

（1）创建一个基于对话框的应用程序。

（2）选择 Insert→Resource 命令，在打开的 Insert Resource 对话框中单击 Import 按钮，向工程中导入位图资源。

（3）向对话框中添加一个图片控件、一个按钮控件和一个编辑框控件（RichEdit）。右击图片控件，在弹出的快捷菜单中选择 Properties 命令，设置 Type 属性为 Bitmap，Image 属性为 IDB_BITMAP1；为按钮控件设置 Bitmap 属性；为编辑框控件设置 Multiline、Horizontal scroll、Auto Hscroll、Vertical scroll、Want return、Border 等属性。

（4）在 InitInstance 函数中调用 AfxInitRichEdit 函数，用于初始化 RichEdit 控件。

（5）添加 InsertImage 方法，该方法用于插入表情动画，代码如下：

```
BOOL CTestGifDlg::InsertImage(IRichEditOle *lpRichEditOle, CString &csFileName)
{
    IStorage *lpStorage = NULL;                                   //存储接口
    IOleObject *lpOleObject = NULL;                              //定义 Ole 对象指针
    LPLOCKBYTES lpLockBytes = NULL;                              //定义 LOCKBYTES 指针，用于创建存储对象
    IOleClientSite *lpOleClientSite = NULL;                      //定义 IOleClientSite 接口指针
    GIFLib::ICGifPtr lpAnimator;                                 //定义 ATL 控件接口指针
    CLSID clsid;                                                 //定义类 ID 对象
    REOBJECT reobject;                                           //定义 InsertObject 方法的参数
    HRESULT hr;
    if (lpRichEditOle == NULL)
    {
        return FALSE;
    }
    hr = ::CoInitialize(NULL);                                   //初始化 Com
    if (FAILED(hr))
    {
        _com_issue_error(hr);
    }
    hr = lpAnimator.CreateInstance(GIFLib::CLSID_CGif);          //创建 ATL 控件实例
    if (FAILED(hr))
    {
        _com_issue_error(hr);
```

```
}
lpRichEditOle->GetClientSite(&lpOleClientSite);                                      //获取 OleClientSite
try
{
        //获取 OLE 对象接口
        hr = lpAnimator->QueryInterface(IID_IOleObject,(void**)&lpOleObject);
        if (FAILED(hr))
        {
                AfxMessageBox("Error QueryInterface");
        }
        hr = lpOleObject->GetUserClassID(&clsid);                                    //获取类 ID
        if (FAILED(hr))
        {
                AfxMessageBox("Error GetUserClassID");
        }
        lpOleObject->SetClientSite(NULL);                                            //防止出现错误提示
        lpOleObject->SetClientSite(lpOleClientSite);                                 //设置 ATL 控件的 OleClientSite
        hr = ::CreateILockBytesOnHGlobal(NULL,TRUE,&lpLockBytes);                    //创建 LOCKBYTE 对象
        if (FAILED(hr))
        {
                AfxThrowOleException(hr);
        }
        ASSERT(lpLockBytes != NULL);
        hr = ::StgCreateDocfileOnILockBytes(lpLockBytes, STGM_SHARE_EXCLUSIVE | STGM_CREATE |
                STGM_READWRITE, 0,&lpStorage);                                       //创建根存储对象
        if (FAILED(hr))
        {
                VERIFY(lpLockBytes->Release() == 0);
                lpLockBytes = NULL;
                AfxThrowOleException(hr);
        }
        ZeroMemory(&reobject,sizeof(REOBJECT));                                      //初始化参数对象
        reobject.cbStruct = sizeof(REOBJECT);                                        //设置结构的大小
        reobject.clsid = clsid;                                                      //设置类 ID
        reobject.cp = REO_CP_SELECTION;
        reobject.dvaspect = DVASPECT_CONTENT;
        reobject.dwFlags = REO_BLANK;
        reobject.poleobj = lpOleObject;                                             //设置 Ole 对象
        reobject.polesite =lpOleClientSite;                                          //设置 OleClientSite
        reobject.pstg = lpStorage;                                                   //设置根存储
        hr = lpRichEditOle->InsertObject(&reobject);                                 //插入对象
        hr = lpAnimator->LoadFromFile(csFileName.AllocSysString());                  //加载文件
    if (FAILED(hr))
        {
                AfxThrowOleException(hr);
        }
        RedrawWindow();                                                             //刷新窗体
        lpOleClientSite->SaveObject();                                              //保存 Ole 对象
        OleSetContainedObject(lpOleObject,TRUE);                                     //设置容器对象
}
catch (CException* e)
{
        e->Delete();
}
lpAnimator->Release();                                                              //释放 ATL 接口指针
lpStorage->Release();                                                               //释放存储接口指针
return TRUE;
}
```

■ 秘笈心法

心法领悟 304：获得编辑框控件中文本的行数。

在使用编辑框控件进行多行显示时，使用编辑框控件（CEdit）类中的 GetLineCount 方法可以获得编辑框控件中的文本行数，该方法的返回值为 int 型。

7.3 按钮控件

实例 305	位图和图标按钮	高级
	光盘位置：光盘\MR\07\305	趣味指数：★★

■ 实例说明

　　用户在繁忙的工作中容易感到枯燥，要想解决这个问题，程序员在开发软件时，可以尽可能地美化程序的界面，以减缓用户的乏味情绪。设置图标和位图按钮就是美化程序界面的一部分，本实例将实现这一功能。实例运行结果如图 7.18 所示。

图 7.18　位图和图标按钮

■ 关键技术

　　本实例中实现图标和位图按钮功能时，主要使用 SetIcon 和 SetBitmap 方法，下面对本实例中用到的关键技术进行详细讲解。

　　（1）SetIcon 方法

　　该方法用于设置按钮控件的显示图标，语法如下：

```
HICON SetIcon( HICON hIcon );
```

　　参数说明

　　hIcon：图标资源句柄。

　　（2）SetBitmap 方法

　　该方法用于设置按钮控件的显示位图，语法如下：

```
HBITMAP SetBitmap( HBITMAP hBitmap );
```

　　参数说明

　　hBitmap：位图资源句柄。

■ 设计过程

　　（1）创建一个基于对话框的应用程序。

　　（2）选择 Insert→Resource 命令，在打开的 Insert Resource 对话框中单击 Import 按钮，向工程中导入位图资源和图标资源。

　　（3）向对话框中添加一个图片控件和两个按钮控件。右击图片控件，在弹出的快捷菜单中选择 Properties 命令，设置 Type 属性为 Bitmap，Image 属性为 IDB_BITMAP1；分别设置两个按钮控件的 Icon 属性和 Bitmap 属性。

　　（4）在对话框初始化时，设置按钮控件显示图标和位图，代码如下：

```
m_Close.SetIcon(AfxGetApp()->LoadIcon(IDI_CLOSE));              //设置图标
m_Clear.SetBitmap(LoadBitmap(AfxGetInstanceHandle(),
    MAKEINTRESOURCE(IDB_CLEAR)));                               //设置位图
```

秘笈心法

心法领悟 305：Owner Draw 属性的用途。

在设计位图和图标按钮时，除了可使用本实例提供的方法外，还可以设置 Owner Draw 属性，然后通过自绘的方式实现在按钮中显示位图和图标。

实例 306	问卷调查的程序实现 光盘位置：光盘\MR\07\306	高级 趣味指数：★★

实例说明

在一些企业的办公软件中，经常会用到多人投票和问卷调查，在设计这些功能时最方便的方法就是使用复选框和单选按钮。本实例将实现问卷调查的程序，实例运行结果如图 7.19 所示。

图 7.19　问卷调查程序的实现

关键技术

本实例中实现统计问卷结果时，首先需要调用 GetCheck 方法获得控件的选中状态，语法如下：

```
int GetCheck( ) const;
```

返回值：返回当前复选框的选中状态。

然后调用 GetWindowText 函数获得复选框控件的显示信息。

设计过程

（1）创建一个基于对话框的应用程序。

（2）向对话框中添加两个静态文本控件、两个编辑框控件、两个群组框控件、8 个复选框控件和一个按钮控件。

（3）处理"提交"按钮的单击事件，将提交的内容显示到对话框的右侧，代码如下：

```
void CCountCheckDlg::OnButrefer()                      // "提交"按钮单击事件处理函数
{
CString ID,Name;                                       //声明字符串变量
GetDlgItem(IDC_EDIT1)->GetWindowText(ID);              //获得学号
GetDlgItem(IDC_EDIT2)->GetWindowText(Name);            //获得姓名
CString str,text;                                       //声明字符串变量
str = "学号： " + ID + "姓名： " + Name + "\r\n";        //设置字符串
str += "必修科目：语文、数学\r\n 选修科目： ";             //设置字符串
for(int i=0;i<6;i++)                                    //根据选修科目循环
{
    CButton* but = (CButton*)GetDlgItem(IDC_CHECK3+i);  //设置指向复选框的指针
    if(but->GetCheck()==1)                              //判断复选框是否选中
    {
```

```
            but->GetWindowText(text);                      //获得复选框的显示信息
            str += text + "、";                            //设置字符串
        }
    }
    str = str.Left(str.GetLength()-2);                     //去掉字符串末尾的顿号
    MessageBox(str);                                       //显示信息
}
```

秘笈心法

心法领悟 306：使用 EnableWindow 方法设置控件是否可用。

使用 EnableWindow 方法可以设置控件是否可用，通过控件的属性也可以实现这一功能，只要选中控件的 Disabled 属性即可使控件不可用，不选中时控件可用。如果使用属性设置控件不可用，那么也可以使用 EnableWindow 方法设置控件可用。

实例 307	热点效果的图像切换	高级
	光盘位置：光盘\MR\07\307	趣味指数：★★

实例说明

通常情况下，人们的眼睛会追逐动态的东西，热点按钮就可以起到这样的作用，当鼠标滑过热点按钮时，按钮发生变化，自然可以引起用户的注意。实例运行结果如图 7.20 所示。

图 7.20　热点效果的图像切换

关键技术

本实例中实现热点效果的图像切换时，主要用 CButtonHot 类重载 DrawItem 虚函数，主要用于自绘，添加方法如下。

在类 CButtonHot 处右击，在弹出的快捷菜单中选择 Add Virtual Function 命令，在弹出的添加虚函数框中选择 DrawItem，向导生成的代码如下：

```
void CButtonHot::DrawItem(LPDRAWITEMSTRUCT lpDrawItemStruct)
```

设计过程

（1）创建一个基于对话框的应用程序。

（2）选择 Insert→Resource 命令，在打开的 Insert Resource 对话框中单击 Import 按钮，向工程中导入位图资源。

（3）以 CButton 类为基类，派生一个 CButtonHot 类，该类用于绘制按钮外观。

（4）向对话框中添加一个图片控件和两个按钮控件。右击图片控件，在弹出的快捷菜单中选择 Properties 命令，设置 Type 属性为 Bitmap，Image 属性为 IDB_BITMAP1；分别设置两个按钮控件的 Owner Draw 属性。

（5）在 CButtonHot 类中重载 DrawItem 虚函数，在该虚函数中根据按钮状态绘制按钮的背景图片，代码如下：

```cpp
void CButtonHot::DrawItem(LPDRAWITEMSTRUCT lpDrawItemStruct)
{
    CDC dc;                                                          //声明设备上下文
    dc.Attach(lpDrawItemStruct->hDC);                               //获得绘制按钮设备上下文
    UINT state = lpDrawItemStruct->itemState;                       //获取状态
    CRect rect;                                                      //声明区域对象
    GetClientRect(rect);                                            //获得编辑框客户区域
    CString text;                                                    //声明字符串变量
    GetWindowText(text);                                            //获得控件显示文本
    if(state & ODS_DISABLED)                                        //如果不可用
    {
        DrawBK(&dc,m_EnablePic);                                    //绘制不可用背景
        dc.SetTextColor(RGB(0,0,0));                                //设置文本颜色
    }
    else if(state&ODS_SELECTED)                                     //如果单击按钮
    {
        DrawBK(&dc,m_DownPic);                                      //绘制选择状态背景
        dc.SetTextColor(RGB(0,0,255));                              //设置文本颜色
    }
    else if(m_IsInRect==TRUE)                                       //如果是热点
    {
        DrawBK(&dc,m_MovePic);                                      //绘制热点状态背景
        dc.SetTextColor(RGB(255,0,0));                              //绘制文本颜色
    }
    else                                                            //默认情况下
    {
        DrawBK(&dc,m_NomalPic);                                     //绘制默认按钮状态背景
        dc.SetTextColor(RGB(0,0,0));                                //绘制文本颜色
    }
    if(state&ODS_FOCUS)                                            //如果获得焦点
    {
        CRect FocTect(rect);                                        //构造焦点区域
        FocTect.DeflateRect(2,2,2,2);                               //设置焦点区域大小
        dc.DrawFocusRect(&FocTect);                                 //绘制焦点框
        lpDrawItemStruct->itemAction = ODA_FOCUS ;
    }
    dc.SetBkMode(TRANSPARENT);                                      //设置背景透明
    dc.DrawText(text,&rect,DT_CENTER|DT_VCENTER|DT_SINGLELINE);    //绘制按钮文本
}
```

■ 秘笈心法

心法领悟 307：捕获和释放鼠标。

在实现热点按钮控件的功能时，需要在鼠标移动时对其进行捕捉和释放，可以通过 SetCapture 函数和 ReleaseCapture 函数实现。

实例 308	实现图文并茂的效果	高级
	光盘位置：光盘\MR\07\308	趣味指数：★★★★

■ 实例说明

通常情况下，MFC 提供的按钮 CButton 并不能显示图标。在应用程序的按钮中显示一个图标，可以使程序更加美观。运行程序，实例运行结果如图 7.21 所示。

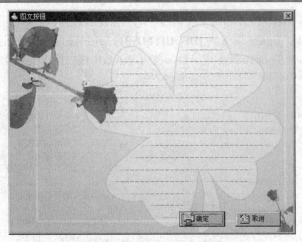

图 7.21 实现图文并茂的效果

关键技术

在 Visual C++中，可以通过改写 CButton 的 DrawItem 方法实现自定义按钮的绘制。在按钮中绘制图标主要使用 DrawItem 方法中 lpDrawItemStruct 参数的 hDC 成员来实现。DrawItem 方法是一个虚拟方法，用于绘制控件的外观。当按钮控件包含 BS_OWNERDRAW 风格时，应用程序将自动调用 DrawItem 方法绘制按钮，语法如下：

```
virtual void DrawItem( LPDRAWITEMSTRUCT lpDrawItemStruct );
```

参数说明

lpDrawItemStruct：它是一个 DRAWITEMSTRUCT 结构指针，其结构成员如表 7.10 所示。

表 7.10 DRAWITEMSTRUCT 结构成员说明

设 置 值	说 明
CtlType	表示控件的类型
CtlID	表示控件 ID
ItemID	表示菜单项 ID 或列表框、组合框中的项目索引
ItemAction	表示绘画的动作
ItemState	表示源设备上下文指针

设计过程

（1）创建一个基于对话框的应用程序。

（2）选择 Insert→Resource 命令，在打开的 Insert Resource 对话框中单击 Import 按钮，向工程中导入位图和图标资源。

（3）以 CButton 类为基类派生一个 ImageButton 类，该类用于在按钮上同时绘制图标和文本。

（4）向对话框中添加一个图片控件和两个按钮控件。右击图片控件，在弹出的快捷菜单中选择 Properties 命令，设置 Type 属性为 Bitmap，Image 属性为 IDB_BITMAP1；分别设置两个按钮控件的 Owner Draw 属性。

（5）重写 DrawItem 方法，在该方法中绘制按钮外观，代码如下：

```
void ImageButton::DrawItem(LPDRAWITEMSTRUCT lpDrawItemStruct)
{
CDC dc ;
dc.Attach(lpDrawItemStruct ->hDC);                                //获得设备上下文
if (m_pImagelist)
{
    UINT state = lpDrawItemStruct ->itemState;                   //获取状态
    UINT action = lpDrawItemStruct ->itemAction;
```

382

```
//获取图像列中图像的大小
IMAGEINFO imageinfo;
m_pImagelist->GetImageInfo(m_ImageIndex,&imageinfo);
CSize imagesize;
imagesize.cx = imageinfo.rcImage.right-imageinfo.rcImage.left;
imagesize.cy = imageinfo.rcImage.bottom - imageinfo.rcImage.top;
//在按钮垂直方向居中显示图标
CRect rect;
GetClientRect(rect);
CPoint point;
point.x = 5;
point.y = (rect.Height() - imagesize.cy)/2;
m_pImagelist->Draw(&dc,m_ImageIndex,point,ILD_NORMAL|ILD_TRANSPARENT);      //绘制图标
//按钮被选中或者获得焦点时
if ((state&ODS_SELECTED)||(state&ODS_FOCUS))
{
      CRect focusRect (rect);                                              //焦点矩形
      focusRect.DeflateRect(4,4,4,4);                                      //设置区域
      CPen pen(PS_DASHDOTDOT,1,RGB(0,0,0));                                //创建画笔
      CBrush brush;
      brush.CreateStockObject(NULL_BRUSH);                                 //创建画刷
      dc.SelectObject(&brush);                                            //选入画刷
      dc.SelectObject(&pen);                                              //选入画笔
      //绘制焦点矩形
      dc.DrawFocusRect(focusRect);
      //绘制立体效果
      dc.DrawEdge(rect,BDR_RAISEDINNER|BDR_RAISEDOUTER,BF_BOTTOMLEFT|BF_TOPRIGHT);
      dc.Draw3dRect(rect,RGB(51,51,51),RGB(0,0,0));                       //获得焦点时绘制黑色边框
}
else                                                                      //默认情况下
{
      CRect focusRect (rect);                                              //焦点矩形
      focusRect.DeflateRect(4,4,4,4);
      CPen pen(PS_DOT,1,RGB(192,192,192));                                //创建画笔
      CBrush brush;
      brush.CreateStockObject(NULL_BRUSH);                                 //创建画刷
      dc.SelectObject(&brush);
      dc.SelectObject(&pen);
      dc.Rectangle(focusRect);                                            //绘制矩形
      //绘制立体效果
      dc.DrawEdge(rect,BDR_RAISEDINNER|BDR_RAISEDOUTER,BF_BOTTOMLEFT|BF_TOPRIGHT);
}
if (IsPressed) //在按钮被按下时绘制按下效果
{

      CRect focusRect1(rect);
      focusRect1.DeflateRect(4,4,4,4);
      dc.DrawFocusRect(focusRect1);                                       //绘制焦点矩形
      dc.DrawEdge(rect,BDR_SUNKENINNER
            |BDR_SUNKENOUTER ,BF_BOTTOMLEFT|BF_TOPRIGHT);
      dc.Draw3dRect(rect,RGB(51,51,51),RGB(0,0,0));                       //绘制 3D 边框
}
CString text;
GetWindowText(text);                                                      //获得按钮文本
rect.DeflateRect(point.x+imagesize.cx+2,0,0,0);                           //设置文本显示区域
dc.SetBkMode(TRANSPARENT);                                                //设置背景透明
dc.DrawText(text,rect,DT_LEFT|DT_SINGLELINE|DT_VCENTER);                  //绘制按钮文本
}
}
```

■ 秘笈心法

心法领悟 308：使用图像列表绘图。

在本实例中绘制图标时，使用的是图像列表控件（CImageList）的 Draw 方法，该方法将图像列表中的图像

绘制在指定的画布上，语法如下：

```
BOOL Draw( CDC* pdc, int nImage, POINT pt, UINT nStyle );
```

Draw 方法中的参数说明如表 7.11 所示。

表 7.11　Draw 方法中的参数说明

参　　数	说　　明
pdc	标识画布对象指针
nImage	标识图像索引
pt	标识在画布对象的哪个点处开始绘制图像
nStyle	标识绘画风格

实例 309	按钮七巧板 光盘位置：光盘\MR\07\309	高级 趣味指数：★★★★

■ 实例说明

用户在使用 Visual C++进行程序开发时，按钮控件都是矩形按钮，但在一些特殊的界面中，使用这种矩形按钮可能会使程序界面看起来很死板。为了能更好地和程序界面进行搭配，可以尝试创建各种不同形状的按钮，本实例将实现设计各种形状的按钮控件。实例运行结果如图 7.22 所示。

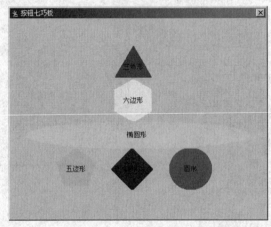

图 7.22　按钮七巧板

■ 关键技术

在 Visual C++中，可以通过改写 CButton 的 DrawItem 方法实现自定义按钮的绘制。在绘制按钮的过程中主要使用了 Polygon 方法。该方法用于绘制多边形，语法如下：

```
BOOL Polygon( LPPOINT lpPoints, int nCount );
```

参数说明

❶ lpPoints：存储多边形顶点数组的指针。

❷ nCount：数组中的顶点数。

■ 设计过程

（1）创建一个基于对话框的应用程序。

（2）以 CButton 类为基类，派生一个 CCustomButton 类，该类用于设置按钮形状。

（3）向窗体中添加 6 个按钮控件，设置按钮控件的 Owner Draw 属性，为按钮控件关联 CCustomButton 类对象。

（4）重写 DrawItem 方法，在该方法中绘制按钮外观，代码如下：

```
void CCustomButton::DrawItem(LPDRAWITEMSTRUCT lpDrawItemStruct)
{
CRect rect;
GetClientRect(rect);                                    //获得按钮客户区域
CDC dc;
dc.Attach(lpDrawItemStruct->hDC);                       //获得设备上下文
int x,y,r;
x = rect.Width()/2;
y = rect.top;
r = rect.Height()/2;
double lpi=0;
arrays[0] = CPoint(x,y);                                //设置多边形第一个顶点坐标
if(m_result)
{
      for(int i=1;i<m_num;i++)                          //根据多边形顶点数循环
      {
            lpi+=(2*PI/m_num);                           //获得每个顶点的相对角度
            if(lpi<=2*PI/4)                              //小于等于 90° 时
            {
                  arrays[i] = CPoint(x+r*sin(2*i*PI/m_num),r-r*cos(2*i*PI/m_num));
            }
            if(lpi>2*PI/4 && lpi<=2*PI/2)                //大于 90°，小于等于 180°
            {
                  arrays[i] = CPoint(x+r*sin(PI-2*i*PI/m_num),r+r*cos(PI-2*i*PI/m_num));
            }
            if(lpi>2*PI/2 && lpi<=2*PI*3/4)              //大于 180°，小于等于 270°
            {
                  arrays[i] = CPoint(x-r*sin(2*i*PI/m_num-2*PI/2),r+r*cos(2*i*PI/m_num-2*PI/2));
            }
            if(lpi>2*PI*3/4 && lpi<=2*PI)                //大于 270°，小于等于 360°
            {
                  arrays[i] = CPoint(x-r*sin(2*PI-2*i*PI/m_num),r-r*cos(2*PI-2*i*PI/m_num));
            }
      }
}
dc.SetBkMode(TRANSPARENT);                              //设置背景透明
CBrush brush(m_color);                                  //创建一个位图画刷
dc.SelectObject(&brush);
CPen pen(PS_NULL,1,m_color);                            //创建画笔
dc.SelectObject(&pen);
if(m_result)
      dc.Polygon(arrays,m_num);                         //绘制多边形
else
      dc.Ellipse(0,0,rect.Width(),rect.Height());      //绘制圆形
if(IsPressed)                                           //判断鼠标是否按下
{
      CPen pen(PS_DASHDOTDOT,2,RGB(0,0,0));             //创建画笔
      dc.SelectObject(&pen);
      if(m_result)
      {
            dc.MoveTo(arrays[0]);                       //设置起点
            for(int i=1;i<m_num;i++)
            {
                  dc.LineTo(arrays[i]);                 //画线
            }
            dc.LineTo(arrays[0]);
      }
      else
            dc.Ellipse(0,0,rect.Width(),rect.Height()); //绘制圆形
}
else
```

```
{
    CPen pen(PS_DASHDOTDOT,2,m_color);                          //设置画笔
    dc.SelectObject(&pen);
    if(m_result)
    {
        dc.MoveTo(arrays[0]);                                   //设置顶点
        for(int i=1;i<m_num;i++)
        {
            dc.LineTo(arrays[i]);                               //画多边形边线
        }
        dc.LineTo(arrays[0]);
    }
    else
        dc.Ellipse(0,0,rect.Width(),rect.Height());            //绘制圆形
}

CString str;
GetWindowText(str);                                             //获得按钮文本
dc.SetTextColor(RGB(0,0,0));                                    //设置文本颜色
//绘制按钮文本
dc.DrawText(str,CRect(0,0,rect.right,rect.bottom),DT_CENTER|DT_VCENTER|DT_SINGLELINE);
}
```

■ 秘笈心法

心法领悟 309：绘制按钮按下效果时使用的方法。

在绘制多边形的按钮时，可以使用 Polygon 方法来绘制。但是在绘制按钮的按下效果时，则需要使用 MoveTo 方法和 LineTo 方法逐条边进行绘制。

实例 310	动画按钮	高级
	光盘位置：光盘\MR\07\310	趣味指数：★★★★

■ 实例说明

在开发程序时，经常会用到个性化按钮来美化程序界面，其中，能播放 AVI 动画的按钮会吸引更多年轻人的目光。运行程序，当鼠标在控件上方移动时，按钮将产生动画效果。实例运行结果如图 7.23 所示。

■ 关键技术

本实例的实现主要是通过使用动画控件和设置鼠标的消息响应来实现的。

首先通过 CAnimateCtrl 类来创建和使用动画控件，CAnimateCtrl 类的方法如下。

图 7.23　动画按钮

（1）Open 方法

该方法用于从一个文件或资源打开一个 AVI 文件，并显示第一帧，语法如下：

```
BOOL Open( LPCTSTR lpszFileName );
BOOL Open( UINT nID );
```

参数说明

❶ lpszFileName：AVI 文件名。

❷ nID：资源 ID。

（2）Play 方法

该方法用于播放 AVI 文件，语法如下：

```
BOOL Play( UINT nFrom, UINT nTo, UINT nRep );
```

参数说明

❶ nFrom：起始帧索引。

❷ nTo：结束帧索引。

❸ nRep：是否循环播放。

（3）Seek 方法

该方法用于显示 AVI 文件中的指定帧，语法如下：

```
BOOL Seek( UINT nTo );
```

参数说明

nTo：指定帧索引。

（4）Stop 方法

该方法用于停止播放 AVI 文件，语法如下：

```
BOOL Stop();
```

（5）Close 方法

该方法用于关闭已打开的 AVI 文件，语法如下：

```
BOOL Close();
```

设置鼠标的 WM_MOUSEMOVE 消息，消息响应函数原型如下：

```
afx_msg void OnMouseMove(UINT nFlags, CPoint point);
```

参数说明

❶ nFlags：指示是否按下了各种虚键。

❷ point：指出光标的横坐标和纵坐标。

■ 设计过程

（1）创建一个基于对话框的应用程序。

（2）选择 Insert→Resource 命令，在打开的 Insert Resource 对话框中单击 Import 按钮，向工程中导入位图资源。

（3）向对话框中添加一个图片控件和一个按钮控件。右击图片控件，在弹出的快捷菜单中选择 Properties 命令，设置 Type 属性为 Bitmap，Image 属性为 IDB_BITMAP1；设置按钮控件的 Owner Draw 属性。

（4）选择 Insert→Resource 命令，在打开的 Insert Resource 对话框中单击 Import 按钮，添加一个 AVI 文件，在弹出的 Custom Resource Type 对话框中定制新的资源类型。

（5）以 CButton 类为基类派生一个 CButtonAvi 类。

（6）设置鼠标的 WM_MOUSEMOVE 消息，在该消息的响应函数中捕获鼠标位置，判断是否播放 AVI 文件，代码如下：

```
void CButtonAvi::OnMouseMove(UINT nFlags, CPoint point)
{
ClientToScreen(&point);                         //将鼠标位置转换为屏幕坐标
CRect rc;
GetWindowRect(rc);                              //获得按钮窗口的区域
if(rc.PtInRect(point))                          //判断鼠标是否在按钮区域内
{
        if (::IsWindow(m_Animate) && !m_play)
        {
                m_Animate.Play(0,-1,1);         //播放 AVI 动画
                m_play = true;
                SetCapture();                   //捕获鼠标
        }
}
else
{
        m_play = false;
        ReleaseCapture();                       //释放鼠标
```

```
}
    CButton::OnMouseMove(nFlags, point);
}
```

■ 秘笈心法

心法领悟 310：动画控件的注意事项。

Visual C++中的动画控件并不能显示所有的 AVI 文件，所以在使用动画控件设计 AVI 按钮时，一定要选择动画控件能够播放的 AVI 文件。

7.4　组合框控件

实例311	向组合框中插入数据 光盘位置：光盘\MR\07\311	高级 趣味指数：★★★★

■ 实例说明

在开发程序时，经常会用到组合框控件，该控件具有一个下拉列表，供用户选择事先设置好的选项。实例运行结果如图 7.24 所示。

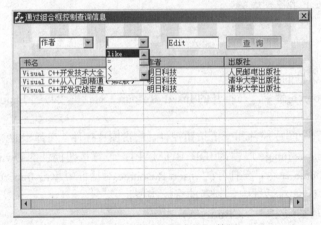

图 7.24　向组合框中插入数据

■ 关键技术

本实例使用 AddString 方法和 InsertString 方法实现向组合框中插入数据的功能。

（1）AddString 方法

该方法用于向组合框列表中顺序添加字符串，语法如下：

```
int AddString( LPCTSTR lpszString );
```

参数说明

lpszString：向组合框列表中插入的字符串。

（2）InsertString 方法

该方法用于向组合框列表的指定位置插入字符串，语法如下：

```
int InsertString( int nIndex, LPCTSTR lpszString );
```

参数说明

❶ nIndex：要插入字符串的组合框列表项的索引。

❷ lpszString：要插入的字符串。

■ 设计过程

（1）创建一个基于对话框的应用程序。

（2）选择 Insert→Resource 命令，在打开的 Insert Resource 对话框中单击 Import 按钮，向工程中导入位图资源和图标资源。

（3）向对话框中添加一个图片控件和两个组合框控件。右击图片控件，在弹出的快捷菜单中选择 Properties 命令，设置 Type 属性为 Bitmap，Image 属性为 IDB_BITMAP1；在第二个组合框控件的 Data 选项卡中插入选项，并取消 Sort 属性。

（4）在对话框初始化时，分别使用两种不同的方法向组合框中添加数据，代码如下：

```
m_Condition.AddString("图书名称");
m_Condition.AddString("作者");
m_Condition.InsertString(2,"出版社");
m_Condition.InsertString(3,"条形码");
```

■ 秘笈心法

心法领悟 311：组合框控件数据的插入方法。

在组合框的属性窗口中，通过 Data 选项卡插入选项时，换行可以通过按 Alt+Enter 快捷键实现。

实例 312	输入数据时的辅助提示 光盘位置：光盘\MR\07\312	高级 趣味指数：★★★★

■ 实例说明

查询功能的组合框控件主要是指当用户在组合框控件中输入字符时，如果在组合框控件中有以该字符开头的字符串，组合框控件就将该字符串完全显示出来。本实例将完成这样的功能。实例运行结果如图 7.25 所示。

图 7.25　输入数据时的辅助提示

■ 关键技术

本实例主要通过 CComboBox 类的 SelectString 方法实现在组合框控件中查找符合要求的字符串，如果找到符合要求的字符串就将其返回。该方法的语法如下：

```
int SelectString( int nStartAfter, LPCTSTR lpszString );
```

参数说明

❶ nStartAfter：指定开始查找的位置索引，如果为-1，则从头开始查找。

❷ lpszString：所要查找的字符串。

通过 CComboBox 类的 SetEditSel 方法使字符串处于选中状态，语法如下：

```
BOOL SetEditSel( int nStartChar, int nEndChar );
```

参数说明

❶ nStartChar：开始标识的位置索引。

❷ nEndChar：结束标识的位置索引。

■ 设计过程

（1）创建一个基于对话框的应用程序。

（2）选择 Insert→Resource 命令，在打开的 Insert Resource 对话框中单击 Import 按钮，向工程中导入位图资源。

（3）以 CComboBox 类为基类派生一个 AutoComplete 类，通过该类设置用户在组合框中输入字符时，判断是否显示后续字符的提示。

（4）向对话框中添加一个图片控件和一个组合框控件。右击图片控件，在弹出的快捷菜单中选择 Properties 命令，设置 Type 属性为 Bitmap，Image 属性为 IDB_BITMAP1。

（5）处理组合框的 CBN_EDITUPDATE 消息，当可编辑部分的文本发生变化时，设置提示字符串信息，代码如下：

```cpp
void AutoComplete::OnEditupdate()
{
if(!m_bAutoComplete)return;
CString str;
GetWindowText(str);                            //获得组合框的编辑框中的文本
int nLength=str.GetLength();                    //获得文本长度
DWORD dwCurSel=GetEditSel();                    //获得文本的起始位置
DWORD dStart =LOWORD(dwCurSel);
DWORD dEnd =HIWORD(dwCurSel);
if(SelectString(-1,str)==CB_ERR)               //查找字符
{
    SetWindowText(str);                        //设置显示字符串
    if(dwCurSel!=CB_ERR)
        SetEditSel(dStart,dEnd);               //设置编辑框部分选中的字符串
}
GetWindowText(str);                            //获得组合框的编辑框中的文本
if(dEnd < nLength && dwCurSel!=CB_ERR)
    SetEditSel(dStart,dEnd);
else
    SetEditSel(nLength,-1);
}
```

■ 秘笈心法

心法领悟 312：设置组合框控件的选中项。

组合框是由编辑框和列表框组合而成的，要设置组合框的显示信息，其实就是设置组合框中属于编辑框的部分，可以通过 SetEditSel 方法实现，该方法用于将指定字符串设置为选中状态。

实例 313	列表宽度的自动调节	高级
	光盘位置：光盘\MR\07\313	趣味指数：★★★★

■ 实例说明

组合框控件的下拉列表宽度在默认情况下是和组合框宽度相同的，但是如果组合框中的字符串宽度超过了下拉列表的宽度，那么该字符串将不能完全显示。本实例通过自动调整组合框下拉列表的宽度来解决这一问题。运行程序，在组合框中添加宽度超出组合框宽度的字符串，单击组合框中的下三角按钮，可以看到下拉列表已根据字符串的长度自动调整了宽度。实例运行结果如图 7.26 所示。

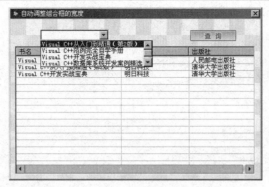

图 7.26　列表宽度的自动调节

关键技术

本实例主要通过处理 OnCtlColor 消息来实现，该消息主要用于处理控件的颜色。在处理该消息的函数中调用 GetSystemMetrics 函数获得组合框控件的下拉列表宽度，然后通过 CDC 类的 GetTextExtent 方法获得字体的宽度。GetSystemMetrics 函数用于获得各种窗体尺寸，语法如下：

```
int GetSystemMetrics(int nIndex);
```

参数说明

nIndex：想要获得系统配置的项目索引。主要取值如表 7.12 所示。

表 7.12　nIndex 参数的取值说明

设　置　值	说　　明
SM_CXCURSOR	用户鼠标的 X 轴坐标
SM_CYCURSOR	用户鼠标的 Y 轴坐标
SM_CXSCREEN	屏幕的宽度
SM_CYSCREEN	屏幕的高度

设计过程

（1）创建一个基于对话框的应用程序。

（2）选择 Insert→Resource 命令，在打开的 Insert Resource 对话框中单击 Import 按钮，向工程中导入位图资源。

（3）以 CComboBox 类为基类派生一个 MyComboBox 类，通过该类修改组合框控件的列表宽度。

（4）向对话框中添加一个图片控件和一个组合框控件。右击图片控件，在弹出的快捷菜单中选择 Properties 命令，设置 Type 属性为 Bitmap，Image 属性为 IDB_BITMAP1。

（5）在组合框的 WM_CTLCOLOR 消息中获取列表项的字符串宽度，从而根据字符串最大宽度设置列表的宽度，代码如下：

```
HBRUSH MyComboBox::OnCtlColor(CDC* pDC, CWnd* pWnd, UINT nCtlColor)
{
HBRUSH hbr = CComboBox::OnCtlColor(pDC, pWnd, nCtlColor);
switch(nCtlColor)
{
case CTLCOLOR_EDIT:
        break;
case CTLCOLOR_LISTBOX:
        int iItemNum=GetCount();                              //获得列表项数量
        int iWidth=0;
        CString strItem;
        CClientDC dc(this);
        int iSaveDC=dc.SaveDC();
        dc.SelectObject(GetFont());
```

```
        int iVSWidth=::GetSystemMetrics(SM_CXVSCROLL);              //获得下拉列表宽度
        for(int i=0;i<iItemNum;i++)
        {
            GetLBText(i,strItem);                                   //获得选中的列表项文本
            int iWholeWidth=dc.GetTextExtent(strItem).cx+iVSWidth;  //获得显示文本宽度
            iWidth=max(iWidth,iWholeWidth);                         //获得列表和文本中最大的宽度
        }
        iWidth+=dc.GetTextExtent("a").cx;
        dc.RestoreDC(iSaveDC);
        if(iWidth>0)
        {
            CRect rc;
            pWnd->GetWindowRect(&rc);                               //获得窗口区域
            if(rc.Width()!=iWidth)
            {
                rc.right=rc.left+iWidth;
                pWnd->MoveWindow(&rc);                              //设置窗口区域
            }
        }break;
    }
    return hbr;
}
```

■ 秘笈心法

心法领悟 313：自动条件宽度组合框的设计思路。

在实现组合框中自动调节列表宽度的功能时，要循环获得每一项的宽度，然后进行比较，将最宽的选项宽度加上一个固定值作为列表的宽度。

实例 314	颜色组合框 光盘位置：光盘\MR\07\314	高级 趣味指数：★★★★

■ 实例说明

默认情况下，组合框只能显示文本信息，本实例是对组合框功能的扩展，实现在组合框中选择颜色。运行实例，单击组合框中的下三角按钮弹出列表，可以看到组合框中的每一项都由颜色矩形和颜色名称组成，实例运行结果如图 7.27 所示。

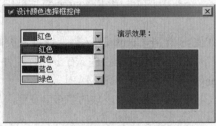

图 7.27　颜色组合框

■ 关键技术

为了能够在组合框中显示颜色，需要自定义一个组合框控件，改写 DrawItem 虚方法，在该方法中根据项目的当前状态绘制相应效果的颜色和文本。为了获取当前项目的颜色值，本实例采用的方式是利用组合框中项目的附加信息来记录颜色值，即调用 SetItemData 方法为某个项目关联一个颜色值。然后利用 GetItemData 方法获取该项目的颜色值。为了让用户在添加项目时能够设置项目的颜色值，程序中提供了一个 AddItem，用于向组合框中添加一个颜色选项。

■ 设计过程

（1）创建一个基于对话框的应用程序。

（2）选择 Insert→Resource 命令，在打开的 Insert Resource 对话框中单击 Import 按钮，向工程中导入位图资源。

（3）以 CComboBox 类为基类派生一个 CColorCombox 类，通过该类绘制组合框列表项的颜色部分。

（4）向对话框中添加一个静态文本控件、两个图片控件和一个组合框控件。右击其中一个图片控件，在弹出的快捷菜单中选择 Properties 命令，设置 Type 属性为 Bitmap，Image 属性为 IDB_BITMAP1。为组合框控件关联变量 m_ColorBox，其类型为 CColorCombox。

（5）改写组合框类的 DrawItem 虚方法，根据当前项目的不同状态绘制相应效果的项目，代码如下：

```
void CColorCombox::DrawItem(LPDRAWITEMSTRUCT lpDrawItemStruct)
{
    ASSERT(lpDrawItemStruct->CtlType == ODT_COMBOBOX);           //验证是否为组合框控件
    CDC dc ;
    dc.Attach(lpDrawItemStruct->hDC);
    CRect itemRC (lpDrawItemStruct->rcItem);                     //获取项目区域
    CRect clrRC = itemRC;                                        //定义显示颜色的区域
    CRect textRC = itemRC;                                       //定义文本区域
    COLORREF clrText = GetSysColor(COLOR_WINDOWTEXT);            //获取系统文本颜色
    COLORREF clrSelected = GetSysColor(COLOR_HIGHLIGHT);         //选中时的文本颜色
    COLORREF clrNormal = GetSysColor(COLOR_WINDOW);              //获取窗口背景颜色
    int nIndex = lpDrawItemStruct->itemID;                       //获取当前项目索引
    int nState = lpDrawItemStruct->itemState;                    //判断项目状态
    if(nState & ODS_SELECTED)                                    //处于选中状态
    {
        dc.SetTextColor((0x00FFFFFF & ~(clrText)));              //文本颜色取反
        dc.SetBkColor(clrSelected);                              //设置文本背景颜色
        dc.FillSolidRect(&clrRC, clrSelected);                   //填充项目区域为高亮效果
    }
    else
    {
        dc.SetTextColor(clrText);                                //设置正常的文本颜色
        dc.SetBkColor(clrNormal);                                //设置正常的文本背景颜色
        dc.FillSolidRect(&clrRC, clrNormal);
    }
    if(nState & ODS_FOCUS)                                       //如果项目获取焦点，绘制焦点区域
    {
        dc.DrawFocusRect(&itemRC);
    }
    int nclrWidth =itemRC.Width()/4;                             //计算文本区域
    textRC.left = nclrWidth + 1;
    clrRC.DeflateRect(2, 2);                                     //计算颜色显示区域
    clrRC.right = nclrWidth;
    //绘制颜色文本并且填充颜色区域
    if (nIndex != -1)                                            //项目不为空
    {
        COLORREF clrItem = GetItemData(nIndex);                  //获取项目颜色
        dc.SetBkMode(TRANSPARENT);
        CString szText;
        GetLBText(nIndex, szText);                               //获取文本
        //输出文本
        dc.DrawText(szText, textRC, DT_LEFT|DT_VCENTER|DT_SINGLELINE);
        dc.FillSolidRect(&clrRC, clrItem);                       //输出颜色
        dc.FrameRect(&clrRC, &CBrush(RGB(0, 0, 0)) );            //绘制黑色边框
    }
    dc.Detach();
}
```

■ 秘笈心法

心法领悟 314：自绘组合框的另一种实现。

使用这种自绘的方式，不仅可以设计显示颜色选项的组合框，还可以设计类似 Word 中选择画线型号的线型组合框，设计思路都是一样的，只是一个是用颜色填充，一个是绘制不同的线段。

实例 315	枚举系统盘符	高级
	光盘位置：光盘\MR\07\315	趣味指数：★★★★

■ 实例说明

组合框在默认情况下都是用户自己添加数据，但是有些时候需要在不同的计算机中运行程序，那么系统的盘符信息就是不固定的。为了解决这个问题，可以使用组合框查找系统盘符并显示出来。本实例将实现显示系统盘符的组合框。实例运行结果如图 7.28 所示。

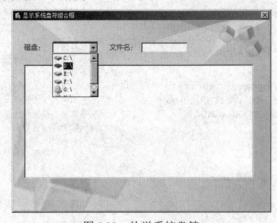

图 7.28　枚举系统盘符

■ 关键技术

本实例使用了 GetLogicalDriveStrings 函数，该函数用于将系统中合法的盘符添加到字符缓冲区中，语法如下：
```
DWORD GetLogicalDriveStrings(DWORD nBufferLength, LPTSTR lpBuffer);
```
参数说明

❶ nBufferLength：表示字符缓冲区的长度。

❷ lpBuffer：表示字符缓冲区。

返回值：如果函数执行成功，则返回值是复制到缓冲区中的字节数，不包括终止符。如果函数执行失败，则返回值为 0。

■ 设计过程

（1）创建一个基于对话框的应用程序。

（2）选择 Insert→Resource 命令，在打开的 Insert Resource 对话框中单击 Import 按钮，向工程中导入位图资源和图标资源。

（3）向对话框中添加一个图片控件和一个扩展组合框控件。右击图片控件，在弹出的快捷菜单中选择 Properties 命令，设置 Type 属性为 Bitmap，Image 属性为 IDB_BITMAP1。

（4）添加 LoadSysDisk 方法，该方法用于枚举磁盘信息，并插入到组合框中，代码如下：
```
void CComboCatalogDlg::LoadSysDisk()
{
m_ComboEx.SetImageList(&m_ImageList);
m_ComboEx.ResetContent();
char   pchDrives[128] = {0};
char* pchDrive;
```

```
GetLogicalDriveStrings(sizeof(pchDrives), pchDrives);                  //列举盘符
pchDrive = pchDrives;
int nItem = 0;
while(*pchDrive)
{
        COMBOBOXEXITEM cbi;
        CString csText;
        cbi.mask = CBEIF_IMAGE|CBEIF_INDENT|CBEIF_OVERLAY|
                        CBEIF_SELECTEDIMAGE|CBEIF_TEXT;
        SHFILEINFO shInfo;                                            //定义文件信息
        int nIcon;
        SHGetFileInfo(pchDrive, 0, &shInfo, sizeof(shInfo),
                SHGFI_ICON|SHGFI_SMALLICON);                          //获取系统文件图标
        nIcon = shInfo.iIcon;
        //设置 COMBOBOXEXITEM 结构
        cbi.iItem = nItem;
        cbi.pszText = pchDrive;
        cbi.cchTextMax = strlen(pchDrive);
        cbi.iImage = nIcon;
        cbi.iSelectedImage  = nIcon;
        cbi.iOverlay = 0;
        cbi.iIndent = (0 & 0x03);
        m_ComboEx.InsertItem(&cbi);                                   //插入数据
        nItem++;
        pchDrive += strlen(pchDrive) + 1;
}
}
```

■ 秘笈心法

心法领悟 315：使用 GetLogicalDriveStrings 函数获得磁盘信息。

在使用 GetLogicalDriveStrings 函数获得磁盘信息时，获得的信息不但包括磁盘信息，还包括光驱和虚拟光驱等信息，但是不包含磁盘映射的信息。

实例 316	QQ 登录式的用户选择列表 光盘位置：光盘\MR\07\316	高级 趣味指数：★★★★

■ 实例说明

本实例设计一个类似 QQ 的用户登录列表。实例运行结果如图 7.29 所示。

图 7.29　QQ 登录式的用户选择列表

■ 关键技术

本实例主要是通过 ComboBoxEx 类的 InsertItem 方法实现的，该方法用于向扩展组合框中插入数据，语法如下：

```
int InsertItem( const COMBOBOXEXITEM* pCBItem );
```

参数说明

pCBItem：COMBOBOXEXITEM 结构指针，该结构用于接收项的信息，并包含了项的回调标志值。

返回值：调用成功时返回插入项的下标，否则返回-1。

设计过程

（1）创建一个基于对话框的应用程序。

（2）选择 Insert→Resource 命令，在打开的 Insert Resource 对话框中单击 Import 按钮，向工程中导入位图和图标资源。

（3）向对话框中添加一个图片控件和一个扩展组合框控件。右击图片控件，在弹出的快捷菜单中选择 Properties 命令，设置 Type 属性为 Bitmap，Image 属性为 IDB_BITMAP1。

（4）在对话框初始化时，创建图像列表，并加载图标资源，设置组合框的列表项数据，代码如下：

```
BOOL CIconComboDlg::OnInitDialog()
{
CDialog::OnInitDialog();
//系统生成的代码省略
CString str[]={"钱夫人","小丹尼","卡卡罗特","琪琪","特兰克斯","贝吉塔","天津饭"};
m_ImageList.Create(16,16,ILC_COLOR24|ILC_MASK,1,0);          //创建列表视图窗口
m_ImageList.Add(AfxGetApp()->LoadIcon(IDI_ICON1));           //向图像列表中添加图标
m_ImageList.Add(AfxGetApp()->LoadIcon(IDI_ICON2));           //向图像列表中添加图标
m_ImageList.Add(AfxGetApp()->LoadIcon(IDI_ICON3));           //向图像列表中添加图标
m_ImageList.Add(AfxGetApp()->LoadIcon(IDI_ICON4));           //向图像列表中添加图标
m_ImageList.Add(AfxGetApp()->LoadIcon(IDI_ICON5));           //向图像列表中添加图标
m_ImageList.Add(AfxGetApp()->LoadIcon(IDI_ICON6));           //向图像列表中添加图标
m_ImageList.Add(AfxGetApp()->LoadIcon(IDI_ICON7));           //向图像列表中添加图标
m_Combo.SetImageList(&m_ImageList);
for(int i=0;i<7;i++)
{
        COMBOBOXEXITEM cbi;
        cbi.mask = CBEIF_IMAGE|CBEIF_INDENT|CBEIF_OVERLAY|
                        CBEIF_SELECTEDIMAGE|CBEIF_TEXT;
        cbi.iItem = i;
        cbi.pszText = str[i].GetBuffer(0);                   //设置列表项文本
        cbi.cchTextMax = str[i].GetLength();                 //设置文本最大长度
        cbi.iImage = i;                                      //设置图标索引
        cbi.iSelectedImage  = i;                             //设置选中图标索引
        cbi.iOverlay = 0;
        cbi.iIndent = (0 & 0x03);
        m_Combo.InsertItem(&cbi);                            //插入数据
}
return TRUE;
}
```

秘笈心法

心法领悟 316：在组合框中显示大图像。

在本实例中创建图像列表时，设置图像的大小为 16×16 像素。如果用户需要显示大的图像，那么可以在创建图像列表时，将 Create 方法的前两个参数设置为 32，这样即可在组合框中显示大图像。

7.5 列表框控件

实例 317	禁止列表框信息重复 光盘位置：光盘\MR\07\317	高级 趣味指数：★★

实例说明

在开发管理系统时，有时需要限制数据的重复，本实例通过列表框控件实现重复数据的输入限制功能。实例运行结果如图 7.30 所示。

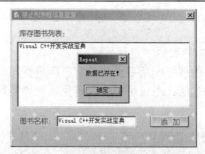

图 7.30 禁止列表框信息重复

关键技术

本实例中使用了 GetCount 方法和 GetText 方法，下面对这两个方法进行介绍。

（1）GetCount 方法

该方法用于获得列表框中的项目数量，语法如下：

```
int GetCount() const;
```

返回值：返回列表框中的项目数量。

（2）GetText 方法

该方法用于获得列表框中列表项的文本，语法如下：

```
int GetText( int nIndex, LPTSTR lpszBuffer ) const;
void GetText( int nIndex, CString& rString ) const;
```

参数说明

❶ nIndex：项目索引号。

❷ lpszBuffer：一个字符缓冲区，该缓冲区必须有足够的空间接收字符。

❸ rString：用于接收返回的字符串。

设计过程

（1）创建一个基于对话框的应用程序。

（2）选择 Insert→Resource 命令，在打开的 Insert Resource 对话框中单击 Import 按钮，向工程中导入位图资源。

（3）向对话框中添加一个图片控件、一个编辑框控件、一个列表框控件和一个按钮控件。右击图片控件，在弹出的快捷菜单中选择 Properties 命令，设置 Type 属性为 Bitmap，Image 属性为 IDB_BITMAP1。

（4）处理"添加"按钮的单击事件，在该事件的处理函数中判断要添加的字符串和列表中已有的字符串是否重复，如果不重复则添加，代码如下：

```
void CRepeatDlg::OnButinsert()
{
CString str;
m_Edit.GetWindowText(str);                       //获得编辑框中用户设置的字符串
int num = m_List.GetCount();                      //获得列表框中的项目数
for(int i=0;i<num;i++)
{
    CString Text;
    m_List.GetText(i,Text);                       //获得列表项字符串
    if(Text == str)                               //如果字符串重复
    {
        MessageBox("数据已存在！");                //提示用户字符串重复
        return;
    }
}
m_List.AddString(str);                            //添加列表项
}
```

■ 秘笈心法

心法领悟 317：禁止添加重复数据列表框的设计思路。

本实例是通过循环利用列表框中的项目和所要添加的字符串进行比较，如果相同，则证明要添加的字符串为重复数据，不进行添加。通过这种方法，不仅可以实现避免添加重复数据的功能，还可以实现在列表框中查找包含指定字符串的列表项。

实例 318	在两个列表框间实现数据交换 光盘位置：光盘\MR\07\318	高级 趣味指数：★★

■ 实例说明

在一些通信管理软件中，有时需要在好友中选择一部分组成群，为了操作起来更加方便，通常都是在两个列表框中传递数据，本实例实现了这一功能。实例运行结果如图 7.31 所示。

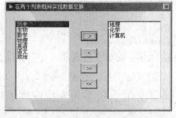

图 7.31 在两个列表框间实现数据交换

■ 关键技术

本实例使用了 GetCurSel、AddString 和 DeleteString 方法，下面对这 3 个方法进行介绍。

（1）GetCurSel 方法

该方法用于获取当前选项的索引，索引是基于 0 开始的，语法如下：

`int GetCurSel( ) const;`

返回值：返回当前选中的列表项索引。

（2）AddString 方法

该方法用于向列表框中添加字符串，语法如下：

`int AddString( LPCTSTR lpszItem );`

参数说明

lpszItem：字符串指针。

（3）DeleteString 方法

该方法用于从列表框中删除一个字符串，语法如下：

`int DeleteString( UINT nIndex );`

参数说明

nIndex：待删除的列表项的索引号。

■ 设计过程

（1）创建一个基于对话框的应用程序。

（2）选择 Insert→Resource 命令，在打开的 Insert Resource 对话框中单击 Import 按钮，向工程中导入位图资源。

（3）向对话框中添加一个图片控件、两个列表框控件和 4 个按钮控件。右击图片控件，在弹出的快捷菜单中选择 Properties 命令，设置 Type 属性为 Bitmap，Image 属性为 IDB_BITMAP1。

（4）处理 ">" 按钮的单击事件，将左侧列表中选中的列表项添加到右侧的列表中，代码如下：

```
void CListDDXDlg::OnButleftone()
{
int i=m_List1.GetCurSel();                          //获得当前选择列表项索引
if(i<0)
{
    MessageBox("请选择要移动的选项");
    return;
```

```
}
CString text;
m_List1.GetText(i,text);                              //获得列表项文本
m_List1.DeleteString(i);                              //删除列表项
m_List2.AddString(text);                              //在右侧的列表中添加列表项
m_List1.SetCurSel(0);                                 //设置默认选择索引
if(m_List1.GetCount()==0)                             //如果左侧列表中没有数据
{
        m_left.EnableWindow(FALSE);                   //向右侧移动数据的按钮不可用
        m_Aleft.EnableWindow(FALSE);                  //向右侧移动所有数据的按钮不可用
}
m_right.EnableWindow(TRUE);                           //向左侧移动数据的按钮可用
m_Aright.EnableWindow(TRUE);                          //向左侧移动所有数据的按钮不可用
}
```

■ 秘笈心法

心法领悟 318：数据移动的实现方法。

在本实例中，数据的移动是通过按钮实现的，因为列表框中的项目是有限的，所以当一侧的列表框为空时，就要设置对应的按钮不可用，可以使用 EnableWindow 方法实现。该函数的参数为 TRUE 时控件可用，为 FALSE 时控件不可用。

实例 319	上下移动列表项的位置 光盘位置：光盘\MR\07\319	高级 趣味指数：★★

■ 实例说明

在使用千千静听等软件时，都会带有一个播放列表，用户可以通过调整列表中的歌名顺序来设置歌曲的播放顺序，本实例就是模仿播放列表来实现上下移动列表项位置的功能。实例运行结果如图 7.32 所示。

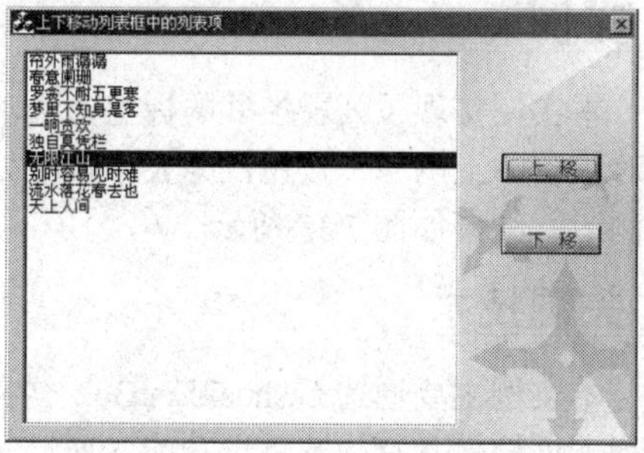

■ 关键技术

本实例使用 GetCurSel、DeleteString、GetText 和 InsertString 方法实现。由于前 3 个方法的语法在前面的实例中已经介绍过，所以下面只介绍 InsertString 方法。该方法用于在列表框的指定位置插入字符串，语法如下：

图 7.32　上下移动列表项的位置

```
int InsertString( int nIndex, LPCTSTR lpszItem );
```

参数说明

❶ nIndex：要插入字符串的列表项的索引。

❷ lpszItem：要插入的字符串。

■ 设计过程

（1）创建一个基于对话框的应用程序。

（2）选择 Insert→Resource 命令，在打开的 Insert Resource 对话框中单击 Import 按钮，向工程中导入位图资源。

（3）向对话框中添加一个图片控件、一个列表框控件和两个按钮控件。右击图片控件，在弹出的快捷菜单中选择 Properties 命令，设置 Type 属性为 Bitmap，Image 属性为 IDB_BITMAP1。

（4）处理"上移"按钮的单击事件，当用户单击"上移"按钮时，将用户选中的列表项向上移动，代码如下：

```
void CMoveListDlg::OnButup()
{
```

```
int pos = m_List.GetCurSel();                     //获得当前选中列表项索引
if(pos < 0)
{
    MessageBox("请选择要移动的文件！");
    return;
}
if(pos == 0)                                       //如果索引为 0
{
    MessageBox("已经是最上边了！");                  //提示是第一个文件
    return;
}
CString text;
m_List.GetText(pos-1,text);                        //获得当前选中文件的上一个文件
m_List.DeleteString(pos-1);                        //删除上一个文件
m_List.InsertString(pos,text);                     //在当前位置插入上一个文件
}
```

■ 秘笈心法

心法领悟 319：上下移动列表框的进阶使用。

在本实例中，仅实现了上下移动列表项的功能，如果用户要制作播放列表，可追加一个添加文件的功能，可以通过打开对话框将指定类型文件的文件名依次添加到列表框中。

实例 320	实现标签式选择	高级
	光盘位置：光盘\MR\07\320	趣味指数：★★

■ 实例说明

本实例实现了列表控件的标签复选功能。运行程序，列表中有 4 项，分别对应窗体上的 4 个按钮，列表中哪项处于选中状态，对应的按钮就可用。实例运行结果如图 7.33 所示。

■ 关键技术

本实例主要通过 CCheckListBox 类实现，该类是对 CListBox 类的扩充，使列表框控件具有标签复选功能。通过 CCheckListBox 类的 SetCheckStyle

图 7.33　实现标签式选择

方法实现列表的标签复选样式，然后通过 SetCheck 方法使列表项前的复选框处于选中状态。通过 GetCheck 方法获得列表项前的复选框状态，如果方法返回 1 则表示已经选中，如果返回 0 则表示没有被选中。

■ 设计过程

（1）创建一个基于对话框的应用程序。

（2）向对话框中添加 5 个按钮控件、一个静态文本控件和一个列表框控件，设置 ID 属性为 IDC_DATALIST，将 Owner Draw 属性改为 Fixed，并设置 Has strings 属性，去除 Sort 属性。添加成员变量 m_ChkList，并将其改为继承自 CCheckListBox 类。

（3）处理"设置权限"按钮的单击事件，在该事件的处理函数中根据列表中列表项的选中状态判断哪些权限按钮可用，代码如下：

```
void CListboxChkSelDlg::OnOper()
{
if(m_ChkList.GetCheck(0))                          //判断列表项是否选中
    GetDlgItem(IDC_VIEW)->EnableWindow(TRUE);      //设置"浏览文件"按钮可用
else
    GetDlgItem(IDC_VIEW)->EnableWindow(FALSE);     //设置"浏览文件"按钮不可用
```

```
if(m_ChkList.GetCheck(1))                                           //判断列表项是否选中
    GetDlgItem(IDC_DATABASE)->EnableWindow(TRUE);                   //设置"操作数据库"按钮可用
else
    GetDlgItem(IDC_DATABASE)->EnableWindow(FALSE);                  //设置"操作数据库"按钮不可用
if(m_ChkList.GetCheck(2))                                           //判断列表项是否选中
    GetDlgItem(IDC_FRONT)->EnableWindow(TRUE);                      //设置"前台操作"按钮可用
else
    GetDlgItem(IDC_FRONT)->EnableWindow(FALSE);                     //设置"前台操作"按钮不可用
if(m_ChkList.GetCheck(3))                                           //判断列表项是否选中
    GetDlgItem(IDC_BACK)->EnableWindow(TRUE);                       //设置"后台操作"按钮可用
else
    GetDlgItem(IDC_BACK)->EnableWindow(FALSE);                      //设置"后台操作"按钮不可用
}
```

■ 秘笈心法

心法领悟 320：CCheckListBox 类的使用技巧。

虽然 CCheckListBox 类是对 CListBox 类的扩充，但是在为列表框控件管理变量时，却无法直接设置 CCheckListBox 类型，而是需要先关联一个 CListBox 类型的变量，然后在对话框头文件中手动将 CListBox 类改为 CCheckListBox 类。

实例 321	要提示才能看得见 光盘位置：光盘\MR\07\321	高级 趣味指数：★★

■ 实例说明

在 Visual C++中，默认情况下列表框控件是不会自动显示水平滚动条的，如果列表框控件中的字符超出了列表控件的宽度，那么超出的部分将无法显示。本实例通过加提示条的方式，使用户可以看到超出列表控件宽度的字符。实例运行结果如图 7.34 所示。

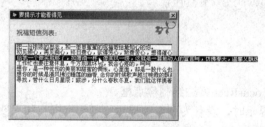

图 7.34　要提示才能看得见

■ 关键技术

本实例通过新建 SubWnd 类和 MyListBox 类来实现提示条。SubWnd 类实现提示窗体，在列表项不能完全显示出来时显示该窗体。该窗体的样式应为 CS_SAVEBITS，扩展风格应为 WS_EX_TOOLWINDOW，MyListBox 类的基类是 CListCtrl 类。在该类中处理鼠标移动消息，如果鼠标下的列表项显示不完全，则调用 SubWnd 对象显示。

■ 设计过程

（1）创建一个基于对话框的应用程序。

（2）选择 Insert→Resource 命令，在打开的 Insert Resource 对话框中单击 Import 按钮，向工程中导入位图资源。

（3）在工程中创建两个类，分别是以 CWnd 类为基类的派生类 SubWnd 和以 CListBox 类为基类的派生类 MyListBox。

（4）向对话框中添加一个图片控件和一个列表框控件。右击图片控件，在弹出的快捷菜单中选择 Properties 命令，设置 Type 属性为 Bitmap，Image 属性为 IDB_BITMAP1；为列表框控件关联一个 MyListBox 类的对象 m_List。

（5）在 SubWnd 类中添加 Show 方法，该方法用于显示提示窗体，并在提示窗体中输出列表框控件内容，代码如下：

```cpp
void SubWnd::Show(CRect rc, LPCTSTR tiptext, int offset)
{
CClientDC tmp(this);
dc = CDC::FromHandle(tmp.m_hDC);                             //获得设备上下文指针
CString strTitle(tiptext);
strTitle += _T("  ");
CFont *pFont = mparent->GetFont();                          //获得字体
dc->SelectObject( pFont );
CRect rectDisplay = rc;
CSize size = dc->GetTextExtent( strTitle );                 //获得文本行的宽度和高度
if ( DCB_RESET == dc->GetBoundsRect(&rc,DCB_RESET))
    dc->SetBoundsRect(NULL,DCB_ENABLE);                     //设置范围
dc->SetTextColor(GetSysColor(COLOR_HIGHLIGHTTEXT));         //设置文本颜色
dc->SetBkColor(GetSysColor(COLOR_HIGHLIGHT));              //设置文本背景颜色
if( IsWindowVisible() )                                     //如果窗口可见
{
    //移动窗口到指定位置
    MoveWindow(rectDisplay.left, rectDisplay.top, rectDisplay.Width(), rectDisplay.Height());
    dc->FillSolidRect(&rc,::GetSysColor(COLOR_HIGHLIGHT));  //填充区域
    rectDisplay = rc;
    rectDisplay.left += 2;
    dc->DrawText(strTitle,-1,rectDisplay, DT_LEFT | DT_SINGLELINE |
        DT_NOPREFIX | DT_NOCLIP | DT_VCENTER);              //绘制文本
}
else
{
    SetWindowPos( &wndTop, rectDisplay.left, rectDisplay.top,
        rectDisplay.Width(), rectDisplay.Height(),
        SWP_SHOWWINDOW|SWP_NOACTIVE );                      //设置窗口显示
}
}
```

■ 秘笈心法

心法领悟 321：使用 DrawFocusRect 方法绘制焦点框。

在本实例中，绘制列表项提示时，没有为列表项提示绘制焦点框。如果要为列表项提示添加焦点框，则可以使用 DrawFocusRect 方法来实现。

实例 322	水平方向的延伸 光盘位置：光盘\MR\07\322	高级 趣味指数：★★

■ 实例说明

使用列表框控件编写程序时，有时由于输入的文本信息过长，导致一部分文本信息无法显示，为了避免此问题，本实例为列表框添加了水平滚动条。运行程序，使列表框控件具有水平滚动条，实例运行结果如图 7.35 所示。

■ 关键技术

本实例主要通过 SendDlgItemMessage 函数为列表框添加水平滚动

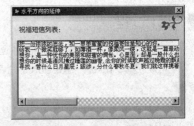

图 7.35　水平方向的延伸

条，语法如下：

```
LRESULT SendDlgItemMessage( int nID, UINT message, WPARAM wParam = 0, LPARAM lParam = 0 );
```

参数说明

❶ nID：指定接收消息的控件的标识符。

❷ message：指定将被发送的消息。

❸ wParam，lParam：指定消息特定的其他信息。

设计过程

（1）创建一个基于对话框的应用程序。

（2）选择 Insert→Resource 命令，在打开的 Insert Resource 对话框中单击 Import 按钮，向工程中导入位图资源。

（3）向对话框中添加一个图片控件和一个列表框控件。右击图片控件，在弹出的快捷菜单中选择 Properties 命令，设置 Type 属性为 Bitmap，Image 属性为 IDB_BITMAP1；为列表框控件关联一个 CListBox 类的对象 m_List。

（4）在对话框初始化时，向列表框中添加字符串，并设置列表框的水平滚动条，代码如下：

```
m_List.AddString("给我一个微笑就够了，如薄酒一杯，像柔风一缕，\
        这就是一篇最动人的宣言呵，仿佛春天，温馨又飘逸");              //将文本插入到列表框中
m_List.AddString("想你，是一种忧伤的美丽和甜蜜的惆怅。心里面，\
        却是一股什么也代替不了的温馨。");                            //将文本插入到列表框中
m_List.AddString("把一份浓浓的思念，和一串串蜜蜜的祝福寄给最知心的你。");   //将文本插入到列表框中
m_List.AddString("想你的时候是清风拂过睡莲的幽香,念你的时候歌声\
        越过晚霞的飘渺……你知道我在想你吗?");                        //将文本插入到列表框中
m_List.AddString("寻找，管什么日月星辰；跋涉，分什么春秋冬夏。\
        我们就这样携着手，走呵，走呵。");                            //将文本插入到列表框中
SendDlgItemMessage(IDC_LIST1, LB_SETHORIZONTALEXTENT, 1000, 0);       //发送消息，设置滚动条
```

秘笈心法

心法领悟 322：动态设计水平滚动条。

在本实例中，设置的水平滚动条是固定大小的，其实读者可以根据需要设置滚动条的大小。在向列表框中插入字符串时，可以用字符串的长度乘以一个参数，从而动态设计滚动条的大小。

实例 323	为列表框换装 光盘位置：光盘\MR\07\323	高级 趣味指数：★★

实例说明

在实际的应用程序中，除了可以设置列表框的各种属性以外，还可以为列表框添加位图背景。本实例实现的是位图背景的列表框控件。实例运行结果如图 7.36 所示。

关键技术

本实例可以使用 GetItemRect、GetTopIndex 和 GetText 方法实现。

（1）GetItemRect 方法

该方法用于获得列表项区域，语法如下：

```
int GetItemRect( int nIndex, LPRECT lpRect ) const;
```

参数说明

❶ nIndex：确定项的基于 0 的索引。

❷ lpRect：指定指向 RECT 结构的长型指针，接收项的列表框客户区坐标。

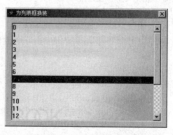

图 7.36　为列表框换装

（2）GetTopIndex 方法

该方法用于获得列表框中第一个可见项的基于 0 的索引，语法如下：

```
int GetTopIndex() const;
```

（3）GetText 方法

该方法用于获得指定列表项的显示文本，语法如下：

```
int GetText( int nIndex, LPTSTR lpszBuffer ) const;
void GetText( int nIndex, CString& rString ) const;
```

参数说明

❶ nIndex：指定获取的字符串的基于 0 的索引。

❷ lpszBuffer：指向接收字符串的缓冲区的指针。缓冲区必须有足够的空间来存储字符串和终止字符。字符串大小可以通过调用 GetTextLen 成员函数提前指定。

❸ rString：CString 对象。

■ 设计过程

（1）创建一个基于对话框的应用程序。

（2）选择 Insert→Resource 命令，在打开的 Insert Resource 对话框中单击 Import 按钮，向工程中导入位图资源。

（3）以 CListBox 类为基类派生一个新类 CListBmp。

（4）向对话框中添加一个图片控件和一个列表框控件。右击图片控件，在弹出的快捷菜单中选择 Properties 命令，设置 Type 属性为 Bitmap，Image 属性为 IDB_BITMAP1；为列表框控件关联一个 CListBmp 类的对象 m_List。

（5）重写 CListBmp 类的 DrawItem 方法，在该方法中重新绘制列表框的背景，代码如下：

```
void CListBmp::DrawItem(LPDRAWITEMSTRUCT lpDrawItemStruct)
{
CDC dc;
dc.Attach(lpDrawItemStruct->hDC);
int nIndex = lpDrawItemStruct->itemID;                           //获取当前项目索引
//判断项目状态
int nState = lpDrawItemStruct->itemState;
CRect rect,clrRC;
GetClientRect(&rect);
CBitmap bitmap;
CDC memdc;
memdc.CreateCompatibleDC(&dc);
bitmap.LoadBitmap(IDB_BITMAP1);                                  //加载位图资源
memdc.SelectObject(&bitmap);
GetItemRect(nIndex,clrRC);                                       //获得列表项区域
m_pFont = GetFont();                                             //获得字体
dc.SelectObject(m_pFont);
if(nState & ODS_SELECTED)                                        //处于选中状态
{
    dc.SetTextColor(RGB(200,0,0));                               //设置选中状态文本颜色
    dc.FillSolidRect(&clrRC, RGB(0,0,200));                      //填充项目区域为高亮效果
}
else
{
    int nCurSel = nIndex-GetTopIndex();                          //设置当前索引基于可见项的位置
    dc.BitBlt(0,nCurSel*clrRC.Height(),clrRC.Width(),clrRC.Height(),
        &memdc,0,nCurSel*clrRC.Height(),SRCCOPY);                //绘制列表项背景
    dc.SetTextColor(RGB(0,0,0));                                 //设置文本颜色
}
if(nIndex != -1)
{
    CString str;
    GetText(nIndex,str);                                        //获得控件文本
    dc.SetBkMode(TRANSPARENT);                                  //设置背景透明
    dc.TextOut(0,(nIndex-GetTopIndex())*clrRC.Height(),str);    //绘制列表项文本
}
m_pFont->DeleteObject();
```

```
bitmap.DeleteObject();
ReleaseDC(&memdc);
dc.DeleteDC();
}
```

■ 秘笈心法

心法领悟 323：调用 Invalidate 函数进行刷新。

在列表框中绘制好背景以后，还要处理列表框的 WM_VSCROLL 事件，在该事件的处理函数中调用 Invalidate 函数进行刷新，从而使用户在拖动滚动条时能及时更新列表框中的显示数据。

7.6　滚动条控件

实例 324	使用滚动条显示大幅位图	高级
	光盘位置：光盘\MR\07\324	趣味指数：★★

■ 实例说明

在开发处理图形图像的软件时，程序中需要处理大幅的图片，但是程序窗口通常不能显示整张图片，因此在浏览图片时需要使用滚动条控件。本实例实现了利用滚动条浏览大幅图片的功能，实例运行结果如图 7.37 所示。

■ 关键技术

在使用滚动条控件 CScollBar 时，需要处理以下几种情况：

（1）用户单击滚动条的左右或上下按钮时，设置滚动块的位置，并滚动窗口。

（2）用户拖动滚动块时，设置滚动块的位置，并滚动窗口。

（3）用户单击滚动块的左右或上下空白滚动区域时，设置滚动块的位置，并滚动窗口。

图 7.38 描述了这 3 种情况。

图 7.37　使用滚动条显示大幅位图

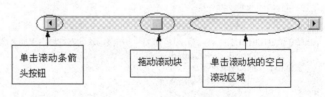

图 7.38　滚动条描述

当用户触发了滚动条的消息时，拥有滚动条的对话框会收到 WM_HSCROLL（水平滚动条）或 WM_VSCROLL（垂直滚动条）消息。以水平滚动条为例，对话框将调用 OnHScroll 消息处理函数。OnHScroll 消息处理函数的语法如下：

```
void OnHScroll( UINT nSBCode, UINT nPos, CScrollBar* pScrollBar );
```

参数说明

❶ nSBCode：标识用户触发滚动条的消息代码。

❷ nPos：标识滚动块的位置，只有在 nSBCode 为 SB_THUMBTRACK 或 SB_THUMBPOSITION 时才可用。

❸ pScrollBar：标识滚动条控件指针。

默认情况下，用户在触发滚动条消息时，CScrollBar 控件是不会自动调整滚动块的位置的，用户需要在滚动条的消息处理函数中根据 nSBCode 的情况设置滚动块的位置，并执行额外的动作。

■ 设计过程

（1）创建一个基于对话框的应用程序。

（2）选择 Insert→Resource 命令，在打开的 Insert Resource 对话框中单击 Import 按钮，向工程中导入位图资源。

（3）向对话框中添加一个静态文本控件、两个图片控件和一个编辑框控件。右击其中一个图片控件，在弹出的快捷菜单中选择 Properties 命令，设置 Type 属性为 Bitmap。

（4）新建一个对话框资源，修改其 ID 为 IDD_BMPDLG_DIALOG，并将 Style 属性设置为 Child，将 Border 属性设置为 None，然后设置对话框资源具有水平和垂直滚动条，为该对话框资源关联一个对话框类 CBmpDlg。

（5）处理新建对话框资源的 WM_HSCROLL 消息，设置滚动条滚动时的大小，代码如下：

```cpp
void CBmpDlg::OnHScroll(UINT nSBCode, UINT nPos, CScrollBar* pScrollBar)
{
int pos,min,max,thumbwidth;
SCROLLINFO vinfo;
GetScrollInfo(SB_HORZ,&vinfo);
pos = vinfo.nPos;
min = vinfo.nMin;
max = vinfo.nMax;
thumbwidth = vinfo.nPage;
switch (nSBCode)
{
break;
case SB_THUMBTRACK:                    //拖动滚动块
      ScrollWindow(-(nPos-pos),0);
      SetScrollPos(SB_HORZ,nPos);
break;
case SB_LINELEFT :                     //单击左箭头
      SetScrollPos(SB_HORZ,pos-1);
      if (pos !=0)
            ScrollWindow(1,0);
break;
case SB_LINERIGHT:                     //单击右箭头
      SetScrollPos(SB_HORZ,pos+1);
      if (pos+thumbwidth <max)
            ScrollWindow(-1,0);
break;
case SB_PAGELEFT:                      //在滚动块的左方空白滚动区域单击，增量为6
      SetScrollPos(SB_HORZ,pos-6);
      if (pos+thumbwidth >0)
            ScrollWindow(6,0);
break;
case SB_PAGERIGHT:                     //在滚动块的右方空白滚动区域单击，增量为6
      SetScrollPos(SB_HORZ,pos+6);
      if (pos+thumbwidth <max)
            ScrollWindow(-6,0);
break;
}
CDialog::OnHScroll(nSBCode, nPos, pScrollBar);
}
```

■ 秘笈心法

心法领悟 324：显示大幅位图的技巧。

本实例中，在显示大幅位图时需要创建一个带滚动条的对话框资源，将该对话框设置为无标题的非模态对话框，以该对话框资源显示图片。

<table>
<tr><td>实例 325</td><td>滚动条的新装
光盘位置：光盘\MR\07\325</td><td>高级
趣味指数：★★</td></tr>
</table>

■ 实例说明

网上的许多应用软件有漂亮的滚动条，如腾讯 QQ 软件。本实例利用 CStatic 控件设计一个自定义的滚动条，实例运行结果如图 7.39 所示。

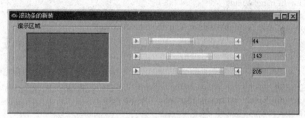

图 7.39　滚动条的新装

■ 关键技术

要实现自定义滚动条控件，主要有 3 种方法。一是利用钩子技术重新绘制滚动条，该方法实现起来比较复杂。二是获得滚动条的显示区域，将其抠除，然后在该区域显示自定义的滚动条控件。三是自定义一个滚动条控件，将其与对话框中的某个控件关联。在创建滚动条控件时，将对话框中的某个控件隐藏，并在该控件的位置显示滚动条控件。

本实例采用第 3 种方法。利用 CStatic 控件派生一个自定义滚动条 CCustomScroll，在 CStatic 控件上利用位图绘制滚动条箭头、滚动块及滚动条的滚动区域。在绘制滚动条时，由于滚动块能够被拖动，所以需要频繁地绘制滚动条。为了防止出现屏幕的闪烁，可以定义一个临时的 CDC 对象，将所有的绘图操作都在该临时对象上进行，然后再将临时对象的内容绘制在滚动块的显示区域。为了简化操作，本实例将临时的 CDC 对象的功能封装为 CMemDC 类，在该类释放时会自动将其自身的内容绘制到某一个显示区域上。

■ 设计过程

（1）创建一个基于对话框的应用程序。

（2）向窗体中添加一个群组控件、一个图片控件和 6 个静态文本控件，分别设置控件属性。

（3）向 CCustomScroll 类中添加 DrawHorScroll 方法，绘制滚动条，代码如下：

```
void CCustomScroll::DrawHorScroll()
{
CClientDC dc(this);
CMemDC memdc(&dc,m_ClientRect);
CDC bmpdc;
bmpdc.CreateCompatibleDC(&dc);
CBitmap bmp;
bmp.LoadBitmap(m_LeftArrow);
CBitmap* pOldbmp = bmpdc.SelectObject(&bmp);
CRect LeftArrowRect (m_ClientRect.left,m_ClientRect.top,
      m_ClientRect.left+m_ThumbWidth,m_ClientRect.bottom);
memdc.StretchBlt(m_ClientRect.left,m_ClientRect.top,m_ThumbWidth,
      m_ThumbHeight,&bmpdc,0,0,m_ThumbWidth,m_ThumbHeight,SRCCOPY);
if (pOldbmp)
      bmpdc.SelectObject(pOldbmp);
if (bmp.GetSafeHandle())
      bmp.DeleteObject();
pOldbmp = NULL;
//通道的开始位置和宽度
int nChanelStart = m_ClientRect.left+m_ThumbWidth;
int nChanelWidth = m_ClientRect.Width()- 2*m_ThumbWidth;
```

```
//绘制通道
bmp.LoadBitmap(m_ChanelBK);
pOldbmp = bmpdc.SelectObject(&bmp);
memdc.StretchBlt(nChanelStart,m_ClientRect.top,nChanelWidth,
    m_ClientRect.Height(),&bmpdc,0,0,1,10,SRCCOPY);
if (pOldbmp)
    bmpdc.SelectObject(pOldbmp);
if (bmp.GetSafeHandle())
    bmp.DeleteObject();
//绘制右箭头
bmp.LoadBitmap(m_RightArrow);
pOldbmp = bmpdc.SelectObject(&bmp);
int nRArrowStart = m_ThumbWidth+nChanelWidth;
memdc.StretchBlt(nRArrowStart,m_ClientRect.top,m_ThumbWidth,
    m_ClientRect.Height(),&bmpdc,0,0,m_ThumbWidth,m_ThumbHeight,SRCCOPY);
//绘制滚动块
if (bmp.GetSafeHandle())
    bmp.DeleteObject();
bmp.LoadBitmap(m_ThumbBK);
pOldbmp = bmpdc.SelectObject(&bmp);
memdc.StretchBlt(m_ThumbRect.left,m_ThumbRect.top,m_ThumbRect.Width()+1,
    m_ThumbRect.Height(),&bmpdc,0,0,m_ThumbRect.Width(),m_ThumbRect.Height(),SRCCOPY);
}
```

■ 秘笈心法

心法领悟325：绘制垂直滚动条。

本实例中，绘制的是水平方向的滚动条，也可使用本实例的方法绘制垂直滚动条，不过需要加载一套垂直方向的滚动条图片，然后将代码适当地改动即可。

7.7　进度条控件

实例 326	颜色变了	高级
	光盘位置：光盘\MR\07\326	趣味指数：★★

■ 实例说明

在使用进度条时，除了用文字显示进度以外，也可以通过渐变色来显示。本实例实现了一个渐变色的进度条，实例运行结果如图 7.40 所示。

图 7.40　颜色变了

■ 关键技术

在进度条控件中显示渐变色比较简单，只需要在进度条控件的 OnPaint 方法中使用循环控制颜色，然后使用 FillRect 方法填充区域即可。

FillRect 方法用指定的画刷填充区域，语法如下：

```
void FillRect(LPCRECT lpRect,CBrush* pBrush);
```

参数说明

❶ lpRect：指向 RECT 结构的指针，包含被填充的矩形的逻辑坐标，可以为该参数传递 CRect 对象。

❷ pBrush：标识填充矩形的画刷。

■ 设计过程

（1）创建一个基于对话框的应用程序。

（2）选择 Insert→Resource 命令，在打开的 Insert Resource 对话框中单击 Import 按钮，向工程中导入位图资源。

（3）以 CProgressCtrl 类为基类派生一个新类 CColorProgress。

（4）向对话框中添加一个图片控件和一个进度条控件。右击图片控件，在弹出的快捷菜单中选择 Properties 命令，设置 Type 属性为 Bitmap，Image 属性为 IDB_BITMAP1。设置进度条控件的 Smooth 属性，为进度条控件关联一个 CColorProgress 类的对象 m_Progress。

（5）处理进度条的 WM_PAINT 消息，在其消息处理函数中绘制进度条的渐变效果和当前进度，代码如下：

```
void CColorProgress::OnPaint()
{
PAINTSTRUCT ps;
CDC* pDC = BeginPaint(&ps);                          //开始绘制
int nPos = GetPos();                                 //获取当前进度条的位置
CRect clientRC;
GetClientRect(clientRC);                             //获取客户区域
pDC->SetBkMode(TRANSPARENT);                         //将设备上下文的背景模式设置为透明
int nMin, nMax;
GetRange(nMin, nMax);                                //获取进度条的显示范围
//获取单位刻度
double dFraction = (double)clientRC.Width() / (nMax-nMin);
int nLeft = nPos * dFraction;                        //计算左边距
CRect leftRC = clientRC;
leftRC.right    = nLeft;
CRect rightRC = clientRC;
rightRC.left    = nLeft;
//以渐变色填充区域
for(int m=255;m>0;m--)
{
    int x,y;
    x = leftRC.Width() * m / 255;
    pDC->FillRect(CRect(0,0,x,leftRC.Height()),&CBrush(RGB(255,m,0)));
}
pDC->FillRect(rightRC, &CBrush(RGB(255, 255, 255)));  //使用白色标识剩余的部分
ReleaseDC(pDC);                                       //释放设备上下文
EndPaint(&ps);                                        //结束窗口绘制
}
```

■ 秘笈心法

心法领悟 326：渐变效果的实现。

本实例将进度条控件分为 255 份，然后通过循环设置 RGB 颜色值中的 G 值从 255 开始递减，这样在调用 FillRect 方法填充背景时就实现了背景颜色渐变的效果。

实例 327	进度条的百分比显示 光盘位置：光盘\MR\07\327	高级 趣味指数：★★

■ 实例说明

在设计应用程序时，通常使用进度条来描述当前的操作进度。但是 MFC 提供的进度条控件不能利用精确的数字或百分比来描述进度。这要怎么解决呢？本实例实现了进度条百分比显示的功能，实例运行结果如图 7.41 所示。

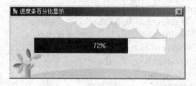

图 7.41　进度条的百分比显示

■ 关键技术

在进度条控件中显示文字比较简单，只需要在进度条控件的 OnPaint 方法中根据当前的位置值输出字符串文本即可。为了提高进度条窗口的绘制效率，这里使用了 BeginPaint 方法来获得进度条窗口的设备上下文，在进度条窗口的设备上下文使用后，调用 EndPaint 方法结束进度条窗口的绘制。下面介绍这两个方法的使用。

（1）BeginPaint 方法

该方法用于为窗口准备绘制操作，将绘制的信息填充到参数中，语法如下：

```
HDC BeginPaint(LPPAINTSTRUCT lpPaint);
```

参数说明

lpPaint：是一个 PAINTSTRUCT 结构指针，表示接收的绘制信息。

返回值：表示关联窗口的设备上下文指针。

（2）EndPaint 方法

该方法用于表示窗口的绘制操作结束，语法如下：

```
void EndPaint(LPPAINTSTRUCT lpPaint);
```

参数说明

lpPaint：是一个 PAINTSTRUCT 结构指针，包含了由 BeginPaint 方法获取的绘制信息。

■ 设计过程

（1）创建一个基于对话框的应用程序。

（2）选择 Insert→Resource 命令，在打开的 Insert Resource 对话框中单击 Import 按钮，向工程中导入位图资源。

（3）以 CProgressCtrl 类为基类派生一个新类 CTextProgress。

（4）向对话框中添加一个图片控件和一个进度条控件。右击图片控件，在弹出的快捷菜单中选择 Properties 命令，设置 Type 属性为 Bitmap，Image 属性为 IDB_BITMAP1。设置进度条控件的 Smooth 属性，为进度条控件关联一个 CTextProgress 类的对象 m_Progress。

（5）处理进度条的 WM_PAINT 消息，在其消息处理函数中绘制进度条的文本和当前进度，代码如下：

```
void CTextProgress::OnPaint()
{
PAINTSTRUCT ps;
CDC* pDC = BeginPaint(&ps);                              //开始绘制
int nPos = GetPos();                                     //获取当前进度条的位置
CString csPos;
csPos.Format("%d%%", nPos);                              //格式化字符串
CRect clientRC;
GetClientRect(clientRC);                                 //获取客户区域
CSize sztext = pDC->GetTextExtent(csPos);                //获取字符串的高度和宽度
int nX = (clientRC.Width() - sztext.cx) / 2;             //计算中心位置
int nY = (clientRC.Height() - sztext.cy) / 2;
pDC->SetBkMode(TRANSPARENT);                             //将设备上下文的背景模式设置为透明
int nMin, nMax;
GetRange(nMin, nMax);                                    //获取进度条的显示范围
//获取单位刻度
double dFraction = (double)clientRC.Width() / (nMax-nMin);
int nLeft = nPos * dFraction;                            //计算左边距
CRect leftRC = clientRC;
leftRC.right = nLeft;
CRect rightRC = clientRC;
rightRC.left = nLeft;
pDC->FillRect(leftRC, &CBrush(m_crProgress));            //使用蓝色标识当前的进度
pDC->FillRect(rightRC, &CBrush(m_crBlank));              //使用白色标识剩余的部分
pDC->SetTextColor(m_crText);                             //设置文本颜色
pDC->TextOut(nX, nY, csPos);                             //输出当前的进度
ReleaseDC(pDC);                                          //释放设备上下文
EndPaint(&ps);                                           //结束窗口绘制
}
```

■ 秘笈心法

心法领悟 327：设置文本背景透明。

在进度条中绘制当前进度的数值文本时，因为进度条的进度是不断增长的，文本的背景会发生变化，所以要将文本的背景设置为透明。可以通过 SetBkMode 方法来实现，将该方法的参数设置为 TRANSPARENT 即可设置文本背景透明。

7.8　滑标控件

实例 328	程序中的调色板 光盘位置：光盘\MR\07\328	高级 趣味指数：★★

■ 实例说明

在使用软件时，经常可以看到滑标控件，本实例实现了使用滑标控件设置颜色值的功能。运行程序，拖动滑块，程序将根据滑块位置对应的颜色值绘制颜色。实例运行结果如图 7.42 所示。

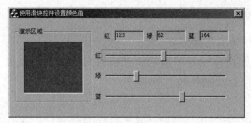

图 7.42　程序中的调色板

■ 关键技术

在使用滑标控件时，首先要设置控件的范围，然后根据拖动滑块的位置获得相应的数据，要实现这些功能需要使用 SetRange 和 GetPos 方法。

（1）SetRange 方法

该方法用来设置一个滑块控件的滑块的范围（位置的最小值和最大值），语法如下：

```
void SetRange( int nMin, int nMax, BOOL bRedraw = FALSE );
```

参数说明

❶ nMin：滑块的最小位置。

❷ nMax：滑块的最大位置。

❸ bRedraw：重画标志。如果该参数是 TRUE，则在范围被重新设置之后重画滑块；否则不重画滑块。

（2）GetPos 方法

该方法用来获取一个滑块控件中的滑块的当前位置，语法如下：

```
int GetPos( ) const;
```

■ 设计过程

（1）创建一个基于对话框的应用程序。

（2）选择 Insert→Resource 命令，在打开的 Insert Resource 对话框中单击 Import 按钮，向工程中导入位图资源。

（3）向对话框中添加两个图片控件、6 个静态文本框、一个群组框控件、3 个编辑框控件和 3 个滑标控件。

右击其中一个图片控件，在弹出的快捷菜单中选择 Properties 命令，设置 Type 属性为 Bitmap，Image 属性为 IDB_BITMAP1；设置 3 个编辑框控件的 Read-only 属性。

（4）处理滑标控件中滑块移动的响应事件，代码如下：

```
void CSliderDlg::OnReleasedcaptureSlider1(NMHDR* pNMHDR, LRESULT* pResult)
{
m_rEdit = m_Red.GetPos();                //获得滑块位置
DrawColor();                              //绘制颜色
UpdateData(FALSE);
*pResult = 0;
}
void CSliderDlg::OnReleasedcaptureSlider2(NMHDR* pNMHDR, LRESULT* pResult)
{
m_gEdit = m_Green.GetPos();              //获得滑块位置
DrawColor();                              //绘制颜色
UpdateData(FALSE);
*pResult = 0;
}
void CSliderDlg::OnReleasedcaptureSlider3(NMHDR* pNMHDR, LRESULT* pResult)
{
m_bEdit = m_Blue.GetPos();               //获得滑块位置
DrawColor();                              //绘制颜色
UpdateData(FALSE);
*pResult = 0;
}
```

■ 秘笈心法

心法领悟 328：使用自定义方法填充颜色。

在本实例中，颜色是通过 3 个滑标控件中滑块所在位置对应的数值来设置的，而在显示时则是通过自定义方法 DrawColor 进行颜色填充，该方法的实现代码如下：

```
void CSliderDlg::DrawColor()
{
CDC* pDC = m_Color.GetDC();
CRect rect;
m_Color.GetClientRect(rect);
CBrush brush(RGB(m_Red.GetPos(),m_Green.GetPos(),m_Blue.GetPos()));
pDC->FillRect(rect,&brush);
}
```

实例 329	绘制滑标控件 光盘位置：光盘\MR\07\329	高级 趣味指数：★★

■ 实例说明

在一些媒体播放器软件中，通常使用滑标控件显示当前的播放进度。这是因为滑标控件不仅可以显示进度，还可以设置播放进度。本实例实现了滑标控件的自绘。实例运行结果如图 7.43 所示。

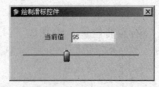

图 7.43 绘制滑标控件

■ 关键技术

设计滑标控件比较简单，只需要在滑标控件的 OnPaint 方法中获取滑块客户区域和拖动块的区域，在这两个区域中绘制位图即可。在 OnPaint 方法中需要进行两次绘图，为了防止出现屏幕闪烁，利用内存画布来实现绘图操作。将所有的绘图操作在内存画布上进行，最后将内存画布的内容输出到窗口中。内存画布的设计代码如下：

```cpp
class CMemDC : public CDC
{
private:
CBitmap* m_bmp;
CBitmap* m_oldbmp;
CDC* m_pDC;
CRect m_Rect;
public:
CMemDC(CDC* pDC, const CRect& rect) : CDC()                      //构造函数
{
    CreateCompatibleDC(pDC);                                      //创建一个兼容的设备上下文
    m_bmp = new CBitmap;                                          //创建一个位图对象
    m_bmp->CreateCompatibleBitmap(pDC, rect.Width(), rect.Height());  //创建一个兼容的位图
    m_oldbmp = SelectObject(m_bmp);                              //选中位图
    m_pDC = pDC;                                                  //记录源设备上下文
    m_Rect = rect;                                               //记录区域
}
~CMemDC()                                                        //析构函数
{
    m_pDC->BitBlt(m_Rect.left, m_Rect.top, m_Rect.Width(), m_Rect.Height(),
            this, m_Rect.left, m_Rect.top, SRCCOPY);             //将设备上下文复制到目标上下文中
    SelectObject(m_oldbmp);
    if (m_bmp != NULL)
        delete m_bmp;                                            //释放位图对象
}
};
```

■ 设计过程

（1）创建一个基于对话框的应用程序。

（2）选择 Insert→Resource 命令，在打开的 Insert Resource 对话框中单击 Import 按钮，向工程中导入位图资源。

（3）以 CSliderCtrl 类为基类派生一个新类 CDrawSlider。

（4）向对话框中添加一个图片控件、一个编辑框控件和一个滑标控件。右击图片控件，在弹出的快捷菜单中选择 Properties 命令，设置 Type 属性为 Bitmap，Image 属性为 IDB_BITMAP1；为滑标控件关联一个 CDrawSlider 类的对象 m_Slider。

（5）处理滑标控件的 WM_PAINT 消息，使用位图绘制滑块的客户区域和拖动块的区域，代码如下：

```cpp
void CDrawSlider::OnPaint()
{
CPaintDC dc(this);
int nPos = GetPos();                                 //获取滑块的当前位置
SetPos(nPos);
CRect ThumbRC;
GetThumbRect(ThumbRC);                                //获取滑块区域
CBitmap bmp;                                          //定义位图对象
bmp.LoadBitmap(IDB_THUMB);                            //加载位图
BITMAP bmpInfo;                                       //定义位图信息
bmp.GetBitmap(&bmpInfo);
int bmpWidth = bmpInfo.bmWidth;                       //获取位图的宽度
int bmpHeight = bmpInfo.bmHeight;                     //获取位图的高度
CRect ClientRC,ChanelRC;
GetClientRect(ClientRC);                              //获取客户区域
GetChannelRect(ChanelRC);                             //获取通道区域
//绘制背景
CBitmap bmpBK;                                        //定义位图对象
BITMAP BKInfo;                                        //定义位图信息
bmpBK.LoadBitmap(IDB_SLIDERBK);                       //加载背景位图
bmpBK.GetBitmap(&BKInfo);                             //获取位图信息
int nBKWidth = BKInfo.bmWidth;                        //获取位图的宽度
```

```
int nBKHeight = BKInfo.bmHeight;                           //获取位图的高度
CDC memDC;
memDC.CreateCompatibleDC(&dc);                            //创建一个兼容的设备上下文
memDC.SelectObject(&bmpBK);                               //选中位图对象
int nRightMargin = ClientRC.Width()-ChanelRC.left-ChanelRC.Width();
ClientRC.right = ChanelRC.left +ChanelRC.Width()+nRightMargin;
ClientRC.left = ChanelRC.left;
CMemDC bkMemDC(&dc,ClientRC);
//绘制滑块的背景
bkMemDC.StretchBlt(ChanelRC.left,0,ChanelRC.Width()+ChanelRC.left,ClientRC.Height(),
                   &memDC,0,0,nBKWidth,nBKHeight,SRCCOPY);
bmpBK.DeleteObject();                                     //删除位图对象
memDC.DeleteDC();
memDC.CreateCompatibleDC(&dc);
memDC.SelectObject(&bmp);                                 //选中滑块位图
//绘制滑块
bkMemDC.StretchBlt(ThumbRC.left,ThumbRC.top, ThumbRC.Width(),ClientRC.Height(),
                   &memDC,0,0,bmpWidth,bmpHeight,SRCCOPY);
bmp.DeleteObject();                                       //释放位图对象
memDC.DeleteDC();
}
```

■ 秘笈心法

心法领悟329：自绘滑标控件时的注意事项。

在使用位图自绘滑标控件时，有一点需要注意，作为滑标横轴的背景是包含一部分程序背景的，一定要将滑标横轴的背景和程序的背景修改成相同的，否则会使程序背景显得格格不入。

7.9　列表视图控件

实例 330	头像选择形式的登录窗体	高级
	光盘位置：光盘\MR\07\330	趣味指数：★★

■ 实例说明

用户在登录一些软件时，经常可以看到用户名是以图标的形式显示在列表中的。本实例将使用列表视图设计登录界面。实例运行结果如图 7.44 所示。

图 7.44　头像选择形式的登录窗体

■ 关键技术

首先创建一个图像列表，并通过 SetImageList 方法将列表视图控件和图像列表关联到一起，语法如下：
```
CImageList* SetImageList( CImageList* pImageList, int nImageList );
```
参数说明

❶ pImageList：标识图像列表指针。

❷ nImageList：标识图像列表类型。

然后调用 InsertItem 方法向列表视图控件插入数据，语法如下：

```
int InsertItem( const LVITEM* pItem );
int InsertItem( int nItem, LPCTSTR lpszItem );
int InsertItem( int nItem, LPCTSTR lpszItem, int nImage );
int InsertItem( UINT nMask, int nItem, LPCTSTR lpszItem, UINT nState, UINT nStateMask, int nImage, LPARAM lParam );
```

InsertItem 方法中的参数说明如表 7.13 所示。

表 7.13　InsertItem 方法中的参数说明

参　　　　数	说　　　　明
pItem	是 LVITEM 结构指针，LVITEM 结构中包含的视图项的文本、图像索引、状态等信息
nItem	表示被插入的视图项索引
lpszItem	表示视图项文本
nImage	表示视图项图像索引
nMask	一组标记，用于确定哪一项信息是合法的
nState	表示视图项的状态
nStateMask	确定设置视图项的哪些状态
lParam	表示关联视图项的附加信息

设计过程

（1）创建一个基于对话框的应用程序。

（2）选择 Insert→Resource 命令，在打开的 Insert Resource 对话框中单击 Import 按钮，向工程中导入位图和图标资源。

（3）向对话框中添加一个按钮控件、一个静态文本框控件、一个编辑框控件、一个图片控件和一个列表视图控件。右击图片控件，在弹出的快捷菜单中选择 Properties 命令，设置 Type 属性为 Bitmap，Image 属性为 IDB_BITMAP1；为列表视图控件关联一个 CListCtrl 类的对象 m_Icon。

（4）在对话框初始化时，创建并关联图像列表，向列表视图控件中插入数据，代码如下：

```
BOOL CLoginDlg::OnInitDialog()
{
CDialog::OnInitDialog();
//系统代码省略
m_ImageList.Create(32,32,ILC_COLOR24|ILC_MASK,1,0);        //创建列表视图窗口
m_ImageList.Add(AfxGetApp()->LoadIcon(IDI_ICON1));         //向图像列表中添加图标
m_ImageList.Add(AfxGetApp()->LoadIcon(IDI_ICON2));         //向图像列表中添加图标
m_ImageList.Add(AfxGetApp()->LoadIcon(IDI_ICON3));         //向图像列表中添加图标
m_ImageList.Add(AfxGetApp()->LoadIcon(IDI_ICON4));         //向图像列表中添加图标
m_ImageList.Add(AfxGetApp()->LoadIcon(IDI_ICON5));         //向图像列表中添加图标
m_ImageList.Add(AfxGetApp()->LoadIcon(IDI_ICON6));         //向图像列表中添加图标
m_ImageList.Add(AfxGetApp()->LoadIcon(IDI_ICON7));         //向图像列表中添加图标
m_Icon.SetImageList(&m_ImageList,LVSIL_NORMAL);            //将图像列表关联到列表视图控件中
m_Icon.InsertItem(0,"小王",0);                            //向列表视图中添加数据
m_Icon.InsertItem(1,"小孙",1);                            //向列表视图中添加数据
m_Icon.InsertItem(2,"小刘",2);                            //向列表视图中添加数据
m_Icon.InsertItem(3,"小吕",3);                            //向列表视图中添加数据
m_Icon.InsertItem(4,"小庞",4);                            //向列表视图中添加数据
m_Icon.InsertItem(5,"小宋",5);                            //向列表视图中添加数据
m_Icon.InsertItem(6,"小孙",6);                            //向列表视图中添加数据
return TRUE;
}
```

秘笈心法

心法领悟 330：为列表视图控件设置背景位图。

如果觉得列表视图控件的背景过于单调，可以为其添加一个背景位图，实现具有背景的列表视图控件并不复杂。首先在程序初始化时调用 AfxOleInit 函数初始化 Com，然后调用 CListCtrl 的 SetBkImage 方法设置背景位图，最后调用 SetTextBkColor 方法将文本背景设置为透明。

实例 331	以报表显示图书信息 光盘位置：光盘\MR\07\331	高级 趣味指数：★★

实例说明

使用列表视图控件除了可以显示大、小图标和列表以外，还可以显示报表数据信息，本实例将以报表的形式显示图书信息。实例运行结果如图 7.45 所示。

图 7.45　以报表显示图书信息

关键技术

本实例以报表风格介绍列表视图控件的使用，在使用报表风格时，首先调用 SetExtendedStyle 方法设置列表视图控件的扩展风格。然后调用 InsertColumn 方法向列表视图控件添加列。之后才可以插入数据，在插入数据时先调用 InsertItem 方法插入行，接着调用 SetItemText 方法向列表的每一列插入数据。

（1）SetExtendedStyle 方法

该方法用于设置列表视图控件的扩展风格，语法如下：

```
DWORD SetExtendedStyle( DWORD dwNewStyle );
```

参数说明

dwNewStyle：主要用于标识列表视图控件的扩展风格。

返回值：函数调用前的扩展风格。

（2）InsertColumn 方法

该方法用于设置列表视图控件的扩展风格，语法如下：

```
int InsertColumn( int nCol, const LVCOLUMN* pColumn );
int InsertColumn( int nCol, LPCTSTR lpszColumnHeading, int nFormat = LVCFMT_LEFT,int nWidth = -1, int nSubItem = -1 );
```

InsertColumn 方法中的参数说明如表 7.14 所示。

表 7.14　InsertColumn 方法中的参数说明

参　　数	说　　明
nCol	标识新列的索引
pColumn	LVCOLUMN 结构指针，该结构中包含了列的详细信息
lpszColumnHeading	标识列标题
nFormat	标识列的对齐方式
nWidth	标识列的宽度
nSubItem	标识关联当前列的子视图项索引

（3）SetItemText 方法

该方法用于向列表的每一列插入数据，语法如下：

```
BOOL SetItemText( int nItem, int nSubItem, LPTSTR lpszText );
```

参数说明

❶ nItem：表示项目行索引。

❷ nSubItem：表示项目列索引。

❸ lpszText：设置指定行、指定列中的显示文本。

■ 设计过程

（1）创建一个基于对话框的应用程序。

（2）向对话框中添加一个图片控件和一个列表视图控件。

（3）在对话框初始化时，设置列表视图控件的扩展风格，并设置列标题，向列表中插入图书信息，代码如下：

```
//设置列表视图的扩展风格
m_Grid.SetExtendedStyle(LVS_EX_FLATSB                        //扁平风格显示滚动条
        |LVS_EX_FULLROWSELECT                               //允许整行选中
        |LVS_EX_HEADERDRAGDROP                              //允许整列拖动
        |LVS_EX_ONECLICKACTIVATE                            //单击选中项
        |LVS_EX_GRIDLINES);                                //画出网格线
//设置表头
m_Grid.InsertColumn(0,"书名",LVCFMT_LEFT,200,0);            //设置书名列
m_Grid.InsertColumn(1,"作者",LVCFMT_LEFT,130,1);            //设置作者列
m_Grid.InsertColumn(2,"出版社",LVCFMT_LEFT,130,2);          //设置出版社列
m_Grid.InsertItem(0,"Visual C++开发技术大全（第 2 版）");    //插入第 0 行
m_Grid.SetItemText(0,1,"明日科技");                         //向第 1 列插入数据
m_Grid.SetItemText(0,2,"人民邮电出版社");                    //向第 2 列插入数据
m_Grid.InsertItem(1,"Visual C++从入门到精通（第 2 版）");    //插入第 1 行
m_Grid.SetItemText(1,1,"明日科技");                         //向第 1 列插入数据
m_Grid.SetItemText(1,2,"清华大学出版社");                    //向第 2 列插入数据
m_Grid.InsertItem(2,"Visual C++开发实战宝典");              //插入第 2 行
m_Grid.SetItemText(2,1,"明日科技");                         //向第 1 列插入数据
m_Grid.SetItemText(2,2,"清华大学出版社");                    //向第 2 列插入数据
```

■ 秘笈心法

心法领悟 331：设置列表视图控件的显示风格。

使用 ListControl 控件可在窗体中管理和显示列表项，可控制列表内容的显示方式，并且能够以图标和表格的形式显示数据。打开 ListControl 控件的属性窗口，在 Styles 选项卡的 View 属性中可以设置显示风格；Icon 表示图标视图、Small Icon 表示小图标视图、List 表示列表视图和 Report 表示报表视图。

实例 332	实现报表数据的排序	高级
	光盘位置：光盘\MR\07\332	趣味指数：★★

■ 实例说明

列表控件在默认情况下不会对单击列标题产生任何动作。本实例实现了利用列标题对列表视图进行数据排序的功能。运行程序，单击列表控件列标题后，程序将对该列标题所在列的数据进行排序。实例运行结果如图 7.46 所示。

图 7.46　实现报表数据的排序

■ 关键技术

对列表视图的排序是通过两部分进行的。第一部分是定义一个表头控件，实现排序箭头的绘制，第二部分是通过自定义的 SortFunction 方法实现对视图列进行排序。

为了能够在视图列排序时在表头部分显示一个箭头标记表示当前的排列方式，需要自定义一个表头控件，

根据升序或降序排列绘制不同方向的箭头标记。在列表视图控件中，表头部分是一个 CHeaderCtrl 控件，为了自定义表头，可以从 CHeaderCtrl 派生一个子类，然后改写 DrawItem 虚方法，根据不同的排列方式绘制相应的箭头符号。最后改写列表视图控件的 PreSubclassWindow 虚方法，在该方法中将自定义的表头控件子类化，使其关联到列表视图控件的表头控件上，这样就实现了列表视图控件表头部分的绘制。

```
void CListHeaderCtrl::PreSubclassWindow()
{
ASSERT( GetStyle() & LVS_REPORT );                                    //判断列表视图的风格是否为表格形式
CListCtrl::PreSubclassWindow();
VERIFY( m_ctlHeader.SubclassWindow( GetHeaderCtrl()->GetSafeHwnd() ) );   //实现表头控件的子类化
}
```

有关表头控件的设计请参考设计过程部分。接下来介绍列表视图排序功能的实现。列表视图控件提供了 SortItems 方法用于以自定义的方式进行排序，语法如下：

```
BOOL SortItems(PFNLVCOMPARE pfnCompare, DWORD_PTR dwData);
```

参数说明

❶ pfnCompare：表示用户定义的比较函数，函数原型如下：

```
int CALLBACK CompareFunc(LPARAM lParam1, LPARAM lParam2, LPARAM lParamSort);
```

其中，lParam1 和 lParam2 表示待比较的两个选项，分别关联于两个视图项的数据值（调用 SetItemData 方法为视图项设置的数据值）。lParamSort 表示由 SortItems 函数传递的 dwData 参数值。比较函数 CompareFunc 的返回值是非常关键的，如果为负数，则表示第一项位于第二项的前方；如果为正数，则表示第一项位于第二项之后；如果为 0，则表示两项相等。

❷ dwData：表示传递到比较函数 pfnCompare 的参数值（lParamSort 参数）。

在进行自定义的比较时，需要在比较函数中定义比较的规则。

■ 设计过程

（1）创建一个基于对话框的应用程序。

（2）选择 Insert→Resource 命令，在打开的 Insert Resource 对话框中单击 Import 按钮，向工程中导入位图资源。

（3）以 CHeaderCtrl 类为基类派生一个新类 CListHeader，以 CListCtrl 类为基类派生一个新类 CListHeaderCtrl。

（4）向对话框中添加一个图片控件和一个列表视图控件。右击图片控件，在弹出的快捷菜单中选择 Properties 命令，设置 Type 属性为 Bitmap，Image 属性为 IDB_BITMAP1；为列表视图控件关联一个 CListHeaderCtrl 类的对象 m_List。

（5）定义一个用于比较的函数，代码如下：

```
int CALLBACK CListHeaderCtrl::SortFunction(LPARAM lParam1, LPARAM lParam2, LPARAM lParamData)
{
CListHeaderCtrl* pListCtrl = (CListHeaderCtrl*)(lParamData);
CItemData* pParam1 = (CItemData*)(lParam1);                           //获取视图项关联的数据
CItemData* pParam2 = (CItemData*)(lParam2);
LPCTSTR pszText1 = pParam1->m_ColumnTexts[pListCtrl->m_nSortColumn];   //获取排序列的文本
LPCTSTR pszText2 = pParam2->m_ColumnTexts[pListCtrl->m_nSortColumn];
if(IsNumber(pszText1))                                                //按数值比较
        return pListCtrl->m_bAscend ? CompareDataAsNumber(pszText1, pszText2)
            : CompareDataAsNumber(pszText2, pszText1);
else                                                                 //按文本比较
        return pListCtrl->m_bAscend ? lstrcmp(pszText1, pszText2)
            : lstrcmp(pszText2, pszText1);
}
```

■ 秘笈心法

心法领悟 332：三目元运算符的使用。

在本实例中，在进行比较时使用了三目元运算符（?:），语法如下：

```
表达式 1?表达式 2 :表达式 3
```

条件运算符的执行顺序如下：先求出表达式 1 的值，如果值为真，则对表达式 2 进行求解，并将表达式 2

的值作为整个三目元表达式的值；如果表达式 1 的值为假，则对表达式 3 进行求解，并将表达式 3 的值作为整个三目元表达式的值。

实例 333	在列表中编辑文本 光盘位置：光盘\MR\07\333	高级 趣味指数：★★

实例说明

列表视图控件简单易用，但是不能进行编辑，本实例将介绍如何使列表视图控件可编辑。运行程序，部门表的记录将显示在表格中，在表格中可以对数据进行编辑，单击"保存"按钮可以将数据保存到数据库中，实例运行结果如图 7.47 所示。

图 7.47 在列表中编辑文本

关键技术

可以通过两种方法实现列表视图控件的可编辑功能，一种是在要编辑的单元格位置创建一个编辑框控件；另一种是创建一个编辑框控件，并将该控件移动到要编辑的单元格所在的位置。

本实例使用的是第二种方法，当用户单击表格中的单元格时，将编辑框显示在单元格中，用户可以在编辑框中输入数据，在编辑框失去焦点时将数据写入单元格。

设计过程

（1）创建一个基于对话框的应用程序。

（2）选择 Insert→Resource 命令，在打开的 Insert Resource 对话框中单击 Import 按钮，向工程中导入位图资源。

（3）以 CEdit 类为基类派生一个新类 CListEdit，以 CListCtrl 类为基类派生一个新类 CGridList。

（4）向对话框中添加一个图片控件、一个列表视图控件和一个按钮控件。右击图片控件，在弹出的快捷菜单中选择 Properties 命令，设置 Type 属性为 Bitmap，Image 属性为 IDB_BITMAP1；为列表视图控件关联一个 CGridList 类的对象 m_Grid。

（5）在 CGridList 类中添加 ShowEdit 方法，该方法用于在列表视图控件中的指定单元格内显示编辑框，代码如下：

```
void CGridList::ShowEdit()
{
CRect rect;
GetSubItemRect(row,col,LVIR_LABEL,rect);        //获得列表项区域
CString str;
str = GetItemText(row,col);                     //获得行列信息
edit.MoveWindow(rect);                          //移动编辑框位置
edit.SetWindowText(str);                        //设置编辑框文本
edit.ShowWindow(SW_SHOW);                       //显示编辑框
edit.SetSel(0,100);                             //设置编辑框中文本选中
```

```
edit.SetFocus();                        //设置编辑框焦点
UpdateWindow();                         //更新窗口
}
```

秘笈心法

心法领悟 333：编辑框的显示和隐藏。

在实现本实例时，编辑框的显示和隐藏是首先要解决的问题。在 CListEdit 类中添加 WM_KILLFOCUS 事件，调用 CGridList 类的 DisposeEdit 方法，当编辑框失去焦点时，自动隐藏。

实例 334	QQ 抽屉控件 光盘位置：光盘\MR\07\334	高级 趣味指数：★★

实例说明

QQ 软件的好友列表用起来既方便又美观，深受用户喜爱。可是在 Visual C++的开发环境中没有类似的控件，若要使用这样的控件该怎么办呢？本实例通过 Visual C++实现了这种类似 QQ 抽屉效果的列表视图控件。运行本实例，单击"好友列表"按钮，将该按钮置顶，并显示该按钮下的列表项。实例运行结果如图 7.48 所示。

关键技术

本实例中实现 QQ 抽屉效果的列表视图控件时，主要使用 SetItemPosition 和 Arrange 方法，下面分别对这两个方法进行介绍。

（1）SetItemPosition 方法

该方法用于将某个项目放置在指定的位置，语法如下：

```
BOOL SetItemPosition( int nItem, POINT pt );
```

参数说明

❶ nItem：标识项目索引。

❷ pt：标识项目新的位置。

（2）Arrange 方法

该方法用于设置列表项在列表中的对齐方式，语法如下：

```
BOOL Arrange( UINT nCode );
```

参数说明

nCode：指定项的对齐方式，可选值如表 7.15 所示。

图 7.48　QQ 抽屉控件

表 7.15　nCode 参数的取值说明

可 选 值	说 明
LVA_ALLIGNLEFT	使项沿着窗口的左边界对齐
LVA_ALLIGNTOP	使项沿着窗口的顶端对齐
LVA_DEFAULT	使项按照列表显示的当前对齐方式（即默认值）对齐
LVA_SNAPTOGRID	使所有图标到最近的网格位置

设计过程

（1）创建一个基于对话框的应用程序。

（2）选择 Insert→Resource 命令，在打开的 Insert Resource 对话框中单击 Import 按钮，向工程中导入位图资源。

（3）以 CButton 类为基类派生一个新类 CListButton，以 CListCtrl 类为基类派生一个新类 CQQList。

（4）向对话框中添加一个图片控件和一个列表视图控件。右击图片控件，在弹出的快捷菜单中选择 Properties 命令，设置 Type 属性为 Bitmap，Image 属性为 IDB_BITMAP1；为列表视图控件关联一个 CQQList 类的对象 m_List。

（5）在 CQQList 类中添加自定义函数 ShowButtonItems，该函数用于显示指定按钮关联的列表视图项，代码如下：

```
void CQQList::ShowButtonItems(UINT nIndex)
{
CListButton* temp;
temp = (CListButton*)m_pButton[nIndex];                                //获得按钮指针
m_ClientList.DeleteAllItems();                                         //删除列表项
CRect showrect = GetListClientRect();                                  //获得列表区域
if(temp->m_ButtonItems.GetCount()>0)                                   //如果有列表项
{
      POSITION pos,index;
      index = temp->m_ButtonIndex.GetHeadPosition();                   //获得图标索引"·"
      pos = temp->m_ButtonItems.GetHeadPosition();                     //列表项索引
      CString str = temp->m_ButtonItems.GetHead();                     //获得列表项文本
      CRect ClientRect;
      ClientRect = GetListClientRect();                                //获得列表区域
      int m = 0,n;
      n = atoi(temp->m_ButtonIndex.GetHead());
      m_LeftMargin = showrect.Width()/2-20;                            //计算左边宽度
      m_ClientList.InsertItem(m,str,n);                                //插入列表项
      m_ClientList.SetItemPosition(m,CPoint(m_LeftMargin,m*(53)));     //设置列表项位置
      while (pos != temp->m_ButtonItems.GetTailPosition()
            && index != temp->m_ButtonIndex.GetTailPosition())
      {
            n = atoi(temp->m_ButtonIndex.GetNext(index));              //获得下一个图标索引
            str = temp->m_ButtonItems.GetNext(pos);                    //获得下一个列表项文本
            m_ClientList.InsertItem(m,str,n);                          //插入列表项
            m_ClientList.SetItemPosition(m,CPoint(m_LeftMargin,m*(53))); //设置列表项位置
            m+=1;                                                      //列表项索引加1
      }
      n = atoi(temp->m_ButtonIndex.GetAt(index));                      //获得图标索引
      str = temp->m_ButtonItems.GetAt(pos);                            //获得文本
      m_ClientList.InsertItem(m,str,n);                                //插入列表项
      m_ClientList.SetItemPosition(m,CPoint(m_LeftMargin,m*(53)));     //设置列表项位置
}
}
```

▌秘笈心法

心法领悟 334：QQ 抽屉控件的实现思路。

为了设计 QQ 抽屉效果的列表视图控件，需要从 CListCtrl 派生一个子类，本实例为 CQQList。在该类中显示一些分组按钮。当用户单击这些分组按钮时，会适当调整按钮的位置，使按钮置顶或者下沉，并在控件的客户区域（除按钮占用区域之外的区域）显示另一个 CListCtrl 控件，本实例为 m_ClientList，目的是显示与分组按钮关联的项目。在设计 CQQList 类时，需要解决几个关键问题。一是如何截获导航按钮的单击事件，并确定用户单击了哪个按钮；二是如何存储与导航按钮关联的项目；三是如何向外界提供一个接口，以方便处理用户双击视图项执行的动作。

对于问题一，可以在 CQQList 的 OnCmdMsg 虚函数中实现。在 OnCmdMsg 函数中首先调用自定义的 CommandToIndex 方法获取命令对应的按钮索引，因为在创建分组按钮时，会为每个按钮指定 ID，并将按钮存储在 m_pButton 按钮数组中，只要遍历 m_pButton，即可根据按钮 ID 确定索引。如果分组按钮索引不为-1，表示用户单击了分组按钮，则执行自定义的 OnButtonDown 方法，重新排列按钮，在客户区域显示列表控件。

对于问题二，可以从 CButton 派生一个子类（本实例为 CListButton），在该类中定义一个字符串列表 m_ButtonItems（类型为 CStringList），存储与导航按钮关联的项目文本。

对于问题三，可以定义一个回调函数，本实例为 ItemDlbFun。然后在 CQQList 类中定义一个 ItemDlbFun

函数指针 m_pItemDlbFun。最后在 CQQList 类的 PreTranslateMessage 虚函数中判断用户是否双击了视图项，如果是，则调用 m_pItemDlbFun。

7.10　树视图控件

实例 335	以树状结构显示城市信息 光盘位置：光盘\MR\07\335	高级 趣味指数：★★

■ 实例说明

在一些应用程序中，有些数据都是分层次的，如果用表逐个显示，则体现得不清晰，这时可以用树视图控件来显示，该控件的特点是以树状结构显示层次信息。实例运行结果如图 7.49 所示。

图 7.49　以树状结构显示城市信息

■ 关键技术

要想使用树视图控件分层显示数据，就要先将数据按层次结构添加到树视图控件中，可以通过 CTreeCtrl 类提供的 InsertItem 方法实现，语法如下：

```
HTREEITEM InsertItem( LPTVINSERTSTRUCT lpInsertStruct );
HTREEITEM InsertItem(UINT nMask, LPCTSTR lpszItem, int nImage, int nSelectedImage, UINT nState, UINT nStateMask, LPARAM lParam, HTREEITEM hParent, HTREEITEM hInsertAfter );
HTREEITEM InsertItem( LPCTSTR lpszItem, HTREEITEM hParent = TVI_ROOT,HTREEITEM hInsertAfter = TVI_LAST );
HTREEITEM InsertItem( LPCTSTR lpszItem, int nImage, int nSelectedImage, HTREEITEM hParent = TVI_ROOT, HTREEITEM hInsertAfter = TVI_LAST);
```

InsertItem 方法中的参数说明如表 7.16 所示。

表 7.16　InsertItem 方法中的参数说明

参　　数	说　　明
lpInsertStruct	TVINSERTSTRUCT 结构指针，TVINSERTSTRUCT 结构中包含了插入操作的详细信息
nMask	节点的哪些信息被设置
lpszItem	节点的文本
nImage	节点的图像索引
nSelectedImage	节点选中时的图像索引
nState	节点的状态
nStateMask	节点的哪些状态被设置
lParam	指定关联节点的附加信息
hParent	父节点句柄
hInsertAfter	新插入节点后面的节点句柄

■ 设计过程

（1）创建一个基于对话框的应用程序。

（2）选择 Insert→Resource 命令，在打开的 Insert Resource 对话框中单击 Import 按钮，向工程中导入位图资源。

（3）向对话框中添加一个图片控件和一个树视图控件。右击图片控件，在弹出的快捷菜单中选择 Properties 命令，设置 Type 属性为 Bitmap，Image 属性为 IDB_BITMAP1；设置树视图控件的 Has Buttons、Has lines 和

Lines at root 属性，并使用类向导为控件关联变量 m_Tree。

（4）在对话框初始化时创建图像列表，向树控件中插入节点，代码如下：

```
m_ImageList.Create(16, 16, ILC_COLOR24|ILC_MASK, 1, 1);                      //创建图像列表控件
//向图像列表中添加图标
m_ImageList.Add(LoadIcon(AfxGetResourceHandle(), MAKEINTRESOURCE(IDI_ICON1)));
m_ImageList.Add(LoadIcon(AfxGetResourceHandle(), MAKEINTRESOURCE(IDI_ICON2)));
m_ImageList.Add(LoadIcon(AfxGetResourceHandle(), MAKEINTRESOURCE(IDI_ICON3)));
m_Tree.SetImageList(&m_ImageList, TVSIL_NORMAL);                             //关联图像列表
HTREEITEM hProvince = m_Tree.InsertItem("吉林省", 0, 0);                      //添加根节点
HTREEITEM hTown = m_Tree.InsertItem("长春市", 1, 1, hProvince);               //添加二级子节点
//在 "长春市" 节点下添加子节点
m_Tree.InsertItem("二道区", 2, 2, hTown);
m_Tree.InsertItem("宽城区", 2, 2, hTown);
m_Tree.InsertItem("南关区", 2, 2, hTown);
m_Tree.InsertItem("高新区", 2, 2, hTown);
//添加二级子节点
m_Tree.InsertItem("吉林市", 1, 1, hProvince);
hTown =m_Tree.InsertItem("松原市", 1, 1, hProvince);
m_Tree.InsertItem("白城市", 1, 1, hProvince);
//在 "松原市" 节点下添加子节点
m_Tree.InsertItem("扶余县", 2, 2, hTown);
m_Tree.InsertItem("前郭县", 2, 2, hTown);
m_Tree.InsertItem("长岭县", 2, 2, hTown);
m_Tree.InsertItem("宁江区", 2, 2, hTown);
m_Tree.Expand(hProvince,TVE_EXPAND);                                         //展开根节点
```

■ 秘笈心法

心法领悟 335：设置树控件节点的展开与收缩。

在本实例中调用了 Expand 方法，该方法用于展开或收缩节点。可以根据参数设置收缩或展开当前节点以及所有节点。

实例 336	节点可编辑	高级
	光盘位置：光盘\MR\07\336	趣味指数：★★

■ 实例说明

在开发数据库管理系统时，其中的层次及数据修改起来较为麻烦。如果要解决这个问题，可以将显示层次数据的树控件设置为可编辑，这样可以在节点中直接编辑，使用户操作起来更方便。实例运行结果如图 7.50 所示。

图 7.50 节点可编辑

■ 关键技术

细心的读者也许会发现一个问题，那就是通常使用的树视图控件是不允许编辑的，可是在有些情况下，需要编辑树视图控件的节点，要怎么办呢？要实现使树控件节点可编辑，需要选择树控件的 Edit labels 属性，选择该属性后将允许用户编辑节点标题。但是只选择 Edit labels 属性是不够的，因为控件虽然可以被编辑，但是却无法保存修改后的文本，所以还要通过树控件的 TVN_ENDLABELEDIT 事件实现保存修改文本的功能，在该事件中使用 SetItemText 设置当前修改的节点文本，语法如下：

```
BOOL SetItemText( HTREEITEM hItem, LPCTSTR lpszItem );
```

参数说明

❶ hItem：标识节点句柄。

❷ lpszItem：标识节点文本。

■ 设计过程

（1）创建一个基于对话框的应用程序。

（2）选择 Insert→Resource 命令，在打开的 Insert Resource 对话框中单击 Import 按钮，向工程中导入位图资源。

（3）向对话框中添加一个图片控件和一个树视图控件。右击图片控件，在弹出的快捷菜单中选择 Properties 命令，设置 Type 属性为 Bitmap，Image 属性为 IDB_BITMAP1；设置树视图控件的 Has Buttons、Has lines、Lines at root 和 Edit labels 属性，并使用类向导为控件关联变量 m_Tree。

（4）处理树视图控件的 TVN_ENDLABELEDIT 事件，在该事件中设置被编辑节点的显示文本，代码如下：

```
void CEditTreeDlg::OnEndlabeleditTree1(NMHDR* pNMHDR, LRESULT* pResult)
{
TV_DISPINFO* pTVDispInfo = (TV_DISPINFO*)pNMHDR;
m_Tree.SetItemText(pTVDispInfo->item.hItem,pTVDispInfo->item.pszText);
*pResult = 0;
}
```

■ 秘笈心法

心法领悟 336：动态修改树控件节点的注意事项。

虽然通过本实例的方法可以直接在树视图控件中修改数据，但是如果程序的数据是通过数据库插入的，那么在修改了树视图控件节点以后，一定要再通过代码修改数据库中对应的数据，否则数据库中的数据是不会改变的。

实例 337	分层显示数据 光盘位置：光盘\MR\07\337	高级 趣味指数：★★

■ 实例说明

在程序中，树控件通常用于描述一些具有层次关系的数据。例如，使用树控件显示企业的人事信息，显示地域信息等。有时由于一些原因，这些数据的层次关系会发生改变，如果能够拖动树控件中的节点来修改数据的层次关系，会极大地简化用户操作流程。本实例中设计了这样一个树控件，实例运行结果如图 7.51 所示。

图 7.51　分层显示数据

■ 关键技术

在树控件中实现节点的拖动，首先需要调用 CreateDragImage 方法创建一个拖动的图像列表（CImageList），然后调用图像列表的 BeginDrag 方法开始一个拖曳操作，调用图像列表的 DragEnter 方法锁定窗口更新，在拖动过程中显示图像。接着在鼠标移动的过程中调用图像列表的 DragMove 方法移动图像，显示拖动的效果。最后调用图像列表的 DragLeave 方法解除对窗口的锁定，隐藏拖动的图像，调用图像列表的 EndDrag 方法结束拖拽操作。下面介绍这些方法的使用。

（1）CreateDragImage 方法

树控件的 CreateDragImage 方法用于为指定的节点创建一个拖动的位图，并且为该位图创建一个图像列表，将位图添加到图像列表中，语法如下：

```
CImageList* CreateDragImage(HTREEITEM hItem);
```

参数说明

hItem：表示树控件中指定的节点。

返回值：该方法返回值是图像列表指针。

（2）BeginDrag 方法

图像列表 CImageList 的 BeginDrag 方法用于开始拖动一个图像，语法如下：

```
BOOL BeginDrag(int nImage, CPoint ptHotSpot);
```

参数说明

❶ nImage：表示拖动的图像索引。

❷ ptHotSpot：表示开始拖动的起点坐标。

返回值：如果方法执行成功，则返回值为 TRUE，否则为 FALSE。

（3）DragEnter 方法

图像列表的 DragEnter 方法用于在拖动过程中锁定窗口更新，显示拖动的图像，语法如下：

```
static BOOL PASCAL DragEnter(CWnd* pWndLock, CPoint point);
```

参数说明

❶ pWndLock：表示需要锁定的窗口对象。

❷ point：表示显示拖动图像的位置。

返回值：如果方法执行成功，则返回值为 TRUE，否则为 FALSE。

（4）DragMove 方法

图像列表的 DragMove 方法用于在拖动过程中移动图像到指定的位置，语法如下：

```
static BOOL PASCAL DragMove(CPoint pt);
```

参数说明

pt：表示将图像移动到新的位置。

返回值：如果方法执行成功，则返回值为 TRUE，否则为 FALSE。

（5）DragLeave 方法

图像列表的 DragLeave 方法用于解除对窗口的更新，隐藏拖动的图像，语法如下：

```
static BOOL PASCAL DragLeave(CWnd* pWndLock);
```

参数说明

pWndLock：表示之前锁定更新的窗口对象。

返回值：如果方法执行成功，则返回值为 TRUE，否则为 FALSE。

（6）EndDrag 方法

图像列表的 EndDrag 方法用于结束拖曳操作，语法如下：

```
static void PASCAL EndDrag( );
```

■ 设计过程

（1）创建一个基于对话框的应用程序。

（2）选择 Insert→Resource 命令，在打开的 Insert Resource 对话框中单击 Import 按钮，向工程中导入位图资源。

（3）向对话框中添加一个图片控件和一个树视图控件。右击图片控件，在弹出的快捷菜单中选择 Properties 命令，设置 Type 属性为 Bitmap，Image 属性为 IDB_BITMAP1；设置树视图控件的 Has Buttons、Has lines 和 Lines at root 属性，并使用类向导为控件关联变量 m_Tree。

（4）当鼠标在树控件上移动时，如果拖动当前节点，则设置拖动图像的位置，代码如下：

```
void CDragTree::OnMouseMove(UINT nFlags, CPoint point)
{
if (m_bDrag)                                          //处于拖动状态
{
    HTREEITEM hItem;
    UINT nHitFlags;
    CRect clientRC;
    GetClientRect(&clientRC);                         //获取客户区域
    m_pDragImages->DragMove(point);                   //设置拖动的图像位置
    //鼠标经过时高亮显示
    if( (hItem = HitTest(point, &nHitFlags)) != NULL )
```

```
            {
                    CImageList::DragShowNolock(FALSE);               //隐藏拖动的图像
                    SelectDropTarget(hItem);                         //设置选中的项目
                    CImageList::DragShowNolock(TRUE);                //显示拖动的图像
            }
    }
    else
            CTreeCtrl::OnMouseMove(nFlags, point);
}
```

■ 秘笈心法

心法领悟 337：在程序运行时展开根节点。

在程序运行时展开根节点可以通过在程序的 OnInitDialog 函数中调用树控件的 Expand 方法实现，该方法用于展开或收缩节点，语法如下：

```
BOOL Expand( HTREEITEM hItem, UINT nCode );
```

参数说明

❶ hItem：标识展开的节点句柄。

❷ nCode：确定展开的动作，可选值如下。

❑ TVE_COLLAPSE：收缩所有节点。

❑ TVE_COLLAPSERESET：收缩节点，移除子节点。

❑ TVE_EXPAND：展开所有节点。

❑ TVE_TOGGLE：展开或收缩当前节点。

实例 338	使树视图控件具有复选功能 光盘位置：光盘\MR\07\338	高级 趣味指数：★★

■ 实例说明

在使用树视图控件时，有时需要在树节点之前显示复选框，以方便用户选择节点。例如，在瑞星杀毒软件中，利用树视图控件显示磁盘目录时，为了让用户可以有选择地查杀某一个磁盘、目录或文件，可以通过节点前的复选框进行选择。在 Visual C++ 6.0 中，树视图控件也可以进行这项设置，在树视图控件属性窗口的 More Styles 选项卡中设置 Check Boxes 属性。实例运行结果如图 7.52 所示。

图 7.52 使树视图控件具有复选功能

■ 关键技术

设计带复选功能的树控件，首先要为控件选择 Check Boxes 属性，然后使用 GetCheck 方法获得复选框的状态，语法如下：

```
BOOL GetCheck( HTREEITEM hItem );
```

参数说明

hItem：表示节点句柄。

返回值：如果为 TRUE，则表示节点被选中；如果为 FALSE，则表示节点没有被选中。

■ 设计过程

（1）创建一个基于对话框的应用程序。

（2）选择 Insert→Resource 命令，在打开的 Insert Resource 对话框中单击 Import 按钮，向工程中导入位图资源。

（3）向对话框中添加一个图片控件和一个树视图控件。右击图片控件，在弹出的快捷菜单中选择 Properties 命令，设置 Type 属性为 Bitmap，Image 属性为 IDB_BITMAP1；设置树视图控件的 Has Buttons、Has lines、Lines at root 和 Check Boxes 属性，并使用类向导为控件关联变量 m_Tree。

（4）向对话框类中添加 CheckToTree 方法，递归遍历树视图控件节点。如果节点被选中，则将选中的节点文本插入到列表框中，代码如下：

```
void CCheckTreeDlg::CheckToTree(HTREEITEM hItem)
{
if (hItem != NULL)                                    //判断节点是否为空
{
    hItem = m_Tree.GetChildItem(hItem);               //获得当前节点的子节点
    while(hItem)                                       //遍历所有兄弟节点
    {
        if(m_Tree.GetCheck(hItem))                    //判断当前节点是否选中
        {
            CString StrText = m_Tree.GetItemText(hItem);  //获取节点文本
            m_SelList.AddString(StrText);             //将文本添加到列表中
        }
        CheckToTree(hItem);                           //递归调用 CheckToTree
        hItem = m_Tree.GetNextItem(hItem,TVGN_NEXT);  //获得下一个节点
    }
}
}
```

■ 秘笈心法

心法领悟 338：动态修改树控件节点的注意事项。

在使用具有复选功能的树视图控件时，需要递归判断每一个节点的状态。而在递归时，节点间的转换是通过 GetNextItem 方法实现的，该方法可以通过设置的参数来确定获得指定条件的下一个节点。

实例 339	树控件的背景设计 光盘位置：光盘\MR\07\339	高级 趣味指数：★★

■ 实例说明

用户在使用一些软件时，有时会看到界面中的树状结构具有位图背景。本实例设计了具有位图背景的树控件，实例运行结果如图 7.53 所示。

■ 关键技术

为了实现具有背景位图的树控件，首先要获得树控件原始图像，并将原始图像绘制在一个画布对象上，然后再定义一个画布对象，将背景图片绘制在该画布对象上。最后调用 BitBlt 方法将两个画布对象进行"与"运算绘制在树控件上，这样就完成了具有背景位图的树控件的设计。

图 7.53　树控件的背景设计

■ 设计过程

（1）创建一个基于对话框的应用程序。

（2）选择 Insert→Resource 命令，在打开的 Insert Resource 对话框中单击 Import 按钮，向工程中导入位图资源。

（3）以 CTreeCtrl 类为基类派生一个 CBitmapTree 类。

（4）向对话框中添加一个图片控件和一个树视图控件。右击图片控件，在弹出的快捷菜单中选择 Properties 命令，设置 Type 属性为 Bitmap，Image 属性为 IDB_BITMAP1；设置树视图控件的 Has Buttons、Has lines 和 Lines at root 属性，并使用类向导为控件关联变量 m_Tree。

（5）在 CBitmapTree 类中，处理按钮的 WM_PAINT 事件，在该事件的处理函数中为树控件绘制位图背景，代码如下：

```
void CBitmapTree::OnPaint()
{
CPaintDC dc(this);
m_hBmp = LoadImage(NULL,m_Path,IMAGE_BITMAP,0,0,LR_LOADFROMFILE);        //加载位图资源
CRect rect;
GetClientRect(&rect);                                                     //获得客户区域
m_Bitmap.Attach(m_hBmp);
CDC memdc;
memdc.CreateCompatibleDC(&dc);                                           //创建内存兼容设备上下文
CBitmap bitmap;
bitmap.CreateCompatibleBitmap(&dc, rect.Width(), rect.Height());          //初始化位图
memdc.SelectObject( &bitmap );                                           //选入位图
CWnd::DefWindowProc(WM_PAINT, (WPARAM)memdc.m_hDC , 0);                  //获取原始画布
CMemDC tempDC( &dc,rect);                                                //构造 CMemDC 对象
CBrush brush;
brush.CreatePatternBrush(&m_Bitmap);                                     //创建位图画刷
tempDC.FillRect(rect, &brush);                                           //用位图画刷填充客户区域
//将原始图片与背景进行组合
tempDC.BitBlt(rect.left, rect.top, rect.Width(), rect.Height(),&memdc, rect.left, rect.top,SRCAND);
brush.DeleteObject();                                                    //删除画刷对象
m_Bitmap.Detach();                                                       //分离位图对象
}
```

■ 秘笈心法

心法领悟 339：树控件背景设计思路。

要实现为树视图控件添加背景位图，需要以 CDC 类为基类派生一个 CMemDC 类，然后通过 CMemDC 类的对象实现背景位图和原有图像的融合。

实例 340	显示磁盘目录 光盘位置：光盘\MR\07\340	高级 趣味指数：★★

■ 实例说明

本实例实现用树控件显示磁盘目录，运行程序，在树控件中将显示磁盘的分区，通过双击树控件的节点可以查看该节点下的子目录。实例运行结果如图 7.54 所示。

■ 关键技术

本实例主要通过 GetLogicalDriveStrings 函数获取磁盘分区，然后处理树控件的双击消息，双击某个目录就是用循环查找该目录下的全部子目录。

图 7.54　显示磁盘目录

GetLogicalDriveStrings 函数的作用是将系统中合法的盘符添加到字符缓冲区中，语法如下：

```
DWORD GetLogicalDriveStrings(DWORD nBufferLength, LPTSTR lpBuffer);
```

参数说明

❶ nBufferLength：表示字符缓冲区的长度。

❷ lpBuffer：表示字符缓冲区。

返回值：如果函数执行成功，则返回值是复制到缓冲区中的字节数，不包括终止符；如果函数执行失败，则返回值为 0。

■ 设计过程

（1）创建一个基于对话框的应用程序。

（2）选择 Insert→Resource 命令，在打开的 Insert Resource 对话框中单击 Import 按钮，向工程中导入位图资源。

（3）向对话框中添加一个图片控件和一个树视图控件。右击图片控件，在弹出的快捷菜单中选择 Properties 命令，设置 Type 属性为 Bitmap，Image 属性为 IDB_BITMAP1；设置树视图控件的 Has Buttons、Has lines 和 Lines at root 属性，并使用类向导为控件关联变量 m_Tree。

（4）在对话框初始化时完成树状结构根节点的初始化，代码如下：

```
BOOL CDiskCataDlg::OnInitDialog()
{
CDialog::OnInitDialog();
//此处代码省略
imlst.Create(16,16,ILC_COLOR32|ILC_MASK,0,0);                    //创建图像列表
m_trdisktree.SetImageList(&imlst,TVSIL_NORMAL);                  //关联图像列表
m_trdisktree.ModifyStyle(0L,TVS_HASLINES|TVS_LINESATROOT);       //修改控件属性
size_t alldriver=::GetLogicalDriveStrings(0,NULL);              //获取磁盘分区
_TCHAR *driverstr;
driverstr=new _TCHAR[alldriver+sizeof(_T(""))];
if(GetLogicalDriveStrings(alldriver,driverstr)!=alldriver-1)    //获得磁盘目录
    return FALSE;
_TCHAR *pdriverstr=driverstr;
size_t driversize=strlen(pdriverstr);
HTREEITEM disktree;
while(driversize>0)
{
    SHGetFileInfo(pdriverstr,0,&fileinfo,sizeof(fileinfo),
        SHGFI_ICON);                                           //获取系统文件图标
    imindex=imlst.Add(fileinfo.hIcon);
    disktree=m_trdisktree.InsertItem(pdriverstr,imindex,imindex,
        TVI_ROOT,TVI_LAST);                                    //插入到树控件中
    pdriverstr+=driversize+1;
    driversize=strlen(pdriverstr);
}
return TRUE;
}
```

■ 秘笈心法

心法领悟 340：目录树设计技巧。

在设计目录树时，如果直接将全部磁盘中的内容添加到树控件中会消耗很长时间，而这段时间用户是不能操作的，这就给用户造成了不便。要解决这个问题，可以通过另一种方式加载数据，即不要一次性添加所有磁盘的信息，而是只添加部分磁盘信息。当用户展开某一个磁盘时再遍历当前磁盘的信息并添加到树控件中，就大大减少了用户等待的时间。

7.11　标 签 控 件

实例 341	界面的分页显示 光盘位置：光盘\MR\07\341	高级 趣味指数：★★

■ 实例说明

用户在查看文件或者文件夹属性时，就会看到标签控件将多个窗口结合在一起，用户可以通过选择标签来

切换窗口显示的内容，本实例将实现同样的功能。实例运行结果如图 7.55 所示。

图 7.55 界面的分页显示

■ 关键技术

为了应用标签控件，需要实现向标签控件中添加选项卡，可以使用标签控件类 CTabCtrl 的 InsertItem 方法，语法如下：

```
LONG InsertItem(int nItem, LPCTSTR lpszItem, int nImage);
```

参数说明

❶ nItem：表示添加的选项卡索引位置，第一个选项卡索引位置为 0。

❷ lpszItem：表示标签页文本。

❸ nImage：表示标签页显示的图像索引。

为了能够将某一个标签页设置为当前的标签页，CTabCtrl 类提供了 SetCurSel 方法，语法如下：

```
int SetCurSel(int nItem);
```

参数说明

nItem：表示设置的当前标签页索引。

返回值：表示标签控件之前选中的标签页索引。

同样，为了获取标签控件当前的标签页索引，CTabCtrl 类提供了 GetCurSel 方法，语法如下：

```
int GetCurSel( ) const;
```

返回值：表示标签控件当前选中的标签页索引。

■ 设计过程

（1）创建一个基于对话框的应用程序。

（2）选择 Insert→Resource 命令，在打开的 Insert Resource 对话框中单击 Import 按钮，向工程中导入位图资源。

（3）向对话框中添加一个图片控件和一个标签控件。右击图片控件，在弹出的快捷菜单中选择 Properties 命令，设置 Type 属性为 Bitmap，Image 属性为 IDB_BITMAP1。

（4）创建两个对话框资源，并在每个对话框资源中添加一个图片控件，然后设置控件显示相应的位图资源。

（5）在主对话框初始化时（OnInitDialog 方法中）向标签控件中添加标签页，创建两个子窗口，设置子窗口在标签控件中的显示位置，代码如下：

```
m_Tab.InsertItem(0, "员工信息管理", 0);                        //向标签控件中添加选项卡
m_Tab.InsertItem(1, "员工查询", 1);
m_Employee.Create(IDD_EMPLOYEE_DIALOG, &m_Tab);              //创建子窗口
m_Query.Create(IDD_QUERY_DIALOG, &m_Tab);
CRect clientRC;
m_Tab.GetClientRect(clientRC);                              //获取标签客户区域
clientRC.DeflateRect(2, 30, 2, 2);                         //减少客户区域大小
m_Employee.MoveWindow(clientRC);                           //移动子窗口
m_Query.MoveWindow(clientRC);                             //移动子窗口
m_Employee.ShowWindow(SW_SHOW);                          //显示子窗口
m_Tab.SetCurSel(0);                                       //设置默认选中的标签页
```

■ 秘笈心法

心法领悟 341：多页面窗口的另一种实现方式。

要设计多页面显示窗口，除了本实例使用的对话框资源的切换方法外，还可以将所有的控件都放在同一个窗口中，在用户进行切换时，控制不同的标签选择显示或隐藏。

实例 342	标签中的图标设置 光盘位置：光盘\MR\07\342	高级 趣味指数：★★

■ 实例说明

在一些软件中，多页面显示时并不像 Windows 属性窗体那么单调，在标签中是可以加图标等资源进行装饰的，在 Visual C++ 中也能实现这样的功能。实例运行结果如图 7.56 所示。

图 7.56　标签中的图标设置

■ 关键技术

本实例中所运用的关键技术请参见实例 341。

■ 设计过程

（1）创建一个基于对话框的应用程序。

（2）选择 Insert→Resource 命令，在打开的 Insert Resource 对话框中单击 Import 按钮，向工程中导入位图和图标资源。

（3）向对话框中添加一个图片控件和一个标签控件。右击图片控件，在弹出的快捷菜单中选择 Properties命令，设置 Type 属性为 Bitmap，Image 属性为 IDB_BITMAP1。

（4）创建 3 个对话框资源，并在每个对话框资源中添加一个图片控件，然后设置控件显示相应的位图资源。

（5）在主对话框初始化时（OnInitDialog 方法中）向标签控件中添加标签页，创建两个子窗口，设置子窗口在标签控件中的显示位置，并设置在标签的选项卡上可以显示图标，代码如下：

```
m_ImageList.Create(24,24,ILC_COLOR24|ILC_MASK,1,0);          //创建图像列表
//向图像列表中添加图标
m_ImageList.Add(AfxGetApp()->LoadIcon(IDI_ICON1));
m_ImageList.Add(AfxGetApp()->LoadIcon(IDI_ICON2));
m_ImageList.Add(AfxGetApp()->LoadIcon(IDI_ICON3));
//将图像列表关联到标签控件中
m_Tab.SetImageList(&m_ImageList);
m_Tab.InsertItem(0,"员工信息",0);
m_Tab.InsertItem(1,"客户信息",1);
m_Tab.InsertItem(2,"供应商信息",2);
m_eDlg = new CEmployee;
m_cDlg = new CClient;
m_pDlg = new CProvidedlg;
m_eDlg->Create(IDD_DIALOG_EMP,&m_Tab);
m_cDlg->Create(IDD_DIALOG_CLI,&m_Tab);
```

```
m_pDlg->Create(IDD_DIALOG_PRO,&m_Tab);
m_eDlg->CenterWindow();
m_eDlg->ShowWindow(SW_SHOW);
```

■ 秘笈心法

心法领悟 342：重绘控件须知。

如果用户不满足只是用图标来点缀控件，那么可以使用自绘的方法来重绘标签控件。不过，相对于按钮、组合框等控件，重绘标签控件略微复杂一些。在重绘标签控件时，不仅需要在 DrawItem 虚方法中根据标签中选项卡的状态来绘制选项卡，还需要在 OnPaint 消息处理函数中遍历每一个选项卡来绘制各个选项卡。

7.12 时间控件

实例 343	迷你星座查询器 光盘位置：光盘\MR\07\343	高级 趣味指数：★★

■ 实例说明

西方的星座就像东方的生肖一样，一直很受关注。随着东西方之间的文化交流，在国内也有越来越多的年轻人关注星座的信息，包括星座性格、运程等。本实例将通过选择的生日信息，显示出对应的星座信息。实例运行结果如图 7.57 所示。

图 7.57　迷你星座查询器

■ 关键技术

在实现本实例时，使用的技术不是很难，功能的实现主要体现在算法上，主要分为两部分内容。第一部分是通过对闰年和月份的判断，不断地调整"日期"组合框中显示的天数。在本实例中，月份天数的判断是通过 switch 语句实现的，由于 2 月份的天数会根据是否为闰年有所变化，所以要判断用户输入的年份是否为闰年。判断语句如下：

```
return ((year%4==0 && year%100!=0) || year%400==0);          //判断是否为闰年
```

如果是闰年，该语句就会返回一个 TRUE 值，否则返回 FALSE 值。

第二部分是判断星座，也是通过 switch 语句实现的。首先判断用户输入的是几月，因为在每个月中都会存在两个星座。通过判断月份可以把星座锁定在指定的两个星座中，然后比较用户设置的日期与这个月中两个星座分隔的日期的大小。如果小于分隔的日期，则是前一个星座，否则为下一个星座。

■ 设计过程

（1）创建一个基于对话框的应用程序。

（2）选择 Insert→Resource 命令，在打开的 Insert Resource 对话框中单击 Import 按钮，向工程中导入位图资源。

（3）向对话框中添加一个图片控件、3 个静态文本控件、3 个组合框控件和一个按钮控件。右击图片控件，在弹出的快捷菜单中选择 Properties 命令，设置 Type 属性为 Bitmap，Image 属性为 IDB_BITMAP1。

（4）创建一个对话框资源，修改其 Caption 属性为"你的星座是"，并关联一个对话框类 CShowDlg。在该类中声明一个整型的成员变量 m_Index，该变量用于记录星座的序号，在主对话框的源文件中引用 CShowDlg 类的头文件。该对话框用于显示星座信息。

（5）处理主窗口中"查询"按钮的单击事件，在该事件的处理函数中根据用户选择的日期判断显示的星座信息，代码如下：

```
CShowDlg dlg;
switch(atoi(month))                                      //根据月份进行判断
{
case 1:
        if(atoi(day) < 20)                               //摩羯座
                dlg.m_Index = 10;
        else                                             //水瓶座
                dlg.m_Index = 11;
        break;
case 2:
        if(atoi(day) < 19)                               //水瓶座
                dlg.m_Index = 11;
        else                                             //双鱼座
                dlg.m_Index = 12;
        break;
case 3:
        if(atoi(day) < 21)                               //双鱼座
                dlg.m_Index = 12;
        else                                             //白羊座
                dlg.m_Index = 1;
        break;
case 4:
        if(atoi(day) < 21)                               //白羊座
                dlg.m_Index = 1;
        else                                             //金牛座
                dlg.m_Index = 2;
        break;
case 5:
        if(atoi(day) < 21)                               //金牛座
                dlg.m_Index = 2;
        else                                             //双子座
                dlg.m_Index = 3;
        break;
case 6:
        if(atoi(day) < 22)                               //双子座
                dlg.m_Index = 3;
        else                                             //巨蟹座
                dlg.m_Index = 4;
        break;
case 7:
        if(atoi(day) < 23)                               //巨蟹座
                dlg.m_Index = 4;
        else                                             //狮子座
                dlg.m_Index = 5;
        break;
case 8:
        if(atoi(day) < 23)                               //狮子座
                dlg.m_Index = 5;
        else                                             //处女座
                dlg.m_Index = 6;
        break;
case 9:
        if(atoi(day) < 23)                               //处女座
                dlg.m_Index = 6;
        else                                             //天秤座
                dlg.m_Index = 7;
        break;
```

```
case 10:
        if(atoi(day) < 23)                                          //天秤座
                dlg.m_Index = 7;
        else                                                        //天蝎座
                dlg.m_Index = 8;
        break;
case 11:
        if(atoi(day) < 22)                                          //天蝎座
                dlg.m_Index = 8;
        else                                                        //射手座
                dlg.m_Index = 9;
        break;
case 12:
        if(atoi(day) < 22)                                          //射手座
                dlg.m_Index = 9;
        else                                                        //摩羯座
                dlg.m_Index = 10;
        break;
}
```

秘笈心法

心法领悟 343：星座显示的实现。

在本实例中，在主窗口获得用户设置的日期后，要将判断的结果传递给子对话框。这就需要在子对话框中定义一个成员变量，然后通过该成员变量的值判断当前子窗体要显示的星座图片。

实例 344	设置系统时间 光盘位置：光盘\MR\07\344	高级 趣味指数：★★

实例说明

有许多软件具有修改系统时间的功能，那么这个功能是怎样实现的？本实例就通过 Visual C++来实现修改系统时间的功能。实例运行结果如图 7.58 所示。

图 7.58　设置系统时间

关键技术

要使用时间控件修改系统时间，可以通过 CTime 类的 GetCurrentTime 方法获得系统的当前时间，然后在定时器中使用 SetLocalTime 函数设置系统时间。

（1）GetCurrentTime 方法

该方法用于获得系统的当前时间，语法如下：

```
static CTime PASCAL GetCurrentTime( );
```

返回值：返回一个代表当前时间的 CTime 对象。

（2）SetLocalTime 函数

该函数用于设置系统时间，语法如下：

```
BOOL SetLocalTime( CONST SYSTEMTIME *lpSystemTime );
```

参数说明

lpSystemTime：SYSTEMTIME 指针类型的时间数据。

■ 设计过程

（1）创建一个基于对话框的应用程序。

（2）选择 Insert→Resource 命令，在打开的 Insert Resource 对话框中单击 Import 按钮，向工程中导入位图资源。

（3）向对话框中添加一个图片控件、一个时间控件和两个按钮控件。右击图片控件，在弹出的快捷菜单中选择 Properties 命令，设置 Type 属性为 Bitmap，Image 属性为 IDB_BITMAP1。

（4）为"修改"按钮处理单击事件，使其具有修改系统时间的功能，代码如下：

```
void CDateTimeDlg::OnButmod()
{
CTime cTime;
m_Time.GetTime(cTime);                 //获得控件中的时间
SYSTEMTIME time;                       //声明 SYSTEMTIME 变量
::GetLocalTime(&time);                 //装载本地时间
time.wHour = cTime.GetHour();
time.wMinute = cTime.GetMinute();
time.wSecond = cTime.GetSecond();
::SetLocalTime(&time);                 //设置本地时间
SetTimer(1,1000,NULL);                 //设置定时器
}
```

■ 秘笈心法

心法领悟 344：修改时间时的注意事项。

在使用本实例设置系统时间时，一定要先单击"停止"按钮使当前时间不再变化，然后再进行设置，否则无法设置成功。

7.13 月 历 控 件

实例 345	时间和月历的同步 光盘位置：光盘\MR\07\345	高级 趣味指数：★★

■ 实例说明

在定时提醒类的软件中，经常会看到时间控件和月历控件一起使用，当用户设置其中一个控件中的日期，另一个控件的日期就会自动同步。本实例实现如何将两个控件同步使用。实例运行结果如图 7.59 所示。

图 7.59 时间和月历的同步

■ 关键技术

因为时间控件和月历控件都可以显示日期，所以可以关联在一起使用，需要处理时间控件的 DTN_DATETIMECHANGE 事件和月历控件的 MCN_SELECT 事件。在这两个事件中分别获得本控件中所选中的日期，

并将另一个控件中的日期也修改成该日期。其中要获得时间控件中的日期可以使用 GetTime 方法，在获得月历控件中的选中日期时可以使用 GetCurSel 方法。

（1）GetTime 方法

该方法可以得到日期时间控件的当前时间，语法如下：

```
BOOL GetTime(COleDateTime& timeDest) const;
DWORD GetTime(CTime& timeDest) const;
DWORD GetTime(LPSYSTEMTIME pTimeDest) const;
```

参数说明

❶ timeDest：第一个版本中是对接收系统时间信息的 COleDateTime 对象的参考。第二个版本中是对接收系统时间信息的 CTime 对象的参考。

❷ pTimeDest：指向接收系统时间信息的 SYSTEMTIME 结构的指针，不能为 NULL。

（2）GetCurSel 方法

该方法用于获得月历控件中的选中日期，语法如下：

```
BOOL GetCurSel( COleDateTime& refDateTime ) const;
BOOL GetCurSel( CTime& refDateTime ) const;
BOOL GetCurSel( LPSYSTEMTIME pDateTime ) const;
```

参数说明

❶ refDateTime：COleDateTime 对象或 CTime 对象的参考，将获取当前的时间。

❷ pDateTime：接收当前被选日期信息 SYSTEMTIME 结构的指针。该参数必须为有效的地址值，不能为 NULL。

📢 **注意**：由于月历控件的 GetCurSel 方法并不稳定，所以没有使用 GetCurSel 方法获取月历控件的选中日期，而是使用 SendMessage 函数。

▌设计过程

（1）创建一个基于对话框的应用程序。

（2）选择 Insert→Resource 命令，在打开的 Insert Resource 对话框中单击 Import 按钮，向工程中导入位图资源。

（3）向对话框中添加一个图片控件、一个时间控件和一个月历控件。右击图片控件，在弹出的快捷菜单中选择 Properties 命令，设置 Type 属性为 Bitmap，Image 属性为 IDB_BITMAP1；将时间控件的 Use Spin Control 属性选中，将月历控件的 No Today 的属性选中，为时间控件和月历控件添加变量 m_Date1 和 m_Date2。

（4）处理时间控件的 DTN_DATETIMECHANGE 事件和月历控件的 MCN_SELECT 事件，当时间或者月历控件中的日期变化时修改另一个控件中的日期数据，使时间达到同步的效果，代码如下：

```
void CMonthDlg::OnDatetimechangeDatetimepicker1(NMHDR* pNMHDR, LRESULT* pResult)
{
CTime cTime;
m_Date1.GetTime(cTime);                                      //获得时间控件日期
m_Date2.SetCurSel(cTime);                                    //设置月历控件日期
*pResult = 0;
}

void CMonthDlg::OnSelectMonthcalendar1(NMHDR* pNMHDR, LRESULT* pResult)
{
CTime cTime;
SYSTEMTIME sysTime;
::SendMessage(m_Date2.m_hWnd, MCM_GETCURSEL, 0, (LPARAM) &sysTime);   //获得月历控件日期
cTime = CTime((int)sysTime.wYear, (int)sysTime.wMonth, (int)sysTime.wDay,0, 0, 0,-1);  //格式化时间
m_Date1.SetTime(&cTime);                                     //设置时间控件日期
*pResult = 0;
}
```

▌秘笈心法

心法领悟 345：时间数据转换过程。

在使用 SendMessage 函数通过发送消息的方式获得月历控件中的日期后，由于得到的时间变量是 SYSTEMTIME 类型，要将其转换成 CTime 类型后再通过时间控件进行设置。

实例 346	实现纪念日提醒 光盘位置：光盘\MR\07\346	高级 趣味指数：★★

■ 实例说明

本实例实现一款可以对设计好的纪念日进行定时提醒的工具，可以帮助用户更好地管理纪念日。实例运行结果如图 7.60 所示。

图 7.60　实现纪念日提醒

■ 关键技术

本实例通过定时器实现日期的定时判断，下面介绍定时器的用法。在设置定时器时，可以使用 SetTimer 方法。

SetTimer 方法用于设置定时器，语法如下：

```
UINT SetTimer( UINT nIDEvent, UINT nElapse, void (CALLBACK EXPORT* lpfnTimer)(HWND, UINT, UINT, DWORD) );
```

参数说明

❶ nIDEvent：定时器标识索引。

❷ nElapse：定时器的间隔时间，以 ms 为单位。

❸ lpfnTimer：指定了应用程序提供的 TimerProc 回调函数的地址，该函数用于处理 WM_TIMER 消息。如果该参数为 NULL，则 WM_TIMER 消息被放入应用程序的消息队列并由 CWnd 对象处理。

■ 设计过程

（1）创建一个基于对话框的应用程序。

（2）选择 Insert→Resource 命令，在打开的 Insert Resource 对话框中单击 Import 按钮，向工程中导入位图资源。

（3）向对话框中添加一个图片控件、一个月历控件、一个编辑框控件、一个列表视图控件和一个按钮控件。右击图片控件，在弹出的菜单中选择 Properties 命令，设置 Type 属性为 Bitmap，Image 属性为 IDB_BITMAP1；设置列表视图控件的显示风格为 Report 风格。

（4）处理对话框的定时器事件，在定时器中判断当前日期是否为用户设置的纪念日日期，如果是，则弹出消息对话框进行提醒，代码如下：

```
void CCommemorateDlg::OnTimer(UINT nIDEvent)
{
UpdateData();
CTime time = CTime::GetCurrentTime();                    //获得当前系统日期
for (int i=0;i<m_List.GetItemCount();i++)                //根据列表项数量进行循环
```

```
{
    CString strTime = m_List.GetItemText(i,1);              //获得纪念日对应日期
    if (time.Format("%m-%d") == strTime)                    //当前日期是否和纪念日相同
    {
        CString strName = m_List.GetItemText(i,0);          //获得纪念日名称
        MessageBox("今天是："+strName,"提示");              //纪念日提示
    }
}
CDialog::OnTimer(nIDEvent);
```

■ 秘笈心法

心法领悟 346：选择连续日期。

打开月历控件的属性窗口，选择 Styles 选项卡，选择 Multi Select 属性，该属性用于设置要控件是可以选择连续不超过 7 天的日期。

7.14　其　他　控　件

实例 347	对数字进行微调 光盘位置：光盘\MR\07\347	高级 趣味指数：★★

■ 实例说明

在 Visual C++ 6.0 开发环境的控件面板中提供了一个微调控件，该控件本身并不是单独使用的，而是和其他控件组合使用。通常情况下，会将微调控件和一个显示数字的编辑框绑定在一起。通过微调控件可以对编辑框中的数字进行上下调整，本实例实现了这一功能。实例运行结果如图 7.61 所示。

图 7.61　对数字进行微调

■ 关键技术

要为微调控件建立伙伴控件，可以通过设置微调控件的属性来实现。打开微调控件的属性窗口，在 Styles 选项卡中选择 Auto buddy 属性和 Set buddy integer 属性。其中：

❑　Auto buddy 属性使微调控件自动拥有一个伙伴控件。

❑　Set buddy integer 属性使微调控件自动更新伙伴控件中显示的数值。

■ 设计过程

（1）创建一个基于对话框的应用程序。

（2）选择 Insert→Resource 命令，在打开的 Insert Resource 对话框中单击 Import 按钮，向工程中导入位图资源。

（3）向对话框中添加一个图片控件、一个编辑框控件和一个微调按钮控件。右击图片控件，在弹出的快捷菜单中选择 Properties 命令，设置 Type 属性为 Bitmap，Image 属性为 IDB_BITMAP1；打开微调控件的属性窗

口，在 Styles 选项卡中选择 Auto buddy 属性和 Set buddy integer 属性。

（4）在主对话框初始化时（OnInitDialog 方法中）设置微调控件的变化范围以及编辑框的默认显示数据，代码如下：

```
m_Spin.SetRange(0,10000);
m_Num = 9876;
UpdateData(FALSE);
```

■ 秘笈心法

心法领悟 347：微调控件的使用。

微调控件并不是把最近的控件作为伙伴控件，而是以 TAB 顺序决定，伙伴控件的 TAB 顺序必须紧挨着微调控件且比微调控件的 TAB 顺序小。

实例 348	使用热键控件 光盘位置：光盘\MR\07\348	高级 趣味指数：★★

■ 实例说明

很多的应用软件都有热键功能，利用热键可以简化用户的操作。在 Visual C++的开发环境中提供了热键控件，该控件可以用户方便地为程序创建热键，使应用程序操作起来更加简单。实例运行结果如图 7.62 所示。

图 7.62　使用热键控件

■ 关键技术

使用热键控件可以使用户根据自己的习惯设置热键，通过 CHotKeyCtrl 类的 GetHotKey 方法可以获得热键控件内的热键组合，然后使用 RegisterHotKey 函数根据该热键组合注册系统热键，并添加热键消息处理函数 OnHotKey，最后在程序结束时使用 UnregisterHotKey 函数销毁已注册的系统热键。

（1）GetHotKey 方法

该方法用于从一个热键控件中获取一个虚拟键代码和修正符标志，语法如下：

```
DWORD GetHotKey() const;
void GetHotKey( WORD &wVirtualKeyCode, WORD &wModifiers ) const;
```

参数说明

❶ wVirtualKeyCode：热键的虚拟键代码。

❷ wModifiers：修正符标志。当与 wVirtualKeyCode 组合使用时，定义一个热键组合。

（2）RegisterHotKey 函数

该函数用于注册系统热键，语法如下：

```
BOOL RegisterHotKey( HWND hWnd, int id, UINT fsModifiers, UINT vk );
```

参数说明

❶ hWnd：接收热键产生 WM_HOTKEY 消息的窗口句柄。若该参数为 NULL，则传递给调用线程的 WM_HOTKEY 消息必须在消息循环中进行处理。

❷ id：定义热键的标识符。

❸ fsModifiers：定义为了产生 WM_HOTKEY 消息而必须与由 nVirtKey 参数定义的键一起按下的键。

❹ vk：定义热键的虚拟键码。

（3）UnregisterHotKey 函数

该函数用于释放调用线程先前登记的热键，语法如下：

```
BOOL UnregisterHotKey( HWND hWnd, int id );
```

参数说明

❶ hWnd：与被释放的热键相关的窗口句柄。若热键不与窗口相关，则该参数为 NULL。

❷ id：定义被释放的热键的标识符。

设计过程

（1）创建一个基于对话框的应用程序。

（2）选择 Insert→Resource 命令，在打开的 Insert Resource 对话框中单击 Import 按钮，向工程中导入位图资源。

（3）向对话框中添加一个图片控件、一个热键控件和一个按钮控件。右击图片控件，在弹出的快捷菜单中选择 Properties 命令，设置 Type 属性为 Bitmap，Image 属性为 IDB_BITMAP1。

（4）为"保存"按钮处理单击事件，使其具有为程序设置热键的功能，代码如下：

```
void CHotKeyDlg:: OnButcreate()
{
WORD wvk,wmod;
m_HotKey.GetHotKey(wvk,wmod);                                      //获得用户设置的热键键值
BOOL result=RegisterHotKey(this->GetSafeHwnd(),HOTKEY_MES,wmod,wvk);   //注册热键
if(!result)
{
      MessageBox("注册热键失败");
}
else
{
      MessageBox("热键已注册");
}
}
```

秘笈心法

心法领悟 348：添加热键消息处理函数。

注册了热键以后，还要设置热键的实现功能，手动添加 WM_HOTKEY 消息的处理函数，在该函数中添加热键的功能实现代码。

```
void CHotKeyDlg::OnHotKey(WPARAM wParam,LPARAM lParam)
{
if(HOTKEY_MES == (int)wParam)
{
      MessageBox("热键被按下");
}
}
```

| 实例 349 | 获得本机的 IP 地址
光盘位置：光盘\MR\07\349 | 高级
趣味指数：★★ |

实例说明

IP 地址能够标识网络中唯一的一台计算机，目前的 IP 地址是 32 位，被划分为 4 个节，节与节之间用"."分隔，每节为 8 位，通常用十进制来表示，如 127.0.0.1。本实例实现获取本机 IP 地址的功能。实例运行结果如图 7.63 所示。

图 7.63　获得本机的 IP 地址

关键技术

本实例使用 GetComputerName 函数和 gethostbyname 函数实现，下面对这两个函数进行介绍。

（1）GetComputerName 函数

该函数用于获取当前计算机的名称，语法如下：

```
BOOL GetComputerName( LPTSTR lpBuffer, LPDWORD nSize );
```

参数说明

❶ lpBuffer：用于存储计算机名称的字符串指针。

❷ nSize：存储字符串的空间大小。

（2）gethostbyname 函数

该函数是一个在 winsock 单元中声明的函数，该函数能够通过计算机的名称返回其网络信息，这个信息中包括 IP 地址，语法如下：

```
struct hostent FAR * gethostbyname ( const char FAR * name );
```

参数说明

name：包含计算机名称的字符串。

返回值：该函数的返回值为 HOSTENT 结构类型的指针，该类型声明如下：

```
struct hostent {
    char FAR *              h_name;
    char FAR * FAR *        h_aliases;
    short                   h_addrtype;
    short                   h_length;
    char FAR * FAR *        h_addr_list;
};
```

设计过程

（1）创建一个基于对话框的应用程序。

（2）选择 Insert→Resource 命令，在打开的 Insert Resource 对话框中单击 Import 按钮，向工程中导入位图资源。

（3）向对话框中添加一个图片控件、一个 IP 控件和两个按钮控件。右击图片控件，在弹出的快捷菜单中选择 Properties 命令，设置 Type 属性为 Bitmap，Image 属性为 IDB_BITMAP1。

（4）在对话框初始化时获取当前计算机名称，并通过获得的计算机名称获取 IP 地址，代码如下：

```
WSADATA wsd;
WSAStartup(MAKEWORD(2,2),&wsd);
DWORD nSize = MAX_COMPUTERNAME_LENGTH + 1;
char Buffer[MAX_COMPUTERNAME_LENGTH + 1];
GetComputerName(Buffer,&nSize);                                    //获得机器名
CString str="";
struct hostent * pHost;
pHost = gethostbyname(Buffer);                                     //获取 IP 地址
    for(int i=0;i<4;i++)
{
    CString addr;
    if(i > 0)
    {
        str += ".";
    }
    addr.Format("%u",(unsigned int)((unsigned char*)pHost->h_addr_list[0])[i]);  //格式化 IP
    str += addr;
}
m_IP.SetWindowText(str);                                           //显示 IP 地址
```

秘笈心法

心法领悟 349：使用 gethostbyname 函数。

在使用 gethostbyname 函数之前，需要导入 ws2_32.lib 库和头文件 afxsock.h。

第 *8* 章

菜单

▶▶ 菜单创建

▶▶ 设置菜单属性

▶▶ 菜单位置控制

▶▶ 控件菜单

8.1　菜 单 创 建

实例 350	根据表中数据动态生成菜单	高级
	光盘位置：光盘\MR\08\350	趣味指数：★★★★☆

■ 实例说明

在设计应用程序时，为了增加灵活性，经常根据需要动态生成菜单。本实例实现了通过数据表动态生成菜单的功能。实例运行结果如图 8.1 所示。

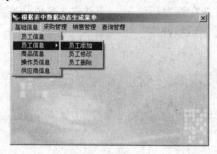

图 8.1　根据表中的数据动态生成菜单

■ 关键技术

动态生成菜单的关键问题是如何添加菜单项和级联菜单。在 MFC 中，提供了 CMenu 类用于操作和管理菜单，该类提供了多种方法用于添加菜单和级联菜单。

（1）AppendMenu 方法

该方法用于在菜单的末尾添加一个新的菜单项，语法如下：

```
BOOL AppendMenu( UINT nFlags, UINT nIDNewItem = 0, LPCTSTR lpszNewItem = NULL );
```

参数说明

❶ nFlags：表示菜单项的状态信息。

❷ nIDNewItem：表示菜单项 ID。

❸ lpszNewItem：表示菜单项的内容。

（2）CreatePopupMenu 方法

该方法用于创建一个弹出式菜单，语法如下：

```
BOOL CreatePopupMenu( );
```

返回值：如果执行成功，则返回值为非 0，否则为 0。

■ 设计过程

（1）创建一个基于对话框的应用程序。

（2）在对话框类中定义一个 CMenu 变量 m_menu。

（3）在对话框类中添加一个 IsHaveSubMenu 方法，根据文本判断菜单是否包含子菜单。

（4）在对话框类中添加一个 LoadMenuFromDatabase 方法，首先加载根菜单，然后加载相应的子菜单，代码如下：

```
void CDynamicMenuDlg::LoadMenuFromDatabase()
{

CString sql;
sql.Format( "select * from tb_menuinfo where  上级菜单  is NULL");                    //定义 SQL 语句
```

```
m_pRecord = m_pCon->Execute((_bstr_t)sql,NULL,adCmdText);         //执行 SQL 语句
CString c_menustr;
while (! m_pRecord->ADOEOF)                                        //最后一条停止循环
{
    c_menustr = m_pRecord->GetCollect("菜单名称").bstrVal;        //获取字段数据
    LoadSubMenu(&m_menu,c_menustr);                               //加载子菜单
    m_pRecord->MoveNext();                                        //移动数据库游标，指向下一条
}
SetMenu(&m_menu);
}
```

■ 秘笈心法

心法领悟 350：递归调用创建菜单。

通过读取数据库中的数据创建菜单可以增加程序的灵活性，如果应用程序的功能发生变化，只要针对该数据库中数据表的数据即可，不需要重新在开发环境下设计菜单。菜单是多级事物，也就是说父菜单包含子菜单，这样在程序中创建菜单就需要使用递归函数调用，生成菜单使用 LoadMenuFromDatabase 函数，生成子菜单使用 LoadSubMenu 函数。

实例 351	创建级联菜单 光盘位置：光盘\MR\08\351	高级 趣味指数：★★★☆

■ 实例说明

级联菜单就是在菜单项中还有下一级菜单，效果如图 8.2 所示。

■ 关键技术

级联菜单的创建主要是设置菜单项的属性，如果将菜单项的属性设置为 Pop-up，则菜单项的右侧就会出现三角号。菜单属性设置如图 8.3 所示。

图 8.2　创建级联菜单

图 8.3　菜单属性设置

■ 设计过程

（1）在工作区窗口中选择资源视图（ResourceView），右击一个节点，在弹出的快捷菜单中选择 Insert 命令，将打开"插入资源"对话框。

（2）在资源类型列表中选择 Menu 节点，单击 New 按钮，将创建一个菜单。

（3）在菜单设计窗口中按 Enter 键打开属性窗口，在 Caption 编辑框中设计菜单标题。

（4）在新建菜单下的虚线框上按 Enter 键打开属性窗口可以添加子菜单，在属性窗口中设置子菜单 ID 和菜单的标题。

（5）在想创建级联菜单的菜单的属性窗口选中 Pop-up 复选框，这样，在菜单项的右侧将显示一个箭头，在箭头指向的位置即可创建级联菜单的子菜单。

■ 秘笈心法

心法领悟 351：动态创建菜单。

本实例是在开发环境中创建的级联菜单，如果是动态创建菜单，使用 CMenu 类的 AppendMenu 成员函数向父菜单附加菜单，即可实现级联效果。

实例 352	带历史信息的菜单 光盘位置：光盘\MR\08\352	高级 趣味指数：★★★★☆

■ 实例说明

在开发程序时，经常会打开文件，存放在不同路径下的文件打开时需要在不同的路径下寻找。如果一个文件已经打开过，又要重新打开时再重新在路径下寻找是比较浪费时间的。如果在程序中记录历史打开的文件路径，重新打开文件时就会变得很方便。本实例就是能够记录历史打开文件的路径信息，用户可以通过历史信息打开文件。实例运行结果如图 8.4 所示。

图 8.4　带历史信息的菜单

■ 关键技术

要实现带历史信息的菜单需要使用 CMenu 类的 InsertMenu 方法。

InsertMenu 方法用于向菜单中的指定位置插入菜单项，语法如下：

```
BOOL InsertMenu( UINT nPosition, UINT nFlags, UINT nIDNewItem = 0, LPCTSTR lpszNewItem = NULL );
BOOL InsertMenu( UINT nPosition, UINT nFlags, UINT nIDNewItem, const CBitmap* pBmp );
```

InsertMenu 方法中的参数说明如表 8.1 所示。

表 8.1　InsertMenu 方法中的参数说明

参　　数	说　　明
nPosition	标识某一个菜单项
nFlags	表示如何解释 nPosition，可选值如下。 MF_BYCOMMAND：根据 nPosition 标识的菜单 ID 插入菜单项 MF_BYPOSITION：根据 nPosition 标识的菜单位置插入菜单项
nIDNewItem	标识菜单项的 ID
lpszNewItem	标识菜单项的内容
pBmp	标识关联菜单项的位图对象指针

■ 设计过程

（1）创建一个基于对话框的应用程序。

（2）向工程中添加 ID 属性为 IDR_MYMENU 的菜单，并用此 ID 值设置对话框的 menu 属性。

（3）为菜单 IDR_MYMENU 添加 ID 属性为 ID_MENUOPEN 的菜单项，并将 Caption 属性设置为"打开"。

（4）通过类向导为 ID_MENUOPEN 添加消息响应函数 OnMenuopen，代码如下：

```
void CHistoryMenuDlg::OnMenuopen()
{
CFileDialog file(TRUE,NULL,NULL,OFN_HIDEREADONLY | OFN_OVERWRITEPROMPT,
        "All Files(*.*)|*.*| |",AfxGetMainWnd());              //构造打开文件对话框
if(file.DoModal()==IDOK)                                       //弹出打开文件对话框
{
        strText = file.GetPathName();                         //获取打开文件路径
}
CMenu* m_pMenu;
m_pMenu = m_Menu.GetSubMenu(0);                               //获取第一个子菜单
m_pMenu->InsertMenu(2,MF_BYPOSITION,num,strText);            //向菜单中加入菜单项
SetMenu(&m_Menu);                                            //设置对话框的菜单
```

```
num++;
}
```

秘笈心法

心法领悟352：菜单项的存储位置。

本实例主要模仿 MFC 向导创建的多文档视图结构应用程序,多文档视图结构应用程序能够自动记录历史信息,MFC 类库在多文档视图结构应用程序实现了这个功能,但在基于对话框的应用程序中没有实现。本实例实现了在对话框应用程序中每打开一个文件都会在菜单中进行文件路径的记录,但程序重新启动后历史记录就不存在了,可以对实例进行改进,将历史记录使用 INI 文件进行记录,或写入注册表中。当程序再次启动时读取INI 文件或用注册表获取打开过的文件。

实例 353	绘制渐变效果的菜单	高级
	光盘位置: 光盘\MR\08\353	趣味指数: ★★★★☆

实例说明

如今许多应用软件都具有漂亮的菜单。在 Visual C++中,如何设计这些菜单呢?本实例中设计了一个渐变效果的菜单。实例运行结果如图 8.5 所示。

关键技术

实现菜单的绘制,需要改写 CMenu 类的 DrawItem 方法和MeasureItem 方法。在 DrawItem 方法中根据菜单项的当前状态绘制菜单,在 MeasureItem 方法中根据菜单项的文本设置菜单项的大小。

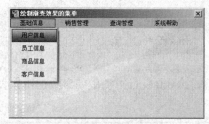

图 8.5　绘制渐变效果的菜单

设计过程

（1）创建一个基于对话框的应用程序。

（2）在工程中添加 ID 属性为 IDR_MAINMENU 的菜单。

（3）由 CMenu 派生新类 CMyMenu,并在头文件 BeautifulMenuDlg.h 中的 CbeautifulMenuDlg 类内声明该类的对象。

（4）为 CbeautifulMenuDlg 类添加 WM_DRAWITEM 和 WM_MEASUREITEM 消息的实现函数。

（5）在自定义类 CMyMenu 的 DrawComMenu 函数内实现渐变效果,代码如下:

```
void CMyMenu::DrawComMenu(CDC* m_pdc,CRect m_rect,COLORREF m_fromcolor,COLORREF m_tocolor, BOOL m_selected )
{
if (m_selected)
{
        m_pdc->Rectangle(m_rect);                                               //绘制矩形
        m_rect.DeflateRect(1,1);                                                //减小区域
        int r1,g1,b1;
        //读取渐变起点的颜色值
        r1 = GetRValue(m_fromcolor);
        g1 = GetGValue(m_fromcolor);
        b1 = GetBValue(m_fromcolor);
        int r2,g2,b2;
        //读取渐变终点的颜色值
        r2 = GetRValue(m_tocolor);
        g2 = GetGValue(m_tocolor);
        b2 = GetBValue(m_tocolor);
        //计算渐变值
        float   r3,g3,b3;
        r3 = ((float)(r2-r1)) / (float)(m_rect.Height());
        g3 = (float)(g2-g1)/(float)(m_rect.Height());
```

```
        b3 = (float)(b2-b1)/(float)(m_rect.Height());
        COLORREF r,g,b;
        CPen* m_oldpen ;
        //在区域内循环绘制不同颜色的线条
        for (int i = m_rect.top;i<m_rect.bottom;i++)
        {
                r = r1+(int)r3*(i-m_rect.top);
                g = g1+(int)g3*(i-m_rect.top);
                b = b1+ (int)b3*(i-m_rect.top);
                CPen m_pen (PS_SOLID,1,RGB(r,g,b));              //创建指定颜色的画笔
                m_oldpen = m_pdc->SelectObject(&m_pen);
                m_pdc->MoveTo(m_rect.left,i);
                m_pdc->LineTo(m_rect.right,i);                   //绘制线条
        }
        m_pdc->SelectObject(m_oldpen);
}
else
{
        m_pdc->FillSolidRect(m_rect,RGB(0x000000F9, 0x000000F8, 0x000000F7));   //用指定的颜色填充区域
}
}
```

■ 秘笈心法

心法领悟 353：渐变色的实现。

渐变色的实现主要通过 GDI 中的画线操作实现，每条线都使用不同的颜色绘制，颜色呈现渐变的变化趋势，不同线条组成矩形后就形成了渐变效果。渐变可以分为横向渐变、纵向渐变和对角线渐变，对角线渐变不能使用画线的方式实现，需要逐像素进行设置。不同的像素使用不同的颜色值，并呈现横向和纵向两种渐变的变化趋势。

实例 354	带图标的程序菜单	高级
	光盘位置：光盘\MR\08\354	趣味指数：★★★★☆

■ 实例说明

在 MFC 应用程序中，默认情况下，CMenu 类并不具有显示图标的功能。但在许多应用程序中，菜单中都带有漂亮的图标。如何在 MFC 应用程序中为菜单添加图标呢？本实例实现了该功能，实例运行结果如图 8.6 所示。

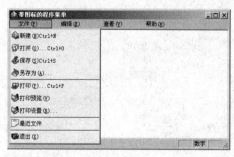

图 8.6　带图标的程序菜单

■ 关键技术

要实现带图标的菜单，需要从 CMenu 类派生一个子类，并在子类中改写 DrawItem 方法和 MeasureItem 方法。基本设计思路如下：

首先定义一个记录菜单项信息的结构 CMenuItemInfo，该结构包含了菜单项的文本、图像索引、ID 等信息。然后从 CMenu 派生一个子类，本实例为 CIconMenu。在该类中定义一个方法 ChangeMenuItem，利用递归的方

式修改所有的菜单项信息，使其具有自绘风格（MF_OWNERDRAW）。接着在 CIconMenu 类中定义绘制菜单项文本、绘制菜单项图标以及绘制分隔条的方法。最后改写 MeasureItem 方法，设置菜单项的大小；改写 DrawItem 方法，根据菜单项的不同状态绘制菜单项。

■ 设计过程

（1）创建一个单文档视图结构的应用程序。

（2）从 CMenu 类派生一个子类 CMyMenu。

（3）定义一个菜单项结构 CMenuItemInfo，结构中包含菜单项文本、菜单项索引以及菜单标记。

（4）在 CIconMenu 类中定义一个 CImageList 类型的成员变量 m_imagelist，用于存储图像。定义一个 CMenuItemInfo 结构数组 m_ItemLists，用于记录每个菜单项的信息。

（5）覆写 CMyMenu 类的 DrawItem 虚方法，实现绘制菜单项，代码如下：

```
void CMyMenu::DrawItem( LPDRAWITEMSTRUCT lpStruct )
{
if (lpStruct->CtlType==ODT_MENU)
{
    if(lpStruct->itemData == NULL)  return;
    unsigned int m_state = lpStruct->itemState;                        //获取菜单项的状态，是否为标记菜单或可用菜单
    CDC* m_dc = CDC::FromHandle(lpStruct->hDC);                        //获取菜单项的设备上下文
    CString str = ((CMenuItemInfo*)(lpStruct->itemData))->m_ItemText;
    LPSTR m_str = str.GetBuffer(str.GetLength());
    int m_itemID = ((CMenuItemInfo*)(lpStruct->itemData))->m_ItemID;   //获取菜单的类型，是否为分隔符
    int m_itemicon = ((CMenuItemInfo*)(lpStruct->itemData))->m_IconIndex; //获取菜单的图标索引
    CRect m_rect = lpStruct->rcItem;                                    //获取菜单项的区域
    m_dc->SetBkMode(TRANSPARENT);                                       //设置为透明
    switch(m_itemID)
    {
    case -2:
        {
            //绘制根菜单项
            DrawTopMenu(m_dc,m_rect,(m_state&ODS_SELECTED)||(m_state&0x0040));
            DrawItemText(m_dc,m_str,m_rect);                            //绘制菜单项文本
            break;
        }
    case -1:
        {
            DrawItemText(m_dc,m_str,m_rect);
            break;
        }
    case 0:
        {
            DrawSeparator(m_dc,m_rect);                                 //绘制分隔符
            break;
        }
    default:
        {
            DrawComMenu(m_dc,m_rect,0xfaa0,0xf00ff,m_state&ODS_SELECTED); //绘制渐变效果
            DrawItemText(m_dc,m_str,m_rect);
            DrawMenuIcon(m_dc,m_rect,m_itemicon);                       //绘制菜单图标
            break;
        }
    }
}
}
```

■ 秘笈心法

心法领悟 354：DrawItem 方法的覆写。

DrawItem 方法是一个虚方法，控件类集成了该虚方法，菜单类 CMenu 继承该虚方法后，即可分别绘制菜单项。DrawItem 方法的 LPDRAWITEMSTRUCT 类型的参数包含了绘制菜单项的设备句柄、矩形区域、控件状

态等数据，通过这些数据可以进行 GDI 的绘制，进而实现各种界面效果。同样其他控件也是在 DrawItem 方法中实现特效绘制的。

实例 355	根据 INI 文件创建菜单 光盘位置：光盘\MR\08\355	高级 趣味指数：★★★★

■ 实例说明

为了增强应用程序的灵活性，菜单有时需要动态创建，创建菜单所需的数据可以有多种存储方式，本实例将实现使用 INI 文件来存储菜单数据。以后需要增加或减少菜单项时，只需修改 INI 文件即可。实例运行结果如图 8.7 所示。

■ 关键技术

INI 文件中的数据是按节存储的，每节都有一个节名，节下可以有若干个键，每个键都对应一个数据值。用 INI 文件结构保存菜单数据，如图 8.8 所示。

图 8.7　根据 INI 文件创建菜单

图 8.8　菜单的 INI 文件

INI 文件中每节下的键的数量是不固定的，要使用 GetPrivateProfileSection 函数对节下的键以及键对应的数据进行枚举。

（1）GetPrivateProfileSection 函数

该函数用于获取节下的所有数据，语法如下：

```
DWORD GetPrivateProfileSection(LPCTSTR lpAppName,
  LPTSTR lpReturnedString, DWORD nSize, LPCTSTR lpFileName );
```

GetPrivateProfileSection 函数中的参数说明如表 8.2 所示。

表 8.2　GetPrivateProfileSection 函数中的参数说明

参　　数	说　　明
lpAppName	要获取的节名
lpReturnedString	存放返回值字符串指针，返回值有可能是多个结构，结构和结构之间是回车换行符
nSize	设置将要保存的字符串的大小
lpFileName	INI 文件名，可以是全路径，如果不是全路径，默认在系统文件夹下新建一个 INI 文件

（2）GetPrivateProfileSectionNames 函数

该函数是从 INI 文件中获取所有节的名称，语法如下：

```
DWORD GetPrivateProfileSectionNames( LPTSTR lpszReturnBuffer, DWORD nSize, LPCTSTR lpFileName);
```

参数说明

❶ lpszReturnBuffer：存放返回值的字符串指针。

❷ nSize：设置将要保存的字符串的大小。

❸ lpFileName：INI 文件名，可以是全路径，如果不是全路径则默认在系统文件夹下新建一个 INI 文件。

■ 设计过程

（1）创建基于对话框的应用程序。

（2）在工程中添加自定义函数 LoadSubMenu、IsHaveSubMenu 和 CreateMenuFromFile，分别实现加载子菜单、判断是否有子菜单和根据 INI 文件创建菜单。

（3）自定义函数 CreateMenuFromFile 负责读取 INI 文件并创建菜单，代码如下：

```cpp
void CCreateIniMenuDlg::CreateMenuFromFile()
{
CString strFilePath=".\\menu.ini";
CString strSectionName="mainmenu";
_TCHAR buf[10240];
DWORD readlen=::GetPrivateProfileSection(strSectionName,buf,10240,strFilePath);    //列举 INI 文件中所包含的节
_TCHAR *pbuf=buf;
size_t size=strlen(pbuf);
while(size)
{
    CString strTmp(pbuf);
    CString strRight;
    int iRightPos=strTmp.Find("=");                     //在字符串中查找"="符号
    strRight=strTmp.Mid(iRightPos+1);                   //获取字符串中"="符号右边的字符串
    LoadSubMenu(&m_cMenu,strRight);                     //加载子菜单
    pbuf+=size+1;
    size=strlen(pbuf);
}
SetMenu(&m_cMenu);                                       //设置对话框菜单
}
```

■ 秘笈心法

心法领悟 355：菜单项存储到 INI 文件中。

本实例中 LoadSubMenu 函数是一个递归调用的函数，如果是级联菜单，LoadSubMenu 函数也能从 INI 文件中读取到数据并生成菜单。LoadSubMenu 函数需要两个参数，一个是菜单项对象，另一个是菜单项名称，在设计 INI 文件时菜单项名称应作为节名，以便通过 GetPrivateProfileSection 函数遍历到所有子菜单项。

实例 356	根据 XML 文件创建菜单	高级
	光盘位置：光盘\MR\08\356	趣味指数：★★★⯪

■ 实例说明

菜单数据不仅可以存储在 INI 文件和数据库中，也可以存储在 XML 文件中。XML 文件是一种应用比较广泛的文件，有很多开发环境中都使用 XML 文件作为配置文件，XML 文件要比 INI 文件更加灵活。本实例将实现使用 XML 文件存储菜单数据。实例运行结果如图 8.9 所示。

图 8.9　根据 XML 文件创建菜单

■ 关键技术

生成菜单所使用的数据都存储在 XML 文件中，从文件中解析出数据是关键。解析 XML 文件需要使用 MSXML2 接口。首先使用 IXMLDOMDocumentPtr 接口的 selectSingleNode 方法选择 XML 文件中的一个节点。然后使用 GetchildNodes 获取该节点的子节点数据，最后通过 getAttribute 获取子节点的属性值。菜单项的相关信息都存储在子节点的属性值内。

设计过程

（1）创建基于对话框的应用程序。

（2）在工程中添加自定义函数 LoadSubMenu、IsHaveSubMenu 和 CreateMenuFromFile，分别实现加载子菜单、判断是否有子菜单和根据 XML 文件创建菜单。

（3）自定义函数 CreateMenuFromFile 负责读取 XML 文件并创建菜单，代码如下：

```
void CCreateXMLMenuDlg::CreateMenuFromFile()
{
IXMLDOMElementPtr childNode;
childNode = m_pXMLDoc->selectSingleNode("MYMENU");          //查找节点
IXMLDOMNodeListPtr nodelist=NULL;
nodelist = childNode->GetchildNodes();                      //获取子节点
long nodecount;
nodelist->get_length(&nodecount);                          //获取子节点数量

VARIANT varVal;
CString csText = "";
for(int i=0;i<nodecount;i++)
{
    m_pCurNode=nodelist->nextNode();                       //列表中的下一个节点
    varVal = m_pCurNode->getAttribute("text");            //获取 text 属性值
    csText= (char*)(_bstr_t)varVal;
    LoadSubMenu(&m_cMenu,csText);                          //加载子节点
    m_pCurNode->GetnextSibling();                         //向下移动
}
SetMenu(&m_cMenu);
}
```

秘笈心法

心法领悟 356：XML 文件的使用。

XML 文件使用起来非常灵活，不但可以使用节点的属性来存储菜单项的数据，而且可以通过不同的节点来存储数据。一个节点由符号"<>"和符号"<\>"构成，符号"<>"内可以用逗号隔开的数据称为属性。如果使用节点来存储菜单项数据，则节点的层次会比较深。

8.2　设置菜单属性

实例 357	为菜单添加核对标记 光盘位置：光盘\MR\08\357	高级 趣味指数：★★★★☆

实例说明

要为菜单添加核对标记，可以为要添加标记的菜单添加 UPDATE_COMMAND_UI 消息的处理函数，可以通过该消息处理函数的参数调用 CCmdUI 类的 Enable 方法实现菜单是否可用。实例运行结果如图 8.10 所示。

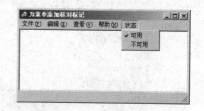

图 8.10　为菜单添加核对标记

关键技术

UPDATE_COMMAND_UI 消息的处理函数可以根据变量的值来实时改变菜单项的状态。UPDATE_COMMAND_UI 消息的处理函数只有一个 CCmdU 类型的指针参数，CCmdU 类的 SetCheck 成员函数可以用来设置菜单是否处于选中状态。声明

一个全局变量或类的成员变量，在需要修改菜单项状态时改变变量的值，就能实现改变菜单项的状态。

设计过程

（1）创建一个基于对话框的应用程序。

（2）修改 ID 属性为 IDR_MAINFRAME 的菜单，在末尾添加一个"状态"菜单项。

（3）为"状态"菜单项的两个子菜单添加 UPDATE_COMMAND_UI 消息处理函数，代码如下：

```
void CMenuSignView::OnUpdateMenutrue(CCmdUI* pCmdUI)
{
pCmdUI->SetCheck(result);
}
void CMenuSignView::OnUpdateMenufalse(CCmdUI* pCmdUI)
{
pCmdUI->SetCheck(!result);
}
```

秘笈心法

心法领悟 357：SetCheck 方法的使用。

CCmdUI 类的 SetCheck 方法只能设置普通的复选标记，可以通过自定义类覆写 DrawItem 方法来绘制特殊的复选标记，可以绘制图像形式的复选标记，也可以绘制单选按钮样式的复选标记。

| 实例 358 | 为菜单添加快捷键
光盘位置：光盘\MR\08\358 | 高级
趣味指数：★★★☆ |

实例说明

在设计菜单项信息时，可以为菜单项设置快捷键来简化用户操作。实例运行结果如图 8.11 所示。

关键技术

在菜单标题的后面加"&+字母"即可实现快捷键的设置。程序运行时，用户按 Alt 键加上该字母键，便可激活并操作该菜单。如果设置快捷键的菜单项是子菜单，那么还需要为该菜单的上级菜单设置快捷键，否则上级菜单没有快捷键就不能运行子菜单的快捷键。

设计过程

（1）创建基于单文档视图结构的应用程序。

（2）在工程中添加 ID 属性为 IDR_CUSTOMMENU 的菜单。

（3）在设计菜单属性时为菜单添加快捷键。如图 8.12 所示，修改 ID 属性为 ID_CUT，在菜单项的 Caption 属性中添加"剪切[&U]"，至此菜单项的快捷键添加完成。

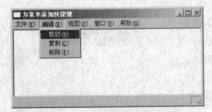

图 8.11　为菜单添加快捷键

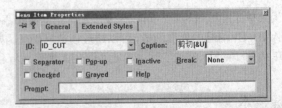

图 8.12　菜单属性设置

秘笈心法

心法领悟 358：菜单的快捷键。

本实例中菜单的快捷键需要使用键盘的 Alt 键和其他键结合，可以在 Caption 中添加 Ctrl+U 来设置快捷键，使用 Ctrl 的快捷键可以直接对菜单项进行调用，比使用 Alt 键要快。

实例 359	设置菜单是否可用 光盘位置：光盘\MR\08\359	高级 趣味指数：★★★☆

■ 实例说明

设置菜单是否可用时，可以为要设置的菜单添加 UPDATE_COMMAND_UI 消息的处理函数，可以通过该消息处理函数的参数调用 CCmdUI 类的 Enable 方法来实现菜单是否可用。可用的菜单如图 8.13 所示。将菜单设置为不可用，实例运行结果如图 8.14 所示。

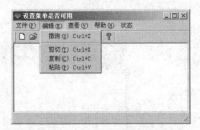
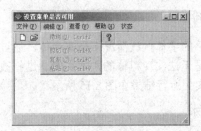

图 8.13　设置菜单为可用　　　　　　　　　图 8.14　设置菜单为不可用

■ 关键技术

在 MFC 中，每个菜单项都可以添加 UPDATE_COMMAND_UI 和 COMMAND 两个消息的处理函数，COMMAND 消息是执行菜单命令的消息，而 UPDATE_COMMAND_UI 是通知状态改变的消息。菜单主要有两种状态，一种是标记状态，另一种是禁用状态。标记状态使用 SetCheck 函数设置，禁用状态使用 Enable 函数设置。UPDATE_COMMAND_UI 消息的特点是当函数（SetCheck 和 Enable）的参数值发生变化时，菜单的状态马上发生变化。

■ 设计过程

（1）创建基于单文档视图结构的应用程序。

（2）在 ID 属性为 IDR_MAINFRAME 的菜单后添加新菜单项"状态"，并添加"可用"和"不可用"两个子菜单。通过类向导添加两个子菜单的命令实现函数 OnMenutrue 和 OnMenufalse，在 OnMenutrue 函数中将成员变量 m_result 的值设置为"真"，在 OnMenufalse 函数中将成员变量 m_result 的值设置为"假"。

（3）为"编辑"菜单下的"剪切"、"复制"和"粘贴"等命令添加 UPDATE_COMMAND_UI 消息的实现函数，代码如下：

```
void CEnableMenuView::OnUpdateEditCopy(CCmdUI* pCmdUI)
{
pCmdUI->Enable(m_result);
}
void CEnableMenuView::OnUpdateEditCut(CCmdUI* pCmdUI)
{
pCmdUI->Enable(m_result);
}
void CEnableMenuView::OnUpdateEditPaste(CCmdUI* pCmdUI)
{
pCmdUI->Enable(m_result);
}
void CEnableMenuView::OnUpdateEditUndo(CCmdUI* pCmdUI)
{
pCmdUI->Enable(m_result);
}
```

■ 秘笈心法

心法领悟 359：菜单属性设置。

将菜单项设置为不可用有两种方法。一种是使用 UPDATE_COMMAND_UI 消息的处理函数，另一种是使用 CMenu 类的 EnableMenuItem 成员函数。EnableMenuItem 成员函数有两个参数，一个是指定菜单项的 ID 值，另一个是设置状态值，有"可用"（MF_ENABLED）、"不可用"（MF_DISABLED）和"灰度"（MF_GRAYED）3 种状态值。"不可用"和"灰度"状态值一起使用，使菜单项处于禁用状态。

实例 360	将菜单项的字体设置为粗体 光盘位置：光盘\MR\08\360	高级 趣味指数：★★★★☆

■ 实例说明

程序菜单的字体默认情况下是非粗体，通过简单地对菜单属性进行修改是无法实现粗体的，本实例通过修改系统属性实现了这一效果。实例运行结果如图 8.15 所示。

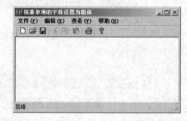

图 8.15　将菜单项的字体设置为粗体

■ 关键技术

在设计应用程序时，有时需要修改菜单项的字体。在程序中可以使用 SystemParametersInfo 函数设置菜单项的字体信息，语法如下：

```
BOOL SystemParametersInfo(UINT uiAction, UINT uiParam,PVOID pvParam,UINT fWinIni );
```

SystemParametersInfo 函数中的参数说明如表 8.3 所示。

表 8.3　SystemParametersInfo 函数中的参数说明

参　　数	说　　明
uiAction	表示函数执行的动作，如果为 SPI_SETNONCLIENTMETRICS，表示这种窗口非客户区域的信息
uiParam	该参数的含义依赖于 uiAction 参数
pvParam	表示设置的参数信息
fWinIni	表示是否更新用户窗口

■ 设计过程

（1）创建基于单文档视图结构的应用程序。

（2）在 OnCreate 成员中调用 SystemParametersInfo 函数完成设置，代码如下：

```
int CMainFrame::OnCreate(LPCREATESTRUCT lpCreateStruct)
{
if (CFrameWnd::OnCreate(lpCreateStruct) == -1)
        return -1;
if (!m_wndToolBar.CreateEx(this, TBSTYLE_FLAT, WS_CHILD | WS_VISIBLE | CBRS_TOP
        | CBRS_GRIPPER | CBRS_TOOLTIPS | CBRS_FLYBY | CBRS_SIZE_DYNAMIC) ||
        !m_wndToolBar.LoadToolBar(IDR_MAINFRAME))
{
        TRACE0("Failed to create toolbar\n");
        return -1;
}
if (!m_wndStatusBar.Create(this) ||
        !m_wndStatusBar.SetIndicators(indicators,
            sizeof(indicators)/sizeof(UINT)))
{
        TRACE0("Failed to create status bar\n");
        return -1;
```

```
}
m_wndToolBar.EnableDocking(CBRS_ALIGN_ANY);
EnableDocking(CBRS_ALIGN_ANY);
DockControlBar(&m_wndToolBar);
NONCLIENTMETRICS info;
info.cbSize =sizeof(NONCLIENTMETRICS);
SystemParametersInfo(SPI_GETNONCLIENTMETRICS,sizeof(NONCLIENTMETRICS),&info,0);        //获取系统属性
m_oldWeight=info.lfMenuFont.lfWeight;                                                  //保存原有尺寸
info.lfMenuFont.lfWeight = 700;                                                        //设置字体的粗细的具体值
SystemParametersInfo(SPI_SETNONCLIENTMETRICS,sizeof(NONCLIENTMETRICS),                 //设置系统属性
&info,SPIF_SENDCHANGE);
return 0;
}
```

■ 秘笈心法

心法领悟360：SystemParametersInfo 函数的使用。

使用 SystemParametersInfo 函数修改的是整个系统的菜单字体属性，如果在应用程序中没有及时恢复为原来的设置，那么系统的设置只能在重新启动计算机后才能恢复。所以在开发应用程序时，首先要记录系统原来的菜单字体属性，在退出应用程序时使用记录的值进行恢复，存储该记录值的变量应该是一个成员变量或全局变量。

实例 361	多国语言菜单 光盘位置：光盘\MR\08\361	高级 趣味指数：★★★☆

■ 实例说明

如果软件要求在全球进行推广，那么就要针对各国语言各开发一套软件。软件的实现过程可以使用同一个，不同的是界面，只要设计出各国语言的界面即可。本实例将实现中文和英文两种语言界面，并可以在两种语言间进行切换。实例运行结果如图 8.16 所示。

■ 关键技术

在 Visual C++ 6.0 的资源中分别添加中文和英文两种菜单，添加后的资源如图 8.17 所示。

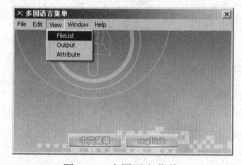

图 8.16　多国语言菜单

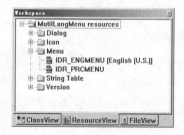

图 8.17　资源管理器

IDR_ENGMENU 是英文菜单，菜单中的菜单项 Caption 属性全为英文，并且 Language 属性也设置为 English (U.S.)。IDR_PRCMENU 是中文菜单，菜单中的菜单项 Caption 属性全为中文且 Language 属性也设置为 Chinese(P.R.C)。

要实现菜单的动态切换需要使用 SetMenu 函数，使用 SetMenu 函数可以设置当前对话框使用的菜单资源，只需要在函数内指定相应的菜单资源 ID 即可。

■ 设计过程

（1）创建基于对话框的应用程序。

（2）在工程中添加 ID 属性为 IDR_ENGMENU 的菜单，并将菜单的 Language 属性设置为 English(U.S.)。

（3）函数 CnEnglish 实现由中文菜单向英文菜单转换，代码如下：

```
void CMutilLangMenuDlg::OnEnglish()
{
WORD nLanguage = MAKELANGID(LANG_ENGLISH, SUBLANG_ENGLISH_US);
HRSRC hResource = ::FindResourceEx(NULL, RT_MENU, MAKEINTRESOURCE(IDR_ENGMENU), nLanguage);
if (hResource != NULL)
{
    CMenu* pMenu = GetMenu();                              //获取当前菜单
    SetMenu(NULL);                                         //设置对话框不显示菜单
    if (pMenu != NULL)                                     //判断当前菜单是否为空，不为空就清除
    {
        pMenu->DestroyMenu();

    }
    HGLOBAL hMenuTemplate = LoadResource(NULL, hResource);
    CMenu Menu;
    Menu.LoadMenuIndirect(hMenuTemplate);                 //加载菜单资源
    SetMenu(&Menu);                                        //设置对话框菜单
    RepositionBars(AFX_IDW_CONTROLBAR_FIRST, AFX_IDW_CONTROLBAR_LAST, 0);
}
}
```

秘笈心法

心法领悟 361：资源的封装。

可以将各国语言的资源封装到不同的动态链接库，在安装软件时对系统的语言进行判断，根据系统的语言决定使用哪个语言的动态链接库。

实例 362	可以下拉的菜单 光盘位置：光盘\MR\08\362	高级 趣味指数：★★★★

实例说明

Windows 系统提供了个性化菜单，将一些不常用的菜单隐藏起来，如果需要执行某个隐藏的菜单，单击展开功能的菜单项，系统的所有菜单全部显示出来。本实例将实现这样功能的菜单，实例运行结果如图 8.18 所示。

图 8.18　可以下拉的菜单

关键技术

在使用 Word 等程序时，会发现一些不常用的菜单都被隐藏了，取而代之的是一个向下的箭头"≍"，选择此菜单项后会显示出被隐藏的菜单。通过 DeleteMenu 方法和 InsertMenu 方法动态删除和添加菜单，从而实现该功能。

设计过程

（1）创建一个基于对话框的应用程序。

（2）在工程中添加 ID 属性为 IDR_MYMENU 的菜单，将最后子菜单的 Caption 属性设置为 Y。

（3）为菜单项 Y 添加实现函数 OnMenudown，实现对菜单的展开，代码如下：

```
void CDownMenuDlg::OnMenudown()
{
CMenu* m_pMenu;
m_pMenu = m_Menu.GetSubMenu(0);                          //获取子菜单
m_pMenu->DeleteMenu(3,MF_BYPOSITION);                    //删除 Y 菜单项
m_pMenu->InsertMenu(3,MF_BYPOSITION,10001,"复制");        //添加新的菜单项
```

```
m_pMenu->InsertMenu(4,MF_BYPOSITION,10002,"粘贴");
m_pMenu->InsertMenu(5,MF_BYPOSITION,10003,"打印");
SetMenu(&m_Menu);                                          //设置对话框菜单
}
```

■ 秘笈心法

心法领悟 362：扩展菜单功能。

本实例只是实现了固定菜单的扩展，可以将其改为根据使用次数来决定哪些菜单项被隐藏起来，就像 Windows 系统的个性菜单一样。

实例 363	左侧引航条菜单 光盘位置：光盘\MR\08\363	高级 趣味指数：★★★★☆

■ 实例说明

Windows 系统的开始菜单左侧有一个导航条图片，该图片可以使菜单更加美观，而且可以显示一些信息，本实例将实现带左侧引航条的菜单效果。实例运行结果如图 8.19 所示。

图 8.19　左侧引航条菜单

■ 关键技术

设计弹出式菜单与设计普通的菜单一样，需要从 CMenu 类派生一个子类，然后改写 MeasureItem 方法设置菜单项大小，改写 DrawItem 方法根据当前状态绘制菜单。

■ 设计过程

（1）创建一个基于对话框的应用程序。

（2）CMenu 派生一个子类 CIconMenu。

（3）定义一个菜单项结构 CMenuItemInfo，包括菜单项的文本、索引和标记。

（4）在子类 DrawComMenu 函数中绘制左侧引航条图像，代码如下：

```
void CIconMenu::DrawComMenu(CDC* m_pdc,CRect m_rect,COLORREF m_fromcolor,COLORREF m_tocolor, BOOL m_selected )
{
if (m_selected)
{
        m_pdc->SelectStockObject(BLACK_PEN);                    //选择黑色画笔
        m_rect.DeflateRect(25,1,0,2);                           //减小区域
        m_pdc->Rectangle(m_rect);                              //绘制矩形
        CBitmap m_bitmap;
        m_bitmap.LoadBitmap(IDB_LEFTBITMAP);                   //加载图片
        BITMAP m_size;
        m_bitmap.GetBitmap(&m_size);
        CDC m_memdc;
        m_memdc.CreateCompatibleDC(m_pdc);                     //创建内存设备上下文
        CGdiObject* m_oldobject;
        m_oldobject = m_memdc.SelectObject(&m_bitmap);         //加载图片
        m_pdc->StretchBlt(m_rect.left+1,m_rect.top+1,          //绘制图片
        m_rect.Width()-2,m_rect.Height()-2,&m_memdc,0,0,m_size.bmWidth,m_size.bmHeight,SRCCOPY);
        m_bitmap.DeleteObject();
}
else
{
        m_pdc->FillSolidRect(m_rect,RGB(0x000000F9, 0x000000F8, 0x000000F7));//填充区域
}
}
```

■ 秘笈心法

心法领悟 363：左侧引航条菜单的用处。

左侧引航条菜单可以应用到控件的右键菜单、系统托盘的右键菜单和单文档视图结构的右键菜单。

实例 364	右对齐菜单	高级
	光盘位置：光盘\MR\08\364	趣味指数：★★★★☆

■ 实例说明

系统默认的菜单方向是由左向右排列，本实例将实现应用程序的菜单由右向左排列。实例运行结果如图 8.20 所示。

■ 关键技术

本实例需要修改 Visual C++的资源文件来实现，工具栏、菜单、图标等资源的信息都存储在该文件内，在开发环境中看到的菜单内容是以文本的方式存储在资源文件中的，通过修改资源文件的内容即可实现对菜单的修改。资源文件中关于菜单的部分代码如下：

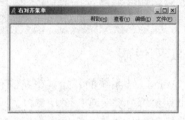

图 8.20 右对齐菜单

```
IDR_MAINFRAME MENU PRELOAD DISCARDABLE
BEGIN
POPUP "文件(&F)"
BEGIN
    MENUITEM "新建(&N)\tCtrl+N", ID_FILE_NEW
    MENUITEM "打开(&O)...\tCtrl+O", ID_FILE_OPEN
    MENUITEM "保存(&S)\tCtrl+S", ID_FILE_SAVE
    MENUITEM "另存为(&A)...", ID_FILE_SAVE_AS
    MENUITEM SEPARATOR
    MENUITEM "打印(&P)...\tCtrl+P", ID_FILE_PRINT
    MENUITEM "打印预览(&V)", ID_FILE_PRINT_PREVIEW
    MENUITEM "打印设置(&R)...", ID_FILE_PRINT_SETUP
    MENUITEM SEPARATOR
    MENUITEM "最近文件", ID_FILE_MRU_FILE1,GRAYED
    MENUITEM SEPARATOR
    MENUITEM "退出(&X)", ID_APP_EXIT
END
POPUP "编辑(&E)"
BEGIN
    MENUITEM "撤销(&U)\tCtrl+Z", ID_EDIT_UNDO
    MENUITEM SEPARATOR
    MENUITEM "剪切(&T)\tCtrl+X", ID_EDIT_CUT
    MENUITEM "复制(&C)\tCtrl+C", ID_EDIT_COPY
    MENUITEM "粘贴(&P)\tCtrl+V", ID_EDIT_PASTE
END
POPUP "查看(&V)"
BEGIN
    MENUITEM "工具栏(&T)", ID_VIEW_TOOLBAR
    MENUITEM "状态栏(&S)", ID_VIEW_STATUS_BAR
END
POPUP "帮助(&H)"
BEGIN
    MENUITEM "关于 RightMenu(&A)...", ID_APP_ABOUT
```

POPUP 后面的内容表示根菜单，MENUITEM 后面的内容表示菜单项，每个根菜单或多个菜单项都在 BEGIN 和 END 关键字中间书写。要修改菜单的内容，修改 POPUP 和 MENUITEM 后面的内容即可。

默认情况下资源文件中的菜单是使用 MENU 创建，代码如下：

```
IDR_MAINFRAME MENU PRELOAD DISCARDABLE
```

IDR_MAINFRAME 表示菜单资源的 ID，MENU 关键字表示下面的内容是菜单，PRELOAD 和 DISCARDABLE 表示如何加载和分离。

随着编译器版本的提高，菜单的定义也有一定的变化，可以使用 MENUEX 定义菜单，代码如下：

```
IDR_MAINFRAME MENUEX PRELOAD DISCARDABLE
```

使用 MENUEX 定义菜单后，MENUITEM 菜单项后面的内容需要增加资源 ID 值和菜单属性。例如：

```
MENUITEM "新建(&N)\tCtrl+N", 57600,MFT_STRING,MFS_ENABLED
```

57600 代表资源 ID 值，MFT_STRING 和 MFS_ENABLED 代表菜单的属性。

■ 设计过程

（1）创建基于单文档视图结构的应用程序。

（2）修改 rc（资源文件）中关于菜单部分的内容，修改内容如下：

```
IDR_MAINFRAME MENUEX PRELOAD DISCARDABLE
BEGIN
    POPUP "文件(&F)", 65535,MFT_STRING,MFS_ENABLED
    BEGIN
        MENUITEM "新建(&N)\tCtrl+N", 57600,MFT_STRING,MFS_ENABLED
        MENUITEM "打开(&O)...\tCtrl+O", 57601,MFT_STRING,MFS_ENABLED
        MENUITEM "保存(&S)\tCtrl+S", 57603,MFT_STRING,MFS_ENABLED
        MENUITEM "另存为(&A)...", 57604,MFT_STRING,MFS_ENABLED
        MENUITEM MFT_SEPARATOR
        MENUITEM "最近文件", 57616,MFT_STRING,MFS_GRAYED
        MENUITEM MFT_SEPARATOR
        MENUITEM "退出(&X)", 57665,MFT_STRING,MFS_ENABLED
    END
    POPUP "查看(&V)", 65535,MFT_STRING,MFS_ENABLED
    BEGIN
        MENUITEM "工具栏(&T)", 59392,MFT_STRING,MFS_ENABLED
        MENUITEM "状态栏(&S)", 59393,MFT_STRING,MFS_ENABLED
        MENUITEM MFT_SEPARATOR
        MENUITEM "刷新(&R)\tF5", 32772,MFT_STRING,MFS_ENABLED
    END
    POPUP "帮助(&H)", 65535,
    MFT_STRING | MFT_RIGHTORDER | MFT_RIGHTJUSTIFY,MFS_ENABLED
    BEGIN
        MENUITEM "关于 Sample", 57664,MFT_STRING,MFS_ENABLED
    END
END
```

■ 秘笈心法

心法领悟 364：Visual C++中的资源。

不仅菜单项的内容可以通过修改资源文件来完成，字符串的内容也可以通过修改资源文件完成。Visual C++ 将字符串当作资源存储在资源文件中，可以方便程序的移植，这样通过资源文件就可以在不启动 Visual C++的情况下修改字符串资源。

8.3　菜单位置控制

实例 365	鼠标右键弹出菜单 光盘位置：光盘\MR\08\365	高级 趣味指数：★★★☆

■ 实例说明

在应用程序中右击，弹出的快捷菜单可以方便用户的操作，要实现右击弹出菜单需要调用 CMenu 类的

TrackPopupMenu 方法，该方法用于显示一个弹出式菜单。实例运行结果如图 8.21 所示。

图 8.21　右击弹出菜单

■ 关键技术

右键菜单主要使用 TrackPopupMenu 方法实现。

TrackPopupMenu 方法用于显示一个弹出式菜单，语法如下：

```
BOOL TrackPopupMenu( UINT nFlags, int x, int y, CWnd* pWnd, LPCRECT lpRect = NULL );
```

TrackPopupMenu 方法中的参数说明如表 8.4 所示。

表 8.4　TrackPopupMenu 方法中的参数说明

参　　数	说　　明
nFlags	表示屏幕位置标记和鼠标按钮标记。可选值如下。 TPM_CENTERALIGN：在 x 水平位置居中显示菜单 TPM_LEFTALIGN：在 x 水平位置左方显示菜单 TPM_RIGHTALIGN：在 x 水平位置右方显示菜单 TPM_LEFTBUTTON：单击显示弹出式菜单 TPM_RIGHTBUTTON：右击显示弹出式菜单
x	以屏幕坐标标识弹出式菜单的水平坐标
y	以屏幕坐标标识弹出式菜单的垂直坐标
pWnd	标识弹出式菜单的所有者
lpRect	以屏幕坐标标识用户在菜单中的单击区域，如果为 NULL，那么当用户单击弹出式菜单之外的区域时将释放菜单窗口

■ 设计过程

（1）创建一个基于对话框的应用程序。

（2）在工程中添加一个菜单资源，将资源的 ID 设置为 IDR_POPMENU。

（3）添加鼠标右键消息的处理函数 OnRButtonUp，代码如下：

```
void CPopupMenuDlg::OnRButtonUp(UINT nFlags, CPoint point)
{
CMenu* pPopup = m_Menu.GetSubMenu(0);
CRect rc;
ClientToScreen(&point);
rc.top = point.x;
rc.left = point.y;
pPopup->TrackPopupMenu(TPM_LEFTALIGN | TPM_LEFTBUTTON | TPM_VERTICAL,
        rc.top,rc.left,this,&rc);
CDialog::OnRButtonUp(nFlags, point);
}
```

■ 秘笈心法

心法领悟 365：鼠标消息的获取。

鼠标消息的处理函数中都会返回鼠标的位置数据，如本实例中 OnRButtonUp 函数中的 point 参数，就是存储鼠标位置数据的，但此时获取的鼠标位置数据是鼠标在对话框窗体坐标系中，而菜单的显示是在桌面窗体的坐标系中，所以需要通过 ClientToScreen 函数将对话框窗体坐标系转换为桌面窗体的坐标系。

实例 366	浮动的菜单 光盘位置：光盘\MR\08\366	高级 趣味指数：★★★★☆

■ 实例说明

浮动的菜单就是可以随便拖动的菜单，这样的菜单可以放在任意位置，使用起来比较灵活。实例运行结果如图 8.22 所示。

图 8.22 浮动的菜单

■ 关键技术

本实例使用工具栏实现菜单的效果，通过向导创建的工程带有默认的菜单，通过自定义类 CMyMenu 根据该菜单创建一个工具栏，自定义类 CMyMenu 中的 AddButtonFromMenu 函数实现根据菜单创建工具栏。创建完工具栏后，处理工具栏的 TBN_DROPDOWN 消息，实现在有 TBN_DROPDOWN 消息时显示菜单，此时菜单是使用 TrackPopupMenu 创建的浮动菜单。

■ 设计过程

（1）创建基于单文档视图结构的应用程序。

（2）在工程中创建基于 CToolBar 的类 CMyMenu，主要完成通过菜单创建工具栏。

（3）在资源文件 Resource.h 中添加 ID_BTNCMD 资源 ID 值。

（4）向头文件 MainFrm.h 中添加函数 OnToolbarDropDown 的声明。

（5）在实现文件 MainFrm.cpp 中添加消息宏 ON_NOTIFY，实现对 TBN_DROPDOWN 消息的处理，接收到来自 ID 为 AFX_IDW_TOOLBAR 的工具栏命令后调用 OnToolbarDropDown 函数。

（6）在实现文件 MainFrm.cpp 中添加函数 OnToolbarDropDown 的实现，代码如下：

```
void CMainFrame::OnToolbarDropDown(NMTOOLBAR *pnmtb, LRESULT *plr)
{
CWnd* pWnd = &m_wndFloatTool;
UINT nID = IDR_MAINFRAME;
CMenu menu;
menu.LoadMenu(nID);                                                  //加载菜单
CMenu* pPop = menu.GetSubMenu(pnmtb->iItem-ID_BTNCMD);              //获取子菜单
m_wndFloatTool.m_pSubMenu = pPop;                                   //设置菜单
m_wndFloatTool.MenuPopIndex = pnmtb->iItem-ID_BTNCMD;
CRect rc;
m_wndFloatTool.GetToolBarCtrl().GetItemRect(pnmtb->iItem-ID_BTNCMD,rc);   //获取按钮的区域
pWnd->ClientToScreen(&rc);
pPop->TrackPopupMenu(TPM_LEFTALIGN|TPM_LEFTBUTTON|TPM_VERTICAL,rc.left,rc.bottom,this,&rc);
m_wndFloatTool.MenuPopIndex = -1;
}
```

■ 秘笈心法

心法领悟 366：TBN_DROPDOWN 消息的处理。

在单击工具栏按钮时会产生 TBN_DROPDOWN 消息，该消息可以实现工具栏的扩展功能，在应用程序中

使用工具栏可以使操作快捷。由于工具栏的长度有限，所以按钮的个数也有限，有了 TBN_DROPDOWN 消息后，可以将起同一个作用的按钮放在一起，如打开按钮，通过对工具栏菜单的选择打开不同类型的文件。

实例 367	更新系统菜单 光盘位置：光盘\MR\08\367	高级 趣味指数：★★★★☆

■ 实例说明

要操作系统菜单，首先需要获取一个系统菜单指针，可以通过 GetSystemMenu 函数实现，然后利用菜单指针添加一个菜单项，最后在对话框的 OnSysCommand 方法中处理菜单项的命令。实例运行结果如图 8.23 所示。

■ 关键技术

使用 GetSystemMenu 函数可以获取应用程序的系统菜单对象，然后使用 AppendMenu 函数向该菜单对象附加子菜单项。应用程序系统菜单主要完成应用程序窗体的"最大化"、"最小化"、"移动"和"关闭"等，通过附加新的菜单项可以扩展许多新的功能。

图 8.23　更新系统菜单

■ 设计过程

（1）创建基于对话框的应用程序。

（2）在实现文件 SysMenuDlg.cpp 中添加 IDI_SYSMENU 宏定义，作为菜单项的命令 ID。

（3）在对话框初始化时，向应用程序的系统菜单中添加新的菜单项，代码如下：

```
BOOL CSysMenuDlg::OnInitDialog()
{
CDialog::OnInitDialog();
//此处代码省略
SetIcon(m_hIcon, TRUE);
SetIcon(m_hIcon, FALSE);
m_pMenu = GetSystemMenu(FALSE);                        //获取系统菜单
m_pMenu->AppendMenu(MF_STRING,IDI_SYSMENU,"添加的菜单");    //为系统菜单添加菜单项
return TRUE;
}
```

■ 秘笈心法

心法领悟 367：OnSysCommand 方法的使用。

在 MFC 应用程序框架中，OnSysCommand 方法主要完成对命令的处理，方法的 nID 参数就是命令的 ID 值，根据 nID 参数执行不同的命令，通常菜单命令都需要建立消息映射。通过消息所对应的实现函数来执行命令，但系统菜单的命令只能在 OnSysCommand 方法中执行。

实例 368	任务栏托盘弹出菜单 光盘位置：光盘\MR\08\368	高级 趣味指数：★★★★☆

■ 实例说明

任务栏托盘就是在任务栏的右侧显示图标的部分，托盘中运行着一些后台程序，通过对托盘中图标的操作可以控制后台程序。例如通过双击托盘图标将应用程序显示出来，通过右键托盘图标弹出菜单，进一步控制后

台程序。本实例将实现在任务栏中右击弹出菜单。实例运行结果如图 8.24 所示。

图 8.24 任务栏托盘弹出菜单

关键技术

要设计任务栏托盘菜单，需要使用 Shell_NotifyIcon 函数，语法如下：

```
WINSHELLAPI BOOL WINAPI Shell_NotifyIcon(DWORD dwMessage, PNOTIFYICONDATA pnid);
```

参数说明

❶ dwMessage：表示发送的消息值，可选值如下。

❑ NIM_ADD：表示添加图标到任务栏。

❑ NIM_DELETE：表示从任务栏区域删除一个图标。

❑ NIM_MODIFY：表示修改任务栏区域的一个图标。

❷ pnid：是 NOTIFYICONDATA 结构指针。NOTIFYICONDATA 结构定义如下：

```
typedef struct _NOTIFYICONDATA {
    DWORD cbSize;                              //结构的大小
    HWND hWnd;                                 //窗体句柄
    UINT uID;                                  //托盘的 ID 值
    UINT uFlags;                               //图标的属性
    UINT uCallbackMessage;                     //回调消息
    HICON hIcon;                               //图标句柄
    char szTip[64];                            //提示内容
} NOTIFYICONDATA, *PNOTIFYICONDATA;
```

成员说明：cbSize 确定 NOTIFYICONDATA 结构的大小。hWnd 表示接收任务栏菜单消息的窗口句柄。uID 表示托盘的 ID 值。uFlags 确定托盘属性设置。uCallbackMessage 表示应用程序定义的消息标识符，系统将要发送该消息到 hWnd 表示的窗口。hIcon 表示添加、修改或删除的图标句柄。szTip 是工具提示文本。

设计过程

（1）创建基于对话框的应用程序。

（2）在工程中添加 ID 属性为 IDR_SYSMENU 的菜单。

（3）在头文件 esource.h 中定义 WM_ONTRAY 消息，使程序能够响应托盘消息。

（4）在对话框初始化函数中设置系统托盘菜单，代码如下：

```
BOOL CSysSalverDlg::OnInitDialog()
{
//此处代码省略
m_Menu.LoadMenu(IDR_SYSMENU);
//添加系统托盘
char lpszTip[]="明日科技";
NOTIFYICONDATA data;
data.cbSize=sizeof(NOTIFYICONDATA);
data.hWnd=m_hWnd;                              //设置为当前应用程序的窗体
lstrcpyn(data.szTip,lpszTip,sizeof(lpszTip)); //复制提示的字符
data.uCallbackMessage=WM_ONTRAY;              //设置回调消息
data.uFlags=NIF_MESSAGE|NIF_ICON|NIF_TIP;     //设置为接收消息、显示图标、显示提示信息
data.hIcon=m_hIcon;                           //设置图标
data.uID=IDR_MAINFRAME;                       //托盘的 ID 值
Shell_NotifyIcon(NIM_ADD,&data);
}
```

■ 秘笈心法

心法领悟 368：系统托盘菜单的作用。

系统托盘菜单是经常被用到的菜单，当程序的主窗体隐藏时，可以通过系统托盘菜单项显示主窗体，也可以直接调用程序的某些模块执行程序。

实例 369	单文档右键菜单	高级
	光盘位置：光盘\MR\08\369	趣味指数：★★★☆

■ 实例说明

由 MFC 向导创建的单文档视图结构应用程序默认情况下右键是没有菜单的，本实例将实现在文档中通过右击弹出菜单。实例运行结果如图 8.25 所示。

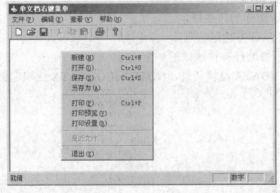

图 8.25　单文档右键菜单

■ 关键技术

设计弹出式菜单与设计普通的菜单一样，都需要从 CMenu 类派生一个子类，然后改写 MeasureItem 方法设置菜单项大小，改写 DrawItem 方法根据当前状态绘制菜单。

■ 设计过程

（1）创建一个基于单文档视图结构的应用程序。

（2）在视图类中添加消息 WM_RBUTTONDOWN 的实现函数 OnRButtonDown，实现当用户在文档内右击时显示菜单，代码如下：

```
void CSingleDocRightMenuView::OnRButtonDown(UINT nFlags, CPoint point)
{
CMenu menu;
menu.LoadMenu(IDR_MAINFRAME);                                        //加载菜单
CMenu* pPopup = menu.GetSubMenu(0);                                  //获取子菜单
ClientToScreen(&point);
pPopup->TrackPopupMenu(TPM_RIGHTBUTTON, point.x, point.y, GetParent());  //右击弹出菜单
CView::OnRButtonDown(nFlags, point);
}
```

■ 秘笈心法

心法领悟 369：右键菜单的调用。

本实例实现了在单文档中显示右键菜单，在多文档视图结构中也可以显示右键菜单，并且还可以根据打开文件类型的不同显示不同的菜单内容。

8.4 控件菜单

实例 370	工具栏下拉菜单	高级
	光盘位置：光盘\MR\08\370	趣味指数：★★★☆

■ 实例说明

本实例是对工具栏功能的扩充，可以将工具栏上按钮的并列项以菜单的形式给出，以方便用户操作。运行程序，单击工具栏按钮旁的三角符号，将弹出一个下拉菜单。实例运行结果如图 8.26 所示。

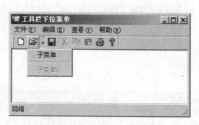

图 8.26 工具栏下拉菜单

■ 关键技术

三角符号按钮是通过 CToolBar 类的 SetButtonStyle 方法和 CToolBarCtrl 类的 SetExtendedStyle 方法实现的。

（1）SetButtonStyle 方法

该方法主要用来设置工具栏按钮的风格，语法如下：

```
void SetButtonStyle( int nIndex, UINT nStyle );
```

参数说明

❶ nIndex：按钮的索引。

❷ nStyle：按钮的风格，可以有以下取值。

❑ TBBS_BUTTON：标准按钮。

❑ TBBS_SEPARATOR：分隔线。

❑ TBBS_CHECKBOX：复选风格。

❑ TBBS_GROUP：按钮组。

❑ TBBS_CHECKGROUP：复选按钮组。

（2）SetExtendedStyle 方法

该方法用于设置工具栏控件的扩展风格，语法如下：

```
DWORD SetExtendedStyle( DWORD dwExStyle ) const;
```

参数说明

dwExStyle：系统定义的工具栏控件风格，取值 TBSTYLE_EX_DRAWDDARROWS，可以实现三角符号。

■ 设计过程

（1）创建一个 MFC 的单文档工程，并将其命名为 ToolbarWithMenu。

（2）在工程中添加 Menu 资源，设置 ID 属性为 IDR_MYMENU，为菜单添加两个子菜单项。

（3）添加控件 TBN_DROPDOWN 消息的实现函数 OnToolbarDropdown，该消息通知应用程序显示下拉列表。函数 OnToolbarDropdown 的实现代码如下：

```
void CMainFrame::OnToolbarDropdown(NMTOOLBAR*pnmh,LRESULT*plr)
{
CWnd*pWnd;
switch(pnmh->iItem)
{
case ID_FILE_OPEN:                                    //对按钮进行判断
    pWnd=&m_wndToolBar;
    break;
default:
    return;
```

```
}
CMenu menu;
menu.LoadMenu(IDR_MYMENU);
CMenu*pPopup =menu.GetSubMenu(0);                                    //获取子菜单
ASSERT(pPopup);
CRect rc;
pWnd->SendMessage(TB_GETRECT,pnmh->iItem,(LPARAM)&rc);               //通过发送消息实现区域的获取
pWnd->ClientToScreen(&rc);                                          //将客户坐标转换为屏幕坐标
pPopup->TrackPopupMenu(TPM_LEFTALIGN|TPM_LEFTBUTTON|TPM_VERTICAL,rc.left,
                       rc.bottom,this,&rc);                         //弹出右键菜单
}
```

■ 秘笈心法

心法领悟 370：ON_NOTIFY 宏的使用。

控件消息在 MFC 类中使用 ON_NOTIFY 宏来处理。ON_NOTIFY 宏需要 3 个参数，一个是消息类型，一个是控件 ID 属性，一个是消息响应函数。ON_NOTIFY 宏可以使控件处理非窗体的消息，也就是每个控件所特有的功能。

实例 371	编辑框右键菜单 光盘位置：光盘\MR\08\371	高级 趣味指数：★★★☆

■ 实例说明

应用程序的编辑框有默认的右键菜单，但菜单项限定在剪切、复制和粘贴，无法实现一些特殊操作。本实例将实现改变编辑框默认的右键菜单。实例运行结果如图 8.27 所示。

■ 关键技术

要改变编辑框控件默认的右键菜单需要新建基类为 CEdit 的自定义类，然后覆写 OnContextMenu 方法。在 OnContextMenu 方法的实现中使用 TrackPopupMenu 函数弹出菜单。

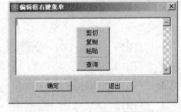

图 8.27　编辑框右键菜单

■ 设计过程

（1）创建基于对话框的应用程序。

（2）在工程中添加 Menu 资源，设置 ID 属性为 IDR_MYMENU。

（3）由 CEdit 派生新类 CMyEdit，并为 CMyEdit 添加 WM_CONTEXTMENU 消息的处理函数 OnContextMenu。

（4）在 OnContextMenu 函数内显示菜单，代码如下：

```
void CMyEdit::OnContextMenu(CWnd* pWnd, CPoint point)
{
if (point.x == -1 && point.y == -1)                                //判断鼠标的位置
{
    CRect rect;
    GetClientRect(rect);
    ClientToScreen(rect);
    point = rect.TopLeft();
    point.Offset(5, 5);
}
CMenu menu;
VERIFY(menu.LoadMenu(m_menuID));
CMenu* pPopup = menu.GetSubMenu(0);                                 //加载子菜单
ASSERT(pPopup != NULL);
CWnd* pWndPopupOwner = this;                                        //设置窗体
while (pWndPopupOwner->GetStyle() & WS_CHILD)                       //查找父窗体
    pWndPopupOwner = pWndPopupOwner->GetParent();
```

```
pPopup->TrackPopupMenu(TPM_LEFTALIGN | TPM_RIGHTBUTTON, point.x, point.y,
    pWndPopupOwner);                              //弹出菜单
}
```

秘笈心法

心法领悟 371：OnContextMenu 方法的覆写。

不仅编辑框控件的右键菜单需要覆写 OnContextMenu 方法，工具栏、按钮、静态文本框等控件的右键菜单也需要覆写该函数。

实例 372	列表控件右键菜单	高级
	光盘位置：光盘\MR\08\372	趣味指数：★★★★⯪

实例说明

列表控件在程序开发中经常用到，通过控件的右键菜单可以对控件内的一条或多条数据进行操作，本实例将通过调用列表控件的右键菜单来实现对数据的升序和降序排列。实例运行结果如图 8.28 所示。

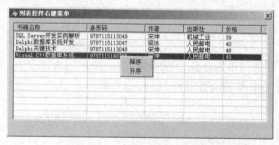

图 8.28 列表控件右键菜单

关键技术

要实现列表控件的右键菜单需要重新覆写 OnContextMenu 函数，然后在函数内调用 TrackPopupMenu 函数显示菜单。

设计过程

（1）创建一个基于对话框的应用程序。

（2）从 CListCtrl 类派生一个新类 CMyListCtrl。

（3）在对话框中添加 ListControl 控件，设置控件的 Report 属性，通过类向导为 ListControl 控件添加成员变量 m_list。

（4）在头文件中添加 MyListCtrl.h 文件的引用，并将 CListCtrl 修改为 CMyListCtrl。

（5）通过类向导为 CMyListCtrl 类添加 WM_CONTEXTMENU 消息的实现函数，代码如下：

```
void CMyListCtrl::OnContextMenu(CWnd* pWnd, CPoint point)
{
CMenu m_popmenu;
m_popmenu.LoadMenu(IDR_POPMENU);
CMenu* m_submenu = m_popmenu.GetSubMenu(0);
m_submenu->TrackPopupMenu(TPM_LEFTBUTTON |TPM_LEFTALIGN ,point.x,point.y,this);
m_popmenu.DestroyMenu();
}
```

秘笈心法

心法领悟 372：列表中的数据动态识别。

可以对列表中的数据进行动态识别，根据不同的数据显示不同的菜单内容，列表类提供了获取列表数据的方法实现该功能。

| 实例 373 | 工具栏右键菜单
光盘位置：光盘\MR\08\373 | 高级
趣味指数：★★★★☆ |

■ 实例说明

由于工具栏的长度有限，不能将所有命令以工具栏按钮的形式显示出来，所以可以在工具栏上设置右键菜单，通过对话框动态向工具栏中添加按钮，本实例将实现在工具栏上设置右键菜单。实例运行结果如图 8.29 所示。

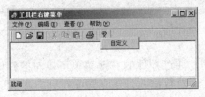

图 8.29　工具栏右键菜单

■ 关键技术

要改变编辑框控件默认的右键菜单需要新建基类为 CToolBar 的自定义类，然后覆写 OnContextMenu 方法，在 OnContextMenu 方法的实现中使用 TrackPopupMenu 函数弹出菜单。

■ 设计过程

（1）创建一个基于对话框的应用程序。

（2）从 CToolBar 类派生一个新类 CMyToolBar。

（3）通过类向导为 CMyToolBar 类添加处理 WM_CONTEXTMENU 消息的函数，代码如下：

```
void CMyToolBar::OnContextMenu(CWnd* pWnd, CPoint point)
{
CMenu menu;
menu.LoadMenu(IDR_MYMENU);              //加载资源中 ID 属性为 IDR_MYMENU 的菜单
menu.GetSubMenu(0)->TrackPopupMenu(TPM_RIGHTBUTTON|TPM_LEFTALIGN,point.x,
        point.y,this,0);               //弹出菜单
        menu.DestroyMenu();
}
```

■ 秘笈心法

心法领悟 373：工具栏右键菜单的用处。

通过工具栏的右键菜单可以向工具栏中添加按钮，同样可以通过右键菜单动态更改按钮的图标以及按钮的顺序，获取指定工具栏按钮区域需要覆写 NcMouseMove 消息的相应函数，根据区域在整个工具栏的位置就可以获取工具栏按钮的索引，并获取按钮的 ID 资源，进而能够更改按钮的图标。

第 9 章

工具栏和状态栏

▶▶ 工具栏创建

▶▶ 工具栏控制

▶▶ 增强工具栏

▶▶ 状态栏

9.1　工具栏创建

实例 374	带图标的工具栏 光盘位置：光盘\MR\09\374	高级 趣味指数：★★★★

■ 实例说明

默认情况下，MFC 中提供的工具栏只能显示简单的图像。如何在工具栏中显示图标呢？本实例实现了一个带有图标的工具栏按钮。实例运行结果如图 9.1 所示。

图 9.1　带图标的工具栏

■ 关键技术

工具栏 CToolBar 提供了一个 GetToolBarCtrl 方法，用于获得一个 CToolBarCtrl 对象，该对象提供了一个 SetImageList 方法用于设置工具栏关联的图像列表控件。只要在程序中创建一个图像列表，并向图像列表中添加图标，将其与工具栏关联，工具栏按钮就会显示图像。

■ 设计过程

（1）创建基于单文档视图结构的应用程序。

（2）在框架类中定义一个 CImageList 对象 m_Imagelist。

（3）在框架类的 OnCreate 方法中创建图像列表，并向图像列表中添加图标。创建工具栏，将工具栏与图像列表关联。设置工具栏按钮的大小，代码如下：

```cpp
int CMainFrame::OnCreate(LPCREATESTRUCT lpCreateStruct)
{
if (CFrameWnd::OnCreate(lpCreateStruct) == -1)
        return -1;
//创建图像列表，向图像列表中添加图标
m_Imagelist.Create(32,32,ILC_COLOR24|ILC_MASK,0,1);
for (int i=0;i<9;i++)
{
        m_Imagelist.Add(AfxGetApp()->LoadIcon(IDI_ICON1+i));
}
//创建工具栏
if (!m_wndToolBar.CreateEx(this, TBSTYLE_FLAT, WS_CHILD | WS_VISIBLE | CBRS_TOP
        | CBRS_GRIPPER | CBRS_TOOLTIPS | CBRS_FLYBY | CBRS_SIZE_DYNAMIC) ||
        !m_wndToolBar.LoadToolBar(IDR_MAINFRAME))
{
        TRACE0("Failed to create toolbar\n");
        return -1;
}
m_wndToolBar.GetToolBarCtrl().SetImageList(&m_Imagelist);        //设置工具栏图像列表
m_wndToolBar.GetToolBarCtrl().SetButtonSize(CSize(40,40));        //设置工具栏按钮大小
m_wndToolBar.GetToolBarCtrl().SetBitmapSize(CSize(30,30));        //设置工具栏按钮图像大小
m_wndToolBar.EnableDocking(CBRS_ALIGN_ANY);        //设置工具栏停靠位置
EnableDocking(CBRS_ALIGN_ANY);        //设置框架内对齐方式
DockControlBar(&m_wndToolBar);        //将工具栏进行停靠
return 0;
```

■ 秘笈心法

心法领悟 374：工具栏的种类。

工具栏分为带图标的工具栏、带文字的工具栏和既带图标又带文字的工具栏。带图标的工具栏通过图标的

演示作用使用户容易记忆，所以使用起来非常方便。既带图标又带文字的工具栏比只带图标的工具栏更加方便，但图标下方的文字的数量有限，只能起到提示作用，主要还是依靠图标的演示作用，而且需要结合提示条对工具栏按钮进行提示。

实例 375	带背景的工具栏	高级
	光盘位置：光盘\MR\09\375	趣味指数：★★★☆

■ 实例说明

带背景的工具栏可以为程序界面增添活力，使用户更愿意使用。本实例实现了带背景的工具栏。实例运行结果如图 9.2 所示。

图 9.2　带背景的工具栏

■ 关键技术

本实例主要通过 CReBar 类完成，CReBar 类是 CToolBar 的容器，将 CToolBar 对象添加到该容器中，即可实现带背景的工具栏。首先通过 CReBar 类的 Create 方法创建一个 CReBar 对象，然后通过 AddBar 方法将 CToolBar 对象添加进容器，通过设置 REBARBANDINFO 结构，可以将位图资源添加进容器，最后通过 SetBandInfo 方法使 REBARBANDINFO 结构的设置生效。

■ 设计过程

（1）创建基于单文档视图结构的应用程序。
（2）向工程中添加一个位图资源，设置 ID 属性为 IDB_BACK。
（3）在头文件 MainFrame.h 中声明一个 CReBar 对象。
（4）在主框架的 OnCreate 函数中创建带背景的工具栏，代码如下：

```
int CMainFrame::OnCreate(LPCREATESTRUCT lpCreateStruct)
{
if (CFrameWnd::OnCreate(lpCreateStruct) == -1)
        return -1;
//创建工具栏
if (!m_wndToolBar.CreateEx(this, WS_CHILD | WS_VISIBLE | CBRS_TOP
| CBRS_TOOLTIPS | CBRS_SIZE_DYNAMIC)||
        !m_wndToolBar.LoadToolBar(IDR_MAINFRAME))
{
        TRACE0("Failed to create toolbar\n");
        return -1;
}
//创建状态栏
if (!m_wndStatusBar.Create(this)||
        !m_wndStatusBar.SetIndicators(indicators,
          sizeof(indicators)/sizeof(UINT)))
{
        TRACE0("Failed to create status bar\n");
        return -1;
}
m_rebar.Create(this);                                              //创建工具栏容器
m_rebar.AddBar(&m_wndToolBar);                                     //将向导生成的工具栏作为目标工具栏
m_rebar.RedrawWindow();                                            //重新绘制工具栏容器按钮
REBARBANDINFO info;
info.cbSize=sizeof(info);
info.fMask=RBBIM_BACKGROUND;                                       //将要修改容器背景
m_wndToolBar.ModifyStyle(0,TBSTYLE_TRANSPARENT);                   //修改工具栏样式
info.hbmBack=LoadBitmap(AfxGetInstanceHandle(),MAKEINTRESOURCE(IDB_BACK));  //加载图片
m_rebar.GetReBarCtrl().SetBandInfo(0,&info);                       //使用 REBARBANDINFO 信息设置工具栏容器
return 0;
}
```

■ 秘笈心法

心法领悟 375：CReBar 类的使用。

MFC 中的 CReBar 类是工具栏类的一个容器，通过 CReBar 类可以实现对工具栏的控制。不但可以设置工具栏的背景图，还可以设置背景颜色和显示文字。

实例 376	浮动工具栏 光盘位置：光盘\MR\09\376	高级 趣味指数：★★★★☆

■ 实例说明

Microsoft Visual C++中对话框资源控件的窗体就是浮动的工具栏，在 Photoshop、Flash 等软件中也能看到浮动的工具栏窗体。本实例实现一个浮动的工具栏窗体，实例运行结果如图 9.3 所示。

■ 关键技术

通过 MFC 向导生成的单文档或多文档应用程序中，只要将工具栏向客户区拖动即可使工具栏浮动。本实例通过 Create 方法创建一个工具栏，然后通过 FloatControlBar 方法控制工具为浮动的工具栏。

图 9.3　浮动工具栏

CToolBar 类的 Create 方法用于创建一个工具栏，语法如下：

```
BOOL Create( CWnd* pParentWnd, DWORD dwStyle = WS_CHILD | WS_VISIBLE | CBRS_TOP, UINT nID = AFX_IDW_TOOLBAR );
```

参数说明

❶ pParentWnd：父窗体指针。

❷ dwStyle：窗体的样式，默认情况下取值为 WS_CHILD 和 WS_VISIBLE。此外，还有如下取值。

❑ CBRS_TOP：控制工具栏在顶部。

❑ CBRS_BOTTOM：控制工具栏在底部。

❑ CBRS_NOALIGN：控制工具栏不对齐。

❑ CBRS_TOOLTIPS：工具栏具有提示条。

❑ CBRS_SIZE_DYNAMIC：工具栏的大小可以改变。

❑ CBRS_SIZE_FIXED：工具栏的大小固定。

❑ CBRS_FLOATING：工具栏浮动。

❑ CBRS_FLYBY：工具栏平坦样式。

❑ CBRS_HIDE_INPLACE：工具栏不显示。

❸ nID：工具栏在工程中的资源 ID，可以使用默认 ID 值 AFX_IDW_TOOLBAR。

CFrameWnd 类的 FloatControlBar 方法用于控制工具栏显示的位置及样式，语法如下：

```
CFrameWnd* FloatControlBar( CControlBar * pBar, CPoint point, DWORD dwStyle = CBRS_ALIGN_TOP );
```

参数说明

❶ pBar：控制栏指针。

❷ point：工具栏所在的控制栏左顶点的显示位置。

❸ dwStyle：工具栏显示样式。

■ 设计过程

（1）创建基于单文档视图结构的应用程序。

（2）在函数 OnCreate 中将原有的工具栏设置成浮动工具栏，代码如下：

```
int CMainFrame::OnCreate(LPCREATESTRUCT lpCreateStruct)
{
if (CFrameWnd::OnCreate(lpCreateStruct) == -1)
        return -1;
DWORD dwStyle=WS_CHILD|WS_VISIBLE;
dwStyle|=CBRS_FLOATING;                                          //添加浮动样式
m_wndToolBar.Create(this,dwStyle,AFX_IDW_TOOLBAR);              //创建工具栏
m_wndToolBar.LoadToolBar(IDR_MAINFRAME);                        //加载工具栏
if (!m_wndStatusBar.Create(this) ||
        !m_wndStatusBar.SetIndicators(indicators,
            sizeof(indicators)/sizeof(UINT)))
{
        TRACE0("Failed to create status bar\n");
        return -1;
}
m_wndToolBar.EnableDocking(0);                                  //取消工具栏的停靠方式
EnableDocking(0);                                              //框架内子窗体也不进行停靠设置
CRect rect;
GetWindowRect(&rect);                                         //获取窗体区域
CPoint point(rect.left+100,rect.top+100);                     //计算工具栏显示的坐标
FloatControlBar(&m_wndToolBar,point,CBRS_ALIGN_LEFT);         //将工具栏浮动显示
return 0;
}
```

■ 秘笈心法

心法领悟 376：工具栏的位置。

MFC 类库中对对工具栏的位置进行了宏定义，通过 MFC 类库函数很容易控制工具栏的位置。用户在用鼠标拖动工具栏的过程中，可以根据鼠标的坐标在窗体区域中的位置进行工具栏停靠位置的判断，进而实现窗体吸附效果。

| 实例 377 | 在对话框中创建工具栏
光盘位置：光盘\MR\09\377 | 高级
趣味指数：★★★★☆ |

■ 实例说明

使用 MFC 向导既可以创建基于文档视图结构的应用程序，也可以创建基于对话框的应用程序，向导默认生成的文档视图结构的应用程序带有工具栏，而对话框的应用程序没有带任何工具栏。本实例将演示如何在对话框中创建工具栏，实例运行结果如图 9.4 所示。

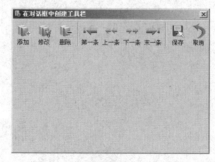

图 9.4　在对话框中创建工具栏

■ 关键技术

MFC 提供了工具栏类 CToolBarCtrl 来创建工具栏。创建工具栏使用 Create 方法，向工具栏中添加按钮使用 AddButtons 方法。

（1）Create 方法

该方法用于创建工具栏控件，语法如下：

```
BOOL Create( DWORD dwStyle, const RECT& rect, CWnd* pParentWnd, UINT nID );
```

Create 方法中的参数说明如表 9.1 所示。

表 9.1　Create 方法中的参数说明

参　　　数	说　　明
dwStyle	设置工具栏的窗体样式，控件窗体应设置为 WS_CHILD 样式
rect	设置工具栏所在的区域
pParentWnd	设置工具栏的父窗体
nID	设置工具栏所使用的资源 ID 值

（2）AddButtons 方法

该方法用来设置工具栏上的按钮，语法如下：

```
BOOL AddButtons( int nNumButtons, LPTBBUTTON lpButtons );
```

参数说明

❶ nNumButtons：工具栏按钮的数量。

❷ lpButtons：TBBUTTON 结构体类型的指针。TBBUTTON 结构体中包含了工具栏按钮的命令 ID 值、图标索引、按钮名称等数据成员。

设计过程

（1）创建一个基于对话框的应用程序。

（2）在 CDialogToolBarDlg 类中定义一个 CToolBarCtrl 对象和一个 CImageList 对象。

（3）在自定义函数 InitToolBar 中动态创建工具栏，代码如下：

```cpp
void CDialogToolBarDlg::InitToolBar()
{
m_imagelist.Create(32,32,ILC_COLOR32|ILC_MASK,0,0);                          //创建图像列表
CString strpath;
HICON hicon;
//向列表中添加图标
for(int j=1;j<10;j++)
{
        strpath.Format(".\\res\\toolbar\\%02d.ico",j);
        hicon = (HICON)::LoadImage(NULL,strpath,IMAGE_ICON,32,32,LR_LOADFROMFILE);   //加载图标
        m_imagelist.Add(hicon);
}
m_toolbar.Create(WS_CHILD|WS_VISIBLE,CRect(0,0,0,0),this,154230);            //创建工具栏
m_toolbar.EnableAutomation();                                               //工具栏支持自动化
m_toolbar.SetImageList(&m_imagelist);                                       //设置工具栏的图像列表
TBBUTTON button[11];
int i;
for(i=0;i<11;i++)
{
        button[i].dwData=0;
        button[i].fsState=TBSTATE_ENABLED;                                 //工具栏按钮为可用
        button[i].fsStyle=TBSTYLE_BUTTON;                                  //工具栏为按钮样式
}
button[0].idCommand=ID_ADDDATA;                                            //设置工具栏按钮的命令 ID 值
button[0].iBitmap=0;                                                       //设置图标索引
button[0].iString =m_toolbar.AddStrings("添加");                           //设置工具栏按钮名称
button[1].idCommand=ID_UPDATEDATA;
button[1].iBitmap=1;
button[1].iString =m_toolbar.AddStrings("修改");
button[2].idCommand=ID_DELETEDATA;
button[2].iBitmap=2;
button[2].iString =m_toolbar.AddStrings("删除");
button[3].fsStyle=TBSTYLE_SEP;
```

```
button[4].idCommand=ID_FIRSTDATA;
button[4].iBitmap=3;
button[4].iString =m_toolbar.AddStrings("第一条");
button[5].idCommand=ID_PREVIOUSDATA;
button[5].iBitmap=4;
button[5].iString =m_toolbar.AddStrings("上一条");
button[6].idCommand=ID_NEXTDATA;
button[6].iBitmap=5;
button[6].iString =m_toolbar.AddStrings("下一条");
button[7].idCommand=ID_LASTDATA;
button[7].iBitmap=6;
button[7].iString =m_toolbar.AddStrings("末一条");
button[8].fsStyle=TBSTYLE_SEP;
button[9].idCommand=ID_SAVEDATA;
button[9].iBitmap=7;
button[9].iString =m_toolbar.AddStrings("保存");
button[10].idCommand=ID_CANCELDATA;
button[10].iBitmap=8;
button[10].iString =m_toolbar.AddStrings("取消");
m_toolbar.AddButtons(11,button);                    //向工具栏中添加按钮
m_toolbar.AutoSize();                               //自动调整工具栏的大小
m_toolbar.SetStyle(TBSTYLE_FLAT|CCS_TOP);           //设置工具栏样式
}
```

■ 秘笈心法

心法领悟 377：工具栏的创建方法。

CToolBarCtrl 类是创建工具栏控件的类，CToolBar 类是创建工具栏的类。CToolBar 类包含了 CToolBarCtrl 类，文档视图结构通常使用 CToolBar 类来创建工具栏。CToolBar 类可以直接通过加载位图生成工具栏，也可以调用 CToolBarCtrl 对象进行工具栏的设置。

实例 378	根据菜单创建工具栏	高级
	光盘位置：光盘\MR\09\378	趣味指数：★★★★☆

■ 实例说明

通常工具栏能够实现的功能，菜单也能实现。菜单有命令 ID、图标、名称，工具栏也有。如果菜单项不多，即可根据每个菜单项都创建一个工具栏按钮，本实例将实现根据菜单项创建工具栏。实例运行结果如图 9.5 所示。

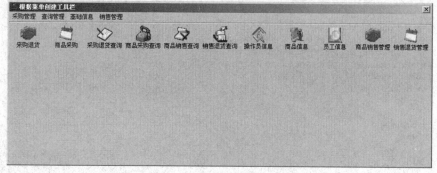

图 9.5 根据菜单创建工具栏

■ 关键技术

本实例的关键技术是如何获取所有的菜单项，首先使用 CMenu 类的 LoadMenu 方法加载指定 ID 的菜单资源。然后使用 GetMenuItemCount 获取菜单项的个数，最后使用 GetSubMenu 方法获取子菜单项。如果是级联菜单就继续获取子菜单下的菜单项个数，并遍历子菜单的菜单项，最后通过 GetMenuItemInfo 获取菜单项的内容

并生成工具栏按钮。

设计过程

（1）创建一个基于对话框的应用程序。

（2）在对话框初始化函数 OnInitDialog 中根据菜单创建工具栏，代码如下：

```cpp
BOOL CCreateToolbarFromMenuDlg::OnInitDialog()
{
CDialog::OnInitDialog();
//此处代码省略
m_imagelist.Create(32,32,ILC_COLOR32|ILC_MASK,0,0);                        //创建图像列表
CString strpath;
HICON hicon;
int j;
//向列表中加载图像
for(j=1;j<10;j++)
{
    strpath.Format(".\\res\\toolbar\\%02d.ico",j);
    hicon = (HICON)::LoadImage(NULL,strpath,IMAGE_ICON,32,32,LR_LOADFROMFILE);
    m_imagelist.Add(hicon);
}
m_toolbar.Create(WS_CHILD|WS_VISIBLE,CRect(0,0,0,0),this,154230);          //创建工具栏
m_toolbar.EnableAutomation();                                             //工具栏支持自动化
m_toolbar.SetImageList(&m_imagelist);                                     //设置工具栏图像列表
TBBUTTON button[11];
int i;
for(i=0;i<11;i++)
{
    button[i].dwData=0;
    button[i].fsState=TBSTATE_ENABLED;                                   //工具栏按钮可用
    button[i].fsStyle=TBSTYLE_BUTTON;                                    //工具栏为按钮样式
}
int iMenuButtonCount=0;
MENUITEMINFO info;
CString strMenuName;
CMenu menDlgMenu;
CMenu *menDlgSubmenu;
menDlgMenu.LoadMenu(IDR_MYMENU);                                         //加载资源中的菜单
int iMenuCount=menDlgMenu.GetMenuItemCount();                            //父菜单数量
for(j=0;j<iMenuCount;j++)
{
    menDlgSubmenu=menDlgMenu.GetSubMenu(j);                              //获取子菜单
    int iSubMenuCount=menDlgSubmenu->GetMenuItemCount();                 //获取子菜单个数
    for(i=0;i<iSubMenuCount;i++)
    {
        menDlgSubmenu->GetMenuString(i,strMenuName,MF_BYPOSITION);       //获取菜单项的名称
        button[iMenuButtonCount].idCommand=menDlgSubmenu->GetMenuItemID(i);
        button[iMenuButtonCount].iBitmap=iMenuButtonCount%9;
        button[iMenuButtonCount].iString =m_toolbar.AddStrings(strMenuName);
        iMenuButtonCount++;
        if(iMenuButtonCount>10)                                         //不能超过 TBBUTTON 数组的最大值
            break;
    }
    if(iMenuButtonCount>10)
        break;
}
this->SetMenu(&menDlgMenu);                                              //设置对话框菜单
m_toolbar.AddButtons(iMenuButtonCount,button);                           //添加工具栏按钮
m_toolbar.AutoSize();                                                    //工具栏自动调整大小
m_toolbar.SetStyle(TBSTYLE_FLAT|CCS_TOP);                                //设置工具栏样式
return TRUE;
}
```

秘笈心法

心法领悟 378：工具栏按钮的生成。

本实例实现的是将较少的菜单项生成为工具栏按钮，即在一行工具栏内可以全部显示。如果菜单项较多，就需要创建多个工具栏来显示，这时可以根据根菜单项的个数来决定工具栏的个数。

9.2　工具栏控制

实例 379	工具栏按钮的热点效果	高级
	光盘位置：光盘\MR\09\379	趣味指数：★★★★☆

■ 实例说明

工具栏按钮的热点效果可以通过 CreateEx 方法实现，在调用该方法创建工具栏之前还要创建两个图像列表，并为工具栏按钮和热点效果时的按钮关联不同图像列表的图像。实例运行结果如图 9.6 所示。

图 9.6　工具栏按钮的热点效果

■ 关键技术

本实例需要使用两个图像列表，可以通过两个图像列表的变化看出按钮的热点效果。在程序中创建两个列表，然后通过 CToolBar 类的 SetImageList 方法设置显示按钮图标的图像列表，通过 SetHotImageList 方法设置产生热点效果的图像列表。

■ 设计过程

（1）创建基于对话框的应用程序。

（2）向工程中添加多个图标资源，ID 属性分别为从 IDI_ICON1～IDI_ICON16。

（3）在 CHotToolDlg 类中定义一个 CToolBarCtrl 对象和两个 CImageList 对象，代码如下：

```
BOOL CHotToolDlg::OnInitDialog()
{
//此处代码省略
m_ImageList.Create(32,32,ILC_COLOR24|ILC_MASK,1,1);                    //创建用来显示的图像列表
m_HotImageList.Create(32,32,ILC_COLOR24|ILC_MASK,1,1);                 //创建热点效果的图像列表
//向图像列表中添加图标
m_ImageList.Add(AfxGetApp()->LoadIcon(IDI_ICON1));                     //向列表中加载图像
m_ImageList.Add(AfxGetApp()->LoadIcon(IDI_ICON2));
m_ImageList.Add(AfxGetApp()->LoadIcon(IDI_ICON3));
m_ImageList.Add(AfxGetApp()->LoadIcon(IDI_ICON4));
m_ImageList.Add(AfxGetApp()->LoadIcon(IDI_ICON5));
m_ImageList.Add(AfxGetApp()->LoadIcon(IDI_ICON6));
m_ImageList.Add(AfxGetApp()->LoadIcon(IDI_ICON7));
m_ImageList.Add(AfxGetApp()->LoadIcon(IDI_ICON8));
m_HotImageList.Add(AfxGetApp()->LoadIcon(IDI_ICON9));                  //向列表中加载图像
m_HotImageList.Add(AfxGetApp()->LoadIcon(IDI_ICON10));
m_HotImageList.Add(AfxGetApp()->LoadIcon(IDI_ICON11));
```

```
m_HotImageList.Add(AfxGetApp()->LoadIcon(IDI_ICON12));
m_HotImageList.Add(AfxGetApp()->LoadIcon(IDI_ICON13));
m_HotImageList.Add(AfxGetApp()->LoadIcon(IDI_ICON14));
m_HotImageList.Add(AfxGetApp()->LoadIcon(IDI_ICON15));
m_HotImageList.Add(AfxGetApp()->LoadIcon(IDI_ICON16));

UINT array[10];
for (int i = 0;i<9;i++)
{
    if (i==3 || i==7)
            array[i] = ID_SEPARATOR;                               //第 4、8 个按钮为分隔条
    else
            array[i] = i+1001;
}
m_ToolBar.CreateEx(this,TBSTYLE_FLAT);                              //创建工具栏
m_ToolBar.SetButtons(array,10);                                    //设置工具栏按钮
m_ToolBar.SetButtonText(0,"新建");                                  //设置工具栏名称
m_ToolBar.SetButtonText(1,"打开");
m_ToolBar.SetButtonText(2,"保存");
m_ToolBar.SetButtonText(4,"剪切");
m_ToolBar.SetButtonText(5,"复制");
m_ToolBar.SetButtonText(6,"粘贴");
m_ToolBar.SetButtonText(8,"打印");
m_ToolBar.SetButtonText(9,"帮助");
//关联图像列表
m_ToolBar.GetToolBarCtrl().SetImageList(&m_ImageList);             //设置工具栏图标
m_ToolBar.GetToolBarCtrl().SetHotImageList(&m_HotImageList);       //绘制工具栏热点图标
m_ToolBar.SetSizes(CSize(40,40),CSize(32,32));                     //设置按钮和图标的大小
RepositionBars(AFX_IDW_CONTROLBAR_FIRST,AFX_IDW_CONTROLBAR_LAST,0); //显示工具栏
return TRUE;
}
```

■ 秘笈心法

心法领悟 379：热点效果的实现方法。

本实例使用了 CToolBar 类的 SetHotImageList 方法实现热点效果，也可以通过处理鼠标移动消息（WM_MOUSEMOVE）来实现该效果。当鼠标移动到按钮上时，使用 SetButtonInfo 刷新图像，当然在鼠标移动前应当先记录工具栏按钮的区域信息。

实例 380	定义 XP 风格的工具栏	高级
	光盘位置：光盘\MR\09\380	趣味指数：★★★☆

■ 实例说明

网上的许多软件都具有漂亮的工具栏，本实例模仿 XP 风格的工具栏设计了一个自定义的工具栏按钮。实例运行结果如图 9.7 所示。

图 9.7　定义 XP 风格的工具栏

■ 关键技术

在 MFC 中，绘制工具栏、树视图、列表视图等控件需要处理 NM_CUSTOMDRAW 通知消息。首先从 CToolBarCtrl 类派生一个子类，本实例为 CXPBar，在该类的消息映射部分添加反射消息映射宏 ON_NOTIFY_REFLECT，代码如下：

```
ON_NOTIFY_REFLECT(NM_CUSTOMDRAW, OnOwnerDraw)
```

编写 NM_CUSTOMDRAW 消息处理函数 OnOwnerDraw，实现工具栏按钮的绘制。

■ 设计过程

（1）创建基于对话框的应用程序。

（2）由 CToolBarCtrl 派生一个新类 CXPBar。

（3）添加 CXPBar 类的 NM_CUSTOMDRAW 消息的实现函数，代码如下：

```
void CXPBar::OnOwnerDraw(NMHDR *pNotifyStruct, LRESULT *pResult)
{
NMTBCUSTOMDRAW *pCustomDraw = (NMTBCUSTOMDRAW *)pNotifyStruct;
CDC   dc;
dc.Attach(pCustomDraw->nmcd.hdc);
pCustomDraw->clrText =m_TextColor;                              //设置字体颜色
switch (pCustomDraw->nmcd.dwDrawStage)
{
case CDDS_PREPAINT:                                             //如果是父窗体
    *pResult = CDRF_NOTIFYITEMDRAW;
    break;
case CDDS_ITEMPREPAINT:                                         //如果是控件本身
    DrawButton(&dc, pCustomDraw->nmcd.rc, pCustomDraw->nmcd.uItemState);  //绘制按钮
    *pResult = TBCDRF_NOEDGES;                                  //不绘制按钮边框
    break;
}
dc.Detach();
}
```

■ 秘笈心法

心法领悟 380：反射消息的应用。

本实例是对反射消息的一次运用。反射消息是指子控件向父控件发送消息，而父控件并没有处理该消息，而是把消息返回给子控件，让子控件来处理这个消息，这就形成了一去一回的反射过程，映射宏中有几个是带 REFLECT 字样的，都代表反射类型。

实例 381	根据表中数据动态生成工具栏 光盘位置：光盘\MR\09\381	高级 趣味指数：★★★☆

■ 实例说明

不同的用户有不同的权限，如果用户没有相应的权限，那么菜单或工具栏按钮是不可用的。应用程序应该根据权限的不同来动态调整工具栏按钮。本实例将根据数据表的内容生成工具栏。实例运行结果如图 9.8 所示。

■ 关键技术

本实例使用的是 CToolBar 类在对话框应用程序中创建工具栏，CToolBar 类创建工具栏按钮时需要把所有按钮图片放到一张图片中，也需要将所有 ID 资源都放在一个数组中，

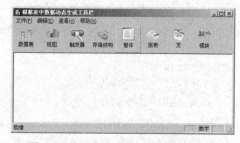

图 9.8　根据表中数据动态生成工具栏

并且图片和 ID 资源都一次被加载。如果使用 CToolBar 类所对应的 CToolBarCtrl 对象，则可以逐个按钮进行设置，本实例通过 CToolBar 类所对应的 CToolBarCtrl 对象设置工具栏按钮。

■ 设计过程

（1）创建一个基于对话框的应用程序。

（2）在 StdAfx.h 文件中添加对 msado15.dll 文件的引用。

（3）在 MainFrm.h 文件中添加 _ConnectionPtr 和 _RecordsetPtr 的指针对象。

（4）在主框架 CMainFrame 类的 OnCreate 函数内读取数据库，并创建工具栏，代码如下：

```
int CMainFrame::OnCreate(LPCREATESTRUCT lpCreateStruct)
{
if (CFrameWnd::OnCreate(lpCreateStruct) == -1)
       return -1;
//创建工具栏
if (!m_myToolBar.CreateEx(this,WS_CHILD| CBRS_TOOLTIPS|CBRS_FLOATING|
 WS_VISIBLE | CBRS_ALIGN_TOP|TBSTYLE_FLAT))
{
       TRACE0("Failed to create toolbar\n");
       return -1;
}
if (!m_wndStatusBar.Create(this) ||
       !m_wndStatusBar.SetIndicators(indicators,
         sizeof(indicators)/sizeof(UINT)))
{
       TRACE0("Failed to create status bar\n");
       return -1;
}
m_myToolBar.GetToolBarCtrl().EnableAutomation();                             //设置工具栏支持自动化
imagelist.Create(32,32,ILC_COLOR32|ILC_MASK,0,0);                           //创建图像列表
imagelist.Add(::LoadIcon(::AfxGetResourceHandle(),MAKEINTRESOURCE(IDI_ICON1)));    //向列表中添加图标
imagelist.Add(::LoadIcon(::AfxGetResourceHandle(),MAKEINTRESOURCE(IDI_ICON2)));
imagelist.Add(::LoadIcon(::AfxGetResourceHandle(),MAKEINTRESOURCE(IDI_ICON3)));
imagelist.Add(::LoadIcon(::AfxGetResourceHandle(),MAKEINTRESOURCE(IDI_ICON4)));
imagelist.Add(::LoadIcon(::AfxGetResourceHandle(),MAKEINTRESOURCE(IDI_ICON5)));
imagelist.Add(::LoadIcon(::AfxGetResourceHandle(),MAKEINTRESOURCE(IDI_ICON6)));
imagelist.Add(::LoadIcon(::AfxGetResourceHandle(),MAKEINTRESOURCE(IDI_ICON7)));
imagelist.Add(::LoadIcon(::AfxGetResourceHandle(),MAKEINTRESOURCE(IDI_ICON8)));
m_myToolBar.GetToolBarCtrl().SetImageList(&imagelist);                       //设置工具栏的图像列表
::CoInitialize(NULL);                                                        //初始化库接口
m_pConnection=NULL;
m_pConnection.CreateInstance(__uuidof(Connection));                          //创建数据库连接接口
//设置数据库连接字符串
m_pConnection->ConnectionString="uid=;pwd=;DRIVER={Microsoft Access Driver (*.mdb)};DBQ=button.mdb;";
m_pConnection->Open(L"",L"",L"",adCmdUnspecified);                          //打开数据库连接
m_pRecordset=m_pConnection->Execute((_bstr_t)("select * from button"),NULL,adCmdText);  //执行 SQL 语句
ishow=0;
for(int i=0;i<8;i++)
{
       strbtn[i]=(char*)(_bstr_t)m_pRecordset->GetCollect("show");          //从数据库中获取指定字段的值
       if(strbtn[i]=="1")
       {
               strimg[ishow]=(char*)(_bstr_t)m_pRecordset->GetCollect("index");
               strcmd[ishow]=(char*)(_bstr_t)m_pRecordset->GetCollect("command");
               strname[ishow]=(char*)(_bstr_t)m_pRecordset->GetCollect("name");
               ishow++;

       }
       m_pRecordset->MoveNext();                                            //数据库游标移到下一条
}
pbtn=new TBBUTTON[ishow];
for(int p=0;p<ishow;p++)
{
       pbtn[p].idCommand=atoi(strcmd[p]);                                   //工具栏按钮的命令 ID
       pbtn[p].iBitmap=atoi(strimg[p]);                                     //工具栏按钮的图标索引
       pbtn[p].fsStyle=TBSTYLE_BUTTON;                                      //工具的按钮样式
```

```
        pbtn[p].fsState=TBSTATE_ENABLED;                                              //工具栏为可用
        pbtn[p].iString=m_myToolBar.GetToolBarCtrl().AddStrings(strname[p].GetBuffer(0));   //工具栏按钮名称
    }
    m_myToolBar.GetToolBarCtrl().AddButtons(ishow,pbtn);                              //工具栏添加按钮
    m_myToolBar.GetToolBarCtrl().AutoSize();                                          //工具栏大小的自动调整
    m_myToolBar.GetToolBarCtrl().SetButtonSize(CSize(60,60));                         //设置工具栏按钮大小
    delete pbtn;
    m_pRecordset->Close();                                                            //关闭数据记录集
    m_pConnection->Close();                                                           //关闭数据库连接
    m_pRecordset=NULL;
    m_pConnection=NULL;
    ::CoUninitialize();                                                               //关闭库接口
    return 0;
}
```

秘笈心法

心法领悟 381：工具栏按钮数据的存储。

本实例只是从数据库中读取按钮的索引、命令 ID 资源和按钮名称，还可以将图片存储到数据库中，使设计工具栏所需的数据全部存储到数据库中，通过修改数据库内容实现修改整个工具栏。

实例 382　工具栏按钮单选效果　　　　　**高级**

光盘位置：光盘\MR\09\382　　　　　趣味指数：★★★★☆

实例说明

要使用 Visual C++ 6.0 设计对话框资源时，有一个控件选择的是工具栏，该工具栏上的按钮只有一个是有效的，本实例将实现这样的工具栏。实例运行结果如图 9.9 所示。

关键技术

使用工具栏类 CToolBar 的 SetButtonInfo 方法可以修改工具栏按钮的样式，方法中的 nStyle 参数用来设置按钮具体的样式，将样式设置为 TBBS_GROUP 和 TBBS_CHECKGROUP 即可实现单选效果。使用 TBBS_GROUP 决定哪些按钮是一组单选按钮，用 TBBS_CHECKGROUP 分别设置每个按钮。

图 9.9　工具栏按钮单选效果

设计过程

（1）创建一个基于单文档视图结构的应用程序。

（2）在 CMainFrame 类中声明 CToolBar 对象和 CImageList 对象。

（3）在 CMainFrame 类的 OnCreate 函数中创建工具栏，代码如下：

```
int CMainFrame::OnCreate(LPCREATESTRUCT lpCreateStruct)
{
if (CFrameWnd::OnCreate(lpCreateStruct) == -1)
        return -1;
//创建工具栏
if (!m_ToolBar.Create(this, WS_CHILD | WS_VISIBLE | CBRS_SIZE_FIXED |
        CBRS_TOP | CBRS_TOOLTIPS, AFX_IDW_TOOLBAR))
{
        TRACE0("Failed to create toolbar\n");
        return FALSE;
}
m_imagelist.Create(24,24,ILC_COLOR32|ILC_MASK,0,0);                                   //创建图像列表
CString strpath;
```

```
HICON hicon;
//向类表中添加图像
for(int j=1;j<10;j++)
{
        strpath.Format(".\\res\\toolbar\\%02d.ico",j);
        hicon = (HICON)::LoadImage(NULL,strpath,IMAGE_ICON,32,32,LR_LOADFROMFILE);
        m_imagelist.Add(hicon);
}
m_ToolBar.SetButtons(NULL,6);                                                    //设置工具栏按钮
UINT nStyle;
//设置工具栏首按钮状态
m_ToolBar.SetButtonInfo(0,ID_POINTER,TBBS_CHECKGROUP|TBBS_GROUP,0);
nStyle = m_ToolBar.GetButtonStyle(0);                                            //获取工具栏按钮的状态
nStyle &= ~TBBS_WRAPPED;                                                         //设置工具栏按钮是否另行显示
m_ToolBar.SetButtonStyle(0, nStyle);                                            //设置工具栏按钮样式
m_ToolBar.SetButtonInfo(1,ID_PEN,TBBS_CHECKGROUP,1);
nStyle = m_ToolBar.GetButtonStyle(1);
nStyle &= ~TBBS_WRAPPED;
m_ToolBar.SetButtonStyle(1, nStyle);
m_ToolBar.SetButtonInfo(2,ID_RECTANGLE,TBBS_CHECKGROUP,2);
nStyle = m_ToolBar.GetButtonStyle(2);
nStyle |= TBBS_WRAPPED;
m_ToolBar.SetButtonStyle(2, nStyle);
m_ToolBar.SetButtonInfo(3,ID_PARALLE,TBBS_CHECKGROUP,3);
nStyle = m_ToolBar.GetButtonStyle(3);
nStyle &= ~TBBS_WRAPPED;
m_ToolBar.SetButtonStyle(3, nStyle);
m_ToolBar.SetButtonInfo(4,ID_ROUND,TBBS_CHECKGROUP,4);
nStyle = m_ToolBar.GetButtonStyle(4);
nStyle &= ~TBBS_WRAPPED;
m_ToolBar.SetButtonStyle(4, nStyle);
m_ToolBar.SetButtonInfo(5,ID_ROUNDRECT,TBBS_CHECKGROUP,5);
nStyle = m_ToolBar.GetButtonStyle(5);
nStyle |= TBBS_WRAPPED;
m_ToolBar.SetButtonStyle(5, nStyle);                                            //设置工具栏按钮
m_ToolBar.Invalidate();                                                         //刷新工具栏
m_ToolBar.GetParentFrame()->RecalcLayout();                                     //重新计算框架内窗体布局
m_ToolBar.GetToolBarCtrl().SetButtonSize(CSize(31,32));                          //设置工具栏按钮的大小
m_ToolBar.GetToolBarCtrl().SetImageList(&m_imagelist);                           //设置工具栏图标列表
m_ToolBar.EnableDocking(0);                                                      //设置工具栏的停靠方式
EnableDocking(0);                                                                //设置框架的停靠方式
m_ToolBar.SetWindowText("工具栏");
GetWindowRect(&m_rcFloat);
CPoint point(m_rcFloat.left+100,m_rcFloat.top+100);                              //计算工具栏显示位置
FloatControlBar(&m_ToolBar,point,CBRS_ALIGN_LEFT);                               //将工具栏进行浮动显示
return 0;
}
```

■ 秘笈心法

心法领悟 382：工具栏按钮的 Group 属性。

单选按钮控件的 Group 属性只在一组按钮中的第一个按钮上设置，其后的单选按钮都和第一个设置 Group
属性的按钮是一组，一个窗体只要有一个 Group 属性的单选按钮控件即可实现单选效果。

实例 383	工具栏按钮多选效果 光盘位置：光盘\MR\09\383	高级 趣味指数：★★★☆

■ 实例说明

多选效果指工具栏按钮有按下的效果，这种按钮再次按动时才能弹起，不具备自动弹起的功能。多选效果
在应用软件中经常遇到，如 Word 软件中，文本是否具有粗体、斜线和下划线的效果，通过工具栏按钮的多选

效果会一目了然，给用户带来了方便。实例运行结果如图 9.10
所示。

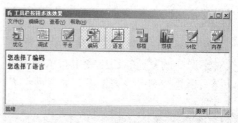

关键技术

同实现工具栏按钮单选效果的方法相同，多选效果仍然
通过 CToolBar 类的 SetButtonInfo 方法实现。只要将 nStyle
参数的取值设置为 TBBS_CHECKBOX，工具栏上的按钮就
具有多选效果了。

图 9.10　工具栏按钮多选效果

设计过程

（1）创建一个基于单文档视图结构的应用程序。

（2）在 CMainFrame 类中声明 CToolBar 对象和 CImageList 对象。

（3）在 CMainFrame 类的 OnCreate 函数中创建工具栏，代码如下：

```
int CMainFrame::OnCreate(LPCREATESTRUCT lpCreateStruct)
{
if (CFrameWnd::OnCreate(lpCreateStruct) == -1)
        return -1;
m_imagelist.Create(32,32,ILC_COLOR32|ILC_MASK,0,0);                       //创建图像列表
CString strpath;
HICON hicon;
//在图像列表中加载图标
for(int j=1;j<10;j++)
{
        strpath.Format(".\\res\\toolbar\\%02d.ico",j);
        hicon = (HICON)::LoadImage(NULL,strpath,IMAGE_ICON,32,32,LR_LOADFROMFILE);
        m_imagelist.Add(hicon);
}
//创建工具栏
if (!m_ToolBar.CreateEx(this,WS_CHILD |CBRS_FLOATING|
 WS_VISIBLE | CBRS_ALIGN_TOP|TBSTYLE_FLAT))//CBRS_TOOLTIPS
{
        TRACE0("Failed to create toolbar\n");
        return -1;
}
m_ToolBar.SetButtons(NULL,9);                                             //设置工具栏按钮
m_ToolBar.SetButtonInfo(0,ID_ADDDATA,TBBS_CHECKBOX,0);                    //设置工具栏按钮样式及资源 ID
m_ToolBar.SetButtonText(0,"优化");                                        //设置工具栏按钮名称
m_ToolBar.SetButtonInfo(1,ID_UPDATEDATA,TBBS_CHECKBOX,1);
m_ToolBar.SetButtonText(1,"调试");
m_ToolBar.SetButtonInfo(2,ID_DELETEDATA,TBBS_CHECKBOX,2);
m_ToolBar.SetButtonText(2,"平台");
m_ToolBar.SetButtonInfo(3,ID_FIRSTDATA,TBBS_CHECKBOX,3);
m_ToolBar.SetButtonText(3,"编码");
m_ToolBar.SetButtonInfo(4,ID_PREVIOUSDATA,TBBS_CHECKBOX,4);
m_ToolBar.SetButtonText(4,"语言");
m_ToolBar.SetButtonInfo(5,ID_NEXTDATA,TBBS_CHECKBOX,5);
m_ToolBar.SetButtonText(5,"移植");
m_ToolBar.SetButtonInfo(6,ID_LASTDATA,TBBS_CHECKBOX,6);
m_ToolBar.SetButtonText(6,"双核");
m_ToolBar.SetButtonInfo(7,ID_SAVEDATA,TBBS_CHECKBOX,7);
m_ToolBar.SetButtonText(7,"64 位");
m_ToolBar.SetButtonInfo(8,ID_CANCELDATA,TBBS_CHECKBOX,8);
m_ToolBar.SetButtonText(8,"内存");
m_ToolBar.GetToolBarCtrl().SetButtonSize(CSize(60,55));                   //设置工具栏按钮大小
m_ToolBar.GetToolBarCtrl().SetImageList(&m_imagelist);                    //设置工具栏按钮图标
return 0;
}
```

■ 秘笈心法

心法领悟 383：复选按钮状态的记录。

对于选中的复选按钮应使用布尔变量进行记录，每个按钮对应一个布尔变量，最后通过对布尔变量的判断可以得知哪些按钮已经被按下。如果两个复选按钮不能同时按下，此时就可以进行判断。

实例 384	固定按钮工具栏 光盘位置：光盘\MR\09\384	高级 趣味指数：★★★★

■ 实例说明

通过 MFC 向导创建的应用程序，默认情况下工具栏是可以改变位置的，也就是说可以在父窗体上移动，但本实例创建了不能改变按钮位置的工具栏。实例运行结果如图 9.11 所示。

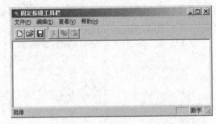

图 9.11　固定按钮工具栏

■ 关键技术

MFC 向导创建的工具栏是使用 CToolBar 类的 CreateEx 方法实现的，该方法创建的工具栏的左侧有一条导航线，而且可以对工具栏进行拖动。要创建固定按钮的工具栏需要使用 CToolBar 类的 Create 方法实现。

Create 方法同 CreateEx 方法一样，都是用来创建工具栏的，语法如下：

```
BOOL Create( CWnd* pParentWnd, DWORD dwStyle = WS_CHILD | WS_VISIBLE | CBRS_TOP, UINT nID = AFX_IDW_TOOLBAR );
```

参数说明

❶ pParentWnd：指定父窗体指针。

❷ dwStyle：指定工具栏样式。

❸ nID：设置工具栏资源 ID。

■ 设计过程

（1）创建一个基于单文档视图结构的应用程序。

（2）向工程中添加 ID 属性为 IDB_BITMAP1 的工具栏位图。

（3）在 CMainFrame 类的 OnCreate 函数中创建工具栏，代码如下：

```
int CMainFrame::OnCreate(LPCREATESTRUCT lpCreateStruct)
{
if (CFrameWnd::OnCreate(lpCreateStruct) == -1)
        return -1;
if (!m_wndMainBar.Create(this, WS_CHILD | WS_VISIBLE | CBRS_SIZE_DYNAMIC |
            CBRS_TOP |0 , 0xE800) ||
    !m_wndMainBar.LoadBitmap(
            IDB_BITMAP1) ||
    !m_wndMainBar.SetButtons(MainButtons, sizeof(MainButtons)/sizeof(UINT)))
{
        TRACE0("Failed to create mainbar\n");
        return -1;
}
if (!m_wndStatusBar.Create(this) ||
        !m_wndStatusBar.SetIndicators(indicators,
            sizeof(indicators)/sizeof(UINT)))
{
        TRACE0("Failed to create status bar\n");
        return -1;
}
EnableDocking(CBRS_ALIGN_ANY);
```

```
return 0;
}
```

■ 秘笈心法

心法领悟 384：工具栏的创建方法。

使用 CToolBar 类的 CreateEx 方法可以创建增强效果的工具栏，而 Create 方法可以快速地创建工具栏。使用 Create 方法时只设置一个父窗体指针参数即可，但 Create 方法创建的工具栏样式比较简单。

9.3　增强工具栏

实例 385	可调整按钮位置的工具栏 光盘位置：光盘\MR\09\385	高级 趣味指数：★★★★☆

■ 实例说明

本实例实现了工具栏上两个按钮互换位置的功能。运行程序，如图 9.12 所示，选择"查看"→"改变按钮位置"命令，程序会将"新建"按钮和"保存"按钮进行位置调换，效果如图 9.13 所示。

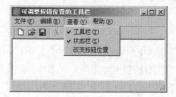

图 9.12　调换前

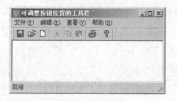

图 9.13　调换后

■ 关键技术

本实例通过 CToolBar 类的 SetButtonInfo 方法实现，SetButtonInfo 方法用来设置工具栏按钮的相关信息，语法如下：

```
void SetButtonInfo( int nIndex, UINT nID, UINT nStyle, int iImage );
```

SetButtonInfo 方法中的参数说明如表 9.2 所示。

表 9.2　SetButtonInfo 方法中的参数说明

参　　数	说　　明
nIndex	工具栏上按钮的位置
nID	工具栏按钮在工程中的资源 ID 值
nStyle	工具栏按钮的风格
iImage	工具栏按钮的图片索引值

■ 设计过程

（1）创建基于单文档视图结构的应用程序。

（2）修改 Menu 资源 IDR_MAINFRAME，在菜单"查看"下新建子菜单，设置 ID 属性为 ID_VIEW，设置 Caption 属性为"改变按钮位置"。

（3）自定义函数 MoveButton 实现工具栏上不同位置的按钮相互调换，代码如下：

```
void CMainFrame::MoveButton(int oldpos,int newpos)
{
UINT newID,oldID;
newID=m_wndToolBar.GetItemID(newpos);          //获取工具栏中指定位置按钮的 ID 值
```

```
oldID=m_wndToolBar.GetItemID(oldpos);
m_wndToolBar.SetButtonInfo(oldpos,newID,0,newpos);        //重新设置工具栏按钮的位置
m_wndToolBar.SetButtonInfo(newpos,oldID,0,oldpos);
}
```

■ 秘笈心法

心法领悟385：改变工具栏按钮的作用。

通过改变工具栏按钮的位置可以方便操作，使最常用的按钮始终显示在最前面，还可以通过更改按钮位置来适应个人的喜好。

实例 386	具有提示功能的工具栏 光盘位置：光盘\MR\09\386	高级 趣味指数：★★★☆

■ 实例说明

在文档/视图结构的应用程序中，默认情况下，当鼠标在工具栏按钮上停留时，会出现一个工具提示条。那么在基于对话框的应用程序中能够实现该功能吗？运行本实例，将鼠标指针移至工具栏上的某一按钮上，即可看到该工具按钮的提示信息，效果如图9.14所示。

■ 关键技术

使工具栏具有提示功能，需要同时具备几个条件。一是工具栏具有 CBRS_TOOLTIPS 风格，二是工具栏的父窗口需要处理 TTN_NEEDTEXT 通知消息。在 MFC 类库中，CFrameWnd 默认处理了 TTN_NEEDTEXT 通知消息，因此，在文档/视图结构的应用程序中，只要工具栏具有 CBRS_TOOLTIPS 风格，就能够显示提示信息。

如果在对话框中添加 TTN_NEEDTEXT 通知消息，那么需要在消息映射部分添加如下代码：

```
ON_NOTIFY_EX( TTN_NEEDTEXT, 0, OnToolTipNotify)
```

其中，OnToolTipNotify 是处理 TTN_NEEDTEXT 消息的函数，函数原型如下：

```
OnToolTipNotify(UINT id, NMHDR *pNMHDR, LRESULT *pResult)
```

参数说明

❶ id：发送消息的控件 ID，但此处没有用，因为控件 ID 可以来自于 pNMHDR。

❷ pNMHDR：一个 NMHDR（实际应该是 NMTTDISPINFO 结构指针）结构指针，NMHDR 结构记录了发送消息的控件 ID、句柄等信息。

❸ pResult：表示结果代码指针，TTN_NEEDTEXT 消息可以忽略该参数。

■ 设计过程

（1）创建一个基于对话框的工程。

（2）在对话框类中定义一个 CToolBar 变量 m_wndToolBar。在工作区的资源视图中创建一个工具栏资源，如图9.15所示。

图9.14　具有提示功能的工具栏　　　　　　　　　　图9.15　工具栏资源

（3）在对话框的 OnInitDialog 方法中创建工具栏。

（4）在对话框的消息映射部分添加 TTN_NEEDTEXT 消息映射宏。

（5）向对话框中添加 OnToolTipNotify 方法，代码如下：

```
BOOL CToolHintDlg::OnToolTipNotify(UINT id, NMHDR *pNMHDR, LRESULT *pResult)
```

```
{
    TOOLTIPTEXT *pTTT = (TOOLTIPTEXT *)pNMHDR;
    UINT nID =pNMHDR->idFrom;                                        //获取工具栏按钮 ID
int index = m_wndToolBar.GetToolBarCtrl().CommandToIndex(nID);       //根据 ID 获取按钮索引
m_wndToolBar.GetButtonText(index,m_ToolText);                        //获取按钮文本
    pTTT->lpszText =m_ToolText.GetBuffer(0);                         //设置显示的提示信息
    pTTT->hinst = AfxGetResourceHandle();
    return(TRUE);
}
```

秘笈心法

心法领悟 386：信息提示的实现。

信息提示的方法有很多，本实例使用的是处理 TTN_NEEDTEXT 消息的方法，同样还可以使用 ctooltip 控件的方法来实现提示效果。

实例 387	在工具栏中添加编辑框	高级
	光盘位置：光盘\MR\09\387	趣味指数：★★★★☆

实例说明

在工具栏中添加编辑框可以使用户在工具栏上进行输入操作，从而简化用户的操作，可以通过 Create 方法创建编辑框控件，并将编辑框控件的父窗口设为工具栏，在工具栏上显示编辑框。实例运行结果如图 9.16 所示。

图 9.16 在工具栏中添加编辑框

关键技术

要在工具栏上绘制编辑框，需要在工具栏按钮的位置使用 Create 方法动态创建，Create 是 CEdit 的成员函数，用来实现编辑框的动态创建，语法如下：

```
BOOL Create( DWORD dwStyle, const RECT& rect, CWnd* pParentWnd, UINT nID );
```

Create 方法中的参数说明如表 9.3 所示。

表 9.3 Create 方法中的参数说明

参　数	说　明
dwStyle	设置编辑框的样式
rect	设置编辑框的显示位置
pParentWnd	设置编辑框的父类
nID	设定一个编辑框的 ID 资源值

设计过程

（1）创建一个基于单文档视图结构的应用程序。

（2）在 CMainFrame 类的 OnCreate 函数中创建工具栏，代码如下：

```
int CMainFrame::OnCreate(LPCREATESTRUCT lpCreateStruct)
{
//此处代码省略
m_wndToolBar.EnableDocking(CBRS_ALIGN_ANY);
EnableDocking(CBRS_ALIGN_ANY);
DockControlBar(&m_wndToolBar);

RECT rect;
m_Edit.Create(WS_CHILD|WS_CLIPSIBLINGS|WS_EX_TOOLWINDOW|WS_BORDER,
```

```
        CRect(0,0,10,10),this,1200);                    //创建编辑框
m_wndToolBar.GetItemRect(11,&rect);                     //获取工具栏指定按钮的区域
m_Edit.SetParent(&m_wndToolBar);                        //设置工具栏是编辑框的父窗体
m_Edit.MoveWindow(&rect);                               //改变编辑框的大小
m_Edit.ShowWindow(SW_SHOW);                             //显示编辑框
return 0;
}
```

■ 秘笈心法

心法领悟 387：动态创建编辑框。

本实例中的编辑框控件是动态创建的。MFC 中任何窗体类的控件都可以动态创建，动态创建控件会占用程序的启动时间，但增加了程序的灵活性。应用程序中的控件可以根据一定的配置信息创建，进而达到通过改变配置信息改变界面的效果。

实例 388	带组合框的工具栏 光盘位置：光盘\MR\09\388	高级 趣味指数：★★★☆

■ 实例说明

在 Office 软件中经常可以看到工具上有很多组合框，通过工具栏上的组合框，Office 可以非常方便地设置字体的大小、类型等。本实例将实现带组合框的工具栏。实例运行结果如图 9.17 所示。

图 9.17   带组合框的工具栏

■ 关键技术

本实例使用 CToolBar 类创建工具栏。首先通过 Create 方法创建工具栏，然后使用 LoadBitmap 设置按钮使用的图标，使用 SetButtons 设置按钮使用的 ID 资源，接着使用 GetItemRect 获取指定按钮的区域，最后使用 CComboBox 类的 Create 方法在该区域内创建组合框控件。如果想改变原有按钮的区域，需要使用 CToolBar 类的 SetButtonInfo 方法，该方法不但可以设置工具栏按钮使用的图标索引、按钮的样式，还可以改变按钮的宽度。

SetButtonInfo 方法用来设置工具栏按钮的属性信息，语法如下：

```
void SetButtonInfo( int nIndex, UINT nID, UINT nStyle, int iImage );
```

SetButtonInfo 方法中的参数说明如表 9.4 所示。

表 9.4   SetButtonInfo 方法中的参数说明

参　　数	说　　明
nIndex	按钮的索引
nID	按钮的资源 ID 值
nStyle	按钮的样式有以下取值。 TBBS_BUTTON：按钮样式 TBBS_SEPARATOR：分隔条样式 TBBS_CHECKBOX：复选样式 TBBS_GROUP：组样式 TBBS_CHECKGROUP：复选组样式，该样式应放在按钮组的第一位置
iImage	设置图片索引以及按钮的宽度

■ 设计过程

（1）创建一个基于单文档视图结构的应用程序。

（2）从 CToolBar 类派生新类 CStyleBar，并在 CMainFrame 类中声明该类的一个对象 m_wndStyleBar。

（3）在 CMainFrame 类的 OnCreate 函数中创建工具栏，代码如下：

```
int CMainFrame::OnCreate(LPCREATESTRUCT lpCreateStruct)
{
if (CFrameWnd::OnCreate(lpCreateStruct) == -1)
        return -1;
const int nDropHeight = 100;
//创建工具栏
if (!m_wndStyleBar.Create(this, WS_CHILD|WS_VISIBLE|CBRS_TOP|
            CBRS_TOOLTIPS|CBRS_FLYBY, 15000) ||
    !m_wndStyleBar.LoadBitmap(IDB_STYLES) ||                         //加载工具栏图标
    !m_wndStyleBar.SetButtons(styles, sizeof(styles)/sizeof(UINT)))  //为工具栏添加按钮
{
        TRACE0("Failed to create stylebar\n");
        return FALSE;
}
m_wndStyleBar.SetButtonInfo(0, 12000, TBBS_SEPARATOR, 50);          //设置指定工具栏按钮的宽度
m_wndStyleBar.SetButtonInfo(1, ID_SEPARATOR, TBBS_SEPARATOR, 12);   //设置指定工具栏按钮的样式
CRect rect;
m_wndStyleBar.GetItemRect(0, &rect);                                //获取指定按钮的区域
rect.top = 3;
rect.bottom = rect.top + nDropHeight;
if (!m_wndStyleBar.m_comboBox.Create(
            CBS_DROPDOWNLIST|WS_VISIBLE|WS_TABSTOP,
            rect, &m_wndStyleBar, 12000))                           //创建组合框
{
        TRACE0("Failed to create combo-box\n");
        return FALSE;
}
return 0;
}
```

■ 秘笈心法

心法领悟 388：增强工具栏的创建。

在工具栏上不仅可以显示组合框控件，还可以显示编辑框和标签控件，其实现思路都是一样的，即先生成工具栏按钮，然后获取按钮的区域，最后在该区域内创建想要创建的控件。

实例 389	工具栏左侧双线效果 光盘位置：光盘\MR\09\389	高级 趣味指数：★★★☆

■ 实例说明

由 MFC 向导创建的文档视图结构应用程序，其创建的工具栏左侧只有一条竖线，本实例将实现把这一条竖线改为两条竖线。实例运行结果如图 9.18 所示。

■ 关键技术

绘制普通线条使用 CDC 类的 LineTo 方法即可。如果是立体效果的线条就需要绘制多条不同颜色的线条，把一个线条看作一个矩形区域，其左边缘和下边缘使用 COLOR_BTNSHADOW 颜色，右边缘和上边缘使用 COLOR_BTNHILIGHT 颜色，这样即可实现线条突出的效果。

图 9.18　工具栏左侧双线效果

■ 设计过程

（1）创建一个基于单文档视图结构的应用程序。

（2）由 CToolBar 类派生一个新类 CMyToolBar。

（3）在新类 CMyToolBar 的 DrawGripper 函数中实现双线的绘制，代码如下：

```
void CMyToolBar::DrawGripper(CDC & dc) const
{
if (IsFloating()) {
        return;                                    //如果是浮动窗体，则不进行操作
}
if (m_dwStyle & CBRS_GRIPPER)                       //工具要有 CBRS_GRIPPER 样式属性
{
        CRect gripper;
        GetWindowRect( gripper ) ;                 //获取窗体区域
        ScreenToClient( gripper );                 //将屏幕坐标转换为客户坐标
        gripper.OffsetRect( -gripper.left, -gripper.top );   //调整区域
        if( m_dwStyle & CBRS_ORIENT_HORZ ) {       //水平方向的绘制
                gripper.DeflateRect(4,3);
                gripper.right = gripper.left+3;
                gripper.bottom += 1;
                Draw3dRect(&dc, gripper);          //绘制线条
        }
        else {                                     //垂直方向的绘制
                gripper.DeflateRect(3,4);
                gripper.top -= 1;
                gripper.bottom = gripper.top+3;
                Draw3dRect(&dc, gripper);          //绘制线条
        }
}
}
```

■ 秘笈心法

心法领悟 389：Draw3dRect 方法的使用。

CDC 类的 Draw3dRect 方法可以用来绘制区域，使用 Draw3dRect 方法可以绘制按钮控件的效果，但该方法不能绘制线条，只能用在控件自绘的过程中。掌握 Draw3dRect 方法可以快速绘制突出效果的矩形区域。

实例 390	多国语言工具栏	高级
	光盘位置：光盘\MR\09\390	趣味指数：★★★★☆

■ 实例说明

好的软件要销售到世界各地，如果软件都使用英语，那么会给不会英语的用户带来不便，所以在软件开发阶段要设置好多国语言，为各国语言设计相应的资源。Visual C++创建的应用程序可动态更改这些资源，本实例将实现动态更改工具栏语言。实例运行结果如图 9.19 所示。

图 9.19　多国语言工具栏

■ 关键技术

要实现多国语言工具栏，需要针对每种语言分别设计工具栏。如图 9.20 所示，分别设计了中文的工具栏和英文的工具栏。

不仅要将工具栏按钮的图标设计为中文和英文两种，而且还需要修改工具栏的语言属性。工具栏的属性如图 9.21 所示。

图 9.20　资源管理器

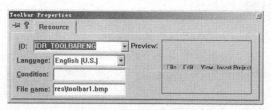

图 9.21　工具栏属性

将 Language 设置为 English[U.S.]表明工具栏可以向英文工具栏切换。注意，双击 ResourceView 选项卡中的工具栏 ID 时会进入工具栏按钮的编辑器，想要修改工具栏的语言属性需要右击菜单项。

■ 设计过程

（1）创建一个基于对话框的应用程序。

（2）在工程中添加中文工具栏资源 IDR_TOOLBARPRC 和英文工具栏资源 IDR_TOOLBARENG。

（3）按钮 English 的实现函数 OnEnglish 将实现英文工具栏的切换，代码如下：

```
void CMlutiLangToolbarDlg::OnEnglish()
{
m_Toolbar.LoadToolBar(IDR_TOOLBARENG);                                    //根据资源创建工具栏
RepositionBars(AFX_IDW_CONTROLBAR_FIRST, AFX_IDW_CONTROLBAR_LAST, 0);     //显示工具栏
}
```

■ 秘笈心法

心法领悟 390：Visual C++ 6.0 的资源。

使用 Visual C++ 6.0 开发应用程序时，了解"资源"这个概念是很有必要的，Visual C++ 6.0 中的图标、位图、对话框、工具栏、字符串都被称为资源。资源都有语言属性，应用程序可以调用同一语言属性的不同资源。

9.4　状　态　栏

实例 391	显示系统时间的状态栏 光盘位置：光盘\MR\09\391	高级 趣味指数：★★★☆

■ 实例说明

状态栏主要用于显示程序运行时的状态以及一些相关的信息。例如，在状态栏中显示登录程序的用户名和鼠标的位置，本实例将显示系统的当前时间。实例运行结果如图 9.22 所示。

当前用户	mrkj	当前时间	20:22:03

图 9.22　显示系统时间的状态栏

■ 关键技术

可以通过 CTime 类的 GetCurrentTime 方法获得系统的当前时间，然后在按秒增长的定时器中不断更新时间。GetCurrentTime 方法是一个静态方法，语法如下：

```
static CTime PASCAL GetCurrentTime( );
```

返回值是一个 CTime 类型的时间。在使用该方法时，不必定义 CTime 类的对象，可以直接通过 CTime 类来调用，语法如下：

CTime::GetCurrentTime();

■ 设计过程

（1）创建一个基于对话框的工程。

（2）在对话框类中定义一个 CStatusBar 类型的变量 m_StatusBar。

（3）在对话框的 OnInitDialog 方法中创建状态栏并显示系统时间，同时启动定时器修改显示的时间，代码如下：

```
BOOL CTimeStatusDlg::OnInitDialog()
{
//此处代码省略
UINT array[4];
for(int i=0;i<4;i++)
{
       array[i] = 100+i;
}
m_StatusBar.Create(this);                          //创建状态栏窗口
m_StatusBar.SetIndicators(array,sizeof(array)/sizeof(UINT));   //添加面板
for(int n=0;n<4;n++)
{
       m_StatusBar.SetPaneInfo(n,array[n],0,80);           //设置面板宽度
}
//设置面板文本
m_StatusBar.SetPaneText(0,"当前用户");
m_StatusBar.SetPaneText(1,"mrkj");
m_StatusBar.SetPaneText(2,"当前时间");
CTime Time;
Time = CTime::GetCurrentTime();
m_StatusBar.SetPaneText(3,Time.Format("%H:%M:%S"));
RepositionBars(AFX_IDW_CONTROLBAR_FIRST,AFX_IDW_CONTROLBAR_LAST,0);
SetTimer(1,1000,NULL);                             //设置定时器
return TRUE;
}
```

■ 秘笈心法

心法领悟 391：系统时间的显示位置。

在状态栏显示系统时间，关键是要实时对系统时间进行更新，本实例中没有进行复杂运算。如果有复杂的运算势必会占用大量的 CPU 时间，此时若实时显示系统时间，需要启动一个线程来进行时间的更新。

实例 392	使状态栏随对话框的改变而改变 光盘位置：光盘\MR\09\392	高级 趣味指数：★★★☆

■ 实例说明

在对话框中创建一个状态栏。默认情况下，状态栏是不会发生改变的。但在实际应用中，需要状态栏随对话框大小的改变而改变。实例运行结果如图 9.23 所示。

图 9.23　使状态栏随对话框的改变而改变

■ 关键技术

对话框的大小发生变化后，对话框类的 OnSize 方法可以接收到消息，在 OnSize 方法内根据窗体改变后的大小来重新设置状态栏的大小。状态栏大小的改变使用 CStatusBar 类的 SetPaneInfo 方法实现。

SetPaneInfo 方法用来设置指定状态栏标识面板的 ID 属性值、样式和宽度，语法如下：

```
void SetPaneInfo( int nIndex, UINT nID, UINT nStyle, int cxWidth );
```

SetPaneInfo 方法中的参数说明如表 9.5 所示。

表 9.5　SetPaneInfo 方法中的参数说明

参　　数	说　　明
nIndex	状态栏索引编号
nID	标识面板新资源 ID 值
nStyle	标识面板的样式
cxWidth	标识面板的宽度

■ 设计过程

（1）创建一个基于对话框的工程。

（2）在 CSizeStatusbarDlg 类中声明 CStatusBar 类对象。

（3）为 CSizeStatusbarDlg 类添加 WM_SIZE 消息的处理函数，在该函数中实现对状态栏大小的改变，代码如下：

```
void CSizeStatusbarDlg::OnSize(UINT nType, int cx, int cy)
{
CDialog::OnSize(nType, cx, cy);
if (IsWindow(m_StatusBar.m_hWnd))                          //判断状态栏是否被创建
{
    CRect rect;
    GetClientRect(rect);                                   //获取客户端区域
    int width = rect.Width()/6;
    for (int i = 0 ; i<6; i++)
    {
        m_StatusBar.SetPaneInfo(i,1000+i,0,width);         //设置状态栏面板信息
    }
    RepositionBars(AFX_IDW_CONTROLBAR_FIRST,AFX_IDW_CONTROLBAR_LAST,0);
}
}
```

■ 秘笈心法

心法领悟 392：应用程序中控件位置的变化。

在开发应用程序过程中，将控件设置为随对话框的改变而改变，可以增加应用程序的灵活性。例如，将编辑框设置为随对话框的改变而改变，当编辑框中显示的数据比较多时，通过改变对话框的大小来让编辑框显示更多的数据。同样，状态栏随对话框大小改变而改变可以增加程序的美观程度。如果对话框大小发生了变化，状态栏还以原有的大小和位置显示，就会造成界面的混乱。

实例 393	带进度条的状态栏	高级
	光盘位置：光盘\MR\09\393	趣味指数：★★★☆

■ 实例说明

状态栏多用于显示程序执行的状态信息。但是，如果程序正在执行一个任务，状态栏如何描述程序的执行进度呢？最好的方法是在状态栏中放置一个进度条控件，由进度条控件显示执行进度。本实例实现了一个具有

进度条的状态栏。实例运行结果如图 9.24 所示。

用户名称	明日科技	状态	

图 9.24　带进度条的状态栏

■ 关键技术

在状态栏中显示进度条非常简单。只要将进度条的父窗口指定为状态栏，再适当设置进度条显示的位置即可。在使用进度条控件时，可以使用 SetRange 方法来设置进度条控件的范围。

SetRange 方法的语法如下：

```
void SetRange( short nLower, short nUpper );
```

参数说明

❶ nLower：进度条的下界范围。

❷ nUpper：进度条的上界范围。

■ 设计过程

（1）创建一个基于对话框的工程。

（2）在对话框类中定义一个 CStatusBar 变量 m_StatusBar 和一个 CProgressCtrl 变量 m_Progress。

（3）在对话框的 OnInitDialog 方法中创建状态栏和进度条，代码如下：

```
//创建状态栏
m_IsCreated = m_StatusBar.Create(this);
//添加状态栏面板
UINT    Indicates[6];
for (int i = 0; i<6;i++)
{
        Indicates[i] = 50+i;
}
m_StatusBar.SetIndicators(Indicates,6);
CRect rect;
GetClientRect(rect);
UINT PaneWidth = rect.Width()/6;
//设置面板宽度
for(int n = 0;n<6;n++)
{
        m_StatusBar.SetPaneInfo(n,50+n*10,SBPS_NORMAL,PaneWidth);
}
//设置状态栏面板文本
m_StatusBar.SetPaneText(0,"用户名称");
m_StatusBar.SetPaneText(1,"明日科技");
m_StatusBar.SetPaneText(2,"状态");
m_StatusBar.SetPaneText(4,"日期");
CString str =    CTime::GetCurrentTime().Format("%Y-%m-%d");
m_StatusBar.SetPaneText(5,str);
RepositionBars(AFX_IDW_CONTROLBAR_FIRST,AFX_IDW_CONTROLBAR_LAST,0);
CRect Rect;
m_StatusBar.GetStatusBarCtrl().GetRect(3,&Rect);
CRect ProgRect(Rect.left,2,Rect.right,Rect.Height()+2);
m_Progress.Create(PBS_SMOOTH,ProgRect,&m_StatusBar,111);
m_Progress.ShowWindow(SW_SHOW);
m_Progress.SetRange(0,100);
m_Progress.SetPos(50);
```

■ 秘笈心法

心法领悟 393：状态栏中进度条的用处。

在状态栏中显示进度条是普遍的用法，本实例中先创建状态栏，确定状态栏控件的位置后再创建进度条控件，将状态栏设置为进度条控件的父窗体。这样当状态栏的大小发生变化时，可以及时通知进度条控件。本实例中并没有实现这一功能，如果要实现这一功能，需要重新定义状态栏类，以便获取控件大小发生改变时的消息。

实例394	显示动画的状态栏 光盘位置：光盘\MR\09\394	高级 趣味指数：★★★★☆

■ 实例说明

在许多多媒体软件中，状态栏中会播放一个动画，从而使界面更加美观。本实例实现了制作一个动画效果的状态栏，实例运行结果如图 9.25 所示。

图 9.25　显示动画的状态栏

■ 关键技术

使状态栏播放一个动画很容易，只要将 CAnimateCtrl 控件放置在状态栏中即可。CAnimateCtrl 控件可以播放无声的 AVI 动画，在使用该控件时，需要使用 Open 方法和 Play 方法，下面逐一进行介绍。

（1）Open 方法

该方法用于从一个文件或资源打开一个 AVI 文件，并显示第一帧，语法如下：

```
BOOL Open( LPCTSTR lpszFileName );
BOOL Open( UINT nID );
```

参数说明

❶ lpszFileName：AVI 文件名。

❷ nID：资源 ID。

（2）Play 方法

该方法用于播放 AVI 文件，语法如下：

```
BOOL Play( UINT nFrom, UINT nTo, UINT nRep );
```

参数说明

❶ nFrom：起始帧索引。

❷ nTo：结束帧索引。

❸ nRep：是否循环播放。

■ 设计过程

（1）创建一个基于对话框的应用程序。

（2）在对话框中放置 CAnimateCtrl 控件，并通过类向导将其命名为 m_Animate。

（3）在对话框类中定义一个 CStatusBar 变量 m_StatusBar。

（4）在对话框的 OnInitDialog 方法中创建状态栏，并将 CAnimateCtrl 控件显示在状态栏中，代码如下：

```
//创建状态栏
m_StatusBar.Create(this);

//添加状态栏面板
UINT    Indicates[4];
for (int i = 0; i<4;i++)
{
        Indicates[i] = 50+i;
}
m_StatusBar.SetIndicators(Indicates,4);
m_StatusBar.GetStatusBarCtrl().SetMinHeight(30);
CRect rect;
```

```
GetClientRect(rect);
UINT PaneWidth = rect.Width()/5;
//设置面板宽度
for(int n = 0;n<4;n++)
{
     m_StatusBar.SetPaneInfo(n,50+n*10,SBPS_NORMAL,PaneWidth);
}
//设置状态栏面板文本
m_StatusBar.SetPaneText(0,"用户名称");
m_StatusBar.SetPaneText(1,"明日科技");
m_StatusBar.SetPaneText(2,"动画");
m_Animate.SetParent(&m_StatusBar);                          //设置动画控件的父窗体
RepositionBars(AFX_IDW_CONTROLBAR_FIRST,AFX_IDW_CONTROLBAR_LAST,0);
CRect Rect;
m_StatusBar.GetStatusBarCtrl().GetRect(3,&Rect);            //获取第 3 个面板的区域
CRect ProgRect(Rect.left,2,Rect.right,Rect.Height()+2);
m_Animate.MoveWindow(ProgRect);                            //移动动画控件
m_Animate.Open("dmt.avi");                                //设置动画控件播放文件
m_Animate.Play(0,-1,-1);                                  //动画控件开始播放
```

■ 秘笈心法

心法领悟 394：状态栏动画的另一种实现。

使用 CAnimateCtrl 控件播放动画比较方便，也可以在状态栏指定区域内用 GDI 函数绘制动画。动画就是一幅一幅连续的图像，使用 CDC 类的 BitBlt 成员函数绘制连续的图像即可形成动画效果。

实例 395	显示滚动字幕的状态栏 光盘位置：光盘\MR\09\395	高级 趣味指数：★★★★☆

■ 实例说明

在火车站、客运站等公共场所常可以看见一个大屏幕，上面经常会以滚动字幕的形式显示一些信息。这是如何实现的呢？本实例实现了一个滚动字幕的状态栏。实例运行结果如图 9.26 所示。

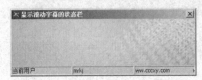

图 9.26　显示滚动字幕的状态栏

■ 关键技术

在状态栏中实现滚动字幕，可以利用静态文本控件实现。在状态栏中显示一个静态文本控件，然后每隔一段时间调整静态文本控件的位置，即可实现滚动字幕的效果。设置定时器时，需要使用 SetTimer 方法来实现。

SetTimer 方法用来设置一个定时器，语法如下：

```
UINT SetTimer( UINT nIDEvent, UINT nElapse, void (CALLBACK EXPORT* lpfnTimer)(HWND, UINT, UINT, DWORD) );
```

参数说明

❶ nIDEvent：指定了不为 0 的定时器标识符。

❷ nElapse：指定了定时值，以 ms 为单位。

❸ lpfnTimer：指定了应用程序提供的 TimerProc 回调函数的地址，该函数被用于处理 WM_TIMER 消息。如果该参数为 NULL，则 WM_TIMER 消息被放入应用程序的消息队列并由 CWnd 对象处理。

■ 设计过程

（1）创建一个基于对话框的应用程序。

（2）在对话框中放置两个静态文本控件，通过属性窗口设置控件的 ID 和 Caption 属性。

（3）通过类向导将两个静态文本控件分别命名为 m_Parent 和 m_Web。

（4）在对话框类的 OnInitDialog 方法中创建状态栏，将静态文本控件显示在状态栏中，代码如下：

```
//创建状态栏
m_StatusBar.Create(this);
//添加状态栏面板
UINT   Indicates[4];
for (int i = 0; i<4;i++)
{
        Indicates[i] = 50+i;
}
m_StatusBar.SetIndicators(Indicates,4);
CRect rect;
GetClientRect(rect);
UINT PaneWidth = rect.Width()/6;
//设置面板宽度
for(int n = 0;n<3;n++)
{
        m_StatusBar.SetPaneInfo(n,50+n*10,SBPS_NORMAL,PaneWidth);
}
//设置状态栏面板文本
m_StatusBar.SetPaneInfo(3,111,SBPS_NORMAL,800);
m_StatusBar.SetPaneText(0,"用户名称");
m_StatusBar.SetPaneText(1,"明日科技");
m_StatusBar.SetPaneText(2,"网址");
RepositionBars(AFX_IDW_CONTROLBAR_FIRST,AFX_IDW_CONTROLBAR_LAST,0);
m_Parent.SetParent(&m_StatusBar);
//获取控件的显示区域
m_StatusBar.GetStatusBarCtrl().GetRect(3,Rect);                //获取面板区域
Rect.DeflateRect(1,1,1,1);
m_Parent.MoveWindow(Rect);                                    //移动父静态文本
m_Parent.GetClientRect(Rect);                                 //获取父静态文本客户区域
m_Web.GetClientRect(rect1);                                   //获取子静态文本客户区域
m_Web.SetParent(&m_Parent);                                   //设置静态文本继承关系
m_Parent.GetClientRect(CurRect);
CurRect.DeflateRect(0,1,Rect.Width()-rect1.Width(),1);
m_Web.MoveWindow(CurRect);                                    //移动子静态文本
SetTimer(1,200,NULL);                                         //启动定时器
```

■ 秘笈心法

心法领悟 395：静态文本控件的移动。

本实例实现了静态文本控件在状态栏中水平移动。使用 MoveWindow 函数还可以实现控件沿任意方向移动，所以根据需求可以绘制不同形式的滚动效果。

应用程序控制

第10章

Word 文档操作

- ▶▶ Word 文档的基本操作
- ▶▶ Word 文档统计
- ▶▶ Word 文档的内容转换
- ▶▶ Word 文档的图形与阴影操作
- ▶▶ Word 文档的插入与导出操作

10.1　Word 文档的基本操作

实例 396	打开 Word 文档 光盘位置：光盘\MR\10\396	高级 趣味指数：★★★

■ 实例说明

　　在开发应用程序时，有时需要调用 Word 文档，如果让用户在磁盘中寻找文档将会很麻烦。那么如何才能直接通过程序打开 Word 文档呢？本实例将实现这一功能。实例运行结果如图 10.1 所示。

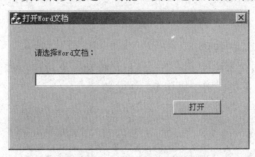

图 10.1　打开 Word 文档

　　单击"打开"按钮，将打开用户选择的 Word 文档，如图 10.2 所示。

■ 关键技术

　　要使用程序打开 Word 文档，在操作 Word 文档之前，首先要将 Word 相关类导入到程序中，具体步骤如下：

　　（1）选择 View→ClassWizard 命令，打开 MFC ClassWizard 对话框，如图 10.3 所示。

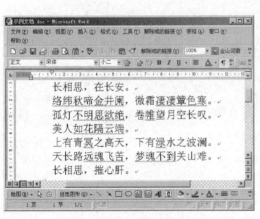

图 10.2　Word 文档

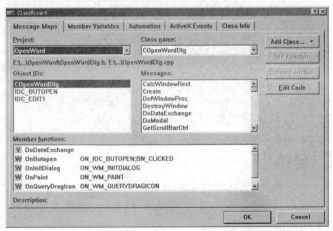

图 10.3　类向导

　　（2）单击 Add Class 按钮，选择 From a Type Library 菜单项，打开 Import from Type Library 对话框，在 Office 安装路径下，选择 MSWORD9.OLB 文件，如图 10.4 所示。

　　（3）单击"打开"按钮，打开 Confirm Classes 对话框，如图 10.5 所示。

　　（4）在列表中可以任意选择要添加到程序中的类。本实例中需要添加 _Application 类、Documents 类和 _Document 类。

图 10.4　Import from Type Library 对话框

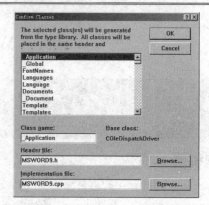

图 10.5　Confirm Classes 对话框

▌设计过程

（1）创建一个基于对话框的应用程序。

（2）向窗体中添加一个静态文本控件、一个编辑框控件和一个按钮控件。

（3）向工程中添加 Word 相关类，用于操作 Word 文档。

（4）处理"打开"按钮的单击事件，当单击该按钮时，通过 Word 相关类打开 Word 文档，代码如下：

```
void COpenWordDlg::OnButopen()
{
    CFileDialog dlg(TRUE,NULL,NULL,OFN_HIDEREADONLY|OFN_OVERWRITEPROMPT,
        "All Files(*.doc)|*.doc||",AfxGetMainWnd());       //构造文件打开对话框
    CString strPath;                                        //声明变量
    if(dlg.DoModal() == IDOK)                               //判断是否单击"打开"按钮
    {
        strPath = dlg.GetPathName();                        //获得文件路径
        m_Path.SetWindowText(strPath);                      //显示文件路径
        //Word 应用程序
        _Application app;
        Documents docs;
        _Document doc;
        app.CreateDispatch("word.Application");             //初始化连接
        CComVariant a (_T(strPath)),b(false),c(0),d(true);
        docs.AttachDispatch( app.GetDocuments());
        doc.AttachDispatch(docs.Add(&a,&b,&c,&d));
        app.SetVisible(true);                               //显示
        //释放环境
        doc.ReleaseDispatch();
        docs.ReleaseDispatch();
        app.ReleaseDispatch();
    }
}
```

▌秘笈心法

心法领悟 396：要注意头文件的引用。

在本实例中，由于添加了 Word 相关类，这些类都是存储在 msword9.h 和 msword9.cpp 文件中的，使用时一定要引用 msword9.h。

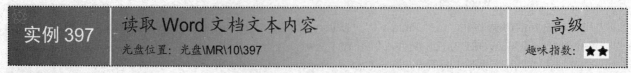

| 实例 397 | 读取 Word 文档文本内容
光盘位置：光盘\MR\10\397 | 高级
趣味指数：★★ |

▌实例说明

在使用程序控制 Word 文档时，有时需要将 Word 文档中的内容读取到程序中。本实例实现了这一功能，运

行程序，单击"打开"按钮，选择 Word 文档，实例运行结果如图 10.6 所示。

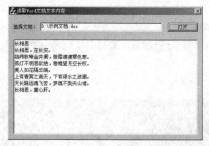

图 10.6　读取 Word 文档文本内容

■ 关键技术

在使用程序读取 Word 文档时，实现这一功能需要使用 Range 类的 GetText 方法，该方法可以获得当前区域内的文本。

GetText 方法的语法如下：

```
CString GetText();
```

返回值：该方法返回一个字符串，该字符串中记录了 Word 文档中的内容。

■ 设计过程

（1）创建一个基于对话框的应用程序。

（2）向窗体中添加一个静态文本控件、一个编辑框控件、一个多格式编辑框（Richedit）控件和一个按钮控件。右击 Richedit 控件，在弹出的快捷菜单中选择 Properties 命令，设置 Multiline 属性，使 Richedit 控件可以进行多行显示。

（3）向工程中添加 Word 相关类，用于操作 Word 文档。

（4）处理"打开"按钮的单击事件，在该按钮被单击时，打开 Word 文档，并获取文档内容，通过 Richedit 控件进行显示，代码如下：

```
void CReadWordDlg::OnButopen()
{
    CFileDialog dlg(TRUE,NULL,NULL,OFN_HIDEREADONLY|OFN_OVERWRITEPROMPT,
        "All Files(*.doc)|*.doc||",AfxGetMainWnd());     //构造文件打开对话框
    CString strPath;                                      //声明变量
    if(dlg.DoModal() == IDOK)                             //判断是否单击"打开"按钮
    {
        strPath = dlg.GetPathName();                      //获得文件路径
        m_Path.SetWindowText(strPath);                    //显示文件路径
        _Application app;                                 //Word 应用程序
        app.CreateDispatch("word.Application");           //初始化连接
        Documents docs;
        CComVariant a (_T(strPath)),b(false),c(0),d(true);
        _Document doc;
        docs.AttachDispatch( app.GetDocuments());
        doc.AttachDispatch(docs.Add(&a,&b,&c,&d));
        Range range;
        range = doc.GetContent();                         //求出文档的所选区域
        CString str;
        str = range.GetText();                            //取出文件内容
        m_Rich.SetWindowText(str);                        //显示文档内容
        app.Quit(&b,&c,&c);                               //关闭文档
        //释放环境
        range.ReleaseDispatch();
        doc.ReleaseDispatch();
        docs.ReleaseDispatch();
        app.ReleaseDispatch();
    }
}
```

■ 秘笈心法

心法领悟 397：初始化 COM 环境。

在进行 Word 操作程序开发前，必须首先初始化 COM 库。通常使用的一种方法是在应用程序类的 InitInstance 函数中进行设置，代码如下：

```
::CoInitialize(NULL);
```

实例 398	向 Word 文档中插入文本 光盘位置：光盘\MR\10\398	高级 趣味指数：★★★

■ 实例说明

Word 有着强大的文本编辑功能，用户可以轻松地在 Word 中输入文本内容，更改文字字体，设置文字大小、颜色，方便地对文本内容进行排版。本实例通过程序实现向 Word 文档中插入文本内容。单击"打开"按钮选择文档，在编辑框中输入要插入的文本信息，实例运行结果如图 10.7 所示。

单击"保存"按钮将设置的信息插入到当前的 Word 文档中，如图 10.8 所示。

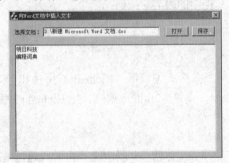

图 10.7　向 Word 文档中插入文本

图 10.8　插入信息的 Word 文档

■ 关键技术

向 Word 文档中写入数据时需要使用 Range 类的 SetText 方法。该方法的语法如下：

```
void SetText(LPCTSTR lpszNewValue);
```

参数说明

lpszNewValue：要插入到 Word 文档中的字符串。

■ 设计过程

（1）创建一个基于对话框的应用程序。

（2）向窗体中添加一个静态文本控件、一个编辑框控件、一个多格式编辑框（Richedit）控件和两个按钮控件。右击 Richedit 控件，在弹出的快捷菜单中选择 Properties 命令，设置 Multiline 属性，使 Richedit 控件进行多行显示。

（3）向工程中添加 Word 相关类，用于操作 Word 文档。

（4）处理"保存"按钮的单击事件，在该按钮被单击时，获取 Richedit 控件中的文本内容，并将获取的文本内容插入到 Word 文档中，代码如下：

```
void CWriteWordDlg::OnButsave()
{
    // TODO: Add your control notification handler code here
    CString strPath;                          //声明变量
    m_Path.GetWindowText(strPath);            //显示文件路径
    _Application app;                         //Word 应用程序
    app.CreateDispatch("word.Application");   //初始化连接
```

```
Documents docs;
CComVariant a (_T(strPath)),b(false),c(0),d(true);
_Document doc;
docs.AttachDispatch( app.GetDocuments());
doc.AttachDispatch(docs.Add(&a,&b,&c,&d));
Range range;
range = doc.GetContent();                                           //求出文档的所选区域
CString str;
m_Rich.GetWindowText(str);                                          //获得控件中的文本
range.SetText(str);                                                 //向文档中插入文本
COleVariant vFalse((short)FALSE);
doc.SaveAs(COleVariant(strPath),vFalse,vFalse,COleVariant(""),vFalse,
      COleVariant(""),vFalse,vFalse,vFalse,vFalse,vFalse);          //保存
app.SetVisible(false);
//释放环境
doc.ReleaseDispatch();
docs.ReleaseDispatch();
app.ReleaseDispatch();
}
```

■ 秘笈心法

心法领悟 398：Richedit 控件初始化。

在进行 Word 操作程序开发前需要初始化 Richedit 控件，可以在应用程序类（CWriteWordApp）的 InitInstance
函数中初始化 Richedit 控件，代码如下：

```
AfxInitRichEdit();
```

实例 399	替换 Word 文档中指定字符串 光盘位置：光盘\MR\10\399	高级 趣味指数：★★★

■ 实例说明

用过 Word 的读者都知道，在 Word 文档中替换字符串是很方便的。可是在不打开 Word 文档的情况下替换
Word 文档中的字符串，这要怎么实现呢？本实例就来实现这个功能。运行程序，单击"选择文档"按钮选择要
替换字符串的文档，然后设置要替换的字符串和进行替换的字符串，实例运行结果如图 10.9 所示。

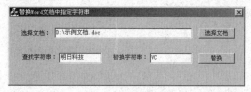

图 10.9　替换 Word 文档中指定字符串

单击"替换"按钮，会将用户选择 Word 文档内所指定的字符串替换为相应的字符串。替换前的 Word 文档
如图 10.10 所示。替换后的 Word 文档如图 10.11 所示。

图 10.10　替换前的 Word 文档

图 10.11　替换后的 Word 文档

■ 关键技术

本实例在替换字符串时，使用了一个取巧的办法。首先将文档中的文本内容读取出来，然后通过 CString 类的 Replace 方法进行字符串替换，再将替换后的字符串添加到文档中。

Replace 方法用于替换字符串，语法如下：

```
int Replace( TCHAR chOld, TCHAR chNew );
int Replace( LPCTSTR lpszOld, LPCTSTR lpszNew );
```

Replace 方法中的参数说明如表 10.1 所示。

表 10.1　Replace 方法中的参数说明

参　　　数	说　　　明
chOld	被替换的字符
chNew	进行替换的字符
lpszOld	被替换的字符串
lpszNew	进行替换的字符串

■ 设计过程

（1）创建一个基于对话框的应用程序。

（2）向窗体中添加 3 个静态文本控件、3 个编辑框控件和两个按钮控件。

（3）向工程中添加 Word 相关类，用于操作 Word 文档。

（4）处理"替换"按钮的单击事件，在该按钮被单击时，将 Word 文档中的指定字符串替换成新的字符串，代码如下：

```
void CReplaceDlg::OnButreplace()
{
    UpdateData(TRUE);
    CString strPath;
    m_Path.GetWindowText(strPath);
    _Application app;                                    //Word 应用程序
    app.CreateDispatch("word.Application");              //初始化连接
    Documents docs;
    CComVariant a (_T(strPath)),b(false),c(0),d(true);
    _Document doc;
    docs.AttachDispatch( app.GetDocuments());
    doc.AttachDispatch(docs.Add(&a,&b,&c,&d));
    Range range;
    range = doc.GetContent();                            //求出文档的所选区域
    CString str;
    str = range.GetText();                               //取出文件内容
    str.Replace(m_OldString,m_NewString);
    range.SetText(str);
    COleVariant vFalse((short)FALSE);
    doc.SaveAs(COleVariant(strPath),vFalse,vFalse,COleVariant(""),vFalse,
        COleVariant(""),vFalse,vFalse,vFalse,vFalse,vFalse);  //保存
    app.Quit(&b,&c,&c);                                  //关闭
    //释放环境
    range.ReleaseDispatch();
    doc.ReleaseDispatch();
    docs.ReleaseDispatch();
    app.ReleaseDispatch();
}
```

■ 秘笈心法

心法领悟 399：文档的保存。

在本实例中，替换了相应的字符串以后，如果直接关闭文档，则替换操作不会被保存。为了解决这个问题，可以调用 SaveAs 方法进行保存，代码如下：

```
COleVariant vFalse((short)FALSE);
doc.SaveAs(COleVariant(strPath),vFalse,vFalse,COleVariant(""),vFalse,
    COleVariant(""),vFalse,vFalse,vFalse,vFalse,vFalse);        //保存
```

实例400	检查英文单词的拼写是否正确 光盘位置: 光盘\MR\10\400	高级 趣味指数: ★★★★

■ 实例说明

　　Word 文档有检查英文单词拼写是否正确的功能, 当通过程序控制 Word 时, 也可以通过这一功能检查其他文件中是否有拼写错误。本实例实现了检查英文单词的拼写是否正确的功能, 实例运行结果如图 10.12 所示。

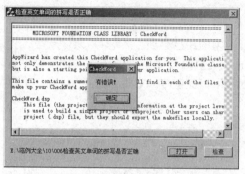

图 10.12　检查英文单词的拼写是否正确

■ 关键技术

　　本实例使用_Application 类的 CheckSpelling 函数可以实现单词拼写检查功能, 语法如下:

```
CheckSpelling(LPCTSTR Word,VARIANT *CustomDictionary,VARIANT *IgnoreUppercase,
    VARIANT *MainDictionary, VARIANT *CustomDictionary2,VARIANT *CustomDictionary3,
    VARIANT *CustomDictionary4 ,VARIANT *CustomDictionary5,VARIANT *CustomDictionary6,
    VARIANT *CustomDictionary7, VARIANT *CustomDictionary8,VARIANT *CustomDictionary9,
    VARIANT *CustomDictionary);
```

CheckSpelling 函数中的参数说明如表 10.2 所示。

表 10.2　CheckSpelling 函数中的参数说明

参　　数	说　　明
Word	要检查的字符串
CustomDictionary	返回 Dictionary 对象的表达式, 或自定义词典的文件名
IgnoreUppercase	实际上是一个布尔类型, 值为 TRUE 时忽略大小写
MainDictionary	可以是返回 Dictionary 对象的表达式, 或自定义词典的文件名
CustomDictionary2~CustomDictionary10	可以是返回 Dictionary 对象的表达式, 或自定义词典的文件名

■ 设计过程

　　(1) 创建一个基于对话框的应用程序。

　　(2) 向窗体中添加一个静态文本框控件、一个编辑框控件、一个多格式编辑框 (Richedit) 控件和两个按钮控件。右击 Richedit 控件, 在弹出的快捷菜单中选择 Properties 命令, 设置 Multiline 属性, 使 Richedit 控件可以进行多行显示。

　　(3) 向工程中添加 Word 相关类, 用于操作 Word 文档。

　　(4) 处理 "打开" 按钮的单击事件, 在该按钮被单击时, 打开 Word 文档, 并获取文档内容, 通过 Richedit 控件进行显示, 代码如下:

```
void CCheckWordDlg::OnButcheck()
{
    CString strText;
    m_Text.GetWindowText(strText);
    _Application app;
    app.CreateDispatch("word.Application");                        //初始化连接
    _variant_t var;
    BOOL result = app.CheckSpelling(strText,&var,&var,&var,&var,
        &var,&var,&var,&var,&var,&var,&var);                       //检验单词拼写
    if(result)                                                     //如果值为真
        MessageBox("没有错误！");                                   //提示没有错误
    else                                                          //否则值为假
        MessageBox("有错误！");                                     //提示有错误
    app.ReleaseDispatch();
}
```

■ 秘笈心法

心法领悟 400：使用_variant_t 类型的注意事项。

在本实例中定义了一个_variant_t 类型变量 var，但是在编译时无法通过，这是因为没有引用 comdef.h 头文件，导致编译器无法识别，所以在使用该类型时一定要引用其头文件，代码如下：

```
#include <comdef.h>
```

10.2　Word 文档统计

实例 401	统计 Word 文档段落数量 光盘位置：光盘\MR\10\401	高级 趣味指数：★★★★

■ 实例说明

在 Word 文档中，文本内容都是以段落的形式体现的。在使用时，虽然能够通过 Word 的菜单快速地统计段落数量，但是反复打开文档很麻烦，本实例可以使用户不打开文档而直接统计段落的数量。单击"打开"按钮，选择要统计的文档，实例运行结果如图 10.13 所示。

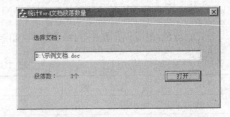

■ 关键技术

本实例的重点在于向读者介绍怎样方便地统计 Word 文档中的段落数量，下面对本实例用到的关键技术进行详细讲解。

图 10.13　统计 Word 文档段落数量

统计 Word 文档中段落数量的方法实现起来很简单，首先得到文档中的 Document 对象，该对象的 ComputeStatistics 方法可以获得当前文档的段落数量。在本实例中，获得段落数量的代码如下：

```
long paragraph = doc.ComputeStatistics(4,&_variant_t((bool)FALSE));
```

■ 设计过程

（1）创建一个基于对话框的应用程序。

（2）向窗体中添加 3 个静态文本控件、一个编辑框控件和一个按钮控件，右击统计数量的静态文本控件，在弹出的快捷菜单中选择 Properties 命令，设置 ID 属性为 IDC_NUMBERS，并关联变量 CStatic m_ Number。

（3）向工程中添加 Word 相关类，用于操作 Word 文档。

（4）处理"打开"按钮的单击事件，在该按钮被单击时，选择 Word 文档，并获取文档内容中的段落数量，通过静态文本控件进行显示，代码如下：

```
void CCountParagraphDlg::OnButopen()
{
```

```
CFileDialog dlg(TRUE,NULL,NULL,OFN_HIDEREADONLY|OFN_OVERWRITEPROMPT,
    "All Files(*.doc)|*.doc||",AfxGetMainWnd());                    //构造文件打开对话框
CString strPath;                                                    //声明变量
if(dlg.DoModal() == IDOK)                                           //判断是否单击"打开"按钮
{
    strPath = dlg.GetPathName();                                   //获得文件路径
    m_Path.SetWindowText(strPath);                                 //显示文件路径
    _Application app;
    Documents docs;
    _Document doc;
    long sum = 0;
    CComVariant a (_T(strPath)),b(false),c(0),d(true);
    //初始化连接
    app.CreateDispatch("word.Application");
    docs.AttachDispatch(app.GetDocuments());
    doc.AttachDispatch(docs.Add(&a,&b,&c,&d));
    long paragraph = doc.ComputeStatistics(4,&_variant_t((bool)FALSE));  //将参数值设置为 4 可获取段落数量
    CString strParagraph;
    strParagraph.Format("%d 个",paragraph);
    m_Number.SetWindowText(strParagraph);
    //关闭
    app.Quit(&b,&c,&c);
    doc.ReleaseDispatch();
    docs.ReleaseDispatch();
    app.ReleaseDispatch();
}
}
```

■ 秘笈心法

心法领悟 401：为静态文本控件关联变量。

在为静态文本控件关联变量时，首先要修改控件的 ID 值。例如，本实例将 ID 值 IDC_STATIC 修改为 IDC_NUMBERS。如果不修改控件的 ID 值，则不能在类向导中显示静态文本控件。

实例 402	统计字符数量	高级
	光盘位置：光盘\MR\10\402	趣味指数：★★★★★

■ 实例说明

在起点网站看过小说的读者，想必都知道起点的驻站作家每天都有一定量的写作字数的限制，也就是不低于几千字，那么这些字数是怎么统计的呢？通过 Word 就可以实现这一功能，本实例调用 Word 来统计文本文件中的字符数量。单击"打开"按钮，打开一个文本文件，然后单击"统计"按钮，统计当前文本文件中的字符数量。实例运行结果如图 10.14 所示。

图 10.14　统计字符数量

509

■ 关键技术

本实例中实现统计字符数量时，使用的依然是 ComputeStatistics 方法，不过在统计字符数量时，和统计段落还是有点区别的。因为空格符也包含在字符中，尤其是在统计英文字符时，空格会占据很大的数量，所以在统计时也要分成两种情况。本实例统计字符时的代码如下：

```
long cChar = doc.ComputeStatistics(5,&_variant_t((bool)FALSE));
long eChar = doc.ComputeStatistics(3,&_variant_t((bool)FALSE));
```

■ 设计过程

（1）创建一个基于对话框的应用程序。

（2）向窗体中添加 5 个静态文本控件、一个编辑框控件、一个群组控件和两个按钮控件。右击编辑框控件，在弹出的快捷菜单中选择 Properties 命令，设置 Multiline 属性，使编辑框控件可以进行多行显示。

（3）向工程中添加 Word 相关类，用于操作 Word 文档。

（4）处理"统计"按钮的单击事件，在该按钮被单击时，分别统计含有空格的字符数量和不含空格的字符数量，代码如下：

```
void CCountTextDlg::OnButcount()
{
    CString strText;
    m_Text.GetWindowText(strText);                              //获得文档路径
    _Application app;
    Documents docs;
    _Document doc;
    Range range;
    CComVariant a (_T("")),b(false),c(0),d(true);
    //初始化连接
    app.CreateDispatch("word.Application");
    docs.AttachDispatch(app.GetDocuments());
    doc.AttachDispatch(docs.Add(&a,&b,&c,&d));
    range.AttachDispatch(doc.GetContent());                     //获得文档区域
    range.SetText(strText);                                     //设置文档内容
    long cChar = doc.ComputeStatistics(5,&_variant_t((bool)FALSE));   //参数值为 5 获取包含空格的字符数
    long eChar = doc.ComputeStatistics(3,&_variant_t((bool)FALSE));   //参数值为 3 获取不含空格的字符数
    m_cChar.Format("%d 个",cChar);
    m_eChar.Format("%d 个",eChar);
    app.Quit(&b,&c,&c);                                         //关闭
    range.ReleaseDispatch();
    doc.ReleaseDispatch();
    docs.ReleaseDispatch();
    app.ReleaseDispatch();
    UpdateData(FALSE);
}
```

■ 秘笈心法

心法领悟 402：编辑框控件的使用技巧。

在本实例中，虽然设置编辑框控件具有 Multiline 属性，使其可以显示多行文本，但这并不表示可以在编辑框中输入多行文本，因为在输入时无法输入换行符。为了解决这个问题，可以设置编辑框控件的 Want return 属性，然后在编辑框中就可以输入换行符换行了。

实例 403	统计 Word 文档中的空格数量 光盘位置：光盘\MR\10\403	高级 趣味指数：★★

■ 实例说明

在 Word 中，虽然提供了段落、字符等的数量统计，但是却没有空格数量的统计，那么空格的数量要怎么

510

统计呢？本实例就实现这一功能，单击"打开"按钮，打
开要统计的文件，并统计空格数量。实例运行结果如图 10.15
所示。

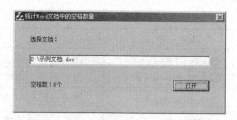

图 10.15　统计 Word 文档中的空格数量

关键技术

在 Word 中没有统计空格数量的功能，所以也不会提供
相应的方法来实现这个功能，但是 Word 中没有提供却不代
表不能够实现。通过实例 402 的学习，细心的读者就可以
发现获取空格数量的方法。通过 ComputeStatistics 方法可以分别获得包含空格的字符数量以及不包含空格的字
符数量，然后对两个结果求差，即可获得空格数量。

设计过程

（1）创建一个基于对话框的应用程序。

（2）向窗体中添加两个静态文本控件、一个编辑框控件和一个按钮控件。右击统计数量的静态文本控件，
在弹出的快捷菜单中选择 Properties 命令，设置 ID 属性为 IDC_SPACE，并关联变量 CStatic m_Space。

（3）向工程中添加 Word 相关类，用于操作 Word 文档。

（4）处理"打开"按钮的单击事件，在该按钮被单击时，打开 Word 文档，并获取包含空格的字符数量以
及不包含空格的字符数量，然后相减，计算出空格数量并显示出来，代码如下：

```
void CCountSpaceDlg::OnButopen()
{
        CFileDialog dlg(TRUE,NULL,NULL,OFN_HIDEREADONLY|OFN_OVERWRITEPROMPT,
            "All Files(*.doc)|*.doc||",AfxGetMainWnd());              //构造文件打开对话框
        CString strPath;                                             //声明变量
        if(dlg.DoModal() == IDOK)                                    //判断是否单击"打开"按钮
        {
                strPath = dlg.GetPathName();                         //获得文件路径
                m_Path.SetWindowText(strPath);                      //显示文件路径
                _Application app;
                Documents docs;
                _Document doc;
                CComVariant a (_T(strPath)),b(false),c(0),d(true);
                app.CreateDispatch("word.Application");             //初始化连接
                docs.AttachDispatch(app.GetDocuments());
                doc.AttachDispatch(docs.Add(&a,&b,&c,&d));
                long num = doc.ComputeStatistics(5,&_variant_t((bool)FALSE))
                        - doc.ComputeStatistics(3,&_variant_t((bool)FALSE));//计算空格数量
                CString str;
                str.Format("空格数：%d 个",num);
                m_Space.SetWindowText(str);
                app.Quit(&b,&c,&c);                                 //关闭
                docs.ReleaseDispatch();
                doc.ReleaseDispatch();
                app.ReleaseDispatch();
        }
}
```

秘笈心法

心法领悟 403：文件打开对话框的使用技巧。

CFileDialog 类封装了文件打开对话框，通过该类可以调用文件打开对话框，但是用户在使用时，经常需要
按照文件的扩展名进行检索。下面将介绍如何通过 CFileDialog 类的构造函数进行设置，语法如下：

```
CFileDialog( BOOL bOpenFileDialog, LPCTSTR lpszDefExt = NULL, LPCTSTR lpszFileName = NULL, DWORD dwFlags =
OFN_HIDEREADONLY | OFN_OVERWRITEPROMPT, LPCTSTR lpszFilter = NULL,CWnd* pParentWnd = NULL );
```

CFileDialog 构造函数中的参数说明如表 10.3 所示。

表 10.3　CFileDialog 构造函数中的参数说明

参　　数	说　　明
bOpenFileDialog	如果值为 TRUE，则构造"打开"对话框；如果为 FALSE，则构造"另存为"对话框
lpszDefExt	用于确定文件默认的扩展名，如果为 NULL，则没有扩展名被插入到文件名中
lpszFileName	确定编辑框中初始化时的文件名称，如果为 NULL，则编辑框中没有文件名称
dwFlags	用于自定义文件对话框
lpszFilter	用于指定对话框过滤的文件类型
pParentWnd	标识文件对话框的父窗口指针

实例 404	统计 Word 文档页码	高级
	光盘位置：光盘\MR\10\404	趣味指数：★★

实例说明

　　许多用户在工作当中经常需要统计文件的页码，虽然打开文档就可以看到页码，但是重复的劳动多了，也是很枯燥乏味的。如果可以将要统计的文档放到文件夹中，然后一次性获取各个文件的页码将方便很多。本实例就实现了这个功能，单击"选择目录"按钮选择包含文档的文件夹，然后单击"统计页码"按钮。实例运行结果如图 10.16 所示。

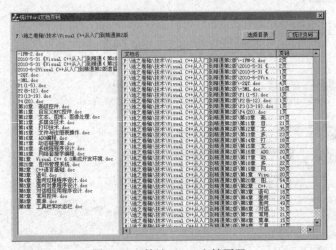

图 10.16　统计 Word 文档页码

关键技术

　　在获取 Word 文档的页码时，同样要使用 ComputeStatistics 方法，只要将第一个参数设置为 2 即可，不过本实例是批量获取 Word 文档的页码。所以首先要获取全部文档的数量，然后进行循环，在循环中依次打开和关闭文档，同时记录下每个文档的页码，插入到报表的指定位置。

设计过程

　　（1）创建一个基于对话框的应用程序。
　　（2）向窗体中添加一个静态文本控件、一个列表框控件、一个列表视图控件和两个按钮控件。右击列表视图控件，在弹出的快捷菜单中选择 Properties 命令，设置 Report 风格，使列表视图控件可以显示报表风格数据。
　　（3）向工程中添加 Word 相关类，用于操作 Word 文档。
　　（4）处理"统计页码"按钮的单击事件，在该按钮被单击时，一次打开当前文件夹下的 Word 文档，并分别统计每个文档的页码，在报表中显示，代码如下：

```
void CCountPageDlg::OnButcount()
{
    CString strPath,strPage;
    m_Path.GetWindowText(strPath);                                            //获得文件夹路径
    _Application app;
    Documents docs;
    _Document doc;
    strPath = strPath + "\\";
    long sum = 0;
    for (int i=0;i<m_List.GetCount();i++)                                     //根据文档数量循环
    {
        CString strFile,file;
        m_List.GetText(i,strFile);                                           //获得当前文档名
        file = strPath + strFile;
        CComVariant a (_T(file)),b(false),c(0),d(true);
        app.CreateDispatch("word.Application");                               //初始化连接
        docs.AttachDispatch(app.GetDocuments());
        doc.AttachDispatch(docs.Add(&a,&b,&c,&d));                            //打开文档
        long page = doc.ComputeStatistics(2,&_variant_t(false));             //获得当前文档页码
        sum += page;                                                         //累加文档页码
        strPage.Format("%d 页",page);
        m_Grid.InsertItem(i,file);                                           //插入文档路径
        m_Grid.SetItemText(i,1,strPage);                                     //插入对应页码
        app.Quit(&_variant_t(false),&_variant_t((long)0),&_variant_t((long)0)); //关闭
        docs.ReleaseDispatch();
        doc.ReleaseDispatch();
        app.ReleaseDispatch();
    }
    strPage.Format("%d 页",sum);                                             //格式化总页码
    m_Grid.InsertItem(i,"总页码");
    m_Grid.SetItemText(i,1,strPage);
}
```

■ 秘笈心法

心法领悟 404：“文件浏览”对话框的使用。

“文件浏览”对话框可以通过 API 函数 SHBrowseForFolder 来显示，语法如下：

```
WINSHELLAPI LPITEMIDLIST WINAPI SHBrowseForFolder( LPBROWSEINFO lpbi );
```

参数说明

lpbi：BROWSEINFO 结构指针。

10.3　Word 文档的内容转换

实例 405	简体字转换为繁体字	高级
	光盘位置：光盘\MR\10\405	趣味指数：★★

■ 实例说明

我国文化历史悠久，文字辗转变化，虽然现在很少有人使用繁体字，但是一些历史文献中还是经常可以看到繁体字的身影。繁体字顾名思义，写起来比较繁琐，不容易记，想用繁体字记录内容比较难。使用 Word 就简单多了，因为 Word 有直接将简体字转换为繁体字的功能。本实例就实现了这一功能，运行程序，单击“繁体字”按钮，选择要转换繁体字的文档。实例运行结果如图 10.17 所示。

选择文档以后，会打开被转换的文档，效果如图 10.18 所示。

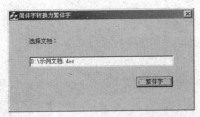

图 10.17　简体字转换为繁体字

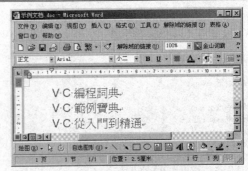

图 10.18　转换后的文档

■ 关键技术

本实例的实现需要通过 Range 类的 TCSCConverter 方法，使用该方法可以对繁体字和简体字进行相互转换。TCSCConverter 方法的语法如下：

```
TCSCConverter(long WdTCSCConverterDirection,BOOL CommonTerms,BOOL UseVariants);
```

参数说明

❶ WdTCSCConverterDirection：实际上是 WdTCSCConverterDirection 枚举类型，可以是以下常量之一。wdTCSCConverterDirectionAuto 是默认值，根据指定的语言进行相应的转换，wdTCSCConverterDirectionSCTC 将简体中文转换为繁体中文，wdTCSCConverterDirectionTCSC 将繁体中文转换为简体中文。

❷ CommonTerms：值为 TRUE，对整个通用表达式进行转换，而不是对逐个字符转换。

❸ UseVariants：值为 TRUE，只用于由简体中文向繁体中文转换。

■ 设计过程

（1）创建一个基于对话框的应用程序。

（2）向窗体中添加一个静态文本控件、一个编辑框控件和一个按钮控件。

（3）向工程中添加 Word 相关类，用于操作 Word 文档。

（4）处理"繁体字"按钮的单击事件，在该按钮被单击时，打开 Word 文档，将文档中的简体字转换为繁体字，代码如下：

```cpp
void CComplexDlg::OnButtonset()
{
    CFileDialog dlg(TRUE,NULL,NULL,OFN_HIDEREADONLY|OFN_OVERWRITEPROMPT,
        "All Files(*.doc)|*.doc||",AfxGetMainWnd());        //构造文件打开对话框
    CString strPath;                                        //声明变量
    if(dlg.DoModal() == IDOK)                               //判断是否单击按钮
    {
        strPath = dlg.GetPathName();                        //获得文件路径
        m_Path.SetWindowText(strPath);                      //显示文件路径
        _Application app;
        Documents docs;
        _Document doc;
        Range range;
        CComVariant a (_T(strPath)),b(false),c(0),d(true);
        //初始化连接
        app.CreateDispatch("word.Application");
        docs.AttachDispatch(app.GetDocuments());
        doc.AttachDispatch(docs.Add(&a,&b,&c,&d));
        range.AttachDispatch(doc.GetContent());
        range.TCSCConverter(0,true,true);                   //将简体字转换为繁体字
        COleVariant vFalse((short)FALSE);
        doc.SaveAs(COleVariant(strPath),vFalse,vFalse,COleVariant(""),vFalse,
            COleVariant(""),vFalse,vFalse,vFalse,vFalse,vFalse);  //保存
        app.SetVisible(true);                               //显示文档
        docs.ReleaseDispatch();
        doc.ReleaseDispatch();
```

```
            app.ReleaseDispatch();
        }
}
```

秘笈心法

心法领悟 405：AfxGetMainWnd 函数的使用。

在本实例中，使用 AfxGetMainWnd 函数获得当前窗口的指针，语法如下：

CWnd* AfxGetMainWnd( );

实例 406	繁体字转换为简体字	高级
	光盘位置：光盘\MR\10\406	趣味指数：★★

实例说明

中国的文化历史悠久，使用的文字也一直处在变化当中，当然在文字的演变过程中简化是主要的倾向，人们也适应了现在的简体字。但是在阅读古籍时就会很麻烦，因为有的繁体字不认识，这要怎么办呢？本实例可解决这个问题。运行程序，单击"简体字"按钮，选择要转换文字的文档。实例运行结果如图 10.19 所示。

选择文档以后，会打开被转换的文档，效果如图 10.20 所示。

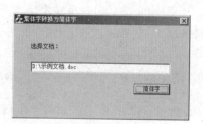

图 10.19　繁体字转换为简体字

图 10.20　转换后的文档

关键技术

Range 类的 TCSCConverter 方法可以对繁体字和简体字进行相互转换，所以本实例依然使用该方法来实现。上面的实例已经介绍过，在进行转换时需要将 TCSCConverter 方法的第一个参数设置为 wdTCSCConverterDirectionSCTC（将简体中文转换为繁体中文）或者 wdTCSCConverterDirectionTCSC（将繁体中文转换为简体中文）。可是这两个值的拼写很复杂，不容易记，其实可以通过一种简单的方法来实现，因为这两个值在程序中对应的是两个常量，所以在设置参数时，可以直接使用常量值。其中 wdTCSCConverterDirectionTCSC 对应的是数字"1"，而 wdTCSCConverterDirectionSCTC 对应的是数字"0"。

设计过程

（1）创建一个基于对话框的应用程序。

（2）向窗体中添加一个静态文本控件、一个编辑框控件和一个按钮控件。

（3）向工程中添加 Word 相关类，用于操作 Word 文档。

（4）处理"简体字"按钮的单击事件，在该按钮被单击时，打开 Word 文档，将文档中的繁体字转换为简体字，代码如下：

```
void CSimpleDlg::OnButtonset()
{
    CFileDialog dlg(TRUE,NULL,NULL,OFN_HIDEREADONLY|OFN_OVERWRITEPROMPT,
        "All Files(*.doc)|*.doc||",AfxGetMainWnd());          //构造文件打开对话框
    CString strPath;                                          //声明变量
```

```
        if(dlg.DoModal() == IDOK)                           //判断是否单击按钮
        {
            strPath = dlg.GetPathName();                    //获得文件路径
            m_Path.SetWindowText(strPath);                  //显示文件路径
            _Application app;
            Documents docs;
            _Document doc;
            Range range;
            CComVariant a (_T(strPath)),b(false),c(0),d(true);
            //初始化连接
            app.CreateDispatch("word.Application");
            docs.AttachDispatch(app.GetDocuments());
            doc.AttachDispatch(docs.Add(&a,&b,&c,&d));
            range.AttachDispatch(doc.GetContent());
            range.TCSCConverter(1,true,true);               //将繁体字转换为简体字
            COleVariant vFalse((short)FALSE);
            doc.SaveAs(COleVariant(strPath),vFalse,vFalse,COleVariant(""),vFalse,
                COleVariant(""),vFalse,vFalse,vFalse,vFalse,vFalse);  //保存
            app.SetVisible(true);                           //显示文档
            docs.ReleaseDispatch();
            doc.ReleaseDispatch();
            app.ReleaseDispatch();
        }
    }
```

■ 秘笈心法

心法领悟 406：显示 Word 文档。

在本实例中，转换完文字之后，会将转换后的文档显示出来，这是通过 SetVisible 方法实现的。该方法具有一个布尔型的参数，当值为真时显示文档，当值为假时不显示文档。

实例 407	将文字转换成图像 光盘位置：光盘\MR\10\407	高级 趣味指数：★★

■ 实例说明

Word 文档有一个特殊的功能，当用户在文档中复制一段文字后，可以直接将其粘贴到画图等绘图工具中，使文字保存为图片。那么如何通过程序来实现这个功能呢？本实例就来解答这个问题，运行程序，在编辑框中输入文字，单击"转换"按钮进行转换。实例运行结果如图 10.21 所示。

打开"画图"程序，按 Ctrl+V 快捷键进行粘贴，效果如图 10.22 所示。

图 10.21　将文字转换成图片

图 10.22　转换后的图片

■ 关键技术

在本实例中，将文本文字转换为图片时，需要使用 Selection 类的 CopyAsPicture 方法，该方法可以将文档中的文本文字转换为位图，语法如下：

```
void CopyAsPicture();
```

由于本实例是先创建一个空的 Word 文档，所以在转换前，先要通过 SetText 方法设置文档的文本内容，然后再调用 CopyAsPicture 方法进行转换。

■ 设计过程

（1）创建一个基于对话框的应用程序。

（2）向窗体中添加一个静态文本控件、一个编辑框控件和一个按钮控件。

（3）向工程中添加 Word 相关类，用于操作 Word 文档。

（4）处理"转换"按钮的单击事件，在该按钮被单击时，打开 Word 文档，并将文本文字转换为图片，代码如下：

```
void CTextToImageDlg::OnButchange()
{
        CString strText;
        m_Text.GetWindowText(strText);                    //获得设置的文本
        _Application app;
        Documents docs;
        _Document doc;
        Selection sel;
        CComVariant a (_T("")),b(false),c(0),d(true);
        app.CreateDispatch("word.Application");            //初始化连接
        docs.AttachDispatch(app.GetDocuments());
        doc.AttachDispatch(docs.Add(&a,&b,&c,&d));
        sel.AttachDispatch(app.GetSelection());
        sel.SetText(strText);                             //设置选择文本
        sel.CopyAsPicture();                              //转换成图片
        sel.ReleaseDispatch();
        doc.ReleaseDispatch();
        docs.ReleaseDispatch();
        app.ReleaseDispatch();
        MessageBox("完成转换，请在画图中粘贴");
}
```

■ 秘笈心法

心法领悟 407：设置编辑框字体。

在本实例中，在对话框初始化时，通过 CFont 类设置了编辑框的字体，实现代码如下：

```
m_Font.CreatePointFont(200,"黑体");
m_Text.SetFont(&m_Font);
```

10.4　Word 文档的图形与阴影操作

实例 408	向 Word 文档中插入图形 光盘位置：光盘\MR\10\408	高级 趣味指数：★★

■ 实例说明

Word 的功能是很强大的，除了处理文字以外，还可以处理一些简单的图形。本实例将实现通过程序向 Word 文档中插入图形的功能。实例运行结果如图 10.23 所示。

单击"打开"按钮，显示插入图形后的文档，如图10.24所示。

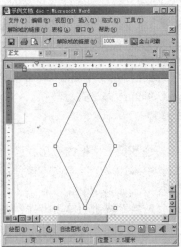

图10.23　向Word文档中插入图形　　　　　图10.24　插入的图形

■ 关键技术

本实例通过Shapes类的AddShape方法实现插入图形的功能。该方法的语法如下：

AddShape(long Type,float Left,float Top,float Width,float Height,VARIANT *Anchor);

AddShape方法中的参数说明如表10.4所示。

表10.4　AddShape方法中的参数说明

参　　数	说　　明
Type	设置要插入的图形
Left	插入图形的左侧位置
Top	插入图形的上边位置
Width	图形的宽度
Height	图形的高度
Anchor	选定区域

■ 设计过程

（1）创建一个基于对话框的应用程序。

（2）向窗体中添加一个静态文本控件、一个编辑框控件和一个按钮控件。

（3）向工程中添加Word相关类，用于操作Word文档。

（4）处理"打开"按钮的单击事件，在该按钮被单击时，打开Word文档，并向其中插入一个菱形的图形，代码如下：

```
void CFigureDlg::OnButopen()
{
    CFileDialog dlg(TRUE,NULL,NULL,OFN_HIDEREADONLY|OFN_OVERWRITEPROMPT,
        "All Files(*.doc)|*.doc||",AfxGetMainWnd());          //构造文件打开对话框
    CString strPath;                                          //声明变量
    if(dlg.DoModal() == IDOK)                                 //判断是否单击"打开"按钮
    {
        strPath = dlg.GetPathName();                          //获得文件路径
        m_Path.SetWindowText(strPath);                        //显示文件路径

        _Application app;
        Documents docs;
        _Document doc;
```

```
        Range range;
        Shapes shas;
        CComVariant a (_T(strPath)),b(false),c(0),d(true);
        //初始化连接
        app.CreateDispatch("word.Application");
        docs.AttachDispatch(app.GetDocuments());
        doc.AttachDispatch(docs.Add(&a,&b,&c,&d));
        range.AttachDispatch(doc.GetContent());                    //获得文档区域
        shas.AttachDispatch(doc.GetShapes());
        shas.AddShape(4,50,50,100,200,&_variant_t(range));         //添加图形
        COleVariant vFalse((short)FALSE);
        doc.SaveAs(COleVariant(strPath),vFalse,vFalse,COleVariant(""),vFalse,
            COleVariant(""),vFalse,vFalse,vFalse,vFalse,vFalse);   //保存
        app.SetVisible(true);                                      //显示 Word 文档
        shas.ReleaseDispatch();
        range.ReleaseDispatch();
        doc.ReleaseDispatch();
        docs.ReleaseDispatch();
        app.ReleaseDispatch();
    }
}
```

■ 秘笈心法

心法领悟 408：文档的保存。

在替换了相应的字符串以后，如果直接关闭文档，则替换操作不会被保存。为了解决这个问题，可以调用
SaveAs 方法来进行保存，代码如下：

```
COleVariant vFalse((short)FALSE);
doc.SaveAs(COleVariant(strPath),vFalse,vFalse,COleVariant(""),vFalse,
    COleVariant(""),vFalse,vFalse,vFalse,vFalse,vFalse);          //保存
```

实例 409	在 Word 文档中添加阴影图形 光盘位置：光盘\MR\10\409	高级 趣味指数：★★

■ 实例说明

实例 408 中介绍了如何在文档中添加图形，但是有时不仅要添加简单的图形，还要附加一些阴影，本实例
将介绍如何为图形添加阴影。实例运行结果如图 10.25 所示。

单击"打开"按钮，显示添加了带阴影的 Word 文档，如图 10.26 所示。

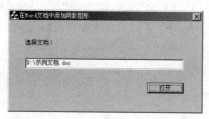

图 10.25　在 Word 文档中添加阴影图形

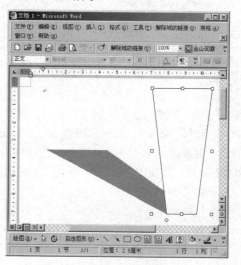

图 10.26　添加带阴影的文档

■ 关键技术

在本实例中实现了向 Word 文档中添加带阴影图形的功能，在实现此功能时，首先要调用 Shapes 类的 AddShape 方法添加一个图形，然后可以调用 ShadowFormat 类的 SetType 方法为当前插入的图形添加阴影。

■ 设计过程

（1）创建一个基于对话框的应用程序。

（2）向窗体中添加一个静态文本控件、一个编辑框控件和一个按钮控件。

（3）向工程中添加 Word 相关类，用于操作 Word 文档。

（4）处理"打开"按钮的单击事件，在该按钮被单击时，打开 Word 文档，向 Word 文档添加一个具有阴影的倒梯形的图形，代码如下：

```
void CShadowDlg::OnButopen()
{
        CFileDialog dlg(TRUE,NULL,NULL,OFN_HIDEREADONLY|OFN_OVERWRITEPROMPT,
            "All Files(*.doc)|*.doc||",AfxGetMainWnd());           //构造文件打开对话框
        CString strPath;                                          //声明变量
        if(dlg.DoModal() == IDOK)                                 //判断是否单击"打开"按钮
        {
                strPath = dlg.GetPathName();                      //获得文件路径
                m_Path.SetWindowText(strPath);                    //显示文件路径
                _Application app;
                Documents docs;
                _Document doc;
                Range range;
                Shapes shas;
                Shape sha;
                ShadowFormat shadow;
                CComVariant a (_T(strPath)),b(false),c(0),d(true);
                app.CreateDispatch("word.Application");           //初始化连接
                docs.AttachDispatch(app.GetDocuments());          //获得文档
                doc.AttachDispatch(docs.Add(&a,&b,&c,&d));
                range.AttachDispatch(doc.GetContent());
                shas.AttachDispatch(doc.GetShapes());
                sha.AttachDispatch(shas.AddShape(3,200,50,100,200,&_variant_t(range)));  //插入图形
                shadow.AttachDispatch(sha.GetShadow());
                shadow.SetType(3);                                //设置阴影
                app.SetVisible(true);                             //显示 Word 文档
                sha.ReleaseDispatch();
                shas.ReleaseDispatch();
                range.ReleaseDispatch();
                doc.ReleaseDispatch();
                docs.ReleaseDispatch();
                app.ReleaseDispatch();
        }
}
```

■ 秘笈心法

心法领悟 409：在类的定义时使其具有运行时类型识别的功能。

在 MFC 类库中，从根类 CObject 开始就提供了运行时类型识别的功能。但是这并不等于从 CObject 派生的子类就具有运行时类型识别的功能，需要在类的声明时添加 DECLARE_DYNAMIC 映射宏，在类的实现部分添加 IMPLEMENT_DYNAMIC 映射宏。例如，在文档/视图结构的应用程序中，在框架类 CMainFrame 的声明和实现部分会看到如下的代码：

```
//类的声明处
DECLARE_DYNCREATE(CMainFrame)
//类的实现处
IMPLEMENT_DYNCREATE(CMainFrame, CFrameWnd)
```

实例 410	设置 Word 文档的底纹效果	高级
	光盘位置：光盘\MR\10\410	趣味指数：★★★★

实例说明

在使用 Word 时，有时候根据特殊的需求，需要在文档中设置底纹效果，从而突出显示，本实例将通过程序调用 Word 相关类来实现这一功能。实例运行结果如图 10.27 所示。

单击"打开"按钮，显示设置底纹后的 Word 文档，如图 10.28 所示。

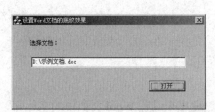

图 10.27　设置 Word 文档的底纹效果

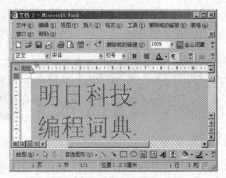

图 10.28　设置底纹后的文档

关键技术

在文档中，除了可以为图形添加阴影外，还可以为文字设置底纹。文档的底纹效果是通过 Shading 类的 SetTexture 方法实现的，将该方法的参数设置为不同的数字可以设置不同的底纹效果。注意，这里的参数需要设置为负数。

设计过程

（1）创建一个基于对话框的应用程序。

（2）向窗体中添加一个静态文本控件、一个编辑框控件和一个按钮控件。

（3）向工程中添加 Word 相关类，用于操作 Word 文档。

（4）处理"打开"按钮的单击事件，在该按钮被单击时，打开 Word 文档，向 Word 文档中添加底纹，代码如下：

```
void CSetShadingDlg::OnButopen()
{
    CFileDialog dlg(TRUE,NULL,NULL,OFN_HIDEREADONLY|OFN_OVERWRITEPROMPT,
        "All Files(*.doc)|*.doc||",AfxGetMainWnd());        //构造文件打开对话框
    CString strPath;                                        //声明变量
    if(dlg.DoModal() == IDOK)                               //判断是否单击按钮
    {
        strPath = dlg.GetPathName();                        //获得文件路径
        m_Path.SetWindowText(strPath);                      //显示文件路径

        _Application app;
        Documents docs;
        _Document doc;
        Range range;
        Shading sha;
        CComVariant a (_T(strPath)),b(false),c(0),d(true);
        app.CreateDispatch("word.Application");             //初始化连接
        docs.AttachDispatch(app.GetDocuments());
        doc.AttachDispatch(docs.Add(&a,&b,&c,&d));
        range.AttachDispatch(doc.GetContent());
```

```
            sha.AttachDispatch(range.GetShading());
            sha.SetTexture(-9);                                    //设置底纹
            app.SetVisible(true);                                  //显示文档
            sha.ReleaseDispatch();
            range.ReleaseDispatch();
            doc.ReleaseDispatch();
            docs.ReleaseDispatch();
            app.ReleaseDispatch();
        }
    }
```

■ 秘笈心法

心法领悟 410：THIS_FILE 的含义。

THIS_FILE 是一个 char 数组全局变量，字符串值为当前文件的完全路径。在 Debug 版本中当程序出错时，出错处理代码可用这个变量告诉用户是哪个文件中的代码有问题。

实例 411	设置 Word 文档字体 光盘位置：光盘\MR\10\411	高级 趣味指数：★★☆

■ 实例说明

在 Word 文档中提供了丰富的字体供用户选择，那么如何通过程序来设置 Word 文档中的字体呢？本实例实现了这一功能，运行程序，单击"打开"按钮，选择字体的 Word 文档。实例运行结果如图 10.29 所示。

单击"打开"按钮，显示设置为"楷体"、"50 号"、"加粗"、"斜体"的 Word 文档，如图 10.30 所示。

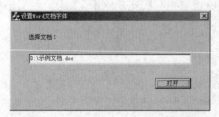

图 10.29　设置 Word 文档的字体　　　　　图 10.30　设置字体后的文档

■ 关键技术

在使用程序设置 Word 字体时，需要通过下面的 Font 类方法来实现这一功能。

- ❑ SetName 方法：该方法用于设置单元格字体。
- ❑ SetBold 方法：该方法用于设置粗体。
- ❑ SetSize 方法：该方法用于设置字号。
- ❑ SetColor 方法：该方法用于设置字体颜色。
- ❑ SetItalic 方法：该方法用于设置斜体。

■ 设计过程

（1）创建一个基于对话框的应用程序。

（2）向窗体中添加一个静态文本控件、一个编辑框控件和一个按钮控件。

（3）向工程中添加 Word 相关类，用于操作 Word 文档。

（4）处理"打开"按钮的单击事件，在该按钮被单击时，打开 Word 文档，设置 Word 文档的字体信息，代码如下：

```
void CSetFontDlg::OnButopen()
{
    CFileDialog dlg(TRUE,NULL,NULL,OFN_HIDEREADONLY|OFN_OVERWRITEPROMPT,
        "All Files(*.doc)|*.doc||",AfxGetMainWnd());               //构造文件打开对话框
    CString strPath;                                              //声明变量
    if(dlg.DoModal() == IDOK)                                     //判断是否单击按钮
    {
        strPath = dlg.GetPathName();                             //获得文件路径
        m_Path.SetWindowText(strPath);                          //显示文件路径
        _Application app;
        Documents docs;
        _Document doc;
        Range range;
        _Font font;
        CComVariant a (_T(strPath)),b(false),c(0),d(true);
        //初始化连接
        app.CreateDispatch("word.Application");
        docs.AttachDispatch(app.GetDocuments());
        doc.AttachDispatch(docs.Add(&a,&b,&c,&d));
        range.AttachDispatch(doc.GetContent());
        font.AttachDispatch(range.GetFont());                   //获得字体对象
        font.SetName("楷体");                                    //设置楷体
        font.SetSize(50);                                        //设置字号
        font.SetBold(true);                                      //设置加粗
        font.SetColor(RGB(255,0,0));                            //设置颜色
        font.SetItalic(true);                                    //设置倾斜
        app.SetVisible(true);                                    //显示文档
        font.ReleaseDispatch();
        range.ReleaseDispatch();
        doc.ReleaseDispatch();
        docs.ReleaseDispatch();
        app.ReleaseDispatch();
    }
}
```

■ 秘笈心法

心法领悟 411：获得系统的字体列表。

在开发应用程序时，有时需要用户根据需要设置字体信息，如果将系统字体列举出来供用户选择将会方便用户的操作，下面的代码就实现了将系统字体添加到组合框中的功能。

```
CDC* dc = GetDC();
CString str;
fontlist.RemoveAll();
LOGFONT m_logfont;
memset(&m_logfont,0,sizeof(m_logfont));
m_logfont.lfCharSet = DEFAULT_CHARSET;
m_logfont.lfFaceName[0] =NULL;
EnumFontFamiliesEx(dc->m_hDC,&m_logfont,(FONTENUMPROC)EnumFontList,100,0);
POSITION pos;
for ( pos =fontlist.GetHeadPosition() ;pos != NULL;)
{
    str = fontlist.GetNext(pos);
    m_Combo.AddString(str);
}
```

实例 412	设置艺术字	高级
	光盘位置：光盘\MR\10\412	趣味指数：★★★★☆

■ 实例说明

Word 文档和 Excel 表格一样，包含 29 种艺术字，Word 文档中选中的字符，通过菜单命令"插入"→"图片"→"艺术字"即可显示出艺术字效果，本实例将实现此功能。运行程序，设置艺术字文本，单击"设置艺术字"

按钮进行设置，效果如图 10.31 所示。

单击"设置艺术字"按钮，将用户设置的字符串插入到用户所选中的 Excel 表格中，如图 10.32 所示。

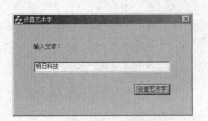

图 10.31 设置艺术字

图 10.32 显示艺术字的文档

■ 关键技术

在应用程序中同样通过 Shapes 类的 AddTextEffect 方法来设置艺术字的种类，该方法的语法如下：

AddTextEffect(long PresetTextEffect,LPCTSTR Text,LPCTSTR FontName,float FontSize,long FontBold,long FontItalic,float Left,float Top,VARIANT *Anchor);

AddTextEffect 方法中的参数说明如表 10.5 所示。

表 10.5 AddTextEffect 方法中的参数说明

参　　数	说　　明
PresetTextEffect	要设置的艺术照效果，对应于"艺术字库"中的列表，按从上到下、从左到右的顺序排列
Text	要设置为艺术字的文字
FontName	字体名称
FontSize	字体大小
FontBold	是否加粗
FontItalic	是否斜体
Left	左边位置
Top	上边位置
Anchor	锁定区域

■ 设计过程

（1）创建一个基于对话框的应用程序。

（2）向窗体中添加一个静态文本控件、一个编辑框控件和一个按钮控件。

（3）向工程中添加 Word 相关类，用于操作 Word 文档。

（4）处理"设置艺术字"按钮的单击事件，在该按钮被单击时，创建 Word 文档，并向 Word 文档插入艺术字，代码如下：

```
void CArtLetterDlg::OnButart()
{
    CString strText;
    m_Text.GetWindowText(strText);                              //获得设置的文本
    _Application app;
    Documents docs;
    _Document doc;
    Range range;
    Shapes sha;
    CComVariant a (_T("")),b(false),c(0),d(true);
    app.CreateDispatch("word.Application");                     //初始化连接
    docs.AttachDispatch(app.GetDocuments());
    doc.AttachDispatch(docs.Add(&a,&b,&c,&d));                  //创建 Word 文档
```

```
        range.AttachDispatch(doc.GetContent());
        sha.AttachDispatch(doc.GetShapes());
        sha.AddTextEffect(10,strText,"宋体",60,0,0,20,20,&_variant_t(range));        //设置艺术字
        app.SetVisible(true);                                                        //显示 Word 文档
        sha.ReleaseDispatch();
        range.ReleaseDispatch();
        doc.ReleaseDispatch();
        docs.ReleaseDispatch();
        app.ReleaseDispatch();
}
```

■ 秘笈心法

心法领悟 412：解析浮动状态下工具栏的父窗口。

在文档/视图结构的应用程序中，控制条能够被用户随意拖动，当控制条脱离父窗口时，将处于浮动状态。此时，控制条实际被 CDockBar 和 CMiniDockFrameWnd 两个窗口所包含。因此，如果需要隐藏浮动状态下的控制条，需要执行如下代码：

m_wndToolBar.GetParent()->GetParent()->ShowWindow(SW_HIDE);

实例 413	向 Word 中插入超链接 光盘位置：光盘\MR\10\413	高级 趣味指数：★★★★☆

■ 实例说明

在使用 Word 时，为了让用户方便地通过程序访问某个网站，可以对文本设置超链接功能，本实例将实现设置超链接的功能。运行程序，在编辑框中设置要插入的超链接地址，效果如图 10.33 所示。

单击"添加超链接"按钮，在创建的文档中添加用户设置的超链接，如图 10.34 所示。

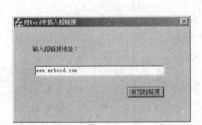

图 10.33　向 Word 中插入超链接

图 10.34　插入超链接的文档

■ 关键技术

在 Word 中设置超链接时，需要使用 Hyperlinks 类的 Add 方法设置超链接。函数原型如下：

LPDISPATCH Add(LPDISPATCH Anchor, VARIANT* Address, VARIANT* SubAddress, VARIANT* ScreenTip, VARIANT* TextToDisplay, VARIANT* Target);

Add 方法中的参数说明如表 10.6 所示。

表 10.6　Add 方法中的参数说明

参　　数	说　　明
Anchor	Range 类型，表示转换为超链接的文本或图形
Address	包含超链接地址的字符串
SubAddress	表示目标文件内的地址名
ScreenTip	当鼠标放在指定的超链接上时，显示的是可用作屏幕提示的文本
TextToDisplay	用于指定超链接的显示文本
Target	表示要在其中打开指定的超链接框架或窗口的名称

■ 设计过程

（1）创建一个基于对话框的应用程序。

（2）向窗体中添加一个静态文本控件、一个编辑框控件和一个按钮控件。

（3）向工程中添加 Word 相关类，用于操作 Word 文档。

（4）处理"添加超链接"按钮的单击事件，在该按钮被单击时，创建 Word 文档，并向文档中插入超链接，代码如下：

```
void CHyperlinkDlg::OnButinsert()
{
    UpdateData(TRUE);
    _Application app;
    Documents docs;
    _Document doc;
    Range range;
    Hyperlinks links;
    CComVariant a (_T("")),b(false),c(0),d(true);              //创建一个文档
    app.CreateDispatch("word.Application");                    //初始化连接
    docs.AttachDispatch(app.GetDocuments());
    doc.AttachDispatch(docs.Add(&a,&b,&c,&d));
    range.AttachDispatch(doc.GetContent());
    links.AttachDispatch(range.GetHyperlinks());
    links.Add(range,&_variant_t(m_Text),&_variant_t(""),
            &_variant_t(""),&_variant_t(""),&_variant_t(""));  //设置文本超链接
    app.SetVisible(true);                                      //显示文档
    links.ReleaseDispatch();
    range.ReleaseDispatch();
    doc.ReleaseDispatch();
    docs.ReleaseDispatch();
    app.ReleaseDispatch();
}
```

■ 秘笈心法

心法领悟 413：将一个全局函数指针关联到对话框类的某个方法。

在 C++语言中，无法将一个类的非静态方法赋给一个全局函数指针。但在开发程序的过程中，有时需要实现该功能。此时，可以在声明全局函数指针时标识类的作用域。例如：

```
typedef void (CDrawExamDlg:: *fOnClick)();
void CDrawExamDlg::OnButton2()
{
    fOnClick OnClick = OnOK ;
    (this->*OnClick)();
}
```

10.5 Word 文档的插入与导出操作

实例 414	向 Word 文档中插入图片 光盘位置：光盘\MR\10\414	高级 趣味指数：★★★★☆

■ 实例说明

在设计文档管理系统时，有时需要在编辑框中显示一些包含文本、图片、声音等复合文档信息。例如，显示一些 RTF 文件、Word 文档等。如何能够在编辑框中显示这些信息呢？本实例中笔者实现了该功能，实例运行结果如图 10.35 所示。

单击"插入"按钮，在磁盘中打开选择的文档，如图 10.36 所示。

图 10.35　向 Word 文档中插入图片

图 10.36　显示文档

关键技术

通过程序向 Word 文档中插入图片需要使用 InlineShapes 类的 AddPicture 方法来实现，该方法的语法如下：

```
AddPicture(LPCTSTR FileName,VARIANT *LinkToFile,VARIANT *SaveWithDocument,VARIANT *Range);
```

AddPicture 方法中的参数说明如表 10.7 所示。

表 10.7　AddPicture 方法中的参数说明

参　　数	说　　明
FileName	图片的路径和文件名
LinkToFile	如果值为 TRUE，则将图片链接到创建该对象的文件。如果值为 FALSE，则将图片作为该文件的独立副本
SaveWithDocument	如果值为 TRUE，则将链接的图片与文档一起保存
Range	定位图片的区域

设计过程

（1）创建一个基于对话框的应用程序。

（2）向窗体中添加两个静态文本控件、两个编辑框控件和 3 个按钮控件。

（3）向工程中添加 Word 相关类，用于操作 Word 文档。

（4）处理"插入"按钮的单击事件，在该事件的处理函数中将选择的图片插入到选择的文档中，代码如下：

```
void CInsertImageDlg::OnButinsert()
{
    CString wordPath,imagePath;
    m_wPath.GetWindowText(wordPath);                      //获得文档路径
    m_iPath.GetWindowText(imagePath);                     //获得图片路径
    _Application app;
    Documents doc;
    CComVariant a (_T(wordPath)),b(false),c(0),d(true);
    _Document doc1;
    Range range;
    Selection sele;
    InlineShapes ishapes;
    COleVariant colevariant;
```

527

```
COleVariant covOptional((long)DISP_E_PARAMNOTFOUND,VT_ERROR);
app.CreateDispatch("word.Application");                              //初始化连接
doc.AttachDispatch(app.GetDocuments());                             //获得文档对象
doc1.AttachDispatch(doc.Add(&a,&b,&c,&d));                          //打开文档
range.AttachDispatch(doc1.GetContent());
sele.AttachDispatch(app.GetSelection());
ishapes.AttachDispatch(sele.GetInlineShapes());
ishapes.AddPicture(imagePath,COleVariant((long)false),
    COleVariant((long)true),covOptional);                          //插入图片
COleVariant vFalse((short)FALSE);
doc1.SaveAs(COleVariant(wordPath),vFalse,vFalse,COleVariant(""),vFalse,
    COleVariant(""),vFalse,vFalse,vFalse,vFalse,vFalse);           //保存
app.Quit(&_variant_t(false),&_variant_t((long)0),&_variant_t((long)0));  //退出
sele.ReleaseDispatch();
ishapes.ReleaseDispatch();
range.ReleaseDispatch();
doc.ReleaseDispatch();
doc1.ReleaseDispatch();
app.ReleaseDispatch();
}
```

■ 秘笈心法

心法领悟414：将子窗口的客户区域映射到父窗口中。

在 MFC 应用程序中，如何获得子窗口在父窗口中的位置呢？用户可以首先调用子窗口的 GetClientRect 方法获得子窗口的客户区域大小，然后调用子窗口的 MapWindowPoints 方法将客户区域映射到父窗口中。

实例 415	向 Word 文档中插入表格 光盘位置：光盘\MR\10\415	高级 趣味指数：★★★★☆

■ 实例说明

使用 Excel 可以方便地处理表格信息，但是在 Word 中也可以简单地使用表格。在 Word 菜单中选择"表格"→"插入"→"表格"命令，在插入表格窗口中添加表格的行数和列数，最后单击"确定"按钮插入表格。在本实例中通过应用程序向指定的 Word 文档中插入表格，并在表格中添加相应信息。实例运行结果如图 10.37 所示。

单击"插入"按钮，在磁盘中打开选择的文档，如图 10.38 所示。

图 10.37　向 Word 文档中插入表格

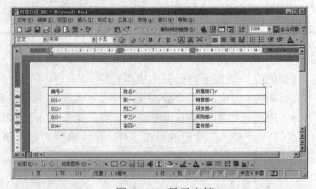

图 10.38　显示文档

■ 关键技术

本实例重点在于向读者介绍怎样使用 Tables 类的 Add 方法在文档中绘制表格，下面对本实例中用到的关键技术进行详细讲解。

通过 Tables 类的 Add 方法可以轻松地在 Word 文档中绘制表格，Add 方法的语法如下：

```
LPDISPATCH Add(LPDISPATCH Range, long NumRows, long NumColumns, VARIANT* DefaultTableBehavior, VARIANT* AutoFitBehavior);
```

Add 方法中的参数说明如表 10.8 所示。

表 10.8　Add 方法中的参数说明

参　　数	说　　明
Range	插入表格所在的范围
NumRows	插入表格的行数
NumColumns	插入表格的列数
DefaultTableBehavior	WdDefaultTableBehavior 枚举值，指定表格的自适应方式
AutoFitBehavior	WdAutoFitBehavior 枚举值，指定表格的自适应方式

■ 设计过程

（1）创建一个基于对话框的应用程序。

（2）向窗体中添加一个静态文本控件、一个编辑框控件、两个按钮控件和一个列表视图控件。

（3）向工程中添加 Word 相关类，用于操作 Word 文档。

（4）处理"插入"按钮的单击事件，在该按钮被单击时，打开 Word 文档，向 Word 文档中插入表格，代码如下：

```
void CInsertTableDlg::OnButinsert()
{
    CString strPath;
    m_Path.GetWindowText(strPath);
    _Application app;
    Documents docs;
    CComVariant a (_T(strPath)),b(false),c(0),d(true);
    _Document doc;
    Tables tabs;
    Range rangestar,range;
    Selection sele;
    COleVariant  colevariant;
    app.CreateDispatch("word.Application");                              //初始化连接
    docs.AttachDispatch(app.GetDocuments());                             //获得文档对象
    doc.AttachDispatch(docs.Add(&a,&b,&c,&d));
    range.AttachDispatch(doc.GetContent());
    tabs.AttachDispatch(doc.GetTables());
    tabs.Add(range,m_Grid.GetItemCount()+1,3,colevariant,colevariant);   //创建表格
    sele.AttachDispatch(app.GetSelection());
    CString sText[]={"编号","姓名","所属部门"};                          //定义字符串数组
    for(long num=0;num<3;num++)                                          //循环插入表题
    {
        sele.TypeText(sText[num]);                                       //插入数据
        sele.MoveRight((COleVariant)"1",(COleVariant)"1",(COleVariant)"0");   //移动光标到下一个表格单元格
    }
    for(int i=0;i<m_Grid.GetItemCount();i++)                             //循环插入表文
    {
        for(long j=0;j<3;j++)
        {
            sele.TypeText(m_Grid.GetItemText(i,j));                      //插入数据
            sele.MoveRight((COleVariant)"1",(COleVariant)"1",(COleVariant)"0");   //移动光标到下一个表格单元格
        }
    }
    COleVariant vFalse((short)FALSE);
    doc.SaveAs(COleVariant(strPath),vFalse,vFalse,COleVariant(""),vFalse,
        COleVariant(""),vFalse,vFalse,vFalse,vFalse,vFalse);             //保存
    app.Quit(&_variant_t(false),&_variant_t((long)0),&_variant_t((long)0));   //退出文档
    tabs.ReleaseDispatch();
    sele.ReleaseDispatch();
    docs.ReleaseDispatch();
    doc.ReleaseDispatch();
    app.ReleaseDispatch();
    MessageBox("表格已插入！");
}
```

■ 秘笈心法

心法领悟 415：向 Word 文档的表格中插入数据。

在本实例中，向 Word 文档中的表格中插入数据时使用了 Selection 类的 TypeText 方法，该方法的语法如下：

```
void TypeText(LPCTSTR Text);
```

参数说明

Text：要向表格中插入的字符串。

实例 416	向 Word 文档表格中插入图片 光盘位置：光盘\MR\10\416	高级 趣味指数：★★

■ 实例说明

在人事管理系统中，填写个人简历和员工信息时都会显示员工的信息，如果将这些信息导出到 Word 文档中，就需要将图片数据插入到指定的表格中，本实例将实现这一功能。运行程序，单击"打开"按钮，选择 Word 文档，效果如图 10.39 所示。

单击"插入"按钮，在磁盘中打开选择的文档，如图 10.40 所示。

图 10.39　向 Word 文档表格中插入图片

图 10.40　显示文档

■ 关键技术

在本实例中，首先要调用 Tables 类的 Add 方法向 Word 文档中插入一个表格，然后调用 Selection 类的 TypeText 方法向表格中插入数据。通过 Selection 类的 MoveRight 方法向右侧移动表格内的光标，最后调用 InlineShapes 类的 AddPicture 方法向表格中插入图片。

■ 设计过程

（1）创建一个基于对话框的应用程序。

（2）向窗体中添加一个静态文本控件、一个编辑框控件、两个按钮控件和一个列表视图控件。

（3）向工程中添加 Word 相关类，用于操作 Word 文档。

（4）处理"插入"按钮的单击事件，在该按钮被按下时，打开 Word 文档，并插入一个表格，分别向表格中插入文本和图片，代码如下：

```
void CArchivesDlg::OnButinsert()
{
        CString strPath;
        m_Path.GetWindowText(strPath);                                       //获得文档路径
        _Application app;
        Documents docs;
        CComVariant a (_T(strPath)),b(false),c(0),d(true);
        _Document doc;
        Tables tabs;
        Range rangestar,range;
        Selection sele;
        InlineShapes ishapes;
        COleVariant colevariant;
        COleVariant covOptional((long)DISP_E_PARAMNOTFOUND,VT_ERROR);
        app.CreateDispatch("word.Application");                               //初始化连接
        docs.AttachDispatch(app.GetDocuments());
        doc.AttachDispatch(docs.Add(&a,&b,&c,&d));                            //打开文档
        range.AttachDispatch(doc.GetContent());
        tabs.AttachDispatch(doc.GetTables());
        tabs.Add(range,m_Grid.GetItemCount()+1,3,colevariant,colevariant);   //创建表格
        sele.AttachDispatch(app.GetSelection());
        ishapes.AttachDispatch(sele.GetInlineShapes());
        CString sText[]={"编号","姓名","照片"};                              //设置表题
        for(long num=0;num<3;num++)
        {
                sele.TypeText(sText[num]);                                    //插入标题
                sele.MoveRight((COleVariant)"1",(COleVariant)"1",(COleVariant)"0");
        }
        int m_Num = 3;
        for(int i=0;i<m_Grid.GetItemCount();i++)                             //根据列表行数循环
        {
                for(long j=0;j<m_Num;j++)
                {
                        CString isbmp = m_Grid.GetItemText(i,j);             //获得列表中的数据
                        if(j != 2)                                           //如果不是图片
                        {
                                sele.TypeText(isbmp);                        //插入数据
                                sele.MoveRight((COleVariant)"1",(COleVariant)"1",(COleVariant)"0");  //移动到下一个单元格
                        }
                        else                                                 //否则是图片
                        {
                                ishapes.AddPicture(isbmp,COleVariant((long)false),
                                        COleVariant((long)true),covOptional); //插入图片
                                sele.MoveRight((COleVariant)"1",(COleVariant)"1",(COleVariant)"0");  //移动到下一个单元格
                        }
                }
        }
        COleVariant vFalse((short)FALSE);
        doc.SaveAs(COleVariant(strPath),vFalse,vFalse,COleVariant(""),vFalse,
                COleVariant(""),vFalse,vFalse,vFalse,vFalse,vFalse);          //保存
        app.Quit(&_variant_t(false),&_variant_t((long)0),&_variant_t((long)0)); //退出
        tabs.ReleaseDispatch();
        sele.ReleaseDispatch();
        docs.ReleaseDispatch();
        doc.ReleaseDispatch();
        app.ReleaseDispatch();
        MessageBox("操作成功！");
}
```

■秘笈心法

心法领悟 416：根据列表的行数插入表格。

在本实例中，向 Word 文档中插入表格时，表格的行数是通过 CListCtrl 类的 GetItemCount 方法获得的，该方法用于获取列表视图控件的行数，该方法的语法如下：

```
int GetItemCount( );
```

返回值：返回当前列表视图控件中的所有项目的行数。

实例 417	导出 Word 文档目录结构	高级
	光盘位置：光盘\MR\10\417	趣味指数：★★

■ 实例说明

在 Word 文档的使用过程中，经常在文档中添加目录，这样可以清晰地描述文档中各部分所包含的内容。本实例将使用一种方法，提取 Word 文档中的目录，并放入新的 Word 文档中。实例运行结果如图 10.41 所示。

单击"导出"按钮，显示存储目录的 Word 文档，如图 10.42 所示。

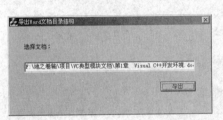

图 10.41 导出 Word 文档的目录结构

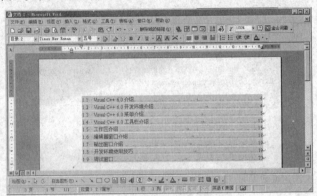

图 10.42 显示文档

■ 关键技术

如果说统计文档页数是文档统计操作中最常用的操作，那么导出文档的目录结构就是在文档导出操作中最常用的操作。通过 TablesOfContents 类的 Add 方法可以导出文档的目录结构，Add 方法的语法如下：

LPDISPATCH Add(LPDISPATCH Range, VARIANT* UseHeadingStyles, VARIANT* UpperHeadingLevel, VARIANT* LowerHeadingLevel, VARIANT* UseFields, VARIANT* TableID, VARIANT* RightAlignPageNumbers, VARIANT* IncludePageNumbers, VARIANT* AddedStyles, VARIANT* UseHyperlinks, VARIANT* HidePageNumbersInWeb)

Add 方法中的参数说明如表 10.9 所示。

表 10.9　Add 方法中的参数说明

参　数	说　明
Range	插入目录的 Range 对象
UseHeadingStyles	使用制表符前导符，设为 TRUE
UpperHeadingLevel	顶级目录，通常设为 1
LowerHeadingLevel	底级目录，根据需要赋值
UseFields	使用区域，设为 FALSE
TableID	目录索引，以 1 起始
RightAlignPageNumbers	页码右对齐，设为 TRUE
IncludePageNumbers	包含页码
AddedStyles	增加类型，设为 NULL
UseHyperlinks	使用超链接，设为 TRUE
HidepageNambersInWeb	Web 页中隐藏页码，设为 TRUE

■ 设计过程

（1）创建一个基于对话框的应用程序。

（2）向窗体中添加一个静态文本控件、一个编辑框控件和一个按钮控件。

（3）向工程中添加 Word 相关类，用于操作 Word 文档。

（4）处理"导出"按钮的单击事件，在该按钮被单击时，打开 Word 文档，并提取 Word 文档目录，导出到新的文档中，代码如下：

```
void CDirectoryOutDlg::OnButout()
{
        CFileDialog dlg(TRUE,NULL,NULL,OFN_HIDEREADONLY|OFN_OVERWRITEPROMPT,
                "All Files(*.doc)|*.doc||",AfxGetMainWnd());             //构造文件打开对话框
        CString strPath;                                                 //声明变量
        if (dlg.DoModal() == IDOK)                                       //判断是否单击按钮
        {
                strPath = dlg.GetPathName();                             //获得文件路径
                m_Path.SetWindowText(strPath);                           //显示文件路径
                _Application app;
                Documents docs,ndocs;
                _Document doc,ndoc;
                Range range,nrange;
                Selection sel,nsel;
                TablesOfContents tocs;
                CComVariant a (_T(strPath)),b(false),c(0),d(true),e(_T(""));
                app.CreateDispatch("word.Application");                  //初始化连接
                docs.AttachDispatch(app.GetDocuments());
                doc.AttachDispatch(docs.Add(&a,&b,&c,&d));
                sel.AttachDispatch(app.GetSelection());
                range.AttachDispatch(sel.GetRange());
                tocs.AttachDispatch(doc.GetTablesOfContents());
                tocs.Add(range,&_variant_t(true),&_variant_t((long)1),&_variant_t((long)2),
                        &_variant_t(false),&_variant_t(""),&_variant_t(true),&_variant_t(true),
                        &_variant_t(""),&_variant_t(false),&_variant_t(false));   //提取目录
                Paragraphs pgraphs;
                pgraphs.AttachDispatch(doc.GetParagraphs());
                CString szText = "";
                long pgraphCount = pgraphs.GetCount();
                for (long i = 1; i<= pgraphCount; i++)
                {
                        Paragraph pgraph;
                        pgraph.AttachDispatch(pgraphs.Item(i));
                        Range pragRange;
                        pragRange.AttachDispatch(pgraph.GetRange());
                        _ParagraphFormat format;
                        format.AttachDispatch(pragRange.GetParagraphFormat());
                        CComVariant value;
                        Style style;
                        value = format.GetStyle();
                        style.AttachDispatch(value.pdispVal);
                        CString szHeaderName = style.GetNameLocal();
                        char    szName[10] = {0};
                        strncpy(szName, szHeaderName.GetBuffer(0), 6);
                        szHeaderName.ReleaseBuffer(0);
                        if (strcmp(szName, "目录 1") != 0 && strcmp(szName, "目录 2") != 0
                                && strcmp(szName, "目录 3") != 0)
                        {
                                sel.SetRange(0,i);                       //设置选区
                                range.AttachDispatch(sel.GetRange());    //获得选中区域
                                CString str = range.GetText();           //读取标题内容
                                range.Cut();                             //剪切标题内容
                                nrange.AttachDispatch(doc.GetContent()); //打开新文档
                                nrange.Paste();                          //粘贴
                                i = pgraphCount + 1;                     //获得下一个段落
                        }
                        pgraph.ReleaseDispatch();
                        pragRange.ReleaseDispatch();
                        format.ReleaseDispatch();
                        style.ReleaseDispatch();
                }
                app.SetVisible(true);
                range.ReleaseDispatch();
                nrange.ReleaseDispatch();
```

```
        doc.ReleaseDispatch();
        docs.ReleaseDispatch();
        app.ReleaseDispatch();
    }
}
```

■ 秘笈心法

心法领悟 417：如何将当前的文档标题插入到新文档中？

在本实例中，首先搜索当前 Word 文档中的标题，然后通过 Range 类的 Cut 方法进行剪切，保存到剪贴板中，最后在新的文档中调用 Range 类的 Paste 方法将剪贴板中的内容粘贴到新文档中。

实例 418	读取文本文件内容到 Word 文档 光盘位置：光盘\MR\10\418	高级 趣味指数：★★

■ 实例说明

在日常生活中，有时会根据不同的需求将要记录的内容保存为不同的文件格式。本实例将实现这个功能。运行程序，单击"选择文件"按钮，选择一个文本文件，单击"选择文档"按钮，设置将内容另存为 Word 文档，效果如图 10.43 所示。

单击"确定"按钮，将文本文件中的数据导入到 Word 文档中，打开文本文件，如图 10.44 所示。打开另存的 Word 文档，如图 10.45 所示。

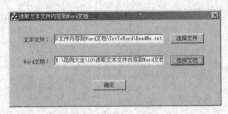

图 10.43　读取文本文件内容到 Word 文档

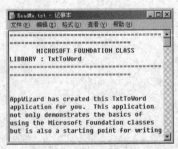

图 10.44　打开的文本文件

图 10.45　另存的 Word 文档

■ 关键技术

如何将文本数据添加到 Word 文档中，在前面的实例中已经介绍过，本实例主要介绍如何获取文本文件中的内容。在读取文本文件信息时，首先要使用 CFile 类的 Open 方法打开文件，然后调用 CFile 类的 Read 方法读取文件内容，最后调用 CFile 类的 Close 方法关闭文件。下面分别对这 3 个方法进行介绍。

（1）Open 方法

该方法用于打开一个文件，语法如下：

```
virtual BOOL Open( LPCTSTR lpszFileName, UINT nOpenFlags, CFileException* pError = NULL );
```

参数说明

❶ lpszFileName：要打开的文件名。可以包含完整路径，也可以是相对的文件名。

❷ nOpenFlags：文件打开标记。

❸ pError：一个异常的指针。一般情况下可以使用 NULL 指针，这个指针在打开文件过程中如果产生错误，

Open 就会抛出一个 CFileException 异常，而不是返回 FALSE。

（2）Read 方法

该方法用于从文件中读取数据到缓冲区中，语法如下：

```
virtual UINT Read( void* lpBuf, UINT nCount );
```

参数说明

❶ lpBuf：接收数据的缓冲区。

❷ nCount：从文件中读取数据的最大数量。

（3）Close 方法

该方法用于关闭打开的文件，语法如下：

```
virtual void Close( );
```

设计过程

（1）创建一个基于对话框的应用程序。

（2）向窗体中添加两个静态文本控件、两个编辑框控件和 3 个按钮控件。

（3）向工程中添加 Word 相关类，用于操作 Word 文档。

（4）处理"确定"按钮的单击事件，在该按钮被单击时，读取文本文件中的内容，将其保存到新的 Word 文档中，代码如下：

```
void CTxtToWordDlg::OnButok()
{
        UpdateData(TRUE);
        CFile file;
        file.Open(m_Path1,CFile::modeRead);
        unsigned char pchData[10000] = {0};                          //定义数据缓冲区
        file.Read(pchData,file.GetLength());                         //读取数据到缓冲区
        CString str = (char*)pchData;                                //添加字符串
        str +="\n";                                                  //添加换行符
        file.Close();                                                //关闭文件
        _Application app;
        Documents docs;
        _Document doc;
        Range range;
        CComVariant a (_T("")),b(false),c(0),d(true);
        //初始化连接
        app.CreateDispatch("word.Application");
        docs.AttachDispatch(app.GetDocuments());
        doc.AttachDispatch(docs.Add(&a,&b,&c,&d));
        range.AttachDispatch(doc.GetContent());
        range.SetText(str);                                          //将读取的数据插入到 Word 文档中
        app.SetVisible(true);                                        //显示文档
        COleVariant vFalse((short)FALSE);
        doc.SaveAs(COleVariant(m_Path2),vFalse,vFalse,COleVariant(""),vFalse,
                COleVariant(""),vFalse,vFalse,vFalse,vFalse,vFalse);  //保存
        range.ReleaseDispatch();
        docs.ReleaseDispatch();
        doc.ReleaseDispatch();
        app.ReleaseDispatch();
}
```

秘笈心法

心法领悟 418：读取文本文件时的标记设置。

在本实例中，使用 CFile 类的 Open 方法打开文本文件，在打开文件时，需要设置打开文件的标记，可以包含 CFile::modeCreate（创建新文件）、CFile::modeRead（以只读方式打开）、CFile::modeWrite（以只写的方式打开）和 CFile::modeReadWrite（以读写的方式打开）等多种标记，本实例只需读取文件内容，所以选择的是 CFile::modeRead 标记。

实例 419	将多个文本文件合并到 Word 文档	高级
	光盘位置：光盘\MR\10\419	趣味指数：★★★★

■ 实例说明

读取多个文本文件到同一个 Word 文档中的实现方法与读取单个文本文件到 Word 文档基本相同，先根据用户设置的文件目录位置读取每一个文本文件的文本内容，然后将所有文本文件的内容写入 Word 文档。实例运行结果如图 10.46 所示。

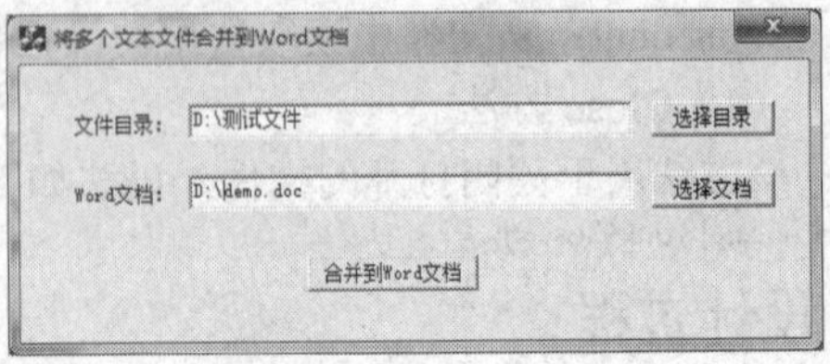

图 10.46　将多个文本文件合并到 Word 文档

■ 关键技术

在实现本实例的功能时，使用的技术与实例 418 相同，都是要使用 CFile 类的 Open 方法、Read 方法和 Close 方法来实现，只是本实例连续打开多个文本文件，然后将获得的文本内容连接在一起，统一插入到新的 Word 文档中。

■ 设计过程

（1）创建一个基于对话框的应用程序。

（2）向窗体中添加两个静态文本控件、两个编辑框控件和 3 个按钮控件。

（3）向工程中添加 Word 相关类，用于操作 Word 文档。

（4）处理"合并到 Word 文档"按钮的单击事件，在该按钮被单击时，逐一读取文本文件中的内容，将其合并后保存到新的 Word 文档中，代码如下：

```
void CTxtUniteDlg::OnButunite()
{
    UpdateData(TRUE);
    CString str = "",path = m_Path1;
    CFileFind filefind;
    if(path.Right(1) != "\\")                                    //设置文件扩展名
            path +="\\*.txt";
    else
            path +="*.txt";
    BOOL bf;
    bf = filefind.FindFile(path);                                //查找文件
    int i=1;
    while (bf)
    {
            bf = filefind.FindNextFile();                        //查找下一个文件
            if (!filefind.IsDots())
            {
                    CString strName = filefind.GetFileName();    //获得文件名
                    CFile file;
                    file.Open(m_Path1+"\\"+strName,CFile::modeRead);
                    unsigned char pchData[10000] = {0};          //定义数据缓冲区
                    file.Read(pchData,file.GetLength());         //读取数据到缓冲区
                    str += (char*)pchData;                       //添加字符串
                    file.Close();                                //关闭文件
            }
    }
    str +="\n";                                                  //添加换行符
    _Application app;
    Documents docs;
    _Document doc;
    Range range;
    CComVariant a (_T("")),b(false),c(0),d(true);
    //初始化连接
    app.CreateDispatch("word.Application");
```

```
        docs.AttachDispatch(app.GetDocuments());
        doc.AttachDispatch(docs.Add(&a,&b,&c,&d));
        range.AttachDispatch(doc.GetContent());
        range.SetText(str);                                          //向文档中插入数据
        app.SetVisible(true);                                        //显示文档
        COleVariant vFalse((short)FALSE);
        doc.SaveAs(COleVariant(m_Path2),vFalse,vFalse,COleVariant(""),vFalse,
            COleVariant(""),vFalse,vFalse,vFalse,vFalse,vFalse);      //保存
        range.ReleaseDispatch();
        docs.ReleaseDispatch();
        doc.ReleaseDispatch();
        app.ReleaseDispatch();
}
```

■ 秘笈心法

心法领悟 419：设置文件扩展名。

在本实例中，由于是批量读取文本文件，所以在选择文件时直接选择保存文本文件的文件夹，然后再依次选择文本文件进行读取。但是在搜索文件时，为了进行筛选，要设置搜索的文件扩展名，可以通过以下代码来实现。

```
//设置文件扩展名
if(path.Right(1) != "\\")
        path +="\\*.txt";
else
        path +="*.txt";
```

实例 420	将 Access 中的数据读取到 Word 文档	高级
	光盘位置：光盘\MR\10\420	趣味指数：★★★★

■ 实例说明

由于 Access 数据库的使用和部署非常方便，所以在小型系统开发中经常会用到 Access。在读取 Access 中的数据时，首先会将 Access 中的数据取出，然后以插入表格的形式插入到 Word 文档中，本实例实现了这一功能。实例运行结果如图 10.47 所示。

单击"导出"按钮，将读取出的数据以表格的形式插入到 Word 文档中，如图 10.48 所示。

图 10.47　将 Access 中的数据读取到 Word 文档　　　　图 10.48　显示文档

■ 关键技术

在本实例中，读取 Access 数据库时，需要读取其结构信息。ADO 中 Connection 对象的 OpenSchema 方法可以从提供者那里获取数据库纲要信息，如数据库、数据表字段类型等，语法如下：

```
RecordsetPtr OpenSchema(enmu SchemaEnum Schema,const _variant_t &Restrictions = vtMissing,const _variant_t &SchemaID = vtMissing);
```

参数说明

❶ Schema：所要运行纲要的查询类型。

❷ Restrictions：默认变量，每个 Schema 选项的查询限制条件数组。

❸ SchemaID：OLE DB 规范没有定义提供者纲要查询的 GUID，如果 Schema 设置为 adschemaproviderspecific，则需要该参数，否则不使用它。

返回值：返回包含纲要信息的 Recordset 对象。Recordset 将以只读、静态游标打开。

📖 说明：如何向 Word 文档中添加表格的技术在前面已经介绍过，这里不再赘述。

■ 设计过程

（1）创建一个基于对话框的应用程序。

（2）向窗体中添加一个列表视图控件和一个按钮控件。右击列表视图控件，在弹出的快捷菜单中选择 Properties 命令，设置 View 属性为 Report 风格，使列表视图控件可以以报表风格显示数据。

（3）向工程中添加 Word 相关类，用于操作 Word 文档。

（4）处理"导出"按钮的单击事件，在该按钮被单击时，读取数据库中的数据，将其以表格的方式添加到 Word 文档中，代码如下：

```
void CWordPrintDlg::OnButprint()
{
    _Application app;
    Documents doc;
    CComVariant a (_T("")),b(false),c(0),d(true),aa(1),bb(20);
    _Document doc1;
    Tables tabs;
    Range rangestar,range;
    Selection sele;
    COleVariant colevariant;
    //初始化连接
    app.CreateDispatch("word.Application");
    doc.AttachDispatch(app.GetDocuments());
    doc1.AttachDispatch(doc.Add(&a,&b,&c,&d));
    range.AttachDispatch(doc1.GetContent());
    tabs.AttachDispatch(doc1.GetTables());
    tabs.Add(range,7,8,colevariant,colevariant);                      //创建表格
    sele.AttachDispatch(app.GetSelection());
    OnInitADOConn();                                                  //连接数据库
    _bstr_t bstrSQL;
    bstrSQL = "select*from tb_Stu order by 学生编号";                 //设置 SQL 语句
    m_pRecordset.CreateInstance(__uuidof(Recordset));
    m_pRecordset->Open(bstrSQL,m_pConnection.GetInterfacePtr(),adOpenDynamic,
            adLockOptimistic,adCmdText);                              //打开记录集
    Fields* fields=NULL;
    CString sText;
    long countl;
    BSTR bstr;
    enum DataTypeEnum stype;
    m_pRecordset->get_Fields(&fields);                               //读取字段名
    countl = fields->Count;                                          //读取字段数量
    _variant_t sField[10];
    for(long num=0;num<countl;num++)                                 //循环插入标题
    {
        sText.Format("%d",num);
        fields->Item[(long)num]->get_Name(&bstr);
        sField[num] = (_variant_t)bstr;
        sele.TypeText((char*)(_bstr_t)bstr);                         //插入数据
        sele.MoveRight((COleVariant)"1",(COleVariant)"1",(COleVariant)"0");
    }
    while(!m_pRecordset->adoEOF)                                     //循环记录集记录
    {
        for(long num=0;num<m_pRecordset->GetFields()->GetCount();num++)  //循环插入数据
        {
            sText.Format("%d",num);
```

```
                sele.TypeText((char*)(_bstr_t)m_pRecordset->GetCollect(sField[num]));
                sele.MoveRight((COleVariant)"1",(COleVariant)"1",(COleVariant)"0");
        }
        m_pRecordset->MoveNext();                                    //向下移动记录集指针
    }
    ExitConnect();                                                   //断开数据库连接
    app.SetVisible(true);                                            //显示 Word 文档
    tabs.ReleaseDispatch();
    sele.ReleaseDispatch();
    doc.ReleaseDispatch();
    doc1.ReleaseDispatch();
    app.ReleaseDispatch();
}
```

■ 秘笈心法

心法领悟 420：导入 ADO 动态链接库。

在本实例中，使用了 ADO 技术连接数据库。在使用 ADO 技术时，一定要导入 ADO 动态链接库，可以将其添加在 StdAfx.h 头文件中。

```
#import "C:\Program Files\Common Files\System\ado\msado15.dll" no_namespace\
  rename("EOF","adoEOF")rename("BOF","adoBOF")                        //导入 ADO 动态链接库
```

实例 421	将 SQL Server 中的数据导入到 Word 文档	高级
	光盘位置：光盘\MR\10\421	趣味指数：★★★★

■ 实例说明

在开发程序时，经常会用到个性化按钮来美化程序界面。其中，能播放 AVI 动画的按钮会吸引更多年轻人的目光。运行程序，当鼠标在控件上方移动时，按钮将产生动画效果，实例运行结果如图 10.49 所示。

单击"导出"按钮，将读取出的数据以表格的形式插入到 Word 文档中，如图 10.50 所示。

图 10.49　将 SQL Server 中的数据导入到 Word 文档　　　　图 10.50　显示文档

■ 关键技术

本实例主要是使用 ADO 连接对象的 Open 方法、Execute 方法和 Close 方法来实现的。

首先通过 CAnimateCtrl 类创建和使用动画控件，CAnimateCtrl 类的方法如下。

（1）Open 方法

该方法用于连接数据库，语法如下：

```
HRESULT Open(_bstr_t ConnectionString, _bstr_t UserID, _bstr_t Password,long Options);
```

Open 方法中的参数说明如表 10.10 所示。

表 10.10 Open 方法中的参数说明

参　　数	说　　明
ConnectionString	指定连接信息的字符串
UserID	指定建立连接所需的用户名
Password	指定建立连接所需的密码
Options	打开选项，分为 adConnectUnspecified（同步）和 adAsyncConnect（异步）

（2）Execute 方法

该方法用于执行指定的查询、SQL 语句、存储过程或特定提供者的文本等内容，语法如下：

```
_RecordsetPtr Execute(_bstr_t CommandText,VARIANT * RecordsAffected,long Options)
```

参数说明

❶ CommandText：指定要执行的命令文本。

❷ RecordsAffected：返回受影响的记录数。

❸ Options：指定命令类型。

（3）Close 方法

该方法用于关闭打开的对象及任何相关对象，语法如下：

```
HRESULT Close();
```

■ 设计过程

（1）创建一个基于对话框的应用程序。

（2）向窗体中添加一个列表视图控件和一个按钮控件。右击列表视图控件，在弹出的快捷菜单中选择 Properties 命令，设置 View 属性为 Report 风格，使列表视图控件可以以报表风格显示数据。

（3）向工程中添加 Word 相关类，用于操作 Word 文档。

（4）处理"导出"按钮的单击事件，在该按钮被单击时，读取数据库中的数据，将其以表格的方式添加到 Word 文档中，代码如下：

```cpp
void CSqlToWordDlg::OnButword()
{
    _Application app;
    Documents doc;
    _Document doc1;
    Tables tabs;
    Range rangestar,range;
    Selection sele;
    COleVariant colevariant;
    CComVariant a (_T("")),b(false),c(0),d(true),aa(1),bb(20);
    //初始化连接
    app.CreateDispatch("word.Application");
    doc.AttachDispatch(app.GetDocuments());
    doc1.AttachDispatch(doc.Add(&a,&b,&c,&d));
    range.AttachDispatch(doc1.GetContent());
    tabs.AttachDispatch(doc1.GetTables());
    tabs.Add(range,7,8,colevariant,colevariant);            //创建表格
    sele.AttachDispatch(app.GetSelection());
    OnInitADOConn();                                        //连接数据库
    _bstr_t bstrSQL;
    bstrSQL = "select*from tb_Stu order by 学生编号";        //设置 SQL 语句
    m_pRecordset.CreateInstance(__uuidof(Recordset));
    m_pRecordset->Open(bstrSQL,m_pConnection.GetInterfacePtr(),
        adOpenDynamic,adLockOptimistic,adCmdText);          //打开记录集
    Fields* fields=NULL;
    CString sText;
    long countl;
    BSTR bstr;
    m_pRecordset->get_Fields(&fields);                      //读取字段名
    countl = fields->Count;
    _variant_t sField[10];
    for(long num=0;num<countl;num++)                        //循环插入表题
```

```
{
        sText.Format("%d",num);
        fields->Item[(long)num]->get_Name(&bstr);
        sField[num] = (_variant_t)bstr;
        sele.TypeText((char*)(_bstr_t)bstr);                              //插入数据
        sele.MoveRight((COleVariant)"1",(COleVariant)"1",(COleVariant)"0");
}
while(!m_pRecordset->adoEOF)                                             //循环读取记录集记录
{
        for(long num=0;num<m_pRecordset->GetFields()->GetCount();num++)
        {
                sText.Format("%d",num);                                  //格式化数据
                sele.TypeText((char*)(_bstr_t)m_pRecordset->GetCollect(sField[num]));   //插入表文
                sele.MoveRight((COleVariant)"1",(COleVariant)"1",(COleVariant)"0");     //移动光标
        }
        m_pRecordset->MoveNext();                                        //向下移动记录集指针
}
ExitConnect();                                                          //断开数据库连接
app.SetVisible(true);
tabs.ReleaseDispatch();
sele.ReleaseDispatch();
doc.ReleaseDispatch();
doc1.ReleaseDispatch();
app.ReleaseDispatch();
}
```

■ 秘笈心法

心法领悟 421：移动记录集指针。

在操作记录集指针时包含以下多种方法。

- ❑ Move：移动记录集对象中当前记录的位置。
- ❑ MoveFirst：移动到记录集的第一条记录。
- ❑ MoveLast：移动到记录集的最后一条记录。
- ❑ MoveNext：将当前记录位置向后移动一个记录（向记录集的底部）。
- ❑ MovePrevious：将当前记录位置向前移动一个记录（向记录集的顶部）。

实例 422	将 XML 中的数据读取到 Word 文档	高级
	光盘位置：光盘\MR\10\422	趣味指数：★★★★

■ 实例说明

在程序设计过程中经常用到 XML，XML 是一种严谨的描述数据的语言。本实例将读取 XML 文件中的数据，并存储到 Word 文档中。运行程序，实例运行结果如图 10.51 所示。

单击"导出"按钮，将 XML 文件中读取的信息保存到 Word 文档中，如图 10.52 所示。

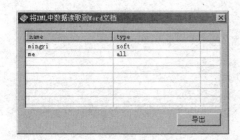

图 10.51　将 XML 中的数据读取到 Word 文档

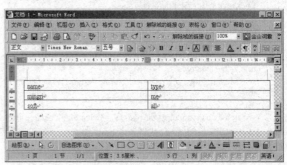

图 10.52　显示文档

■ 关键技术

操作 XML 文件实际上是通过使用 msxml6.dll 动态库中提供的一组接口实现的。其中 IXMLDOMDocumentPtr 接口是与 XML 文件相关的，在操作 XML 文件时可以先实例化一个 IXMLDOMDocumentPtr 接口对象。例如：

```
IXMLDOMDocumentPtr   m_pXMLDoc;
m_pXMLDoc.CreateInstance(__uuidof(DOMDocument30));
```

然后调用 IXMLDOMDocumentPtr 接口的 load 方法加载 XML 文件。

```
m_pXMLDoc->load(lpFileName);
```

接着定义一个 IXMLDOMElementPtr 接口对象，该接口对应于 XML 文件中的元素。为了获得 XML 文件中对应的元素，可以使用 IXMLDOMDocumentPtr 接口的 selectSingleNode 方法查找一个元素。如果已经知道了一个元素，那么可以调用 IXMLDOMElementPtr 接口的 GetnextSibling 方法查找下一个元素。例如：

```
childNode = childNode->GetnextSibling();
```

在获得了节点元素之后，可以调用 IXMLDOMElementPtr 接口的 getAttribute 方法获取节点元素的属性值。

■ 设计过程

（1）创建一个基于对话框的应用程序。

（2）向窗体中添加一个列表视图控件和一个按钮控件。右击列表视图控件，在弹出的快捷菜单中选择 Properties 命令，设置 View 属性为 Report 风格，使列表视图控件可以以报表风格显示数据。

（3）向工程中添加 Word 相关类，用于操作 Word 文档。

（4）处理"导出"按钮的单击事件，在该按钮被单击时，读取 XML 文件中的数据，将其以表格的方式添加到 Word 文档中，代码如下：

```
void CXMLViewDlg::OnButtonout()
{
    _Application app;
    Documents doc;
    _Document doc1;
    Tables tabs;
    Range rangestar,range;
    Selection sele;
    COleVariant  colevariant;
    CComVariant a (_T("")),b(false),c(0),d(true),aa(1),bb(20);
    //初始化连接
    app.CreateDispatch("word.Application");
    doc.AttachDispatch(app.GetDocuments());
    doc1.AttachDispatch(doc.Add(&a,&b,&c,&d));
    range.AttachDispatch(doc1.GetContent());
    tabs.AttachDispatch(doc1.GetTables());
    tabs.Add(range,3,2,colevariant,colevariant);              //创建表格
    sele.AttachDispatch(app.GetSelection());
    MSXML::IXMLDOMDocumentPtr xdoc;
    xdoc.CreateInstance(__uuidof(MSXML::DOMDocument));
    xdoc->load("test.xml");
    MSXML::IXMLDOMNodeListPtr nodelist=NULL;
    nodelist=xdoc->selectNodes("database/filed");
    MSXML::IXMLDOMNodePtr subnode;
    long nodecount;
    nodelist->get_length(&nodecount);
    sele.TypeText("name");                                   //插入数据
    sele.MoveRight((COleVariant)"1",(COleVariant)"1",(COleVariant)"0");
    sele.TypeText("type");                                   //插入数据
    sele.MoveRight((COleVariant)"1",(COleVariant)"1",(COleVariant)"0");
    for(long i=0;i<nodecount;i++)
    {
        subnode=nodelist->nextNode()->selectSingleNode((_bstr_t)"name");
        _bstr_t bstrname=subnode->Gettext();
        sele.TypeText((char*)bstrname);                     //插入数据
        sele.MoveRight((COleVariant)"1",(COleVariant)"1",(COleVariant)"0");
    }
    nodelist->reset();
```

```
        for(i=0;i<nodecount;i++)
        {
                subnode=nodelist->nextNode()->selectSingleNode((_bstr_t)"type");
                _bstr_t bstrname=subnode->Gettext();
                sele.TypeText((char*)bstrname);//插入数据
                sele.MoveRight((COleVariant)"1",(COleVariant)"1",(COleVariant)"0");
        }
        app.SetVisible(true);
        tabs.ReleaseDispatch();
        sele.ReleaseDispatch();
        doc.ReleaseDispatch();
        doc1.ReleaseDispatch();
        app.ReleaseDispatch();
}
```

■ 秘笈心法

心法领悟 422：导入 msxml6.dll 动态库。

为了读取 XML 文件中的数据，需要导入 "/system32" 目录下的 msxml6.dll 动态库，该动态库可能会随着操作系统版本的不同而不同。

```
#import "C:\\WINDOWS\\system32\\msxml6.dll"
```

实例 423	将 Word 文档中的数据导出到文本文件中 光盘位置：光盘\MR\10\423	高级 趣味指数：★★★★

■ 实例说明

在前面曾经介绍过将文本文件的内容读取到 Word 文档中，本实例的操作与之相反，本实例中将演示读取 Word 文档中的文本内容并写入文本文件。首先要得到用户所选择 Word 文档的文本内容，然后使用 CFile 类将获得的内容写入文本文件。实例运行结果如图 10.53 所示。

图 10.53　将 Word 文档中的数据导出到文本文件中

■ 关键技术

如何将文本数据添加到 Word 文档中，在前面的实例中已经介绍过，本实例主要介绍如何获取文本文件中的内容。在读取文本文件信息时，首先要使用 CFile 类的 Open 方法打开文件，然后调用 CFile 类的 Write 方法读取文件内容，最后调用 CFile 类的 Close 方法关闭文件。其中 Open 方法和 Close 方法已经在前面介绍过，本实例主要介绍 Write 方法。

Write 方法用于从缓冲区中写入数据到文件中，语法如下：

```
virtual void Write( const void* lpBuf, UINT nCount );
```

参数说明

❶ lpBuf：表示待写入数据的缓冲区。

❷ nCount：表示向文件中写入数据的数量。

■ 设计过程

（1）创建一个基于对话框的应用程序。

（2）向窗体中添加两个静态文本控件、两个编辑框控件和 3 个按钮控件。

（3）向工程中添加 Word 相关类，用于操作 Word 文档。

（4）处理"确定"按钮的单击事件，在该按钮被单击时，读取文本文件中的内容，将其保存到新的 Word 文档中，代码如下：

```
void CWordToTxtDlg::OnButok()
{
    UpdateData(TRUE);
    //Word 应用程序
    _Application app;
    Documents docs;
    _Document doc;
    Range range;
    app.CreateDispatch("word.Application");                    //初始化连接
    CComVariant a (_T(m_Path1)),b(false),c(0),d(true);
    docs.AttachDispatch( app.GetDocuments());
    doc.AttachDispatch(docs.Add(&a,&b,&c,&d));
    range = doc.GetContent();                                  //求出文档的所选区域
    CString str;
    str = range.GetText();                                     //取出文件内容
    app.Quit(&b,&c,&c);                                        //关闭
    //释放环境
    range.ReleaseDispatch();
    doc.ReleaseDispatch();
    docs.ReleaseDispatch();
    app.ReleaseDispatch();
    CFile file;
    file.Open(m_Path2,CFile::modeCreate | CFile::modeWrite);   //创建或打开文件
    file.Write(str,str.GetLength());                           //向文件中写入数据
    file.Close();                                              //关闭文件
}
```

秘笈心法

心法领悟 423：在调用"另存为"对话框时设置默认名。

在调用"另存为"对话框时，需要用户自己设置文件名称，这样会增加用户的操作。其实可以在调用"另存为"对话框时直接设置一个默认名，这样就避免了用户的输入操作，实现代码如下：

```
void CWordToTxtDlg::OnButtxt()
{
    CFileDialog dlg(FALSE,NULL,"demo",OFN_HIDEREADONLY|OFN_OVERWRITEPROMPT,
    "All Files(*.txt)|*.txt||",AfxGetMainWnd());               //构造文件"另存为"对话框
}
```

加粗的代码是设置的默认文件名。

第11章

Excel 表格操作

▸▸ Excel 表格的基本操作

▸▸ Excel 表格与外部数据

▸▸ Excel 表格的设置

11.1 Excel 表格的基本操作

实例 424	打开 Excel 表格 光盘位置：光盘\MR\11\424	高级 趣味指数：★★★

实例说明

在开发应用程序时，有时需要调用 Excel 表格，如果让用户在磁盘中寻找 Excel 表格将会很麻烦。那么如何才能直接通过程序打开 Excel 表格呢？本实例将实现这一功能。实例运行结果如图 11.1 所示。

单击"打开"按钮，会打开用户选择的 Excel 表格，如图 11.2 所示。

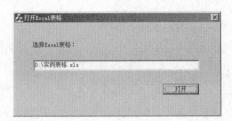

图 11.1 打开 Excel 表格

图 11.2 实例表格

关键技术

要使用程序打开 Excel 表格，在操作 Excel 表格之前，首先要将 Excel 相关类导入到程序中，具体步骤如下：

（1）选择 View→ClassWizard 命令，打开 MFC ClassWizard 对话框，如图 11.3 所示。

（2）单击 Add Class 按钮，选择 From a Type Library 菜单项，打开 Import from Type Library 对话框，在 Office 安装路径下，选择 EXCEL9.OLB 文件，如图 11.4 所示。

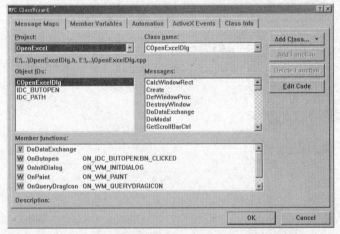

图 11.3 类向导

图 11.4 Import from Type Library 对话框

（3）单击"打开"按钮，打开 Confirm Classes 对话框，如图 11.5 所示。

（4）在列表中可以任意选择要添加到程序中的类，本实例中需要添加_Application 类、Workbooks 类和_Workbook 类。

图 11.5 Confirm Classes 对话框

■设计过程

（1）创建一个基于对话框的应用程序。

（2）向窗体中添加一个静态文本控件、一个编辑框控件和一个按钮控件。

（3）向工程中添加 Excel 相关类，用于操作 Excel 表格。

（4）处理"打开"按钮的单击事件，当单击该按钮时，通过 Excel 相关类打开 Excel 表格，代码如下：

```
void COpenExcelDlg::OnButopen()
{
    CFileDialog file(TRUE,NULL,NULL,OFN_HIDEREADONLY|OFN_OVERWRITEPROMPT,
        "EXCEL 文件(*.xls)|*.xls| |",AfxGetMainWnd());
    if(file.DoModal()==IDOK)
    {
        CString strPath=file.GetPathName();                //获得 Excel 表格路径
        m_Path.SetWindowText(strPath);                     //通过编辑框显示路径
        _Application app;
        Workbooks books;
        _Workbook book;
        //创建 Excel 2000 服务器（启动 Excel）
        if (!app.CreateDispatch("Excel.Application",NULL))
        {
            AfxMessageBox("创建 Excel 服务失败!");
            exit(1);
        }
        books.AttachDispatch(app.GetWorkbooks(),true);
        book.AttachDispatch(books.Add(_variant_t(strPath)));
        app.SetVisible(true);                              //显示 Excel 表格
        //释放对象
        book.ReleaseDispatch();
        books.ReleaseDispatch();
        app.ReleaseDispatch();
    }
}
```

■秘笈心法

心法领悟 424：要注意引用头文件。

在本实例中，由于添加了 Excel 相关类，这些类都是存储在 excel9.h 和 excel9.cpp 文件中的，所以在使用时一定要引用 excel9.h。

实例 425	向 Excel 表格中写入数据 光盘位置：光盘\MR\11\425	高级 趣味指数：★★

■实例说明

在使用程序控制 Excel 表格时，有时需要将 Excel 表格中的内容读取到程序中。本实例实现了这一功能。运行程序，单击"打开"按钮，选择 Excel 表格。实例运行结果如图 11.6 所示。

单击"写入"按钮，向 Excel 表格中写入数据，并打开 Excel 表格，如图 11.7 所示。

图 11.6　向 Excel 表格中写入数据

图 11.7　写入数据后的表格

■ 关键技术

向 Excel 表格中写入数据时需要使用 Range 类的 SetItem 方法，该方法的语法如下：

```
void SetItem(const VARIANT& RowIndex, const VARIANT& ColumnIndex, const VARIANT& newValue);
```

参数说明

❶ RowIndex：要插入数据的单元格行索引。

❷ ColumnIndex：要插入数据的单元格列索引。

❸ newValue：要插入到单元格中的数据。

■ 设计过程

（1）创建一个基于对话框的应用程序。

（2）向窗体中添加一个静态文本控件、一个编辑框控件、一个列表视图控件和两个按钮控件。

（3）向工程中添加 Excel 相关类，用于操作 Excel 表格。

（4）处理"写入"按钮的单击事件，在该按钮被单击时，打开 Excel 表格，并将表中的数据写入到 Excel 表格中，代码如下：

```
void CWriteExcelDlg::OnButtonwrite()
{
        CString strPath;
        m_Path.GetWindowText(strPath);
        _Application app;
        Workbooks books;
        _Workbook book;
        Worksheets sheets;
        _Worksheet sheet;
        Range range;
        if (!app.CreateDispatch("Excel.Application",NULL))          //创建 Excel 2000 服务器（启动 Excel）
        {
                AfxMessageBox("创建 Excel 服务失败!");
                exit(1);
        }
        books.AttachDispatch(app.GetWorkbooks());
        book.AttachDispatch(books.Add(_variant_t(strPath)));
        sheets.AttachDispatch(book.GetWorksheets());               //得到 Worksheets
        sheet.AttachDispatch(sheets.GetItem(_variant_t("第 1 页")));
        range.AttachDispatch(sheet.GetCells());                    //得到全部 Cells
        CString sText[]={"编号","姓名","所属部门"};
        for (int setnum=0;setnum<m_Grid.GetItemCount()+1;setnum++)
        {
                for (int num=0;num<3;num++)
                {
                        if (!setnum)
```

```
                    {
                        range.SetItem(_variant_t((long)(setnum+1)),_variant_t((long)(num+1)),
                            _variant_t(sText[num]));
                    }
                    else
                    {
                        range.SetItem(_variant_t((long)(setnum+1)),_variant_t((long)(num+1)),
                            _variant_t(m_Grid.GetItemText(setnum-1,num)));
                    }
                }
            }
    app.SetVisible(true);
    //释放对象
    range.ReleaseDispatch();
    sheet.ReleaseDispatch();
    sheets.ReleaseDispatch();
    book.ReleaseDispatch();
    books.ReleaseDispatch();
    app.ReleaseDispatch();
}
```

■ 秘笈心法

心法领悟 425：初始化 COM 环境。

在进行 Excel 操作程序开发前，必须首先初始化 COM 库。通常使用的一种方法是在应用程序类的 InitInstance 函数中进行设置，代码如下：

```
::CoInitialize(NULL);
```

实例 426	向 Excel 表格中插入图片 光盘位置：光盘\MR\11\426	高级 趣味指数：★★★

■ 实例说明

在一些应用程序中，导出员工信息时，希望连员工的照片一起导出到 Excel 表格中，这要怎么实现呢？本实例将介绍如何将图片插入到 Excel 表格中。单击"打开表格"按钮，选择 Excel 表格，单击"打开图片"按钮，选择要插入的图片，效果如图 11.8 所示。

单击"插入图片"按钮，将选择的图片插入到选择的 Excel 表格中，如图 11.9 所示。

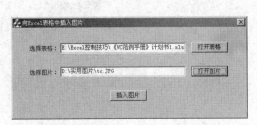

图 11.8　向 Excel 表格中插入图片

图 11.9　插入图片的 Excel 表格

■ 关键技术

在本实例中，通过 Shapes 类的 AddPicture 方法实现将图片文件插入到 Excel 表格中，该方法的语法如下：

LPDISPATCH AddPicture(LPCTSTR Filename, long LinkToFile, long SaveWithDocument, float Left, float Top, float Width, float Height);

AddPicture 方法中的参数说明如表 11.1 所示。

表 11.1　AddPicture 方法中的参数说明

参　　数	说　　明
Filename	存储图片文件的路径字符串
LinkToFile	表示要连接到的文件
SaveWithDocument	表示将图片与文档一起保存
Left	图片插入位置的左上角横坐标
Top	图片插入位置的左上角纵坐标
Width	表示插入的图片的显示宽度
Height	表示插入的图片的显示高度

■ 设计过程

（1）创建一个基于对话框的应用程序。

（2）向窗体中添加两个静态文本控件、两个编辑框控件和三个按钮控件。

（3）向工程中添加 Excel 相关类，用于操作 Excel 表格。

（4）处理"插入图片"按钮的单击事件，在该按钮被单击时，将所选图片插入到选择的 Excel 表格中，代码如下：

```
void CInsertImageDlg::OnButinsert()
{
    CString ePath,iPath;
    m_ePath.GetWindowText(ePath);                    //获得 Excel 表格路径
    m_iPath.GetWindowText(iPath);                    //获得图片路径
    _Application app;
    Workbooks books;
    _Workbook book;
    Worksheets sheets;
    _Worksheet sheet;
    Shapes shp;
    if (!app.CreateDispatch("Excel.Application",NULL))    //创建 Excel 2000 服务器（启动 Excel）
    {
        AfxMessageBox("创建 Excel 服务失败!");
        exit(1);
    }
    books.AttachDispatch(app.GetWorkbooks());
    book.AttachDispatch(books.Add(_variant_t(ePath)));
    sheets.AttachDispatch(book.GetWorksheets());          //得到 Worksheets
    sheet.AttachDispatch(sheets.GetItem(_variant_t("第 1 页")));
    shp.AttachDispatch(sheet.GetShapes());
    shp.AddPicture(iPath,false,true,0,0,400,300);        //插入图片
    app.SetVisible(true);                                //显示 Excel 表格
    //释放对象
    sheet.ReleaseDispatch();
    sheets.ReleaseDispatch();
    book.ReleaseDispatch();
    books.ReleaseDispatch();
    app.ReleaseDispatch();
}
```

■ 秘笈心法

心法领悟 426：Excel 相关类导入时的注意事项。

在向应用程序中导入 Excel 相关类时，如果是 Excel 2000，则应选择 EXCEL9.OLB 文件，如果是 Excel 2003，则应选择 EXCEL.EXE 文件。

实例 427	向 Excel 表格中插入艺术字	高级
	光盘位置：光盘\MR\11\427	趣味指数：★★★

■ 实例说明

Excel 表格和 Word 文档一样，包含 29 种艺术字，对 Excel 表格中选中的字符执行"插入"→"图片"→"艺术字"命令即可显示出艺术字效果。本实例将实现此功能。运行程序，设置艺术字文本，单击"打开"按钮选择要插入艺术字的 Excel 表格，效果如图 11.10 所示。

单击"插入"按钮，将用户设置的字符串插入到用户所选中的 Excel 表格中，如图 11.11 所示。

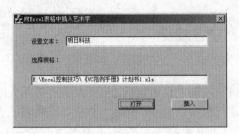

图 11.10　向 Excel 表格中插入艺术字

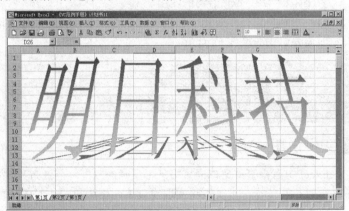

图 11.11　插入艺术字的 Excel 表格

■ 关键技术

在应用程序中通过 Shapes 类的 AddTextEffect 方法来设置艺术字的种类，该方法的语法介绍详见实例 412 的关键技术部分。

■ 设计过程

（1）创建一个基于对话框的应用程序。

（2）向窗体中添加两个静态文本控件、两个编辑框控件和两个按钮控件。

（3）向工程中添加 Excel 相关类，用于操作 Excel 表格。

（4）处理"插入"按钮的单击事件，在单击该按钮时，打开 Excel 表格，并插入艺术字，代码如下：

```
void CArtLetterDlg::OnButinsert()
{
    CString strPath,text;
    m_Path.GetWindowText(strPath);                    //获得 Excel 表格路径
    m_Text.GetWindowText(text);                       //获得设置的文本
    _Application app;
    Workbooks books;
    _Workbook book;
    Worksheets sheets;
    _Worksheet sheet;
    Shapes shp;
    if (!app.CreateDispatch("Excel.Application",NULL)) //创建 Excel 2000 服务器（启动 Excel）
    {
        AfxMessageBox("创建 Excel 服务失败!");
        exit(1);
```

```
    }
    books.AttachDispatch(app.GetWorkbooks());
    book.AttachDispatch(books.Add(_variant_t(strPath)));
    sheets.AttachDispatch(book.GetWorksheets());                //得到 Worksheets
    sheet.AttachDispatch(sheets.GetItem(_variant_t("第 1 页")));
    shp.AttachDispatch(sheet.GetShapes());
    shp.AddTextEffect(20,text,"楷体",200,0,0,0,0);              //设置艺术字
    app.SetVisible(true);
    //释放对象
    sheet.ReleaseDispatch();
    sheets.ReleaseDispatch();
    book.ReleaseDispatch();
    books.ReleaseDispatch();
    app.ReleaseDispatch();
}
```

■ 秘笈心法

心法领悟 427：exit 语句的使用。

exit 语句可以立即终止当前程序的执行，通常在异常处理语句中使用，也可以在其他结构语句中使用。在使用前需要引用头文件 iomanip。

实例 428	检测单元格中的单词拼写 光盘位置：光盘\MR\11\428	高级 趣味指数：★★★★

■ 实例说明

Excel 中有检查英文单词拼写是否正确的功能，当通过程序控制 Excel 时，也可以通过这一功能检查单元格中是否有拼写错误。本实例将实现检查单元格中单词拼写的功能。运行程序，单击"检测"按钮，选择要检查的 Excel 表格，效果如图 11.12 所示。

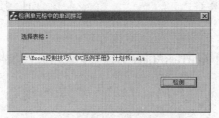

图 11.12　检测单元格中的单词拼写

打开的表格中会弹出"拼写检查"对话框，效果如图 11.13 所示。

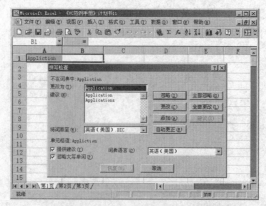

图 11.13　显示"拼写检查"对话框

■ 关键技术

在 Excel 表格中，同样具有 Word 文档的检测单词拼写功能，可以使用 Range 类的 CheckSpelling 函数进行检查，并且可以根据错误单词搜索正确的拼写供用户选择。该函数的语法如下：

```
VARIANT CheckSpelling(const VARIANT& CustomDictionary, const VARIANT& IgnoreUppercase, const VARIANT& AlwaysSuggest, const VARIANT& SpellLang);
```

CheckSpelling 函数中的参数说明如表 11.2 所示。

表 11.2　CheckSpelling 函数中的参数说明

参　　数	说　　明
CustomDictionary	用于表示自定义词典文件名，如果在主词典中找不到单词，则会到该词典中查找
IgnoreUppercase	布尔类型，如果值为真，则忽略所有字母都是大写的单词，否则检查所有字母都是大写的单词
AlwaysSuggest	布尔类型，如果值为真，在找到不正确的拼写时显示建议的替换拼写列表，否则等待输入正确的拼写
SpellLang	表示词典所使用的语言

■ 设计过程

（1）创建一个基于对话框的应用程序。

（2）向窗体中添加一个静态文本控件、一个编辑框控件和一个按钮控件。

（3）向工程中添加 Excel 相关类，用于操作 Excel 表格。

（4）处理"检测"按钮的单击事件，在单击该按钮时，打开 Excel 表格，并对 Excel 表格中的单词进行拼写检查，代码如下：

```
void CCheckSpellDlg::OnButcheck()
{
    CFileDialog dlg(TRUE,NULL,NULL,OFN_HIDEREADONLY|OFN_OVERWRITEPROMPT,
        "All Files(*.xls)|*.xls||",AfxGetMainWnd());          //构造文件打开对话框
    CString strPath;                                           //声明变量
    if(dlg.DoModal() == IDOK)                                  //判断是否单击按钮
    {
        strPath = dlg.GetPathName();                           //获得文件路径
        m_Path.SetWindowText(strPath);                         //显示文件路径
        _Application app;
        Workbooks books;
        _Workbook book;
        Worksheets sheets;
        _Worksheet sheet;
        Range range;
        //创建 Excel 2000 服务器（启动 Excel）
        if (!app.CreateDispatch("Excel.Application",NULL))
        {
            AfxMessageBox("创建 Excel 服务失败!");
            exit(1);
        }
        books.AttachDispatch(app.GetWorkbooks());
        book.AttachDispatch(books.Add(_variant_t(strPath)));
        //得到 Worksheets
        sheets.AttachDispatch(book.GetWorksheets());
        sheet.AttachDispatch(sheets.GetItem(_variant_t("第 1 页")));
        range.AttachDispatch(sheet.GetCells());
        range.SetItem(_variant_t((long)1),_variant_t((long)1),_variant_t("Appliction"));
        app.SetVisible(true);
        range.CheckSpelling(_variant_t("英语（美国）"),_variant_t((bool)true),
            _variant_t((bool)true),_variant_t((long)1033));    //检测单词拼写
        //释放对象
        sheet.ReleaseDispatch();
        sheets.ReleaseDispatch();
        book.ReleaseDispatch();
        books.ReleaseDispatch();
```

```
            app.ReleaseDispatch();
    }
}
```

秘笈心法

心法领悟 428：为什么用打开文件对话框选择多个文件到一定数目时，文件没有打开？

CFileDialog 为文件列表设置缓冲区，当选择文件过多时，会造成缓冲区溢出，致使一些文件没有被打开。可以采用自定义大缓冲区代替系统缓冲区的方法解决。

11.2 Excel 表格与外部数据

实例 429	将文本文件中的数据导入到 Excel 表格中 光盘位置：光盘\MR\11\429	高级 趣味指数：★★★★

实例说明

本实例实现将文本中的数据导入到 Excel 表格中。文本中有多行数据，并且每行数据都有多个单词，每个单词以空格结尾。运行程序，单击"选择表格"按钮，选择一个 Excel 文件。单击"选择文件"按钮，选择一个文本文件。单击"插入"按钮后即可将文本文件中的内容导入到指定的 Excel 文件中。实例运行结果如图 11.14 所示。

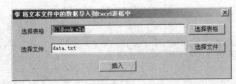

图 11.14　将文本文件中的数据导入到 Excel 表格中

关键技术

本实例中需要将文本文件中的内容读取出来，使用 CStdioFile 类的 ReadString 方法可以读取一行数据，然后使用 CString 类的 Find 方法查找空格的位置，然后根据空格位置将一行数据分隔开。

设计过程

（1）创建一个基于对话框的应用程序。

（2）向对话框中添加两个静态文本控件、两个编辑框控件和三个按钮控件。

（3）OnInsert 方法用于实现"插入"按钮的单击事件，代码如下：

```
void CTxtToSheetDlg::OnInsert()
{
        CString strPath,strTxt;
        GetDlgItem(IDC_ED_SHEETPATH)->GetWindowText(strPath);
        GetDlgItem(IDC_ED_TXTPATH)->GetWindowText(strTxt);
        _Application app;
        Workbooks books;
        _Workbook book;
        Worksheets sheets;
        _Worksheet sheet;
        Range range;
        //创建 Excel 2000 服务器（启动 Excel）
        if (!app.CreateDispatch("Excel.Application",NULL))
        {
                AfxMessageBox("创建 Excel 服务失败!");
                exit(1);
```

```
    }
    books.AttachDispatch(app.GetWorkbooks());
    COleVariant vtMissing((long)DISP_E_PARAMNOTFOUND, VT_ERROR);
    //单独打开
    books.Open(strPath,vtMissing,vtMissing,vtMissing,vtMissing,vtMissing,vtMissing,
        vtMissing,vtMissing,vtMissing,vtMissing,vtMissing,COleVariant((long)0));
    book.AttachDispatch(books.GetItem(_variant_t((long)1)));
    //得到 Worksheets
    sheets.AttachDispatch(book.GetWorksheets());
    sheet.AttachDispatch(sheets.GetItem(_variant_t("sheet1")));
    range.AttachDispatch(sheet.GetCells());
    CStdioFile file;
    file.Open(strTxt,CFile::modeRead);
    CString strText,strTmp;
    int iPos;                              //记录空格位置
    int iCol=1;                            //记录写入列位置
    for(int i=1;i<=4;i++)
    {
        //读取一行数据
        file.ReadString(strText);
        //根据空格拆分单元格
        iPos=strText.Find(" ");
        while(iPos>0)
        {
            strTmp=strText.Left(iPos);          //末尾没有空格不正确
            if(!strTmp.IsEmpty())
            {
                range.SetItem(_variant_t((long)i),_variant_t((long)iCol++),_variant_t(strTmp));
            }
            strText=strText.Right(strText.GetLength()-iPos-1);
            iPos=strText.Find(" ");
        }
        iCol=1;
    }
    book.Save();
    file.Close();
    MessageBox("完成","提示",MB_OK);
    books.Close();
    sheet.ReleaseDispatch();
    sheets.ReleaseDispatch();
    book.ReleaseDispatch();
    books.ReleaseDispatch();
    app.ReleaseDispatch();
}
```

■ 秘笈心法

心法领悟 429：CStdioFile 类读取文件。

CStdioFile 类也可以使用 Read 方法读取文本中的数据。使用 Read 方法读取文本数据和使用 CFile 类的 Read 方法是一样的，CStdioFile 类的 ReadString 方法是根据回车换行符来判断数据是否为一行的，所以每行数据的末尾要有回车换行符。

实例 430	将 Access 中的数据导入到 Excel 表格中	高级
	光盘位置：光盘\MR\11\430	趣味指数：★★★☆

■ 实例说明

本实例将实现把 Access 数据库中指定表的内容导入到 Excel 表格中。运行实例，单击"选择表格"按钮，选择一个 Excel 表格。然后单击"选择 Access"按钮，选择一个 Access 数据库。单击"插入"按钮，程序读取

Access 数据库中的 softinfo 表，将数据表中的字段写入 Excel 文件的 sheet1 工作簿中。实例运行结果如图 11.15 所示。

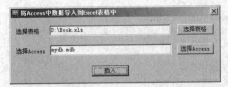

图 11.15　将 Access 中的数据导入到 Excel 表格中

■ 关键技术

本实例使用 ADO 技术读取 Access 数据库中的数据。首先要通过 import 语句导入系统文件 msado15.dll，然后通过 CoInitialize 函数初始化 COM 接口，最后使用_ConnectionPtr 指针类的 Open 方法创建与数据库的连接。使用_RecordsetPtr 指针类的 Open 方法和_ConnectionPtr 指针类的 Execute 方法执行 SQL 语句，最后使用_RecordsetPtr 指针类的 GetCollect 方法获取指定字段的数据。

■ 设计过程

（1）创建一个基于对话框的应用程序。
（2）向对话框中添加两个静态文本控件、两个编辑框控件和三个按钮控件。
（3）OnInsert 方法用于实现"插入"按钮的单击事件，代码如下：

```
void CAccessToSheetDlg::OnInsert()
{
        CString strPath,strAccess;
        GetDlgItem(IDC_ED_SHEETPATH)->GetWindowText(strPath);
        GetDlgItem(IDC_ED_ACCESSPATH)->GetWindowText(strAccess);
        _Application app;
        Workbooks books;
        _Workbook book;
        Worksheets sheets;
        _Worksheet sheet;
        Range range;
        //创建 Excel 2000 服务器（启动 Excel）
        if (!app.CreateDispatch("Excel.Application",NULL))
        {
                AfxMessageBox("创建 Excel 服务失败!");
                exit(1);
        }
        books.AttachDispatch(app.GetWorkbooks());
        COleVariant vtMissing((long)DISP_E_PARAMNOTFOUND, VT_ERROR);
        //单独打开
        books.Open(strPath,vtMissing,vtMissing,vtMissing,vtMissing,vtMissing,vtMissing,
                vtMissing,vtMissing,vtMissing,vtMissing,vtMissing,COleVariant((long)0));
        book.AttachDispatch(books.GetItem(_variant_t((long)1)));
        //得到 Worksheets
        sheets.AttachDispatch(book.GetWorksheets());
        sheet.AttachDispatch(sheets.GetItem(_variant_t("sheet1")));
        range.AttachDispatch(sheet.GetCells());
        _variant_t varIndex,varCompany,varName,varPrice;
        try
        {
                //创建连接对象实例
                m_pConnection.CreateInstance("ADODB.Connection");
                m_pRecordset.CreateInstance(__uuidof(Recordset));
                //设置连接字符串
                CString strConnect="DRIVER={Microsoft Access Driver (*.mdb)};uid=;pwd=;DBQ=";
                strConnect+=strAccess;
                strConnect+=";";
                //使用 Open 方法连接数据库
```

```
            m_pConnection->Open((_bstr_t)strConnect,"","",adModeUnknown);
    }
    catch(_com_error e)
    {
            AfxMessageBox(e.Description());
    }
    int m_iTotalCount;
    CString strSQL;
    strSQL="select count(*) AS count from softinfo";
    _bstr_t bstrSQL=strSQL.AllocSysString();
    m_pRecordset->Open(bstrSQL,m_pConnection.GetInterfacePtr(),adOpenDynamic,
            adLockOptimistic,adCmdText);
    _variant_t Thevalue;
    CString temp;
    Thevalue=m_pRecordset->GetCollect((_bstr_t)"count");
    temp=(char*)(_bstr_t)Thevalue;
    m_iTotalCount=atoi(temp);
    m_pRecordset->Close();
    strSQL="Select * from softinfo";
    bstrSQL=strSQL.AllocSysString();
    m_pRecordset->Open(bstrSQL,m_pConnection.GetInterfacePtr(),adOpenDynamic,
            adLockOptimistic,adCmdText);
    for(int m=1;m<=m_iTotalCount;m++)
    {
            range.SetItem(_variant_t((long)m),_variant_t((long)1),m_pRecordset->GetCollect("index"));
            range.SetItem(_variant_t((long)m),_variant_t((long)2),m_pRecordset->GetCollect("company"));
            range.SetItem(_variant_t((long)m),_variant_t((long)3),m_pRecordset->GetCollect("name"));
            range.SetItem(_variant_t((long)m),_variant_t((long)4),m_pRecordset->GetCollect("price"));
            m_pRecordset->MoveNext();
    }
    m_pRecordset->Close();
    book.Save();
    m_pConnection->Close();
    m_pRecordset=NULL;
    m_pConnection=NULL;
    books.Close();
    MessageBox("完成","提示",MB_OK);
    sheet.ReleaseDispatch();
    sheets.ReleaseDispatch();
    book.ReleaseDispatch();
    books.ReleaseDispatch();
    app.ReleaseDispatch();
}
```

■ 秘笈心法

心法领悟 430：执行 SQL 语句的方法。

_RecordsetPtr 类的 Open 方法和 _ConnectionPtr 类的 Execute 方法都可以执行 SQL 语句，两者有一定的区别，_ConnectionPtr 类的 Execute 方法多用于执行插入的 SQL 语句，而 _RecordsetPtr 类的 Open 方法多用于执行获取记录集数据的 SQL 语句。

实例 431	将 SQL Server 中的数据导入到 Excel 表格中 光盘位置：光盘\MR\11\431	高级 趣味指数：★★★★

■ 实例说明

本实例将实现把 SQL Server 中 Excel 数据库的 softinfo 数据导入到指定 Excel 文件的 sheet1 工作簿中。运行程序，单击"选择"按钮，选择一个 Excel 文件。然后单击"插入"按钮读取 SQL Server 数据库中指定的数据，并将数据写入 Excel 文件中。实例运行结果如图 11.16 所示。

图 11.16　将 SQL Server 中的数据导入到 Excel 表格中

■ 关键技术

本实例使用_RecordsetPtr 指针类的 GetCollect 方法获取指定字段的数据。在使用_RecordsetPtr 指针类对象时需要先通过 CreateInstance 方法初始化，初始化以后调用 Open 方法打开记录集，即可调用 GetCollect 方法获取数据。

■ 设计过程

（1）创建一个基于对话框的应用程序。

（2）向对话框中添加两个静态文本控件、一个编辑框控件和两个按钮控件。

（3）OnAdd 方法用于实现"插入"按钮的单击事件，代码如下：

```cpp
void CSQLServerToSheetDlg::OnAdd()
{
    _Application app;
    Workbooks books;
    _Workbook book;
    Worksheets sheets;
    _Worksheet sheet;
    Range range;
    //读取数据库信息
    char szDatabaseName[128] = {0};
    char szDatabaseUser[128] ={0};
    char szDatabasePwd[128] = {0};
    GetPrivateProfileString("连接", "DatabaseName", "", szDatabaseName, 128, ".\\DB.ini");
    GetPrivateProfileString("连接", "DatabaseUser", "", szDatabaseUser, 128, ".\\DB.ini");
    GetPrivateProfileString("连接", "DataBasePwd", "", szDatabasePwd, 128, ".\\DB.ini");
    CString strPath,strTxt;
    GetDlgItem(IDC_ED_SHEETPATH)->GetWindowText(strPath);
    try
    {
        //创建连接对象实例
        m_pConnection.CreateInstance("ADODB.Connection");
        m_pRecordset.CreateInstance(__uuidof(Recordset));
        //设置连接字符串
        CString strConnect;
        strConnect.Format("Provider=SQLOLEDB;SERVER=%s;User ID=%s;
            pwd=%s;Database=excel;",szDatabaseName,szDatabaseUser,szDatabasePwd);
        //使用 Open 方法连接数据库
        m_pConnection->Open((_bstr_t)strConnect,"","",adModeUnknown);
    }
    catch(_com_error e)
    {
        AfxMessageBox(e.Description());
    }
    int m_iTotalCount;
    CString strSQL;
    strSQL="select count(*) AS count from softinfo";
    _bstr_t bstrSQL=strSQL.AllocSysString();
    m_pRecordset->Open(bstrSQL,m_pConnection.GetInterfacePtr(),adOpenDynamic,
        adLockOptimistic,adCmdText);
    _variant_t Thevalue;
    CString temp;
    Thevalue=m_pRecordset->GetCollect((_bstr_t)"count");
    temp=(char*)(_bstr_t)Thevalue;
```

```
m_iTctalCount=atoi(temp);
m_pRecordset->Close();
strSQL="Select * from softinfo";
bstrSQL=strSQL.AllocSysString();
m_pRecordset->Open(bstrSQL,m_pConnection.GetInterfacePtr(),adOpenDynamic,
        adLockOptimistic,adCmdText);

if (!app.CreateDispatch("Excel.Application",NULL))
{
        AfxMessageBox("创建 Excel 服务失败!");
        exit(1);
}
books.AttachDispatch(app.GetWorkbooks());
//book.AttachDispatch(books.Add(_variant_t(strPath)));
COleVariant vtMissing((long)DISP_E_PARAMNOTFOUND, VT_ERROR);
//单独打开
books.Open(strPath,vtMissing,vtMissing,vtMissing,vtMissing,vtMissing,vtMissing,
        vtMissing,vtMissing,vtMissing,vtMissing,vtMissing,COleVariant((long)0));
book.AttachDispatch(books.GetItem(_variant_t((long)1)));
//得到 Worksheets
sheets.AttachDispatch(book.GetWorksheets());
sheet.AttachDispatch(sheets.GetItem(_variant_t("sheet1")));
range.AttachDispatch(sheet.GetCells());
for(int m=1;m<=m_iTotalCount;m++)
{
        range.SetItem(_variant_t((long)m),_variant_t((long)1),m_pRecordset->GetCollect("index"));
        range.SetItem(_variant_t((long)m),_variant_t((long)2),m_pRecordset->GetCollect("company"));
        range.SetItem(_variant_t((long)m),_variant_t((long)3),m_pRecordset->GetCollect("name"));
        range.SetItem(_variant_t((long)m),_variant_t((long)4),m_pRecordset->GetCollect("price"));
        m_pRecordset->MoveNext();
}
m_pRecordset->Close();
book.Save();
//app.SetVisible(true);//模板打开
books.Close();
m_pConnection->Close();
m_pRecordset=NULL;
m_pConnection=NULL;
MessageBox("完成","提示",MB_OK);
sheet.ReleaseDispatch();
sheets.ReleaseDispatch();
book.ReleaseDispatch();
books.ReleaseDispatch();
app.ReleaseDispatch();
}
```

■ 秘笈心法

心法领悟 431：数据库连接字符串。

使用 ADO 技术连接数据库时需要指定一个连接字符串，该连接字符串主要由数据库驱动、连接数据库的用户和密码以及数据库名称等部分组成。连接不同数据库的连接字符串略有不同，可以通过控制面板中的 ODBC 数据源查看，在 ODBC 数据源中建立 DSN 时可以看到连接字符串。

| 实例 432 | 将 Excel 表格中的数据导出到文本文件中 | 高级 |
| | 光盘位置：光盘\MR\11\432 | 趣味指数：★★★★☆ |

■ 实例说明

本实例将实现把 Excel 表格中的数据导出到文本文件中。运行程序，单击"选择表格"按钮，选择一个 Excel 文件。单击"选择文件"按钮，设置文本文件的保存路径。单击"插入"按钮，程序会创建文本文件，并将 Excel

数据写入文本文件中。实例运行结果如图 11.17 所示。

图 11.17　将 Excel 表格中的数据导出到文本文件中

■ 关键技术

Excel 表格中指定单元格的数据需要使用 Range 类的 GetItem 方法获得。GetItem 方法需要两个参数，一个参数是单元格的行序号，另一个参数是单元格的列序号。

■ 设计过程

（1）创建一个基于对话框的应用程序。

（2）向对话框中添加两个静态文本控件、两个编辑框控件和三个按钮控件。

（3）OnInsert 方法用于实现"插入"按钮的单击事件，代码如下：

```
void CSheetToTxtDlg::OnInsert()
{
    CString strPath,strTxt;
    GetDlgItem(IDC_ED_SHEETPATH)->GetWindowText(strPath);
    GetDlgItem(IDC_ED_TXTPATH)->GetWindowText(strTxt);
    _Application app;
    Workbooks books;
    _Workbook book;
    Worksheets sheets;
    _Worksheet sheet;
    Range range;
    //创建 Excel 2000 服务器（启动 Excel）
    if (!app.CreateDispatch("Excel.Application",NULL))
    {
        AfxMessageBox("创建 Excel 服务失败!");
        exit(1);
    }
    books.AttachDispatch(app.GetWorkbooks());
    book.AttachDispatch(books.Add(_variant_t(strPath)));
    //得到 Worksheets
    sheets.AttachDispatch(book.GetWorksheets());
    sheet.AttachDispatch(sheets.GetItem(_variant_t("sheet1")));
    range.AttachDispatch(sheet.GetCells());
    _variant_t var;
    CFile file;
    CString strResult;
    file.Open(strTxt,CFile::modeCreate|CFile::modeReadWrite);
    for(int i=1;i<=4;i++)
    {
        for(int j=1;j<=4;j++)
        {
            var=range.GetItem(COleVariant((long)i),COleVariant((long)j));
            strResult.Format("%s ",(char*)(_bstr_t)var);
            file.Write(strResult.GetBuffer(0),strResult.GetLength());
        }
        strResult.Format("\r\n",(char*)(_bstr_t)var);
        file.Write(strResult.GetBuffer(0),strResult.GetLength());
    }
    file.Close();
    MessageBox("完成","提示",MB_OK);
    sheet.ReleaseDispatch();
    sheets.ReleaseDispatch();
    book.ReleaseDispatch();
```

```
        books.ReleaseDispatch();
        app.ReleaseDispatch();
}
```

秘笈心法

心法领悟 432：两种打开 Excel 表格的方法。

_Workbook 是 Excel 表空间操作类，可以通过 Workbooks 类的 Add 方法打开，也可以通过 Workbooks 类的 Open 方法打开。使用 Add 方法打开是通过模板打开 Excel 文件，通过这种方法打开的文件不能保存，只能另存为，而通过 Open 方法打开的文件则可以保存。

实例 433	将 Excel 表格中的数据导出到 Access 数据库中	高级
	光盘位置：光盘\MR\11\433	趣味指数：★★★★

实例说明

本实例将实现把 Excel 表格中的数据导出到 Access 数据库中。实例运行结果如图 11.18 所示。

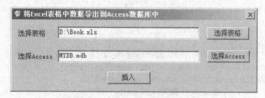

图 11.18　将 Excel 表格中的数据导出到 Access 数据库中

关键技术

在 Visual C++中操作 Excel 需要用到_Application、Workbooks、_Workbook、Worksheets、_Worksheet 和 Range 几个类，_Application 代表一个应用程序，操作 Excel 和 Word 都需要用到该类。Workbooks 和_Workbook 是工作簿所在的空间类。Worksheets 和_Worksheet 是工作簿类。Range 是工作簿中的空间类。要使用 Range 对象需要先创建_Worksheet 对象，而_Worksheet 对象的创建还需要上一级对象，最后一直到_Application 对象的创建。所有的对象都创建完以后，即可通过 Range 对象操作单元格数据。

设计过程

（1）创建一个基于对话框的应用程序。

（2）向对话框中添加两个静态文本控件、两个编辑框控件和三个按钮控件。

（3）OnInsert 方法用于实现"插入"按钮的单击事件，代码如下：

```
void CSheetToAccessDlg::OnInsert()
{
        CString strPath,strAccess;
        GetDlgItem(IDC_ED_SHEETPATH)->GetWindowText(strPath);
        GetDlgItem(IDC_ED_ACCESSPATH)->GetWindowText(strAccess);
        _Application app;
        Workbooks books;
        _Workbook book;
        Worksheets sheets;
        _Worksheet sheet;
        Range range;
        //创建 Excel 2000 服务器（启动 Excel）
        if (!app.CreateDispatch("Excel.Application",NULL))
        {
                AfxMessageBox("创建 Excel 服务失败!");
                exit(1);
        }
```

```
books.AttachDispatch(app.GetWorkbooks());
book.AttachDispatch(books.Add(_variant_t(strPath)));
//得到 Worksheets
sheets.AttachDispatch(book.GetWorksheets());
sheet.AttachDispatch(sheets.GetItem(_variant_t("sheet1")));
range.AttachDispatch(sheet.GetCells());
_variant_t varIndex,varCompany,varName,varPrice;
try
{
        //创建连接对象实例
        m_pConnection.CreateInstance("ADODB.Connection");
        //设置连接字符串
        CString strConnect="DRIVER={Microsoft Access Driver (*.mdb)};\
                uid=;pwd=;DBQ=";
        strConnect+=strAccess;
        strAccess+=";";
        //使用 Open 方法连接数据库
        m_pConnection->Open((_bstr_t)strConnect,"","",adModeUnknown);
}
catch(_com_error e)
{
        AfxMessageBox(e.Description());
}
CString sql;
for(int i=1;i<=4;i++)
{
        varIndex=range.GetItem(COleVariant((long)i),COleVariant((long)1));
        varCompany=range.GetItem(COleVariant((long)i),COleVariant((long)2));
        varName=range.GetItem(COleVariant((long)i),COleVariant((long)3));
        varPrice=range.GetItem(COleVariant((long)i),COleVariant((long)4));
        sql.Format("insert into softinfo(company,name,price) values('%s','%s','%s')",
                (char*)(_bstr_t)varCompany,(char*)(_bstr_t)varName,(char*)(_bstr_t)varPrice);
        m_pConnection->Execute((_bstr_t)sql,NULL,adCmdText);
}
m_pConnection->Close();
m_pConnection=NULL;
MessageBox("完成","提示",MB_OK);
sheet.ReleaseDispatch();
sheets.ReleaseDispatch();
book.ReleaseDispatch();
books.ReleaseDispatch();
app.ReleaseDispatch();
}
```

■ 秘笈心法

心法领悟 433：Variant 数据类型。

使用 Visual C++向 Excel 表格中写入数据时，经常要用到 Variant 类型的数据。Variant 类型是结构，需要通过设定 VT 成员来指定数据类型，VT 成员后的其他成员都是用来存储变量数据的。

实例 434	将 Excel 表格中的数据导出到 SQL Server 数据库中 光盘位置：光盘\MR\11\434	高级 趣味指数：★★★★

■ 实例说明

本实例将实现把 Excel 文件中 Sheet1 工作簿中的数据导出到指定的 SQL Server 数据库中。运行程序，单击"选择"按钮，选择导出数据的 Excel 文件。然后在编辑框中填写所要连接数据的服务名、登录数据时使用的用户名和密码，单击"插入"按钮后即可将数据导出。实例运行结果如图 11.19 所示。

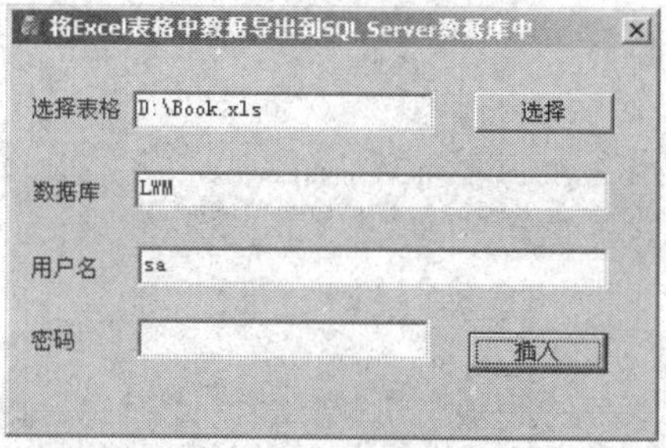

图 11.19　将 Excel 表格中的数据导出到 SQL Server 数据库中

■ 关键技术

向 SQL Server 数据库中指定的表格写入数据需要使用_ConnectionPtr 指针类的 Execute 方法执行插入 SQL 语句。例如，向 softinfo 表中插入一条记录，可以写成：

```
insert into softinfo values('明日科技', '编程全能词典', '98');
```

■ 设计过程

（1）创建一个基于对话框的应用程序。

（2）向对话框中添加 4 个静态文本控件、4 个编辑框控件和两个按钮控件。

（3）OnAdd 方法用于实现"插入"按钮的单击事件，代码如下：

```cpp
void CSheetToSQLServerDlg::OnAdd()
{
        CString strDatabaseName,strDatabaseUser,strDatabasePwd;
        GetDlgItem(IDC_ED_DATABASE)->GetWindowText(strDatabaseName);
        GetDlgItem(IDC_ED_USR)->GetWindowText(strDatabaseUser);
        GetDlgItem(IDC_ED_PWD)->GetWindowText(strDatabasePwd);
        CString strPath,strTxt;
        GetDlgItem(IDC_ED_SHEETPATH)->GetWindowText(strPath);
        _Application app;
        Workbooks books;
        _Workbook book;
        Worksheets sheets;
        _Worksheet sheet;
        Range range;
        //创建 Excel 2000 服务器（启动 Excel）
        if (!app.CreateDispatch("Excel.Application",NULL))
        {
                AfxMessageBox("创建 Excel 服务失败!");
                exit(1);
        }
        books.AttachDispatch(app.GetWorkbooks());
        book.AttachDispatch(books.Add(_variant_t(strPath)));
        //得到 Worksheets
        sheets.AttachDispatch(book.GetWorksheets());
        sheet.AttachDispatch(sheets.GetItem(_variant_t("sheet1")));
        range.AttachDispatch(sheet.GetCells());
        _variant_t varIndex,varCompany,varName,varPrice;
        try
        {
                //创建连接对象实例
                m_pConnection.CreateInstance("ADODB.Connection");
                //设置连接字符串
                CString strConnect;
                strConnect.Format("Provider=SQLOLEDB;SERVER=%s;User ID=%s;pwd=%s;Database=excel;",
                        strDatabaseName,strDatabaseUser,strDatabasePwd);
                //使用 Open 方法连接数据库
                m_pConnection->Open((_bstr_t)strConnect,"","",adModeUnknown);
        }
        catch(_com_error e)
        {
                AfxMessageBox(e.Description());
```

```
}
    CString sql;
    for(int i=1;i<=4;i++)
    {
        varIndex=range.GetItem(COleVariant((long)i),COleVariant((long)1));
        varCompany=range.GetItem(COleVariant((long)i),COleVariant((long)2));
        varName=range.GetItem(COleVariant((long)i),COleVariant((long)3));
        varPrice=range.GetItem(COleVariant((long)i),COleVariant((long)4));
        sql.Format("insert into softinfo values('%s','%s','%s')",(char*)(_bstr_t)varCompany,
            (char*)(_bstr_t)varName,(char*)(_bstr_t)varPrice);
        m_pConnection->Execute((_bstr_t)sql,NULL,adCmdText);
    }
    m_pConnection->Close();
    m_pRecordset=NULL;
    m_pConnection=NULL;
    MessageBox("完成","提示",MB_OK);
    sheet.ReleaseDispatch();
    sheets.ReleaseDispatch();
    book.ReleaseDispatch();
    books.ReleaseDispatch();
    app.ReleaseDispatch();
}
```

■ 秘笈心法

心法领悟 434：添加操作 Excel 的类。

通过 MFC 类向导添加操作 Excel 的类库时，可以选择添加什么类的定义到 excel.h 中。其中有一个 Parameters 类，该类在 ADO 的类库中也有定义，所以在添加 Excel 的操作类时，不要添加 Parameters 类。

11.3　Excel 表格的设置

实例 435	设置单元格字体	高级
	光盘位置：光盘\MR\11\435	趣味指数：★★

■ 实例说明

在 Excel 表格中提供了丰富的字体供用户选择，使用户可以根据自己的需要设计出理想的表格，那么如何通过程序设置 Excel 表格中的字体呢？本实例将实现这一功能。运行程序，单击"打开"按钮，选择要设置字体的 Excel 表格，然后在组合框中选择要设置的字体。实例运行结果如图 11.20 所示。

单击"设置"按钮，将根据用户选择的字体对 Excel 表格进行设置，效果如图 11.21 所示。

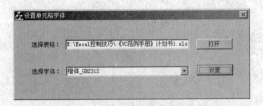

图 11.20　设置单元格字体

图 11.21　设置字体后的文档

■ 关键技术

在使用程序设置 Excel 字体时，需要通过下面的 Font 类方法实现这一功能，具体可以参见实例 411 中的关键技术部分。

设计过程

（1）创建一个基于对话框的应用程序。

（2）向窗体中添加两个静态文本控件、两个编辑框控件和两个按钮控件。

（3）向工程中添加 Excel 相关类，用于操作 Excel 表格。

（4）处理"设置"按钮的单击事件，在单击该按钮时，打开 Excel 表格，并设置单元格字体及颜色信息，代码如下：

```
void CCellFontDlg::OnButset()
{
        CString strPath,ftext;
        m_Path.GetWindowText(strPath);                                          //获得 Excel 表格路径
        m_Combo.GetLBText(m_Combo.GetCurSel(),ftext);                           //获得字体名称
        _Application app;
        Workbooks books;
        _Workbook book;
        Worksheets sheets;
        _Worksheet sheet;
        Range range;
        Font font;
        if (!app.CreateDispatch("Excel.Application",NULL))                       //创建 Excel 2000 服务器（启动 Excel）
        {
                AfxMessageBox("创建 Excel 服务失败!");
                exit(1);
        }
        books.AttachDispatch(app.GetWorkbooks());
        book.AttachDispatch(books.Add(_variant_t(strPath)));
        sheets.AttachDispatch(book.GetWorksheets());                             //得到 Worksheets
        sheet.AttachDispatch(sheets.GetItem(_variant_t("第 1 页")));
        range.AttachDispatch(sheet.GetCells());                                  //获得单元格
        range.SetItem(_variant_t((long)1),_variant_t((long)1),_variant_t("明日科技"));  //设置单元格文本
        font.AttachDispatch(range.GetFont());                                    //获得单元格字体
        font.SetName(_variant_t(ftext));                                         //设置字体
        font.SetBold(_variant_t((bool)true));                                    //设置粗体
        font.SetSize(_variant_t((long)18));                                      //设置字号
        font.SetColor(_variant_t((long)RGB(255,0,0)));                           //设置颜色
        app.SetVisible(true);                                                    //显示表格
        //释放对象
        sheet.ReleaseDispatch();
        sheets.ReleaseDispatch();
        book.ReleaseDispatch();
        books.ReleaseDispatch();
        app.ReleaseDispatch();
}
```

秘笈心法

心法领悟 435：获得系统字体列表。

在开发应用程序时，有时需要用户根据需要设置字体信息。如果是将系统字体列举出来供用户选择将会方便用户的操作，下面的代码实现了将系统字体添加到组合框中的功能。

```
CDC* dc = GetDC();
CString str;
fontlist.RemoveAll();
LOGFONT m_logfont;
memset(&m_logfont,0,sizeof(m_logfont));
m_logfont.lfCharSet = DEFAULT_CHARSET;
m_logfont.lfFaceName[0] =NULL;
EnumFontFamiliesEx(dc->m_hDC,&m_logfont,(FONTENUMPROC)EnumFontList,100,0);
POSITION pos;
for ( pos =fontlist.GetHeadPosition() ;pos != NULL;)
{
        str = fontlist.GetNext(pos);
        m_Combo.AddString(str);
}
```

实例 436	设置单元格边框样式	高级
	光盘位置：光盘\MR\11\436	趣味指数：★★

■ 实例说明

 Excel 是一款非常方便的表格制作工具软件，可以快速地对表格进行各种各样的设置。本实例通过程序调用 Excel 的相关类来实现对单元格边框样式的设置功能。实例运行结果如图 11.22 所示。

 单击"设置"按钮，设置单元格边框样式，效果如图 11.23 所示。

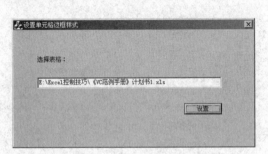

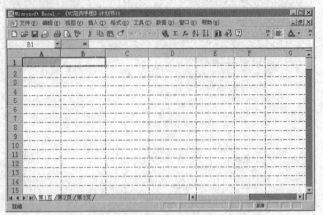

图 11.22　设置单元格的边框样式　　　　　　图 11.23　设置边框样式的 Excel 表格

■ 关键技术

 在程序中设置 Excel 表格中单元格的边框样式，可以通过 Borders 类的 SetLineStyle 方法实现。该方法的语法如下：

```
void SetLineStyle(const VARIANT& newValue);
```

 参数说明

 newValue：一个 XlLineStyle 枚举类型，用于设置单元格边框样式，其成员包括 xlContinuous、xlDash、xlDashDot、xlDashDotDot、xlDot、xlDouble、xlSlantDashDot 和 xlLineStyleNone。

■ 设计过程

 （1）创建一个基于对话框的应用程序。

 （2）向窗体中添加一个静态文本控件、一个编辑框控件和一个按钮控件。

 （3）向工程中添加 Excel 相关类，用于操作 Excel 表格。

 （4）处理"设置"按钮的单击事件，在单击该按钮时，打开 Excel 表格，设置 Excel 表格中的单元格边框样式，代码如下：

```
void CCellBorderDlg::OnButton1()
{
    CFileDialog dlg(TRUE,NULL,NULL,OFN_HIDEREADONLY|OFN_OVERWRITEPROMPT,
        "All Files(*.xls)|*.xls||",AfxGetMainWnd());        //构造文件打开对话框
    CString strPath;                                        //声明变量
    if(dlg.DoModal() == IDOK)                               //判断是否单击按钮
    {
        strPath = dlg.GetPathName();                        //获得文件路径
        m_Path.SetWindowText(strPath);                      //显示文件路径
        _Application app;
        Workbooks books;
        _Workbook book;
        Worksheets sheets;
```

```
        _Worksheet sheet;
        Range range;
        Borders border;
        if (!app.CreateDispatch("Excel.Application",NULL))           //创建 Excel 2000 服务器（启动 Excel）
        {
                AfxMessageBox("创建 Excel 服务失败!");
                exit(1);
        }
        books.AttachDispatch(app.GetWorkbooks());
        book.AttachDispatch(books.Add(_variant_t(strPath)));
        sheets.AttachDispatch(book.GetWorksheets());                 //得到 Worksheets
        sheet.AttachDispatch(sheets.GetItem(_variant_t("第 1 页")));
        range.AttachDispatch(sheet.GetCells());                      //获得单元格
        border.AttachDispatch(range.GetBorders());
        border.SetLineStyle(_variant_t((long)10));                   //设置单元格的边框样式
        app.SetVisible(true);                                        //显示 Excel 表格
        //释放对象
        sheet.ReleaseDispatch();
        sheets.ReleaseDispatch();
        book.ReleaseDispatch();
        books.ReleaseDispatch();
        app.ReleaseDispatch();
    }
}
```

秘笈心法

心法领悟 436：SetLineStyle 方法说明。

在多数语言的编程环境中，SetLineStyle 方法是以 Borders 类对象的一个 LineStyle 属性存在的，也是以属性的方式进行设置的，但是在 Visual C++中，系统将其默认为方法。

实例 437	设置单元格文字收缩 光盘位置：光盘\MR\11\437	高级 趣味指数：★★

实例说明

在使用 Excel 表格时，想必用户都会遇到这样一种情况，就是当输入的数据长度超过单元格长度时，数据会将后面单元格中的数字挡住，从而使数据显示不完全。要如何解决这个问题呢？本实例将解答这个问题。运行程序，单击"设置"按钮，选择要进行设置的 Excel 表格，实例运行结果如图 11.24 所示。

在 Excel 表格显示出来以后，会发现文本根据单元格大小自动缩小了，效果如图 11.25 所示。

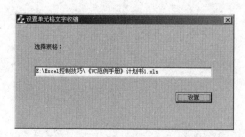

图 11.24　设置单元格文字收缩

图 11.25　收缩后的文本

▌关键技术

在使用 Excel 表格时，向单元格中输入文字以后，单元格的大小不会随着文本的大小进行改变，这样就会使过长的文本无法全部显示出来。用户可以调节文本的字体大小，从而适应单元格的长度。在使用程序输入文本时，无法手动调节单元格的大小。在 Range 类中提供了 SetShrinkToFit 方法，通过该方法可以设置程序根据单元格大小自动设置文字的大小。

▌设计过程

（1）创建一个基于对话框的应用程序。

（2）向窗体中添加一个静态文本控件、一个编辑框控件和一个按钮控件。

（3）向工程中添加 Excel 相关类，用于操作 Excel 表格。

（4）处理"设置"按钮的单击事件，在单击该按钮时，打开 Excel 表格，设置 Excel 表格内的文本根据单元格大小进行自动收缩，代码如下：

```cpp
void CTextShrinkDlg::OnButset()
{
    CFileDialog dlg(TRUE,NULL,NULL,OFN_HIDEREADONLY|OFN_OVERWRITEPROMPT,
        "All Files(*.xls)|*.xls||",AfxGetMainWnd());                //构造文件打开对话框
    CString strPath;                                               //声明变量
    if(dlg.DoModal() == IDOK)                                      //判断是否单击按钮
    {
        strPath = dlg.GetPathName();                              //获得文件路径
        m_Path.SetWindowText(strPath);                           //显示文件路径
        _Application app;
        Workbooks books;
        _Workbook book;
        Worksheets sheets;
        _Worksheet sheet;
        Range range;
        if (!app.CreateDispatch("Excel.Application",NULL))        //创建 Excel 2000 服务器（启动 Excel）
        {
            AfxMessageBox("创建 Excel 服务失败!");
            exit(1);
        }
        books.AttachDispatch(app.GetWorkbooks());
        book.AttachDispatch(books.Add(_variant_t(strPath)));
        sheets.AttachDispatch(book.GetWorksheets());             //得到 Worksheets
        sheet.AttachDispatch(sheets.GetItem(_variant_t("第 1 页")));
        range.AttachDispatch(sheet.GetCells());                  //获得单元格
        range.SetItem(_variant_t((long)1),_variant_t((long)1),_variant_t("明日科技"));  //设置单元格显示文本
        range.SetItem(_variant_t((long)2),_variant_t((long)1),_variant_t("明日科技，编程词典"));
        range.SetShrinkToFit(_variant_t(true));                  //设置文本根据单元格大小收缩
        app.SetVisible(true);                                    //显示 Excel 表格
        //释放对象
        sheet.ReleaseDispatch();
        sheets.ReleaseDispatch();
        book.ReleaseDispatch();
        books.ReleaseDispatch();
        app.ReleaseDispatch();
    }
}
```

▌秘笈心法

心法领悟 437：向单元格中添加数据。

在本实例设置文本收缩前，需要先向单元格中添加数据，可以使用 SetItem 方法来实现。该方法的语法如下：

void SetItem(const VARIANT& RowIndex, const VARIANT& ColumnIndex, const VARIANT& newValue);

参数说明

❶ RowIndex：要插入数据的单元格行索引。

❷ ColumnIndex：要插入数据的单元格列索引。

❸ newValue：要插入到单元格中的数据。

实例 438	设置单元格根据文字长度进行调整 光盘位置：光盘\MR\11\438	高级 趣味指数：★★

▋实例说明

实例 437 中已经介绍了采用一种收缩文本的方法来解决文本超出单元格大小的问题，但是这个解决方法并不是尽善尽美的，因为当文本超出单元格的宽度过多时，文本就会收缩得非常小，不容易阅读。所以，本实例介绍另一种方法来解决这个问题。实例运行结果如图 11.26 所示。

在 Excel 表格显示出来后，会发现单元格的宽度根据文本的长度自动调整了，效果如图 11.27 所示。

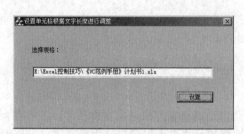

图 11.26　设置单元格根据文字长度进行调整

图 11.27　调整后的单元格

▋关键技术

在使用 Excel 表格时，向单元格中输入文字后，单元格的大小不会随着文本的大小进行改变，这样就会使过长的文本无法全部显示出来。用户需要手动拖动单元格的边界使其改变大小，从而适应文本的长度。在使用程序输入文本时，无法手动调节单元格的大小。在 Range 类中提供了 AutoFit 方法，通过该方法可以设置单元格根据输入文本长度自动调整。AutoFit 方法的语法如下：

```
VARIANT AutoFit();
```

▋设计过程

（1）创建一个基于对话框的应用程序。

（2）向窗体中添加一个静态文本控件、一个编辑框控件和一个按钮控件。

（3）向工程中添加 Excel 相关类，用于操作 Excel 表格。

（4）处理"设置"按钮的单击事件，在单击该按钮时，打开 Excel 表格，设置 Excel 表格中的单元格宽度根据文本大小进行自动调整，代码如下：

```
void CCellSizeDlg::OnButset()
{
    CFileDialog dlg(TRUE,NULL,NULL,OFN_HIDEREADONLY|OFN_OVERWRITEPROMPT,
        "All Files(*.xls)|*.xls||",AfxGetMainWnd());        //构造文件打开对话框
    CString strPath;                                        //声明变量
    if(dlg.DoModal() == IDOK)                               //判断是否单击按钮
    {
        strPath = dlg.GetPathName();                        //获得文件路径
        m_Path.SetWindowText(strPath);                      //显示文件路径
        _Application app;
        Workbooks books;
        _Workbook book;
        Worksheets sheets;
```

```
        _Worksheet sheet;
        Range range;
        if (!app.CreateDispatch("Excel.Application",NULL))                //创建 Excel 2000 服务器（启动 Excel）
        {
                AfxMessageBox("创建 Excel 服务失败!");
                exit(1);
        }
        books.AttachDispatch(app.GetWorkbooks());
        book.AttachDispatch(books.Add(_variant_t(strPath)));
        sheets.AttachDispatch(book.GetWorksheets());                      //得到 Worksheets
        sheet.AttachDispatch(sheets.GetItem(_variant_t("第 1 页")));
        range.AttachDispatch(sheet.GetCells());                           //获得单元格
        range.SetItem(_variant_t((long)1),_variant_t((long)1),_variant_t("明日科技"));
        range.SetItem(_variant_t((long)2),_variant_t((long)1),_variant_t("明日科技，编程词典"));
        range.AttachDispatch(sheet.GetColumns());                         //获得调整列
        range.AutoFit();                                                  //设置单元格自动调整
        app.SetVisible(true);                                             //显示 Excel 表格
        //释放对象
        sheet.ReleaseDispatch();
        sheets.ReleaseDispatch();
        book.ReleaseDispatch();
        books.ReleaseDispatch();
        app.ReleaseDispatch();
        }
}
```

■ 秘笈心法

心法领悟 438：单元格高度的调整。

在本实例中，当文本长度大于单元格宽度时，单元格会自动调整宽度来适应文本长度。在使用 AutoFit 方法调整之前，先要调用 GetColumns 方法设置列区域。如果要调整单元格高度以适应文本的高度，则要调用 GetRows 方法设置行区域。

实例 439	在单元格中设置计算公式	高级
	光盘位置：光盘\MR\11\439	趣味指数：★★

■ 实例说明

在 Excel 表格中进行报表数据计算是很方便的，只要用户设置好公式，在单元格中输入数据的同时就可以进行计算了，下面通过实例来实现这一功能。实例运行结果如图 11.28 所示。

单击"设置"按钮选择文档以后，会将设置了计算公式的表格显示出来，如图 11.29 所示。

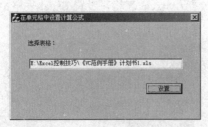

图 11.28　在单元格中设置计算公式

图 11.29　设置计算公式的 Excel 表格

■ 关键技术

在使用 Excel 设置报表时，最方便的功能就是设置计算公式，使其可以自动进行计算。在设置计算公式时，首先要在单元格中输入一个"=",表示现在在单元格中添加的是计算公式,然后根据需求设计计算公式即可。设计好计算公式的单元格的数据不是用户手动添加的,而是根据计算公式中的条件自动计算的。当用户使用程序来实现这一功能时,方法是相同的,同样是使用 SetItem 方法向单元格中添加数据,只不过在添加时要加上一个"="。本实例中添加公式的代码如下:

```
range.SetItem(_variant_t((long)1),_variant_t((long)1),_variant_t((long)25));    //设置单元格文本
range.SetItem(_variant_t((long)2),_variant_t((long)1),_variant_t((long)47));    //设置单元格文本
range.SetItem(_variant_t((long)3),_variant_t((long)1),_variant_t("=Sum(A1+A2)"));  //设置计算公式
```

设计过程

(1)创建一个基于对话框的应用程序。

(2)向窗体中添加一个静态文本控件、一个编辑框控件和一个按钮控件。

(3)向工程中添加 Excel 相关类,用于操作 Excel 表格。

(4)处理"设置"按钮的单击事件,在单击该按钮时,打开 Excel 表格,在 Excel 表格的单元格中设置计算公式,代码如下:

```
void CExpressionsDlg::OnButset()
{
    CFileDialog dlg(TRUE,NULL,NULL,OFN_HIDEREADONLY|OFN_OVERWRITEPROMPT,
        "All Files(*.xls)|*.xls||",AfxGetMainWnd());                //构造文件打开对话框
    CString strPath;                                               //声明变量
    if(dlg.DoModal() == IDOK)                                      //判断是否单击按钮
    {
        strPath = dlg.GetPathName();                               //获得文件路径
        m_Path.SetWindowText(strPath);                            //显示文件路径
        _Application app;
        Workbooks books;
        _Workbook book;
        Worksheets sheets;
        _Worksheet sheet;
        Range range;
        //创建 Excel 2000 服务器(启动 Excel)
        if (!app.CreateDispatch("Excel.Application",NULL))
        {
            AfxMessageBox("创建 Excel 服务失败!");
            exit(1);
        }
        books.AttachDispatch(app.GetWorkbooks());
        book.AttachDispatch(books.Add(_variant_t(strPath)));
        //得到 Worksheets
        sheets.AttachDispatch(book.GetWorksheets());
        sheet.AttachDispatch(sheets.GetItem(_variant_t("第 1 页")));
        range.AttachDispatch(sheet.GetCells());                    //获得单元格
        range.SetItem(_variant_t((long)1),_variant_t((long)1),_variant_t((long)25));    //设置单元格文本
        range.SetItem(_variant_t((long)2),_variant_t((long)1),_variant_t((long)47));    //设置单元格文本
        range.SetItem(_variant_t((long)3),_variant_t((long)1),_variant_t("=Sum(A1+A2)"));  //设置计算公式
        app.SetVisible(true);                                     //显示 Excel 表格
        //释放对象
        sheet.ReleaseDispatch();
        sheets.ReleaseDispatch();
        book.ReleaseDispatch();
        books.ReleaseDispatch();
        app.ReleaseDispatch();
    }
}
```

秘笈心法

心法领悟 439:Sum 函数。

在本实例中,设置计算公式时,使用了一个 Sum 函数,该函数是 Excel 中用于求和的函数,用户可以使用该函数对任意行、列、单元格中的数据进行求和运算。

实例 440	拆分单元格	高级
	光盘位置：光盘\MR\11\440	趣味指数：★★★★

■ 实例说明

在使用 Excel 表格时，经常会用到拆分单元格的功能，可是如果通过程序要如何拆分呢？本实例恰巧能解决这一问题。运行程序，单击"拆分"按钮，程序将对 Excel 表格中的单元格进行拆分。实例运行结果如图 11.30 所示。

弹出的 Excel 表格中显示了拆分后的单元格信息，如图 11.31 所示。

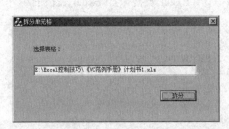

图 11.30　拆分单元格

图 11.31　拆分后的单元格

■ 关键技术

可以使用 Range 类的 Parse 方法来实现。在使用该方法时，如果要拆分单元格中的文本，可以使用"[]"符号。在该符号中输入几个"x"就是在单元格中保留几个字符。例如，单元格中的文本为"明日科技，编程词典"，而拆分单元格时设置的参数为"[xxxx][x][xxxx]"，那么将拆分成三个单元格，第一个单元格中为"明日科技"，第二个单元格中为"，"，第三个单元格中为"编程词典"。本实例中用于拆分单元格的代码如下：

```
range.AttachDispatch(sheet.GetRange(_variant_t("A1"),_variant_t("A2")));
range.SetItem(_variant_t((long)1),_variant_t((long)1),_variant_t("明日科技，编程词典"));
range.SetItem(_variant_t((long)2),_variant_t((long)1),_variant_t("明日升起，巨龙腾飞"));
range.Parse(_variant_t("[xxxx][x][xxxx]"),_variant_t(range));
```

■ 设计过程

（1）创建一个基于对话框的应用程序。

（2）向窗体中添加一个静态文本控件、一个编辑框控件和一个按钮控件。

（3）向工程中添加 Excel 相关类，用于操作 Excel 表格。

（4）处理"拆分"按钮的单击事件，在单击该按钮时，打开 Excel 表格，对 Excel 表格中的单元格按照条件进行拆分，代码如下：

```
void CSplitCellDlg::OnButsplit()
{
    CFileDialog dlg(TRUE,NULL,NULL,OFN_HIDEREADONLY|OFN_OVERWRITEPROMPT,
        "All Files(*.xls)|*.xls||",AfxGetMainWnd());        //构造文件打开对话框
    CString strPath;                                         //声明变量
    if(dlg.DoModal() == IDOK)                                //判断是否单击按钮
    {
        strPath = dlg.GetPathName();                         //获得文件路径
        m_Path.SetWindowText(strPath);                       //显示文件路径
        _Application app;
        Workbooks books;
        _Workbook book;
        Worksheets sheets;
        _Worksheet sheet;
        Range range;
```

```
//创建 Excel 2000 服务器（启动 Excel）
if (!app.CreateDispatch("Excel.Application",NULL))
{
        AfxMessageBox("创建 Excel 服务失败!");
        exit(1);
}
books.AttachDispatch(app.GetWorkbooks());
book.AttachDispatch(books.Add(_variant_t(strPath)));
//得到 Worksheets
sheets.AttachDispatch(book.GetWorksheets());
sheet.AttachDispatch(sheets.GetItem(_variant_t("第 1 页")));
range.AttachDispatch(sheet.GetRange(_variant_t("A1"),_variant_t("A2")));        //获得区域
range.SetItem(_variant_t((long)1),_variant_t((long)1),_variant_t("明日科技，编程词典"));   //设置文本
range.SetItem(_variant_t((long)2),_variant_t((long)1),_variant_t("明日升起，巨龙腾飞"));   //设置文本
range.Parse(_variant_t("[xxxx][x][xxxx]"),_variant_t(range));        //拆分单元格
app.SetVisible(true);                                    //显示 Excel 表格
//释放对象
sheet.ReleaseDispatch();
sheets.ReleaseDispatch();
book.ReleaseDispatch();
books.ReleaseDispatch();
app.ReleaseDispatch();
}
}
```

■ 秘笈心法

心法领悟 440：拆分单元格时的注意事项。

在本实例中使用了 Parse 方法进行单元格的拆分，该函数的第一个参数是拆分数据的条件，如果省略该参数，那么 Excel 将依据源区域左上角单元格中的空格进行单元格拆分。

实例 441	合并单元格 光盘位置：光盘\MR\11\441	高级 趣味指数：★★☆

■ 实例说明

在使用 Excel 制作表格时，经常会用到合并单元格的功能。那么通过程序是否能实现该功能呢？本实例将通过程序调用 Excel 表格来实现这一功能。实例运行结果如图 11.32 所示。

单击"合并"按钮，将对用户选择的 Excel 表格进行单元格合并操作，并将合并后的表格显示出来，如图 11.33 所示。

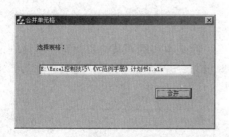

图 11.32　合并单元格

图 11.33　合并后的表格

■ 关键技术

在使用程序控制 Excel 表格时，需要使用 Range 类。首先为该类的对象设置单元格区域，然后调用 SetMergeCells 方法可以将设置的单元格合并成一个单元格。合并成一个单元格后，原来两个单元格中的数据将连接在一起。

设计过程

（1）创建一个基于对话框的应用程序。

（2）向窗体中添加一个静态文本控件、一个编辑框控件和一个按钮控件。

（3）向工程中添加 Excel 相关类，用于操作 Excel 表格。

（4）处理"合并"按钮的单击事件，在单击该按钮时，打开 Excel 表格，对 Excel 表格中选中的单元格进行合并，代码如下：

```cpp
void CUniteCellDlg::OnButunite()
{
    CFileDialog dlg(TRUE,NULL,NULL,OFN_HIDEREADONLY|OFN_OVERWRITEPROMPT,
        "All Files(*.xls)|*.xls||",AfxGetMainWnd());                        //构造文件打开对话框
    CString strPath;                                                       //声明变量
    if(dlg.DoModal() == IDOK)                                              //判断是否单击按钮
    {
        strPath = dlg.GetPathName();                                      //获得文件路径
        m_Path.SetWindowText(strPath);                                    //显示文件路径
        _Application app;
        Workbooks books;
        _Workbook book;
        Worksheets sheets;
        _Worksheet sheet;
        Range range;
        //创建 Excel 2000 服务器（启动 Excel）
        if (!app.CreateDispatch("Excel.Application",NULL))
        {
            AfxMessageBox("创建 Excel 服务失败!");
            exit(1);
        }
        books.AttachDispatch(app.GetWorkbooks());
        book.AttachDispatch(books.Add(_variant_t(strPath)));
        //得到 Worksheets
        sheets.AttachDispatch(book.GetWorksheets());
        sheet.AttachDispatch(sheets.GetItem(_variant_t("第 1 页")));
        range.AttachDispatch(sheet.GetRange(_variant_t("B1"),_variant_t("B2")));         //获得单元格选区
        range.SetItem(_variant_t((long)1),_variant_t((long)1),_variant_t("明日科技，编程词典"));  //设置文本
        range.SetMergeCells(_variant_t((bool)true));                                     //合并单元格
        app.SetVisible(true);                                                           //显示 Excel 表格
        //释放对象
        sheet.ReleaseDispatch();
        sheets.ReleaseDispatch();
        book.ReleaseDispatch();
        books.ReleaseDispatch();
        app.ReleaseDispatch();
    }
}
```

秘笈心法

心法领悟 441：合并单元格时的注意事项。

在本实例中，合并单元格之前同样要获得表格中的选区。但是本实例和其他实例有一点区别，那就是其他实例都是直接获得所有单元格的选区，而本实例只是获得要进行合并的两个单元格选区。因为如果获得所有单元格选区，就会对所有的单元格进行合并。

实例 442	添加筛选列表 光盘位置：光盘\MR\11\442	高级 趣味指数：★★★★☆

实例说明

在使用 Excel 表格时，有时因为数据量过大，查找数据时并不方便。为了解决该问题，可以设置一个筛选

列表，这样，用户就可以根据一些设置的条件对表格中的数据进行筛选，减少数据量。本实例将实现这一功能。实例运行结果如图 11.34 所示。

单击"设置"按钮以后，添加的筛选列表效果如图 11.35 所示。

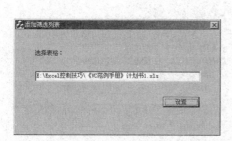

图 11.34　添加筛选列表

图 11.35　显示具有筛选列表的表格

■ 关键技术

在本实例中，使用 Range 类的 AutoFilter 方法来设置筛选列表，该方法的语法如下：

VARIANT AutoFilter(const VARIANT& Field, const VARIANT& Criteria1, long Operator, const VARIANT& Criteria2, const VARIANT& VisibleDropDown);

AutoFilter 方法中的参数说明如表 11.3 所示。

表 11.3　AutoFilter 方法中的参数说明

参　数	说　明
Field	相对于作为筛选基准字段的偏移量
Criteria1	表示第一个筛选条件的字符串
Operator	用于将 Criteria1 和 Criteria2 组成筛选条件
Criteria2	表示第二个筛选条件的字符串
VisibleDropDown	布尔变量，如果值为真，则显示筛选字段自动筛选的下拉箭头，否则隐藏筛选字段自动筛选的下拉箭头

■ 设计过程

（1）创建一个基于对话框的应用程序。

（2）向窗体中添加一个静态文本控件、一个编辑框控件和一个按钮控件。

（3）向工程中添加 Excel 相关类，用于操作 Excel 表格。

（4）处理"设置"按钮的单击事件，在单击该按钮时，打开 Excel 表格，在 Excel 表格中设置筛选列表，代码如下：

```
void CFilterListDlg::OnButtonset()
{
    CFileDialog dlg(TRUE,NULL,NULL,OFN_HIDEREADONLY|OFN_OVERWRITEPROMPT,
        "All Files(*.xls)|*.xls||",AfxGetMainWnd());        //构造文件打开对话框
    CString strPath;                                         //声明变量
    if(dlg.DoModal() == IDOK)                                //判断是否单击按钮
    {
        strPath = dlg.GetPathName();                         //获得文件路径
        m_Path.SetWindowText(strPath);                       //显示文件路径
        _Application app;
        Workbooks books;
        _Workbook book;
        Worksheets sheets;
        _Worksheet sheet;
        Range range;
        //创建 Excel 2000 服务器（启动 Excel）
```

```
        if (!app.CreateDispatch("Excel.Application",NULL))
        {
                AfxMessageBox("创建 Excel 服务失败!");
                exit(1);
        }
        books.AttachDispatch(app.GetWorkbooks());
        book.AttachDispatch(books.Add(_variant_t(strPath)));
        //得到 Worksheets
        sheets.AttachDispatch(book.GetWorksheets());
        sheet.AttachDispatch(sheets.GetItem(_variant_t("第 1 页")));
        range.AttachDispatch(sheet.GetRange(_variant_t("A1"),_variant_t("A20")));        //设置单元格选区
        range.SetItem(_variant_t((long)1),_variant_t((long)1),_variant_t("编号"));        //设置显示文本
        for(int i=2;i<20;i++)
        {
                CString str;
                str.Format("%03d",i);
                range.SetItem(_variant_t((long)i),_variant_t((long)1),_variant_t(str));
        }
        range.AutoFilter(_variant_t((long)1),_variant_t(""),_variant_t((long)1),
                _variant_t(""),_variant_t((long)1));        //设置筛选列表
        app.SetVisible(true);
        //释放对象
        sheet.ReleaseDispatch();
        sheets.ReleaseDispatch();
        book.ReleaseDispatch();
        books.ReleaseDispatch();
        app.ReleaseDispatch();
    }
}
```

■ 秘笈心法

心法领悟 442：Format 方法的使用。

在本实例中，使用了 CString 类的 Format 方法来格式化字符串，该方法的语法如下：

```
void Format( LPCTSTR lpszFormat, ... );
void Format( UINT nFormatID, ... );
```

参数说明

❶ lpszFormat：格式控制字符串。

❷ nFormatID：格式控制字符串的字符串资源标识符。

实例 443	设置超链接 光盘位置：光盘\MR\11\443	高级 趣味指数：★★★★★

■ 实例说明

在使用 Excel 表格时，为了让用户方便地通过程序访问某个网站，可以为文本设置超链接功能。本实例将实现设置超链接的功能。运行程序，在编辑框中设置要插入的超链接地址。实例运行结果如图 11.36 所示。

图 11.36　设置超链接

■ 关键技术

在本实例中，使用 Range 类的 Add 方法来设置超链接，该方法的语法如下：

```
LPDISPATCH Add(LPDISPATCH Anchor, LPCTSTR Address, const VARIANT& SubAddress, const VARIANT& ScreenTip, const VARIANT&
TextToDisplay);
```

Add 方法中的参数说明如表 11.4 所示。

表 11.4　Add 方法中的参数说明

参　　数	说　　明
Anchor	表示超链接的位置
Address	表示超链接的地址
SubAddress	表示超链接的子地址
ScreenTip	表示当鼠标指针停留在超链接上时所显示的屏幕提示
TextToDisplay	表示要提示的超链接文本

■ 设计过程

（1）创建一个基于对话框的应用程序。

（2）向窗体中添加两个静态文本控件、两个编辑框控件和两个按钮控件。

（3）向工程中添加 Excel 相关类，用于操作 Excel 表格。

（4）处理"添加超链接"按钮的单击事件，在单击该按钮时，打开 Excel 表格，在 Excel 表格中设置超链接，代码如下：

```
void CHyperlinkDlg::OnButtonadd()
{
        UpdateData(true);
        _Application app;
        Workbooks books;
        _Workbook book;
        Worksheets sheets;
        _Worksheet sheet;
        Range range;
        Hyperlinks links;
        if (!app.CreateDispatch("Excel.Application",NULL))            //创建 Excel 2000 服务器（启动 Excel）
        {
                AfxMessageBox("创建 Excel 服务失败!");
                exit(1);
        }
        books.AttachDispatch(app.GetWorkbooks());
        book.AttachDispatch(books.Add(_variant_t(m_Path)));
        sheets.AttachDispatch(book.GetWorksheets());                  //得到 Worksheets
        sheet.AttachDispatch(sheets.GetItem(_variant_t("第 1 页")));
        range.AttachDispatch(sheet.GetRange(_variant_t("C3"),_variant_t("C3")));    //得到全部 Cells

        links.AttachDispatch(range.GetHyperlinks());                  //获得 Hyperlinks 对象
        links.Add(range,m_Text,_variant_t(""),_variant_t(""),_variant_t(""));       //设置超链接
        app.SetVisible(true);                                         //显示 Excel 表格
        //释放对象
        range.ReleaseDispatch();
        sheet.ReleaseDispatch();
        sheets.ReleaseDispatch();
        book.ReleaseDispatch();
        books.ReleaseDispatch();
        app.ReleaseDispatch();

}
```

■ 秘笈心法

心法领悟 443：修改对话框的背景色。

在对话框的 OnPaint 函数中加入如下语句：

```
    CRect rect;
    GetClientRect (&rect);                        //计算对话框的尺寸
    dc.FillSolidRect(&rect,RGB(192,248,202));      //绘制对话框背景色
```

第 **4** 篇

图形图像

第*12*章

图形绘制

▸▸ 特殊曲线

▸▸ 图形基础

▸▸ 分形

12.1 特殊曲线

实例 444	绘制蜗牛线 光盘位置：光盘\MR\12\444	高级 趣味指数：★★★☆

■ 实例说明

蜗牛线是一种常用的曲线，MFC 类库中并没有提供绘制该曲线的函数，需要使用 SetPixel 函数在设备上下文中逐个像素点地进行绘制，效果如图 12.1 所示。

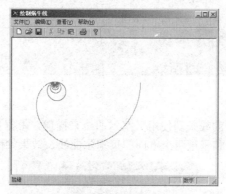

图 12.1　绘制蜗牛线

■ 关键技术

蜗牛线的方程为：$r = a\sin(\theta) / \theta$，通过该方程可以计算出一个像素点横坐标对应的纵坐标的值，然后在该点使用 SetPixel 函数绘制指定的颜色。

SetPixel 方法用来设置指定像素点的颜色值，语法如下：
```
COLORREF SetPixel( int x, int y, COLORREF crColor );
COLORREF SetPixel( POINT point, COLORREF crColor );
```
SetPixel 方法中的参数说明如表 12.1 所示。

表 12.1　SetPixel 方法中的参数说明

参　　数	说　　明
x	所要设置颜色点的横坐标
y	所要设置颜色点的纵坐标
point	设置颜色点的 POINT 对象
crColor	像素的颜色

■ 设计过程

（1）创建一个基于单文档视图结构的应用程序。

（2）在对话框类的实现文件 CSnailView.cpp 中添加 math.h 头文件的引用。

（3）OnDraw 方法主要完成对话框中图像的绘制，在 OnDraw 方法中调用 SetPixel 方法绘制蜗牛曲线，代码如下：

```
void CSnailView::OnDraw(CDC* pDC)
{
CSnailDoc* pDoc = GetDocument();
ASSERT_VALID(pDoc);
```

```
pDC->SetWindowOrg(-200,-200);                                                    //设置设备上下文顶点坐标
for(double i=0;i<40;i+=pi/600)
{
    if(i==0)
        pDC->SetPixel(0,0,RGB(0,128,128));                                       //设置起始点颜色
    else
        pDC->SetPixel((20*sin(i)/i*cos(i))*10,(20*sin(i)/i*sin(i))*10,RGB(128,128,128));    //计算蜗牛线位置并显示
}
}
```

■ 秘笈心法

心法领悟 444：SetPixel 方法的使用。

本实例使用 SetPixel 方法逐个像素点地绘制，还可以将计算结果存储到数组中，然后根据数组中的数据生成图像，最后将图像显示出来。

实例 445	绘制贝塞尔曲线 光盘位置：光盘\MR\12\445	高级 趣味指数：★★★★☆

■ 实例说明

计算机图形设计中许多带弧度的线条都使用贝塞尔曲线来描述，根据贝塞尔曲线顶点的不同，可以绘制不同弧度的曲线。本实例绘制了水平和垂直两个方向的贝塞尔曲线，效果如图 12.2 所示。

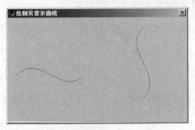

图 12.2　绘制贝塞尔曲线

■ 关键技术

CDC 类的 PolyBezier 方法专门用来绘制贝塞尔曲线。

PolyBezier 方法用于在设备上下文中绘制贝塞尔曲线，语法如下：

```
BOOL PolyBezier( const POINT* lpPoints, int nCount );
```

参数说明

❶ lpPoints：指向数组的指针，数组元素为曲线各顶点坐标。

❷ nCount：数组中顶点的个数。

■ 设计过程

（1）创建基于对话框的应用程序。

（2）OnPaint 方法可以在设备上下文中绘制图形，在方法内定义顶点数组，然后调用 PolyBezier 方法进行绘制，代码如下：

```
void CDrawBezierDlg::OnPaint()
{
if (IsIconic())
{
//此处代码省略
    dc.DrawIcon(x, y, m_hIcon);
}
else
```

```
{
    CPaintDC dc(this);
    CPen newpen;
    newpen.CreatePen(PS_SOLID,1,RGB(255,128,0));
    dc.SelectObject(&newpen);
    //垂直
    POINT ptv[4];
    ptv[0].x=300;                              //起始点
    ptv[0].y=20;
    ptv[1].x=250;                              //控制点
    ptv[1].y=70;
    ptv[2].x=350;                              //控制点
    ptv[2].y=120;
    ptv[3].x=300;                              //结束点
    ptv[3].y=170;
    dc.PolyBezier(ptv,4);
    //水平
    POINT pth[4];
    pth[0].x=20;
    pth[0].y=120;
    pth[1].x=70;
    pth[1].y=70;
    pth[2].x=120;
    pth[2].y=170;
    pth[3].x=170;
    pth[3].y=120;
    dc.PolyBezier(pth,4);
    CDialog::OnPaint();
}
}
```

秘笈心法

心法领悟 445：PolyBezier 方法的使用。

PolyBezier 方法中数组指针参数的设置是有一定要求的，通常是一个起始点、一个结束点和两个控制点，这样绘制的曲线是一个 "S" 形，还可以增加两个控制点绘制出波浪形。也可以将多个 PolyBezier 方法绘制的线条组合到一起，即一条曲线的结束点是另一条曲线的起始点。

实例446	拖动绘制曲线 光盘位置：光盘\MR\12\446	高级 趣味指数：★★★⯪

实例说明

绘制一条贝塞尔曲线需要定义 4 个顶点的坐标，手动定义这些坐标比较麻烦。本实例将实现通过拖动鼠标绘制一条贝塞尔曲线，效果如图 12.3 所示。

关键技术

在实践中绘制贝塞尔曲线仍然使用 CDC 类的 PolyBezier 方法，但是 PolyBezier 方法中的曲线的 4 个顶点的坐标是通过鼠标坐标值获得的，曲线的首末顶点坐标分别是鼠标按下和抬起时的坐标，曲线的控制点坐标是根据首末顶点坐标的平均值计算得到的。

图 12.3　拖动绘制曲线

设计过程

（1）创建基于单文档视图结构的应用程序。

（2）在 OnDraw 方法内根据坐标绘制曲线。

```
void CDrawBezierView::OnDraw(CDC* pDC)
{
CDrawBezierDoc* pDoc = GetDocument();
ASSERT_VALID(pDoc);
//垂直
if(m_bMydraw)
{
    CGdiObject*object = pDC->SelectStockObject(NULL_BRUSH);
    pDC->SelectObject(object);
    int mdoe = pDC->GetROP2();
    pDC->SetROP2(R2_NOTCOPYPEN);
    POINT ptv[4];
    ptv[0]=m_start;
    ptv[1].x=ptv[0].x-50;//ptv[0].x-(ptv[0].x-m_end.x)/2;
    ptv[1].y=ptv[0].y+m_end.y/4;
    ptv[2].x=ptv[0].x+50;//ptv[0].x+(ptv[0].x-m_end.x)/2;
    ptv[2].y=ptv[0].y+m_end.y/2;
    ptv[3]=m_end;
    pDC->PolyBezier(ptv,4);
    pDC->SetROP2(mdoe);
    pDC->PolyBezier(ptv,4);
}
}
```

秘笈心法

心法领悟 446：可以拖曳绘制的图形。

使用拖动鼠标的方法不仅可以绘制贝塞尔曲线，还可以绘制弧线、圆形、菱形。绘制弧线和圆形可以使用 CDC 类提供的方法，绘制菱形需要使用 Polyline 方法，Polyline 方法可以绘制连续的线段。而菱形的各顶点都是对称关系，所以很容易根据鼠标按下和抬起时的坐标计算得到。

实例 447	绘制正弦曲线	高级
	光盘位置：光盘\MR\12\447	趣味指数：★★★★

实例说明

正弦曲线是一种常用的数学曲线，在电路设计中通常使用正弦曲线演示波形的变化。正弦曲线有振幅、相移等参数，本实例实现在有纵坐标和横坐标的坐标系中绘制正弦曲线，效果如图 12.4 所示。

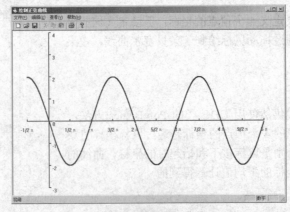

图 12.4　绘制正弦曲线

■ 关键技术

通过 LineTo 方法将曲线上的点逐个地绘制出来。LineTo 方法可以连续调用，不用像使用 LineTo 方法绘制直线那样，需要使用 MoveTo 方法移动端点。

LineTo 方法能够实现线条的绘制，语法如下：

```
BOOL LineTo( int x, int y );
BOOL LineTo( POINT point );
```

参数说明

❶ x：线段终点的横坐标。

❷ y：线段终点的纵坐标。

❸ point：线段终点的坐标值。

■ 设计过程

（1）创建基于单文档视图结构的应用程序。

（2）在视图类实现文件 DrawSinLineView.cpp 中添加头文件 math.h 的引用，并通过预编译指令定义常量 PI 的值。

（3）在 OnDraw 方法中绘制正弦曲线。

```cpp
void CDrawSinLineView::OnDraw(CDC* pDC)
{
CDrawSinLineDoc* pDoc = GetDocument();
ASSERT_VALID(pDoc);
//建立画笔
CPen cpen,pen;
pen.CreatePen(PS_SOLID,4,RGB(0,0,0));
cpen.CreatePen(PS_SOLID,2,RGB(0,0,255));
pDC->SelectObject(&cpen);
//指定原点
pDC->SetViewportOrg(100,245);
pDC->SetTextColor(RGB(255,0,0));
//绘制横坐标
CString sPIText[]={"-1/2π","","1/2π","π",
    "3/2π","2π","5/2π","3π","7/2π","4π","9/2π","5π"};
for(int n=-1,nTmp=0;nTmp<=660;n++,nTmp+=60)
{
    pDC->LineTo(60*n,0);
    pDC->LineTo(60*n,-5);
    pDC->MoveTo(60*n,0);
    pDC->TextOut(60*n-sPIText[n+1].GetLength()*3,16,sPIText[n+1]);
}
pDC->MoveTo(0,0);
CString sTmp;
//绘制纵坐标
for(n=-4,nTmp=0;nTmp<=180;n++,nTmp=60*n)
{
    pDC->LineTo(0,60*n);
    pDC->LineTo(5,60*n);
    pDC->MoveTo(0,60*n);
    sTmp.Format("%d",-n);
    pDC->TextOut(10,60*n,sTmp);
}
double y,radian;
pDC->SelectObject(&pen);
for(int x=-60;x<600;x++)
{
    //弧度=X 坐标/曲线宽度*角系数* π
    //Y 坐标=振幅*曲线宽度*sin(弧度)
    radian =x/((double)60*2)*PI;
    y=sin(radian)*2*60;
    pDC->MoveTo((int)x,(int)y);
    pDC->LineTo((int)x,(int)y);
}
```

```
cpen.DeleteObject();
pen.DeleteObject();
}
```

■ 秘笈心法

心法领悟 447：使用 SetPixel 方法绘制正弦曲线。

本实例也可以使用 SetPixel 方法实现正弦曲线的绘制，同样也是通过设置曲线上每个点的颜色来实现。但使用 SetPixel 方法绘制比较细的线条时很方便，一旦要求改变线条宽度，使用 SetPixel 方法绘制就比较繁琐。相对于 SetPixel 方法，使用 LineTo 方法绘制粗线条曲线就比较有优势。

实例 448	绘制立体模型	高级
	光盘位置：光盘\MR\12\448	趣味指数：★★★★☆

■ 实例说明

本实例根据用户指定的长、宽、高、角度来绘制立方体，效果如图 12.5 所示。

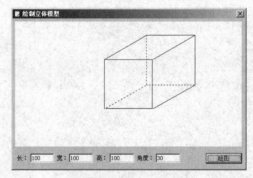

图 12.5　绘制立体模型

■ 关键技术

本实例是指定长、宽、高来绘制立方体，并没有指定顶点来绘制，所以要将立方体居中显示。可以通过 SetViewportOrg 函数将设备上下文的顶点移动到窗体中间。设备上下文有两种类型的顶点，一种是窗口顶点，另一种是视口顶点，窗口坐标和视口坐标存在一种变换关系，用公式表示如下所示：

$$Dx = ((Lx-WOx) * VEx / WEx) + VOx$$
$$Dy = ((Ly-WOy) * VEy / WEy) + VOy$$

（Lx,Ly）是待转换的逻辑点，（Dx,Dy）是转换后的设备点，（WOx,WOy）是逻辑坐标的窗口原点，（VOx,VOy）是设备坐标的视口原点。SetViewportOrg 函数可以设置视口坐标，当视口坐标设置在对话框的中心时，坐标（0,0）就会显示在对话框的中心。

本实例在绘制立方体的内视线条时，使用虚线绘制。虚线的绘制需要在构建 CPen 对象时指定 PS_DOT 取值。

■ 设计过程

（1）创建基于对话框的应用程序。

（2）为长、宽、高、角度编辑框添加成员变量 m_length、m_width、m_height、m_angle。

（3）在对话框类的实现文件 DrawcudeDlg.cpp 中加入对头文件 math.h 的引用，并通过宏定义常量 PI 的值。

（4）OnButdraw 方法用于实现按钮"绘图"的单击事件，在该方法内通过计算得到立方体的各顶点坐标，然后使用 CDC 类的 LineTo 方法和 Rectangle 方法分别进行绘制，代码如下：

```
void CDrawcudeDlg::OnButdraw()
{
```

```
CDC* pDC;
pDC = m_palette.GetDC();
CRect rc,rect;
m_palette.GetClientRect(rect);
m_palette.GetWindowRect(rc);
pDC->FillRect(rect,NULL);
//取出中心点
CPoint center;
center.x=rc.Width()/2;
center.y=rc.Height()/2;
pDC->SetViewportOrg(center);                       //设置视口的坐标
CString slength,swidth,sheight,sangle;
m_length.GetWindowText(slength);                   //获取用户输入的长度值
m_width.GetWindowText(swidth);                     //获取用户输入的宽度值
m_height.GetWindowText(sheight);                   //获取用户输入的高度值
m_angle.GetWindowText(sangle);                     //获取用户输入的角度
int nlength,nwidth,nheight,nangle;
nlength=atoi(slength);                             //将字符型数据转换为整型数据
nwidth=atoi(swidth);
nheight=atoi(sheight);
nangle=atoi(sangle);
CPoint LTop,LBottom,RTop,RBottom;
LTop.x=1-nlength/2;                                //正面左顶点
LTop.y=1-nheight/2;
RTop.x=nlength/2;                                  //正面右顶点
RTop.y=1-nheight/2;
LBottom.x=1-nlength/2;                             //正面左下点
LBottom.y=nheight/2;
RBottom.x=nlength/2;                               //正面右下点
RBottom.y=nheight/2;
CPen pen(PS_SOLID,1,RGB(0,0,0));
CPen DOTPen;                                       //虚线
DOTPen.CreatePen(PS_DOT,1,RGB(0,0,0));
pDC->SelectObject(&pen);
//画正面矩形
pDC->Rectangle(LTop.x,LTop.y,RBottom.x,RBottom.y);
CPoint LeftTop,RightTop;
//计算顶面倾斜的直线
LeftTop.x=(long)(LTop.x+(cos(nangle*PI/180)*nwidth));
LeftTop.y=(long)(LTop.y-(sin(nangle*PI/180)*nwidth));
RightTop.x=LeftTop.x+nlength;
RightTop.y=LeftTop.y;
pDC->MoveTo(LTop);
pDC->LineTo(LeftTop);
pDC->LineTo(RightTop);
pDC->LineTo(RTop);
CPoint Other,DotPoint;
DotPoint.x=LeftTop.x ;
DotPoint.y=LeftTop.y+nheight;
pDC->MoveTo(RightTop);
//判断立方体哪条边是虚线
if(nangle<89)                                      //判断角度值
{
        pDC->SelectObject(&pen);
        Other.x=RightTop.x;
        Other.y=RightTop.y+nheight;
        pDC->LineTo(Other);
        pDC->LineTo(RBottom);
        pDC->SelectObject(&DOTPen);
        pDC->MoveTo(LeftTop);
        pDC->LineTo(DotPoint);
        pDC->LineTo(LBottom);
}
else
{
        pDC->SelectObject(&DOTPen);
        Other.x=RightTop.x;
        Other.y=RightTop.y+nheight;
```

```
        pDC->LineTo(Other);
        pDC->LineTo(RBottom);
        pDC->SelectObject(&pen);
        pDC->MoveTo(LeftTop);
        pDC->LineTo(DotPoint);
        pDC->LineTo(LBottom);
    }
    pDC->SelectObject(&DOTPen);
    pDC->MoveTo(DotPoint);
    pDC->LineTo(Other);
}
```

秘笈心法

心法领悟 448：拖动方式绘制立方体。

本实例通过指定的长、宽、高来绘制立方体，立方体只能居中显示。可以结合鼠标操作来绘制立方体，实现过程是当按下鼠标左键时开始记录立方体的一个顶点，拖动鼠标，当释放鼠标左键时记录立方体的另一个顶点。拖动鼠标，当再次按下鼠标左键时记录立方体的第三个顶点。此时根据 3 个顶点即可绘制立方体。

实例 449	交叉线条 光盘位置：光盘\MR\12\449	高级 趣味指数：★★★☆

实例说明

交叉线条就是在一个圆周上有若干个点，若干点之间都相互连接，这样就形成了一个艺术图像。本实例不仅完成交叉线条图像的绘制，还通过定时器让图像动起来。实例运行结果如图 12.6 所示。

关键技术

本实例首先要在圆上取若干个点，这些点是平分圆得到的。首先将圆周分为 4 部分，然后根据点在这 4 个部分的位置，分别计算出点的坐标值，最后根据坐标值使用 CDC 类的 MoveTo 方法和 LineTo 方法绘制线段。

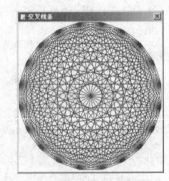

图 12.6 交叉线条

设计过程

（1）新建一个基于对话框的应用程序。

（2）在对话框上添加一个 Picture 控件。

（3）在初始化对话框的 OnInitDialog 方法中计算绘制图像用的各个点，代码如下：

```
BOOL CPictureCartoonDlg::OnInitDialog()
{
    CDialog::OnInitDialog();
    //此处代码省略
    lpi=0;
    arrays[0] = CPoint(148,0);
    n=40;
    for(int i=1;i<n;i++)
    {
        lpi+=(2*PI/n);
        if(lpi<=2*PI/4)
        {
            arrays[i] = CPoint(148+148*sin(2*i*PI/n),148-148*cos(2*i*PI/n));
        }
        if(lpi>2*PI/4 && lpi<=2*PI/2)
        {
            arrays[i] = CPoint(148+148*sin(PI-2*i*PI/n),148+148*cos(PI-2*i*PI/n));
        }
        if(lpi>2*PI/2 && lpi<=2*PI*3/4)
```

```
                    {
                        arrays[i] = CPoint(148-148*sin(2*i*PI/n-2*PI/2),148+148*cos(2*i*PI/n-2*PI/2));
                    }
                    if(lpi>2*PI*3/4 && lpi<=2*PI)
                    {
                        arrays[i] = CPoint(148-148*sin(2*PI-2*i*PI/n),148-148*cos(2*PI-2*i*PI/n));
                    }
                }
                result = true;
                SetTimer(1,300,NULL);//通过定时器来绘制图像
                return TRUE;
}
```

秘笈心法

心法领悟 449：动画效果的形成。

在一些应用程序的界面中，如果窗体的背景图案在不停地变换，那么一定会吸引用户的注意。本实例就是使用 SetTimer 方法使图像变化起来，形成动画效果的。

实例 450	绘制尼哥米德蚌线	高级
	光盘位置：光盘\MR\12\450	趣味指数：★★★★☆

实例说明

尼哥米德蚌线是数学中有名的线条，它的形状很特别，是由多条互不连接的曲线组成的，但看上去非常简单漂亮。本实例使用描点的方法对尼哥米德蚌线进行绘制，效果如图 12.7 所示。

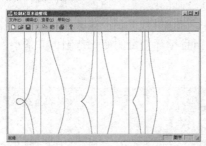

图 12.7　绘制尼哥米德蚌线

关键技术

本实例使用 CDC 类的 SetPixel 方法描点绘制尼哥米德蚌线，所谓描点绘制就是逐个像素点地绘制线条。尼哥米德蚌线的方程如下：

$$x=a+bcos(t)或 x=a-bcos(t)$$
$$y=a*tan(t)+b*sin(t)或 y=a*tan(t)-b*sin(t)$$

设计过程

（1）创建基于单文档视图结构的应用程序。

（2）采用视图类的 OnDraw 方法绘制线条。

```
void CClamView::OnDraw(CDC* pDC)
{
CClamDoc* pDoc = GetDocument();
ASSERT_VALID(pDoc);
int iscal=2;
pDC->MoveTo(100/iscal,0);
pDC->LineTo(100/iscal,900);
pDC->MoveTo(745/iscal,0);
```

```
pDC->LineTo(745/iscal,900);
CPoint pt;
for(int i=0;i<30;i++)
        for(int j=0;j<230;j++)
        {
                pt.x=200/iscal;pt.y=(i*30+j)/iscal;
                pDC->SetPixel(pt,RGB(50,50,255));
                pt.x=550/iscal;pt.y=(i*30+j)/iscal;
                pDC->SetPixel(pt,RGB(50,50,255));
                pt.x=845/iscal;pt.y=(i*30+j)/iscal;
                pDC->SetPixel(pt,RGB(50,50,255));
        }
        for(double z=0;z<0.49*3.14;z+=0.0005)
        {
                double c=cos(z);double s=sin(z);
                pDC->SetPixel((100+(100/c+150)*c)/iscal,(420-(100/c+150)*s)/iscal,RGB(50,50,255));
                pDC->SetPixel((100+(100/c+150)*c)/iscal,(420+(100/c+150)*s)/iscal,RGB(50,50,255));
                pDC->SetPixel((100+(100/c-150)*c)/iscal,(420-(100/c-150)*s)/iscal,RGB(50,50,255));
                pDC->SetPixel((100+(100/c-150)*c)/iscal,(420+(100/c-150)*s)/iscal,RGB(50,50,255));
                pDC->SetPixel((450+(100/c+100)*c)/iscal,(420-(100/c+100)*s)/iscal,RGB(50,50,255));
                pDC->SetPixel((450+(100/c+100)*c)/iscal,(420+(100/c+100)*s)/iscal,RGB(50,50,255));
                pDC->SetPixel((450+(100/c-100)*c)/iscal,(420-(100/c-100)*s)/iscal,RGB(50,50,255));
                pDC->SetPixel((450+(100/c-100)*c)/iscal,(420+(100/c-100)*s)/iscal,RGB(50,50,255));
                pDC->SetPixel((745+(100/c+75)*c)/iscal,(420-(100/c+75)*s)/iscal,RGB(50,50,255));
                pDC->SetPixel((745+(100/c+75)*c)/iscal,(420+(100/c+75)*s)/iscal,RGB(50,50,255));
                pDC->SetPixel((745+(100/c-75)*c)/iscal,(420-(100/c-75)*s)/iscal,RGB(50,50,255));
                pDC->SetPixel((745+(100/c-75)*c)/iscal,(420+(100/c-75)*s)/iscal,RGB(50,50,255));
        }
}
```

■ 秘笈心法

心法领悟 450：优化 SetPixel 方法绘制的图形。

本实例中使用 SetPixel 方法对尼哥米德蚌线的每个像素进行绘制，绘制的像素越多，线条才能越清晰，所以实例中的循环变量递增值非常小，而且循环变量的变化范围也非常小。在实践中还可以通过设置缩放比例来实现绘制不同大小的线条。

| 实例 451 | 艺术图案万花筒
光盘位置：光盘\MR\12\451 | 高级
趣味指数：★★★★ |

■ 实例说明

万花筒可以显示出各种各样的图案，本实例将实现用万花筒来绘制各种艺术图案。实例运行结果如图 12.8 所示。

■ 关键技术

本实例使用 CDC 类的 LineTo 方法有规律地绘制多条曲线，构成了一个艺术图案。曲线主要是通过指定的半径和角度计算出横坐标值和纵坐标值，最后通过 LineTo 方法进行绘制。本实例使用 CreatePen 方法创建画笔。使用 SelectObject 方法将画笔加载到设备上下文中，SelectObject 的绘制值是当前使用的画笔指针，应将该指针保存。当新创建的画笔使用完以后，再通过 SelectObject 方法恢复当前的画笔。

图 12.8　艺术图案万花筒

■ 设计过程

（1）创建基于单文档视图结构的应用程序。

（2）采用视图类的 OnDraw 方法绘制线条。

```
void CKaleView::OnDraw(CDC* pDC)
{
        CKaleDoc* pDoc = GetDocument();
        ASSERT_VALID(pDoc);
        int iScal=2;
        int r1=300/iScal;
        int r2=100/iScal;
        int w=400/iScal;int h=300/iScal;
        int s=70;//可以更改
        int tmpx=w-(r1-r2+s);
        int tmpy=h;
        CPen pen,*pOldpen;
        pen.CreatePen(PS_SOLID,1,RGB(0,0,255));
        pOldpen=pDC->SelectObject(&pen);
        for(int i=1;i<20000;i++)
        {
                int a1=(3.14/360)*i;
                int a2=(r1/r2)*a1;
                int xt=-(r1-r2)*cos(a1)-s*cos(a2-a1)+w;
                int yt=(r1-r2)*sin(a1)-s*sin(a2-a1)+h;
                pDC->MoveTo(tmpx,tmpy);
                pDC->LineTo(xt,yt);
                tmpx=xt;
                tmpy=yt;
        }
        pen.DeleteObject();
        pDC->SelectObject(pOldpen);
}
```

■ 秘笈心法

心法领悟 451：不同图案的生成。

在实践中可以通过修改变量 s 的值来实现绘制不同样式的图案，也可以通过设置定时器来动态改变 s 的值，进而可以形成动画。

实例 452	绘制抛物线 光盘位置：光盘\MR\12\452	高级 趣味指数：★★★★☆

■ 实例说明

抛物线是经常使用的数学曲线之一，本实例将实现抛物线的绘制。实例运行结果如图 12.9 所示。

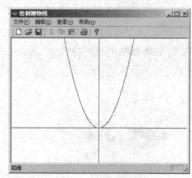

图 12.9　绘制抛物线

■ 关键技术

本实例使用 CDC 类的 SetPixel 方法描点绘制线条。抛物线是一种曲线，其数学方程式为 $y = \dfrac{x^2}{8}$。运行程序，

根据 x 的值可以很快计算出 y 的值，根据点的坐标即可完成图像的绘制。本实例需要使用 SetViewportOrg 方法变换设备上下文的坐标原点。

SetViewportOrg 方法能够实现设备上下文视图原点的设置，语法如下：

```
virtual CPoint SetViewportOrg( POINT point );
```

参数说明

point：新原点坐标。

📖 说明：在 Visual C++的文档视图结构中，视图有两个坐标系，一个是窗体坐标系（Window），另一个是视图坐标系（Viewport）。

■ 设计过程

（1）创建基于单文档视图结构的应用程序。

（2）采用视图类的 OnDraw 方法绘制线条。

```
void CParabolaView::OnDraw(CDC* pDC)
{
CParabolaDoc* pDoc = GetDocument();
ASSERT_VALID(pDoc);
pDC->SetViewportOrg(200,200);
pDC->MoveTo(-200,0);
pDC->LineTo(200,0);
pDC->MoveTo(0,100);
pDC->LineTo(0,-200);
for(double a=-150;a<150;a+=(3.14/60))
    pDC->SetPixel(a,-(a*a/32),RGB(255,50,50));
}
```

■ 秘笈心法

心法领悟 452：不同开口的抛物线。

本实例只是实现开口向上的抛物线，可以通过修改 SetPixel 方法的参数值实现开口方向的改变。

实例 453	等电位面图		高级
	光盘位置：光盘\MR\12\453		趣味指数：★★★★☆

■ 实例说明

电位图主要是对电荷的位置进行描述。本实例对+200 的电荷和-200 的电荷相对于平面的位置进行了绘制。实例运行结果如图 12.10 所示。

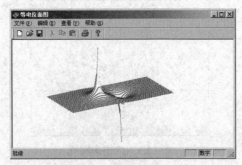

图 12.10　等电位面图

■ 关键技术

电荷相对于平面的位置可以通过计算公式获得。例如，真空中的两个电量分别是+200 和-200 的电荷 q_1 和

q_2，分别位于空间点（x-30,0）和（x+30,0），则其他点（x,z）的电位 y 可以表示为

$$y = \frac{200}{\sqrt{(x-30)^2+z^2}} + \frac{200}{\sqrt{(x+30)^2+z^2}}$$

■ 设计过程

（1）创建基于单文档视图结构的应用程序。

（2）采用视图类的 **OnDraw** 方法绘制线条。

```
void CPotentView::OnDraw(CDC* pDC)
{
CPotentDoc* pDoc = GetDocument();
ASSERT_VALID(pDoc);
int th=20;
int phi=30;
double rd=3.1415/180;
int mindata[640];
int maxdata[640];
for(int i=0;i<640;i++)
{
        mindata[i]=339;
        maxdata[i]=0;
}
double sx=sin(th*rd);double cx=cos(th*rd);
double sy=sin(-phi*rd);double cy=cos(-phi*rd);
for(double m=-60;m<60;m+=5.3)
    for(double n=-130;n<130;n+=0.1)
    {
        double y=200/(sqrt((n-30)*(n-30)+m*m))-200/(sqrt((n+30)*(n+30)+m*m));
        int px=n*cy+m*sy+320;
        int py=y*cx-(-n*sy+m*cy)*sx+200;
        if(py<mindata[px])
        {
            mindata[px]=py;
            pDC->SetPixel(px-100,py-80,RGB(255,25,25));
            pDC->MoveTo(px-100,py-80);
            pDC->LineTo(px-100,py-80);
        }
        if(py>maxdata[px])
        {
            maxdata[px]=py;
            pDC->SetPixel(px-100,py-80,RGB(255,25,25));
            pDC->MoveTo(px-100,py-80);
            pDC->LineTo(px-100,py-80);
        }
    }
}
```

■ 秘笈心法

心法领悟 453：绘制立体图形技术。

本实例中的电位图使用 GDI 库函数，在平面绘制立体效果。如果对绘制出来的效果有特殊要求，那么应该使用 OpenGL 技术或者 DirectX 技术。

实例 454	沙丘图案	高级
	光盘位置：光盘\MR\12\454	趣味指数：★★★☆

■ 实例说明

沙丘图案可以模拟出现实生活中的沙丘效果。现实生活中的沙丘是不规则的，本实例模拟的是有规律的沙丘，效果如图 12.11 所示。

图 12.11　沙丘图案

■ 关键技术

实现沙丘图案主要是利用正弦曲线的不同相位的组合实现的。正弦曲线是通过 CDC 类的 SetPixel 方法通过描点方式绘制的，使用 C 库函数 sin 可以计算出横坐标 X 对应的纵坐标 Y 的值，根据坐标值使用 LineTo 方法进行绘制。

sin 函数可以获得正弦值，语法如下：

```
double sin( double x );
```

参数说明

x：计算正弦值的角度值。

返回值：获得的整型值。

■ 设计过程

（1）创建基于单文档视图结构的应用程序。

（2）采用视图类的 OnDraw 方法绘制线条。

```cpp
void CSandView::OnDraw(CDC* pDC)
{
CSandDoc* pDoc = GetDocument();
ASSERT_VALID(pDoc);

double temp1,temp2;

CPen pen,*pOldpen;
pen.CreatePen(PS_SOLID,1,RGB(128,128,0));
pOldpen=(CPen*)pDC->SelectObject(&pen);
for(int j=0;j<500;j+=5)
{
    temp1=2*3.14*(j-25)/360;
    temp2=3.14*sin(temp1);
    for(double i=0;i<(5*3.14);i+=(3.14/10))
    {
        int x=500/(5*3.14)*i;
        int y=j+18*sin(i+temp2);
        if(i==0)
        {
            pDC->SetPixel(x,y/2,RGB(153,153,50));
            pDC->MoveTo(x,y/2);

        }
        pDC->LineTo(x,y/2);
    }
}
pDC->SelectObject(pOldpen);
pen.DeleteObject();
}
```

■ 秘笈心法

心法领悟 454：移动的沙丘。

本实例只是绘制了静态的沙丘，还可以通过 CDC 类的 SetPixel 方式随机移动沙丘内的像素，形成可以流动的沙丘，也可以改变正弦曲线的幅度，使沙丘变得平缓。

实例 455	绘制艺术图案 光盘位置：光盘\MR\12\455	高级 趣味指数：★★★☆

■ 实例说明

在应用软件的启动界面或主界面中，可以在窗体上绘制艺术图案以增强软件界面的美观性。本实例演示的是绘制一个漂亮的艺术图案，效果如图 12.12 所示。

■ 关键技术

本实例在"圆心"处的两个文本框中输入圆心的横坐标及纵坐标值，然后在"半径"文本框中设置圆的半径，在"圆的个数"文本框中输入要绘制的圆的个数。本实例中使用 SelectStockObject 方法将设备上下文中的"画刷"设置为 NULL，然后绘制透明的图形。

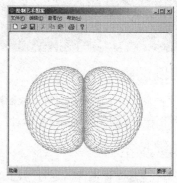

图 12.12　绘制艺术图案

SelectStockObject 方法可以实现设备上下文中画刷和画笔颜色设置，语法如下：

```
virtual CGdiObject* SelectStockObject( int nIndex );
```

参数说明

nIndex：颜色画刷的索引值，有黑色画刷（BLACK_BRUSH）、白色画刷（WHITE_BRUSH）等多种。

返回值：设置前的画刷指针。

■ 设计过程

（1）创建基于单文档视图结构的应用程序。

（2）采用视图类的 OnDraw 方法绘制线条。

```
void CSymmeView::OnDraw(CDC* pDC)
{
    CSymmeDoc* pDoc = GetDocument();
    ASSERT_VALID(pDoc);
    pDC->SetViewportOrg(200,200);
    //int x0=0;
    //int y0=0;
    int x,y;
    int r1;
    int r=80;
    int n=60;
    double th;
    th=3.1415*2/n;
    CPen pen,*pOldpen;
    pen.CreatePen(PS_SOLID,1,RGB(180,180,0));
    pOldpen=(CPen*)pDC->SelectObject(&pen);
    CGdiObject*object = pDC->SelectStockObject(NULL_BRUSH);//透明
    for(int i=0;i<60;i++)
    {
        x=r*cos((i-1)*th);
        y=r*sin((i-1)*th);
        r1=abs(x);
        pDC->Ellipse(x-r1,y-r1,x+r1,y+r1);

    }
    pen.DeleteObject();
```

```
        pDC->SelectObject(pOldpen);
        pDC->SelectObject(object);
}
```

■ 秘笈心法

心法领悟 455：艺术图案动画。

本实例通过绘制多个圆组成艺术图案，同样通过三角形、矩形的不规则摆放也可以形成艺术图案。不同的形状动态显示出来，还可以形成动画，可以将这样的动画效果放入屏幕保护中。

实例 456	立体三棱锥 光盘位置：光盘\MR\12\456	高级 趣味指数：★★★☆

■ 实例说明

三棱锥的每个面都是三角形，本实例将实现对三棱锥的绘制。三棱锥属于立体图像，本实例使用二维坐标对三棱锥进行绘制，效果如图 12.13 所示。

■ 关键技术

三棱锥是立体图像，通过平面来绘制三棱锥只是绘制三棱锥的两个面，并通过颜色的不同来区分不同的面。两个面通过 CDC 类的 MoveTo 方法和 LineTo 方法绘制线条组合而成。在实践中多次使用 CreatePen 方法创建画笔，并且创建宽度为 2 的画笔，但使用 CreatePen 方法创建完画笔以后需要调用 DeleteObject 方法销毁画笔。如果不销毁画笔，那么下次使用同一个 CPen 对象调用 CreatePen 方法创建画笔时就会出错。

图 12.13　立体三棱锥

■ 设计过程

（1）创建基于单文档视图结构的应用程序。

（2）采用视图类的 OnDraw 方法绘制线条。

```cpp
void CTrigView::OnDraw(CDC* pDC)
{
CTrigDoc* pDoc = GetDocument();
ASSERT_VALID(pDoc);
CPen pen,*pOldpen;
for(int i=0;i<80;i++)
{
        pen.CreatePen(PS_SOLID,2,RGB(180,180,180));
        pOldpen=(CPen*)pDC->SelectObject(&pen);
        pDC->MoveTo(180,50+2.5*i);
        pDC->LineTo(180+i/2,50+2*i);
        pen.DeleteObject();
        pen.CreatePen(PS_SOLID,2,RGB(155,80,155));
        pDC->SelectObject(&pen);
        pDC->MoveTo(180,50+2.5*i);
        pDC->LineTo(180-i/2,50+2*i);
        pen.DeleteObject();
}
pDC->SelectObject(pOldpen);
}
```

■ 秘笈心法

心法领悟 456：使用 PolyPolyline 方法绘制三角形的面。

本实例中使用绘制线条的方式来绘制三角形的面，这样做的好处是很容易通过循环来绘制三角形。三角形的面还可以通过 CDC 类的 PolyPolyline 方法绘制路径，然后根据路径形成剪切区并填充。

12.2 图 形 基 础

实例 457	创建不同的画刷	高级
	光盘位置：光盘\MR\12\457	趣味指数：★★★☆

■ 实例说明

画刷是 GDI 库中经常用到的对象类，它可以是单一的颜色，也可以是一种纹理。本实例中绘制了常用的画刷样式，其中最后一个画刷使用的是图像纹理，它使用位图来填充矩形区域，效果如图 12.14 所示。

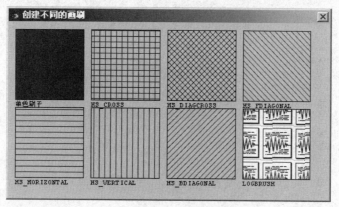

图 12.14 创建不同的画刷

■ 关键技术

画刷使用 CBrush 类的方法进行绘制，CBrush 对象可以通过 CreateSolidBrush 方法、CreateHatchBrush 方法和 CreateBrushIndirect 方法进行绘制。

（1）CreateSolidBrush 方法

该方法用来创建单一颜色的画刷，语法如下：

```
BOOL CreateSolidBrush( COLORREF crColor );
```

参数说明

crColor：颜色值。

（2）CreateHatchBrush 方法

该方法用来创建有纹理的画刷，语法如下：

```
BOOL CreateHatchBrush( int nIndex, COLORREF crColor );
```

参数说明

❶ nIndex：参数有 HS_BDIAGONAL、HS_CROSS、HS_DIAGCROSS、HS_FDIAGONAL、HS_HORIZONTAL、HS_VERTICAL 几种取值，本实例已将这些取值全部绘制出。

❷ crColor：颜色值。

（3）CreateBrushIndirect 方法

该方法通过 LOGBRUSH 结构体来创建画刷，语法如下：

```
BOOL CreateBrushIndirect( const LOGBRUSH* lpLogBrush );
```

参数说明

lpLogBrush：LOGBRUSH 结构指针。该结构有 lbStyle、lbColor、lbHatch 3 个成员，成员 lbStyle 有很多取

值，主要决定是创建实体画刷（**BS_SOLID**）、纹理画刷（**BS_HATCHED**），还是位图画刷（**BS_PATTERN**）。如果创建纹理画刷，就在成员 lbHatch 中指定纹理样式。如果创建位图画刷，就在成员 lbHatch 中指定位图句柄，那么成员 lbColor 只在创建位图画刷时使用，设置是使用 RGB 颜色还是调色板颜色。

■ 设计过程

（1）创建基于对话框的应用程序。

（2）为 BrushDlg 类添加成员变量 m_pbmpheader（位图头信息指针）、m_pbmpdata（位图信息指针）、m_pbmpinfo（临时位图信息指针）和 m_bmp（位图信息对象）。

（3）在 OnPaint 方法内使用不同的画刷填充矩形区域。

```cpp
void CBrushDlg::OnPaint()
{
if (IsIconic())
{
    //此处代码省略
}
else
{
    CPaintDC dc(this);
    dc.SetBkMode(TRANSPARENT);
    CFont font;
    font.CreatePointFont(80,"Courier New");
    dc.SelectObject(&font);
    CBrush br,*oldbr;
    //创建单色画刷并绘制
    br.CreateSolidBrush(RGB(255,0,0));
    oldbr=dc.SelectObject(&br);
    dc.Rectangle(10,10,110,110);
    dc.SelectObject(oldbr);
    br.DeleteObject();
    dc.TextOut(10,110,"单色刷子");
    //创建 HS_CROSS 画刷并绘制
    br.CreateHatchBrush(HS_CROSS,RGB(255,0,0));
    oldbr=dc.SelectObject(&br);
    dc.Rectangle(120,10,220,110);
    dc.SelectObject(oldbr);
    br.DeleteObject();
    dc.TextOut(120,110,"HS_CROSS");
    //此处代码省略
    //创建位图画刷
    m_bmp.bmiHeader.biSize=sizeof(m_bmp.bmiHeader);
    m_bmp.bmiHeader.biBitCount=0;
    HBITMAP hbmp=(HBITMAP)LoadImage(::AfxGetResourceHandle(),"mr.bmp",IMAGE_BITMAP,0,
        0,LR_DEFAULTCOLOR|LR_LOADFROMFILE);
    GetDIBits(dc.GetSafeHdc(),hbmp,1,1,NULL,&m_bmp,DIB_RGB_COLORS);
    //压缩的设备无关位图（DIB）指 BITMAPINFO 及后面的位图像素字节
    m_pbmpheader=(long*)malloc(m_bmp.bmiHeader.biSizeImage+sizeof(BITMAPINFO));
    m_pbmpinfo=(BITMAPINFO*)m_pbmpheader;
        m_pbmpdata=m_pbmpheader+sizeof(BITMAPINFO);
    memcpy(m_pbmpheader,(const void*)&m_bmp,sizeof(BITMAPINFOHEADER));
    GetDIBits(dc.GetSafeHdc(),hbmp,1,m_pbmpinfo->bmiHeader.biHeight,m_pbmpdata,
        m_pbmpinfo,DIB_RGB_COLORS);
    LOGBRUSH logbrush;
    logbrush.lbColor=DIB_RGB_COLORS;
    logbrush.lbHatch=(LONG)m_pbmpheader;
    logbrush.lbStyle=BS_DIBPATTERNPT;
    br.CreateBrushIndirect(&logbrush);
    oldbr=dc.SelectObject(&br);
    dc.Rectangle(340,120,440,220);
    dc.SelectObject(oldbr);
    br.DeleteObject();
    dc.TextOut(340,220,"LOGBRUSH");
    CDialog::OnPaint();
}
}
```

■ 秘笈心法

心法领悟 457：创建画刷的不同方法。

画刷对象同样可以使用构造函数、CreateDIBPatternBrush 方法、CreatePatternBrush 方法、CreateSysColorBrush 方法创建，其中 CreateDIBPatternBrush 方法和 CreatePatternBrush 方法都是用来创建位图画刷的，区别是创建设备相关位图画刷还是设备无关位图画刷。CreateSysColorBrush 方法只是创建系统颜色的画刷，同样使用构造函数实体颜色画刷、纹理画刷、位图画刷都可以创建。

实例 458	指定颜色填充矩形区域 光盘位置：光盘\MR\12\458	高级 趣味指数：★★★★☆

■ 实例说明

在绘制图像时，经常要使用某一颜色来填充一定的区域。本实例实现的是使用绿色填充矩形区域，效果如图 12.15 所示。

■ 关键技术

使用指定颜色填充矩形区域需要使用 CDC 类的 FillRect 方法实现。

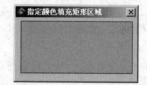

图 12.15　指定颜色填充矩形区域

FillRect 方法使用 CBrush 对象指针来设置矩形区域，语法如下：

```
void FillRect( LPCRECT lpRect, CBrush* pBrush );
```

参数说明

❶ lpRect：目标区域。

❷ pBrush：CBrush 对象指针。

■ 设计过程

（1）创建基于对话框的应用程序。

（2）在 OnPaint 方法中对矩形区域进行填充，代码如下：

```
void CFillDlg::OnPaint()
{
//此处代码省略
else
{
    CDialog::OnPaint();
}
CRect rc;
m_RECT.GetWindowRect(&rc);
ScreenToClient(&rc);
COLORREF cr=RGB(0,255,0);        //设置固定颜色值
CBrush br;
br.CreateSolidBrush(cr);          //根据固定颜色创建实体画刷
CDC *pDC=this->GetDC();
pDC->FillRect(&rc,&br);           //使用画刷
}
```

■ 秘笈心法

心法领悟 458：填充区域颜色的两种方法。

FillRect 方法使用 CBrush 对象指针填充矩形区域。如果使用单一的颜色填充区域，那么可以使用 FillSolidRect 方法来实现，FillSolidRect 方法可以直接使用颜色对象 COLORREF 来填充矩形。FillRect 方法的优势是可以借助 CBrush 对象的纹理效果来填充矩形区域。

实例 459	模拟时钟	高级
	光盘位置：光盘\MR\12\459	趣味指数：★★★☆

■ 实例说明

通过双击 Windows 系统右下角任务栏的时间区域，系统会弹出设置时间的对话框，上面有一个秒表可以走动的时钟。本实例也将实现这样的时钟，效果如图 12.16 所示。

图 12.16　模拟时钟

■ 关键技术

本实例使用 Ellipse 方法绘制时钟最外圈，使用 TextOut 方法实现表盘可读，然后使用 MoveTo 方法和 LineTo 方法绘制 3 个表针。

Ellipse 方法能够实现圆形的绘制，语法如下：

```
BOOL Ellipse( LPCRECT lpRect );
```

参数说明

lpRect：设置圆形所在的矩形区域。

■ 设计过程

（1）创建基于对话框的应用程序。

（2）在对话框类实现文件 ClockDlg.cpp 中，添加对头文件 math.h 的引用。

（3）在 OnPaint 方法中分别对刻度盘、时针、分针、秒针进行绘制，通过 SetTimer 方法设置一个定时器，每隔 1 秒都要刷新一下界面，实现秒针的重绘，代码如下：

```cpp
void CClockDlg::OnPaint()
{
if (IsIconic())
{
        //此处代码省略
}
else
{
        CDialog::OnPaint();
}
CDC *pDC=this->GetDC();
CRect rc;
GetClientRect( &rc );
int xStart = rc.right/2;
int yStart = rc.bottom/2;
CTime time = CTime::GetCurrentTime();
CString strDigits;
int i,x,y;
CSize size;
CPen Pen(PS_SOLID,5,RGB(0,0,0));
CPen *pOldPen=pDC->SelectObject(&Pen);
pDC->Ellipse(5,5,rc.right-5,rc.bottom-5);
double Radians;
pDC->SetTextColor(RGB(0,0,0));
for(i=1; i<=12; i++){
strDigits.Format("%d",i);
size =pDC->GetTextExtent(strDigits,strDigits.GetLength());
Radians=(double)i*6.28/12.0;
x=xStart-(size.cx/2)+
        (int)((double)(xStart-20)*sin(Radians));
y=yStart-( size.cy/2)-
        (int)((double)(yStart-20)*cos(Radians));
pDC->TextOut( x, y, strDigits );}
Radians = (double)time.GetHour()+(double)time.GetMinute()/60.0+
```

```
            (double)time.GetSecond()/3600.0;
Radians *= 6.28/12.0;
CPen HourPen(PS_SOLID,5,RGB(0,0,0));
pDC->SelectObject(&HourPen);
pDC->MoveTo(xStart,yStart);
pDC->LineTo(xStart+(int)((double)(xStart/3) *sin(Radians)),
        yStart-(int)((double)(yStart/3)*cos(Radians)));
Radians=(double)time.GetMinute()+(double)time.GetSecond()/60.0;
Radians*=6.28/60.0;
CPen MinutePen(PS_SOLID,3,RGB(0,0,0));
pDC->SelectObject(&MinutePen);
pDC->MoveTo(xStart,yStart);
pDC->LineTo(xStart+(int)((double)(xStart*2)/3)*sin(Radians)),
        yStart-(int)((double)(yStart*2)/3)*cos(Radians)));
Radians=(double)time.GetSecond();
Radians*=6.28/60.0;
CPen SecondPen(PS_SOLID,1,RGB(0,0,0));
pDC->SelectObject(&SecondPen);
pDC->MoveTo(xStart,yStart);
pDC->LineTo(xStart+(int)((double)((xStart*4)/5)*sin(Radians)),
        yStart-(int)((double)((yStart*4)/5)*cos(Radians)));
pDC->SelectObject(pOldPen);
}
```

■ 秘笈心法

心法领悟 459：绘制时钟的另一种方法。

本实例只是通过线条来实现时针、分针、秒针和刻度盘，这些元素都可以使用图像代替。如果使用图像代替表针，就需要实现图片绕某中心进行旋转，本书有相应的实例可以实现该功能。使用图像来代替时钟指针可大大增加程序的美观程度。

实例 460	绘制网格 光盘位置：光盘\MR\12\460	高级 趣味指数：★★★★

■ 实例说明

在软件开发过程中经常用到网格，网格不仅可以用来对齐控件，而且可以用来显示信息。本实例按照指定的行与列来绘制网格，效果如图 12.17 所示。

■ 关键技术

表格就是由一条一条的线段组成的，计算好网格中各线段的起点和终点后，即可使用 LineTo 和 MoveTo 方法来绘制各条线段，进而构成一个表格。首先使用 MoveTo 方法设置线段的起点，然后使用 LineTo 方法设置线段的终点并将线段绘制出

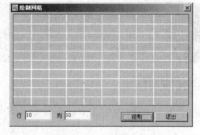

图 12.17　绘制网格

来。在一个循环中绘制出所有横向的线段，在另一个循环中绘制所有纵向的线段，最后一个网格就绘制完成了。

■ 设计过程

（1）创建基于对话框的应用程序。

（2）在 OnPaint 方法中使用 LineTo 和 MoveTo 两个方法来绘制网格，代码如下：

```
void CDrawNetLineDlg::OnPaint()
{
if (IsIconic())
{
    CPaintDC dc(this);
```

```
//此处代码省略
}
else
{
        CDialog::OnPaint();
}
if(bdraw)
{
CDC*pDC=GetDC();
CPen pen;
pen.CreatePen(PS_SOLID,2,RGB(255,255,255));
CPen *oldpen=pDC->SelectObject(&pen);
xpos=rect.left;
ypos=rect.top;

for(int i=1;i<iline;i++)
{
        pDC->MoveTo(xpos+cellwidth*i+2,ypos);
        pDC->LineTo(xpos+cellwidth*i+2,ypos);
        pDC->LineTo(xpos+cellwidth*i+2,ypos+rect.Height()-1);
}
xpos=rect.left;
ypos=rect.top;
for(int j=1;j<irow;j++)
{
        pDC->MoveTo(xpos,ypos+cellheight*j+2);
        pDC->LineTo(xpos,ypos+cellheight*j+2);
        pDC->LineTo(xpos+rect.Width()-1,ypos+cellheight*j+2);
}
pDC->SelectObject(oldpen);
}
}
```

■ 秘笈心法

心法领悟 460：绘制网格的另一种方法。

本实例需要指定行数和列数来绘制网格，一旦网格绘制完成，网格单元的大小就不能变动了。如果想要绘制单元格可以变动的网格，即绘制表格，需要使用数组保存所有线段的信息，然后通过修改数组中的数据来实现单元格大小的改变。

实例 461	画图程序 光盘位置：光盘\MR\12\461	高级 趣味指数：★★★★☆

■ 实例说明

本实例将模仿 Windows 系统自带的画图程序，但只是能够绘制自定义线条、圆形和矩形，效果如图 12.18 所示。

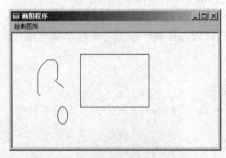

图 12.18　画图程序

■ 关键技术

绘制线条使用 CDC 类的 LineTo 方法，绘制矩形使用 CDC 类的 Rectangle 方法，绘制圆使用 CDC 类的 Ellipse 方法。

（1）Rectangle 方法

该方法能够根据给定的矩形区域绘制矩形，语法如下：

```
BOOL Rectangle( LPCRECT lpRect );
```

参数说明

lpRect：给定的矩形区域。

（2）Ellipse 方法

该方法能够在给定的矩形区域内绘制椭圆，语法如下：

```
BOOL Ellipse( LPCRECT lpRect );
```

参数说明

lpRect：给定的矩形区域。

Rectangle 方法和 Ellipse 方法都可以直接使用左顶点的横、纵坐标，右下点的横、纵坐标作为参数进行绘制。

■ 设计过程

（1）创建基于单文档结构视图的应用程序。

（2）在 CMyPainterView 类中添加 WM_LBUTTONUP、WM_LBUTTONDOWN 和 WM_MOUSEMOVE 3 个消息的实现方法。

（3）为 CMyPainterView 类添加成员变量。m_bCir、m_bRec、m_bMydraw 3 个成员变量是用来控制绘制图形类型的，成员变量 m_start 用来记录鼠标按下的位置，m_end 用来记录鼠标结束的位置。

（4）在 OnLButtonDown 方法中主要使用 m_start 成员变量记录鼠标按下时的位置，在鼠标移动过程中（OnMouseMove 方法内）获取鼠标结束的位置。根据起始位置和结束位置可以绘制图形，OnMouseMove 方法绘制图形的代码如下：

```
void CMyPainterView::OnMouseMove(UINT nFlags, CPoint point)
{
CClientDC dc(this);
//判断是否画线
if(m_bMydraw&&(nFlags&&MK_LBUTTON))
{
    dc.MoveTo(m_start);
    dc.LineTo(point);
    m_start = point;
}
//判断是否画矩形
if(m_bRec&&(nFlags&&MK_LBUTTON))
{
    CGdiObject*object = dc.SelectStockObject(NULL_BRUSH);
    int mdoe = dc.GetROP2();
    dc.SetROP2(R2_NOTCOPYPEN);
    dc.Rectangle(m_end.x,m_end.y,m_start.x,m_start.y);
    dc.SetROP2(mdoe);
    dc.Rectangle(m_start.x,m_start.y,point.x,point.y);
    dc.SelectObject(object);
    m_end = point;
}
//判断是否画圆
if(m_bCir&&(nFlags&&MK_LBUTTON))
{
    CGdiObject*object = dc.SelectStockObject(NULL_BRUSH);
    int mdoe = dc.GetROP2();
    dc.SetROP2(R2_NOTCOPYPEN);
    dc.Ellipse(m_end.x,m_end.y,m_start.x,m_start.y);
    dc.SetROP2(mdoe);
    dc.Ellipse(m_start.x,m_start.y,point.x,point.y);
```

```
        dc.SelectObject(object);
        m_end = point;
    }
    CView::OnMouseMove(nFlags, point);
}
```

秘笈心法

心法领悟 461：鼠标消息处理。

鼠标拖曳操作一般都需要处理 WM_LBUTTONUP、WM_LBUTTONDOWN 和 WM_MOUSEMOVE 3 个消息，在鼠标按下时捕捉，鼠标移动时根据当前的鼠标位置对图形进行绘制，在抬起时释放捕捉的鼠标，将绘制的图形固定。

实例 462	如何绘制渐变颜色 光盘位置：光盘\MR\12\462	高级 趣味指数： ★★★★

实例说明

许多绘图软件能够演示各种颜色之间的渐变效果。本实例也实现了类似的效果。将两种颜色之间的渐变效果显示在对话框中，效果如图 12.19 所示。

图 12.19　绘制渐变颜色

关键技术

实现渐变效果比较容易，首先获取两种颜色的 R、G、B 差值，然后获取显示区域的距离。用 R、G、B 值除以区域的距离获得每一个像素点 R、G、B 的变化值。将起始颜色的 R、G、B 值加每个像素点 R、G、B 的变化值就得到了当前位置应该显示的颜色值。本实例中使用了 CPen 类的构造函数来创建 CPen 对象。

CPen 类的构造函数可以创建一个 CPen 对象，语法如下：

```
CPen( int nPenStyle, int nWidth, COLORREF crColor );
CPen( int nPenStyle, int nWidth, const LOGBRUSH* pLogBrush,
int nStyleCount = 0, const DWORD* lpStyle = NULL );
```

参数说明

❶ nPenStyle：指定创建画笔的样式是实体的还是虚线的。

❷ nWidth：指定创建画笔的宽度。

❸ crColor：指定创建画笔的颜色。

📖 说明：CPen 类的构造函数有两个函数原型，第二个函数原型比第一个多了两个参数。因为有默认值，所以调用时可以不设置这两个参数。通过这两个参数可以创建自定义样式的画笔。

设计过程

（1）创建基于对话框的应用程序。

（2）采用 DrawColor 方法绘制渐变色，代码如下：

```
void CDrawColorDlg::DrawColor(COLORREF StartColor,COLORREF EndColor)
{
CRect rect;
GetClientRect(rect);
BYTE r1 = GetRValue(StartColor);
BYTE g1 = GetGValue(StartColor);
BYTE b1 = GetBValue(StartColor);
BYTE r2 = GetRValue(EndColor);
BYTE g2 = GetGValue(EndColor);
BYTE b2 = GetBValue(EndColor);
```

```
double r,g,b;
r = (double)(r2-r1)/rect.Width();
g = (double)(g2-g1)/rect.Width();
b = (double)(b2-b1)/rect.Width();
BYTE r3;
BYTE g3 ;
BYTE b3;
CDC* pDC = GetDC();
for (int i = 0 ; i<rect.Width();i++)
{
        r3 = r1+ i*r;
        g3 = g1+i*g;
        b3 = b1+i*b;
        CPen pen(PS_SOLID,1,RGB(r3,g3,b3));
        pDC->SelectObject(&pen);
        pDC->MoveTo(i,0);
        pDC->LineTo(i,rect.Height());
}
pDC->DeleteDC();
}
```

■ 秘笈心法

心法领悟 462：颜色渐变的两种方法。

本实例中的渐变色是使用 CDC 类的 LineTo 方法实现的，每个像素都使用 LineTo 方法绘制。也可以将 LineTo 方法改为 SetPixel 方法。

实例 463	绘制不规则图形 光盘位置：光盘\MR\12\463	高级 趣味指数：★★★☆

■ 实例说明

本实例绘制了两个不规则图形，效果如图 12.20 所示。

图 12.20　绘制不规则图形

■ 关键技术

图形的绘制可以使用 CDC 类的 LineTo 方法实现，也可以使用 Polygon 方法实现。使用 LineTo 方法绘制图形只能一条线一条线地绘制，而使用 Polygon 方法可以一次绘制多条线段。把将要绘制线段的端点存放到 CPoint 数组中，然后将 CPoint 数组作为 Polygon 方法的参数即可一次完成图形的绘制。

Polygon 方法可以完成连续线段的绘制，语法如下：
```
BOOL Polygon( LPPOINT lpPoints, int nCount );
```

参数说明

❶ lpPoints：CPoint 数组的指针，CPoint 数组存放图形中每条线段的端点。

❷ nCount：CPoint 数组中元素的个数。

设计过程

（1）创建一个单文档视图程序。

（2）修改视图类的 OnDraw 方法，代码如下：

```
void CBGZView::OnDraw(CDC* pDC)
{
    CBGZDoc* pDoc = GetDocument();
    ASSERT_VALID(pDoc);
    //首先利用 LineTo 方法绘制一个类似五角星的图形
    pDC->MoveTo(100,30);
    pDC->LineTo(80,50);
    pDC->LineTo(60,50);
    pDC->LineTo(80,70);
    pDC->LineTo(40,100);
    pDC->LineTo(100,80);
    pDC->LineTo(160,100);
    pDC->LineTo(120,70);
    pDC->LineTo(140,50);
    pDC->LineTo(120,50);
    pDC->LineTo(100,30);
    //然后用 Polygon 方法绘制一个六边形
    CPoint pt1(40,150);
    CPoint pt2(120,250);
    CPoint pt3(200,150);
    CPoint pt4(200,300);
    CPoint pt5(120,400);
    CPoint pt6(40,300);
    CPoint pt[6]={pt1,pt2,pt3,pt4,pt5,pt6};
    pDC->Polygon(pt,6);
}
```

秘笈心法

心法领悟 463：Polygon 方法的使用。

在实践中使用 Polygon 方法可以绘制连续的线段，CDC 类中还有 PolyPolyline 方法和 PolylineTo 方法也可以绘制连续的线段，不同的是线段端点数组（CPoint 数组）的设置。

| 实例 464 | 数字验证
光盘位置：光盘\MR\12\464 | 高级
趣味指数：★★★☆ |

实例说明

在网页上使用过用户名登录的读者都知道，登录时除了填写用户名和密码外还需要填写一个验证码，这主要是为了防止使用登录器进行登录。本实例模拟网页登录的情况产生一个验证码，效果如图 12.21 所示。

图 12.21　数字验证

关键技术

验证码的生成原理很简单，就是在一定的区域内使用 DrawText 方法或 TextOut 方法输出几个随机字符，为了降低其他程序对字符的图像识别能力，还可以向矩形区域输出一些干扰信息。本实例中只从小写字母和 10 个数字中产生随机的验证码，这样共有 36 个字符。将这 36 个字符放到一个数组中，使用 rand 函数产生随机的数组下标，然后将指定下标的字符输出就形成了简单的验证码。

■ 设计过程

（1）创建基于对话框的应用程序。

（2）在 OnPaint 方法内使用 CDC 类的 DrawText 方法输出验证码。

（3）方法 CreateRegionCode 是生成验证码的方法，验证码通过该函数随机产生，代码如下：

```
CString CCheckNumberDlg::CreateRegionCode()
{
char buf[]={'0', '1', '2', '3', '4', '5', '6', '7', '8', '9',
    'a', 'b', 'c', 'd', 'e', 'f' ,'g' ,'h' ,'i' ,'j' ,'k' ,'l',
    'm' ,'n' ,'o' ,'p' ,'q' ,'r' ,'s' ,'t' ,'u' ,'v' ,'w' ,'x' ,'y' ,'z'
};
int r1,r2,r3,r4;
time_t t;
n = time(&t);
srand(n);
r1=rand()%36;
r2=rand()%36;
r3=rand()%36;
r4=rand()%36;
CString str;
str.Format("%c%c%c%c",buf[r1],buf[r2],buf[r3],buf[r4]);
return str;
}
```

■ 秘笈心法

心法领悟 464：验证码效果。

本实例中只是输出简单的验证码，没有在输出验证码时输出干扰信息，将字符旋转一定角度可以产生干扰效果，也可以输出一些不规则的线条进行干扰。

| 实例 465 | 电子名片
 光盘位置：光盘\MR\12\465 | 高级
 趣味指数：★★★★ |

■ 实例说明

纸制名片在日常生活中经常用到，随着科技的发展，电子名片也在不断地普及。通过手机即可相互传送名片，不但节省纸张，而且还提高了查找速度，本实例将实现绘制一种简单的电子名片，效果如图 12.22 所示。

图 12.22 电子名片

■ 关键技术

电子名片的绘制主要通过在不同位置输出不同效果的字体来实现。在设备上下文中输出字符可以使用 CDC 类的 DrawText 方法和 TextOut 方法实现，输出字符的字体大小、角度、粗细等信息则是通过设备上下文中的 CFont 对象来设置的。创建 CFont 对象的方法有很多，本实例中使用 CFont 类的 CreateFontIndirect 方法实现。

CreateFontIndirect 方法通过 LOGFONT 结构对象创建 CFont 对象，语法如下：

```
BOOL CreateFontIndirect(const LOGFONT* lpLogFont );
```

参数说明

lpLogFont：指向 LOGFONT 结构对象的指针，LOGFONT 结构有很多成员，主要有设置宽度的成员 lfWidth、设置斜体的成员 lfItalic、设置删除线的成员 lfStrikeOut 和设置字符集的成员 lfCharSet。

■ 设计过程

（1）创建基于对话框的应用程序。

（2）在 ID 属性为 IDD_CARDMANAGER_DIALOG 的对话框中添加编辑框和按钮控件。

（3）在工程中添加 ID 属性为 IDD_DLG_PREW 的对话框，并根据该对话框创建 CCardPrew 类。

（4）在 CCardPrew 类的 OnPaint 方法中，将在主对话框中输入的信息绘制出来，代码如下：

```
void CCardPrew::OnPaint()
{
CPaintDC dc(this);
CRect rcComp,rcPos,rcName,rcTel;
rcComp.SetRect(10,10,200,50);
rcPos.SetRect(270,130,350,160);
rcName.SetRect(10,100,260,160);
rcTel.SetRect(50,180,200,200);
LOGFONT log;
memset(&log,0,sizeof(LOGFONT));
log.lfCharSet=134;
log.lfHeight=30;
log.lfWeight=80;
strcpy(log.lfFaceName,"宋体");
CFont font,*pOldfont;
font.CreateFontIndirect(&log);
pOldfont=dc.SelectObject(&font);
dc.DrawText(m_strComp,rcComp,DT_LEFT);            //输出公司
font.DeleteObject();
dc.SelectObject(pOldfont);
font.CreateFontIndirect(&log);
log.lfHeight=30;
log.lfItalic=1;
dc.DrawText(m_strPos,rcPos,DT_LEFT);              //输出职务
log.lfHeight=60;
log.lfItalic=0;
font.DeleteObject();
font.CreateFontIndirect(&log);
dc.SelectObject(&font);
dc.DrawText(m_strName,rcName,DT_RIGHT);           //输出姓名
dc.SelectObject(pOldfont);
font.DeleteObject();
dc.DrawText("电话: "+m_strTel,rcTel,DT_LEFT);     //输出电话
}
```

■ 秘笈心法

心法领悟 465：CFont 对象的创建。

创建 CFont 对象的方法有很多，可以通过 CreateFontIndirect 方法创建，还可以通过 CreateFont 方法和 CreatePointFont 方法创建。CreateFont 方法需要指定很多参数来创建 CFont 对象，如果只对大小有要求，那么使用 CreatePointFont 方法创建即可。如果字体变化比较频繁，则应使用本实例中运用的 CreateFontIndirect 方法创建。

实例 466	绘制圆形 光盘位置：光盘\MR\12\466	高级 趣味指数：★★★☆

■ 实例说明

圆形、矩形都是基本图形，在 Visual C++中使用 MFC 类库提供的方法可以很容易地绘制，本实例将实现一

个圆的绘制，效果如图 12.23 所示。

关键技术

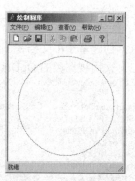

图 12.23 绘制圆形

本实例中的圆并没有使用 CDC 类的 Ellipse 方法绘制，而是通过圆的横坐标和纵坐标方程，计算出圆的各点坐标，然后使用 CDC 类的 SetPixel 方法绘制出圆的各坐标点。

圆的横坐标和纵坐标方程是：

$$\begin{cases} x = r\cos(a) \\ y = r\sin(a) \end{cases}$$

x 和 y 是坐标点，r 是半径，a 是圆的旋转角度。

设计过程

（1）创建基于单文档视图结构的应用程序。

（2）采用视图类的 OnDraw 方法绘制线条，代码如下：

```
void CBitRoundView::OnDraw(CDC* pDC)
{
CBitRoundDoc* pDoc = GetDocument();
ASSERT_VALID(pDoc);
pDC->SetViewportOrg(120,120);
for(int i=0;i<360;i++)
{
        pDC->SetPixel(100*cos(i),100*sin(i),RGB(255,0,0));
}
}
```

秘笈心法

心法领悟 466：用 SetPixel 方法绘制椭圆。

使用 SetPixel 方法绘制的圆形要比使用 CDC 类的 Ellipse 方法绘制的圆形模糊一些，可以通过增加 SetPixel 方法的绘制点来增强绘制效果。同样可以使用 SetPixel 方法来绘制各种图形，如果 CDC 类没有提供绘制某种图形的函数，则可以考虑使用 SetPixel 方法绘制。

实例 467	绘制字体边框 光盘位置：光盘\MR\12\467	高级 趣味指数：★★★★☆

实例说明

在开发应用程序的过程中，尤其在开发打印模块时，经常需要确认指定个数的字符能否完全显示出来。本实例应用单个字符的大小计算字符的显示区域，并在该区域绘制边框，效果如图 12.24 所示。

图 12.24 绘制字体边框

关键技术

本实例使用 CDC 类的 GetTextExtent 方法获取字体的高度和宽度，然后根据此高度和宽度计算出字体所在的矩形，最后通过 CDC 类的 Rectangle 方法将矩形绘制出来，此时要将设备上下文设置为无画刷。

Rectangle 方法可以绘制一个矩形，语法如下：

```
BOOL Rectangle( LPCRECT lpRect );
```

参数说明

lpRect：设置矩形所在的区域。

■ 设计过程

（1）创建基于单文档视图结构的应用程序。

（2）采用视图类的 OnDraw 方法绘制线条，代码如下：

```
void CFontBorderView::OnDraw(CDC* pDC)
{
CFontBorderDoc* pDoc = GetDocument();
ASSERT_VALID(pDoc);
CFont font,*pOldfont;
CPoint ptStart;
ptStart.x=10;
ptStart.y=10;
int iOffset=12;
font.CreatePointFont(700 ,"宋体");
pOldfont=pDC->SelectObject(&font);
pDC->TextOut(ptStart.x,ptStart.y,"明日科技");
CSize size=pDC->GetTextExtent("明日科技");
CGdiObject*object = pDC->SelectStockObject(NULL_BRUSH);          //透明
pDC->Rectangle(ptStart.x,ptStart.y,size.cx+iOffset,size.cy+iOffset);
font.DeleteObject();
pDC->SelectObject(pOldfont);
pDC->SelectObject(object);
}
```

■ 秘笈心法

心法领悟 467：获取字符所占空间。

CDC 类的 GetTextExtent 方法非常有用，在不能确定某个区域是不是能将字符完全显示出来前，可以通过该方法计算出字符显示所占的空间，然后通过比较决定如何显示字符。

实例 468	图像居中	高级
	光盘位置：光盘\MR\12\468	趣味指数：★★★★

■ 实例说明

本实例将实现图像居中显示，程序启动后图像在视图的左上角显示。通过执行"查看"→"居中"命令可以将图像移动到视图的中间显示，图像居中后的效果如图 12.25 所示。

图 12.25　图像居中

■ 关键技术

居中算法的实现很简单，知道图像和显示区域的高度、宽度即可。居中后的图像在显示区域左顶点的公式如下：

$$顶点横坐标=区域顶点横坐标+(显示区域宽度-图像宽度)/2$$
$$顶点纵坐标=区域顶点纵坐标+(显示区域高度-图像高度)/2$$

根据计算结果移动图像。当然，这个居中算法只用于图片尺寸小于显示区域的情况。

设计过程

（1）创建基于单文档视图结构的应用程序。

（2）采用视图类的 OnSetcenter 方法绘制线条，代码如下：

```
void CCenterPictureView::OnSetcenter()
{
HBITMAP
hbmp=(HBITMAP)::LoadImage(AfxGetInstanceHandle(),"test.bmp",IMAGE_BITMAP,0,0,LR_LOADFROMFILE|LR_DEFAULTCOLOR|LR_DEFA
ULTSIZE);
BITMAP bm;
GetObject(hbmp,sizeof(bm),&bm);
CSize cszTmp=GetCenterSize(600,400,bm.bmWidth,bm.bmHeight);
m_ptPitcureVec.x+=cszTmp.cx;
m_ptPitcureVec.y+=cszTmp.cy;
Invalidate();
}
```

秘笈心法

心法领悟 468：图像居中算法的应用。

本实例只是实现了图像的居中显示，还可以对实例进行扩展，在控件布局时使控件在指定区域居中，在显示字符时使字符能够居中显示。

实例 469	绘制五角星 光盘位置：光盘\MR\12\469	高级 趣味指数：★★★★

实例说明

五角星是数学中经常用到的图形。本实例将实现五角星的绘制，效果如图 12.26 所示。

关键技术

绘制五角星的主要难点在于如何确定五角星的 5 个顶点。这 5 个顶点的弧线长度是相等的，所以可以通过绘制圆的方程来绘制，只要将圆方程的角度以 72°递增即可求出 5 个顶点的坐标。本实例中先使用 SetViewportOrg 方法设置了视图坐标原点，然后通过 cos 函数和 sin 函数计算出圆上的 5 个顶点，最后通过 MoveTo 方法和 LineTo 方法将 5 个顶点连接成五角星。

图 12.26　绘制五角星

设计过程

（1）创建基于单文档视图结构的应用程序。

（2）采用视图类的 OnDraw 方法绘制五角星，代码如下：

```
void CPentacleView::OnDraw(CDC* pDC)
{
CPentacleDoc* pDoc = GetDocument();
ASSERT_VALID(pDoc);
CPoint pt[5];
pDC->SetViewportOrg(100,100);
```

```
int i;
for(i=0;i<5;i++)
{
        pt[i].x=100*cos(2*3.14/5*(i+1));
        pt[i].y=100*sin(2*3.14/5*(i+1));
}
for(i=0;i<5;i++)
{
        int a;
        pDC->MoveTo(pt[i].x,pt[i].y);
        a=i+2;
        if(a>4) a-=5;
        pDC->LineTo(pt[a].x,pt[a].y);
}
}
```

秘笈心法

心法领悟 469：绘制五角星的另一种方法。

本实例绘制的是五角星，还可以根据五角星的 5 个顶点绘制五边形。

实例 470	绘制印章 光盘位置：光盘\MR\12\470	高级 趣味指数：★★★★

实例说明

在生活中有各种各样的印章，有公司用的公章，有财务用的财务专用章等，本实例模拟绘制了公司的印章，效果如图 12.27 所示。

关键技术

绘制印章的主要难点在于如何绘制围成圆圈的文字。本实例将印章中的每个字都单独绘制，并根据文字所在的位置对文字进行一定角度的旋转。旋转的文字需要通过 CFont 类的 CreateFontIndirect 方法创建 CFont 对象，CreateFontIndirect 方法的参数是一个 LOGFONT 结构对象，LOGFONT 结构的 lfEscapement 成员负责控制旋转角度。

图 12.27 绘制印章

设计过程

（1）创建基于单文档视图结构的应用程序。

（2）采用视图类的 OnDraw 方法调用自定义方法 DrawStamper 绘制印章，代码如下：

```
void CStamperView::DrawStamper(CDC* pDC)
{
CPen pen(PS_SOLID,4,RGB(255,0,0));
CPen *pOldpen=pDC->SelectObject(&pen);
pDC->Ellipse(10,10,310,310);
pDC->SelectObject(pOldpen);
//-900 是横向顺时针，900 是逆时针
CFont font,*pOldFont;
LOGFONT log;
memset(&log,0,sizeof(log));
log.lfCharSet=134;
log.lfHeight=30;
log.lfWeight=10;
log.lfEscapement=900;
strcpy(log.lfFaceName,"黑体");
//绘制"吉"字
```

```
font.CreateFontIndirect(&log);
pOldFont=pDC->SelectObject(&font);
pDC->TextOut(14,150,"吉");
font.DeleteObject();
//绘制"林"字
log.lfEscapement=500;
font.CreateFontIndirect(&log);
pDC->SelectObject(&font);
pDC->TextOut(41,80,"林");
font.DeleteObject();
//绘制"省"字
log.lfEscapement=300;
font.CreateFontIndirect(&log);
pDC->SelectObject(&font);
pDC->TextOut(85,32,"省");
font.DeleteObject();
//绘制"明"字
log.lfEscapement=0;
font.CreateFontIndirect(&log);
pDC->SelectObject(&font);
pDC->TextOut(150,14,"明");
font.DeleteObject();
//此处代码省略
pDC->SelectObject(pOldFont);
}
```

■ 秘笈心法

心法领悟 470：菱形边缘的印章。

本实例绘制的是圆形的印章，还可以修改程序使其能够绘制出菱形边缘的印章，只要计算出菱形的 4 个顶点，即可通过 CDC 类的 LineTo 方法绘制出菱形。绘制时使用 CPen 对象改变线条的宽度，最后在菱形内绘制出印章的内容。

实例471	在菱形内绘制图像	高级
	光盘位置：光盘\MR\12\471	趣味指数：★★★☆

■ 实例说明

一般图像都会平整地绘制在一个矩形内，本实例将实现把一个图像绘制在一个菱形的范围内，效果如图 12.28 所示。

图 12.28 在菱形内绘制图像

■ 关键技术

将图像绘制在菱形范围内需要使用 CDC 类的 PlgBlt 方法。

PlgBlt 方法通过设置四边形的各顶点形成四边形区域，然后在该区域内显示图像，语法如下：

```
BOOL PlgBlt( POINT lpPoint, CDC* pSrcDC, int xSrc, int ySrc, int nWidth, int nHeight, CBitmap& maskBitmap, int xMask, int yMask );
```

PlgBlt 方法中的参数说明如表 12.2 所示。

表 12.2　PlgBlt 方法中的参数说明

参　　数	说　　明	参　　数	说　　明
lpPoint	指定顶点数组	nHeight	设置位图显示的高度
pSrcDC	指向加载位图的设备上下文句柄指针	maskBitmap	设置位图句柄
xSrc	设置位图显示的左顶点的横坐标	xMask	设置位图左顶点的横坐标
ySrc	设置位图显示的左顶点的纵坐标	yMask	设置位图左顶点的纵坐标
nWidth	设置位图显示的宽度		

■ 设计过程

（1）创建基于单文档视图结构的应用程序。

（2）采用视图类的 OnDraw 方法绘制图像，代码如下：

```
void CDrawRhombicPictureView::OnDraw(CDC* pDC)
{
CDrawRhombicPictureDoc* pDoc = GetDocument();
ASSERT_VALID(pDoc);
HBITMAP hbm;
BITMAP    bm;
CDC memdc;
CPoint pt[3];
CRect ri;
CBitmap cbmp;
ri.left=10;
ri.top=10;
ri.bottom=100;
ri.right=100;
hbm=(HBITMAP)LoadImage(NULL,"test.bmp",IMAGE_BITMAP,0,
        0,LR_LOADFROMFILE);
memdc.CreateCompatibleDC(pDC);
memdc.SelectObject(hbm);
GetObject (hbm, sizeof(BITMAP), (LPSTR)&bm);
pt[0].x = (LONG) (ri.left + (ri.right - ri.left)/4);
pt[0].y = (LONG) (ri.top + (ri.bottom - ri.top)/4);
pt[1].x = (LONG) ri.right;
pt[1].y = (LONG) ri.top;
pt[2].x = (LONG) ri.left;
pt[2].y = (LONG) ri.bottom;
pDC->PlgBlt(pt,&memdc,0,0,bm.bmWidth,bm.bmHeight,cbmp,0,0);
memdc.DeleteDC();
}
```

■ 秘笈心法

心法领悟 471：PlgBlt 方法的使用。

使用 CDC 类的 PlgBlt 方法同样可以绘制非菱形的图像，如果将 PlgBlt 方法的参数设置为图像的正常坐标，那么 PlgBlt 方法同 BitBlt 方法的功能一样。

实例 472	绘制简单饼型图 光盘位置：光盘\MR\12\472	高级 趣味指数：★★★☆

■ 实例说明

饼型图经常用于统计数据，绘制饼型图的方法有很多。本实例使用 CDC 类提供的方法绘制一个简单的饼型图，效果如图 12.29 所示。

图 12.29　绘制简单饼型图

▌关键技术

使用 CDC 类的 AngleArc 方法可以实现饼型图的绘制，AngleArc 方法是根据起始角度和终止角度来绘制饼型图的，角度是 X 轴正半轴按照逆时针方向增加的。

AngleArc 方法可以绘制带实体颜色的饼型图，语法如下：

```
BOOL AngleArc( int x, int y, int nRadius, float fStartAngle, float fSweepAngle );
```

AngleArc 方法中的参数说明如表 12.3 所示。

表 12.3　AngleArc 方法中的参数说明

参　　数	说　　明	参　　数	说　　明
x	饼型图原点的横坐标	fStartAngle	饼型图的起始角度
y	饼型图原点的纵坐标	fSweepAngle	饼型图的旋转角度
nRadius	饼型图的半径		

▌设计过程

（1）创建基于单文档视图结构的应用程序。

（2）在工程中添加 ID 属性为 IDD_DIALOG_SET 的对话框资源，并根据该对话框创建 CInput 类。

（3）采用视图类的 OnDraw 方法，根据用户输入的绘制信息绘制饼型图，代码如下：

```
void CDrawCakyView::OnDraw(CDC* pDC)
{
CDrawCakyDoc* pDoc = GetDocument();
ASSERT_VALID(pDoc);
if(m_Draw)
{
    int x,y,iRadius;
    x=atoi(m_centerX);
    y=atoi(m_centerY);
    iRadius=atoi(m_radius);
    float fStartAngle,fSweepAngle;
    fStartAngle=atof(m_startAngle);
    fSweepAngle=atof(m_sweepAngle);
    pDC->BeginPath();
    pDC->SelectObject(GetStockObject(GRAY_BRUSH));
    pDC->MoveTo( x, y);
    pDC->AngleArc(x,y,iRadius,fStartAngle,fSweepAngle);
    pDC->LineTo( x, y);
    pDC->EndPath();
    pDC->StrokeAndFillPath();
}
}
```

▌秘笈心法

心法领悟 472：饼型图的改进。

本实例中只是绘制了一种颜色的饼型图，可以设置不同颜色的画刷，然后根据不同的角度绘制多个简单的饼型图，然后在不同的饼型图内输出说明文字，这样就构成了完整的用于分析的饼型图。

实例 473	绘制圆弧	高级
	光盘位置：光盘\MR\12\473	趣味指数：★★★☆

■ 实例说明

圆弧分为封闭圆弧和敞开圆弧。本实例对两种圆弧进行了绘制，效果如图 12.30 所示。

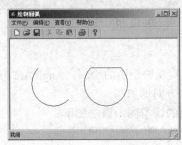

图 12.30　绘制圆弧

■ 关键技术

绘制敞开的圆弧使用 CDC 类的 Arc 方法，绘制封闭的圆弧使用 Chord 方法。

（1）Arc 方法

该方法用于绘制非封闭的弧线，语法如下：

```
BOOL Arc( LPCRECT lpRect, POINT ptStart, POINT ptEnd );
```

参数说明

❶ lpRect：指定圆弧所在的矩形。

❷ ptStart：指定圆弧的起始点。

❸ ptEnd：指定圆弧的结束点。

（2）Chord 方法

该方法用于绘制含有弦线的弧线，语法如下：

```
BOOL Chord( LPCRECT lpRect, POINT ptStart, POINT ptEnd );
```

参数说明

❶ lpRect：指定圆弧所在的矩形。

❷ ptStart：指定圆弧的起始点。

❸ ptEnd：指定圆弧的结束点。

■ 设计过程

（1）创建基于单文档视图结构的应用程序。

（2）采用视图类的 OnDraw 方法绘制线条，代码如下：

```
void CDrawChordView::OnDraw(CDC* pDC)
{
CDrawChordDoc* pDoc = GetDocument();
ASSERT_VALID(pDoc);
CRect rcArc(50,50,150,150);
CRect rcChord(170,50,270,150);
CPoint ptArcStart(50,50);
CPoint ptArcEnd(150,150);
CPoint ptChordStart(170,50);
CPoint ptChordEnd(270,50);
pDC->Arc(&rcArc,ptArcStart,ptArcEnd);
pDC->Chord(&rcChord,ptChordStart,ptChordEnd);
}
```

秘笈心法

心法领悟 473：Arc 方法和 Chord 方法的比较。

Arc 方法和 Chord 方法绘制弧线时的起始点和结束点是根据弧线所在矩形设置的，只需设置矩形所在的坐标即可，Arc 和 Chord 方法会根据矩形坐标自行截取出显示的弧线区域。

实例 474	绘制自定义线条	高级
	光盘位置：光盘\MR\12\474	趣味指数：★★★☆

实例说明

在设备上下文中既可以绘制实线也可以绘制虚线，虚线的绘制需要确定虚线点的大小以及点与点的距离，系统有默认值，开发人员也可以对默认值进行修改进而绘制各种样式的虚线。本实例绘制了 3 种样式的虚线。实例运行效果如图 12.31 所示。

图 12.31　绘制自定义线条

关键技术

在设备上下文中要改变线条的样式，就需要创建不同的 CPen 对象，CPen 对象的创建需要使用 CPen 类的 CreatePen 方法。

CreatePen 方法能够实现在设备上下文中创建画笔，语法如下：

```
BOOL CreatePen( int nPenStyle, int nWidth, COLORREF crColor );
BOOL CreatePen( int nPenStyle, int nWidth, const LOGBRUSH* pLogBrush, int nStyleCount = 0, const DWORD* lpStyle = NULL );
```

CreatePen 方法中的参数说明如表 12.4 所示。

表 12.4　CreatePen 方法中的参数说明

参　　数	说　　明
nPenStyle	指定画笔的样式，可以指定绘制几何画笔 PS_GEOMETRIC，绘制装饰画笔 PS_COSMETIC
nWidth	设置画笔的宽度
crColor	设置画笔的颜色
pLogBrush	指定画刷指针
nStyleCount	指定样式元素的数量，也是 lpStyle 指向数组的元素个数
lpStyle	指向含有宽度信息的 DWORD 数组首元素指针

要创建自定义画笔，需要将 nPenStyle 设置为 PS_USERSTYLE。

设计过程

（1）创建基于单文档视图结构的应用程序。

（2）采用视图类的 OnDraw 方法绘制线条，代码如下：

```
void CDrawStyleLineView::OnDraw(CDC* pDC)
{
CDrawStyleLineDoc* pDoc = GetDocument();
ASSERT_VALID(pDoc);
CPen pen,*pOldPen;
CString strResult;
LOGBRUSH lb;
DWORD wstyle1[2];
lb.lbStyle = BS_SOLID;
lb.lbColor = RGB(0,0,255);
lb.lbHatch = HS_BDIAGONAL;
wstyle1[0]=1;//最小单位为 1，设置 0 无效
wstyle1[1]=2;
```

```
CRect rcStyle1(10,10,100,30);
strResult="自定义样式 1";
pen.CreatePen(PS_USERSTYLE,1,&lb,2,wstyle1);
pOldPen=(CPen*)pDC->SelectObject(pen);
pDC->DrawText(strResult,&rcStyle1,DT_RIGHT);
pDC->MoveTo(110,20);
pDC->LineTo(210,20);
pen.DeleteObject();
DWORD wstyle2[3];
lb.lbStyle = BS_SOLID;
lb.lbColor = RGB(0,0,255);
lb.lbHatch = HS_BDIAGONAL;
wstyle2[0]=1;
wstyle2[1]=2;
wstyle2[2]=5;
CRect rcStyle2(10,40,100,60);
strResult="自定义样式 2";
pen.CreatePen(PS_USERSTYLE,1,&lb,3,wstyle2);
pDC->SelectObject(pen);
pDC->DrawText(strResult,&rcStyle2,DT_RIGHT);
pDC->MoveTo(110,50);
pDC->LineTo(210,50);
pen.DeleteObject();
DWORD wstyle3[4];
lb.lbStyle = BS_SOLID;
lb.lbColor = RGB(0,0,255);
lb.lbHatch = HS_BDIAGONAL;
wstyle3[0]=5;
wstyle3[1]=1;
wstyle3[2]=1;
wstyle3[3]=5;
CRect rcStyle3(10,70,100,90);
strResult="自定义样式 3";
pen.CreatePen(PS_USERSTYLE,1,&lb,4,wstyle3);
pDC->SelectObject(pen);
pDC->DrawText(strResult,&rcStyle3,DT_RIGHT);
pDC->MoveTo(110,80);
pDC->LineTo(210,80);
pen.DeleteObject();
}
```

■ 秘笈心法

心法领悟 474：画笔宽度应用。

使用 CreatePen 方法创建装饰画笔时，画笔的宽度只能设置为 1，如果参数 pLogBrush 指定的是纹理画刷，那么就会创建出纹理的线条，如果线条足够宽，就相当于使用纹理填充了一个矩形。

实例 475	彩虹文字 光盘位置：光盘\MR\12\475	高级
		趣味指数: ★★★★☆

■ 实例说明

在生活中，闪闪烁烁的霓虹灯看起来虽然有些刺眼，却很漂亮，所以很受用户的青睐，从而使家居中的灯饰也开始带上闪烁的效果。那么在程序中是否能实现这样的闪烁功能呢？答案是肯定的，而且在窗体中显示彩虹文字，可以美化程序界面。本实例实现的就是在窗体中显示彩虹文字，效果如图 12.32 所示。

■ 关键技术

在设计彩虹文字时，首先调用 BeginPath 方法打开一个路径，然后

图 12.32　闪烁的彩虹文字

调用 TextOut 方法在路径中输出文字，调用 EndPath 方法关闭路径。在设置颜色时，是通过随机数来实现的，分别随机红、绿、蓝 3 个值，然后生成一个随机颜色的画笔，通过随机色的画笔逐行绘制不同颜色的线，从而实现彩虹文字的效果。

彩虹文字需要利用设备上下文 CDC 类的路径方法来实现，包括 BeginPath 方法、EndPath 方法和 TextOut 方法等。

（1）BeginPath 方法

BeginPath 方法用于在设备环境中打开路径，语法如下：

```
BOOL BeginPath( );
```

（2）EndPath 方法

EndPath 方法用于在设备环境中关闭路径，语法如下：

```
BOOL EndPath( );
```

（3）TextOut 方法

TextOut 方法用于输出文本。语法如下：

```
virtual BOOL TextOut( int x, int y, LPCTSTR lpszString, int nCount );
BOOL TextOut( int x, int y, const CString& str );
```

TextOut 方法中的参数说明如表 12.5 所示。

表 12.5　TextOut 方法中的参数说明

参　　数	说　　明
x	指定文本起点的横坐标
y	指定文本起点的纵坐标
lpszString	要绘制的字符串的指针
nCount	字符串中的字节数
str	包含字符的 CString 对象

■ 设计过程

（1）创建一个基于对话框的应用程序，修改其 Caption 属性为"彩虹文字"。

（2）向工程中导入位图资源，用于绘制程序背景。

（3）在对话框初始化（OnInitDialog 方法中）时设置定时器，时间间隔为 100ms。

（4）处理对话框的定时器事件，在定时器中绘制彩虹文字，代码如下：

```
void CRainbowDlg::OnTimer(UINT nIDEvent)
{
    CDC* pDC = GetDC();                                       //获得设备上下文
    Font.CreatePointFont(400,"宋体",pDC);                     //创建字体
    pDC->SelectObject(&Font);
    pDC->BeginPath();                                         //打开路径
    pDC->SetBkMode(TRANSPARENT);                              //设计背景透明
    pDC->TextOut(60,60,"明日科技");                           //输出文字
    pDC->EndPath();                                           //关闭路径
    pDC->SelectClipPath(RGN_COPY);
    pDC->AbortPath();
    Font.DeleteObject();
    CRect rect;
    GetClientRect(&rect);
    int R,G,B;
    for(int i=0;i<rect.Height();i=i+5)
    {
        //随机选择颜色
        R = rand()/2;
        G = rand()/2;
        B = rand()/2;
        CPen pen;
        pen.CreatePen(PS_SOLID,5,RGB(255*R,255*G,255*B));     //创建画笔
        pDC->SelectObject(&pen);
        pDC->MoveTo(rect.Width(),i);
```

```
                    pDC->LineTo(0,i);
                    pen.DeleteObject();
            }
        CDialog::OnTimer(nIDEvent);
}
```

■ 秘笈心法

心法领悟 475：使用 LineTo 方法填充区域。

本实例中使用 CDC 类的 LineTo 方法绘制颜色区域，LineTo 方法只可以绘制一行像素。如果要形成区域就需要多次调用 LineTo 方法，调用 LineTo 方法的次数越多，区域自然就越宽。

12.3 分　　形

实例 476	模拟自然景物 光盘位置：光盘\MR\12\476	高级 趣味指数：★★★☆

■ 实例说明

通过 IFS 算法可以实现对自然景物的模拟，IFS 可以模拟的景物有很多，如山、树、三叶草和皇冠等。本实例将实现对山的模拟，效果如图 12.33 所示。

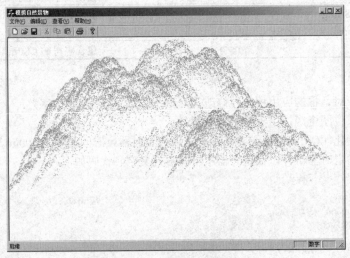

图 12.33　模拟自然景物

■ 关键技术

IFS（Iterator Function System）是一种分形几何系统，主要通过仿射坐标变换来生成几何图形，仿射坐标变换是旋转、扭曲和平移 3 种效果的叠加。本实例中的山就是由多个缩小的自身组成的，每一个自身单元都是通过 SetPixel 方法绘制的。

■ 设计过程

（1）创建名为 IFS 的单文档 MFC 工程。

（2）在头文件中加入变量的声明，具体参照代码。

（3）在 OnDraw 函数中进行图形的绘制，代码如下：

```
void CIFSView::OnDraw(CDC* pDC)
```

```
{
CIFSDoc* pDoc = GetDocument();
ASSERT_VALID(pDoc);
a[0]=0.7;a[1]=0.5;a[2]=-0.4;a[3]=-0.5;
b[0]=0.0;b[1]=0;b[2]=0;b[3]=0;
c[0]=0;c[1]=0;c[2]=1;c[3]=0;
d[0]=0.8;d[1]=0.5;d[2]=0.4;d[3]=0.5;
e[0]=0;e[1]=2;e[2]=0;e[3]=2;
f[0]=0;f[1]=0;f[2]=1;f[3]=1;
p[0]=0.25;p[1]=0.5;p[2]=0.75;p[3]=1;
float xj,m;
x=0;y=0;
srand(unsigned(time(NULL)));
for(i=0;i<totalsteps;i++)
{
        m=float(rand());
        xj=float(m/RAND_MAX);
        if(xj<=p[0]) k=0;
        if((xj>p[0])&&(xj<=p[1])) k=1;
        if((xj>p[1])&&(xj<=p[2])) k=2;
        if((xj>p[2])&&(xj<=p[3])) k=3;
        x=a[k]*x+b[k]*y+e[k];
        y=c[k]*x+d[k]*y+f[k];
        if(i>10)
        pDC->SetPixel(int(MaxY*x/stepx+MaxY/2 ) ,
            MaxY-int(MaxY*y/stepy+30)-100 ,m_pColor);
}
}
```

■ 秘笈心法

心法领悟 476：分形的基本操作。

本实例中对山的基本数据进行平移、放大和缩小操作。根据这 3 种操作获取了各个数组中的数据，但数组 p 除外，数组 p 代表的是随机数的范围。

实例 477　三叶草　　高级

光盘位置：光盘\MR\12\477　　趣味指数：★★★★☆

■ 实例说明

本实例利用 IFS 算法实现三叶草的绘制，效果如图 12.34 所示。

图 12.34　三叶草

■ 关键技术

分形算法主要使用 ax+by+c 计算横坐标，使用 dx+ey+f 计算纵坐标。在二维数组中包含了不同部位的数据，例如，本实例中 ifs[0]和 ifs[1]代表茎，ifs[2]代表左叶，ifs[3]代表右叶。根据随机数对不同部位进行绘制。本实例中通过 rand 函数产生随机数，然后根据随机数调用定义在数组中的分形数据。程序定义了 4 行 6 列数据，所产生的随机数在 0～100 之间变化，所以要通过判断语句将 0～100 划分为 4 段，然后根据段序号提取数组中的数据。

■ 设计过程

（1）创建基于单文档视图结构的应用程序。

（2）在 OnDraw 函数中进行图形的绘制，代码如下：

```
void CMorphoPictureView::DrawLeaf(CClientDC* pDC)
{
int randNum,k;
double ifs[4][6]={    0,0,0,0.16,0,0,
                      0.85,0.04,-0.04,0.85,0,1.6,
                      0.2,-0.26,0.23,0.22,0,1.6,
                      -0.15,0.28,0.26,0.24,0,0.44
                      };
double x=0,y=0;
for(int i=1;i<30000;i++)
{
    randNum=rand()%100+1;
    if(randNum<=85)    k=1;
    if(randNum==86)    k=0;
    if(randNum>86&&k<94)   k=2;
    if(randNum>=94)    k=3;
    x=ifs[k][0]*x+ifs[k][1]*y+ifs[k][4];
    y=ifs[k][2]*x+ifs[k][3]*y+ifs[k][5];
    pDC->SetPixel((int)(200+400*x/10),(int)(400*y/10),RGB(0,255,0));
}
}
```

■ 秘笈心法

心法领悟 477：IFS 算法的数据内容。

本实例中对三叶草的基本数据进行旋转和缩小操作，根据这两种操作获取了 ifs 二维数组中的数据，二维数组中的数据是坐标变换的结果。

第13章

图像特效

- ▶▶ 图像滤镜
- ▶▶ 图像绘制
- ▶▶ 图像色彩转换
- ▶▶ 图像边缘提取
- ▶▶ 字体特效

13.1 图像滤镜

实例 478	图像锐化 光盘位置：光盘\MR\13\478	高级 趣味指数：★★★★

■ 实例说明

锐化效果主要是增加图像的亮度，增强颜色的鲜艳感。本实例将实现使一幅图片锐化显示，可以通过菜单控制进行原图显示或锐化显示。图像锐化后的效果如图 13.1 所示。

■ 关键技术

锐化算法主要是通过指定像素加上其与相邻像素的颜色差来实现。本实例使用了 VFW 库中的 DrawDibDraw 方法实现了真彩色图像的绘制。首先程序需要将位图资源加载到资源中，然后通过 CreateDIBSection 这个 API 函数获取位图资源的二进制图像数据。图像的二进制数据是由图像每个像素的 R、G、B 颜色值组成的，通过循环语句修改每个像素的颜色值，进而达到锐化效果，最后通过 DrawDibDraw 方法将修改的图像数据绘制到设备上下文中。

图 13.1 图像锐化

DrawDibDraw 方法可以将二进制图像数据显示到指定的设备上下文中，语法如下：

```
BOOL DrawDibDraw(HDRAWDIB hdd,HDC hdc,int xDst,int yDst,
int dxDst,int dyDst,LPBITMAPINFOHEADER lpbi,LPVOID lpBits,
int xSrc,int ySrc,int dxSrc,int dySrc,UINT wFlags);
```

DrawDibDraw 方法中的参数说明如表 13.1 所示

表 13.1 DrawDibDraw 方法中的参数说明

参　数	说　　明
hdd	指定 DrawDib 设备上下文句柄
hdc	指定设备上下文句柄
xDst	指定目标区域左顶点 X 轴坐标
yDst	指定目标区域左顶点 Y 轴坐标
dxDst	指定目标区域的宽度
dyDst	指定目标区域的高度
lpbi	指定 BITMAPINFOHEADER 结构对象，设置位图格式，需要正确设置结构对象，否则图像将无法正确显示
lpBits	指定位图数据的缓存
xSrc	以像素为单位，指定目标区域左上角的 X 坐标。坐标（0,0）是位图的左上角
ySrc	以像素为单位，指定目标区域左上角的 Y 坐标
dxSrc	以像素为单位，指定目标区域的宽度
dySrc	以像素为单位，指定目标区域的高度
wFlags	指定绘制方式，取值 DDF_BACKGROUNDPAL 表示使用背景的调色板，取值 DDF_DONTDRAW 表示进行压缩不进行绘制

■ 设计过程

（1）创建一个基于单文档视图结构的应用程序。

（2）在头文件 StdAfx.h 中加入对 vfw.h 头文件和 vfw32.lib 库文件的引用。

（3）为 CSharpPictureView 类添加 m_bdraw 和 m_hdraw 两个成员变量。

（4）在 OnDraw 方法中绘制锐化的图像，代码如下：

```
void CSharpPictureView::OnDraw(CDC* pDC)
{
CSharpPictureDoc* pDoc = GetDocument();
ASSERT_VALID(pDoc);
COLORREF*pcol;
HBITMAP srcbmp;
BITMAP bm;
hdraw=DrawDibOpen();
CBitmap bmp;
bmp.LoadBitmap(IDB_MYBITMAP);
bmp.GetBitmap(&bm);
BITMAPINFOHEADER RGB32BITSBITMAPINFO=
    {sizeof(BITMAPINFOHEADER),bm.bmWidth,bm.bmHeight,
    1,32,BI_RGB,0,0,0,0};
HDC memdc=CreateCompatibleDC(NULL);
srcbmp=CreateDIBSection(memdc,(BITMAPINFO*)&RGB32BITSBITMAPINFO,
        DIB_RGB_COLORS,(VOID**)&pcol,NULL,0);
if(srcbmp)
{
    HBITMAP hOldBmp=(HBITMAP)SelectObject(memdc,srcbmp);
    HDC hDC=CreateCompatibleDC(memdc);
    if(hDC)
    {
        HBITMAP hOldBmp2=(HBITMAP)SelectObject(hDC,bmp);
        //将 IDB_MYBITMAP 的数据复制到 pcol 中
        BitBlt(memdc,0,0,bm.bmWidth,bm.bmHeight,hDC,
            0,0,SRCCOPY);
        SelectObject(hDC,hOldBmp2);
        DeleteDC(hDC);
    }
}
if(bdraw)
{
    int i,j,k,cx=bm.bmWidth;
    int r[2],g[2],b[2];
    for(i=1;i<bm.bmWidth-1;i++)
        for(j=1;j<bm.bmHeight-1;j++)
        {
            r[1]=GetRValue(pcol[i+j*cx]);
            g[1]=GetGValue(pcol[i+j*cx]);
            b[1]=GetBValue(pcol[i+j*cx]);
            r[0]=GetRValue(pcol[(i-1)+(j-1)*cx]);
            g[0]=GetGValue(pcol[(i-1)+(j-1)*cx]);
            b[0]=GetBValue(pcol[(i-1)+(j-1)*cx]);
            r[1]+=(r[1]-r[0])/2;
            g[1]+=(g[1]-g[0])/2;
            b[1]+=(b[1]-b[0])/2;
            if(r[1]<0)r[1]=0;
            if(g[1]<0)g[1]=0;
            if(b[1]<0)b[1]=0;
            if(r[1]>255)r[1]=255;
            if(g[1]>255)g[1]=255;
            if(b[1]>255)b[1]=255;
            pcol[i+j*cx]=RGB(r[1],g[1],b[1]);
        }
    DrawDibDraw(hdraw,pDC->GetSafeHdc(),0,0,bm.bmWidth,bm.bmHeight,
        &RGB32BITSBITMAPINFO,(LPVOID)pcol,
        0,0,bm.bmWidth,bm.bmHeight,DDF_BACKGROUNDPAL);
}
else
{
    DrawDibDraw(hdraw,pDC->GetSafeHdc(),0,0,bm.bmWidth,bm.bmHeight,
        &RGB32BITSBITMAPINFO,(LPVOID)pcol,
        0,0,bm.bmWidth,bm.bmHeight,DDF_BACKGROUNDPAL);
}
}
```

```
DrawDibClose(hdraw);
}
void CSharpPictureView::OnSharp()
{
bdraw=!bdraw;
Invalidate();
}
```

秘笈心法

心法领悟478：图像数据的获取。

本实例中使用的是 API 函数 CreateDIBSection 获取图像的二进制数据,图像二进制数据的获取还可以使用 GetDIBits 函数。这两个函数的主要区别是 CreateDIBSection 函数获取的是设备相关位图的数据,而 GetDIBits 函数获取的是设备无关位图的数据。

实例 479	图像柔化 光盘位置:光盘\MR\13\479	高级 趣味指数:★★★☆

实例说明

图像柔化操作是相对于图像锐化的一种操作。图像柔化就是减少图像的亮度,减弱颜色的鲜艳度,进而使图像更接近真实的效果。实例运行结果如图 13.2 所示。

关键技术

图像非边缘的像素都有上、下、左、右、左上、右上、左下、右下 8 个方向,柔化操作就是将一个像素的 8 个相邻的像素值连同自身求平均值,并替换原来的值。本实例首先通过 CreateDIBSection 创建设备相关位图,然后使用 BitBlt 方法获取位图的二进制数据。在以图像宽度和高度为循环条件的双层循环中,对图像的二进制数据进行修改,首先要获取位图一个像素及周围相邻像素的 R、G、B 值,然后求出 9 个像素的 R、G、B 平均值,最后将平均值设置为刚获取像素的颜色值。

图 13.2　图像柔化

设计过程

(1)创建一个基于单文档视图结构的应用程序。

(2)在头文件 StdAfx.h 中加入对 vfw.h 头文件和 vfw32.lib 库文件的引用。

(3)为 CSoftPictureView 类添加 m_hdraw、m_colsrc(COLORREF *)、m_coldst、m_srcbmp(HBITMAP)、m_dstbmp、m_bmInfo(BITMAP)成员变量。

(4)在 OnSoft 方法中对图像进行柔化处理,代码如下:

```
void CSoftPictureView::OnSoft()
{
int i,j,k,cx=bm.bmWidth;
int r[9],g[9],b[9];
int r0,g0,b0;
for(i=1;i<bm.bmWidth-1;i++)
        for(j=1;j<bm.bmHeight-1;j++)
        {
                r[0]=GetRValue(m_coldst[(i-1)+(j-1)*cx]);
                g[0]=GetGValue(m_coldst[(i-1)+(j-1)*cx]);
                b[0]=GetBValue(m_coldst[(i-1)+(j-1)*cx]);
                r[1]=GetRValue(m_coldst[(i)+(j-1)*cx]);
                g[1]=GetGValue(m_coldst[(i)+(j-1)*cx]);
                b[1]=GetBValue(m_coldst[(i)+(j-1)*cx]);
                r[2]=GetRValue(m_coldst[(i+1)+(j-1)*cx]);
```

```
            g[2]=GetGValue(m_coldst[(i+1)+(j-1)*cx]);
            b[2]=GetBValue(m_coldst[(i+1)+(j-1)*cx]);
            r[3]=GetRValue(m_coldst[(i-1)+j*cx]);
            g[3]=GetGValue(m_coldst[(i-1)+j*cx]);
            b[3]=GetBValue(m_coldst[(i-1)+j*cx]);
            r[4]=GetRValue(m_coldst[i+j*cx]);
            g[4]=GetGValue(m_coldst[i+j*cx]);
            b[4]=GetBValue(m_coldst[i+j*cx]);
            r[5]=GetRValue(m_coldst[(i+1)+j*cx]);
            g[5]=GetGValue(m_coldst[(i+1)+j*cx]);
            b[5]=GetBValue(m_coldst[(i+1)+j*cx]);
            r[6]=GetRValue(m_coldst[(i-1)+(j+1)*cx]);
            g[6]=GetGValue(m_coldst[(i-1)+(j+1)*cx]);
            b[6]=GetBValue(m_coldst[(i-1)+(j+1)*cx]);
            r[7]=GetRValue(m_coldst[i+(j+1)*cx]);
            g[7]=GetGValue(m_coldst[i+(j+1)*cx]);
            b[7]=GetBValue(m_coldst[i+(j+1)*cx]);
            r[8]=GetRValue(m_coldst[(i+1)+(j+1)*cx]);
            g[8]=GetGValue(m_coldst[(i+1)+(j+1)*cx]);
            b[8]=GetBValue(m_coldst[(i+1)+(j+1)*cx]);
            r0=g0=b0=0;
            for(k=0;k<9;k++)
            {
                r0+=r[k];
                g0+=g[k];
                b0+=b[k];
            }
            r0/=9;
            g0/=9;
            b0/=9;

        m_colsrc[i+j*bm.bmWidth]=RGB(b0,g0,r0);
        }
        Invalidate();
}
```

■ 秘笈心法

心法领悟 479：读取图像数据的方法。

对 24 位真彩色图片进行锐化处理，图片存储在工程的资源中，加载后通过 BITMAP 对象即可获取图片的宽度和高度。如果图片没有存储在工程的资源中，那么可以通过 CFile 类的 Read 方法读取文件内的 BITMAPINFO 结构数据，同样可以获取图片的宽度和高度。

实例 480	图像反色 光盘位置：光盘\MR\13\480	高级 趣味指数：★★★☆

■ 实例说明

图片反色处理是将图片中的像素值取反。例如，原来的白色像素点取反后会成为黑色的像素点。图片的反色处理是一个逆运算过程，即对一幅图片进行两次取反处理，还应是原来的图片效果。本实例实现了图片的反色处理，效果如图 13.3 所示。

■ 关键技术

反色效果就是将图像的各像素的 RGB 分量分别和 255 相减以后形成的效果。本实例使用了 VFW 库中的函数来显示图像。首先调用 DrawDibOpen 函数打开设备，然后调用 DrawDibDraw 函数绘制图像，最后调用 DrawDibClose 函数关闭设备。DrawDibDraw 函数需要根

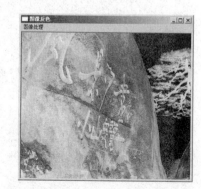

图 13.3　图像反色

据图像的二进制数据进行绘制，所以要借助 CreateDIBSection 方法获取设备图像的二进制数据。

设计过程

（1）创建一个基于单文档视图结构的应用程序。

（2）在头文件 StdAfx.h 中加入对 vfw.h 头文件和 vfw32.lib 库文件的引用。

（3）为 CReversePictureView 类添加 HDRAWDIB 类型变量。

（4）在 OnDraw 方法中显示处理后的图像，代码如下：

```cpp
void CReversePictureView::OnDraw(CDC* pDC)
{
CReversePictureDoc* pDoc = GetDocument();
ASSERT_VALID(pDoc);
COLORREF*pcol;
HBITMAP srcbmp;
BITMAP bm;
m_hdraw=DrawDibOpen();
CBitmap bmp;
bmp.LoadBitmap(IDB_MYBITMAP);
bmp.GetBitmap(&bm);
BITMAPINFOHEADER RGB32BITSBITMAPINFO=
    {sizeof(BITMAPINFOHEADER),bm.bmWidth,bm.bmHeight,
    1,32,BI_RGB,0,0,0,0};
HDC memdc=CreateCompatibleDC(NULL);
srcbmp=CreateDIBSection(memdc,(BITMAPINFO*)&RGB32BITSBITMAPINFO,
        DIB_RGB_COLORS,(VOID**)&pcol,NULL,0);
if(srcbmp)
{
    HBITMAP hOldBmp=(HBITMAP)SelectObject(memdc,srcbmp);
    HDC hDC=CreateCompatibleDC(memdc);
    if(hDC)
    {
        HBITMAP hOldBmp2=(HBITMAP)SelectObject(hDC,bmp);
        //将 IDB_MYBITMAP 的数据复制到 pcol 中
        BitBlt(memdc,0,0,bm.bmWidth,bm.bmHeight,hDC,
            0,0,SRCCOPY);
        SelectObject(hDC,hOldBmp2);
        DeleteDC(hDC);
    }
}
if(m_bdraw)
{
    int i,j,cx=bm.bmWidth;
    for(i=0;i<bm.bmWidth;i++)
    for(j=0;j<bm.bmHeight;j++)
    {
        int r0,g0,b0;
        r0=GetRValue(pcol[i+j*cx]);
        g0=GetGValue(pcol[i+j*cx]);
        b0=GetBValue(pcol[i+j*cx]);
        r0=abs(255-r0);
        g0=abs(255-g0);
        b0=abs(255-b0);
        pcol[i+j*cx]=RGB(r0,g0,b0);
    }
    DrawDibDraw(m_hdraw,pDC->GetSafeHdc(),0,0,bm.bmWidth,bm.bmHeight,
    &RGB32BITSBITMAPINFO,(LPVOID)pcol,
    0,0,bm.bmWidth,bm.bmHeight,DDF_BACKGROUNDPAL);
}
else
{
    DrawDibDraw(m_hdraw,pDC->GetSafeHdc(),0,0,bm.bmWidth,bm.bmHeight,
    &RGB32BITSBITMAPINFO,(LPVOID)pcol,
    0,0,bm.bmWidth,bm.bmHeight,DDF_BACKGROUNDPAL);
}
DrawDibClose(m_hdraw);
}
```

■ 秘笈心法

心法领悟 480：反色效果的另一种实现方法。

将 CDC 类中 BitBlt 方法的参数 dwRop 设置为 NOTSRCCOPY，也可以实现反色效果。

实例 481	图像灰度 光盘位置：光盘\MR\13\481	高级 趣味指数：★★★★

■ 实例说明

在没有彩色电视机之前，电视的图像都是以灰度形式显示的。本实例将实现把彩色图像用灰度的形式显示，效果如图 13.4 所示。

■ 关键技术

实现图像的灰度化转换没有一定的标准，通常根据图片中像素的 RGB 分量以及它们的权重来获取。本实例中 RGB 分量的权重分别为 0.38、0.49、0.1。在其他应用中，用户可以根据实际情况设置不同的权重。在图像的灰度化过程中，首先需要获取像素点的红、绿、蓝分量值，然后将其乘以相应的分量，最后重新设置像素的颜色即可。

图 13.4　图像灰度

■ 设计过程

（1）创建一个基于单文档视图结构的应用程序。

（2）在头文件 StdAfx.h 中加入对 vfw.h 头文件和 vfw32.lib 库文件的引用。

（3）为 CMakeAshPictureView 类添加 HDRAWDIB 类型变量。

（4）在 OnDraw 方法中显示处理后的图像，代码如下：

```
void CMakeAshPitcureView::OnDraw(CDC* pDC)
{
CMakeAshPictureDoc* pDoc = GetDocument();
ASSERT_VALID(pDoc);
COLORREF*pcol;
HBITMAP srcbmp;

BITMAP bm;
m_hdraw=DrawDibOpen();
CBitmap bmp;
bmp.LoadBitmap(IDB_MYBITMAP);
bmp.GetBitmap(&bm);
BITMAPINFOHEADER RGB32BITSBITMAPINFO=
     {sizeof(BITMAPINFOHEADER),bm.bmWidth,bm.bmHeight,
     1,32,BI_RGB,0,0,0,0};
HDC memdc=CreateCompatibleDC(NULL);
srcbmp=CreateDIBSection(memdc,(BITMAPINFO*)&RGB32BITSBITMAPINFO,
          DIB_RGB_COLORS,(VOID**)&pcol,NULL,0);
if(srcbmp)
{
     HBITMAP hOldBmp=(HBITMAP)SelectObject(memdc,srcbmp);
     HDC hDC=CreateCompatibleDC(memdc);
     if(hDC)
     {
          HBITMAP hOldBmp2=(HBITMAP)SelectObject(hDC,bmp);
          //将 IDB_MYBITMAP 的数据复制到 pcol 中
          BitBlt(memdc,0,0,bm.bmWidth,bm.bmHeight,hDC,
```

```
                        0,0,SRCCOPY);
                SelectObject(hDC,hOldBmp2);
                DeleteDC(hDC);
        }
}
if(m_bdraw)
{
int i,j,gray,cx=bm.bmWidth;
for(i=0;i<bm.bmWidth;i++)
        for(j=0;j<bm.bmHeight;j++)
        {
                int r0,g0,b0;
                r0=GetRValue(pcol[i+j*cx]);
                g0=GetGValue(pcol[i+j*cx]);
                b0=GetBValue(pcol[i+j*cx]);
                gray=(r0*0.39+g0*0.49+b0*0.1);
                pcol[i+j*cx]=RGB(gray,gray,gray);
                r0=g0=b0=(r0+g0+b0)/3;
                pcol[i+j*cx]=RGB(r0,g0,b0);
        }
        DrawDibDraw(m_hdraw,pDC->GetSafeHdc(),0,0,bm.bmWidth,bm.bmHeight,
        &RGB32BITSBITMAPINFO,(LPVOID)pcol,
        0,0,bm.bmWidth,bm.bmHeight,DDF_BACKGROUNDPAL);
}
else
{
        DrawDibDraw(m_hdraw,pDC->GetSafeHdc(),0,0,bm.bmWidth,bm.bmHeight,
        &RGB32BITSBITMAPINFO,(LPVOID)pcol,
        0,0,bm.bmWidth,bm.bmHeight,DDF_BACKGROUNDPAL);
}
DrawDibClose(m_hdraw);
}
```

■ 秘笈心法

心法领悟 481：DrawDibDraw 函数与 SetDIBitsToDevice 函数。

DrawDibDraw 函数同 SetDIBitsToDevice 函数一样，都可以将二进制图像数据输出到设备上下文中，DrawDibDraw 函数多用于显示真彩色的图像，其执行效率也要比 SetDIBitsToDevice 函数快。本实例中的 DrawDibDraw 函数可以用 SetDIBitsToDevice 函数替换。

■ 实例说明

将清晰的图像变得模糊可以有多种方法，雾化就是其中的一种。本实例将实现对图像雾化的处理，效果如图 13.5 所示。

图 13.5　图像雾化

■ 关键技术

图像雾化效果的实现主要通过随机交换图像上临近的像素来实现，在一个双层循环中先调用 rand 函数产生一个随机数，随机数的变化范围是通过 Atomize 自定义函数设置的。得到随机数后，根据该随机数计算出指定像素的临近像素的位置。如果是移动垂直方向上的像素，将使用随机数乘以宽度，得到位置后，即可借助一个临时变量实现像素数据的交换。

自定义函数 Atomize 可以实现雾化效果的运算，语法如下：

```
void Atomize(int nDirect,BYTE* pBmpData,BYTE* pTmpData,UINT nWidth,UINT nHeight,int AmParam);
```

Atomize 函数中的参数说明如表 13.2 所示。

表 13.2　Atomize 函数中的参数说明

参　　数	说　　明	参　　数	说　　明
nDirect	移动像素的方向	nWidth	图像的宽度
pBmpData	原图像像素数据	nHeight	图像的高度
pTmpData	目标图像像素数据	AmParam	相邻像素的距离

■ 设计过程

（1）创建一个基于单文档视图结构的应用程序。

（2）在工程中添加 ID 属性为 IDD_IMAGEPANEL_DIALOG 的对话框，并创建 CImagePanel 类。

（3）OnAtomize 方法用于实现"雾化效果"按钮的单击事件，调用自定义函数 Atomize 实现雾化效果，代码如下：

```
void CAtomImageDlg::OnAtomize()
{
if (m_bLoaded)
{
    int nState = 0;
    CButton * pButton = (CButton *)this->GetDlgItem(IDC_HORIZE);
    if (m_pTmpData != NULL)
    {
        delete [] m_pTmpData;
        m_pTmpData = NULL;
    }
    m_pTmpData = new BYTE[m_bmInfoHeader.biSizeImage];
    if (pButton != NULL)
    {
        nState = pButton->GetCheck();
    }
    Atomize(nState,m_pBmpData,m_pTmpData,m_bmInfoHeader.biWidth,m_bmInfoHeader.biHeight,m_Degree);
    CDC *pDC = m_Image.GetDC();
    BITMAPINFO bmInfo;
    bmInfo.bmiHeader = m_bmInfoHeader;
    HBITMAP hbmp = CreateDIBitmap(pDC->m_hDC,
    &m_bmInfoHeader,CBM_INIT,m_pTmpData,&bmInfo,DIB_RGB_COLORS);
    HBITMAP hOldBmp = m_Image.GetBitmap();
    if (hbmp)
        m_Image.SetBitmap(hbmp);
    DeleteObject(hOldBmp);
}
}
```

■ 秘笈心法

心法领悟 482：复选框的使用。

在 Visual C++中，复选框控件属于按钮类，对复选框的控制需要使用 CButton 类的 GetCheck 方法。调用 GetCheck 方法时需要先知道复选框的 ID 值，然后通过 GetDlgItem 方法获取窗口指针，最后通过强制类型转换，转换为 CButton 指针后再调用。

13.2 图 像 绘 制

| 实例 483 | 在对话框中绘制图像
光盘位置：光盘\MR\13\483 | 高级
趣味指数：★★★☆ |

■ 实例说明

对话框在应用程序中经常用到，同样在对话框中也经常需要绘制图像。本实例即在对话框中绘制了图像，效果如图 13.6 所示。

图 13.6 在对话框中绘制图像

■ 关键技术

图像的绘制分为绘制资源中的位图和磁盘中的位图文件，本实例中绘制的是资源中的位图文件。绘制资源中的位图需要先将位图引入到工程中，使用 CBitmap 类绑定指定 ID 值的位图资源，然后将 CBitmap 类对象加载到一个设备上下文中，最后利用 BitBlt 函数将位图由源设备上下文绘制到当前设备上下文中。

■ 设计过程

（1）创建一个基于对话框的应用程序。

（2）向工程中添加 ID 值为 IDB_MYBITMAP 的位图。

（3）采用 OnPaint 方法将 ID 属性为 IDB_MYBITMAP 的图像绘制出来，代码如下：

```cpp
void CShowImageDlgDlg::OnPaint()
{
if (IsIconic())
{
    //此处代码省略
}
else
{
    CPaintDC dc(this);
    CBitmap cBmp;
    BITMAP bmInfo;
    cBmp.LoadBitmap(IDB_MYBITMAP);
    cBmp.GetBitmap(&bmInfo);
    CDC memdc;
    memdc.CreateCompatibleDC(&dc);
    memdc.SelectObject(&cBmp);
    dc.BitBlt(0,0,bmInfo.bmWidth,bmInfo.bmHeight,&memdc,0,0,SRCCOPY);
    CDialog::OnPaint();
}
}
```

■ 秘笈心法

心法领悟 483：OnPaint 方法的使用。

绘制图像时应尽量绘制在 OnPaint 方法内，如果没有绘制在 OnPaint 方法内，当对话框刷新时图像会消失，因为刷新时会重新调用 OnPaint 方法执行。

实例 484	绘制对话框背景 光盘位置：光盘\MR\13\484	高级 趣味指数：★★★☆

■ 实例说明

默认情况下对话框应用程序的背景是灰色的，为了增加程序的美观程度，可以在对话框的背景中添加一幅图像。本实例运行效果如图 13.7 所示。

图 13.7　绘制对话框背景

■ 关键技术

绘制对话框的背景需要添加擦除背景的消息实现方法 OnEraseBkgnd 声明和 ON_WM_ERASEBKGND 消息映射宏，然后在 OnEraseBkgnd 方法内绘制图片。添加 ON_WM_ERASEBKGND 消息处理过程的主要代码如下：

```
//ShowImageDlgDlg.h 文件中
protected:
 HICON m_hIcon;
 afx_msg BOOL OnEraseBkgnd(CDC* pDC);//加入
DECLARE_MESSAGE_MAP()
//ShowImageDlgDlg.cpp 文件中
BEGIN_MESSAGE_MAP(CShowImageDlgDlg, CDialog)
//{{AFX_MSG_MAP(CShowImageDlgDlg)
ON_WM_ERASEBKGND()
//}}AFX_MSG_MAP
END_MESSAGE_MAP()
BOOL CShowImageDlgDlg::OnEraseBkgnd(CDC *pDC)
{
……
}
```

■ 设计过程

（1）创建一个基于对话框的应用程序。

（2）向工程中添加 ID 为 IDB_MYBITMAP 的位图。

（3）在头文件 ShowImageDlgDlg.h 中添加 OnEraseBkgnd 函数声明。

（4）在实现文件中添加 ON_WM_ERASEBKGND 消息映射。

（5）在 OnEraseBkgnd 方法内将 ID 属性为 IDB_MYBITMAP 的图像绘制出来，代码如下：

```
BOOL CShowImageDlgDlg::OnEraseBkgnd(CDC *pDC)
{
CRect rect;
GetClientRect(&rect);
CDC memDC;
CBitmap cbmp;
CBitmap* bmp = NULL;
cbmp.LoadBitmap(IDB_MYBITMAP);          //装载背景位图
```

```
BITMAP bmInfo;
cbmp.GetBitmap(&bmInfo);
memDC.CreateCompatibleDC(pDC);
bmp = memDC.SelectObject(&cbmp);
pDC->StretchBlt(rect.left,rect.top,rect.Width(),rect.Height(),&memDC,0,0,bmInfo.bmWidth,bmInfo.bmHeight,SRCCOPY);
if (bmp) memDC.SelectObject(bmp);
return TRUE;
}
```

秘笈心法

心法领悟484：擦除对话框背景。

擦除背景的对话框客户区会变成透明效果，如果将标题栏及对话框的边框属性去除，就相当于创建了没有窗体的应用程序。

实例 485	在视图中绘制图像 光盘位置：光盘\MR\13\485	高级 趣味指数：★★★★☆

实例说明

对话框应用程序主要应用于交互的设置程序中的数据，单文档视图结构的应用程序则多用于图形图像的绘制。本实例将实现在单文档视图结构的视图中绘制图像，效果如图13.8所示。

图13.8　在视图中绘制图像

关键技术

在对话框应用程序中绘制图形图像一般采用 OnPaint 方法，而在单文档视图结构中绘制图形图像需要采用视图类的 OnDraw 方法。但绘制图形图像所使用的方法都是一致的，都是使用设备上下文的 BitBlt 方法。本实例中使用 GetObject 函数获取位图的属性信息。

GetObject 函数可以获取 GDI 接口的图像、字体等资源的属性，语法如下：

```
int GetObject(HGDIOBJ hgdiobj, int cbBuffer, LPVOID lpvObject);
```

参数说明

❶ hgdiobj：资源句柄，HBITMAP、HFONT 等。

❷ cbBuffer：资源类型对象的大小。

❸ lpvObject：指定资源类型对象，HBITMAP 对象使用 BITMAP，HFONT 对象使用 LOGFONT。

设计过程

（1）创建一个基于单文档视图结构的应用程序。

（2）在 OnDraw 方法内使用 CDC 类的 BitBlt 方法绘制位图，代码如下：

```
void CShowImageView::OnDraw(CDC* pDC)
{
CShowImageDoc* pDoc = GetDocument();
ASSERT_VALID(pDoc);

CDC memdc;
HBITMAP
hbmp=(HBITMAP)::LoadImage(AfxGetInstanceHandle(),"test.bmp",IMAGE_BITMAP,0,0,LR_LOADFROMFILE|LR_DEFAULTCOLOR|LR_DEFAULTSIZE);
BITMAP bm;
GetObject(hbmp,sizeof(bm),&bm);
memdc.CreateCompatibleDC(pDC);
memdc.SelectObject(hbmp);
pDC->BitBlt(0,0,bm.bmWidth,bm.bmHeight,&memdc,0,0,SRCCOPY);
}
```

秘笈心法

心法领悟 485：BitBlt 方法与 StretchBlt 方法的比较。

BitBlt 方法绘制图像时只能等比例地将图像绘制到指定区域，而 StretchBlt 方法则可以在图像绘制时对图像进行放大和缩小，所以要求对图像进行放大和缩小的程序常用 StretchBlt 方法来实现绘制。

实例486	指定区域绘制图像 光盘位置：光盘\MR\13\486	高级 趣味指数：★★★★☆

实例说明

本实例将一幅图像完整地显示在指定区域内，效果如图 13.9 所示。

图 13.9　指定区域绘制图像

关键技术

本实例使用 CDC 类的 StretchBlt 方法实现绘制。

StretchBlt 方法可以实现图像任意比例的绘制，语法如下：

```
BOOL StretchBlt( int x, int y, int nWidth, int nHeight, CDC* pSrcDC, int xSrc, int ySrc, int nSrcWidth, int nSrcHeight, DWORD dwRop );
```

StretchBlt 方法中的参数说明如表 13.3 所示。

表 13.3　StretchBlt 方法中的参数说明

参　　数	说　　明
x	指定绘制图像左顶点横坐标
y	指定绘制图像左顶点纵坐标
nWidth	指定绘制图像的宽度
nHeight	指定绘制图像的高度
pSrcDC	指向源位图所在设备上下文的句柄指针
xSrc	指定源位图的左顶点的横坐标
ySrc	指定源位图的左顶点的纵坐标
nSrcWidth	指定绘制源位图的宽度
nSrcHeight	指定绘制源位图的高度
dwRop	指定光栅操作模式

要将图像绘制到指定区域，只需要将参数 x 和 y 设置成区域左顶点的横、纵坐标，然后将参数 nWidth 和 nHeight 设置成区域的宽度和高度即可。

设计过程

（1）创建一个基于对话框的应用程序。

（2）为 ID 属性为 IDC_PICTURE 的图像控件添加成员变量 m_picture。

（3）采用 OnPaint 方法将图像绘制出来，代码如下：

```
void CShowImageDlgDlg::OnPaint()
{
if (IsIconic())
{
        //此处代码省略
}
else
{
        CPaintDC dc(this);
        CDC memdc;
        HBITMAP
hbmp=(HBITMAP)::LoadImage(AfxGetInstanceHandle(),"test.bmp",IMAGE_BITMAP,0,0,LR_LOADFROMFILE|LR_DEFAULTCOLOR|LR_DEFA
ULTSIZE);
        BITMAP bmInfo;
        GetObject(hbmp,sizeof(bmInfo),&bmInfo);
        memdc.CreateCompatibleDC(&dc);
        memdc.SelectObject(hbmp);
        CRect rc;
        m_picture.GetWindowRect(&rc);
        ScreenToClient(&rc);
        dc.StretchBlt(rc.left,rc.top,rc.Width(),rc.Height(),&memdc,0,0,bmInfo.bmWidth,bmInfo.bmHeight,SRCCOPY);
        CDialog::OnPaint();
}
}
```

■ 秘笈心法

心法领悟 486：在控件中绘制图像。

程序中的指定区域是一个图像控件的边缘。图像控件有多种类型，可以是位图、图标、框架矩形，本实例中将图像控件的类型设置为"框架"，然后通过 CStatic 类的 GetWindowRect 方法获取该控件的边框区域。此时获取的区域坐标是相对于桌面坐标系的，需要通过 API 函数 ScreenToClient 将其转换为对话框的坐标系。无论是桌面坐标系还是对话框坐标系，其原点都是左顶点。

实例 487	图像纹理填充矩形 光盘位置：光盘\MR\13\487	高级 趣味指数：★★★★

■ 实例说明

使用 Photoshop 绘制图像时，经常要为图形绘制纹理使其更像真实的物体。本实例向一个矩形区域填充纹理，使图像与一面墙相似，效果如图 13.10 所示。

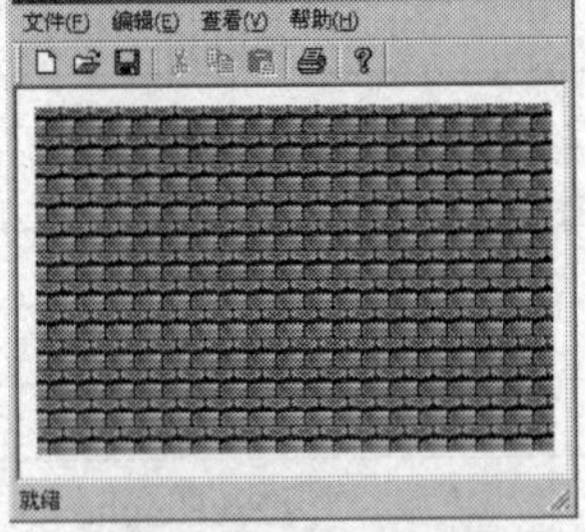

■ 关键技术

本实例中通过创建纹理画刷，然后通过 CDC 类的 FillRect 方法将纹理填充到指定区域。本实例中使用 CBrush 类的 CreatePatternBrush 方法创建纹理画刷。只需要设置位图资源 ID 值一个参数，将纹理位图导入到资源中即可。

CreatePatternBrush 方法主要用来创建图片画刷，语法如下：

```
BOOL CreatePatternBrush( CBitmap* pBitmap );
```

参数说明

pBitmap：指向 CBitmap 类的指针。

图 13.10 图像纹理填充矩形

■ 设计过程

（1）创建一个基于单文档视图结构的应用程序。

（2）在工程中添加 ID 属性为 IDB_BMPBALL 的位图文件。

（3）采用 OnDraw 方法将纹理绘制出来，代码如下：

```
void CTextureFillView::OnDraw(CDC* pDC)
{
CTextureFillDoc* pDoc = GetDocument();
ASSERT_VALID(pDoc);
CBitmap bmpball;
bmpball.LoadBitmap(IDB_BMPBALL);
CBrush brush;
brush.CreatePatternBrush(&bmpball);
CRect ballrect(10,10,300,200);
pDC->FillRect(&ballrect,&brush);
}
```

■ 秘笈心法

心法领悟 487：创建贴图画刷的方法。

创建贴图画刷的方法有很多。可以使用 CBrush 类的 CreatePatternBrush 方法，也可以使用 CreateBrushIndirect 方法。使用 CreateBrushIndirect 方法创建贴图画刷，需要将 LOGBRUSH 结构的 lbHatch 成员设置为位图图像数据指针，将 lbStyle 成员设置为 BS_DIBPATTERNPT。

13.3　图像色彩转换

实例 488	显示 3D 灰色图像 光盘位置：光盘\MR\13\488	高级 趣味指数：★★★★

■ 实例说明

3D 灰色图像主要是突出边缘阴影效果，使灰度图像也具有层次效果。本实例的程序运行结果如图 13.11 所示。

图 13.11　显示 3D 灰色图像

■ 关键技术

3D 灰色图像主要通过 BitBlt 方法绘制两次来实现，一次是将源图像以 COLOR_3DFACE 类型的画刷绘制出来，另一次是将源图像以 COLOR_3DHILIGHT 类型的画刷绘制出来，将两次绘制叠加就实现了 3D 效果。本实例使用 CreateSolidBrush 方法创建了实体颜色画刷。

CreateSolidBrush 方法可以实现实体颜色画刷的创建，语法如下：

```
BOOL CreateSolidBrush( COLORREF crColor );
```

参数说明

crColor：指定画刷的颜色。

设计过程

（1）创建一个基于单文档视图结构的应用程序。

（2）在头文件 StdAfx.h 中加入对 vfw.h 头文件和 vfw32.lib 库文件的引用。

（3）为 CGrayShowPicView 类添加 HDRAWDIB 类型变量。

（4）在 OnDraw 方法中显示处理后的图像，代码如下：

```cpp
void CGrayShowPicView::OnDraw(CDC* pDC)
{
CGrayShowPicDoc* pDoc = GetDocument();
ASSERT_VALID(pDoc);

CBitmap cbmp;
cbmp.LoadBitmap(IDB_MYBITMAP);
BITMAP bm;
cbmp.GetBitmap(&bm);
int nWidth=bm.bmWidth;
int nHeight=bm.bmHeight;
CDC memDC ;
memDC.CreateCompatibleDC(pDC);
CDC blackdc ;
blackdc.CreateCompatibleDC(pDC);
if(m_bdraw)
{
    TWOCOLORBMPINFO bmpinfo={
    {sizeof(BITMAPINFOHEADER),nWidth,nHeight,1,1,
    BI_RGB,0,0,0,0,0,0},
    {
    {0x00,0x00,0x00,0x00},{0xFF,0xFF,0xFF,0x00}
    }};
    VOID *pbitsBW;
    HBITMAP hDIBBW=CreateDIBSection(blackdc.m_hDC,
    (LPBITMAPINFO)&bmpinfo,DIB_RGB_COLORS,&pbitsBW,NULL,0);
    blackdc.SelectObject(hDIBBW);
    memDC.SelectObject(cbmp);
    blackdc.BitBlt(0,0,nWidth,nHeight,&memDC,0,0,SRCCOPY);
    FillRect(pDC->m_hDC,CRect(0,0,nWidth,nHeight),GetSysColorBrush(COLOR_3DFACE));
    CBrush hb1,hb2;
    CBrush *oldBrush ;
    hb1.CreateSolidBrush(GetSysColor(COLOR_3DHILIGHT));
    oldBrush=pDC->SelectObject(&hb1);
    pDC->BitBlt(1,1,nWidth,nHeight,&blackdc,0,0,0xB88888);
    hb2.CreateSolidBrush(GetSysColor(COLOR_3DSHADOW));
    pDC->SelectObject(&hb2);
    //使用 COLOR_3DSHADOW 画刷，0xB88888 光栅显示黑白位图到视频，形成 3D 位图
    pDC->BitBlt(0,0,nWidth,nHeight,&blackdc,0,0,0xB88888);
    pDC->SelectObject(oldBrush);
}
else
{
    memDC.SelectObject(cbmp);
    pDC->BitBlt(0,0,nWidth,nHeight,&memDC,0,0,SRCCOPY);
}
}
```

秘笈心法

心法领悟 488：获取系统定义的颜色值。

GetSysColor 函数可以获取系统定义的颜色值，COLOR_3DSHADOW 和 COLOR_3DHILIGHT 都是系统定义的颜色值，定义在 WINUSER.H 头文件内。COLOR_3DSHADOW 代表的颜色是 RGB（128,128,128），

COLOR_3DHILIGHT 代表的颜色是 RGB（255,255,255）。

实例 489	改变图像饱和度 光盘位置：光盘\MR\13\489	高级 趣味指数：★★★★☆

■ 实例说明

　　饱和度调整也是图像处理中经常用到的操作。改变图像饱和度能够调整图像的亮度和颜色的纯度，能够起到改善图像显示效果的作用。本实例将对图像的饱和度进行调整，效果如图 13.12 所示。

图 13.12　图像饱和度改变

■ 关键技术

　　本实例对图像数据进行饱和运算。图像饱和度效果的算法是：

$$B=B+lev * (B-v)$$
$$G=G+lev * (G-v)$$
$$R=R+lev * (R-v)$$

其中 lev 为饱和度值，v 为 R、G、B 值的平均值。

　　本实例使用 GetDIBits 函数获取图像数据，然后使用 SetDIBitsToDevice 函数将图像数据显示在设备上下文中。GetDIBits 函数可以获取设备相关位图的像素数据，语法如下：

```
int GetDIBits(HDC hdc,HBITMAP hbmp,UINT uStartScan,UINT cScanLines,LPVOID lpvBits,LPBITMAPINFO lpbi,UINT uUsage);
```

GetDIBits 函数中的参数说明如表 13.4 所示。

表 13.4　GetDIBits 函数中的参数说明

参　　数	说　　明
hdc	设备上下文句柄
hbmp	位图句柄
uStartScan	指定起始扫描行
cScanLines	指定扫描的行数
lpvBits	指定位图数据的缓存
lpbi	指定设备无关位图格式
uUsage	指定颜色格式

■ 设计过程

　　（1）创建一个基于单文档视图结构的应用程序。

　　（2）在 OnDraw 方法中显示处理后的图像，代码如下：

```
void CPictureColorView::OnDraw(CDC* pDC)
{
CPictureColorDoc* pDoc = GetDocument();
ASSERT_VALID(pDoc);
long* m_pBmpDataSrc;
long* m_pBmpDataDes;
long* p_tmp;
BITMAPINFO *m_pbminfo,m_bmp;
    HBITMAP hbmp=(HBITMAP)LoadImage(::AfxGetResourceHandle(),"bitmap.bmp",
    IMAGE_BITMAP,0, 0,LR_DEFAULTCOLOR|LR_LOADFROMFILE);
m_bmp.bmiHeader.biSize=sizeof(m_bmp.bmiHeader);
    m_bmp.bmiHeader.biBitCount=0;
int bmpWidth;
```

```
int bmpHeight;
GetDIBits(pDC->GetSafeHdc(),hbmp,0,1,NULL,&m_bmp,DIB_RGB_COLORS);
bmpWidth=m_bmp.bmiHeader.biWidth;
bmpHeight=m_bmp.bmiHeader.biHeight;
p_tmp=(long*)malloc(bmpWidth*bmpHeight*m_bmp.bmiHeader.biBitCount+sizeof(BITMAPINFO));
m_pBmpDataDes=(long*)malloc(bmpWidth*bmpHeight*m_bmp.bmiHeader.biBitCount);
m_pbmpinfo=(BITMAPINFO*)p_tmp;
m_pBmpDataSrc=p_tmp+sizeof(BITMAPINFO);
memcpy(p_tmp,(const void*)&m_bmp,sizeof(BITMAPINFOHEADER));
GetDIBits(pDC->GetSafeHdc(),hbmp,0,m_bmp.bmiHeader.biHeight,m_pBmpDataSrc,m_pbmpinfo,DIB_RGB_COLORS);
long lTemp;
int r,g,b;
int r0,g0,b0;
long sqd[765];
double level=3;
long v;
for(int x=0;x<765;x++)
      sqd[x]=x/3;

for(int i=bmpHeight;i>1;i--)
{
      for(int j=1;j<bmpWidth;j++)
      {
            lTemp=m_pBmpDataSrc[(j-1)+(i-1)*bmpWidth];
            r0=GetRValue(lTemp);
            g0=GetGValue(lTemp);
            b0=GetBValue(lTemp);
            v=sqd[b0+g0+r0];
            b=b0+level*(b0-v);
            g=g0+level*(g0-v);
            r=r0+level*(r0-v);
            if(r0<0) r0=0;
            if(r0>255) r0=255;
            if(g0<0) g0=0;
            if(g0>255) g0=255;
            if(b0<0) b0=0;
            if(b0>255) b0=255;
            m_pBmpDataDes[(j-1)+(i-1)*bmpWidth]=RGB(r0,g0,b0);
      }//for
}//for
BITMAPINFOHEADER RGB32BITSBITMAPINFO=
      {sizeof(BITMAPINFOHEADER),m_bmp.bmiHeader.biWidth,m_bmp.bmiHeader.biHeight,
      1,32,BI_RGB,0,0,0,0};
SetDIBitsToDevice(pDC->GetSafeHdc(),0,0,bmpWidth,
      bmpHeight,0,0,0,bmpHeight,
      m_pBmpDataDes,(LPBITMAPINFO)&RGB32BITSBITMAPINFO,DIB_RGB_COLORS);
}
```

■ 秘笈心法

心法领悟489：颜色值的获取。

GetRValue、GetGValue 和 GetBValue 是三个预处理语句，实现从颜色变量 COLORREF 中分别获取红、绿、蓝。从语句定义可以看出，三者是通过移位运算来获取颜色值的，也就是说，COLORREF 变量中每 8 位代表一个颜色值。

实例 490	改变图像对比度 光盘位置：光盘\MR\13\490	高级 趣味指数：★★★☆

■ 实例说明

亮度和对比度是图片设置中经常使用的处理方法，调整图片的亮度和对比度可以改善图片的显示效果。提高或降低亮度能够使整幅图片的所有颜色提高或降低。一般来说对比度越大，图像越清晰醒目，色彩也越鲜明，对比度小，图像会显得比较灰暗，效果如图 13.13 所示。

关键技术

本实例应用对比度算法对图像数据进行运算。图像对比度算法如下：

$$R=128+(R-128)*lev$$
$$G=128+(G-128)*lev$$
$$B=128+(B-128)*lev$$

其中 128 为中间值（即灰度值，也可为 127），lev 为对比度值，lev 值越大，对比度程度越大。

本实例使用 GetDIBits 函数获取图像数据，然后使用 SetDIBitsToDevice 函数将图像数据显示在设备上下文中。

图 13.13　图像对比度改变

SetDIBitsToDevice 函数可以将二进制数据显示在指定的设备上下文中，语法如下：

```
int SetDIBitsToDevice(HDC hdc,int XDest,int YDest,DWORD dwWidth,DWORD dwHeight,int XSrc,int YSrc,UINT uStartScan,UINT cScanLines,
CONST VOID *lpvBits,CONST BITMAPINFO *lpbmi,UINT fuColorUse);
```

SetDIBitsToDevice 函数中的参数说明如表 13.5 所示。

表 13.5　SetDIBitsToDevice 函数中的参数说明

参　　数	说　　明
hdc	指定设备上下文句柄
XDest	指定目标区域左顶点 X 轴坐标
dwWidth	指定设备无关位图的宽度
dwHeight	指定设备无关位图的高度
XSrc，YSrc	指定设备无关位图左顶点 X 轴坐标和 Y 轴坐标
uStartScan	指定起始扫描行
cScanLines	指定扫描的行数
lpvBits	指定位图数据的缓存
lpbmi	指定设备无关位图格式
fuColorUse	指定颜色格式

设计过程

（1）创建一个基于单文档视图结构的应用程序。

（2）在 OnDraw 方法中显示处理后的图像，代码如下：

```
void CPictureColorView::OnDraw(CDC* pDC)
{
CPictureColorDoc* pDoc = GetDocument();
ASSERT_VALID(pDoc);

long* m_pBmpDataSrc;
long* m_pBmpDataDes;
long* p_tmp;
BITMAPINFO *m_pbmpinfo,m_bmp;
HBITMAP hbmp=(HBITMAP)LoadImage(::AfxGetResourceHandle(),"bitmap.bmp",
        IMAGE_BITMAP,0, 0,LR_DEFAULTCOLOR|LR_LOADFROMFILE);
m_bmp.bmiHeader.biSize=sizeof(m_bmp.bmiHeader);
        m_bmp.bmiHeader.biBitCount=0;
int bmpWidth;
int bmpHeight;
GetDIBits(pDC->GetSafeHdc(),hbmp,0,1,NULL,&m_bmp,DIB_RGB_COLORS);
bmpWidth=m_bmp.bmiHeader.biWidth;
bmpHeight=m_bmp.bmiHeader.biHeight;
p_tmp=(long*)malloc(bmpWidth*bmpHeight*m_bmp.bmiHeader.biBitCount+sizeof(BITMAPINFO));
m_pBmpDataDes=(long*)malloc(bmpWidth*bmpHeight*m_bmp.bmiHeader.biBitCount);
```

```
m_pbmpinfo=(BITMAPINFO*)p_tmp;
m_pBmpDataSrc=p_tmp+sizeof(BITMAPINFO);
memcpy(p_tmp,(const void*)&m_bmp,sizeof(BITMAPINFOHEADER));
GetDIBits(pDC->GetSafeHdc(),hbmp,0,m_bmp.bmiHeader.biHeight,m_pBmpDataSrc,
m_pbmpinfo,DIB_RGB_COLORS);
long lTemp;
int r,g,b;
int r0,g0,b0;
        double level=3;
double d1=0;
if(level!=0)
        level=level/2;
d1=128*(1-level);
for(int i=bmpHeight;i>1;i--)
{
        for(int j=1;j<bmpWidth;j++)
        {
                lTemp=m_pBmpDataSrc[(j-1)+(i-1)*bmpWidth];

                r0=GetRValue(lTemp);
                g0=GetGValue(lTemp);
                b0=GetBValue(lTemp);
                r=r0*level-d1;
                b=b0*level-d1;
                g=g0*level-d1;

                if(r0<0) r0=0;
                if(r0>255) r0=255;
                if(g0<0) g0=0;
                if(g0>255) g0=255;
                if(b0<0) b0 =0;
                if(b0>255) b0=255;
                m_pBmpDataDes[(j-1)+(i-1)*bmpWidth]=RGB(r0,g0,b0);
        }//for
}//for
BITMAPINFOHEADER RGB32BITSBITMAPINFO=
        {sizeof(BITMAPINFOHEADER),m_bmp.bmiHeader.biWidth,m_bmp.bmiHeader.biHeight,
        1,32,BI_RGB,0,0,0,0};
        SetDIBitsToDevice(pDC->GetSafeHdc(),0,0,bmpWidth,
                bmpHeight,0,0,0,bmpHeight,
                m_pBmpDataDes,(LPBITMAPINFO)&RGB32BITSBITMAPINFO,DIB_RGB_COLORS);
}
```

■ 秘笈心法

心法领悟 490：GetDIBits 函数的使用。

GetDIBits 函数可以获取图像的二进制数据，但是该函数需要根据图像的高度和宽度等图像属性来获取数据，这些图像属性数据可以通过将 GetDIBits 函数的第 4 个参数设置为 1 来获取。获取图像的属性后，再次调用 GetDIBits 函数获取图像的属性数据。

13.4　图像边缘提取

实例 491	水墨边缘	高级
	光盘位置：光盘\MR\13\491	趣味指数：★★★☆

■ 实例说明

水墨边缘效果是另一种边缘检测效果，其效果如图 13.14 所示。图像边缘使用黑色进行描绘，这个图像是黑白的效果，就像是一幅铅笔画。

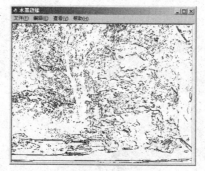

图 13.14　水墨边缘

关键技术

水墨边缘检测是使用黑色的点来绘制图像的边缘，图像的其他区域使用白色填充。算法思想如下：

（1）设定一个阈值，把计算机中图片像素的色彩转化为灰度。

（2）再将相邻的两个像素的灰度进行比较。

（3）当灰度变化超过一定量时，就判断它是轮廓。

设计过程

（1）创建一个基于单文档视图结构的应用程序。

（2）采用 **OnDraw** 方法进行绘制，代码如下：

```
void CPictureColorView::OnDraw(CDC* pDC)
{
        CPictureColorDoc* pDoc = GetDocument();
        ASSERT_VALID(pDoc);
        long* m_pBmpDataSrc;
        long* m_pBmpDataDes;
        long* p_tmp;
        BITMAPINFO *m_pbmpinfo,m_bmp;
        HBITMAP hbmp=(HBITMAP)LoadImage(::AfxGetResourceHandle(),"bitmap.bmp",
            IMAGE_BITMAP,0, 0,LR_DEFAULTCOLOR|LR_LOADFROMFILE);
        m_bmp.bmiHeader.biSize=sizeof(m_bmp.bmiHeader);
            m_bmp.bmiHeader.biBitCount=0;
        int bmpWidth;
        int bmpHeight;
        GetDIBits(pDC->GetSafeHdc(),hbmp,0,1,NULL,&m_bmp,DIB_RGB_COLORS);
        bmpWidth=m_bmp.bmiHeader.biWidth;
        bmpHeight=m_bmp.bmiHeader.biHeight;
        p_tmp=(long*)malloc(bmpWidth*bmpHeight*m_bmp.bmiHeader.biBitCount+sizeof(BITMAPINFO));
        m_pBmpDataDes=(long*)malloc(bmpWidth*bmpHeight*m_bmp.bmiHeader.biBitCount);
        m_pbmpinfo=(BITMAPINFO*)p_tmp;
        m_pBmpDataSrc=p_tmp+sizeof(BITMAPINFO);
        memcpy(p_tmp,(const void*)&m_bmp,sizeof(BITMAPINFOHEADER));
        GetDIBits(pDC->GetSafeHdc(),hbmp,0,m_bmp.bmiHeader.biHeight,m_pBmpDataSrc,
            m_pbmpinfo,DIB_RGB_COLORS);
long lTemp;
int r,g,b;
int r0,g0,b0;
int specify=40;
long cur,nextcur;
double level=3;
if(level!=0)
        level=level/2;
for(int i=bmpHeight;i>1;i--)
{
        for(int j=1;j<bmpWidth;j++)
        {
                lTemp=m_pBmpDataSrc[(j-1)+(i-1)*bmpWidth];
                r0=GetRValue(lTemp);
                g0=GetGValue(lTemp);
```

```
                b0=GetBValue(lTemp);
                cur=r0*3+g0*6+b0;
                cur=cur/10;
                lTemp=m_pBmpDataSrc[(j)+(i)*bmpWidth];
                r0=GetRValue(lTemp);
                g0=GetGValue(lTemp);
                b0=GetBValue(lTemp);
                nextcur=r0*3+g0*6+b0;
                nextcur=nextcur/10;
                if(abs(cur-nextcur)>specify)
                {
                        m_pBmpDataDes[(j-1)+(i-1)*bmpWidth]=RGB(0,0,0);
                }
                else
                {
                        m_pBmpDataDes[(j-1)+(i-1)*bmpWidth]=RGB(255,255,255);
                }
        }//for
}//for
BITMAPINFOHEADER RGB32BITSBITMAPINFO=
        {sizeof(BITMAPINFOHEADER),m_bmp.bmiHeader.biWidth,m_bmp.bmiHeader.biHeight,
        1,32,BI_RGB,0,0,0,0};
        SetDIBitsToDevice(pDC->GetSafeHdc(),0,0,bmpWidth,
                bmpHeight,0,0,0,bmpHeight,
                m_pBmpDataDes,(LPBITMAPINFO)&RGB32BITSBITMAPINFO,DIB_RGB_COLORS);
}
```

■ 秘笈心法

心法领悟 491：获取图像的宽度和高度。

获取图像宽度和高度有很多种方法。如果是 CBitmap 类，则可以使用 GetObject 函数获取。如果图像在磁盘上，可以通过 CFile 类的 Read 方法读取 BITMAPINFO 结构数据，或者图像是通过 LoadImage 函数加载的，那么可以通过 GetDIBits 函数获取。

实例 492	提取图片中的对象	高级
	光盘位置：光盘\MR\13\492	趣味指数：★★★★☆

■ 实例说明

在图像识别领域中，图像提取是最基础也是最重要的一个环节。如果前期图像提取出错，那么无论识别技术多么高超，最终也不会识别出正确的对象。本实例将实现从图像中提取人物轮廓，效果如图 13.15 所示。

图 13.15 提取图片中的对象

■ 关键技术

要从图像中提取某个对象，首先需要观察提取对象的特征。例如，本实例中提取的对象，轮廓是由黑色的像素构成的，因此只要将黑色像素提取出来，则对象的轮廓也就描述出来了。设备上下文 CDC 类提供了 GetPixel 方法和 SetPixel 方法用于获取或设置某个点的颜色。下面详细介绍这两个方法。

（1）GetPixel 方法

该方法用于获取某一点的颜色值，语法如下：

```
COLORREF GetPixel( int x, int y ) const;
COLORREF GetPixel( POINT point ) const;
```

参数说明

x、y、point：标识坐标点。

返回值：坐标点的颜色值。

（2）SetPixel 方法

该方法用于设置某一点的颜色值，语法如下：

```
COLORREF SetPixel( int x, int y, COLORREF crColor );
COLORREF SetPixel( POINT point, COLORREF crColor );
```

参数说明

❶ x、y、point：标识坐标点。

❷ crColor：标识设置的颜色值。

返回值：坐标点实际显示的颜色值。

■ 设计过程

（1）创建一个基于对话框的工程。

（2）在对话框中添加 Picture 和 Button 控件。

（3）处理"提取"按钮的单击事件，提取图像中的黑色像素，代码如下：

```
void CFetchObjectDlg::OnFetch()
{
CDC* dc = m_image.GetDC();
CDC* m_dc = m_demo.GetDC();

CRect m_rect;
m_image.GetClientRect(&m_rect);

int x,y;

for (x = 0;x<m_rect.right;x++)
    for (y=0;y<m_rect.bottom;y++)
    {
        COLORREF m_color;
        m_color = dc->GetPixel(x,y);
        if ((m_color ==RGB(255,255,255))||(m_color==RGB(0,0,0))||(m_color == RGB(252,197,30)))
        {
        m_dc->SetPixel(x,y,m_color);
        }
    }
}
```

■ 秘笈心法

心法领悟 492：对真实人物的提取。

本实例中只对三种颜色进行保留，其他颜色全部过滤掉，这样的算法能有效地对卡通图像中的人物进行提取。如果要对真实的人物进行提取，就需要对图像进行二值化处理，也就是将图像转换成只有黑白两种颜色，用黑白两种颜色表示人物的边缘。

实例 493	图像浮雕效果 光盘位置：光盘\MR\13\493	高级 趣味指数：★★★★☆

■ 实例说明

浮雕效果就是减少图像中的颜色数量而形成有层次感的效果，在应用软件的启动界面或主界面中，可以在窗体上绘制艺术图案以增强软件界面的美观性。本实例演示的是将一幅图片绘制成浮雕图案。运行程序，单击"浮雕"按钮，效果如图 13.16 所示。

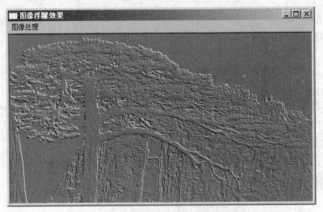

图 13.16　图像浮雕效果

■ 关键技术

浮雕效果实际上是将图片中每一点的像素都进行了处理。首先循环遍历每一点的像素，分别取出像素的 R、G、B 元素值，将这些值减去相邻像素的元素值再加上 128。因为这些元素值的取值在 0～255 之间，所以计算后如果超出了 255，则将元素值赋值为 255，小于 0 则赋值为 0。将这三个元素值重新组合赋予原来的像素，这样颜色就有了阶梯感。

■ 设计过程

（1）创建一个基于单文档视图结构的应用程序。

（2）在头文件 StdAfx.h 中加入对 vfw.h 头文件和 vfw32.lib 库文件的引用。

（3）为 CRilievoPictureView 类添加 HDRAWDIB 类型变量。

（4）在 OnDraw 方法中显示处理后的图像，代码如下：

```
void CRilievoPictureView::OnDraw(CDC* pDC)
{
CRilievoPictureDoc* pDoc = GetDocument();
ASSERT_VALID(pDoc);
COLORREF*pcol;
HBITMAP srcbmp;
BITMAP bm;
m_hdraw=DrawDibOpen();
CBitmap bmp;
bmp.LoadBitmap(IDB_MYBITMAP);
bmp.GetBitmap(&bm);
BITMAPINFOHEADER RGB32BITSBITMAPINFO=
        {sizeof(BITMAPINFOHEADER),bm.bmWidth,bm.bmHeight,
        1,32,BI_RGB,0,0,0,0};
HDC memdc=CreateCompatibleDC(NULL);
srcbmp=CreateDIBSection(memdc,(BITMAPINFO*)&RGB32BITSBITMAPINFO,
        DIB_RGB_COLORS,(VOID**)&pcol,NULL,0);
```

```
if(srcbmp)
{
    HBITMAP hOldBmp=(HBITMAP)SelectObject(memdc,srcbmp);
    HDC hDC=CreateCompatibleDC(memdc);
    if(hDC)
    {
        HBITMAP hOldBmp2=(HBITMAP)SelectObject(hDC,bmp);
        //将 IDB_MYBITMAP 的数据复制到 pcol 中
        BitBlt(memdc,0,0,bm.bmWidth,bm.bmHeight,hDC,
            0,0,SRCCOPY);
        SelectObject(hDC,hOldBmp2);
        DeleteDC(hDC);
    }
}
if(m_bdraw)
{
    int i,j,k,cx=bm.bmWidth;
    int r[2],g[2],b[2];
    int r0,g0,b0;
    for(i=0;i<bm.bmWidth;i++)
        for(j=0;j<bm.bmHeight;j++)
        {
        r[0]=GetRValue(pcol[(i)+(j)*cx]);
        g[0]=GetGValue(pcol[(i)+(j)*cx]);
        b[0]=GetBValue(pcol[(i)+(j)*cx]);
        r[1]=GetRValue(pcol[(i+1)+(j+1)*cx]);
        g[1]=GetGValue(pcol[(i+1)+(j+1)*cx]);
        b[1]=GetBValue(pcol[(i+1)+(j+1)*cx]);

        r0=r[1]-r[0]+128;
        g0=g[1]-g[0]+128;
        b0=b[1]-b[0]+128;
        if(r0>255)
            r0 = 255;
        else if(r<0)
            r0 = 0;
        if(g0>255)
            g0 = 255;
        else if(r0<0)
            g0 = 0;
        if(b0>255)
            b0 = 255;
        else if(r<0)
            b0 = 0;
        pcol[i+j*cx]=RGB(r0,g0,b0);
        }
    DrawDibDraw(m_hdraw,pDC->GetSafeHdc(),0,0,bm.bmWidth,bm.bmHeight,
        &RGB32BITSBITMAPINFO,(LPVOID)pcol,
        0,0,bm.bmWidth,bm.bmHeight,DDF_BACKGROUNDPAL);
}
else
{
    DrawDibDraw(m_hdraw,pDC->GetSafeHdc(),0,0,bm.bmWidth,bm.bmHeight,
        &RGB32BITSBITMAPINFO,(LPVOID)pcol,
        0,0,bm.bmWidth,bm.bmHeight,DDF_BACKGROUNDPAL);
}
DrawDibClose(m_hdraw);
```

■ 秘笈心法

心法领悟 493：图像数据的获取。

使用 GetDIBits 函数可以获取图像数据，使用 CDC 类的 BitBlt 方法同样可以获取图像数据。主要是借助 CreateDIBSection 函数，使用 CreateDIBSection 函数可以创建设备相关的位图，然后将含有位图的一个设备上下文内容复制到刚创建设备相关位图所在的设备上下文中，复制的过程中 CreateDIBSection 函数获取了图像数据的地址，进而得到图像数据。

13.5 字体特效

实例 494	空心字 光盘位置：光盘\MR\13\494	高级 趣味指数：★★★★☆

■ 实例说明

Windows 默认字体都是实体字，所谓的实体字就是由粗细不同的线条组成的字体，而空心字则是字的每个笔画都是中空的。本实例将使用空心字显示"明日科技"这 4 个字，效果如图 13.17 所示。

■ 关键技术

通过 StrokePath 函数可以绘制路径边框，建立字体路径后通过 StrokePath 即可建立空心字。建立路径则需要使用 CDC 类的 BeginPath 方法和 EndPath 方法，只要是在这两个函数中输出的内容，无论是字体还是图形都会被转换成路径。所谓路径其实就是一个结构数组，其中包括 PT_MOVETO、PT_LINETO、PT_BEZIERTO 等类型，还有坐标数据，系统根据结构数组的内容可以自动完成图形的绘制。

图 13.17 空心字

■ 设计过程

（1）创建单文档视图结构的应用程序。

（2）采用 OnDraw 方法绘制字体，代码如下：

```cpp
void CFontSpyView::OnDraw(CDC* pDC)
{
CFontSpyDoc* pDoc = GetDocument();
ASSERT_VALID(pDoc);
CFont font;
CFont *pOldFont;
font.CreatePointFont(900,"宋体");
pOldFont=pDC->SelectObject(&font);


CPen pen(PS_SOLID,1,RGB(0, 128, 255));
CPen *pOldPen;
pOldPen=pDC->SelectObject(&pen);
//开始一个路径
pDC->BeginPath();
pDC->TextOut(10, 10, "明日科技");
pDC->EndPath();
//绘制路径
pDC->StrokePath();

pDC->SelectObject(pOldFont);
pDC->SelectObject(pOldPen);

}
```

■ 秘笈心法

心法领悟 494：路径的获取。

程序中使用了路径技术，路径的生成使用 BeginPath 方法和 EndPath 方法。这两个方法要同时使用，并且在这两个方法中任何 CDC 类方法绘制的内容都不会显示，全部形成路径。路径在绘制图形时经常用到，和 SelectClipPath 方法结合使用，可以形成特殊形状的剪切区。

实例 495	渐变颜色的空心字 光盘位置：光盘\MR\13\495	高级 趣味指数：★★★★

实例说明

通常字体都是单一的颜色，也就是每个字符的颜色都相同。本实例将实现不同的字符不同的颜色，并且每个字符间的颜色呈现渐变效果。实例运行结果如图 13.18 所示。

图 13.18　渐变颜色的空心字

关键技术

本实例需要先将路径通过 SelectClipPath 函数设置为剪切区，然后使用 FillRect 函数建立一个具有渐变色的矩形区域，剪切区和渐变色的矩形区域结合就形成渐变颜色的空心字。

SelectClipPath 的语法如下：

```
BOOL SelectClipPath( int nMode );
```

参数说明

nMode：是设置剪切区的操作模式，可以进行与运算（RGN_AND）、复制运算（RGN_COPY）、异或运算（RGN_XOR）、求不同运算（RGN_DIFF）。

设计过程

（1）创建单文档视图结构的应用程序。

（2）采用 OnDraw 方法绘制字体，代码如下：

```
void CFontSpyView::OnDraw(CDC* pDC)
{
CFontSpyDoc* pDoc = GetDocument();
ASSERT_VALID(pDoc);
CRect rect;
GetWindowRect(rect);
CFont font;
CFont *pOldFont;
font.CreatePointFont(900,"宋体");
pOldFont=pDC->SelectObject(&font);
pDC->SetBkMode(TRANSPARENT);

CPen pen(PS_SOLID,1,RGB(0, 128, 255));
CPen *pOldPen;
pOldPen=pDC->SelectObject(&pen);
//开始一个路径
pDC->BeginPath();
pDC->TextOut(10, 10, "明日科技");
pDC->EndPath();
//绘制路径
pDC->SelectClipPath(RGN_AND);
CBrush br,*oldbr;
    oldbr=pDC->SelectObject(&br);
    for(int m=255;m>0;m--)
    {
        int r=(600*m)/255;
        br.DeleteObject();
        br.CreateSolidBrush(RGB(255,m,128));
        pDC->FillRect(CRect(0,0,r,300),&br);
```

```
    }
pDC->SelectObject(pOldFont);
pDC->SelectObject(pOldPen);
}
```

秘笈心法

心法领悟 495：渐变色效果应用。

本实例实现的是渐变色效果，而且是每个字符自身都有渐变色效果，不同字符之间也形成渐变效果。要实现不同字符之间的渐变色效果很容易，只要在输出字符前改变当前设备上下文画刷对象即可。如果要实现自身渐变色效果，就必须通过路径来实现。

实例 496	贴图字 光盘位置：光盘\MR\13\496	高级 趣味指数：★★★☆

实例说明

贴图字就是指字体的线条背景显示图片，通过图片纹理，可以生成各式各样漂亮的字符。本实例使用贴图技术输出"明日科技" 4 个字符，效果如图 13.19 所示。

图 13.19　贴图字

关键技术

本实例需要先根据字符生成路径，然后将路径通过 SelectClipPath 函数设置为剪切区，再使用 FillRect 函数填充一个矩形区域。填充一个矩形区域时使用了贴图画刷，这样最终显示的字体就具有图像纹理。创建一个贴图画刷，可以先通过 LoadImage 函数加载图像，然后第一次调用 GetDIBits 函数获取图像的宽度、高度等数据，再次调用 GetDIBits 函数获取图像的二进制数据，图像的二进制数据中包含了 BITMAPINFO 结构的数据，移动指针使指针指向像素对应的数据。然后使用 CreateBrushIndirect 方法创建画刷。CreateBrushIndirect 方法需要 LOGBRUSH 结构对象，在 LOGBRUSH 结构中将指向像素的指针赋值给 lbHatch 成员，最后 CreateBrushIndirect 方法生成的画刷就是贴图画刷。

设计过程

（1）创建单文档视图结构的应用程序。

（2）采用 OnDraw 方法绘制字体，代码如下：

```
void CFontSpyView::OnDraw(CDC* pDC)
{
CFontSpyDoc* pDoc = GetDocument();
ASSERT_VALID(pDoc);
CRect rect;
GetWindowRect(rect);
CFont font;
CFont *pOldFont;
font.CreatePointFont(900,"宋体");
pOldFont=pDC->SelectObject(&font);
pDC->SetBkMode(TRANSPARENT);

CPen pen(PS_SOLID,1,RGB(0, 128, 255));
CPen *pOldPen;
pOldPen=pDC->SelectObject(&pen);
//开始一个路径
```

```
pDC->BeginPath();
pDC->TextOut(10, 10, "明日科技");
pDC->EndPath();
//绘制路径
pDC->SelectClipPath(RGN_AND);
long* pbmpheader;
long* pbmpdata;
BITMAPINFO *pbmpinfo,bmp;
bmp.bmiHeader.biSize=sizeof(bmp.bmiHeader);
bmp.bmiHeader.biBitCount=0;
HBITMAP hbmp=
(HBITMAP)LoadImage(::AfxGetResourceHandle(),"mr.bmp",IMAGE_BITMAP,0,
        0,LR_DEFAULTCOLOR|LR_LOADFROMFILE);
GetDIBits(pDC->GetSafeHdc(),hbmp,1,1,NULL,&bmp,DIB_RGB_COLORS);

//压缩的设备无关位图（DIB）指 BITMAPINFO 及后面的位图像素字节
pbmpheader=(long*)malloc(bmp.bmiHeader.biSizeImage+sizeof(BITMAPINFO));
pbmpinfo=(BITMAPINFO*)pbmpheader;
        pbmpdata=pbmpheader+sizeof(BITMAPINFO);
memcpy(pbmpheader,(const void*)&bmp,sizeof(BITMAPINFOHEADER));
GetDIBits(pDC->GetSafeHdc(),hbmp,1,pbmpinfo->bmiHeader.biHeight,pbmpdata,
            pbmpinfo,DIB_RGB_COLORS);
CBrush br,*oldbr;
LOGBRUSH logbrush;
logbrush.lbColor=DIB_RGB_COLORS;
logbrush.lbHatch=(LONG)pbmpheader;
logbrush.lbStyle=BS_DIBPATTERNPT;
br.CreateBrushIndirect(&logbrush);
oldbr=pDC->SelectObject(&br);
pDC->FillRect(CRect(0,0,600,300),&br);
pDC->SelectObject(&oldbr);
}
```

■ 秘笈心法

心法领悟 496：剪切区的应用。

贴图字还有一个实现过程，就是先在设备上下文中输出图像，然后根据字体生成路径，并根据路径生成剪切区，最后只显示剪切区的内容。使用这个实现过程可以创建和实例效果一样的贴图字。

实例 497	获取路径点信息	高级
	光盘位置：光盘\MR\13\497	趣味指数：★★★☆

■ 实例说明

本实例主要为了演示如何使用路径信息，主要是首生成路径，然后获取路径并解析路径信息，最后将路径输出，其输出结果仍然是空心字。实例运行结果如图 13.20 所示。

图 13.20　获取路径点信息

■ 关键技术

GetPath 方法可以获取路径的信息，路径信息就是点的位置以及点所对应的 GDI 操作。本实例首先通过建立一个字体路径，然后根据路径信息将路径绘制出来，其功能相当于 StrokePath 函数。

GetPath 方法主要是获取设备上下文中路径的信息，语法如下：

```
int GetPath( LPPOINT lpPoints, LPBYTE lpTypes, int nCount ) const;
```

参数说明

❶ lpPoints：POINT 数组指针，存储路径中的点。

❷ lpTypes：点的类型，有以下取值：

❑ PT_MOVETO：移动当前点。

❑ PT_LINETO：绘制直线。

❑ PT_BEZIERTO：绘制贝塞尔曲线。

❑ PT_CLOSEFIGURE：关闭绘制。

❸ nCount：点的个数。

■ 设计过程

（1）创建单文档视图结构的应用程序。

（2）采用 OnDraw 方法绘制字体，代码如下：

```cpp
void CFontSpyView::OnDraw(CDC* pDC)
{
CFontSpyDoc* pDoc = GetDocument();
ASSERT_VALID(pDoc);
CRect rect;
GetWindowRect(rect);
CFont font;
CFont *pOldFont;
font.CreatePointFont(900,"宋体");
pOldFont=pDC->SelectObject(&font);
pDC->SetBkMode(TRANSPARENT);

CPen pen(PS_SOLID,1,RGB(0, 128, 255));
CPen *pOldPen;
pOldPen=pDC->SelectObject(&pen);
//开始一个路径
pDC->BeginPath();
pDC->TextOut(10, 10, "明日科技");
pDC->EndPath();
int num=pDC->GetPath(NULL,NULL,0);
CPoint*pt=new CPoint[num];
BYTE*type=new BYTE[num];
num=pDC->GetPath(pt,type,num);
CPoint pstart;
for(int j=0;j<num;j++)
{
    switch(type[j])
    {
    case PT_MOVETO:
        pDC->MoveTo(pt[j]);
        pstart=pt[j];
        break;
    case PT_LINETO:
        pDC->LineTo(pt[j]);
        break;
    case PT_BEZIERTO:
        pDC->PolyBezierTo(pt+j,3);
        j=j+2;
        break;
    case PT_BEZIERTO|PT_CLOSEFIGURE:
        pt[j+2]=pstart;
        pDC->PolyBezierTo(pt+j,3);
        j=j+2;
        break;
    case PT_LINETO|PT_CLOSEFIGURE:
        pDC->LineTo(pstart);
        break;
    }
    pDC->CloseFigure();
}
}
```

秘笈心法

心法领悟 497：路径的控制。

掌握了路径信息的存储结构后，就可以进一步控制路径，可以根据需要来筛选路径信息进行绘制。

实例 498	显示 Word 艺术字	高级
	光盘位置：光盘\MR\13\498	趣味指数：★★★☆

实例说明

Word 中的艺术字共有 29 种，将 Word 中选中的字符通过菜单"插入"→"图片"→"艺术字"即可显示出艺术字效果。本实例将实现在应用程序中显示这些艺术字，效果如图 13.21 所示。

图 13.21　显示 Word 艺术字

关键技术

本实例中使用 Word 组件显示 Word 中的艺术字。在应用程序中同样通过 Selection 指针来获取选中的字符，然后通过 TextEffectFormat 指针来设置艺术字的种类。要将艺术字显示在设备上下文中还需要将 Selection 指针对象复制到剪贴板，然后通过剪贴板将艺术字显示出来。

设计过程

（1）创建单文档视图结构的应用程序。

（2）采用 OnShow 方法将艺术字显示出来，代码如下：

```
void CWordArtFontView::OnShow()
{
sel.AttachDispatch(app.GetSelection());
shprng.AttachDispatch(sel.GetShapeRange());
TextEffectFormat txteff;
txteff.AttachDispatch(shprng.GetTextEffect());
//1-29
txteff.SetPresetTextEffect(1);
txteff.SetFontName("宋体");
sel.Copy();
    ::OpenClipboard(this->GetSafeHwnd());
METAFILEPICT *metapic=(METAFILEPICT*)::GetClipboardData(CF_METAFILEPICT);
CloseClipboard();
CClientDC dc(this);
dc.PlayMetaFile(metapic->hMF);
DeleteMetaFile(metapic->hMF);
}
```

秘笈心法

心法领悟 498：调用 Word 组件的方法。

微软 Word 软件中提供了很多组件，在应用程序中可以调用这些组件。例如，可以调用 Word 中统计字符个数的组件来统计编辑框中的字符或者指定文档的字符个数，还可以调用 Word 中的图表组件、自选图形组件等。

| 实例 499 | 旋转的文字
光盘位置：光盘\MR\13\499 | 高级
趣味指数：★★★☆ |

■ 实例说明

在一些多媒体应用软件中，一些文字信息并不是按水平方向或垂直方向显示，而是按一定的角度倾斜显示，效果很好。本实例实现了文字的旋转，效果如图 13.22 所示。

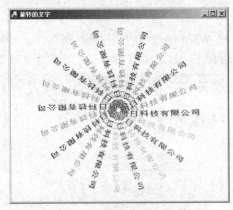

图 13.22　旋转的文字

■ 关键技术

实现字体的旋转非常简单，首先创建一个字体，在创建字体时指定倾斜角度，然后利用设备上下文选中字体，最后输出文字即可。文字就会在某一位置按照字体指定的角度倾斜。

CreateFont 方法可以实现创建一个字体，语法如下：

BOOL CreateFont(int nHeight, int nWidth, int nEscapement, int nOrientation, int nWeight, BYTE bItalic, BYTE bUnderline, BYTE cStrikeOut, BYTE nCharSet, BYTE nOutPrecision, BYTE nClipPrecision, BYTE nQuality, BYTE nPitchAndFamily, LPCTSTR lpszFacename);

CreateFont 方法中的参数说明如表 13.6 所示。

表 13.6　CreateFont 方法中的参数说明

参　　数	说　　明
nHight	指定字体的字符单元或字符的逻辑单位高度
nWidth	指定字体的字符单元或字符的逻辑单位宽度
nEscapement	以 X 轴为参考确定文本的倾斜角度
nOrientation	确定字符基线与 X 轴的倾斜角度
nWeight	在 0～1000 之间指定字体的权值，如 400 表示标准体，700 表示黑（粗）体，0 表示使用默认的权值
bItalic	确定是否是斜体
bUnderline	确定是否有下划线
cStrikeOut	确定是否有删除线
nCharSet	用于指定字符集
nOutPrecision	确定字体映射机制如何根据提供的参数选择合适的字体
nClipPrecision	用于确定字体的裁减精度。当文本的一部分延伸到指定区域外时，该参数用于确定文本被裁减的方式
nQuality	字体之间的精度
nPitchAndFamily	确定字符间距和字体属性
lpszFacename	确定字体名称

设计过程

（1）创建基于对话框的应用程序。

（2）采用 OnOK 方法显示旋转的字符，代码如下：

```
void CRotationFontDlg::OnOK()
{
CDC* pDC = GetDC();
CFont m_font;
pDC->SetBkMode(TRANSPARENT);
CRect m_rect;
GetClientRect(m_rect);
pDC->FillRect(m_rect,NULL);
pDC->SetViewportOrg(m_rect.Width()/2,m_rect.Height()/2);
for (int i = 1;i< 360;i+=18)
{
    m_font.CreateFont(-14,-10,i*10,0,600,0,0,0,DEFAULT_CHARSET,
    OUT_DEFAULT_PRECIS,CLIP_DEFAULT_PRECIS,
    DEFAULT_QUALITY,FF_ROMAN,"宋体");
    pDC->SelectObject(&m_font);
    pDC->SetTextColor(RGB(255-i,i*50,i));
    pDC->TextOut(0,0,"明日科技有限公司");
    m_font.DeleteObject();
}
}
```

秘笈心法

心法领悟 499：创建字体的多种方法。

CFont 类中提供了很多创建 CFont 对象的方法，有 CreateFont、CreateFontIndirect 和 CreatePointFont 方法，其中 CreatePointFont 方法使用起来比较方便，因为它只有两个参数。如果只对字体的大小有要求，那么可以使用该方法。

实例 500	可任意旋转的文字 光盘位置：光盘\MR\13\500	高级 趣味指数：★★★★☆

实例说明

本实例启动一个线程来计算得出创建字体时所使用的角度。实例运行结果如图 13.23 所示。

图 13.23　可任意旋转的文字

关键技术

通过 CreateFont 函数创建字体时可以设置字体的显示角度，通过循环来创建不同角度的字体，然后显示出来就形成了任意旋转的文字。本实例在一个线程中变换字体的旋转角度，如果要使字体出现旋转效果，就需要通过 Sleep 函数来延时变化效果。

Sleep 函数能够使程序进入休眠状态，语法如下：

```
VOID Sleep(DWORD dwMilliseconds);
```

参数说明

dwMilliseconds：指定睡眠时间，单位为 ms。

■ 设计过程

（1）创建单文档视图结构应用程序。

（2）采用 OnRotate 方法启动一个线程来旋转字符。

（3）Thread 是一个全局函数，可以实现字体角度的改变，采用 OnRotate 方法以多线程的方式来执行该函数，代码如下：

```
DWORD WINAPI Thread(LPVOID pParam)
{
CRotateFontView* pdlg=(CRotateFontView*)pParam;
//将字符所在的矩形上移
for(int i=0;i<=360;i+=18)
{
     pdlg->m_iangle=i;
     pdlg->Invalidate();
     Sleep(5);
}
pdlg->m_iangle=0;
return 0;
}
```

■ 秘笈心法

心法领悟 500：启动线程的方法。

使用 CreateThread 函数启动一个线程，通过该函数的第 4 个参数可以实现主线程向子线程传递数据。第 4 个参数可以是一个变量指针，也可以是结构指针或类指针。如果要传递的数据比较多，就应该使用结构指针，因为结构指针相当于多个变量的集合。

第14章

图像控制

14.1 图 像 缩 放

实例 501	图片缩放 光盘位置：光盘\MR\14\501	高级 趣味指数：★★★★½

■ 实例说明

扩大和缩小图像是图像处理中最常见的操作，图像要在特定的区域显示，特定区域有时会比图像大，有时会比图像小，所以要进行图像的扩大或缩小操作。本实例通过调整缩放比例来实现缩放，扩大操作就将滑标向右移动，缩小操作就将滑标向左移动。缩小后的效果如图 14.1 所示。

图 14.1　图片缩放

■ 关键技术

StretchBlt 方法的使用可以参照实例 486 的关键技术部分。

■ 设计过程

（1）创建一个基于单文档视图结构的应用程序。

（2）添加 ID 为 IDD_ZOOMSCALE 的对话框，并在对话框上设置滑标控件。

（3）根据对话框创建 CSetZoomScale 类。向类中添加滑标控件的成员 m_slide。

（4）在 CZoomInOutView 类的 OnDraw 方法内根据缩放比例显示图像。

```
void CZoomInOutView::OnDraw(CDC* pDC)
{
CZoomInOutDoc* pDoc = GetDocument();
ASSERT_VALID(pDoc);
if(abs(iscale)==1)
    ::StretchBlt(pDC->GetSafeHdc(),0,0,bm.bmWidth,bm.bmHeight,memdc,0,0,
    bm.bmWidth,bm.bmHeight,SRCCOPY);
if(abs(iscale)==2)
    ::StretchBlt(pDC->GetSafeHdc(),0,0,bm.bmWidth,bm.bmHeight,memdc,0,0,
    bm.bmWidth,bm.bmHeight,SRCCOPY);
if(iscale==0)
    ::StretchBlt(pDC->GetSafeHdc(),0,0,bm.bmWidth,bm.bmHeight,memdc,0,0,
    bm.bmWidth,bm.bmHeight,SRCCOPY);
if(iscale>2)
{
    sizeTotal.cx=bm.bmWidth*(iscale/2);
    sizeTotal.cy=bm.bmHeight*(iscale/2);
    SetScrollSizes(MM_TEXT, sizeTotal);
    ::StretchBlt(pDC->GetSafeHdc(),0,0,bm.bmWidth*(iscale/2),bm.bmHeight*(iscale/2),memdc,0,0,
    bm.bmWidth,bm.bmHeight,SRCCOPY);
```

```
}
if(iscale<-2)
{
        sizeTotal.cx=bm.bmWidth/(abs(iscale)/2);
        sizeTotal.cy=bm.bmHeight/(abs(iscale)/2);
        SetScrollSizes(MM_TEXT, sizeTotal);
        ::StretchBlt(pDC->GetSafeHdc(),0,0,bm.bmWidth/(abs(iscale)/2),bm.bmHeight/(abs(iscale)/2),memdc,0,0,
        bm.bmWidth,bm.bmHeight,SRCCOPY);
}
}
```

■ 秘笈心法

心法领悟 501：扩大图像的方法。

本实例只是利用 StretchBlt 方法实现了图像在设备上下文中的缩放，其扩大和缩小的算法都是 GDI 中原有的算法。如果要根据像素点来扩大或缩小图像，则需要使用二插值算法。

实例 502	图片的平滑缩放 光盘位置：光盘\MR\14\502	高级 趣味指数：★★★★☆

■ 实例说明

在浏览图像时，如果图像失真或者大于浏览区的界面，则可将图像缩小或放大后再进行浏览。本实例实现了等比例平滑缩放图像的功能。运行程序，单击"打开"按钮，打开要进行平滑缩放的图像文件，将打开的文件显示在窗体中。通过拖动窗体中间部分的滑标控件设置图像缩放的比率，单击"缩放"按钮，完成图像的平滑缩放，如图 14.2 所示。

图 14.2　图片的平滑缩放

■ 关键技术

本实例通过滑标控件设置图片的缩放比率，然后使用 StretchBlt 方法将图片按比率进行缩放，最后通过带有滚动条的无模式对话框配合 Picture 控件显示缩放后的图片。本实例中使用了 SetRange 方法设置滚动条的范围，通过此范围限制缩放比例。

使用 SetRange 方法能够设置滑标控件两侧的刻度，语法如下：

```
void SetRange( int nMin, int nMax, BOOL bRedraw = FALSE );
```

参数说明

❶ nMin：滑标控件的最小值。

❷ nMax：滑标控件的最大值。

❸ bRedraw：指定滑标控件是否重画以反映滑标的变化。如果该参数为 TRUE，则滑标将被重画，否则不被重画。

■ 设计过程

（1）创建一个基于对话框的应用程序，将窗体标题改为"图片的平滑缩放"。

（2）创建一个无模式对话框，并选择 Horizontal Scroll 和 Vertical Scroll 风格。为无模式对话框添加 CFrameDlg 类，在该类中设置滚动条的滑块位置等参数。

（3）向窗体中添加一个滑标控件、两个图片控件和两个按钮控件。

（4）在"缩放"按钮的 OnButdraw 方法内实现图片的缩放，代码如下：

```
void CSmoothnessDlg::OnButdraw()
{
CRect rect;
dlg.GetClientRect(rect);
int xpos = dlg.GetScrollPos(SB_HORZ);
if (xpos != 0)
        dlg.ScrollWindow(xpos,0);                          //恢复窗口的水平滚动区域
int ypos = dlg.GetScrollPos(SB_VERT);
if (ypos != 0)
        dlg.ScrollWindow(0,ypos);                          //恢复窗口的垂直滚动区域
CDC* pDC = m_picture.GetDC();
//将位图选进设备场景中
CDC memdc;
memdc.CreateCompatibleDC( pDC );
memdc.SelectObject(m_hBitmap);
BITMAP bmp;
GetObject(m_hBitmap,sizeof(bmp),&bmp);
int x,y;
x = bmp.bmWidth*m_slider.GetPos()/100;
y = bmp.bmHeight*m_slider.GetPos()/100;
m_picture.MoveWindow(rect.left,rect.top,x,y,true);
pDC->StretchBlt(rect.left,rect.top,x,y,&memdc,0,0,
            bmp.bmWidth,bmp.bmHeight,SRCCOPY);
memdc.DeleteDC();
SCROLLINFO vinfo;
vinfo.cbSize = sizeof(vinfo);
vinfo.fMask = SIF_ALL;
vinfo.nPage = y/10;
vinfo.nMax= y-rect.Height()+y/10;
vinfo.nMin = 0;
vinfo.nTrackPos = 0;
vinfo.nPos = 0;
//设置垂直滚动条信息
dlg.SetScrollInfo(SB_VERT,&vinfo);
vinfo.fMask = SIF_ALL;
vinfo.nPage = x/10;
vinfo.nMax= x-rect.Width()+x/10;
vinfo.nMin = 0;
vinfo.nPos   = 0;
vinfo.nTrackPos = 0;
vinfo.cbSize = sizeof(vinfo);
//设置水平滚动条信息
dlg.SetScrollInfo(SB_HORZ,&vinfo);
}
```

■ 秘笈心法

心法领悟 502：子对话框显示图像。

本实例使用 Child 属性的对话框来显示图像，使用对话框显示图像的优点是便于设置滚动条。当图像尺寸大于对话框时，即可通过对话框的滚动条来浏览图像的各个部分。当然也可以直接使用滚动条控件来实现这一功能，但实现起来比较麻烦，需要根据图像的大小设置滚动条的滚动范围，然后根据滚动条的滚动事件刷新图像的显示。

实例 503	图像固定比例缩放	高级
	光盘位置：光盘\MR\14\503	趣味指数：★★★☆

■ 实例说明

　　进行图像处理，并不是所有时候都需要变换图像缩放的比例，有时会用一个固定比例来对图像进行缩放。本实例将实现把图像按固定比例缩放，在实例中只能按 50%、75%、100%、150%这 4 种比例缩放图像，如图 14.3 所示。

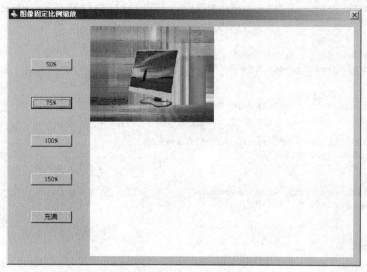

图 14.3　图像固定比例缩放

■ 关键技术

　　本实例仍然使用 StretchBlt 方法实现图像的缩放。StretchBlt 方法的使用可以参照实例 486 的关键技术部分。本实例使用自定义函数 DrawPicture 实现固定比例缩放，每种缩放比例都调用该函数来完成。

　　自定义函数 DrawPicture 通过指定变换索引实现图像的缩放，语法如下：

```
void DrawPicture(int num);
```

　　参数说明

　　num：缩放比例的索引编号，取值为 1～4。

■ 设计过程

　　（1）创建一个基于对话框的应用程序。
　　（2）在对话框上放置按钮控件和矩形控件。
　　（3）为按钮添加单击事件处理方法，每个方法都调用 DrawPicture 函数进行缩放。
　　（4）在自定义函数 DrawPicture 中实现缩放后图像的绘制，代码如下：

```
void CPictureDlg::DrawPicture(int num)
{
//获得窗口大小
CRect r;
m_picture.GetClientRect(&r);
CDC* pDC = m_picture.GetDC();
//填充背景
pDC->FillRect(&r,NULL);
//将位图选进设备场景中
CBitmap cbmp;
cbmp.LoadBitmap(IDB_MYBITMAP);
```

```
CDC memdc;
memdc.CreateCompatibleDC(pDC);
memdc.SelectObject(&cbmp);

//获得位图参数
long width,height;
cbmp.GetBitmap(&bmp);
width = bmp.bmWidth;
height = bmp.bmHeight;
//开始缩放
switch(num)
{
case 0://50%显示
        pDC->StretchBlt(r.left,r.top,(int)(width*0.5),(int)(height*0.5),&memdc,0,0,
                bmp.bmWidth,bmp.bmHeight,SRCCOPY);
        break;
case 1://75%显示
        pDC->StretchBlt(r.left,r.top,(int)(width*0.75),(int)(height*0.75),&memdc,0,0,
                bmp.bmWidth,bmp.bmHeight,SRCCOPY);
        break;
case 2://100%显示
        pDC->BitBlt(r.left,r.top,r.Width(),r.Height(),&memdc,0,0,SRCCOPY);
        break;
case 3://150%显示
        pDC->StretchBlt(r.left,r.top,(int)(width*1.5),(int)(height*1.5),&memdc,0,0,
                bmp.bmWidth,bmp.bmHeight,SRCCOPY);
        break;
case 4://充满窗口
        pDC->StretchBlt(r.left,r.top,r.Width(),r.Height(),&memdc,0,0,
                bmp.bmWidth,bmp.bmHeight,SRCCOPY);
        break;
}
}
```

■ 秘笈心法

心法领悟503：自定义图像扩大方法。

本实例使用一个自定义方法实现图像不同情况的缩放，这就需要向该自定义方法传递参数，根据这个参数进行不同的处理。使用自定义方法可以实现代码的复用，使代码看上去更清晰。

实例 504	屏幕放大器 光盘位置：光盘\MR\14\504	高级 趣味指数：★★★☆

■ 实例说明

Windows 系统中有一个屏幕放大器工具，该工具主要是为视力不佳的人群设计的，使用这个工具可以看到细小的屏幕内容，本实例将实现该工具的功能。屏幕放大器运行效果如图 14.4 所示。

■ 关键技术

屏幕放大器主要利用图像放大技术，使用图像放大算法将屏幕指定区域的内容放大，并显示在应用程序的对话框上。屏幕内容主要是先获取屏幕的设备上下文，使用 GetDesktopWindow 方法获取桌面窗体句柄，然后通过 GetDC 方法获取屏幕的设备上下文，最后使用 StretchBlt 方法实现放大。

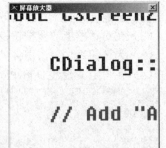

图 14.4　屏幕放大器

GetDesktopWindow 是 CWnd 类的方法，可以实现桌面窗体句柄的获取，语法如下：

`static CWnd* PASCAL GetDesktopWindow( );`

返回值：直接返回窗体类指针，获取的窗体类指针就是桌面窗体的指针。

设计过程

（1）创建一个基于对话框的应用程序。

（2）在 OnInitDialog 方法内设置定时器。

（3）通过向导添加 OnTimer 方法，使用 GetCursorPos 方法实现鼠标位置的获取，并刷新屏幕。

（4）在 OnPaint 方法中使用 StretchBlt 绘制放大后的图像，代码如下：

```
void CScreenZoomDlg::OnPaint()
{
if (IsIconic())
{
    CPaintDC dc(this);
//此处代码省略
}
else
{
    CPaintDC dc(this);
    CDC* pDeskDC =GetDesktopWindow()->GetDC();
    dc.StretchBlt(0,0,100*3,100*3,pDeskDC,m_PosPoint.x,m_PosPoint.y,100,100,SRCCOPY);
    CDialog::OnPaint();
}
}
```

秘笈心法

心法领悟 504：屏幕设备上下文的获取方法。

屏幕放大器中主要涉及两个技术，一个是屏幕设备上下文获取技术，另一个是屏幕放大技术。屏幕设备上下文的获取不是只有实例中介绍的一种方法，还可以通过 CreateDC 方法实现，该方法的第一个参数设置为 DISPLAY，同样可以获取屏幕设备上下文。

实例 505	图像缩放与保存	高级
	光盘位置：光盘\MR\14\505	趣味指数：★★★☆

实例说明

本实例将实现图像的缩放和保存，通过 "…" 按钮可以打开位图文件，然后可以通过单选按钮选择是百分比缩放还是实际物理像素缩放。通过拖动滑标控件可以改变缩放系数，设置好缩放系数后单击 "图像缩放" 按钮即可进行图像缩放，然后单击 "保存" 按钮还可以将放大后的图像保存。实例运行效果如图 14.5 所示。

图 14.5　图像缩放与保存

■ 关键技术

程序最终调用自定义函数 ZoomImage 实现图像的缩放。在调用 ZoomImage 函数前，本实例根据用户的输入获取图像的缩放比例，然后将缩放比例连同图像的宽度传递给 ZoomImage 函数。

ZoomImage 函数主要实现根据缩放比例将原位图的数据转换为缩放后的位图数据，语法如下：

```
void ZoomImage(BYTE* pBmpData,BYTE* &pTmpData,int nWidth,int nHeight,int nzmWidth,int nzmHeight,double dXRate,double dYRate);
```

ZoomImage 函数中的参数说明如表 14.1 所示。

表 14.1　ZoomImage 函数中的参数说明

参　　数	说　　明	参　　数	说　　明
pBmpData	原始图像数据指针	nzmWidth	缩放后图像宽度
pTmpData	缩放后图像数据指针	nzmHeight	缩放后图像高度
nWidth	原始图像宽度	dXRate	横坐标缩放比率
nHeight	原始图像高度	dYRate	纵坐标缩放比率

■ 设计过程

（1）创建一个基于对话框的应用程序。

（2）在对话框中添加编辑框控件和静态文本控件。

（3）通过向导添加 OnTimer 方法，使用 GetCursorPos 方法实现鼠标位置的获取，并刷新屏幕。

（4）在 OnBtAtomize 方法中使用 StretchBlt 绘制放大后的图像，代码如下：

```
void CScaleImageDlg::OnBtAtomize()
{
if (m_bLoaded)
{
        CButton * pButton = (CButton *)this->GetDlgItem(IDC_PERCENT);
        int nSelState = pButton->GetCheck();
        double dXRate = 0.0;
        double dYRate = 0.0;
        if (nSelState) //百分比
        {
                dXRate =   (m_HorParam / 100.0);
                (dXRate > 1.0)? dXRate: 1-dXRate;
                dYRate =   (m_VerParam / 100.0);
                (dYRate > 1.0)? dYRate: 1-dYRate;
        }
        else    //实际像素
        {
                dXRate = (double)m_HorParam / m_bmInfoHeader.biWidth;
                dYRate = (double)m_VerParam / m_bmInfoHeader.biHeight;
        }
        m_nZoomWidth= (int)(m_bmInfoHeader.biWidth*dXRate + 0.5);
        m_nZoomHeight = (int)(m_bmInfoHeader.biHeight*dYRate + 0.5);
        if (m_pZoomData != NULL)
        {
                delete [] m_pZoomData;
                m_pZoomData = NULL;
        }
        ZoomImage(m_pBmpData,m_pZoomData,m_bmInfoHeader.biWidth,
        m_bmInfoHeader.biHeight,m_nZoomWidth,
                        m_nZoomHeight,dXRate,dYRate);
        //此处代码省略
}
}
```

秘笈心法

心法领悟 505：this 的使用。

this 指针是类对象指针，通过 this 指针可以调用类成员和方法，通常 this 指针可以隐式调用，也就是说在类的一个方法内调用类的其他方法，可以不写 this 关键字。

14.2　图　像　剪　切

实例 506	图片剪切 光盘位置：光盘\MR\14\506	高级 趣味指数：★★★★

实例说明

当图像中只有部分内容有价值时，需要使用图像剪切工具将有价值的部分剪切出来，或图像中有一部分内容是多余的，要将多余的部分剪切出去。本实例将实现把图像的部分内容剪切出来。剪切前的图像如图 14.6（a）所示，剪切后的图像如图 14.6（b）所示。

（a）剪切前的图像

（b）剪切后的图像

图 14.6　图片剪切

关键技术

使用 StretchBlt 方法不但可以完成图像的放大和缩小，还可以实现图像的剪切。实现的过程就是在 StretchBlt 方法中设置了源图像的左顶点和边长，如果左顶点为（0,0），宽度和高度是源图像的宽度和高度，则绘制出来的图像是原图像。如果左顶点是图像内的点，宽度和高度都比源图像小，而且在有效范围内，则 StretchBlt 方法的绘制就实现了图像的剪切。

设计过程

（1）创建基于单文档视图结构的应用程序。

（2）在工程中添加 ID 为 IDR_MYMENU 的菜单项以及 ID 为 IDD_GETPOSITION 的对话框资源，并根据对话框资源创建 CGetPicPosition 类。

（3）OnSelect 方法用于实现"选择"按钮的单击事件，完成从剪贴板读取数据，代码如下：

```
void CClipPictureView::OnSelect()
{
    CGetPicPosition picpos;
    picpos.DoModal();
```

```
    OpenClipboard();

    if(IsClipboardFormatAvailable(CF_TEXT))
    {
        HANDLE handle=GetClipboardData(CF_TEXT);
        char*data=(char*)GlobalLock(handle);
        CString str=data;
        int pos=str.Find("-");
        x1=atoi(str.Left(pos));
        str=str.Right(str.GetLength()-pos-1);
        pos=str.Find("-");
        y1=atoi(str.Left(pos));
        str=str.Right(str.GetLength()-pos-1);
        pos=str.Find("-");
        x2=atoi(str.Left(pos));
        str=str.Right(str.GetLength()-pos-1);
        y2=atoi(str);
        Invalidate();
    }
    CloseClipboard();
}
```

（4）单击"选择"按钮，在 CClipPictureView 类的 OnDraw 方法中完成图像的绘制。

■ 秘笈心法

心法领悟 506：剪贴板的使用。

本实例中使用剪贴板来保存图像左顶点和边长信息，当用户设置好左顶点和边长信息后，程序会到剪贴板中读取相应的数据来完成绘制，这样就使用剪贴板完成了程序中不同模块之间的数据通信。

实例 507	图像的剪切 光盘位置：光盘\MR\14\507	高级 趣味指数：★★★★

■ 实例说明

几乎所有的图像编辑软件都提供了图像的剪切功能，用户可以根据需要剪切图像的某一部分进行处理，本实例也实现了这一功能。运行程序，单击"剪切"按钮，将截取源图像的某一区域到目标图像中，效果如图 14.7 所示。

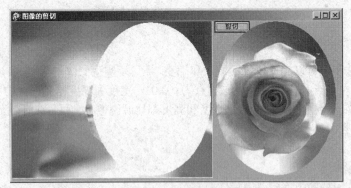

图 14.7 图像的剪切

■ 关键技术

实现图像的剪切可以使用 CRgn 类创建一个剪切的区域，然后利用目标设备上下文 CDC 选中该剪切的区域，在该区域绘制图像，最后在源设备上下文中将剪切的区域设置为白色的背景。CRgn 封装了 Windows 图像设备接口的区域对象，该区域可以是椭圆形或多边形。用户可以通过该类为 CDC 定义一个剪切的区域。CRgn 类的主要方法如下。

（1）CreatePolygonRgn 方法

该方法用于创建一个多边形的区域，语法如下：

```
BOOL CreatePolygonRgn( LPPOINT lpPoints, int nCount, int nMode );
```

参数说明

❶ lpPoints：是 CPoint 类型数组指针，用于标识多边形的顶点坐标。

❷ nCount：标识 lpPoints 数组中元素的数量。

❸ nMode：标识区域的填充模式。

（2）CombineRgn 方法

该方法用于组合两个区域，语法如下：

```
int CombineRgn( CRgn* pRgn1, CRgn* pRgn2, int nCombineMode );
```

参数说明

❶ pRgn1：一个 CRgn 对象指针，代表一个矩形区域。

❷ pRgn2：一个 CRgn 对象指针，和前一个矩形进行组合的区域。

❸ nCombineMode：确定区域的组合模式。取值是 RGN_AND，表示使用两个区域的重叠部分；取值是 RGN_COPY，表示复制第一个区域；取值是 RGN_DIFF，表示创建两个不同的区域；取值是 RGN_OR，表示使用两个区域的共同区域；取值是 RGN_XOR，表示使用两个区域的非重叠部分。

■ 设计过程

（1）新建一个基于对话框的应用程序。

（2）在对话框中添加图片控件和按钮控件。

（3）处理"剪切"按钮的单击事件，创建并填充剪切区域，代码如下：

```
void CCutImageDlg::OnOK()
{

CBitmap m_bitmap;
HBITMAP m_hbitmap = m_sourceimage.GetBitmap();

//附加位图句柄
m_bitmap.Attach(m_hbitmap);

CDC* m_dc = m_cutimage.GetDC();
CRgn m_rgn;
BITMAP m_bitinfo;
m_bitmap.GetBitmap(&m_bitinfo);
//创建一个剪切区域
m_rgn.CreateEllipticRgn(150,1,m_bitinfo.bmWidth-1,m_bitinfo.bmHeight-1);

CDC* m_sourcedc = m_sourceimage.GetDC();
//选中剪切区域
m_dc->SelectClipRgn(&m_rgn,RGN_COPY );
m_dc->BitBlt(0,0,m_bitinfo.bmWidth,m_bitinfo.bmHeight,m_sourcedc,
0,0,SRCCOPY);

m_sourcedc->SelectClipRgn(&m_rgn,RGN_COPY );
m_sourcedc->BitBlt(0,0,m_bitinfo.bmWidth,m_bitinfo.bmHeight,
m_dc,0,0,WHITENESS);

m_bitmap.Detach();
}
```

■ 秘笈心法

心法领悟 507：将原有图像的椭圆区域填充为白色。

本实例是实例 508 和实例 509 的结合，但实现算法并不完全一样。本实例是将原有图像的椭圆区域填充为白色，通过将 BitBlt 方法的最后一个参数设置为 WHITENESS 实现的。

实例 508	保留椭圆下的图像内容 光盘位置：光盘\MR\14\508	高级 趣味指数：★★★☆

■ 实例说明

在图像处理过程中不仅要对图像进行矩形的剪切，有时还需要进行不规则的剪切。本实例将实现对图像进行椭圆形状的剪切，剪切后的效果如图 14.8 所示。

图 14.8　保留椭圆下的图像内容

■ 关键技术

可以通过设置剪切区来显示特殊形状的图片，在设备上下文设置了剪切区后，只有剪切区内的内容才能显示出来。本实例设置了椭圆形状的剪切区，进而使图片显示为椭圆形状，剪切区的设置使用 SelectClipRgn 方法来完成。SelectClipRgn 方法只需要一个参数，就是指定一个区域对象，该区域可以是任何形状。设置好区域后，在设备上下文中绘制内容，区域以外的内容就不显示了。

■ 设计过程

（1）创建基于单文档视图结构的应用程序。

（2）在 CSaveEliPicView 类的 OnDraw 方法内进行绘制，代码如下：

```cpp
void CSaveEliPicView::OnDraw(CDC* pDC)
{
CSaveEliPicDoc* pDoc = GetDocument();
ASSERT_VALID(pDoc);

CBitmap bmp;
BITMAP bm;
bmp.LoadBitmap(IDB_MYBITMAP);
bmp.GetBitmap(&bm);
CDC memdc;
memdc.CreateCompatibleDC(pDC);
memdc.SelectObject(&bmp);
if(m_bDraw)
{
    CRgn rgn;
    rgn.CreateEllipticRgn(0,0,bm.bmWidth,bm.bmHeight);
    pDC->SelectClipRgn(&rgn);
    pDC->BitBlt(0,0,bm.bmWidth,bm.bmHeight,&memdc,0,0,SRCCOPY);
}
else
{
```

```
        pDC->BitBlt(0,0,bm.bmWidth,bm.bmHeight,&memdc,0,0,SRCCOPY);
    }
}
```

秘笈心法

心法领悟 508：保存修改后的图像。

本实例实现了非矩形的剪切，但只是在设备上下文中这样显示，并没有改变文件内的原有数据。如果要保存修改后的图像，那么应使用保存设备上下文内容到文件的技术，在屏幕截图实例中有相应的技术。

实例 509	去除椭圆下的图片内容 光盘位置：光盘\MR\14\509	高级 趣味指数：★★★★☆

实例说明

在实例 507 中，程序使用填充的方法去除椭圆下的内容。本实例则是将椭圆外的区域设置成剪切区进而实现了去除椭圆下的图像内容。去除后的效果如图 14.9 所示。

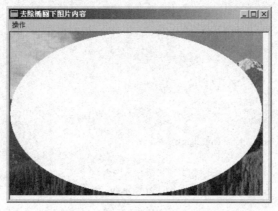

图 14.9　去除椭圆下的图片内容

关键技术

本实例首先通过 CRgn 类的 CreateEllipticRgn 方法创建一个椭圆区域，再使用 CRgn 类的 CreateRectRgn 方法创建一个图片大小的矩形区域，接着将椭圆区域和矩形区域进行异或（XOR）运算，最后将异或运算结果设置为剪切区，再绘制图像时将只显示剪切区的内容。

（1）CreateEllipticRgn 方法

该方法可以实现椭圆形区域的创建，语法如下：

```
BOOL CreateEllipticRgn( int x1, int y1, int x2, int y2 );
```

CreateEllipticRgn 方法中的参数说明如表 14.2 所示。

表 14.2　CreateEllipticRgn 方法中的参数说明

参　　数	说　　明
x1	椭圆所在矩形区域的左顶点横坐标
y1	椭圆所在矩形区域的左顶点纵坐标
x2	椭圆所在矩形区域的右下点横坐标
y2	椭圆所在矩形区域的右下点纵坐标

（2）CreateRectRgn 方法

该方法可以实现矩形区域的创建，语法如下：

```
BOOL CreateRectRgn( int x1, int y1, int x2, int y2 );
```

CreateRectRgn 方法中的参数说明如表 14.3 所示。

表 14.3　CreateRectRgn 方法中的参数说明

参　　数	说　　明
x1	矩形区域的左顶点横坐标
y1	矩形区域的左顶点纵坐标
x2	矩形区域的右下点横坐标
y2	矩形区域的右下点纵坐标

■ 设计过程

（1）创建基于单文档视图结构的应用程序。

（2）在 CMoveEliPicView 类的 OnDraw 方法内进行绘制，代码如下：

```
void CMoveEliPicView::OnDraw(CDC* pDC)
{
CMoveEliPicDoc* pDoc = GetDocument();
ASSERT_VALID(pDoc);

CBitmap bmp;
BITMAP bm;
bmp.LoadBitmap(IDB_MYBITMAP);
bmp.GetBitmap(&bm);
CDC memdc;
memdc.CreateCompatibleDC(pDC);
memdc.SelectObject(&bmp);
if(m_bDraw)
{
    CRgn rgn,rec;
    rgn.CreateEllipticRgn(0,0,bm.bmWidth,bm.bmHeight);
    rec.CreateRectRgn(0,0,bm.bmWidth,bm.bmHeight);
    rgn.CombineRgn(&rgn,&rec,RGN_XOR);
    pDC->SelectClipRgn(&rgn);
    pDC->BitBlt(0,0,bm.bmWidth,bm.bmHeight,&memdc,0,0,SRCCOPY);
}
else
{
    pDC->BitBlt(0,0,bm.bmWidth,bm.bmHeight,&memdc,0,0,SRCCOPY);
}
}
```

■ 秘笈心法

心法领悟 509：CombineRgn 方法的应用。

本实例中使用 CRgn 类的 CombineRgn 方法进行了一次区域的重建，根据此算法可以将区域设置为各种形状，也就是说可以实现各种形状的剪切。CombineRgn 方法在使用时可以将一个像素看作最小的矩形，可以逐个像素点地连接区域，最终形成不规则的形状。

实例 510	照片版式处理 光盘位置：光盘\MR\14\510	高级 趣味指数：★★★☆

■ 实例说明

随着数码相机的不断增多，照片的数量也在不断增加。对数码照片的处理也是急需的。该实例主要完成对数码照片的裁剪，裁剪后的效果如图 14.10 所示。

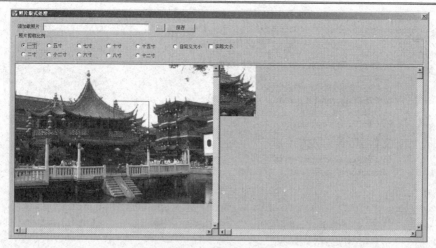

图 14.10　照片的版式处理

关键技术

本实例实现了在图像上进行小图像的截取，用户拖曳鼠标，程序会在图像上显示边框，边框下的图像内容会被提取出来。程序显示边框其实是利用了对话框的边框，将工程中的对话框资源设置为 child 样式和 Resizing 边框属性，去除 Title bar 属性，然后在用户拖曳鼠标时显示该对话框。此时需要在 OnCtlColor 方法内调用 CDC 类的 SetBkMode 方法擦除对话框的背景，拖曳鼠标时只显示对话框的边线。对于对话框下的图像内容的获取，可以使用 GDI+接口的 Bitmap 类的 Clone 方法实现。

设计过程

（1）创建基于单文档视图结构的应用程序。

（2）在工程中添加 ID 为 IDD_CLIPDLG_DIALOG 的对话框资源，用来实现图像截取边框。

（3）在工程中添加 ID 为 IDD_IMAGEPANEL_DIALOG 的对话框资源，并创建 CCImagePanel 类。

（4）OnFactSize 方法用于实现"保存"按钮的单击事件，将截取后的图像保存，代码如下：

```
void CPhotoHandleDlg::OnFactsize()
{
int nState = m_FactSize.GetCheck();
if (nState && m_bLoaded) //设置实际像素大小
{
    m_ClipDlg.ModifyStyle(WS_SIZEBOX,0);
    //获取用户选中的照片版式大小
    for (UINT i = IDC_INCH1; i<IDC_CUSTOM+1;i++)
    {
        CButton *pButton = (CButton*)GetDlgItem(i);
        if (pButton != NULL && pButton->GetCheck())
        {
            int nIndex = i-IDC_INCH1;
            m_ClipDlg.m_Rate =m_Inch[nIndex].rate;
            //设置实际的照片大小，将厘米转换为像素
            //1 英寸等于 2.54 厘米

            double x = m_Inch[nIndex].x;
            double y = m_Inch[nIndex].y;
            //将厘米转换为英寸
            double InchX = x / 2.54;
            double InchY = y / 2.54;
            //获取当前设备每英寸的像素数
            int nLogInchX = GetDeviceCaps(GetDC()->m_hDC,LOGPIXELSX);
            int nLogInchY = GetDeviceCaps(GetDC()->m_hDC,LOGPIXELSY);
            int nWidth = (int)(InchX * nLogInchX + 0.5);
            int nHeight = (int)(InchY * nLogInchY + 0.5);

            //获取当前图像的宽度和高度
```

```
                int nBmpWidth = pBmp->GetWidth();
                int nBmpHeight = pBmp->GetHeight();
                if (nWidth > nBmpWidth || nHeight > nBmpHeight)
                {
                        m_ClipDlg.ModifyStyle(0,WS_SIZEBOX);
                        CRect rc;
                        m_ClipDlg.GetWindowRect(rc);
                        m_ClipDlg.ScreenToClient(rc);
                        rc.DeflateRect(1,1,1,1);
                        m_ClipDlg.MoveWindow(rc);
                        rc.InflateRect(1,1,1,1);
                        m_ClipDlg.MoveWindow(rc);
                        m_FactSize.SetCheck(FALSE);
                        MessageBox("当前图像太小!","提示");
                }
                else
                {
                        CRect rc;
                        m_Image.GetWindowRect(rc);
                        m_Image.ScreenToClient(rc);
                        if (i != IDC_CUSTOM)
                        {
                                rc.right = rc.left + nWidth;
                                rc.bottom = rc.top + nHeight;
                        }
                        m_ClipDlg.MoveWindow(rc);
                        m_ClipDlg.ShowWindow(SW_SHOW);
                        m_ClipDlg.m_PosChanged = TRUE;
                }
                break;
        }
    }

}
else if (nState==0)
{
    m_ClipDlg.ModifyStyle(0,WS_SIZEBOX);
    CRect rc;
    m_ClipDlg.GetWindowRect(rc);
    m_ClipDlg.ScreenToClient(rc);
    rc.DeflateRect(1,1,1,1);
    m_ClipDlg.MoveWindow(rc);
    rc.InflateRect(1,1,1,1);
    m_ClipDlg.MoveWindow(rc);
}
}
```

■ 秘笈心法

心法领悟 510：如何干净地删除一个类？

先删除项目中对应的.h 和.cpp 文件，保存后退出项目，到文件夹中删除实际的.h 和.cpp 文件，再删除.clw 文件，重新进入项目，进行全部重建（rebuild all）。

14.3 图 像 转 动

实例 511	图像水平翻转	高级
	光盘位置：光盘\MR\14\511	趣味指数：★★★☆

■ 实例说明

人在镜中看到的图像就是一种翻转效果，在制作图像特效时经常用到图像翻转操作。本实例将实现图像的水平翻转，效果如图 14.11 所示。

图 14.11 图像水平翻转

关键技术

图像翻转主要是将图像按中心线交换像素信息，也就是说中心线的像素不动，中心线两侧对称的点相互交换。本实例使用 CreateDIBSection 方法获取视图中图像的像素，然后交换像素，最后使用 DrawDibDraw 函数将交换后的像素信息显示出来。

设计过程

（1）创建基于单文档视图结构的应用程序。

（2）OnRever 方法用于实现"翻转"菜单项，在函数内进行像素的交换。程序代码如下：

```
void CReverPictureView::OnRever()
{
memcpy((void*)m_coldst,m_colsrc,bm.bmWidth*bm.bmHeight*sizeof(COLORREF));
int i,j,k,cx=bm.bmWidth,cy=bm.bmHeight;
int r[2],g[2],b[2];
//左右翻转
for(i=0;i<bm.bmHeight;i++)
{
        for(j=0;j<bm.bmWidth;j++)
        {
                m_colsrc[j+i*cx]=m_coldst[(cx-j)+i*cx];
        }
}
Invalidate();
}
```

秘笈心法

心法领悟 511：使用 memcpy 函数复制数据。

memcpy 函数可以实现数据的复制，数据复制的单位是字节，即将 memcpy 函数的第三个参数设置为 1，它将实现一个字节数据的复制。

实例 512	图像旋转 光盘位置：光盘\MR\14\512	高级 趣味指数：★★★☆

实例说明

图像旋转是指图像整体围绕着中心点旋转。该中心点通常是图像的左上点。本实例可以对图像进行任意角度的旋转，将图像旋转 135° 后的效果如图 14.12 所示。

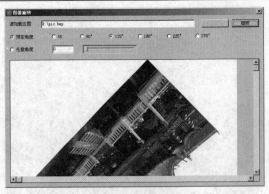

图 14.12　图像旋转

■ 关键技术

在计算机中的坐标原点默认为图像的左上角，在数学中坐标为图像的中心点，在进行某一点的旋转前，需要将计算机的图像坐标转换为数学坐标。公式为：

$$\begin{cases} x = x_0 - 0.5W \\ y = -y_0 + 0.5H \end{cases}$$

公式中的 W 表示源图像的宽度，H 表示源图像的高度。

在旋转之后，还需要将数学坐标转换为图像坐标，公式为：

$$\begin{cases} x = x_0 + 0.5W_{new} \\ y = -y_0 + 0.5H_{new} \end{cases}$$

公式中的 W_{new} 和 $0.5H_{new}$ 分别表示新图像的宽度和高度。通过三角函数或线性代数可知，一个点的旋转坐标可以表示为：

$$\begin{cases} x_0 = x\cos A + y\sin A \\ y_0 = -x\sin A + y\cos A \end{cases}$$

公式中的 A 为旋转角度。需要注意的是，公式中的坐标都是数学坐标，在编写代码时首先需要将图像坐标转换为数学坐标，转换后再将数学坐标转换为图像坐标。这里可以通过矩阵变换抽象出两个与 x 和 y 无关的变量，如下所示：

$$\begin{cases} Dx = -0.5W_{new}\cos A - 0.5H_{new}\sin A + 0.5W \\ Dy = 0.5W_{new}\sin A - 0.5H_{new}\cos A + 0.5H \end{cases}$$

通过这两个变量可以在图像进行旋转之后，计算出正确的坐标。

$$\begin{cases} x_0 = x\cos A + y\sin A + Dx \\ y_0 = -x\sin A + y\cos A + Dy \end{cases}$$

这就是图像旋转的公式，有了这个公式，就可以轻而易举地实现图像旋转。

■ 设计过程

（1）创建基于对话框的应用程序。

（2）向对话框中添加按钮、编辑框、单选按钮、滑标、图片等控件。

（3）OnRotate 方法用于实现"旋转"按钮的单击事件，在该方法中调用自定义方法 RotationImage 打开将要旋转的图像。

（4）在 RotationImage 方法中调用 RotateBmp 方法实现像素位置的变换，代码如下：

```
void CRotateImageDlg::RotateBmp(BYTE *pBmpData, BYTE *&pDesData, int nWidth, int nHeight,
                int nDesWidth, int nDesHeight, double dAngle)
{
```

```
//计算正弦值和余弦值
double dSin = sin(dAngle);
double dCos = cos(dAngle);
pDesData = new BYTE[nDesWidth * nDesHeight * 4];
memset(pDesData, 255, nDesWidth * nDesHeight * 4);
double dX = -0.5*nDesWidth*dCos - 0.5*nDesHeight*dSin + 0.5*nWidth;
double dY = 0.5*nDesWidth*dSin - 0.5*nDesHeight*dCos + 0.5*nHeight;
BYTE* pSrc = NULL;
BYTE* pDes = NULL;
int x = 0;
int y = 0;
for (int h = 0; h < nDesHeight; h++)
{
        for (int w = 0; w < nDesWidth; w++)
        {
                //加 0.5 是为了向上取整
                x = (int)(w * dCos + h * dSin + dX + 0.5);
                y = (int)(-w * dSin + h * dCos + dY + 0.5);
                if (x == nWidth)
                {
                        x--;
                }
                if (y == nHeight)
                {
                        y--;
                }
                pSrc = pBmpData + y * nWidth * 4 + x * 4;
                pDes = pDesData + h * nDesWidth * 4 + w * 4;
                if (x >= 0 && x < nWidth && y >= 0 && y < nHeight)
                {
                        memcpy(pDes, pSrc, 4);
                }
        }
}
}
```

■ 秘笈心法

心法领悟 512：GDI+库实现旋转。

在进行图像旋转时，除了使用本实例中像素的旋转算法以外，用户也可以使用 GDI+提供的类来实现图像的旋转。使用 GDI+库旋转图像比较简单，首先需要设置一个单位矩阵，然后对矩阵进行旋转，最后将矩阵应用到图像上进而完成旋转操作。

实例 513	图像垂直翻转	高级
	光盘位置：光盘\MR\14\513	趣味指数：★★★★

■ 实例说明

图像水平翻转实例完成的是像素按垂直中心相互交换像素，而图像垂直翻转则是让图像像素围绕水平中心线相互交换，翻转后的效果如图 14.13 所示。

■ 关键技术

同图像水平翻转一样，本实例仍然使用 CreateDIBSection 方法获取视图中图像的像素，然后交换像素，最后使用 DrawDibDraw 函数将交换后的像素信息显示出来。

■ 设计过程

（1）创建基于单文档视图结构的应用程序。

图 14.13　图像垂直翻转

（2）OnRever 方法用于实现 "翻转" 菜单项，在函数内进行像素的交换，代码如下：

```
void CReverPictureView::OnRever()
{
memcpy((void*)m_coldst,m_colsrc,bm.bmWidth*bm.bmHeight*sizeof(COLORREF));
int i,j,k,cx=bm.bmWidth,cy=bm.bmHeight;
int r[2],g[2],b[2];
for(i=0;i<bm.bmHeight;i++)
{
        for(j=0;j<bm.bmWidth;j++)
        {
                m_colsrc[j+i*cx]=m_coldst[j+(cy-i)*cx];
        }
}
}
```

■ 秘笈心法

心法领悟 513：实现翻转的赋值语句。

本实例中实现的上下翻转算法是先按行处理后按列处理，也就是说有一个嵌套的循环，外循环是高度变化，内循环是宽度变化。还可以将这个嵌套的循环进行内外调换，交换的语句将变成如下语句：

```
m_colsrc[i+j*cx]=m_coldst[i+(cy-j)*cx]
```

14.4　图　像　融　合

实例 514	在图像上绘制线条 光盘位置：光盘\MR\14\514	高级 趣味指数：★★★★

■ 实例说明

Windows 提供的画图程序可以对图像的任意区域进行截取，在截取的过程中在图像上绘制一个线条。本实例将实现在图像上绘制线条这一功能，效果如图 14.14 所示。

■ 关键技术

如果要在图像上绘制线条，必须先创建内存设备上下文，然后将图像选进设备上下文，最后在内存设备上下文中绘制线条，并将内存设备上下文中的内容显示出来。本实例是通过 Rectangle 方法绘制线条的。首先要将设备上下文的画刷设置为 NULL_BRUSH，否则使用 Rectangle 方法会创建不透明的白色区域，然后在绘制线条时还要通过 SetROP2 方法设置线条与设备上下文的融合，将融合方式设置为 R2_NOTXORPEN，可以实现将已绘制的线条取消，显示新绘制的线条。

图 14.14　在图像上绘制线条

■ 设计过程

（1）创建基于单文档视图结构的应用程序。

（2）在 DrawLineInPicView.cpp 中添加 CPoint 类型的全局变量，记录鼠标按下的起始点和结束点。

（3）在鼠标移动过程中绘制线条，要将绘图模式设置为 R2_NOTXORPEN 并创建空画刷，代码如下：

```
void CDrawLineInPicView::OnMouseMove(UINT nFlags, CPoint point)
{
if(bcapture)
{
        PAINTSTRUCT ps;
```

```
            CClientDC dc(this);
            CBitmap bmp;
            bmp.LoadBitmap(IDB_MYBITMAP);
            bmp.GetObject(sizeof(bm),&bm);
            memdc.SelectObject(&bmp);
            memdc.SelectStockObject(NULL_BRUSH);
            int mdoe = dc.GetROP2();
            memdc.SetROP2(R2_NOTXORPEN);
            memdc.Rectangle(m_ptstart.x,m_ptstart.y,point.x,point.y);
            memdc.SetROP2(mdoe);
            Invalidate(FALSE);
    }
    CView::OnMouseMove(nFlags, point);
}
```

（4）鼠标按下时记录起始点，并捕获鼠标，代码如下：

```
void CDrawLineInPicView::OnLButtonDown(UINT nFlags, CPoint point)
{
SetCapture();
m_ptstart=point;
m_ptlast=point;
bcapture=TRUE;
Invalidate();
CView::OnLButtonDown(nFlags, point);
}
```

（5）释放捕获的鼠标，代码如下：

```
void CDrawLineInPicView::OnLButtonUp(UINT nFlags, CPoint point)
{
ReleaseCapture();
bcapture=FALSE;
CView::OnLButtonUp(nFlags, point);
}
```

■ 秘笈心法

心法领悟 514：SetROP2 方法的使用。

使用 SetROP2 方法可以设置画笔属性和设备上下文属性的融合方法。由于画笔和设备上下文都有自己的显示属性，所以需要通过 SetROP2 方法设置如何显示，即是只显示一者，还是通过运算将两者都显示出来。

实例 515	在图像上绘制网格 光盘位置：光盘\MR\14\515	高级 趣味指数：★★★★

■ 实例说明

为了更精确地在图像上定位，往往需要借助图像上的网格，网格越密定位越准确。本实例将实现在图像上绘制网格。实例运行结果如图 14.15 所示。

■ 关键技术

使用 BitBlt 函数将图像数据显示在设备上下文时，可以设置函数的复制方式为 MERGECOPY，这样源图像就会和调色板颜色进行合并运算。本实例将 HS_CROSS 类型的画刷选进设备上下文，然后通过 BitBlt 函数以 MERGECOPY 方式将图像显示在设备上下文中，绘制出的图像就是带网格的图像。本实例使用 CreateHatchBrush 方法创建 HS_CROSS 类型的画刷。

使用 CreateHatchBrush 方法可以创建不同样式的画刷，语法如下：

```
BOOL CreateHatchBrush( int nIndex, COLORREF crColor );
```

图 14.15　在图像上绘制网格

参数说明

❶ nIndex：设置画刷样式索引，取值 HS_BDIAGONAL 和 HS_FDIAGONAL 是斜线样式，HS_CROSS 是交叉样式，HS_HORIZONTAL 和 HS_VERTICAL 是水平和垂直样式。

❷ crColor：设置画刷的填充颜色。

■ 设计过程

（1）创建基于单文档视图结构的应用程序。

（2）在 OnDraw 方法中绘制图像，代码如下：

```
void CPictureLineView::OnDraw(CDC* pDC)
{
CPictureLineDoc* pDoc = GetDocument();
ASSERT_VALID(pDoc);
CBitmap bmp;
bmp.LoadBitmap(IDB_MYBITMAP);
BITMAP bm;
bmp.GetObject(sizeof(bm),&bm);
CBrush br,*oldbr;
CDC memdc;
memdc.CreateCompatibleDC(NULL);
br.CreateHatchBrush(HS_CROSS,RGB(255,0,0));
oldbr=pDC->SelectObject(&br);
memdc.SelectObject(bmp);
pDC->BitBlt(0,0,bm.bmWidth,bm.bmHeight,&memdc,0,0,MERGECOPY);
}
```

■ 秘笈心法

心法领悟 515：绘制网格的方法。

本实例中使用的是带网格的画刷实现网格的绘制，这样做的好处是绘制比较方便。还可以使用 CDC 类的 LineTo 方法绘制，但这样绘制会比较繁琐。

实例 516	图像的合成	高级
	光盘位置：光盘\MR\14\516	趣味指数：★★★☆

■ 实例说明

在许多图像处理软件中，都提供了图像的合成功能。例如，在 Photoshop 中，用户可以利用图层技术合成图像。本实例实现了图像的合成，效果如图 14.16 所示。

图 14.16　图像的合成

■ 关键技术

本实例中的图像合成是采用设备上下文 CDC 类的 BitBlt 方法实现的。CDC 类提供了多个绘制图像的方法，常用的主要有 BitBlt 和 StretchBlt 两个方法，StretchBlt 方法的讲解可以参照实例 501，下面对 BitBlt 方法进行介绍。

BitBlt 方法将位图从源设备区域复制到目标设备区域，语法如下：

```
BOOL BitBlt( int x, int y, int nWidth, int nHeight, CDC* pSrcDC, int xSrc, int ySrc, DWORD dwRop );
```

BitBlt 方法中的参数说明如表 14.4 所示。

表 14.4　BitBlt 方法中的参数说明

参　数	说　明	参　数	说　明
x	标识目标区域的左上角横坐标	pSrcDC	标识源设备上下文指针
y	标识目标区域的左上角纵坐标	xSrc	标识源位图的左上角横坐标
nWidth	确定复制位图的宽度	ySrc	标识源位图的左上角纵坐标
nHeight	确定复制位图的高度	dwRop	确定复制模式，通常为 SRCCOPY

设计过程

（1）创建一个基于对话框的应用程序。

（2）向对话框中添加按钮控件和图片控件。

（3）处理"组合图像"按钮的单击事件，代码如下：

```
void CCombineImageDlg::OnOK()
{
//获取背景图像设备上下文
CDC* m_grounddc = m_back.GetDC();
//获取子图像设备上下文
CDC* m_babydc = m_baby.GetDC();
CBitmap m_bitmap;   //位图对象
BITMAP   m_bitinfo; //位图信息
int m_height,m_width;
m_bitmap.Detach();
m_bitmap.Attach((HBITMAP)m_baby.GetBitmap());
//获取位图大小
m_bitmap.GetObject(sizeof(m_bitinfo),&m_bitinfo);
m_width = m_bitinfo.bmWidth;
m_height = m_bitinfo.bmHeight;
//在背景图像的指定区域绘制图像
m_grounddc->BitBlt(130,100,m_width,m_height,m_babydc,0,0,SRCCOPY);
//将句柄与位图对象分离
m_bitmap.Detach();
}
```

秘笈心法

心法领悟 516：CBitmap 类与 HBITMAP 句柄的互转。

HBITMAP 句柄是 Windows 系统开发包中（SDK）的位图句柄，使用 CBitmap 类的 Attach 方法可以将 HBITMAP 对象转换为 CBitmap 对象。而 CBitmap 对象可以通过 CBitmap 类的 GetSafeHandle 方法转换为 HBITMAP 对象。

实例 517	水印效果	高级
	光盘位置：光盘\MR\14\517	趣味指数：★★★★☆

实例说明

水印效果就是在图像上叠加一些文本，有水印的图像修改起来比较麻烦，所以可以通过水印对图像进行版权控制。本实例可以实现在特定的图像上输出特定的水印字符，效果如图 14.17 所示。

图 14.17　水印效果

■ 关键技术

本实例的关键之处在于如何使用 GDI+函数 DrawImage 绘制图像和使用 DrawString 函数绘制水印字符。

DrawImage 是 GDI+库中用来绘制图像的函数，语法如下：

```
Status DrawImage(IN Image* image,IN INT x,IN INT y,IN INT width,IN INT height);
```

DrawImage 函数中的参数说明如表 14.5 所示。

表 14.5　DrawImage 函数中的参数说明

参　　数	说　　明
image	GDI+图像指针
x	图像的左顶点横坐标
y	图像的左顶点纵坐标
width	图像的宽度
height	图像的高度

■ 设计过程

（1）创建基于对话框的应用程序。

（2）向工程添加 ID 属性为 IDD_IMAGEPANEL_DIALOG 的对话框资源，并根据该对话框创建 CImagePanel 类。为该类添加 WM_HSCROLL 和 WM_VSCROLL 消息处理函数，并将两个函数的访问属性设置为 public（将 ImagePanel.h 文件中的 protected 改为 public）。

（3）在对话框上放置控件，为 ID 属性为 IDC_BMPNAME 的控件添加 CEdit 类型的成员变量 m_BmpName；为 ID 属性为 ID_IMAGE 的控件添加 CBmpCtrl 类型的成员变量 m_Image；为 ID 属性为 IDC_PANEL 的控件添加 CStatic 类型的控件 m_Panel；为 ID 属性为 IDC_TEXTX 的控件添加 UINT 类型的成员变量 m_TextX；为 ID 属性为 IDC_TEXTY 的控件添加 UINT 类型的成员变量 m_TextY；为 ID 属性为 IDC_WATERTEXT 的控件添加 CEdit 类型的成员变量 m_WaterText。为对话框类 CMarkImageDlg 添加 WM_HSCROLL 消息和 WM_VSCROLL 消息的处理函数。

（4）函数 OnMark 是"水印效果"按钮的实现函数，代码如下：

```
void CMarkImageDlg::OnMark()
{
UpdateData();
CString csText;
m_WaterText.GetWindowText(csText);
if (m_bLoaded)
{
        pPreBmp= pBmp->Clone(0,0,pBmp->GetWidth(),pBmp->GetHeight(),PixelFormatDontCare);   //重新复制文件
        Graphics *pGraph = Graphics::FromImage(pPreBmp);                                      //根据图像接口创建绘制环境接口
        pGraph->DrawImage(pPreBmp, 0, 0, pBmp->GetWidth(), pBmp->GetHeight());                //绘制图像
        Brush *brush = new SolidBrush( Color(255, 0, 0, 0) );                                 //创建画刷指针
```

```
        Font *font = new Font(L"Arial", 16);                                      //创建字体指针
        PointF ptf;
        ptf.X = m_TextX;
        ptf.Y = m_TextY;
        int nLen = MultiByteToWideChar(CP_ACP,0,csText,-1,NULL,0);                //双字节字符转多字节字符
        pGraph->DrawString(csText.AllocSysString(),nLen, font,ptf, brush);        //绘制字符
        csText.ReleaseBuffer();
        //更新图像
        if (pPreBmp != NULL)
        {
            Color clr;
            HBITMAP hBmp ;
            pPreBmp->GetHBITMAP(clr,&hBmp);                                       //获取 HBITMAP 对象
            m_Image.SetBitmap(hBmp);                                              //图像接口使用 HBITMAP 对象
            //设置滚动范围
            CRect bmpRC,wndRC;
            m_ImagePanel.GetClientRect(wndRC);                                    //获取客户区域
            m_Image.GetClientRect(bmpRC);
            m_ImagePanel.OnHScroll(SB_LEFT, 1, NULL);                             //设置水平滚动条属性
            m_ImagePanel.OnVScroll(SB_LEFT, 1, NULL);
            m_ImagePanel.SetScrollRange(SB_VERT,0,bmpRC.Height()-wndRC.Height());
            m_ImagePanel.SetScrollRange(SB_HORZ,0,bmpRC.Width()-wndRC.Width());   //设置水平滚动条范围
        }
    }
}
```

■ 秘笈心法

心法领悟 517：使用 GDI+库保存图像。

本实例使用 GDI+库方法实现图像和文字的绘制，在保存时直接调用 Save 方法即可实现。但如果使用 GDI+库绘制，在保存时需要对设备上下文进行保存，否则无法实现将水印字符保存到图像文件内。

实例 518	批量添加水印 光盘位置：光盘\MR\14\518	高级 趣味指数：★★★☆

■ 实例说明

本实例可以实现在特定的图像上批量添加水印，效果如图 14.18 所示。

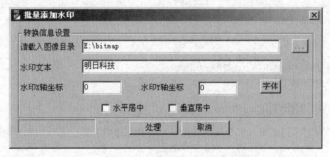

图 14.18　批量添加水印

■ 关键技术

本实例的关键之处在于如何使用 GDI+的 DrawImage 函数绘制图像和使用 DrawString 函数绘制水印字符。

DrawString 是 GDI+开发包中输出文字的函数，语法如下：

```
Status DrawString(const WCHAR *string,INT length,const Font *font,const PointF &origin,const Brush *brush)
```

DrawString 函数中的参数说明如表 14.6 所示。

表 14.6　DrawString 函数中的参数说明

参　　数	说　　明
string	将要绘制的字符串
length	字符串长度
font	字体指针
origin	绘制字符的左顶点坐标
brush	画刷指针

■ 设计过程

（1）创建基于对话框的应用程序。

（2）在对话框中添加编辑框控件、按钮控件、复选框控件和进度条控件。

（3）OnBtConvert 方法用于实现"处理"按钮的单击事件，代码如下：

```cpp
void CMulWaterMarkDlg::OnBtConvert()
{
UpdateData(TRUE);
if (!m_SrcFile.IsEmpty())
{
    if (!m_bSetFont)        //如果没有设置字体，先设置字体
    {
        OnBtFont() ;
    }
    try
    {
        CString strfile;
        CString strextend;
        //先获取文件数量
        CFileFind bmpFind;
        BOOL bDir = bmpFind.FindFile(m_SrcFile+"\\*.*");
        if (!bDir)
        {
            bmpFind.Close();
            MessageBox("请确认目录是否存在!","提示");
            return;
        }
        BOOL bFind = true;
        DWORD dwCount = 0;
        while(bFind)
        {
            bFind = bmpFind.FindNextFile();
            if ( bFind && !bmpFind.IsDirectory())
            {
                strfile = bmpFind.GetFilePath();
                strextend = GetFileExtendedName(strfile);
                if(strextend!="jpg"||strextend != "jpeg" || strextend!="bmp")
                {
                    continue;
                }
                dwCount ++;
            }
        }
        bmpFind.Close();
        m_Progress.SetRange32(0,dwCount);
        m_Progress.SetPos(0);
        CFileFind flFind;
        flFind.FindFile(m_SrcFile+"\\*.*");
        BOOL ret = TRUE;
        CLSID cisid;
        GetCodecClsid(L"image/jpeg", &clsid);
        Brush *brush = new SolidBrush (Color(m_Red,m_Green,m_Blue));
        Font *font = new Font(GetDC()->m_hDC,&m_LogFont);
        PointF ptf;
        int nLen = MultiByteToWideChar(CP_ACP,0,m_WateText,-1,NULL,0);
```

```cpp
int nQuality = 95;
EncoderParameters Encoders;
Encoders.Count = 1;
Encoders.Parameter[0].Guid = EncoderQuality;
Encoders.Parameter[0].Type = EncoderParameterValueTypeLong;
Encoders.Parameter[0].NumberOfValues = 1;
Encoders.Parameter[0].Value = &nQuality;
while(ret)
{
        ret = flFind.FindNextFile();
        if (!flFind.IsDirectory())
        {
                strfile = flFind.GetFilePath();
                strextend = GetFileExtendedName(strfile);
                if (strextend == "jpg"||strextend == "jpeg" || strextend == "bmp")
                {
                        Bitmap *pBmp = Bitmap::FromFile(strfile.AllocSysString());
                        if (pBmp)
                        {
                                Graphics *pGraph = Graphics::FromImage(pBmp);
                                //获取字符串的宽度
                                PointF origin(0.0f, 0.0f);
                                RectF TextRC;
                                pGraph->MeasureString(m_WateText.AllocSysString(),nLen,font,origin,&TextRC);
                                //设置文本位置
                                CButton* pHorButton = (CButton*)GetDlgItem(IDC_HORALIGN);
                                if (!pHorButton->GetCheck())
                                {
                                        ptf.X = m_TextX;
                                }
                                else    //水平方向居中
                                {
                                        //获取图像宽度
                                        int nWidth = pBmp->GetWidth();
                                        int nChar = TextRC.Width;
                                        //设置文本的水平方向位置
                                        ptf.X = (nWidth - nChar) / 2;

                                }
                                CButton* pVerButton = (CButton*)GetDlgItem(IDC_VERALIGN);
                                if (! pVerButton->GetCheck())
                                {
                                        ptf.Y = m_TextY;
                                }
                                else    //垂直方向居中
                                {
                                        //获取图像宽度
                                        int nHeight = pBmp->GetHeight();
                                        int nCharHeight = TextRC.Height;
                                        //设置文本的水平方向位置
                                        ptf.Y = (nHeight - nCharHeight) / 2;
                                }
                                pGraph->DrawImage(pBmp, 0, 0, pBmp->GetWidth(), pBmp->GetHeight());
                                pGraph->DrawString(m_WateText.AllocSysString(),nLen, font,ptf, brush);
                                char chName[MAX_PATH] = {0};
                                strcpy(chName,m_SrcFile);
                                strcat(chName,"//JPG");
                                CreateDirectory(chName,NULL);
                                strcat(chName,"//");
                                CString JpgFile = chName;
                                JpgFile += GetFileName(strfile);
                                JpgFile += ".jpg";              //添加扩展名
                                pBmp->Save(JpgFile.AllocSysString(),&clsid,&Encoders);
                                int nPos = m_Progress.GetPos();
                                m_Progress.SetPos(nPos +1);
                        }
                        delete pBmp;
                }
        }
}
```

```
            }
            m_Progress.SetPos(0);
            MessageBox("转换成功!");
        }
        catch(...)
        {
            m_Progress.SetPos(0);
            MessageBox("转换失败!");
        }
    }
}
```

■ 秘笈心法

心法领悟 518：CString 与 BSTR 之间的类型转换。

BSTR 是进行 COM 编程时使用的字符串类型，对 BSTR 类型变量赋值需要使用 SysAllocString 函数，将 BSTR 类型转换为 CString 可以直接使用强制类型转换。

实例 519	如何在图片上平滑移动文字 光盘位置：光盘\MR\14\519	高级 趣味指数: ★★★★

■ 实例说明

在图像界面中，可以根据需要在图像上移动文字或一些卡通图像，使图像更具有个性化和动态性。本实例实现的是在图像上移动文字，如图 14.19 所示，并且文字可以移出图像的显示范围。

图 14.19　在图像上平滑移动文字

■ 关键技术

在图像上移动文字比较简单。可以利用静态文本控件标识图像上的文字信息。在拖动文字时，只需要调整静态文本控件的位置即可。Windows 并没有提供鼠标拖动的消息，但是可以根据鼠标拖动的开始时间和生存期确定鼠标拖动消息。鼠标拖动消息的起点应该在鼠标被单击并且鼠标开始移动时，终点在用户释放鼠标时。为了标识鼠标是否处于拖动状态，可以定义一个布尔型成员变量 m_IsDowned，在用户单击鼠标时，将其设置为 TRUE，表示开始拖动鼠标。在用户释放鼠标时，将其设置为 FALSE，表示结束拖动。在鼠标移动过程中，判断 m_IsDowned 是否为 TRUE，如果是则表明用户正在进行拖动操作，此时可以移动静态文本控件。这样就实现了静态文本控件的移动。

■ 设计过程

（1）创建一个基于对话框的应用程序。

（2）在对话框中放置静态文本控件和图片控件。

（3）从 CStatic 类派生一个子类 CMyStatic，在该类中定义一个子体变量 m_font，用于设置文本的字体。

（4）处理 CMyStatic 类的 WM_PAINT 消息，绘制文本，代码如下：

```
void CMyStatic::OnPaint()
{
CPaintDC dc(this);
CDC* pDC = GetDC();
pDC->SetBkMode(TRANSPARENT);
pDC->SelectObject(&m_font);
pDC->SetTextColor(RGB(255,0,0));
CString str;
this->GetWindowText(str);
pDC->TextOut(0,2,str);
}
```

（5）在 CMoveTextDlg 类中添加 WM_LBUTTONDOWN、LM_LBUTTONUP 和 WM_MOUSEMOVE 消息的处理方法，根据拖动的位置设置 CStatic 控件的位置。

■ 秘笈心法

心法领悟 519：使用 MoveWindow 方法移动文字的位置。

本实例使用 MoveWindow 方法来改变文字的位置。如果在定时器中使用该方法来改变文字的位置，就可以形成平滑移动文字的动画。

14.5　图像查看

实例 520	图片自动预览程序 光盘位置：光盘\MR\14\520	高级 趣味指数：★★★★☆

■ 实例说明

可以通过自动预览的功能浏览多幅图片，这样就不用手动选择要浏览的图片了。运行程序，选择"文件"→"打开"菜单项，选择一幅 BMP 图片，程序将自动预览和这幅图片相同文件夹下的其他图片，效果如图 14.20 所示。

图 14.20　图片自动预览程序

■ 关键技术

本实例使用定时器设置在一定时间后自动显示下一幅图片，在 MFC 中可以使用 SetTimer 函数来定义和开启一个定时器，通过处理消息 WM_TIMER 实现定时控制的功能，最后使用 KillTimer 函数关闭定时器。

（1）SetTimer 函数

该函数用来设置定时器，语法如下：

```
UINT SetTimer( UINT nIDEvent, UINT nElapse, void (CALLBACK EXPORT* lpfnTimer)(HWND, UINT, UINT, DWORD) );
```

参数说明

❶ nIDEvent：定时器的标识 ID。

❷ nElapse：延迟时间（多长时间重复一次），单位为 ms。

❸ lpfnTimer：重复调用的函数的地址指针，为 NULL 时将发送 WM_TIMER 消息。

（2）KillTimer 函数

该函数用来关闭定时器，语法如下：

```
BOOL KillTimer( int nIDEvent );
```

参数说明

nIDEvent：定时器的标识 ID。

■ 设计过程

（1）创建一个基于单文档的应用程序。

（2）在定时器 OnTimer 中，调用 Search 方法查找。

（3）利用 Search 方法完成图像的查找打开，代码如下：

```cpp
CString CBmpView::Search(CString curstr)
{
long handle;
if(curstr.IsEmpty())
        return "";
if(_getcwd( buffer, 1000)==NULL)
{
        AfxMessageBox("没有当前路径，请打开一个图像文件!");
        return "";
}

CString m_sPartname;
int len = curstr.GetLength();
int i;
for(i = len-1;curstr[i] != '\\';i--)
        m_sPartname.Insert(0,curstr[i]);
i++;
while(i--<0)
        buffer[i]=curstr[i];
if (_chdir(buffer) != 0)
        return "";

bool b_notfinde=false;
struct _finddata_t filestruct;
//开始查找工作，找到当前目录下的第一个实体（文件或子目录）
// "*" 表示查找任何的文件或子目录，filestruct 为查找结果
handle = _findfirst("*", &filestruct);
do{
        if((handle ==-1)) //当 handle 为-1 时，表示当前目录为空，则结束查找而返回
                break;
        //检查找到的第一个实体是否为一个目录
        if( ::GetFileAttributes(filestruct.name) & FILE_ATTRIBUTE_DIRECTORY )
        {
                continue ;
        }
        CString Filename=filestruct.name;
        {
                CString tailstr;
                //获取文件扩展名
                tailstr = Filename.Mid(Filename.GetLength()-3);
                tailstr.MakeUpper();
                Filename.MakeUpper();
                m_sPartname.MakeUpper();
                if(tailstr=="BMP")
                {
                        if(b_notfinde==false)
                        {
```

```
                          if(m_sPartname==Filename)
                                  b_notfinde=true;
                  }
                  else
                  {
                          _findclose(handle);
                          return Filename;
                  }
          }
  }
} while(_findnext(handle, &filestruct)==0);
_findclose(handle);
this->KillTimer(1);
AfxMessageBox("已经到达最后一个图像文件!");
return "";
}
```

秘笈心法

心法领悟 520：使用 Visual C++开发时函数库的选择。

使用 Visual C++进行软件开发时，可以使用多种函数库。包括 MFC 类库、Windows 的 API 函数、C 标准库函数、Windows 系统调试库函数。例如，本实例中使用系统调试库函数_findfirst 来实现文件的查找，MFC 类库中 CFileFind 类的 FindFile 可以实现该功能。

实例 521	图片批量浏览	高级
	光盘位置：光盘\MR\14\521	趣味指数：★★★★☆

实例说明

很多时候，需要通过缩略图来浏览某一文件夹中的图片，本实例即实现了与缩略图相同的功能。运行程序，单击"打开"按钮，选择一幅 BMP 图片，程序将自动打开和这幅图片相同文件夹下的其他 3 幅图片。单击"上一条"、"下一条"、"上一组"和"下一组"按钮可以浏览该文件夹下的其他图片，效果如图 14.21 所示。

图 14.21　图片批量浏览

关键技术

本实例使用 LoadImage 函数装载位图文件。

LoadImage 函数用于装载目标、光标或位图，语法如下：
HANDLE LoadImage(NINSTANCE hinst,LPCTSTR lpszName,UINT uType,int cxDesired,int cyDesired,UINT fuLoad);
LoadImage 函数中的参数说明如表 14.7 所示。

表 14.7　LoadImage 函数中的参数说明

参　　数	说　　明
hinst	处理包含被装载图像模块的特例。若要装载 OEM 图像，则设此参数值为 0
lpszName	处理图像装载。如果参数 hinst 为非空，而且参数 fuLoad 不包括 LR_LOADFROMFILE 的值时，那么参数 lpszName 是一个指向保留在 hinst 模块中装载的图像资源名称，并以 NULL 为结束符的字符串
uType	指定被装载图像类型，取值为 IMAGE_BITMAP 表示装载位图，取值为 IMAGE_CURSOR 表示装载光标，取值为 IMAGE_ICON 表示装载图标
cxDesired	指定图标或光标的宽度，以像素为单位。如果此参数为 0，并且参数 fuLoad 值为 LR_DEFAULTSIZE，那么函数使用 SM_CXICON 或 SM_CXCURSOR 系统公制值设定宽度。如果此参数为 0，并且值 LR_DEFAULTSIZE 没有被使用，那么函数使用目前的资源宽度
cyDesired	指定图标或光标的高度，以像素为单位。如果此参数为 0，并且参数 fuLoad 值为 LR_DEFAULTSIZE，那么函数使用 SM_CXICON 或 SM_CXCURSOR 系统公制值设定高度。如果此参数为 0，并且值 LR_DEFAULTSIZE 没有被使用，那么函数使用目前的资源高度
fuLoad	设置加载方式，取值 LR_DEFAULTCOLOR 为默认标志，表示不做任何事情。取值 LR_LOADFROMFILE 表示根据参数 lpszName 的值装载图像。取值 LW_LOADMAP3DCOLORS 表示查找图像的颜色表并且按下面相应的 3D 颜色表的灰度进行替换

■ 设计过程

（1）创建一个基于对话框的应用程序，将窗体标题改为"图片批量浏览"。

（2）创建一个图形控件类 CPicture，父类为 CStatic。

（3）在 Search 方法中查找并打开图像，代码如下：

```
CString CBrowsebmpsDlg::Search(CString curstr,bool judge)
{
long handle;
if(curstr.IsEmpty())
        return "";
if(_getcwd( buffer, 1000)==NULL)
{
        AfxMessageBox("没有当前路径，请打开一个图像文件!");
        return "";
}

CString m_sbefore="";
CString m_sPartname;
int len = curstr.GetLength();
int i;
for(i = len-1;curstr[i] != '\\';i--)
        m_sPartname.Insert(0,curstr[i]);
i++;
while(i--<0)
        buffer[i]=curstr[i];
if (_chdir(buffer) != 0)
        return "";

bool b_notfinde=false;
struct _finddata_t filestruct;
//开始查找工作，找到当前目录下的第一个实体（文件或子目录）
// "*" 表示查找任何的文件或子目录，filestruct 为查找结果
handle = _findfirst("*", &filestruct);
do{
        if((handle ==-1)) //当 handle 为-1 时，表示当前目录为空，则结束查找而返回
                break;
        //检查找到的第一个实体是否为一个目录
        if( ::GetFileAttributes(filestruct.name) & FILE_ATTRIBUTE_DIRECTORY )
        {
                continue ;
        }
```

```
        CString Filename=filestruct.name;
        {
                CString tailstr;
                tailstr = Filename.Mid(Filename.GetLength()-3);
                tailstr.MakeUpper();
                Filename.MakeUpper();
                m_sPartname.MakeUpper();
                if(tailstr=="BMP")
                {
                        if(judge)
                        {
                                if(b_notfinde==false)
                                {
                                        if(m_sPartname==Filename)
                                                b_notfinde=true;
                                }
                                else
                                {
                                        _findclose(handle);
                                        return Filename;
                                }
                        }
                        else
                        {
                                if(m_sPartname==Filename)
                                {
                                        _findclose(handle);
                                        if(m_sbefore=="")
                                        {
                                                AfxMessageBox("已经到达第一个图像文件!");
                                        }
                                        return m_sbefore;
                                }
                                b_notfinde=true;
                                m_sbefore = Filename;
                        }
                }
        }
} while(_findnext(handle, &filestruct)==0);
_findclose(handle);
if(judge)
{
        AfxMessageBox("已经到达最后一个图像文件!");
}
else
{
        AfxMessageBox("已经到达第一个图像文件!");
}
return "";
}
```

秘笈心法

心法领悟 521：判断文件是否为文件夹。

判断一个文件是否为文件夹有两种方法，可以使用 GetFileAttributes 直接进行判断，还可以使用 CFileFind 类的 IsDirectory 方法判断。

实例 522	成组浏览图片 光盘位置：光盘\MR\14\522	高级
		趣味指数： ★★★☆

实例说明

在多数情况下可以对图片进行分组，然后按组进行浏览。本实例将每 6 幅图片分为一组进行浏览，通过"上一组"按钮和"下一组"按钮按顺序分别对各组图片进行浏览，效果如图 14.22 所示。

图 14.22　成组浏览图片

■ 关键技术

　　本实例中使用图像控件显示图像，Visual C++中的图像控件需要强制转换为 CStatic 类型，然后使用 SetBitmap 方法显示图像。一个对话框中可以显示 6 幅图像，这需要 6 个图像控件，每个图像控件都使用 MoveWindow 函数移动到指定的位置。

　　MoveWindow 函数可以实现窗体的移动，语法如下：

```
BOOL MoveWindow( LPCRECT lpRect, BOOL bRepaint = TRUE );
```

　　参数说明

　　❶ lpRect：指定窗体移动区域。

　　❷ bRepaint：设置窗体是否重新绘制。

■ 设计过程

　　（1）创建基于对话框的应用程序。

　　（2）在 CManyPrewPicDlg 类中声明 CStringArray、BOOL 等类型成员变量。

　　（3）在 OnPaint 方法中显示图像，代码如下：

```
void CManyPrewPicDlg::OnPaint()
{
if (IsIconic())
{
    //此处代码省略
}
else
{
    if(m_bDraw)
    {
        int j=0,k=0;
        for(int i=0;i<6;i++)
        {
            if((m_iCurRow*6+i)<m_array.GetSize())//判断是否超出图片总数
            {
                hbmp=(HBITMAP)::LoadImage(AfxGetInstanceHandle(),
                m_array.GetAt(m_iCurRow*6+i),IMAGE_BITMAP,0,0,
                LR_LOADFROMFILE|LR_DEFAULTCOLOR|LR_DEFAULTSIZE);
                CStatic *p=(CStatic*)GetDlgItem(IDC_PIC1+i);
                p->SetBitmap(hbmp);
                j=i%3;               //取列数
                k=i/3;               //取行数
                p->MoveWindow(j*20+j*120+20,k*20+k*100+20,120,100);

            }
            j=0;k=0;
        }
```

```
        }
        CDialog::OnPaint();
    }
}
```

（4）OnOpen 方法用于实现"打开"按钮的单击事件，获取文件夹下所有的图像文件，代码如下：

```
void CManyPrewPicDlg::OnOpen()
{
BROWSEINFO bi;
char buffer[MAX_PATH];
ZeroMemory(buffer,MAX_PATH);
bi.hwndOwner=GetSafeHwnd();
bi.pidlRoot=NULL;
bi.pszDisplayName=buffer;
bi.lpszTitle="选择一个文件夹";
bi.ulFlags=BIF_EDITBOX;
bi.lpfn=NULL;
bi.lParam=0;
bi.iImage=0;
LPITEMIDLIST pList=NULL;
if((pList=SHBrowseForFolder(&bi))!=NULL)
{
        char path[MAX_PATH];
        ZeroMemory(path,MAX_PATH);
        SHGetPathFromIDList(pList,path);
        strcat(path,"\\*.bmp");
        CFileFind find;
        find.FindFile(path);
        BOOL bfind;
        Do                                  //获取图片所在的路径
        {
                bfind=find.FindNextFile();
                m_array.Add(find.GetFilePath());
        }while(bfind);
        m_bDraw=TRUE;
        if(m_array.GetSize()%4)              //计算图片的组数
        m_iTolRow=m_array.GetSize()/6+1;
        else
        m_iTolRow=m_array.GetSize()/6;
        GetDlgItem(IDC_UP)->EnableWindow(FALSE);
        Invalidate();
}
}
```

（5）OnUp 方法用于实现"上一组"按钮的单击事件，清除图像控件上已显示的内容，刷新屏幕，重新显示新图像，代码如下：

```
void CManyPrewPicDlg::OnUp()
{
for(int i=0;i<6;i++) //清除图片控件中的数据
{
        CStatic *p=(CStatic*)GetDlgItem(IDC_PIC1+i);
        p->SetBitmap(0);
}
GetDlgItem(IDC_DOWN)->EnableWindow(TRUE);
if(m_iCurRow>0)
m_iCurRow--;
if(m_iCurRow==0)
GetDlgItem(IDC_UP)->EnableWindow(FALSE);
Invalidate();
}
```

■ 秘笈心法

心法领悟 522：无标题栏窗体。

本实例中使用的是图像控件实现图像显示，还可以使用子对话框来实现图像的显示。方法是首先将对话框的属性设置为 Child，然后去除 Toolbar 属性，在子对话框中将图像显示出来，在父对话框中只要设置子对话框的显示位置即可。

实例 523 在视图中拖动图片
光盘位置：光盘\MR\14\523

高级
趣味指数：★★★☆

实例说明

在视图中拖动图片主要通过不断改变图片的绘制位置来实现。实例运行结果如图 14.23 所示。

图 14.23 在视图中拖动图片

关键技术

图像拖动效果的实现，需要通过分别对鼠标消息 WM_LBUTTONDOWN（鼠标左键按下）、WM_LBUTTONUP（鼠标左键抬起）和 WM_MOUSEMOVE（鼠标移动）进行处理。当鼠标左键按下时先判断鼠标是否在图片上，如果在图片上就捕捉鼠标，并记录鼠标左键按下时的点坐标。当鼠标移动时，就根据鼠标点的位置变化来移动图像，直到鼠标左键抬起，鼠标左键抬起时释放捕捉的鼠标，停止图像的移动。

设计过程

（1）创建基于单文档视图结构的应用程序。

（2）添加 vfw.h 头文件及 vfw32 库的引用。

（3）声明 HDRAWDIB、COLORREF、BITMAP、CSize 等类型的成员变量。

（4）函数 OnLButtonDown 是 WM_LBUTTONDOWN 消息的实现，判断是否为鼠标位于在图片上时按下左键，代码如下：

```
void CMovePictureView::OnLButtonDown(UINT nFlags, CPoint point)
{
CRect selrc(pt,size);
CClientDC dc(this);
OnPrepareDC(&dc);
CRgn rgn;
rgn.CreateRectRgnIndirect(&selrc);
if(rgn.PtInRegion(point))
{
    SetCapture();
    bcapture=TRUE;
    CPoint rcpt(pt);
    offsetsize=point-rcpt;
    SetCursor(LoadCursor(NULL,IDC_CROSS));
}
CScrollView::OnLButtonDown(nFlags, point);
}
```

（5）函数 OnLButtonUp 是 WM_LBUTTONUP 消息的实现，当抬起鼠标左键后，释放捕捉的鼠标资源，代码如下：

```
void CMovePictureView::OnLButtonUp(UINT nFlags, CPoint point)
{
```

```
ReleaseCapture();
bcapture=FALSE;
CScrollView::OnLButtonUp(nFlags, point);
}
```

（6）函数 OnMouseMove 是 WM_MOUSEMOVE 消息的实现，用于实现图片跟随鼠标移动，代码如下：

```
void CMovePictureView::OnMouseMove(UINT nFlags, CPoint point)
{
if(bcapture)
{
        CClientDC dc(this);
        OnPrepareDC(&dc);
        CRect oldrc(pt,size);
        InvalidateRect(oldrc,TRUE);
        pt=point-offsetsize;
        CRect newrc(pt,size);
        InvalidateRect(newrc,TRUE);
}
CScrollView::OnMouseMove(nFlags, point);
}
```

■ 秘笈心法

心法领悟 523：图像拖动操作的用途。

很多程序中都有图像拖动的操作。例如，在画图程序中可以将一幅图像中的某个部位剪切，移动到其他部位，这个移动的过程就是使用鼠标拖动图片的操作。图片拖动效果还有两种实现方法，一种是像本实例一样图像跟随鼠标移动；另一种是图像的边框跟随鼠标移动，当抬起鼠标左键后再移动图片。

实例 524	可随鼠标移动的图形 光盘位置：光盘\MR\14\524	高级 趣味指数：★★★☆

■ 实例说明

在开发地理定位信息系统时，程序中需要对图像进行处理。例如，当图像比较大时，如果查看所有的图像，就会给用户带来不便。许多开发人员利用滚动条来浏览大幅图像，但是频繁地拖动滚动条，也会让人感觉厌烦。本实例实现了利用鼠标移动图形，这样用户在浏览大图像时，只要利用鼠标拖动图像即可，效果如图 14.24 所示。

图 14.24　可随鼠标移动的图形

■ 关键技术

要移动图像，需要处理鼠标拖动时的事件。Windows 并没有提供鼠标拖动的消息，但是可以根据鼠标拖动的时机确定。在拖动鼠标时，首先必须按下鼠标左键，因此会触发 WM_LBUTTONDOWN 消息。其次在拖动过程中需要移动鼠标，因为会触发 WM_MOUSEMOVE 消息。最后在结束拖动时需要释放鼠标左键，因此会触发 WM_LBUTTONUP 消息。在程序中，可以定义一个布尔型变量 m_IsDowned 确定是否拖动鼠标。在 WM_LBUTTONDOWN 消息处理函数中将变量 m_IsDowned 设置为 TRUE，在 WM_MOUSEMOVE 消息处理函数中判断 m_IsDowned 是否为 TRUE。如果是则表明此时处于拖动状态，可以进行鼠标拖动处理。在 WM_LBUTTONUP 消息处理函数中将变量 m_IsDowned 设置为 FALSE，表明结束鼠标拖动。

在移动图像时，还需要处理的问题是图像如何根据鼠标的拖动而移动。当开始拖动图像时（在 WM_LBUTTONDOWN 消息处理函数中），确定开始拖动的起点，同时获取图像在窗口中的显示区域及图像在窗口中的左上角坐标。在拖动过程中（在 WM_MOUSEMOVE 消息处理函数中），首先根据鼠标当前位置和拖动起点确定偏移量，然后根据偏移量和图像在窗口中的显示区域确定图像新的显示区域。

■ 设计过程

（1）创建一个基于对话框的工程。

（2）在对话框类中添加图片控件和群组框控件。

（3）处理窗口的 WM_LBUTTONDOWN 消息，记录鼠标起始点坐标。

（4）处理窗口的 WM_MOUSEMOVE 消息，根据鼠标的当前位置移动图像，代码如下：

```
void CAutoMoveDlg::OnMouseMove(UINT nFlags, CPoint point)
{
if (m_IsDowned)
{
        int x,y;
        //设置鼠标指针
        SetCursor( LoadCursor(GetModuleHandle(NULL), MAKEINTRESOURCE(IDC_CURSOR1)));
        //计算图像移动的偏移量
        x = point.x-m_start.x;
        y = point.y-m_start.y;
        m_picture.GetClientRect(m_rect);
        x+= m_end.x;
        y+= m_end.y;

        //确定图像新的显示区域
        m_rect.DeflateRect(x, y,0,0);
        m_rect.InflateRect(0,0,x,y);
        m_picture.MoveWindow(m_rect);
}
CDialog::OnMouseMove(nFlags, point);
}
```

■ 秘笈心法

心法领悟 524：移动图像所在的控件。

本实例中的图像显示在控件内，移动控件就实现了图像的移动，使用这种方法移动图像不需要处理移动图片所带来的闪烁。如果图像是在 OnPaint 方法内绘制的，那么移动时会有闪烁的现象，解决这种闪烁需要使用双缓存机制，并且要计算出移动前后图像所在的区域，然后只刷新该区域，而不是刷新整个设备上下文。

实例 525	浏览大幅 BMP 图片 光盘位置：光盘\MR\14\525	高级 趣味指数：★★★☆

■ 实例说明

在开发地理定位信息系统时，程序中需要处理大幅的图片，但是程序窗口通常不能显示整幅图片，因此在浏览图片时，需要使用滚动条控件。本实例实现了利用滚动条浏览大幅图片，效果如图 14.25 所示。

图 14.25　浏览大幅 BMP 图片

■ 关键技术

实现浏览大幅 BMP 图片的关键主要是如何控制滚动条，当用户触发了滚动条的消息时，拥有滚动条的对话框会收到 WM_HSCROLL（水平滚动条）或 WM_VSCROLL（垂直滚动条）消息。对话框调用 OnHScroll 方法处理 WM_HSCROLL 消息。对话框调用 OnVScroll 方法处理 WM_VSCROLL 消息。

OnHScroll 方法用于针对接收到的 WM_HSCROLL 消息进行处理，语法如下：

```
void OnHScroll( UINT nSBCode, UINT nPos, CScrollBar* pScrollBar );
```

参数说明

❶ nSBCode：标识用户触发滚动条的消息代码，可选值如下。

❑　SB_LEFT：表示滚动到左边缘。

❑　SB_ENDSCROLL：表示滚动结束。

❑　SB_LINELEFT：表示单击滚动条的左方按钮。

❑　SB_LINERIGHT：表示单击滚动条的右方按钮。

❑　SB_PAGELEFT：表示在滚动条的左方滚动区域按下的鼠标左键。

❑　SB_PAGERIGHT：表示滚动到右边缘。

❑　SB_THUMBPOSITION：表示结束拖动滚动条。

❑　SB_THUMBTRACK：表示正在拖动滚动条。

❷ nPos：标识滚动条的位置，只有在 nSBCode 为 SB_THUMBTRACK 或 SB_THUMBPOSITION 时才可用。

❸ pScrollBar：标识滚动条控件指针。

默认情况下，用户在触发滚动条消息时，CScrollBar 控件不会自动调整滚动条的位置，用户需要在滚动条的消息处理函数中根据 nSBCode 的情况设置滚动条的位置，并执行额外的动作。

■ 设计过程

（1）创建一个基于对话框的应用程序。

（2）在对话框中添加图片控件、按钮控件和编辑框控件。

（3）新建一个对话框类 CBmpDlg，设置 Child、Horizontal scroll、Vertical scroll 属性。

（4）处理 CBmpDlg 对话框的 WM_HSCROLL 和 WM_VSCROLL 消息，设置滚动条的位置，并适当滚动窗口。OnHScroll 方式能够实现 WM_HSCROLL 消息的处理，代码如下：

```
void CBmpDlg::OnHScroll(UINT nSBCode, UINT nPos, CScrollBar* pScrollBar)
{
int pos,min,max,thumbwidth;
SCROLLINFO vinfo;
GetScrollInfo(SB_HORZ,&vinfo);
pos = vinfo.nPos;
min = vinfo.nMin;
max = vinfo.nMax;
thumbwidth = vinfo.nPage;
switch (nSBCode)
```

```
{
break;
case SB_THUMBTRACK:                              //拖动滚动条
    ScrollWindow(-(nPos-pos),0);
    SetScrollPos(SB_HORZ,nPos);
break;
case SB_LINELEFT :                               //单击左箭头
    SetScrollPos(SB_HORZ,pos-1);
    if (pos !=0)
        ScrollWindow(1,0);
break;
case SB_LINERIGHT:                               //单击右箭头
    SetScrollPos(SB_HORZ,pos+1);
    if (pos+thumbwidth <max)
        ScrollWindow(-1,0);
break;
case SB_PAGELEFT:                                //在滚动条的左方空白滚动区域单击，增量为6
    SetScrollPos(SB_HORZ,pos-6);
    if (pos+thumbwidth >0)
        ScrollWindow(6,0);
break;
case SB_PAGERIGHT:                               //在滚动条的右方空白滚动区域单击，增量为6
    SetScrollPos(SB_HORZ,pos+6);
    if (pos+thumbwidth <max)
        ScrollWindow(-6,0);
break;
}
CDialog::OnHScroll(nSBCode, nPos, pScrollBar);
}
```

■ 秘笈心法

心法领悟 525：滚动条控件的使用。

在使用滚动条控件 CScrollBar 时，需要处理以下几种情况：第一，用户单击滚动条的左右或上下箭头时，设置滚动条的位置，并滚动窗口。第二，用户拖动滚动条时，设置滚动条的位置，并滚动窗口。第三，用户单击滚动条的左右或上下空白滚动区域时，设置滚动条的位置，并滚动窗口。

实例 526	随图像大小变换的图像浏览器 光盘位置：光盘\MR\14\526	高级 趣味指数：★★★☆

■ 实例说明

在 Windows 的画图程序中，当用户打开一个位图时，画布会自动适应位图的大小。在 Visual C++中该如何实现该功能呢？本实例实现了一个随图像大小变换的图像浏览器，如图 14.26 所示。

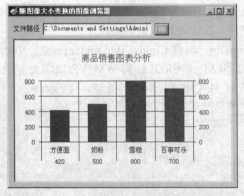

图 14.26　随图像大小变换的图像浏览器

■ 关键技术

窗口要适应图像的大小，关键问题是获取图像的大小。在 Visual C++中，可以有多种方法获取图像大小。最简单的方法是使用图片控件，当使用图片控件加载图像时，会自动调整控件的大小，其大小也就是图像的大小。

本实例使用 GetWindowRect 方法获取窗体所在的区域，语法如下：

```
void GetWindowRect( LPRECT lpRect ) const;
```

参数说明

lpRect：指定一个 CRect 对象，接收窗体区域数据。

■ 设计过程

（1）创建一个基于对话框的应用程序。

（2）在对话框中添加静态文本控件、编辑框控件和按钮控件。

（3）处理按钮的单击事件，利用文件打开对话框加载位图，代码如下：

```
void CPictureAutoSizeDlg::OnOK()
{
//定义一个文件打开对话框
CFileDialog m_filedlg (true,"bmp",NULL,NULL,"位图文件(.bmp)|*.bmp",this);
if (m_filedlg.DoModal()==IDOK)
{
    //获取文件名称
    CString s_dir = m_filedlg.GetPathName();
    m_filename.SetWindowText(s_dir);
    HANDLE m_hbit;
    //根据位图文件加载位图
    m_hbit = ::LoadImage(GetModuleHandle(NULL),s_dir,IMAGE_BITMAP,0,0,
LR_LOADFROMFILE|LR_DEFAULTSIZE|LR_DEFAULTCOLOR);
    HBITMAP m_hbitmap = (HBITMAP)m_hbit;
    m_image.SetBitmap(m_hbitmap);
    CRect m_bitrect;
    m_image.GetWindowRect(m_bitrect);
    CRect m_rect;
    this->GetWindowRect(m_rect);
    m_rect.right = m_bitrect.right+10;
    m_rect.bottom = m_bitrect.bottom+10;
    this->MoveWindow(m_rect);
}
}
```

■ 秘笈心法

心法领悟 526：获取图像大小。

本实例中使用图片控件获取图像的大小，还可以通过 CBitmap 类的 GetObject 方法获取位图大小。首先通过 CBitmap 类的 LoadBitmap 方法加载资源中的位图，然后调用 GetObject 方法，使用 GetObject 方法返回 BITMAP 类型的数据，其中就包含了图像的大小。

实例 527	管理计算机内图片文件的程序	高级
	光盘位置：光盘\MR\14\527	趣味指数：★★★☆

■ 实例说明

如今的应用软件在满足用户需求的同时，通常还增加了许多额外的功能。例如，添加媒体播放工具、磁盘管理工具等。本实例提供了一个图片管理工具，能够将用户某一路径下的位图文件提取出来，并保存到指定的路径下，效果如图 14.27 所示。

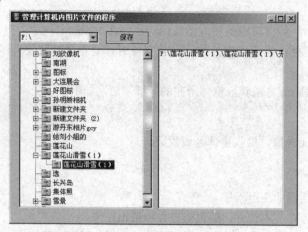

图 14.27　管理计算机内图片文件的程序

■ 关键技术

本实例中用到了列举磁盘目录、遍历某一个磁盘下的所有文件夹、获取某一文件夹下的所有位图文件几个技术。对于列举磁盘目录，可以通过 GetLogicalDriveStrings API 函数实现。对于遍历某一个磁盘下的所有文件夹，实现起来较为复杂，需要使用 FindFirstFile 和 FindNextFile 函数，对于获取文件夹下的所有位图文件，只需在查找文件时，明确指定文件扩展名即可。

（1）GetLogicalDriveStrings 函数

GetLogicalDriveStrings 函数的语法如下：

```
DWORD GetLogicalDriveStrings(DWORD nBufferLength, LPTSTR lpBuffer );
```

参数说明

❶ nBufferLength：标识缓冲区的大小。

❷ lpBuffer：标识一个缓冲区。函数会将磁盘信息返回到 lpBuffer 中。

（2）FindFirstFile 函数

FindFirstFile 函数用于查找某一个目录下的第一个文件，语法如下：

```
HANDLE FindFirstFile(LPCTSTR lpFileName, LPWIN32_FIND_DATA lpFindFileData );
```

参数说明

❶ lpFileName：标识查找的文件名，可以包含通配符。

❷ lpFindFileData：是 WIN32_FIND_DATA 结构指针，用于存储找到的文件信息。

（3）FindNextFile 函数

FindNextFile 函数根据查找句柄查找下一个文件，语法如下：

```
BOOL FindNextFile(HANDLE hFindFile, LPWIN32_FIND_DATA lpFindFileData );
```

参数说明

❶ hFindFile：是查找句柄，通常为 FindFirstFile 函数的返回值。

❷ lpFindFileData：是 WIN32_FIND_DATA 结构指针，用于存储找到的文件信息。

📖 说明：使用 FindFirstFile 和 FindNextFile 函数只能实现一次查找，要遍历整个磁盘，需要编写递归函数实现，详细代码可参考设计过程。

■ 设计过程

（1）创建一个基于对话框的应用程序。

（2）在对话框中添加树视图控件、组合框控件、列表视图控件和按钮控件。

（3）向对话框类中添加 EnumDIR 方法，用于遍历指定磁盘下的目录，代码如下：

```
void CManageImageDlg::EnumDIR(CString dirname,HTREEITEM hparentitem)
{
WIN32_FIND_DATA m_fileinfo;              //记录查找到的文件信息
HANDLE hfile;                           //查找句柄
HTREEITEM hnode;                        //树节点句柄
CString temp = dirname;
CString tempfile;
dirname+="\\*.*";                       //查找所有文件
hfile = FindFirstFile(dirname,&m_fileinfo);
//如果是目录，则继续查找
if (m_fileinfo.dwFileAttributes & FILE_ATTRIBUTE_DIRECTORY)
{
    tempfile = m_fileinfo.cFileName;
    tempfile.TrimLeft();
    tempfile.TrimRight();
    if ((tempfile!= ".") && (tempfile != "..") )
    {
        hnode = m_tree.InsertItem(m_fileinfo.cFileName,0,0,hparentitem);
    }
    if (m_fileinfo.dwFileAttributes&FILE_ATTRIBUTE_DIRECTORY)
        if ((tempfile!= ".") && (tempfile != "..") )
        {
            EnumDIR(temp+"\\"+m_fileinfo.cFileName+"\\",hnode);
        }
}
while (FindNextFile(hfile,&m_fileinfo))
{
    if (m_fileinfo.dwFileAttributes&FILE_ATTRIBUTE_DIRECTORY)
    {
        tempfile = m_fileinfo.cFileName;
        tempfile.TrimLeft();
        tempfile.TrimRight();
        if ((tempfile!= ".") && (tempfile != "..") )
        {
            hnode = m_tree.InsertItem(tempfile,0,0,hparentitem);
        }
        if (m_fileinfo.dwFileAttributes&FILE_ATTRIBUTE_DIRECTORY)
            if ((tempfile!= ".") && (tempfile != "..") )
            {
                EnumDIR(temp+"\\"+m_fileinfo.cFileName,hnode);
            }
    }
}
}
```

（4）使用 EnumFiles 方法获取指定目录下的所有文件，并将获取的结果插入到 m_tree 树形列表中。

■ 秘笈心法

心法领悟 527：遍历磁盘目录。

本实例在遍历磁盘上的目录时，一次性将所有磁盘的目录都添加到树视图控件内，这样的操作需要用户等待一段时间。还可以先将第一层的目录先添加到树视图控件内，然后当用户分别单击指定目录时，再获取该目录下的子目录，这样就将一次长时间的等待分解成若干短时间的等待，每次单击树视图控件上的目录时都会等待一些时间。两种实现方法各有优缺点，要根据具体情况使用。

实例 528	屏保方式浏览图片 光盘位置：光盘\MR\14\528	高级 趣味指数：★★★★☆

■ 实例说明

屏幕保护是当用户长时间没有对计算机执行任何操作时，系统为了保护屏幕而启动的一种保护措施。屏幕保护启动后都会占据整个屏幕，并且具有一些缓慢变动的图像效果。运行程序，保持鼠标指针不动，计算机屏幕将进入屏幕保护界面。移动鼠标，即可取消屏幕保护，效果如图 14.28 所示。

图 14.28　屏保方式浏览图片

■ 关键技术

在程序运行时，利用 GetSystemMetrics 获得屏幕大小，使用 MoveWindow 函数全屏显示程序，通过函数 GetCursorPos 获取当前鼠标的坐标值，同时在移动鼠标时触发窗体的 WM_MOUSEMOVE 事件。在该事件下再次通过 GetCursorPos 函数获取当前鼠标的坐标值，与窗体启动时获取的鼠标坐标值进行比较，如果相同则不退出程序，不同则退出程序。

在定时器中实现图片的位置移动，从而实现屏保的效果。

■ 设计过程

（1）创建一个基于对话框的应用程序，将窗体标题改为"利用图片制作屏幕保护程序"。

（2）在窗体上添加一个图片控件。

（3）向资源中导入一幅图片。

（4）OnLButtonDown 方法用于实现单击事件，代码如下：

```
void CScreensavealbumDlg::OnLButtonDown(UINT nFlags, CPoint point)
{
//PostMessage(WM_CLOSE);
CClientDC dc(this);
static nIndexBit=0;
if(nIndexBit>3)
nIndexBit=0;
DrawBitmap(dc,nIndexBit++);
}
```

（5）设置程序全屏显示，获得鼠标当前位置并设置定时器，代码如下：

```
void CScreensavealbumDlg::DrawBitmap(CDC &dc, int nIndexBit)
{
CDC dcmem;
dcmem.CreateCompatibleDC(&dc);
CBitmap m_Bitmap;
m_Bitmap.LoadBitmap(IDB_BITMAP1+nIndexBit);
dcmem.SelectObject(m_Bitmap);
BITMAP bmp;
GetObject(m_Bitmap,sizeof(bmp),&bmp);
```

```
int iscreenx=GetSystemMetrics(SM_CXSCREEN);
int iscreeny=GetSystemMetrics(SM_CYSCREEN);
if(x>iscreenx)x=0;
if(y>iscreeny)y=0;
dc.BitBlt(x,y,bmp.bmWidth,bmp.bmHeight,&dcmem,0,0,SRCCOPY);
Sleep(2000);
dc.BitBlt(x,y,iscreenx,iscreeny,&dcmem,0,0,BLACKNESS);
x+=80;
y+=20;
dcmem.DeleteDC();
}
```

■ 秘笈心法

心法领悟 528：背景色的填充。

本实例中在 OnPaint 方法内使用了 CDC 类的 FillRect 方法将背景填充为黑色，还可以通过覆写 OnEraseBkgnd 方法以及通过处理 WM_CTLCOLOR 消息将背景设置为黑色。

实例 529	获取图像 RGB 值 光盘位置：光盘\MR\14\529	高级 趣味指数：★★★★☆

■ 实例说明

图像是由很多不同颜色的像素组成的，利用图像处理软件可以提取出图像中指定像素的颜色值，提取颜色值后就可以对图像的颜色做进一步处理。本实例将实现提取图像的 RGB 值，用户想要获取哪个像素的颜色值，只需将鼠标置于其上即可，效果如图 14.29 所示。

图 14.29　获取图像 RGB 值

■ 关键技术

获取某一点的颜色很容易，只要得到当前鼠标下的设备上下文 CDC 类就即可，因为调用 CDC 类的 GetPixel 方法可以获取某一点的颜色值。但是，通过颜色值如何获得红、绿、蓝三原色的值呢？Visual C++提供了 3 个宏，用于获取某一颜色的红、绿、蓝三原色。分别介绍如下。

（1）GetRValue 宏

该宏用于获取指定颜色的红颜色值，语法如下：

```
BYTE GetRValue(DWORD rgb );
```

参数说明

rgb：标识一个颜色值。

返回值：指定颜色的红色值。

（2）GetGValue 宏

该宏用于获取指定颜色的绿颜色值，语法如下：

```
BYTE GetGValue(DWORD rgb );
```

参数说明

rgb：标识一个颜色值。

返回值：指定颜色的绿色值。

（3）GetBValue 宏

该宏用于获取指定颜色的蓝色值，语法如下：

```
BYTE GetBValue(DWORD rgb );
```

参数说明

rgb：标识一个颜色值。

返回值：指定颜色的蓝色值。

在 MFC 应用程序中，颜色值通常采用 COLORREF 类型。在设置颜色值时，可以利用 RGB 宏将红、绿、蓝三原色组合为一个 COLORREF 类型的颜色值。

设计过程

（1）创建基于对话框的应用程序。

（2）在对话框中添加编辑框、按钮、图片、滚动条等控件。

（3）OnMouseMove 方法是 WM_MOUSEMOVE 消息的实现，在该方法内获取颜色值，代码如下：

```
void CGetPictureColorDlg::OnMouseMove(UINT nFlags, CPoint point)
{
CClientDC dc(m_picture.GetParent());
m_pixelcolor=dc.GetPixel(point);
if(m_flag)
{
    CBrush br;
    CString temp;
    br.CreateSolidBrush(m_pixelcolor);
    CDC *pDC=GetDC();
    pDC->FillRect(&m_rect,&br);
    temp.Format("%d",GetRValue(m_pixelcolor));
    GetDlgItem(IDC_R)->SetWindowText(temp);
    temp.Format("%d",GetGValue(m_pixelcolor));
    GetDlgItem(IDC_G)->SetWindowText(temp);
    temp.Format("%d",GetBValue(m_pixelcolor));
    GetDlgItem(IDC_B)->SetWindowText(temp);
}
CDialog::OnMouseMove(nFlags, point);
}
```

秘笈心法

心法领悟 529：滚动条的显示。

本实例中在打开图像以后，通过 ShowWindow 函数控制滚动条的显示。如果垂直方向比固定区域高，则显示垂直滚动条。如果水平方向比固定区域宽，则显示水平滚动条。

实例 530	PSD 文件浏览	高级
	光盘位置：光盘\MR\14\530	趣味指数：★★★★

实例说明

PSD 文件是 Photoshop 图像处理软件使用的图像文件格式。由于 Photoshop 软件被广泛地应用于图像设计，所以处理 PSD 文件成为一些用户的需求。例如，用户可能需要在不使用 Photoshop 的情况下浏览 PSD 文件。本实例实现将大量的 PSD 文件转换为其他格式的文件，效果如图 14.30 所示。

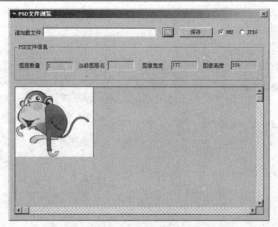

图 14.30　PSD 文件浏览

📖 说明：运行该程序时，需要选择 Visual C++ 6.0 开发环境中的 Project→Setting→C/C++→Category 命令，然后依次选择 Precompiled Headers 和 Not using precompiled headers。

■ 关键技术

在使用 libpsd 时，用户可以非常方便地进行 PSD 文件操作。但是由于没有帮助文档，会导致在解析图像数据时花费大量时间。因为在获取解压后的 PSD 图像数据后，其每个像素占用 4 个字节，而不是像真彩色位图那样占 3 个字节。每个像素占用 4 个字节避免了位图的字节对齐，因为每一行数据一定是 4 的整数倍。另外一个主要的原因是像素采用 4 个字节可以方便地进行图像处理。在本实例中，也是将位图数据采用 4 个字节方式存储，然后在保存或显示位图时，再将其转换为 3 个字节的形式。首先调用 psd_image_load 方法加载位图，然后根据第一个参数的 merged_image_data 成员获得解压后的图像数据，最后将 4 个字节形式的图像数据转换为 3 个字节形式的真彩色位图数据即可。

■ 设计过程

（1）创建基于对话框的应用程序。

（2）向对话框中添加按钮、编辑框、群组框、单选按钮、静态文本、图片等控件。

（3）添加头文件 libpsd.h 和 psd_bitmap.h 的引用。

（4）方法 OnBtLoad 用于实现 "…" 按钮，完成 PSD 文件的显示，代码如下：

```
void CPSDViewDlg::OnBtLoad()
{
CFileDialog flDlg(TRUE,"","",OFN_HIDEREADONLY | OFN_OVERWRITEPROMPT,"PSD 文件|*.psd||");
if (flDlg.DoModal()==IDOK)
{
        CString csFileName = flDlg.GetPathName();
        psd_context * context = NULL;
        psd_status status;
        psd_argb_color * pTmpData;
        psd_layer_record* lyRecord;
        status = psd_image_load(&context, csFileName.GetBuffer(0));
        if (status != psd_status_done)
        {
                psd_image_free(context);
                MessageBox("PSD 文件读取错误!","提示");
                return;
        }
        csFileName.ReleaseBuffer();
        //获取解压后的图像数据
        pTmpData = context->merged_image_data;
        m_bLoaded = TRUE;
        int nBmpWidth = context->width;
```

```
int nBmpHeight = context->height;
m_LayerHeight = nBmpHeight;
m_LayerWidth = nBmpWidth;
m_LayerCount =    context->layer_count;
m_LayerName = context->layer_records->layer_name;
UpdateData(FALSE);
//计算由于字节对齐每行需要填充的字节
int nByteAlign;
if (nBmpWidth %4 != 0)
        nByteAlign = 4- ((nBmpWidth*3L) % 4);
else
        nByteAlign = 0;
//计算图像数据大小
int nBmpSize = (nBmpWidth*3 + nByteAlign) * nBmpHeight;
//定义位图文件头
//BITMAPFILEHEADER bFile;
m_bmFileHeader.bfReserved1 = m_bmFileHeader.bfReserved2 = 0;
m_bmFileHeader.bfOffBits = 54;
m_bmFileHeader.bfSize = 54+ nBmpSize;
m_bmFileHeader.bfType = 0x4d42;
//定义位图信息头
//BITMAPINFOHEADER bInfo;
memset(&m_bmInfoHeader,0,sizeof(BITMAPINFOHEADER));
m_bmInfoHeader.biBitCount = 24;
m_bmInfoHeader.biHeight = nBmpHeight;
m_bmInfoHeader.biWidth = nBmpWidth;
m_bmInfoHeader.biPlanes = 1;
m_bmInfoHeader.biXPelsPerMeter = m_bmInfoHeader.biYPelsPerMeter = 2834;
m_bmInfoHeader.biSize = 40;
m_bmInfoHeader.biSizeImage = nBmpSize;
BYTE* pFactData = new BYTE[nBmpSize];
memset(pFactData,255,nBmpSize);
BYTE* pTmp,*pSrc,*pData;
pData = (BYTE*)pTmpData;
pSrc = pData + ((nBmpHeight-1)*nBmpWidth*4);
//对位图数据进行处理，将第4位去掉
for(int i =0;   i < nBmpHeight; i++)
{
        pTmp = pFactData+(i*(nBmpWidth*3+nByteAlign));

        for (int j=0 ; j<nBmpWidth; j++)
        {
                pTmp[0] = pSrc[0];
                pTmp[1] = pSrc[1];
                pTmp[2] = pSrc[2];
                pTmp += 3;
                pSrc += 4;
        }
        pTmp -= 3;
        for(j=0; j<nByteAlign; j++)
        {
                pTmp+=1;
                pTmp[0] = 0;
        }
        pSrc -= 2L *nBmpWidth*4;
}
BITMAPINFO bmpInfo;
bmpInfo.bmiHeader = m_bmInfoHeader;
CDC *pDC = m_Image.GetDC();
HBITMAP hBmp = m_Image.SetBitmap(CreateDIBitmap(pDC->m_hDC,
&m_bmInfoHeader,CBM_INIT,pFactData,&bmpInfo,DIB_RGB_COLORS));
if (m_pBmpData != NULL)
{
        delete [] m_pBmpData;
        m_pBmpData = NULL;

}
m_pBmpData = new BYTE[nBmpSize];
memcpy(m_pBmpData,pFactData,nBmpSize);
delete [] pFactData;
```

```
        psd_image_free(context);
        //设置滚动范围
        CRect bmpRC,wndRC;
        m_ImagePanel.GetClientRect(wndRC);
        m_Image.GetClientRect(bmpRC);
        m_ImagePanel.OnHScroll(SB_LEFT, 1, NULL);
        m_ImagePanel.OnVScroll(SB_LEFT, 1, NULL);
        m_ImagePanel.SetScrollRange(SB_VERT,0,bmpRC.Height()-wndRC.Height());
        m_ImagePanel.SetScrollRange(SB_HORZ,0,bmpRC.Width()-wndRC.Width());
    }
}
```

■ 秘笈心法

心法领悟 530：字符指针的获取。

使用 CString 类的 GetBuffer 方法可以实现 CString 类向字符指针的转换，也就是说可以获取指向 CString 对象中字符串的指针。

实例 531	平移图像	高级
	光盘位置：光盘\MR\14\531	趣味指数：★★★★☆

■ 实例说明

本实例将实现在对话框中移动图像。首先单击"…"按钮选择将要移动的图像，然后在对话框中拖动图像，单击"保存"按钮后可以将拖动后的图像保存，效果如图 14.31 所示。

■ 关键技术

本实例使用 CFile 类的 Read 方法将图像数据从文件中读取出来，然后根据拖动的变化值修改图像中像素的位置，最后将图像数据通过 CreateDIBitmap 函数创建出位图并绘制出来。本实例中定义了 CMoveImage 类，该类由 CStatic 派生，在 CMoveImage 类中处理了鼠标移动的消息事件。鼠标拖动效果作用在 CMoveImage 对象上，利用 CMoveImage 对象可以获取拖动后图像的位置变化，然后根据位置变化情况重新绘制图像。

图 14.31　平移图像

■ 设计过程

（1）创建基于对话框的应用程序。

（2）在对话框中添加编辑框、按钮、图片、滚动条等控件。

（3）MoveBmp 方法用于实现图像的平移，代码如下：

```
void CShiftImageDlg::MoveBmp(int nX, int nY)
{
if (m_bLoaded)
    {
        int nWidth = m_bmInfoHeader.biWidth;
        int nHeight = m_bmInfoHeader.biHeight;
        int nLineBytes = m_bmInfoHeader.biWidth * m_bmInfoHeader.biBitCount;
        nLineBytes = ( (nLineBytes + 31) & (~31) ) / 8;
        int x = nX;
        int y = nY;
        if (abs(nY) >= nHeight || abs(nX) >= nWidth)
        {
            return;
```

```
}
if (nY < 0 )                                                      //向上移动
{
        nY = abs(nY);
        for(int i=nHeight-nY; i>=0; i--)
        {
                BYTE* pCurData = m_pBmpData + nLineBytes*i;       //获取行数据
                //将当前行数据赋值给上一行数据
                BYTE* pPreData = m_pBmpData + nLineBytes*(i+nY-1);
                memcpy(pPreData,pCurData,nLineBytes);
        }
        //填充白色背景
        BYTE *pData = new BYTE[nLineBytes*(nY-1)];
        for(int j=0; j<nLineBytes*(nY-1); j++)
        {
                pData[j] = 255;
        }
        BYTE* pTmpData = m_pBmpData;
        memcpy(pTmpData,pData,nLineBytes*(nY-1));
        delete [] pData;
}
else if (nY > 0)                                                  //向下移动
{
        for(int i=nY; i<nHeight; i++)
        {
                BYTE* pCurData = m_pBmpData + nLineBytes*i;       //获取行数据
                //将当前行数据赋值给上一行数据
                BYTE* pPreData = m_pBmpData + nLineBytes*(i-nY);
                memcpy(pPreData,pCurData,nLineBytes);
        }
        //填充白色背景
        BYTE *pData = new BYTE[nLineBytes*nY];
        for(int j=0; j<nLineBytes*nY; j++)
        {
                pData[j] = 255;
        }
        BYTE* pBKData = m_pBmpData + nLineBytes*(nHeight-nY);
        memcpy(pBKData,pData,nLineBytes*nY);
        delete [] pData;
}
if (nX < 0)                                                       //向左移动
{
        nX = abs(nX);
        for(int i=0; i<nLineBytes; i++)
        {
                BYTE* pCurData = m_pBmpData+i+nX*3;               //获取列数据
                BYTE* pPreData = m_pBmpData+(i);
                for(int j=0; j<nHeight; j++)
                {
                        *(pPreData+j*nLineBytes) = *(pCurData+j*nLineBytes);
                }
        }
        //填充右边的背景颜色
        for(i = nLineBytes - nX*3-1; i<nLineBytes; i++)           //遍历列
        {
                BYTE *pBKData = m_pBmpData + i;
                for (int j=0; j<nHeight; j++)                     //遍历行
                {
                        *(pBKData+j*nLineBytes) = 255;
                }
        }
}
else if (nX > 0)                                                  //向右移动
{
        for(int i=nLineBytes-(nX*3); i>=0; i--)
        {
                BYTE* pCurData = m_pBmpData+i-1;                  //获取列数据
                BYTE* pPreData = m_pBmpData+i+nX*3-1;
                for(int j=0; j<nHeight; j++)
```

```
            {
                    *(pPreData+j*nLineBytes) = *(pCurData+j*nLineBytes);
            }
        }
        //填充右边的背景颜色
        for(i = 0; i<nX*3; i++)                                         //遍历列
        {
            BYTE *pBKData = m_pBmpData + i;
            for (int j=0; j<nHeight; j++)                                //遍历行
            {
                    *(pBKData+j*nLineBytes) = 255;
            }
        }
    }
    m_OrgPt.x += x;
    m_OrgPt.y += y;
    CDC *pDC = m_Image.GetDC();
    BITMAPINFO bmInfo;
    bmInfo.bmiHeader = m_bmInfoHeader;
    HBITMAP hbmp = CreateDIBitmap(pDC->m_hDC,
    &m_bmInfoHeader,CBM_INIT,m_pBmpData,&bmInfo,DIB_RGB_COLORS);
    HBITMAP hOldBmp = m_Image.GetBitmap();
    if (hbmp)
        m_Image.SetBitmap(hbmp);
    DeleteObject(hOldBmp);
    }
}
```

■ 秘笈心法

心法领悟 531：平移功能的不同实现。

在视图和对话框中都可以实现图片的平移功能。在对话框中可以借助子对话框显示图像，通过改变子对话框的位置实现图像的平移。在视图中借助 BitBlt 方法显示图像，通过改变 BitBlt 方法的参数实现图像的平移。

14.6 图像格式转换

实例 532	将位图转换为 JPG	高级
	光盘位置：光盘\MR\14\532	趣味指数：★★★☆

■ 实例说明

在进行图像处理时，经常涉及图像转换。本实例实现了将位图转换为 JPG 格式图像，效果如图 14.32 所示。

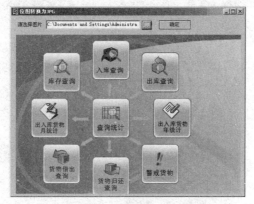

图 14.32 将位图转换为 JPG

■ 关键技术

JPG 文件采用了复杂的数据压缩技术。本实例中通过 OCX 控件 CJPG 实现从位图到 JPG 格式的转换。有关 CJPG 的源代码可以在本实例源代码目录下的 JPG 文件夹中找到。

■ 设计过程

（1）创建一个基于对话框的应用程序。

（2）在对话框中添加图片和按钮等控件。

（3）注册 JPGXControl1.ocx 控件，导入 OCX 控件 CJPG。

（4）处理"确定"按钮的单击事件，将位图转换为 JPG 格式图像，代码如下：

```cpp
void CRevertPictureDlg::OnOK()
{
m_JPG.SetBmpFile(m_filename);
m_JPG.SetQuality((long)90);
CFileDialog m_dlg(FALSE,"JPG",NULL,NULL,"JPG 图像(JPG)|*.JPG",this);
if (m_dlg.DoModal()==IDOK)
{
    m_JPG.BmpToJPG(m_dlg.GetPathName());
}
}
```

■ 秘笈心法

心法领悟 532：OCX 的注册方法。

OCX 是在 Visual Basic 中经常用到的控件类型，在使用 OCX 控件时，有时需要对 OCX 控件进行注册，在系统的"运行"中输入 Regsvr32 JPGXControl1.ocx 即可以完成注册。Visual C++也提供了注册 OCX 控件的工具，使用菜单 Tools→Register Control 可以启动该工具。

实例 533	将位图转换为 GIF	高级
光盘位置：光盘\MR\14\533		趣味指数：★★★☆

■ 实例说明

图形交换格式（Graphics Interchange Format，GIF）是由 CompuServe 公司开发的图形文件格式，版权所有，任何商业目的使用均须 CompuServe 公司授权。

GIF 文件是 Internet 上经常用到的文件，本实例将实现把位图文件转换为 GIF 图标，效果如图 14.33 所示。

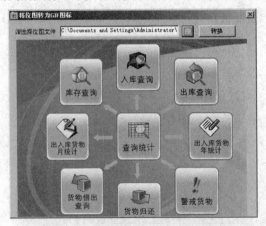

图 14.33　将位图转换为 GIF 图标

关键技术

在 Visual C++中没有提供将位图转换为 GIF 格式的相应的类或函数，本实例使用了笔者设计的 OCX 控件 CGIF。通过调用 CGIF 控件的 SaveToFile 方法实现位图的转换。CGIF 控件的源代码位于本实例源代码下的 GIF 文件夹。

设计过程

（1）创建一个基于对话框的应用程序。

（2）在对话框中添加图片、按钮和编辑框等控件。

（3）注册 GIFXControl1.ocx 控件，导入 OCX 控件 CGIF。

（4）处理"转换"按钮的单击事件，将位图转换为 GIF 图标，代码如下：

```
void CConvertGIfDlg::OnConvert()
{
if (!m_FileName.IsEmpty())
{
    m_Gif.SetBmpFile(m_FileName);
    CFileDialog dlg(FALSE,"gif",NULL,NULL,"GIF 文件(GIF)|*.gif",this);

    if (dlg.DoModal()==IDOK)
    {
        m_Gif.SaveToFile(dlg.GetPathName());
    }
}
}
```

秘笈心法

心法领悟 533：OCX 控件的引入。

在 Visual Basic 开发环境中经常用到 OCX 控件，如果要在 Visual C++中使用 OCX 控件，那么需要通过菜单 Project→Add to Project→Component and Controls 将控件加载到工程中，在控件工具栏中即可看到控件的图标。但有些控件是没有图标的，对 OCX 控件的引用可以通过接口实现。

实例 534	屏幕截取	高级
	光盘位置：光盘\MR\14\534	趣味指数：★★★☆

实例说明

本实例将完成一个屏幕截图软件，程序运行效果如图 14.34 所示。可以将程序对话框关闭，然后按 Ctrl+W 快捷键即可将屏幕的内容保存到位图文件内。

图 14.34 屏幕截图

关键技术

屏幕截图需要先建立一个屏幕的设备上下文，然后根据屏幕的设备上下文创建一个内存位图，最后将内存位图数据写入文件即可实现屏幕截图操作。屏幕截图程序需要运行在系统托盘中，并且通过 RegisterHotKey 函数注册一个快捷键，通过快捷键进行截图操作。

■ 设计过程

（1）创建基于对话框的应用程序。

（2）在对话框中添加编辑框和按钮等控件。

（3）方法 SaveScreen 用于实现接收到快捷键触发后保存屏幕图像，代码如下：

```
void CSaveScreenDlg::SaveScreen()
{
CDC screendc;
screendc.CreateDC("DISPLAY",NULL,NULL,NULL);
CBitmap bmp;
int width=GetSystemMetrics(SM_CXSCREEN);
int height=GetSystemMetrics(SM_CYSCREEN);
bmp.CreateCompatibleBitmap(&screendc,width,height);
CDC memdc;
memdc.CreateCompatibleDC(&screendc);
CBitmap*old=memdc.SelectObject(&bmp);
memdc.BitBlt(0,0,width,height,&screendc,0,0,SRCCOPY);
memdc.SelectObject(old);
BITMAP bm;
bmp.GetBitmap(&bm);
DWORD size=bm.bmWidthBytes*bm.bmHeight;
LPSTR data=(LPSTR)GlobalAlloc(GPTR,size);
BITMAPINFOHEADER bih;
bih.biBitCount=bm.bmBitsPixel;
bih.biClrImportant=0;
bih.biClrUsed=0;
bih.biCompression=0;
bih.biHeight=bm.bmHeight;
bih.biWidth=bm.bmWidth;
bih.biPlanes=1;
bih.biSize=sizeof(BITMAPINFOHEADER);
bih.biSizeImage=size;
bih.biXPelsPerMeter=0;
bih.biYPelsPerMeter=0;
GetDIBits(screendc,bmp,0,bih.biHeight,data,(BITMAPINFO*)&bih,DIB_RGB_COLORS);
CFile file;
BITMAPFILEHEADER hdr;
hdr.bfType=((WORD)('M'<<8)|'B');
hdr.bfSize=54+size;
hdr.bfReserved1=0;
hdr.bfReserved2=0;
hdr.bfOffBits=54;
if(file.Open("test.bmp",CFile::modeCreate|CFile::modeWrite))
{
        file.WriteHuge(&hdr,sizeof(BITMAPFILEHEADER));
        file.WriteHuge(&bih,sizeof(BITMAPINFOHEADER));
        file.WriteHuge(data,size);
        file.Close();
}
GlobalFree(data);
Invalidate();
}
```

■ 秘笈心法

心法领悟 534：设备上下文的保存。

本实例将通过创建内存设备上下文和内存位图来保存屏幕设备上下文中的图像数据，可以将屏幕设备上下文更换为视图设备上下文，来实现将视图内容保存为位图文件。

实例 535	提取并保存应用程序图标	高级
	光盘位置: 光盘\MR\14\535	趣味指数: ★★★★☆

■ 实例说明

许多应用软件都具有漂亮的应用程序图标。如何将它们提取出来,为自己所用呢?本实例实现了一个提取并保存应用程序图标的功能,效果如图 14.35 所示。

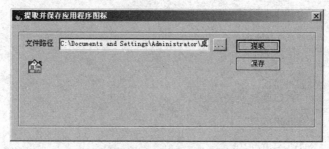

图 14.35　提取并保存应用程序图标

■ 关键技术

提取应用程序的图标,可以利用 API 函数 ExtractIcon 实现。该函数的语法如下:

```
HICON ExtractIcon(HINSTANCE hInst, LPCTSTR lpszExeFileName, UINT nIconIndex );
```

参数说明

❶ hInst:当前应用程序的实例句柄。

❷ lpszExeFileName:标识可执行文件的名称。

❸ nIconIndex:标识返回的图标索引,如果为 0,则将返回所标识文件的第一个图标句柄。

■ 设计过程

(1)创建一个基于对话框的应用程序。

(2)在对话框中放置编辑框、按钮、静态文本和图片控件。

(3)在对话框类的头文件中定义图标文件结构。

(4)处理"提取"按钮的单击事件,提取应用程序图标,代码如下:

```
void CFetchAndSaveIconDlg::OnFetch()
{
CString str;
m_filename.GetWindowText(str);
if (!str.IsEmpty())
{
    HICON m_hicon;
    m_hicon = ::ExtractIcon(AfxGetInstanceHandle(),str,0);
    if (m_hicon != NULL)
    {
        m_demoicon.SetIcon(m_hicon);
    }
}
}
```

(5)处理"保存"按钮的单击事件,将提取的图标资源保存为图标文件,代码如下:

```
void CFetchAndSaveIconDlg::OnSave()
{
CFileDialog m_savedlg (FALSE,"ico",NULL,NULL,"图标(.ico)|*.ico",this);
if (m_savedlg.DoModal()==IDOK)
{
    CString str = m_savedlg.GetPathName();
    if(!str.IsEmpty())
```

```
        {
            CFile m_file (str,CFile::modeCreate|CFile::typeBinary|CFile::modeWrite);
            HICON hicon;
            CString name;
            m_filename.GetWindowText(name);
            HMODULE hmodule = LoadLibraryEx(name, NULL, LOAD_LIBRARY_AS_DATAFILE);
            EnumResourceNames(hmodule,RT_GROUP_ICON,
            ( ENUMRESNAMEPROC)EnumResNameProc,LONG(GetSafeHwnd()));
            hicon   = (HICON)FindResource(hmodule,m_iconname,RT_GROUP_ICON);
            HGLOBAL global=LoadResource(hmodule,(HRSRC)hicon );
            if (global!= NULL)
            {
                m_lpMemDir = (LPMEMICONDIR)LockResource(global);
            }
            lpicondir temp = (lpicondir)m_lpMemDir;
            m_lpdir = (lpicondir)m_lpMemDir;
            DWORD factsize;
            //写入文件头
            WORD a = m_lpdir->idreserved;
            m_file.Write(&a,sizeof(WORD));
            a = m_lpdir->idtype;
            m_file.Write(&a,sizeof(WORD));
            a = m_lpdir->idcount;
            m_file.Write(&a,sizeof(WORD));
            m_lpdir = NULL;
            //写入索引目录
            icondirentry entry;
            for (int i = 0; i<temp->idcount;i++)
            {
                DWORD size;
                DWORD imagesize= GetImageOffset(hmodule,i,size);
                free(m_lpData);
                entry.bheight = m_lpMemDir->idEntries[i].bHeight;
                entry.bwidth = m_lpMemDir->idEntries[i].bWidth;
                entry.breserved = 0;
                entry.bcolorcount = m_lpMemDir->idEntries[i].bColorCount;
                entry.dwbytesinres =m_lpMemDir->idEntries[i].dwBytesInRes;
                entry.dwimageoffset = imagesize;
                entry.wbitcount = m_lpMemDir->idEntries[i].wBitCount;
                entry.wplanes = m_lpMemDir->idEntries[i].wPlanes;
                m_file.Write(&entry,sizeof(entry));
            }
            //写入图像数据
            for (int j = 0; j<temp->idcount;j++)
            {
                LPBYTE pInfo;
                DWORD size;
                DWORD imagesize= GetImageOffset(hmodule,j,size,pInfo);
                m_file.Write((LPBYTE)m_lpData,size);
                free(m_lpData);
            }
            UnlockResource(global);
            FreeLibrary(hmodule);
            m_file.Close();
        }
    }
}
```

■ 秘笈心法

心法领悟 535：资源处理函数。

Visual C++中提供了处理资源的一系列函数，使用 EnumResourceNames 可以对资源进行枚举，可以获取资源的句柄。然后通过 FindResource 函数找到具体类型的资源，通过 LoadResource 可以获取资源的内存句柄，通过 LockResource 方法获取内存地址。

| 实例 536 | 图像转换为字符
光盘位置：光盘\MR\14\536 | 高级
趣味指数：★★★☆ |

■ 实例说明

图像是由很多不同颜色的像素组成的，利用图像处理软件可以提取出图像中指定像素的颜色值，提取颜色值后即可对图像的颜色做进一步处理。本实例将实现提取图像的 RGB 值，用户想要获取哪个像素的颜色值，只需将鼠标置于其上即可，效果如图 14.36 所示。

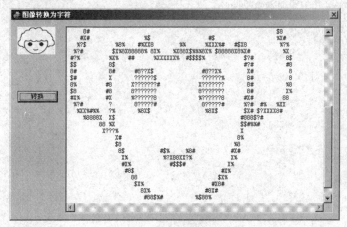

图 14.36　图像转换为字符

■ 关键技术

本实例是根据图像像素的颜色值进行转换的。颜色值为 RGB（192,192,192）显示字符"#"；颜色值为 RGB（160,160,160）显示字符"%"；颜色值为 RGB（128,128,128）显示字符"$"；颜色值为 RGB（96,96,96）显示字符"8"；颜色值为 RGB（64,64,64）显示字符"X"；颜色值为 RGB（32,32,32）显示字符"?"。像素的颜色分量需要借助 GetRValue、GetGValue、GetBValue 这 3 个预处理语句获取，这 3 个语句定义在 WINGDI.h 文件内。

■ 设计过程

（1）创建基于对话框的应用程序。

（2）在对话框中添加编辑框、按钮、图片、滚动条控件。

（3）OnConvert 方法用于实现"转换"按钮的单击事件，代码如下：

```
void CPictureToTextDlg::OnConvert()
{
CPaintDC dc(this);
long* m_pbmpdata;
long* p_tmp;
BITMAPINFO *m_pbmpinfo,m_bmp;

HBITMAP hbmp=(HBITMAP)LoadImage(::AfxGetResourceHandle(),"bitmap.bmp",
    IMAGE_BITMAP,0, 0,LR_DEFAULTCOLOR|LR_LOADFROMFILE);
m_bmp.bmiHeader.biSize=sizeof(m_bmp.bmiHeader);
    m_bmp.bmiHeader.biBitCount=0;
int bmpWidth;
int bmpHeight;
GetDIBits(dc.GetSafeHdc(),hbmp,0,1,NULL,&m_bmp,DIB_RGB_COLORS);
bmpWidth=m_bmp.bmiHeader.biWidth;
bmpHeight=m_bmp.bmiHeader.biHeight;
p_tmp=(long*)malloc(bmpWidth*bmpHeight*m_bmp.bmiHeader.biBitCount+sizeof(BITMAPINFO));
```

```
m_pbmpinfo=(BITMAPINFO*)p_tmp;
m_pbmpdata=p_tmp+sizeof(BITMAPINFO);
memcpy(p_tmp,(const void*)&m_bmp,sizeof(BITMAPINFOHEADER));
GetDIBits(dc.GetSafeHdc(),hbmp,0,m_bmp.bmiHeader.biHeight,m_pbmpdata,
      m_pbmpinfo,DIB_RGB_COLORS);
long lngBackColor=RGB(255,255,255);
long lTemp;
int r,g,b;
CString strChar,strTemp;
for(int i=bmpHeight;i>1;i--)
{
        for(int j=1;j<bmpWidth;j++)
        {
                lTemp=m_pbmpdata[(j-1)+(i-1)*bmpWidth];
                r=GetRValue(lTemp);
                g=GetGValue(lTemp);
                b=GetBValue(lTemp);
                if(r>224 || g >224 ||   r >224)
                        strChar=" ";
                else if(r>192 || g >192 ||   r >192 )
                        strChar="#";
                else if(r>160 || g >160 ||   r >160 )
                        strChar="%";
                else if(r>128 || g >128 ||   r >128 )
                        strChar="$";
                else if(r>96 || g >96 ||   r >96 )
                        strChar="8";
                else if(r>64 || g >64 ||   r >64 )
                        strChar="X";
                else if(r>32 || g >32 ||   r >32 )
                        strChar="?";
                else
                        strChar="?";
                m_edit.GetWindowText(strTemp);
                strTemp=strTemp+strChar;
                m_edit.SetWindowText(strTemp);
        }
        m_edit.GetWindowText(strTemp);
        strTemp=strTemp+"\r\n";
        m_edit.SetWindowText(strTemp);
}
}
```

■ 秘笈心法

心法领悟 536：函数 malloc 的使用。

使用函数 malloc 可以为指针分配空间，通常 malloc 函数的返回类型是空指针（void*），在进行指针赋值时需要进行强制类型转换，如本实例中就是将空指针转换为长整型指针（long*）。

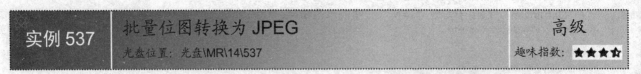

实例 537	批量位图转换为 JPEG	高级
	光盘位置：光盘\MR\14\537	趣味指数：★★★☆

■ 实例说明

在进行图像处理时，经常涉及图形转换。本实例实现了将位图转换为 JPEG 格式图像，效果如图 14.37 所示。

■ 关键技术

本实例使用 GDI+开发包实现位图到 JPEG 的转换。首先通过 GetCodecClsid 函数查找 JPEG 接口的 ID 值，然后通过 Bitmap

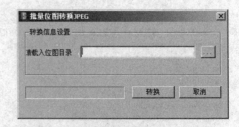

图 14.37 批量位图转换为 JPEG

接口的 Save 方法实现文件的转换。如果要实现批量转换，则需要通过 CFileFind 类的 FindFile 和 FindNextFile 方法查找出目录中的所有位图文件，然后逐一进行转换。

■ 设计过程

（1）创建基于对话框的应用程序。

（2）向对话框中添加按钮、编辑框、静态文本、进度条和群组框控件。

（3）OnConvert 方法用于实现"转换"按钮的单击事件，实现格式的转换，代码如下：

```
void CImageConversionDlg::OnConvert()
{
        UpdateData(TRUE);
        if (!m_SrcFile.IsEmpty())
        {
                //批量转换
                try
                {
                CString strfile;
                CString strextend;
                //先获取文件数量
                CFileFind bmpFind;
                BOOL bDir = bmpFind.FindFile(m_SrcFile+"\\*.*");
                if (!bDir)
                {
                bmpFind.Close();
                MessageBox("请确认目录是否存在!","提示");
                return;
                }
                BOOL bFind = true;
                DWORD dwCount = 0;
                while(bFind)
                {
                bFind = bmpFind.FindNextFile();
                if ( bFind && !bmpFind.IsDirectory())
                {
                        strfile = bmpFind.GetFilePath();
                        strextend = GetFileExtendedName(strfile);
                        if(strextend!="bmp")
                        {
                                continue;
                        }
                        dwCount ++;
                }
                }
                bmpFind.Close();
                m_Progress.SetRange32(0,dwCount);
                m_Progress.SetPos(0);
                CFileFind flFind;
                flFind.FindFile(m_SrcFile+"\\*.*");
                BOOL ret = TRUE;
                CLSID clsid;
                GetCodecClsid(L"image/jpeg", &clsid);

                int nQuality = 95;
                EncoderParameters Encoders;
                Encoders.Count = 1;
                Encoders.Parameter[0].Guid = EncoderQuality;
                Encoders.Parameter[0].Type = EncoderParameterValueTypeLong;
                Encoders.Parameter[0].NumberOfValues = 1;
                Encoders.Parameter[0].Value = &nQuality;
                while(ret)
                {
                ret = flFind.FindNextFile();
                if (!flFind.IsDirectory())
                {
                        strfile = flFind.GetFilePath();
                        strextend = GetFileExtendedName(strfile);
```

715

```
                    if (strextend == "bmp")
                    {
                        Bitmap *pBmp = Bitmap::FromFile(strfile.AllocSysString());
                        if (pBmp)
                        {
                            char chName[MAX_PATH] = {0};
                            strcpy(chName,m_SrcFile);
                            strcat(chName,"//JPG");
                            CreateDirectory(chName,NULL);
                            strcat(chName,"//");
                            CString JpgFile = chName;
                            JpgFile += GetFileName(strfile);
                            JpgFile += ".jpg";          //添加扩展名
                            pBmp->Save(JpgFile.AllocSysString(),&clsid,&Encoders);
                            int nPos = m_Progress.GetPos();
                            m_Progress.SetPos(nPos +1);
                        }
                        delete pBmp;
                    }
                }
            }
            m_Progress.SetPos(0);
            MessageBox("转换成功!");
        }
        catch(...)
        {
            m_Progress.SetPos(0);
            MessageBox("转换失败!");
        }
    }
}
```

■ 秘笈心法

心法领悟 537：使用 IPicture 接口显示 JPEG。

使用 CDC 类的 BitBlt 方法无法显示 JPEG 图像，显示 JPEG 图像需要使用 IPicture 接口的 Render 方法。

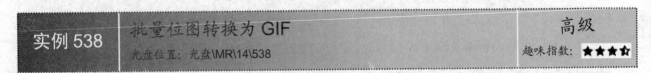

| 实例 538 | 批量位图转换为 GIF
光盘位置：光盘\MR\14\538 | 高级
趣味指数：★★★☆ |

■ 实例说明

本实例将实现批量位图到 GIF 格式图像的转换。运行实例，单击"..."按钮添加含有多个位图的目录，然后单击"转换"按钮开始转换，效果如图 14.38 所示。

■ 关键技术

GDI 是位于应用程序与不同硬件之间的中间层，这种结构使程序员免于直接处理不同硬件，把硬件间的差异交给了 GDI 处理。GDI 通过将应用程序与不同输出设备特性相隔离，使

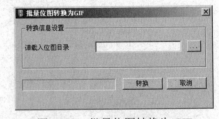

图 14.38　批量位图转换为 GIF

Windows 应用程序能够毫无障碍地在 Windows 支持的任何图形输出设备上运行。例如，可以在不改变程序的前提下，让能在 Epson 点式打印机上工作的程序也能在激光打印机上工作。它把 Windows 系统中的图形输出转换成硬件命令，然后发送给硬件设备。GDI 是以文件的形式存储在系统中的，系统需要输出图形时把它载入内存。如果转换成硬件命令时遇到非 GDI 命令，那么系统还可能载入硬件驱动程序，驱动程序辅助 GDI 把图形命令转换成硬件命令。

GDI+是 GDI 的下一个版本，进行了很好的改进，易用性更好。GDI 的一个优点是用户不必知道任何关于数

据怎样在设备上渲染的细节，GDI+更好地实现了这个优点。也就是说，GDI 是一个中低层 API，用户还可能要知道设备，而 GDI+是一个高层的 API，用户不必知道设备。

设计过程

（1）创建基于对话框的应用程序。

（2）向对话框中添加按钮、编辑框、静态文本、进度条和群组框控件。

（3）OnConvert 方法用于实现"转换"按钮的单击事件，实现格式的转换，代码如下：

```cpp
void CImageConversionDlg::OnConvert()
{
    UpdateData(TRUE);
    if (!m_SrcFile.IsEmpty())
    {
        //批量转换
        try
        {
        CString strfile;
        CString strextend;
        //先获取文件数量
        CFileFind bmpFind;
        BOOL bDir = bmpFind.FindFile(m_SrcFile+"\\*.*");
        if (!bDir)
        {
            bmpFind.Close();
            MessageBox("请确认目录是否存在!","提示");
            return;
        }
        BOOL bFind = true;
        DWORD dwCount = 0;
        while(bFind)
        {
            bFind = bmpFind.FindNextFile();
            if ( bFind && !bmpFind.IsDirectory())
            {
                strfile = bmpFind.GetFilePath();
                strextend = GetFileExtendedName(strfile);
                if(strextend!="bmp")
                {
                    continue;
                }
                dwCount ++;
            }
        }
        bmpFind.Close();
        m_Progress.SetRange32(0,dwCount);
        m_Progress.SetPos(0);

        CFileFind flFind;
        flFind.FindFile(m_SrcFile+"\\*.*");
        BOOL ret = TRUE;
        CLSID clsid;
        GetCodecClsid(L"image/gif", &clsid);

        while(ret)
        {
            ret = flFind.FindNextFile();
            if (!flFind.IsDirectory())
            {
                strfile = flFind.GetFilePath();
                strextend = GetFileExtendedName(strfile);
                if (strextend == "bmp")
                {
                    Bitmap *pBmp = Bitmap::FromFile(strfile.AllocSysString());
                    if (pBmp)
                    {
                        char chName[MAX_PATH] = {0};
```

```
                                        strcpy(chName,m_SrcFile);
                                        strcat(chName,"//GIF");
                                        CreateDirectory(chName,NULL);
                                        strcat(chName,"//");
                                        CString JpgFile = chName;
                                        JpgFile += GetFileName(strfile);
                                        JpgFile += ".gif";           //添加扩展名
                                        pBmp->Save(JpgFile.AllocSysString(),&clsid);
                                        int nPos = m_Progress.GetPos();
                                        m_Progress.SetPos(nPos +1);
                                    }
                                    delete pBmp;
                                }
                            }
                        }
                    }
                    m_Progress.SetPos(0);
                    MessageBox("转换成功!");
                }
                catch(...)
                {
                    m_Progress.SetPos(0);
                    MessageBox("转换失败!");
                }

            }
        }
```

■ 秘笈心法

心法领悟 538：将位图转换为 GIF 的方法。

将位图转换为 GIF 有很多种方法，可以使用第三方控件实现，也可以通过 GDI+开发包实现，但是这些方法都是基于组件的方式实现的。也就是说在系统中有将位图转换为 GIF 的组件，通过建立接口对象，然后调用接口下的方法即可实现转换。如果想了解具体的转换过程，可以参照开源项目。

实例 539	将 JPEG 转换为位图	高级
	光盘位置：光盘\MR\14\539	趣味指数：★★★★

■ 实例说明

本实例实现了 JPEG 格式到位图的单一转换和批量转换。运行实例，单击 "…" 按钮选择 JPEG 文件或含有 JPEG 的目录，然后单击 "转换" 按钮完成转换，效果如图 14.39 所示。

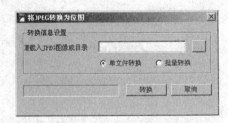

图 14.39　将 JPEG 转换为位图

■ 关键技术

在使用 GDI 绘图时，必须指定一个设备环境（DC），用来将某个窗口或设备与设备环境类的句柄指针关联起来，所有的绘图操作都与该句柄有关。而 GDI+不再使用这个设备环境或句柄，取而代之的是 Graphics 对象。与设备环境相类似，Graphics 对象也是将屏幕的某一个窗口与之相关联，并包含绘图操作所需要的相关属性。但是，只有这个 Graphics 对象与设备环境句柄还存在着联系，其余的如 Pen、Brush、Image 和 Font 等对象均不再使用设备环境。

■ 设计过程

（1）创建基于对话框的应用程序。
（2）向对话框中添加按钮、编辑框、静态文本、进度条和群组框等控件。

（3）OnConvert 方法用于实现"转换"按钮的单击事件，实现格式的转换，代码如下：

```
void CImageConversionDlg::OnConvert()
{
UpdateData(TRUE);
if (!m_SrcFile.IsEmpty())
{
        CButton* pButtonSimple = (CButton*)GetDlgItem(IDC_SINGLEFILE);
        //单文件转换
        if (pButtonSimple->GetCheck() == BST_CHECKED)
        {
            try
            {
                    CFileDialog flDlg(FALSE,"","Demo.bmp");
                    if (flDlg.DoModal()==IDOK)
                    {
                            CString JpgFile = flDlg.GetPathName();
                            CFileFind flFind;
                            BOOL ret = flFind.FindFile(m_SrcFile);
                            flFind.FindNextFile();
                            if ( ret && !flFind.IsDirectory())
                            {
                                Bitmap *pBmp = Bitmap::FromFile(m_SrcFile.AllocSysString());
                                if (pBmp)
                                {
                                    CLSID clsid;
                                    GetCodecClsid(L"image/bmp", &clsid);
                                    pBmp->Save(JpgFile.AllocSysString(),&clsid);
                                    MessageBox("转换成功!");
                                }
                                else
                                {
                                    MessageBox("文件不存在","提示");
                                }
                            }
                    }
            }
            catch(...)
            {
                    MessageBox("转换失败!");
            }
        }
        else    //批量转换
        {
            try
            {
                    CString strfile;
                    CString strextend;
                    //先获取文件数量
                    CFileFind bmpFind;
                    BOOL bDir = bmpFind.FindFile(m_SrcFile+"\\*.*");
                    if (!bDir)
                    {
                            bmpFind.Close();
                            MessageBox("请确认目录是否存在!","提示");
                            return;
                    }
                    BOOL bFind = true;
                    DWORD dwCount = 0;
                    while(bFind)
                    {
                            bFind = bmpFind.FindNextFile();
                            if ( bFind && !bmpFind.IsDirectory())
                            {
                                    strfile = bmpFind.GetFilePath();
                                    strextend = GetFileExtendedName(strfile);
```

```
                                    if(strextend!="jpg"||strextend!="jpeg")
                                    {
                                            continue;
                                    }
                                    dwCount ++;
                            }
                    }
                    bmpFind.Close();
                    m_Progress.SetRange32(0,dwCount);
                    m_Progress.SetPos(0);

                    CFileFind flFind;
                    flFind.FindFile(m_SrcFile+"\\*.*");
                    BOOL ret = TRUE;
                    CLSID clsid;
                    GetCodecClsid(L"image/bmp", &clsid);

                    while(ret)
                    {
                            ret = flFind.FindNextFile();
                            if (!flFind.IsDirectory())
                            {
                                    strfile = flFind.GetFilePath();
                                    strextend = GetFileExtendedName(strfile);
                                    if (strextend == "jpg"||strextend == "jpeg")
                                    {
                                            Bitmap *pBmp = Bitmap::FromFile(strfile.AllocSysString());
                                            if (pBmp)
                                            {
                                                char chName[MAX_PATH] = {0};
                                                strcpy(chName,m_SrcFile);
                                                strcat(chName,"//BMP");
                                                CreateDirectory(chName,NULL);
                                                strcat(chName,"//");
                                                CString JpgFile = chName;
                                                JpgFile += GetFileName(strfile);
                                                JpgFile += ".bmp";              //添加扩展名
                                                pBmp->Save(JpgFile.AllocSysString(),&clsid);
                                                int nPos = m_Progress.GetPos();
                                                m_Progress.SetPos(nPos +1);
                                            }
                                            delete pBmp;
                                    }
                            }
                    }
                    m_Progress.SetPos(0);
                    MessageBox("转换成功!");
            }
            catch(...)
            {
                    m_Progress.SetPos(0);
                    MessageBox("转换失败!");
            }
    }
}
```

■ 秘笈心法

心法领悟 539：进度条控件类的使用。

CProgressCtrl 类是进度条控件类，经常用到的方法有 SetPos、GetPos 和 SetRange32。SetRange32 方法用来设置进度条位置，而 SetPos 和 GetPos 方法分别用来设置当前位置和获取当前位置，使用这 3 个方法即可控制进度条控件正确显示进度。

实例540	将 GIF 转换为位图 光盘位置：光盘\MR\14\540	高级 趣味指数：★★★☆

■ 实例说明

本实例实现了 GIF 到位图的转换。运行程序，单击"…"按钮选择 GIF 文件或含有 GIF 文件的目录，然后单击"转换"按钮完成转换，效果如图 14.40 所示。

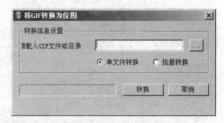

图 14.40　将 GIF 转换为位图

■ 关键技术

GIF 图像是基于颜色列表的（存储的数据是该点的颜色对应于颜色列表的索引值），最多只支持 8 位（256 色）。GIF 文件内部分成许多存储块，用来存储多幅图像或者决定图像表现行为的控制块，用以实现动画的交互式应用。GIF 文件还通过 LZW 压缩算法压缩图像数据来减少图像尺寸。

■ 设计过程

（1）创建基于对话框的应用程序。

（2）向对话框中添加按钮、编辑框、静态文本、进度条和群组框等控件。

（3）OnConvert 方法用于实现"转换"按钮的单击事件，实现格式的转换，代码如下：

```
void CImageConversionDlg::OnConvert()
{
UpdateData(TRUE);
if (!m_SrcFile.IsEmpty())
{
    CButton* pButtonSimple = (CButton*)GetDlgItem(IDC_SINGLEFILE);
    //单文件转换
    if (pButtonSimple->GetCheck() == BST_CHECKED)
    {
        try
        {
            CFileDialog flDlg(FALSE,"","Demo.bmp");
            if (flDlg.DoModal()==IDOK)
            {
                CString JpgFile = flDlg.GetPathName();
                CFileFind flFind;
                BOOL ret = flFind.FindFile(m_SrcFile);
                flFind.FindNextFile();
                if ( ret && !flFind.IsDirectory())
                {
                    Bitmap *pBmp = Bitmap::FromFile(m_SrcFile.AllocSysString());
                    if (pBmp)
                    {
                        CLSID clsid;
                        GetCodecClsid(L"image/bmp", &clsid);
                        pBmp->Save(JpgFile.AllocSysString(),&clsid);
                        MessageBox("转换成功!");
                    }
                }
                else
                {
                    MessageBox("文件不存在","提示");
                }
            }
        }
        catch(...)
        {
            MessageBox("转换失败!");
        }
```

```
}
else    //批量转换
{
    try
    {
        CString strfile;
        CString strextend;
        //先获取文件数量
        CFileFind bmpFind;
        BOOL bDir = bmpFind.FindFile(m_SrcFile+"\\*.*");
        if (!bDir)
        {
            bmpFind.Close();
            MessageBox("请确认目录是否存在!","提示");
            return;
        }
        BOOL bFind = true;
        DWORD dwCount = 0;
        while(bFind)
        {
            bFind = bmpFind.FindNextFile();
            if ( bFind && !bmpFind.IsDirectory())
            {
                strfile = bmpFind.GetFilePath();
                strextend = GetFileExtendedName(strfile);
                if(strextend!="gif")
                {
                    continue;
                }
                dwCount ++;
            }
        }
        bmpFind.Close();
        m_Progress.SetRange32(0,dwCount);
        m_Progress.SetPos(0);
        CFileFind flFind;
        flFind.FindFile(m_SrcFile+"\\*.*");
        BOOL ret = TRUE;
        CLSID clsid;
        GetCodecClsid(L"image/bmp", &clsid);
        while(ret)
        {
            ret = flFind.FindNextFile();
            if (!flFind.IsDirectory())
            {
                strfile = flFind.GetFilePath();
                strextend = GetFileExtendedName(strfile);
                if (strextend == "gif")
                {
                    Bitmap *pBmp = Bitmap::FromFile(strfile.AllocSysString());
                    if (pBmp)
                    {
                        char chName[MAX_PATH] = {0};
                        strcpy(chName,m_SrcFile);
                        strcat(chName,"//BMP");
                        CreateDirectory(chName,NULL);
                        strcat(chName,"//");
                        CString JpgFile = chName;
                        JpgFile += GetFileName(strfile);
                        JpgFile += ".bmp";            //添加扩展名
                        pBmp->Save(JpgFile.AllocSysString(),&clsid);
                        int nPos = m_Progress.GetPos();
                        m_Progress.SetPos(nPos +1);
                    }
                    delete pBmp;
                }
            }
        }
        m_Progress.SetPos(0);
```

```
                    MessageBox("转换成功!");
            }
            catch(...)
            {
                    m_Progress.SetPos(0);
                    MessageBox("转换失败!");
            }
        }
    }
}
```

■ 秘笈心法

心法领悟 540：转移字符。

在描述路径时需要使用转移字符，如 "c:\data.txt"。如果在 Visual C++中使用 CFile 类打开该文件需要使用字符串 "c:\\data.txt"，因为在 Visual C++中是连接字符的意思，两个 "\" 字符才表示一个真正意义的路径斜线。

实例 541	将位图转换为 PNG	高级
	光盘位置：光盘\MR\14\541	趣味指数：★★★★☆

■ 实例说明

在进行图像处理时，经常涉及图形转换。本实例实现了将位图转换为 PNG 格式图像。运行程序，首先选择是单文件转换还是批量转换，单击 "…" 按钮选择位图或含有位图的目录，然后单击 "转换" 按钮完成转换，效果如图 14.41 所示。

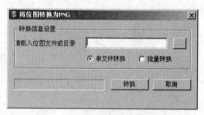

图 14.41 将位图转换为 PNG

■ 关键技术

GDI+提供了对各种图片的打开、存储功能。通过 GDI+能够直接将一个 BMP 格式文件存储成 PNG 格式或其他格式的图片文件。

在应用程序中添加 GDI+的包含文件 gdiplus.h 以及附加的类库 gdiplus.lib。通常 gdiplus.h 包含文件添加在应用程序的 stdafx.h 文件中，而 gdiplus.lib 可用两种方法进行添加。第一种方法是直接在 stdafx.h 文件中添加下列语句：

```
#pragma comment( lib, "gdiplus.lib" )
```

另一种方法是选择 "项目" → "属性" 命令，在弹出的对话框中选择左侧的 "链接器" → "输入" 选项，在右侧的 "附加依赖项" 框中输入 gdiplus.lib。

■ 设计过程

（1）创建基于对话框的应用程序。

（2）向对话框中添加按钮、编辑框、静态文本、进度条和群组框等控件。

（3）OnConvert 方法用于实现 "转换" 按钮的单击事件，实现格式的转换，代码如下：

```
void CImageConversionDlg::OnConvert()
{
    UpdateData(TRUE);
    if (!m_SrcFile.IsEmpty())
    {
        CButton* pButtonSimple = (CButton*)GetDlgItem(IDC_SINGLEFILE);
        //单文件转换
        if (pButtonSimple->GetCheck() == BST_CHECKED)
        {
            try
            {
            CFileDialog flDlg(FALSE,"","Demo.png");
```

```
            if (flDlg.DoModal()==IDOK)
            {
                    CString JpgFile = flDlg.GetPathName();
                    CFileFind flFind;
                    BOOL ret = flFind.FindFile(m_SrcFile);
                    flFind.FindNextFile();
                    if ( ret && !flFind.IsDirectory())
                    {
                            Bitmap *pBmp = Bitmap::FromFile(m_SrcFile.AllocSysString());
                            if (pBmp)
                            {
                                    CLSID clsid;
                                    GetCodecClsid(L"image/png", &clsid);
                                    pBmp->Save(JpgFile.AllocSysString(),&clsid);
                                    MessageBox("转换成功!");
                            }
                    }
                    else
                    {
                            MessageBox("文件不存在","提示");
                    }
            }
            }
        catch(...)
        {
        MessageBox("转换失败!");
        }

    }
    else        //批量转换
    {
        try
        {

        CString strfile;
        CString strextend;
        //先获取文件数量
        CFileFind bmpFind;
        BOOL bDir = bmpFind.FindFile(m_SrcFile+"\\*.*");
        if (!bDir)
        {
                bmpFind.Close();
                MessageBox("请确认目录是否存在!","提示");
                return;
        }
        BOOL bFind = true;
        DWORD dwCount = 0;
        while(bFind)
        {
                bFind = bmpFind.FindNextFile();
                if ( bFind && !bmpFind.IsDirectory())
                {
                        strfile = bmpFind.GetFilePath();
                        strextend = GetFileExtendedName(strfile);
                        if(strextend!="png")
                        {
                                continue;
                        }
                        dwCount ++;
                }
        }
        bmpFind.Close();
        m_Progress.SetRange32(0,dwCount);
        m_Progress.SetPos(0);

        CFileFind flFind;
        flFind.FindFile(m_SrcFile+"\\*.*");
        BOOL ret = TRUE;
        CLSID clsid;
```

```
            GetCodecClsid(L"image/png", &clsid);

            while(ret)
            {
                ret = flFind.FindNextFile();
                if (!flFind.IsDirectory())
                {
                    strfile = flFind.GetFilePath();
                    strextend = GetFileExtendedName(strfile);
                    if (strextend == "bmp")
                    {
                        Bitmap *pBmp = Bitmap::FromFile(strfile.AllocSysString());
                        if (pBmp)
                        {
                            char chName[MAX_PATH] = {0};
                            strcpy(chName,m_SrcFile);
                            strcat(chName,"//PNG");
                            CreateDirectory(chName,NULL);
                            strcat(chName,"//");
                            CString JpgFile = chName;
                            JpgFile += GetFileName(strfile);
                            JpgFile += ".png";          //添加扩展名
                            pBmp->Save(JpgFile.AllocSysString(),&clsid);
                            int nPos = m_Progress.GetPos();
                            m_Progress.SetPos(nPos +1);
                        }
                        delete pBmp;
                    }
                }
            }
            m_Progress.SetPos(0);
            MessageBox("转换成功!");
            }
            catch(...)
            {
            m_Progress.SetPos(0);
            MessageBox("转换失败!");
            }
        }
    }
}
```

■ 秘笈心法

心法领悟 541：strcpy 函数和 strcat 函数的区别。

本实例中用到了 strcpy 函数和 strcat 函数，这两个函数都是 C 库标准函数。strcpy 函数实现的是将字符串复制给指定的字符串指针，strcat 函数实现的则是将字符串附加到指定的字符串指针后，保留原有数据，使用这两个函数时都应该注意不要溢出（字符串指针指向数组，不要超过数组的范围）。

实例 542	将 PNG 转换为位图	高级
	光盘位置：光盘\MR\14\542	趣味指数：★★★☆

■ 实例说明

本实例实现了 PNG 格式到位图的转换。运行程序，首先选择是单文件转换还是批量转换，单击"…"按钮选择 PNG 文件或含有 PNG 文件的目录，然后单击"转换"按钮完成转换，效果如图 14.42 所示。

■ 关键技术

对于一个或多个 PNG 文件向 BMP 文件的转换其实是非常复杂

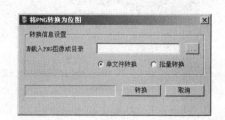

图 14.42　将 PNG 转换为位图

的，但如果通过 GDI+来实现就非常简单了。因为在 GDI+中已将各种图形之间的转换都封装好了，只要调用相应的接口实现即可。在本实例中首先将一个 PNG 文件载入到图形对象中，然后通过 GetCodecClsid 获取要保存的图形文件的 clsid 标记，最后通过 Save 方法将图形保存到指定的图形格式下。

■ 设计过程

（1）创建基于对话框的应用程序。

（2）向对话框中添加按钮、编辑框、静态文本、进度条和群组框等控件。

（3）OnConvert 方法用于实现"转换"按钮的单击事件，实现格式的转换，代码如下：

```cpp
void CImageConversionDlg::OnConvert()
{
    UpdateData(TRUE);
    if (!m_SrcFile.IsEmpty())
    {
        CButton* pButtonSimple = (CButton*)GetDlgItem(IDC_SINGLEFILE);
        //单文件转换
        if (pButtonSimple->GetCheck() == BST_CHECKED)
        {
         try
         {
         CFileDialog flDlg(FALSE,"","Demo.bmp");
         if (flDlg.DoModal()==IDOK)
         {
             CString JpgFile = flDlg.GetPathName();
             CFileFind flFind;
             BOOL ret = flFind.FindFile(m_SrcFile);
             flFind.FindNextFile();
             if ( ret && !flFind.IsDirectory())
             {
                 Bitmap *pBmp = Bitmap::FromFile(m_SrcFile.AllocSysString());
                 if (pBmp)
                 {
                     CLSID clsid;
                     GetCodecClsid(L"image/bmp", &clsid);
                     pBmp->Save(JpgFile.AllocSysString(),&clsid);
                     MessageBox("转换成功!");
                 }
             }
             else
             {
                 MessageBox("文件不存在","提示");
             }
         }
         }
        catch(...)
        {
        MessageBox("转换失败!");
        }
        }
        else    //批量转换
        {
        try
        {
        CString strfile;
        CString strextend;
        //先获取文件数量
        CFileFind bmpFind;
        BOOL bDir = bmpFind.FindFile(m_SrcFile+"\\*.*");
        if (!bDir)
        {
            bmpFind.Close();
            MessageBox("请确认目录是否存在!","提示");
            return;
        }
        BOOL bFind = true;
```

```
                    DWORD dwCount = 0;
                    while(bFind)
                    {
                            bFind = bmpFind.FindNextFile();
                            if ( bFind && !bmpFind.IsDirectory())
                            {
                                    strfile = bmpFind.GetFilePath();
                                    strextend = GetFileExtendedName(strfile);
                                    if(strextend!="png")
                                    {
                                            continue;
                                    }
                                    dwCount ++;
                            }
                    }
                    bmpFind.Close();
                    m_Progress.SetRange32(0,dwCount);
                    m_Progress.SetPos(0);

                    CFileFind flFind;
                    flFind.FindFile(m_SrcFile+"\\*.*");
                    BOOL ret = TRUE;
                    CLSID clsid;
                    GetCodecClsid(L"image/bmp", &clsid);

                    while(ret)
                    {
                            ret = flFind.FindNextFile();
                            if (!flFind.IsDirectory())
                            {
                                    strfile = flFind.GetFilePath();
                                    strextend = GetFileExtendedName(strfile);
                                    if (strextend == "png")
                                    {
                                            Bitmap *pBmp = Bitmap::FromFile(strfile.AllocSysString());
                                            if (pBmp)
                                            {
                                                    char chName[MAX_PATH] = {0};
                                                    strcpy(chName,m_SrcFile);
                                                    strcat(chName,"//BMP");
                                                    CreateDirectory(chName,NULL);
                                                    strcat(chName,"//");
                                                    CString JpgFile = chName;
                                                    JpgFile += GetFileName(strfile);
                                                    JpgFile += ".bmp";          //添加扩展名
                                                    pBmp->Save(JpgFile.AllocSysString(),&clsid);
                                                    int nPos = m_Progress.GetPos();
                                                    m_Progress.SetPos(nPos +1);
                                            }
                                            delete pBmp;
                                    }
                            }
                    }
                    m_Progress.SetPos(0);
                    MessageBox("转换成功!");
            }
            catch(...)
            {
            m_Progress.SetPos(0);
            MessageBox("转换失败!");
            }
    }
}
```

■ 秘笈心法

心法领悟 542：获取扩展名。

本实例中使用 GetFileExtendedName 函数获取文件的扩展名，还可以通过搜索字符"."的方法获取文件的扩展名。首先查找到字符中最后一个字符"."，通过搜索字符"."的过程也可以判断文件名中是否有扩展名，搜索到字符"."后截取字符后面的字符就是文件的扩展名。

实例 543	PSD 文件向其他格式转换 光盘位置：光盘\MR\14\543	高级 趣味指数：★★★☆

■ 实例说明

本实例实现了将 PSD 文件转换成位图文件和 JPG 文件，不仅可以对单个 PSD 文件进行转换，还可以对文件内的所有 PSD 文件进行批量转换。运行实例，通过"…"按钮设置源文件或多个源文件所在的路径，然后通过单击"转换"按钮即可完成转换，效果如图 14.43 所示。

■ 关键技术

PSD 文件中图像数据的获取主要通过 psd_context 类的 merged_image_data 方法实现，然后可以通过 context 类的 width 方法获取图像的宽度，通过 height 方法获取图像的高度。如果是将图像数据保存为位图，则通过构造 BITMAPINFOHEADER 结构和 BITMAPFILEHEADER 结构对象，然后把这两个结构对象连同图像数据写入到文件即可。如果是存储为 JPG 文件，

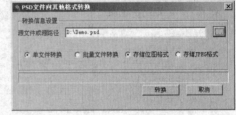

图 14.43　PSD 文件向其他格式转换

那么还需要使用 GDI+库。使用 GDI+库的 Bitmap 类的 Save 方法可以直接对位图数据进行压缩，然后保存为 JPG 文件。

■ 设计过程

（1）创建一个基于对话框的应用程序。

（2）在对话框中添加编辑框、单选按钮、进度条和按钮等控件。

（3）引用 libpsd 库的头文件 libpsd.h 和 psd_bitmap.h。

（4）OnBtConvert 方法用于实现"转换"按钮的单击事件，代码如下：

```
void CPSDConversionDlg::OnBtConvert()
{
UpdateData(TRUE);
    if (!m_SrcFile.IsEmpty())
    {
        CButton* pButtonSimple = (CButton*)GetDlgItem(IDC_SINGLEFILE);
        //单文件转换
        if (pButtonSimple->GetCheck() == BST_CHECKED)
        {
          try
          {
          psd_context * context = NULL;
          psd_status status;
          psd_argb_color * pTmpData;
          psd_layer_record* lyRecord;
          char chFile[MAX_PATH] = {0};
          strcpy(chFile,m_SrcFile);
          status = psd_image_load(&context,chFile);
          if (status != psd_status_done)
          {
                psd_image_free(context);
                MessageBox("PSD 文件读取错误!","提示");
                return;
          }
          m_SrcFile.ReleaseBuffer();
```

```
//获取解压后的图像数据
pTmpData = context->merged_image_data;

int nBmpWidth = context->width;
int nBmpHeight = context->height;


int nByteAlign;
if (nBmpWidth %4 != 0)
        nByteAlign = 4- ((nBmpWidth*3L) % 4);
else
        nByteAlign = 0;

//计算图像数据大小
int nBmpSize = (nBmpWidth*3 + nByteAlign) * nBmpHeight;

//定义位图文件头
BITMAPFILEHEADER bFile;
bFile.bfReserved1 = bFile.bfReserved2 = 0;
bFile.bfOffBits = 54;
bFile.bfSize = 54+ nBmpSize;
bFile.bfType = 0x4d42;

//定义位图信息头
BITMAPINFOHEADER bInfo;
memset(&bInfo,0,sizeof(BITMAPINFOHEADER));
bInfo.biBitCount = 24;
bInfo.biHeight = nBmpHeight;
bInfo.biWidth = nBmpWidth;
bInfo.biPlanes = 1;
bInfo.biXPelsPerMeter = bInfo.biYPelsPerMeter = 2834;
bInfo.biSize = 40;
bInfo.biSizeImage = nBmpSize;

BYTE* pTmp,*pSrc,*pData;
BYTE* pFactData = new BYTE[nBmpSize];
memset(pFactData,255,nBmpSize);

pData = (BYTE*)pTmpData;

pSrc = pData + ((nBmpHeight-1)*nBmpWidth*4);
//对位图数据进行处理，将第 4 位去掉
for(int i =0;   i < nBmpHeight; i++)
{
        pTmp = pFactData+(i*(nBmpWidth*3+nByteAlign));

        for (int j=0 ; j<nBmpWidth; j++)
        {
                pTmp[0] = pSrc[0];
                pTmp[1] = pSrc[1];
                pTmp[2] = pSrc[2];
                pTmp += 3;
                pSrc += 4;
        }
        pTmp -= 3;
        for(j=0; j<nByteAlign; j++)
        {
                pTmp+=1;
                pTmp[0] = 0;
        }
        pSrc -= 2L *nBmpWidth*4;
}


//判断存储格式
CButton* pButton = (CButton*)GetDlgItem(IDC_STOREBMP);
int nState = pButton->GetCheck();
if (nState)//保存为位图
{
```

```
            CString JpgFile = ExtractFileName(m_SrcFile);
            JpgFile += ".bmp";          //添加扩展名

            CFile file;
            file.Open(JpgFile,CFile::modeCreate | CFile::modeReadWrite);
            file.Write(&bFile,sizeof(BITMAPFILEHEADER));
            file.Write(&bInfo,sizeof(BITMAPINFOHEADER));
            file.WriteHuge(pFactData,nBmpSize);
            file.Close();

            MessageBox("转换成功!");
    }
    else
    {

            BITMAPINFO bmpInfo;
            bmpInfo.bmiHeader = bInfo;
            Bitmap *pBmp = Bitmap::FromBITMAPINFO(&bmpInfo,pFactData);
            if (pBmp)
            {
                    CLSID clsid;

                    GetCodecClsid(L"image/jpeg", &clsid);
                    CString JpgFile = ExtractFileName(m_SrcFile);
                    JpgFile += ".jpg";          //添加扩展名
                    pBmp->Save(JpgFile.AllocSysString(),&clsid);
                    MessageBox("转换成功!");
            }
    }
    delete []pFactData;
    psd_image_free(context);
}
catch(...)
{
MessageBox("转换失败!");
}


}
else    //批量转换
{
DWORD dwFileAttr = GetFileAttributes(m_SrcFile);
//验证文件是否为目录
if (dwFileAttr != FILE_ATTRIBUTE_DIRECTORY)
{
MessageBox("请输入文件路径!","提示");
return;
}
CString strfile ;
CString strextend;
//先获取 PSD 文件数量
CFileFind psdFind;
psdFind.FindFile(m_SrcFile+"\\*.*");
BOOL bFind = true;
DWORD dwCount = 0;
while(bFind)
{
bFind = psdFind.FindNextFile();
if ( bFind && !psdFind.IsDirectory())
{
        strfile = psdFind.GetFilePath();
        strextend = GetFileExtendedName(strfile);
        if(strextend!="psd")
        {
                continue;
        }
        dwCount ++;
}
}
psdFind.Close();
```

```
m_Progress.SetRange32(0,dwCount);
m_Progress.SetPos(0);


CFileFind flFind;
flFind.FindFile(m_SrcFile+"\\*.*");
BOOL ret =   TRUE;


//判断转换格式
CButton* pButton = (CButton*)GetDlgItem(IDC_STOREBMP);
int nState = pButton->GetCheck();
if (nState)//保存为位图
{
while(ret)
{
     ret = flFind.FindNextFile();
     if ( ret && !flFind.IsDirectory())
     {

          strfile = flFind.GetFilePath();
          strextend = GetFileExtendedName(strfile);
          if(strextend!="psd")
          {
               continue;
          }

          psd_context * context = NULL;
          psd_status status;
          psd_argb_color * pTmpData;
          psd_layer_record* lyRecord;
          status = psd_image_load(&context, strfile.GetBuffer(0));
          if (status != psd_status_done)
          {
               psd_image_free(context);
               continue;
          }
          strfile.ReleaseBuffer();
          //获取解压后的图像数据
          pTmpData = context->merged_image_data;


          int nBmpWidth = context->width;
          int nBmpHeight = context->height;


          int nByteAlign;
          if (nBmpWidth %4 != 0)
               nByteAlign = 4- ((nBmpWidth*3L) % 4);
          else
               nByteAlign = 0;


          //计算图像数据大小
          int nBmpSize = (nBmpWidth*3 + nByteAlign) * nBmpHeight;

          //定义位图文件头
          BITMAPFILEHEADER bFile;
          bFile.bfReserved1 = bFile.bfReserved2 = 0;
          bFile.bfOffBits = 54;
          bFile.bfSize = 54+ nBmpSize;
          bFile.bfType = 0x4d42;

          //定义位图信息头
          BITMAPINFOHEADER bInfo;
          memset(&bInfo,0,sizeof(BITMAPINFOHEADER));
          bInfo.biBitCount = 24;
          bInfo.biHeight = nBmpHeight;
          bInfo.biWidth = nBmpWidth;
```

```
                    bInfo.biPlanes = 1;
                    bInfo.biXPelsPerMeter = bInfo.biYPelsPerMeter = 2834;
                    bInfo.biSize = 40;
                    bInfo.biSizeImage = nBmpSize;

                    BYTE* pTmp,*pSrc,*pData;
                    BYTE* pFactData = new BYTE[nBmpSize];
                    memset(pFactData,255,nBmpSize);

                    pData = (BYTE*)pTmpData;

                    pSrc = pData + ((nBmpHeight-1)*nBmpWidth*4);
                    //对位图数据进行处理，将第4位去掉
                    for(int i =0;   i < nBmpHeight; i++)
                    {
                            pTmp = pFactData+(i*(nBmpWidth*3+nByteAlign));

                            for (int j=0 ; j<nBmpWidth; j++)
                            {
                                    pTmp[0] = pSrc[0];
                                    pTmp[1] = pSrc[1];
                                    pTmp[2] = pSrc[2];
                                    pTmp += 3;
                                    pSrc += 4;
                            }
                            pTmp -= 3;
                            for(j=0; j<nByteAlign; j++)
                            {
                                    pTmp+=1;
                                    pTmp[0] = 0;
                            }
                            pSrc -= 2L *nBmpWidth*4;
                    }

                    char chName[MAX_PATH] = {0};
                    strcpy(chName,m_SrcFile);
                    strcat(chName,"//BMP");
                    CreateDirectory(chName,NULL);
                    strcat(chName,"//");
                    CString JpgFile = chName;
                    JpgFile += GetFileName(strfile);
                    JpgFile += ".bmp";          //添加扩展名

                    CFile file;
                    file.Open(JpgFile,CFile::modeCreate | CFile::modeReadWrite);
                    file.Write(&bFile,sizeof(BITMAPFILEHEADER));
                    file.Write(&bInfo,sizeof(BITMAPINFOHEADER));
                    file.WriteHuge(pFactData,nBmpSize);
                    file.Close();
                    delete [] pFactData;
                    psd_image_free(context);
                    int nPos = m_Progress.GetPos();
                    m_Progress.SetPos(nPos+1);
            }
    }
    flFind.Close();
    m_Progress.SetPos(0);
    MessageBox("转换成功!");
    }
    else                                    //保存 JPEG 格式
    {
    while(ret)
    {
            ret = flFind.FindNextFile();
            if (!flFind.IsDirectory())
            {
                    strfile = flFind.GetFilePath();
                    strextend = GetFileExtendedName(strfile);
                    if(strextend!="psd")
```

```
        {
                continue;
        }
        psd_context * context = NULL;
        psd_status status;
        psd_argb_color * pTmpData;
        psd_layer_record* lyRecord;
        char pchName[MAX_PATH] = {0};
        strcpy(pchName,strfile);
        status = psd_image_load(&context, pchName);
        if (status != psd_status_done)
        {
                psd_image_free(context);
                continue;
        }
        //获取解压后的图像数据
        pTmpData = context->merged_image_data;
        int nBmpWidth = context->width;
        int nBmpHeight = context->height;
        int nByteAlign;
        if (nBmpWidth %4 != 0)
                nByteAlign = 4- ((nBmpWidth*3L) % 4);
        else
                nByteAlign = 0;
        //计算图像数据大小
        int nBmpSize = (nBmpWidth*3 + nByteAlign) * nBmpHeight;
        //定义位图文件头
        BITMAPFILEHEADER bFile;
        bFile.bfReserved1 = bFile.bfReserved2 = 0;
        bFile.bfOffBits = 54;
        bFile.bfSize = 54+ nBmpSize;
        bFile.bfType = 0x4d42;

        //定义位图信息头
        BITMAPINFOHEADER bInfo;
        memset(&bInfo,0,sizeof(BITMAPINFOHEADER));
        bInfo.biBitCount = 24;
        bInfo.biHeight = nBmpHeight;
        bInfo.biWidth = nBmpWidth;
        bInfo.biPlanes = 1;
        bInfo.biXPelsPerMeter = bInfo.biYPelsPerMeter = 2834;
        bInfo.biSize = 40;
        bInfo.biSizeImage = nBmpSize;

        BYTE* pTmp,*pSrc,*pData;
        BYTE* pFactData = new BYTE[nBmpSize];
        memset(pFactData,255,nBmpSize);

        pData = (BYTE*)pTmpData;

        pSrc = pData + ((nBmpHeight-1)*nBmpWidth*4);
        //对位图数据进行处理，将第4位去掉
        for(int i =0;   i < nBmpHeight; i++)
        {
                pTmp = pFactData+(i*(nBmpWidth*3+nByteAlign));

                for (int j=0 ; j<nBmpWidth; j++)
                {
                        pTmp[0] = pSrc[0];
                        pTmp[1] = pSrc[1];
                        pTmp[2] = pSrc[2];
                        pTmp += 3;
                        pSrc += 4;
                }
                pTmp -= 3;
                for(j=0; j<nByteAlign; j++)
                {
                        pTmp+=1;
                        pTmp[0] = 0;
```

```
                    }
                    pSrc -= 2L *nBmpWidth*4;
                }

                char chName[MAX_PATH] = {0};
                strcpy(chName,m_SrcFile);
                strcat(chName,"//JPG");
                CreateDirectory(chName,NULL);
                strcat(chName,"//");
                CString JpgFile = chName;
                JpgFile += GetFileName(strfile);
                JpgFile += ".jpg";          //添加扩展名
                BITMAPINFO bmpInfo;
                bmpInfo.bmiHeader = bInfo;
                Bitmap *pBmp = Bitmap::FromBITMAPINFO(&bmpInfo,pFactData);
                if (pBmp)
                {
                    CLSID clsid;
                    GetCodecClsid(L"image/jpeg", &clsid);
                    pBmp->Save(JpgFile.AllocSysString(),&clsid);
                }
                delete [] pFactData;
                psd_image_free(context);
                int nPos = m_Progress.GetPos();
                m_Progress.SetPos(nPos+1);
            }
        }
        flFind.Close();
        m_Progress.SetPos(0);
        MessageBox("转换成功!");
    }
}
}
```

■ 秘笈心法

心法领悟 543：获取 CLSID 值。

使用 GetCodecClsid 函数可以获取 CLSID 值，GetCodecClsid 函数的第一个参数值可以在注册表中找到，即 CLSID 值也可以通过注册表查找到。

实例 544	保存设备上下文内容	高级
	光盘位置：光盘\MR\14\544	趣味指数：★★★★☆

■ 实例说明

在使用 Visual C++开发应用程序时经常要在设备上下文中绘制图形图像，但是 CDC 类没有提供将设备上下文保存成文件的方法。本实例将实现把设备上下文中已绘制的内容保存到图像文件中，效果如图 14.44 所示。

■ 关键技术

本实例涉及两个关键技术。第一个技术是如何获取设备上下文的图像数据，第二个技术是如何将图像数据写入到文件中。第一个关键技术是内存位图和内存设备上下文的创建，通过 CDC 类的 CreateCompatibleDC 方法可以创建内存设备上下文，通过 CreateCompatibleBitmap 方法可以创建内存位图，然后将内存位图加载到内存设备上下文中。通过 CDC 类的 BitBlt 方法可以将设备上下文中的内容复制到内存位图中，然后通过 GetDIBits 获

图 14.44　保存设备上下文内容

取位图数据。位图文件的创建则是按照位图文件的格式写入，首先写入 BITMAPFILEHEADER 结构数据，然后写入 BITMAPINFOHEADER 结构数据，最后写入位图数据。

■ 设计过程

（1）创建单文档视图结构的应用程序。

（2）在"编辑"菜单下增加 ID 属性为 ID_SAVEDC 的菜单项，设置 Caption 属性为"保存"并添加菜单的实现方法 OnSavedc。在 OnSavedc 方法内复制指定设备上下文中的内容，代码如下：

```
void CSaveDCPictureView::OnSavedc()
{
        CDC *pDC=GetDC();
        CDC dcDst;              //目标 DC，用于生成新位图
        dcDst.CreateCompatibleDC(pDC);
        CBitmap bmpDst;
        bmpDst.CreateCompatibleBitmap(pDC, 600, 400);
        CBitmap *pbmpOldDst = dcDst.SelectObject(&bmpDst);
        dcDst.BitBlt(0,0,600,400,pDC,0,0,SRCCOPY);
        dcDst.SelectObject(pbmpOldDst);

        BITMAP bm;
        bmpDst.GetBitmap(&bm);
        DWORD size=bm.bmWidthBytes*bm.bmHeight;
        LPSTR data=(LPSTR)GlobalAlloc(GPTR,size);
        BITMAPINFOHEADER bih;
        bih.biBitCount=bm.bmBitsPixel;
        bih.biClrImportant=0;
        bih.biClrUsed=0;
        bih.biCompression=0;
        bih.biHeight=bm.bmHeight;
        bih.biWidth=bm.bmWidth;
        bih.biPlanes=1;
        bih.biSize=sizeof(BITMAPINFOHEADER);
        bih.biSizeImage=size;
        bih.biXPelsPerMeter=0;
        bih.biYPelsPerMeter=0;
        GetDIBits(dcDst.GetSafeHdc(),bmpDst,0,bih.biHeight,data,(BITMAPINFO*)&bih,DIB_RGB_COLORS);

        CFile file;
        BITMAPFILEHEADER hdr;
        hdr.bfType=((WORD)('M'<<8)|'B');
        hdr.bfSize=54+size;
        hdr.bfReserved1=0;
        hdr.bfReserved2=0;
        hdr.bfOffBits=54;
        if(file.Open("result.bmp",CFile::modeCreate|CFile::modeWrite))
        {
                file.WriteHuge(&hdr,sizeof(BITMAPFILEHEADER));
                file.WriteHuge(&bih,sizeof(BITMAPINFOHEADER));
                file.WriteHuge(data,size);
                file.Close();
        }
        MessageBox("执行完成");
}
```

■ 秘笈心法

心法领悟 544：使用 SaveDC 方法也可以保存设备上下文。

本实例中将设备上下文的内容保存到文件中，实现了永久的保存。CDC 类还提供了 SaveDC 方法能够实现设备上下文的临时保存，如果是要临时更改设备上下文的内容，可以通过 SaveDC 方法保存，而不要保存到文件内。另外，保存到文件的设备上下文内容只能以位图的方式输出。

第15章

多媒体

15.1　多媒体控制

实例 545	控制音量 光盘位置：光盘\MR\15\545	高级 趣味指数：★★★☆

实例说明

在含有声卡的 Windows 系统中，可以通过声音属性对话框设置声音的大小，此对话框可以通过系统托盘图标启动。本实例实现了该对话框中的部分功能，即调节音量的大小。实例运行结果如图 15.1 所示。

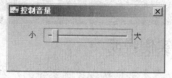

图 15.1　控制音量

关键技术

本实例通过 mixerGetControlDetails 函数获取系统的音量，通过 mixerSetControlDetails 函数设置系统的音量。

（1）mixerGetControlDetails 函数可以获取音频控制器属性，语法如下：

```
MMRESULT mixerGetControlDetails(HMIXEROBJ hmxobj, LPMIXERCONTROLDETAILS pmxcd,DWORD fdwDetails);
```

参数说明

❶ hmxobj：指定混音设备句柄。

❷ pmxcd：指向 MIXERCONTROLDETAILS 结构体的指针，结构成员 paDetails 是音量值。

❸ fdwDetails：指定控制器。

（2）mixerSetControlDetails 函数可以对音频控制器进行设置，语法如下：

```
MMRESULT mixerSetControlDetails(HMIXEROBJ hmxobj, LPMIXERCONTROLDETAILS pmxcd,DWORD fdwDetails);
```

参数说明

❶ hmxobj：指定混音设备句柄。

❷ pmxcd：指向 MIXERCONTROLDETAILS 结构体的指针。

❸ fdwDetails：指定控制器。

设计过程

（1）创建基于对话框的应用程序。

（2）在对话框中添加滑标控件。

（3）添加滑标控件的滚动消息的实现方法 OnHScroll，在 OnHScroll 方法内通过滑块的位置值设置左声道或右声道音量，代码如下：

```
void CControlSoundDlg::OnHScroll(UINT nSBCode, UINT nPos, CScrollBar* pScrollBar)
{
DWORD val;
val=((CSliderCtrl*)pScrollBar)->GetPos();
MIXERCONTROLDETAILS_UNSIGNED mxcdVolume = {val};
MIXERCONTROLDETAILS mxcd;
mxcd.cbStruct = sizeof(MIXERCONTROLDETAILS);
mxcd.dwControlID = m_controlid;
mxcd.cChannels = 1;
mxcd.cMultipleItems = 0;
mxcd.cbDetails = sizeof(MIXERCONTROLDETAILS_UNSIGNED);
mxcd.paDetails = &mxcdVolume;
mixerSetControlDetails((HMIXEROBJ)m_hMixer,&mxcd,
    MIXER_OBJECTF_HMIXER|MIXER_SETCONTROLDETAILSF_VALUE);
CDialog::OnHScroll(nSBCode, nPos, pScrollBar);
}
```

■ 秘笈心法

心法领悟 545：滑标控件消息的处理。

在 Visual C++中滑标控件的当前值可以在 WM_HSCROLL 消息的实现方法中获取。本实例中 OnHScroll 方法是 WM_HSCROLL 消息的实现方法，当用户拖动滑标控件后，OnHScroll 方法可以根据滑标的当前值进行设置。

实例 546	控制左右声道 光盘位置：光盘\MR\15\546	高级 趣味指数：★★★☆

■ 实例说明

本实例将实现控制系统的左右声道。运行程序，在程序中有两个滑块分别用来设置左声道和右声道。由左向右拖动滑块可以控制系统左声道或右声道的音量由小向大变化，效果如图 15.2 所示。

图 15.2 控制左右声道

■ 关键技术

API 函数 waveOutSetVolume 可以设置系统的音量，系统音量是一个双字数据，双字中的高字表示左声道的音量，双字中的低字表示右声道的音量。将双字数据设置为函数参数，即可实现左右声道的控制。

waveOutSetVolume 函数可以直接完成系统音量的设置，语法如下：

```
MMRESULT waveOutSetVolume(HWAVEOUT hwo, DWORD dwVolume);
```

参数说明

❶ hwo：音频输出设备句柄。

❷ dwVolume：新设置的音量值，值为 0xFFFF 表示最大值，值为 0x0000 表示静音。

■ 设计过程

（1）创建基于对话框的应用程序。

（2）在对话框中添加控件。

（3）添加滑标控件的滚动消息的实现方法 OnHScroll，在 OnHScroll 方法内通过滑块的位置值设置左声道或右声道音量，代码如下：

```cpp
void CLRSoundControlDlg::OnHScroll(UINT nSBCode, UINT nPos, CScrollBar* pScrollBar)
{
DWORD pos;
int scrollpos;

scrollpos=m_channel.GetPos();
if(scrollpos<100)
{
    ::waveOutGetVolume(0,&pos);
    pos=pos&0x0000ffff|((scrollpos+50)<<8);
    ::waveOutSetVolume(0,pos);
}
if(scrollpos>100)
{
    ::waveOutGetVolume(0,&pos);
    pos=pos&0xffff0000|((scrollpos-50)<<24);
    ::waveOutSetVolume(0,pos);
}
CDialog::OnHScroll(nSBCode, nPos, pScrollBar);
}
```

秘笈心法

心法领悟 546：声音控制的改进。

本实例模拟 Windows 系统的声音控制，使用滑块控件实现左右声道的控制，其实可以将滑块控件更换为 3 个单选按钮，分别为左声道、右声道和立体声，这样即可像开关一样控制声道。

实例 547	利用 PC 喇叭播放声音	高级
	光盘位置：光盘\MR\15\547	趣味指数：★★★☆

实例说明

PC 喇叭是计算机上的一种发声设备，该设备由计算机中的硬件控制，需要发声时使用脉冲控制声音的声调和延时。软件中经常需要提示音来提醒用户的操作，目前通常是用声卡完成的，而一些计算机上没有安装声卡，这样就用到 PC 喇叭发出声音来提醒用户。运行程序，结果如图 15.3 所示。

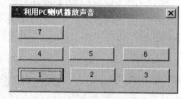

图 15.3　利用 PC 喇叭播放声音

关键技术

用 PC 喇叭播放声音主要使用了 Beep 函数，语法如下：

```
BOOL Beep(DWORD dwFreq,DWORD dwDuration);
```

参数说明

❶ dwFreq：指定频率，单位为 Hz，范围为 37～32767。

❷ dwDuration：持续实现，单位为 ms。

使用 Beep 函数按照一定的音高和音长控制 PC 喇叭发出声音，还可以使 PC 喇叭播放音乐。当然这种情况下播放出的音乐是连续的单音，既无声部也无和弦。

每个音符的音高由声音的频率值确定，音长由该音符的持续时间确定。例如，中音 5 的频率为 392Hz，中音 5 发声 0.5s，函数调用为 Beep(392,500)。

设计过程

（1）创建一个基于对话框的应用程序。

（2）在对话框中添加 7 个按钮控件，代码如下：

```
//按钮 "1"
void CPCSoundDlg::OnOne()
{
::Beep(264,500);
}
//按钮 "2"
void CPCSoundDlg::OnTwo()
{
::Beep(296,500);
}
//按钮 "3"
void CPCSoundDlg::OnThree()
{
::Beep(330,500);
}
//按钮 "4"
void CPCSoundDlg::OnFour()
{
::Beep(349,500);
}
//按钮 "5"
```

```
void CPCSoundDlg::OnFive()
{
::Beep(392,500);
}
//按钮 "6"
void CPCSoundDlg::OnSix()
{
::Beep(440,500);
}
//按钮 "7"
void CPCSoundDlg::OnSeven()
{
::Beep(494,500);
}
```

■ 秘笈心法

心法领悟 547：Beep 函数的使用。

可以使用 Beep 函数实现简单音乐的播放，需要音符停顿时可以使用 Sleep I 函数，Beep 函数负责播放音乐的乐谱频率。

实例 548	定时播放 WAV 文件 光盘位置：光盘\MR\15\548	高级 趣味指数：★★★★

■ 实例说明

本实例将实现在指定的时间播放执行的 WAV 文件，通过两个组合框可以设置播放的时钟数和分钟数，通过 "…" 按钮选择播放的 WAV 文件，效果如图 15.4 所示。

■ 关键技术

程序可以运行在系统托盘中，在程序的对话框中添加一个定时器，定时器一秒运行一次。如果当前系统时间和设置的时间相同，就播放指定的 WAV 文件。本实例使用 mciSendCommand 函数发送一系列指令来完成 WAV 文件的播放，首先发送 MCI_OPEN 指令。第一次发送该指令

图 15.4　定时播放 WAV 文件

的主要目的是获取设备的 ID 值，所以 mciSendCommand 函数的第一个参数应为 NULL。然后再次发送 MCI_OPEN 指令打开音频设备，发送 MCI_OPEN 指令时需要为 mciSendCommand 函数设置一个 MCI_OPEN_ PARMS 结构的参数，在该结构对象中可以设置播放的文件，最后发送 MCI_PLAY 指令播放音频文件。

■ 设计过程

（1）创建基于对话框的应用程序。

（2）在文件中添加 MMSystem.h 头文件和 winmm.lib 库文件的引用。

（3）OnTimer 方法用于实现定时器，判断时间，当到指定时间时播放 WAV 文件，代码如下：

```
void CTimePlayWavDlg::OnTimer(UINT nIDEvent)
{
CTime tt;
tt=CTime::GetCurrentTime();
CString tmp=tt.Format("%H:%M");
if(tmp==strtime)
{
KillTimer(1);
MCIDEVICEID m_nDeviceID;
MCIDEVICEID m_nElementID;
MCI_OPEN_PARMS mciOpenParms;
```

```
mciOpenParms.lpstrDeviceType=(LPSTR)MCI_DEVTYPE_WAVEFORM_AUDIO;
mciSendCommand(NULL,MCI_OPEN,MCI_OPEN_TYPE|MCI_OPEN_TYPE_ID|MCI_WAIT,
(DWORD)(LPVOID)&mciOpenParms);
m_nDeviceID=mciOpenParms.wDeviceID;

MCI_OPEN_PARMS mciOpen;
memset(&mciOpen,0,sizeof(MCI_OPEN_PARMS));
mciOpen.lpstrElementName=strsound;
mciSendCommand(m_nDeviceID,MCI_OPEN,MCI_OPEN_ELEMENT,(DWORD)(LPVOID)&mciOpen);
m_nElementID=mciOpen.wDeviceID;

MCI_PLAY_PARMS mciPlay;
mciPlay.dwCallback=(DWORD)this->GetSafeHwnd();
mciSendCommand(m_nElementID,MCI_PLAY,MCI_NOTIFY,(DWORD)(LPVOID)&mciPlay);
}
CDialog::OnTimer(nIDEvent);
}
```

■ 秘笈心法

心法领悟 548：使用 mci 函数。

本实例使用 mci 函数实现音频文件的播放，使用 mci 函数很容易实现声音的播放，具体方法是使用 mciSendCommand 函数向音频设备发送一些指令。发送 MCI_OPEN 指令打开设备和音频文件，发送 MCI_PLAY 指令进行播放。

实例 549	静音 光盘位置：光盘\MR\15\549	高级 趣味指数：★★★★☆

■ 实例说明

在 Windows 系统托盘中有一个小喇叭图标，双击该图标可以弹出音频属性对话框，在该对话框中可以对不同的音频控制器进行静音设置。音频属性对话框的第一个静音是将所有的音频控制器静音，本实例将实现此静音设置。程序中复选框处于选中状态时，系统处于静音状态，此时系统托盘中的小喇叭也变为禁用状态，效果如图 15.5 所示。

图 15.5 静音

■ 关键技术

本实例首先通过 mixerOpen 函数打开音频设备，然后通过 mixerGetLineControls 函数获取当前音频设备的状态，最后通过 mixerSetControlDetails 设置音频设备。

mixerGetLineControls 函数可以获取音频设备的状态，语法如下：

```
MMRESULT mixerGetLineControls(HMIXEROBJ hmxobj, LPMIXERLINECONTROLS pmxlc,DWORD fdwControls);
```

参数说明

❶ hmxobj：音频设备句柄。

❷ pmxlc：指向混音控制器结构 MIXERLINECONTROLS 的指针，MIXERLINECONTROLS 结构包括了控制器 ID 值和设备类型等信息。

❸ fdwControls：设置具体音频控制线。

设计过程

（1）创建 MFC 对话框工程，工程名设置为 SetMute。

（2）在对话框中添加复选框控件、图片控件和群组框控件。

（3）在实现文件 SetMuteDlg.cpp 中加入多媒体库的头文件引用及多媒体静态库的链接。

（4）通过类向导添加复选框控件，单击消息与函数的映射。

（5）在 OnMute 函数中实现当用户单击一次复选框时对系统静音进行一次相反的设置，即系统原来是静音的，单击一次后变成非静音，代码如下：

```cpp
void CSetMuteDlg::OnMute()
{
HMIXER m_HMixer;
INT m_iMixerControlID;
MMRESULT mmr;
DWORD m_dwChannels;
MIXERLINE mxl;
MIXERCONTROL mxc;
MIXERLINECONTROLS mxlc;
MIXERCONTROLDETAILS mxcd;
MIXERCONTROLDETAILS_BOOLEAN mxcd_b;
m_HMixer=NULL;
m_iMixerControlID=0;
m_dwChannels = 0;
if(mixerGetNumDevs()<1)
{
        MessageBox("没有音频设备");
}
mixerOpen(&m_HMixer, 0, 0, 0L, CALLBACK_NULL);
mxl.cbStruct = sizeof(MIXERLINE);
mxl.dwComponentType = MIXERLINE_COMPONENTTYPE_DST_SPEAKERS;

mixerGetLineInfo((HMIXEROBJ)m_HMixer, &mxl, MIXER_OBJECTF_HMIXER|
            MIXER_GETLINEINFOF_COMPONENTTYPE);
mxlc.cbStruct = sizeof(MIXERLINECONTROLS);
mxlc.dwLineID = mxl.dwLineID;
mxlc.dwControlType = MIXERCONTROL_CONTROLTYPE_MUTE;
mxlc.cControls = 1;
mxlc.cbmxctrl = sizeof(MIXERCONTROL);
mxlc.pamxctrl = &mxc;
mixerGetLineControls((HMIXEROBJ)m_HMixer, &mxlc, MIXER_OBJECTF_HMIXER
                |MIXER_GETLINECONTROLSF_ONEBYTYPE);
m_iMixerControlID = mxc.dwControlID;
m_dwChannels = mxl.cChannels;
mxcd.cbStruct = sizeof(mxcd);
mxcd.dwControlID = m_iMixerControlID;
mxcd.cChannels = 1;
mxcd.cMultipleItems = 0;
mxcd.cbDetails = sizeof(mxcd_b);
mxcd.paDetails = &mxcd_b;
mmr = mixerGetControlDetails((HMIXEROBJ)m_HMixer, &mxcd, 0L);
mxcd_b.fValue = !mxcd_b.fValue;
        mmr = mixerSetControlDetails((HMIXEROBJ)m_HMixer, &mxcd, 0L);
if(m_HMixer)
        mixerClose(m_HMixer);
}
```

秘笈心法

心法领悟 549：混音函数的使用。

使用 mixerGetLineControls 函数获取音频设备的状态，主要是使用该函数填充 MIXERCONTROLDETAILS 结构，因为使用 mixerSetControlDetails 设置音频设备时也需要使用该结构。这样只修改该结构中的一项即可实现静音的设置，而不需要手动填充 MIXERCONTROLDETAILS 结构。

| 实例 550 | 音频波形显示
 光盘位置：光盘\MR\15\550 | 高级
 趣味指数：★★★☆ |

■ 实例说明

网上的许多媒体播放器都具有显示音频波形的特效，增强了播放器的视觉效果。在本实例中，笔者通过捕获音频数据，实现了音频波形的显示，效果如图 15.6 所示。

图 15.6　音频波形显示

■ 关键技术

实现音频波形主要通过两个步骤完成，第一步是捕获音频数据，第二步是对音频数据进行傅立叶变换，将变换后的数据以图像的形式显示。

（1）捕捉音频数据

本实例将捕捉声卡的波形。首先调用 waveInOpen 函数打开录音设备，然后调用 waveInPrepareHeader 函数为录音设备准备缓冲区，最后调用 waveInAddBuffer 函数实现录音。

（2）傅立叶变换

傅立叶变换是数字信号处理中最基础的运算，被广泛应用于通信、医学、天文学等领域。在进行图形图像处理时也经常使用傅立叶变换。

■ 设计过程

（1）创建一个基于对话框的应用程序。

（2）向对话框中添加按钮控件和图片控件。

（3）在 MP3PlayerDlg.h 头文件中添加 MMSystem.h 头文件和 winmm.lib 库文件的引用。

（4）在 CMP3PlayerDlg 类中添加 HWAVEIN、HWAVEOUT、WAVEFORMATEX 和 WAVEHDR 等类型的成员。

（5）RecordAudio 方法用于实现"开始"按钮的单击事件，单击"开始"按钮后开始显示音频数据的波形，代码如下：

```
void CMP3PlayerDlg::RecordAudio()
{
static BOOL bChange = TRUE;
memset(lpInbuf, 0, 1024*4);
if (bChange == TRUE)
{
    waveInUnprepareHeader(m_hWaveIn, &lpInWaveHdr[0], sizeof(WAVEHDR));

    waveInPrepareHeader(m_hWaveIn, &lpInWaveHdr[0], sizeof(WAVEHDR));
    MMRESULT mmRet = waveInAddBuffer(m_hWaveIn, &lpInWaveHdr[0], sizeof(WAVEHDR));
    if (mmRet!=MMSYSERR_NOERROR)
    {
```

```
                return;
        }
        short int* pData = (short int*)lpInWaveHdr[0].lpData;
        for(int i=0; i< 1024; i++)
        {
                m_SrcData[i].fReal = (DWORD)(*pData - 32768);
                m_SrcData[i].fImage = 0;
                pData ++;
        }
        bChange = FALSE;
}
else
{

        waveInUnprepareHeader(m_hWaveIn, &lpInWaveHdr[1], sizeof(WAVEHDR));
        waveInPrepareHeader(m_hWaveIn, &lpInWaveHdr[1], sizeof(WAVEHDR));
        MMRESULT mmRet = waveInAddBuffer(m_hWaveIn, &lpInWaveHdr[1], sizeof(WAVEHDR));
        if (mmRet!=MMSYSERR_NOERROR)
        {
                return;
        }
        short int* pData = (short int*)lpInWaveHdr[1].lpData;
        for(int i=0; i< 1024; i++)
        {
                m_SrcData[i].fReal = (DWORD)(*pData - 32768);
                m_SrcData[i].fImage = 0;
                pData ++;
        }
}

FFT(m_SrcData, m_DesData, 1024, 2*3.1415926);

CDC* pDC = m_AudioGraph.GetDC();
CRect clientRC;
m_AudioGraph.GetClientRect(clientRC);
int nClientHeight = clientRC.Height();
int nClientWidth = clientRC.Width();
int x = 0;
CBrush brush(RGB(255, 255, 255));
pDC->FillRect(clientRC, &brush);
brush.DeleteObject();
CPen pen(PS_SOLID, 1, RGB(0, 66, 33));
pDC->SelectObject(&pen);

for(int i=1; i<256; i++)
{
        if (x < nClientWidth)
        {
                int nHeight =   sqrt((m_DesData[i].fReal * m_DesData[i].fReal
                        + m_DesData[i].fImage * m_DesData[i].fImage )/1024);
                nHeight = nHeight < 8192? nHeight: 8192;
                nHeight = nClientHeight - nHeight * nClientHeight/8192;

                CRect rc(x,    nHeight, x+1, nClientHeight-1);

                pDC->Rectangle(rc);
                x += 2;
        }
        else
        {
                break;
        }
}
pen.DeleteObject();
m_AudioGraph.ReleaseDC(pDC);
}
```

■ 秘笈心法

心法领悟 550：波形的绘制方法。

本实例中使用 CDC 类的 FillRect 方法绘制波形中的一列线条。本实例中还可以使用 LineTo 方法绘制这一列线条，在使用 CPen 构造函数构造 CPen 对象时，将构造函数的第二个参数设置为 2 即可，这样和使用 FillRect 方法绘制的一列线条就等宽了。

15.2　控　件　动　画

实例 551	标题栏及任务栏动画图标 光盘位置：光盘\MR\15\551	高级 趣味指数：★★★★

■ 实例说明

使用 SetIcon 函数可以设置对话框标题栏的图标以及在任务栏中的图标，通过在定时器中动态设置不同的图标可以实现动画图标，效果如图 15.7 所示。

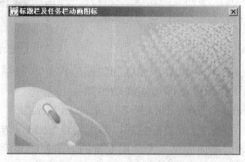

图 15.7　标题栏及任务栏动画图标

■ 关键技术

本实例在定时器内使用 SetIcon 方法设置标题栏图标，交替设置不同的图标形成了标题栏和任务栏动画。

SetIcon 方法是为窗体的标题栏设置图标，语法如下：

```
HICON SetIcon( HICON hIcon, BOOL bBigIcon );
```

参数说明

❶ hIcon：图标句柄。

❷ bBigIcon：设置是否以大图标方式显示。

■ 设计过程

（1）创建基于对话框的应用程序。

（2）OnTimer 方法用于实现定时器，调用 SetIcon 方法显示不同的图标，代码如下：

```
void CNotifyIconDlg::OnTimer(UINT nIDEvent)
{
KillTimer(1);
CWindowDC dc(this);
if(m_bChg)
{
    SetIcon(m_myicon2, FALSE);
    m_bChg=FALSE;
}
else
{
    SetIcon(m_myicon1, FALSE);
    m_bChg=TRUE;
}
```

```
SetTimer(1,200,NULL);
CDialog::OnTimer(nIDEvent);
}
```

■ 秘笈心法

心法领悟 551：定时器的使用。

在使用定时器交替显示图像时，应尽量在定时器内关闭当前定时器，然后在定时器的内容将要执行完毕时再重新启动，这样做可防止定时器所执行的内容因超时而多次执行。

实例 552	通过 Image 控件实现动画	高级
	光盘位置：光盘\MR\15\552	趣味指数：★★★☆

■ 实例说明

本实例将实现用 Image 控件制作小动画。运行程序，窗体中间会显示一个小动画，如图 15.8 所示。

图 15.8　通过 Image 控件实现动画

■ 关键技术

Visual C++中的 Image 控件是一个可以显示图标和位图的控件，通过在定时器中设置不同的图标或位图即可实现动画效果。

Image 控件的类型有 Frame、Rectangle、Icon、Bitmap 和 Enhanced Metafile，本实例使用的是 Icon 类型。为 Icon 类型的 Image 控件通过 MFC 类向导添加完成员变量后，即可通过 SetIcon 方法设置图标。通过在定时器内设置不同的图标，即可形成动画。在定时器内通过一个全局变量的值来控制显示哪个图标，并且全局变量的最大值和图片的个数有关，当变量到达最大值后就变回最小值，使动画循环播放。

■ 设计过程

（1）创建一个名为 ImageACT 的对话框 MFC 工程。

（2）在工程中添加两个 Icon 资源，设置 ID 属性分别为 IDI_BACK 和 IDI_FRONT。

（3）在对话框中添加 Image 控件，设置 ID 属性为 IDC_IMAGE，Type 属性设置为 Icon，添加成员变量 m_image。

（4）在 OnInitDialog 函数中初始化定时器，代码如下：

```
BOOL CImageACTDlg::OnInitDialog()
{
CDialog::OnInitDialog();
//此处代码省略
SetTimer(1,400,NULL);
display=0;
hfront=::AfxGetApp()->LoadIcon(IDI_FRONT);        //hfront 是全局图标句柄
hback=::AfxGetApp()->LoadIcon(IDI_BACK);          //hback 是全局图标句柄
return TRUE;
}
```

（5）通过定时器实现动画效果，代码如下：

```
void CImageACTDlg::OnTimer(UINT nIDEvent)
{
if(display==1)
{
     m_image.SetIcon(hfront);
     display=0;
     return;
}
if(display==0)
```

```
{
        m_image.SetIcon(hback);
        display=1;
        return;
}
CDialog::OnTimer(nIDEvent);
}
```

秘笈心法

心法领悟 552：动画效果的产生。

动画的实现主要在一定的时间内显示连续的图片，本实例就是通过添加定时器，然后在定时器内显示固定数量的图标来实现动画效果的。

实例 553	通过 DrawIcon 实现图标动画 光盘位置：光盘\MR\15\553	高级 趣味指数：★★★★

实例说明

本实例将实现图标动画显示。在对话框中间，有一个不断变化的图标，效果如图 15.9 所示。

关键技术

Image 控件可以显示图标，而 DrawIcon 方法也可以显示图标。同样，通过在定时器中设置不同的图标也可以实现动画。

图 15.9　通过 DrawIcon 实现图标动画

DrawIcon 方法能够实现在设备上下文中绘制图标，语法如下：
```
BOOL DrawIcon( POINT point, HICON hIcon );
```
参数说明

❶ point：图标的起始坐标。

❷ hIcon：图标的句柄。

设计过程

（1）创建基于对话框的应用程序。

（2）OnTimer 方法可以在设备上下文中绘制图形，在方法内定义顶点数组，然后调用 DrawIcon 方法进行绘制，代码如下：

```
void CImageACTDlg::OnTimer(UINT nIDEvent)
{
KillTimer(1);
CClientDC dc(this);
CRect rc;
m_image.GetWindowRect(&rc);
ScreenToClient(&rc);
if(m_bChg)
{
        dc.DrawIcon(rc.left,rc.top,m_myicon2);
        m_bChg=FALSE;
}
else
{
        dc.DrawIcon(rc.left,rc.top,m_myicon1);
        m_bChg=TRUE;
}
SetTimer(1,200,NULL);
CDialog::OnTimer(nIDEvent);
}
```

■ 秘笈心法

心法领悟 553：绘制图标的方法。

本实例中使用 DrawIcon 方法绘制图标，该方法主要实现在客户区绘制图标。DrawIcon 方法可以在对话框的任意客户区域绘制图标，该方法与 SetIcon 方法不同，SetIcon 方法是设定图标，图标的显示位置是固定的。

实例 554	系统托盘动态图标 光盘位置：光盘\MR\15\554	高级 趣味指数：★★★☆

■ 实例说明

本实例将实现在系统托盘显示图标动画效果。启动程序后，系统托盘会出现动态显示的图标，效果如图 15.10 所示。

图 15.10　系统托盘动态图标

■ 关键技术

通过 Shell_NotifyIcon 函数设置系统托盘后，只是显示一个静态的图标，可以通过设置定时器使图标动态地更换，系统托盘中将显示一个图标动画。

Shell_NotifyIcon 函数可以设置程序启动后在系统托盘显示图标，语法如下：

```
WINSHELLAPI BOOL WINAPI Shell_NotifyIcon(DWORD dwMessage, PNOTIFYICONDATA pnid);
```

参数说明

❶ dwMessage：设置控制消息，消息有添加、删除和修改。

❷ pnid：指向 PNOTIFYICONDATA 结构的指针。PNOTIFYICONDATA 结构的成员中包含了图标句柄、回调的消息、窗体句柄和提示消息等。

■ 设计过程

（1）创建基于对话框的应用程序。

（2）在 OnTimer 方法内设置托盘图标。

（3）在定时器中更换系统托盘图标，代码如下：

```
void CNotifyIconDlg::OnTimer(UINT nIDEvent)
{
KillTimer(1);
NOTIFYICONDATA data;
if(m_bChg)
    {
        data.hWnd=m_hWnd;
        data.uCallbackMessage=WM_ONTRAY;
        data.uFlags=NIF_MESSAGE|NIF_ICON;
        data.hIcon=m_myicon2;
        data.uID=IDR_MAINFRAME;
        Shell_NotifyIcon(NIM_MODIFY,&data);
        m_bChg=FALSE;
    }
else
    {
        data.hWnd=m_hWnd;
        data.uCallbackMessage=WM_ONTRAY;
        data.uFlags=NIF_MESSAGE|NIF_ICON;
        data.hIcon=m_myicon1;
        data.uID=IDR_MAINFRAME;
        Shell_NotifyIcon(NIM_MODIFY,&data);
        m_bChg=TRUE;
    }
SetTimer(1,200,NULL);
CDialog::OnTimer(nIDEvent);
}
```

■ 秘笈心法

心法领悟 554：系统托盘图标的应用。

在系统托盘中动态显示图标是比较实用的功能，Windows 系统的任务管理器就是在系统托盘中动态显示 CPU 的使用情况。可以对实例进行修改，当程序进入循环时就将系统托盘图标修改为一个红色图标，当退出循环后，改为绿色图标，这样有利于对程序的调试。

实例 555	显示系统桌面助手 光盘位置：光盘\MR\15\555	高级 趣味指数：★★★★☆

■ 实例说明

桌面助手主要是指在程序启动后在程序附件显示一个卡通形象，如 Office 软件中的眼睛、瑞星杀毒软件中的小狮子。桌面助手可以在桌面上做各种动作，本实例将实现系统桌面助手的调用，效果如图 15.11 所示。

图 15.11　显示系统桌面助手

■ 关键技术

本实例使用 IAgent 接口显示系统桌面助手。首先根据 CLSID_AgentServer 值初始化 IAgent 接口，然后使用接口 Unload 方法加载指定 ID 的桌面助手，最后调用 Show 方法显示桌面助手，调用 Play 方法表演各种动作。本实例中需要调用 CoCreateInstance 函数来获取 IAgent 接口。

CoCreateInstance 函数是 Windows 系统平台获取接口使用的函数，语法如下：

```
STDAPI CoCreateInstance(REFCLSID rclsid,LPUNKNOWN pUnkOuter,DWORD dwClsContext, REFIID riid,LPVOID * ppv);
```

CoCreateInstance 函数中的参数说明如表 15.1 所示。

表 15.1　CoCreateInstance 函数中的参数说明

参　　数	说　　明	参　　数	说　　明
rclsid	指定接口的 CLSID 值	riid	接口的参数 ID 值
pUnkOuter	指向父集合的指针	ppv	接收接口的地址
dwClsContext	接口的执行环境		

■ 设计过程

（1）创建基于对话框的应用程序。

（2）在工程中添加 AgtSvr_i.c 和 AgtSvr.h 文件。

（3）OnGet 方法用于实现"显示"按钮的单击事件，实现桌面助手的显示，代码如下：

```
void CGetAssisDlg::OnGet()
{
IUnknown * pUnk;
long lShowID;
IDispatch *pCharatmp;
IAgentCharacter *pChara;
//获得 IAgent 接口
CoCreateInstance (CLSID_AgentServer, NULL,
        CLSCTX_LOCAL_SERVER,IID_IAgent,(LPVOID*)&pUnk);
pUnk->QueryInterface(IID_IAgent,(LPVOID*)&pAgent);
pUnk->Release();
if(lID != 0)
        pAgent->Unload(lID);
pAgent->Load(COleVariant("merlin.acs"),&lID,&lShowID);
pAgent->GetCharacter(lID,&pCharatmp);
//获得 IAgentCharacter 接口
```

```
pCharatmp->QueryInterface(IID_IAgentCharacter,(LPVOID*)&pChara);
pCharatmp->Release();
pChara->Show(FALSE,&lShowID);                              //显示助手
pChara->MoveTo(200,200,100,&lShowID);
BSTR bstr1 = SysAllocString(L"HELLO");                     //构造 BSTR 类型字符
BSTR bstr2 = SysAllocString(L"Congratulate");
pChara->Speak(bstr1,NULL,&lShowID);                        //让助手说话
pChara->Play(bstr2,&lShowID);
SysFreeString(bstr1);                                      //释放 STR 类型字符
SysFreeString(bstr2);
pChara->Release();
}
//关闭对话框时卸载助手
BOOL CGetAssisDlg::DestroyWindow()
{
pAgent->Unload(lID);
pAgent->Release();
::CoUninitialize();
return CDialog::DestroyWindow();
}
```

■ 秘笈心法

心法领悟 555：IAgent 接口的 CLSID 值。

本实例调用的是 IAgent 接口实现桌面助手的显示，IAgent 接口的 CLSID 值是 CLSID_AgentServer。CLSID_AgentServer 值定义在 AGTSVR 头文件中，它是固定的，并且与 IAgent 接口是对应关系。

15.3　多媒体播放

实例 556	开发具有记忆功能的 MP3 播放器 光盘位置：光盘\MR\15\556	高级 趣味指数：★★★☆

■ 实例说明

许多媒体播放软件在打开时能够加载上一次播放的歌曲列表，这是如何实现的呢？本实例将实现具有记忆功能的 MP3 播放器，效果如图 15.12 所示。

图 15.12　开发具有记忆功能的 MP3 播放器

■ 关键技术

本实例使用 WritePrivateProfileString 函数将 MP3 列表保存到 INI 文件中。

WritePrivateProfileString 函数从 INI 文件中获取指定键名的字符串信息，语法如下：

```
BOOL WritePrivateProfileString(LPCTSTR lpAppName,
  LPCTSTR lpKeyName,LPCTSTR lpString,LPCTSTR lpFileName);
```

WritePrivateProfileString 函数中的参数说明如表 15.2 所示。

表 15.2 WritePrivateProfileString 函数中的参数说明

参 数	说 明
lpAppName	即将写入的节名
lpKeyName	即将写入节名下的键名
lpString	即将写入节名下键名的数据值
lpFileName	INI 文件名，可以是全路径，如果不是全路径，默认就在系统文件夹下新建一个 INI 文件

设计过程

（1）创建基于对话框的应用程序。

（2）在对话框中添加列表控件和按钮控件。

（3）OnCancel 方法是退出应用程序时调用的函数，在该函数内实现播放列表的保存，代码如下：

```
void CMP3PlayerDlg::OnCancel()
{
int num = m_Songs.GetItemCount();
CString songname ;
CString key = "数量";
CString songnum;
songnum.Format("%d",num);

CString str;
GetModuleFileName(NULL,str.GetBuffer(0),MAX_PATH);
int pos = str.ReverseFind('\\');
CString temp = str;
CString filename = temp.Left(pos);

WritePrivateProfileString("歌曲列表",key.GetBuffer(0),songnum.GetBuffer(0),filename+"\\song.ini");
for (int i = 0; i< num; i++)
{
    key.Format("%d",i);
    songname = m_Songs.GetItemText(i,0);
    WritePrivateProfileString("歌曲列表",key.GetBuffer(0),songname.GetBuffer(0),filename+"\\song.ini");
}

CDialog::OnCancel();
}
```

秘笈心法

心法领悟 556：保存 MP3 列表的方法。

本实例使用 INI 文件保存 MP3 列表，还可以修改程序，使用 XML 文件或注册表来保存播放列表。使用 XML 文件保存播放列表需要引入 msxml6.dll 文件，然后使用 IXMLDOMAttributePtr 接口的 createAttribute 方法保存列表内容。

实例 557	用 Visual C++编写 MIDI 文件播放程序 光盘位置：光盘\MR\15\557	高级 趣味指数：★★★☆

实例说明

乐器数字接口（Musical Instrument Digital Interface，MIDI）是 Windows 系统中经常使用的多媒体文件，在

Visual C++中该如何播放 MIDI 文件呢？本实例实现了该功能，效果如图 15.13 所示。

图 15.13　用 Visual C++编写 MIDI 文件播放程序

■ 关键技术

在程序中可以使用 MCIWndCreate 函数创建一个播放窗口，然后调用 MCIWndPlay 函数开始播放。

（1）MCIWndCreate 函数创建用于播放音频的窗体，语法如下：

```
HWND MCIWndCreate(HWND hwndParent,HINSTANCE hInstance,DWORD dwStyle,LPSTR szFile);
```

MCIWndCreate 函数中的参数说明如表 15.3 所示。

表 15.3　MCIWndCreate 函数中的参数说明

参　　数	说　　明	参　　数	说　　明
hwndParent	父窗体句柄	dwStyle	窗体样式属性
hInstance	应用程序句柄	szFile	音频设备名称

（2）MCIWndPlay 函数可以执行音频的播放，语法如下：

```
LONG MCIWndPlay( hwnd );
```

参数说明

hwnd：播放音频的窗体句柄。

■ 设计过程

（1）创建基于对话框的应用程序。

（2）在对话框中添加编辑框和按钮等控件。

（3）OnOK 方法用于实现"播放"按钮的单击事件，调用 MCIWndPlay 函数播放 MIDI 文件，代码如下：

```
void CMIDIPlayerDlg::OnOK()
{
if (!m_FileName.IsEmpty())
{
    HWND hMCIWnd;
    hMCIWnd = MCIWndCreate(*this, NULL, 0, m_FileName);
    MCIWndPlay(hMCIWnd);
}
}
```

■ 秘笈心法

心法领悟 557：播放 MIDI 文件的方法。

播放 MIDI 文件的方法有很多，本实例使用的是最简单的方法，还可以向工程中添加 WindowMedia 控件来实现。WindowMedia 控件需要通过菜单 Project→Add To Project Components and Controls 添加到工程中，添加控件的同时还会添加相应的类，根据新添加的类所提供的 play 方法，就可以播放 MIDI 文件了。

实例 558	可以选择播放曲目的 CD 播放器	高级
	光盘位置：光盘\MR\15\558	趣味指数：★★★☆

■ 实例说明

本实例将实现一个可以列出 CD 中所有曲目的播放器。运行程序，单击"打开光驱"按钮可以将 CD 中所有的曲目显示在列表中，然后通过双击列表项播放曲目。也可以通过选择列表项，然后单击"播放"按钮进行播放。实例运行结果如图 15.14 所示。

图 15.14　可以选择播放曲目的 CD 播放器

■关键技术

本实例通过使用 MCI 函数实现，其中 mciSendCommand 函数可以向多媒体设备发送命令，相应的设备接收到命令后就会实现相应的功能。播放 CD 需要许多这样的命令，其主要步骤是：先向设备发送 MCI_OPEN 命令来打开设备，然后通过 MCI_STATUS 命令获取设备的状态，即检查光驱中是否有 CD 及 CD 中曲目的数量，最后通过 MCI_PLAY 命令实现 CD 曲目的播放。

■设计过程

（1）创建基于对话框的应用程序。

（2）在对话框中添加列表视图控件和按钮控件。

（3）为列表视图控件添加鼠标双击事件的处理方法，通过双击列表可以更换播放的曲目，代码如下：

```
void CCDPlayerDlg::OnDblclkCdcata(NMHDR* pNMHDR, LRESULT* pResult)
{
int i;
i=m_cdcata.GetSelectionMark();
if(i==-1)return;
MCI_SET_PARMS SetParms;
SetParms.dwTimeFormat = MCI_FORMAT_TMSF;
::mciSendCommand (m_wDeviceID, MCI_SET,
          MCI_WAIT | MCI_SET_TIME_FORMAT,
          (DWORD)(LPVOID) &SetParms);
::mciSendCommand (m_wDeviceID, MCI_SEEK, MCI_SEEK_TO_START, NULL);
MCI_PLAY_PARMS PlayParms;
PlayParms.dwFrom=MCI_MAKE_TMSF(i,0,0,0);
::mciSendCommand (m_wDeviceID, MCI_PLAY, MCI_FROM,
                    (DWORD)(LPVOID) &PlayParms);
*pResult = 0;
}
```

（4）OnPlay 方法用于实现"播放"按钮的单击事件，代码如下：

```
void CCDPlayerDlg::OnPlay()
{
int i;
i=m_cdcata.GetSelectionMark();
if(i==-1)return;
MCI_SET_PARMS SetParms;
SetParms.dwTimeFormat = MCI_FORMAT_TMSF;
::mciSendCommand (m_wDeviceID, MCI_SET,
          MCI_WAIT | MCI_SET_TIME_FORMAT,
          (DWORD)(LPVOID) &SetParms);
::mciSendCommand (m_wDeviceID, MCI_SEEK, MCI_SEEK_TO_START, NULL);
MCI_PLAY_PARMS PlayParms;
PlayParms.dwFrom=MCI_MAKE_TMSF(i,0,0,0);
::mciSendCommand (m_wDeviceID, MCI_PLAY, MCI_FROM,
                    (DWORD)(LPVOID) &PlayParms);
}
```

（5）OnOpen 方法用于实现"打开光驱"按钮的单击事件，代码如下：

```
void CCDPlayerDlg::OnOpen()
{
MCI_OPEN_PARMS OpenParms;
OpenParms.lpstrDeviceType = (LPCSTR) MCI_DEVTYPE_CD_AUDIO;
int ireturn=::mciSendCommand (NULL,
                        MCI_OPEN,
                        MCI_WAIT | MCI_OPEN_SHAREABLE|
                        MCI_OPEN_TYPE | MCI_OPEN_TYPE_ID ,
                        (DWORD)(LPVOID) &OpenParms);
if(ireturn==0)
{
    m_wDeviceID=OpenParms.wDeviceID;
    MCI_STATUS_PARMS    StatusParms;
    StatusParms.dwItem=MCI_STATUS_MEDIA_PRESENT;
    ireturn=::mciSendCommand (m_wDeviceID,
                    MCI_STATUS, MCI_STATUS_ITEM,
                    (DWORD)(LPVOID) &StatusParms);
    if(ireturn==0)
    {
        StatusParms.dwItem = MCI_STATUS_NUMBER_OF_TRACKS;
        mciSendCommand (m_wDeviceID,
                    MCI_STATUS, MCI_STATUS_ITEM,
                    (DWORD)(LPVOID) &StatusParms);
        UINT cdnum=StatusParms.dwReturn;
        for(int i=0;i<cdnum;i++)
        {
            CString cdstr;
            cdstr.Format("曲目%d",i+1);
            m_cdcata.InsertItem(i,cdstr);
        }
    }
}
}
```

■ 秘笈心法

心法领悟 558：音频设备属性获取。

本实例使用 MCI 函数实现 CD 的播放，MCI 函数提供了查找 CD 光盘中曲目数量的函数，曲目数量属于音频设备的一种状态。通过 MCI_STATUS 指令可以获得 CD 光盘中音轨的数量，音轨的数量也就是曲目数量。有了曲目的索引编号后可以通过 MCI_MAKE_TMSF 函数计算曲目的起始播放时间，进而通过 MCI_PLAY 命令进行播放。

实例 559	播放 GIF 动画 光盘位置：光盘\MR\15\559	高级 趣味指数：★★★★⯪

■ 实例说明

GIF 是流行于 Internet 上的一种较为特殊的格式，即图像交换格式（Graphics Interchange Format），此种文件格式具有以下几个特点。

（1）只支持 256 色以内的图像。

（2）采用无损压缩存储，在不影响图像质量的情况下，可以生成很小的文件。

（3）支持透明色，可以使图像浮现在背景之上。

（4）可以制作动画，这是最突出的一个特点。

本实例将实现播放 GIF 动画，单击"打开"按钮打开将要播放的 GIF 文件，如图 15.15 所示。

图 15.15 播放 GIF 动画

■ 关键技术

本实例主要通过 WebBrowser 控件播放 GIF 动画，WebBrowser 控件需要通过选择菜单 Project→Add To Project→Components and Controls 添加到工程中。WebBrowser 控件就像浏览器一样，通过 CWebBrowser2 类的 Navigate2 方法可以打开一个网页，使用 Navigate2 方法还可以直接打开 JPEG、GIF 等文件进行浏览。

■ 设计过程

（1）创建基于对话框的应用程序。

（2）OnAdd 方法用于实现"打开"按钮的单击事件，调用 Navigate2 方法播放动画，代码如下：

```
void CGifPlayerDlg::OnAdd()
{
CFileDialog log(TRUE,"文件","*.gif",OFN_HIDEREADONLY,"FILE(*.gif)|*.gif||",NULL);
if(log.DoModal()==IDOK)
{
        CString pathname=log.GetPathName();
     m_gifplayer.Navigate2(COleVariant(pathname),NULL,NULL,NULL,NULL);
}
}
```

■ 秘笈心法

心法领悟 559：WebBrowser 控件的添加。

播放 GIF 文件可以使用 WebBrowser 控件，该控件不是默认的控件，需要手动向工程中添加。通过选择菜单命令 Project→Add to Project→Components and Controls 弹出对话框，在 Registered ActiveX Controls 文件夹中选择 Microsoft Web 浏览器进行添加。

实例 560	播放 Flash 动画	高级
	光盘位置：光盘\MR\15\560	趣味指数：★★★★☆

■ 实例说明

在互联网时代，读者一定不会对 Flash 感到陌生，这种格式的媒体文件是由 Macromedia 公司推出的交互式矢量图和 Web 动画的标准。使用这种格式的文件可以创作具有交互性的多媒体动画，并且这种文件非常小。Flash 不仅在网上流行，目前的家用计算机中这种文件也非常多。本实例将实现 Flash 动画的播放，并将其背景颜色设为透明。运行程序，通过单击"打开"按钮打开一个 Flash 文件进行播放。非透明效果的 Flash 动画如图 15.16 所示。

图 15.16　播放 Flash 动画

■ 关键技术

本实例使用 Shockwave Flash Object 控件来播放，因为 Shockwave Flash Object 控件不是默认的控件，所以要

向工程中添加该控件。添加 Shockwave Flash Object 控件的同时也会将 CShockwaveFlash 类添加到工程中。CShockwaveFlash 类的 LoadMovie 方法可以加载 Flash 文件，然后通过 Play 方法播放，通过 SetBackgroundColor 方法可以设置 Flash 文件透明显示。

■ 设计过程

（1）创建基于对话框的应用程序。

（2）在对话框中添加按钮控件，设置 ID 属性为 IDC_BTADD，添加 Shockwave Flash Object 控件，添加成员变量 m_flash。

（3）OnAdd 方法用于实现"打开"按钮的单击事件，代码如下：

```
void CFlashPlayerDlg::OnAdd()
{
CFileDialog dialog (true,"swf",NULL,OFN_HIDEREADONLY | OFN_OVERWRITEPROMPT,"Flash 文件(*.swf)|*.swf",this);
if(dialog.DoModal()==IDOK)
{
    CString path=dialog.GetPathName();
    m_flash.LoadMovie(0,path);
    m_flash.SetBackgroundColor(::GetSysColor(COLOR_3DFACE));
    CRect rc;
    m_flash.GetClientRect(&rc);
    m_flash.Play();
}
}
```

■ 秘笈心法

心法领悟 560：Shockwave Flash Object 控件的添加。

Shockwave Flash Object 控件需要通过选择菜单命令 Project→Add to Project→Components and Controls 所弹出的对话框来添加，如果 Registered ActiveX Controls 文件夹中没有 Shockwave Flash Object 这个名称，则需要在系统中安装 Flash 官方播放器。

实例 561	播放 RM 文件	高级
	光盘位置：光盘\MR\15\561	趣味指数：★★★☆

■ 实例说明

本实例将实现对 RM 文件的播放。单击"打开"按钮即可打开要播放的 RM 文件并播放，效果如图 15.17 所示。

图 15.17　播放 RM 文件

■ 关键技术

CRealAudio 类可以实现 RM 文件的播放。CRealAudio 类的 SetSource 方法可以打开播放文件，DoPlay 方法可以实现播放，DoPause 方法可以实现暂停，SetPosition 方法可以实现播放位置的改变。

SetSource 方法用于打开播放的 RM 文件，语法如下：

```
void SetSource(LPCTSTR lpszNewValue);
```

参数说明

lpszNewValue：指定 RM 文件名的字符串。

设计过程

（1）创建基于对话框的应用程序。

（2）在对话框中添加按钮控件。

（3）OnOpen 方法可以实现打开并播放 RM 文件，代码如下：

```
void CRealplayerDlgDlg::OnOpen()
{
CString strname;
CFileDialog dlg(TRUE,NULL,NULL,OFN_HIDEREADONLY,"realplay 文件|*.rm||");
if(dlg.DoModal()==IDOK){
    strname=dlg.GetPathName();
}
if(strname!="")
{
    m_realplayer.SetSource(strname);
    m_realplayer.DoPlay();
}
}
```

秘笈心法

心法领悟 561：RealPlayer 控件的添加。

本实例程序使用 CRealAudio 类创建 RealPlayer 控件窗体来播放 RM 文件，CRealAudio 类是在添加 RealPlayer G2 Control 控件的过程中添加到工程的。RealPlayer G2 Control 控件是通过菜单命令 Project→Add to Project→Components and Controls 添加到工程中的，将 RealPlayer G2 Control 控件添加到工程前一定要保证系统中已经安装了 RealPlayer 播放器。

实例 562	播放 VCD 光盘位置：光盘\MR\15\562	高级 趣味指数：★★★★

实例说明

本实例实现了一个可以播放 VCD 的播放器。运行程序，通过"打开"按钮打开 VCD 光盘中的.DAT 文件，打开文件后即可单击"播放"按钮播放，如图 15.18 所示。

关键技术

本实例程序使用 Windows Media Player 控件播放 VCD 中的影音文件。通过 Windows Media Player 控件不但可以播放 VCD，还可以播放 MP3 文件、MPEG 文件、AVI 文件等许多媒体文件。在代码工程中添加 Windows Media Player 控件后会添加 CMediaPlayer2 类，CMediaPlayer2

图 15.18　播放 VCD

类的 Open 方法可以打开播放的文件，Play 方法可以播放媒体文件，Pause 方法可以暂停播放，Stop 方法可以停止播放，SetCurrentPosition 方法可以设置播放位置。

SetCurrentPosition 方法是通过 CMediaPlayer2 对象控制播放位置的，语法如下：

```
void SetCurrentPosition(double newValue);
```

参数说明

newValue：指定播放帧数。

■ 设计过程

（1）创建基于对话框的应用程序。

（2）在对话框中添加按钮控件。

（3）OnPlay 方法可以实现播放，代码如下：

```
void CVCDPlayerDlg::OnPlay()
{
if(strname!="")
{
    m_myplayer.Play();
}
}
```

■ 秘笈心法

心法领悟 562：Windows Media Player 控件的添加。

Windows Media Player 控件不是 Visual C++中默认的控件，需要通过菜单命令 Project→Add to Project→Components and Controls 添加到工程中。Windows Media Player 控件根据系统中 MediaPlayer 播放器版本的不同，功能也会有所不同。

| 实例 563 | 设计 FLV 播放器
光盘位置：光盘\MR\15\563 | 高级
趣味指数：★★★★ |

■ 实例说明

随着网络的普及，很多网民会选择在线观看影片或者其他视频节目。由于这些视频文件本身体积很大，不利于网络传播，所以现在各大网络视频网站都选择将视频文件转换成 FLV 格式的文件后，放到网站上供网友观看。这样不仅大大减小了视频文件的体积，还有利于网络传播，使视频播放更加流畅。很多网民为了观看方便，有时会将 FLV 视频文件下载到自己的计算机中，这样就需要在本地计算机中提供 FLV 文件播放器。本实例通过 Visual C++实现了 FLV 播放器。运行本实例，单击"选择"按钮，在弹出的"打开"对话框中选择一个 FLV 文件，单击"播放"按钮播放 FLV 文件，效果如图 15.19 所示。

图 15.19　设计 FLV 播放器

■ 关键技术

在 Visual C++中没有针对 FLV 文件播放的控件，因此需要借助其他工具来辅助实现 FLV 文件播放的功能。本实例中借助 Flash 8 中的 FLVPlayback 组件实现 FLV 文件的播放，在设计 Flash 时，在该 Flash 文件中调用 XML 文件，读取 XML 文件中的 FLV 文件的地址，并播放该文件。在 Visual C++中只需使用 Flash 控件播放设计好的 FLVplayer.swf 文件，在该 Flash 文件中播放 XML 文件的 FLV 文件。再利用 Visual C++程序对 XML 文件进行修改，从而达到播放不同 FLV 文件的目的。

本实例中设计 FLV 播放器时，主要使用 Flash 8 中的 FLVPlayback 组件，FLVPlayback 组件是用于查看视频的显示区域。FLVPlayback 组件包含自定义用户界面控件，用于播放、停止、暂停和回放视频。这些控件包括 BackButton、ForwardButton、PauseButton、PlayButton、PlayPauseButton、SeekBar 和 StopButton，可以将它们拖到舞台上并分别进行自定义。

FLVPlayback 组件具有下列功能：

（1）提供一组预制的外观，可用于自定义用户界面。

（2）使高级用户可以创建自己的自定义外观。

（3）提供指令点，可用于将 Flash 应用程序中的动画、文本和图形同步。

（4）提供自定义的实时预览。

（5）保持合理的 SWF 文件大小以便于下载。

下面介绍如何通过 Flash 8 制作 FLV 播放器，具体步骤如下：

（1）创建一个空白 Flash 文档，宽度设为 320，高度设为 258，背景设为黑色。

（2）在"组件"面板中，单击 FLV Playback - Player 8 项目前边的"+"按钮，展开项目，如图 15.20 所示。

（3）将 FLVPlayback 组件拖到舞台上。

（4）选中舞台上的 FLVPlayback 组件，在"组件"检查器的"参数"选项卡上找到 skin 参数，单击其右侧的放大镜按钮，打开"选择外观"向导对话框，在对话框中选择所需要的皮肤，单击"确定"按钮，完成对 skin 参数的设置，如图 15.21 所示。

图 15.20　"组件"面板

图 15.21　"选择外观"对话框

（5）选中舞台上的 FLVPlayback 组件，在"组件"检查器的"参数"选项卡上找到 contentPath 参数，单击其右侧的放大镜按钮，输入属于以下内容的路径。

❑　指向 FLV 文件的本地路径。

❑　指向 FLV 文件的 URL。

❑　指向 XML 文件的 URL，该文件说明如何播放 FLV 文件。

■ 设计过程

（1）创建一个基于对话框的应用程序，将其窗体标题改为"设计 FLV 播放器"。

（2）向对话框中添加一个 Flash 控件、一个静态文本控件、一个编辑框控件和两个按钮控件。

（3）使用 import 宏引用 msxml4.dll 或 msxml12 文件。

（4）OnButpath 方法可以实现"选择"按钮的单击事件，实现调用"打开"对话框获得 FLV 文件路径，并将路径写入到 XML 文件中，代码如下：

```
void CPlayFlvDlg::OnButpath()
{
CFileDialog dlg(TRUE,NULL,NULL,OFN_HIDEREADONLY|OFN_OVERWRITEPROMPT,
     "All Files(*.FLV)|*.FLV||",AfxGetMainWnd());                //构造文件打开对话框
CString strPath;                                                 //声明变量
if(dlg.DoModal() == IDOK)                                        //判断是否单击"打开"按钮
{
     strPath = dlg.GetPathName();                                //获得文件路径
     m_File.SetWindowText(strPath);                              //显示文件路径
     char chFileName[MAX_PATH] = {0};
```

```
        strcpy(chFileName,buf);                                          //复制程序路径
        strcat(chFileName,"\\FLV\\");                                    //连接文件夹名
        strcat(chFileName,"list.xml");                                   //连接 XML 文件名
        MSXML2::IXMLDOMDocumentPtr pCommandDoc;                          //定义文档对象指针
        pCommandDoc.CreateInstance(__uuidof(MSXML2::DOMDocument));       //实例化文档对象
        pCommandDoc->put_async(VARIANT_FALSE);
        pCommandDoc->put_validateOnParse(VARIANT_FALSE);
        pCommandDoc->put_resolveExternals(VARIANT_FALSE);
        pCommandDoc->put_preserveWhiteSpace(VARIANT_TRUE);
        pCommandDoc->load(chFileName);                                   //加载 XML 文档
        MSXML2::IXMLDOMNodePtr pRootNode=pCommandDoc->selectSingleNode("flvLists/item");  //查找指定节点
        if(pRootNode!=NULL)
        {
            CString strTemp;
            MSXML2::IXMLDOMNamedNodeMapPtr pAttrs = NULL;
            pRootNode->get_attributes(&pAttrs);                          //得到节点属性
            if(pAttrs!=NULL)
            {
                MSXML2::IXMLDOMNodePtr pRequestTypeAttr=pAttrs->getQualifiedItem("title","");   //查找 title
                HRESULT hr=pRequestTypeAttr->put_text(_bstr_t(strPath)); //写入 FLV 文件路径
                pCommandDoc->save(_bstr_t(chFileName));                  //保存 XML 文档
            }
        }
    }
}
```

📢 **注意**：这里写入的 FLV 路径中不能包含中文名称。

（5）OnButplay 方法可以实现"播放"按钮的单击事件，实现使用 Flash 控件播放 XML 文件中指定的 FLV 文件，代码如下：

```
void CPlayFlvDlg::OnButplay()
{
    char chFileName[MAX_PATH] = {0};
    strcpy(chFileName,buf);                                             //复制程序文件夹路径
    strcat(chFileName,"\\FLV\\");                                       //连接存放 XML 文件的文件夹
    strcat(chFileName,"FLVplayer.swf");                                 //连接 FLVplayer.swf 文件
    m_Flash.SetMovie(chFileName);                                       //播放
}
```

■ 秘笈心法

心法领悟 563：播放 FLV 文件的方法。

FLV 文件是最近发布的 Flash 文件，播放该文件与播放 Flash 文件的原理相同，都是通过官方提供的控件来播放。该控件是在安装官方播放器时安装的。

15.4 采集、转换与播放

实例 564	利用 Direct Show 进行视频捕捉	高级
	光盘位置：光盘\MR\15\564	趣味指数：★★★☆

■ 实例说明

本实例将实现视频的捕捉。单击"录像"按钮开始进行捕捉，单击"暂停"按钮暂停捕捉，单击"停止"按钮停止捕捉。实例运行结果如图 15.22 所示。

■ 关键技术

Direct Show 是一个开发包，该开发包可以在微软的官方网站上下载，使用该开发包可以进行音频与视频的

捕捉和播放。在使用 Direct Show 时，首先要设计过滤图。根据过滤图开发程序，会使开发过程简单许多。过滤图即使用 GraphEdit 工具设计的内容，视频捕捉的过滤图如图 15.23 所示。

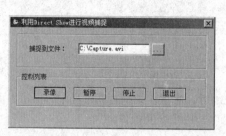

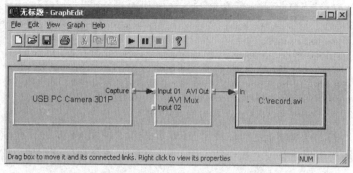

图 15.22 利用 Direct Show 进行视频捕捉   图 15.23   视频捕捉的过滤图

过滤图表明了开发包中各接口的调用关系，根据图中的内容创建接口，并建立接口间的连接。

设计过程

（1）创建基于对话框的应用程序。

（2）OnOK 方法用于实现"录像"按钮的单击事件，代码如下：

```
void CFetchVisualDlg::OnOK()
{
CString str;
m_File.GetWindowText(str);
if (str.IsEmpty())
{
     MessageBox("请选择或输入文件");
     return;
}
ICaptureGraphBuilder2 * pBuilder = NULL;
pGraph = NULL;
pMediaControl = NULL;
ICreateDevEnum *pDevEnum = NULL;
CoCreateInstance(CLSID_SystemDeviceEnum, NULL, CLSCTX_INPROC,
     IID_ICreateDevEnum, (void **)&pDevEnum);
IEnumMoniker *pClassEnum = NULL;
pDevEnum->CreateClassEnumerator(CLSID_VideoInputDeviceCategory, &pClassEnum, 0);
ULONG cFetched;
if (pClassEnum->Next(1, &pMoniker, &cFetched) == S_OK)
{
     pMoniker->BindToObject(0, 0, IID_IBaseFilter, (void**)&pSrc);
     pMoniker->Release();
}
pClassEnum->Release();
CoCreateInstance(CLSID_CaptureGraphBuilder2,0,CLSCTX_INPROC_SERVER,IID_ICaptureGraphBuilder2,(void**)&pBuilder);
CoCreateInstance(CLSID_FilterGraph, NULL, CLSCTX_INPROC_SERVER,
                    IID_IGraphBuilder, (void **)&pGraph);
pBuilder->SetFiltergraph(pGraph);
pGraph->QueryInterface(IID_IMediaControl,(void**)&pMediaControl);
pGraph->AddFilter(pSrc,L"avi");
CoCreateInstance(CLSID_AviDest,NULL, CLSCTX_ALL,
                    IID_IBaseFilter,(void**)&pMux);
pGraph->AddFilter(pMux,L"Mux");
CoCreateInstance(CLSID_FileWriter, NULL, CLSCTX_ALL,
                    IID_IBaseFilter, (void **)&pWriter);
pGraph->AddFilter(pWriter,L"Writer");
pWriter->QueryInterface(IID_IFileSinkFilter2,(void**)&pSink);
pSink->SetFileName(str.AllocSysString(),NULL);
IPin* pOutpin = FindPin(pSrc,PINDIR_OUTPUT);    //pSrc 的输出端子
IPin* pInpin,*pOut;                             //pMux 的输入/输出端子
pInpin = FindPin(pMux,PINDIR_INPUT);
pOut= FindPin(pMux,PINDIR_OUTPUT);
```

```
IPin* pInpin1= FindPin(pWriter,PINDIR_INPUT);//pWriter 的输入端子
//连接端子
HRESULT result ;
result = pGraph->ConnectDirect(pOutpin,pInpin,NULL);
result = pGraph->ConnectDirect(pOut,pInpin1,NULL);

pMediaControl->Run();
m_IsRecorded = TRUE;
}
```

■ 秘笈心法

心法领悟 564：VFW 开发包的使用。

关于视频捕捉还可以使用 VFW 开发包，使用 VFW 进行视频录制时，通常在录制数据过程中，程序界面是不能与用户进行交互操作的，但 Direct Show 不会出现该问题，它可以与用户交互操作。

实例 565	利用 Direct Show 进行音频捕捉 光盘位置：光盘\MR\15\565	高级 趣味指数：★★★☆

■ 实例说明

本实例将实现对音频的捕捉，单击"录音"按钮开始对音频进行捕捉，单击"暂停"按钮暂停音频的捕捉，单击"停止"按钮停止音频的捕捉。实例运行结果如图 15.24 所示。

■ 关键技术

Direct Show 开发包不仅能够进行视频捕捉，还能够进行音频捕捉。使用 Direct Show 开发包进行音频捕捉同样需要设计过滤图，过滤图如图 15.25 所示。

图 15.24　利用 Direct Show 进行音频捕捉

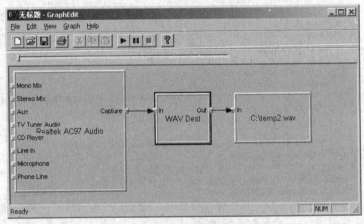

图 15.25　设计过滤图

■ 设计过程

（1）创建基于对话框的应用程序。

（2）OnOK 方法用于实现"录音"按钮的单击事件，代码如下：

```
void CWavDlg::OnOK()
{
CString str ;
m_WavFile.GetWindowText(str);
if (str.IsEmpty())
{
    MessageBox("请选择或输入文件");
```

```
        return;
}
ICaptureGraphBuilder2 * pBuilder = NULL;
pGraph = NULL;
pMediaControl = NULL;
CoCreateInstance(CLSID_CaptureGraphBuilder2,0,CLSCTX_INPROC_SERVER,IID_ICaptureGraphBuilder2,(void**)&pBuilder);
CoCreateInstance(CLSID_FilterGraph, NULL, CLSCTX_INPROC_SERVER,
                        IID_IGraphBuilder, (void **)&pGraph);
pBuilder->SetFiltergraph(pGraph);
pGraph->QueryInterface(IID_IMediaControl,(void**)&pMediaControl);
ICreateDevEnum *pDevEnum = NULL;
CoCreateInstance(CLSID_SystemDeviceEnum, NULL, CLSCTX_INPROC,
        IID_ICreateDevEnum, (void **)&pDevEnum);
IEnumMoniker *pClassEnum = NULL;
pDevEnum->CreateClassEnumerator(CLSID_AudioInputDeviceCategory, &pClassEnum, 0);
ULONG cFetched;
if (pClassEnum->Next(1, &pMoniker, &cFetched) == S_OK)
{
        pMoniker->BindToObject(0, 0, IID_IBaseFilter, (void**)&pSrc);
        pMoniker->Release();
}
pClassEnum->Release();
CoCreateInstance(CLSID_WavDest, NULL, CLSCTX_ALL,
                        IID_IBaseFilter, (void **)&pWaveDest);
CoCreateInstance(CLSID_FileWriter, NULL, CLSCTX_ALL,
                        IID_IBaseFilter, (void **)&pWriter);
pGraph->AddFilter(pSrc,L"Wav");
pGraph->AddFilter(pWaveDest,L"WavDest");
pGraph->AddFilter(pWriter,L"FileWriter");
pWriter->QueryInterface(IID_IFileSinkFilter2,(void**)&pSink);
pSink->SetFileName(str.AllocSysString(),NULL);
IPin* pOutpin = FindPin(pSrc,PINDIR_OUTPUT);
IPin* pInpin,*pOut;
pOut= FindPin(pWaveDest,PINDIR_OUTPUT);
AM_MEDIA_TYPE type;
type.majortype = MEDIATYPE_Stream;
type.subtype =MEDIASUBTYPE_WAVE;
type.formattype = FORMAT_None;
type.bFixedSizeSamples = FALSE;
type.bTemporalCompression = FALSE;
type.pUnk = NULL;
pInpin = FindPin(pWaveDest,PINDIR_INPUT);
IPin* pInpin1= FindPin(pWriter,PINDIR_INPUT);
HRESULT result ;
result = pGraph->ConnectDirect(pOutpin,pInpin,NULL);
result = pGraph->ConnectDirect(pOut,pInpin1,NULL);
pMediaControl->Run();
m_IsRecorded = TRUE;
}
```

秘笈心法

心法领悟 565：过滤图的使用。

过滤图中的一个组件接口相当于一个芯片，接口下的方法相当于芯片的引脚，在代码中通过 EnumPins 方法可以枚举出接口的所有方法，对于不同接口的方法之间的调用可以借助过滤图进行快速测试。

实例 566	音频采集 1	高级
	光盘位置：光盘\MR\15\566	趣味指数：★★★★☆

实例说明

本实例将实现对麦克风接收的音频进行录制，通过"..."按钮选择要播放的音频文件，然后在编辑框中输入 3 个数值，来设置录制时间、样本大小和采样率值，效果如图 15.26 所示。

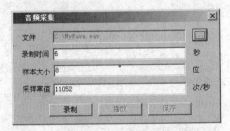

图 15.26 音频采集 1

关键技术

本实例使用 mciSendString 函数实现音频的录制，向音频设备发送 set waveaudio bitpersample 8 字符串可以设置录音时的采样大小，发送 set waveaudio samplespersec 11052 字符串可以设置录音时的采样率，发送 open new type waveaudio alias p1 buffer 6 字符串可以设置录制时间。

mciSendString 函数实现向音频设备发送控制指令，语法如下：

```
MCIERROR mciSendString(LPCTSTR lpszCommand, LPTSTR lpszReturnString, UINT cchReturn, HANDLE hwndCallback );
```

mciSendString 函数中的参数说明如表 15.4 所示。

表 15.4 mciSendString 函数中的参数说明

参　数	说　明	参　数	说　明
lpszCommand	指定命令的类型	cchReturn	指定命令字符串的大小
lpszReturnString	指定具体的命令字符串	hwndCallback	设置窗体的回调函数变量

设计过程

（1）创建 MFC 对话框工程，工程名设置为 MCIStrRecord。

（2）在对话框中添加静态文本框控件、编辑框控件和按钮控件。

（3）在实现文件 MCIStrRecordDlg.cpp 中加入头文件 MMSystem.h 和 winmm.lib 静态库的引用。

（4）在头文件 MCIStrRecordDlg.h 中添加类成员变量 m_bReset。

（5）在 OnInitDialog 中将一些编辑框及按钮控件设置为不可用，并在编辑框中初始化音频采集的设置值，代码如下：

```
BOOL CMCIStrRecordDlg::OnInitDialog()
{
CDialog::OnInitDialog();

ASSERT((IDM_ABOUTBOX & 0xFFF0) == IDM_ABOUTBOX);
ASSERT(IDM_ABOUTBOX < 0xF000);

CMenu* pSysMenu = GetSystemMenu(FALSE);
if (pSysMenu != NULL)
{
    CString strAboutMenu;
    strAboutMenu.LoadString(IDS_ABOUTBOX);
    if (!strAboutMenu.IsEmpty())
    {
        pSysMenu->AppendMenu(MF_SEPARATOR);
        pSysMenu->AppendMenu(MF_STRING, IDM_ABOUTBOX, strAboutMenu);
    }
}

SetIcon(m_hIcon, TRUE);
SetIcon(m_hIcon, FALSE);

GetDlgItem(IDC_PATH)->EnableWindow(false);
GetDlgItem(IDC_BTRECORD)->EnableWindow(false);
GetDlgItem(IDC_BTPLAY)->EnableWindow(false);
GetDlgItem(IDC_BTSAVE)->EnableWindow(false);
GetDlgItem(IDC_SAMPSIZE)->SetWindowText("8");
GetDlgItem(IDC_TIME)->SetWindowText("6");
GetDlgItem(IDC_FREQ)->SetWindowText("11052");
return TRUE;
}
```

（6）OnRecord 函数用于实现"录制"按钮的单击事件，首先对用户的采集设置进行判断，然后通过 mciSendString 函数发送录制消息来实现声音的录制，代码如下：

```
void CMCIStrRecordDlg::OnRecord()
{
CString size,time,freq;
char szBuf[256];
TCHAR lpstrCommand[255];
GetDlgItem(IDC_SAMPSIZE)->GetWindowText(size);
GetDlgItem(IDC_TIME)->GetWindowText(time);
GetDlgItem(IDC_FREQ)->GetWindowText(freq);
GetDlgItem(IDC_BTRECORD)->EnableWindow(false);
if(atoi(time)>60)
{
    MessageBox("可以录制 60 秒以内的内容");
    GetDlgItem(IDC_TIME)->SetWindowText("6");
    return;
}
if(atoi(size)!=8 && atoi(size)!=16)
{
    MessageBox("采样大小应为 8 或 16");
    GetDlgItem(IDC_SAMPSIZE)->SetWindowText("8");
    return;
}
if(atoi(freq)>65500)
{
    MessageBox("输入的数值太大");
    GetDlgItem(IDC_FREQ)->SetWindowText("11052");
    return;
}
//设置采样大小
wsprintf(lpstrCommand,_T("set waveaudio bitpersample %s"),size);
mciSendString(lpstrCommand,szBuf,256,0);
//设置采样频率
wsprintf(lpstrCommand,_T("set waveaudio samplespersec %s"),freq);
mciSendString(lpstrCommand, szBuf,256,0);
//buffer 指定可以录制 6 秒
wsprintf(lpstrCommand,_T("open new type waveaudio alias p1 buffer %s"),time);
mciSendString(lpstrCommand,0,0,0);
//开始录制
mciSendString("record p1",0,0,0);
m_bReset=TRUE;
//等待录音完成
::Sleep(atoi(time)*1000);
mciSendString("stop p1",0,0,0);
GetDlgItem(IDC_BTPLAY)->EnableWindow(true);
GetDlgItem(IDC_BTSAVE)->EnableWindow(true);

}
```

■ 秘笈心法

心法领悟 566：发送音频指令的函数。

mciSendString 函数和 mciSendCommand 函数一样，都是向音频设备发送指令来控制音频设备，mciSendString 函数发送的是字符串指令，mciSendCommand 函数发送的是参数指令，但这两种指令都是对应的。

实例 567	音频采集 2	高级
	光盘位置：光盘\MR\15\567	趣味指数：★★★★☆

■ 实例说明

本实例将实现对麦克风接收的音频进行录制。单击"…"按钮设置音频数据的保存文件，然后在"录制时间"编辑框中输入将要录制的时间，单击"录制"按钮开始对麦克风接收的声音进行录制。录制完成后可以单击"播放"按钮播放刚才录制的内容，单击"保存"按钮将音频数据保存到编辑框所设置的文件内，效果如图 15.27 所示。

图 15.27　音频采集 2

■ 关键技术

本实例使用 mciSendCommand 函数实现声音的录制。
mciSendCommand 函数通过向音频设备发送控制命令实现音频的录制。首先发送 MCI_OPEN 命令打开音频设备，发送 MCI_RECORD 命令进行音频的录制，发送 MCI_SAVE 命令保存录制的音频数据，发送 MCI_PLAY 命令播放录制的音频，发送 MCI_STOP 命令停止音频的录制，发送 MCI_CLOSE 命令关闭音频设备。

mciSendCommand 方法可以实现向音频设备发送控制指令，语法如下：
```
MCIERROR mciSendCommand(MCIDEVICEID IDDevice, UINT uMsg, DWORD fdwCommand,DWORD dwParam );
```
mciSendCommand 方法中的参数说明如表 15.5 所示。

表 15.5　mciSendCommand 方法中的参数说明

参　　数	说　　明
IDDevice	设置接收指令设备的 ID 值
uMsg	发送指令的索引
fdwCommand	音频设备所要执行的指令
dwParam	音频设备的参数设置

■ 设计过程

（1）创建 MFC 对话框工程，工程名设置为 MCIMsgRecord。

（2）在对话框中添加静态文本框控件、编辑框控件及按钮控件。

（3）在实现文件 MCIMsgRecordDlg.cpp 中加入多媒体库的头文件 MMSystem.h 及多媒体静态库 winmm.lib 的引用。

（4）在头文件 MCIMsgRecordDlg.h 中定义类成员变量 m_bReset 和 wDeviceID。

（5）OnRecord 方法用于实现"录制"按钮的单击事件，首先对用户的采集设置进行判断，然后通过 mciSendCommand 函数打开录音设备并发送录音指令进行录制，代码如下：

```
void CMCIMsgRecordDlg::OnRecord()
{
CString time;
LPTSTR lpstrCommand=NULL;
GetDlgItem(IDC_TIME)->GetWindowText(time);
GetDlgItem(IDC_BTRECORD)->EnableWindow(false);
if(atoi(time)>60)
{
    MessageBox("可以录制 60 秒以内的内容");
    GetDlgItem(IDC_TIME)->SetWindowText("6");
    return;
}
    MCI_OPEN_PARMS mciOpenParms;
    MCI_RECORD_PARMS mciRecordParms;

    mciOpenParms.lpstrDeviceType = "waveaudio";
    mciOpenParms.lpstrElementName = "";
    //打开录音设备
    if(mciSendCommand(0, MCI_OPEN,
        MCI_OPEN_ELEMENT | MCI_OPEN_TYPE,
        (DWORD)(LPVOID) &mciOpenParms))
    {
        MessageBox("打开设备失败，设备将关闭");
        mciSendCommand(wDeviceID, MCI_CLOSE, 0, NULL);
```

```
        return;
    }
    wDeviceID = mciOpenParms.wDeviceID;
    //设置录制时间, 以毫秒为单位
    mciRecordParms.dwTo = atoi(time)*1000;
    if(mciSendCommand(wDeviceID, MCI_RECORD,
        MCI_TO | MCI_WAIT, (DWORD)(LPVOID) &mciRecordParms))
    {
            MessageBox("录制失败, 设备将关闭");
            mciSendCommand(wDeviceID, MCI_CLOSE, 0, NULL);
            return;
    }
m_bReset=TRUE;
//等待录音完成
::Sleep(atoi(time)*1000);
mciSendCommand(wDeviceID, MCI_STOP, 0, NULL);
GetDlgItem(IDC_BTPLAY)->EnableWindow(true);
GetDlgItem(IDC_SAVE)->EnableWindow(true);

}
```

（6）OnPlay 函数用于实现"播放"按钮的单击事件, 实现对录制的音频数据进行回放, 代码如下:

```
void CMCIMsgRecordDlg::OnPlay()
{
if(m_bReset)
{
    MCI_PLAY_PARMS mciPlayParms;
    mciPlayParms.dwFrom = 0L;
    //播放已录制的音频内容
    if(mciSendCommand(wDeviceID, MCI_PLAY,
        MCI_FROM | MCI_WAIT, (DWORD)(LPVOID) &mciPlayParms))
        {
                MessageBox("录制失败, 设备将关闭");
                mciSendCommand(wDeviceID, MCI_CLOSE, 0, NULL);
        }
}
}
```

（7）OnSave 方法用于实现"保存"按钮的单击事件, 实现通过 mciSendCommand 函数发送保存指令来对已录制的音频数据进行保存, 代码如下:

```
void CMCIMsgRecordDlg::OnSave()
{
CString tmp;
char buffer[128];
GetDlgItem(IDC_PATH)->GetWindowText(tmp);
DWORD dwReturn;
MCI_SAVE_PARMS mciSaveParms;
mciSaveParms.lpfilename=tmp;
    if(dwReturn=mciSendCommand(wDeviceID, MCI_SAVE,
        MCI_SAVE_FILE|MCI_WAIT,(DWORD)(LPVOID)&mciSaveParms))
    {
      mciGetErrorString(dwReturn, buffer, sizeof(buffer));
      ::MessageBox(NULL,buffer,"MCI_SAVE",MB_OK);
        mciSendCommand(wDeviceID, MCI_CLOSE, 0, NULL);
      return;
    }
GetDlgItem(IDC_PATH)->SetWindowText("");
mciSendCommand(wDeviceID, MCI_CLOSE, 0, NULL);
m_bReset=FALSE;
GetDlgItem(IDC_BTPLAY)->EnableWindow(false);
GetDlgItem(IDC_SAVE)->EnableWindow(false);
GetDlgItem(IDC_BTRECORD)->EnableWindow(false);
}
```

■ 秘笈心法

心法领悟 567: 保存音频文件的指令。

MCI_SAVE 指令是 mciSendCommand 函数用来保存音频文件的指令，该指令定义在 MMSystem.h 头文件内。可以在 MMSystem.h 文件内找到所有的音频设备控制指令，通过这些指令可以了解音频设备所能实现的功能。

实例 568	WaveForm 音频采集单缓存 光盘位置：光盘\MR\15\568	高级 趣味指数：★★★★☆

■ 实例说明

本实例将使用单缓存技术实现音频的录制。首先单击"…"按钮设置保存音频数据文件，在"采样率值"和"采样大小"编辑框中输入数值设置音频设备，在"录制时间"编辑框中设置录制时间，然后单击"录制"按钮开始录制，单击"停止"按钮停止录制，单击"播放"按钮播放录制的音频，效果如图 15.28 所示。

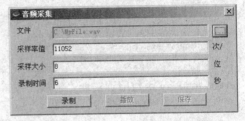

图 15.28　WaveForm 音频采集单缓存

■ 关键技术

在头文件 MMSystem.h 中定义了输入和输出两组函数，输入的函数中带有 in 关键字，输出的函数中带有 out 关键字。输入主要指外界向音频设备传入数据，输出主要指音频设备向外界传出数据。音频的录入就属于输入，使用带有 in 关键字的函数，音频的播放属于输出，使用带有 out 关键字的函数。实例的音频采集过程主要是先调用 waveInOpen 函数打开音频设备，调用 waveInPrepareHeader 函数进行音频采集的一些设置，调用 waveInAddBuffer 函数设置音频采集过程中使用的缓存，最后调用 waveInStart 函数开始音频的采集。与音频采集类似，音频的播放首先调用 waveOutOpen 函数打开音频设备，调用 waveOutPrepareHeader 设置播放条件，最后调用 waveOutWrite 函数播放。

■ 设计过程

（1）创建基于对话框的应用程序。

（2）在对话框中添加静态文本控件、编辑框控件和按钮控件。

（3）在实现文件 WaveFormRecordDlg.cpp 中加入多媒体库的头文件 MMSystem.h 及多媒体静态库 winmm.lib 的引用。

（4）在实现文件 WaveFormRecordDlg.cpp 中定义全局变量。

（5）WaveIOProc 函数是 MMIOINFO 数据结构所使用的回调函数，负责根据指定的消息对文件进行读写，代码如下：

```
LONG CALLBACK WaveIOProc(LPMMIOINFO lpmmioInfo, UINT uMsg,
        LPARAM lParam1, LPARAM lParam2)
{
static int    file = 0;
        int   nStatus;
LONG lStatus;
switch(uMsg)
    {
        case MMIO_CREATE:
            file=_lcreat((LPSTR)lParam1, 0);
            if(file==-1)
                return(MMIOERR_CANNOTOPEN);
            return(0);
        case MMIOM_OPEN:
            file=_lopen((LPSTR)lParam1, MMIO_WRITE);
            if(file==-1)
            {
```

```
                        file=_lcreat((LPSTR)lParam1, 0);
                }
                if(file == -1)
                        return(MMIOERR_CANNOTOPEN);
                else
                {
                        lpmmioInfo->lDiskOffset = 0;
                        return(0);
                }

        case MMIOM_CLOSE:
                return(_lclose(file));
        case MMIOM_READ:
                nStatus=_lread(file, (LPSTR)lParam1, (int)lParam2);
        lpmmioInfo->lDiskOffset += (int)lParam2;
                return((LONG)nStatus);
        case MMIOM_WRITEFLUSH:
        {
                nStatus=_lwrite(file, (LPSTR)lParam1, (int)lParam2);
                lpmmioInfo->lDiskOffset += (int)lParam2;
                return((LONG)nStatus);
        }
        case MMIOM_SEEK:
                lStatus=_llseek(file, (LONG)lParam1, (int)lParam2);
                lpmmioInfo->lDiskOffset=lStatus;
                return(lStatus);
}
return(0);
```

（6）OnRecord 函数用于实现"录制"按钮的单击事件，实现打开输入设备，设置录音头及录音缓存，并开始录音。

```
void CWaveFormRecordDlg::OnRecord()
{
CString sampsize,freq,time;
GetDlgItem(IDC_SAMPSIZE)->GetWindowText(sampsize);
GetDlgItem(IDC_TIME)->GetWindowText(time);
GetDlgItem(IDC_FREQ)->GetWindowText(freq);
if(atoi(time)>60)
{
        MessageBox("可以录制 60 秒以内的内容");
        GetDlgItem(IDC_TIME)->SetWindowText("6");
        return;
}
if(atoi(sampsize)!=8 && atoi(sampsize)!=16)
{
        MessageBox("采样大小应为 8 或 16");
        GetDlgItem(IDC_SAMPSIZE)->SetWindowText("8");
        return;
}
if(atoi(freq)>65500)
{
        MessageBox("输入的数值太大");
        GetDlgItem(IDC_FREQ)->SetWindowText("11052");
        return;
}
size=atoi(freq)*atoi(time)*2;
//初始化
buf=(PBYTE)malloc(size);
oldptr=buf;
memset(buf,0,sizeof(BYTE));
waveformat.nChannels=2;
waveformat.wFormatTag=WAVE_FORMAT_PCM;
waveformat.cbSize=0;
waveformat.wBitsPerSample=atoi(sampsize);
waveformat.nSamplesPerSec=atoi(freq);
waveformat.nBlockAlign=waveformat.nChannels*(waveformat.wBitsPerSample/8);
waveformat.nAvgBytesPerSec=waveformat.nSamplesPerSec*waveformat.nBlockAlign;
```

```
hdr=new WAVEHDR;
hdr->dwBufferLength=size;
hdr->lpData=(char*)buf;
hdr->dwFlags=WHDR_BEGINLOOP | WHDR_ENDLOOP;
hdr->dwLoops=1;
hdr->lpNext=NULL;
hdr->dwUser=0;
hdr->dwBytesRecorded=0;
hdr->reserved=0;

waveInOpen(&in,0,&waveformat,(DWORD)this->m_hWnd,0,
    CALLBACK_WINDOW);
m_bClose=TRUE;
waveInPrepareHeader(in,hdr,sizeof(WAVEHDR));
waveInAddBuffer(in,hdr,sizeof(WAVEHDR));
waveInStart(in);
GetDlgItem(IDC_RECORD)->EnableWindow(false);

}
```

（7）OnPlay 函数用于实现"播放"按钮的单击事件，实现打开输出设备，将存储在缓冲区中的数据通过输出设备播放，代码如下：

```
void CWaveFormRecordDlg::OnPlay()
{
HWAVEOUT out;
WAVEFORMATEX waveformat;
PWAVEHDR hdr;
CString sampsize,freq,time;
GetDlgItem(IDC_SAMPSIZE)->GetWindowText(sampsize);
GetDlgItem(IDC_TIME)->GetWindowText(time);
GetDlgItem(IDC_FREQ)->GetWindowText(freq);

waveInStop(in);
waveformat.nChannels=2;
waveformat.wFormatTag=WAVE_FORMAT_PCM;
waveformat.cbSize=0;
waveformat.wBitsPerSample=atoi(sampsize);
waveformat.nSamplesPerSec=atoi(freq);
waveformat.nBlockAlign=waveformat.nChannels*(waveformat.wBitsPerSample/8);
waveformat.nAvgBytesPerSec=waveformat.nSamplesPerSec*waveformat.nBlockAlign;
hdr=new WAVEHDR;
hdr->dwBufferLength=size;
hdr->lpData=(char*)oldptr;
hdr->dwFlags=WHDR_BEGINLOOP|WHDR_ENDLOOP;
hdr->dwLoops=1;
hdr->lpNext=NULL;
hdr->dwUser=0;
hdr->dwBytesRecorded=0;
hdr->reserved=0;
MMRESULT result;
result=waveOutOpen(&out,WAVE_MAPPER,&waveformat,(DWORD)this->m_hWnd,0,
CALLBACK_WINDOW);
waveOutPrepareHeader(out,hdr,sizeof(WAVEHDR));
waveOutWrite(out,hdr,sizeof(WAVEHDR));

}
```

（8）OnData 函数是 MM_WIM_DATA 消息的实现，该消息是当录音的缓存已装满时由系统发出的，在该函数中可以实现当缓存装满时停止录音，代码如下：

```
void CWaveFormRecordDlg::OnData()
{
MessageBox("缓冲区已满");
GetDlgItem(IDC_PLAY)->EnableWindow(true);
GetDlgItem(IDC_SAVE)->EnableWindow(true);
waveInStop(in);
}
```

（9）OnSave 函数用于实现"保存"按钮的单击事件，首先将缓存中的数据写入到文件，代码如下：

```
void CWaveFormRecordDlg::OnSave()
```

```
{
CString tmp;

HMMIO hmmio;
    MMCKINFO ciRiffChunk;
    MMCKINFO ciSubChunk;
    MMIOINFO mmioInfo;
TCHAR file[255];
GetDlgItem(IDC_PATH)->GetWindowText(tmp);
if(m_bClose)
{
    waveInStop(in);
    waveInClose(in);
    m_bClose=false;
}
CString freq;

GetDlgItem(IDC_FREQ)->GetWindowText(freq);

mmioInfo.dwFlags= 0;
    mmioInfo.fccIOProc= mmioStringToFOURCC("WAV ", 0);
    mmioInfo.pIOProc= (LPMMIOPROC)WaveIOProc;
    mmioInfo.wErrorRet= 0;
    mmioInfo.htask= 0;
    mmioInfo.cchBuffer= 0;
    mmioInfo.pchBuffer= 0;
    mmioInfo.pchNext= 0;
    mmioInfo.pchEndRead= 0;
    mmioInfo.pchEndWrite= 0;
    mmioInfo.lBufOffse= 0;
    mmioInfo.lDiskOffset= 0;
    mmioInfo.adwInfo[0] = 0;
    mmioInfo.adwInfo[1] = 0;
    mmioInfo.adwInfo[2] = 0;
    mmioInfo.adwInfo[3] = 0;
    mmioInfo.dwReserved1= 0;
    mmioInfo.dwReserved2= 0;
    mmioInfo.hmmio= 0;

wsprintf(file,_T("%s"),tmp);
hmmio = mmioOpen(file, &mmioInfo,
                    MMIO_CREATE | MMIO_WRITE | MMIO_ALLOCBUF);

mmioSetBuffer(hmmio, NULL, size, 0); //设置大小

mmioSeek(hmmio, 0, SEEK_SET);
    ciRiffChunk.fccType= mmioFOURCC('W', 'A', 'V', 'E');
    ciRiffChunk.cksize= 0L;

mmioCreateChunk(hmmio, &ciRiffChunk, MMIO_CREATERIFF);
ciSubChunk.ckid= mmioStringToFOURCC("fmt ", 0);
    ciSubChunk.cksize= sizeof(WAVEFORMATEX);

mmioCreateChunk(hmmio, &ciSubChunk, 0);
    mmioWrite(hmmio, (HPSTR)&waveformat, sizeof(WAVEFORMATEX));
mmioAscend(hmmio, &ciSubChunk, 0);
ciSubChunk.ckid= mmioStringToFOURCC("data", 0);
    ciSubChunk.cksize= atoi(freq);//11052

mmioCreateChunk(hmmio, &ciSubChunk, 0);
mmioWrite(hmmio, (HPSTR)hdr->lpData,(LONG)hdr->dwBytesRecorded);
mmioAscend(hmmio, &ciSubChunk, 0);
mmioAscend(hmmio, &ciRiffChunk, 0);
mmioFlush(hmmio, 0);
    mmioClose(hmmio, 0);
if(m_bClose)
{
    waveInStop(in);
    waveInClose(in);
```

```
        m_bClose=false;
}
GetDlgItem(IDC_PLAY)->EnableWindow(false);
GetDlgItem(IDC_SAVE)->EnableWindow(false);
MessageBox("已保存");

}
```

■ 秘笈心法

心法领悟 568：WaveIOProc 函数的使用。

本实例中将音频数据写入到文件中主要通过 WaveIOProc 函数实现，该函数是一个回调函数，在函数内根据不同的消息类型进行处理。例如，回调函数接收到创建音频文件的消息 MMIO_CREATE，即可调用创建文件的函数_lcreat；接收到向文件写入音频数据的消息 MMIOM_WRITEFLUSH，即可调用_lwrite 函数向文件写入数据。

实例 569	WaveForm 音频采集双缓存	高级
	光盘位置：光盘\MR\15\569	趣味指数：★★★★☆

■ 实例说明

本实例将使用双缓存技术实现音频的录制。首先单击"…"按钮设置保存音频数据文件，在"采样率值"和"样本大小"编辑框中输入数值，设置音频设备，然后单击"录制"按钮开始录制，单击"停止"按钮停止录制，效果如图 15.29 所示。

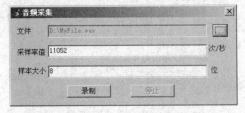

图 15.29　Wave Form 音频采集双缓存

■ 关键技术

本实例的音频采集过程主要是先调用 waveInOpen 函数打开音频设备，调用 waveInPrepareHeader 函数进行音频采集的一些设置，调用 waveInAddBuffer 函数设置音频采集过程中使用的缓存，最后调用 waveInStart 函数开始音频的采集。双缓存的关键在于 MM_WIM_DATA 消息的接收，当通过 waveInAddBuffer 函数设置的缓存被占满时，应用程序会接收到系统发送过来的 MM_WIM_DATA 消息，在该消息的实现方法内再利用 waveInAddBuffer 函数重新设置一块新缓存，这样两个缓存交替使用就形成了双缓存机制。程序之所以能够接收到 MM_WIM_DATA 消息，主要还是通过在 waveInOpen 函数内设置的结果，waveInOpen 函数将第 3 个参数设置为 CALLBACK_WINDOW，表明程序的窗口为回调类型，可以接收消息。

■ 设计过程

（1）创建 MFC 对话框工程，工程名设置为 WaveFormBuffer。

（2）在对话框中添加静态文本控件、编辑框控件和按钮控件。

（3）在实现文件 WaveFormBufferDlg.cpp 中加入多媒体库的头文件 MMSystem.h 及多媒体静态库 winmm.lib 的引用。

（4）在实现文件 WaveFormBufferDlg.cpp 中定义 WAVEFORMATEX 等类型的全局变量。

（5）在实现文件 WaveFormRecordDlg.cpp 中声明回调函数 WaveIOProc。

（6）OnAddpath 函数用于实现"…"按钮的单击事件，实现添加采集后音频数据保存文件的路径，并将"录制"按钮设置为可用，代码如下：

```
void CWaveFormBufferDlg::OnAddpath()
{
CFileDialog file(false,NULL,NULL,NULL,"文件(*.wav)|*.wav||");
if(file.DoModal()==IDOK)
{
```

```
        CString strname=file.GetPathName();
        strname+=".wav";
        GetDlgItem(IDC_PATH)->SetWindowText(strname);
        GetDlgItem(IDC_RECORD)->EnableWindow(true);
    }
}
```

（7）OnRecord 函数用于实现"录制"按钮的单击事件，实现存储音频数据缓存的初始化。打开录音设备，初始化录音头及录音缓存，代码如下：

```
void CWaveFormBufferDlg::OnRecord()
{
CString sampsize,freq;
GetDlgItem(IDC_SAMPSIZE)->GetWindowText(sampsize);
GetDlgItem(IDC_FREQ)->GetWindowText(freq);
if(atoi(sampsize)!=8 && atoi(sampsize)!=16)
{
        MessageBox("采样大小应为 8 或16");
        GetDlgItem(IDC_SAMPSIZE)->SetWindowText("8");
        return;
}
if(atoi(freq)>65500)
{
        MessageBox("输入的数值太大");
        GetDlgItem(IDC_FREQ)->SetWindowText("11052");
        return;
}
size=atoi(freq);
hData=GlobalAlloc(GMEM_MOVEABLE, size);
lptr=(char*)GlobalLock(hData);

waveformat.nChannels=2;
waveformat.wFormatTag=WAVE_FORMAT_PCM;
waveformat.cbSize=0;
waveformat.wBitsPerSample=atoi(sampsize);
waveformat.nSamplesPerSec=atoi(freq);
waveformat.nBlockAlign=waveformat.nChannels*(waveformat.wBitsPerSample/8);
waveformat.nAvgBytesPerSec=waveformat.nSamplesPerSec*waveformat.nBlockAlign;
//初始化
for(int i=0;i<=1;i++)
{
        buf[i]=(PBYTE)malloc(size);
        memset(buf[i],0,sizeof(BYTE));

        hdr[i]=new WAVEHDR;
        hdr[i]->dwBufferLength=size;
        hdr[i]->lpData=(char*)buf[i];
        hdr[i]->dwFlags=WHDR_BEGINLOOP | WHDR_ENDLOOP;
        hdr[i]->dwLoops=1;
        hdr[i]->lpNext=NULL;
        hdr[i]->dwUser=0;
        hdr[i]->dwBytesRecorded=0;
        hdr[i]->reserved=0;
}
waveInOpen(&in,0,&waveformat,(DWORD)this->m_hWnd,0,
        CALLBACK_WINDOW);
MMRESULT result;
for(int j=0;j<=1;j++)
{
        result=waveInPrepareHeader(in,hdr[j],sizeof(WAVEHDR));
        if(result != MMSYSERR_NOERROR)
        {
                MessageBox("文件头准备失败");
                return;
        }
}
OnChange();
GetDlgItem(IDC_RECORD)->EnableWindow(false);
GetDlgItem(IDC_STOP)->EnableWindow(TRUE);
}
```

（8）WaveIOProc 函数是 MMIOINFO 数据结构所使用的回调函数，负责根据指定的消息对文件进行读写，代码如下：

```
LONG CALLBACK WaveIOProc(LPMMIOINFO lpmmioInfo, UINT uMsg,
        LPARAM lParam1, LPARAM lParam2)
{
static int    file = 0;
int    nStatus;
LONG lStatus;
switch(uMsg)
        {
            case MMIO_CREATE:
                file=_lcreat((LPSTR)lParam1, 0);
                if(file==-1)
                        return(MMIOERR_CANNOTOPEN);
                return(0);
            case MMIOM_OPEN:
                file=_lopen((LPSTR)lParam1, MMIO_WRITE);
                if(file==-1)
                {
                        file=_lcreat((LPSTR)lParam1, 0);
                }
                if(file == -1)
                        return(MMIOERR_CANNOTOPEN);
                else
                {
                        lpmmioInfo->lDiskOffset = 0;
                        return(0);
                }

            case MMIOM_CLOSE:
                return(_lclose(file));
            case MMIOM_READ:
                nStatus=_lread(file, (LPSTR)lParam1, (int)lParam2);
                lpmmioInfo->lDiskOffset += (int)lParam2;
                return((LONG)nStatus);
            case MMIOM_WRITEFLUSH:
                {
                nStatus=_lwrite(file, (LPSTR)lParam1, (int)lParam2);
                lpmmioInfo->lDiskOffset += (int)lParam2;
                return((LONG)nStatus);
                }
            case MMIOM_SEEK:
                lStatus=_llseek(file, (LONG)lParam1, (int)lParam2);
                lpmmioInfo->lDiskOffset=lStatus;
            return(lStatus);
        }
return(0);
}
```

（9）OnStop 函数用于实现"停止"按钮的单击事件，实现停止录音，并对已录制的内容进行存储，代码如下：

```
void CWaveFormBufferDlg::OnStop()
{
    waveInStop(in);
    waveInClose(in);
    //保存
    CString tmp;
    HMMIO hmmio;
    MMCKINFO ciRiffChunk;
    MMCKINFO ciSubChunk;
    MMIOINFO mmioInfo;
    TCHAR file[255];
    GetDlgItem(IDC_PATH)->GetWindowText(tmp);

    CString freq;
    GetDlgItem(IDC_FREQ)->GetWindowText(freq);

    mmioInfo.dwFlags= 0;
    mmioInfo.fccIOProc= mmioStringToFOURCC("WAV ", 0);
```

```
mmioInfo.pIOProc= (LPMMIOPROC)WaveIOProc;
mmioInfo.wErrorRet= 0;
mmioInfo.htask= 0;
mmioInfo.cchBuffer= 0;
mmioInfo.pchBuffer= 0;
mmioInfo.pchNext= 0;
mmioInfo.pchEndRead= 0;
mmioInfo.pchEndWrite = 0;
mmioInfo.lBufOffse= 0;
mmioInfo.lDiskOffset = 0;
mmioInfo.adwInfo[0] = 0;
mmioInfo.adwInfo[1] = 0;
mmioInfo.adwInfo[2] = 0;
mmioInfo.adwInfo[3] = 0;
mmioInfo.dwReserved1 = 0;
mmioInfo.dwReserved2 = 0;
mmioInfo.hmmio = 0;

wsprintf(file,_T("%s"),tmp);
hmmio = mmioOpen(file, &mmioInfo,
                 MMIO_CREATE | MMIO_WRITE | MMIO_ALLOCBUF);

mmioSetBuffer(hmmio, NULL, nBuf*size, 0); //设置大小
mmioSeek(hmmio, 0, SEEK_SET);
ciRiffChunk.fccType = mmioFOURCC('W', 'A', 'V', 'E');
ciRiffChunk.cksize = 0L;

mmioCreateChunk(hmmio, &ciRiffChunk, MMIO_CREATERIFF);
ciSubChunk.ckid = mmioStringToFOURCC("fmt", 0);
ciSubChunk.cksize = sizeof(WAVEFORMATEX)-2;

mmioCreateChunk(hmmio, &ciSubChunk, 0);
mmioWrite(hmmio, (HPSTR)&waveformat, sizeof(WAVEFORMATEX));
mmioAscend(hmmio, &ciSubChunk, 0);

ciSubChunk.ckid = mmioStringToFOURCC("data", 0);
ciSubChunk.cksize = nBuf*size;
mmioCreateChunk(hmmio, &ciSubChunk, 0);
mmioWrite(hmmio, (HPSTR)lptr,(LONG)nBuf*size);

mmioAscend(hmmio, &ciSubChunk, 0);
mmioAscend(hmmio, &ciRiffChunk, 0);
mmioFlush(hmmio, 0);
mmioClose(hmmio, 0);

MessageBox("已保存");
GetDlgItem(IDC_STOP)->EnableWindow(false);
}
```

（10）OnData 方法是 MM_WIM_DATA 消息（缓存溢出时应用程序接收到该消息）的实现，是实现双缓存进行音频采集的关键之处，在 OnData 方法内首先要将录音缓存中的数据传输到另一个大块的缓存中，并改变计数器 count 的值，最后根据计数器的值改变输入设备所使用的缓存，代码如下：

```
void CWaveFormBufferDlg::OnData()
{
Onsave();
count=1-count;
OnChange();
}
```

（11）OnSave 函数是自定义函数，实现将录音缓存转储，代码如下：

```
void CWaveFormBufferDlg::OnSave()
{
memcpy(lptr+(nBuf-1)*size,hdr[count]->lpData,size*sizeof(BYTE));
GlobalUnlock(hData);
hData = GlobalReAlloc(hData, (++nBuf)*size, GMEM_MOVEABLE);
lptr=(char*)GlobalLock(hData);

}
```

（12）OnChange 函数是自定义函数，使用 waveInAddBuffer 函数并根据计数器 count 的值改变输入设备所使用的缓存，代码如下：

```
void CWaveFormBufferDlg::OnChange()
{
waveInAddBuffer(in,hdr[count],sizeof(WAVEHDR));
waveInStart(in);
}
```

■ 秘笈心法

心法领悟 569：MM_WIM_DATA 消息的处理。

通常通过 MFC 向导无法添加 MM_WIM_DATA 消息的实现方法，该方法需要手动添加，在头文件内添加函数声明，然后在消息宏内通过 ON_MESSAGE 宏建立函数与消息的映射，最后填写方法的实现即可。

实例 570	声音录制与播放	高级
	光盘位置：光盘\MR\15\570	趣味指数：★★★☆

■ 实例说明

本实例将实现声音的录制和播放。运行程序，单击"录音"按钮后可以通过麦克风进行录音。录音完成后需单击"停止"按钮，如果要听录音的结果，可以单击"播放"按钮，效果如图 15.30 所示。

图 15.30　声音的录制与播放

■ 关键技术

本实例主要使用 MCI 函数进行声音的录制和播放。通过 MCIWndCreate 函数创建一个窗体句柄，主要在该窗体中实现声音的录制。创建窗体句柄后通过 MCIWndNew 函数打开录音设备，通过 MCIWndCanRecord 函数判断是否可以录音。如果可以录音，则通过 MCIWndRecord 函数进行声音的录制。播放录音可以使用 MCIWndPlay 函数。

■ 设计过程

（1）创建基于对话框的应用程序。

（2）在 CRecordSoundDlg 类的实现文件中添加 vfw.h 头文件引用，定义 HWND 类型的全局变量 mciwav，使用 pragma comment 预处理指令添加对 vfw32.lib 库文件的引用。

（3）OnRecord 方法用于实现"录音"按钮的单击事件，实现声音的录制，代码如下：

```
void CRecordSoundDlg::OnRecord()
{
MCIWndClose(mciwav);
mciwav=MCIWndCreate(this->m_hWnd,::AfxGetApp()->m_hInstance,WS_CAPTION,NULL);
MCIWndNew(mciwav,"waveaudio");
    if(MCIWndCanRecord(mciwav))
        MCIWndRecord(mciwav);
}
```

（4）OnPlay 方法用于实现"播放"按钮的单击事件，实现播放已录制的声音，代码如下：

```
void CRecordSoundDlg::OnPlay()
{
if(MCIWndCanPlay(mciwav))
        MCIWndPlay(mciwav);
}
```

（5）OnStop 方法用于实现"停止"按钮的单击事件，实现停止录制声音，代码如下：

```
void CRecordSoundDlg::OnStop()
{
```

```
MCIWndStop(mciwav);
}
```

秘笈心法

心法领悟 570：MCIWndRecord 函数的使用。

使用 MCIWndRecord 函数进行声音的录制时需要使用 MCIWndCreate 函数建立录音设备与窗体的绑定，然后通过窗体上的控件即可控制声音的录制。

实例 571	Wave 文件播放 1	高级
	光盘位置：光盘\MR\15\571	趣味指数：★★★☆

实例说明

本实例将实现对指定 Wave 文件进行播放。运行实例，单击"选择文件"按钮弹出文件选择对话框，选择想要播放的 Wave 文件，然后单击"播放"按钮开始播放，效果如图 15.31 所示。

图 15.31　Wave 文件播放

关键技术

本实例中对 Wave 文件的播放使用的是 MCI 指令，实例使用 mciSendCommand 函数向音频设备发送指令来控制音频文件的播放。首先发送打开设备的指令 MCI_OPEN，MCI_OPEN_PARMS 结构中包含打开设备时需要设置的一些参数，如结构中的 lpstrDeviceType 成员用于设置打开哪个音频设备、lpstrElementName 成员用于设置播放的文件。发送打开设备指令后即可发送播放指令 MCI_PLAY，MCI_PLAY_PARMS 结构中包含了播放时需要设置的参数。

设计过程

（1）创建基于对话框的应用程序。

（2）在对话框中添加编辑框控件和按钮控件。

（3）在实现文件 WavePlayDlg.cpp 中加入多媒体库的 MMSystem.h 头文件引用及多媒体静态库 winmm.lib 的链接。

（4）OnAddpath 函数用于实现"选择文件"按钮的单击事件，实现添加将要播放文件的路径，代码如下：

```
void CWavePlayDlg::OnAddpath()
{
CFiieDialog file(TRUE,NULL,NULL,NULL,"文件(*.wav)|*.wav||");
if(file.DoModal()==IDOK)
{
    CString strname=file.GetPathName();
    GetDlgItem(IDC_PATH)->SetWindowText(strname);
}
}
```

（5）OnPlay 函数用于实现"播放"按钮的单击事件，在该函数中使用 mciSendCommand 函数向音频设备发送打开设备、设置播放参数、播放文件等指令，代码如下：

```
void CWavePlayDlg::OnPlay()
{
CString tmp;
GetDlgItem(IDC_PATH)->GetWindowText(tmp);
if(tmp.IsEmpty())
```

```
{
        MessageBox("请选择播放文件");
        return;
}
MCIDEVICEID m_nDeviceID;
MCIDEVICEID m_nElementID;
MCI_OPEN_PARMS mciOpenParms;

mciOpenParms.lpstrDeviceType=(LPSTR)MCI_DEVTYPE_WAVEFORM_AUDIO;
mciSendCommand(NULL,MCI_OPEN,MCI_OPEN_TYPE|MCI_OPEN_TYPE_ID|MCI_WAIT,
(DWORD)(LPVOID)&mciOpenParms);
m_nDeviceID=mciOpenParms.wDeviceID;

MCI_OPEN_PARMS mciOpen;
memset(&mciOpen,0,sizeof(MCI_OPEN_PARMS));
mciOpen.lpstrElementName=tmp;
mciSendCommand(m_nDeviceID,MCI_OPEN,MCI_OPEN_ELEMENT,(DWORD)(LPVOID)&mciOpen);
m_nElementID=mciOpen.wDeviceID;

MCI_PLAY_PARMS mciPlay;
mciPlay.dwCallback=(DWORD)this->GetSafeHwnd();
if(mciSendCommand(m_nElementID,MCI_PLAY,MCI_NOTIFY,
        (DWORD)(LPVOID)&mciPlay)!=MMSYSERR_ERROR)
{
        mciSendCommand(m_nDeviceID, MCI_CLOSE, 0, NULL);
}
}
```

■ 秘笈心法

心法领悟 571：两个音频指令发送函数。

MCI 指令同一个目标可以用两种方法实现，如音频的打开可以使用 mciSendCommand 函数发送 MCI_OPEN 指令，也可以使用 mciSendString 函数发送打开指令 open。

| 实例 572 | Wave 文件播放 2
光盘位置：光盘\MR\15\572 | 高级
趣味指数：★★★☆ |

■ 实例说明

本实例将实现把 Wave 文件编译到应用程序中，进而完成 Wave 文件的播放。运行实例，单击"播放"按钮后可以听到音乐，不需要对 Wave 文件进行选择，效果如图 15.32 所示。

■ 关键技术

将 Wave 添加到资源中即可以在编译时编译到应用程序中，在代码中调用 sndPlaySound 函数即可通过指定音频文件在资源中的 ID 来播放。

sndPlaySound 函数定义在 MMSystem.h 头文件内，可以播放资源中的声音文件，语法如下：

```
BOOL sndPlaySound(LPCSTR lpszSound,UINT fuSound);
```

参数说明

❶ lpszSound：指定播放文件，通过文件名，实例将绑定资源的字符串指针作为参数。

❷ fuSound：播放属性设置。

■ 设计过程

（1）创建基于对话框的应用程序。

（2）通过快捷菜单命令 import 将一个 Wave 文件加入到工程的资源中，加入到工程的 Wave 资源如图 15.33 所示。

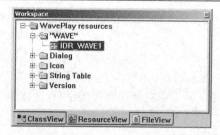

图 15.32 Wave 文件播放   图 15.33 资源视图

（3）在实现文件 WavePlayDlg.cpp 中添加 res、hSound1 和 lpSound1 全局变量定义。

（4）在 OnPlay 方法中使用 PlaySound 函数对 Wave 文件进行播放，代码如下：

```
void CWavePlayDlg::OnPlay()
{
res=FindResource(::AfxGetApp()->m_hInstance,MAKEINTRESOURCE(IDR_WAVE1),"WAVE");
hSound1 = LoadResource(::AfxGetApp()->m_hInstance,res);
lpSound1 = (LPSTR)LockResource(hSound1);
sndPlaySound(lpSound1,SND_LOOP|SND_ASYNC|SND_MEMORY);
}
```

■ 秘笈心法

心法领悟 572：音频播放的两个方法。

本实例中使用 sndPlaySound 函数播放了资源中的 Wave 文件，还可以使用 PlaySound 函数播放。

实例 573	Wave 文件播放 3 光盘位置：光盘\MR\15\573	高级 趣味指数：★★★★☆

■ 实例说明

本实例将实现 Wave 文件的播放。单击"选择文件"按钮，选择将要播放的 Wave 文件，在编辑框下的静态文本框中会显示文件中的音频信息。单击"播放"按钮开始播放，效果如图 15.34 所示。

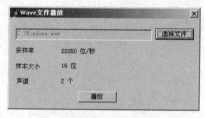

图 15.34 Wave 文件播放

■ 关键技术

本实例最终使用的是 waveOutWrite 函数实现 Wave 文件的播放，waveOutWrite 函数播放音频文件需要将音频文件的二进制数据读取到缓存中。本实例并不是通过 CFile 类的 Read 方法读取数据，而是通过对媒体库中的 mmioRead 函数读取，该函数是专门读取音频数据的。以 mmio 关键字开头的函数有多个，这些函数组合使用才能正确读取数据。例如，使用 mmioOpen 打开要读取的文件，使用 mmioDescend 设置读取块信息（音频文件中有不同的数据块和音频信息等不同的块）。

■ 设计过程

（1）创建基于对话框的应用程序。

（2）在对话框中添加静态文本控件、编辑框控件和按钮控件。

（3）在实现文件 WavePlayDlg.cpp 中加入多媒体库的 MMSystem.h 头文件引用及多媒体静态库 winmm.lib 的链接。

（4）在实现文件 WavePlayDlg.cpp 中定义全局变量 waveformat、hdr、out、lptr、hData 和 size。

（5）OnAddpath 函数用于实现"选择文件"按钮的单击事件，实现添加将要播放文件的路径，并对指定文件进行读取，将音频数据读取到缓存中，代码如下：

```cpp
void CWavePlayDlg::OnAddpath()
{
CString strname;
TCHAR file[255];
CFileDialog filedlg(TRUE,NULL,NULL,NULL,"文件(*.wav)|*.wav||");
if(filedlg.DoModal()==IDOK)
{
        strname=filedlg.GetPathName();
        GetDlgItem(IDC_PATH)->SetWindowText(strname);
}
else
        return;
HMMIO hmmio;
MMCKINFO*ciRiffChunk=new MMCKINFO;
MMCKINFO*ciSubChunk=new MMCKINFO;
memset(ciRiffChunk ,0,sizeof(MMCKINFO));
memset(ciSubChunk ,0,sizeof(MMCKINFO));
wsprintf(file,_T("%s"),strname);
hmmio = mmioOpen(file,NULL,MMIO_READ|MMIO_ALLOCBUF);
ciRiffChunk->fccType      = mmioFOURCC('W', 'A', 'V', 'E');
mmioDescend(hmmio, ciRiffChunk, NULL, MMIO_FINDRIFF);
ciSubChunk->ckid = mmioStringToFOURCC("fmt", 0);
mmioDescend(hmmio, ciSubChunk,ciRiffChunk,MMIO_FINDCHUNK);
DWORD fmtsize;
fmtsize=ciSubChunk->cksize;
mmioRead(hmmio, (HPSTR)&waveformat, fmtsize);
mmioAscend(hmmio, ciSubChunk, 0);
CString tmp;
tmp.Format("%d 位/秒",waveformat.nSamplesPerSec);
m_sampleper.SetWindowText(tmp);
tmp.Format("%d 位",waveformat.wBitsPerSample);
m_samplesize.SetWindowText(tmp);
tmp.Format("%d 个",waveformat.nChannels);
m_channel.SetWindowText(tmp);
ciSubChunk->ckid =   mmioStringToFOURCC("data", 0);
mmioDescend(hmmio, ciSubChunk,ciRiffChunk,MMIO_FINDCHUNK);
size=ciSubChunk->cksize;
hData=GlobalAlloc(GMEM_MOVEABLE, size);
lptr=(char*)GlobalLock(hData);
mmioRead(hmmio,lptr,size);
mmioAscend(hmmio, ciSubChunk, 0);
mmioAscend(hmmio, ciRiffChunk, 0);
mmioClose(hmmio, 0);
}
```

（6）OnPlay 函数是"播放"按钮的实现函数，实现通过 waveOutWrite 函数将缓存中的音频数据播放出来，代码如下：

```cpp
void CWavePlayDlg::OnPlay()
{
hdr=new WAVEHDR;
hdr->dwBufferLength=size;
hdr->lpData=(char*)lptr;
hdr->dwFlags=WHDR_BEGINLOOP|WHDR_ENDLOOP;
hdr->dwLoops=1;
hdr->lpNext=NULL;
hdr->dwUser=0;
hdr->dwBytesRecorded=0;
hdr->reserved=0;
waveOutOpen(&out,WAVE_MAPPER,&waveformat,(DWORD)this->m_hWnd,0,
CALLBACK_WINDOW);
waveOutPrepareHeader(out,hdr,sizeof(WAVEHDR));
```

```
waveOutWrite(out,hdr,sizeof(WAVEHDR));
}
```

■ 秘笈心法

心法领悟 573：播放音频文件的多种方法。

播放音频文件的方法有很多，可以使用发送指令的 mciSendCommand 函数和 mciSendString 函数，还可以将音频文件导入到工程中使用 sndPlaySound 函数和 PlaySound 函数播放，也可以使用 waveOutWrite 函数进行播放，还可以使用 Direct Show 开发包播放。

实例 574	CD 抓取 光盘位置：光盘\MR\15\574	高级 趣味指数：★★★☆

■ 实例说明

CD 中存储着音频原始数据，一般的光驱都可以播放 CD 光盘中的曲目，但是 CD 光盘中的内容不能直接复制到硬盘存储介质中，需要通过抓轨的方式将数据读取出来并保存，本实例将实现这样的功能，效果如图 15.35 所示。

图 15.35　CD 抓取

■ 关键技术

本实例中主要通过 DeviceIoControl 函数实现。在调用 DeviceIoControl 函数前首先需要调用 CreateFile 函数打开光驱设备，CreateFile 函数不但可以创建文件，还可以对硬件建立连接，然后通过 DeviceIoControl 函数读取 CD 光盘中指定轨道的数据。DeviceIoControl 函数中的一个参数可以获取指定的地址值，通过 memcpy 函数将地址值后面的数据复制到缓存中，最后通过 mmioWrite 函数将缓存数据写到文件内。

■ 设计过程

（1）创建 MFC 对话框工程，工程名设置为 CDSnatch。

（2）在对话框中添加列表视图控件、组合框控件和按钮控件。

（3）通过类向导添加列表视图控件成员变量 m_cdlist，添加组合框控件成员变量 m_cd，添加进度条控件成员变量 m_snatchpro。

（4）在实现文件 CDSnatchDlg.cpp 中添加预定义值、头文件引用和全局变量。

（5）OnOpen 方法用于实现"打开 CD"按钮的单击事件，通过 CreateFile 函数打开光驱设备，通过 DeviceIoControl 函数可以实现 IOCTL_CDROM_READ_TOC 控制码的相关操作，获取 CD 中曲目的数量、曲目对应的起始扇区号和终止扇区号，代码如下：

```
void CCDSnatchDlg::OnOpen()
{
CString FileName;
```

```
DWORD trackstart;
DWORD trackend;
CString tmp;
int index=m_cd.GetCurSel();
if(index>=0)
{
        m_cd.GetLBText(index,FileName);
        FileName=FileName.Left(2);

        m_hDevice =CreateFile("\\\\.\\"+FileName,GENERIC_READ,
        FILE_SHARE_READ | FILE_SHARE_WRITE, NULL,OPEN_EXISTING,
        0, NULL);

        BOOL bResult;
        DWORD dwOutBytes;
        bResult=DeviceIoControl(m_hDevice,IOCTL_CDROM_READ_TOC,NULL,
                0,&CdromTOC,sizeof(CdromTOC),&dwOutBytes,
                (LPOVERLAPPED)NULL);
}
int cdnum=CdromTOC.LastTrack;
//获得曲目数量
for(int i=1;i<=cdnum;i++)
{
        CString cdstr;
        cdstr.Format("%d",i);
        m_cdlist.InsertItem(i-1,"");
        //获得音轨开始地址
        trackstart=(CdromTOC.TrackData[i-1].Address[1]*60*75 +
                CdromTOC.TrackData[i-1].Address[2]*75 +
                CdromTOC.TrackData[i-1].Address[3])-150;
        //获得音轨结束地址
        trackend=(CdromTOC.TrackData[i].Address[1]*60*75 +
                CdromTOC.TrackData[i].Address[2]*75 +
                CdromTOC.TrackData[i].Address[3])-151;
        m_cdlist.SetItemText(i-1,0,cdstr);
        tmp.Format("%d",trackstart);
        m_cdlist.SetItemText(i-1,1,tmp);
        tmp.Format("%d",trackend);
        m_cdlist.SetItemText(i-1,2,tmp);
}
}
```

（6）OnSnatch 函数是"抓取"按钮的实现函数，使用 DeviceIoControl 函数实现 IOCTL_CDROM_RAW_READ
控制码的相关操作，获取指定曲目轨道中的音频数据，代码如下：

```
void CCDSnatchDlg::OnSnatch()
{
int track;
CString tmp;
TCHAR filename[255];
int index=m_cdlist.GetSelectionMark();
if(index>=0)
{
        tmp=m_cdlist.GetItemText(index,0);
        track=atoi(tmp);
}
else
return;

DWORD trackstart=(CdromTOC.TrackData[track-1].Address[1]*60*75 +
CdromTOC.TrackData[track-1].Address[2]*75 +
CdromTOC.TrackData[track-1].Address[3])-150;
//获得音轨结束地址
DWORD trackend=(CdromTOC.TrackData[track].Address[1]*60*75 +
CdromTOC.TrackData[track].Address[2]*75 +
CdromTOC.TrackData[track].Address[3])-151;
//根据音轨所有的扇区计算出音频数据的大小，并分配内存
hData=GlobalAlloc(GMEM_MOVEABLE,(trackend-trackstart)*CB_AUDIO);
lptr=(char*)GlobalLock(hData);
//设置一次读取的缓存
```

```
BYTE buf[CB_AUDIO*NSECTORS];
//步进为 NSECTORS 的循环
int pos=0;
int poslen=(trackend-trackstart)/100;
int count=0;
int i=0;
for(int sector=trackstart;(sector<trackend);sector+=NSECTORS)
{
        //当剩余 sector 不足 NSECTORS 时
        int read=((sector+NSECTORS)<trackend)?NSECTORS:(trackend-sector);

        DWORD dwOutBytes;
        RAW_READ_INFO rri;
        rri.TrackMode =(TRACK_MODE_TYPE)2;
        rri.SectorCount = (DWORD)read;
        rri.DiskOffset.QuadPart =(DWORD64)(sector*CB_CDROMSECTOR);
        if(DeviceIoControl(m_hDevice,IOCTL_CDROM_RAW_READ,&rri,sizeof(rri),
        buf,(DWORD)read*CB_AUDIO,&dwOutBytes,(LPOVERLAPPED)NULL))

        memcpy(lptr+CB_AUDIO*read*(i++),buf,CB_AUDIO*read);

        memset(buf,0,sizeof(BYTE));
        //计算滚动条位置
        count+=NSECTORS;
        if(count>poslen)
        {
        pos++;
        m_snatchpro.SetPos(pos);
        count=0;
        }
}
//对音频数据使用 mmio 函数进行保存
waveformat.nChannels=2;
waveformat.wFormatTag=WAVE_FORMAT_PCM;
waveformat.cbSize=0;
waveformat.nSamplesPerSec=44100;
waveformat.wBitsPerSample=16;
waveformat.nBlockAlign=waveformat.nChannels*(waveformat.wBitsPerSample/8);
waveformat.nAvgBytesPerSec=waveformat.nSamplesPerSec*waveformat.nBlockAlign;
HMMIO hmmio;
MMCKINFO ciRiffChunk;
MMCKINFO ciSubChunk;
MMIOINFO mmioInfo;

memset(&mmioInfo,0,sizeof(mmioInfo));
mmioInfo.fccIOProc = mmioStringToFOURCC("WAV ", 0);
mmioInfo.pIOProc = NULL;

wsprintf(filename,_T("trace%d.wav"),track);
hmmio = mmioOpen(filename, &mmioInfo,
                    MMIO_CREATE | MMIO_WRITE | MMIO_ALLOCBUF);

mmioSeek(hmmio, 0, SEEK_SET);
ciRiffChunk.fccType = mmioFOURCC('W', 'A', 'V', 'E');
ciRiffChunk.cksize = 0L;

mmioCreateChunk(hmmio, &ciRiffChunk, MMIO_CREATERIFF);
ciSubChunk.ckid = mmioStringToFOURCC("fmt", 0);
//将 waveformat.cbSize 去除
ciSubChunk.cksize = sizeof(WAVEFORMATEX)-2;

mmioCreateChunk(hmmio, &ciSubChunk, 0);
mmioWrite(hmmio, (HPSTR)&waveformat, sizeof(WAVEFORMATEX)-2);
mmioAscend(hmmio, &ciSubChunk, 0);
ciSubChunk.ckid = mmioStringToFOURCC("data", 0);
ciSubChunk.cksize = (trackend-trackstart)*CB_AUDIO;

mmioCreateChunk(hmmio, &ciSubChunk, 0);
mmioWrite(hmmio, (HPSTR)lptr,(LONG)(trackend-trackstart)*CB_AUDIO);
```

```
mmioAscend(hmmio, &ciSubChunk, 0);
mmioAscend(hmmio, &ciRiffChunk, 0);
mmioFlush(hmmio, 0);
mmioClose(hmmio, 0);
MessageBox("抓取完成");
}
```

■ 秘笈心法

心法领悟 574：优化 CD 抓轨。

CD 轨道数据抓取的另一种实现方法是将 CD 曲目播放出来，然后对播放后的音频进行录制。这样就需要两个线程，一个用于 CD 的播放，一个用于音频的录制，并且音频设备不能进行其他操作。

实例 575	将 Wave 转换为 MP3	高级
	光盘位置：光盘\MR\15\575	趣味指数：★★★★

■ 实例说明

Wave 描述了声音的原始形态，它是最原始的声音文件格式。但是由于 Wave 文件占用磁盘空间大，因此在实际应用中通常将 Wave 文件转换为其他编码格式的文件来记录声音。本实例能够将 Wave 文件压缩为 MP3 编码格式的文件，效果如图 15.36 所示。

图 15.36　将 Wave 转换为 MP3

■ 关键技术

本实例中使用 Direct Show 开发包实现音频文件的转换，Direct Show 开发包中有很多接口，因此需要设计一个过滤图来表明接口间调用的层次关系。图 15.37 是将 Wave 文件转换为 MP3 文件的过滤图。

图 15.37　将 Wave 转换为 MP3 的过滤图

在应用程序中按照图 15.37 所描述的顺序调用接口即可完成 Wave 文件到 MP3 文件的转换。

■ 设计过程

（1）创建一个基于对话框的应用程序。

（2）向对话框中添加按钮、编辑框、静态文本、群组框等控件。

（3）在 WavToMp3Dlg.h 头文件内添加 dshow.h 头文件的引用，并定义两个 GUID 类型数据。

（4）在 CWavToMp3Dlg 类中声明 IBaseFilter 等接口的对象。

（5）OnConvert 方法用于实现"转换"按钮的单击事件，实现过滤图中的内容，代码如下：

```
void CWavToMp3Dlg::OnConvert()
{
if (m_bConverting)                                              //判断是否转换进行中
{
```

```
        MessageBox("转换进行中!");
        return;
    }
    CString szSrcText, szDesText;
    m_SrcFile.GetWindowText(szSrcText);                                    //获取 Wave 文件名称
    m_DesFile.GetWindowText(szDesText);                                    //获取 MP3 文件名称
    if (szSrcText.IsEmpty() || szDesText.IsEmpty())
    {
        MessageBox("请选择源文件和目标文件");
        return;
    }
    if (m_pBuilder != NULL)
    {
        m_pBuilder->Release();
        m_pBuilder = NULL;
    }
    HRESULT hRet;
    hRet = CoCreateInstance(CLSID_CaptureGraphBuilder2, 0, CLSCTX_INPROC_SERVER,
                     IID_ICaptureGraphBuilder2, (void**)&m_pBuilder);      //创建 GraphBuilder 对象
    if (hRet != S_OK)
    {
        ASSERT("创建 GraphBuilder2 失败");
        return;
    }
    if (m_pGraph != NULL)
    {
        m_pGraph->Release();
        m_pGraph = NULL;
    }
    hRet = CoCreateInstance(CLSID_FilterGraph, NULL, CLSCTX_INPROC_SERVER,
                     IID_IGraphBuilder, (void **)&m_pGraph);               //创建 FilterGraph 对象
    if (hRet != S_OK)
    {
        ASSERT("创建 GraphBuilder 失败");
        return;
    }
    m_pBuilder->SetFiltergraph(m_pGraph);                                  //设置过滤图
    if (m_pMediaControl != NULL)
    {
        m_pMediaControl->Release();
        m_pMediaControl = NULL;
    }
    hRet = m_pGraph->QueryInterface(IID_IMediaControl, (void **)&m_pMediaControl);   //获取媒体控制接口
    if (hRet != S_OK)
    {
        ASSERT("获取 MediaControl 失败");
        return;
    }
    //向过滤图中添加 m_pFileSource 过滤器
    hRet = m_pGraph->AddSourceFilter(szSrcText.AllocSysString(), L"Source Filter", &m_pFileSource);
    if (hRet != S_OK)
    {
        ASSERT("创建 AsyncReader 失败");
        return;
    }
    hRet = CoCreateInstance(CLSID_WAVEParser, NULL, CLSCTX_ALL,
                     IID_IBaseFilter, (void **)&m_pWavParser);             //创建 m_pWavParser 对象
    if (hRet != S_OK)
    {
        ASSERT("创建 WAVEParser 失败");
        return;
    }
    ICreateDevEnum *pDevEnum = NULL;
    hRet = CoCreateInstance(CLSID_SystemDeviceEnum, NULL, CLSCTX_INPROC,
             IID_ICreateDevEnum, (void **)&pDevEnum);                      //创建设备枚举对象
    m_pMp3 = NULL;
    if (hRet == S_OK)
    {
```

```
                    IEnumMoniker *pClassEnum = NULL;
                    //创建枚举器
                    pDevEnum->CreateClassEnumerator(CLSID_AudioCompressorCategory, &pClassEnum, 0);
                    ULONG cFetched;
                    if (pClassEnum)
                    {
                            while (pClassEnum->Next(1, &m_pMoniker, &cFetched) == S_OK)               //遍历设备
                            {
                                    IPropertyBag *pPropBag;
                                    m_pMoniker->BindToStorage(0, 0, IID_IPropertyBag, (void **)&pPropBag);
                                    VARIANT varName;
                                    varName.vt = VT_BSTR;
                                    pPropBag->Read(L"FriendlyName", &varName, 0);
                                    CString szFriendName = varName.bstrVal;
                                    if (szFriendName == "MPEG Layer-3")
                                    {
                                            m_pMoniker->BindToObject(0, 0, IID_IBaseFilter, (void**)&m_pMp3);
                                            break;
                                    }
                                    m_pMoniker->Release();
                            }
                            pClassEnum->Release();
                    }
    }
    if (m_pMp3 == NULL)
    {
            ASSERT("列举设备失败");
            return;
    }
    hRet = CoCreateInstance(CLSID_WavDest, NULL, CLSCTX_ALL,
                            IID_IBaseFilter, (void **)&m_pWaveDest);          //创建 WavDest 对象
    if (hRet != S_OK)
    {

            ASSERT("创建 WavDest 失败");
            return;
    }
    hRet = CoCreateInstance(CLSID_FileWriter, NULL, CLSCTX_ALL,
                            IID_IBaseFilter, (void,**)&m_pWriter);            //创建 FileWriter 对象
    if (hRet != S_OK)
    {
            ASSERT("创建 FileWriter 失败");
            return;
    }
    hRet = m_pGraph->AddFilter((IBaseFilter*)m_pFileSource, L"FileSrc");      //向图中添加过滤器
    if (hRet != S_OK)
    {
            ASSERT("添加 FileSource 失败");
            return;
    }
    hRet = m_pGraph->AddFilter(m_pWavParser, L"WavParser");                   //向图中添加 m_pWavParser
    if (hRet != S_OK)
    {
            ASSERT("添加 WavParser 失败");
            return;
    }
    hRet = m_pGraph->AddFilter(m_pMp3, L"MPEGLayer3");                        //向图中添加 m_pMp3
    if (hRet != S_OK)
    {
            ASSERT("添加 MPEGLayer 失败");
            return;
    }
    hRet = m_pGraph->AddFilter(m_pWaveDest, L"WavDest");                      //向图中添加 m_pWaveDest
    if (hRet != S_OK)
    {
            ASSERT("添加 WaveDest 失败");
            return;
    }
```

```
hRet = m_pGraph->AddFilter(m_pWriter, L"FileWriter");                        //向图中添加 m_pWriter
if (hRet != S_OK)
{
        ASSERT("添加 Writer 失败");
        return;
}
hRet = m_pWriter->QueryInterface(IID_IFileSinkFilter2, (void**)&m_pSink);     //获取 FileSinkFilter 对象
if (hRet != S_OK)
{
        ASSERT("获取 FileSinkFilter2 对象失败");
        return;
}
hRet = m_pSink->SetFileName(szDesText.AllocSysString(), NULL);                //设置目标文件名称
if (hRet != S_OK)
{
        ASSERT("构建图失败");
        return;
}
IPin* pOutpin = FindPin((IBaseFilter*)m_pFileSource, PINDIR_OUTPUT);          //查找 m_pFileSource 输出端子
IPin* pInpin = FindPin(m_pWavParser, PINDIR_INPUT);                           //查找 m_pWavParser 输入端子
hRet = S_FALSE;
if (pOutpin != NULL && pInpin != NULL)
{
        hRet = m_pGraph->ConnectDirect(pOutpin, pInpin, NULL);               //连接端子
}
pOutpin = FindPin(m_pWavParser, PINDIR_OUTPUT);                               //查找 m_pWavParser 输出端子
pInpin = FindPin(m_pMp3, PINDIR_INPUT);                                       //查找 m_pMp3 输入端子
if (pOutpin != NULL && pInpin != NULL)
{
        hRet = m_pGraph->ConnectDirect(pOutpin, pInpin, NULL);               //连接端子
        if (hRet != S_OK)
        {
                ASSERT("构建端子失败");
                return;
        }
}
pOutpin = FindPin(m_pMp3, PINDIR_OUTPUT);                                     //查找 m_pMp3 输出端子
pInpin = FindPin(m_pWaveDest, PINDIR_INPUT);                                  //查找 m_pWaveDest 输入端子
if (pOutpin != NULL && pInpin != NULL)
{
        hRet = m_pGraph->ConnectDirect(pOutpin, pInpin, NULL);               //连接端子
        if (hRet != S_OK)
        {
                ASSERT("构建端子失败");
                return;
        }
}
pOutpin = FindPin(m_pWaveDest, PINDIR_OUTPUT);                                //查找 m_pWaveDest 输出端子
pInpin = FindPin(m_pWriter, PINDIR_INPUT);                                    //查找 m_pWriter 输入端子
if (pOutpin != NULL && pInpin != NULL)
{
        hRet = m_pGraph->ConnectDirect(pOutpin, pInpin, NULL);               //连接端子
        if (hRet != S_OK)
        {
                ASSERT("构建端子失败");
                return;
        }
}
m_pMediaControl->Run();                                                       //运行图
if (m_pEvent != NULL)
{
        m_pEvent->Release();
        m_pEvent = NULL;
}
hRet = m_pGraph->QueryInterface(IID_IMediaEventEx, (void **)&m_pEvent);       //获取事件对象
if (hRet != S_OK)
{
        ASSERT("获取媒体事件对象失败");
```

```
        return;
}
DWORD threadID;
m_hThread =   CreateThread(NULL, 0, ThreadProc, (void*)this, 0, &threadID);        //创建线程判断转换是否完成
m_bConverting = TRUE;
}
```

■ 秘笈心法

心法领悟 575：过滤图的建立。

使用 Direct Show 开发包前都会建立过滤图，完整的过滤图是可以运行的，直接通过过滤图即可完成 Wave 文件到 MP3 文件的转换。

实例 576	将 BMP 位图组合成 AVI 动画 光盘位置：光盘\MR\15\576	高级 趣味指数：★★★★

■ 实例说明

AVI 文件是由一帧或多帧的图像构成的，按照不同的帧时间间隔播放，形成动画的效果。反之，用户也可以将一组图像数据按预定的时间间隔组合为一个 AVI 文件。本实例使用 Visual C++实现将 BMP 位图合成 AVI 文件。运行本实例，单击"…"按钮，选择保存 BMP 位图文件的文件夹，单击"生成 AVI"按钮，即可将所选文件夹中的 BMP 位图合成为 AVI 文件，效果如图 15.38 所示。

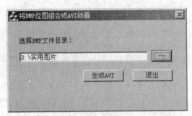

图 15.38　将 BMP 位图组合成 AVI 动画

■ 关键技术

要实现将 BMP 位图组合成 AVI 文件的功能，需要使用一组用于操作 AVI 文件的 API 函数。首先使用 AVIFileInit 函数初始化 AVIFile 函数库，然后使用 AVIFileOpen 函数打开一个 AVI 文件，并返回文件的地址接口。使用 AVIFileCreateStream 函数创建一个数据流，通过 AVIStreamSetFormat 函数设置关键帧，调用 AVIStreamWrite 函数将视频流写入 AVI 文件，将视频流写入 AVI 文件后调用 AVIStreamClose 函数关闭视频流，调用 AVIFileRelease 函数关闭 AVI 文件，最后调用 AVIFileExit 函数退出 AVIFile 函数库。

本实例将实现 BMP 位图合成 AVI 文件的功能，主要使用系统提供的一组 AVI 函数。下面对本实例中用到的关键技术进行详细讲解。

（1）AVIFileInit 函数

AVIFileInit 函数用于初始化 AVIFile 函数库，语法如下：
```
STDAPI_(VOID) AVIFileInit(VOID);
```
（2）AVIFileOpen 函数

AVIFileOpen 函数用于打开一个 AVI 文件，并返回文件的地址接口，语法如下：
```
STDAPI AVIFileOpen(PAVIFILE * ppfile, LPCTSTR szFile,UINT mode,CLSID  pclsidHandler);
```
AVIFileOpen 函数中的参数说明如表 15.6 所示。

表 15.6　AVIFileOpen 函数中的参数说明

参　　数	说　　明
ppfile	表示一个缓冲区指针，用于接收 AVIFile 接口指针
szFile	表示打开的文件名
mode	表示打开文件时的访问模式
pclsidHandler	表示标准的或自定义的类标识符指针，如果为 NULL，则系统将从注册表中选择一个默认的类标识符

（3）AVIFileCreateStream 函数

AVIFileCreateStream 函数用于在已存在的文件中创建一个流，并创建一个流接口，语法如下：

```
STDAPI AVIFileCreateStream(PAVIFILE pfile, PAVISTREAM * ppavi,AVISTREAMINFO * psi );
```

参数说明

❶ pfile：表示打开的 AVI 文件句柄，通常从 AVIFileOpen 函数中获得。

❷ ppavi：表示流接口指针。

❸ psi：表示流信息的结构指针。

（4）AVIStreamSetFormat 函数

AVIStreamSetFormat 函数用于在指定的帧位置表示流格式，语法如下：

```
STDAPI AVIStreamSetFormat(PAVISTREAM pavi,LONG lPos, LPVOID lpFormat,LONG cbFormat);
```

AVIStreamSetFormat 函数中的参数说明如表 15.7 所示。

表 15.7　AVIStreamSetFormat 函数中的参数说明

参　　数	说　　明
pavi	表示打开的流句柄
lPos	表示流中的位置，将在该位置处设置流格式
lpFormat	表示新格式结构的指针
cbFormat	表示 lpFormat 的大小

（5）AVIStreamWrite 函数

AVIStreamWrite 函数用于向流中写入数据，语法如下：

```
STDAPI AVIStreamWrite(PAVISTREAM pavi,LONG lStart,LONG lSamples,LPVOID lpBuffer, LONG cbBuffer, DWORD dwFlags,LONG
* plSampWritten,LONG * plBytesWritten);
```

AVIStreamWrite 函数中的参数说明如表 15.8 所示。

表 15.8　AVIStreamWrite 函数中的参数说明

参　　数	说　　明
pavi	表示打开的流句柄
lStart	表示写入帧的起始位置
lSamples	表示写入的帧数
lpBuffer	表示存储写入数据的缓冲区
cbBuffer	表示数据缓冲区的大小
dwFlags	表示关联数据的标记，如果为 AVIIF_KEYFRAME，表示关键帧
plSampWritten	表示一个缓冲区指针，用于接收写入的帧数，可以为 NULL
plBytesWritten	表示缓冲区 plSampWritten 的大小，可以为 NULL

（6）AVIFileRelease 函数

AVIFileRelease 函数用于结束 AVI 文件接口的引用计数，如果引用计数为 0，则关闭文件，语法如下：

```
STDAPI_(ULONG) AVIFileRelease( PAVIFILE pfile);
```

参数说明

pfile：表示打开的 AVI 文件句柄，通常从 AVIFileOpen 函数中获得。

（7）AVIFileExit 函数

AVIFileExit 函数用于退出 AVIFile 函数库，语法如下：

```
STDAPI_(VOID) AVIFileExit(VOID);
```

设计过程

（1）创建一个基于对话框的应用程序。

（2）向对话框中添加一个静态文本控件、一个编辑框控件和 3 个按钮控件。

（3）添加自定义方法 BmpsToAvi，该方法用于将一组 BMP 位图合成为一个 AVI 文件，代码如下：

```cpp
void CBuildAviDlg::BmpsToAvi(LPCSTR szFileName, LPCSTR szDir)
{
CString BmpDir = szDir;                                                  //定义一个字符串
BmpDir += _T("\\*.*");                                                   //修改字符串
AVIFileInit();                                                          //初始化 AVIFile 函数库
AVISTREAMINFO strhdr;                                                   //定义 AVI 文件流信息
PAVIFILE pFile;                                                         //定义 AVI 文件指针
PAVISTREAM ps;                                                          //定义 AVI 流对象
PAVISTREAM pComStream;                                                  //压缩视频数据流
AVICOMPRESSOPTIONS pCompressOption;                                     //压缩模式
AVICOMPRESSOPTIONS FAR * opts[1] = {&pCompressOption};
int nFrames =0;                                                         //定义整型变量，表示帧数
CFileFind flFind;                                                       //定义文件查找对象
BOOL bret = flFind.FindFile(BmpDir);                                    //查找文件
while(bret)                                                             //是否发现文件
{
    bret = flFind.FindNextFile();                                       //查找下一个文件
    if(!flFind.IsDots() && !flFind.IsDirectory())                       //判断文件属性
    {
        CString flname = flFind.GetFilePath();                          //获取文件名称
        FILE *pf = fopen(flname,"rb");                                  //打开文件
        BITMAPFILEHEADER bmpFileHdr;                                    //定义位图文件头
        BITMAPINFOHEADER bmpInfoHdr;                                    //定义位图信息头
        fseek(pf,0,SEEK_SET);                                           //搜索文件
        fread(&bmpFileHdr,sizeof(BITMAPFILEHEADER),1, pf);              //读取位图文件头
        fread(&bmpInfoHdr,sizeof(BITMAPINFOHEADER),1, pf);              //读取位图信息头
        if(nFrames == 0)                                                //是否为第一帧
        {
            //创建并打开 AVI 文件
            AVIFileOpen(&pFile,szFileName,OF_WRITE | OF_CREATE,NULL);
            memset(&strhdr, 0, sizeof(strhdr));                         //初始化文件流信息
            strhdr.fccType = streamtypeVIDEO;                           //设置流类型
            strhdr.fccHandler = 0;                                      //设置处理者
            strhdr.dwScale = 1;                                         //设置时间刻度
            strhdr.dwRate = 3;                                          //设置速度
            //设置图像代码
            strhdr.dwSuggestedBufferSize = bmpInfoHdr.biSizeImage ;
            //设置显示区域
            SetRect(&strhdr.rcFrame, 0, 0, bmpInfoHdr.biWidth, bmpInfoHdr.biHeight);
            AVIFileCreateStream(pFile,&ps,&strhdr);                     //创建数据流
            opts[0]->fccType = streamtypeVIDEO;                         //视频模式
            opts[0]->fccHandler = mmioStringToFOURCC("MSVC", 0);        //压缩编码
            opts[0]->dwQuality = 7500;
            opts[0]->dwBytesPerSecond = 0;
            opts[0]->dwFlags = AVICOMPRESSF_VALID || AVICOMPRESSF_KEYFRAMES;
            opts[0]->lpFormat = 0;
            opts[0]->cbFormat = 0;
            opts[0]->dwInterleaveEvery = 0;
            AVIMakeCompressedStream(&pComStream,ps,&pCompressOption,NULL);  //创建压缩数据流
            AVIStreamSetFormat(pComStream,0,&bmpInfoHdr,sizeof(BITMAPINFOHEADER));  //设置流格式
        }
        BYTE *buffer = new BYTE[bmpInfoHdr.biWidth * bmpInfoHdr.biHeight * 3];  //定义一个缓冲区
        fread(buffer, 1, bmpInfoHdr.biWidth * bmpInfoHdr.biHeight * 3, pf);     //读取图像信息到缓冲区
        AVIStreamWrite(pComStream, nFrames,1,(LPBYTE)buffer,bmpInfoHdr.biSizeImage,
                AVIIF_KEYFRAME, NULL,NULL);                             //向流中写入数据
        nFrames ++;                                                     //写下一帧
        fclose(pf);                                                     //关闭文件
        delete []buffer;                                                //释放缓冲区
    }
}
AVIStreamClose(ps);                                                     //关闭流文件
AVIStreamClose(pComStream);                                             //关闭流文件
if(pFile != NULL)
    AVIFileRelease(pFile);                                             //释放 AVI 文件接口
```

```
AVIFileExit();                                              //退出 AVIFile 函数库
}
```

秘笈心法

心法领悟 576：CFileFind 类的使用。

本实例中用到了 CFileFind 类来实现文件的查找，使用 CFileFind 类时首先调用 FindFile 方法设置所要查找的目录，该方法会获取目录下所有文件的列表，然后通过 FindNextFile 方法移动列表指针。通过 GetFilePath 方法获取指针所指的文件的路径，FindNextFile 方法需要在循环内不断地调用，直到方法返回 FALSE 值，表明指针已经移动到列表的末尾。

实例 577	将 AVI 动画分解成 BMP 位图	高级
	光盘位置：光盘\MR\15\577	趣味指数：★★★★☆

实例说明

本实例将实现把 AVI 文件分解成 BMP 位图文件。运行本实例，单击 "…" 按钮，选择一个 AVI 文件。单击 "分解" 按钮，即可将所选 AVI 文件分解成一组 BMP 位图文件，效果如图 15.39 所示。

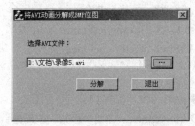

图 15.39　将 AVI 动画分解成 BMP 位图

关键技术

要实现将 AVI 动画分解成 BMP 位图的功能，首先要用 AVIFileInit 函数初始化 AVIFile 函数库，然后调用 AVIFileOpen 函数打开 AVI 文件。通过 AVIFileInfo 函数获得 AVI 文件信息，通过 AVIFileGetStream 函数获得视频流信息，通过 AVIStreamStart 函数获得起始帧数，通过 AVIStreamLength 函数获得视频流长度，通过 AVIStreamGetFrameOpen 函数在视频流中打开帧，通过 AVIStreamGetFrame 函数解压当前帧。根据当前帧数据生成 BMP 位图文件，调用 AVIStreamGetFrameClose 函数释放资源，通过 AVIFileRelease 函数关闭 AVI 文件，通过 AVIFileExit 函数退出 AVIFile 函数库。

本实例实现将 AVI 文件分解为 BMP 位图的功能，主要使用系统提供的一组 AVI 函数，下面对本实例中用到的关键技术进行详细讲解。

（1）AVIFileInfo 函数

AVIFileInfo 函数用于获得 AVI 文件信息，语法如下：
```
STDAPI AVIFileInfo( PAVIFILE pfile, AVIFILEINFO * pfi, LONG lSize );
```
参数说明

❶ pfile：表示一个缓冲区指针，用于接收 AVIFile 接口指针。

❷ pfi：AVIFILEINFO 结构指针，用于存储 AVI 文件信息。

❸ lSize：AVIFILEINFO 结构大小。

（2）AVIFileGetStream 函数

AVIFileGetStream 函数用于返回关联 AVI 文件的流接口的地址（流接口指针），语法如下：
```
STDAPI AVIFileGetStream( PAVIFILE pfile, PAVISTREAM * ppavi,DWORD fccType,LONG lParam);
```
AVIFileGetStream 函数中的参数说明如表 15.9 所示。

表 15.9　AVIFileGetStream 函数中的参数说明

参　　数	说　　明
pfile	表示打开的 AVI 文件句柄
ppavi	表示返回的流接口指针

续表

参　数	说　明
fccType	4 个字符的代码，表示视频流的类型。为 streamtypeAUDIO，表示音频流；为 streamtypeMIDI，表示 MIDI 流；为 streamtypeTEXT，表示文本流；为 streamtypeVIDEO，表示视频流
lParam	表示流类型的数量，即对所标识流类型访问的计数

（3）AVIStreamStart 函数

AVIStreamStart 函数用于返回流的起始帧号，语法如下：

```
STDAPI_(LONG) AVIStreamStart(PAVISTREAM pavi);
```

参数说明

pavi：表示流接口指针。

（4）AVIStreamLength 函数

AVIStreamLength 函数用于返回流的长度，即流中帧的数量，语法如下：

```
STDAPI_(LONG) AVIStreamLength(PAVISTREAM pavi);
```

参数说明

pavi：表示流接口指针。

（5）AVIStreamGetFrameOpen 函数

AVIStreamGetFrameOpen 函数用于从指定的视频流中解压视频帧，语法如下：

```
STDAPI_(PGETFRAME) AVIStreamGetFrameOpen(PAVISTREAM pavi, LPBITMAPINFOHEADER lpbiWanted);
```

参数说明

❶ pavi：表示流接口指针。

❷ lpbiWanted：表示视频流格式指针，定义了想要的视频格式。如果为 NULL，则将采用默认的格式。

（6）AVIStreamGetFrame 函数

AVIStreamGetFrame 函数用于获取流中指定帧的数据，语法如下：

```
STDAPI_(LPVOID) AVIStreamGetFrame( PGETFRAME pgf, LONG lPos);
```

参数说明

❶ pgf：表示帧指针，通常为 AVIStreamGetFrameOpen 函数的返回值。

❷ lPos：表示帧的位置。

（7）AVIStreamGetFrameClose 函数

AVIStreamGetFrameClose 函数用于释放解压视频帧的资源，语法如下：

```
STDAPI AVIStreamGetFrameClose( PGETFRAME pget );
```

参数说明

pget：表示 AVIStreamGetFrameOpen 函数返回的视频帧句柄。

■ 设计过程

（1）创建一个基于对话框的应用程序，将其窗体标题改为"将 AVI 动画分解成 BMP 位图"。

（2）向对话框中添加一个静态文本控件、一个编辑框控件和 3 个按钮控件。

（3）添加自定义方法 AviToBmp，该方法用于将一个 AVI 文件分解成一组 BMP 位图，代码如下：

```
void CDecomposeAviDlg::AviToBmp(CString AVIName, CString BmpDir)
{
PAVISTREAM ps;
PAVIFILE pfile;
AVIFileInit();                                          //初始化 AVIFile 函数库
AVIFileOpen(&pfile,AVIName,OF_READ, NULL);             //打开源文件
AVIFILEINFO pfinfo;
AVIFileInfo(pfile,&pfinfo,sizeof(AVIFILEINFO));
AVIFileGetStream(pfile, &ps, streamtypeVIDEO, 0 );     //获取视频流
long StartFrame = AVIStreamStart(ps);                  //获取流的起始帧
long FrameNum = AVIStreamLength(ps);                   //获取流的帧长度
//获取流信息
AVISTREAMINFO streaminfo;
```

```
AVIStreamInfo(ps,&streaminfo,sizeof(AVISTREAMINFO));
PGETFRAME pFrame;                                              //定义帧接口对象
pFrame=AVIStreamGetFrameOpen(ps,NULL);                         //在流中打开帧
LPBITMAPINFOHEADER bih;
bih = (LPBITMAPINFOHEADER) AVIStreamGetFrame(pFrame, 0);       //获得帧数据
BITMAPINFO Header;
memset(&Header,0,sizeof(BITMAPINFOHEADER));                    //分配内存
Header.bmiHeader.biBitCount=bih->biBitCount ;                  //像素位数
Header.bmiHeader.biSize = sizeof(BITMAPINFOHEADER);           //结构大小
        Header.bmiHeader.biWidth = pfinfo.dwWidth;            //图像宽度
Header.bmiHeader.biHeight = pfinfo.dwHeight;                   //图像高度
Header.bmiHeader.biPlanes = bih->biPlanes;                     //位面数
Header.bmiHeader.biCompression =BI_RGB;                        //图像数据压缩的类型
Header.bmiHeader.biXPelsPerMeter = 0;                          //水平分辨率
Header.bmiHeader.biYPelsPerMeter = 0;                          //垂直分辨率
BITMAPFILEHEADER FileH;
FileH.bfOffBits=sizeof(BITMAPFILEHEADER)+sizeof(BITMAPINFOHEADER);  //偏移量
FileH.bfSize=sizeof(BITMAPFILEHEADER);                         //文件大小
FileH.bfType = ((WORD)('M'<< 8)|'B');                          //文件类型
for(int i=StartFrame;i<FrameNum;i++)
{
    BYTE* pDIB = new BYTE[((((pfinfo.dwWidth*Header.bmiHeader.biBitCount)
        +31)/8)*pfinfo.dwHeight];                             //分配内存
    BYTE* lpbuff;
    lpbuff=pDIB;
    lpbuff=(BYTE*)AVIStreamGetFrame(pFrame,i);                //获得数据
    lpbuff+=40;
    CString FileName;
    FileName.Format("%04d.bmp", i);                           //格式化文件名
    CString strtemp = BmpDir;
    strtemp += "\\";
    strtemp += FileName;                                     //设置文件名
    CFile    ff(strtemp,CFile::modeWrite | CFile::modeCreate);  //创建文件
    ff.Write(&FileH, sizeof(FileH));
    ff.Write(&Header.bmiHeader, 40);
    ff.Write(lpbuff,(((pfinfo.dwWidth*Header.bmiHeader.biBitCount)+31)/8)*pfinfo.dwHeight);  //写入数据
    ff.Close();                                              //关闭文件
    delete[] pDIB;
}
AVIStreamGetFrameClose(pFrame);                               //释放解压视频帧的资源
AVIStreamClose(ps);                                          //关闭文件流
if(pfile != NULL)
    AVIFileRelease(pFile);                                   //释放 AVI 文件接口
AVIFileExit();                                               //退出 AVIFile 函数库
MessageBox("完成");
}
```

■ 秘笈心法

心法领悟 577：位图数据占用空间的计算。

BITMAPINFOHEADER 结构中包含了位图的属性信息，其中 biSizeImage 成员代表位图数据的大小，但是这个大小并不是位图长度与宽度的乘积。因为在 Windows 系统中规定位图的一行数据必须是 4 的倍数，不足 4 的倍数需要用 0 来填充，所以一行位图数据需通过公式((dwWidth*biBitCount)+31)/8 计算获得，其中 biBitCount 成员是位图中一个像素数据所占用的位数。

实例 578	AVI 文件压缩工具 光盘位置：光盘\MR\15\578	高级 趣味指数：★★★★☆

■ 实例说明

用户在日常的生活和工作中经常会用到一些 AVI 文件，如果是未经压缩的 AVI 文件，占用的空间会很大，

也不方便存储和传输。为了解决这个问题，可以将 AVI 文件进行压缩，本实例使用 Visual C++编写一个 AVI 文件压缩工具。运行程序，单击"…"按钮，选择一个 AVI 文件。单击另一个"…"按钮，选择压缩后的文件存储位置，单击"压缩"按钮，即可将所选的 AVI 文件进行压缩，效果如图 15.40 所示。

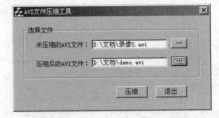

图 15.40　AVI 文件压缩工具

关键技术

要实现压缩 AVI 文件的功能，首先要打开一个 AVI 文件，获得该文件的信息，并逐一取出每一帧的数据，然后对当前帧数据进行压缩，将压缩后的视频帧写入另一个 AVI 文件中，最后关闭 AVI 文件，退出 AVIFile 函数库。

本实例中实现压缩 AVI 文件的功能时，主要用到了系统提供的 AVI 函数中的 AVIMakeCompressedStream 函数和 CFileDialog 类。

（1）AVIMakeCompressedStream 函数

AVIMakeCompressedStream 函数用于创建压缩视频数据流，语法如下：

```
STDAPI AVIMakeCompressedStream( PAVISTREAM * ppsCompressed, PAVISTREAM psSource, VICOMPRESSOPTIONS * lpOptions, CLSID * pclsidHandler );
```

AVIMakeCompressedStream 函数中的参数说明如表 15.10 所示。

表 15.10　AVIMakeCompressedStream 函数中的参数说明

参　　数	说　　明
ppsCompressed	压缩流接口指针
psSource	数据流接口指针
lpOptions	压缩模式
pclsidHandler	流句柄

（2）CFileDialog 类的构造函数

CFileDialog 类的构造函数用于构造一个"打开"对话框或者"另存为"对话框，语法如下：

```
CFileDialog( BOOL bOpenFileDialog, LPCTSTR lpszDefExt = NULL, LPCTSTR lpszFileName = NULL, DWORD dwFlags = OFN_HIDEREADONLY | OFN_OVERWRITEPROMPT, LPCTSTR lpszFilter = NULL,CWnd* pParentWnd = NULL );
```

CFileDialog 类的构造函数中的参数说明如表 15.11 所示。

表 15.11　CFileDialog 类的构造函数中的参数说明

参　　数	说　　明
bOpenFileDialog	如果值为 TRUE，则构造"打开"对话框。如果值为 FALSE，则构造"另存为"对话框
lpszDefExt	用于确定文件默认的扩展名，如果为 NULL，则没有扩展名被插入到文件名中
lpszFileName	确定编辑框中初始化时的文件名称，如果为 NULL，则编辑框中没有文件名称
dwFlags	用于自定义文件对话框
lpszFilter	用于指定对话框过滤的文件类型
pParentWnd	标识文件对话框的父窗口指针

设计过程

（1）创建一个基于对话框的应用程序，将其窗体标题改为"AVI 文件压缩工具"。

（2）向对话框中添加一个群组框控件、两个静态文本控件、两个编辑框控件和 4 个按钮控件。

（3）在文件 CompressAviDlg.cpp 内添加 vfw.h 和 MMSystem.h 头文件引用以及 vfw32.lib 和 winmm.lib 库文件引用。

（4）OnOK 方法用于实现"压缩"按钮的单击事件，实现打开原 AVI 文件，获取每一帧的数据，并将数据压缩后写入到新创建的 AVI 文件中，代码如下：

```
void CCompressAviDlg::OnOK()
{
UpdateData();
PAVISTREAM ps;                                                    //视频数据流
PAVISTREAM pstream;                                               //视频数据流数组
PAVISTREAM pComStream;                                            //压缩视频流
AVISTREAMINFO strhdr;
PAVIFILE pfile;                                                   //AVI 文件数组
int m_Start=0,m_Stop=0;                                           //起始帧和结束帧
PAVIFILE pfileto;
AVICOMPRESSOPTIONS pCompressOption;
AVICOMPRESSOPTIONS FAR * opts[1] = {&pCompressOption};
int nFrames = 0;
AVIFileInit();                                                    //初始化 AVIFile 函数库
AVIFileOpen(&pfile,m_Source,OF_READ, NULL);                       //打开源文件
AVIFILEINFO pfinfo;
AVIFileInfo(pfile,&pfinfo,sizeof(AVIFILEINFO));
AVIFileGetStream(pfile, &pstream, streamtypeVIDEO, 0 );           //获取视频流
AVISTREAMINFO streaminfo;
AVIStreamInfo(pstream,&streaminfo,sizeof(AVISTREAMINFO));         //获取流信息
PGETFRAME pFrame;                                                 //定义帧接口对象
pFrame   = AVIStreamGetFrameOpen(pstream,NULL);                   //在流中打开帧
m_Start = AVIStreamStart(pstream);                                //获取流的起始帧
m_Stop  = AVIStreamLength(pstream);                               //获取流的帧长度
m_Progress.SetRange(m_Start,m_Stop);
m_Progress.SetStep(1);
m_Progress.ShowWindow(SW_SHOW);
LPBITMAPINFOHEADER bih;
bih = (LPBITMAPINFOHEADER) AVIStreamGetFrame(pFrame, 0);          //获得数据流格式
BITMAPINFO Header;                                                //设置位图信息头
memset(&Header,0,sizeof(BITMAPINFOHEADER));
Header.bmiHeader.biBitCount = bih->biBitCount ;                   //像素位数
Header.bmiHeader.biSize = sizeof(BITMAPINFOHEADER);               //结构大小
Header.bmiHeader.biWidth = pfinfo.dwWidth;                        //图像宽度
Header.bmiHeader.biHeight = pfinfo.dwHeight;                      //图像高度
Header.bmiHeader.biPlanes = bih->biPlanes;                        //位面数
Header.bmiHeader.biCompression = BI_RGB;                          //图像数据压缩的类型
Header.bmiHeader.biXPelsPerMeter = 0;                             //水平分辨率
Header.bmiHeader.biYPelsPerMeter = 0;                             //垂直分辨率
AVIFileOpen(&pfileto,m_Compress,OF_WRITE | OF_CREATE,NULL);       //打开 AVI 文件
memset(&strhdr, 0, sizeof(strhdr));
strhdr.fccType = streamtypeVIDEO;                                 //设置视频模式
strhdr.fccHandler = 0;
strhdr.dwScale = 1;
strhdr.dwRate = (int)pfinfo.dwRate/pfinfo.dwScale;                //每秒帧数
strhdr.dwSuggestedBufferSize = Header.bmiHeader.biSizeImage;
SetRect(&strhdr.rcFrame,0,0,Header.bmiHeader.biWidth,Header.bmiHeader.biHeight);
AVIFileCreateStream(pfileto,&ps,&strhdr);                         //创建视频数据流
opts[0]->fccType = streamtypeVIDEO;                               //设置视频流
opts[0]->fccHandler = mmioStringToFOURCC("MSVC", 0);              //压缩模式
opts[0]->dwQuality = 7500;
opts[0]->dwBytesPerSecond = 0;
opts[0]->dwFlags = AVICOMPRESSF_VALID || AVICOMPRESSF_KEYFRAMES;
opts[0]->lpFormat = 0;
opts[0]->cbFormat = 0;
opts[0]->dwInterleaveEvery = 0;
AVIMakeCompressedStream(&pComStream,ps,&pCompressOption,NULL);    //创建压缩视频流
AVIStreamSetFormat(pComStream,0,&Header.bmiHeader,sizeof(BITMAPINFOHEADER));
for(int i=m_Start;i<m_Stop;i++)                                   //循环读取每一帧数据
{
    m_Progress.SetPos(i);
    BYTE* pDIB=new BYTE[((((pfinfo.dwWidth*Header.bmiHeader.biBitCount)+31)/8)*pfinfo.dwHeight];
    BYTE* lpbuff;
    lpbuff=pDIB;
    lpbuff=(BYTE *)AVIStreamGetFrame(pFrame,i);                   //获得当前帧数据
    lpbuff+=40;
    AVIStreamWrite(pComStream,nFrames ,1,(LPBYTE)lpbuff,
```

```
                (((pfinfo.dwWidth*Header.bmiHeader.biBitCount)+31)/8)*pfinfo.dwHeight,
            AVIIF_KEYFRAME,NULL,NULL);                              //写入到组合文件中
        nFrames++;
        delete[] pDIB;
    }
    AVIStreamGetFrameClose(pFrame);                                 //释放资源
    AVIStreamClose(pstream);
    if(pfile != NULL)
        AVIFileRelease(pfile);                                      //关闭当前打开的文件
    AVIStreamClose(pComStream);                                     //关闭压缩视频流
    AVIStreamClose(ps);                                             //关闭合成文件视频流
    if(pfileto != NULL)
        AVIFileRelease(pfileto);                                    //关闭合成文件
    AVIFileExit();                                                  //退出 AVIFile 函数库
    m_Progress.ShowWindow(SW_HIDE);                                 //隐藏滚动条
    MessageBox("压缩完成");
    //CDialog::OnOK();
}
```

■ 秘笈心法

心法领悟 578：UpdateData 方法的使用。

本实例中使用 CWnd 类的 UpdateData 方法将编辑框中的字符赋值给 CCompressAviDlg 类的成员，使用 UpdateData 方法前需要为对话框中的编辑框添加成员变量。方法是打开 MFC ClassWizard 对话框，在 Member Variables 选项卡中选择编辑框控件的 ID（Control IDs），单击 Add Variable 按钮添加，在弹出的 Add Member Variable 对话框中将 Category 设置为 Value。

实例 579	手写数字识别程序 光盘位置：光盘\MR\15\579	高级 趣味指数：★★★★☆

■ 实例说明

文字识别是图像识别的一部分，近年来出现了许多文字识别的软件。如今许多手机中都提供了手写信息的功能，这同样需要实现文字识别的功能。本实例中笔者设计了一个简单的手写数字识别程序，效果如图 15.41 所示。

■ 关键技术

手写数字识别关键是记录笔画及书写方向，根据这两个属性来区分不同的数字。

手写数字识别的难度在于其形状极多。对于规范的手写数字，可以采用模板匹配的方法。但是，由于每个人的字体不尽相同，导致数字或大或小，笔画或粗或细。采用模板匹配就行不通了，如图 15.42 所示。

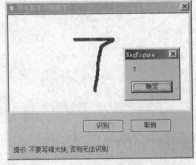

图 15.41　手写数字识别程序　　　　　　　　　　　图 15.42　手写数字

在图 15.42 中，虽然"2"的写法不同，但人眼一下就能识别出它们是"2"。分析原因，这两个字都是向

右、向左下、向右的书写顺序。其特征在于笔顺相同。本实例将以数字的笔顺为特征区别手写数字。为了记录数字的这些特征，笔者定义了一个结构，记录用户输入的数字信息，此结构是 Figure，该结构信息被置入模板中，搜索匹配的数字。

设计过程

（1）创建一个基于对话框的应用程序。

（2）在对话框中添加图片控件、按钮控件和静态文本控件。

（3）处理"识别"按钮的单击事件，开始识别数字，代码如下：

```
void CRegFigureDlg::OnMouseMove(UINT nFlags, CPoint point)
{
if (m_Buttondowned)
        if (m_rect.PtInRect(point))
        {
                CDC* pDC = m_Panel.GetDC();
                pDC->SelectObject(&pen);
                pDC->MoveTo(point);
                pDC->LineTo(CPoint(point.x+1,point.y+1));

                if (m_curpen>15)
                        return;
                if (point.x>m_Prept.x+30) //向右
                {
                        if (m_Figure.Direction[m_curpen]==none)
                                m_Figure.Direction[m_curpen] = right;
                        else if (m_Figure.Direction[m_curpen] != right)
                        {
                                m_curpen+=1;
                                m_Figure.Direction[m_curpen] = right;
                        }
                        m_Prept = point;
                }
                else if (point.y>m_Prept.y+30)
                {
                        if (m_Figure.Direction[m_curpen]==none)
                                m_Figure.Direction[m_curpen] = down;
                        else if (m_Figure.Direction[m_curpen] != down)
                        {
                                m_curpen+=1;
                                m_Figure.Direction[m_curpen] = down;
                        }
                        m_Prept = point;
                }
                else if (point.x<m_Prept.x-30)
                {
                        if (m_Figure.Direction[m_curpen]==none)
                                m_Figure.Direction[m_curpen] = left;
                        else if (m_Figure.Direction[m_curpen] != left)
                        {
                                m_curpen+=1;
                                m_Figure.Direction[m_curpen] = left;
                        }
                        m_Prept = point;
                }
                else if (point.y< m_Prept.y-30)
                {
                        if (m_Figure.Direction[m_curpen]==none)
                                m_Figure.Direction[m_curpen]= up;
                        else if (m_Figure.Direction[m_curpen] != up)
                        {
                                m_curpen+=1;
                                m_Figure.Direction[m_curpen] = up;
                        }
                        m_Prept = point;
                }
```

```
        }
CDialog::OnMouseMove(nFlags, point);
}

void CRegFigureDlg::DrawGrid(int row, int col)
{
CDC* pDC = m_Panel.GetDC();
CRect rect;
m_Panel.GetClientRect(rect);
for (int i = 0; i<row+1; i++)
{
        pDC->MoveTo(0,i*30);
        pDC->LineTo(rect.Width(),i*30);
}

for (int j = 0; j<col+1;j++)
{
        pDC->MoveTo(j*30,0);
        pDC->LineTo(j*30,rect.Height());
}
}

void CRegFigureDlg::OnOK()
{
DrawGrid(9,9);
}

void CRegFigureDlg::OnReg()
{
if (m_Figure.Direction[0]==down) //判断 1
        if (m_Figure.Direction[1]==none)
        {
                if ( m_Figure.DotCount == 1)
                {
                        MessageBox("1");

                        for (int i =0; i<16; i++)
                        {
                                m_Figure.Direction[i]= none;
                        }
                        m_Figure.DotCount = 0;
                        m_Panel.Invalidate();
                        return;
                }
        }

if (m_Figure.Direction[0]==right) //判断 7
        if (m_Figure.Direction[1]==down)
                if (m_Figure.Direction[2]==none)
        {
                if ( m_Figure.DotCount == 1)
                {
                        MessageBox("7");
                        for (int i =0; i<16; i++)
                        {
                                m_Figure.Direction[i]= none;
                        }
                        m_Figure.DotCount = 0;
                        m_Panel.Invalidate();
                        return;
                }
        }

if (m_Figure.Direction[0]==right) //判断 2
        if (m_Figure.Direction[1]==down)
        {
                if (m_Figure.DotCount == 1)
                {
                        if (m_Figure.Direction[2]==left)
```

```
                        {
                            if (m_Figure.Direction[3]==right)
                                if ( m_Figure.Direction[4]==none)
                                    {
                                        MessageBox("2");
                                        for (int i =0; i<16; i++)
                                        {
                                            m_Figure.Direction[i]= none;
                                        }
                                        m_Figure.DotCount = 0;
                                        m_Panel.Invalidate();
                                        return;
                                    }
                            else if (m_Figure.Direction[2]==right)
                            {
                                if (m_Figure.Direction[3]==none)
                                {
                                    MessageBox("2");

                                    for (int i =0; i<16; i++)
                                    {
                                        m_Figure.Direction[i]= none;
                                    }
                                    m_Figure.DotCount = 0;
                                    m_Panel.Invalidate();
                                    return;
                                }

                            }
                        }

                }

if (m_Figure.Direction[0]==right) //判断3
        if (m_Figure.Direction[1]==down)
            if (m_Figure.DotCount==1)
            {
                if (m_Figure.Direction[2]==left)
                    if (m_Figure.Direction[3]==right)

                    {
                            MessageBox("3");
                    }

                for (int i =0; i<16; i++)
                {
                        m_Figure.Direction[i]= none;
                }
                m_Figure.DotCount = 0;
                m_Panel.Invalidate();
                return;

            }

for (int i =0; i<16; i++)
{
    m_Figure.Direction[i]= none;
}
m_Figure.DotCount = 0;
m_Panel.Invalidate();
}
```

■ 秘笈心法

心法领悟579：鼠标在区域内的判断方法。

本实例使用 CRect 类的 PtInRect 方法判断鼠标是否落在指定的矩形区域内，如果在可以书写的区域内，则绘制用户书写的内容。

15.5 多媒体动画效果

实例 580	垂直百叶窗显示图片 光盘位置：光盘\MR\15\580	高级 趣味指数：★★★★☆

■ 实例说明

在一些多媒体教学软件中，常常可以看到图像的显示特效，包括图像之间的过渡特效，这些特效给软件本身增色不少。本实例将实现把图像以垂直百叶窗的形式显示出来。实例运行结果如图 15.43 所示。

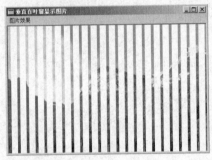

图 15.43 垂直百叶窗显示图片

■ 关键技术

本实例调用 BitBlt 方法对图像进行绘制。首先将图像按列分成 20 等份，然后在每等份的列中逐渐增加图像的显示宽度。当 20 等份图像分别显示完成后整个图像也绘制完成，绘制 20 等份图像的过程就显示出垂直百叶窗效果。本实例首先使用 CreateCompatibleDC 方法创建兼容的设备上下文，然后将位图选择到兼容的设备上下文中，最后通过 BitBlt 方法将兼容的设备上下文中的图像显示出来。

CreateCompatibleDC 是 CDC 类创建兼容的设备上下文的方法，语法如下：

```
virtual BOOL CreateCompatibleDC( CDC* pDC );
```

参数说明

pDC：指定一个要创建兼容的设备上下文的设备指针。

■ 设计过程

（1）创建基于单文档视图结构的应用程序。

（2）在 OnDraw 方法中绘制图像，代码如下：

```
void CShutterVPictureView::OnDraw(CDC* pDC)
{
CShutterVPictureDoc* pDoc = GetDocument();
ASSERT_VALID(pDoc);
int i,j;
CDC memdc;
CBitmap bitmap;
BITMAP bm;
bitmap.LoadBitmap(IDB_MYBITMAP);
GetObject(bitmap,sizeof(bm),&bm);
memdc.CreateCompatibleDC(pDC);
memdc.SelectObject(&bitmap);
if(bShutter)
{
        for(i=0;i<20;i++)
        {
```

```
        for(j=i;j<bm.bmWidth;j+=20)
        {
            pDC->BitBlt(j,0,1,bm.bmHeight,&memdc,j,0,SRCCOPY);
            Sleep(1);
        }
    }
    memdc.DeleteDC();
    bShutter=FALSE;
}
else
{
    pDC->BitBlt(0,0,bm.bmWidth,bm.bmHeight,&memdc,0,0,SRCCOPY);
    bShutter=FALSE;
    memdc.DeleteDC();
}
}
```

■ 秘笈心法

心法领悟 580：使用 BitBlt 方法实现单位宽度绘制。

使用 CDC 类的 BitBlt 方法的第三个参数设置图像的显示宽度，如果为 1 则表示只显示 1 列图像，倒数第三个参数则可以控制单列图像的列数，垂直百叶窗效果的绘制过程就是对图像逐列进行绘制的结果。

实例 581	水平百叶窗显示图片	高级
	光盘位置：光盘\MR\15\581	趣味指数：★★★★☆

■ 实例说明

本实例将一张图像垂直方向分成若干份，然后通过循环控制 BitBlt 方法将若干份图像一行像素一行像素地显示完全，效果如图 15.44 所示。

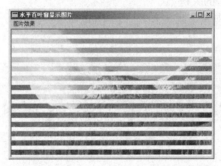

图 15.44　水平百叶窗显示图片

■ 关键技术

本实例调用 BitBlt 方法对图像进行绘制。首先将图像按行分成 20 等份，然后在每等份的行里逐渐增加图像的显示宽度。当 20 等份图像分别显示完成后，整个图像也绘制完成，绘制 20 等份图像的过程将显示出水平百叶窗效果。本实例使用 LoadBitmap 方法实现了资源中的位图与 CBitmap 对象的绑定。

LoadBitmap 方法可以实现加载资源中指定 ID 的位图，语法如下：

```
BOOL LoadBitmap( UINT nIDResource );
```

参数说明

nIDResource：资源中位图的 ID 值。

■ 设计过程

（1）创建基于单文档视图结构的应用程序。

（2）在 OnDraw 方法中绘制图像。

```
void CShutterVPictureView::OnDraw(CDC* pDC)
{
CShutterVPictureDoc* pDoc = GetDocument();
ASSERT_VALID(pDoc);
int i,j;
CDC memdc;
CBitmap bitmap;
BITMAP bm;
bitmap.LoadBitmap(IDB_MYBITMAP);
GetObject(bitmap,sizeof(bm),&bm);
memdc.CreateCompatibleDC(pDC);
memdc.SelectObject(&bitmap);
if(bShutter)
{
    for(i=0;i<20;i++)
    {
        for(j=i;j<bm.bmHeight;j+=20)
        {
            pDC->BitBlt(0,j,bm.bmWidth,1,&memdc,0,j,SRCCOPY);
            Sleep(1);
        }
    }
    memdc.DeleteDC();
}
else
{
    pDC->BitBlt(0,0,bm.bmWidth,bm.bmHeight,&memdc,0,0,SRCCOPY);
    bShutter=FALSE;
    memdc.DeleteDC();
}
}
```

■ 秘笈心法

心法领悟 581：水平百叶窗显示的关键点。

水平百叶窗同垂直百叶窗的实现原理基本相同，将 CDC 类的 BitBlt 方法的第 4 个参数设置为 1，即可显示一行图像。

实例 582	图片马赛克效果 光盘位置：光盘\MR\15\582	高级 趣味指数：★★★☆

■ 实例说明

马赛克效果主要指一个完整的图像被分成若干小块，然后随机地一个一个显示出来，直到将显示整幅图像。运行程序，选择"操作"→"马赛克"菜单以马赛克效果显示图像，效果如图 15.45 所示。

图 15.45　图片马赛克效果

■ 关键技术

本实例中将小块的宽和高设置为 10，然后计算出图像中含有小块的个数，最后使用函数 DrawDibDraw 用特效显示图像。

DrawDibDraw 函数可以将二进制图像数据显示到指定的设备上下文中，语法如下：

```
BOOL DrawDibDraw(HDRAWDIB hdd,HDC hdc,int xDst,int yDst, int dxDst,int dyDst,LPBITMAPINFOHEADER lpbi,LPVOID lpBits, int xSrc,int ySrc,int dxSrc,int dySrc,UINT wFlags);
```

DrawDibDraw 函数中的参数说明如表 15.12 所示。

表 15.12　DrawDibDraw 函数中的参数说明

参　　数	说　　明
hdd	指定 DrawDib 设备上下文句柄
hdc	指定设备上下文句柄
xDst，yDst	指定目标区域左顶点 X 轴坐标、Y 轴坐标
dxDst，dyDst	指定目标区域的宽度和高度
lpbi	指定 BITMAPINFOHEADER 结构对象，设置位图格式，需要正确设置结构对象，否则图像将无法正确显示
lpBits	指定位图数据的缓存
xSrc，ySrc	指定源图像数据左顶点横坐标、纵坐标
dxSrc，dySrc	指定源图像数据的宽度和高度
wFlags	指定绘制方式，取值 DDF_BACKGROUNDPAL 表示使用背景的调色板，取值 DDF_DONTDRAW 表示进行压缩不进行绘制

■ 设计过程

（1）创建单文档视图结构的应用程序。

（2）在工程中加入对 vfw.h 头文件和 vfw32.lib 库文件的引用。

（3）添加菜单项，设置 ID 属性为 ID_VIEW，设置 Caption 属性为"马赛克"，并通过类向导添加菜单实现方法 OnView，代码如下：

```
void CMosaicViewView::OnView()
{
if(m_hbmp==NULL||m_hDrawDib==NULL)return;
Invalidate();
int nTileSize=10;
int nTileNum=((m_size.cx+nTileSize-1)/nTileSize)*
((m_size.cy+nTileSize-1)/nTileSize);
POINT *pt=new POINT[nTileNum];
int x=0;
int y=0;
int i;
for(i=0;i<nTileNum;i++)
{
    pt[i].x=x;
    pt[i].y=y;
    x=x+nTileSize;
    if(x>m_size.cx)
    {
        x=0;
        y=y+nTileSize;
    }
}
BITMAPINFOHEADER RGB32BITSBITMAPINFO=
{sizeof(BITMAPINFOHEADER),m_size.cx,m_size.cy,
1,32,BI_RGB,0,0,0,0,0};
CPaintDC dc(this);
DrawDibRealize(m_hDrawDib,dc.GetSafeHdc(),TRUE);
```

```
double fMax=RAND_MAX;
for(i=nTileNum-1;i>=0;i--)
{
        int n=(int)((double)nTileNum*rand()/fMax);
        x=pt[n].x;
        y=pt[n].y;
        DrawDibDraw(m_hDrawDib,dc.GetSafeHdc(),10+x,10+y,nTileSize,nTileSize,
                &RGB32BITSBITMAPINFO,(LPVOID)pcol,
                x,y,nTileSize,nTileSize,DDF_BACKGROUNDPAL);
        pt[n].x=pt[i].x;
        pt[n].y=pt[i].y        ;
        Sleep(20);
}
delete[] pt;
DrawDibDraw(m_hDrawDib,dc.GetSafeHdc(),10,10,m_size.cx,m_size.cy,
        &RGB32BITSBITMAPINFO,(LPVOID)pcol,
        0,0,m_size.cx,m_size.cy,DDF_BACKGROUNDPAL);
}
```

■ 秘笈心法

心法领悟 582：DrawDibDraw 函数与 BitBlt 方法的区别。

DrawDibDraw 函数与 CDC 类的 BitBlt 方法都用于显示图像，但两者又有一定的区别。DrawDibDraw 函数主要用来显示真彩色图像，而 CDC 类的 BitBlt 方法主要用来显示带调色板的图像，DrawDibDraw 函数的性能要优于 CDC 类的 BitBlt 方法。

实例 583	滚动字体的屏幕保护 光盘位置：光盘\MR\15\583	高级 趣味指数：★★★★

■ 实例说明

本实例将创建一个水平滚动字体的屏幕保护程序。运行程序，一行字符串会在屏幕中由左向右滚动，效果如图 15.46 所示。

图 15.46　滚动字体的屏幕保护

■ 关键技术

本实例中使用 DrawText 方法绘制字符串，通过定时器不断改变 DrawText 方法的参数来改变字符输出的位置。

DrawText 方法可以实现在设备上下文中显示文本，语法如下：

```
int DrawText( const CString& str, LPRECT lpRect, UINT nFormat );
```

参数说明

❶ str：所要显示的字符串。

❷ lpRect：字符串输出的区域。

❸ nFormat：字符串在区域中的对齐方式。

改变 DrawText 方法的参数，主要就是改变 lpRect 参数所设置的值。

设计过程

（1）创建基于对话框的应用程序。

（2）设置对话框的属性为"没有 Title bar 属性"。

（3）在 OnInitDialog 方法中将程序全屏显示，并创建 thread 进程。

（4）在 OnPaint 方法中将对话框背景设置为黑色，创建一个新字体并输出字符串，代码如下：

```
void CTextScreenSaveDlg::OnPaint()
{

if (IsIconic())
{
//此处代码省略
}
else
{
CPaintDC dc(this);
CBrush brush(RGB(0,0,0));
CRect rect;
GetClientRect(rect);
dc.FillRect(&rect,&brush);
CFont font;
font.CreateFont(30,20,10,10,FW_NORMAL,FALSE,FALSE,0,
            ANSI_CHARSET,OUT_DEFAULT_PRECIS,
            CLIP_DEFAULT_PRECIS,
            DEFAULT_QUALITY,DEFAULT_PITCH|FF_SWISS,"");
dc.SelectObject(font);
dc.SetTextColor(RGB(0,255,255));                        //设置字体的颜色
dc.SetBkMode(TRANSPARENT);                              //设置字体的透明模式
TEXTMETRIC tm;
::GetTextMetrics(dc.GetSafeHdc(),&tm);
rect.SetRect(x,y,tm.tmMaxCharWidth*10,tm.tmHeight+y);
dc.DrawText("mingrisoft",&rect,DT_LEFT);               //向设备上下文中输出字符
    CDialog::OnPaint();
}
}
```

（5）thread 函数是线程的实现，实现字符串输出位置的改变，代码如下：

```
static UINT thread(LPVOID pParam)
{
CTextScreenSaveDlg *p=(CTextScreenSaveDlg*)pParam;

CDC *pDC=p->GetDC();
while(1)
{
    p->x+=10;
    if(p->x>p->iscreenx)
    {
        p->x=0;
        p->y+=20;
    }
    if(p->y>p->iscreeny)p->y=0;
    Sleep(10);
    p->Invalidate(FALSE);
}
return 0;
}
```

秘笈心法

心法领悟 583：屏幕保护程序的使用。

屏幕保护就是扩展名为.src 的应用程序，将应用程序扩展名.exe 改为.src 后存放在 system32 文件夹下，系统即可将应用程序识别为屏幕保护程序。

| 实例 584 | 相册屏幕保护程序
光盘位置：光盘\MR\15\584 | 高级
趣味指数：★★★★ |

■ 实例说明

本实例是一个显示所有指定文件夹下位图的屏幕保护程序。实例程序是在线程中向设备上下文输出位图的，效果如图 15.47 所示。

图 15.47　相册屏幕保护程序

■ 关键技术

本实例在一个线程中使用 CDC 类的 BitBlt 方法绘制图像，这样做的目的是在绘制图像的过程中可以响应用户的输入动作。通过改变 BitBlt 方法的前两个参数来改变图像的显示位置，使每张图像的显示位置都不相同。本实例中使用 GetSystemMetrics 函数获取桌面的显示尺寸。

GetSystemMetrics 函数可以获取系统相关的尺寸值，语法如下：

```
int GetSystemMetrics(int nIndex);
```

参数说明

nIndex：指定尺寸值 ID。可以获取窗体边框尺寸 SM_CXBORDER、窗体标题栏尺寸 SM_CYCAPTION 和窗体菜单尺寸 SM_CYMENU。

■ 设计过程

（1）创建基于对话框的应用程序。

（2）在 CScreenSaverDlg 类中定义 CPoint、int 和 CStringArray 型成员变量。

（3）在对话框初始化过程中将对话框设置为屏幕大小，并获取 pic 文件夹下所有位图文件的路径，同时启动线程 thread。

（4）在 OnPaint 方法内设置对话框的背景为黑色，代码如下：

```
void CScreenSaverDlg::OnPaint()
{
//删除向导生成的代码
CPaintDC dc(this);
CBrush brush(RGB(0,0,0));
CRect rect;
GetClientRect(rect);
dc.FillRect(&rect,&brush);
}
```

（5）thread 函数是线程的实现函数，在线程中按顺序循环显示位图，代码如下：

```
static UINT thread(LPVOID pParam)
{
```

```
CScreenSaverDlg *p=(CScreenSaverDlg*)pParam;
while(1)
{
    p->m_ipic++;
    if(p->m_ipic>=p->m_count)p->m_ipic=0;
    CDC dcmem;
    dcmem.CreateCompatibleDC(NULL);
    HBITMAP hbmp=(HBITMAP)::LoadImage(AfxGetInstanceHandle(),
    p->m_array.GetAt(p->m_ipic), IMAGE_BITMAP,
    0,0,LR_LOADFROMFILE|LR_DEFAULTCOLOR|LR_DEFAULTSIZE);
    BITMAP bm;
    GetObject(hbmp,sizeof(bm),&bm);
    dcmem.SelectObject(hbmp);
    int iscreenx=GetSystemMetrics(SM_CXSCREEN);
    int iscreeny=GetSystemMetrics(SM_CYSCREEN);
    if(p->x>iscreenx)p->x=0;
    if(p->y>iscreeny)p->y=0;
    CDC *pDC=p->GetDC();
    pDC->BitBlt(p->x,p->y,bm.bmWidth,bm.bmHeight,&dcmem,0,0,SRCCOPY);
    Sleep(2000);
    pDC->BitBlt(p->x,p->y,iscreenx,iscreeny,&dcmem,0,0,BLACKNESS);
    p->x+=80;
    p->y+=20;
    dcmem.DeleteDC();
}
return 0;
}
```

秘笈心法

心法领悟 584：随机数的产生。

本实例中图像的位置变化比较简单，图像的横坐标和纵坐标的变化值是固定的，可以对程序进行改进，使用随机值来移动图像。随机数的产生使用 srand 或 rand 函数实现，然后将产生的随机数与宽度和高度进行模运算，使其不移动到屏幕外。

实例 585	文字跟随鼠标 光盘位置：光盘\MR\15\585	高级 趣味指数：★★★☆

实例说明

在使用浏览器浏览网页时，有时会遇到文字跟随的网页特效，鼠标移动到哪里，网页上的浮动文字就跟随到哪里。本实例将在应用程序中模仿此特效，效果如图 15.48 所示。

关键技术

在视图中输出文字使用 CDC 类的 TextOut 方法即可实现，TextOut 方法可以设定文字的显示位置。在定时器中不断改变 TextOut 方法的参数可以实现动态文字的显示，在定时器中根据鼠标的位置设置文字的显示位置就实现了文字跟随鼠标移动的效果。

图 15.48　文字跟随鼠标

TextOut 方法可以在设备上下文中输出字符串，语法如下：

```
BOOL TextOut( int x, int y, const CString& str );
```

参数说明

❶ x：字符串输出起点的横坐标。

❷ y：字符串输出起点的纵坐标。

❸ str：将要显示的字符串。

■ 设计过程

（1）创建基于单文档视图结构的应用程序。

（2）在 OnDraw 方法中输出文字，代码如下：

```
void CCharFollowView::OnDraw(CDC* pDC)
{
CCharFollowDoc* pDoc = GetDocument();
ASSERT_VALID(pDoc);
for(int i=0;i<10;i++)
{
    pDC->TextOut(m_mousepoint[i].x,m_mousepoint[i].y,message[i]);
}
}
```

（3）在定时器 OnTimer 方法中变换文字的输出位置，代码如下：

```
void CCharFollowView::OnTimer(UINT nIDEvent)
{
for(int i=9;i>=1;i--)
{
    m_mousepoint[i].x=m_mousepoint[i-1].x+18;
    m_mousepoint[i].y=m_mousepoint[i-1].y;
}
m_mousepoint[0].x=m_point.x+18;
m_mousepoint[0].y=m_point.y;
Invalidate();
CView::OnTimer(nIDEvent);
}
```

■ 秘笈心法

心法领悟 585：文字绕鼠标转动。

本实例实现的是文字跟随鼠标移动，可以修改为使实例中的文字绕着鼠标转动。实现方法是首先获取鼠标的位置，然后以鼠标点为圆心根据角度计算出文字的显示位置，最后调用 TextOut 方法逐字符地显示，交换字符的位置即可实现转动效果。

实例 586	空间旋转字体	高级
	光盘位置：光盘\MR\15\586	趣味指数：★★★☆

■ 实例说明

本实例将实现视图中的文本绕空间一个点旋转，并且旋转到最前面的文本颜色同其他文本不同。实例运行结果如图 15.49 所示。

■ 关键技术

空间旋转字体主要利用变化字体的输出位置和大小来实现。在视图中输出文本使用 CDC 类的 TextOut 方法，然后在定时器内创建不同大小的字体，离屏幕方向最近的文本字体最大，离屏幕方向最远的文本字体最小，并且不断改变 TextOut 方法的参数来改变文本的输出位置。

图 15.49　空间旋转字体

■ 设计过程

（1）创建基于单文档视图结构的应用程序。

（2）在 SpaceTextView.cpp 文件内定义 CString 数组及旋转角度相关的全局变量。

（3）在 OnDraw 方法内循环输出 CString 数组中的文本，代码如下：

```
void CSpaceTextView::OnDraw(CDC* pDC)
{
CSpaceTextDoc* pDoc = GetDocument();
ASSERT_VALID(pDoc);
pDC->SelectStockObject(NULL_BRUSH);
pDC->SetBkMode(TRANSPARENT);
CFont font;
CBrush brush;
CPen pen;
if(bdraw)
{
        for(int i=0;i<10;i++)
        {
                font.CreatePointFont(fontsize[i],"宋体");
                CFont*oldfont=pDC->SelectObject(&font);
                pDC->SetTextColor(col[i]);
                pDC->TextOut(posx[i],10,str[i]);
                pDC->SelectObject(oldfont);
                font.Detach();
        }
}
}
```

（4）在定时器的实现方法 OnTimer 内，不断计算出文本输出的位置，代码如下：

```
void CSpaceTextView::OnTimer(UINT nIDEvent)
{
KillTimer(1);
Alpha=Alpha-I_Alpha;
for(int i=0;i<10;i++)
{
        Alpha1=Alpha+Decal*i;
        Cosine=cos(Alpha1);
        fontsize[i]=(Taille+30*Cosine)*7;
        posx[i]=Midx+100*sin(Alpha1);
        col[i]=RGB((27+Cosine*80+50),(127+Cosine*80+50),0);

}
bdraw=TRUE;
Invalidate();
SetTimer(1,50,NULL);
CView::OnTimer(nIDEvent);
}
void CSpaceTextView::OnSpace()
{
SetTimer(1,50,NULL);
```

■ 秘笈心法

心法领悟 586：鼠标控制空间字体旋转。

本实例实现的是空间字体的旋转，可以对实例进行修改实现图像的空间旋转显示，就是将 TextOut 方法替换为 BitBlt 方法。还可以修改为用鼠标拖动时旋转，实现方式是将定时器中的内容放置到鼠标左键抬起消息的实现方法内，只在鼠标左键抬起后旋转，并显示旋转的角度。

实例 587	文字水平滚动 光盘位置：光盘\MR\15\587	高级 趣味指数：★★★★☆

■ 实例说明

本实例将实现程序中的一行文字由左端逐渐向右移动，视图中有一个区域，当文字移出区域后字符回到起始位置，重新向右滚动。实例运行结果如图 15.50 所示。

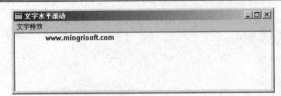

图 15.50　文字水平滚动

关键技术

本实例实现文字的移动，通过不断改变输出文字的位置即可实现文字水平滚动。本实例在视图中输出文字时使用了 DrawText 方法，不断改变 DrawText 方法的参数即实现了文字水平滚动，使用 CreateThread 函数创建一个新线程来显示文字。

CreateThread 函数可以实现启动一个线程。语法如下：

HANDLE CreateThread(LPSECURITY_ATTRIBUTES lpThreadAttributes,DWORD dwStackSize,LPTHREAD_START_ROUTINE lpStartAddress,
LPVOID lpParameter, DWORD dwCreationFlags,LPDWORD lpThreadId);

CreateThread 函数中的参数说明如表 15.13 所示。

表 15.13　CreateThread 函数中的参数说明

参　　数	说　　明
lpThreadAttributes	指向 SECURITY_ATTRIBUTES 结构的指针，包含线程的安全属性设置
dwStackSize	启动线程使用的堆栈的大小
lpStartAddress	线程实现体的地址
lpParameter	线程启动后所使用的数据
dwCreationFlags	创建线程后的操作，可以挂起线程
lpThreadId	获取启动后的线程 ID 值

设计过程

（1）创建基于单文档视图结构的应用程序。

（2）在 OnDraw 方法内绘制文字，代码如下：

```
void CFontHoriMoveView::OnDraw(CDC* pDC)
{
CFontHoriMoveDoc* pDoc = GetDocument();
ASSERT_VALID(pDoc);
pDC->DrawText("www.mingrisoft.com",&rc,DT_CENTER);
}
```

（3）thread 函数是线程的实现，代码如下：

```
DWORD WINAPI thread(LPVOID pParam)
{
CFontHoriMoveView* pdlg=(CFontHoriMoveView*)pParam;
for(int m=0;m<400;m++)
{
    pdlg->InvalidateRect(pdlg->rc,TRUE);
    pdlg->rc.left=m;pdlg->rc.top=0;pdlg->rc.right=140+m;pdlg->rc.bottom=50+m;
    Sleep(1);
}
return 0;
}
```

（4）OnRun 方法是菜单"文字特效"→"水平滚动"的实现，实现线程 thread 的启动，代码如下：

```
void CFontHoriMoveView::OnRun()
{
DWORD nThreadId;
HANDLE handle=
CreateThread(NULL,0,thread,(LPVOID)this,CREATE_SUSPENDED,&nThreadId );
//设置优先级为高于正常
SetThreadPriority(handle,THREAD_PRIORITY_ABOVE_NORMAL);
```

```
ResumeThread(handle);
}
```

秘笈心法

心法领悟 587：文字的消失方法。

本实例中文字在视图中的一定区域外消失，可以修改实例使其在整个视图区域外消失。实现方法是先使用 GetWindowClient 方法获取窗体的宽度和高度，然后使用 GetSystemMetrics 方法获取边线的宽度和高度，两个区域相减就是文字显示的区域。当文字超出该区域后，将文字放到起始位置重新显示。

实例 588	垂直滚动的字体 光盘位置：光盘\MR\15\588	高级 趣味指数：★★★★

实例说明

本实例将实现把一首诗垂直滚动显示，类似于网页的一种特效。实例运行结果如图 15.51 所示。

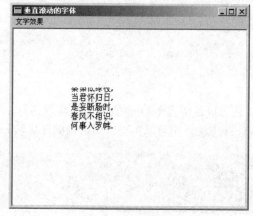

图 15.51　垂直滚动的字体

关键技术

本实例使用 CDC 类的 DrawText 方法输出文本，输出的文本使用字符 "\n" 分割，实现了多行显示。然后在文本的上方和下方分别创建了两个不透明的矩形作为遮挡区。文本移动到矩形区域下，就被矩形遮挡，进而实现了隐藏。两个矩形区域需要使用 NULL_PEN 类型的画笔，创建看不到边线的矩形。

设计过程

（1）创建基于单文档视图结构的应用程序。

（2）在 OnDraw 方法内显示字体，创建起遮挡作用的矩形区域，代码如下：

```
void CScrollTextView::OnDraw(CDC* pDC)
{
CScrollTextDoc* pDoc = GetDocument();
ASSERT_VALID(pDoc);
SelectObject(pDC->GetSafeHdc(),GetStockObject(NULL_PEN));
CString str;
str="燕草如碧丝,\n 秦桑低绿枝,\n 当君怀归日,\n 是妾断肠时,\n 春风不相识,\n 何事入罗帏.\n";
pDC->DrawText(str,&rc,DT_LEFT);
//定义两个矩形，遮挡不应显示的文本
pDC->Rectangle(100,0,200,100);
pDC->Rectangle(100,200,200,300);
}
```

（3）thread 函数是线程的实现，线程中通过循环来改变字体所在矩形的左顶点，代码如下：

```
DWORD WINAPI thread(LPVOID pParam)
{
CScrollTextView* pdlg=(CScrollTextView*)pParam;
//将字符所在矩形上移
for(int i=0;i<200;i++)
{
        pdlg->rc.top--;
        pdlg->Invalidate();
        Sleep(50);
}
pdlg->rc.top+=200;//恢复原来的情况
return 0;
}
```

（4）在视图的滚动消息实现方法中启动 thread 线程，代码如下：

```
void CScrollTextView::OnScroll()
{
DWORD nThreadId;
//启动线程
HANDLE handle=
CreateThread(NULL,0,thread,(LPVOID)this,CREATE_SUSPENDED,&nThreadId );
//设置优先级为高于正常
SetThreadPriority(handle,THREAD_PRIORITY_ABOVE_NORMAL);
ResumeThread(handle);
}
```

■ 秘笈心法

心法领悟 588：多行文字的显示。

本实例使用换行符实现换行，还可以使用多个 DrawText 方法实现换行，而且实例必须是整首诗显示完成后再重新显示。如果使用多个 DrawText 方法，则可以实现首尾连接循环显示。

实例 589	屏幕动画精灵	高级
	光盘位置：光盘\MR\15\589	趣味指数：★★★☆

■ 实例说明

在 Office、瑞星等应用软件中提供了一个动画精灵，即 Office 助手和瑞星小狮子，使程序增加了许多特色。在本实例中，笔者也设计了一个类似的动画精灵，效果如图 15.52 所示。

图 15.52　屏幕动画精灵

■ 关键技术

许多读者都知道，使用微软的 Agent 控件可以显示一个动画精灵，该控件是一个 ActiveX 控件，用户可以在许多编程语言中使用。

Agent 控件的使用是非常简单的，但是如何设计 ACS 文件呢？在微软的官方网站上提供了一个 ACS 文件，其中定义了一些角色的动作。但是如何自己定义 ACS 文件呢？如实现像瑞星小狮子的效果。

微软提供了一个 Agent 助手编辑工具,即 Microsoft Agent Character Editor,用户可以在微软的官方网站上找到。下面介绍如何使用 Agent 助手编辑工具设计 ASC 文件。

(1)启动 Agent 助手编辑工具,如图 15.53 所示。

(2)在 Name 编辑框中输入角色名称,如输入 MrAgent。在左边列表框中选择 Animations 选项,如图 15.54 所示。

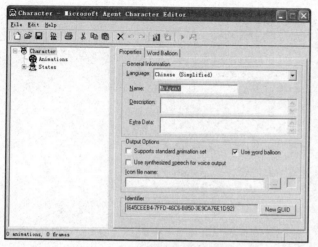

图 15.53　Agent 助手编辑器窗口

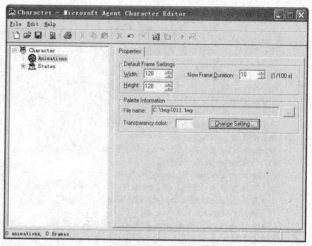

图 15.54　动作窗口

(3)在 File name 编辑框中设置动作的模板,即一个位图。然后在 Transparency color 选项中设置透明的颜色,本实例为白色。

(4)右击 Animations 选项,在弹出的快捷菜单中选择 New Animation 命令新建一个动画,如图 15.55 所示。

(5)右击创建的动画 Move,在弹出的快捷菜单中选择 New Frame 命令,添加一帧,如图 15.56 所示。

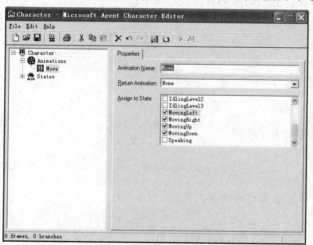

图 15.55　设置动画名称

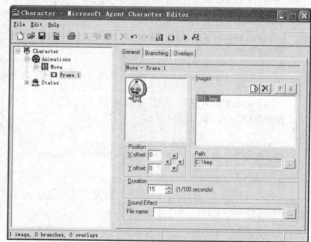

图 15.56　设置动画帧

(6)按照步骤(5)的方式添加其他图像帧。

(7)按照步骤(4)～(6)的方式创建 Show 和 Hide 动画,并设置相应的图像帧。在创建 Show 动画时,在 Assign to State 列表框中选中 Showing 复选框。在创建 Hide 动画时,在 Assign to State 列表框中选中 Hiding 复选框。

(8)选择 File 菜单下的 Build Character 命令编译文件,将生成 ASC 文件。

■ 设计过程

（1）创建一个基于对话框的工程，工程名称为 Office。

（2）向对话框中添加按钮控件，并导入 Agent ActiveX 控件。

（3）OnInitDialog 方法是对话框初始化的实现，在对话框初始化时加载角色，并设置角色的右键弹出式菜单，代码如下：

```
BOOL COfficeDlg::OnInitDialog()
{
//此处代码省略
char  szAppName[MAX_PATH] = {0};
GetModuleFileName(NULL, szAppName, MAX_PATH);                                //获取文件名称
char szDriver[128] = {0};
char szDir[128] = {0};
char szName[128] = {0};
char szExt[128] = {0};
_splitpath(szAppName, szDriver, szDir, szName, szExt);                       //分解目录
char szFullPath[128] = {0};
_makepath(szFullPath, szDriver, szDir, "Character1", "acs");                 //组合目录
COleVariant value1(szFullPath);
m_Agent.GetCharacters().Load("MrAgent", value1);                            //加载角色
m_Character = m_Agent.GetCharacters().Character("MrAgent");                 //获取角色
m_Character.SetAutoPopupMenu(FALSE);                                        //隐藏默认的菜单
IAgentCtlCommands pCommands;
pCommands.AttachDispatch(m_Character.GetCommands());
long enabled = 1;
long visibled = 1;
m_Agent.ShowOwnedPopups(FALSE);                                            //隐藏弹出式菜单
IAgentCtlCommandEx pCommand;
pCommand.AttachDispatch(pCommands.Add("Move", COleVariant("表演(&A)"), COleVariant(""),
                       COleVariant(enabled), COleVariant(visibled)));        //添加菜单
m_Menu.LoadMenu(IDR_MENU1);                                                //加载菜单
m_Agent.SetConnected(FALSE);
return TRUE;
}
```

（4）OnShow 方法用于实现"显示"按钮的单击事件，显示动画精灵，代码如下：

```
void COfficeDlg::OnShow()
{
m_Character = m_Agent.GetCharacters().Character("MrAgent");
long prm = 0;
COleVariant value(prm);
m_Character.Show(value);                                                   //显示动画精灵
}
```

（5）OnAct 方法用于实现"表演"按钮的单击事件，调用 ACS 文件中的 Move 动作，代码如下：

```
void COfficeDlg::OnAct()
{
CString str = "Move";
m_Character = m_Agent.GetCharacters().Character("MrAgent");
m_Character.Play(str);                                                     //执行 Move 动作
}
```

（6）OnHide 方法用于实现"隐藏"按钮的单击事件，隐藏动画精灵，代码如下：

```
void COfficeDlg::OnHide()
{
m_Character = m_Agent.GetCharacters().Character("MrAgent");
long prm = 0;
COleVariant value(prm);
m_Character.Hide(value);                                                   //隐藏动画精灵
}
```

■ 秘笈心法

心法领悟 589：IAgent 接口的使用。

屏幕动画精灵同桌面助手类似，实现原理都是调用 IAgent 接口。不同的是桌面助手实例直接引用了 IAgent

接口，而屏幕动画精灵调用的是 Office 的组件，该组件是对 IAgent 接口的封装，使用起来更加方便快捷。

15.6　游　　戏

实例 590	设计彩票抽奖机游戏 光盘位置：光盘\MR\15\590	高级 趣味指数：★★★★☆

■ 实例说明

随着经济的发展和人们生活水平的提高，福利彩票事业也有了一定的发展。如今的福利彩票多种多样，"彩民"可以自由选择。本实例中笔者设计了一个简单的彩票抽奖机游戏，单击"开始"按钮，7 个数字会随机变化，单击"停止"按钮，数字将停止变化。实例运行结果如图 15.57 所示。

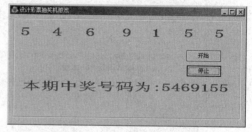

图 15.57　设计彩票抽奖机游戏

■ 关键技术

实现本实例的关键是如何随机获取小于 10 的数字。在 C 语言中，可以使用 rand 函数获取随机产生的数字。该函数的语法如下：

```
int rand( void );
```

rand 函数会随机产生很大的数，如何获取小于 10 的数字呢？笔者采用了求余的方法，即将 rand 产生的随机数除以 10，获得的余数就是小于 10 的随机数。例如：

```
int num = rand()%10;
```

■ 设计过程

（1）创建一个基于对话框的应用程序。

（2）在对话框中添加按钮控件和静态文本控件。

（3）从 CStatic 类派生一个子类，在该类中处理 WM_PAINT 消息，用于绘制标签文本。

本实例主要利用 rand 函数生成 0～9 的随机数。当用户单击"开始"按钮时，程序启动计时器，调用 rand 函数生成随机数，当用户单击"停止"按钮时关闭计时器；并将当前生成的随机数显示出来，代码如下：

```
void CLotteryDlg::OnTimer(UINT nIDEvent)
{
CString str;
int i;
switch (nIDEvent)
{
case 1:
        i = rand()%10;
        if (i<10)
        {
                str.Format("%i",i);
                m_num1.SetWindowText(str);
        }
break;
case 2:
        i = rand()%10;
        if (i<10)
        {
                str.Format("%i",i);
                m_num2.SetWindowText(str);
        }
break;
```

```
case 3:
     i = rand()%10;
     if (i<10)
     {
          str.Format("%i",i);
          m_num3.SetWindowText(str);
     }
break;
case 4:
     i = rand()%10;
     if (i<10)
     {
          str.Format("%i",i);
          m_num4.SetWindowText(str);
     }
break;
case 5:
     i = rand()%10;
     if (i<10)
     {
          str.Format("%i",i);
          m_num5.SetWindowText(str);
     }
break;
case 6:
     i = rand()%10;
     if (i<10)
     {
          str.Format("%i",i);
          m_num6.SetWindowText(str);
     }
break;
case 7:
     i = rand()%10;
     if (i<10)
     {
          str.Format("%i",i);
          m_num7.SetWindowText(str);
     }
break;
}
CDialog::OnTimer(nIDEvent);
}
```

■ 秘笈心法

心法领悟 590：随机数的产生方法。

rand 函数可以用来产生一个随机数，该函数属于 C 库中的函数，在 Visual C++中还可以使用另一个 C 库函数 srand 产生随机数。srand 函数与 rand 函数不同，srand 函数需要设置一个种子，这个种子一般为当前的时间值。

实例 591	拼图游戏 光盘位置：光盘\MR\15\591	高级 趣味指数：★★★☆

■ 实例说明

本实例实现了拼图游戏。运行程序，在"图像"菜单中可以选择程序中自带的图片或者用户自己选择图片，在"游戏"菜单中可以选择游戏的级别，选择"图像"→"图 02"菜单项，再选择"游戏"→"开始游戏"菜单项，即可进行游戏。实例运行结果如图 15.58 所示。

图 15.58 拼图游戏

关键技术

本实例使用代码创建一定数量的 Static 控件，然后通过 StretchBlt 函数把图片分块画到 Static 控件上，最后通过 WM_LBUTTONDOWN 和 WM_LBUTTONUP 事件控制 Static 控件的移动。

设计过程

（1）创建一个基于对话框的应用程序，将窗体标题改为"拼图游戏"。

（2）向窗体中添加一个静态文本控件，用来控制对话框的伸缩显示。

（3）向资源中添加一个菜单，并为菜单添加相应的节点。

（4）在 OnInitDialog 函数中创建 Static 控件并设计状态栏，代码如下：

```
::GetCurrentDirectory(256,buf);                                    //获取程序根目录路径
m_bExpand = false;
m_win = false;
UINT array[5];
for (int i=0;i<5;i++)
{
        array[i] = 1001+i;
}
m_statusbar.Create(this);                                          //创建状态栏
m_statusbar.SetIndicators(array,sizeof(array)/sizeof(UINT));       //添加面板
for (int n = 0; n<4;n++)
{
        m_statusbar.SetPaneInfo(n,array[n],0,155);                 //设置面板宽度
}
m_statusbar.SetPaneInfo(3,array[3],0,700);
CTime time;
time=time.GetCurrentTime();
CString stime;
stime.Format("当前时间：%s",time.Format("%y-%m-%d %H:%M:%S"));
m_statusbar.SetPaneText(0,stime);
tm = 0;
Gtime.Format("游戏时间：%d",tm);
m_statusbar.SetPaneText(1,Gtime);
m_statusbar.SetPaneText(2,"加油!");
RepositionBars(AFX_IDW_CONTROLBAR_FIRST,AFX_IDW_CONTROLBAR_LAST,0);

CRect rcDlg, rcMarker;
GetWindowRect(rcDlg);
m_nExpandedWidth = rcDlg.Width();
GetDlgItem(IDC_COMPART)->GetWindowRect(rcMarker);
m_nNormalWidth = (rcMarker.left - rcDlg.left);
Display();
```

```
for(int j=0;j<64;j++)
{
    Picture[j].Create("",WS_CHILD|WS_CLIPSIBLINGS|WS_EX_TOOLWINDOW|WS_BORDER,
        CRect(0,0,48,48),this,1200+i);
}
```

秘笈心法

心法领悟 591：使用 Draw3dRect 方法绘制按钮。

CDC 类的 Draw3dRect 方法经常用于控件自绘，使用该方法绘制一个矩形区域。由于矩形区域边线颜色不同，很容易形成立体效果，例如，将该方法的最后两个参数设置为 RGB（255,255,255）和 RGB（128,128,128），即可形成按钮效果。还可以利用该方法绘制凸起或凹陷的线条。

实例 592	网络五子棋	高级
	光盘位置：光盘\MR\15\592	趣味指数：★★★★☆

实例说明

相信许多读者都玩过五子棋游戏，是否想过自己设计一个五子棋游戏呢？本实例中笔者设计了一个五子棋游戏。实例运行结果如图 15.59 所示。

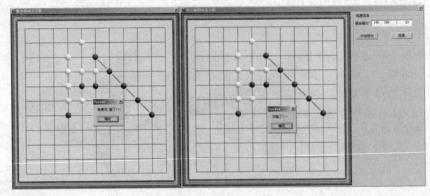

图 15.59　网络五子棋

关键技术

要实现五子棋游戏，关键问题是如何判断哪一方获胜。分析五子棋规则，当在横向、纵向、45°斜角、135°斜角有一个方向出现连续 5 个相同的棋子，则认为该方获胜。

在表格的每一个交叉点处都可以放置棋子。因此，有多少个交叉点就有多少个棋子。当一方在棋盘上放置一个棋子时，需要从 4 个方向判断是否有连续 5 个棋子出现。根据当前棋子，需要知道与其相邻的 8 个棋子（上、下、左、右、左上、右上、左下、右下），用以判断是否有连续 5 个棋子出现。可以定义一个棋子的结构，其中包含棋子的颜色、坐标点、临近节点等信息。

设计过程

（1）创建一个基于对话框的应用程序。
（2）从 CSocket 派生一个服务器套接字 CServerSock，改写 OnAccept 方法。
（3）从 CSocket 派生一个服务器套接字 CClientSock，改写 OnReceive 方法。
（4）在对话框类中添加 mIP 和 mPort 两个成员变量。
（5）向对话框中添加 DrawGrid 方法，绘制表格。
（6）向对话框中添加 GetNodeFromPoint 方法，根据坐标点返回棋子。

（7）处理对话框的 WM_LBUTTONDOWN 消息，根据坐标点在棋盘上放置棋子，并判断是否已获胜，代码如下：

```
//定义节点颜色
typedef enum NODECOLOR{ nWhite,nBlack,nNone};
//定义节点类
class NODE
{

public:
NODECOLOR m_Color;                          //棋子颜色
CPoint m_Point;                             //棋子坐标点
public:
NODE* m_pRecents[8];                        //临近棋子

BOOL m_IsUsed;                              //棋子是否被用
NODE(){m_Color = nNone;m_IsUsed=FALSE;}

~NODE(){ }
}
```

在对话框初始化时根据表格的交叉点坐标设置棋子的坐标点。由于表格中每一个单元格的高度和宽度是固定的，因此根据棋子的坐标点即可设置其临近的 8 个棋子，代码如下：

```
void CServerDlg::SetRecentNode(NODE* node)
{
//假设一个节点有 8 个临近节点
CPoint pt = node->m_Point;

//获得 8 个临近节点的坐标
/***************************
                *  *  *
                *  0  *
                *  *  *
    **********************************/

//左上方临近节点
CPoint pt1 = CPoint(pt.x-cx,pt.y-cy);
node->m_pRecents[0]= GetNodeFromPoint(pt1);
//上方临近节点
CPoint pt2 = CPoint(pt.x,pt.y-cy);
node->m_pRecents[1]= GetNodeFromPoint(pt2);
//右上方临近节点
CPoint pt3 = CPoint(pt.x+cx,pt.y-cy);
node->m_pRecents[2]= GetNodeFromPoint(pt3);
//左方临近节点
CPoint pt4 = CPoint(pt.x-cx,pt.y);
node->m_pRecents[3]= GetNodeFromPoint(pt4);
//右方临近节点
CPoint pt5 = CPoint(pt.x+cy,pt.y);
node->m_pRecents[4]= GetNodeFromPoint(pt5);
//左下方临近节点
CPoint pt6 = CPoint(pt.x-cx,pt.y+cy);
node->m_pRecents[5]= GetNodeFromPoint(pt6);
//下方临近节点
CPoint pt7 = CPoint(pt.x,pt.y+cy);
node->m_pRecents[6]= GetNodeFromPoint(pt7);
//右下方临近节点
CPoint pt8 = CPoint(pt.x+cx,pt.y+cy);
node->m_pRecents[7]= GetNodeFromPoint(pt8);
}
```

■秘笈心法

心法领悟 592：字节顺序。

不同的计算机结构有时使用不同的字节顺序存储数据。例如，基于 Intel 的计算机存储数据的顺序与 Macintosh（Motorola）计算机相反，通常用户不用担心这个字节顺序，在个别时候才需要从主机顺序转换为网络顺序。

实例 593	泡泡连连打 光盘位置：光盘\MR\15\593	高级 趣味指数：★★★★

■ 实例说明

泡泡连连打游戏是以 6 个泡泡为一组，共由 30 组组成，当相同的泡泡连接到一起时，用户双击泡泡可以将泡泡打掉，一次打掉的泡泡越多，用户获得的分数越高。在没有相连的泡泡时，程序会计算剩余的泡泡数量判断是否加分，剩余的泡泡越少，加的分数越多。当用户的得分超过通关分数时可以进入下一关的游戏，本实例通过 Visual C++制作了泡泡连连打游戏。运行本实例，单击"开始"按钮进入游戏界面，双击相连的泡泡可以得分。实例运行效果如图 15.60 所示。

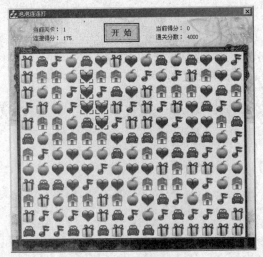

图 15.60　泡泡连连打

■ 关键技术

在设计泡泡连连打游戏时，首先要设置 6 种图片，每种 30 个，将这些图片打乱随机进行排列，当用户选中一个图片时，程序要判断当前图片的上、下、左、右 4 个方向上是否有相同的图片，如果有则全部设置为选中状态，用户单击处于选中状态下的图片时可以删除这些图片。在删除图片时上方的图片会自动下降填补空位，如果整列都没有图片，则右侧的图片自动向左移动填补空位，程序会根据处于选中状态的图片数量计算分数。选中的越多，得分越多，当所有相同的图片都没有连接在一起时，计算剩余的图片数量。图片剩得越少，加分越多，最后根据用户的得分与通关分数的比较结果判断用户是否可以进入下一关游戏。

■ 设计过程

（1）创建一个基于对话框的应用程序，将其窗体标题改为"泡泡连连打"。

（2）向对话框中添加 8 个静态文本控件和一个按钮控件。

（3）添加自定义函数 BubbleDown，该函数用于出现空位时，使上方的泡泡自动向下移动填补空位，代码如下：

```
void CHitBubbleDlg::BubbleDown()
{
for(int j=0; j<col-1;j++)
{
    for(int n=row-2;n>=0;n--)
    {
        for(int i=row-2;i>=0;i--)
        {
```

```
        if(m_Bubble[i][j].m_Color == NULLBUBBLE)                    //如果是空位
        {
                BUBBLE* tmp = m_Bubble[i][j].m_pRecents[0];         //获得当前泡泡的上方泡泡
                if(tmp != NULL)                                     //如果上方泡泡不为空
                {
                        m_Bubble[i][j].m_Color = tmp->m_Color;      //将上方泡泡值传给当前空位
                        tmp->m_Color = NULLBUBBLE;                  //设置上方泡泡为空位
                }
        }
    }
}
}
```

秘笈心法

心法领悟 593：加载位图资源。

CBitmap 类的 LoadBitmap 方法可以加载资源中的位图，位图在资源中都有一个 ID 值，此 ID 值定义在头文件 Resource.h 中。例如，语句 LoadBitmap(IDB_BUBBLE1+i)中 ID 值 IDB_BUBBLE1 在头文件内被定义为一个整数，所以 ID 值可以进行加法运算，利用这个原理可以使用循环对位图进行加载。

实例 594	扫雷 光盘位置：光盘\MR\15\594	高级 趣味指数：★★★☆

实例说明

在 Windows XP 系统中自带了一些小游戏，其中扫雷游戏受到了广大用户的欢迎，那么扫雷游戏是如何实现的呢？本实例通过 Visual C++来开发一款简单的扫雷游戏。运行本实例，单击"开始游戏"按钮，在蓝色的方块内单击可以翻开当前的方块，翻开后会显示空白、数字和地雷 3 种情况，用户可以右击标记地雷，并可以双击翻开数字周围的方块。实例运行结果如图 15.61 所示。

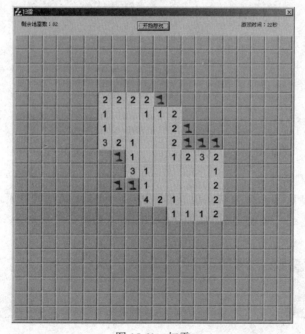

图 15.61　扫雷

▌关键技术

在设计扫雷游戏时，先在对话框中绘制软件的背景位图，绘制的位图是以一个网格为单位的，然后在网格中随机布雷，并通过算法计算无雷网格中应该显示的数字。如果当前网格周围的 8 个网格中没有地雷，则显示为空地，否则，周围的 8 个网格中有几个地雷则显示数字几。当用户翻开空地时，会自动翻开空地周围的数字，右击可以标记地雷，并可以取消地雷标记，用户胜利的条件是将所有地雷都标记出来。如果标记的位置都是地雷的位置则游戏胜利，标记数和地雷数是相同的，所以当标记用完而游戏还没有结束时，说明标记的地雷有错误，这样扫雷游戏即结束。

▌设计过程

（1）创建一个基于对话框的应用程序，将其窗体标题改为"扫雷"，选择 Minimize box 属性，使对话框具有最小化按钮。

（2）向工程中导入 12 个 BMP 位图资源。向对话框中添加两个静态文本控件和一个按钮控件。

（3）处理单击事件，在该事件的处理函数中根据网格状态进行显示。如果是空地则翻转周围网格，如果是地雷则结束游戏，代码如下：

```
void CSweepmineDlg::OnLButtonDown(UINT nFlags, CPoint point)
{
GRID* grid = GetLikeGrid(point);                        //获得当前网格
if(grid != NULL)
{
    grid->m_IsShow = TRUE;                              //显示当前网格
    if(grid->m_State == ncMINE)                         //如果当前网格是地雷
    {
        ShowAllMine();                                 //显示所有地雷
        Invalidate();                                  //重绘窗体
        KillTimer(1);                                  //关闭定时器
        MessageBox("你输了！");                         //提示用户游戏失败
        if(MessageBox("是否继续新游戏？","系统提示",MB_YESNO
            | MB_ICONQUESTION) == IDYES)               //询问用户是否重新游戏
        {
            OnButstart();                              //重新游戏
        }
        else
            OnCancel();                                //退出游戏
    }
    else if(grid->m_State == ncNULL)                    //如果当前网格是空地
        DownNullShow(grid);                            //显示周围网格
    Invalidate();                                      //重绘窗体
}
CDialog::OnLButtonDown(nFlags, point);
}
```

▌秘笈心法

心法领悟 594：屏幕的刷新方法。

本实例中使用 CWnd 的 Invalidate 方法实现屏幕刷新，Invalidate 方法的频繁调用会造成图像的闪烁。可以使用 InvalidateRect 方法替代，但 InvalidateRect 方法的使用需要不断计算刷新的区域，所以需要不断地计算显示数字的区域。

实例 595	黑白棋	高级
	光盘位置：光盘\MR\15\595	趣味指数：★★★★☆

▌实例说明

黑白棋又称翻转棋，是一款非常受用户欢迎的棋类游戏，可以分为人机对战和人人对战两种，本实例通过

Visual C++设计一款人人对战的黑白棋游戏。运行本实例，在黑白棋服务器端单击"服务器设置"按钮设置服务器，然后在黑白棋客户端单击"开始游戏"按钮连接服务器并开始游戏。实例运行结果如图 15.62 所示。

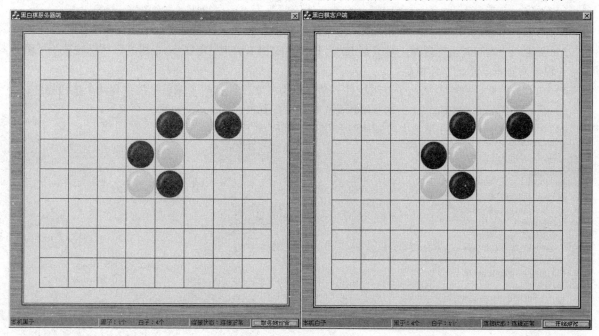

图 15.62　黑白棋

■ 关键技术

在设计黑白棋游戏时，由于是人和人之间的对战，所以要使用套接字设计网络连接。在对话框中绘制软件的背景位图，在背景中绘制纵、横各 8 个方格，黑白棋的棋子是落在方格中的，在落子时，两个相同颜色之间的不同颜色棋子将被转换为相同颜色的棋子。但是用户落子的位置需要注意，只有能将对方棋子转换为自己棋子的位置才可以落子，如果没有符合条件的落子位置，对方将连续落子。当棋盘中没有空格或者双方都不可以落子时，判断游戏结束，棋子多的一方将获得胜利，这样人人对战的黑白棋即设计完成。

在本实例中设计黑白棋游戏时，主要用 Send 方法和 Receive 方法进行数据的发送和接收，下面对本实例中用到的关键技术进行详细讲解。

（1）Send 方法

Send 方法用于发送数据到连接的套接字上，语法如下：

```
virtual int Send( const void* lpBuf, int nBufLen, int nFlags = 0 );
```

参数说明

❶ lpBuf：标识要发送数据的缓冲区。

❷ nBufLen：确定缓冲区的大小。

❸ nFlags：标识函数调用模式。

（2）Receive 方法

Receive 方法用于从一个套接字上接收数据，语法如下：

```
virtual int Receive( void* lpBuf, int nBufLen, int nFlags = 0 );
```

参数说明

❶ lpBuf：接收数据的缓冲区。

❷ nBufLen：确定缓冲区的长度。

❸ nFlags：确定函数的调用模式。

■ 设计过程

（1）创建一个基于对话框的应用程序，将其窗体标题改为"黑白棋服务器端"。

（2）向工程中导入 3 个 BMP 位图资源，用来绘制棋盘和棋子，并向对话框中添加一个按钮控件。

（3）创建一个新的对话框资源，修改其 ID 为 IDD_SETSERVER_DIALOG，将其窗体标题改为"服务器设置"，并设置对话框显示的字体信息。

（4）向新建的对话框中添加一个群组控件、两个静态文本控件、两个编辑框控件和两个按钮控件。

（5）通过类向导，以 CSocket 类为基类派生 CSrvSock 类和 CClientSock 类。

（6）在主窗体的 OnPaint 函数中绘制棋盘和棋子，代码如下：

```
CDC* pDC = GetDC();                                     //获得设备上下文
CBitmap bmp1,bmp2,bk;                                   //声明位图对象
CDC memdc;
memdc.CreateCompatibleDC(pDC);                          //创建兼容的设备上下文
bmp1.LoadBitmap(IDB_WHITE);                             //加载白棋图片
bmp2.LoadBitmap(IDB_BLACK);                             //加载黑棋图片
bk.LoadBitmap(IDB_CHESSBOARD);                          //加载棋盘图片
memdc.SelectObject(&bk);                                //选入棋盘对象
pDC->BitBlt(0,0,600,600,&memdc,0,0,SRCCOPY);            //绘制棋盘
DrawChessboard();
for (int m=0; m<row-1; m++)
{
    for (int n=0; n<col-1; n++)
    {
        if (m_NodeList[m][n].m_Color == ncWHITE)        //如果当前节点是白子
        {
            memdc.SelectObject(&bmp1);                  //选入白子对象
            pDC->BitBlt(m_NodeList[m][n].m_Rect.left+3,m_NodeList[m][n].m_Rect.top+3,
                55,55,&memdc,0,0,SRCCOPY);              //绘制白子
        }
        else if (m_NodeList[m][n].m_Color == ncBLACK)   //如果当前节点是黑子
        {
            memdc.SelectObject(&bmp2);                  //选入黑子对象
            pDC->BitBlt(m_NodeList[m][n].m_Rect.left+3,m_NodeList[m][n].m_Rect.top+3,
                55,55,&memdc,0,0,SRCCOPY);              //绘制黑子
        }
    }
}
bk.DeleteObject();
ReleaseDC(&memdc);
```

■ 秘笈心法

心法领悟 595：数据结构的对齐方式。

本实例使用了 SOCKET 库函数在网络中传输数据，在使用 send 函数发送数据结构对象时，需要将数据结构数据对齐方式设置为一致的，数据结构数据对齐方式通过 Project Settings 对话框的 C/C++选项卡下 Code Generation 目录下的 Struct member alignment 设置。

实例 596	俄罗斯方块	高级
	光盘位置：光盘\MR\15\596	趣味指数：★★★★☆

■ 实例说明

相信许多读者都玩过俄罗斯方块游戏，该游戏既可以锻炼反应能力，也可以提高思维能力。俄罗斯方块游戏的效果图如图 15.63 所示。

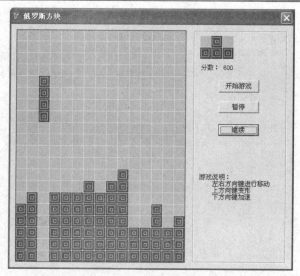

图 15.63 俄罗斯方块

■ 关键技术

在实现俄罗斯方块游戏时，涉及的技术比较简单，主要有两个。一个是在绘制表格时使用内存画布来绘制表格，减少屏幕刷新次数，另一个是随机产生不同类型的方块。首先将所有的绘图操作在内存画布上完成，然后在内存画布对象释放时，将其内容绘制到窗口中，这样在窗口中只进行了一次绘图，减少了屏幕的刷新次数。其次在游戏过程中，需要产生不同类型的方块，为此需要编写一个方法来生成方块。由于方块的基本类型只有7种，因此产生的类型必须在1～7之间。为此，需要使用随机函数 rand 与 7 进行取模运算。

在设计俄罗斯方块时，首先需要设计游戏的表格（CGrid 类），游戏中的表格由单元格（CCell 类）构成。在单元格对象中描述了所在表格的行和列索引、单元格是否被使用、单元格是否被固定（当图像移动到表格的底部时就不能再向下移动了）等信息。

俄罗斯方块中共有 7 种基本形状，基本类型可以按 90° 旋转，这样又可以变换出 12 种新的类型，为这些形状统一建一个类 CPiece。在 CPiece 类中，有一个关键的成员 m_ImagesPT，该成员是一个数组，其中包含了4 个 CPoint 对象。由于俄罗斯方块图像都占有 4 个单元格，因此使用 4 个 CPoint 对象描述每一个单元格坐标，这里的坐标是单元格的行和列索引。当游戏产生一个新的方块图像时，图像最左边的位置由 m_nLeftIndex 成员表示，顶部位置由 m_nTopIndex 成员表示。

游戏中显示方块时，将遍历 CPiece 的 m_ImagesPT 成员，读取每个元素表示的单元格坐标，通过该坐标定位表格中的单元格 CCell，将单元格 CCell 的 m_bUsed 成员设置为 TRUE，然后调用表格 CGrid 的 DrawGrid 方法绘制表格，使方块显示在表格中。

在游戏进行中，默认时方块会向下移动，用户也可以使用左右方向键移动图像。为了能够移动图像，需要设置 CPiece 类的 m_nLeftIndex 成员和 m_nTopIndex 成员，然后重新设置 CPiece 类的 m_ImagesPT 成员，最后绘制表格即可实现移动图像的效果。

■ 设计过程

（1）创建一个基于对话框的工程，工程名称为 RussianGrid。

（2）向对话框中添加图片、按钮、静态文本和群组框等控件。

（3）向对话框中添加 HorMovePiece 方法，当用户按左右方向键时左右移动方块图像，代码如下：

```
void CRussianGridDlg::HorMovePiece(int nOffset)
{
    if (m_Piece.m_bMoving == FALSE)                    //方块是否处于移动过程中
    {
```

```
        return;
}
BOOL bLeftMove = (nOffset < 1)? TRUE: FALSE;              //防止左右穿透图像
if (!m_pGrid->IsAllowHorMove(m_Piece, bLeftMove))
{
        m_bKeyDown = FALSE;                              //如果不能左右移动，则在 OnTimer 中继续向下移动
        return;
}

m_Piece.MovePiece(m_Piece.m_nLeftIndex + nOffset , m_Piece.m_nTopIndex);
for(int i=0; i<4; i++)                                   //显示图像
{
        int nX = m_Piece.m_ImagesPT[i].x;
        int nY = m_Piece.m_ImagesPT[i].y;
        m_pGrid->m_CellGrid[nY][nX].m_bUsed = TRUE;
}
m_pGrid->DrawGrid(GetDC());                              //绘制表格
for( i=0; i<4; i++)                                      //在绘制下一次图像时使之前的图像消失
{
        int nX = m_Piece.m_ImagesPT[i].x;
        int nY = m_Piece.m_ImagesPT[i].y;
        m_pGrid->m_CellGrid[nY][nX].m_bUsed = FALSE;
}
//获取当前方块所在列对应的底部行索引
BOOL bRet = m_pGrid->GetBottomRowIndex(m_Piece.m_nLeftIndex, m_Piece.m_nWidth, m_Piece);
if (bRet)
{
        for( i=0; i<4; i++)
        {
                int nX = m_Piece.m_ImagesPT[i].x;
                int nY = m_Piece.m_ImagesPT[i].y;
                m_pGrid->m_CellGrid[nY][nX].m_bUsed = FALSE;
                if (m_nKeyDown > 3)
                {
                        m_pGrid->m_CellGrid[nY][nX].m_bFixed = TRUE;
                        m_Piece.m_bMoving = FALSE;
                        GradeHandle(m_Piece);                    //计算成绩
                        if (GameOver())                          //判断游戏是否结束
                        {
                                m_bGameRunning = FALSE;
                                MessageBox("游戏结束!");
                        }
                }
        }
}
```

■ 秘笈心法

心法领悟 596：FrameRect 方法的使用。

本实例中使用 CDC 类的 FrameRect 方法绘制区域的边框，该方法与 Draw3dRect 方法类似，不同的是 Draw3dRect 方法将区域分为两组进行绘制，显示立体效果，FrameRect 方法使用一种颜色对区域四周进行绘制。

实例 597	20 点游戏	高级
	光盘位置：光盘\MR\15\597	趣味指数：★★★☆

■ 实例说明

20 点游戏是指游戏的双方比较牌面的点数，如果点数在 20 点或 20 点以内，点数大的为赢家。如果点数相同，则庄家输。如果某一方点数大于 20 点，则该方输。其中牌面 1～10 分别对应点数 1～10，牌面为 J、Q、K，点数均为 1。根据该规则，笔者设计了一个 20 点游戏。实例运行结果如图 15.64 所示。

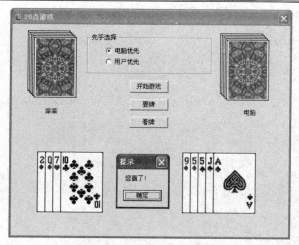

图 15.64　20 点游戏

■ 关键技术

根据游戏规则，首先在用户要牌时实现从 52 张牌中随机产生一个不重复的牌面，然后计算用户的牌面点数，如果点数大于 20，则认为输。当用户看牌时，计算计算机的牌面点数和用户的牌面点数，点数大（20 点以内包括 20 点）的一方为获胜方。

在设计 20 点游戏时，核心技术就是牌面的设计。每一个牌面需要有一个牌号，标识每一张牌，牌号范围为 1～52，牌面还需要有一个 ID 号，也用于标识牌面，但是不区分牌的类型（黑桃、红桃、梅花、方块），取值范围为 1～13，其中 1～10 分配对应牌面 1～10，11～13 对应牌面 J、Q、K。牌面还需要一个属性标识牌值，即牌的点数。牌面 1～10 分别对应牌值 1～10，牌面 J、Q、K 的牌值均为 1。

根据上面的描述，设计一个卡片类 CCard，该类派生于 CStatic 类，用于显示牌面。

为了方便显示图像，在 CCard 类中规定 m_nCardNumber 成员与 m_nCardID 成员、m_CardType 成员和 m_nCardValue 成员是相关的。例如，m_nCardNumber 为 1，则表示 m_nCardID 为 1（A），m_CardType 为 CT_Black（黑桃），m_nCardValue 为 1。m_nCardNumber 为 2，则表示 m_nCardID 为 1（A），m_CardType 为 CT_Red（红桃），m_nCardValue 为 1。而 m_nCardNumber 为 7，则表示 m_nCardID 为 2，m_CardType 为 CT_Clubs（梅花），m_nCardValue 为 2。这样，在生成一个牌号时，即可确定该牌面的类型、牌 ID 和牌值。

接下来的任务是显示牌面的图像。为了方便管理图片，笔者将牌面以 1×4 的形式排列，形成一个位图。

程序中使用图像列表数组将 13 个（1～10、J、Q、K）位图按顺序加载到图像列表数组的每一个元素中。当需要显示一个牌面时，根据牌号确定该牌面的牌值，从图像列表数组中确定一个图像列表控件，然后根据牌面类型确定输出位图的哪一部分（共 4 部分）。

■ 设计过程

（1）创建一个基于对话框的工程，工程名称为 TwentyPoint。

（2）向对话框中添加图片、按钮、静态文本和单选按钮等控件。

（3）向对话框中添加 ComputerClubs 方法，用于实现计算机要牌，代码如下：

```
void CTwentyPointDlg::ComputerClubs()
{
label:
int nCount = m_ComputerList.GetCount();              //获取当前计算机要牌数量
CCard*pCard;
int nCard = RandomCard();                            //产生随机牌面
int nImageType = nCard % CARD_TYPECOUNT;             //确定牌面类型
nImageType --;
if (nImageType == -1)
{
```

```
        nImageType = CARD_TYPECOUNT - 1;
}
pCard    = new CCard(&m_ImgList[nImageType]);                          //构建卡片控件
int nLeft = 0;
nLeft = nCount*15 + 330;
int nTop = 240;
//创建卡片控件
pCard->Create("", WS_VISIBLE|WS_CHILD, CRect(nLeft, nTop, nLeft + CARD_WIDTH, nTop + CARD_HEIGHT), this);
pCard->SetCardNumber(nCard);                                          //设置卡片号码
pCard->ShowCardBK(TRUE);                                              //显示卡片背景
m_ComputerList.AddTail(pCard);                                        //添加卡片到列表中
pCard->Invalidate();                                                 //更新卡片窗口
int nNumber = CalcNumber(FALSE);                                     //计算分数
if (nNumber > 20)                                                    //超过了 20 点，用户赢了
{
        ShowCard();
        MessageBox("您赢了!", "提示");
        m_UserPrior = TRUE;
        InitCardList();
        InitCardNumbers();
}
else
{

        if (m_UserPrior)                                             //如果用户先手
        {
                int nUserNumber = CalcNumber(true);                 //计算用户分数
                if (nNumber > nUserNumber)                          //比较分数
                {
                        ShowCard();                                 //计算机看牌，显示计算机牌面
                        m_UserPrior = TRUE;
                        MessageBox("您输了!", "提示");              //计算机赢
                        InitCardNumbers();
                        InitCardList();
                }
                else
                {
                        goto label;                                 //继续要牌
                }
        }
        else if (nNumber < 12)                                       //计算机先手，小于16点继续要牌
        {
                goto label;                                          //继续要牌
        }
}
}
```

（4）处理"看牌"按钮的单击事件，比较用户牌面点数和计算机牌面点数大小，代码如下：

```
void CTwentyPointDlg::OnLookCard()
{
        if (m_CardList.GetCount() > 0)
        {
                if (m_UserPrior)                                     //如果用户先手
                {
                        ComputerClubs();                             //计算机开始要牌
                }
                else
                {
                        if (m_ComputerList.GetCount() < 1)           //如果计算机没有要牌
                                ComputerClubs();                     //计算机开始要牌
                        int nUserNumber = CalcNumber(TRUE);          //计算用户点数
                        int nComNumer =   CalcNumber(FALSE);         //计算计算机点数
                        if (nUserNumber > nComNumer)
                        {
                                ShowCard();                          //显示计算机牌面
                                MessageBox("您赢了!", "提示");
                        }
                        else
                        {
```

```
            ShowCard();                          //显示计算机牌面
            MessageBox("您输了!", "提示");
        }
        m_UserPrior = TRUE;
        InitCardList();                          //初始化卡片
        InitCardNumbers();                       //初始化卡号
    }
  }
}
```

■ 秘笈心法

心法领悟 597：goto 语句的使用。

本实例中用到了 goto 语句，使用该语句时需要特别注意，在应用程序中不可大量使用，如果使用过多会使程序很难调试。

实例 598	幸运转盘 光盘位置：光盘\MR\15\598	高级 趣味指数：★★★★

■ 实例说明

幸运转盘是一款转盘抽奖游戏，本实例将实现这样一款游戏。单击转盘中央的"开始"按钮后，转盘开始转动，转盘停止后，指针会指向不同的奖品。实例运行结果如图 15.65 所示。

图 15.65　幸运转盘

■ 关键技术

程序可以使用多个图片来完成，最底层为背景图，中间层为转盘图，最上边为指针图。只要让转盘图按照中心点旋转即可实现最终的效果。可以使用 PNG 格式的图片，然后使用 GDI+库实现图片的旋转。

程序的难点体现在如何使用 GDI+库实现图片的旋转。PNG 图片可以先转化为流，然后通过 GDI+库的 Image 类打开，绘制时需要使用 Graphics 类的 DrawImage 函数，旋转需要使用矩阵 Matrix 类来实现，GDI+中有两个旋转函数 Rotate 和 RotateAt。两者的区别是后者可以指定旋转点，用 Matrix 类实现旋转，其实质就是进行坐标的转换。

坐标的转换过程是首先定义单位矩阵，将原点设置为（0,0），然后在单位矩阵上运行旋转函数，旋转函数通过旋转角度可以改变单位矩阵的值，最后通过坐标变换函数即可实现将指定点转换为旋转后的点。

📢 注意：GDI+库有独立的头文件以及链接库，使用时应设置 Visual C++的搜索路径（Tools/Options/Directories）使编译器能够找到头文件及链接库。

■ 设计过程

（1）创建对话框应用程序。

（2）将 PNG 图片添加到工程内，并建立 PNG 资源组，将背景图的 ID 属性设置为 IDR_BK，将转盘图的 ID 属性设置为 IDR_DISK，将"开始"按钮图片的 ID 属性设置为 IDR_START，将按下"开始"按钮后的图片 ID 属性设置为 DR_STOP。

（3）在 StdAfx.h 文件中添加 gdiplus.h 头文件和 gdiplus.lib 库文件的引用。

（4）OnInitDialog 方法是对话框初始化的实现，首先从动态链接库 User32 中获取 UpdateLayeredWindow 函数，然后调用 ImageFromIDResource 函数创建 PNG 图片的 Image 指针，最后通过 DrawDisk 函数绘制出图片。

```
BOOL CDiskDlg::OnInitDialog()
{
CDialog::OnInitDialog();
//此处代码省略
this->MoveWindow(0,0,700,700);                          //设置窗体宽和高
GdiplusStartup(&m_pGdiToken,&m_Gdiplus,NULL);           //创建 GDI+句柄
m_hInstance = LoadLibrary("User32.DLL");                //加载 User32.DLL 动态链接库
if(m_hInstance)                                         //使指针指向链接库中 UpdateLayeredWindow 函数
     UpdateLayeredWindow=(MYFUNC)GetProcAddress(m_hInstance,
            "UpdateLayeredWindow");
else
{
     MessageBox("链接库加载失败","提示",MB_OK);
     exit(0);
}
time_t t;                                               //声明时间结构变量
m_iRand = time(&t);                                     //获取时间，用于随机种子
m_Blend.BlendOp=0;                                      //设置操作系统
m_Blend.BlendFlags=0;                                   //属性标识设置
m_Blend.AlphaFormat=1;                                  //设置 Alpha 格式
m_Blend.SourceConstantAlpha=255;                        //设置 Alpha 颜色
ImageFromIDResource(IDR_DISK,"PNG",m_pImageDisk);       //创建转盘图片流
ImageFromIDResource(IDR_BK,"PNG",m_pImageBk);           //创建背景图片流
ImageFromIDResource(IDR_START,"PNG",m_pImageStart);     //创建"开始"按钮图片流
ImageFromIDResource(IDR_STOP,"PNG",m_pImageStop);       //创建按下的"开始"按钮图片流
m_StartWidth  =m_pImageStart->GetWidth();              //获取"开始"按钮图片的宽度
m_StartHeight =m_pImageStart->GetHeight();             //获取"开始"按钮图片的高度
DrawDisk();                                             //绘制图片
return TRUE;
}
```

（5）DrawDisk 方法用于绘制图片。首先创建一个兼容的设备上下文，并加载一个内存位图，然后将 Graphics 对象绑定到设备上下文中，定义绘制图片所使用的 3 个点的坐标，然后通过 DrawImage 函数将图片绘制出来。对于需要旋转的图片需要定义一个单位矩阵，单位矩阵需要 3 个点的坐标，分别是左上、右下和中心点，使用 RotateAt 函数旋转矩阵后，即可通过 TransformPoints 改变指定的坐标。最后仍然通过 DrawImage 函数将图片绘制出来。使用 GDI+显示 PNG 图片需要使用窗体的特殊层，通过函数 UpdateLayeredWindow 可以使用特殊层，并通过 GetWindowLong 函数修改窗体的原有属性。

（6）自定义方法 ImageFromIDResource 可以将资源内的图片转换为流。首先使用 FindResource 找到资源，然后将资源的内容读取到由 GlobalAlloc 分配的缓存中，最后根据 HGLOBAL 对象生成流。

秘笈心法

心法领悟 598：矩阵的变换实现旋转。

Matrix 类的 RotateAt 方法可以实现图像绕自身的某个点进行旋转。如果想要实现图像绕指定点旋转则需要使用 Rotate 方法，这两个方法都对单位矩阵进行旋转变换，最后通过 TransformPoints 方法将单位矩阵应用到图像所在的矩阵。

实例 599	抓不住的兔子 光盘位置：光盘\MR\15\599	高级 趣味指数：★★★★☆

实例说明

本实例就是一款休闲小游戏，鼠标指针变为一只金黄色的小手，用户可以通过移动鼠标来抓兔子（永远也抓不到的，鼠标一旦接近兔子，兔子就会随机出现在其他的位置）。实例运行结果如图 15.66 所示。

图 15.66　抓不住的兔子

关键技术

本实例首先要将兔子的背景抠除，然后通过新创建的按钮类的静态成员函数获得兔子的移动范围。当鼠标移动到按钮范围内时，随机设置要移动的新坐标，并在新的位置显示兔子，使用户无法抓捕兔子。如何使用户无法抓捕兔子呢？主要是判断鼠标和按钮之间的关系，如果鼠标移动到按钮范围内，就将按钮移动到新的位置，要判断鼠标是否移动到按钮范围内可以使用 PtInRect 方法。

PtInRect 方法用于判断一个指定的点是否在矩形区域内，语法如下：

```
BOOL PtInRect( POINT point ) const;
```

参数说明

point：要进行判断的点的坐标。

返回值：如果点位于矩形区域中，则返回非 0 值，否则返回 0。

■ 设计过程

（1）创建一个基于对话框的应用程序，修改其 Caption 属性为"抓不住的兔子"。

（2）向工程中导入位图资源和鼠标指针文件，分别为程序背景、按钮背景和鼠标设置显示形状。

（3）向对话框中添加一个按钮控件。设置按钮控件的 Owner Draw 属性。

（4）以 CButton 类为基类派生一个 CMoveButton 类。

（5）覆写 CMoveButton 类的 DrawItem 虚拟方法，实现按钮外观的绘制，代码如下：

```cpp
void CMoveButton::DrawItem(LPDRAWITEMSTRUCT lpDrawItemStruct)
{
CRect rect;
GetClientRect(rect);
CDC dc;
dc.Attach(lpDrawItemStruct->hDC);

CDC     memDC;
CBitmap     bitmap;                                          //声明位图对象
CBitmap* bmp = NULL;
COLORREF col;
CRect rc;
int     x, y;
CRgn rgn, tmp;
GetWindowRect(&rc);                                         //获得窗体区域
bitmap.LoadBitmap(IDB_BITMAPCONEY);                         //装载模板位图
memDC.CreateCompatibleDC(&dc);                             //创建与内存兼容的设备上下文
bmp = memDC.SelectObject(&bitmap);
rgn.CreateRectRgn(0, 0, rc.Width(), rc.Height());         //初始化区域
//计算得到的区域
for (x=0; x<=rc.Width(); x++)
{
    for (y=0; y<=rc.Height(); y++)
    {
        //将背景部分去掉
        col = memDC.GetPixel(x, y);                         //得到像素颜色
        if (col == RGB(0, 0, 0))                            //如果是背景颜色
        {
            tmp.CreateRectRgn(x, y, x+1, y+1);             //创建区域
            rgn.CombineRgn(&rgn, &tmp,RGN_XOR);           //去除相互重叠的区域
            tmp.DeleteObject();                             //删除区域对象
        }
    }
}
SetWindowRgn((HRGN)rgn,TRUE);                               //设置窗体为区域形状
}
```

（6）处理鼠标移动事件，在该事件中随机调整按钮控件的显示位置。

■ 秘笈心法

心法领悟 599：兔子形状区域的创建。

为了创建兔子形状的区域，本实例需要一个特殊图像，该图像除了兔子图案外其他像素全是黑色，然后使用 GetPixel 方法对图像每个像素的颜色进行判断，只要是黑色，就不使用 CombineRgn 方法连接，这样最后就会将兔子图案所在像素的点连接成一个区域。

实例 600	蝴蝶飞飞飞 光盘位置：光盘\MR\15\600	高级 趣味指数：★★★☆

■ 实例说明

在日常生活中，随着计算机的普及，越来越多的用户不再满足于简单的界面效果。为了满足用户的需求，

各种形式的界面效果层出不穷，本实例将实现随鼠标移动的动画窗体效果。运行程序，结果如图 15.67 所示。

图 15.67　蝴蝶飞飞飞

■ 关键技术

本实例首先需要加入 8 个略微不同的位图，利用这 8 个位图依次显示来产生动画效果，所以在定时器中分别根据这 8 个位图来设置窗体形状，并且在每次形状变化以后都绘制对应的图像作为程序背景，这样即可产生蝴蝶翩翩飞舞的效果。因为窗体要不断地随着鼠标移动，所以要不断获得鼠标的当前位置，以及根据鼠标位置移动窗体。要实现这一功能，需要使用 GetCursorPos 函数和 MoveWindow 函数。

（1）GetCursorPos 函数用于获得鼠标的当前位置，语法如下：

```
BOOL GetCursorPos( LPPOINT lpPoint );
```

参数说明

lpPoint：鼠标的坐标位置。

（2）MoveWindow 函数用于实现窗体位置的移动，语法如下：

```
void MoveWindow( int x, int y, int nWidth, int nHeight, BOOL bRepaint = TRUE );
void MoveWindow( LPCRECT lpRect, BOOL bRepaint = TRUE );
```

MoveWindow 函数中的参数说明如表 15.14 所示。

表 15.14　MoveWindow 函数中的参数说明

参　　数	说　　明
x	指定窗体的新位置的左边界
y	指定窗体的新位置的顶边界
nWidth	指定窗体的新宽度
nHeight	指定窗体的新高度
lpRect	指定窗体要移动到的新位置

bRepaint 确定窗口是否被刷新。如果该参数为 TRUE，则窗口接收一个 WM_PAINT 消息。如果参数为 FALSE，则不发生任何刷新动作。

■ 设计过程

（1）创建一个基于对话框的应用程序，将 Border 属性设置为 None。

（2）向工程中导入位图资源，用于绘制蝴蝶飞舞的效果。

（3）在对话框初始化时（OnInitDialog 方法中）设置窗体标题和定时器。

（4）处理对话框的定时器事件，在该事件中交替改变窗体的形状，使窗体产生飞舞的效果，代码如下：

```
void CButterflyDlg::OnTimer(UINT nIDEvent)
{
CDC* pDC;
CDC memDC;
CBitmap bitmap;
CBitmap* bmp = NULL;
COLORREF col;
CRect rc;
Int x, y;
CRgn rgn, tmp;
pDC = GetDC();                        //获得窗口设备上下文
GetClientRect(&rc);                   //获取窗口客户区域
bitmap.LoadBitmap(IDB_BITMAP1+m_Num); //装载模板位图
```

```
memDC.CreateCompatibleDC(pDC);                                    //创建内存设备上下文
bmp = memDC.SelectObject(&bitmap);                               //选入位图对象
rgn.CreateRectRgn(0, 0, rc.Width(), rc.Height());               //创建区域
//计算得到区域
for(x=0; x<=rc.Width(); x++)                                     //根据窗口宽度组成外层循环
{
        for(y=0; y<=rc.Height(); y++)                           //根据窗口高度组成内层循环
        {
                //将白色部分去掉
                col = memDC.GetPixel(x, y);                      //得到像素颜色
                if(col == RGB(255,255,255))
                {
                        tmp.CreateRectRgn(x, y, x+1, y+1);       //创建区域
                        rgn.CombineRgn(&rgn,&tmp,RGN_XOR);       //连接区域
                        tmp.DeleteObject();
                }
        }
}
if(bmp)
{
        memDC.SelectObject(bmp);                                 //选入位图对象
}
SetWindowRgn((HRGN)rgn,TRUE);                                    //设置窗体为区域的形状
bmp->DeleteObject();
ReleaseDC(&memDC);
ReleaseDC(pDC);                                                  //释放设备上下文

CRect rect;
CPoint nPoint;
GetCursorPos(&nPoint);                                           //获取鼠标位置
GetWindowRect(&rect);                                            //获得窗体位置
//计算窗体新位置
m_pOint.x = rect.left;
m_pOint.y = rect.top;
int xRc = (nPoint.x - m_pOint.x) /8;
int yRc = (nPoint.y - m_pOint.y) /8;
//移动窗体
MoveWindow(m_pOint.x+xRc*m_Num,m_pOint.y+yRc*m_Num,rect.Width(),rect.Height());
m_Num++;
if(m_Num==8)m_Num=0;
CDialog::OnTimer(nIDEvent);
}
```

■ 秘笈心法

心法领悟 600：使用 CreateRectRgn 方法创建不规则区域。

本实例使用 CRgn 类的 CreateRectRgn 方法创建区域，可以将一个像素点创建成一个区域。通过 CombineRgn 方法将各个像素区域连接在一起，即可构成一个不规则图形的区域。

实例 601	打地鼠 光盘位置：光盘\MR\15\601	高级 趣味指数：★★★☆

■ 实例说明

本实例实现的是在 5 个洞口随机出现可爱的地鼠，当单击地鼠后，地鼠会伸长舌头，表明已经打到它。实例运行结果如图 15.68 所示。

图 15.68　打地鼠

关键技术

本实例中共有 5 个地鼠洞，每个地鼠洞都是一个矩形区域，在定时器内随机获取 5 个区域中的一个，然后在该区域内绘制地鼠图像。如果用户在该区域内单击，就表明已经打到地鼠，需要在该区域内重新绘制地鼠图像，绘制伸长舌头的地鼠图像。本实例在 OnPaint 方法内通过一个图像编号绘制地鼠图像，图像编号是多少就绘制该编号的图像，其他编号的图像不被显示，也就实现了隐藏。

设计过程

（1）创建基于对话框的工程，将对话框的 ID 设置为 IDD_MOUSE_DIALOG。

（2）向工程中添加光标资源，将光标资源的 ID 设置为 IDC_BROWSE。

（3）在 OnInitDialog 函数中设置区域坐标，并设置定时器。

（4）在 OnPaint 方法中绘制地鼠图像，如果随机区域号变量 m_iCurRand 值为-1，就不绘制任何地鼠图像，代码如下：

```
void CMouseDlg::OnPaint()
{
if (IsIconic())
{
        CPaintDC dc(this);
        //此处代码省略
}
else
{
        CDialog::OnPaint();
}
if (m_iCurRand > -1)
{
        CDC* pDC   = GetDC();                                 //获取设备上下文指针
        CBitmap bmp;
        bmp.LoadBitmap(IDB_MOUSE);                            //加载图像
        CDC memDC;
        memDC.CreateCompatibleDC(pDC);                       //创建兼容设备上下文
        memDC.SelectObject(&bmp);                            //加载图像到设备上下文
        pDC->BitBlt(m_rcCur.left,m_rcCur.top,m_rcCur.Width(),
            m_rcCur.Height(),&memDC,0,0,SRCCOPY);            //绘制图像
        bmp.DeleteObject();
        memDC.DeleteDC();
}
}
```

（5）在定时器实现函数 OnTimer 内实现随机区域。

（6）函数 OnLButtonDown 是单击按钮的实现函数，如果用户打到地鼠，就重新绘制伸长舌头的地鼠图像。

■ 秘笈心法

心法领悟 601：CopyRect 方法的使用。

CRect 类的 CopyRect 方法可以实现矩形区域的复制，如果不使用该方法复制矩形区域则需要提取 CRect 对象的 left、top、right、bottom 这 4 个成员的值，然后分别赋值给另一个 CRect 对象的 4 个成员。

实例 602	小蛇长得快 光盘位置：光盘\MR\15\602	高级 趣味指数：★★★☆

■ 实例说明

小蛇长得快是一种贪吃蛇游戏，实例运行后，在窗口中有一条移动的小蛇，当蛇吃到食物后就会变长，随着蛇长度的增加，游戏操作会越来越难。当蛇碰到四周的障碍墙或蛇自己时，游戏即结束。游戏中有 3 个游戏级别，游戏级别越高，蛇移动得越快。实例运行结果如图 15.69 所示。

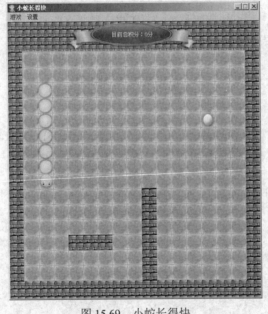

图 15.69　小蛇长得快

■ 关键技术

本实例中的蛇在一个 15×15 的网格中移动，每个网格单元都是一个图像。用一个数组来记录蛇身体的位置，在定时器内改变蛇身体的位置，在 OnPaint 方法内根据蛇的身体位置绘制蛇，蛇的身体由若干相同的图像组成，根据数组中指定的位置即可绘制。蛇头有多张图像，分别有 4 个方向的蛇头，并且每个方向上有张嘴和闭嘴两种形式，张嘴和闭嘴以交替方式显示。蛇的食物也是一个图像，当蛇头和食物显示在同一矩形区域内时，代表蛇吃到食物。食物的显示位置是随机产生的，并且食物不能产生在阻挡墙和蛇身体的区域内。

■ 设计过程

（1）首先创建对话框应用程序，在工程中添加一个 ID 属性为 IDD_DIALOG1 的对话框资源，然后设置该对话框的属性为 child，边框设置为无。在主窗体中使用 Create 动态创建该对话框。

（2）在 OnPaint 方法中实现整个游戏所使用图像的绘制，根据蛇的路线信息 m_path 绘制蛇身，根据小球的位置绘制小球，输出分数字体，代码如下：

```
void CDrawDialog::OnPaint()
{
CPaintDC sdc(this);
CRect rect;
this->GetClientRect(&rect);
CDC dc;
dc.CreateCompatibleDC(NULL);                              //建立内存设备上下文，所有内容先绘制到内存中
CBitmap bmp_bk;
bmp_bk.CreateCompatibleBitmap(&sdc,rect.Width(),rect.Height());
dc.SelectObject(&bmp_bk);
//绘制墙
CBitmap bmp_wall;
bmp_wall.LoadBitmap(IDB_BMPWALL);                         //加载墙图像
CBrush brush;
brush.CreatePatternBrush(&bmp_wall);                      //创建纹理画刷
dc.FillRect(&rect,&brush);                                //使用纹理填充区域
//绘制记分板
CBitmap bmp_scoreboard,bmp_mask;
bmp_scoreboard.LoadBitmap(IDB_BMPSCOREBOARD);             //导入计分图像
CDC tmdc,dcmask;
tmdc.CreateCompatibleDC(NULL);                           //创建内存上下文
tmdc.SelectObject(&bmp_scoreboard);                      //加载计分图像到设备上下文
dcmask.CreateCompatibleDC(&tmdc);                        //创建兼容内容上下文，起掩码作用
bmp_mask.CreateBitmap(292,62,0,0,NULL);                  //创建位图
dcmask.SelectObject(&bmp_mask);                          //装载新创建的位图
tmdc.SetBkColor(RGB(255,255,255));                       //设置背景色
dcmask.BitBlt(0,0,292,62,&tmdc,0,0,SRCCOPY);             //将图像绘制到内存设备上下文中
dc.BitBlt(m_scoreboardrect.left,m_scoreboardrect.top,m_scoreboardrect.right,
    m_scoreboardrect.bottom,&tmdc,0,0,SRCINVERT);        //按原图反色方式绘制
dc.BitBlt(m_scoreboardrect.left,m_scoreboardrect.top,m_scoreboardrect.right,
    m_scoreboardrect.bottom,&dcmask,0,0,SRCAND);         //使用掩码进行绘制
dc.BitBlt(m_scoreboardrect.left,m_scoreboardrect.top,m_scoreboardrect.right,
    m_scoreboardrect.bottom,&tmdc,0,0,SRCINVERT);        //按原图反色方式绘制
//绘制活动区
CBitmap bmp_cell;
bmp_cell.LoadBitmap(IDB_BMPCELL);
CBrush brush1;
brush1.CreatePatternBrush(&bmp_cell);
dc.FillRect(&m_actionrect,&brush1);
//绘制阻挡墙
dc.FillRect(&m_barwall1,&brush);
dc.FillRect(&m_barwall2,&brush);
//绘制小球
if (m_state == STATE_START || m_state == STATE_COUNTINUE
    || m_state == STATE_PAUSE)
{
    CBitmap bmp_ball;
    bmp_ball.LoadBitmap(IDB_BMPBALL);
    CBrush brush2;
    brush2.CreatePatternBrush(&bmp_ball);
    CRect ballrect;
    ballrect.left = m_actionrect.left + m_ballpos.x * 32 + 2;    //设置小球区域
    ballrect.top = m_actionrect.top + m_ballpos.y * 32;
    ballrect.right = ballrect.left + 32;
    ballrect.bottom = ballrect.top + 32;
    dc.FillRect(&ballrect,&brush2);
    //绘制小蛇（头）
    CBitmap bmp_head;
    switch (m_actionorient)
    {
    case ORIENT_TOP:
        if (isheadopen)
                bmp_head.LoadBitmap(IDB_BMPHEADTOPCLOSE);
        else
```

```
                bmp_head.LoadBitmap(IDB_BMPHEADTOPOPEN);
            break;
        case ORIENT_BOTTOM:
            if (isheadopen)
                bmp_head.LoadBitmap(IDB_BMPHEADDOWNCLOSE);
            else
                bmp_head.LoadBitmap(IDB_BMPHEADDOWNOPEN);
            break;
        case ORIENT_LEFT:
            if (isheadopen)
                bmp_head.LoadBitmap(IDB_BMPHEADLEFTCLOSE);
            else
                bmp_head.LoadBitmap(IDB_BMPHEADLEFTOPEN);
            break;
        case ORIENT_RIGHT:
            if (isheadopen)
                bmp_head.LoadBitmap(IDB_BMPHEADRIGHTCLOSE);
            else
                bmp_head.LoadBitmap(IDB_BMPHEADRIGHTOPEN);
            break;
        }
        isheadopen = !isheadopen;
        CBrush brush3;
        brush3.CreatePatternBrush(&bmp_head);              //建立纹理画刷
        CRect headrect;
        this->GetCellRect(m_path[0],&headrect);            //计算蛇头的位置
        dc.FillRect(&headrect,&brush3);                    //使用纹理填充区域
        //绘制小蛇（身体）
        CBitmap bmp_body;
        bmp_body.LoadBitmap(IDB_BMPBODY);
        CBrush brush4;
        brush4.CreatePatternBrush(&bmp_body);
        CRect bodyrect;
        for (int i = 1 ; i < m_pathlen ; i++)
        {
            this->GetCellRect(m_path[i],&bodyrect);
            dc.FillRect(&bodyrect,&brush4);
        }
    }
    //绘制分数
    LOGFONT logFont;                                       //新建字体
    ZeroMemory(&logFont,sizeof(logFont));                  //结构体清零
    logFont.lfWidth = 6;
    logFont.lfHeight = 12;
    logFont.lfCharSet = GB2312_CHARSET;
    strcpy(logFont.lfFaceName, "宋体" );                   //设置为宋体
    CFont fntNew;
    fntNew.CreateFontIndirect(&logFont);
    dc.SelectObject(&fntNew);                              //加载字体
    CString str;
    str.Format("目前总积分：%d 分",m_mark);
    CSize fntsize = dc.GetTextExtent(str);                 //获取字体大小
    dc.SetTextColor(RGB(255,255,255));                     //设置字体颜色
    dc.SetBkMode(TRANSPARENT);                             //设置输出字体为透明
    dc.TextOut(m_scoreboardrect.left + (m_scoreboardrect.Width() - fntsize.cx) / 2,
        m_scoreboardrect.top + (m_scoreboardrect.Height() - fntsize.cy) / 2 - 3,
        str);                                              //输出字体
    //绘制内存设备上下文内容
    sdc.BitBlt(rect.left,rect.top,rect.Width(),rect.Height(),&dc,0,0,SRCCOPY);
}
```

（3）Start 方法是游戏开始的实现函数，启动定时器后蛇开始移动，ORIENT_BOTTOM 表明蛇是由上向下移动。

（4）CalcBallPos 方法实现小球位置的计算，该方法使用两个随机函数分别获取横坐标和纵坐标的随机值，然后比较不能出现小球的点，最后确定出现小球的位置。

（5）CalcRect 方法完成计分区域的计算、阻挡墙区域的计算和活动区域的计算。

（6）OnTimer 方法是定时器实现函数，实现蛇身的移动，判断蛇如果碰到小球就重新计算分值，重新产生小球并修改游戏的速度。m_level 的值越小，移动速度越快，因为 SetTimer 函数设置的刷新频率加快。

（7）GetActionPos 方法根据移动的方向计算蛇身将要移动的位置，并判断蛇是否碰到墙或自己，如果碰到墙或自己则停止游戏。

（8）MovePos 方法实现移动蛇身，实现的原理是将数组中的元素进行整体的移位。

（9）GetCellRect 方法实现蛇身单元位置的计算，蛇身由若干矩形组成，获取矩形位置后方便蛇身图像的绘制。

（10）PreTranslateMessage 方法实现键盘事件的获取，能够获取 4 个方向，以及通过快捷键 F5、F6、F7 来控制游戏的级别。

▐ 秘笈心法

心法领悟 602：FillRect 方法的多种用途。

CDC 类的 FillRect 方法不但可以实现在指定区域填充颜色，还可以在指定区域填充纹理，利用此原理还可以实现图像的绘制，创建图像画刷，然后通过 FillRect 方法绘制。